TURING 图灵数学·统计学丛书

普林斯顿概率论读本

[美] 史蒂文·J. 米勒 ◎著　李馨 ◎译

The Probability Lifesaver
All the Tools You Need to Understand Chance

人民邮电出版社
北京

图书在版编目(CIP)数据

普林斯顿概率论读本/(美)史蒂文·J. 米勒
(Steven J. Miller) 著;李馨译. —北京:人民邮电
出版社,2020.9
(图灵数学·统计学丛书)
ISBN 978-7-115-54377-6

Ⅰ. ①普⋯ Ⅱ.① 史⋯ ② 李⋯Ⅲ.①概率论 Ⅳ.
①O211

中国版本图书馆 CIP 数据核字(2020)第 128978 号

内 容 提 要

本书讲解概率论的基础内容,包括组合分析、概率论公理、条件概率、离散型随机变量、连续型随机变量、随机变量的联合分布、期望的性质、极限定理和模拟等,内容丰富,通俗易懂,并配有丰富的例子和大量习题,涉及物理学、生物学、化学、遗传学、博弈论、经济学等多方面的应用,极具启发性.

本书适合数学专业、各理工科专业本科生阅读,也可供工程师和经济学家等人士参考. 本书既可作为教材、习题集,也可作为学习指南,同时还有利于教师备课.

◆ 著　　　　[美] 史蒂文·J. 米勒
　　译　　　　李 馨
　　责任编辑　杨 琳
　　责任印制　周昇亮

◆ 人民邮电出版社出版发行　　北京市丰台区成寿寺路 11 号
　　邮编 100164　电子邮件 315@ptpress.com.cn
　　网址:https://www.ptpress.com.cn
　　涿州市京南印刷厂印刷

◆ 开本:700×1000　1/16
　　印张:41.5　　　　　　　　　　2020 年 9 月第 1 版
　　字数:837 千字　　　　　　　　2025 年 2 月河北第 28 次印刷
　　著作权合同登记号　图字:01-2017-6264 号

定价:139.00 元
读者服务热线:(010)84084456-6009　印装质量热线:(010) 81055316
反盗版热线:(010)81055315

写给读者的话

欢迎阅读本书. 我的目标是让学生通过大量现有的例子和已经实现的代码来掌握书中的内容. 另外, 本书不仅要引导学生对方程和定理为什么成立展开大量讨论, 还要引导他们不断探讨为什么这些方程和定理具有这样的形式. 从某种意义上说, 本书是阿德里安·班纳的成功著作《普林斯顿微积分读本》的续作. 除了那些已有答案的问题之外, 关于定理的证明, 书中给出了很多解释说明, 其中重点讨论了为什么某些论证是显然成立的, 以及我们为什么想要得到具有某种特定形式的答案. 弄清楚某些结论为何成立以及应当采用什么样的思路来证明, 将帮助你更加正确地使用这些结论并从中挖掘出新的相关知识. 本书着重强调了证明背后的方法和技巧, 因为这些方法和技巧的应用领域不仅限于概率论这一门课程. 例如, 附录 A[①] 中有关于证明技巧的扩展条目, 17.1 节中有对马尔可夫不等式的讨论. 另外, 本书利用了大量的计算机代码示例来探讨概率问题. 现在已是 21 世纪了, 如果不会编写简单的代码, 那么你在竞争中就会处于劣势. 当我们得到闭型解时, 编写小程序将有助于检验其数学算法是否正确; 更重要的是, 如果问题分析起来相当复杂, 而我们又很难得出精确答案, 那么编写小程序将有助于估算出答案. (如果可能的话!)

本书既可以作为经典概率论图书的补充, 也可以作为学习概率论的主要教材, 共分为五个部分. 第一部分介绍概率论, 由六章组成. 第 1 章主要通过一些有趣的问题来引入许多重要思想, 概率论中的很多核心理念将会反复出现. 第 2 章会给出概率论中的基本定律, 相应的例子会在第 3 章中给出. 这样的安排能使学生迅速接触到概率论中的实际问题, 并且不会在理论知识增长的同时感到压力倍增. 在研究完这些例子之后, 第 4 章仍然是理论知识, 其后两章仍与例子有关 (当然, 这两章还将引入解决这些问题的若干理论).

第二部分是大多数课程的核心, 引入了随机变量. 首先, 它回顾了一些有用的技巧, 然后通过 "标准化" 技巧来研究随机变量.

第三部分研究的是一些特殊分布. 概率分布有很多类型, 但这一部分有所选择, 并且很好地将连续分布和离散分布结合了起来. 在读完这几章之后, 你就有能力应对你所见到的任何新分布了.

第四部分研究的是收敛定理. 由于这部分内容旨在作为补充材料或入门课程, 因此不做特别详细的讨论, 但我们会证明马尔可夫不等式、切比雪夫定理、弱大数

---

① 附录请到图灵社区本书主页 (ituring.cn/book/1996) 下载. —— 编者注

定律和强大数定律、斯特林公式以及中心极限定理 (CLT). 最后这个定理特别重要,因此我们会在这部分和相关附录中进行详细论述, 而这里所使用的技巧本身就具有一定的研究价值. 想了解关于这些价值的更多内容, 可以查阅网络资源 (其中有一章关于复分析和 CLT 的高阶内容).

　　为了让学生和教师更灵活地掌握教材内容, 最后的第五部分将会安排各类相关知识. 由于很多课程会把概率论与统计学结合在一起, 因此我们首先要看的是假设检验这一章. 接下来, 我们会考察差分方程, 这部分内容延续了第 1 章的主题思想. 我真的非常喜欢最小二乘法, 虽然它是统计学的内容, 但也是对线性代数和多元微积分的完美应用. 另外, 如果让误差服从独立的高斯分布, 那么我们就能得到一个卡方分布, 这使得最小二乘法在概率论中也有了完美的拟合. 我们还会谈到一些著名问题, 并给出关于编程的入门指南 (对编程更全面的介绍, 请参阅网络补充资料). 在 21 世纪, 你**必须**具有基本的编程能力. 首先, 这是检验你的答案正确与否以及帮助你查缺补漏的好方法. 其次, 倘若你会编程, 那么你对答案就有了初步感受, 这或许就能帮助你猜测出正确的答案. 最后, 尽管在很多时候**并不存在简单的闭型解**, 但我们可以在没有其他选择的情况下利用模拟来估算概率. 这就很好地呼应了本段开头所说的假设检验: 如果我们推测出了一个答案, 那么能否通过模拟加以证实? 分析模拟和数据是现代科学的核心, 我也强烈建议你继续学习一门统计学课程 (多门更好).

　　本书最后给出了大量附录[①], 这些内容都是经过精心安排的. 很多人在学习概率论的过程中苦苦挣扎, 而问题往往出现在他们以前学过的知识和技巧上, 尤其是定理的证明方面. 这也是为什么第一个有关证明技巧的附录会如此冗长而详细. 第二个附录快速回顾了那些会被用到的分析结果, 接下来的附录则与可数集与不可数集有关. 数学中最大的困难往往出现在与无穷大有关的问题上, 安排这部分内容就是为了简单地介绍出现在概率论中的无穷大. 最后的附录简要地谈了谈复分析是如何在概率论中起作用的, 尤其是在如何严格地证明中心极限定理方面. 虽然该附录涉及高等知识, 但值得花时间学习, 因为掌握这部分内容既可以让你更好地学习后续的数学课程, 还有望帮助你领悟这门学科的美妙与复杂之处.

　　我希望把更多的知识写进书里, 但本书的内容已经够多了. 不过, 好在你可以在网上免费获取额外的知识, 希望你能认真地研读. 请访问普林斯顿出版社本书页面, 它提供了大量资料, 我以前的所有课程 (全部的上课视频以及每天的补充说明) 也都包含其中.

　　再看看本书网站中的补充材料. 首先是一系列微积分问题的求解练习. 求解这样的问题可以很好地检验你对所需知识的了解程度. 虽然有些内容涉及高等知识并

---

① 附录请到图灵社区本书主页 (ituring.cn/book/1996) 下载. —— 编者注

超出了许多经典入门课的范围, 但是很容易理解, 因此也是很不错的补充材料. 接下来谈到的是变量代换公式. 由于很多学生把多元微积分的内容忘记得差不多了, 因此轻松地在网上查阅到这些知识具有很大意义. 随后是最长游程的分布. 我一直都很喜欢这个课题, 它阐述了许多非常有用的技巧. 下一个要说的是中值定理. 虽然中心极限定理本该是这门课程的核心内容, 但由于在某些情况下它的条件无法满足, 因此中值定理就成了一个很重要的知识点. 最后就要讲一下中心极限定理了. 在入门课程里, 我们只证明该定理的几种特殊情形, 这样就引出一个问题: 完整证明需要什么条件? 我们的目的是让你了解一些复分析的知识, 而复分析本身就是十分美妙的; 同时还希望你能对证明有一定的认识, 并在数学之旅中继续前进下去.

　　阅读愉快!

如何使用本书

本书可以帮助你学习和探索概率论. 它既可以作为任何一本概率论入门读物的补充材料, 又可以单独作为基础教材来使用 (对于那些想把本书当作教材的教师, 如果需要习题和考试中的部分关键解答, 请发电子邮件给我, 地址在这部分内容的最后). 正如你在学习过程中将会看到的那样, 概率论是一门涉及面非常广的学科, 它有大量的应用、技巧和方法. 这会让人感到既兴奋又恐惧. 让人兴奋的是, 你会发现许多奇怪的关联和貌似困难的问题, 但是只要按照正确的思路去考察它们, 就会变得简单起来. 让人恐惧的是, 它所包含的内容实在是太多了.

我的目标是帮助你尽情地畅游于这片知识的海洋中, 并为下一步学习做好准备. 本书的呈现方式深受阿德里安·班纳的成功著作《普林斯顿微积分读本》的影响. 就像那本书一样, 本书的目的是以轻松通俗的方式, 通过大量已有答案的问题来传授知识和数学思想. 在了解标准陈述和证明的同时, 你还将看到很多现成的例子以及关于如何研究定理的大量讨论. 学习一门课程的最好方法就是亲手实践. 求解问题是这门课的一个重要部分, 但遗憾的是这部分内容通常会因为课时有限而被删除; 然而这并不意味着学好这门课仅仅是求解出问题的答案, 它还要求我们**理解**证明过程.

为什么证明如此重要? 在本书中, 我们将会看到一些叙述合理却被证明是错误的例子. 数学家会利用语言和证明的形式化来防止这些错误出现. 此外, 即使课程不要求你掌握证明, 了解某些命题为何成立也是很有意义的. 虽然并不要求你最终独立地写出完整的证明, 但能实现这个目标也是很不错的. 为了帮助你学习, 我们将花费大量时间来讨论为什么要按照某种思路去证明, 以及题目中的哪些线索会告诉我们应当采用何种方法来求解, 而非另外一种. 通过强调这些理念, 希望你能更深刻地感知定理为什么成立, 并为更好地使用它们做好准备, 还希望你能在将来的学习中独立完成对结论的证明.

下面是关于本书以及如何使用它的一些常见问题和解答.

- **在阅读本书之前, 我需要哪些预备知识?** 你应当熟知代数学以及微积分的学前知识, 并能自如地应用它们. 与其姊妹篇《普林斯顿微积分读本》不同, 本书想要补充的 (或者说本书打算讲的) 内容会更加多样化. 有些概率论课程不涉及任何微积分知识, 但其他一些课程建立在实分析和测度论的基础之上, 又或者是一些半概率半统计的课程. 我们已经试着尽可能减少对微积分知识的需求, 尤其是在那些介绍性章节中. 但这并不表示这些章节会更

加简单 —— 远非如此! 求积分通常比找一个"正确的"方法来考察组合概率问题简单很多. 当我们学到连续分布时, 微积分就成了一个必不可少的内容, 因为根据微积分基本定理, 我们可以利用原函数来计算面积, 而我们也将看到这些面积通常对应于概率. 事实上, 求积分比求和"更容易". 因此, 正是因为使用了微积分, 连续型概率研究起来才会比离散型概率更加容易. 在大多数情况下, 我们会避免涉及高等实分析的内容, 但在开头部分会介绍如何为学好这门课程打下坚实的基础, 并在最后引入有关高阶内容的章节.

- **本书篇幅为何如此之长?**　与作者相比, 教师有一个巨大的优势: 他们可以与学生互动. 当教学中出现难点时, 教师可以放慢课程的进度; 另外, 他们还能根据每学年学生的不同兴趣来补充相应的知识. 但作者只能求助于一样东西: 内容的长度! 这意味着我们将会对某些内容做出更多的解释, 而不仅仅是你所需要的那些. 此外, 由于很多读者都不按照顺序来阅读本书 (关于这一点稍后再说), 因此本书也将不断地对这些解释进行重述. 可期待的是, 无论在书中还是在网络资源中, 我们都将对所有让你感到困惑的概念进行深入讨论, 并补充大量有趣的课题供你探索.

- **本书的内容安排与课堂所学不一致! 我该怎么办?**　我的老师塞尔日·兰教授曾经说过, 如果一本书必须按照页码顺序来阅读, 那么这将是一件令人遗憾的事. 讲授概率论这门课的方法有很多, 而且还有大量的课题供教师选择. 你可能并没有意识到这样一件事: 由于一学期的时间只有那么多, 因此当你的老师选择一个课题来讲时, 他通常会忽略其他一些课题. 于是, 尽管很多学校都会采用大量相同的教材, 但教授在课上补充的内容、使用的方法以及在何时引入某些特定的课题都具有很大灵活性. 为了帮助读者更好地学习, 我们会不时地回顾书中的内容, 这样就能使不同的章节尽量保持各自的独立性. (你可能会留意到, 我们说的这件事回答了前面的那个问题!) 你可以在任何地方跳跃式阅读, 还可以在需要的时候通过查阅前面的章节和附录来了解相关的背景知识.

- **是否真的有必要知道证明方法?**　简单地回答: 是的. 证明很重要. 我之所以研究数学, 一个原因就是我十分讨厌"因为我告诉过你就是这样"的说法. 教授之所以是正确的并不是因为他们的身份是教授 (而我是对的也并不是因为本书已经出版), 每一件事都必须遵循合理的逻辑链. 当你能熟练地把握结论成立的必要条件时, 了解这些结论为什么正确将有助于你理解教材并看出其中的关联, 还有望确保你绝不会使用不恰当的结果. 通过给出完整、严格的论述, 我们试着尽量降低可能做出错误假设的风险. 概率论中产生了大量合乎情理且看起来条理清晰的命题, 但它们最终被证明是不成立的, 而严格性是我们避免发生这种错误的最佳防御手段. 遗憾的是, 随着学期进度的推进, 对结论的证明会变得越来越难以实现. 通常的课程会涉及一些高级应用, 但因为时间有限, 我们不可能把用到的所有背景知识都证明一遍. 概率论中最常见的一个例子出现在对中心极限定理证明的讨论中, 这里的典型做法就是只对复分析中的一些结果进行简单的陈述. 不管是非正式的讨论还是对某些特殊情形的分析, 我们将始终阐明需要的是什么, 并试着让你感知为什么这就是正确的. 最后, 我们还会给出相应的参考文献.

- **为什么有时候使用"我们", 但有时又使用"我"?** 观察力不错. 按照数学中的习惯用法, 本书应该一直使用"我们", 但这种用法有时会过于正式且缺乏亲切感; 当需要注入更多亲切感时, 书中就会改用"我". 更重要的是, 本书的一部分内容是我与诸多学生历经多年共同完成的. 这样煞费苦心的安排有很多原因. 一方面, 这对于我的学生来说是一次很好的体验; 另一方面, 这还能保证本书的确是针对学生而写的. 接下来将会继续混合使用"我们"和"我". "我们"这个词挺不错的, 使用它可以让你融入教材中. 让我们来共同学习本书! 希望你能消除选词所造成的困惑!

- **本书可以作为学校教材来使用吗?** 绝对可以! 为了进一步巩固知识, 每一章的最后都给出了很多习题, 而这些习题是最适合当家庭作业的. 教师可以发电子邮件到 Steven.Miller.MC.96@aya.yale.edu 或者 sjm1@williams.edu 来获取更多的题目、试卷以及相关解答.

- **书中用到的一些方法与我所学的不一样. 那么谁才是正确的呢 —— 老师还是本书作者?** 实际上老师和我都是正确的! 如果有疑问, 你可以去问一下老师或者发电子邮件给我.

- **天啊! 本书的内容实在太多了 —— 我该如何使用它呢?** 在普林斯顿大学的一次复习课上, 我记得有一位学生对数学书有索引这件事感到非常惊讶; 如果你觉得某些特定概念难以理解, 那么集中精力去寻找书中最有助于你理解它们的那部分内容是一个不错的办法. 也就是说, 我们的目标是用一学期的时间来阅读这本书, 因此你不用着急. 为了提高你的阅读效率, 我们在本书的主页上列出了一个文档, 总结了书中的要点、术语以及每一节的中心思想, 并给出了不同难度的题目. 我始终坚信应该在上课之前做好准备, 提前预习要学的知识. 我发现在课堂上实时消化新的数学知识非常困难, 但如果能在上课之前对那些定义和主要思想有一个基本了解, 那么消化新知识就变得容易多了. 为此, 我们给出一个线上汇总表, 它重点强调了每一节要讲的是什么. 该表的目的是为你研究每一个课题做好准备, 并对你的学习效果给出快速测评. 你可以在图灵社区本书主页的"随书下载"处找到线上汇总表.

为了帮助你学好本书, 我们把重要的公式和定理都框了起来 —— 这强烈地表明该结论十分重要, 你应当掌握好它! 有一些学校允许学生在考试时携带一两页笔记, 但即使你的学校不允许这样做, 准备好这样的总结也是很不错的. 我认为做好笔记将有助于学生更好地学习知识.

数学与记忆无关, 但有一些重要的公式和技巧需要你熟练掌握. 通常情况下, 做好总结就足以巩固好你所学的知识了. 在阅读每一章的时候你都要做好笔记, 随时记录下你发现的重要知识点, 然后在这一章最后的总结里以及强调了每节要点的网络文档中查看相关内容.

试着去找一些类似的考试题, 比如学校前几年的期末考试题, 并在特定条件下完成它们. 这意味着在此过程中, 你不能休息、不准吃食物、没有课本、不能打电话、无法发邮件, 也不可以收发消息, 等等. 然后, 看看自己能否抓住解题的关键并对试卷进行评分, 或者让其他人 (非常好!) 来为你打分. 另外一种很棒的方法是写一些练习测验的题目, 然后与朋友交换着做. 我常发现这样一种状况: 当我参加了一两次某教授组织的考试后, 就对该教授的出题偏好有了一定的了解, 并且时常猜出一些考试题目. 尝试着做每章最后的练习题, 或者从图书馆中另借一本书并试着求解那些已经给出答案的题目. 你练习的题目越多, 就会做得越好. 对于定理, 删除其中一个条件并观察会有什么样的状况发生. 一般情况下, 定理不再成立, 因此你可以找一个反例 (有时候定理仍然成立, 此时的证明将会更加困难). 每当你得到一个条件时, 该条件就应当在证明中有所体现 —— 对于每一个结果, 试着看一下上述情况会在哪里发生.

- **有没有能帮助学习的视频资料?** 我已经在布朗大学、曼荷莲学院以及威廉姆斯学院讲过很多遍这门课. 最后几次在威廉姆斯学院的上课过程被我录制下来并放在了 YouTube 上, 可以查询我的主页得到其链接. 此外, 你还能在我的主页上找到大量补充资料, 比如讲义和教材注解等. 请访问我在威廉姆斯学院的课程主页, 其中包含了全部的上课视频以及每天的补充注解. 这门课我已经讲过很多遍了, 因此课堂上的内容是我积累了数年的财富. 虽然这几年的上课内容十分相似, 但它们之间仍存在一些细微差别, 这是因为对不同的学生来说, 引起他们兴趣的内容是不一样的. 录制这些课程的一个好处是, 我可以选出一些专题作为每学期的课堂内容来讲授, 而其他的内容可以让学生在家看视频自学.

- **你又是谁呢?** 目前, 我是威廉姆斯学院的一名数学教授. 我在耶鲁大学获得了数学和物理学学士学位, 之后在普林斯顿大学继续进修并获得了数学博士学位. 此后, 我曾 (依次) 就职于普林斯顿大学、纽约大学、美国数学研究所、俄亥俄州立大学、波士顿大学、布朗大学、威廉姆斯学院、史密斯学院以及曼荷莲学院. 虽然我对各领域的应用数学课题进行了大量研究, 尤其

是赛伯计量学 (这是一门把数学和统计学应用于棒球的学科), 但我的主要研究方向是数论和概率论. 我的妻子是一名市场营销学教授, 你会看到她在本书主题选择以及采用何种形式展现这些内容方面对我的巨大影响! 我们的两个孩子叫 Cam 和 Kayla, 他们协助我完成了从概率论一直到由数学角度看乐高积木与魔方的全部课程.

- **空白处的那些图标有什么用?** 在本书中, 下列出现在空白处的图标能够帮助你快速了解接下来几行要说的内容是什么. 这与《普林斯顿微积分读本》中的图标是一致的.

- 例题求解过程始于此行.

- 这里非常重要.

- 你应当自己尝试解答本题.

- 注意: 这部分内容主要供有兴趣的读者阅读. 若时间有限, 请跳到下一节.

我非常感谢普林斯顿大学出版社, 尤其要感谢我的编辑 Vickie Kearn 和他的同事们 (特别是 Lauren Bucca、Dimitri Karetnikov、Lorraine Doneker、Meghan Kanabay、Glenda Krupa 和 Debbie Tegarden), 他们给了我很大的帮助和支持. 正如前面提到的, 本书源自于我在布朗大学、曼荷莲学院和威廉姆斯学院多年的教学积累. 我非常感谢这些学校的学生, 他们给了我建设性的意见和帮助. 我要特别感谢 Shaan Amin、John Bihn、David Burt、Heidi Chen、Emma Harrington、Intekhab Hossain、Victor Luo、Kelly Oh、Gabriel Ngwe、Byron Perpetua、Will Petrie、Reid Pryzant(他撰写了代码那章的初稿) 和 David Thompson. 由美国国家科学基金会拨款的项目 DMS0970067、DMS1265673 和 DMS1561945 对本书的完成给了很大的支持, 非常感谢美国国家科学基金会的资助.

史蒂文·J. 米勒
威廉姆斯学院
马萨诸塞州, 威廉斯敦
2016 年 6 月
sjm1@williams.edu, Steven.Miller.MC.96@aya.yale.edu

目　　录

第一部分
一般性理论

第1章 引 言

如果你手里只有一把锤子,那么你可能会不自觉地把所有东西都当作钉子来看待.

—— 亚伯拉罕·马斯洛,《科学心理学》(1966)

概率论是一门涉及面非常广的学科. 它的应用相当广泛, 既可以应用于纯数学领域, 有时也会被一些职业赌徒利用. 任何一本书都无法涵盖概率论的所有应用. 不管是本书还是你上课使用的教材, 都不会把全面论述概率论的应用作为目标. 通常情况下, 教材会介绍一些一般性的理论和技巧, 并叙述概率论的若干应用和相关扩展阅读. 为了帮助教师更好地规划课程, 教材的最后通常会给出几章高阶内容.

本书既可以作为任何一本经典入门教材的补充材料, 也可以作为主要教材来使用, 因为它通过大量有解的题目以及对一般性理论的探讨来阐释概率论这门课. 我们会分析一些奇妙的问题, 并从中提炼出一些常用的技巧、观点和方法. 这样做的目的是让你学会独立完成模型的构造并解决相关问题, 进而断定什么样的问题才值得研究.

首先, 与阿德里安·班纳的《普林斯顿微积分读本》类似, 本书给出了大量有解的练习题. 在查阅答案之前, 你最好先看一看这些题目并花些时间做一做; 而本书也会给出所有题目的完整解答. 与很多书不同的是, 我们不会只给读者证明和例子, 而不给出具体的细节; 我建议你先试着做一下题目, 当有问题时再去查看相关细节.

其次, 概率论中的证明要比微积分中的证明多很多, 而这不应该让你感到吃惊. 学生通常会认为概率论在理论上的证明是极具挑战的, 而本书的主要目的就是帮助他们渡过这个难关. 整个附录 A 都在阐述证明技巧, 通过学习这部分内容, 你的证明技能会得到很好的锻炼和提升. 另外, 对于那些出现在概率论课上的典型结论, 其中绝大部分的完整解答都能在本书中找到. 如果你 (或者你所学的课程) 并不关心证明, 那么可以跳过其中很多论证, 但你至少应该浏览一下这部分内容. 尽管证明通常都很难, 但理解一个证明并不像给出一个证明那么困难. 进一步说, 在通常情况下, 我们只看证明过程就能理解定理想要表达的是什么, 或是知道该如何去运用它. 我的目的并不是给出结论的最简短证明, 而是通过细致的叙述来与你共同探讨如何去思考问题以及怎样着手证明结论. 此外, 在证明结论之前, 我们通常会花费大量时间去考察特殊情况, 这样就能对题目有直观的了解. 这是极其宝贵的技巧,对你将来学到的很多课程都会有帮助. 最后, 我们会频繁讨论如何编写和执行代码来检验我们的计算结果是否正确, 或者让我们对答案有一定的认识. 如果想在 21 世纪的劳动大军中获得竞争优势, 那么你必须具备编程和模拟的能力. 能够写出一个简单的程序来模拟某个问题的 100 万种可能情况对我们来说是非常有用的, 这些结果通常会提醒你留意那些被遗漏的因素或其他错误.

在引言中, 我们将叙述三个有趣的问题, 涉及概率论中的不同内容. 除了有趣之外, 这些例子还能用来引入概率论中的很多核心概念. 对于本章中的其他内容, 我们会默认你已经非常熟悉概率论中的基本概念了. 不要慌张, 我们稍后将会详细地定义每个概念. 在这里, 我们要做的只是随意地聊一些有趣的问题, 并让你对概率论这门课有一定的认识. 不用担心无法准确地定义每个概念, 日常的生活体验已经为你提供了足够的背景知识. 我只希望能让你对这门课程有个大体的认识, 可以把美妙的数学展现在你眼前, 并激励你在接下来的几个月里专注地学好这门课并用好本书. 在后面几章里, 我们有大量的时间来把所有的细节补充完整.

那么, 不多说了, 我们来看第一个问题吧!

1.1　生　日　问　题

生日问题是我最喜欢的概率论练习之一. 对于那些大班授课的教授来说, 如果在生日问题上与学生打赌, 那么他们肯定收入颇丰. 接下来, 我们要对该问题的几种表述展开讨论. 花费大量时间来陈述这个问题并非毫无道理. 在现实生活中, 你必须弄清楚问题是什么; 你要成为一名指导具体工作的人, 而不是只懂得做代数题的技术员. 通过讨论具体细节, 你会发现我们很容易在无意中假定一些条件. 进一步说, 在没有出现错误的前提下, 不同的人可能会得到不同的答案, 而这仅仅是因为他们对问题的解读是不一样的. 因此, 能够一直清晰地认识到你在做什么以及为什么要这样做是非常重要的. 于是, 我们会花费大量时间来陈述这个问题并加以精练, 进而求解出问题的答案并由此来强调概率论中的许多核心概念. 我们的第一个解答是正确的, 但在计算方面相当麻烦. 因此, 我们会在最后简短地描述如何利用一点微积分的知识来轻松地逼近答案.

1.1.1　陈述问题

生日问题 (表述 1): 房间里有多少人才能保证其中至少两个人的生日在同一天的概率不小于 50%?

这看起来是个非常好的问题. 你的脑海中应该正闪现出大量不同的社交场所和不同数量的人, 比如象棋社的年终宴会、高中毕业舞会、政府筹款晚宴, 或者是感恩节庆典. 不管是哪种场合, 我们关心的是一共有多少人出席以及是否有两个人的生日在同一天. 如果能搜集到足够多的数据, 我们就能了解一共需要多少人出席.

　　尽管这看起来好像已经很完整了, 但实际上还有很多隐藏条件. 陈述问题一定要清晰且完整, 而本书的目的之一就是强调这一点的重要性. 这与微积分和线性代数有很大的不同. 微积分和线性代数这两门课都非常直白: 求导数, 对函数求积分, 求解方程组. 但就像上面所说的, 对这个问题的描述并不是那么明确. 我的妻子有一个双胞胎姐妹. 因此, 在她的家庭聚会上, 总会有两个人的生日相同!① 为了避免这种特殊情况, 要对**一般化**的人群展开讨论. 我们需要了解人们的生日在一年中是如何分布的, 图 1-1 是一个例子. 更具体地说, 我们将假设生日之间是相互独立的; 也就是说, 从某人的生日信息中无法推断出其他任何人的生日信息. 独立性是概率论中最核心的概念之一, 因此会在第 4 章中进行充分讨论.

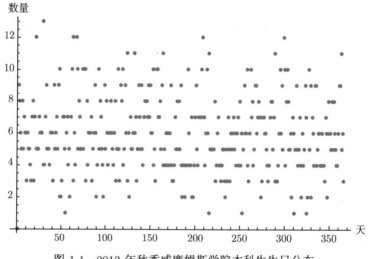

图 1-1　2013 年秋季威廉姆斯学院本科生生日分布

　　这就引出了第二种表述.

　　生日问题 (表述 2): 假设对每个人来说, 出生在一年中任何一天的概率都是相等的. 那么, 房间里有多少人才能保证其中至少两个人的生日在同一天的概率不小于 **50%**?

　　虽然这个表述更好, 但对我们来说这个问题**仍然**非常含糊, 无法展开讨论. 为了找到问题的突破口, 我们仍需要更多有关一年中生日分布的信息. 此刻你应该会有些困惑: 难道我们还没有彻底弄清楚生日是如何分布的吗? 我们只说过任何一天

---

① 这并非唯一的家庭问题. 通常情况下, 兄弟姐妹的出生日期几乎都恰好相差 n 年, 其原因与生活状况以及受孕周期有关. 我的孩子 (Cam 和 Kayla) 都出生在 3 月, 相差 2 岁. 他们最年长的两个堂兄 (Eli 和 Matthew) 都出生在 9 月, 也相差 2 岁. 看一看你家里是什么样的情况? 你是不是认为家人的生日之间没什么关联?

成为某人生日的概率都是相等的. 因此, 如果假设没有人出生在 2 月 29 日, 那么这就意味着在 365 个人中, 大概有一个人出生在 1 月 1 日, 有另一个人出生在 1 月 2 日, 等等. 还需要哪些信息呢?

这个结果十分巧妙, 但**仍然**需要假设才能成立. 这样做有什么错呢? 在我们的假设中, 所有人都是被随机挑选出来的! 但社交集会的特性可能会导致出生在某些日子里的人比出生在其他日子里的人多很多. 这看起来非常荒谬. 毕竟, 在一年中的某些特定日子里出生显然与棋艺精湛或者足球踢得好没什么关系. 不是吗?

不对! 看一看马尔科姆·格拉德威尔在他的畅销书《异类》中举的例子. 在该书第 1 章中, 他对 "在一些运动项目中, 生日与成功有着密切的关联" 这一说法进行了研究. 例如, 在加拿大青少年曲棍球联赛中, "有资格参加某年龄段曲棍球比赛的年龄是以 1 月 1 日为分界点来划分的". 从青少年时期开始, 最好的球员就特别受关注. 但仔细想一想: 在七八岁的年龄段, (绝大部分) 最好的球员年龄也最大. 因此, 那些生日恰好在分界点 —— 出生在 1 月和 2 月 —— 的球员就有能力与同年龄段更小的球员展开竞争, 从中脱颖而出, 然后进入一个自我实现的有利循环. 他们得到了更好的训练, 具有更强的竞争力, 甚至拥有最顶尖的装备. 于是, 这些年龄较大的球员就以更快的速度变得更加优秀, 并在不久的将来获得更大的成功.

在书中, 格拉德威尔用球员的生日来代替他们的名字: "这听起来不像是加拿大青少年曲棍球锦标赛, 而更像是专门为摩羯座、水瓶座和双鱼座男孩举办的一场奇怪的运动仪式. 3 月 12 日开始靠近猛虎队球网的一侧, 并把球传给了他的队友 1 月 4 日; 1 月 4 日又把球传给了 1 月 22 日, 随后球被 1 月 22 日回传给了 3 月 12 日, 并由 3 月 12 日直接射向猛虎队的守门员 4 月 27 日. 球被 4 月 27 日挡在了球门外, 但又被来自温哥华的 3 月 6 日打了回去. 他射门了! 尽管来自梅迪辛哈特的后卫 2 月 9 日和 2 月 14 日俯身救球, 但已经于事无补, 1 月 10 日看起来失望不已. 3 月 6 日得分了!" 因此, 如果我们出席的是加拿大职业曲棍球球员的聚会, 就不能给出 "每个人在一年中任何一天出生的概率都相等" 的假设.

为了简化分析过程, 我们假设每个人**确实**等可能地出生在一年中的任何一天, 尽管我们清楚这个假设并不总是合理的. 赫尔利写过一篇很棒的文章, 研究的是当所有人的生日都不具有等可能性时将会发生什么. 此外, 我们还假设一年只有 365 天. (非常遗憾, 如果你出生在 2 月 29 日, 那么就不会被邀请参加此次聚会.) 也就是说, 我们假设生日服从**均匀分布**. 在第 13 章中, 我们会详细地讨论均匀分布并对更一般的分布展开研究. 于是, 我们得到了问题的完整表述.

生日问题 (表述 3): 假设客人的出生日期都是相互独立的, 并且每个人都等可能地出生在一年中的任何一天 (2 月 29 日除外), 那么房间里有多少人才能保证其中至少两个人的生日在同一天的概率不小于 50%?

1.1.2　解决问题

现在, 我们有了一个表述完整的问题, 那么该如何着手研究它呢? 最常用的方法是考察一些极端情况, 并试着从中找出与答案有关的信息. 对我们来说, 最坏的情形是所有人的生日都不相同. 由于我们假设一年只有 365 天, 因此当有 366 个人出席聚会时就一定会出现 "至少两个人的生日在同一天" 的情况 (记住, 我们假设没有人出生在 2 月 29 日). 这就是著名的**狄利克雷鸽巢原理**, 我们将在附录 A.11中展开讲述. 另一种极端情况是, 如果只有一个人出席聚会, 那么显然不可能有两个人的生日在同一天. 因此, 答案是在 2 和 365 之间的某个数. 但到底是多少呢? 更深入地思考一下这个问题, 我们发现如果有 184 个人出席聚会, 那么至少两个人的生日在同一天的概率应该不小于 50%. 给出这个判断的原因是: 如果其中有 183个人的生日互不相同, 那么对进入房间的第 184 个人来说, 他与前面 183 人中的某个人同一天生日的概率就至少为 50%. 一年中的过半日期已经被占用了! 像这样花费几分钟时间来思考问题并从中找到与答案有关的线索通常能为我们带来很大的帮助. 只需要简短的几步就能大大缩小答案的范围. 我们知道答案就在 2 和 184之间. 虽然这仍是一个相当大的范围, 但我们觉得答案更接近于 2 (想象一下, 当有170 人出席聚会时将会发生什么).

我们试着通过穷举法来解答. 这是求解概率的第一种方法. 不妨设一共有 n 人出席聚会, 而且对每一个人来说, 他在任何一天出生的概率都是相等的. 我们可以看一看这 n 个人所有可能的生日排布列表, 以及 "至少两个人的生日在同一天" 的出现频率. 不幸的是, 当 n 很大时整个计算过程就是一场噩梦. 我们试着考察 n 取值较小的情况, 并从中找到解决问题的线索.

当只有两个人出席聚会时, 这两个人所有可能的生日排布方法一共有 $365^2 =133\,225$ 种. 为什么? 对第一个人来说, 他的生日有 365 种可能, 而第二个人的生日也有 365 种可能. 由于两人的出生日期是相互独立的 (这是我们的假设前提之一), 因此两者所有可能的组合数就等于它们个数的乘积. 由两个人生日构成的有序对从 (1 月 1 日, 1 月 1 日) 和 (1 月 1 日, 1 月 2 日) 一直到 (12 月 31 日, 12 月 31 日).

在这 $133\,225$ 种组合中, 两个人生日在同一天的组合只有 365 种. 在这里我们注意到, 如果两个人的生日在同一天, 那么只要选定了第一个人的生日, 第二个人的生日就只有唯一一种可能. 因此, 对于只有两个人出席的情况, "至少两个人的生日在同一天" 的概率是 $365/365^2$, 约等于 0.27%. 为了得到这个概率, 我们采用的方法是, 用成功 (两个人的生日在同一天) 的组合数除以所有可能的组合数 (生日序对的总个数).

如果共有三个人出席聚会, 那么所有可能的生日排布方法就有 $365^3 = 48\,627\,125$种. "前两个人的生日在同一天, 且第三个人的生日与他们不同" 的生日排布方法

共有 $365 \cdot 1 \cdot 364 = 132\,860$ 种 (第一个人的生日可以是一年中的任何一天, 第二个人的生日必须与第一个人相同, 而第三个人的生日一定与前两人不同). 类似地, "第一个人与第三个人的生日在同一天, 且第二个人的生日与他们不同" 的生日排布方法共有 $132\,860$ 种, 并且 "第二个人与第三个人的生日在同一天, 且第一个人的生日与他们不同" 的生日排布方法也有 $132\,860$ 种. 但我们一定要非常小心, 并确保把所有可能的情况都考虑进来. 最后一种可能的情况是这三个人的生日在同一天. 这种情况所对应的生日排布方法共有 365 种. 因此, 这三个人中至少两个人的生日在同一天的概率为 $398\,945/48\,627\,125$, 约等于 0.82%. 这里的 $398\,945$ 等于 $132\,860 + 132\,860 + 132\,860 + 365$, 它表示 "在三个人中, 至少两个人生日在同一天" 的生日排布方法数. 下面给出 $n = 3$ 时的最后一点说明. 检验并查看答案是否合理对我们始终是有好处的. 你认为 "在只有两个人出席的情况下, 两个人的生日在同一天" 的概率更大, 还是 "在三个人中, 至少有两个人的生日是在同一天" 的概率更大? 显然, 总人数越多, "至少两个人的生日在同一天" 的概率就越大. 因此, 我们要算的概率一定会随着总人数的增多而不断变大, 0.82% 比 0.27% 大也证实了这一点.

值得一提的是, 在进行上述论证时一定要特别小心, 因为我们不希望在三元组中出现重复计算的问题. 重复计算是概率论中最常见的错误之一, 绝大多数人曾犯过几次这样的错误. 例如, "三个人的生日在同一天" 只能被看作一次成功, 而非三次. 为什么有可能会错误地计算成三次呢? 举个例子, 如果这个三元组是 (3 月 5日, 3 月 5 日, 3 月 5 日), 那么我们可以认为它描述的是 "前两人的生日在同一天", 或者 "后两人的生日在同一天", 抑或 "第一个人和最后一个人的生日在同一天". 当学习第 3 章中的组合与概率时, 我们会对重复计算展开大量讨论.

现在, 我们给出下面这些 (希望是显而易见的) 建议: 不要区别对待! 要把每种可能性都计算一次, 并且只能计算一次! 当然, 有时我们并不清楚要计算的是什么. 在电影《超人 2》中, 我最喜欢的场景之一就是莱克斯·卢瑟在白宫里极力讨好那些邪恶的氪星人: 佐德将军、乌萨和头脑迟钝的诺恩. 他试图说服他们, 使他们相信自己能够袭击并消灭超人.

佐德将军: 他和我们的力量一样强大.

莱克斯·卢瑟: 当然. 但是, 哦至尊, 他只有一个人, 但你们有三个人
(诺恩发出不满的咕哝声); 如果你把他计算两次, 那你们就有四个人.

在这里, 诺恩以为他没有被计算在内, 他认为上面所说的 "三个人" 是佐德将军、乌萨和莱克斯·卢瑟. 注意! 弄清楚你要计算的是什么, 并仔细地计算!

好了. 对于 "至少两个人的生日在同一天" 的概率会随着总人数的增加而不断变大, 我们不应该感到惊讶, 必须弄清楚的是该如何计算. 就这点而言, 我们仍然可以使用穷举法来计算 "在四个 (甚至更多) 人中, 至少两个人的生日在同一天" 的生

日排布方法数. 当总人数为 4 时, 你会发现我们需要一个更好的计算方法. 为什么呢? 此时, 我们要考察的情况会更多. 它不仅包括"四个人的生日在同一天""恰有三个人的生日在同一天"以及"恰有两个人的生日在同一天", 还包括"有两个人的生日在同一天, 且剩下两个人的生日在另外一天"(比如四个人的生日分别是 3 月 5 日、3 月 25 日、3 月 25 日和 3 月 5 日). 最后一种情况很好地补充了前面的讨论. 之前我们担心重复计算的问题, 现在则会担心漏掉某种可能性! 所以, 不仅要避免重复计算, 还必须把所有可能的情况**全部**考虑进来.

好吧, 穷举法不是一个高效、令人满意的方法. 我们需要更好的思路. 在概率论中, 计算**对立事件的概率**——A 不发生的概率 —— 有时要比直接计算事件 A 的概率容易很多. 如果我们知道事件 A 不发生的概率是 p, 那么 A 发生的概率就是 $1 - p$. 这是根据"两者必有其一发生"的基本关系得到的: A 和非 A 是互斥事件——要么 A 发生, 要么 A 不发生. 因此, 两者概率之和一定等于 1. 这些都是关于概率的直观概念 (概率是非负的, 且和为 1). 在第 2 章中, 当正式定义某些概念时, 我们会对这部分内容进行详细论述.

这对我们有什么帮助呢? 我们来计算"在 n 个人中, 所有人的生日都互不相同"的概率. 不妨假设所有人排成一列依次进入房间. 对第一个人来说, 由于房间中没有人, 所以他可以选择 365 天中的任何一天作为其生日. 因此, 当房间中只有一个人的时候, "所有人的生日都互不相同"的概率就是 1. 我们把 1 改写成 365/365, 一会儿就能明白为什么把 1 写成这种形式会更好. 当第二个人进入时, 房间里已经有人了. 为了保证两个人的生日不在同一天, 第二个人的生日必须从剩下的 364 天中选取. 那么, 此时"所有人的生日都互不相同"的概率就是 $\frac{365}{365} \cdot \frac{364}{365}$. 在这里, 我们利用了独立事件的概率是可乘的这一事实. 这意味着, 如果事件 A 和 B 是相互独立的 (也就是说, 由 A 发生无法判断 B 是否发生, 反之亦然), 并且 A 发生的概率是 p, B 发生的概率是 q, 那么 A 和 B 同时发生的概率就是 $p \cdot q$.

类似地, 当第三个人进入房间时, 如果想让所有人的生日都互不相同, 那么第三个人的生日就要从剩下的 $365 - 2 = 363$ 天中任意选取. 因此, 对第三个人来说, 她与前两个人的生日都不相同的概率是 $\frac{363}{365}$, 那么这三个人的生日互不相同的概率就是 $\frac{365}{365} \cdot \frac{364}{365} \cdot \frac{363}{365}$. 由一致性可知, 这意味着"在三个人中, 至少两个人的生日在同一天"的概率为 $1 - \frac{365}{365} \cdot \frac{364}{365} \cdot \frac{363}{365} = \frac{365^3 - 365 \cdot 364 \cdot 363}{365^3}$, 即 398 945/48 627 125. 这与我们前面的结论是一致的.

注意这种计算方法的相对简便性. 通过计算**互补概率**(即目标事件不发生的概率), 我们不再担心重复计算的问题, 也不必担心遗漏那些能使事件发生的可能情况.

沿着这种思路去论证, 我们发现"在 n 个人中, 所有人的生日都互不相同"的概率是

$$\frac{365}{365} \cdot \frac{364}{365} \cdots \frac{365 - (n-1)}{365}.$$

对于上面的表达式, 最困难的一点就是指出最后一步是什么. 第一个人的分子是 365, 也就是 $365 - 0$, 第二个人的分子是 $364 = 365 - 1$. 我们可以从中找出规律, 并得出第 n 个人的分子是 $365 - (n-1)$(因为减掉的数就等于这个人的编号减 1). 使用**连乘符号**, 这个结果可以改写成

$$\prod_{k=0}^{n-1} \frac{365 - k}{365}.$$

它是由**连加符号**推广而来的. 就像 $\sum_{k=0}^{m} a_k$ 是 $a_0 + a_1 + \cdots + a_{m-1} + a_m$ 的缩写, 我们把 $a_0 a_1 \cdots a_{m-1} a_m$ 简写成 $\prod_{k=0}^{m} a_k$. 在微积分中, 你或许还记得空和 (empty sum) 的定义是 0. 按照这种 "正确" 的约定, 空积 (empty product) 应该被定义为 1.

如果引入另外一种符号, 那么表达式就可以用一种优美的方式来展现. 一个正整数的**阶乘**指的是所有小于或等于该数的正整数之积. 我们用感叹号来表示阶乘. 如果 m 是一个正整数, 那么 $m! = m \cdot (m-1) \cdot (m-2) \cdots 3 \cdot 2 \cdot 1$. 于是 $3! = 3 \cdot 2 \cdot 1 = 6$, $5! = 120$. 事实证明, 让 $0! = 1$ 非常有用 (这与我们 "空积为 1" 的约定是一致的). 使用阶乘符号, 我们得到 "在 n 个人中, 所有人的生日都互不相同" 的概率是

$$
\begin{aligned}
\prod_{k=0}^{n-1} \frac{365 - k}{365} &= \frac{365 \cdot 364 \cdots (365 - (n-1))}{365^n} \\
&= \frac{365 \cdot 364 \cdots (365 - (n-1))}{365^n} \frac{(365 - n)!}{(365 - n)!} = \frac{365!}{365^n \cdot (365 - n)!}.
\end{aligned}
\tag{1.1}
$$

有必要解释一下为什么要乘以 $(365 - n)!/(365 - n)!$. 在数学里, **与 1 相乘**是个非常重要的技巧. 如果让一个表达式乘以 1, 那么它的取值显然不会发生任何改变. 这样做的好处在于, 我们可以对代数因式进行重组, 还能把不同的关系凸显出来. 在本书中, 我们可以看到**改写代数表达式**所带来的各种好处. 有时是强调了问题的不同方面, 有时是对计算过程进一步简化. 在上式中, "与 1 相乘" 使得分子可以改写成相当简单的 365!.

由于上述乘积是 "n 个人中任意两个人的生日都不相同" 的概率, 所以要想解决问题, 我们必须找到能使这个乘积小于 1/2 的最小的 n. 因此, 如果这个概率小于 1/2, 就意味着 "至少两个人的生日在同一天" 的概率不小于 50%.(牢记: 互补概率!) 遗憾的是, 这计算起来并不容易. 我们必须不断地乘上一个新项, 直到乘积首次小于 1/2 为止. 在这个过程中, 我们得不到什么启发, 也无法进一步推广. 例如,

火星上的一年差不多是地球上的两年. 如果我们移居到火星上, 将会发生什么? 这个问题的答案又会是什么?

对于式 (1.1) 右端的表达式, 我们可以用试错法来计算它在 n 取不同值时的结果. 但这种做法存在一个问题: 如果我们使用的是计算器或者 Microsoft Excel, 那么 $365!$ 或者 365^n 就会导致内存溢出 (而像 Mathematica 和 Matlab 这样的高级程序可以处理比这更大的数). 因此, 我们不得不采用逐项相乘的方法. 最终的结果标记在图 1-2 中.

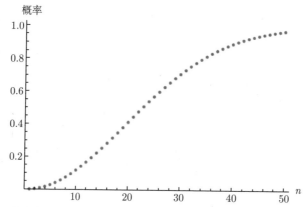

图 1-2　n 个人中至少有两个人的生日在同一天的概率 (一年有 365 天, 每一天都等可能地成为生日, 所有人的出生日期都相互独立)

通过乘法运算或者观察图中的点, 我们看到问题的答案是 23. 特别是当房间里有 23 个人时, "至少两个人的生日在同一天" 的概率大约是 50.7%. 当房间里有 30 个人时, 这个概率差不多上升到了 70.6%. 当有 40 个人时, 概率上升到了 89.1%. 当有 50 个人时, 概率上升到了惊人的 97%. 在大班授课时, 教授通常会与学生赌 5 美元, 断言 "教室里至少有两个人的生日在同一天". 从上面的分析可以看出, 如果教室里的人数不少于 40, 那么教授就非常安全 (至少没有赌输的危险, 但学院或者学校可能会对打赌这件事感到不满).

由于本书的目的之一是强调编程能力, 因此我们给出一个简单的 Mathematica 程序, 它可以生成图 1-2.

```
(* 计算生日概率的Mathematica代码 *)
(* 初始化 "生日在同一天" 和 "生日不在同一天" 的概率列表 *)
(* 因为递归化需要存储之前的值 *)
noshare = {{1, 1}}; (* 开始时, 生日不在同一天的概率是100% *)
share = {{1, 0}};  (* 开始时, 生日在同一天的概率是0% *)
currentnoshare = 1; (* 当前生日不在同一天的概率 *)
For[n = 2, n <= 50, n++, (* 将计算前50个人的情况 *)
```

```
{
 newfactor = (365 - (n-1))/365; (* 乘积的第二项 *)
 (* 更新“生日不在同一天”的概率 *)
 currentnoshare = currentnoshare * newfactor;
 noshare = AppendTo[noshare, {n, 1.0 - currentnoshare}];
 (* 更新“生日在同一天”的概率 *)
 share = AppendTo[share, {n, 1.0 - currentnoshare}];
 }];
(* 输出“生日在同一天”的概率 *)
Print[ListPlot[share, AxesLabel -> {"n", "Probability"}]]
```

1.1.3 对问题和答案的推广：效率

虽然我们解决了最初的生日问题, 但从计算的角度来看, 这个结果并不令人满意. 如果改变一年的总天数, 那么就必须重新计算一次. 因此, 虽然得到了在地球上的结果, 但对于一年约有 687 天的火星来说, 我们并不能立刻得到问题的答案. 有趣的是, 这个答案是只需要 31 个人!

尽管我们不太可能在火星上与火星人一起参加聚会, 但是这种推广十分重要. 这个问题可以转化成如下形式: 一个随机试验共有 D 种可能的结果, 并且每种结果出现的概率是相等的, 那么需要进行多少次试验才能使“至少两次试验的结果相同”的概率为 50%? 这个问题有两种可能的应用. 第一, 假设我们有一些麦片包装盒, 每个盒子中都等可能地放着 n 个不同玩具中的一个. 那么在首次得到两个相同的玩具之前, 我们已经得到了多少个玩具? 第二, 假设某种东西正在破坏某个系统 (或许是酸雨正在侵蚀建筑物, 又或许是闪电正在烧毁电缆), 必须击中两次才能完全破坏. 如果在每次攻击中, 所有地方都等可能地被击中, 那么问题就变成了: 需要进行多少次攻击才能使得至少一个系统被摧毁.

在当代数学中, 这是一个常见的主题: 只知道求某个量的算法是不够的, 我们想要的更多. 我们希望得到一个高效且便于使用的算法, 最好能得到一个不错的闭型解, 这样就能看出答案是如何随着参数的改变而发生变化的. 就这一点而言, 前面的答案相当失败.

本节随后会介绍一些微积分中的常用知识. 我们需要了解与 $\log x$ 的泰勒级数有关的基本事实, 还要知道前 m 个正整数之和的计算公式 (我们能很快地把它推导出来). **注意, 本书中用 $\log x$ 表示以 e 为底 x 的对数, 而不是用 $\ln x$. 我们知道, $\log x$ 和 e^x 的导数分别是 $1/x$ 和 e^x, 这很漂亮. 但 $\log_b x$ 和 b^x 的导数分别是 $1/(x \log b)$ 和 $b^x \log b$, 这有些杂乱** (需要特别记住 $\log b$ 是在分母还是在分子中). 如果你没学过微积分, 那就略过下面的论证, 只要知道这个主题是如何发挥作用的就行了. 如果你没见过泰勒级数, 那就通过切线逼近来得到 $\log x$ 的一个类似逼近.

我们将证明如何利用一些简单的代数知识来推导下面这个著名的表达式: 如果出席聚会的每个人都等可能地出生在 D 天中的任何一天, 那么大约需要 $\sqrt{D \cdot 2 \log 2}$ 个人才能使得 "至少两个人的生日在同一天" 的概率为 50%.

下面给出用到的微积分知识.

- 当 $|x| < 1$ 时, $\log(1-x)$ 的泰勒级数展开式为 $-\sum_{l=1}^{\infty} x^l/l$. 如果 x 的取值较小, 那么因为 x^2 远小于 x, 所以 $\log(1-x)$ 约等于 $-x$ 加上一个非常小的误差. 另一种思路是, 曲线 $y = f(x)$ 在 $x = a$ 处的切线方程是 $y - f(a) = f'(a)(x-a)$. 这样做是因为我们想要得到一条经过点 $(a, f(a))$ 且斜率为 $f'(a)$ 的直线 (记住, f 在 a 处的导数就是这条曲线在 $x = a$ 处的切线斜率). 因此, 当 x 与 a 的距离很近时, $f(a) + f'(a)(x-a)$ 就是对 $f(x)$ 的一个很好的逼近. 此时, $f(x) = \log(1-x)$ 并且 $a = 0$. 于是 $f(0) = \log 1 = 0$, $f'(x) = \frac{-1}{1-x}$, 这意味着 $f'(0) = -1$. 由此可知切线方程就是 $y = 0 - 1 \cdot x$. 换句话说, 当 x 取值较小时, $\log(1-x)$ 近似于 $-x$. **在讨论中心极限定理的证明时, 我们还会遇到这种展开式.**

- $\sum_{l=0}^{m} l = m(m+1)/2$. 这个式子通常利用归纳法来证明 (参见 A.2.1 节), 但我们还可以给出一个简洁的直接证明. 写出原始序列, 并在其下方再把序列以倒序写一遍. 然后把所有数逐列相加: 第一列是 $0+m$, 第二列是 $1+(m-1)$, 依此类推, 最后一列是 $m+0$. 我们注意到, 每列的数之和都是 m, 并且一共有 $m+1$ 列. 因此, 被计算两次的序列之和为 $m(m+1)$, 那么原序列之和就是 $m(m+1)/2$.

我们利用这些知识来分析式 (1.1) 左端的乘积. 尽管是在一年有 365 天的前提下计算的, 但这种计算方法很容易推广到一年有任意多天的情况, 或者有任意多个事件的情况.

首先把 $\frac{365-k}{365}$ 改写成 $1 - \frac{k}{365}$, 会发现 p_n(所有人的生日都不相同的概率) 是

$$p_n = \prod_{k=0}^{n-1} \left(1 - \frac{k}{365}\right),$$

其中 n 是总人数. 我们经常使用的一个技巧是取乘积的对数. 从现在开始, 只要看到乘积, 你就要**取其对数**, 并形成一种**巴甫洛夫条件反射**. 如果学过微积分, 那么你对和就有一定的了解. 关于和与积分之间的相互转化, 我们有一套庞大的理论. 你可能还记得像黎曼和、黎曼积分这样的名词. 但要注意, 在乘积里并没有类似的概念. 我们所熟知的只有和. 虽然我们对于乘积了解得并不多, 但会看到对数可以把乘积转化成和, 这样就能进入熟悉的领域. 如果你不清楚对数为什么有用, 那现在是时候来了解它了. 对数法则是标准化测试的内容, 所以我们在这里不展开讨论. 实际上, 对数法则是解决很多问题的好方法.

另外, 取对数之所以会产生如此大的作用是因为我们熟知大量与和有关的知识, 但对乘积却知道得很少. 由 $\log(xy) = \log x + \log y$ 可知, 取对数能把上面的乘积转化成一个和:

$$\log p_n = \sum_{k=0}^{n-1} \log\left(1 - \frac{k}{365}\right).$$

现在把这里的对数进行泰勒展开, 令 $u = k/365$. 因为我们假定 n 远小于 365, 所以去掉误差项后就得到

$$\log p_n \approx \sum_{k=0}^{n-1} -\frac{k}{365}.$$

利用第二条微积分知识, 可以对这里的和进行估算, 并得到

$$\log p_n \approx -\frac{(n-1)n}{365 \cdot 2}.$$

由于我们想要得到的概率是 50%, 所以令 p_n 等于 1/2, 从而有

$$\log(1/2) \approx -\frac{(n-1)n}{365 \cdot 2},$$

或者

$$(n-1)n \approx 365 \cdot 2\log 2$$

(因为 $\log(1/2) = -\log 2$). 又因为 $(n-1)n \approx n^2$, 于是

$$n \approx \sqrt{365 \cdot 2\log 2}.$$

这使得 $n \approx 22.49$. 又因为 n 必须是整数, 所以这个式子告诉我们 n 应该是 22 或者 23, 而这恰好与我们前面精确计算的结果相吻合. 沿着上述思路去论证, 如果一年有 D 天, 那么问题的答案就是 $\sqrt{D \cdot 2\log 2}$.

在生日问题中, 我们用一个更好的估计 $n(n-1) \approx (n-1/2)^2$ 来代替 $n(n-1) \approx n^2$, 并由此得到需要的总人数为 $\frac{1}{2} + \sqrt{365 \cdot 2\log 2}$. 这个值约等于 22.9944, 它与 23 的差距极小. 这相当神奇: 通过几次简单的近似计算, 我们得到了与 23 非常接近的结果. 只不过多做了一点工作, 误差就下降到仅为 0.0056! 我们完全回避了大量的乘积计算.

在图 1-3 中, 一年的总天数由 10 变动到 1×10^6. 在此过程中, 我们把估算结果与真实答案进行比较, 并发现它们惊人的一致 —— 从外表上看, 两者没有任何区别! 当一年的总天数较多时, 估算的结果非常接近于真实答案, 但这并不是一件让人感到吃惊的事 —— 一年的总天数越多, n 就越大, 泰勒展式的误差就越小.

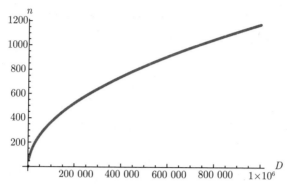

图 1-3 n 表示在一年有 D 天的前提下 (每一天都等可能地成为生日, 所有人的
        出生日期都相互独立), 保证"至少两个人的生日在同一天"的概率为 50%
        所需要的最少人数. 我们把真实答案 (黑点) 和估算结果 $\sqrt{D \cdot 2 \log 2}$(灰
        线) 都标记在图中. 注意两者显著的一致性: 我们看不出估算结果与真实
        答案之间的区别

1.1.4   数值检验

在理论计算之后, 你最好通过数值模拟来检验一下答案是否合理. 下面的 Ma-
thematica 代码可以算出"n 人中至少有两个人的生日在同一天"的概率.

```
birthdaycdf[num_, days_] := Module[{},
 (* num 是我们操作的次数 *)
 (* days 是一年的总天数 *)
 For[d = 1, d <= days, d++, numpeople[d] = 0];
 (* 初始化为d人中每个人的生日都不在同一天 *)


 For[n = 1, n <= num, n++,
 { (* 开始对n循环 *)
  share = 0;
  bdaylist = {}; (* 这里将存储房间里人们的生日 *)
  k = 0; (* 初始化为0个人 *)
  While[share == 0,
  {
   (* 随机选择一个新的生日 *)
   x = RandomInteger[{1, days}];
   (* 看看新生日是否包含在集合中 *)
   (* 如果不包含, 则添加; 如果包含, 则结束 *)
   If[MemberQ[bdaylist, x] == False,
   bdaylist = AppendTo[bdaylist, x],
```

```
    share = 1];
    k = k + 1; (* 人数增加1 *)
    (* 如果只有一个相同的生日, 那么从这个人开始, 所有numpeople都加1 *)
    If[share == 1, For[d = k , d <= days, d++,
      numpeople[d] = numpeople[d] + 1];
    ]; (* 记录何时匹配 *)
    (* 就像从那一刻开始所做的cdf一样 *)
    }]; (* 结束 while 循环 *)
}]; (* 结束对n的循环 *);


bdaylistplot = {};
max = 3 * (.5 + Sqrt[days Log[4]]);
For[d = 1, d <= max, d++,
bdaylistplot =
    AppendTo[bdaylistplot, {d, numpeople[d] 1.0/num}]
    ]; (* 结束对d的循环 *)
(* 输出所观察到"生日在同一天"的概率, 它是总人数的函数 *)
Print[ListPlot[bdaylistplot, AxesLabel -> {People, Prob}]];
Print[
    "Observed probability of success with 1/2 + Sqrt[D log(4)] people
    is ", numpeople[Floor[.5 + Sqrt[days Log[4.]]]]*100.0/num, "%."];
(* 这是我们的理论预测 *)
f[x_] := 1 - Product[1 - k/days, {k, 0, Floor[x]}];
(* 利用Show函数同时输出我们的观测数据和预测 *)
Print[
    Show[Plot[f[x], {x, 1, max}],
    ListPlot[bdaylistplot, AxesLabel -> {People, Prob}]
    ]];
theorybdaylistplot = {};
For[d = 1, d <= max, d++,
    theorybdaylistplot = AppendTo[theorybdaylistplot, {d, f[d]}]];
Print[
    ListPlot[{bdaylistplot, theorybdaylistplot},
    AxesLabel -> {People, Prob}]];
];
```

上面的代码考虑了num这组变量, 一年的总天数用day来表示, 同时还涉及了很多不同的显示选项. 此外, 它还计算了通过观察得到的"在 $1/2 + \sqrt{D \log 4}$ 个人中至少有两个人生日在同一天" 的概率. 我们把这个模拟结果标记在图 1-4 中, 其中对一年有 365 天的情况进行了 100 000 次试验. 从 $1/2 + \sqrt{D\log 4}$ 的估计点中可以得出, 所求概率为 47.8%; 与我们做过的所有近似相比, 这个结果已经相当不错了. 至于该事件的累积概率, 实验结果与理论结果之间的比较会相当惊人, 这充分说明了我们没有出错!

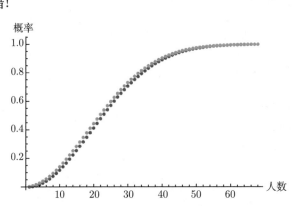

图 1-4   实验与理论的比较: 100 000 次尝试, 其中一年有 365 天

1.2   从投篮到几何级数

本节的目的是介绍数学中一些常用的重要结果, 尤其是概率论中的那些. 虽然学习这部分内容的方法是考察一场特殊的篮球赛, 最终的结果却可以应用于许多领域. 因此, 在接下来阅读本书的过程中, 希望你能把这部分内容牢记在心. 在讨论过一些推广之后, 我们会给出另一个有趣的问题. 这个问题的答案有点复杂, 有一篇很不错的论文讲的就是这个问题的求解, 因此这里不对它进行详细论述. 相反, 我们会把精力放在如何解决这样的问题上, 这是一项非常重要的技能. 在遇到困难时, 人们很容易感到沮丧, 而且通常不清楚该如何开始. 我们会讨论一些解决问题的常用方法, 如果掌握住这些技巧, 你就可以反复地去应用它们, 从而使其发挥更大的作用.

1.2.1   问题和解答

精彩的投篮: 想象一下, 拉里·伯德和魔术师约翰逊决定不展开激烈的比赛 (见图 1-5), 而是进行一对一的投篮竞赛, 赢者胜出. (在我成长的过程中, 他们是两位最棒的超级巨星. 你可以把拉里·伯德替换成保罗·皮尔斯, 让科比·布莱恩特代替魔术师约翰逊, 这样或许会更有助于你理解. 你可以想一下我是在哪里长大的以及本节写于哪一年.) 这两位超级巨星轮流投篮, 并且投篮时所站的位置相同. 假设拉里·伯德每次投篮的命中率为 p (那么失败的概率就是 $1 - p$), 而魔术师约翰逊每次投篮的命中率为 q (失败的概率就是 $1 - q$). 如果拉里·伯德先投, 那么他在投篮竞赛中获胜的概率是多少?

这个问题是不是很简洁明了? 从总体上来看的确如此, 但正如在生日问题中所看到的那样, 我们有必要花些时间来仔细思考这个问题, 并确保没有做任何隐藏假设. 有一点需要强调: 这是一个数学问题, 而不是一个实际问题. 我们假设拉里·伯德每次投篮的命中率始终为 p. 他从不疲倦, 观众也不会对他造成任何 (正面的或者负面的) 影响. 魔术师约翰逊也是如此. 当然, 这在现实生活中是很荒谬的; 如果不考虑其他, 在一年的投篮之后, 我们就认为球员会很疲倦, 这将导致他们的命中率下降. 但是, 这是在数学课上, 而不是篮球场上, 我们不需要担心如何让我们的球员拥有超人的体力. 这个问题还可以推广到一般的 "人类" 球员上, 我们把这部分内容留给读者.

图 1-5 拉里·伯德和魔术师约翰逊, 摄于 1985 年在波士顿花园举办的 NBA 总决赛第 2 场比赛 (5 月 30 日). 图片来自于史蒂夫·力普夫斯基

虽然我们选择将其称为篮球问题, 但许多比赛都遵循这种一般模式. 概率论中的一个常见问题是: 对于某个不断重复的进程, 找到它首次成功所需等待时间的分布. 例如, 抛掷一枚硬币, 正面朝上的概率为 p, 反面朝上的概率为 $1 - p$. 两个 (或更多) 人轮流抛一枚硬币, 首先抛出正面 (或反面) 的那个人获胜. 把这个问题进一步复杂化的方法有很多. 我们可以让更多人参与进来, 也可以让概率发生改变. 我们把这些推广内容放在以后讨论, 现在继续考察简单的投篮问题. 一旦学会了如何解决这个问题, 我们就为求解其他问题做好了充分的准备.

解决这个问题的标准方法是写出一些概率, 然后利用几何级数公式来计算它们的和.

几何级数公式: 设 r 是一个绝对值小于 1 的实数, 那么

$$\sum_{n=0}^{\infty} r^n = 1 + r + r^2 + r^3 + \cdots = \frac{1}{1-r}.$$

在本节末尾, 我会回顾如何证明这个有用的公式. 利用几何级数公式解决这个

问题之后, 我们会讨论另外一种证明方法, 它可以推导出几何级数公式的证明! 我们将采用一种称为**代回法**(Bring It Over Method) 的强大技巧. 感谢亚历克斯·卡梅伦, 他在威廉姆斯学院的微分方程课上提出了这个说法. 这种技巧不仅在概率论中很重要, 在数学的其他方面也十分重要, 我们将在稍后的例子中看到这一点. 正是因为这种方法非常重要和有用, 我们才把它放到了本书的开头. 你应该从一开始就看到 "好的" 数学, 这意味着数学不仅要美丽, 还要强大和有用. 接下来会谈到很多内容, 如果你愿意花时间来消化它们, 那么你的知识储备将会更加丰厚.

首先, 我们来讨论解决这个问题的标准方法. 对于每一个正整数 n, 我们计算拉里·伯德在第 n 次投篮后获胜的概率. 为了得到答案, 先来考虑一些取值较小的 n. 如果 $n = 1$, 就意味着拉里·伯德在第一次投篮时就获得了胜利. 也就是说, 他第一次投篮就成功了, 且成功的概率为 p. 如果 $n = 2$, 那么拉里·伯德在第二次投篮后获胜. 为了让拉里·伯德获得第二次投篮机会, 他和魔术师约翰逊的第一次投篮都必须失败. 由于拉里·伯德第一次投篮失败的概率为 $1 - p$, 而魔术师约翰逊第一次投篮失败的概率为 $1 - q$, 所以 "拉里·伯德和魔术师约翰逊的第一次投篮均失败, 并且拉里·伯德的第二次投篮成功" 的概率等于 $(1 - p)(1 - q)p = rp$, 在这里令 $r = (1 - p)(1 - q)$. 类似地, 如果 $n = 3$, 那么拉里·伯德必须在前两次投篮中均失败, 而魔术师约翰逊的前两次投篮也要失败, 并且拉里·伯德在第三次投篮时必须成功. 这个事件发生的概率为 $(1 - p)(1 - q)(1 - p)(1 - q)p = r^2 p$. 概括来说, 拉里·伯德在第 n 次投篮后获胜的概率为 $r^{n-1} p$. 注意, r 的指数是 $n - 1$, 为了在第 n 次投篮后获胜, 他的前 $n - 1$ 次投篮都必须失败, 而第 n 次投篮必须成功.

现在, 我们已经把拉里·伯德的获胜概率分解成了 (无限多个!) 更简单的概率之和. 我们没有重复计算任何一种结果, 而且考虑到了拉里·伯德获胜的各种可能情况. 如果拉里·伯德获胜, 那么一定存在某个 n, 使得他首次命中发生在第 n 次投篮. 也就是说, 他获胜的概率是

$$\text{"拉里·伯德获胜" 的概率} = p + rp + r^2 p + r^3 p + \cdots = \sum_{n=0}^{\infty} r^n p = p \sum_{n=0}^{\infty} r^n,$$

这里的 r 与前面一样, 即 $r = (1 - p)(1 - q)$. 利用几何级数公式计算这个概率可得

$$\text{"拉里·伯德获胜" 的概率} = \frac{p}{1 - r},$$

其中 $r = (1 - p)(1 - q)$.

接下来, 在不使用几何级数公式的前提下推导这个概率. 事实上, 利用概率推理可以推导出这个公式的另一种证明. 我们用 x 表示拉里·伯德获胜的概率, 并用一种不同于之前的方式来计算 x. 如果拉里·伯德第一次投篮成功了 (发生的概率为 p), 那么他就获得了胜利. 由定义可知, 这个事件发生的概率为 p. 如果拉里·伯

德在第一次投篮时失败了 (发生的概率为 $1-p$), 那么他可能获胜的唯一方法就是魔术师约翰逊在第一次投篮时也没有成功, 这种情况发生的概率为 $1-q$. 显然, 在魔术师约翰逊不失手的情况下, 拉里·伯德不可能获胜; 但是魔术师约翰逊的失败并不足以保证拉里·伯德能够获得胜利.

现在我们看到一个非常有趣的局面. 拉里·伯德和魔术师约翰逊的第一次投篮都失败了, 而拉里·伯德马上又要开始投第二球. 由此可以看出一点, 如果 x 是拉里·伯德首次成功时的获胜概率, 那么在已知拉里·伯德和魔术师约翰逊的第一次投篮都失败的前提下, 拉里·伯德能获胜的概率仍是 x. 这是因为投篮竞赛的某个结果是如何达成的并不重要. 只要拉里·伯德在投篮, 那么不管他和魔术师约翰逊已经失败过多少次, 在我们的模型里他获胜的概率始终是一样的. 这是一个**无记忆进程**的例子. 唯一重要的就是我们处于什么状态, 而不是我们如何到达那里.

令人惊奇的是, 我们现在可以求出拉里·伯德获胜的概率 x! 回顾 $r=(1-p)(1-q)$, 可以看到这个概率就是 $p+(1-p)(1-q)x$, 或者

$$x = p + (1-p)(1-q)x$$
$$x - rx = p$$
$$x = \frac{p}{1-r}.$$

现在, 我们用两种不同的方法计算了拉里·伯德获胜的概率: 第一种方法利用了几何级数, 第二种方法用到了无记忆进程. 由于这两种表述一定是等价的, 所以如果让两个答案相等, 那么就会发现这也证明了几何级数公式:

$$\text{因为} \quad p\sum_{n=0}^{\infty} r^n = \frac{p}{1-r}, \text{所以} \quad \sum_{n=0}^{\infty} r^n = \frac{1}{1-r},$$

其中 $p \neq 0$! 在数学论证中, 你必须时刻小心被零除. 例如, 当 $p=0$ 时 $4p=9p$, 但这并不意味着 $4=9$. 当然, 如果 $p=0$, 那么拉里·伯德就没有获胜的机会, 我们也没必要考虑这个计算. 通过选择恰当的 p 值和 q 值 (参见习题 1.5.30), 可以证明关于 r 的几何级数, 其中 r 是满足 $0 \leqslant r < 1$ 的任意值.

这是概率论中最重要的方法之一; 事实上, 这也是我们把这个问题放在引言中的原因之一. 我们会经常遇到一些非常困难的计算, 但如果够聪明, 我们就会看到它等于某些更容易求解的东西. 当然, 我们很难 "看到" 这种更简单的方法, 但做的题目越多就越容易看到它. 我们称之为**比较证明法**(Proof by Comparison) 或者**故事证明法** (Proof by Story), 并会在 A.6 节中给出更多的例子和解释.

计算拉里·伯德获胜概率的第二种方法之所以有效, 是因为我们有如下形式的表达式

$$\text{未知量} = \text{已知量} + c \cdot \text{未知量},$$

这里只要求 $c \neq 1$. 我们必须排除 $c = 1$ 的情况, 否则在方程的两端会同时出现一样的未知量, 这意味着我们无法将未知量分离出来. 但如果 $c \neq 1$, 那么我们就能求出 "未知量 = 已知量 $/(1-c)$".

例 1.2.1 (代回法求积分) 在微积分中, "代回法" 是人们非常熟悉的一种方法, 用来计算某些积分值. 它的基本思想是, 通过计算使得方程两端同时含有未知积分, 然后解方程求出积分值. 例如, 考察

$$I = \int_0^\pi e^{cx} \cos x \, dx.$$

我们进行两次分部积分. 令 $u = e^{cx}$, $dv = \cos x \, dx$, 于是 $du = ce^{cx} dx$ 且 $v = \sin x$. 因为 $\int_0^\pi u \, dv = uv|_0^\pi - \int_0^\pi v \, du$, 所以

$$I = e^{cx} \sin x \big|_0^\pi - \int_0^\pi ce^{cx} \sin x \, dx = -c \int_0^\pi e^{cx} \sin x \, dx.$$

现在第二次使用分部积分. 于是, 再次令 $u = e^{cx}$, $dv = \sin x \, dx$, 进而有 $du = ce^{cx} dx$ 和 $v = -\cos x$. 那么

$$
\begin{aligned}
I &= -c \int_0^\pi e^{cx} \sin x \, dx \\
&= -c \left[e^{cx}(-\cos x) \Big|_0^\pi - \int_0^\pi ce^{cx}(-\cos x) \, dx \right] \\
&= -c \left[e^{\pi c} + 1 + c \int_0^\pi e^{cx} \cos x \, dx \right] \\
&= -ce^{\pi c} - c - c^2 \int_0^\pi e^{cx} \cos x \, dx = -ce^{\pi c} - c - c^2 I.
\end{aligned}
$$

最后一个积分就是我们要算的 I. 整理上式可得

$$I + c^2 I = -ce^{\pi c} - c, \tag{1.2}$$

或者

$$I = \int_0^\pi e^{cx} \cos x \, dx = -\frac{ce^{\pi c} + c}{c^2 + 1}.$$

这是一种非常好的方法 —— 不直接计算积分, 而是让这个积分等于某个已知量与其倍数之差.

注 1.2.2 每当看到像式 (1.2) 那样的复杂表达式时, 都应该验证一下其参数的特殊情形. 这是检验我们是否犯错的一个好方法. 比如, 当 $c > 0$ 时最终的答案是负的, 你是不是有点吃惊? 当 $x \leqslant \pi/2$ 时余弦函数是正的, 但当 x 在 $\pi/2$ 和 π 之间取值时余弦函数就变成了负的, 而且 e^{cx} 是个单调增加的函数. 那么, 当指数取值较大时就会有一个负项产生, 而整个表达式也应当是负的. (老实说, 在写这个问题时我原本丢掉了一个负号, 后来通过验证才发现了这个错误!) 另外一个不错的

验证方法是让 $c = 0$. 此时有 $\int_0^\pi \cos x dx$, 它的值为 0. 这正是式 (1.2) 在 $c = 0$ 时的结果.

注 1.2.3 (几何级数公式的证明) 为了保持完整性, 我们给出几何级数公式的标准证明. 考虑 $S_n = 1 + r + r^2 + \cdots + r^n$. 注意到 $rS_n = r + r^2 + r^3 + \cdots + r^{n+1}$, 于是 $S_n - rS_n = 1 - r^{n+1}$, 或者

$$S_n = \frac{1 - r^{n+1}}{1 - r}.$$

如果 $|r| < 1$, 那么令 $n \to \infty$, 可得

$$\lim_{n \to \infty} S_n = \sum_{n=0}^{\infty} r^n = \frac{1}{1 - r}.$$

我们乘上 r 的原因是, 这样能使两个表达式中的项几乎完全相同. 当我们做减法时, 几乎所有的项就都被消掉了. 通过实践, 我们可以更容易地看出进行什么样的代数运算会导致极大的简化, 但这正是课题中最困难的部分之一.

注 1.2.4 从技术角度上看, 我们给出的几何级数的概率证明并不像标准证明那么好. 原因在于, $r = (1 - p)(1 - q)$ 会迫使我们取 $r \geq 0$. 另一方面, 标准证明却允许我们取绝对值小于 1 的任何 r. 通过一些额外的工作, 我们可以进一步推广论证, 从而使 r 取负值的情形也能得到处理. 令 $r = -s$, 其中 $s \geq 0$, 那么

$$\sum_{n=0}^{\infty} (-s)^n = \sum_{n=0}^{\infty} s^{2n} - \sum_{n=0}^{\infty} s^{2n+1} = (1 - s) \sum_{n=0}^{\infty} s^{2n}.$$

现在把几何级数公式应用到 $s^{2n} = (s^2)^n$ 的和上, 得到

$$\sum_{n=0}^{\infty} (-s)^n = (1 - s) \cdot \frac{1}{1 - s^2} = \frac{1 - s}{(1 - s)(1 + s)} = \frac{1}{1 + s} = \frac{1}{1 - (-s)},$$

这与我们上面所说的一致. 我们所做的一切似乎都只是一些巧妙的代数运算, 但很多数学领域都在研究如何**重写代数表达式**来消除混乱并弄清楚到底发生了什么. 这个例子表明了, 我们通常可以先证明一个简单情形下的结果, 然后再做一点工作就能得到更一般的结果.

注 1.2.5 当所学的数学知识越来越复杂时, 你就会意识到好的符号表示能带来巨大的帮助. 在概率论中, 通常用 q 来表示互补概率 $1 - p$. 然而, 在这个问题上, 我们使用 p 和字母表中的下一个字母 q 来表示我们最关心的两个概率: 拉里·伯德的投篮命中率以及魔术师约翰逊的投篮命中率. 可以用 p_B 来表示拉里·伯德的命中率, 用 p_M 表示魔术师约翰逊的命中率; 虽然这现在看起来有点复杂, 但优点是更具描述性: 在阅读下文时, 我们能清楚地知道它们描述的是什么. 按照这种思路, 我们可以把拉里·伯德的获胜概率写成 x_B, 而不是 x. 就这个简单的问题而言, 这一点并不值得一提, 但从长远来看是值得考虑的事情.

1.2.2 相关问题

我们解决篮球问题时所采用的技巧可以应用于很多其他情形, 下面给出两个不错的例子. 第一个很好地介绍了**生成函数**, 第 19 章将对生成函数展开详细的讨论.

例: 代回法的另一个有趣例子是, 令 F_n 表示第 n 个斐波那契数, 计算 $\sum_{n=0}^{\infty} F_n/3^n$ 的值.

回想一下, 斐波那契数列是由递推关系 $F_{n+2} = F_{n+1} + F_n$ 来定义的, 其初始条件为 $F_0 = 0$ 和 $F_1 = 1$. 一旦序列中的前两项被指定, 那么其余项就由递推关系唯一地确定. 当我们研究第 23 章中的轮盘赌策略时, 会再次看到递推关系.

现在用我们的方法来解决这个问题. 令 $x = \sum_{n=0}^{\infty} F_n/3^n$. 在下面的论证中, 我们将对求和下标进行重新整理, 以便使用斐波那契数列的递推公式. 使用这个关系并不奇怪, 因为它是斐波那契数的定义属性. 我们有

$$
\begin{aligned}
x &= \sum_{n=0}^{\infty} \frac{F_n}{3^n} \\
&= \frac{F_0}{1} + \frac{F_1}{3} + \sum_{n=2}^{\infty} \frac{F_n}{3^n} \\
&= \frac{0}{1} + \frac{1}{3} + \sum_{m=0}^{\infty} \frac{F_{m+2}}{3^{m+2}} \\
&= \frac{1}{3} + \sum_{m=0}^{\infty} \frac{F_{m+1} + F_m}{3^{m+2}} \\
&= \frac{1}{3} + \sum_{m=0}^{\infty} \frac{F_{m+1}}{3^{m+1} \cdot 3} + \sum_{m=0}^{\infty} \frac{F_m}{3^m \cdot 9} \\
&= \frac{1}{3} + \frac{1}{3} \sum_{n=1}^{\infty} \frac{F_n}{3^n} + \frac{1}{9} \sum_{n=0}^{\infty} \frac{F_n}{3^n}.
\end{aligned}
$$

由于 $F_0 = 0$, 可以把最后一行的第一个和式写成 n 从 0 到 ∞ 的形式, 于是

$$
x = \frac{1}{3} + \frac{x}{3} + \frac{x}{9},
$$

这表明了 $x = 3/5$.

这很烦人, 但在像上面这样的问题中, 你必须改变求和下标, 让它产生点变动. 如果继续学习微分方程, 那么当学到级数解时, 你就会不停地做这件事. 关于这种方法的另一个例子, 请参阅 A.2.3 节中二项式定理的证明.

例: 我们再举一个例子. Alice、Bob 和 Charlie(如果学习密码学课程, 那么你就会再次与他们相见) 正在玩纸牌游戏. 第一个拿到方块牌的人获胜. 他们轮流抽牌 ——Alice 先抽, 之后是 Bob, 接下来是 Charlie, 然后又是 Alice, 依此类

推 —— 直到有人抽到方块牌为止. 当一个人抽取之后, 如果他拿到的牌不是方块, 则将其放回整副牌里, 并在下一个人抽取之前重新彻底洗牌. 每个人获胜的概率是多少?

警告: 我希望下面的论证看起来是可信的. 起初我以为是这样, 但它却导致了错误的答案! 在概述它之后, 我们会分析问题出现在哪里. 当你阅读下文时, 看看能否找到错误.

令 x 表示 Alice 获胜的概率, y 表示 Bob 获胜的概率, z 表示 Charlie 获胜的概率. 因为一副牌共有 52 张, 其中 13 张是方块, 所以无论谁抽牌, 他能抽到方块的概率都是 $13/52 = 1/4$. 那么, Alice 获胜的概率就是

$$x = \frac{1}{4} + \frac{3}{4} \cdot \frac{3}{4} \cdot \frac{3}{4} x,$$

或者 $x = \frac{1}{4} + \frac{27}{64}x$, 这表明了 $\frac{37}{64}x = \frac{1}{4}$ 或 $x = \frac{16}{37}$. 为什么是这个答案呢? 为了使 Alice 获胜, 要么 Alice 第一次抽牌就获胜了, 这个事件发生的概率是 $1/4$; 要么 Alice、Bob 和 Charlie 的第一次抽牌都没有成功, 这种情况发生的概率为 $(3/4)^3$. 从这一点上来看, 就好像我们刚开始玩游戏一样. 现在你应该看到这个问题与篮球问题的相似之处了.

同样, 我们发现 Bob 获胜的概率是

$$y = \frac{3}{4} \cdot \frac{1}{4} + \frac{3}{4} \cdot \frac{3}{4} \cdot \frac{3}{4} \cdot \frac{3}{4} y.$$

也就是说, 要么 Bob 在第一次抽牌时获胜; 要么所有人第一次抽牌都失败了, 接下来 Alice 又没抽到方块, 然后 Bob 又开始抽牌. 整理上述代数表达式可得 $y = \frac{48}{175}$. 如果对 Charlie 进行类似的论证, 我们会得到 $z = \frac{9}{37}$.

像往常一样, 检查答案是非常有意义的. 由于他们当中恰好必有一人获胜, 因此 $x + y + z = 1$ 一定成立. 虽然可以直接利用 x 和 y 求出 z, 但我们更喜欢上面这种方法, 因为它为我们提供了检验答案的机会. 只要有可能, 你就应该尝试用两种不同的方法来寻找答案, 以防出现代数 (或者其他更严重的) 错误. 在这个例子中, 我们有

$$x + y + z = \frac{16}{37} + \frac{48}{175} + \frac{9}{37} = \frac{6151}{6475} \neq 1.$$

那么, 到底出了什么问题? 这些概率之和应该是 1, 但实则不是; 我们的结果发生了偏离. 问题出现在我们没有正确地计算概率. 我们把 y 定义为, 当 Alice 先抽牌时, Bob 能获胜的概率. 因此, 关于 y 的等式并不是 $y = \frac{3}{4} \cdot \frac{1}{4} + \left(\frac{3}{4}\right)^4 y$, 而是

$$y = \frac{3}{4} \cdot \frac{1}{4} + \left(\frac{3}{4}\right)^3 y.$$

记住, y 是在**Alice**先抽牌的前提下, Bob 获胜的概率. 所以, 当我们重新开始游戏时, 一定是 Alice 在抽牌, 而不是 Bob. 为了更加明确, 我们来看一下上面的两项.

$\frac{3}{4} \cdot \frac{1}{4}$ 来自 Alice 先抽牌且没有抽到方块, 而紧随其后的 Bob 抽到了方块. 由于 y 是在 Alice 先抽牌的前提下 Bob 获胜的概率, 因此我们需要回过头来考察 Alice 的抽牌情况. 于是, 在第二项中, 因数 $\left(\frac{3}{4}\right)^3$ 代表了 Alice、Bob 和最后的 Charlie 都没有抽到方块牌. 从这一点开始, 又轮到 Alice 抽牌了, 那么从**此刻**起 Bob 获胜的概率就是 y.

因此 $y = \frac{3}{4} \cdot \frac{1}{4} + \left(\frac{3}{4}\right)^3 y$. 我们可以很容易地求出 $y = \frac{12}{37}$. 按照类似的论证可以得到 $z = \frac{9}{37}$. 注意 $x + y + z = \frac{16}{37} + \frac{12}{37} + \frac{9}{37} = 1$.

另外, 一旦知道了 x, 就可以直接通过 $y = \frac{3}{4}x$ 来确定 y. 从直观上看, 这很简单: 如果计算 Bob 获胜的概率, 那么 Alice 就肯定不会在她的第一次抽牌中获胜. 在 Alice 第一次抽牌失败后, 就该 Bob 抽牌了. 然而, 从这一刻开始, Bob 获胜的概率就等于 Alice 作为第一个抽牌人的获胜概率, 即 x. 于是 $y = \frac{3}{4}x = \frac{12}{37}$. 类似地, 我们可以求出 $z = \frac{3}{4} \cdot \frac{3}{4}x = \frac{9}{37}$. 我们需要一段时间才能以这种方式看待问题, 但这是值得的. 如果能准确地识别无记忆的部分, 那么你通常就可以绕过无限求和的过程. 在你的 "待办事项" (或者应该说 "求和") 列表中, 有限数量的项目要比无限多的项目更好一些!

在本节结束之前, 我们建议你学习一下如何编写简单的计算机代码. 这是一种极其有用、有价值的技能, 可以在数值层面上探讨问题, 还能验证数学结果. 我们重新审视一下自己的错误逻辑, 并写一个简单的程序来检验我们的答案是否合理. 我经常用 Mathematica 编程, 因为 (1) 它是免费提供给我的; (2) 它有很多我喜欢的预定义函数; (3) 它是个相当友好的环境, 有很好的显示选项; (4) 这是我在大学时使用的.

```
diamonddraw[num_] := Module[{},
   awin = 0; bwin = 0; cwin = 0; (* 把获胜计数初始化为 0 *)
   For[n = 1, n <= num, n++,
    { (* 开始对n的循环 *)
    diamond = 0;
    While[diamond == 0,
     { (* 开始对方块(diamond)的循环, 直到有人抽到方块为止 *)
      (* 在有放回的条件下, 为三名玩家各随机选一张牌 *)
      (* 我们将对这副牌排序, 从而使前13张都是方块 *)
      c1 = RandomInteger[{1, 52}];
      c2 = RandomInteger[{1, 52}];
      c3 = RandomInteger[{1, 52}];
      (* 如果有一个人拿到了方块, 那么获胜且循环结束 *)
      If[c1 <= 13 || c2 <= 13 || c3 <= 13, diamond = 1];
      (* 胜出者的获胜计数加1 *)
```

```
    If[diamond == 1,
     If[c1 <= 13, awin = awin + 1,
      If[c2 <= 13, bwin = bwin + 1,
       If[c3 <= 13, cwin = cwin + 1]]]
    ]; (* 结束diamond等于1时的if循环 *)
   }]; (* 结束对diamond的while循环 *)
  }]; (* 结束对n的循环 *)
Print["Here are the observed probabilities from ", num, " games."];
Print["Percent Alice won (approx): ", 100.0 awin / num, "%."];
Print["Percent Bob won (approx): ", 100.0 bwin / num, "%."];
Print["Percent Charlie won (approx): ", 100.0 cwin / num, "%."];
Print["Predictions (from our bad logic) were approx ", 1600.0/37,
 " ", 4800.0/175, " ", 900.0/37];
];
```

玩了 100 万次游戏之后得出如下结果.

- Alice 获胜的概率 (约等于): 43.2202%.
- Bob 获胜的概率 (约等于): 32.4069%.
- Charlie 获胜的概率 (约等于): 24.3729%.
- (由我们的错误逻辑推出) 三者获胜的概率分别约等于 43.2432%、27.4286% 和 24.3243%.

因此, 虽然我们对 Alice 获胜的概率相当有信心, 但 Bob 获胜的概率却似乎有点可疑. 通过 100 万次游戏, 我们希望得出的结果能够接近正确答案. 在学习中心极限定理之后, 我们会重新计算我们与正确答案之间的距离.

注 1.2.6 是否记得我们是如何得到 $y = \frac{3}{4}x$ 以及 $z = \left(\frac{3}{4}\right)^2 x$ 的? 利用这个结果, 我们可以求出 x.由于有人获胜, 因此概率之和为 1:

$$1 = x + y + z = x + \frac{3}{4}x + \frac{9}{16}x = \frac{37}{16}x,$$

从而 $x = 16/37$! 我们之所以能够如此轻易地求出 x, 是因为这里有大量的**对称性**. 所有玩家在每次抽牌时都有相同的获胜机会. 在篮球问题中, 只有当 $p = q$ 时, 这一点才成立.

1.2.3 一般问题的解决技巧

我们通过讨论另一个篮球问题来结束本节. 这个问题源自 Yigal Gerchak 和 Mordechai Henig 共同撰写的一篇优美文章 "篮球大战: 策略和获胜概率" (参见 [GH]). 我们的目标并不是利用一切数学知识来解决这个问题. 如果想要解决方案, 你可以去看他们的论文. 我们的目的是阐释如何解决这样的问题. 分析新事物的能力是一项非常有价值的技能, 却很难掌握. 你研究的问题越多, 获得的经验就越多,也就越能自如地把握其中的关联. 你会发现, 一个新问题与你以前做过的某些事情有共同之处, 这可以帮助你了解该如何着手分析. 当然, 你掌握的问题越多, 看到联系的机会就越大. 我们的目标是强调一些好的方法, 它们可以用来研究你不熟悉的新问题. 下面给出这个问题.

问题: 有 N 个人在打篮球. 每个人有一次投篮机会, 并且所有人的投篮次序是固定的. 投篮命中时, 距离最远的那个人获胜. 如果你是第 k 个投篮的人, 那么你就知道前 $k-1$ 个人的投篮结果, 还知道在你之后仍有多少人投篮. 你应该在哪里投篮?

与本章中的诸多问题一样, 第一步是确保我们理解这个问题. 我们会用几个假设来简化问题. 在阅读完本节和上面提到的论文之后, 如果你仍有疑惑, 就试着删除一些假设并找出新的解决方案.

- 我们假设所有篮球运动员都在连接两个篮筐的直线上投篮. 你可能认为这是个自动假设, 因为球员们是在没有任何防守球员施压的情况下投篮的, 所以全部的投篮结果都只与距离有关. 但是, 这种论述有个缺陷: 球可以从篮板上弹回来, 因此投篮的**角度**或许也很重要. 如果是这样的话, 我们可能需要详细了解人们如何根据篮筐的距离和角度进行不同的投篮. 因此, 不妨想得更简单点, 假设每个人都站在同一条直线上投篮.

- 接下来, 我们假设所有的球员都实力相当. 当然, 这并不现实, 但请记住伟大的忠告: **先学走, 再学跑**! 始终先试着考察一些简单的情形. 在所有球员的能力都相同的前提下, 如果我们解决不了这个问题, 那么就没有机会处理一般的情况.

- 如果两个人在同一个位置都投篮成功, 那么会有什么样的结果? 对这一点的描述很模糊. 我们可以说, 先投篮成功的人获胜. 在这种情况下, 另一个人绝对不可能在同一个地方投篮. 但是, 他可以在 10^{-10} 厘米之外投篮. 为了避免这种可笑的动作, 我们就说, 如果两个人在相同的位置投篮, 那么后投篮的人获胜. 这样做就避免了限制性论证, 也不会真的从根本上改变解决方案.

- 当你距离篮筐更远时, 投篮的命中率不会增加. 虽然这看起来是合理的, 但重要的是要意识到我们正在做出这样的假设. 考虑这样一件事: 把你的右手伸向天空. 试着用右手的拇指触摸你的右肩. 现在试着用同一个拇指触摸你的右肘. 当手臂伸展的时候, 手肘离拇指更近, 因此假设拇指将更容易触摸到手肘似乎是合理的, 但这显然不是事实.

- 现在反过来看, 我们假设球员可以非常接近篮筐, 以至于他们的投篮命中率能够达到 100%. 这是一个非常有用的假设. 为什么呢? 如果前 $N-1$ 个球员都失败了, 那么最后一个球员自然会尽可能地接近篮筐, 从而获得胜利. 如果这种情况不可能发生, 那么在比赛中可能就没有赢家.

好了, 现在是解决问题的时候了. 因为球员的实力相同, 所以我们不用英尺或者米来衡量球员与篮筐之间的距离, 而是根据他们投篮的**命中率**来标记他们投篮时所在的位置. 因此, 如果接近篮筐, 那么 p 就应该接近 1; 再向前移动时, p 就不再增加了.

然而, 在解决这个问题之前, 我们有必要花点时间来思考一下符号. 我们需要对给定的信息以及数学方程中的分析进行编码. 符号是非常重要的. 由于一共有 N 个人参加比赛, 每个人的命中率都是 p, **并且所有人都在他们的最佳位置投篮**, 因此需要用一个符号来表示 1 号球员获胜的概率. 我们用 $x_{1;N}(p)$ 来表示这个概率. 为什么使用这个符号? 我们经常用 x 表示未知量. x 应该是球员投篮的位置与篮筐之间距离的函数, 因此把它写成 p 的函数是合理的. 那么下标呢? 第一个下标指的是 1 号球员, 第二个则告诉我们一共有多少人. 因为这两个数扮演着不同的角色, 所以用分号隔开它们. 我们并不清楚第二个球员的符号应该是什么, 因为他投篮的位置取决于第一个球员的投篮位置. 稍后再讨论这个问题.

有了这个符号之后, 我们现在来计算 $x_{1;N}(p)$. 每当遇到难题时, 最好的方法就是先考察一些简单的情形, 并从中找出规律. 如果只有一个球员, 那结果很清楚: 他获胜了! 他只要在命中率为 100% 的地方投篮就可以了, 于是 $x_{1;1}(1) = 1$. 请注意, 如果只有一个球员, 那么我们绝不会让他在其他任何地方投篮.

如果一共有两个球员呢? 仔细想想, 其实一切都由第一个球员的投篮位置决定. 如果第一个球员失败了, 那么第二个球员会自动获胜, 因为正如我们所说的, 每个球员都可以充分接近篮筐来确保投篮成功. 但是, 如果第一个球员投篮成功, 那么第二个球员就会站在同一个位置投篮 (因为我们已经声明过, 如果两个人在同一位置均投篮成功, 那么第二个投篮的人获胜).

在将上述分析转换为数学符号之前, 我们试着去感受一下这个解决方案. 这是非常有价值的一步. 如果你对答案有一个大致的了解, 那么就更容易发现其中的代数错误. 首先要问的问题是: 第一个球员的获胜概率是大于 50% 还是小于 50%? 另一种说法是: 你选择先投篮还是后投篮? 对我来说, 我宁愿第二个投篮. 如果第一个球员失败了, 那我就自动获胜; 如果他投篮命中, 那我要做的就是在同一个位置投篮. 因此, 似乎有理由认为 $x_{1;2}(p) \leqslant 1/2$.

我们假设第一个球员在位置 p 处投篮 (记住, 这意味着他在此处的投篮命中率为 p), 有两种可能的情况.

(1) 第一个球员投篮成功 (发生概率为 p), 紧接着第二个球员投篮. 此时, 第二个球员的投篮命中率为 p. 那么在这种情况下, 第一个球员获胜的概率就是 $1 - p$.

(2) 第一个球员投篮失败 (发生概率为 $1 - p$), 那么第二个球员就以概率 1 投篮成功. 于是第一个球员获胜的概率就是 0.

把这两种情况结合起来, 可得

$$x_{1;2}(p) = p \cdot (1-p) + (1-p) \cdot 0 = p(1-p).$$

现在, 我们想找到能使上述表达式取到最大值的 p, 它将告诉我们第一个球员应该在哪里投篮. 如果你了解微积分的知识, 就可以求这个表达式的导数, 并让导函数等于 0. 这样就可以得出当 $p = 1/2$ 时上述表达式能取到最大值. 另外, 你还可以绘制函数 $x_{1;2}(p) = p(1-p)$ 的图像. 这是一条开口向下的抛物线, 其顶点在 $p = 1/2$ 处, 因此概率的最大值为 $1/4$, 即 25%. 注意, 我们的答案小于 50%, 这与预期一致.

我们把剩下的分析留给读者. 强烈建议你考察共有三个球员的情形. 有些问题的难度不会随着 N 的增加而增加太多; 但对于其他一些问题, 一些新特性会伴随着 N 的增加而出现. 即便只有三个球员, 想要找到好的符号也很困难. 例如, 第二个球员的投篮位置取决于第一个球员投篮是否成功. 这个结果确实带来了一个好消息: 如果第一个球员投篮失败, 那么问题就归结为我们刚才讨论的两个球员的情形. 在学习过程中, 我们会经常看到这样的情况, 你应该时刻注意简化, 把问题化为更早和更简单的情形.

在本节结束时, 我们明确地提出了一些关于如何处理新的困难问题的有用方法.

一般问题求解策略

- 清晰地定义问题. 小心隐藏的假设. 内容要明确; 如果需要提出假设, 那就去做, 但要注意事实情况.
- 选择合适的符号. 我一直被 "余割是正弦的倒数" 所困扰 —— 余割不应该和余弦相对应吗? 在微积分中, 我们用 F 来表示 f 的不定积分, 这种做法能使内容一目了然, 还能让我们了解发生了什么.
- 通过考察一些特殊情形来建立对问题的直观感觉. 先学走, 再学跑. 不要试图一次性解决整个问题, 要先试着考察一些简单的情形, 并从中找出规律.

1.3 赌 博

如果没有讨论过概率论在赌博上的应用, 那么对概率论的介绍就是不完整的. 这既有历史原因 (推动这门学科发展的主要动力来自于对博弈游戏的研究), 也有对当前应用的考虑 (想一想从足球到扑克牌再到选举的所有赛事, 有多少亿美元被人们下注、输掉和赢得了).

1.3.1 2008 年超级碗赌注

我是在 2008 年夏天来到威廉姆斯学院的. 我最喜欢的一个学生讲述了他朋友 (我们称他为 Bob) 的故事. 2007 年, 他在拉斯维加斯下了 500 美元的赌注, 称爱国者队会在常规赛中不败, 继续赢得超级碗冠军. 他获得了 1000 比 1 的赔率. 所以如果他赢了, 就能带走 500 000 美元; 但如果输了, 他将损失 500 美元.

这个赛季的情况还不太好说 (2015 年战胜海鹰队之后的比赛会更明朗些), 但作为爱国者队的球迷, 我仍愿意试一试. 爱国者队在常规赛中保持不败, 成为第一支在 16 个赛季中均获得胜利的球队. 他们在美联季后赛中获得胜利, 并进入超级碗比赛, 面对的是纽约巨人队. 虽然爱国者队在常规赛最后一场比赛中击败了巨人队, 但这是场势均力敌的比赛.

在比赛第 3 节的中段, 爱国者队以微弱优势领先, 拉斯维加斯打电话给 Bob, 并提出以 300 比 1 的赔率买入. 这意味着他们会给 Bob 150 000 美元来避免遭受更大的损失. 因此, 如果 Bob 接受了, 那么拉斯维加斯就会马上损失 150 000 美元, 但可以避免损失更大的 500 000 美元; 同样, 这意味着 Bob 得到了 150 000 美元却失去了获得 500 000 美元的机会.

Bob 对爱国者有信心, 拒绝了他们的提议, 选择了大回报. 我想说, 同时也希望能说服你, Bob 做了一个**糟糕**的选择. 然而, Bob 做出错误选择的原因与巨人队接球手大卫·泰里惊人的头盔接球并没有任何关系, 正是这一点使得巨人队在赢得巨大胜利的道路上充满胜算. Bob 的处境十分危险: 如果爱国者队获胜, 他就能赢得大回报; 但如果爱国者队输了, 他就什么也得不到. 在下个小节中, 我们将考虑 Bob 如何最大限度地降低自己所面临的风险. 事实上, 只要应用一点点概率知识, **无论谁赢得这场比赛**, Bob 都可以确保得到几十万美元!

1.3.2 预期收益

现在 Bob 已经把 500 美元押在了爱国者队上. 如果爱国者获胜, 他将获得 500 000 美元的收入, 但如果他们输了, Bob 将一无所有. 如果爱国者队获胜的概率是 p, 那么 Bob 赚 500 000 美元的概率就是 p, 而他赚 0 美元的概率就是 $1 - p$; 而且, 不管怎样, 他都失去了 500 美元的赌注.

对 Bob 来说, 问题在于他正处在一个非常危险的境地: 根据比赛的结果, 他的个人财富可能会产生巨大的波动. 他可以通过二次下注并把赌注押在巨人队上来保护自己. 如果他在赛季初就下了保护性的赌注, 那么回报的计算方法会让他陷入困境, 但现在 Bob 正处于一个幸运的位置 (遗憾的是他并没有意识到这一点). 我们不是在赛季初 —— 爱国者队已经进入了超级碗比赛, 我们知道他们的对手是谁. Bob 现在可以通过投注巨人队来保护自己. 作为一个爱国者队的球迷, 我能理解他不愿意这样做; 然而, 从一名数学家的角度看, 这是唯一明智的决定!

　　想象一下, 对于投注在巨人队上的每 1 美元, 如果巨人队赢了, 你就会得到 x 美元; 如果他们输了, 你会得到 0 美元; 当爱国者队有望获胜时, x 一定大于 2. 为什么? 假设这两个队势均力敌, 每队获胜的可能性各占一半. 那么当 $x = 2$ 时, 如果下注 1 美元, 我们就有一半的机会得到 2 美元, 一半的机会得到 0 美元, 因此平均得到 1 美元. 请注意, 这恰与我们下注的金额完全相等, 所以在这种情况下不应该下注. 然而, 当爱国者队有望获胜时, 拉斯维加斯就需要鼓励人们向巨人队投注. 当巨人队获胜的概率被认为不到 50% 时, 那么为使赌局更加公平, 如果巨人队赢了, 就必须有更大的回报, 因此 $x > 2$.

　　为了更加明确, 我们假设爱国者队获胜的概率是 $p = 0.8$, 且 $x = 3$, 并假设投注了 B 美元赌巨人队赢. 此外, 我们还假设超级碗比赛将不断进行下去, 直到有一个队获胜为止, 因此这里没有平局. 如果你不喜欢这种说法, 也可以说成 "爱国者队获胜", 或者 "爱国者队没有获胜". 注意, 没有获胜可能并不等于失败. 我们的回报是怎样的? 如果爱国者队获胜 (这件事发生的概率是 p), 那么我们就赚了 500 000 美元; 如果巨人队获胜 (发生的概率是 $1 - p$), 我们就赚了 xB 美元. 在任意一种情况下, 下的赌注都是 $500 + B$ 美元.

　　因此, 我们的预期收益为

$$p \cdot \$500\,000 + (1 - p)x \cdot \$B - \$500 - \$B.$$

我们把它绘制成图 1-6.

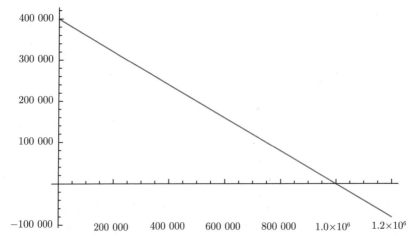

图 1-6　对巨人队额外投注 B 美元之后的预期收益图. 假设爱国者队有 80% 的机会获胜, 如果巨人队赢了, 投注在他们身上的每 1 美元可以获得 3 美元的回报

　　注意, 我们对巨人队的投注越多, 预期收益就越低. 这并不奇怪, 因为我们假设爱国者队获胜的概率为 80%. 特别是, 如果我们在巨人队上的赌注数额巨大, 就会

损失惨重 (原因是 $(1-p)x$ 小于 1).

起初, 在巨人队上投注好像是个坏主意 —— 投注越多, 我们的预期收益就越低. 然而, 在下一小节中, 我们将继续分析, 证明这对大多数人来说其实是个好主意.

1.3.3 对冲的价值

图 1-6 具有误导性. 没错, 我们对巨人队下的赌注越多, 预期收益就越低; 但是, 这种说法是有问题的. 大多数人都是风险规避者. 你更愿意选择哪个: 是有保证的 10 000 美元, 还是概率只有 0.01% 的 100 万美元以及 99.99% 的概率一无所有? 大多数人会拿稳赚的 10 000 美元, 特别是当你计算第二种情况下的预期收益时: 虽然有 0.001% 的概率获得 100 万美元, 但除此之外一无所有. 因此, 我们的预期收益为

$$0.0001 \cdot \$1\,000\,000 + 0.9999 \cdot \$0 \;=\; \$100.$$

在第二种情况下, 如果我们能赢, 则一定会赢得大回报; 但这件事发生的概率太小, 以至于我们的预期收益会更糟.

现在, 如果我们在第二种情况下赚到的不是 100 万美元, 而是 10 亿美元呢? 在这种情况下, 预期收益将从 100 美元增加到 100 000 美元. 此时的情况就不太好说了. 在第二种情况下, 期望值会更大, 但绝大多数情况下我们什么也得不到. 我们应该接受这笔交易吗? 这个问题的答案超出了本书的范围, 还涉及经济学和心理学领域. 但值得一提的是, 这对我们来说并没有什么意义. 我们没有机会玩这个游戏很多次, 而是只能玩一次……

虽然上述问题很难, 而且涉及个人选择, 但这种问法有误. 我们更倾向于选择这种情况: 有机会赢得大回报, 但不管怎样我们始终能保证不错的收益. 一般来说, 这是不可能的, 但 Bob 是幸运的, 他的情况涉及漂亮的**对冲** (hedging) 概念. 最难学的事情之一就是问正确的问题. 看看对巨人队投注 B 美元之后的预期收益图, 我们发现这是一个错误的研究对象. 我们应该关注, 对巨人队的 B 美元投注能够保证赚得多少钱.

尽管这两个问题听起来很相似, 答案却截然不同. 如果我们对爱国者队和巨人队的胜利都下了赌注, 那么不管谁获胜, 都至少有一个赌注会赢. 如果爱国者队赢了, 我们会得到 500 000 美元; 如果巨人队赢了, 我们会得到 xB 美元 (注意, 无论结果如何, 我们都失去了最初的 $500 + B$ 美元的赌注). 因此, 不管是爱国者队获胜还是巨人队获胜, 我们都将得到 500 000 美元和 xB 美元中较少的那个. 图 1-7 展示了我们的最低保证收益.

图 1-7 与图 1-6 有很大不同: 当我们增加对巨人队的投注时, 最低收益会先增加, 然后又逐渐减少! 我们的最低收益是

$$\min(500\,000, xB) \,-\, 500 \,-\, B.$$

假设 $x = 3$ 且 $p = 0.8$, 我们发现最关键的赌注出现在 $500\,000 = 3B$, 即 B 约等于 $166\,667$ 美元时. 在这个特别的赌注下, 我们不关心 (从财务角度来看!) 到底是谁获胜, 此时我们确定能够赚取约 $332\,833$ 美元.

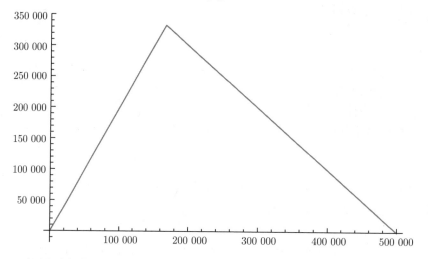

图 1-7　对巨人队额外投注 B 美元之后的最低保证收益图. 假设爱国者队有 80% 的机会获
　　　胜, 如果巨人队赢了, 投注在他们身上的每 1 美元可以获得 3 美元的回报

　　这值得我们停下来去深入思考. 通过在巨人队上押下一大笔赌注 (166 667 美元对我们大多数人来说可不是个小数目!), 我们可以确保**无论谁赢得比赛**, 最终都能获得 332 833 美元! 此时, 我们就不是在赌博了, 因为不再受概率的影响!

1.3.4　结论

　　关于这个问题还有很多可以说的, 但目前足以突出一些关键点. 大多数时候, 你不可能消除所有的风险, 但有时是可能的! 为什么会出现这样的情况? 原因是我们有机会在赛季末再下一次注. (无论是在开赛之前, 还是在超级杯期间!)

　　为什么 Bob 没能做到这一点? 遗憾的是, Bob 从未上过概率论课程 (与 Bob 以及其他人相比, 这是你的优势). 然而, 从心理上来说, Bob 专注于巨额回报, 赢得巨大的赌注. 他如此专注于最大化回报, 以至于完全忘记了减少损失, 换句话说, 就是将自己的最低收益最大化. 生活中很容易看到错误的东西 (魔术师都是很棒的误导者), 本书的目的之一是帮助你学会如何提出正确的问题, 并关注正确的数量. 一个很好的例子是最小二乘法与绝对值方法 (参见第 24 章), 根据什么对你最重要, 可以选择不同的 "最佳" 曲线来拟合数据.

　　在这个赌局中, 我们可以用基本的概率论知识来计算预期收益. 我们看到, 如果爱国者队获胜的概率很大, 那么从最大限度地提高预期收益的角度来看, 投注巨人队是毫无意义的. 然而, 对我们大多数人来说, 这是错误的. 大多数人是风险规避者, 宁愿得到有保证的 332 833 美元, 而不是可能的 500 000 美元 (期望价值是 400 000 美元, 其中有 80% 的可能赢得 500 000 美元, 有 20% 的可能一无所获). 非常有趣的是, 谁会选择哪种情况具有多种可能性. 如果爱国者队获胜的概率真的是 80%, 那么我们不对巨人队投注的预期收益就会更高, 但这种做法有非常大的风险. 对我来说, 如果对一大笔支出不产生任何风险, 得到较少的预期回报是值得的.

有趣的是, 当我们考察最低收益时, 它不再是一个概率问题. 如果改变 x, 那么图 1-7 中的最低收益就会发生变动; 然而, 如果改变爱国者队获胜的概率 p, 这个值就不会变动! 为什么? 原因是我们现在没有考虑预期收益, 只考虑了最低收益, 因此无论谁赢, 我们始终认为结果对我们来说是最糟糕的.

在学习数学的过程中, 无论是方程还是图形, 你都要对其特性有一定的了解. 试着改变一些参数, 并直观地感受由此带来的变化. 例如, 我们讨论了当 p 改变时将会发生什么, 如果 x 变大, 你觉得形状会发生什么样的变化?

1.4 总 结

我希望你喜欢这些问题. 生日问题几乎总会出现在概率论的第一堂课上 (进行谷歌搜索很快就会出现上亿个结果), 这是有充分理由的. 它非常适合引入课程. 它涉及很多非常重要的问题, 包括一些显而易见的问题, 如独立性的概念, 当概率相乘时重复计算的危险, 以及遗漏可能情况的风险; 另外, 还有一些不太明显的问题, 例如需要清晰地陈述问题, 引入新函数 (如阶乘函数) 来简化表达式的优点, 取对数并使用对数法则的好处, 以及对难以计算的答案求近似值的方法.

投篮竞赛并不那么清晰. 我给了一个很大的问题, 涉及斐波那契数列和拉斯维加斯的轮盘赌策略. 别担心, 我们会在第 23 章讲到这些内容. 关键在于, 概率论教师在设计课程和选择例子方面有很大的自由度. 本书不可能与所有课程完全保持一致, 也不应该如此. 我们能做的就是详细讨论如何求解一个问题, 强调使用的技巧, 讨论如何检验答案, 并明确其中的危险和陷阱. 这些东西几乎可以应用于你所学到的任何课堂知识. 此外, 通过选择一些不太标准的例子, 你会看到一些令人感到意外的东西. 篮球问题很快为我们引入了无记忆竞赛的概念, 这在很多博弈论 (以及概率论的高级课程, 如马尔可夫过程) 中是至关重要的.

如果你之前学过微积分, 那就有了一个特殊优势, 重新审视那个好像是一次性的技巧 (trick), 即 "代回法", 这个方法使得等式两边同时含有未知积分. 技巧是一种可以反复成功使用的方法, 这就是个很棒的技巧. 我们稍后会详细讨论这一点.

我们有很多赌博问题可以选择. 我选择上面这个问题的原因是: (1) 我是爱国

者队的球迷 (虽然 2008 年的超级碗比赛是一次痛苦的失败, 但这部分内容是在巴特勒的伟大拦截和爱国者队获得 2015 年超级碗比赛冠军之后不久写的); (2) 它阐述了概率论的应用以及概率论在现实生活中的应用实例; (3) 它提供了一个极好的机会来讨论如何提出正确的问题. 以前的很多课程都会要求你解决一些问题, 但这通常是对现成例子的琐碎修改. 在现实生活中, 最难的部分往往是弄清楚问题是什么, 或者衡量成功的标准是什么. 我们所关心的是最大化预期收益, 还是最大化最低收益并尽可能减少风险?

现在是时候来认真地探讨这门课了. 我们必须按照章节和主题来叙述. 虽然我们的选择没什么问题, 但你要意识到这并不是唯一的选择. 你的老师可能会依据教材以另一种顺序展开; 如果你把本书当作对课堂内容的补充, 那就要意识到你可能会跳跃着阅读. 为了帮助你, 我会使各章尽可能地保持独立性. 这意味着, 如果你把本书从头读到尾, 就会发现有些段落很像之前的内容. 这种情况并非偶然, 这样做是为了让本书更加便于使用. 如果你在课堂上遇到了有关伽马分布的难题, 那就可以直接跳到那一章.

下一章是所有课程的基础. 我们将引入概率论中的基本概念, 并对其定义展开讨论. 虽然大部分课程都会使用微积分, 但并非全部如此. 这并不是个问题; 不使用微积分, 我们也能进行下去. 微积分在哪里最有用? 当扩大讨论范围时, 微积分就非常有必要了. 微积分可以应用于更多的例子, 还可以用来求概率 (事实上, 微积分基本定理允许我们将概率理解为曲线下方区域的面积, 可以通过求积分来计算).

不过, 在下一章有一个重要的问题. 我们要多严格地定义一切? 这是个非常重要的问题, 但它没有完全正确的答案. 通常情况下, 第一次课不会进行真正的分析, 很多内容都比较通俗易懂. 我赞同这一点. 我认为对于大多数学生来说, 把高等、严格的内容强加给他们, 强迫他们消化并使用并不是最好的主意. 也就是说, 我认为忽视这种细微的技术问题是错误的. 一个好的折中办法是先对这些问题进行简单的讨论, 从而使它们在你的头脑中留下印象, 然后暂时不去考虑它们, 直到将来学习到更高等、更严格的课程. 你应该意识到在摇摇欲坠的基础上构建一个理论有多么容易和危险 (我们将在 2.6 节的集合论中看到这种灾难是如何发生的).

因此, 请注意: 第 2 章的部分内容是非常密集的. 我们将引入正确的术语, 从而为这门课打下坚实的基础, 但除此之外我们不会在本书中介绍更多其他的内容. 如果你的课程根本没有涵盖 σ 代数, 那么可以放心地跳过那部分内容, 但也不妨花几分钟时间来浏览一下. 喝杯可口的饮料或者吃点可口的食物, 让自己处于一种平静的状态, 然后去浏览这部分内容. 毕竟, 知道命题为什么成立就是你学习数学的原因.

在结束引言之前, 我们给出一点建议. 在阅读这本书的过程中, 你会发现我反复地强调这个技巧的威力或那个技巧的用处. 数学的意义并不是孤立地解决问题.

你也希望能够解决类似的问题, 甚至更好地解决新问题. 我希望你能熟练地识别每种方法在什么情况下可以充分发挥作用. 有句名言对我很有帮助. **锤子原理 (或定律)有很多种变体. 亚伯拉罕·马斯洛 (1966) 曾说过:"如果你手里只有一把锤子, 那么你可能会不自觉地把所有东西都当作钉子来看待." 另一种很好的说法是由伯纳德·巴鲁克提出的:"如果你所拥有的只有一把锤子, 那么一切看起来都像钉子."**

我们可以从很多角度来看这句话, 其中一个是: 每个人都有自己擅长的领域, 当遇到问题时, 我们首先想到的是能否把它融入一个我们非常熟悉和精通的框架中. 但我们还可以从另一个角度来看这个问题. 如果你和其他人一样, 在相同的时间内采用同一种技巧来解决同一个问题, 那就很难突显自己的优势, 散发不出自身的光芒. 放下锤子, 拿起螺丝刀, 你将有一个完全不同的视角, 那些对他们来说似乎难以解决的问题对你来说却很容易. 理查德·费曼是这个方法的伟大倡导者. 他因为能够快速解决其他人无法求解的积分问题而享有盛名! 当接受一项令人烦恼的挑战时, 他很清楚自己的朋友并不傻, 已经尝试了所有的标准方法. 因此, 费曼没有花任何时间在标准方法上, 他相信如果能用他们的方法解决这个问题, 答案早就已经有了, 那么现在唯一的办法就是尝试一些不同的思路. 下面这段话引自于他的书《别闹了, 费曼先生》.

> 那本书还展示了如何对积分符号下的参数求微分, 这是一种特定运算. 其实, 大学课程通常不会强调这一点, 但我知道该如何使用这种方法, 而且经常使用它. 因此, 由于自学了那本书, 我在求积分方面有自己的独特方法.

> 结果是, 一旦麻省理工学院或普林斯顿大学的学生做积分时遇到了困难, 通常是因为他们学过的标准方法不管用. 但对于围道积分和级数展开的题目, 他们都知道该怎么做. 此时, 我会试着在积分符号下求微分, 这通常能解决问题. 因此, 我因求积分出了名, 而这只是因为我的工具箱与其他人的不同; 在把问题交给我之前, 他们已经尝试了自己所有的工具.

1.5　习　　题

习题 1.5.1　假设每个人都等可能地出生在一年中的任何一个月里. 如果两个人的出生月份是相互独立的, 那么他们出生在同一个月的概率是多少? 他们的出生月份最多相差一个月的概率是多少? 对于任意的 $k \in \{0, 1, \cdots, 12\}$, 求他们的出生月份最多相差 k 个月的概率. 你对两个人的出生月份最多相差一个月的可能性感到惊讶吗?

习题 1.5.2　保留生日问题中的条件不变, 并假设每次只有一个人进入房间. 首次与房间里其他人生日相同的人最有可能第几个进入房间?

习题 1.5.3 我们已经证明了, 当房间里有 23 人时, 至少有两人生日在同一天的概率为 50%. 平均来说, 需要多少人才能使至少有两人生日在同一天?

习题 1.5.4 证明 $\log(1-u)$ 的泰勒级数展开式为 $-(u+u^2/2+u^3/3+\cdots)$.

习题 1.5.5 (近似) 对于 $u \in [-1/10, 1/10]$, $\log u$ 与其一阶泰勒级数近似 (即 $-u$) 之间的平均误差是多少? 也就是计算

$$\int_{-1/10}^{1/10} |\log(1-u)-(u)|\,\mathrm{d}u/(2/10).$$

习题 1.5.6 证明: $\log_b(xy)=\log_b x+\log_b y$ (记住, 如果 $\log_b x=z$, 那么 $x=b^z$).

习题 1.5.7 在生日问题中, 找到能导出表达式 $\sqrt{D\cdot 2\log 2}$ 和 $1/2+\sqrt{D\cdot 2\log 2}$ 的误差项, 并求出给定 D 时的误差范围.

习题 1.5.8 你认为需要多少人才能使至少三个人的生日在同一天的概率为 50%? 需要多少人才能使至少有两对人生日相同的概率为 50%? 作者在曼荷莲学院讲授概率论时, 在他与全班 31 个学生中间, 任意三个人的生日都不在同一天, 但共有三对人的生日在同一天.

习题 1.5.9 回顾一下生日问题并改变其中的参数, 求出一年共有多少天才能使 23 人中有两个人的生日在同一天的概率为 75%.

习题 1.5.10 重新考虑拉里·伯德和魔术师约翰逊的投篮比赛, 他们交替投篮并且由拉里·伯德先投, 先命中的人获胜. 假设拉里·伯德的命中率始终为 p_B, 魔术师约翰逊的命中率始终为 p_M, 其中 p_B 和 p_M 是相互独立的随机变量, 而且都服从均匀分布. (这意味着, 对于 p_B 和 p_M 来说, 在 $[a,b] \subset [0,1]$ 中取值的概率都是 $b-a$; 并且由 p_B 得不到任何有关 p_M 的信息.)

(1) 拉里·伯德获胜的概率是多少?

(2) 在比赛中, 拉里·伯德比魔术师约翰逊更有可能获胜的概率是多少?

这道题最困难的地方在于弄清楚问的是什么.

习题 1.5.11 人类有 23 对染色体; 在每一对染色体中, 有一条来自于父亲, 另一条则来自于母亲. 假设每个父亲/母亲都随机地将一条染色体遗传给孩子. 我们始终假设父母没有相同的染色体 (这并不是有效的假设, 但可以简化分析). 在两个兄弟姐妹之间, 你认为共有多少条相同的染色体? 假设现在有两对夫妻; 两位丈夫没有任何关系, 而且他们与两位妻子也都没有任何血缘关系, 但两位妻子是同卵双胞胎, 拥有相同的染色体. 每对夫妻都有两个孩子. 那么父母不相同的孩子之间共有多少条相同的染色体? 一个孩子与表兄弟姐妹的相同基因数要比与亲兄弟姐妹的相同基因数更多的概率是多少? 编写一个简单的程序来计算这个概率.

习题 1.5.12 重新考虑前一个习题, 但现在假设妻子是三胞胎, 且每人有一个孩子. 那么这三个孩子共有多少条相同的染色体? 编写一个计算机程序来探讨这个习题.

习题 1.5.13 认真研读 "生日攻击", 看看生日问题在密码学方面的有趣应用. 维基百科条目 "生日攻击" 及其页面上的链接是个不错的开始.

习题 1.5.14 这个习题能很好地阐述 "从简单的情形开始". 有 100 个人正等待登机. 第一个人的机票对应着 1 号座位, 队列中第二个人的机票对应着 2 号座位, 依此类推, 一直到第 100 个人 —— 他的机票对应着 100 号座位. 第一个人没有留意到他的机票对应的

是 1 号座位, 而是随机地从 100 个座位中任意挑选了一个 (注意: 他可能会随机选择坐在 1 号座位上). 从此刻起, 后面的 99 个人都始终尽可能坐在他们的指定座位上; 如果座位被占了, 他们就会从剩下的座位中随机选择一个 (第二个人在第一个人之后坐下来, 第三个人在第二个人之后坐下来, 等等). 那么, 第 100 个人坐在 100 号座位上的概率是多少?

习题 1.5.15　想象一下, 迈克尔·乔丹加入了拉里·伯德和魔术师约翰逊的比赛, 于是现在有三名球员参加篮球比赛, 他们的投篮命中率分别是 p_1, p_2 和 p_3. 那么每名球员的获胜概率是多少? 如果有 n 名球员参加比赛, 并且命中率分别是 $p_1, p_2, \cdots, p_n$, 那么每名球员的获胜概率是多少?

习题 1.5.16　修改篮球比赛, 使得一共有 2013 名球员参加比赛, 他们的编号依次为 $1, 2, \cdots$, 2013. 第 i 名球员的命中率始终为 $1/2i$. 那么第一名球员获胜的概率是多少?

习题 1.5.17　假设魔术师约翰逊和拉里·伯德正在进行一场投篮比赛, 但比赛规则发生了改变. 如果某位球员获胜, 那么他必须投篮命中, 而另一名球员必须在相应投篮中失败. 例如, 如果拉里·伯德先投, 并且在第一次投篮时失败, 而魔术师约翰逊在第一次投篮时成功, 那么魔术师约翰逊获胜. 但是, 如果两个人都在第一次投篮时命中, 那么他们就要继续比赛. 用 p 表示拉里·伯德的命中率, q 表示魔术师约翰逊的命中率, 并假设 p 和 q 都是常数. 那么拉里·伯德获胜的概率是多少? 这与谁先投篮有关系吗? 为什么? (在进行数学运算之前, 试着回答最后一个问题.)

习题 1.5.18　例 1.2.1 的答案是否与 c 趋向于负无穷大时的极限值保持一致?

习题 1.5.19　想象从一个细菌开始. 在每个整数时刻 t, 所有独立存在的细菌要么以概率 p 分裂成两个细菌, 要么以概率 $1 - p$ 死亡. 作为 p 的函数, 在某个时刻所有细菌都死亡的概率是多少 (或者说, 细菌永久存活的概率是多少)?

习题 1.5.20　把上一个习题进行推广, 并试着解决. 例如, 也许细菌能以不同的概率分裂成不同数量的细菌, 或者存在某种依赖关系 ……

习题 1.5.21　谢尔宾斯基三角形是从一个等边三角形开始的, 通过连接原三角形的三边中点得到一个新三角形, 然后再把这个新三角形去掉. 接下来, 对余下的三个小三角形重复进行上述步骤 n 次. 假设飞镖落在某给定区域的概率等于该区域面积与原始三角形面积的比值, 那么飞镖在原始三角形中的落点在谢尔宾斯基三角形内的可能性有多大?

习题 1.5.22　Alice、Bob 和 Charlie 正在依次掷骰子. 他们不停地掷, 直到有人掷出 6 为止. 那么每个人赢的概率是多少?

习题 1.5.23　Alice、Bob 和 Charlie 正在依次掷骰子. 那么第一个掷出 6 的人是 Alice, 第二个掷出 6 的人是 Bob, 且第三个掷出 6 的是 Charlie 的概率是多少?

习题 1.5.24　Alice、Bob 和 Charlie 正在掷骰子. 那么第一个 6 由 Alice 掷出, 第二个 6 由 Bob 掷出, 且第三个 6 由 Charlie 掷出的概率是多少?

在接下来的三道习题中, 想象你正处在一个奇怪的地方. 在这里, 从一个 (非常大的) 数量中随机抽取一只兔子, 这只兔子出生在给定年份的概率与这一年有关. 因此, 兔子出生在今年的概率是 1/2, 出生在去年的概率是 1/4; 更一般地说, 它出生在 n 年前的概率为 $1/2^{n-1}$.

习题 1.5.25   如果我们有 20 只兔子, 那么相同的出生年份一共有多少个?

习题 1.5.26   我们一共需要多少只兔子才能使有两只兔子出生在同一年的概率至少为 50%?

习题 1.5.27   前两只出生在同一年的兔子是在今年出生的概率为多少?

习题 1.5.28   编写一段代码, 模拟给定年份长度的生日问题. 在一年有 365 天的前提下, 至少进行 10 000 次试验, 求找出一对生日的平均等待时间.

习题 1.5.29   编写一段代码, 模拟给定概率 p 和 q 的篮球问题. 令 $q = 0.5$, 画出 p 取不同值时, 拉里·伯德在 1000 次比赛中的获胜百分比.

习题 1.5.30   证明: 对于任意的 $r \in [0, 1)$, 至少存在一组概率 $p, q \in [0, 1]$, 使得 $p \neq 0$ 且 $(1 - p)(1 - q) = r$.

习题 1.5.31   毫无疑问, 在我们的篮球比赛中, 先投篮的人具有巨大的优势. 为了减弱这个优势, 现在要求第一个人要在第二个人命中 n 次之前先命中 m 次. 如果 $p = q = 1/2$, 那么你认为 m 和 n 等于多少才是公平的? 找出一对 (m, n), 满足两者之和最小, 并且能使第一个人获胜的概率在 49% 和 51% 之间.

习题 1.5.32   尝试运行下面的 Mathematica 代码, 创建一个 $n = 10$ 的斐波那契数列 (或将其转换为你熟悉语言中的等效代码). 尝试运行 $n = 100$ 的代码 (你不需要把它运行到最后). 请解释一下, 为什么这段代码不适合运行取值较大的 n.

```
n = 10;
Fibset = {};
F[1] := 1
F[2] := 1
F[i_] := F[i - 1] + F[i - 2]
For[i = 1, i <= n, i++,
   Fibset = AppendTo[Fibset, F[i]]];
Print[Fibset];
```

下面的代码效果更好.

```
F[1] = 1; F[2] = 1;
Flist = {};
num = 100;
curr = F[2];
prev = F[1];
For[n = 3, n <= num, n++,
   {
   curr = curr + prev;
   prev =  curr - prev;
   Flist = AppendTo[Flist, curr];
   }];
Print[Flist]
```

习题 1.5.33   编写能够更有效地生成前 n 个斐波那契数的代码, 但仍要使用递推关系.

习题 1.5.34　证明: 斐波那契数列呈指数增长. (提示: 找到增长的上限和下限.)

习题 1.5.35　下面的 Mathematica 命令用来绘制超级碗问题中的各种函数.

```
f[p_, x_, B_] := 500000 p + (1 - p) B x - 500 - B
g[p_, x_, B_] := Min[500000, B x] - 500 - B
Plot[f[.8, 3, B], {B, 0, 1200000}]
Plot[g[.8, 3, B], {B, 0, 500000}]
Manipulate[Plot[g[p, x, B], {B, 0, 500000}],
    {p, 0, 1}, {x, 1, 10}]
```

Manipulate是个非常棒的命令, 因为它允许你调整几个参数, 并查看图形的变化. 当 x 和 p 改变时, 看看我们的最低收益 (由 g 给出) 会有什么变化. 通过观察, 我们得到了它与 x 之间的关系, 对此你感到惊讶吗? 明确地说, 我们考察的是当 x 变动时, 最低收益的最大值以及 (从财务上看) 无须关心比赛结果的下注时机是如何发生改变的. 解释你看到的东西.

习题 1.5.36　想想你在生活中面临风险的一些例子, 以及你可以做些什么来最大限度地减少损失.

习题 1.5.37　赌博部分有一个较大的主题, 那就是提出正确问题的重要性. 在讨论生日问题时我们也看到了这一点. 可悲的是, 生活中的问题往往陈述得并不清楚, 这可能是粗心大意造成的, 也可能是人们通常不清楚应该研究什么而导致的! 最近, 我正在给孩子们读一本天文学的书, 其中有一段说, 如果太阳被掏空, 那么就可以把 130 万个地球塞在里面. 对于这可能意味着什么, 请给出两种不同的解释! (提示: 你可以假设地球和太阳都是完美的球体.)

习题 1.5.38　我们来进一步探讨人们的风险偏好是如何影响决策的. 根据参与一次还是多次, 我们的策略会有很大的不同. 假设有两种游戏: 玩第一种游戏时, 你总能赚到 40 美元; 玩第二种游戏时, 你有一半的机会获得 100 美元, 有一半的机会获得 0 美元. 如果只能玩一次, 你愿意玩哪种游戏? 如果能玩 10 次呢? 如果能玩 100 次, 甚至 1000 次呢? 编写一个计算机程序, 对重复玩第二种游戏要优于重复玩第一种游戏的概率展开数值研究.

习题 1.5.39　给定实数 a、b 和 c, 考察方程 $ax^2 + bx + c = 0$ 的解. 如果固定其中两个量, 当改变第三个量时, 方程的两个根会发生什么样的变化? 我们需要考虑一个重要的问题: 方程是否有实根 (如果有的话, 共有多少个) 以及根之间的距离有多远 (不管是在实数轴上还是在复平面上. 回忆一下, 复数的形式是 $z = x + iy$, 其中 $i = \sqrt{-1}$).

习题 1.5.40　我们回顾一下上一题. 代数基本定理断言, 任意一个 n 次复系数多项式都恰有 n 个根 (根的个数必须按重数计算; 因此, $x^4 + x^2 = 0$ 的根为 0、0、i 和 $-i$). 二次多项式的根与原点之间的距离能否用该多项式系数的函数来限定? 也就是说, 如果 r 是 $ax^2 + bx + c = 0$ 的根, 那么能否找到关于 a,b,c 的函数, 使得 $|r|$ 的取值范围可以用该函数来表示?

习题 1.5.41　把前两个练习推广到任意一个固定有限次的多项式上.

习题 1.5.42　在上一个习题中, 你要把结论推广到固定有限次的多项式上. 如果考虑的是无限次多项式, 你认为答案会不同吗? 例如, 假设级数 $\sum_{n=0}^{\infty} a_n x^n$ 对所有的 x 都收敛. 那么根是什么样的? 你觉得对代数基本定理的推广还成立吗? 换句话说, 它必须有根吗 (如果有的话, 你认为会有无穷多个根吗)?

习题 1.5.43 (积分符号下求微分)   下面描述费曼提到的方法 (有关微分恒等式的其他示例, 请参阅第 11 章). 它的思路是将参数 α 引入关于 x 的积分中, 并把整个表达式记作 $f(\alpha)$. 注意, $f'(\alpha)$ 是通过先求被积函数关于 α 的导数, 然后再对 x 求积分而得到的; 我们期待能由 x 的积分得出 $f'(\alpha)$ 的具体表达式, 这样就可以求出 $f'(\alpha)$ 的不定积分, 然后令 α 取恰当的值就可以得到最初的积分. 这里使用的例子非常好. 考虑

$$\int_0^1 \frac{x^5 - 1}{\log x} \mathrm{d}x.$$

把 5 替换成 α, 并定义

$$f(\alpha) := \int_0^1 \frac{x^\alpha - 1}{\log x} \mathrm{d}x.$$

于是

$$f'(\alpha) = \frac{\mathrm{d}}{\mathrm{d}\alpha} \int_0^1 \frac{x^\alpha - 1}{\log x} \mathrm{d}x = \int_0^1 \frac{\mathrm{d}}{\mathrm{d}\alpha} \frac{x^\alpha - 1}{\log x} \mathrm{d}x = \int_0^1 \frac{x^\alpha \log x}{\log x} \mathrm{d}x = \frac{1}{\alpha + 1}.$$

由于 $f'(\alpha) = 1/(\alpha + 1)$, 因此一定有

$$f(\alpha) = \log(\alpha + 1) + c,$$

其中 c 是常数. 由 $f(0) = 0$ 可知 $c = 0$, 从而有 $f(\alpha) = \log(\alpha + 1)$. 这样就得出了一个非常漂亮的结果, 我们要算的积分就是 $f(5) = \log 6$.

利用这种方法来试试下面的例子. 祝你好运: 弄清楚如何以一种有用的方式引入参数有时是非常重要的. 在下面的例子中, 我们已经引入了一个参数. 注意, 第三个等式中的 $\cos(\alpha)$ 是对 $1/2$ 的替换.

$$\int_0^\pi \log(1 + \alpha \cos(x)) \, \mathrm{d}x = \pi \log \frac{1 + \sqrt{1 - \alpha^2}}{2}$$

$$\int_0^\pi \log(1 - 2u \cos(x) + \alpha^2) \, \mathrm{d}x = \begin{cases} \pi \log \alpha^2 & \alpha^2 \geqslant 1 \\ 0 & \alpha^2 \leqslant 1 \end{cases}$$

$$\int_0^{\pi/2} \frac{\log(1 + \cos(\alpha) \cos(x))}{\cos(x)} \, \mathrm{d}x = \frac{1}{2}\left(\frac{\pi^2}{4} - \alpha^2\right)$$

$$\int_0^1 x^\alpha (\log(x))^n \, \mathrm{d}x = (-1)^n \frac{n!}{(\alpha + 1)^{n+1}}$$

$$\int_0^\infty \frac{\mathrm{d}x}{(x^2 + \alpha^2)^{n+1}} = \frac{\pi}{2} \frac{1 \cdot 3 \cdot 5 \cdots (2n - 1)}{2 \cdot 4 \cdot 6 \cdots 2n \cdot \alpha^{2n+1}}.$$

第 2 章　基本概率定律

一位严谨的作家在写每一句话的时候, 会至少问自己四个问题: (1) 我想说什么? (2) 用什么词来表达? (3) 什么样的形象或习语能让意思更清晰? (4) 这个形象的新鲜度够不够产生效果?

—— 乔治·奥威尔,《政治与英语》(1946)

第 1 章讨论了三种特殊问题的概率. 我们通常会强调它们的概念基础, 而不是严格的数学精度. 在大多数情况下, 这是没问题的. 基于现实世界的丰富经验, 我们对概率规则的总体直觉是非常稳固的. 然而, 数学 —— 尤其是概率论 —— 中有很多例子是无法靠最初的直觉来理解的. 因此, 数学家不得不重新审视其基本前提. 尽管不得不回到原点, 但最终还是值得的, 因为这有助于我们更好地理解眼下的事情. 本章的大部分内容是关于集合与元素的技术性问题. 这种材料并不像学习如何在拉斯维加斯赢钱那么令人兴奋. (请参阅第 23 章关于赢得轮盘赌的一个流行方法的警告, 我们将看到它在本质上是有缺陷的.) 然而, 把我们的理论建立在坚实的基础上是非常重要的. 为了证明一不留神就会把假命题看作真命题有多么容易, 我们将从罗素悖论开始. 这是数学中最著名的悖论之一. 它阐释了那些"显然"正确的陈述其实是错误的, 强调了仔细证明的必要性, 并证明了你在下面的定义上花费时间是合理的.

在罗素悖论之后, 我们将讨论集合论和拓扑学中的一些必要结果, 然后进入本章的核心 —— 概率的基础. 为了全面学习好这门课并严格地构建理论, 我们还需要实分析中的一些结论. 为了保持完整性, 我们将在 2.6 节简要地提及这些内容, 但精心构建这样一个体系并不是我们的目的, 也不是绝大多数教师第一堂课的目标. 相反, 我们要强调主要思想. 在大多数情况下, 你的日常直觉和常识是理解概率公理及其推论的重要指南. 如果你只记得一个警告 **—— 处理无穷大时要小心, 因为奇怪的事情能够并且一定会发生——** 那么这其实就是一个**完美**的指南.

虽然已经过去了几十年, 但我仍然记得高中物理课本上的一段话. 它对爱因斯坦的狭义相对论做了一般性的概述. 由于我们是高中二三年级的学生, 对这门学科所需的高等数学知识毫无准备, 因此我们的教材只描述了结论. 最奇怪的一点是, 如果你乘坐的是一辆速度非常快的火车, 它的速度为光速的 75%, 而你在火车内以 50% 的光速奔跑, 那么地面上的观察者看不到你在以 125% 的光速移动; 也就是说, 速度是不可加的! 那么他看到的速度是多少? 根据该理论, 没有东西比光传播得更快. 用 c 表示光速, 如果火车的速度是 $v_{车}$, 你在火车内奔跑的速度为 $v_{跑}$, 那么地面上的观察者将看到你在以速度 $(v_{车} + v_{跑})/(1 + \frac{v_{车}}{c} \frac{v_{跑}}{c})$ 移动. 在这个例子中, 地面观察者看到的速度大约是光速的 91%, 而不是 125%. 那么更加现实的情况是什么样的? 假设在一辆速度为 700 英里/小时 [①] 的火车上, 有名优秀的奥运短跑运动员正以 50 英里/小时的速度奔跑, 那么运动员的速度不是 750 英里/小时, 而是约为 749.999 999 999 941 678 652 2 英里/小时!

这本书接着说道: **虽然这些结果看起来有悖常理, 但你必须记住, 大多数人的速度都不可能达到光速的 3/4.** 我始终觉得这篇文章很有趣, 但随着时间的推移, 我发现这的确是个很好的建议. 要特别注意, 不要太依赖经验. 小的速度的确像是可加的, 但是这并不意味着在速度极高的情况下这种模式依然成立, 或者说可加性仍然存在. 我们不能把责任归咎于几个世纪的物理学家都没有发现 750 和 749.999 999 999 941 678 652 2 之间的差异. 对他们来说, 这样的测量误差已经很小了, 因此他们认为速度能够简单地相加是可以理解的.

在概率论中, 我们也会遇到类似的问题. 然而, 如果处理的对象只是数量有限的有限集, 那么一切都很好, 我们的直觉就是一个极好的向导; 但是, 一旦涉及无穷大, 我们就必须小心了. 对此, 我们不应该感到特别惊讶, 因为我们没有任何关于无穷大的真实体验. 把基于现实经验的直觉应用到另一个完全不同的领域里是很危险的.

最后, 我们用伟大的马克·吐温的至理名言来结尾, 他的这段话很好地总结了我们的讨论: "要注意, 只从经验中汲取智慧, 否则我们就会像只坐在热炉罩上的猫. 虽然它以后不会坐在热炉罩上是件好事, 但它也绝不可能坐在冷炉罩上了."

2.1　悖　　论

本节利用集合论的知识来解释罗素悖论, 并讨论它在概率论中的意义. 如果愿意, 你可以放心地跳过本节, 因为在接下来的内容中, 我们不会直接用到它的结果. 不过, 如果你能至少略读一下, 就会明白为什么数学家们会如此执着于严谨, 并且没完没了地证明那些看似"显然成立"的命题. 在阅读时, 想一下你用了多少个词来描述日常事物或数学概念. 尤其要多思考, 试着把定义从最基本的层面上说出来. 不断提出问题, 看看你能摸索多远. 例如, 我们都知道连续函数是什么: 拿笔在纸上画一条曲线, 整个过程从不跳跃、从不打洞, 笔总是从左向右移动. 如果你在说这些的同时还提供了一张图片, 那么你的朋友就能很好地理解你想表达的意思, 但这个定义对于数学家来说绝对是个噩梦. 这很不精确, 而且不能系统地解决问题. 正确的方法是, 必须先定义函数是什么, 只有在这一点明确之后, 我们才能继续理解

---

① 1 英里约为 1.6 千米.—— 编者注

函数的连续性. 接下来的目标是要强调, 有些词的定义似乎是"显而易见"的, 并且所有人都很清楚它是什么, 但其实根本不是这样. 事实上, 想要精确地定义它们通常很难!

希望你在之前的课程中学过集合; 如果你没学过 (或者虽然学过, 但已经隔了很长一段时间), 那么我们会在这里快速地回顾一下相关内容. 如果有一个集合 A, 那么 $a \in A$ 表示 a 是 A 中的**元素**, 而 $a \notin A$ 则意味着 A 中不包含 a. 例如, 2004 和 2007 是由全体整数所构成的集合中的元素 (我们用 $\mathbb{Z}$ 表示全体整数的集合, $\mathbb{Z}$ 来自德语 Zahl, 意思是数), 而 2005.5 就不是整数. 类似地, $3t^3 + t - 9$ 是由全体三次多项式构成的集合中的一个元素, 但是 $\cos(t)$ 不是这个集合中的元素, 因为它不是一个三次多项式. 此外, 在集合的定义中, 冒号: 应该读作"使得" (有些作者会把: 替换成 |). 因此, $\{y : y = a + b\sqrt{5}, a, b \in \mathbb{Z}\}$ 表示使得 y 能被写成 $a + b\sqrt{5}$ 形式的所有元素 y 构成的集合, 其中 a 和 b 都是整数.

开场白说得够多, 是时候转入正题了. **罗素悖论**表明, 依靠直觉来判断该如何使用集合会带给我们麻烦. 我们提出这个悖论是为了展示构造集合的微妙之处. 特别是, 并非任何我们希望其成为集合的东西都真的是集合. 到目前为止, 你应该已经见过很多集合了. 数学中的例子包括整数集、实数集或者素数集, 更有趣的例子有: 所有赢得超级碗比赛的人, 所有登上过月球的人, 或者所有既赢过超级碗比赛又登上过月球的人. 截止到写作本书的时候, 最后那个集合仍是个空集 (空集是最重要的集合之一)!

如果 P 是某种性质, 那么全体具有性质 P 的对象就自然构成一个集合. 例如, $P(x)$ 可以表示 x 是一个整数, 还可以表示 x 是 $1701x^2 + 1864x + 16\,309$ 的一个根, 又或者表示 x 是一个次数不超过 4 的整系数多项式. 这些都可以生成很好的集合. 第一个集合是整数集, 即 $\mathbb{Z} = \{\cdots, -2, -1, 0, 1, 2, \cdots\}$. 由二次方程的求根公式可知, 第二个集合是 $\{(-932 - i\sqrt{26\,872\,985})/1701, (-932 + i\sqrt{26\,872\,985})/1701\}$. 最后一个集合写起来有点困难:

$$\{p(t) \ = \ a_4 t^4 + a_3 t^3 + a_2 t^2 + a_1 t + a_0 : a_0, a_1, a_2, a_3, a_4 \in \mathbb{Z}\}.$$

对于最后这个集合, 我们不能把多项式的变量写成 x, 因为 x 已经被用来表示集合中的任意元素了. 这没什么大不了的, 用另一个字母来表示虚拟变量就行了. 幸运的是, 英文字母表中有很多不错的选择 (当 x 被占用时, 大多数数学家更喜欢使用 t).

现在我们来看一个奇怪的 $P(x)$, 你可能从没见过这种情形. 令 $P(x)$ 表示 $x \notin x$. 也就是说, 对 x 而言, 如果 $P(x)$ 是真的, 那么 x 就不是自身的元素; 但如果 $P(x)$ 为假, 那么 x 就是 x 中的元素. 绝大多数对象都不是自身的元素. 例如, $\mathbb{Z}$ 是所有整数的集合: $\{\cdots, -2, -1, 0, 1, 2, \cdots\}$. 很明显, $\mathbb{Z} \notin \mathbb{Z}$, 因为 $\mathbb{Z}$ 的元素是整数而不

是整数的集合. 这一特性是罗素悖论的核心. 如果任何满足给定性质的东西都是集合, 那么我们就可以构造出集合

$$\mathcal{R} = \{x : x \notin x\},$$

其中 $P(x)$ 表示 $x \notin x$.

那么 $\mathcal{R}$ 是集合吗? 如果是, 它的元素是什么? 如果你在考虑 $\mathcal{R} \in \mathcal{R}$ 是否正确, 那就开始走上正轨了. 我们要用到表达式 $x \notin x$, 这意味着要对 x 有所选择. $x = \mathcal{R}$ 很自然地成为一个被考察的候选对象, 因为它涉及我们要研究的东西 (并且在分析中研究是很不错的尝试). 这里有两种可能的情况: 要么 $\mathcal{R}$ 在 $\mathcal{R}$ 中, 要么 $\mathcal{R}$ 不在 $\mathcal{R}$ 中.

- 首先, 假设 $\mathcal{R}$ 在 $\mathcal{R}$ 中. 由于我们假设 $\mathcal{R} \in \mathcal{R}$, 并且 $\mathcal{R}$ 是由那些不属于自身的对象构成的, 所以由 $\mathcal{R}$ 的定义可知, $\mathcal{R} \notin \mathcal{R}$. 但这是很荒谬的. $\mathcal{R} \in \mathcal{R}$ 和 $\mathcal{R} \notin \mathcal{R}$ 怎么可能同时成立呢? 因此, 假设 $\mathcal{R}$ 在 $\mathcal{R}$ 中是错误的.
- 唯一可能的情况是 $\mathcal{R}$ 不在 $\mathcal{R}$ 中. 现在来讨论这种情况. 正如我们已经说过的, $\mathcal{R}$ 是由全体不属于自身的东西构成的集合. 我们现在假设 $\mathcal{R} \notin \mathcal{R}$, 但是从定义上来看, 这正是 $\mathcal{R}$ 中元素所满足的条件! 同样地, 我们得到了荒谬的结论, 即 $\mathcal{R} \in \mathcal{R}$ 和 $\mathcal{R} \notin \mathcal{R}$ 同时成立.

换句话说, 在任何一种情况下, 我们都得到了奇怪的情形: 当 $\mathcal{R} \notin \mathcal{R}$ 时恰有 $\mathcal{R} \in \mathcal{R}$. 这意味着什么呢? 这意味着, 我们可以用集合做什么的观念 —— 更具体地说, 我们如何从旧集合中构造新集合的观念 —— 具有致命的缺陷. 这一悖论的解决为现代集合论奠定了基础. 从罗素悖论中可以推出一个结论, 那就是我们无法通过简单地收集具有给定性质的所有对象来形成集合. 幸运的是, 我们在概率论中遇到的绝大多数集合都没有这个问题, 但重要的是意识到潜在的危险, 并且要正确、认真地理解证明.

现在我们已经意识到了松散定义和非正式论述的危险, 让我们重新回顾集合论的基础, 并了解讨论概率所需的语言.

2.2 集合论综述

在描述概率的一般规律之前, 我们必须快速地了解集合论和拓扑学中的一些事实. 这些内容对于学习概率语言至关重要, 而概率语言是理解整门学科的重要部分. 如果你不熟悉这些术语, 那么还需要付出一些努力才能了解它们, 但花费的时间和精力会在以后产生巨大的回报. 想象一下, 不知道各种生物体和化合物的名称是上不了生物课的! 数学也是如此. 在学会一门语言之前, 我们什么也做不了.

如果想讨论事件的概率, 那么自然会涉及取定某些大型集 Ω 并对其子集指定概率的问题. 令人惊讶的是, 没有一种通用的方法可以将概率分配给每个子集, 并

使概率函数满足某些"自然"条件. 这与巴拿赫–塔尔斯基悖论有关, 我们会在 2.6
节中简单地讨论. 以防不能将概率一致地分配给所有可能的子集, 我们必须留意要
考察的事件. 为此, 我们需要集合论和 (点集) 拓扑中的一些基本事实. 幸运的是,
这些基本关系足以应付概率论入门课中遇到的所有对象. 对于更高等的课程, 我们
还需要 σ 代数的概念, 这一点也会在 2.6 节中进行简单讨论.

我们从一些基本的定义和集合性质开始. 虽然不同的书会使用不同的符号, 但
你对其中许多性质应该并不陌生. 令 $A, B, C, \cdots$ 表示集合, 并让 $a, b, c, \cdots$ 分别表
示这些集合中的元素. 如果 a 是 A 中的一个对象, 那么我们就说 $a \in A$(读作 "**a
是 A 的一个元素**" "**a 在 A 中**" 或者 "**a 属于 A**"); 若 a 不包含在 A 中, 则
$a \notin A$. 例如, 如果 A 是偶数集, 那么 $24 \in A$, 但 $25 \notin A$. 如果 A 是由全体赢过
世界大赛的球队所构成的集合, 那么波士顿红袜队就在 A 中, 但西雅图水手队则
不在 A 中 —— 至少写本书时如此. 遗憾的是, 通常很难确定一个对象是否在某
个特定的集合中. 如果 A 是所有至多能写成两个素数之和的偶数的集合, 那么有
一个简单的方法来验证某个给定的数是否属于 A, 但其计算成本很高. 容易看出,
4, 100 和 1864 都在 A 中, 因为 $4 = 2 + 2$, $100 = 47 + 53$ 且 $1864 = 3 + 1861$; 那么
$24\,601^{20\,131\,701!} + 2013!^{24\,601} \cdot 1701! + 3^{2012!}$ 呢? 著名的哥德巴赫猜想提到, 每一个
正偶数都在这个集合中, 然而我们距离证明这一点还有很长的路要走.

如果 A 的每个元素都在 B 中, 我们就说 A 是 B 的一个**子集**, 并记作 $A \subset B$.
也可以说 B 是 A 的**超集**, 并记作 $B \supset A$. 值得注意的是, 有些书使用的符号稍有
不同. 例如, 对某些作者来说, $A \subset B$ 意味着不仅 A 包含在 B 中, 而且 B 中有一
些元素不属于 A, 这表明了包含是严格的. $A \subseteq B$ 包含了 $A \subset B$ 和 $A = B$ 两层
含义; 这个符号更清晰, 但通常很少使用. 按照类似的方式, 另一个关于符号的约定
是, $A \subsetneq B$ 表示 A 是 B 的一个子集, 但 A 不等于 B. 对我们而言, $A \subset B$ 表示 A
包含在 B 中, 但不排除 A 等于 B 的可能性. 我们为什么要这样做? 原因是我们并
不清楚是否已经排除了相等的可能性. 回到棒球的例子, 如果 B 是所有棒球队的
集合, 而 A 是所有赢过世界大赛的棒球队的集合, 那么 $A \subset B$. 这是一个真子集,
因为有些球队还没赢过世界大赛; 但这个结论是在你了解一些棒球历史的前提下得
出的, 否则你并不清楚它是不是一个真子集. 也许水手队会改写这个历史 ⋯⋯

最重要的集合之一是**空集**, 它是唯一没有元素的集合. 我们把空集记作 $\varnothing$. 以
下都是空集的例子.

- A 是全体大于 1000 的偶素数的集合. 那么 $A = \varnothing$.
- A 表示在《辛普森一家》中, 一只手有 5 根手指的人构成的集合. 那么 $A = \varnothing$,
  这是因为所有人的每只手都只有 4 根手指. 再看另一个电视节目的例子, 在
  《老友记》中, 除了第一季和最后一季以外, 片头没出现过 The One 的所有
  剧集构成集合记作 A. 那么 $A = \varnothing$, 因为所有剧集的开头都有 The One(除

了试播集和最后一集).

- 设 A 是一个正整数的集合, 它的每个元素都无法写成四个平方的和、三个平方的和、两个平方的和或一个平方和的形式. 那么 $A = \varnothing$. 这个结果并不显然, 但它是数论中一个非常好的结论. 例如, 把 1729(数学中非常重要的一个数) 写成 4 个平方之和的方法之一是 $2^2 + 5^2 + 10^2 + 40^2$. 另外, 我们有 70 种方法可以把 2013 写成 $d^2 + c^2 + b^2 + a^2$ 的形式, 其中 $d \leqslant c \leqslant b \leqslant a$. 例如, $2013 = 8^2 + 16^2 + 18^2 + 37^2$. 对于 2014 来说, 共有 72 种表示方法, 2015 有 61 种方法, 而 2016 只有 8 种表示方法, 但 2017 有 53 种方法.

空集显然是独一无二的, 尽管它有很多不同的表示方法. 这就引出了两个集合何时相等的重要问题. 下面是一种常用的方法: **要想证明**$A = B$, **只需证明**$A \subset B$**且**$B \subset A$就行了. 如果这两个包含关系成立, 那么 A 的所有元素都在 B 中, 且 B 的所有元素也都在 A 中, 所以它们一定是相等的.

给定两个集合 A 和 B, 我们可以构造出几个新的集合.

(1) $A \cup B$: 读作 "A**并**B". 它是由 A 和 B 中所有元素构成的集合, 某些元素可能会同时存在于两个集合之中. 这个集合记作

$$A \cup B = \{x : x \in A \text{ 或 } x \in B\}.$$

对于多个集合, 我们也可以得到它们的并 (集). 我们可以用几种方式来表示: 如果是有限个集合的并, 可以写成 $A_1 \cup A_2 \cup \cdots \cup A_n$ 或者 $\cup_{i=1}^{n} A_i$; 如果是无限个集合的并, 可以写成 $\cup_{i=1}^{\infty} A_i$. 还可以使用一种同时适用于每个集合的符号: $\cup_{i \in I} A_i$. 这里的 I 可能是一个有限集, 也可能是个无限集. 例如, 考虑 $A = \{1, 2, 3\}$ 和 $B = \{2, 3, 4\}$, 于是 $A \cup B = \{1, 2, 3, 4\}$.

(2) $A \cap B$: 读作 "A**交**B". 它是那些同时存在于 A 和 B 中的元素的集合. 这个集合记作

$$A \cap B = \{x : x \in A \text{ 并且 } x \in B\}.$$

对于多个集合, 我们也可以得到它们的交 (集). 这里的符号与上述相似: 对于有限个集合的情况, 我们记作 $A_1 \cap A_2 \cap \cdots \cap A_n$ 或者 $\cap_{i=1}^{n} A_i$; 对于无限个集合的情况, 我们记作 $\cap_{i=1}^{\infty} A_i$, 或者更一般的 $\cap_{i \in I} A_i$. 如果 $A \cap B = \varnothing$, 就说集合 A 与集合 B 是**不相交的**. 如果对于任意的 $j, k \in I$ 且 $j \neq k$, 均有 $A_j \cap A_k = \varnothing$, 那么就说集族 $\{A_i\}_{i \in I}$ 中的集合是**两两不相交的**. 回到 $A = \{1, 2, 3\}$ 和 $B = \{2, 3, 4\}$, 我们有 $A \cap B = \{2, 3\}$.

(3) A^c: 称为 A 的**补集**. 它是全体不在 A 中的元素的集合. 在集合论的所有概念中, 这是最难理解的, 因为我们需要知道 A 是什么. 一旦有可能出现混淆, 我们就要设法让这个符号更精确. 如果 X 是整个空间, 那么 $A \subset X$, 于是我们经常把 A^c 记作 $X \setminus A$. 如果想让补集更加明确, 就需要弄清楚

X 是什么 —— 也就是说, 我们关于什么取补集. 例如, 考察整数集 $\mathbb{Z}$ 的子集, 设 A 是全体偶数构成的集合. 那么 A^c 是全体奇数的集合. 另一方面, 如果我们考察的是实数集的子集, 而 A 是偶数集, 那么 A^c 就不仅仅是奇数集了!

(4) $A \times B$: 称为 A 和 B 的**笛卡儿乘积**. 它是全体有序对 (a,b) 的集合, 其中 $a \in A$ 且 $b \in B$. 当 $A = B$ 时, 我们通常用 A^2 来表示 $A \times A$. 更一般地, 如果有 n 个 A 相乘, 则记作 A^n. 最常见的例子是 $\mathbb{R}^n$ 和 $\mathbb{C}^n$, 它们分别是全体 n 元实数组的集合与全体 n 元复数组的集合. 如果 $A = \{1,2\}$ 且 $B = \{2,3,4\}$, 那么

$$A \times B = \{(1,2),(1,3),(1,4),(2,2),(2,3),(2,4)\}.$$

次序在这里很重要, $(1,3) \in A \times B$, 但 $(3,1)$ 不属于 $A \times B$. 给一个口头上的解释, 先向东走一个街区再向北走三个街区, 与先向东走三个街区再向北走一个街区是不一样的. 留意一下 $A \times B$ 中元素被列出的顺序. 我们可能会写成 $A \times B = \{(1,3),(2,3),(2,2),(1,2),(1,4),(2,4)\}$. 虽然这两种写法都是 $A \times B$, 但我们更倾向于第一种写法. 为什么? 这是一种非常优美且有条理的元素枚举方法. 第二种看起来更加随意且没有特定的顺序, 从而可能会有遗漏元素的危险.

(5) $\mathcal{P}(A)$: 称作 A 的幂集. 它是 A 的所有子集的集合. 如果 $A = \{x,y\}$, 那么 $\mathcal{P}(A) = \{\varnothing, \{x\}, \{y\}, A\}$. 注意, $\mathcal{P}(A)$ 中的元素自身就是集合.

我们来看更多的例子. 除以 2010 后余数为 i 的全体整数的集合记作 A_i, 于是 $A_{15} = \{\cdots, -1995, 15, 2025, \cdots\}$, 这意味着 $2025 \in A_{15}$, 但 2024 不属于 A_{15}. 稍微思考一下就能发现

$$A_0 \cup A_1 \cup \cdots \cup A_{2009} = \bigcup_{i=0}^{2009} A_i$$

就是全体整数的集合, 原因是任何整数除以 2010 后都必须有余数. 余数可以是 0, 1, $\cdots$, 2009. 由于我们已经考虑了所有可能的情况, 因此这个并就是整数集.

下面这个交呢?

$$A_0 \cap A_1 \cap \cdots \cap A_{2009} = \bigcap_{i=0}^{2009} A_i.$$

这是除以 2010 后余数不但等于 0, 而且等于 1, 2, $\cdots$ 的全体整数的集合. 因为每个数都只有唯一的余数, 所以这个交是空集. 实际上, 不存在除以 2010 后余数既为 0 又为 1 的整数, 因此 $A_0 \cap A_1 = \varnothing$. A_0 和 A_1 可以推广到一般的情形; 如果 $j \neq k$, 那么 $A_j \cap A_k = \varnothing$. 事实上, 集族 $\{A_i\}_{i=0}^{2009}$ 中的集合是**两两不相交的**.

对于幂集, 如果 $A = \{x, y, z\}$, 那么 $\mathcal{P}(A) = \{\varnothing, \{x\}, \{y\}, \{z\}, \{x, y\}, \{x, z\},$ $\{y, z\}, A\}$. 我们首先列出了含有 0 个元素的 A 的子集, 然后是恰含一个元素的子集, 接着是正好包含两个元素的子集, 直到最后列出 A 自身. 如果 A 是有限集, 那么 $\mathcal{P}(A)$ 的元素个数就是 $2^{\#A}$(其中 $\#A$ 表示 A 中元素的个数). 理解这一点最简单的方法是, 对于 A 的某个给定子集, A 中的每一个元素要么在这个子集中, 要么不在. 因此, 当创建子集时, 对于 A 的每一个元素, 我们都有两种选择 (选取该元素或不选取它), 于是 A 共有 $2^{\#A}$ 个可能的子集.

一个有趣的问题是怎样以严格的、集合论的方式来构造整数集 (或者更一般地, 构造实数集). 令人惊奇的是, 在只有一个空集的前提下就可以实现这一点! 我们可以利用空集 $\varnothing$ 来构造一个集合, 即 $\{\varnothing\}$(包含空集的集合). 按照这种方法, 我们还能构造出 $\{\varnothing, \{\varnothing\}\}$, 继续进行下去又得到了 $\{\varnothing, \{\varnothing\}, \{\varnothing, \{\varnothing\}\}\}$. 如果让 $\varnothing$ 对应于 0, $\{\varnothing\}$ 对应于 1, $\{\varnothing, \{\varnothing\}\}$ 对应于 2, 等等, 那么不难看出, 每个 "数" 都是比它大的那个数的真子集 (因此, 集合的包含关系相当于 "小于").

2.2.1　编程漫谈

本书的一个重要主题是培养良好的编程能力. 下面简短地讨论一下前面的一个例子: 把一个数写成 4 个平方数之和. 我们给出两个简短的程序来计算把一个整数写成 4 个平方数之和 $d^2 + c^2 + b^2 + a^2$ 的方法数, 其中 $d \leqslant c \leqslant b \leqslant a$.

编码的方法有若干种. 我们首先给出一个高效的方法: 与简单的程序相比, 它写起来会花费更多时间, 这是因为我们必须考虑一些语句的上限, 但它的运行速度要快得多. 然后, 我们给出一个运行速度较慢但较简明的程序. 如果你考察的是一个较小的数, 比如 2000, 那么使用哪个程序都可以 (第二个程序写起来更容易); 当数较大时, 这两个程序的差异就非常惊人了: 如果考察的数是 20 000, 那么高效的程序只需要运行 7.5 秒, 但较慢的则需要 48.7 秒; 当数为 40 000 时这一差距会更大, 第一个程序只需 22.6 秒, 但第二个程序要花费 194.2 秒. 这说明了一个重要原则: 如果你要重复做某事很多遍, 或者这个程序需要一段时间来运行, 那么花点时间改进代码是很有价值的. 神奇的是, 重新写几个for循环就可以帮我们节省很多时间.

第一个程序 (高效但代码较长):

```
sumfoursquares[m_, print_] := Module[{},
  (* m 是我们要考察的数 *)
  (* 将计算 m = a^2 + b^2 + c^2 + d^2 的概率 *)
  (* 其中a >= b >= c >= d *)
  (* 如果参数 print 等于 1 就输出所有有效的四元组{a,b,c,d} *)
  count = 0; (* 计算m可以写成4个平方数之和的概率 *)
```

```
list = {}; (* 这里存储有效的四元组 *)
(* 下面几行是高效的循环 *)
(* 我们希望 a >= b >= c >= d
    所以可以利用这一点来限制for循环 *)
(* 这样我们就不必计算不需要的情况 *)
(* 注意b不能大于a, 而且必须小于 Sqrt(m-a^2) *)
(* 这样我们就限制了for循环, 程序也运行得更快 *)
For[a = 0, a <= Sqrt[m], a++,
 For[b = 0, b <= Min[a, Sqrt[m - a^2]], b++,
  For[c = 0, c <= Min[b, Sqrt[m - a^2 - b^2]], c++,
   {
     (* 这样d就是我们想要的那个使得 m = a^2+b^2+c^2+d^2 的数 *)
     (* 接下来确保d是一个不大于c的整数 *)
     (* 在Mathematica 中检查一个数是否为整数很简单——
        利用 IntegerQ *)
     (* 如果满足条件, 则计数加1并保存{a,b,c,d}的值 *)
     d = Sqrt[m - a^2 - b^2 - c^2];
     If[d >= 0 && d <= c && IntegerQ[d] == True,
      {
      count = count + 1;
      list = AppendTo[list, {a, b, c, d}];
      }]; (* 结束if循环 *)
   }]; (* 结束对c的循环 *)
 ]]; (* 结束对b和a的循环 *)
Print["The number of representations of ", m,
 " as a sum of four squares with a >= b >= c >= d is ", count, "."];
If[print == 1, Print[list]];
]
```

第二个程序 (速度较慢但易于编码):

```
slowsumfoursquares[m_, print_] := Module[{},
 count = 0;
 For[a = 0, a <= Sqrt[m], a++,
  For[b = 0, b <= a, b++,
   For[c = 0, c <= b, c++,
    For[d = 0, d <= c, d++,
     If[a^2 + b^2 + c^2 + d^2 == m,
      {
       (* 与上一个程序不同, 需要验证的条件更少 *)
```

```
(* 注意, 这里没有使用 IntegerQ 函数 *)
(* 它包含4个for循环, 而不是3个 *)
  count = count + 1;
  list = AppendTo[list, {a, b, c, d}];
  }];
]]]];
Print["The number of representations of ", m,
 " as a sum of four squares with a >= b >= c >= d is ", count, "."];
If[print == 1, Print[list]];
]
```

2.2.2　无穷大的大小和概率

　　本小节值得一读, 但对于许多课程来说, 不必重点学习这里的所有定义. 引入这部分内容是为了保持完整性并照顾大部分读者的兴趣, 同时也是为高等课程做准备.

　　集合论的一个重要结果是存在不同程度的无穷大. 乍一看, 这似乎很奇怪; 我们所说的无限集的大小是什么意思呢? 任意两个无限集的 "大小" 不应该都是一样的吗? 事实证明, 答案是响亮的 "不". 实际上, 有一种方法可以比较无穷大; 与我们的直觉相反, 有些无穷大要比其他的无穷大更大. 在本小节中, 我们将讨论无穷大的阶以及概率的含义. 如果想了解更多内容, 请参阅附录 C. 许多入门书只是简单地提到这些问题, 而我们的目标是提供足够的细节来让你了解这门课, 并帮助你理解为什么我们要研究某些集合.

　　在描述不同的无穷大之前, 我们先给出一些符号. 如果函数 $f: A \to B$ 将不同的输入对应到不同的输出, 那么称 f 是**一对一的函数**. 这意味着仅当 $x = y$ 时才有 $f(x) = f(y)$. 如果设 $f(x) = x^2$, 那么 $f: [0,2] \to [0,4]$ 是个一对一的函数, 但 $f: [-2,2] \to [0,4]$ 就不是 (参见图 2-1 上图). 请注意, 定义域在判定函数是否为一对一中发挥着重要作用. 有些书使用**单射**这个词来代替一对一.

　　我们需要的另一个概念是映上 (或满射) 函数. 如果对于任意给定的 $b \in B$, 都存在一个 $a \in A$ 使得 $f(a) = b$, 那么就称 $f: A \to B$ 是**映上的**(或**满射**). 例如, 定义为 $f(x) = x^2$ 的函数 $f: [0,2] \to [0,4]$ 就是满射 (从而 $f: [-2,2] \to [0,4]$ 也是满射); 要想得到这一点, 只需令 $a = \sqrt{b}$. 但是, 如果函数变成被定义为 $f(x) = x^2$ 的 $f: [0,2] \to [-4,4]$, 那么情况就不一样了. 虽然有相同的对应法则, 即输出平方数, 但此时我们的函数不是映上的, 因为任何输入被平方后得到的输出都不可能是负数.

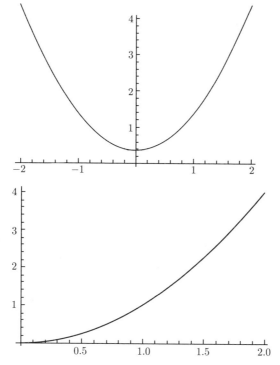

图 2-1 (上图) 被定义为 $f(x) = x^2$ 的函数 $f : [-2, 2] \to [0, 4]$ 是满射但不是单射. (下图) 被定义为 $f(x) = x^2$ 的函数 $f : [0, 2] \to [0, 4]$ 是双射

最后, 如果 f 既是一对一的又是映上的, 那么我们就说 f 是**双射**. $A = [0, 2]$ 且 $B = [0, 4]$ 的平方函数 $f(x) = x^2$ 是个双射 (参见图 2-1 下图); 如果 $B = [-4, 4]$, 那就不是双射了.

有了这些符号后, 就可以讨论集合的大小了. 集合的大小依次为有限、可数和不可数 (我们不必担心不可数的不同级别). 我们的目标不是写一本"集合论读本"—— 至少现在是这样的! 所以我们只做个简短的介绍, 更多讨论请参阅附录 C. 如果集合 A 中的元素与集合 $\{1, 2, \cdots, n\}$ 之间存在一一对应的关系, 那么就说 A 是**大小为** n (或**基数为** n) 的有限集. 此时, 可以把 A 写成 $A = \{a_1, a_2, \cdots, a_n\}$. 更正式地说, 我们有一个函数 $f : \{1, 2, \cdots, n\} \to A$, 它使得任意两个不同的整数都对应到 A 中的不同元素; 并且对于任意给定的元素 $a \in A$, 存在某个 $k \in \{1, 2, \cdots, n\}$, 使得 $f(k) = a$. 也就是说, 这两个集合之间存在一个双射. 如果在 A 和正整数集之间存在一个既是一对一的又是映上的函数 f, 就说集合 A 是**可数的**. 如果 A 既不是有限的, 也不是可数的, 那么说它是**不可数的**. 我们用 $\#A$ 或者 $|A|$ 来表示 A 的大小. 可数集不仅有无穷多个元素, 而且它的大小是最小的无穷大.

　　显然, 任意可数集都比任意有限集大. 令人惊讶的是, 如果 A 是 B 的一个真子集 (即 $A \subsetneq B$), 那么 $|A| = |B|$ 是可能发生的. 下面这个关于正偶数集 E 和正整数集 P 的例子就可以说明这一点. 显然, $E \subsetneq P$, 但是存在一个从 E 到 P 的一对一函数, 即 $f(x) = x/2$. 因此, E 的每一个元素都与 P 中的唯一元素相匹配, 反之亦然. 这就是说 E 和 P 有相同大小的原因.

　　在集合论课上, 我们证明了正整数集、整数集 $\mathbb{Z}$、有理数集 $\mathbb{Q}$ 以及 $\mathbb{Q}^n = \{(x_1, \cdots, x_n) : x_i \in \mathbb{Q}\}$ (即全体 n 元有理数组的集合) 具有相同的大小. 这些集合都是可数的. 另一方面, 实数集 $\mathbb{R}$、平面 $\mathbb{R}^2$ 和 n 维空间 $\mathbb{R}^n$ 都是不可数的. 这里的证明采用了康托尔的一种卓越方法, 即所谓的对角化论证. 要了解更多细节, 请参阅任何一本完整的集合论教材. 另外, 关于可数集的更多内容, 请参阅附录 C.

　　读完上面的内容后, 我希望你能考虑这样一个问题: **这和概率有什么关系呢?** 正如我们将在 2.6 节中看到的, 只能讨论可数个事件的并的概率. 也就是说, 对于不可数个事件的并, 我们无法讨论其概率. 这里的讨论是为了让我们知道概率论中考察的集合是什么样的.

2.2.3　开集和闭集

　　我们要了解的最后一个术语是开区间和闭区间 —— 或者更一般地说成开集和闭集. 你可能还记得这个微积分里的概念, 不过还是快速地看看下面的定义. 绝大多数入门课程都不太关注一般的情形, 而是把精力集中于直线上的区间. 更高维情形下的结果对于多元函数的研究至关重要, 尤其是当我们想要使用变量替换公式来化简复杂的积分时.

　　常见的**区间**共有四种:

- $[a, b] := \{x \in \mathbb{R} : a \leqslant x \leqslant b\}$
- $[a, b) := \{x \in \mathbb{R} : a \leqslant x < b\}$
- $(a, b] := \{x \in \mathbb{R} : a < x \leqslant b\}$
- $(a, b) := \{x \in \mathbb{R} : a < x < b\}$

(其中 $\mathbb{R}$ 是实数集). 第一种 $[a, b]$ 叫作**闭区间**, 因为它包含了两个端点. 最后一种叫作**开区间**, 因为它不包含两个端点. 第二种和第三种都被称为半开区间或半闭区间. 我们会经常给实直线的子集分配概率, 而这些区间就是构建块. 换句话说, 如果理解了这些集合的概率, 那么就能理解将要处理的所有集合的概率.

　　开区间和闭区间是研究实直线 $\mathbb{R}$ 的理想工具, 但是 $\mathbb{R}^2$ 和 $\mathbb{R}^n$ 呢? 它们的基本成分应该是什么? 或者说, 我们应该如何推广区间? 一个不错的选择是使用**笛卡儿乘积**: 在二维空间中考察矩形, 在三维空间中考察方盒, 等等. 例如, 考察集合 $[a, b] \times [c, d]$, 即 $\{(x, y) : a \leqslant x \leqslant b, c \leqslant y \leqslant d\}$. 如果推广到三维空间, 可以添加另一个区间 $[e, f]$, 但这会变得很乱. 当考察更高维的情形时, 就会出现一堆乱糟糟的字

母. 为了保持符号的整洁, 考虑下面这种形式:

$$[a_1, b_1] \times \cdots \times [a_n, b_n] = \{(x_1, \cdots, x_n) : a_i \leqslant x_i \leqslant b_i\}.$$

这是描述 $\mathbb{R}^n$ 中集合的一个简洁方法. 我必须强调好符号的重要性和必要性. 好的符号可以让你轻松地了解究竟发生了什么, 而糟糕的符号会让你摸不着头脑, 生着气不停抱怨 (这很不利于学习). 有必要花一些时间去想想, 怎样的表达能最好地呈现出你的想法. 你希望人们能够理解你所说的话. 看看用这种符号来描述 $\mathbb{R}^n$ 中的方盒有多么整洁, 如果写成 $[a, b] \times [c, d] \times [e, f] \times \cdots$, 那就做不到这一点了. 事实上, 我们应该把 $\mathbb{R}^2$ 看成作 $\mathbb{R} \times \mathbb{R}$, 或者全体实数对的集合. 同样地, $\mathbb{R}^3$ 就是 $\mathbb{R} \times \mathbb{R} \times \mathbb{R}$, 等等.

虽然矩形和方盒很实用, 但它们并不是唯一的选择. 另一种可能的选择是在平面上使用圆, 在三维空间中使用球. 这两种方法都是有用的: 矩形能更好地组合在一起, 而圆和球更便于理论计算.

在实践中, 我们可能需要研究三维以上空间中集合的概率. 例如, 现在有一个经济模型, 它有 10 个参数, 我们想知道能导致某个特定结果出现的参数值的大小或概率. 为了研究这种情况, 使用一些在所有维度上都通用的符号是很方便的. 为了给概率一个真正坚实的基础, 我们需要这种符号; 然而, 对于许多课程来说, 重点是采用一种更加通俗易懂的方法, 因此这些概念可能不会被提及.

我们把半径为 r、球心为 $a = (a_1, \cdots, a_n) \in \mathbb{R}^n$ 的**开球**定义为

$$B_a(r) := \{x = (x_1, \cdots, x_n) : (x_1 - a_1)^2 + \cdots + (x_n - a_n)^2 < r^2\}.$$

闭球 $\overline{B}_a(r)$ 可以按照类似的方法来定义, 只需要把 $<$ 替换成 $\leqslant$ 就行了. 因此, 开球是与 a 点的距离小于 r 个单位的所有点的集合, 也可以把它看作球心为 a、半径为 r 的 n 维球体中所有点的集合. 设 $A \subset \mathbb{R}^n$, 如果对于任意给定的 $a \in A$, 都存在 1 个 r(取值依赖于 a) 使得 $B_a(r) \subset A$, 那么就说集合 $A \subset \mathbb{R}^n$ 是**开**的. 此外, 如果 A 的补集是开的, 那么 A 就是**闭**的.

考虑下面的例子: 设 A 是所有满足 $|xy| < 1$ 的点 $(x, y) \in \mathbb{R}^2$ 的集合. 换句话说, A 对应着图 2-2 中区域内的所有点.

为了证明这是一个开集, 我们任选其中一点来考察. 让 ρ 表示从这一点到四条曲线中任意一条曲线的最短距离. 根据微积分的知识, 我们认识到 ρ 不仅存在而且大于 0. 于是, 以该点为中心且半径为 $\rho/2$ 的球就包含在 A 中.

下面是两个最常见的开集和闭集的例子.

- 一个没有边界的圆或球就是一个开集; 如果把边界包括在内, 就得到了一个闭集.
- 没有边界的区间、正方形和立方体等都是开集; 类似地, 包含了边界的区间、正方形和立方体等都是闭集.

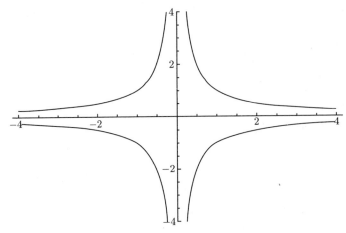

图 2-2   满足 $|xy| \leqslant 1$ 的点的集合. 它是一个无限集: 它的面积是有限的还是无限的

至此将结束有关术语的这个节, 我们承认这节相当冗长. 我们需要引入大量术语. 也许你不能马上看到它的价值, 但请相信我, 它是有价值的. 虽然学习定义并不是件最愉快的事, 但这对我们与他人清晰、有效地沟通至关重要. 既然我们已经花时间学习了这种语言并确保能采用同样的符号, 那么就一定能够从中获益!

试一下你能否看出集合是不是开的. 设 A 是所有满足 $(x/4)^2 + (y/3)^2 < 1$ 的点 (x, y) 的集合, 证明 A 是开的. 如果 B 是所有满足 $(x/4)^2 + (y/3)^2 \leqslant 1$ 的点 (x, y) 的集合, 那么证明 B 是闭的.

2.3   结果空间、事件和概率公理

本节在开始时非常简单, 但随着我们考察的问题越来越微妙, 其内容也会在技术层面上变得更加困难. 要想解决其中一些问题, 我们需要用到分析学和点集拓扑的知识, 但对于概率论入门课来说, 这没必要. 我们有很多关于概率的日常经验, 虽然存在被误导的危险 (比如罗素悖论), 但在大多数情况下直觉会带来帮助. 正如本章导言中所讨论的, 危险总是围绕着无穷大 —— 要么是无穷多个集合, 要么是具有无穷多个元素的集合. 只要出现无穷大, 我们就要非常小心. 然而, 如果只考虑有限多个集合, 并且每个集合都包含有限多个元素, 那么我们的直觉通常是值得信赖的. 因此, 我们用两节内容来讨论概率公理, 这种做法应该是合理且正确的. 本节和接下来的一节将给出一个直观的方法, 有兴趣了解技术细节的读者应当阅读2.6 节.

先将我们使用的直观概念形式化. 为了合理地谈论概率, 我们需要一些信息. 首先必须指出所有可能的结果以及每个结果发生的概率.

我们假设所有可能的结果都是某个给定集合 Ω 的子集. 因此, Ω 可能就是正整数集, 事件就是抛出"正面"之前, 抛硬币的总次数. 另一个例子是, 假设 Ω 是个单位圆, 事件是单位圆的子集. 此时, 考虑投掷飞镖的情景. 如果我们向单位圆投掷飞镖, 那么它就要在某处着陆, 而圆周和圆内的每一点都是可能的着陆点.

我们把 Ω 称为**样本空间**或**结果空间**, 并把 Ω 中的元素称作**事件**. 这个定义在很多情况下都适用. 当 Ω 是有限集或者可数集时, 这个定义是令人满意的. 不过, 对于一般的概率空间, 这个定义需要进行修改, 就像我们在 2.6 节中讨论的那样.

一旦有了结果空间 Ω, 我们就想为 Ω 中的不同元素指定概率. 为此, 我们引入**概率函数**, 并把它记作 Prob. 我们用 Prob(A) 来表示事件 A 发生的概率, 但通常把它简写成 Pr(A).

下面给出一个例子来说明这一点. 假设老虎机的第一个轮盘上有 20 个符号: 10 个梅花、5 个红桃、3 个方块和 2 个黑桃. 在我们玩的时候, 如果这 20 个符号中的每个都等可能地出现, 那么样本空间和概率函数分别是什么?

虽然这个问题看似简单, 但其中隐藏着一些微妙之处. 这里存在两种可能的解释: 我们能区分清楚具有相同符号的不同对象吗? 由于这 10 个梅花看起来都一样, 因此假设我们无法分辨这 10 个梅花之间的区别也是很合理的. 当轮盘停止时, 如果看到一个梅花, 那么我们无法确定它是第 1 个还是第 10 个.

样本空间是所有可能结果的集合, 所以我们有

$$\Omega = \{\spadesuit, \heartsuit, \diamondsuit, \clubsuit\}.$$

由于这 20 个对象中的每个都等可能地出现, 因此这个过程相当简单. 为了求出每种符号出现的概率, 我们要做的就是计算出具有这种符号的对象共有多少个, 然后再除以对象的总数, 于是

$$\text{Pr}(\spadesuit) = \frac{2}{20}, \quad \text{Pr}(\heartsuit) = \frac{5}{20}, \quad \text{Pr}(\diamondsuit) = \frac{3}{20}, \quad \text{Pr}(\clubsuit) = \frac{10}{20}.$$

关于这个概率函数, 有两点需要注意. 首先, 每个概率都是非负的, 且至多为 1. 这是合理的 —— 一件事发生的概率是 -0.5 或 2 意味着什么呢? 把结果乘上 100, 就可以将概率转换为百分比的形式. 因此, 0.5 的概率相当于 50%, 或者说某事有一半的概率发生; 概率为 1 则相当于 100%, 这意味着它必然发生. 其次, 我们可以使用概率函数来找出其他事件的概率, 比如得到一个梅花或红桃的概率. 这 20 个对象中的 15 个是梅花或者红桃, 并且任何对象都不可能既是梅花又是红桃, 所以

$$\text{Pr}(\clubsuit \ \text{或} \ \heartsuit) = \frac{15}{20} = \text{Pr}(\clubsuit) + \text{Pr}(\heartsuit).$$

实际上, 最后两个性质是我们希望概率函数能够服从的一般特性. 更具体地说, 我们**希望**概率函数能够满足下面的愿望列表.

> **愿望列表**
>
> (1) 对于任意的事件 A, 均有 $0 \leqslant \Pr(A) \leqslant 1$. 如果 Ω 是结果空间, 那么 $\Pr(\Omega) = 1$.
> (2) 如果 $\{A_i\}$ 是一族两两互不相交的集合 (也就是说, 当 $j \neq k$ 时 $A_j \cap A_k$ 是空集), 那么 $\Pr(\cup_i A_i) = \sum_i \Pr(A_i)$.

第一个条件说明了任何事件发生的概率都不可能大于 1 或小于 0, 而且必定有某事发生. 第二个条件表明了在某些情况下概率是可加的; 也就是说, 如果 $\{A_i\}$ 是一族两两互不相交的集合, 那么其中之一发生的概率就是它们各自概率的总和. 在老虎机的例子中, 当我们考虑得到一个梅花或红桃的概率时, 上述结果是适用的; **但实际上, 这个条件在一般情况下并不能满足**. 意料之中的是, 该问题与无穷大有关. 为了保留这个属性, 在分配事件的概率时要更加小心, 这一点将在下节中讨论. 在本节的剩余部分中, 我们会介绍几个不同的结果空间和概率函数.

我们来探讨一下这两个条件可以推出什么结果. 我们将证明 $\mathrm{Prob}(\varnothing) = 0$; 确实如此, 否则什么都没发生的概率就是一个正数! 由第一个条件可知 $\mathrm{Prob}(\Omega) = 1$. Ω 可以被看作 Ω 与 $\varnothing$ 的不相交的并. 尽管这看起来好像有点奇怪, 但是 Ω 和 $\varnothing$ 是不可能有公共元素的, 因为空集中没有任何元素! 于是, 由第二条性质可知, $\mathrm{Prob}(\Omega \cup \varnothing) = \mathrm{Prob}(\Omega) + \mathrm{Prob}(\varnothing)$, 也就是 $1 = 1 + \mathrm{Prob}(\varnothing)$, 这样就得到了 $\mathrm{Prob}(\varnothing) = 0$.

考虑下面的例子. 连续两次抛掷一枚均匀的硬币, 我们要考察的是硬币正面朝上出现了几次. 样本空间是什么? 概率函数又是什么? 由于正面朝上的次数只可能是 0、1 或者 2, 所以样本空间就是集合 $\{0,1,2\}$. 关于概率函数, 我们注意到抛掷硬币一共有 4 种可能的结果: 正面–正面, 正面–反面, 反面–正面和反面–反面. 因为硬币是均匀的, 所以每种结果出现的可能性都相等. 由于出现两次正面的结果只有一种, 因此 $\mathrm{Prob}(2 \text{ 次正面}) = 1/4$. 按照同样的逻辑, 我们得到了 $\mathrm{Prob}(1 \text{ 次正面}) = 1/2$ 和 $\mathrm{Prob}(\text{没出现正面}) = 1/4$. 回顾一下, 在考察正面出现几次的过程中, 我们得到了

$$\Omega = \{0,1,2\}$$
$$\Pr(0) = \frac{1}{4}, \quad \Pr(1) = \frac{1}{2}, \quad \Pr(2) = \frac{1}{4}.$$

现在稍微调整一下这个例子. 假设我们投掷的是一枚不均匀的硬币, 它正面朝上的概率是 0.7. 同样, 我们考察连续抛掷硬币两次, 正面朝上出现的次数. 对于调整后的例子, 样本空间和概率函数是什么? 因为正面朝上的次数仍然只可能是 0、1 或 2, 所以样本空间还是 $\{0,1,2\}$. 注意, 虽然我们考察的是不同的问题, 但样本空

间没有发生任何改变. 因此, 概率函数一定会有差异. 但是, 怎样求正面朝上出现了两次的概率? 因为硬币是不均匀的, 所以我们不能简单地列举所有可能的结果, 并像之前那样计算比值.

解决这类问题的一种方法是使用概率树, 这是让可能结果及其相对频率更加形象化的一种好方法. 假设我们要把这个抛掷硬币的实验重复进行 1000 次. 因为硬币正面朝上的概率是 0.7, 所以我们希望在这 1000 次实验中, 第一次抛掷出正面的实验共有 700 次, 而第一次抛掷出反面的实验共有 300 次. 我们在图 2-3 中展现这一点.

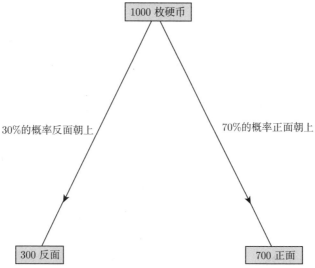

图 2-3   抛掷 1000 枚硬币的预期结果, 其中每一枚硬币正面朝上的概率都是 70%,
反面朝上的概率都是 30%

硬币的第二次抛掷会出现什么结果? 在第一次抛出正面的 700 次实验中, 我们预计其中有 70% 会在第二次抛掷时正面朝上, 也就是说一共有 490 次实验以正面-正面结束. 类似地, 我们可以在图 2-4 中填充树的下一个分支.

记住, 我们正试图找出与集合 $\Omega = \{0, 1, 2\}$ 相匹配的概率函数, 这个集合描述的是在连续两次抛掷一枚硬币后出现正面朝上的次数. 从图 2-4 的树中可以看出, 在这 1000 次实验中, 我们期望得到两次正面的实验共有 490 次, 出现一次正面的实验共有 420 次 (其中出现正面-反面的实验有 210 次, 出现反面-正面的实验有 210 次), 没出现正面的实验共有 90 次. 因此, 概率函数为

$$\Pr(0) = 0.09, \quad \Pr(1) = 0.42, \quad \Pr(2) = 0.49.$$

上一个例子使用的方法是一种常见技巧: 先通过大量试验计算出预期结果, 然后再进一步划分, 这通常是一种很好的策略. 你可能也注意到了, 连续抛出两个正

面的概率等于每次抛出正面的概率的乘积. 这并非巧合. 我们经常使用**乘法法则**来求概率, 它指出: 对于特定的 A 和 B, 有

$$\Pr(A \cap B) = \Pr(A) \cdot \Pr(B)$$

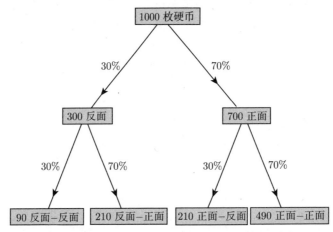

图 2-4   抛掷 1000 枚硬币的预期结果, 其中每一枚硬币正面朝上的概率都是 70%, 反面朝上的概率都是 30%; 每枚硬币都被抛掷两次

因此, 在这个例子中, 我们有 Prob(两次正面)=Prob(正面)^2 = 0.49, 这正是我们想求的. 在一般情况下, 这个公式**并不**成立. 只有当 A 和 B 相互**独立**时它才成立. 我们将在第 4 章中给出独立性的严格定义和详细讨论. 就目前而言, 我们只做非正式地讨论. 如果事件 A 和 B 不以任何方式相互影响, 那么就说它们是相互独立的. 这意味着, 知道其中一件事发生 (或不发生) 不会影响我们对另一件事发生可能性的了解. 在抛掷硬币的例子中, 我们可以合理地假设一次掷硬币的结果不会影响另一次掷硬币的结果. 因此, 在这里使用乘法法则是合理的. 据此, 我们可以得到, 抛出两次正面的概率是 $0.7 \cdot 0.7 = 0.49$, 没有出现正面的概率是 $0.3 \cdot 0.3 = 0.09$, 抛出一次正面的概率是 $2 \cdot 0.7 \cdot 0.3 = 0.42$. (为什么有个因子 2? 因为我们可能抛出正面–反面, 也可能抛出反面–正面.) 注意, 这些结果与我们用树形法求出的概率完全相同.

注 2.3.1   在创建两次抛掷硬币的概率树时, 我们考察了 1000 枚硬币. 为什么要选择 1000? 这主要取决于问题中的数, 我们所选取的硬币数量要使得树中所有元素都是整数. 选择其他数是没什么问题的, 但这可能会造成硬币的数量是分数. 当然, 我们不需要 1000 个, 100 个硬币就足够了, 这能保证树上的数都是整数. 我选择 1000 是为了给自己一些保护. 我喜欢这样做, 以防在计算中发生小错误. 我给自己设置了一个小的安全保障.

2.4 概 率 公 理

现在我们要给出概率函数满足的基本规则. 因为讨论这些问题往往会用到一些高等分析学的知识, 尤其是 2.6 节的 σ 代数, 所以我们只考察一些重要的特殊情况. 对于有限或可数的结果空间, 结论都相当简单. 我们将陈述公理, 并给出示例和相关应用. 和往常一样, 请记住, 当无穷大出现时, 你的直觉和经验可能会误导你!

2.6 节的要点是, 给定一个结果空间 Ω, 只能在一组特殊的子集上定义概率函数. 我们把这组特殊的子集记作 $\sum$, 也就是所谓的 σ**代数**. 这组子集有很多好的性质: 如果 A 和 B 都属于 $\sum$, 那么 $A \cap B$ 和 $A \cup B$ 也都在 $\sum$ 中. 此外, 如果 Ω 是有限的或可数的, 那么每一个可能的子集都能被选作 $\sum$. 只有当 Ω 中有不可数个元素时, 我们才必须小心. 不可数是比可数更大的无穷大; 有可数个整数, 但有不可数个实数. 有关无穷大的更多信息, 请参阅附录 C.

幸运的是, $\sum$ 中包含了足够多的子集. 例如, 如果 Ω 是区间 $[0,1]$, 那么 $\sum$ 就包含了区间的任意有限并和任意有限交. 如果概率函数满足一些很好的性质 (我们马上就会给出), 那么我们就把三元组 $(\Omega, \sum, \text{Prob})$ 称为**概率空间**. 利用函数 Prob, 我们把概率分配给 $\sum$ 的子集, 其中 $\sum$ 是一个定义了函数 Prob 的特殊 σ 代数.

我们用柯尔莫戈洛夫的概率公理来结束这部分介绍, 2.6 节将给出更加详细、更加严格的讨论. 在这里, 我们只需要熟悉这个公理并了解其合理性即可. 对于 σ 代数 $\sum$ 中到底包含了什么, 我们现在有点模糊 (实际上, 是非常模糊). 关于这一点, 我们将在 2.6 节中展开讨论. 现在, 想想每天发生的事情, 比如掷骰子的结果, 抛硬币的结果, 或者在棒球赛中得分的次数. 更好的是, 能把 Ω 看作一个有限集, $\sum$ 就是 Ω 的所有子集的集合. 于是, 如果 Ω 中有 n 个元素, 那么 Ω 的 2^n 个子集就构成了 $\sum$.

(柯尔莫戈洛夫的) 概率公理: Ω 是一个结果空间, $\sum$ 是一个 σ 代数. 如果概率函数满足下列条件, 那么 $(\Omega, \sum, \text{Prob})$ 就是一个概率空间.

- 如果 $A \in \sum$, 那么 $\Pr(A)$ 是有定义的, 并且 $0 \leqslant \Pr(A) \leqslant 1$.
- $\Pr(\varnothing) = 0$ 且 $\Pr(\Omega) = 1$.
- 设 $\{A_i\}$ 是由有限个或可数个两两互不相交的集合构成的集族, 并且每一个集合都是 $\sum$ 中的元素. 那么 $\Pr(\cup_i A_i) = \sum_i \Pr(A_i)$.

在探讨据此能得出什么样的结果之前, 我们先简单地看一下这个公理. 第一条说明了我们可以对 σ 代数 $\sum$ 中的任何事件分配概率, 并且概率必须在 0 和 1 之间取值. 这个界限显然是合理的: 任何事情发生的概率都不可能小于 0. 不管棒球

队多么糟糕, 球队都不可能得负分. 此外, 不管体育播音员说什么, 没人能够给出 110% (或更多!) 的定论. 不管球队有多强大, 赢球的概率都不可能超过 100%.

第二条公理断言, 任何事情都没有发生的概率是 0, 而有事发生的概率是 1. 这两种说法都经得起考验, 且与我们的经验相符. 其实, 我们不需要给出 $\Pr(\varnothing) = 0$. 事实证明, 这个结论可以由其他公理推出 (但把它放在公理中会更好, 这样做并没什么坏处).

最后一条公理最有意思. 这里的关键词是有限和可数. 注意, 在我们的讨论中, 这是第一次出现无穷大. 我们稍后会看到, 把结论限定在有限集或可数集上是至关重要的, 更大的无穷大将导致严重的问题. 但是, 如果把问题限定在有限个或可数个集合上, 那么概率就是可加的. 最重要的一种情况是, 如果 A 和 B 是 $\sum$ 中两个互不相交的元素, 那么 $\Pr(A \cup B) = \Pr(A) + \Pr(B)$. 换句话说, 如果 A 和 B 不能同时发生, 那么它们中有一个发生的概率就是它们各自发生的概率之和.

我们来探讨一些概率空间的例子, 然后在下节中继续讨论这些空间的重要性质.

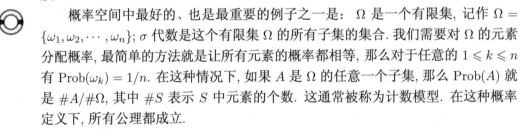

概率空间中最好的、也是最重要的例子之一是: Ω 是一个有限集, 记作 $\Omega = \{\omega_1, \omega_2, \cdots, \omega_n\}$; σ 代数是这个有限集 Ω 的所有子集的集合. 我们需要对 Ω 的元素分配概率, 最简单的方法就是让所有元素的概率都相等, 那么对于任意的 $1 \leqslant k \leqslant n$ 有 $\mathrm{Prob}(\omega_k) = 1/n$. 在这种情况下, 如果 A 是 Ω 的任意一个子集, 那么 $\mathrm{Prob}(A)$ 就是 $\#A / \#\Omega$, 其中 $\#S$ 表示 S 中元素的个数. 这通常被称为计数模型. 在这种概率定义下, 所有公理都成立.

例如, 想象掷一颗均匀的骰子. 此时, 我们掷出的结果可能是 1、2、3、4、5 或者 6, 并且每种结果出现的概率都是 1/6. 设 $A = \{1, 3, 5\}$, 那么 $\mathrm{Prob}(A) = 3/6 = 1/2$. 这意味着我们有 50% 的概率掷出奇数.

沿着这种思路, 我们再看另一个例子. 设 $\Omega = \{1, 2, 3, 4, 5, 6\}$ 是掷一颗骰子的结果空间. 设 $A = \{2, 4, 6\}$(掷出偶数的可能结果), $B = \{3, 5\}$(掷出奇素数的可能结果). 那么 $\Pr(A) = 3/6$, 因为在 6 个可能的结果中, 有 3 个属于 A; $\Pr(B) = 2/6$ 并且 $\Pr(A \cup B) = 5/6$. 注意 $\Pr(A \cup B) = \Pr(A) + \Pr(B)$, 这个式子成立是因为 A 和 B 是不相交的. 如果我们考察 $C = \{2, 3, 5\}$(掷出素数的可能结果), 那么 $\Pr(A \cup C) = 5/6 \neq \Pr(A) + \Pr(C)$.

再看另一个例子, 我们考虑连续 5 次抛掷一枚均匀硬币的结果空间. 因为每次抛硬币的结果要么是正面 (H), 要么是反面 (T), 并且这两种情况发生的概率都是 1/2, 又因为一共抛掷了 5 次, 所以结果空间中一共有 32 种可能的组合. 看看下面的列表, 想想我们是如何把它们列出来的. 重要的是不能遗漏任何结果, 因此我们需要一个很好的方法来给出所有可能性. 例如, 每当下降一个等级时, 反面的总数就会多 1. 另外, 想一下我们是如何列出一个等级中的所有字符串的.

- HHHHH,
- HHHHT, HHHTH, HHTHH, HTHHH, THHHH,
- HHHTT, HHTHT, HTHHT, THHHT, HHTTH, HTHTH, THHTH, HTTHH, THTHH, TTHHH,
- TTTHH, TTHTH, THTTH, HTTTH, TTHHT, THTHT, HTTHT, THHTT, HTHTT, HHTTT,
- TTTTH, TTTHT, TTHTT, THTTT, HTTTT,
- TTTTT.

用 A 表示"出现偶数次正面"这一事件. $\Pr(A)$ 是多少呢? 利用计数法, 我们看到在事件列表中, 32 个结果中共有 16 个结果出现了偶数次正面, 因此 $\Pr(A) = 16/32 = 1/2$.

对于上面这个问题, 有一种**错误**的方法. 这个方法指出, 出现偶数次正面的可能性有 3 种, 即出现 0、2 或 4 次正面; 出现奇数次正面的可能性也有 3 种, 即出现 1、3 或 5 次正面. 因此, 出现偶数次正面的概率是 3/6, 即 1/2. 虽然这个答案是正确的, 但这只是个巧合. 问题在于出现正面的次数并不是等可能的: 出现 0 次正面的概率是 1/32, 出现 2 次正面的概率是 10/32, 出现 4 次正面的概率是 5/32. 每个由正面和反面组成的字符串的概率才是相等的, 正面出现的次数并不是等可能的.

要想解决上面这个问题, 还可以采用另一种方法, 那就是**对称法**. 硬币的正面和反面并没有什么区别, 把正反面互换之后, 我们并没有真正改变什么. 由于我们一共抛掷了 5 次, 所以要么出现偶数次正面, 要么出现偶数次反面, 但两者不能同时出现. 因此, 出现偶数次正面的概率应该等于出现偶数次反面的概率. 由于它们是互不相交的事件且恰有其一发生, 因此两者概率之和一定为 1. 这就使得每个事件发生的概率都是 1/2.

上面的讨论适用于任何奇数次的抛掷. 下面给出一个很好的练习: 如果我们一共抛掷了偶数次, 试着对上面的论述做出相应调整. 现在的问题是, 出现偶数次正面和出现偶数次反面并不是互补事件. 但利用问题的某种对称性, 我们仍然可以证明概率是 1/2.

2.5 基本概率规则

现在给出一些关于概率空间的基本规则 —— 这些结论是由前面的三条公理推出来的. 必须强调, 记住我们不是把概率分配给所有事件, 而是只对特殊集合分配概率. 下面我们简单地陈述一些比较直观的事实, 并把更严格的论述留到 2.6 节.

给出一个概率空间 $(\Omega, \Sigma, \text{Prob})$, 其中 Σ 是由 Ω 的全体子集构成的集合, Prob 把概率分配给 Σ 中的每一个元素. 特别有, $\Pr(\varnothing) = 0$, $\Pr(\Omega) = 1$, 并且当 $A \subset \Omega$ 时

$\Pr(A)$ 是有定义的. 最后, Σ 中有限个或者可数个两两互不相交的元素的并的概率就等于这些元素的概率之和. 下面的四条性质非常有用, 值得我们去单独记忆.

概率空间的有用规则: 设 $(\Omega, \Sigma, \mathrm{Prob})$ 是一个概率空间, 那么可以得到如下结论.

(1) **"全概率公式"**: 如果 $A \in \Sigma$, 那么 $\Pr(A) + \Pr(A^c) = 1$. 也就是说, $\Pr(A) = 1 - \Pr(A^c)$.

(2) $\Pr(A \cup B) = \Pr(A) + \Pr(B) - \Pr(A \cap B)$. 这个式子可以进一步推广. 例如, 如果有三个事件, 那么

$$
\begin{aligned}
\Pr(A_1 \cup A_2 \cup A_3) =& \Pr(A_1) + \Pr(A_2) + \Pr(A_3) \\
&- \Pr(A_1 \cap A_2) - \Pr(A_1 \cap A_3) \\
&- \Pr(A_2 \cap A_3) + \Pr(A_1 \cap A_2 \cap A_3).
\end{aligned}
$$

这也被称为**"容斥原理"**.

(3) 如果 $A \subset B$, 那么 $\Pr(A) \leqslant \Pr(B)$. 然而, 如果 A 是 B 的真子集, 那么不一定有 $\Pr(A) < \Pr(B)$, 但我们确定有 $\Pr(B) = \Pr(A) + \Pr(B \cap A^c)$, 其中 $B \cap A^c$ 指的是 B 中不属于 A 的所有元素.

(4) 如果对于任意的 i, 均有 $A_i \subset B$, 那么 $\Pr(\cup_i A_i) \leqslant \Pr(B)$.

注意, 这里的"全概率公式"带有引号. 这条性质实际上是更一般的全概率公式的一个特例, 我们将在 4.5 节中展开讨论.

在接下来的几个小节中, 我们将证明上述性质并给出示例. 我们还会在本章的末尾介绍如何猜测某些情况下的答案 (2.7 节). 从某种意义上说, 这部分内容可以忽略, 因为它只是一种非严格地猜测答案的尝试; 然而, 从另一种意义上来说, 它是本章最重要的部分! 原因是, 随着学习的不断深入, 你需要处理的公式和表达式会变得越来越复杂. 我们所做的大部分都是实验性的数学, 试图在证明答案之前找出答案的函数形式. 这是一项非常实用的技能, 因为如果你知道想要证明什么, 那就更容易证明它! 因此, 我强烈建议你认真研读那里的分析, 并尝试其他的问题.

2.5.1　全概率公式

第一条规则可以直接由概率函数的性质推导出来. A 和 A^c 是互不相交的集合, 并且两者的并是 Ω. 因此, 我们有

$$
1 = \Pr(\Omega) = \Pr(A \cup A^c) = \Pr(A) + \Pr(A^c),
$$

最后一个等号成立的原因是, 两个互不相交事件的并的概率就等于两个事件的概率之和. □

全概率公式在概念上是很简单的: A 发生的概率应该是 1 减去 A 不发生的概

率. 这种重新表述非常有用, 因为计算某件事不发生的概率往往比计算它发生的概率容易很多.

例如, 假设纽曼和克雷默 (源自喜剧《宋飞正传》) 正在玩一场激烈的冒险游戏. 克雷默坚信乌克兰处于弱势并发起攻击. 他掷了 3 颗骰子, 纽曼掷了 2 颗骰子. 如果你以前从未玩过冒险游戏, 那么这个游戏的关键在于, 每一颗骰子都是均匀的, 并且每一次掷骰子都是独立的且掷出的数字越大越好. 我们想知道能掷出多少个 6. 于是, 我们试着计算至少掷出一个 6 的概率, 并把这个事件记作 A. 不幸的是, 能导致这个事件发生的可能情况有很多种. 我们可能恰好掷出一个 6, 也可能恰好掷出 2 个 6、3 个 6、4 个 6 或者恰好掷出 5 个 6. 我们必须计算出每一个概率, 但这很快就会变得一团糟. 幸运的是, A^c 的概率很容易计算, A^c 表示我们没有掷出 6 的事件. 此时, 由于一颗骰子没有掷出 6 的概率是 5/6, 所以 5 颗骰子都没有掷出 6 的概率就是 $(5/6)^5$. 于是, $\Pr(A) = 1 - \Pr(A^c) = 1 - \left(\frac{5}{6}\right)^5 = \frac{4651}{7776} \approx 59.8\%$.

当我们抛掷 5 颗骰子时, 对于每个可能的 k 值, 计算恰好掷出 k 个 6 的概率, 这是个让人很头疼的练习. 做这个练习可以帮助你更好地理解全概率公式. 书中没有给出详细说明, 因为我已经做过很多次这类题目了, 而且对**互补概率的方法**有了深刻的认识!

利用某件事不发生的概率来求该事件发生的概率是解决问题的一个好方法. 我们在第 1 章研究的生日问题就是个很好的例子. 把至少两个人的生日在同一天的所有可能情况都记录下来对我们来说就是一场噩梦, 但研究所有人生日都不在同一天的情况就非常简单了.

2.5.2 并的概率

为了证明第二条规则, 我们可以利用这样一个事实: 如果存在有限多个两两互不相交的集合 C_i, 那么这些集合的并的概率就等于它们各自概率的和 (第三条概率公理). 我们把 $A \cup B$ 写成

$$A \cup B = (A \setminus (A \cap B)) \cup (B \setminus (A \cap B)) \cup (A \cap B), \tag{2.1}$$

其中 $A \setminus (A \cap B)$ 是由 A 中全体不属于 B 的对象构成的. 像上面那样, 把集合 $A \cup B$ 分解成属于 A 但不属于 B 的对象, 属于 B 但不属于 A 的对象, 以及既属于 A 又属于 B 的对象, 会对我们很有帮助. 在这个过程中, 我们没有重复计算, 并考虑了所有可能的情况. 也就是说, 利用集合论的符号就能彻底解决这个问题. 但我们很容易在查看符号的过程中迷失. 让我们回过头来重新调整一下, 从另一个角度来看问题. 我们要证明的是

$$\Pr(A \cup B) = \Pr(A) + \Pr(B) - \Pr(A \cap B).$$

现在对等式左右两端的表达式分别进行阐释, 并证明它们描述的是同一件事.

等式左端是 $A \cup B$ 的概率. 换句话说, 它是 x 属于 A 或者 x 属于 B 或者 x 既属于 A 又属于 B 的概率. 但我们应该如何解释右端的表达式呢? 首先, $\Pr(A)$ 和

$\Pr(B)$ 分别表示 x 属于 A 和 x 属于 B 的概率. 最初, 我们可能认为这两个概率之和是 x 属于其中之一的概率, 但这种观点是不正确的, 因为它忽略了重复计数所产生的问题. 如果 x 同时属于 A 和 B, 那么我们就把它计算了两次 —— 一次是将 x 作为 A 中的元素, 另一次是将 x 作为 B 中的元素. 因此, 必须减去 x 属于 $A \cap B$ 的概率. 这样就得出了结论.   □

我们给出这个结果的第二种论证有两个原因. 首先, 因为这是个非常重要的结果, 所以我们想到可以考虑采取多种途径来实现它. 其次, 这种论证引入了一个有用的概念. 我们还可以利用**文氏图**来以图形化的方式演示第二条规则. 文氏图是描述结果空间 Ω 的一种方式. 我们用一个矩形来表示 Ω, 然后用阴影或标记来表示 Ω 的子集. 设 A 和 B 是 Ω 的两个相交的真子集. 这样我们就可以画出文氏图如图 2-5 所示.

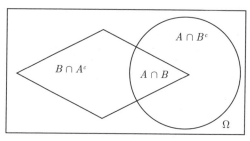

图 2-5   集合 A 与 B 的文氏图

我们看到区域 $A \cup B$ 可以分解成三个互不相交的区域的并. 把 C_1 称为 A 中不与 B 共享的部分, 那么 $C_1 = A \cap B^c$(即所有属于 A 但不属于 B 的点的集合). 注意, $A \cap B^c$ 和 $A \setminus (A \cap B)$ 表示的是同一个区域, 但第一个符号更加紧凑. 同样地, 让 C_2 表示 B 中不与 A 共享的部分, 所以 $C_2 = B \cap A^c$. 最后, 把 C_3 设为 A 和 B 的公共部分, 于是 $C_3 = A \cap B$. 这样就有 $A \cup B = C_1 \cup C_2 \cup C_3$. 这正是式 (2.1) 所表达的意思. 如前所述, 不相交集合的可数并的概率就是它们各自概率的和. 于是, 我们有

$$\Pr(A \cup B) = \Pr(C_1) + \Pr(C_2) + \Pr(C_3).$$

但我们可以改写这个式子. 注意 $C_1 \cup C_3 = A$. 为什么? C_1 是所有属于 A 但不属于 B 的点的集合, 而 C_3 是同时属于 A 和 B 的点的集合. 因此它们的并就是 A. 类似地, $C_2 \cup C_3 = B$ 且 $C_3 = A \cap B$. 因此, 我们得到

$$
\begin{aligned}
\Pr(A \cup B) \\
&= \Pr(C_1) + \Pr(C_2) + \Pr(C_3) \\
&= (\Pr(C_1) + \Pr(C_3)) + (\Pr(C_2) + \Pr(C_3)) - \Pr(C_3) \\
&= \Pr(A) + \Pr(B) - \Pr(A \cap B).
\end{aligned}
$$

在上面的代数运算中, 我们有一些聪明的做法, 那就是"什么都不做"! 在数学中, 什么都不做是最重要的技能之一. "什么都不做"的方式有两种: **加上** 0, 或者**乘以** 1. 这些都是非常有用的证明技巧. 通过添加 $\Pr(C_3) - \Pr(C_3)$, 我们在原来的式子中加上了 0, 因为这能使我们得到 $\Pr(A)$ 和 $\Pr(B)$ 这两项. 熟练把握这种论证方法需要大量的实践; 有关这种技巧的更多信息, 请参阅 A.12 节. 我可以给出的最好建议是, 想想你有什么, 想要得到什么, 以及怎样做才能有助于你实现目标.

我们用一个例子来演示第二种方法 (参见图 2-6).

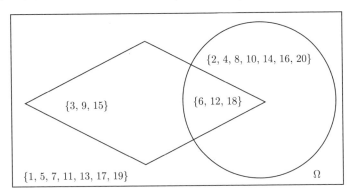

图 2-6 $A = \{2, 4, 6, \cdots, 20\}$, $B = \{3, 6, 9, \cdots, 18\}$ 且 $\Omega = \{1, 2, 3, \cdots, 20\}$ 的文氏图

设 $\Omega = \{1, 2, \cdots, 20\}$, 并且每个元素的概率均为 $1/20$. 此时, 如果 C 是 Ω 的任意子集, 那么有 $\Pr(C) = \#C/20$. 设 $A \subset \Omega$ 是所有能被 2 整除的数的集合, B 是所有能被 3 整除的数的集合. 那么

$$A = \{2, 4, 6, \cdots, 20\}, \quad \Pr(A) = 10/20$$
$$B = \{3, 6, 9, \cdots, 18\}, \quad \Pr(B) = 6/20$$
$$A \cap B = \{6, 12, 18\}, \quad \Pr(A \cap B) = 3/20$$
$$A \cup B = \{2, 3, 4, 6, 8, 9, 10, 12, 14, 15, 16, 18, 20\}, \quad \Pr(A \cup B) = 13/20.$$

注意, $13/20 = 10/20 + 6/20 - 3/20$.

公式 $\Pr(A \cup B) = \Pr(A) + \Pr(B) - \Pr(A \cap B)$ 的优点是, 右端三个概率计算起来要比左端的概率容易得多. 从表面上看, 这个说法似乎很荒谬. 当我们只需要解决一个问题时, 为什么求解三个问题会更好? 当然, 答案取决于这一问题在本质上与其他三个问题的相关性. 假设我们把 Ω 替换成 $\{1, 2, \cdots, 10^{10}\}$, 我们可以轻松地写出右端的三个概率, 但必须利用枚举法才能求出左端的概率, 即 $\Pr(A \cup B)$. 利用这个公式, 由原来的集合以及它们交集可以得到集合的并. 在很多问题中, 交集要比并集更好求! 这是我们观察到的一个重要结果. 在本书中, 我们会多次用到它.

并集公式非常重要, 值得我们花更多的时间去思考. 有时候, 大声朗读数学公式可以为我们提供答案的线索. 鉴于我们倾向于命名任何可以被认为是技巧的东西, 因此我们称之为**大声说出来的技巧**. 例如, 考虑 $\sin(\arcsin(x))$. 换句话说, 这是求正弦为 x 的角的正弦. 这显然就是 x! 如果我们想求 $\Pr(A \cup B)$, 那就是求或者属于 A, 或者属于 B, 或者既属于 A 又属于 B 的元素的概率. 像这样写出来, 我们可以看到要求的就是三个概率: $\Pr(A)$, $\Pr(B)$ 和 $\Pr(A \cap B)$.

我们再举一个例子来说明求交集要比求并集容易得多. 假设班上共有 27 个同学. 最初, 每个人都坐在某位置上. 假设 Valeri 坐在第一个座位上, Charlotte 坐在第二个座位上. 接下来所有人都离开教室, 然后返回, 每个人都等可能地坐在任何位置上. 那么 Valeri**或**Charlotte 坐在原来座位上的概率是多少?

设事件 A 是 Valeri 坐回原来的座位, 设事件 B 为 Charlotte 坐回原来的座位. 我们想求的是 $\Pr(A \cup B)$. 这直接计算起来并不容易, 因为我们需要找到至少有一个人坐回原来座位的所有可能情况, 但是 $\Pr(A)$, $\Pr(B)$ 和 $\Pr(A \cap B)$ 并不难找. 因为一共有 27 个人, 所以把他们安排在 27 个座位上的方法一共有 27! 种 (记住 $n! = n(n-1)(n-2)\cdots 3\cdot 2\cdot 1$, 因此 3! = 6 且 4! = 24; 还要注意 $(n+1)! = (n+1)n!$). 于是, 我们使用乘法原理. 第一个返回教室的人有 27 种可能的选择, 第二个返回教室的人有 26 种可能的选择, 依此类推. 由此可以推出 $\Pr(A) = \Pr(B) = (1 \cdot 26 \cdot 25 \cdots 3\cdot 2\cdot 1)/27! = 1/27$. 这是因为 Valeri(或 Charlotte) 必须回到她原来的座位上 (只有唯一的选择), 而其余的 26 个人可以坐在任何位置上.

$\Pr(A \cap B)$ 是多少呢? 它就等于 $(1 \cdot 1 \cdot 25 \cdot 24 \cdots 3\cdot 2\cdot 1)/27! = 1/(27\cdot 26)$. 在这里, 开头的两个 1 是由于 Valeri 和 Charlotte 都必须坐在特定的座位上 (她们坐在哪里很关键). 把上面这些结果结合起来就得到了

$$\Pr(A \cup B) = \frac{1}{27} + \frac{1}{27} - \frac{1}{27\cdot 26} = \frac{17}{234}.$$

这个值约等于 7.26%, 与 2/27(约等于 7.41%) 十分接近. 因此, 概率几乎是可加的, 但因为存在重复计算的可能性, 所以这个值要比 A 和 B 的概率之和略小.

在上面的讨论中, 我们必须非常谨慎地回答正确的问题. 通过观察不难发现, 先进入房间的人选择坐在哪里将会影响下一个人的选择. 这就是**条件概率**; 拿本题来说, 某个人能否坐在一个特定的座位上取决于其他人如何选择. 我们将在第 4 章讨论条件概率.

我们将来还会再看到这个问题. 更一般的情形是, 可以求解如果随机地重组 n 个对象, 那么至少有一个对象回到它原来位置的概率是多少. 随着 n 的增长, 答案会收敛到 $(e-1)/e$.

2.5.3 包含的概率

第三条规则的证明更加简明了. 设集合 A 是集合 B 的子集. 关于 A 和 B 的概率, 我们都知道些什么? 从直观上看, B 发生的概率应该至少与 A 发生的概率

相同, 因为只要 A 发生, B 一定会发生. 但是, 如何把它形式化? 因为 A 是 B 的子集, 所以

$$B = A \cup (B \cap A^c).$$

这里的 $B \cap A^c$ 是所有属于 B 但不属于 A 的元素的集合. 我们刚说过 B 可以分解成两个互不相交的子集: A 以及所有属于 B 但不属于 A 的元素的集合. 由于 A 和 $B \cap A^c$ 是不相交的, 因此由 $\Pr(B \cap A^c) \geqslant 0$ 可得

$$\Pr(B) = \Pr(A) + \Pr(B \cap A^c) \geqslant \Pr(A) \qquad \square$$

我们回到掷骰子的问题. 假设我们重新掷这 5 颗骰子. 令事件 B 表示所有骰子掷出的点数都是奇数, 设事件 A 为所有骰子掷出的点数均为 1. 显然, 如果 A 发生, 那么 B 一定发生; 事件 A 是事件 B 的一个真子集. A 的概率是 $(1/6)^5$, 而 B 的概率是 $(3/6)^5$. 因此, $\Pr(A) \leqslant \Pr(B)$—— 实际上, 此时我们有 $\Pr(A) < \Pr(B)$.

既然我们知道了第三条规则, 那么马上就能得出第四条: 我们要做的就是令 $A = \cup_{i=1}^{\infty} A_i$. 由 $A_i \subset B$ 可知, $\cup_{i=1}^{\infty} A_i \subset B$; 接下来再利用第三条规则就行了. $\qquad \square$

这就引出了一个一般原则: 对于给定的并集, 我们通常希望能把它写成几个互不相交的集合的并. 概率中最常见的错误之一是重复计数. 举个例子, 我们考虑抛一枚均匀硬币 100 次后出现连续正面的次数. 如果让 A_i 表示在 100 次抛掷中, 至少出现 i 次连续正面这个事件, 那么这些集合显然不是互不相交的 (如果出现了 6 次连续的正面, 那么也就有 5 次连续的正面). 对于某些问题, 换个角度去考察是有意义的, 比如令 B_i 表示在 100 次抛掷中, 最多连续出现 i 次正面的事件. 注意 B_i 之间是互不相交的.

2.6 概率空间和 σ 代数

在上一节中, 我们列出了概率公理. 但在此过程中, 我们忽略了一些技术上的细节. 本节中的例子会涉及一个我们需要了解的陷阱. 我们会看到 σ 代数是如何对概率进行严格处理的.

我们在本章开头阐述的罗素悖论对研究集合有着深远的影响. 现在我们来看另一个可以直接应用于概率的悖论. **本节会涉及高等内容, 并且通常会在入门课中被忽略掉. 只略读一下这部分内容来感受其挑战性就很好了.**

巴拿赫–塔尔斯基悖论在应用于概率时产生了重大影响. 下面的说法似乎是合理的: 当我们旋转或平移一个三维物体时, 它的体积不会发生改变. 换句话说, 旋转和移动不对体积产生任何影响. 考虑一个实心的单位球. 巴拿赫–塔尔斯基悖论告诉我们, 球体可以分成 5 个互不相交的部分; 我们可以通过简单地平移和旋转, 把其中 3 个部分组装成一个实心单位球, 把其余 2 个部分组装成另一个实心单位球. 尽管平移和旋转不应该改变体积, 我们却使球的体积增加了一倍! 这种结构完全取

决于**(不可数的) 选择公理**, 即任意给定一组集合 $(A_x)_{x \in J}$, 其中指标集为 J, 存在一个从 J 到 A_x 的并的函数 f, 使得对于任意的 x 均有 $f(x) \in A_x$. 解释一下, 这意味着通过从每个 A_x 中选择一个元素 a_x, 我们可以构造一个新的集合. 这里的选择函数就是 f. 对于可数个集合, 这是合理的: 可数集与 $\mathbb{N}$ 具有一一对应的关系. 通过 "遍历" 指标集, 我们很清楚何时到达要挑选代表元的集合. 但是, 对于不可数个集合的情况, 我们不知道 "什么时候" 能找到需要挑选代表元的特定集合.

从概率角度来说, 这一切都意味着什么? 这意味着, 如果我们假设并接受这个在许多数学分支中都很有用的选择公理, 那么 "体积" 的概念就不是我们预想的那样了. 因为我们会经常使用体积来定义概率, 所以困难是显而易见的. 这类问题有几种可能的解决方案. 一个常见的解决方案是只对特定集合分配概率. 但是要对什么样的集合分配概率呢? 能使球的体积翻倍的五分法是很难构造出来的. 我们甚至无法描述它, 只能通过选择公理来肯定其存在性. 或者说, 如果考虑那些 "好的" 集合, 那么体积的性质就会很好. 在高等课程中, 利用 σ 代数及其度量的知识可以实现这一点, 现在简单介绍一下.

我们已经看到, 试图按照统一的方式为所有可能发生的事件分配概率是有问题的. 我们回过头来看看上一节简要讨论过的一个场景, 用于说明一不小心就会出错. 随机地向单位圆投掷一个飞镖, 我们可以合理地假设飞镖落在任何一点的概率都是相等的. 我们把这个概率记作 c. 于是就得到了下列情况.

- 结果空间为 $\Omega = \{(x, y) : x^2 + y^2 \leqslant 1\}$.
- 设 $A_{x,y}$ 为飞镖落在点 (x, y) 这一事件. 根据上面所说的, 如果 $x^2 + y^2 \leqslant 1$, 那么 $\Pr(A_{x,y}) = c$; 否则, $\Pr(A_{x,y}) = 0$.

c 应该是多少呢? 事实证明, c 取任何值都不对. 在这里, 结果空间可以分解成如下不相交的并:
$$\Omega = \bigcup_{\substack{x,y \\ x^2 + y^2 \leqslant 1}} A_{x,y}.$$
于是
$$1 = \Pr(\Omega) = \sum_{\substack{x,y \\ x^2 + y^2 \leqslant 1}} \Pr(A_{x,y}) = \sum_{\substack{x,y \\ x^2 + y^2 \leqslant 1}} c.$$
如果 $c > 0$, 那么遍历 x, y 后的总和就是无穷大; 如果 $c = 0$, 那么总和就是 0. 在任何一种情况下, 我们都没有得到 1. 因此, 我们无法分配概率, 这就说明了 2.4 节中讨论的概率函数的性质是成立的.

哪里出问题了呢? 问题在于我们如何定义事件. 如果只存在有限个可能性, 那么我们的定义是可行的; 但正如刚才所述, 当有无穷多个事件时, 它就会失效. 为了解决这个问题, 我们必须更加谨慎地考虑什么才能被看作事件. 技术层面上的解决方案涉及研究集合的 **σ 代数**. 最后, 我们来严格地定义它! Ω 的一个 σ 代数 Σ 指的是满足下列性质的 Ω 的子集所构成的一个非空集合.

设 Ω 是一个集合, Σ 是由 Ω 的子集构成的一个非空集合. 那么在如下前提下, Σ 是一个 σ 代数.

(1) 如果 $A \in \Sigma$, 那么有 $A^c \in \Sigma$.

(2) Σ 的子集的可数并仍属于 Σ: 如果每一个 A_i 均满足 $A_i \in \Sigma$, 那么 $\cup_{i=1}^{\infty} A_i \in \Sigma$.

这意味着我们可以对 σ 代数里可数个集合取并, 而且这个并仍属于 σ 代数. 此外, 这还意味着 σ 代数中任意一个集合的补集也属于 σ 代数. 但这些并不是我们所拥有的全部事实!

- Ω 的任意一个 σ 代数 Σ 中都包含 ∅ 和 Ω. 为了看出这一点, 设 A 为 Σ 中的任意一个元素 (因为我们假设 Σ 非空, 所以至少存在一个这样的 A). 因为 Σ 对补集封闭, 所以 A^c 属于 Σ; 因为 Σ 也对并封闭, 所以 $A \cup A^c \in \Sigma$. 但是 $A \cup A^c = \Omega$, 所以 $\Omega \in \Sigma$, 进而推出 $\Omega^c = \varnothing$ 也属于 Σ.

- σ 代数对可数交是封闭的. 这意味着如果 $B_i \in \Sigma$, 那么 $\cap_{i=1}^{\infty} B_i$ 也属于 Σ. 为了得到这一点, 设 $A_i = B_i^c \in \Sigma$, 于是有 $\cup_{i=1}^{\infty} A_i \in \Sigma$. 请你自己证明 "并的补集就是补集的交". 这样就得到了 $(\cup_{i=1}^{\infty} A_i)^c = \cap_{i=1}^{\infty} A_i^c \in \Sigma$, 而后者就是 B_i 的交.

对于任意给定的集合 Ω, 我们至少能找到它的一个 σ 代数: 令 $\Sigma = \{\varnothing, \Omega\}$. 换句话说, Σ 中只有空集和全集 Ω. 请你验证一下上面两条性质是否成立. 这个例子太平凡了, 并没有什么实际的用处, 因为我们只能对 "有事发生" 和 "什么都没发生" 这两个事件分配概率.

我们再看一个更有趣的例子. 如果 $\Omega = \{1, 2, \cdots, n\}$ 是一个有限集, 那么 $\Sigma = \mathcal{P}(\Omega)$ 就是一个 σ 代数. 这里的 $\mathcal{P}(\Omega)$ 是 Ω 的**幂集**, 即 Ω 的全体子集构成的集合. 例如, 当 $\Omega = \{1, 2\}$ 时,
$$\mathcal{P}(\Omega) = \{\varnothing, \{1\}, \{2\}, \{1, 2\}\},$$
如果 $\Omega = \{1, 2, 3\}$, 那么
$$\mathcal{P}(\Omega) = \{\varnothing, \{1\}, \{2\}, \{3\}, \{1, 2\}, \{1, 3\}, \{2, 3\}, \{1, 2, 3\}\}.$$
我们仍把对上述两个条件的验证留给你. 这种情况比一般情况更容易的原因是, 我们只有有限多个子集, 所以不可能得到不同集合的可数并. 同样值得注意的是, 如果 Ω 有 n 个元素, 那么 $\mathcal{P}(\Omega)$ 就有 2^n 个元素. 但请注意, $\mathcal{P}(\Omega)$ 的元素是 Ω 的**子集**, 而不是 Ω 的元素. 1 和以 1 为元素的集合有很大不同.

再回来看我们的理论. 回想一下, 最初的问题是定义事件的概率. 那么我们为什么要谈论 σ 代数呢? 原因是飞镖问题的解决方案涉及了考察范围的缩小. 我们不需要对结果空间 Ω 的每一个子集定义概率, 只需要对 σ 代数 Σ 中的元素定义概率就行了. 我们把 Σ 中的元素称为**事件**.

最初, 我们希望能够讨论 Ω 的任何子集的概率. 但是后来改变了方向, 现在要说的是, 某些子集不会被分配概率. 就现实世界的应用而言, 这不是一个大问题, 因为 σ 代数集包含了我们想研究的所有 "自然" 集合, 但不包含那些导致巴拿赫–塔尔斯基悖论的令人讨厌的集. 使用这个定义, 那些期望能够保留的性质就能成立.

(柯尔莫戈洛夫的) 概率公理: 设 Σ 是结果空间 Ω 的一个 σ 代数. 我们可以定义一个概率函数 $\mathrm{Prob} : \Sigma \to [0,1]$. 换言之, 可以为 Σ 中满足以下性质的每个元素分配一个 0 和 1 之间的概率.

(1) 对于任意的事件 $A \in \Sigma$, 均有 $0 \leqslant \Pr(A) \leqslant 1$. 有些教材会称之为**概率第一公理**.

(2) 如果 Ω 是结果空间, 那么 $\Pr(\Omega) = 1$. 这有时被称为**概率第二公理**.

(3) 如果 $\{A_i\}$ 是 Σ 中可数个两两互不相交的集合, 那么 $\Pr(\cup_i A_i) = \sum_i \Pr(A_i)$. 你应该能够想到, 这通常被称为**概率第三公理**. 由此可以直接推出的一个重要结果是**全概率公式**, 稍后我们将更详细地讨论: $\Pr(A) + \Pr(A^c) = 1$. 另外, 如果 $A \subset B$, 那么 $\Pr(A) \leqslant \Pr(B)$.

我们把三元组 $(\Omega, \Sigma, \mathrm{Prob})$ 称为概率空间. 对容许 σ 代数的完整描述远远超出了本书的范围, 还需要分析学和点集拓扑学的知识. 感兴趣的读者可以阅读 [Fol]. 在很多情况下, 我们不需要指定 σ 代数, 而更喜欢说: "按照下列方式生成的 σ 代数." 当讨论各种常见的概率空间时, 我们的意思将变得更加清晰.

- 设 Ω 是正整数集, Σ 是 Ω 的全体子集的集合, Prob 是任意一个满足 $\sum_{n=1}^{\infty} \Pr(\{n\}) = 1$ 的非负函数, 其中 $\Pr(\{n\})$ 表示得到 n 的概率. 这是最重要的例子之一, 我们到处都能看到它. 例如, 抛掷一枚均匀的硬币, 首次出现正面时的抛掷总次数; 一个团队在比赛中得到的分数; 报税单数字的头号; 股票价格 (美分); 霍默·辛普森没有在核电站造成事故的天数; 在特定时间内想看电影的人数; 等等.

- 设 $\Omega = [0,1]$, 取由 $[0,1]$ 的全体开子集 (a,b) 生成的 σ 代数, 并设 $\Pr((a,b)) = b - a$. 这是另外一个重要的例子. 这等价于一维情形下的飞镖投掷问题. (想象一下, 在酒吧里有一些非常清醒的人, 他们总能把飞镖扔到一条给定的线上!) 这样我们就能对 $[0,1]$ 上的任意一点分配概率. 为了简单起见, 假设 $x \in (0,1)$. 于是

$$\{x\} = ([0,x) \cup (x,1])^c.$$

因为这两个区间在 $[0,1]$ 中都是开的, 所以它们在 σ 代数中也是开的. 因此, 它们的补集也在 σ 代数中.

$\{x\}$ 的概率是多少? 因为

$$\Pr([0,x) \cup (x,1]) = \Pr([0,x)) + \Pr((x,1]) = x + (1-x) = 1,$$

所以 $\Pr(\{x\}) = 0$. 这好像与我们前面遇到的问题一样. 虽然飞镖落在 x 点的概率是 0, 但它肯定会落在某个点上. 这是否意味着

$$1 = \Pr([0,1])$$
$$= \Pr\left(\bigcup_{x \in [0,1]} \{x\}\right) = \sum_{x \in [0,1]} \Pr(\{x\})$$
$$= \sum_{x \in [0,1]} 0 = 0?$$

答案是"不"! 解释如下: 我们只知道, 对于 σ 代数中的**可数**个元素, 它们的并的概率就等于各自概率之和. 但此时出现的是不可数个集合的并. 如果你不熟悉可数集和不可数集, 请参阅附录 C.

我们说过, 当试图给不可数集的每一个事件分配概率时, 就会出现麻烦. 在单位圆上扔飞镖的例子在某种程度上具有误导性. 结果表明, 我们无法对不可数集定义一个**均匀**的概率函数, 即集合中的每个元素都具有相同概率的概率函数. 实际上, 我们也不能对可数的无限集定义均匀的概率函数. 可数集与不可数集之间的真正区别如下: 对于一个不可数集 A, 不存在满足下列条件的概率函数: 对任意的 $a \in A$ 均有 $\Pr(a) > 0$, 并且 $\sum_{a \in A} \Pr(a) = 1$. 另一方面, 如果 B 是一个可数集, 那么我们可以找到 1 个概率函数, 使得 $\Pr(b) > 0$ 对所有的 $b \in B$ 均成立, 并且 $\sum_{b \in B} \Pr(b) = 1$.

我们将详细地讨论可数无限集的情况, 并简单地说一下不可数集的情形. 对于可数集, 考虑下列情形: 当 n 是非负整数时, $\Pr(n) = 1/2^{n+1}$; 否则, $\Pr(n) = 0$. 显然, 这个概率是非负的. 利用第 1 章的几何级数展开式, 我们看到它们的和就是 1. 回忆一下几何级数公式, 当 $|r| < 1$ 时有

$$\sum_{n=0}^{\infty} ar^n = \frac{a}{1-r}.$$

在这里, $1/2^{n+1}$ 就等于 $1/2 \cdot 1/2^n$. 因此 $a = 1/2, r = 1/2$, 那么概率之和就等于 $\frac{1/2}{1-1/2} = 1$.

对于不可数集, 必须把正的概率分配给不可数个事件. 我们看一下事件 A_n, 它是 A 中所有概率属于 $(\frac{1}{n+1}, \frac{1}{n}]$ 的元素的集合. 像 A_n 这样的子集有可数多个; 因为 A 中每个事件的概率都是正的, 所以每个事件都一定属于**某个** A_n. 因此

$$A = \bigcup_{n=1}^{\infty} A_n.$$

那么至少有一个 A_n 包含了无穷多个元素, 否则 A 中只能包含可数个元素 (我们会用到集合论附录中的一些结果, 尤其是"可数集的可数并包含了可数多个元素").

因此, 存在某个 m 使得 A_m 中包含无穷多个元素, 并且每个元素的概率至少为 $\frac{1}{m+1}$. 我们得出了一个矛盾——我们刚刚证明了 A_m 的概率为无穷大, 但这是不可能的!

最后, 我们来看看标准的不可测集, 它是数学中最麻烦的集合之一. 引入这个例子是为了保持完整性, 如果有时间, 你可以简单浏览一下这部分内容! 它的存在依赖于 (不可数的) 选择公理, 而且它是巴拿赫–塔尔斯基悖论的起因. 事实上, 这就是我不喜欢给出 "选择公理" 的原因 (但我的许多好朋友都是代数学家, 他们需要它, 所以这是为了他们). 不管怎样, 现在来看看这个集合. 设 x 和 y 是 $[0,1]$ 中的两个数, 如果它们的差是个有理数, 那么就说 x 和 y 是等价的, 并记作 $x \sim y$. 令 $[x] = \{y \in [0,1] : y \sim x\}$. 利用选择公理, 从 $[0,1]$ 的每个等价类中取出一个元素, 这样就得到了一个集合 $\mathcal{N}$. 也许 $\mathcal{N}$ 看起来像 $\{0, \sqrt{2}/2, \pi/4, \cdots\}$. 对于有理数 r, 令 $\mathcal{N}_r = \{x + r : x \in \mathcal{N}\} \cap [0,1]$.

不难证明, 如果 $r_1 \neq r_2$, 那么 $\mathcal{N}_1 \cap \mathcal{N}_2$ 就是空集. 如果 $\mathcal{N}_1 \cap \mathcal{N}_2$ 不是空集, 那么存在 $x_1 \neq x_2$ 使得 $x_1 + r_1 = x_2 + r_2$. 整理可得 $x_1 = x_2 + r_2 - r_1$, 这意味着 $x_1 \sim x_2$, 但这与 $\mathcal{N}$ 的定义相互矛盾 (每个等价类恰有一个代表元属于 $\mathcal{N}$). 因此, $[0,1]$ 可以写成这些 $\mathcal{N}_r$ 的可数并: $[0,1] = \cup_{r \in \mathbb{Q}} \mathcal{N}_r$.

如果集合是 $[0,1]$ 的子集, 那么将概率与 "长度" 联系起来是很自然的. 我们再给出一个公理: 如果 A 是一个集合, $A+r$ 是通过 A 的平移变换得到的, 那么 A 和 $A+r$ 具有相同的概率. 这似乎是合理的——只对一个集合进行简单的平移应该不会改变它的长度, 对吗? 这是一维情形下的巴拿赫–塔尔斯基悖论, 假设旋转和平移不会改变体积. 让我们看看这样会发生什么!

有条概率公理说的是, 对于可数个互不相交的集合, 它们的并的概率就等于各自的概率之和. 每个集合都是由 $\mathcal{N}_0$ 平移得到的, 并且平移不会影响概率 (记住这里的概率就等于长度), 这使我们陷入了困境. 概率之和必须为 1, 但这里有无穷多个相同的被加数. 如果每个被加数都是 0, 那么 $[0,1]$ 的总概率 (或长度) 就是 0; 但如果每个被加数都是正的, 那么概率之和就是无穷大! 我们**无法**对 $\mathcal{N}$ 分配概率.

不过, 我们从前面的例子中吸取了一个很大的教训. 在以前的讨论中, 我们谈到过不可数个集合. 在这里, 我们只有可数个集合, 但每个集合中的不可数个元素会以一种糟糕的方式排列 (这些集合的结构与区间 $[a,b]$ 有很大的不同, 但 $[a,b]$ 也包含不可数个元素). 另外, 你应该把这个例子看作警示, 提醒你需要注意的问题和事项.

2.7　附录: 实验性地找出规律

学生们经常说, 虽然他们可以根据给出的细节去逐行地理解一个证明, 但并不觉得自己能够独立想出其中的逻辑关联. 数学中最难掌握的技能之一是了解什么是正确的, 什么是你应该证明的. 本节的目的是帮助你找出其中的规律. 如果你知道应该试着证明什么, 那么证明起来就更容易了!

概率论中的一个重要例子是 $\Pr(A \cup B)$ 的公式. 我们先从你了解的一个微积分结果开始, 然后用它来介绍一些重要的技巧. 从某种意义上说, 我们所做的几乎是实验性的数学: 考察一些特殊情况, 并试着利用其找出一般模式. 请注意, 我们给出的公式并没有经过严格证明, 但至少我们现在有了目标.

2.7.1 乘积求导法则

前面谈到了概率规则的愿望列表. 当然, 没有什么可以阻止我们创建其他列表. 我们来回顾一下微积分的知识. 虽然求和法则很好 (和的导数等于导数之和), 但是乘积和链式法则绝对**不是**我们想象的那样!

例如, 如果 $h(x) = f(x)g(x)$, 那么我们想象中的结果应该是 $h'(x) = f'(x)g'(x)$, 即乘积的导数是导数的乘积 (同样地, 我们也希望商的导数是导数的商). 很不幸, 这当然是不正确的, 应该是 $h'(x) = f'(x)g(x) + f(x)g'(x)$. 学生第一次看到这个公式时会觉得它很奇怪, 根本不直观. 我们接下来的目标就是, 通过尝试特殊的 f 和 g 来解释如何猜出这个公式.

我们应该如何选择 f 和 g? 对于这两个函数, 我们不仅要知道它们各自的导数, 还要知道它们乘积的导数. 这提醒我们应该把 f 和 g 取作简单的纯多项式, 比如 $f(x) = x^m$ 和 $g(x) = x^n$, 其中 m 和 n 是两个正整数. 注意, 此时我们有 $h(x) = x^{m+n}$, 并且 $h'(x) = (m+n)x^{m+n-1}$.

现在该如何推出乘积的求导公式呢? 我们有理由相信答案取决于以下输入: $f(x)$, $f'(x)$, $g(x)$ 和 $g'(x)$. 这为我们提供了以下几点:

$$f(x) = x^m, \qquad f'(x) = mx^{m-1}$$
$$g(x) = x^n, \qquad g'(x) = nx^{n-1}.$$

注意, 在 $h'(x)$ 中, x 的幂是 $m + n - 1$; 因此, 我们自然会问如何利用上面的信息得出 x^{m+n-1} 这一项. 这里有两种显而易见的方法: $f'(x)g(x) = mx^{m+n-1}$ 和 $f(x)g'(x) = nx^{m+n-1}$. 神奇的是, 把这两个式子加起来就得到了 $h'(x)$, 这表明 $f(x)g(x)$ 的导数可能就是 $f'(x)g(x) + f(x)g'(x)$!

同样, 重要的是要注意这不是一个证明, 但是给了我们一个理论分析的目标. 看一下乘积法则的标准证明, 你会发现它从导数的定义开始, 然后采用一种聪明的加零方式, 进而得出了上面的两项.

最后, 值得一提的是, 找找其他例子来支持我们看到的东西. 例子越多, 我们就越有信心. 虽然我们很自然地找到了 $f'(x)g(x)$ 和 $f(x)g'(x)$(因为它们给出了 x 的正确方幂), 但还存在很多其他的表达式, 比如 $f(x)g(x)/x$ 和 $xf'(x)g'(x)$!

虽然有无穷多种可能性, 但有些选择确实比其他的更自然. 另外, 我们可以看看其他的例子; 只要能够计算出乘积的导数, 就有望缩小可能性的范围. 另一个很好的选择是取 $f(x) = \sin(x)$ 和 $g(x) = \cos(x)$. 但这个例子有点难, 因为我们需要知道一些三角公式来简化分析 (从 $h(x) = \sin(x)\cos(x)$ 可以改写为 $h(x) = \frac{1}{2}\sin(2x)$ 开始). 如果我们不记得那个三角恒等式, 那么就得不到导数已知的乘积. (尽管我们需要知道一个简单的结果, 即链式法则的一种特殊情况!)

2.7.2　并的概率

现在来看我们的主要目标, 试着解释如何推出

$$\Pr(A \cup B) = \Pr(A) + \Pr(B) - \Pr(A \cap B).$$

推测 $\Pr(A \cup B)$ 是 $\Pr(A)$, $\Pr(B)$ 和 $\Pr(A \cap B)$ 的函数是有道理的. 为什么呢? 我们从集合 A 与 B 入手, 自然也会考虑到两者的交集 $A \cap B$. 我们希望 $\Pr(A \cup B)$ 就是它们的函数. 首先假设它是一个多项式, 即

$$\begin{aligned}\Pr(A \cup B) =\,& c_1 + c_2\Pr(A) + c_3\Pr(B) + c_4\Pr(A \cap B) \\ &+ c_5\Pr(A)^2 + c_6\Pr(A)\Pr(B) \\ &+ c_7\Pr(A)\Pr(A \cap B) + c_8\Pr(B)^2 + \cdots.\end{aligned}$$

注意, 这里有很多的可能项!

为了减少这些可能性, 我们考虑特殊情形下的 A 和 B, 并看看这些系数 c_i 都是什么. 我们从简单的情形开始. 看看如果只考虑常数项和线性项, 能否找到一个好的候选对象 (如果找不到, 那就要考虑更复杂的情形). 因此, 现在的目标就是找到 c_1、c_2、c_3 和 c_4, 使得

$$\Pr(A \cup B) = c_1 + c_2\Pr(A) + c_3\Pr(B) + c_4\Pr(A \cap B).$$

是时候为 A 和 B 选择一组特殊值了. 最容易处理的集合是空集 $\varnothing$ 和整个空间 Ω, 因为我们知道它们的概率以及它们的交与并.

- 如果令 $A = B = \varnothing$, 那么 $\Pr(A \cup B) = 0$ 且 $\Pr(A) = \Pr(B) = \Pr(A \cap B) = 0$. 因此, 一定有 $c_1 = 0$.
- 如果令 $A = B = \Omega$, 那么 $\Pr(A \cup B) = 1$ 且 $\Pr(A) = \Pr(B) = \Pr(A \cap B) = 1$. 那么一定有 $c_2 + c_3 + c_4 = 1$.
- 如果令 $B = \varnothing$, 那么 $\Pr(A \cup B) = \Pr(A)$ 且 $\Pr(B) = \Pr(A \cap B) = 0$, 这意味着 $c_2 = 1$.
- 可以重复上面的论证, 现在令 $A = \varnothing$, 我们会发现 $c_3 = 1$, 但是没必要这样做. 由于我们无法区分集合 A 与 B 之间的差异, 所以由对称性可知 $c_2 = c_3$(注意 $\Pr(A \cup B) = \Pr(B \cup A)$).

不需要通过考察更多的例子来得到 c_4, 因为我们知道 $c_2 + c_3 + c_4 = 1$, 并且 $c_2 = c_3 = 1$, 所以一定有 $c_4 = -1$. 把这些结果结合起来, 就推测出了

$$\Pr(A \cup B) = \Pr(A) + \Pr(B) - \Pr(A \cap B).$$

注意, 只探究一些基本情形, 我们就能得出正确的公式!

我们有必要回过头来看看都做过些什么. 从某种意义上说, 做这些事情没有必要, 因为我们得到了关于并的概率公式的证明. 从另一个角度看, 这长远来说是很有用的. 为什么? 本节的目的是帮助你在新的、不熟悉的情况下找出答案, 并希望这种论证方法能在以后为你带来巨大收获.

2.8 总 结

我们在本章付出了努力, 在下一章即将迎来收获. 既然你掌握了概率的语言, 那就能学着去描述这门课, 但是先学会术语是很重要的.

语言很重要. 一个很棒的例子是乔治·奥威尔的书《1984》, 其中的 "新语" (Newspeak 语言) 旨在限制思想. 当然, 我们在数学上的目标是相反的. 我们不仅要选择好的名字, 还要关注以什么来命名. 我们给重要的概念命名, 是为了引起人们的注意.

在这里, 我们介绍了集合论的标准概念和符号, 以及点集拓扑中的一些知识. 这些术语在概率的公理化方面至关重要, 而且有助于我们避免悖论和陷阱. 我们给出了柯尔莫戈洛夫的概率公理基础, 并通过理论 (事件的概率规则) 和几个例子探讨了其推论.

最后, 我们引述奥威尔在《政治与英语》(1946) 一书中的一段话. 当你开始学习一门学科并掌握定义时, 或者当你选择符号时, 请记住这一点. 奥威尔写道:

一位严谨的作家在写每一句话的时候, 会至少问自己四个问题: (1) 我想说什么? (2) 用什么词来表达呢? (3) 什么样的形象或习语能让意思更清晰? (4) 这个形象的新鲜度够不够产生效果?

2.9 习 题

习题 2.9.1 考虑集合 $A = \{1, 2, \cdots, n\}$. 随机抽取 A 的一个子集. 如果 A 的所有子集都等可能地被抽到, 那么被抽到的子集包含 1 的概率是多少? 被抽到的子集同时包含 1 和 2 的概率是多少? 被抽到的子集包含 1 或 2 的概率是多少?

习题 2.9.2 考虑集合 $A = \{1, 2, \cdots, n\}$. 随机抽取 A 的一个子集. 如果 A 的所有子集都等可能地被抽到, 那么被抽到的子集有偶数个元素的概率是多少? 答案是否依赖于 n? 如果是, 那么 n 为偶数与 n 为奇数的情形, 哪个更容易处理?

习题 2.9.3 找到满足 $|A| = |B|$ 的集合 A 与 B, 其中 A 是实直线的子集, B 是平面 (即 $\mathbb{R}^2$) 的一个子集, 但不是任何直线的子集.

习题 2.9.4 设 $\mathcal{P}(X)$ 是集合 X 的幂集. 设 A 和 B 是两个互不相交的非空有限集. $\mathcal{P}(A \cup B) = \mathcal{P}(A) \cup \mathcal{P}(B)$ 是否成立? 证明你的答案.

习题 2.9.5 $\mathcal{P}(A \cap B) = \mathcal{P}(A) \cap \mathcal{P}(B)$ 是否成立? 证明你的答案.

习题 2.9.6 $\mathcal{P}(\mathcal{P}(A) \cup \mathcal{P}(B))$ 和 $\mathcal{P}(\mathcal{P}(A \cup B))$ 之间有关系吗? 如果有, 是什么关系?

习题 2.9.7 设 A 是元素个数为 $n > 0$ 的有限集. 设 $\mathcal{P}_1(A) = \mathcal{P}(A)$, 并且当 $m \geqslant 2$ 时有 $\mathcal{P}_m(A) = \mathcal{P}_{m-1}(A)$. 是否存在关于 $\mathcal{P}_n(A)$ 大小的公式? 如果存在, 这个公式是什么?

习题 2.9.8 我们讨论了如何利用空集构造整数集. 从空集开始, 我们还可以构造集合 $\{\varnothing\}$, $\{\{\varnothing\}\}$, $\{\{\{\varnothing\}\}\}$, $\{\{\{\{\varnothing\}\}\}\}$, 等等. 这比我们以前做得更好还是更糟? 为什么?

习题 2.9.9 如果 A 中的每个元素都在 B 中, 并且 B 中的每个元素也都在 A 中, 那么集合 A 与 B 相等. 设 n 是任意一个正整数. 证明或反驳: 恰有 n 个元素的不同集合只有有限多个.

习题 2.9.10 假设存在一个从集合 A 到正实数集的一对一函数 f, 但它不是映上的. A 必须包含无穷多个元素吗?

习题 2.9.11 写一些关于连续统假设的内容, 不超过一段.

习题 2.9.12 假设有两个事件 A 和 B, 其中 $\Pr(A) = 0.3$, $\Pr(B) = 0.6$, 并且 $\Pr(A \cap B^c) = 0.2$. 那么 $\Pr(A \cup B)$ 是多少?

习题 2.9.13 假设有三个事件 A, B 和 C, 其中 $\Pr((A \cup B) \cap C) = 0.3$, $\Pr((A \cup C) \cap B) = 0.3$, $\Pr((B \cup C) \cap A) = 0.3$ 且 $\Pr(A \cap B \cap C) = 0.1$. 那么 $\Pr(((A \cup B) \cap C) \cup ((A \cup C) \cap B) \cup ((B \cup C) \cap A))$ 是多少?

习题 2.9.14 当证明 $\Pr(A \cup B) = \Pr(A) + \Pr(B) - \Pr(A \cap B)$ 时, 我们用交的概率表示并的概率. 稍后我们将看到, 交集通常更容易计算 (交表示每个事件都必须发生, 但并意味着至少有一个事件发生). 推测一个关于 $\Pr(A \cup B \cup C)$ 的公式, 使其表示为交集的和与差. 如果存在四个 (或更多个) 集合呢? 一般情况下的答案就是容斥公式 (参见第 5 章).

习题 2.9.15 给出一个开集、一个闭集和一个既不开也不闭的集合 (你不可以使用本书中的例子), 用几句话来证明你的答案.

习题 2.9.16 设 $A = \{(x, y) : |x + y| < 1\}$, $B = \{(x, y) : |x + y| \leqslant 1\}$. 证明: A 是开的, B 是闭的.

习题 2.9.17 证明或反驳: 开集的可数并是开的.

习题 2.9.18 证明或反驳: 开集的可数交是开的.

习题 2.9.19 对于独立地抛掷一枚硬币两次, 并且每次出现正面的概率是 70% 的实验, 其概率树的最后一行有四个数. 中间的两个数相等, 这是巧合吗? 如果抛掷三次, 你认为会有什么结果?

习题 2.9.20 利用概率公理证明: 当 Ω 中存在有限多个元素, 并且每个元素都等可能地被选中时, 计数方法是可行的. 也就是说, $\Omega = \{a_1, a_2, \cdots, a_n\}$, 并且对于每一个 $i \in \{1, 2, \cdots, n\}$ 均有 $\Pr(a_i) = 1/n$.

习题 2.9.21 利用概率公理证明: $\Pr(A) + \Pr(A^c) = 1$, 并且当 $A \subset B$ 时, 有 $\Pr(A) \leqslant \Pr(B)$.

习题 2.9.22　设 $\Omega = \{1, \cdots, 100\}$. 找出一个 σ 代数 Σ, 使其既不是 $\{\varnothing, \Omega\}$ 也不是 $\mathcal{P}(\Omega)$.

习题 2.9.23　给出 "空集的概率为 0" 的另一种证明.

习题 2.9.24　设 $\mathcal{Z}_n = \{1, 2, \cdots, n\}$. 不包含 $\mathcal{Z}_n$ 中任意两个相邻元素的子集共有多少个? 例如, $\{1, 4, 6, 12, 15\}$ 和 $\{1, 4, 6, 12, 15, 20\}$ 都是 $\mathcal{Z}_{20}$ 满足上述条件的子集, 但 $\{1, 4, 5, 12, 15\}$ 不是. 如果还要求 n 也在子集中, 那么现在满足条件的子集有多少个? 对于这样的练习, 编写程序或手动计算 n 取值较小时的答案是有价值的, 我们可以据此找出规律.

习题 2.9.25　抛掷 5 颗均匀的骰子, 计算恰好掷出 k 个 6 的概率, 其中 $k = 0, 1, \cdots, 5$. 把这里要做的工作与本书中求互补概率的方法进行比较.

习题 2.9.26　如果 f 和 g 都是可微函数, 证明: 乘积 $f(x)g(x)$ 的导数是 $f'(x)g(x) + f(x)g'(x)$. 重点说明在哪里加 0.

习题 2.9.27　设 $\{A_n\}_{n=1}^{\infty}$ 是由可数个事件构成的序列, 并且对于每个 n 均有 $\Pr(A_n) = 1$. 证明: 所有 A_n 的交集的概率是 1.

习题 2.9.28　想象一下, 在犯罪现场发现了指纹证据. 它与一个人匹配的概率是 1/5000. 将该证据与一个包含 30 000 个人的指纹数据库相比较. 求出它至少与数据库中一个人匹配的概率.

习题 2.9.29　在上一个习题中, 如果罪犯的指纹包含在数据库中, 求出数据库中与指纹证据匹配的预期人数.

习题 2.9.30　假设艾滋病毒的传播率介于 1/100 和 1/1000 之间 (这是洛杉矶时报在 1987 年 8 月 24 日报道的数字). 如果病毒的传播率为 1%, 当某人暴露在这种环境下 100 次时, 计算感染的风险.

习题 2.9.31　在上一个习题中, 假设病毒的传播率是 1/1000. 那么当某人暴露在这种环境下 1000 次时, 感染的概率是多少? 对于较大的 n, 如果病毒传播率为 $1/n$, 那么某人暴露在这种环境下 n 次时, 计算感染的风险是多少.

习题 2.9.32　想象一下, 你正在考虑今天去徒步旅行, 想知道在中午之前下雨的可能性. 假设下雨的概率等于新闻给出的降雨概率. 找出下列分析中的错误: 新闻的每小时预报显示, 8 点到 9 点的降雨概率为 20%, 9 点到 10 点的降雨概率为 30%, 10 点到 11 点的降雨概率为 30%, 11 点到 12 点的降雨概率为 10%. 据此可以得出结论, 在中午之前下雨的概率是 $(1 - 0.8)(1 - 0.7)(1 - 0.7)(1 - 0.9) \approx 35\%$. 这个结论正确吗? 请给出解释.

习题 2.9.33　想象一下, 一支球队需要在本赛季的最后两场比赛中取得胜利才能进入淘汰赛. 如果与它比赛的两支球队具有互补性 (如果一队获胜的概率是 $p\%$, 那么另一队获胜的概率就是 $1 - p\%$). 如果某队的获胜概率是 $p\%$, 那么它被击败的概率就是 $1 - p\%$. 当 p 为多少时, 该队进入淘汰赛的概率能够达到最大?

习题 2.9.34　抛掷一枚硬币 100 次, 并且每次掷出正面的概率均为 p. 编写一个程序来粗略估计正面或反面的最长游程 (以较长者为准) 的平均长度. 尝试几个 p 值, 并给出相应结果.

习题 2.9.35　在概率论中, 对集合取并是至关重要的. Mathematica 具有内置的 "求并" 命令, 它可以求出输入集合的并集, 并对其进行排序. 使用更基本的命令来编写一段代码, 使得该代码可以求出两个集合的并集, 并删除重复部分.

习题 2.9.36   Mathematica 有一个内置的 "排序" 函数, 它可以将集合中的元素按照从小到大的顺序排列 (如果你给出额外的输入, 它也可以按照其他顺序排列). 使用更基本的命令来编写一段代码, 使得该代码可以把一组实值元素按照从小到大的顺序排列.

习题 2.9.37   我们发现, 把概率分配给不可数个事件的并是有问题的. 那么能否把概率分配给不可数个事件的交呢?

习题 2.9.38   设 Ω 是一个结果空间, A 和 B 是满足 $\Pr(A) = \Pr(B) = 1$ 的两个不同事件. A 和 B 同时发生的概率是多少? 它们都不发生的概率是多少? 它们的**对称差**(指的是那些只属于其中一个集合的元素构成的集合) 的概率是多少?

习题 2.9.39   在 2.7 节中, 我们讨论了如何通过观察特殊情形来找出公式. 通过考察 $f(x) = \sin(x)$, $g(x) = \cos(x)$ 和 $h(x) = f(x)g(x)$ 来验证乘积法则. 你可以使用标准的三角恒等式, 比如 $\sin(x)\cos(x) = \frac{1}{2}\sin(2x)$, 以及 $\sin(2x)$ 的导数是 $2\cos(2x)$.

习题 2.9.40   想象一下, 我们试着通过考察函数 e^x、e^x 和 e^{2x} 来猜测乘积的微分法则. 哪里出问题了?

习题 2.9.41   在 2.7 节中, 为了讨论 $\Pr(A \cup B)$, 我们挑选了一个合理的例子. 现在推广这种方法, 为 $\Pr(A \cup B \cup C)$ 找到一个类似的公式. 该方法能否进一步推广到 $\Pr(A_1 \cup A_2 \cup \cdots \cup A_n)$ 上?

下个问题涉及多项式

$$f(x) = x^n + a_{n-1}x^{n-1} + \cdots + a_1 x + a_0$$

的**判别式**Δ, 其定义为根的差所得乘积的平方. 因此, 如果

$$f(x) = (x - r_1)(x - r_2)\cdots(x - r_n),$$

那么

$$\Delta = \prod_{1 \leqslant i < j \leqslant n}(r_i - r_j)^2.$$

请注意, 如果两个根是相等的, 那么判别式就等于 0; 否则, 判别式不为 0. 由于根是系数的函数 (通常是个复杂的函数), 因此判别式也是多项式的系数的函数. 为了简单起见, 我们已经把最高次项的系数标准化为 1. 探讨判别式的重要性与应用绕得太远了, 但实际上, 能够验证是否存在重根就足以表明它的研究价值了. 二次多项式 $f(x) = x^2 + bx + c$ 的判别式是 $b^2 - 4c$, 但三次多项式 $f(x) = x^3 + Ax + B$ 的判别式为 $-4A^3 - 27B^2$(注意, 研究这种形式的三次多项式就足够了, 因为我们总是可以通过把 x 替换成 $x - x_0$ 来消除二次项, 这样的平移不会影响根的差). 下面的两个习题很神奇 —— 利用 2.7 节的技巧, 我们得出了正确的形式; 然而, 与计算一个并的概率不同, 此时我们并不能马上明确答案应该是什么, 因此这种技巧在这里是非常有价值的.

习题 2.9.42   考察二次多项式 $f(x) = x^2 + bx + c$. 为了使三个物理量可以相加, 它们必须具有相同的单位. 因此, 如果我们假设 x 是以米 (m) 为单位来度量的, 那么 b 的单位必须是 m, 而 c 的单位必须是 m^2. 由于判别式为 $(r_1 - r_2)^2$, 因此它的单位就是 m^2, 而且我

们很自然地猜到它一定具有 $\alpha_1 b^2 + \alpha_2 c$ 的形式, 因为这是得出平方米最简单的方法 (另外, 还可能是 $(b^4 + c^2)/(b^2 + 10c)$. 这些论述不是证明, 只是实验性地尝试找出正确的函数形式). 假设存在线性关系, 并且 $\Delta = \alpha_1 b^2 + \alpha_2 c$, 那么通过选取恰当的 b 和 c 就可以确定 α_1 和 α_2.

习题 2.9.43 把上一个练习推广到三次多项式 $f(x) = x^3 + Ax + B$ 上. 我们仍然把 x 的单位记作 m. 为了使得这三个量具有相同的量纲并且可以相加, 不难看出 A 的单位应该是 m^2, B 的单位应该是 m^3. 现在, 判别式 $(r_1 - r_2)^2(r_1 - r_3)^2(r_2 - r_3)^2$ 的单位是 m^6, 这表明了 Δ 应该等于 $\beta_1 A^3 + \beta_2 B^2$. 假设这种形式成立, 那么通过选择容易计算出根 (从而求得判别式) 的 A 和 B 就能得到 β_1 和 β_2 的值.

习题 2.9.44 椭圆 $E_{a,b}$ 是满足 $(x/a)^2 + (y/b)^2 \leqslant 1$ 的点 (x,y) 的集合. 对椭圆的面积进行合理的猜测, 使其成为 a 和 b 的函数. (提示: 你的答案应该关于 a 和 b 对称, 也就是说, a 和 b 不应该有区别. 此外, 当 $a = b$ 时, 它应该退化成圆的面积公式.) 遗憾的是, 即使有这些提示, 仍有大量可能性, 比如 $\pi\sqrt{\dfrac{a^2+b^2}{2}}$. 为了排除这些可能性, 你需要考察特殊的 a 和 b. 当讨论蒙特卡罗积分时, 我们将重新讨论这个习题.

习题 2.9.45 推广上一个习题, 猜测椭球体 $(x/a)^2 + (y/b)^2 + (z/c)^2 \leqslant 1$ 的体积.

第 3 章　计数 I: 纸牌

每一个赌徒都知道,
生存的秘密就是
知道要扔掉什么,
知道要保留什么.

——肯尼·罗杰斯《赌徒》(1978)

在第 1 章中, 我们尝试并希望能成功地激发你学习概率的兴趣. 我们谈论了一些有趣的话题, 比如生日和篮球. 接下来的第 2 章, 我们来了个急刹车, 卷起袖子, 不断地接受来自定义和公理的冲击. 虽然这些都很重要, 也很有必要, 却很容易让人感到不知所措和沮丧. 你可能不想坐下来记定义而是想要解决问题, 想看看如何使用概率.

虽然没有适当的框架是不可能做到这些的, 但在某种程度上已经足够了. 我们先把理论发展放在一边, 去考察一些问题, 而不是向前推进, 继续探索公理的结果. 所以, 现在我们不讨论独立性和条件概率, 尽管这是概率论中最重要的两个主题. 我们将把这些留到第 4 章. 相反, 我们会把已经学到的东西应用到一些常见的问题中, 希望能重新激起你对这门课的兴趣.

好消息是, 我们已经为讨论大量有趣的例子做好了充分准备. 我们可能会非正式地利用一些独立事件的性质, 但这些不会超越我们的日常经验. 因此, 本章的例子常常来自于日常经历. 虽然我们的任务并不是写下这门课的历史, 但不能不提概率论与博弈游戏的长期联系. 人类掷骰子的历史已经有 5000 多年了, 现在人们玩的是所谓西洋双陆棋戏的各类变种. 而且, 一旦游戏开始, 离赌博也就不远了. 大量的概率知识被用来分析博弈游戏, 寻找最优策略. 本章将重点介绍一些这样的游戏, 以及一些更平常的例子.

我们将探索纸牌游戏, 如扑克牌、单人纸牌和桥牌. 这些都是练习计算离散事件概率的绝佳机会, 比如拿到一手特定牌的概率. 在开始这些问题之前, 让我给你一些动力. 乍一看, 这些似乎与概率没什么关系, 但请记住: **概率和计数是不可分割的**. 如果可以计数, 那么我们就能通过将所需属性的事件个数除以可能事件的总个数来求出概率. 因此, 当你阅读本章中所有与计数有关的论述时, 请牢记这一点: 要想掌握概率, 就要掌握计数. 你可能并不关心这里讨论的游戏, 但重要的是了解如何解决这些问题. 即使你从不玩扑克牌、单人纸牌和桥牌, 你也可以从这些游戏的计数问题中学到很多东西.

事实上, 本章中出现的很多问题都涉及决定事件概率的最基本概念, 比如独立性和条件概率. 因此, 本章是向第 4 章的过渡. 换句话说, 我们将尽可能地只利用第 2 章的知识来分析这些问题, 然后看看会在哪里卡住. 为了解决这些问题, 我们需要更多地了解基本理论. 之后, 我们会回过头来研究更多的基本概率问题, 但将使用更加强大的技巧.

最后, 给那些想在看完本章后去赌场的人一些建议: 记住, 赌场也雇用数学家, 而且他们读过的内容可不仅仅是这一章! (对于那些坚持要去赌场的人, 请阅读第 23 章.)

3.1 阶乘和二项式系数

现在, 你因赌博成功的想法而感到兴奋, 但我不得不要求你暂停一下, 有一些基本的组合知识需要掌握. 为了成功地解决这些问题, 需要一些函数. 我们将尽快介绍这些概念, 然后去考察它们的应用. 所以, 接下来的两小节不会有太多的例子. 虽然有些例子有助于强调概念, 但我们会将重点放在引出定义和其解释上. 在完成这些内容之后, 我们将继续考察相关应用.

3.1.1 阶乘函数

第一个要介绍的定义是**阶乘函数**, 我们已经见过了. 如果 n 是一个正整数, 那么令 $n! = n(n-1)(n-2)\cdots 3 \cdot 2 \cdot 1$, **此外, 令 0! = 1, 这样做其实是很方便的**(稍后详述). 这个函数增长得非常快: $10! = 3\,628\,800$, $100!$ 接近 10^{158}, 而 $1000!$ 大于 10^{2500}. 我们可以**递归**地定义这个函数: $n! = n \cdot (n-1)!$, 这意味着可以用序列前面的值来表示序列后面的值.

组合学对 $n!$ 有一个很好的解释: 对 n 个人进行排序, 如果考虑先后次序, 那么排序方法的总数就是 $n!$. 这与我们之前看到的乘法法则是一样的. 想象一下, 现在有 5 个人, Eli、Cam、Matt、Kayla 和 Gabrielle, 我们想看看这 5 个人排序的所有方法. 选择第一个人有 5 种方法. 在选定第一个人之后, 还剩下 4 个人, 所以选择第二个人的方法有 4 种. 我们可能先选择了 Gabrielle, 接下来第二个选择会是 Eli、Cam、Matt 和 Kayla 中的一个. 或许首先被选中的是 Cam, 这迫使我们的第二个选择变成 Eli、Matt、Kayla 和 Gabrielle 中的一个. 不管怎样, 第一个人有 5 种选择, 第二个人有 4 种选择, 第三个人有 3 种选择, 第四个人有 2 种选择, 最后剩下的那个人就排在第五个位置上. 具体地说, 假设我们先从 5 个人中选出了 Gabrielle, 然后从剩下的 4 个人 (Eli、Cam、Matt 和 Kayla) 中选出 Cam, 此时还剩下 3 个人 (Eli、Matt 和 Kayla), 我们接下来的选择可能会是 Matt. 现在还剩下 2 个人 (Eli

和 Kayla), 如果我们选择了 Kayla, 那么最后一个就是 Eli.

很难想象这 5 个人是怎样排列的, 所以我们在图 3-1 中详尽地分析了三个人的情况. 你可能也注意到了, 由于名字的缘故, 讨论的过程有点混乱. 但这并非偶然, 正是为了说明一个观点 (也是为了取悦我的孩子和我最年长的侄女和侄子). **恰当的符号**是好的, 非常好! 这就是为什么我们通常按照字母顺序来选择名字, 因为这样更容易理解. 所以, 我们给这三个人取名为 Alice、Bob、Charlie(也可以使用 Ariel、Belle 和 Cindy, 甚至 Agamemnon、Brutus 和 Caesar).

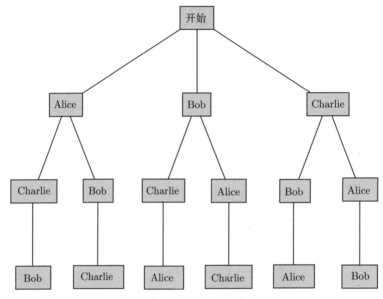

图 3-1　三个人排序的可能方法共有 6 = 3! 种

第一个人共有 3 种可能的选法, 这一点可以在树中看到. 选择第一个人时, 每个名字被选中的概率均为 1/3. 虽然第二个人只有 2 种可能的选择, 但每个名字被选中的概率仍是 1/3; 第三个人的选取也是一样的. 这似乎是合理的. 每个人被选为第一个、第二个或第三个人的机会都是相同的, 因此他们应该等可能地被选为第一个、第二个或第三个人.

当然, 我们也可以不对所有人排序. 如果我们想从 9 个人中选出 4 个人进行排序, 那么第一个人共有 9 种选法, 第二个人共有 8 种选法, 第三个人共有 7 种选法, 最后的第四个人共有 6 种选法. 排列的方法数就是 $9 \cdot 8 \cdot 7 \cdot 6$, 但我们还可以用一种更具启发性的方式来写. 可以使用我最喜欢的技巧之一, 即乘以 1 的方法. 我们该怎么做呢? 如果对所有人排序, 那么答案就是 9!. 看到这里出现了阶乘, 我们自然想到找一种方法来引入阶乘. 注意, $9 \cdot 8 \cdot 7 \cdot 6$ 是一个阶乘的开头部分. 它缺少了 $5 \cdot 4 \cdot 3 \cdot 2 \cdot 1$, 也就是 5!. 这给出了一个写答案的好方法

$$9 \cdot 8 \cdot 7 \cdot 6 = \frac{9 \cdot 8 \cdot 7 \cdot 6 \cdot 5!}{5!} = \frac{9!}{5!}.$$

更一般地, 如果想从 n 个人中选出 k 人进行排序, 那么不同的排列方法数为

$$n(n-1)(n-2)\cdots(n-(k-1))$$
$$= \frac{n(n-1)(n-2)\cdots(n-(k-1)) \cdot (n-k)!}{(n-k)!} = \frac{n!}{(n-k)!}.$$

上面这些是 "乘以 1" 的另一个很好的例子. 这样我们就可以用更简单、更具启发性的方式来重写代数表达式. 这种强大的方法值得我们花时间去熟悉.

对我来说, 这种计算最困难的部分就是准确地找出因子, 也就是说最终能写成什么形式? 当我们从 n 个人中选出 k 人进行排序时, 最后一个因子是 $n-(k-1)$, 不是 $n-k$. 有一些窍门可以确保你不会犯错误. 一个窍门是先考察一种特殊情形. 从 9 个人中选出 4 个人进行排序, 我们看到乘积的最后一个因子是 6. 要把 6 写成关于 9 和 4 的表达式, 那么 $6 = 9-(4-1)$, 而不是 $9-4$. 你还会注意到第一个因子是 9 或者 $9-0$; 我们减掉的值比当前考察的次序少 1, 因此最后被减掉的值一定包含 $k-1$, 而不是 k(回想一下生日问题). 利用你熟悉的情形去验证公式肯定是个好主意.

再举一个例子. 比如, 威廉姆斯学院的高等数学专业共有 70 名学生. 现在从这些学生中选出 30 名去学习概率论课程, 如果考虑挑选的先后次序, 那么一共有多少种选择方法? 答案 "恰好" 是 $70!/(70-30)! = 70!/40!$. 请注意, 我们可以很容易地写出答案 —— 这正是阶乘函数的优势!

如果你读得仔细, 应该注意到 "恰好" 这个词带有引号. 为什么呢? 我可以轻松地算出 5! 和 6!, 但 70!? (我知道, 用一个感叹号和一个问号来结束句子看起来十分奇怪.) 虽然从理论上看计算 70! 或 40! 是很容易的, 但这要进行很多次乘法运算. 这些数到底多大呢? 这些数是经过精心挑选的, 大部分计算器都可以处理, 但是再大一点的数 (比如 100!) 就可能导致溢出错误. 对于取值较大的 n, 斯特林公式为 $n!$ 提供了一个很好的估计, 我们将在第 18 章中展开讨论. 如果你感兴趣, 那么方法总数大约是 $1.46 \cdot 10^{52}$; 确切的答案是

14 681 146 334 564 331 088 939 671 869 953 268 066 486 845 440 000 000.

最后再举一个例子来说明这些阶乘有多么庞大. 你可能会认为上述问题有点不自然: 在威廉姆斯学院高等数学专业的 70 名学生中, 真的有 30 名学生想要上我的概率论课吗? 如果是的话, 谁会在意他们的排列次序呢?

下面给出一个更自然的例子. 考虑**一副标准扑克牌**. 本书将给出一些有关纸牌的例子, 以此来确保所有人都能熟悉这些例子. 在一副扑克牌中, 52 张纸牌共有 4 种花色 (黑桃 ♠、红桃 ♡、方块 ♢ 和梅花 ♣). 每个花色都有 13 张牌, 编号依次为

2、3、4、5、6、7、8、9 和 10, 接下来是 4 张特殊的纸牌 J(骑士)、Q(皇后)、K(国王) 和 A(ace 牌). 那么, 对一副扑克牌进行排序的方法有多少种?

第一张牌有 52 种选择. 我们可能会选择黑桃 A(A♠) 或者方块 5(5♦). 一旦选定了第一张牌, 那么下一张牌就有 51 种选择, 依此类推. 因此, 一副牌的排序方法共有 52! 种, 或者说

$$80\,658\,175\,170\,943\,878\,571\,660\,636\,856\,403\,766\,975$$
$$289\,505\,440\,883\,277\,824\,000\,000\,000\,000$$

种可能性! 这是多大? 它大概是 $8.01 \cdot 10^{67}$, 比我们的例子要大 15 个数量级.

在黑板上写一个像 10^{67} 这样的数是很容易的, 但很难弄清楚它到底有多大. 所以, 我们试着从另一个角度来看. 粗略地说, 地球上共有 100 亿 (10^{10}) 人. 假设每个人都可以一秒钟洗一次牌. 那么, 所有人都洗完一次牌大概需要 $8.01 \cdot 10^{57}$ 秒. 一年大约有 $3.2 \cdot 10^7$ 秒, 因此一共需要将近 $2.6 \cdot 10^{50}$ 年! 记住, 这是一种特殊情况, 全世界的人都将时间花在了洗牌上, 而且在某种程度上, 洗牌的速度真的非常快!

我们有必要停下来, 思考一下阶乘函数以及它的增长速度. 在图 3-2 中, 我们绘制了阶乘函数 $f(n) = n!$ 与平方函数 $g(n) = n^2$ 的对比图像. 虽然在刚开始时平方函数更大, 但当 $n = 4$ 时阶乘函数就变得更大; 等到了 $n = 7$ 附近时, 阶乘函数已经几乎看不到了. 当 $n = 10$ 时, $10! = 3\,628\,800$, 这个值比 10^2 的 36 000 倍还要大.

如果仔细看图 3-2, 你可能会注意到一些奇怪的东西. 我们只定义了整数输入的阶乘函数, 但是绘制了从 1 到 10 的所有实值输入的图像. 这是怎么回事? 现在希望你确信阶乘函数是有用的. 阶乘函数非常有用, 所以将它限制为整数输入其实是让人倍感遗憾的错误. 数学家们 (以及统计学家、物理学家、工程师……) 已经发现把阶乘函数扩展到**全体**实数 (甚至是复数!) 是非常有用的. 我们把这个扩展称为伽马函数; 对于所有的非负整数 n, $\Gamma(n) = (n - 1)!$. 在第 15 章中, 我们会花大量时间来解释这个函数, 甚至解释为什么这种讨厌的转化是很"自然的". (如果你想推广阶乘函数, 那么是不是希望 $f(n) = n!$, 而不是 $(n - 1)!$?) 好吧, 虽然在句尾有一个右括号, 但我们确实以正确的语法结束了最后一句, 这里再次使用了感叹号和问号 —— 这就是研究阶乘能得到的好处之一.

本节的最后给出阶乘函数的定义和解释.

阶乘函数: 如果 n 是一个正整数, 那么 $n! = n \cdot (n - 1) \cdots 1$, 并且 $0! = 1$. 我们把 $n!$ 解释为 n 人排序的方法数; 如果 n 等于 0, 那么就把它解释为 "什么都不做" 的方法只有一种.

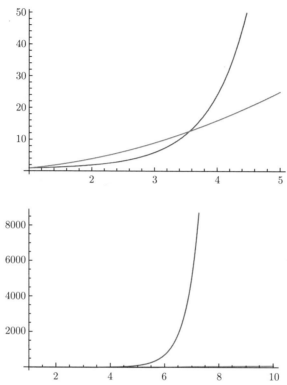

图 3-2　阶乘函数与平方函数的对比图像. 留意阶乘函数增长的速度有多快. 当 n 小于 3.56 时, 平方函数更大; 但是, 一旦 n 超过了 3.56, 阶乘函数就比平方函数大得多. 当 $n = 6$ 时, $6! = 720$, 而 $6^2 = 36$; 当 $n = 7$ 时差异更明显, $7!$ 等于 5040, 但 7^2 为 49

3.1.2　二项式系数

阶乘函数常用在需要考虑次序的问题中, 但是, 很多时候次序并不重要. 例如, 想象一下, 我们回到了小学操场上, 正在为足球队挑选小队员. 不久后, 每个人都被分配到了两个球队中的一个. 你是第几个进入球队的并不重要, 重要的是你属于哪个队. 也可以考虑一场扑克牌游戏. 你有 5 张牌; 得到这些牌的次序并不重要, 重要的是这 5 张牌都是什么.

我们来更仔细地看看最后这个问题. 如果我们想知道从 52 张牌中拿到 5 张牌一共有多少种方法, 那么答案就是

$$52!/(52 - 5)! = 52!/47! = 52 \cdot 51 \cdot 50 \cdot 49 \cdot 48,$$

也就是 311 875 200. 假设我们 (依次) 拿到了 5♣、6♢、7♡、7♠ 和 J♣. 接下来又依次拿到 J♣、5♣、7♠、6♢ 和 7♡, 尽管这与第一次取牌的方式不同, 但我们两次拿到

的牌是相同的 5 张. 需要考虑这样一个事实: 可以采用不同的方法来拿到同样的 5 张牌.

　　每次遇到问题, 你都应该试着找一下答案. 当考虑先后次序时, 从 52 张牌中选出 5 张牌一共有 52!/47! 种方法. 现在我们不再考虑次序. 因此, 不管答案是什么, 它一定小于 52!/47!. 那么小了多少呢? 这就是我们要考虑的问题. 最重要的是我们拿到的是哪 5 张牌, 而不是拿牌的次序是怎样的. 对 5 张牌进行排序的方法一共有多少种? 这很简单 —— 依次排列 5 张牌的方法共有 5! 种. 考察这个问题的另一种方式为, 这 5 张牌构成的有序集共有 5! 个. **所有**这些排序都是用相同的 5 张牌生成的, 只是顺序不同而已. 因此, 我们必须让 52!/47! 除以 5!. 这样就得到了在不考虑次序的前提下, 从 52 张牌中选出 5 张牌一共有

$$\frac{52!/47!}{5!} \;=\; \frac{52!}{5!47!} \;=\; 2\,598\,960$$

种方法. 我们已经把可能的方法数从约 3.11 亿减少到了 250 多万. 与预期的一样, 不考虑次序时, 可能性就少了很多.

　　我们再举一个例子来看看发生了什么. 我们使用恰当的符号, 并假设现在有 5 个人: Alice、Bob、Charlie、Dan 和 Eve. 在不考虑次序的前提下, 从中选出 3 个人共有多少种方法?

　　对这 5 个人进行排序, 一共有 5! 也就是 120 种方法. 具体情况如下:

{Alice, Bob, Charlie, Dan, Eve}　{Alice, Bob, Charlie, Eve, Dan}　{Alice, Bob, Dan, Charlie, Eve}
{Alice, Bob, Dan, Eve, Charlie}　{Alice, Bob, Eve, Charlie, Dan}　{Alice, Bob, Eve, Dan, Charlie}
{Alice, Charlie, Bob, Dan, Eve}　{Alice, Charlie, Bob, Eve, Dan}　{Alice, Charlie, Dan, Bob, Eve}
{Alice, Charlie, Dan, Eve, Bob}　{Alice, Charlie, Eve, Bob, Dan}　{Alice, Charlie, Eve, Dan, Bob}
{Alice, Dan, Bob, Charlie, Eve}　{Alice, Dan, Bob, Eve, Charlie}　{Alice, Dan, Charlie, Bob, Eve}
{Alice, Dan, Charlie, Eve, Bob}　{Alice, Dan, Eve, Bob, Charlie}　{Alice, Dan, Eve, Charlie, Bob}
{Alice, Eve, Bob, Charlie, Dan}　{Alice, Eve, Bob, Dan, Charlie}　{Alice, Eve, Charlie, Bob, Dan}
{Alice, Eve, Charlie, Dan, Bob}　{Alice, Eve, Dan, Bob, Charlie}　{Alice, Eve, Dan, Charlie, Bob}
{Bob, Alice, Charlie, Dan, Eve}　{Bob, Alice, Charlie, Eve, Dan}　{Bob, Alice, Dan, Charlie, Eve}
{Bob, Alice, Dan, Eve, Charlie}　{Bob, Alice, Eve, Charlie, Dan}　{Bob, Alice, Eve, Dan, Charlie}
{Bob, Charlie, Alice, Dan, Eve}　{Bob, Charlie, Alice, Eve, Dan}　{Bob, Charlie, Dan, Alice, Eve}
{Bob, Charlie, Dan, Eve, Alice}　{Bob, Charlie, Eve, Alice, Dan}　{Bob, Charlie, Eve, Dan, Alice}
{Bob, Dan, Alice, Charlie, Eve}　{Bob, Dan, Alice, Eve, Charlie}　{Bob, Dan, Charlie, Alice, Eve}
{Bob, Dan, Charlie, Eve, Alice}　{Bob, Dan, Eve, Alice, Charlie}　{Bob, Dan, Eve, Charlie, Alice}
{Bob, Eve, Alice, Charlie, Dan}　{Bob, Eve, Alice, Dan, Charlie}　{Bob, Eve, Charlie, Alice, Dan}
{Bob, Eve, Charlie, Dan, Alice}　{Bob, Eve, Dan, Alice, Charlie}　{Bob, Eve, Dan, Charlie, Alice}
{Charlie, Alice, Bob, Dan, Eve}　{Charlie, Alice, Bob, Eve, Dan}　{Charlie, Alice, Dan, Bob, Eve}
{Charlie, Alice, Dan, Eve, Bob}　{Charlie, Alice, Eve, Bob, Dan}　{Charlie, Alice, Eve, Dan, Bob}
{Charlie, Bob, Alice, Dan, Eve}　{Charlie, Bob, Alice, Eve, Dan}　{Charlie, Bob, Dan, Alice, Eve}
{Charlie, Bob, Dan, Eve, Alice}　{Charlie, Bob, Eve, Alice, Dan}　{Charlie, Bob, Eve, Dan, Alice}
{Charlie, Dan, Alice, Bob, Eve}　{Charlie, Dan, Alice, Eve, Bob}　{Charlie, Dan, Bob, Alice, Eve}
{Charlie, Dan, Bob, Eve, Alice}　{Charlie, Dan, Eve, Alice, Bob}　{Charlie, Dan, Eve, Bob, Alice}

{Charlie, Eve, Alice, Bob, Dan} {Charlie, Eve, Alice, Dan, Bob} {Charlie, Eve, Bob, Alice, Dan}
{Charlie, Eve, Bob, Dan, Alice} {Charlie, Eve, Dan, Alice, Bob} {Charlie, Eve, Dan, Bob, Alice}
{Dan, Alice, Bob, Charlie, Eve} {Dan, Alice, Bob, Eve, Charlie} {Dan, Alice, Charlie, Bob, Eve}
{Dan, Alice, Charlie, Eve, Bob} {Dan, Alice, Eve, Bob, Charlie} {Dan, Alice, Eve, Charlie, Bob}
{Dan, Bob, Alice, Charlie, Eve} {Dan, Bob, Alice, Eve, Charlie} {Dan, Bob, Charlie, Alice, Eve}
{Dan, Bob, Charlie, Eve, Alice} {Dan, Bob, Eve, Alice, Charlie} {Dan, Bob, Eve, Charlie, Alice}
{Dan, Charlie, Alice, Bob, Eve} {Dan, Charlie, Alice, Eve, Bob} {Dan, Charlie, Bob, Alice, Eve}
{Dan, Charlie, Bob, Eve, Alice} {Dan, Charlie, Eve, Alice, Bob} {Dan, Charlie, Eve, Bob, Alice}
{Dan, Eve, Alice, Bob, Charlie} {Dan, Eve, Alice, Charlie, Bob} {Dan, Eve, Bob, Alice, Charlie}
{Dan, Eve, Bob, Charlie, Alice} {Dan, Eve, Charlie, Alice, Bob} {Dan, Eve, Charlie, Bob, Alice}
{Eve, Alice, Bob, Charlie, Dan} {Eve, Alice, Bob, Dan, Charlie} {Eve, Alice, Charlie, Bob, Dan}
{Eve, Alice, Charlie, Dan, Bob} {Eve, Alice, Dan, Bob, Charlie} {Eve, Alice, Dan, Charlie, Bob}
{Eve, Bob, Alice, Charlie, Dan} {Eve, Bob, Alice, Dan, Charlie} {Eve, Bob, Charlie, Alice, Dan}
{Eve, Bob, Charlie, Dan, Alice} {Eve, Bob, Dan, Alice, Charlie} {Eve, Bob, Dan, Charlie, Alice}
{Eve, Charlie, Alice, Bob, Dan} {Eve, Charlie, Alice, Dan, Bob} {Eve, Charlie, Bob, Alice, Dan}
{Eve, Charlie, Bob, Dan, Alice} {Eve, Charlie, Dan, Alice, Bob} {Eve, Charlie, Dan, Bob, Alice}
{Eve, Dan, Alice, Bob, Charlie} {Eve, Dan, Alice, Charlie, Bob} {Eve, Dan, Bob, Alice, Charlie}
{Eve, Dan, Bob, Charlie, Alice} {Eve, Dan, Charlie, Alice, Bob} {Eve, Dan, Charlie, Bob, Alice}

记住, 想想我们是如何列出它们的. 非常重要的一点就是不能遗漏任何项, 因此我们需要一种好的、系统的方法来列出所有可能性.

在这个问题中, 我们考察的不是 5 个人, 而是 3 个人. 没错, 我们要做的就是忽略上面每个选择中的最后 2 个人. 那么剩下的就是从 5 人中选出 3 人进行排序的全部 60 种方法, 这比同时考察 5 个人更容易操作 (即 $5!/(5-3)! = 5!/2! = 60$). 注意 60 等于 $120/2!$. 实际上, 这包含了很多意思. 你可以说, 一旦选定了前 3 个人, 那么把它补充成 5 个人的排列一共有 2! 种方法. 这是因为最后 2 个位置共有 2! 种选择 (有序计数). 在下个阶段, 我们会重新讨论这一观点.

{Alice, Bob, Charlie} {Alice, Bob, Dan} {Alice, Bob, Eve} {Alice, Charlie, Bob}
{Alice, Charlie, Dan} {Alice, Charlie, Eve} {Alice, Dan, Bob} {Alice, Dan, Charlie}
{Alice, Dan, Eve} {Alice, Eve, Bob} {Alice, Eve, Charlie} {Alice, Eve, Dan}
{Bob, Alice, Charlie} {Bob, Alice, Dan} {Bob, Alice, Eve} {Bob, Charlie, Alice}
{Bob, Charlie, Dan} {Bob, Charlie, Eve} {Bob, Dan, Alice} {Bob, Dan, Charlie}
{Bob, Dan, Eve} {Bob, Eve, Alice} {Bob, Eve, Charlie} {Bob, Eve, Dan}
{Charlie, Alice, Bob} {Charlie, Alice, Dan} {Charlie, Alice, Eve} {Charlie, Bob, Alice}
{Charlie, Bob, Dan} {Charlie, Bob, Eve} {Charlie, Dan, Alice} {Charlie, Dan, Bob}
{Charlie, Dan, Eve} {Charlie, Eve, Alice} {Charlie, Eve, Bob} {Charlie, Eve, Dan}
{Dan, Alice, Bob} {Dan, Alice, Charlie} {Dan, Alice, Eve} {Dan, Bob, Alice}
{Dan, Bob, Charlie} {Dan, Bob, Eve} {Dan, Charlie, Alice} {Dan, Charlie, Bob}
{Dan, Charlie, Eve} {Dan, Eve, Alice} {Dan, Eve, Bob} {Dan, Eve, Charlie}
{Eve, Alice, Bob} {Eve, Alice, Charlie} {Eve, Alice, Dan} {Eve, Bob, Alice}
{Eve, Bob, Charlie} {Eve, Bob, Dan} {Eve, Charlie, Alice} {Eve, Charlie, Bob}
{Eve, Charlie, Dan} {Eve, Dan, Alice} {Eve, Dan, Bob} {Eve, Dan, Charlie}

我们把列表中的所有 Alice、Bob 和 Charlie 都加粗.

{Alice, Bob, Charlie}	{Alice, Bob, Dan}	{Alice, Bob, Eve}	**{Alice, Charlie, Bob}**
{Alice, Charlie, Dan}	{Alice, Charlie, Eve}	{Alice, Dan, Bob}	{Alice, Dan, Charlie}
{Alice, Dan, Eve}	{Alice, Eve, Bob}	{Alice, Eve, Charlie}	{Alice, Eve, Dan}
{Bob, Alice, Charlie}	{Bob, Alice, Dan}	{Bob, Alice, Eve}	**{Bob, Charlie, Alice}**
{Bob, Charlie, Dan}	{Bob, Charlie, Eve}	{Bob, Dan, Alice}	{Bob, Dan, Charlie}
{Bob, Dan, Eve}	{Bob, Eve, Alice}	{Bob, Eve, Charlie}	{Bob, Eve, Dan}
{Charlie, Alice, Bob}	{Charlie, Alice, Dan}	{Charlie, Alice, Eve}	**{Charlie, Bob, Alice}**
{Charlie, Bob, Dan}	{Charlie, Bob, Eve}	{Charlie, Dan, Alice}	{Charlie, Dan, Bob}
{Charlie, Dan, Eve}	{Charlie, Eve, Alice}	{Charlie, Eve, Bob}	{Charlie, Eve, Dan}
{Dan, Alice, Bob}	{Dan, Alice, Charlie}	{Dan, Alice, Eve}	{Dan, Bob, Alice}
{Dan, Bob, Charlie}	{Dan, Bob, Eve}	{Dan, Charlie, Alice}	{Dan, Charlie, Bob}
{Dan, Charlie, Eve}	{Dan, Eve, Alice}	{Dan, Eve, Bob}	{Dan, Eve, Charlie}
{Eve, Alice, Bob}	{Eve, Alice, Charlie}	{Eve, Alice, Dan}	{Eve, Bob, Alice}
{Eve, Bob, Charlie}	{Eve, Bob, Dan}	{Eve, Charlie, Alice}	{Eve, Charlie, Bob}
{Eve, Charlie, Dan}	{Eve, Dan, Alice}	{Eve, Dan, Bob}	{Eve, Dan, Charlie}

　　注意, 在上面的 60 个集合中, 有 6 个集合包含了相同的 3 个人 (Alice、Bob 和 Charlie). 这 6 个集合的唯一区别就是 3 个人的排列次序不同; 但是, 如果不考虑次序, 这 6 个集合会产生同一个无序集. 这个无序集可以写成 {Alice, Bob, Charlie}; 当然, 也可以写成这 6 种排列中的其他任何一种.

　　关键的一点是, 上面的 6 并不只是个普通数字. 你应该把它看成 3!, 这是 3 个人排序的方法数. 我们要做的就是删掉次序. 从本质上讲, 我们正在分解东西. 在计数时, 我们认为这 6 种排序是一样的. 虽然强调了 Alice、Bob 和 Charlie, 但他们的名字并没什么特别之处. 同样的逻辑也适用于 Alice、Dan 和 Eve, 或者更一般地适用于任意 3 个名字.

　　现在, 我们能够给出最终的答案了. 我们想知道在不考虑次序的前提下, 从 5 个人中选出 3 人一共有多少种方法. 当考虑次序时, 一共有 $5!/(5-3)!$ 种方法. 接下来, 通过除以 3!, 我们 "删掉" 了次序, 于是最终的答案就是 $5!/3!(5-3)!$, 或者 $5!/3!2!$, 也就是 10. 下面是我们的最终列表, 从 5 人中选出 3 人的 10 个不同的集合:

{Alice, Bob, Charlie}	{Alice, Bob, Dan}	{Alice, Bob, Eve}	{Alice, Charlie, Dan}
{Alice, Charlie, Eve}	{Alice, Dan, Eve}	{Bob, Charlie, Dan}	{Bob, Charlie, Eve}
{Bob, Dan, Eve}	{Charlie, Dan, Eve}		

　　我们有必要思考一下如何给出这个列表. 方法有很多种, 但我们要确保不会遗漏任何项. 一种简单的方法是先考察所有包含 Alice 和 Bob 的集合, 这样的集合有三个. 在此之后, 看看所有包含 Alice 和 Charlie 的集合, 于是又得到了两个新集合. 接下来考察同时包含 Alice 和 Dan 的集合, 我们又找到一个新集合. 包含 Alice 和 Eve 的所有集合都已经出现过了, 所以我们继续寻找包含 Bob 和 Charlie 的集

合. 之前已经找到了一个同时包含 Alice、Bob 和 Charlie 的集合, 现在我们又发现了两个新集合; 除了 Bob 和 Charlie 之外, 这两个新集合还分别包含 Dan 和 Eve. 我们继续考察包含 Bob 和 Dan 的三元组, 又找出了另一个新集合. 最后考察包含 Charlie 和 Dan 的集合 (不需要继续考察包含 Charlie 和 Eve 的集合, 以及包含 Dan 和 Eve 的集合, 因为我们已经把所有情况都考虑过了).

尽管我竭尽所能去写一本好的、实用的书, 但是没有足够的耐心把本节的所有列表都写出来! 我也不应该做这些 —— 这是电脑的理想任务. 你能使用的程序非常多. 我是 Mathematica 和 WolframAlpha 的忠实粉丝, 这些列表是通过下列输入得到的.

```
Permutations[{Alice, Bob, Charlie, Dan, Eve}]
Permutations[{Alice, Bob, Charlie, Dan, Eve}, {3}]
```

(接下来, 我必须清理空格, 并把格式设置得更好些, 但查找和替换的工作很快就能完成.) 我鼓励你使用电脑来研究各类主题, 解决一些问题, 弄清楚事情是什么样的.

既然我们已经详细地分析了问题, 现在是时候进行概括了. 从 n 个人中选出 k 人一共有 $n!/(k!(n-k)!)$ 种方法. 在整个课程 (以及后续课程) 中, 我们会不断地看到这个表达式, 所以它应该有自己的名字 (就像阶乘函数有自己名字那样). 我们把它称为**二项式系数**, 并记作 $\binom{n}{k}$. n 和 k 都是非负整数, 并且 $k \leqslant n$; 如果 $k > n$, 那么设 $\binom{n}{k} = 0$. 这种做法是合理的. 我们需要一种定义 $0!$ 的方法, 有很好的理由让它等于 1(要么把它看作一个空积, 要么认为 "什么都不做" 的方法只有 1 种). $\binom{4}{5}$ 有什么涵义? 它指的是在不考虑次序的前提下, 从 4 个物体中选出 5 个一共有多少种方法. 我们根本无法做到这一点, 因此把它设置为 0 是合理的.

在上文中, 我们讨论了 $\binom{4}{5}$ 应该等于 0; 那么 $\binom{4}{-1}$ 是多少, 或者更一般地, 当 k 取负整数时 $\binom{n}{k}$ 应该是多少? 把阶乘函数进一步推广可以得到**伽马函数**, 其定义为: 当 s 的实部大于 -1 时, 有

$$\Gamma(s) := \int_0^\infty \mathrm{e}^{-x} x^{s-1} \mathrm{d}x.$$

只要 n 为非负整数, 那么利用分部积分法就能得到 $\Gamma(n+1) = n!$. 还有更多关于伽马函数的结论, 比如 $\Gamma(s+1) = s\Gamma(s)$, 这回答了如何将二项式系数推广到负值. 我们将在第 15 章中看到伽马函数.

上面的方法非常强大, 我常称它为**故事证明法**(Proof by Story). 另一个例子请参阅 A.6 节, 我们会证明一个非常重要的二项恒等式: $\binom{n}{k} + \binom{n}{k+1} = \binom{n+1}{k+1}$. 这是帕斯卡三角形的基础, 而帕斯卡三角形给出了二项式定理 (相关陈述与证明请参阅 A.2.3 节和 A.6 节). 稍后我们会用到这个非常重要的事实.

3.1.3   总结

下面快速回顾一下我们都做了什么. 我们刚刚介绍了组合学和概率学中最重要的两个函数. 当你学习了更高等的知识后, 重新审视之前的概念是个不错的主意, 因为可以把事情看得更清楚、理解得更透彻.

如果有一个集合, 那么我们可以问两个很自然的问题.

- 对集合中的元素进行排序, 一共有多少种方法?
- 在不考虑次序的前提下, 从中挑选出若干元素, 一共有多少种方法?

第一个问题称为**排列**, 其解决方案涉及阶乘函数. 第二个问题称为**组合**, 由它可以导出二项式系数. 如果有 n 个物体, 那么对这些物体进行排序的方法就有 $n!$ 种; 同样可以说, 存在 $n!$ 个**排列**, 或者**排列**它们的方法有 $n!$ 种. 排列在许多数学领域中发挥着重要作用, 在群论中尤为重要.

概率分配中最常见的一个错误必定是混淆了排列和组合. 总是记得问问自己: **需要考虑次序吗**? 如果需要, 那就考虑排列和阶乘; 否则, 就考虑组合与二项式系数.

关于组合, 有一个很重要的事实: $\binom{n}{k} = \binom{n}{n-k}$. 我们会在 A.6 节中给出相关证明. 但它的证明会用到一个非常重要的结果, 因此我们在这里说一下. 当然, 证明这一点有个显而易见的方法, 就是写出这两个表达式, 并说明它们是相等的. 我们有

$$\binom{n}{k} = \frac{n!}{k!(n-k)!}, \qquad \binom{n}{n-k} = \frac{n!}{(n-k)!(n-(n-k))!} = \frac{n!}{(n-k)!k!},$$

因为分母上的乘法因子是可以交换的, 所以这两个式子显然相等. 在这里, 最关键的一点就是 $k = n-(n-k)$. 由于表达式里有一个 $(n-k)!$, 因此做这样的尝试是很自然的. 当然, 解决这个问题的另一种思路是把 $\binom{n}{k}$ 和 $\binom{n}{n-k}$ 具体写出来. 此时, 在第二个式子中会出现 $n-(n-k)$, 也就是 k, 这样就得出了两个式子相等.

现在, 我们证明了 $\binom{n}{k} = \binom{n}{n-k}$, 但我并不觉得这种方法特别有启发性. 在我看来, 下面的方法更好. $\binom{n}{k}$ 有什么**含义**? 它指的是在不考虑次序的前提下, 从 n 个人中挑选出 k 个人的方法数. 假设有 k 张芬威公园开放日的门票, 但一共有 n 个人想去. 从中选出 k 人前往的方法共有 $\binom{n}{k}$ 种. 然而, 选出 k 人前往也可以看作选出 $n-k$ 个人不去. 那么选出 $n-k$ 个人共有多少种方法? 恰好是 $\binom{n}{n-k}$ 种方法. 瞧, 这两个结果肯定是相等的! 从 n 个人中选出 k 人与从 n 个人中选出 $n-k$ 人是一样的! 这是**故事证明**的另一个例子.

3.2   扑 克 牌

很难想象一个学习概率论的班级在整个学期里都不参与一场博弈游戏. 事实

上, 我曾遇到这样一个学生, 他没有任何概率论的预备知识, 但仍然非常积极地想参加我的概率论课. 他是个狂热的扑克牌玩家, 希望能在下注时做得更好. 在他看来, 概率论的应用会从**扑克牌**开始. 我们讲了很多例子. 你没有必要把所有的例子都看一遍, 我鼓励你去看其中几个例子, 然后试着自己独立解决其他问题, 最后再与本书的内容进行比较. 你也可以写一些代码, 从数值角度来研究概率. 好的编码技巧可以极大地简化某些问题的求解过程, 之后我们将详细讨论这些问题.

3.2.1 规则

扑克牌有很多不同的玩法. 我们将概述主要的规则, 想了解更多内容, 请参阅维基百科的相关页面. 大多数玩法使用的是标准的 52 张牌. 4 种花色的牌 (黑桃、红桃、方块和梅花) 各有 13 张, 编号依次为 2 到 10, 然后是 J、Q、K 和 A. 通常情况下, 玩家会拿到 5 张牌. 有时会允许玩家换牌, 但有时不允许; 手气最好的人获胜 (但有些游戏会把一部分钱分给那些手气最差的人). 有时候, 某些牌会充当 "百搭牌", 可以当作任何一张牌使用, 这样你就有可能得到 5 张点数相同的牌. 在图 3-3 中我们展示了标准的扑克牌型.

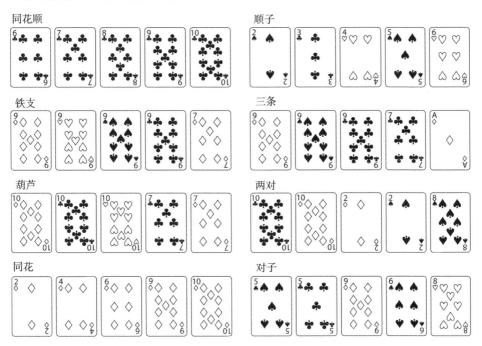

图 3-3 标准的扑克牌型. 图片来自维基共享资源, 由 Sissyneck 上传

希望图 3-3 能清晰地展现各种牌型. 实际上, 我们没有给出最小牌型, 因为它没什么特别之处! 第一种有趣的牌型是**对子**, 也就是两张牌的点数恰好相同. 在图

3-3 中, 对子的点数是 5. 如果两个人恰好有相同的对子, 那么他们的胜负由剩下的最大牌来决定. 由于这是一本数学书, 而不是打扑克的指南, 因此我们就介绍到这里; 你可以去查阅其他资料, 以确定当两个或更多人有相同牌型时会发生什么 (即决胜关键是什么).

接下来较大的牌型是**两对**(图中给出的是一对 10 和一对 2), 然后是**三条**(这里有 3 张 9). 在此之后, 我们给出了一个全新的牌型: 顺子. 顺子是依次递增的 5 张连号牌. 它们的花色不一定相同, 其中 A 牌可以被当作小牌, 也可以被当作大牌. 因此, 顺子既包括 A♣、2♡、3♡、4◇ 和 5♣, 也包括 10♠、J♠、Q♢、K♡ 和 A♣.

比顺子更大的牌型是**同花**, 即 5 张花色相同的牌. 下一种更大的牌型是**葫芦**, 由 3 张点数相同的牌和一个对子组成. 比葫芦大的牌型是**铁支**(有 4 张点数相同的牌), 最大的牌型是**同花顺**.

好了. 如果你以前没见过扑克牌, 现在至少对它有了大致的了解. 重申一下, 牌型的次序 (从小到大) 依次为: 对子、两对、三条、顺子、同花、葫芦、铁支和同花顺. 这自然引出了两个问题.

第一个问题是: 为什么是这些牌型? 简单地回答: 为什么不是呢! 好吧, 这是在逃避问题, 孩子们会继续追问的. 答案可能很多: 人们玩了很多年扑克牌, 他们发现这样很有趣; 标准化有很多的优点; 等等. 这个问题超出了本书的范畴. 如果想了解更多相关内容, 可以查阅维基百科, 看看那些非标准的牌型是什么样的 (从小到大, 我们一直都在玩 "间隔顺"). 作为数学家, 我们将接受这一给定牌型.

第二个问题在我们的研究范围内: 牌型的次序为什么是这样的? 啊, 现在是时候展现我们的能力了. 如果牌型次序是恰当的, 那么牌型越大, 其个数就应该越少. 我们可以验证这一点, 但需要花费一段时间. 不过, 假如随机地给出 52 张牌中的 5 张, 我们可以算一下拿到任意一种牌型的概率. 注意, 这与玩牌时拿到每种牌型的概率是不一样的 (在玩牌时, 可能会有百搭牌, 你手里可能有 7 张牌, 也许你能换牌). 这都不是问题, 关键是要弄明白如何计算. 即使你对扑克牌不感兴趣, 这些问题也能帮助你更好地掌握概率知识.

在计算每一种牌型的概率时, 我们都要除上一个数, 它就是从 52 张牌中无次序地挑出 5 张牌的方法数, 即 $\binom{52}{5} = 52!/(5!47!)$, 也就是 2 598 960. 没错, 一共有 250 多万种可能的取法! 只要有可能, 我们就会尝试采用多种方法求解. 这样做的部分原因是, 有些人会更偏爱某种方法, 所以我们最好把所有方法都展示出来; 然而, 主要的原因是这样能够保证答案的正确性. 如果两种不同的方法都得到了同一个答案, 那么我们对答案就更有信心了. 反之, 如果得到了不同的答案, 那么我们知道一定出现了错误.

最后, 我会不时给出计算这些概率的错误方法. 因为我很粗心, 所以可能会给出错误的答案 —— 希望我的学生能抓住并消除这些错误! 不, 我是故意给出这些错误的. 别担心, 我很快就会告诉你它们是错的, 并指出错在哪里. 使用一些貌似合理的错误方法来考察那些已被解答的问题是很有好处的. 这些都是人们在概率论中最常犯的错误, 我希望你能对这些陷阱有一定的了解.

显然, 本节会非常长. 你可以随意地跳着阅读, 去看看那些你觉得有趣的计算和问题. 现在, 开始计算概率吧!

3.2.2 最小牌型 ①

首先计算的是最简单的牌型概率. 这意味着我们不可能有两张点数相同的牌或者 5 张花色相同的牌, 也不可能有 5 张连号的牌.

我们降低要求, 先算出所有牌的点数都不相同的概率, 暂时不考虑顺子和同花的概率. 不要着急, 我们稍后会计算这两种概率, 然后直接减去它们就行了. 顺子和同花是很罕见的, 它们不会对概率产生太大影响, 所以我们的误差会很小.

一共有 13 个不同的数 (2 到 10, 然后是 J、Q、K 和 A), 我们从中挑选出 5 个数, 这样选出的牌就不会出现相同的点数了; 一共有 $\binom{13}{5}$ 种方法来挑出这 5 个数. 为什么? 这正是二项式系数的定义 —— 我们需要从 13 个数中无次序地选出 5 个数. 这 5 个数中的任何一个均可以是黑桃、红桃、方块或梅花, 因此每个数都有 4 种可能的花色.

由乘法法则可知, 一共有 $\binom{13}{5} \cdot 4^5$ 种选法, 不过有一种更好的方式来看待这个问题: 把这个结果看成 $\binom{13}{5}\binom{4}{1}\binom{4}{1}\binom{4}{1}\binom{4}{1}\binom{4}{1}$. 这里的 5 个 $\binom{4}{1}$ 指的是从 4 种花色中选出一种的做法要重复进行 5 次. 我们得到了答案 1 317 888, 因此概率是 1 317 888/2 598 960 = 2112/4165, 即约为 0.507 083 或 50.7083%(记住, 分母是 $\binom{52}{5}$). 没错, 我们拿到最小牌型的概率约为 50%.

和往常一样, 我们看看能否通过另一种方法来计算答案. 一共有 52 张牌. 我们可以从 52 张牌中任选一张作为第一张牌. 由于第二张牌的点数不能与第一张的相同, 所以第二张牌可以从剩下的 48 张牌中任选一张. 第三张牌的点数也不能与前两张的相同, 这就排除了 52 张牌中的 8 张, 所以第三张牌有 44 种选择. 类似地, 第四张牌有 40 种选择, 而最后一张有 36 种选择. 因此, 最小牌型一共有 52·48·44·40·36 种.

在计算这个乘积之前, 请停下来想一想. 你确信这个值与之前的一样吗? 也就是 1 317 888? 当你读到这句话的时候, 至少有一两分钟的时间已经流逝了. 我强烈建议你不要再往下读了. 停! 拜托! 花几分钟时间想想, 这两个数是否真的相等. 请不要做乘法运算. 在有了自己的判断后, 再继续往下读.

好了, 是时候相乘了. 我们发现 52 · 48 · 44 · 40 · 36 等于 158 146 560. 嗯, 这个数比 1 317 888 大一些. 好吧, 它们不相等. 那么大了多少呢? 如果把两个数相减, 就会得到 156 828 672. 事实证明, 做减法是解决不了这类问题的. 我们应该求两者

① 也称为散牌. —— 编者注

的**比值**. 通过计算, 我们得到比值为 158 146 560/1 317 888 = 120. 这很有趣, 两个数的比值是一个整数. (这就是计算比值的原因: 我们经常因为弄不清楚是否考虑次序而写错因子, 但比值能帮助我们发现这些错误.)

实际上, 还有更多真相. 120 不是普通整数, 它是一个很巧妙的整数. 我们正在考察一个组合问题, 却到处看到阶乘. 最终, 我们意识到 120 就是 5!. 啊, 原来多乘了一个 5!, 而我们正好有 5 张牌. 这并非巧合.

这的确不是巧合. 在使用第二种方法时, 我们意外地对纸牌进行了排序. 再看一遍论证的开头部分: 我们可以从 52 张牌中任选一张作为**第一张牌**. 你看到了吗? 我们考虑了次序! 我们依次讨论了第一张牌和第二张牌, 等等. 但是, 并不在乎取牌的次序, 我们只关心拿到了哪些牌. 所以, 我们要通过除以 5! 来删除不小心添加的次序. 因此, 一共有 $52 \cdot 48 \cdot 44 \cdot 40 \cdot 36/5!$ 种可能的取法.

最后, 我们给出考察这个问题的另一种方法. 如果想从有序的角度看问题, 那么只需把上述结果除以 "从 52 张牌中依次挑选出 5 张牌" 的方法数就行了, 即 $52!/(52-5)! = 52!/47! = 311\,875\,200$. 按照这种方法, 求出 "得到 5 张点数互不相同的牌" 的概率是 $158\,146\,560/311\,875\,200$. 因此, 最小牌型的概率就是 2112/4165, 这与前面的概率相同 (即约为 50.7083%).

还能怎么看待这个问题呢? 我喜欢把乘积写作 $\binom{52}{1}\binom{48}{1}\binom{44}{1}\binom{40}{1}\binom{36}{1}$. 对我来说, 这强调了正在做的事: 我们先从 52 张牌中选出一张, 然后再从 48 张牌中选出一张, 以此类推.

最后, 我们用 Mathematica 代码来模拟所有牌的点数均不相同的概率. 编写这类代码的方法有很多种, 最难的部分是确定一共有多少个不同的数. 我们还可以使用 MemberQ 函数来完成这一操作, 并创建牌型表格, 这是以前从未见过的值的子集.

```
nothing[numdo_] := Module[{},
  count = 0; (* 成功次数的计数 *)
  deck = {}; (* 把deck初始化为空集 *)
  (* 创建一副牌(deck); 这里不需要考虑花色 *)
  (* 得到 1,1,1,1, 2,2,2,2, ... *)
  For[i = 1, i <= 13, i++,
    For[j = 1, j <= 4, j++, deck = AppendTo[deck, i]]];

  For[n = 1, n <= numdo, n++,
    {
    (* 检验是否拿到5张不同的牌有很多方法 *)
    (* 记录纸牌的值 *)
    (* 每张牌的值都初始化为0 *)
```

```
For[i = 1, i <= 13, i++, card[i] = 0];
hand = RandomSample[deck, 5]; (* 选取一手5张牌 *)
(* 接下来，对5张牌中的每一张都给出一个值 card[[i]] *)
(* 我们只关心是否取到了某数 *)
(* 所以不必担心其重复出现的次数 *)
For[k = 1, k <= 5, k++, card[hand[[k]]] = 1];
(* 只有在取到5个不同的数时，下面的和才等于5 *)
If[Sum[card[i], {i, 1, 13}] == 5, count = count + 1];
}]; (* 结束对n的循环 *)
Print["Theory says probability 5 distinct numbers is ", 2112/41.65,
"%."];
Print["Observed probability is ", 100. count/numdo, "%."];
] (* 结束整个模块 *)
```

把代码运行 1000 万次就会产生:

```
Theory says probability 5 distinct numbers is 50.7083%.
Observed probability is 50.7099%.
```

3.2.3 对子

我们继续往下看. 考虑了所有牌的点数都不相同的情况后, 我们现在看看恰有两张牌的点数相同的概率, 即出现对子的概率. 尽管这个问题听起来很简单, 但实际上会有一些微妙之处. 我们将考察一系列难度逐渐增加的类似问题.

问题 3.2.1 在 5 张牌中, 恰有 2 张 K 的概率是多少?

这意味着这 5 张牌中必有 2 张是 K, 其余 3 张牌要从 48 张非 K 的牌中选出. 从 4 张 K 中选出 2 张的方法有 $\binom{4}{2}$ 种, 从 48 张牌中选出 3 张共有 $\binom{48}{3}$ 种方法. 因此, 在不考虑次序的前提下, 取出 2 张 K 和 3 张非 K 的方法共有 $\binom{4}{2}\binom{48}{3} = 103\,776$ 种; 另外, 从 52 张牌中无次序地取出 5 张, 一共有 $\binom{52}{5} = 2\,598\,960$ 种方法. 因此, 5 张牌中恰有 2 张 K 的概率就是 $103\,776/2\,598\,960 = 2162/54\,145 \approx 0.039\,929\,8$, 或约为 4%.

下面这段简单的代码用来计算恰有 2 张 K 的概率.

```
twokings[numdo_] := Module[{},
count = 0; (* 成功次数的计数 *)
deck = {1, 1, 1, 1}; (* 将一副牌(deck)初始化为4张K *)
(* 创建deck中其余的牌；把不是K的牌记作0 *)
For[i = 5, i <= 52, i++, deck = AppendTo[deck, 0]];
For[n = 1, n <= numdo, n++,
{
hand = RandomSample[deck, 5]; (* 选取一手5张牌 *)
```

```
(* 如果和为2, 那么恰好有2张K *)
If[Sum[hand[[i]], {i, 1, 5}] == 2, count = count + 1];
}]; (* 结束对n的循环 *)
Print["Probability of exactly 2 kings is ", 2162/541.45, "%."];
Print["Observed probability is ", 100. count/numdo, "%."];
] (* 结束整个模块 *)
```

运行 10 000 000 次后的结果为:

```
Probability of exactly 2 kings is 3.99298%.
Observed probability is 3.99252%.
```

问题 3.2.2　在 5 张牌中, 恰有一个对子的概率是多少?

基于上一个问题, 我们会轻易地断定, 由于恰有一对 K 的概率是 4%, 而且一共有 13 种可能的对子, 所以恰有一个对子的概率就应该是 52%. 不幸的是, 这种分析从根本上说是有缺陷的, 原因有二. 第一, 可能出现两个对子, 比如一对 K 和一对 J; 如果直接乘以 13, 就会导致重复计数的问题. 第二, 有可能出现葫芦 (比如, 一对 K 和 3 张 J). 我们必须非常小心, 既不能重复计数, 也不允许出现 3 张点数一样的牌.

既要确保不遗漏任何可能性, 又能保证不出现重复计数的最优计数方法是什么? 一副牌有 13 个不同的点数; 我们可以先选出对子的点数, 然后从余下的 12 个点数中选出 3 个不同的值作为剩下 3 张牌的点数. 例如, 可以先选出一对 J, 然后必须确保剩余 3 张牌的点数互不相同, 并且都不是 J.

先从 13 个点数中选出一个作为对子的点数, 共有 $\binom{13}{1} = 13$ 种方法; 然后再从 4 种花色中选出 2 种作为对子的花色, 共有 $\binom{4}{2}$ 种方法. 现在还剩下 48 张牌, 我们必须从中选出 3 张, 并且它们的点数要互不相同. 实现这一点有几种方法. 从剩下的 12 个点数中选出 3 个共有 $\binom{12}{3} = 220$ 种方法. 对于每种选择, 我们还要确定牌的花色 (因为一共有 4 种花色), 每张牌都有 $\binom{4}{1}$ 种可能的花色. 因此, 选择 3 张点数互不相同且都不等于对子点数的方法共有 $\binom{12}{3}\binom{4}{1}^3 = 14\ 080$ 种. 这意味着, 选出仅包含一个对子的 5 张牌共有 $\binom{13}{1}\binom{4}{2} \cdot \binom{12}{3}\binom{4}{1}^3 = 1\ 098\ 240$ 种方法. 由于我们不考虑次序, 所以求概率时要除以从 52 张牌中选出 5 张的方法数, 即 $\binom{52}{5} = 2\ 598\ 960$. 这意味着恰好得到一个对子的概率是 $1\ 098\ 240/2\ 598\ 960 = 352/833 \approx 0.422\ 569$. 请注意, 这确实与我们猜测的概率 52% 非常接近, 但它的值会更小. 这一点并不奇怪 (因为它排除了存在两个对子, 以及一个对子和三条的可能性).

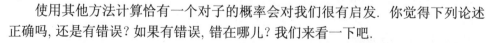

使用其他方法计算恰有一个对子的概率会对我们很有启发. 你觉得下列论述正确吗, 还是有错误? 如果有错误, 错在哪儿? 我们来看一下吧.

- 我们希望恰好取到一个对子. 从对子开始, 第一张牌有 52 种可能的选择. 在选定了第一张牌之后, 为了得到一个对子, 第二张牌就只有 3 种可能的选择. 由于下一张牌的点数必须与之不同, 所以有 48 种选择; 接下来必须是另一个新的点数, 所以共有 44 种选择; 最后一张牌的点数不能与前 4 张牌的相同, 因此有 40 种可能的选法. 于是, 恰好取到一个对子的方法数为 $52 \cdot 3 \cdot 48 \cdot 44 \cdot 40$.

- 另外, 对子的点数共有 $\binom{13}{1}$ 种选法, 花色有 $\binom{4}{2}$ 种选法. 我们还需要选出 3 张点数互不相同, 且都不等于对子点数的牌. 在这 3 张牌中, 第一张有 48 种选法, 第二张有 44 种选法, 最后一张有 40 种选法.

那么, 这两个论述正确吗? 第一个论述给出了 13 178 880 种选法; 第二个论述给出了 6 589 440 种选法. 它们都不等于正确答案 1 098 240. 如果考察这两个结果与正确答案的比值, 我们发现第一个比值是 12, 第二个比值是 6. 由于这两个比值都比较简洁, 所以我们可能只犯了一个很小的错误. 我们知道, 解决这些问题的关键是弄清楚存在什么样的危险.

我们先看看第二种方法. 当你在组合问题中看到 6 时, 第一反应应该是: 也许它真的代表 3!. 那么, 怎样才能得到 3! 呢? 在第二种方法中, 刚开始的做法与之前相同, 但在选择最后 3 张牌时不小心进行了排序! 我们从无序 (二项式系数) 变成了有序 (比如 48 种选法, 44 种选法, 40 种选法这样的表达). 所以, 需要把最后 3 张牌的次序删掉. 由于 3 张牌共有 3! 或者说 6 种排序方法, 因此应该让 6 589 440 除以 6. 这样就得到了正确答案!

好的, 这就解释了第二种方法出现了什么错误. 那么第一种方法有什么问题? 这两种方法唯一的区别是, 第一种方法在刚开始时得到了 $52 \cdot 3 = 156$, 但第二种方法一开始得到了 $\binom{13}{1}\binom{4}{2} = 78$. 这个错误更严重, 更难以理解和解释. 我们从 52 张牌中选出第一张; 因为考虑了次序, 所以这种做法是错的. 接下来, 选出另一张点数相同的牌共有 3 种方法; 但是, 为什么这是第二张牌? 为什么不能把挑选这两张牌的次序颠倒过来? 换句话说, 我们可以先选出 8♠, 再选出 8♡; 而不必先挑出 8♡, 再挑出 8♠. 我们的错误在于, 对 2 张点数相同的牌进行了排序. 排列 2 张牌共有 $2! = 2$ 种方法. 我们多乘了一个因子 2. 注意, 在除以 2 之后, 第一种方法的结果变成了 6 589 440, 这正是我们在第二种方法中得到的结果 (我们已经知道了如何改正第二种方法的错误).

当存在多种看似合理的方法时, 编写一些代码并收集相关数据是有价值的. 下面来修改那段计算恰有 2 个 K 的代码. 有很多方法可以记录我们两次取到同一个点数的频繁程度. 一个特别简单的方法是构造一个数组, 用来保存每个点数出现的次数. 当然, 还有其他的方法 (我最喜欢的方法是使用素数和独特的因数分解). 下面用到的简单方法就是, 观察是否取到 $1, 2, 3, \cdots, 13$(这些数用来表示 13 个不同的点数). 然后算一下共取到多少个不同的点数, 要注意恰有一个对子等价于一共有 4 个不同的点数.

```
onepair[numdo_] := Module[{},
  count = 0; (* 成功次数的计数 *)
  deck = {}; (* 把一副牌(deck)初始化为空集 *)
  (* 创建deck; 这里不考虑花色 *)
  (* 得到 1,1,1,1, 2,2,2,2, ... *)
  For[i = 1, i <= 13, i++,
   For[j = 1, j <= 4, j++, deck = AppendTo[deck, i]]];
  For[n = 1, n <= numdo, n++,
   {
    (* 验证是否只有一个对子有很多方法 *)
    (* 记录纸牌的值 *)
    (* 每张牌的值都初始化为0 *)
    For[i = 1, i <= 13, i++, card[i] = 0];
    hand = RandomSample[deck, 5]; (* 选取一手5张牌 *)
    (* 接下来, 对5张牌中的每一张都给出一个值card[[i]] *)
    (* 我们只关心是否取到了某数 *)
    (* 所以不必担心其重复出现的次数 *)
    For[k = 1, k <= 5, k++, card[hand[[k]]] = 1];
    (* 只有在恰好取到1个对子时, 下面的和才等于4! *)
    If[Sum[card[i], {i, 1, 13}] == 4, count = count + 1];
   }]; (* 结束对n的循环 *)
  Print["Theory says probability one pair is ", 352/8.33, "%."];
  Print["Observed probability is ", 100. count/numdo, "%."];
 ] (* 结束整个模块 *)
```

运行 10 000 000 次的结果强有力地支持了我们的第一种方法.

```
Theory says probability one pair is 42.2569%.
Observed probability is 42.2502%.
```

> **比值法**: 对答案进行比较的**比值法**是值得强调的. 比值法真正的优点是, 这些比值通常是整数, 并且能给出哪里出错的线索. 例如, 如果看到 2、6、24、120 和 720 这样的比值, 你应该想到阶乘! 此外, 要时刻警惕不要引入不该出现的次序.

3.2.4 两对

在考察恰有一个对子的情况时, 我们已经花费了大量时间; 因此, 我们会快速求出恰有两个对子的概率. 我们先选出两个点数, 并且每个点数都要重复出现两次, 然后再选出第三个不同的点数. 从 13 个点数中选出 2 个, 一共有多少种方法? 答案正是 $\binom{13}{2}$. 对于每一个点数, 我们必须为其选择 2 种花色, 共有 $\binom{4}{2}$ 种选法. 最后一张牌必须是一个不同的点数, 它要从剩下的 11 个点数中挑选一个, 共有 $\binom{11}{1}$ 种选法. 另外, 最后一张牌的花色有 $\binom{4}{1}$ 种. 综上所述, 我们得到 $\binom{13}{2}\binom{4}{2}^2\binom{11}{1}\binom{4}{1} = 123\,552.$ 因此, 恰有两个对子的概率是 $123\,552/2\,598\,960$, 或约为 4.7539%.

3.2.5 三条

恰有 3 张点数相同的牌, 这种情况并不可怕; 真正的问题是要确保剩下的 2 张牌有不同的点数. 重复出现 3 次的点数有 $\binom{13}{1}$ 种选法. 之后, 我们还要从 4 种花色中为其选出 3 种, 共有 $\binom{4}{3}$ 种选法. 好, 现在考虑剩下的 2 张牌. 选出 2 个不同的点数共有 $\binom{12}{2}$ 种方法. 对于每一个点数, 我们可以为其选择 4 种花色中的任何一种, 即 $\binom{4}{1}$ 种选法. 因此, 选牌的方法数为 $\binom{13}{1}\binom{4}{3}\binom{12}{2}\binom{4}{1}^2$, 即 $54\,912$. 于是, 5 张牌中恰有 3 张牌点数相同的概率是 $54\,912/2\,598\,960$, 即 $88/4165 \approx 0.021\,128\,5$(约为 $2.112\,85\%$).

除此之外, 还可以怎样计算呢? 我们需要从 13 个点数中选出 3 个不同的点数, 这有 $\binom{13}{3}$ 种选法; 而且其中一个点数要重复出现 3 次, 这个点数有 $\binom{3}{1}$ 种选法. 对于这个重复出现 3 次的点数, 我们要为其选出 3 种花色, 共有 $\binom{4}{3}$ 种选法. 另外 2 个点数中的任意一个都可以从 4 种花色中任选一种, 这样就给出了 2 个因子 $\binom{4}{1}$. 综上所述, 5 张牌中恰有 3 张牌点数相同的情况有 $\binom{13}{3}\binom{3}{1}\binom{4}{3}\binom{4}{1}^2$ 种. 再看一下, 你觉得这种方法如何? 它正确吗? 有重复计数的问题吗? 有没有遗漏了什么? 是否无意间添加了次序?

下面就来计算一下. 把所有的项相乘得到 $54\,912$, 与之前的结果一样! 这是我们第一次用 "其他的" 方法真的给出了相同的答案! 注意, 这并不意味着我们的答案是正确的. 如果我们有两个不同的答案, 很明显其中一个是错误的; 然而, 仅由两种不同的方法得到了相同的答案并不能说明答案是正确的. 当然, 问题越复杂, 两种不同的方法能得到相同结果的难度就越大, 除非它们都给出了正确答案.

这里的逻辑非常好. 我们既没有重复计数, 也没有意外添加次序. 请留意我们有多小心. 我们一直使用二项式系数, 并且没有让数量相乘. 这是不用考察次序的好迹象. 开始时, 我们得到了 $\binom{13}{3}$, 然后给出 $\binom{3}{1}$. 我们非常小心, 没有对 3 张点数相同的牌排序.

3.2.6 顺子、同花和同花顺

把顺子和同花放在一起考虑是个不错的想法. 原因是我们必须要小心: 同花顺既是顺子又是同花. 先看看有多少个顺子, 并允许顺子也可以是同花. 然后再看看有多少个同花 (也允许同花是顺子). 最后, 我们会计算有多少个同花顺. 把这个结果从前面两个结果中减去就得到了答案.

有多少个顺子呢? 我们需要 5 个连续的数, 但它们可以按照任意次序给出. 用 T 表示 10, 那么顺子可以是 A2345、23456、34567、45678、56789、6789T、789TJ、89TJQ、9TJQK 和 TJQKA. 一共有 10 种可能情况. 对于任意一种情况, 每个数都有 4 种花色可供选择. 因此, 有 $10 \cdot 4^5 = 10\,240$ 个可能的顺子.

有多少个同花? 记住, 同花是 5 张花色相同的牌. 所以, 同花有 $\binom{4}{1}$ 种可能的花色, 接下来只需要选出 5 个点数就行了, 我们有 $\binom{13}{5}$ 种选法. 因此, 共有 $\binom{4}{1}\binom{13}{5} = 5148$ 个同花.

最后, 有多少个同花顺呢? 同花顺的求法与顺子相似, 唯一的变化就是把因子 4^5 替换为 $\binom{4}{1}1^5$(有 4 种花色可供选择; 在选定花色后, 这 5 张牌的花色就都确定了下来). 于是, 我们得到了 $10 \cdot 4 = 40$ 个同花顺.

现在把这些细节综合起来. 不是同花顺的顺子有 $10\,240{-}40 = 10\,200$ 个, 因此取到顺子的概率是 $10\,240/2\,598\,960 = 128/32\,487 \approx 0.003\,940\,04$, 约为 $0.394\,004\%$. 同样, 不是同花顺的同花有 $5148{-}40 = 5108$ 个, 所以取到同花的概率为 $5108/2\,598\,960$, 约为 $0.196\,54\%$. 最后, 同花顺的数量是 40, 取到它的概率大约是 $0.001\,539\,08\%$.

3.2.7 葫芦和铁支

所有的牌型都差不多说完了, 你还爱玩扑克牌吗? 这些计算看起来可能很长且无穷无尽, 但请记住我们只需要计算一次. 当求出这些概率之后, 我们就知道该如何组合手中的牌, 并且能估算出赢和输的相对概率.

好了, 我们看看取到葫芦的概率. 葫芦由 3 张点数相同的牌和一个对子组成, 并且对子的点数与其余 3 张的不同. 重复出现 3 次的点数有 $\binom{13}{1}$ 种选法, 然后从 4 种花色中选出 3 种分配给 3 张点数相同的牌, 共有 $\binom{4}{3}$ 种选法. 剩下 2 张牌的点数必须相同, 所以我们要从余下的 12 个点数中选出一个, 共有 $\binom{12}{1}$ 种方法. 另外, 这 2 张牌的花色有 $\binom{4}{2}$ 种选法. 综上所述, 葫芦的个数是 $\binom{13}{1}\binom{4}{3}\binom{12}{1}\binom{4}{2} = 3744$. 因此, 取到葫芦的概率是 $3744/2\,598\,960$, 约为 $0.144\,058\%$.

下列论证是否正确: 我们需要选出 2 个不同的点数, 这刚好有 $\binom{13}{2}$ 种选法. 对于第一个点数, 牌的花色有 $\binom{4}{3}$ 种选法; 对于第二个点数, 牌的花色有 $\binom{4}{2}$ 种选法, 于是我们得到了 $\binom{13}{2}\binom{4}{3}\binom{4}{2} = 1872$.

这种情况是第一次出现 —— 结果不是太大, 而是太小了! 取这两个结果的比值, 得到 $3744/1872 = 2$. 我们该如何理解这个比值呢? 问题就出在因子 2 上. 这可能不是重复计数的问题, 更有可能是我们遗漏了什么. 但遗漏了什么呢? 这很微妙, 出错的地方是 "第一个点数" 这种表达. 重复出现 3 次的点数可能是第二个, 而不是第一个! 我们忽略了这种情况! 我们要考虑把这 2 个点数中的哪一个分配给 3 张牌, 完成这一步有 $\binom{2}{1}$ 种方法. 因此, 答案应该是 (且就是)$\binom{13}{2}\binom{2}{1}\binom{4}{3}\binom{4}{2}$, 即 3744. 我们可以把这个结果看成, 选出 2 个不同点数的方法有 $\binom{13}{2}$ 种, 然后有 $\binom{2}{1}$ 种方法来确定哪个点数出现 3 次, 哪个点数出现 2 次. 剩下的 $\binom{4}{3}\binom{4}{2}$ 指的是选出 3 张点数相同的牌和另外 2 张点数相同的牌有几种方法. 此时, 我们已经确定了哪个点数出现 3 次, 哪个点数出现 2 次. 换句话说, 我们可以把这个乘积分成两部分: $\binom{13}{2}\binom{2}{1}$ 和 $\binom{4}{3}\binom{4}{2}$. 这里的 $\binom{13}{2}\binom{2}{1} = 13 \cdot 12$ 表示选出 2 个不同的点数, 并确定哪个点数出现 3 次, 哪个点数出现 2 次的方法数; $\binom{4}{3}\binom{4}{2}$ 指的是为第一个点数选出 3 种花色, 为第二个点数选出 2 种花色的方法数.

在这种情况下, 编写一些简单的代码, 从数值的角度考察概率是非常有用的. 当我们不清楚是否无意中添加了一些额外的次序或是遗漏了某个因素时, 这种方法就显得尤为重要. 下面这个简单的程序用来计算随机选出的 5 张牌是葫芦的概率. 注意, 如果能恰当地标记纸牌, 就可以很容易地判断出是否取到了葫芦.

```
fullhousesearch[num_] := Module[{},
  (* 创建一副牌, 因为我们只关心点数 *)
  (* 所以这里忽略花色, 并将每个点数写4遍 *)
  cards = {};
  fullhouse = 0;
  For[d = 1, d <= 13, d++,
   For[i = 1, i <= 4, i++, cards = AppendTo[cards, d]]];
  (* 这里是主代码, 重复num次 *)
  For[n = 1, n <= num, n++,
   {
    (* 从52张牌中随机选取5张并排序. *)
    (* 很容易验证, 当这手牌被排序时是否取到了葫芦 *)
    (* 如果前3张牌点数相同并且其余2张的点数也相同 *)
    (* 或者前2张牌点数相同并且其余3张的点数相同 *)
    (* 那么就得到了一个葫芦 *)
    hand = Sort[RandomSample[cards, 5]];
    If[hand[[1]] == hand[[2]] && hand[[4]] == hand[[5]],
     If[hand[[3]] == hand[[2]] || hand[[3]] == hand[[4]],
      fullhouse = fullhouse + 1]];
   }];
  Print["Percent of time got full house is ",
   100.0 fullhouse/num, "."];
  (* 现在输出预测, 可以看到第一个结果和我们的数值非常接近 *)
  Print["The predictions were 0.144058% and 0.072029%."];
  ];
```

输入 fullhousesearch[1000000] 就意味着我们正随机地取出 100 万种可能的 5 张牌, 由此可得取到葫芦的概率大约是 0.1447%. 这与我们的第一个答案 (约为 0.144 058%) 几乎相等, 但它与第二个结果 (约为 0.02%) 不同, 关键的原因就是少了一个因子 2!

我们已经接近了终点. 最后的任务是求出恰好取到铁支的概率. 一共有 $\binom{13}{1}$ 种方法来选出 4 张牌共同的点数. 接下来, 这个点数必须取遍所有 4 种花色 (只有一种取法, 也就是 $\binom{4}{4}$). 最后, 我们要选出第 5 张牌. 它可以从剩下的 48 张牌中任取一张. 于是, 恰好取到 4 张点数相同的牌的方法有 $\binom{13}{1}\binom{4}{4}\binom{48}{1} = 624$ 种; 它的概率非常小, 约为 0.024 009 6%.

3.2.8 扑克牌型练习 I

最后给出几个问题来结束对扑克牌的研究. 这是种不错的做法, 既回顾了我们做过的事情, 又能确保我们所做的一切都是正确的. 在本节中, 我们会使用一些不同的符号来强调计算的不同方面. 对我们来说, 从多种角度考察问题是很有用的, 因为有些方法能被一个人理解并不意味着能被另一个人理解. 接下来, 我们用不同的字母来表示不同数, 以此来强调不同的牌型.

问题 3.2.3 在 5 张牌中, 至少有 2 张点数相同的概率是多少?

我们必须小心, 要确保列举了所有的可能情况. 让 A、B 和 C 等分别表示不同的点数, 并且忽略牌的花色. 那么, 存在以下几种牌型: 恰好取到一个对子 ($AABCD$), 取到了 3 张点数相同的牌但非葫芦 ($AAABC$), 取到 4 张点数相同的牌 ($AAAAB$), 恰好取到两个对子 ($AABBC$), 或者取到一个葫芦, 即一个对子和 3 张点数相同的牌 ($AABBB$). 注意, 这些事件是互不相交的, 而且它们已经涵盖了所有可能性. 因此, 我们只需要求出取到每一种牌型的方法数就行了.

3.2.3 节中计算了取到第一种牌型 $AABCD$ 的方法数, 即 1 098 240. 现在, 我们来考虑剩下的牌型. 虽然可以直接引用之前的结果, 但还是重新计算一次. 这是回顾我们所做事情的好方法; 当然, 有些读者可能跳过了前面的部分! 这次的注释会更少, 你可以通过查看前面的章节来获得更详细的信息.

对于三条但非葫芦的牌型, 我们有 $\binom{13}{1}\binom{4}{3}\binom{12}{2}\binom{4}{1}^2 = 54\,912$ 种取法 (重复出现 3 次的点数有 $\binom{13}{1}$ 种选法; 接下来, 从点数相同的 4 张牌中选出 3 张, 有 $\binom{4}{3}$ 种选法; 然后, 考虑剩下的 2 个点数, 共有 $\binom{12}{2}$ 种选法, 其中任何一个点数都有 $\binom{4}{1}$ 张牌可供选择).

铁支 $AAAAB$ 共有 $\binom{13}{1}\binom{4}{4}\cdot\binom{12}{1}\binom{4}{1} = 624$ 种取法. 因子 $\binom{12}{1}\binom{4}{1} = 48$ 指的是从剩下的 12 个点数中选出一个; 在选定这个点数之后, 我们还要为其选择 4 种花色中的一种. 此外, 得到这个因子的另一种方法是, 选择剩下 48 张牌中的任何一张, 有 $\binom{48}{1} = 48$ 种选法.

我们考虑恰有两个对子的情况 $AABBC$. 首先要确定两个对子的点数, 它们有 $\binom{13}{2}$ 种选法. 对于每一个选定的点数, 我们必须从它所对应的 4 张牌中选出 2 张,

有 $\binom{4}{2}$ 种选法. 现在还剩下 $52 - 8 = 44$ 张牌, 它们的点数均与两个对子的点数不同; 从这 44 张牌中选出 1 张共有 $\binom{44}{1}$ 种方法. 因此, 恰好取到两个对子的方法数为 $\binom{13}{2}\binom{4}{2}^2 \cdot \binom{44}{1} = 123\,552$.

最后, 我们来计算取到葫芦 $AABBB$ 的方法数. 我们要小心一点, 因为弄清楚哪个点数出现 3 次, 哪个点数出现 2 次是很重要的. 选出 2 个不同的点数有 $\binom{13}{2}$ 种方法, 接下来要确定哪个点数出现 2 次, 哪个点数出现 3 次; 有 $\binom{2}{1}$ 种可能性. 这样就得到了结果 $\binom{13}{2}\binom{2}{1}\binom{4}{2}\binom{4}{3} = 3744$. 另一种思路是, 我们必须从 13 个点数中选出 2 个. 不妨设第一个点数重复出现 2 次, 第二个点数重复出现 3 次. 那么, 取到 2 张点数相同的牌共有 $\binom{13}{1}\binom{4}{2}$ 种方法. 接下来, 由于还剩下 12 个点数, 因此得到 3 张点数相同的牌有 $\binom{12}{1}\binom{4}{3}$ 种方法. 于是, 取到葫芦的方法数为 $\binom{13}{1}\binom{4}{2} \cdot \binom{12}{1}\binom{4}{3}$, 等于 3744. 我们再次看到, 对于同一个事件, 可以采用多种方法来考察.

现在, 把上面的结果加起来就求出了 5 张牌中至少有 2 张牌点数相同的取牌方法数, 即

$$1\,098\,240 + 54\,912 + 624 + 134\,768 + 3744 = 1\,281\,072.$$

这意味着 5 张牌中至少有 2 张牌点数相同的概率是 $1\,281\,072/2\,598\,960 = 2053/4165 \approx 0.492\,917$. 因此, 至少有 2 张牌点数相同的概率接近于 50%! □

还有另一种更简单的方法来计算至少取到 2 张具有相同点数的牌的概率. 之前我们证明了所有牌的点数均不相同的概率是 $2112/4165$, 因此, 由互补概率法则可知, 这个问题的答案就是

$$1 - \frac{2112}{4165} = \frac{2053}{4165}.$$

这与我们前面的计算结果一样, 工作量却少得多! 为什么要把那么多时间都花在如此冗长乏味的计算上呢? 为了强调这个计算冗长而乏味, 你应该不断地问自己: 这是解决问题的最好方法? 把所有可能的情况都列举出来是非常危险的: 情况越多, 你越有可能把某些情况遗漏掉, 或者在运算时出现错误. 如果计算起来很头疼, 那就看看是否有更好的方法.

习题 3.2.4 假设我们正在玩一种非常简单的扑克牌游戏, 两个玩家都只有两张牌. 每个玩家都知道自己的一张牌是什么, 但不知道另一张牌是什么. 你有一张牌是 10. 你的对手不擅长玩这个游戏, 不小心向你透露他有一张 A. 你获胜的概率是多少? 另外, 当两人拿到点数相同的牌时, 我们也认为你输了.

3.2.9 扑克牌型练习 II

考虑 5 张扑克牌, 前 2 张牌是黑桃 A 和方块 8, 记作 $\{A\spadesuit, 8\diamondsuit\}$. 我们还要再补上 3 张牌才能得到 5 张. 由于前 2 张牌的花色不同, 并且介于它们之间的点数超过了 4, 因此我们不可能取到顺子和同花.

例 3.2.5 从 {A♠, 8◇} 开始, 补上 3 张牌后就得到了 5 张牌, 那么这 5 张牌中恰有一个对子, 且这个对子既不是两个 A, 也不是两个 8 的概率是多少?

现在还剩下 50 张牌; 但我们已经知道, 对子的点数不可能是 A 和 8, 所以剩下的 3 张牌要从 $50 - 6 = 44$ 张牌中抽取. 为什么是 44 呢? 我们显然不能选择 A♠ 和 8◇, 因为它们已经出现在 5 张牌里了. 由于不可能出现两张 A 和两张 8, 所以我们无法从 {A♡, A◇, A♣, 8♠, 8♡, 8♣} 中选牌. 这样就剩下了 44 张牌. 因为只有一个对子, 所以取法只能是两张 2 和一张不是 2、8、A 的牌, 或者两张 3 和一张不是 3、8、A 的牌, 等等. 有多少种可能的取法呢? 我们有 11 个点数, 既不包括 8 也不包括 A: {2, 3, 4, 5, 6, 7, 9, 10, J, Q, K}. 我们必须从这些点数中选出一个, 有 $\binom{11}{1} = 11$ 种选法. 一旦选定了这个点数, 我们就会有 4 张这样的牌. 举个例子, 如果我们想要有一对 6, 那么就必须从 {6♠, 6♡, 6◇, 6♣} 中选出 2 张, 这有 $\binom{4}{2} = 6$ 种选法. 接下来, 我们要选出最后一张牌. 它不可能是 8 和 A, 也不可能是我们刚刚选出的点数. 这张牌有 $52 - 12 = 40$ 种可能的选择, 因此从中选出最后一张牌有 $\binom{40}{1} = 40$ 种方法.

在给定了一张 A 和一张 8 之后, 为了得到恰有一个对子且对子的点数既不是 A 也不是 8 的 5 张牌, 剩下的 3 张牌有 $\binom{11}{1}\binom{4}{2}\binom{40}{1} = 11 \cdot 6 \cdot 40 = 2640$ 种选法. 为了求出概率, 我们要让这个结果除以从剩下的 50 张牌中选出 3 张牌的方法数, 即 $\binom{50}{3} = 50 \cdot 49 \cdot 48/3! = 19\,600$, 因此我们想求的概率为 $2640/19\,600 = 33/245$, 或约等于 13.4694%.

我已经讲过很多次了, 如果能使用多种方法解决问题, 那就应该这样做. 这是检查和捕获错误的好方法. 我们能找到解决这个问题的另一种有效方法吗?

下面用一种考虑次序的方法来解决这个问题. 我们希望这 5 张牌中恰有一个对子. 类似于 3.2.8 节中的问题, 让 B、C 和 D 分别表示不同的数 (不能使用 A, 因为 A 已经被用来表示 A 牌了), 那么我们的牌型只能是 A8BBC, A8BCB 或 A8BCC. 对于第一种牌型 (A8BBC), 第三张牌有 44 种可能的选择 (它可以是除了 A 和 8 之外的任何一张), 第四张牌有 3 种可能的选择 (它的点数必须与第三张牌的相同, 但花色不同), 最后一张牌有 40 种可能的选择 (它既不可能是 A 和 8, 也不可能与第三和第四张牌的点数相同). 因此, 第一种牌型共有 $44 \cdot 3 \cdot 40 = 5280$ 种选法.

对于 A8BCB 牌型, 我们看到第三张牌有 44 种选择, 第四张牌有 40 种选择 (它的点数必须与前 3 张牌的不同. 由于前 3 张的点数互不相同, 因此 52 张牌中有 12 张不能选, 这样就只剩下 40 张牌了). 最后一张牌只有 3 种可能的选择 (它的点数必须与第三张牌相同). 于是, 第二种牌型有 $44 \cdot 40 \cdot 3 = 5280$ 种选法.

最后, 我们集中注意力考察 A8BCC. 第三张牌仍然有 44 种选择, 第四张牌也仍有 40 种选择. 因为第五张牌必须与第四张牌的点数相同但花色不同, 所以它有 3

种选择. 因此, 这种牌型同样有 $44 \cdot 40 \cdot 3 = 5280$ 种选法.

为了得到恰有一个对子且对子的点数既不是 A 也不是 8 的 5 张牌, 最后 3 张牌的**有序** 排列方法数为 $5280 + 5280 + 5280 = 15\,840$, 即所有结果之和. **当考虑先后次序时**, 剩下的 3 张牌有 $50 \cdot 49 \cdot 48 = 117\,600$ 种选法. 做除法之后, 得到想要牌型的概率是 $15\,840/117\,600 = 33/245$, 或约为 13.4694%.

欢呼吧! 我们得到了和以前一样的答案. 这个例子的寓意是, 不存在解决这些问题的强制性方法. 如果你喜欢生活在整洁有序的世界里: 就尽管去吧! 相反, 如果你想反抗权威, 过没有秩序的生活, 那也是可以的! 但是请记住, 要保持一致. 不要混用. 例如, 在第二种方法中, 如果按照有序的思路去计算我们想要的牌型的个数, 并让这个结果除以 $\binom{50}{3}$, 即从 50 张牌中无序地选出 3 张牌的方法数, 那么这将是场灾难. 如果以有序开始, 那么必须以有序结束, 反之亦然.

3.3　单 人 纸 牌

扑克牌是最流行的社交纸牌游戏之一, 从 ESPN 的电视赛事转播到《星际迷航: 下一代》中企业号 D 的工作之余, 它无处不在. 我们走向其另一面, 看一些不同的单人纸牌游戏. 流行的 (或不怎么流行的) 游戏玩法有上百种. 我们通常使用一副牌, 且目标与 A 牌 (或在 A 牌上构建的东西) 有关.

毫无疑问, 接下来我们会看到单人纸牌理论中最重要的问题: 赢的概率是多少? 事实上, 这是个非常难的问题, 但至少可以着手分析. 玩单人纸牌的绝大多数人都是为了打发时间, 所以赢也许并不是最重要的事情. 一个更好的问题或许是: 能找到一个有趣且令人愉快的游戏的概率是多少? 你可以想象到量化这个问题简直是一场噩梦, 所以我们将坚持考察赢的概率!

关于如何玩这些游戏, 你可以花几分钟时间去查阅互联网, 得到的信息会比想要的还多 (比如, 这些游戏的历史, 社会的资助以及自动解决这些问题的程序, 等等). 我们将简要地描述下面的游戏, 但只是简单地介绍一下. 希望你有玩这些游戏的经验. 如果没有, 那么实际的规则和目标不太重要, 宽泛的概述就足够了. 因此, 我们不会描述所有的操作, 有时只给出问题的部分答案, 你可以上网获取更多信息.

3.3.1　克朗代克纸牌

最常见、最流行的**单人纸牌游戏**之一 (至少在微软纳入《空当接龙》之前) 被称为 **"克朗代克"** (Klondike 或 patience). 它有很多种玩法. 所有玩法的初始设置都是一样的. 纸牌被分成了 7 组, 每组牌都正面朝下叠放在一起. 第 1 组有 1 张牌, 第 2 组有 2 张牌, 依次类推, 第 7 组有 7 张牌. 然后, 我们把每一组顶端的牌翻过来. 这就需要 28 张牌. 剩下的 24 张牌放在一起, 稍后我们将讨论它们的用途. 如

图 3-4 所示.

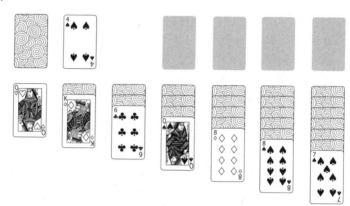

图 3-4 克朗代克纸牌游戏的初始状态. 图片来自维基百科, 由用户 Andreas Rosdal 发布

顶部有 4 个基牌位置. 当出现一个 A 牌时, 就把它挪到一个基牌位置上, 这样基牌位置上就有了一张 A. 在得到一张 A 牌后, 你可以把同种花色且点数为 2 的牌放在 A 的上面. 之后, 你可以继续把同种花色且点数为 3 的牌放在 2 的上面, 依此类推. 我们的目标是把全部 52 张牌都放到 4 个基牌位置上.

对于任意一张显露牌 (正面朝上), 如果另外一组的显露牌与其颜色不同且点数多 1, 那么这张显露牌就可以挪到该组中去. 在图 3-4 所描述的游戏中, 我们可以把黑桃 Q 移动到方块 K 上, 也可以把黑桃 7 移到方块 8 上. 当牌被移动之后, 你就可以把它下面的那张牌翻过来. 如果有一组牌空了, 那么你可以把一张显露的 K 牌 (或从 K 牌开始的一串牌) 移到这个位置上.

关于剩下的 24 张牌该如何使用, 有很多不同的规则. 一种常见的做法是循环浏览它们; 每次浏览 3 张牌, 并把第 3 张牌显露出来. 对于每一张显露牌, 你可以选择把它放在基牌位置上 (如果可以的话), 或者放在某个空组的位置上 (如果有的话), 又或者把它放到某组的显露牌上.

我们的主要问题是赢的概率有多大, 但还存在一些其他问题. 有多少种可能的牌局? 一种回答是有 52! 种, 但如果考虑等价类, 结果就更少了. 例如, 把所有的红桃都换成方块, 这在本质上并没有发生变化 ……

接下来, 我们集中精力考察获胜这件事. 由于问题的复杂性, 我们无法给出完整的分析. 计算机检索和计算机辅助证明告诉我们, 超过 80% 的牌局是有机会赢的, 至少有 8% 的牌局是不可能赢的. 那剩下的呢? 嗯, 我们还需要做很多工作. 还存在一大类开放型的牌局.

有些牌局非常糟糕, 把它们与不可能赢的牌局放在一起是非常不合理的. 还有 0.25% 的牌局糟透了, 不存在任何有效移动. 这些牌局被称为不可玩牌局, 它们形成了一个特别讨厌的集合, 即不可能赢牌局的子集. 回想起我们最初的讨论, 这些不可玩牌局是完美的分析对象. 它们不仅与赢有关, 还与娱乐性有关: 谁想玩一场什么都做不了的游戏?

我们试着求出不可玩牌局数量的下界. 这并不是去寻找最优的下界. 相反, 我们只需要找到一个下界就可以了. 试着想象什么都做不了的状态. 如果每组的显露牌都是黑色的, 并且每次循环的第 3 张牌也是黑色的, 那么会发生什么? 这是不可玩牌局吗? 看起来是这样的, 因为只有红牌可以放在黑牌上, 所以我们无法移动任何一张牌.

那么, 只有黑色的显露牌会造成一个不可玩牌局吗? 差不多是这样! 我们要确保在显露牌中不会有黑色的 A 牌, 因为 2 张黑色的 A 牌都可以挪到基牌位置上. 这些小提醒在类似的问题中很常见; 很多时候, 我们还需要排除一些令人讨厌的小情形.

那么, 如何计算这种不可玩牌局的概率呢? 我们必须选出 7 张点数不为 A 的黑色牌, 让它们作为 7 组牌的显露牌. 之后循环浏览剩下的 24 张牌, 每次浏览 3 张牌, 并把第 3 张牌显露出来. 那么, 这里有 8 张显露牌, 它们都是点数不为 A 的黑色牌. 因此, 一共有 15 个位置被分配了点数不为 A 的黑色牌. 一副牌中有 26 张黑色牌, 其中有 24 张牌的点数不是 A. 有多少种选法? 从这 24 张牌中选出 15 张, 共有 $\binom{24}{15}$ 种选法.

现在怎么办呢? 在我看来, 这就是问题变得棘手的地方, 也是讨论它的原因. 除非你已经解决了大量问题, 否则什么时候应该考虑次序、什么时候不该考虑次序是很容易混淆的. 从我们的叙述中可以看出, 应该使用二项式系数, 它是无序的. 但我们已经看到, 次序在这个游戏中是至关重要的. 所以我们必须非常小心.

解决这个问题的最简单方法是从有序的角度考察问题. 所有 52 张牌都要被指定位置, 所以要为每个位置安排一个数. 我们以非标准的方式进行编号. 第一个是位置 1, 它指的是第 1 组的显露牌. 位置 2 是第 2 组的显露牌. 这样一直到位置 7, 即第 7 组的显露牌. 位置 8 是剩下 24 张牌中显露牌的第一个位置, 接下来是位置 9(第二张显露牌), 直到位置 15(最后一张显露牌). 至于剩下的 $52 - 15 = 37$ 个位置, 其编号无关紧要.

第一个位置有 24(即 24 − 0) 种可能的选择, 第二个位置有 23(即 24 − 1) 种可能的选择, 第三个位置有 22(即 24 − 2) 种可能的选择, 以此类推, 第 15 个位置有 10(即 24 − 14) 种可能的选择. 把这些结果相乘就得到了 $24 \cdot 23 \cdots 10 = 24!/9!$(可以把它看作 $24!/(24-15)!$). 在确定了这 15 张牌之后, 我们还剩下 37 张牌, 把它们依次排在剩下的位置上共有 37! 种方法. 因此, 显露牌只能是点数不为 A 的黑牌的不可玩牌局共有 (24!/9!)37! 种. 又因为共有 52! 种牌局, 所以出现这种不可玩牌局的概率是 (24!/9!)37!/52!. 这里有很多大数的阶乘, 你要小心, 避免出现溢出错误. 很幸运, Mathematica 能给出答案. 这个概率是 11/37 701 755, 大约是 $2.9 \cdot 10^{-5}$%!

我们还可以用另一种值得强调的方法来回答这个问题. 这次使用二项式. 无序地选出 15 张点数不为 A 的黑牌有 $\binom{24}{15}$ 种方法. 与之前的问题不同, 现在我们把次序添加上. 把 15 张牌依次放在 15 个位置上共有 15! 种方法. 因此, 选出 15 张点数不为 A 的黑牌并依次放在 15 个位置上的方法数为 $\binom{24}{15}$15!(即 24!/9!, 与前面的结果相同). 那么从 52 张牌中有序地挑选出 15 张牌有多少种方法? 无序地挑选出 15 张牌有 $\binom{52}{15}$ 种方法, 然后对它们排序有 15! 种方法. 因此, 显露牌只能是点数不为 A 的 15 张黑牌的不可玩牌局概率是 $(\binom{24}{15}15!)/(\binom{52}{15}15!)$. 注意, 15! 是可以消掉的, 这样就得到了 $\binom{24}{15}/\binom{52}{15}$, 即 11/37 701 755, 与之前的结果相同.

这很有趣, 我们又回到了开始的地方. 但这次并没有给出四个阶乘和两个除法, 我们得到的是两个二项式系数的比值. 这似乎是种更干净、更好的书写方式. 仔细观察一下, 我们可以由 (24!/9!)37!/52! 得出上面的结果. 我想让你知道该怎样去做, 因为这些代数运算可以很好地展示整个变化过程.

认真看看 (24!/9!)37!/52!, 再想想二项式系数. 现在有一个 24! 和一个 9!, 我们迫切需要 15!. 让它们**乘以 1**(这是我最喜欢的技巧之一, 更多内容请参阅 A.12 节). 在乘以 1 = 15!/15! 之后, 我们就得到了 (24!/9!15!)15!37!/52!. 奇迹就这样发生了 —— 注意 15 加 37 等于 52, 于是我们真的找到了第二个二项式系数. 乘以 1 可以让我们**重写代数表达式**, 这极好地阐明了答案. 根据 $a/b = 1/(b/a)$, 我们可以把因子挪到分母上, 这样就得到了 (24!/9!15!)/(52!/15!37!). 我们还可以选择这些二项式系数的写法. 第一个二项式系数可以写成 $\binom{24}{9}$ 或 $\binom{24}{15}$, 第二个可以写成 $\binom{52}{15}$ 或 $\binom{52}{37}$. 哪个是更好的选择显而易见. 我们应该选择有数 15 的写法, 因为这能使两个式子在形式上更相似. 因此, 我们可以由第一种方法得到 $\binom{24}{15}/\binom{52}{15}$. 此外, 这很好地从组合学角度解释了我们所做的事.

这个值相当小, 远远小于 0.25%. 我们还能做得更好吗? 当然能, 可以让它加倍. 该怎么做呢? 黑色没有什么特别之处, 我们可以看看只有红牌的情形.

好的, 我们已经得到了 $5.8 \cdot 10^{-5}$%, 但这与 0.25% 还有很大的差距. 令人难过的是, 我们走得越远, 情况就越复杂. 真正的难题是黑牌和红牌同时出现的情况. 只要黑牌和红牌的点数不相邻, 我们就可以同时考虑两种颜色. 作为一个很好的练习, 你尽可能地去提高这个概率值, 并尽量选择较简单的计算方法. 想要了解更多信息, 请查看维基百科关于 "克朗代克纸牌" 页面上的链接.

3.3.2 Aces Up 纸牌

我最喜欢的单人纸牌游戏之一是 **Aces Up 纸牌**. 它的玩法是这样的: 洗牌, 然后给出 4 张正面朝上的牌. 假设你现在有 4 组牌. 对于任意一组的顶牌, 如果它与另外某组顶牌的花色相同但点数较小, 那么就把这张牌放到弃牌堆里. 例如, 假设这 4 组牌的顶牌分别是 4♢、3♡、6♠ 和 2♢, 那么就可以把 2♢ 移到弃牌堆里. 如果在 2♢ 的下面还有一张牌, 那么这张牌就成为该组的顶牌; 如果 2♢ 的下面没有牌, 那就得到了一个自由组, 任何一张顶牌都可以挪到这个自由组上. 游戏的目标是最终只剩下 4 张 A 牌.(很明显, 我们不可能得到更好的结果!)

随着不断地成长, 我从别人那里了解到: 当最后只剩下 10 张或者更少张牌时, 赢的概率会非常大; 如果最后能得到 4 张 A 牌, 那就赢了. 我曾经连续几个小时玩这个游戏, 但有件事总是让我觉得很烦. 我知道任何纸牌游戏都跟运气有关, 但这个游戏似乎受运气的影响特别大. 换句话说, 不管使用多么巧妙的方法 (我觉得自己很擅长这种游戏!), 我还是经常输! 虽然有时输得很惨, 但知道了概率法则后, 有很多次我都能一直很好地玩到最后.

是如何做到的呢? 不难看出, 在刚开始时, 只保留 3 组牌是很容易做到的, 但到第 40 张牌时, 每种花色的牌都至少出现了一张. 从此刻起, 会始终有 4 组牌, 所以你至少能看到 4 张牌. 这就是**鸽巢原理**(如果你没听过这个美妙的理论以及它的深远影响, 请参阅 A.11 节的简要讨论).

最糟的情况可能是最后 4 张牌的花色各不相同. 为什么呢? 当发生这种情况时, 我们不可能把任何牌移到弃牌堆里. 如果你足够幸运, 那么只需要 8 张牌, 就能得到 4 张 A 牌 (其中 4 张是最终剩下的 4 张 A 牌, 另外 4 张是将被丢弃且花色各不相同的 4 张牌). 如果有更多牌, 那么情况就变糟了!

类似于对克朗代克纸牌的讨论, 我们不去计算实际的失败概率. 我们会把注意力集中在一种特殊情形上, 这又是个相当恼人的失败类型. 在克朗代克纸牌中, 我们把失败的牌局称为不可玩的, 这里则称之为不可移动的, 因为最后 4 张牌无法挪动并不是我们的错.

出现不可移动牌局的概率是多少? 换句话说, 最后 4 张牌的花色各不相同的概率有多大? 发生这种情况的概率是不是已经大到了我们应当找另一种纸牌游戏来玩的地步 (幸运的是, 这类游戏有很多!), 还是说它的概率很小, 完全不用为此担心? 显然, 对这些问题的回答取决于你的个人喜好. 我们所能做的就是计算得到 4 张花色各不相同的牌的概率.

从 52 张牌中无序地选出 4 张牌有 $\binom{52}{4} = 270\,725$ 种方法, 但从 52 张牌中依次选出 4 张牌就有 $52 \cdot 51 \cdot 50 \cdot 49 = 6\,497\,400$ 种方法. 显然, 我们不打算考察所有可能的情况!

我们要从每种花色中选出一张牌: 把 4 种花色依次排序共有 $4! = 24$ 种方法 (从 ♠♡♢♣ 到 ♣♢♡♠); 对于每一种花色, 从中选出一张牌的方法有 13 种. 因此, 在考虑次序的前提下, 选择 4 张花色各不相同的牌有 $4! \cdot 13^4 = 685\,464$ 种方法. 换句话说, 出现不可移动牌局的概率大约为 $10\%(685\,464/6\,497\,400 = 2197/20\,825 \approx 0.105\,498)$. 这比克朗代克纸牌中的 0.25% 更糟糕. 10% 是相当重要的; 记住, 这只是失败概率的一个下界.

我们可以用另一种方法来计算. 在不考虑花色次序的情况下, 再看看这个问题. 对于第一张牌, 我们可以选择 52 张牌中的任何一张牌, 共有 $\binom{52}{1} = 52$ 种选法. 第二张可以是任意一张花色不同的牌, 因此第二张牌有 $\binom{39}{1} = 39$ 种选法. 同样地, 第三张牌的花色与前两张的不同, 所以它有 $\binom{26}{1} = 26$ 种选法. 最后, 第四张牌有 $\binom{13}{1} = 13$ 种选法. 注意, $\binom{52}{1}\binom{39}{1}\binom{26}{1}\binom{13}{1} = 685\ 464$ 恰好等于之前的结果! 然后, 让这个结果除以有序地选出 4 张牌的方法数, 就得到了与前面一样的答案.

还有另一种计算这个结果的方法! 这个问题与下列叙述等价: 共有 4 个箱子, 每个箱子里都有 13 张相同花色的牌, 我们需要从每个箱子中选出一张牌. 对于每个箱子, 从中选出一张牌有 13 种方法; 因此, 挑选出 4 张花色各不相同的牌共有 $13^4 = 28\ 561$ 种方法. 需要注意的是, 这种方法是不考虑次序的. 换句话说, 没有说黑桃是第一个还是第四个被选出来的, 只是说选出了一张黑桃. 从 52 张牌中无序地选出 4 张牌有 $\binom{52}{4} = 270\ 725$ 种方法. 因此, 每种花色的牌各有一张的概率是 $28\ 561/270\ 725 = 2197/20\ 825$, 这恰好与之前的结果相等!

启发: 虽然分析游戏的获胜概率是一件很有趣的事, 但我如此喜欢这个问题是因为它让你知道了, 计算出正确答案的方法不止一种. 实际上, 解决这个问题的方法至少有 3 种! 两种方法是计算 4 张牌的有序序列的个数, 但第三种方法则是从无序的角度来考察的. 只要你够小心, 就可以采用多种方法来解决一个问题. 当然, 重要的是要记住, 不能混用和胡乱匹配: 如果分子是由满足条件 (每种花色各有一张) 的 4 张牌所组成的有序集个数, 那么分母就应该是依次选出 4 张牌的方法数.

附加问题: 顺便说一下, 多一点检查会带来更多有趣的问题 (并且能了解到这是一场难以获胜的游戏). 如果最后 4 张牌或者之前的 4 张牌是同一花色, 那就很难获胜了. 发生这种情况的概率是多少? 它应该在 20% 左右. 另一种难以处理的情况是, 虽然没有 4 张相同花色的牌, 但点数最大的黑桃有可能放在其余黑桃之上, 等等. 这些事件的概率是多少?

3.3.3   《空当接龙》

如果没有简要地介绍过《空当接龙》, 那么对单人纸牌游戏的讨论就是不完整的. 这个游戏的变体可以追溯到 20 世纪 20 年代. 虽然它在 1978 年有一个计算机版本 (由 Paul Alfille 为柏拉图系统而设计), 但真正重要的里程碑是 20 世纪 90 年代初, 微软在 Win32 中引入了这个游戏. 从那时起, 《空当接龙》就在数百万台机器上安装好了, 并且可以随时使用. 无数的用户都曾花费 (也许是浪费?) 数小时来玩这个游戏.

我们将概述如何安装以及玩这个游戏, 更多内容请参阅维基百科 (或微软关于《空当接龙》的帮助). 所有牌都是正面朝上的; 它们被分成了 8 列, 其中 4 列是每列 7 张牌, 另外 4 列是每列 6 张牌. 这个游戏的目标与克朗代克纸牌相似, 希望把牌都放在 4 个基牌位置上. 当然, 哪些牌可以移动以及何时移动是有规定的. 如果你了解这些, 那很好; 如果不了解, 也不用担心. 如果有兴趣, 你可以上网查阅更多信息. 我们的目标不是对游戏进行全面的分析, 而是用这个游戏来强调一不小心就会出现重复计数的问题.

接下来, 我们将集中讨论是否每个牌局都是可解的. 微软的程序保存了最初的游戏设置, 所以不同的人可以分享玩同一牌局的乐趣. 在最初的 32 000 个牌局中, 除了编号为 11 982 的牌局之外, 所有的牌局都被解决了. 在后来的 100 万个牌局中 (前 32 000 个牌局和以前一样), 只有下列编号的牌局没能被解决: 11 982、146 692、186 216、455 889、495 505、512 118、517 776 和 781 948. 虽然这不是一个证明, 但从这 100 万个数据来看, 差不多所有的牌局都是可解的; 不管怎么说, 这个概率比我们在 Aces Up 纸牌和克朗代克纸牌中看到的情况要好得多.

显然, 如果你不知道游戏规则, 那么下面的讨论可能就有点难以理解. 不过, 你只需要相信下面这些牌会导致一个不可解的牌局就行了. 我从 Hans Bodlaender 的网页上抓取了这组牌, 它发布于 1996 年 7 月 12 日 (星期五) 的 16:18:16 MDT.

2♠	2♣	2♦	2♡	A♠	A♣	A♦	A♡
8♠	8♣	8♦	8♡	7♠	7♣	7♦	7♡
K♠	K♣	K♦	K♡	6♦	6♡	6♠	6♣
Q♦	Q♡	Q♠	Q♣	5♠	5♣	5♦	5♡
J♠	J♣	J♦	J♡	4♦	4♡	4♠	4♣
10♦	10♡	10♠	10♣	3♠	3♣	3♦	3♡
9♠	9♣	9♦	9♡				

重申一遍, 我们不会详细讨论这个游戏是怎么玩的. 与克朗代克纸牌类似, 我们要把红牌 (红桃 ♡ 和方块 ♦) 挪到黑牌上 (黑桃 ♠ 和梅花 ♣), 反之亦然. 如果把所有的梅花都换成黑桃, 并把所有的红桃都换成方块, 那么上面这个牌局仍然是不可解的. 另外, 我们不用换掉所有牌, 可以只把某些点数的花色进行交换 (比如, 交换 J♠ 和 J♣, 或者 5♦ 和 5♡).

这自然引出了一个问题: 通过简单修改上面这组牌, 我们能得到多少个无法获胜的牌局? 这个问题可以从多个角度来考察; 当试图把所有可能的结果加起来时, 会有重复计数的危险.

首先, 我们有 26 对点数一样的同色牌. 每对牌都有两种排列方法, 考虑所有 26 对牌, 我们得到了 2^{26} 种牌局.

其次, 我们可以改变列的次序. 列的排序方法有 $4! \cdot 4!$ 种, 因为前 4 列有 4! 种排序方法, 后 4 列也有 4! 种排序方法. 然而, 某些列交换与行交换是相同的. 例如, 如果把前两列中所有点数一样的同色牌都进行交换, 然后再交换这两列的位置, 那么这组牌就又回到了初始状态. 这引发了对重复计数的担忧.

事实证明, 当我们考虑所有可能的交换时, 具有相同点数和颜色的列是无法区分的. 将两对无法区分的元素进行排序有 6 种方法 (AABB、ABAB、ABBA、BBAA、BABA 和 BAAB). 同样地, 对后 4 列排序也有 6 种方法. 于是, 重新对列进行排序的方法也有 $6 \cdot 6$ 种.

重新排列所有行和列的方法有 $2^{26} \cdot 6 \cdot 6 = 2\,415\,919\,104$ 种. 虽然这个数看起来很大, 但与总的牌局数 52! 相比, 这个值还是很小的, 其中 52! 大于 $8 \cdot 10^{67}$.

正如你所看到的, 并不是所有的列变换都可以与所有的行变换相结合. 由于它们之间有依赖性, 所以我们不能只使用乘法法则把所有可能性乘起来. 当在第 4 章学到独立性时, 我们会谈到更多相关内容, 但目前最好小心谨慎一些. 由这些细微调整而产生的无法获胜的牌局数是微不足道的; 但是, 我们在计数过程中遇到的问题是所有问题中最重要的. 依赖性真的很容易忽略. 你必须时刻保持警惕, 避免重复计数.

3.4   桥   牌

我的家人都非常爱玩纸牌游戏, 我和孩子们将继续沿袭这个传统. 我最喜欢的游戏之一是**桥牌**, 它是我成功涉足校内体育运动的唯一项目. 有趣的是, 当我在普林斯顿大学读研究生时, 校内联盟是由本科生饮食俱乐部和研究生学院组成的. 在赛季结束时, 两支研究生队打成了平手, 并没有人费心举办最后一场比赛去决定谁是冠军. 不过, 假如真的举办了最后一场的话, 我们队肯定会被另一队彻底击败; 有意思的是, 这个队的队长是阿德里安·班纳, 他正是《普林斯顿微积分读本》的作者!

现在的相关图书都在研究桥牌, 我们怎么可能没几个问题呢? 我们将快速地总结出足够的规则来了解发生了什么, 并完全忽略如何叫牌, 而是专注于确定各种牌局的概率.

就我们的目标而言, 需要了解的是, 一共有四人参赛, 他们分别来自两个不同的队伍且每队有两人, 每个人都随机地从一副标准牌中抽取 13 张牌. 玩家们要通过叫牌来决定是否把某个特别的花色指定为**将牌**(叫牌的过程相当复杂, 有很多惯例; 我们没办法用几段内容描述清楚, 所以不再赘述). 我们的目标是通过赢得尽可能多的墩来获胜. 四人轮流打出一张牌就是一墩; 在上一墩中获胜的玩家先出, 剩下的玩家按照顺时针方向依次出牌. 在每一墩中, 打出最大牌的玩家获胜. 拥有将牌的优势在于, 如果你手中没有同花色的牌, 可以打出将牌来赢得这一墩. 因此, 如果有将牌的话, 了解对手手中都有哪些牌就变得非常重要了. 例如, 当对手手中有很多将牌时, 他手中另外三种花色的牌就会更少, 所以更有可能在早些时候打出将牌并获胜. 因此, 估算对手拥有一定数量将牌的概率是至关重要的.

　　我们先计算一下有多少种不同的牌局, 然后调查将牌是如何在对手之间分配的重要问题. 我们将给出两种不同的计算方法, 并试着调和两者的激烈冲突!

3.4.1　井字游戏

　　通过考察**井字游戏**(也被称为**画圈打叉游戏**) 来分析桥牌看起来有些奇怪, 但这样做是有充足理由的. 桥牌很复杂. 虽然不考虑叫牌, 但它还涉及把 52 张牌分配给四个玩家. 相比之下, 井字游戏就简单多了. 在世界各地的游乐场上, 孩子们都在玩这个游戏 (但还不清楚它是否为小学水平以上的人所喜爱). 我们先通过这个游戏来了解一些基本情况, 然后再继续讨论桥牌.

　　在井字游戏中, 玩家轮流把 X 和 O 放在 3×3 的网格中. 首先把三个相同标记连成一条线 (横向、纵向或对角) 的玩家获胜. 如果没人做到这一点, 那么比赛就是平局. 图 3-5 是一个井字游戏的例子, 其中 X 先放.

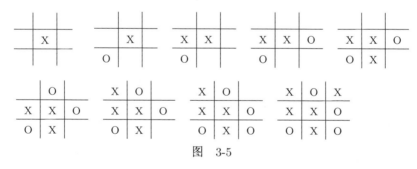

图　3-5

　　那么, 井字游戏有多少种可能的棋局呢? 对这个问题的回答要比你想象中困难很多. 我们很容易求出棋局数量的上界. 第一步有 9 个可选的位置, 第二步有 8 个, 第三步有 7 个, 依此类推, 一共有 9! 即 362 880 种可能的棋局. 对小孩子来说, 棋局数量够多了, 足够他们玩很长一段时间.

　　然而, 这并不是正确的答案, 原因有两个. 首先, 如果把棋盘旋转 90 度, 抑或水平地或垂直地翻转棋盘, 那么一切都不会发生改变. 考虑如图 3-6 所示的操作, 把棋盘顺时针旋转 90 度 (第一步看起来和之前一样, 因为 X 位于中心位置; 但是, 第二步 O 的位置从左下角变成了左上角).

　　这真的是一种不同的棋局吗? 旋转或翻转棋盘并不会真正改变任何东西, 所以这些不应该被视为不同的. 因此, 9! 大大地高估了结果.

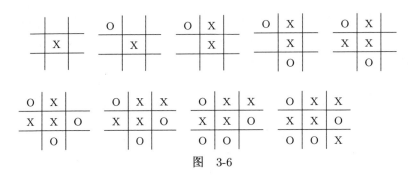

图 3-6

第一步有多少种选择? 只有三种: 中间、一侧和角落. 按照这种思路, 我们把棋局的数量从 9! 削减到 3·8!, 这里去掉了一个因子 3. 还能继续往下考虑吗? 当然可以! 当第一步选定之后, 第二步有多少种可能的选择? 我们分三种情况来考虑.

- 如果第一步 X 选择中心位置, 那么第二步 O 实际上只有 2 种选择: 角落或者一侧. 从这一点开始, 填满棋盘还有 7! 种方法, 所以一共有 2·7! = 10 080 种棋局.

- 如果第一步 X 选择一侧的位置, 那么第二步 O 就有 5 种截然不同的选择: 当翻转棋盘后, 紧邻 X 的两个角是相同的, 另外两个角也是一样的; 这就给出了 O 的 2 种选择. O 还可以放在中间位置, 那么现在有了 3 种选择. 另外, 从 X 的位置开始, 沿着对角线还有两条侧边位置. 因为这两条侧边是等价的, 所以 O 的选择又多了 1 个. 于是, 现在 O 有 4 种可能的选择. 最后, 在 X 的对面还有一条侧边, 那么第二步 O 共有 5 种选择. 在这种情况下, 第二步共有 5 种不同的位置可供选择, 而完成接下来的 7 步有 7! 种方法, 所以我们一共有 5·7! = 25 200 种棋局.

- 最后, 我们来考虑第一步把 X 放在角落的情况. 与上一种情形类似, 第二步 O 也有 5 种选择 (中心、对角、邻边、非邻边和非对角), 接下来同样有 7! 种方法来填满棋盘, 所以这种情况下的棋局数仍是 5·7! = 25 200.

把上面三个结果加起来, 棋局的总数不会超过 10 800+25 200+25 200 = 61 200. 这个数仍然很大, 但比最初的 9! = 362 880 要好多了; 我们差不多去掉了一个因子 6(与之前去掉的因子 3 相比, 情况已经得到了改善).

我鼓励你继续分析下去. 这里仍存在重复计算的问题, 对称性让我们有继续改进的机会. 然而, 有些事被我们完全忽略了. 我们说过 9! 不是正确答案有两个原因. 我们已经讨论了一个原因, 即对棋盘进行旋转和翻转. 另一个原因是什么呢? 不是所有的游戏都要走完全程! 如果有人赢了, 那么他通常会在第 9 步之前获胜. 举个例子, 如果你从中心开始, 而你的对手很愚蠢地选择了一条侧边的位置, 那么你可以确保在 7 步内获胜 (如图 3-7 所示).

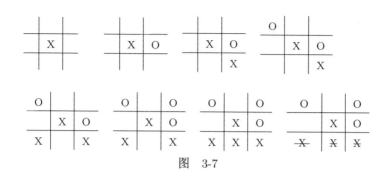

图 3-7

现在, 对这个游戏的讨论就结束了 —— 我们没必要指出 O 和 X 的最终位置. 本书的目的不是让你成为井字游戏的王牌玩家, 所以我们不再继续计算, 只告诉你共有 765 种不同的棋局, 这远小于我们最初的上界 362 880. 尽管如此, 我们还是学到了一个重要的事实. 考察一种情况的角度有很多种, 有些看起来不同的东西实际上是等价的, 它们应该被看作一样的.

下面给出一些与井字游戏相关的问题: (1) 证明井字游戏一共有 765 种不同的棋局 (如有困难, 请查看维基百科页面!); (2) 依次找出第一步和第二步的最优策略. 例如, 假设你先走, 而你的对手愚蠢地选择了一侧的位置, 那么你就会获胜. 想出每种可能的选择, 并找到相应的解决办法, 从而保证不会在任何一局游戏中失败.

下面这个有趣的问题与井字游戏的计数有关. 想象一下, 由于预算削减, 我们只有一个 5×5 的国际象棋棋盘. 我们可以把 5 个皇后放在棋盘上, 并保证 3 个兵可以安全地放置. 请找出皇后的摆法! (提示: 不要试着找出 5 个皇后的所有摆法, 你可以利用井字游戏的思路来减少可能情况. 虽然这是可行的, 但如果你够聪明, 就可以找到一个强大的等价关系, 从而节省更多的时间.)

3.4.2 桥牌牌局的个数

在上一小节中, 我们计算了井字游戏的不同棋局的个数. 我们从一个上界 9! 即 362 880 开始, 然后说明了如果旋转或翻转棋盘会导致相同棋局的出现, 那么棋局的个数就下降到了不超过 61 200. 继续考察下去, 这个值可以下降到 765(但是, 想要得到这个数, 我们还需要考虑额外的对称性).

桥牌会是什么情况呢? 好的, 我们有四个玩家, 每人手中有 13 张牌. 把一副牌中的所有牌依次排序, 共有 52! 种方法, 因此我们有 52! 或大约 $8 \cdot 10^{67}$ 种不同的牌局 (假设四个玩家各不相同).

但是, 就像井字游戏一样, 这并不是我们想要的数. 一旦牌局被确定, 最重要的就是每个玩家手中的 13 张牌都是什么, 而不是发牌的次序如何. 因此 52! 是错误的. 正确答案是什么呢? 第一个玩家的 13 张牌有 $\binom{52}{13}$ 种取法; 第二个玩家从剩下

的 $52 - 13 = 39$ 张牌中选出 13 张有 $\binom{39}{13}$ 种方法; 第三个玩家有 $\binom{26}{13}$ 种选法 (记住现在还剩下 26 张牌, 我们需要从中选出 13 张). 最后一个玩家就没有任何选择了 —— 他只能拿走剩下的 13 张牌. 这与我们考察的角度相吻合, 因为 $\binom{13}{13} = 1$, 这表明了分配最后这 13 张牌的方法只有一种.

把上述结果相乘, 那么不同牌局的个数就是 (也就是说, 虽然玩家是四个不同的人, 但他们拿牌的次序是无关紧要的)

$$\binom{52}{13}\binom{39}{13}\binom{26}{13}\binom{13}{13} = 53\,644\,737\,765\,488\,792\,839\,237\,440\,000,$$

或约为 $5 \cdot 10^{28}$. 这仍然是一个巨大的数, 但比我们原来的上界小了 39 个数量级!

有了上述结果后, 我们来求一些有趣事件的概率. 读本科时, 我记得概率论课本 (道格拉斯·G. 凯利编著的《概率论导论》) 里有一段很好的内容, 讲的是**完美牌局**. 在完美牌局中, 每个玩家都拿到 13 张同花色牌. 因为偶尔会出现完美牌局, 所以我们有必要考察得到它的可能性有多大. 假设牌已经被洗好, 第一个玩家有 4 种选择 (他拿到的所有牌具有同一花色, 可能是黑桃、红桃、方块或者梅花), 接下来第二个玩家有 3 种选择, 第三个玩家有 2 种选择, 而最后一个玩家只能接受剩下的 1 种花色. 因此, 完美牌局有 $4! = 24$ 种. 让这个结果除以不同牌局的总数, 我们得到的概率将小于 $10^{-25}\%$! 因此, 出现完美牌局确实令人惊叹 (假设这些牌的确很好地混合在了一起). 要想了解这有多么不可能, 请参阅 3.1.1 节中对阶乘函数的简要分析. 假设有 100 亿人在发牌, 每人都是 1 秒钟发完牌, 看看所有人完成发牌共需要多少**万亿年**!

我所记得的是, 虽然出现过许多完美牌局, 但从未听说过**半完美牌局**. 在半完美牌局中, 四个人中只有两人的牌是同一花色的. 显然, 这意味着那些完美牌局都有可疑之处.

我们更进一步, 考虑有一个玩家拿到 13 张同花色牌的牌局数. 你是否记得在第 1 章里, 我们是怎样通过三次尝试才提出了正确的生日问题? 在这里, 我们会遇到类似的问题, 这也是选择这个问题的另一个原因. 我们并不缺少可以计算的东西, 我喜欢这个问题的原因是它能提醒我们要非常仔细、精确地使用语言.

警告: 下面是你见过的最糟糕的计数! 我们很容易在无意中假设一些条件并添加一些结构. 仔细阅读下面的内容, 注意保持警惕. 在阅读的过程中, 问问自己计数是否可信, 或者是否意外地添加了某些次序. 当论证结束时, 我们将回过头来再次查看它们. 当然, 既然我已经警告你要仔细阅读下面的内容, 那么应该有个错误有待发现. 关键是, 我们很容易在不知情的状况下添加少量次序. 所以, 请睁大眼睛往下读!

言归正传, 我们试着计算一个幸运 (或者说不可思议地幸运) 的玩家拿到 13 张同花色牌的概率. 选出这个幸运的人, 有 $\binom{4}{1}$ 种方法; 而这个玩家恰有 4 种牌型可以选择. 为什么? 他必须从 4 种花色中选出一种, 这有 $\binom{4}{1} = 4$ 种选法; 但是, 我们最好**不要**把它看成是由二项式系数得出的 4 种方法, 因为真实的情况是从 4 种花色中有序地选出了一种 (关于这一点稍后再说). 那么剩下的三个人是什么情况? 把其余的牌分配给这三个人的情况如下: 第一个人有 $\binom{39}{13}$ 种可能的选择, 第二个人有 $\binom{26}{13}$ 种可能的选择, 最后一个人有 $\binom{13}{13}$ 种可能的选择. 因此, 有一个玩家拿到 13 张同花色牌的牌局总数为 $\binom{4}{1}\binom{4}{1}\binom{39}{13}\binom{26}{13}\binom{13}{13}$, 也就是 1 351 649 569 165 862 400 或约为 $1.3 \cdot 10^{18}$. 让这个结果除以牌局总数 (大约是 $5 \cdot 10^{28}$), 那么有一个玩家拿到 13 张同花色牌的概率是 1/39 688 347 475, 或者约为 $2.5 \cdot 10^{-11}\%$.

在进一步讨论之前, 我们有必要了解一种计算概率的好方法. 不需要直接求出上述牌局的个数, 然后让它除以牌局总数. 为什么? 因为有些因子可以消掉. 在代数运算之前, 如果先把这些因子消掉, 计算起来就会更加轻松, 还能降低溢出错误的危险. 这个比值是

$$\frac{\binom{4}{1}\binom{4}{1}\binom{39}{13}\binom{26}{13}\binom{13}{13}}{\binom{52}{13}\binom{39}{13}\binom{26}{13}\binom{13}{13}} = \frac{4 \cdot 4}{\binom{52}{13}} = \frac{1}{39\ 688\ 347\ 475}.$$

我们已经回答了一个问题 (稍后会看到我们的答案是否正确!), 但这是我们想要回答的问题吗? 我们想做的是计算出至少有一个玩家拿到 13 张同花色牌的概率, 还是恰有一个玩家拿到 13 张同花色牌的概率? 如果考察的是恰有一个玩家拿到了 13 张同花色牌的概率, 那么就要删掉有两个人、三个人和四个人拿到同花色牌的情况.

我很喜欢这个问题. 从实际角度来看, 两种问法并没有什么区别, 因为有两个或者更多玩家拿到同花色牌的情况非常罕见. 就这个问题而言, 这并不是个危险的错误, 但对其他问题来说, 情况就不一样了. 因此, 你应该确保对这些问题有充分的了解.

好了, 现在来计算恰有一个玩家拿到 13 张同花色牌的牌局数. 令人高兴的是, 不可能出现恰有三个玩家各拿到 13 张同花色牌的情况, 因为这将迫使最后一个玩家也拿到 13 张相同花色的牌. 另外, 我们已经知道, 每个玩家都拿到 13 张同花色牌的牌局恰有 24 个.

是时候来看一下恰有两个玩家各拿到 13 张同花色牌的牌局一共有多少个了. 选出这两个人的方法有 $\binom{4}{2} = 6$ 种. 很明显, 选出他们的次序并不重要, 重要的是被选中的是哪两个人. 你可能认为接下来要说的是, 为这两个玩家各分配 1 种花色的方法有 $\binom{4}{2}$ 种, 但这是绝对错误的! 我们已经假设了玩家是四个不同的人, 所以哪个人拿到哪种花色是很重要的. 因此, 为两个玩家分配花色的方法数就不是 $\binom{4}{2} = 6$, 而是 $4 \cdot 3 = 12$(第一个玩家有 4 种选择, 第二个玩家有 3 种选择). 回忆一下每个人都拿到 13 张同花色牌的情况. 此时, 分配花色的方法有 $4! = 24$ 种, 也就是 $4 \cdot 3 \cdot 2 \cdot 1$. 因此, 选出这两个人有 $\binom{4}{2} = 6$ 种方法, 而他们可能拿到的牌型有 $4 \cdot 3 = 12$ 种. 这

里的 $4 \cdot 3$ 可以看作 $\binom{4}{2} \cdot 2!$；从 4 种花色中取出 2 种有 $\binom{4}{2}$ 种方法, 然后把这两种花色依次分配给两个玩家有 2! 种方法.

我们还要把其余的 26 张牌分配给剩下的两个玩家. 选出 13 张牌分配给第三个人有 $\binom{26}{13}$ 种方法, 那么第四个玩家只能拿走剩下的 13 张牌 (他从 13 张牌中选出 13 张的方法只有 1 或 $\binom{13}{13}$ 种). 所以, 分配剩下的 26 张牌共有 $\binom{26}{13}\binom{13}{13} = 10\,400\,600$ 种方法. 显然, 这里有个问题: 有些分法会导致四个玩家都拿到 13 张相同花色的牌. 我们该如何处理呢? 在分配完前 26 张牌之后, 还剩下 26 张牌. 我们必须从中选出 13 张分配给第三个玩家, 这有 $\binom{26}{13}$ 种选法. 那么有多少种分法会使得第三个玩家也拿到 13 张相同花色的牌? 恰有 2 种. 有 2 种花色的牌已经全部分配给了前两个玩家, 所以剩下的这 26 张牌只有 2 种花色. 因此, 我们要修改上面的算法. 把 13 张牌分配给第三个玩家的方法应该有 $\binom{26}{13} - 2 = 10\,400\,598$ 种, 然后有 $\binom{13}{13} = 1$ 种方法为第四个玩家分配牌. 这是个很小却很重要的变化. 综上所述, 恰有两个玩家各拿到 13 张同花色牌的方法数为

$$\binom{4}{2} \cdot 4 \cdot 3 \cdot \left(\binom{26}{13} - 2\right)\binom{13}{13} = 748\,843\,056.$$

如果上述论证没有任何错误, 那么我们现在就能求出恰有一个玩家拿到 13 张同花色牌的牌局数了. 只需要计算出至少有一个玩家拿到 13 张同花色牌的牌局数, 然后减去有两个或更多个玩家都拿到同花色牌的牌局数就行了. 我们已经求出至少有一个玩家拿到 13 张同花色牌的牌局数为 $4 \cdot 4 \cdot \binom{39}{13}\binom{26}{13}\binom{13}{13}$ 或 $1\,351\,649\,569\,165\,862\,400$. 然后让这个结果减去恰有两个玩家各拿到 13 张同花色牌的牌局数 (即 748 843 056), 接着再减去所有玩家都拿到 13 张同花色牌的牌局数 24. 于是, 最终的答案是 1 351 649 568 417 019 320. 这个结果比原来的答案小, 但仅仅小了一点.

当然, 最大的问题是: 我们算对了吗? 你有多大的信心觉得我们没犯错? 有没有另外一种解题方法来做检验? 幸运的是, 存在其他求解方法, 不妨一试. 我们可以对恰有两个玩家各拿到 13 张同花色牌的论证进行修改.

下面用另一种方法来计算恰有一个玩家拿到 13 张同花色牌的牌局数. 选出这个玩家有 $\binom{4}{1}$ 种方法, 他能拿到的牌型有 4 种 (对应于 4 种花色). 对第二个玩家来说, 他手中的牌有 $\binom{39}{13}$ 种可能的取法. 在这些取法中, 第二个玩家拿到 13 张同花色牌的取法恰好有 3 种, 所以这些取法必须删掉; 因此, 有 $\binom{39}{13} - 3$ 种可能的牌型供第二个玩家选择. 那么第三个玩家呢? 这就是事情变得棘手的地方. 如果第二个玩家手中每种花色的牌各有一张, 那么第三个和第四个玩家就不可能取到 13 张相同花色的牌; 但是, 如果第二个玩家只取到了 2 种花色的牌 (他不可能只取到 1 种花色, 我们已经排除了这种可能性), 那么危险就出现了.

天啊, 这是个组合运算的噩梦! 我们要分情况讨论, 并对各种情况进一步细分.

难怪有这么多人讨厌这些计数问题. 好吧. 我们看看下列情况.

- 情形 1: 第二个玩家手中只缺少 1 种花色的牌 (如果缺少 2 种花色, 那么他手中的牌就具有同一种花色, 但这种情况是不允许发生的). 从剩下的 3 种花色中挑出 2 种有 $\binom{3}{2}$ 种方法. 这样就给出了 26 张牌, 而我们从中选出 13 张有 $\binom{26}{13}$ 种选法; 不过, 其中有 2 种选法都给出了 13 张相同花色的牌, 这很不妙. 因此, 第二个玩家恰好取到 2 种花色的牌型数为 $\binom{3}{2}\left(\binom{26}{13} - 2\right) = 31\,201\,794$. 之后, 第三个玩家也要取 13 张牌, 但他可能拿到 13 张相同花色的牌. 幸运的是, 这种情况只有一种, 因为前两个玩家已经取到了 3 种花色, 目前只剩下 1 种花色还没被选过. 因此, 第三个玩家能拿到的有效牌型有 $\binom{26}{13} - 1$ 种, 这也就确定了第四个玩家能拿到哪些牌. 综上所述, 这种情形下的牌局数为

$$\binom{3}{2}\left(\binom{26}{13} - 2\right)\left(\binom{26}{13} - 1\right) = 324\,517\,347\,474\,606.$$

- 情形 2: 如果第二个玩家没有缺少花色呢? 为了保证第二个玩家不会取到 13 张相同花色的牌, 他手中的牌有 $\binom{39}{13} - 3$ 种取法 (这就是减去 3 的原因). 第二个玩家恰好取到 2 种花色的牌型数是 $\binom{3}{2}\left(\binom{26}{13} - 2\right) = 31\,201\,798$. 于是, 对第二个玩家来说, 剩下的 3 种花色中每种花色至少取到一张牌的牌局数为 $\binom{39}{13} - 3 - \binom{3}{2}\left(\binom{26}{13} - 2\right) = 8\,091\,223\,643$. 此时, 第三个和第四个玩家都不可能取到 13 张相同花色的牌, 因为在前两个玩家的牌中, 每种花色的牌都至少出现了一张. 于是, 第三个玩家的牌有 $\binom{26}{13}$ 种取法, 而第四个玩家有 $\binom{13}{13}$ 种取法. 综上所述, 这种情形下的牌局数为

$$\left(\binom{39}{13} - 3 - \binom{3}{2}\left(\binom{26}{13} - 2\right)\right)\binom{26}{13}\binom{13}{13}$$
$$= 84\,153\,580\,662\,988\,200.$$

现在, 我们整理并找出答案. 选出拿到 13 张同花色牌的玩家, 并确定他拿到的是哪种花色的方法一共有 16 种. 于是, 把情形 1 和情形 2 的牌局数分别乘以 16, 然后再加起来就得到了 (激动人心的时刻到了)

$$1\,351\,649\,568\,167\,404\,896.$$

见鬼了 (你可以使用更狠毒的表达). 这与之前的答案 $1\,351\,649\,568\,417\,019\,320$ 不相等. 尽管相差不大, 但还是小了点. 之前的答案比现在的多了 $249\,614\,424$. 哪个答案是正确的? 肯定有一个答案是对的吗? 在考察这个问题的过程中, 我们得到了好几个不同的数!

我不打算告诉你哪个答案是正确的, 原因有如下几个. 首先, 你应该感受一下独立完成计算的乐趣! 其次, 更重要的是, 不管哪个答案是正确的 (如果有一个正确的话), 你都应该清楚这两种方法都不好. 这里出现了太多奇怪的加减运算, 必须

牢记要仔细计算. 因为没有系统的计算方法, 所以我们很有可能在某些时刻犯些小错误. 我们需要一种更好的方法, 其中之一就是**容斥方法**. 这是最重要的计数技巧之一, 整个第 5 章都在阐述它. 我们会在第 5 章中重新讨论这个问题, 看看这种方法是如何轻松解决问题的. 简单地说, 容斥方法非常清晰地阐述了如何利用一些基本事件来计算复杂事件的概率. 让我们把这最后几页看作学习高等理论的动力!

如果你够细心的话, 可能会奇怪为什么我没有谈到编写代码以及对概率进行数值检验. 好的, 这里就有一些代码! 有趣的是, 我们找到了一种干净有效的方法来验证是否至少有一个玩家拿到了 13 张相同花色的牌. 下面我们一个不错的方法, 并在习题 3.7.34 中描述一种更好的思路, 另请参阅注 3.4.1.

```
onesuit[numdo_] := Module[{},
  count = 0; (* 成功次数的计数 *)
  deck = {};
  For[i = 1, i <= 4, i++,
   For[j = 1, j <= 13, j++, deck = AppendTo[deck, i]]];
  For[n = 1, n <= numdo, n++,
   {
    (* 这个成功率很低, 所以每完成10%的进度就输出一次 *)
    (* 这样就可以知道我们已经完成了多少 *)
    If[Mod[n, numdo/10] == 0, Print["Have done ", 100.n/numdo, "%."]];
    (* 随机洗牌 *)
    mix = RandomSample[deck];
    (* 把这副牌划分成四手且每手有13张牌 *)
    hands = Partition[mix, 13];
    (* 把 onesuited 设置为 0; 如果 onesuited 始终为0, 那么没人拿到相同
       花色的牌 *)
    (* 如果 onesuited 不小于1, 那么至少一个人拿到了相同花色的牌 *)
    onesuited = 0;
    (* 检验每个人拿到的一手牌是否为相同的花色 *)
    (* 如果从第2张到第13张牌的花色均与第1张相同, 那么第一个人就拿到了一手
       相同花色的牌; 如果从第14张到第26张牌的花色相同, 那么第二个人就拿
       到了一手相同花色的牌; 依此类推 *)
    For[i = 1, i <= 4, i++,
     {
      (* 载入当前要考察的一手牌 *)
      possibleonesuited = 1; (* 初始化为 1 *)
      (* 当出现2张不同的牌时, 把 possibleonesuited 减小到 0 *)
      currenthand = hands[[i]];
```

```
(* 检验第2张到第13张牌是否均与第1张牌相同 *)
(* 如果不是, 那么把 possibleonesuited 减小到 0 *)
(* 如果 possibleonesuited 最终等于1, 那么这手牌一定是相同的花色 *)
For[j = 2, j <= 13, j++,
  If[currenthand[[j]] != currenthand[[1]],
      possibleonesuited = 0];
  ]; (* 结束对j的循环 *)
  If[possibleonesuited > 0, onesuited = onesuited+1];
  }]; (* 结束对i的循环 *)
(* 如果 onesuited > 0, 那么至少有一个人拿到了相同花色的牌! *)
(* 注意, 如果有两个人都拿到了相同花色的牌, 那么只计数一次 *)
If[onesuited > 0, count = count + 1];
  }]; (* 结束对n的循环 *)
Print["Observed probability is ", 100. count/numdo, "%."];
]
```

通常情况下, 我会给出理论概率 (但存在一些争议) 和观测概率. 然而遗憾的是, 在 1000 万次试验中, **没有**发现哪个玩家拿到 13 张相同花色的牌! 原因在于这个概率实在太小了. 为了看到真实的概率, 我们需要用更好的方法来考察大量牌局. 当把代码转移到比 Mathematica 更快的环境中时, 我们能收获巨大的成效, 但这仍需要做大量的工作. 我们把这个问题作为练习, 留给感兴趣的读者.

注 3.4.1　最后, 有必要给出一个有关编码的简短注释. 注意, 我们通过创建保存变量 possibleonesuited 来处理问题, 并通过 12 次比较来进一步调整. 也可以这样做

```
If[Product[currenthand[[j]], {j,1,13}] == currenthand[[1]]^13,
    onesuited = onesuited+1];
```

这是一种不错的、简洁的编码方式. 因为 4^{13} 等于 67 108 864, 所以这个数并不是太大. 也就是说, 我们把寻找最高效、内存密集程度最低的方法留给那些对编程感兴趣的读者. 一种可能的情况是, 只要有一个玩家拿到了 2 种花色的牌, 某些计数循环就能终止.

3.4.3　将牌的分配

桥牌(或者我从小玩的一种比较简单的变体游戏 ——**惠斯特牌**) 最大的问题之一是, 试图找出将牌所有可能的分配情况并求出相应概率. 但这些概率常常被算错. 接下来, 我们要对问题和正确答案做出解释, 并检查其中是否存在一些常见错误.

桥牌和惠斯特牌的玩法是这样的: 如果你叫牌叫得最高, 那么你搭档的牌就要

翻过来, 让所有人看到. 因此, 你知道到底有多少张将牌在你们队手中, 有多少张在对手那里; 但是, 你不清楚每一个对手有多少张将牌.

这个问题自然就变成了: 对于 13 张将牌, 如果你们队有 n 张, 那么一个对手有 k 张, 而另一个对手有 $13 - n - k$ 张的概率是多少? 例如, 假设你们队有 8 张将牌, 这意味着有 5 张将牌在对手那里; 那么对手的 5 张将牌是按照 $5 - 0$, $4 - 1$ 或 $3 - 2$ 的方式进行分配的概率分别是多少?

先来考虑 $5 - 0$ 的分配方式: 这意味着有一个对手恰有 5 张将牌, 而他剩下的 8 张牌均选自非将牌的 21 张 (这两个对手共有 26 张牌, 其中有 5 张是将牌, 所以剩下的 21 张都不是将牌). 有 $\binom{2}{1}$ 种方法来确定是哪个对手拿到了 5 张将牌, 把 5 张将牌分配给该玩家共有 $\binom{5}{5}$ 种方法, 然后从剩下的 21 张牌中为他选出 8 张, 有 $\binom{21}{8}$ 种方法, 这样他就拿到了全部 13 张牌. 因此, 实现这种分配方式有 $\binom{2}{1}\binom{5}{5}\binom{21}{8} = 406\,980$ 种方法. 注意, 一旦指定了一个对手的牌, 那么另一个对手的牌也就确定了. 对这两个对手来说, 从他们共有的 26 张牌中选出 13 张有 $\binom{26}{13} = 10\,400\,600$ 种方法 (选定一个对手的所有牌也就完全确定了另一个对手能拿到的牌), 于是我们得到出现 $5 - 0$ 分配方式的概率为 $406\,980/10\,400\,600 = 9/230$, 或约为 3.91%.

那么 $4 - 1$ 分配方式的情况如何? 我们仍有 $\binom{2}{1}$ 种方法来确定哪个对手拿到了 4 张将牌, 为这个玩家分配 4 张将牌有 $\binom{5}{4}$ 种方法, 然后有 $\binom{21}{9}$ 种方法为他选出另外 9 张牌. 同样地, 此时另一个对手的牌就被完全确定了, 因为他拿到的就是剩下的牌. 于是, 实现这种分配方式有 $\binom{2}{1}\binom{5}{4}\binom{21}{9} = 2\,939\,300$ 种方法, 其概率就等于 $2\,939\,300/10\,400\,600 = 13/46$, 或约为 28.26%.

最后考察 $3 - 2$ 的分配方式. 首先, 选出拿到 3 张将牌的对手有 $\binom{2}{1}$ 种方法. 从 5 张将牌中选出 3 张分配给这个玩家, 有 $\binom{5}{3}$ 种方法; 然后再分配给他 10 张非将牌, 这有 $\binom{21}{10}$ 种分法. 于是, 一共有 $\binom{2}{1}\binom{5}{3}\binom{21}{10} = 7\,054\,320$ 种可能的分配方法. 那么, 出现这种分配方式的概率为 $7\,054\,320/10\,400\,600 = 78/115$, 或约为 67.83%.

显然, 我们现在可以进行一致性检验: 把这三个概率相加, 看和是否为 1. 等价的做法是, 把实现这三种分配方式的所有可能性的个数加起来, 看和是否等于 $\binom{26}{13} = 10\,400\,600$. 我们看到 $406\,980 + 2\,939\,300 + 7\,054\,320 = 10\,400\,600$. 虽然这并不能证明我们没有犯错, 但它很好地表明了结果都很合理!

我们考虑解决这个问题的另一种方法. **虽然这种方法看起来应该是合理的, 但它有一个非常微妙的错误. 为了把握这一根本问题, 我们有必要仔细地慢慢阅读.** 我们要把 26 张牌 (5 张将牌和 21 张非将牌) 分配给两个人, 且每人拿到 13 张牌. 对于每一张将牌, 为什么不看看它属于第一个人还是第二个人呢? 很明显, 每一张将牌都等可能地分配给两人中的任何一人. 因此, 每张牌都有 50% 的概率分给第一个人, 也有 50% 的概率分给第二个人.

沿着这个思路进行论证, 所有将牌都在第一个人手中的概率是 1/32. 同样地,所有将牌都在第二个人手中的概率也是 1/32. 于是, 实现 5 − 0 这种分配方式的概率是 2/32 或约为 6.25%. 这和我们之前求出的结果有很大不同: 第一次求出的概率是 9/230, 约为 3.91%.

接下来, 我们考虑 4 − 1 这种分配方式. 先从 5 张牌中选出 4 张分给第一个人. 从 5 张将牌中选出第一个人的 4 张共有 $\binom{5}{4}$ 种选法, 并且每张被选中的牌落到第一个人手中的概率均为 50%. 剩下的那张将牌有 50% 的概率落到第二个人手里. 因此, 第一个人恰好拿到 4 张将牌的概率是 $\binom{5}{4}(1/2)^4 1/2 = 5/32$, 或约为 15.625%. 由于第一个人和第二个人都有可能拿到 4 张将牌, 为了求出 4 − 1 分配方式的概率, 我们必须把上述结果翻倍. 因此, 实现 4 − 1 分配方式的概率为 10/32, 或约为 31.25%. 这接近于我们之前算出的 28.26%, 但更大一些.

最后, 3 − 2 的分配方式可以按照类似方法进行处理. 如果第一个玩家拿到了 3 张将牌, 那么这种情况发生的概率就是 (假设同时分配 5 张将牌)$\binom{5}{3}(1/2)^3(1/2)^2 = 5/16$, 约等于 31.25%. 把这个结果翻倍就得到了 62.5%(因为每个玩家都可能拿到 3 张将牌). 这个值接近但不等于 67.83%.

我们显然犯了个错误, 但错在哪儿呢? 当遇到这样的情况时, 最好先通过一个小例子来找出一些基本线索, 然后再回过头来考察最初的问题. 考虑到我对命名的偏好, 将其称为**简单示例法**. 先考察一个简单的情况, 然后继续上面的讨论. 我们将会看到第二种方法 (采用貌似可信的 50% 论证) 出错的原因.

假设有 4 张牌, 其中 2 张将牌和 2 张非将牌. 我们想把这 4 张牌分给两个玩家 Alice 和 Bob. 于是, 每个玩家会拿到 2 张牌, 并且所有分法都是等可能出现的. 有多少种分法呢? 共有 $\binom{4}{2}\binom{2}{2} = 6$ 种 (Alice 会拿到 $\binom{4}{2}$ 种可能的牌型, 而 Bob 的牌也将随之确定). 把所有将牌都分给一个玩家的分法有多少种? 只有两种: 要么都分给了 Alice, 要么都分给了 Bob. 因此, 实现 2 − 0 分配方式的概率为 2/6, 或约为 33%.

现在, 我们用第二种论证方法重新叙述一遍. 先看看第一张将牌; 由于第一张将牌被等可能地分配给两个玩家, 所以它有 50% 的概率分给 Alice, 50% 的概率分给 Bob. 第二张将牌也是如此. 按照之前的说法, 所有将牌都分给 Alice 的概率是 $1/2 \cdot 1/2$(因为每张牌都有 50% 的概率分给第一个玩家), 它们都分给 Bob 的概率同样为 $1/2 \cdot 1/2$. 把上述概率相加就得到了 1/2 或 50%, 它大于 1/3 或 33%. 我们哪里出错了?

我们把事件错误地混淆在了一起. 没错, 每张牌都等可能地分给两个玩家, 这一点没问题. 出错的地方是: 当把第一张将牌分给了 Alice 之后, 第二张将牌也分给 Alice 的概率仍是 1/2. 换句话说, 如果 Alice 已经拿到了一张将牌, 那么她拿到第二张将牌的概率就会**变小**! (关于这个现象的另一个例子, 请参阅 5.1.1 节中的 ABBA 问题.)

有许多好方法都能阐述这个问题. 第一张将牌一定会分给某个玩家, 不妨假设它分给了 Alice. 记住, 我们只关心将牌的分配方式是不是 2 − 0, 并不在乎是哪个玩家拿到了这 2 张将牌. 因此, Alice 拿到了第一张将牌. 由于 Alice 需要 2 张牌, 所以她还要再挑选 1 张, 而现在共剩下了 3 张牌. **此时**, 3 张牌中的每张都会等可能地分给 Alice. 因此, Alice 得到第二张将牌的概率**不是**1/2, 而是 1/3.

下面给出看待这个问题的另一种方法. 第一张将牌分给了 Alice, 现在还剩下 3 张牌. Alice 还需要 1 张牌, 而 Bob 还需要 2 张. 因此, 对剩下的每一张牌来说, 它被分给 Bob 的概率是被分给 Alice 的两倍. 换句话说, 剩下的 3 个空位会等可能地放入这 3 张牌. 因此, 对第二张将牌来说, 分给 Bob 的概率是 2/3, 但分给 Alice 的概率是 1/3.

是的, 每张牌都有 50% 的概率被分配给任何一个玩家, 但这要在**所有**牌都尚未分配的前提下才能成立. 看看下面这种情况: 虽然每张牌都有 50% 的概率被分配给两个玩家中的任何一个, 但在 Alice 拿到 2 张牌之后, 她就**没有**机会拿到剩下的牌了. 所以我们不能直接把概率相乘.

把过程写出来或许更有助于我们理解. 不妨设黑桃是将牌, 并把这 4 张牌设为 1♠、2♠、3♡ 和 4♡(为了使例子尽可能简单直观, 我故意让数字递增, 并让另外 2 张牌的花色相同). 表 3-1 展示了把牌平均分成两份的所有分法. 我们始终把黑桃放在红桃前面, 并把较小的数放在较大的数之前. 这样做的原因是, {1♠,2♠} 也可以写成 {2♠,1♠}, 这两种写法都正确, 它们代表了同一种牌型. 总之, 一共有 6 种可能的结果.

表 3-1   把 4 张牌平均分配给两个玩家的 6 种方法

	分法 1	分法 2	分法 3	分法 4	分法 5	分法 6
玩家 1	{1♠,2♠}	{1♠,3♡}	{1♠,4♡}	{2♠,3♡}	{2♠,4♡}	{3♡,4♡}
玩家 2	{3♡,4♡}	{2♠,4♡}	{2♠,3♡}	{1♠,4♡}	{1♠,3♡}	{1♠,2♠}

花几分钟时间来仔细看看这个表格. 我们发现, 第一个玩家拿到 1♠ 的分法共有 3 种 (分法 1、2 和 3), 他拿到 2♠ 的分法也有 3 种 (分法 1、4 和 5). 因此每一种情况出现的概率都是 50%. 那么 1♠ 和 2♠ 被分给同一个玩家的概率有多大? 在 6 种分法中, 出现这种情况的分法只有 2 种 (分法 1 和 6). 这意味着出现 2 − 0 分配方式的概率是 2/6 或 1/3, 而不是 1/2.

当你遇到不确定的情形时, 画一张示意图, 考察一个特例, 并试着从中找出线索. 这样就能**看到**发生了什么. 示意图比文字更直观. 但是, 对于很多问题 (比如, 试着求出恰有一个人拿到 13 张同花色牌的概率), 把所有的东西都写出来是不现实的. 不过, 这并不意味着我们应该放弃示意图. 我们要专注于一个较简单的情形, 并试着找出关键特性.

乘法法则失效了! 出了什么问题? 为什么会失效? 问题出现在, 关于某个事件的信息还涉及了另一个事件. 这就引出了独立性和依赖性的概念. 我们将在第 4 章中详细讨论这些内容, 而现在只是希望能激发你深入研究理论的兴趣.

3.5 附录: 计算概率的代码

3.5.1 将牌的分配和代码

在 3.4.3 节中, 我们采用了几种不同的方法来计算将牌按照 5 − 0 的方式进行分配的概率 (这意味着你和队友共有 8 张将牌, 而两个对手共有 5 张将牌), 并得到了不同的结果. 当你使用多种方法得到了不同的答案时, 编写一些代码来进行数值检验是个不错的主意. 下面是一个简单的 Mathematica 程序, 它可以模拟把 26 张牌分配给两个玩家的大量分法, 其中有 5 张将牌.

在给出代码之前 (有详细的注解), 我们先描述解决这个问题的一些选择和思路. 这不是最糟的方法, 但也不是最好的, 之后将给出另一种方法.

我们要做的第一个选择是怎样表示这些牌. 记住, 我们的目标是计算给定的概率, 那些无关信息可以丢掉. 最终, 我们只关心 5 张将牌是否分给了同一个玩家. 因此, 不妨把这 26 张尚未分配的牌记作 $1, 2, \cdots, 26$, 并把 1、2、3、4 和 5 这 5 张牌看作将牌. 把牌表示成数之后, 就可以使用简单的函数来验证它们是否被分给了同一个玩家. 例如, 不需要检查 1、2、3、4 和 5 是否分给了同一个玩家 (这需要验证 5 次), 我们只需整理每个玩家手中的牌, 并对最小的 5 个数求和. 这个和等于 15, 当且仅当该玩家拿到了 5 张将牌!

```
fiveohsplit[num_] := Module[{},
   (* 计算将牌按照5-0的方式进行分配的概率 *)
   (* 假设第1组两个人共有8张将牌, 另一组有5张牌 *)
   (* 因此只需考虑26张牌 *)
   (* 用1~26来标记这26张牌, 其中1~5是将牌 *)
   deck = {};
   For[i  = 1, i <= 26, i++, deck = AppendTo[deck, i]];
   count = 0; (* 记录得到5-0的次数 *)
   For[n = 1, n <= num, n++, (* 对 n 循环 num 次 *)
    {
     (* 创建两手牌. 从26张牌中随机选出13张 *)
     (* 对13张牌进行排序 *)
     (* 如果前5张牌是1~5, 那么第一个玩家就得到了其余5张将牌 *)
     (* 通过判断前5个数之和是否为15, 可以轻松地验证这一点 *)
     handone = Sort[RandomSample[deck, 13]];
```

```
(* 现在给出第二手牌 *)
(* 一共有26张牌,
    把不属于第一个玩家的牌全都发给第二个玩家 *)
(* 为此, 使用 MemberQ 命令 *)
handtwo = {};
For[i = 1, i <= 26, i++, If[MemberQ[handone, i] == False,
  handtwo = AppendTo[handtwo, i]]];
handtwo = Sort[handtwo];
(* 使用or语句是为了确定: 两个玩家中是否有一个拿到了其余所有将牌 *)
(* 很好, 这一点也可以用求和来检测! *)
If[Sum[handone[[i]], {i, 1, 5}] == 15
  || Sum[handtwo[[i]], {i, 1, 5}] == 15, count = count + 1];
}]; (* 结束对n的循环 *)
```
```
(* 输出观察到的百分比和不同理论的结果 *)
Print["Observed percentage 5-0 is ", 100. count/num, "%."];
Print["Theory from Binomials: ", 100.0 2 Binomial[5, 5]
 Binomial[26 - 5, 13 - 5]/Binomial[26, 13], "%."];
Print["Theory from Cond Prob Prod: ",
 100.0 2 (13/26) (12/25) (11/24) (10/23) (9/22), "%."];
Print["Theory from each card 1/2 chance: ", 100.0 2 (1/2)^5, "%."];
];
```

考察 100 万种牌型后, 我们发现:

```
Observed percentage 5-0 is  3.91590%.
Theory from Binomials:      3.91304%.
Theory from Cond Prob Prod: 3.91304%.
Theory from 2 * (1/2)^5:    6.25000%.
```

现在给出另一种方法. 因为我们只在乎一张牌是不是将牌, 所以不妨把 5 张将牌都记作 1, 并把其余 21 张非将牌都记作 0, 这样就有了一副更简单的牌. 接下来, 我们为一个玩家随机分配 13 张牌. 如果他拿到的所有牌之和是 0 或 5, 那么分配方式就是 5 − 0, 否则就不是. 注意, 这种方法要容易得多. 我们既不需要查看另一个玩家手中的牌, 也不用验证每一张牌是不是将牌. 在去掉不必要的内容之后, 编写代码通常就会容易很多. 因此: **多花些时间去思考你的代码**. 当要求效率时, 这一点变得非常重要 (例如, 计算有一个玩家拿到同花色牌的概率); 不过, 现在它并不是那么重要, 但养成良好的习惯也是不错的.

```
trumpsplit[numdo_] := Module[{},
  count = 0;
  deck = {}; (* 把一副牌(deck)初始化为空集 *)
  For[n = 1, n <= 5, n++, deck = AppendTo[deck, 1]];
```

```
For[n = 6, n <= 26, n++, deck = AppendTo[deck, 0]];
For[n = 1, n <= numdo, n++,  (* 代码的主循环 *)
 {
  hand = RandomSample[deck, 13]; (* 随机选取13张牌 *)
  numtrump = Sum[hand[[k]], {k, 1, 13}];
  (* 注意, 当得到5-0分配时 numtrump 为0或5 *)
  If[numtrump == 0 || numtrump == 5, count = count + 1];
  (* count 是计数器, 用来计算5-0出现的频率 *)
  (* 我们用 || 表示"或", 用 && 表示"并",
     用两个等号来表示比较 *)
 }]; (* 结束对n的循环 *)
Print["Two theories: binomial gave ", 6.25,
 "%, cond prob gave 3.913%."];
Print["We observe ", 100. count/numdo, "%."];
];
```

3.5.2 扑克牌型的代码

现在, 我们来探讨如何模拟一些扑克牌型的概率. 我们的第一个任务是计算恰有 2 张 K 的概率 (如果想求至少有 2 张 K 的概率, 只需要把下面的 numkings==2 替换成 numkings>=2就行了). 这一次, 一副牌中的 4 个 K 都用 1 来表示, 剩下的 48 张牌都用 0 来表示. 然后, 我们随机选出 5 张牌, 并计算它们的和. 如果和为 2, 那么我们就恰好取到了 2 张 K! 这体现出了该方法的威力 —— 不用检查是否取到了某些特定牌, 用恰当的数来表示一副牌就能容易地判断出我们是否拿到了满足特定条件的牌.

```
twokings[numdo_] := Module[{},
  deck = {}; (* 把一副牌(deck)初始化为空集 *)
  (* k是1, 非k是0 *)
  For[n = 1, n <= 4, n++, deck = AppendTo[deck, 1]];
  For[n = 5, n <= 52, n++, deck = AppendTo[deck, 0]];
  count = 0; (* 将成功的次数初始化为 0 *)
  For[n  = 1, n <= numdo, n++,
   {
    hand = RandomSample[deck, 5]; (* 一手5张牌 *)
    numkings = Sum[hand[[k]], {k, 1, 5}];
    If[numkings == 2, count = count + 1];
   }]; (* 结束对n的循环 *)
  Print["Theory predicts prob exactly two kings is ",
```

```
    100.0 Binomial[4, 2] Binomial[48, 3]/ Binomial[52, 5], "%."];
    Print["Observed probability is ", 100.0 count/numdo, "%."];
    ];
```

考察 100 万种牌型后, 我们看到:

```
Theory predicts prob exactly two kings is 3.99298%.
Observed probability is 3.9965%.
```

把问题变得更难一点, 我们现在要问的是: 计算取到一个葫芦的概率, 并且这个葫芦是由 K 和 Q 组成的. 所以, 我们可能拿到 2 张 K 和 3 张 Q, 也可能拿到 3 张 K 和 2 张 Q. 我们把 K 表示成 1, 把 Q 表示成 10, 把其他所有牌都表示成 0. 如果我们取到了葫芦, 那么所有牌之和一定是 32 或 23; 于是, 我们需要的就是简单的 OR 比较 (Mathematica 中的代码是 ||). 有关这个方法的更多内容, 请参阅习题 5.1.1.

```
fullkingqueens[numdo_] := Module[{},
    deck = {}; (* 把一副牌(deck)初始化为空集 *)
    (* Q是10, K是1, 其他牌是0 *)
    For[n = 1, n <= 4, n++, deck = AppendTo[deck, 1]];
    For[n = 5, n <= 8, n++, deck = AppendTo[deck, 10]];
    For[n = 9, n <= 52, n++, deck = AppendTo[deck, 0]];
    count = 0; (* 将成功的次数初始化为0 *)
    For[n = 1, n <= numdo, n++,
     {
       hand = RandomSample[deck, 5]; (* 一手5张牌 *)
       numkings = Sum[hand[[k]], {k, 1, 5}];
       (* 想得到由Q和K组成的葫芦 *)
       (* 这手牌的和应该是23或32! *)
       If[numkings == 32 || numkings == 23, count = count + 1];
       }]; (* 结束对n的循环 *)
    Print["Theory predicts prob full house (Qs and Ks) is ",
     100.0 Binomial[2, 1] Binomial[4, 3] Binomial[4, 2]/
       Binomial[52, 5], "%."];
    Print["Observed probability is ", 100.0 count/numdo, "%."];
    ];
```

考察 1000 万种牌型后 (这次考察的牌型数是之前的 10 倍; 这样做是因为这个概率太小了, 我们需要更多的数据来确保值的真实性), 我们看到:

```
Theory predicts prob full house (Qs and Ks) is 0.00184689%.
Observed probability is 0.00168%.
```

最后, 我们从更一般的角度来考察葫芦的问题, 此时不考虑葫芦是由什么构成的. 如果我们要选的是两种花色, 那么情况就容易多了. 幸运的是, 我们可以调整上面的想法. 我们要做的是把 13 个点数依次表示为 $1, 10, 100, \cdots, 10^{12}$, 并让每个数重复出现 4 次, 这样就能构成一整副牌. 然后再从中取出 5 张, 并求出它们的和. 我们能取到一个葫芦, 当且仅当这个和的所有数位上的数字都是 0、2 和 3(并且 2 和 3 一定会出现). 利用 IntegerDigits 命令, 我们可以很容易地查看 2 和 3 是否出现, 该命令可以列出这个和的所有十进制位上的数字. 接下来两次使用 MemberQ 函数 (使用了一个 or 语句) 来确保 2 和 3 的确会出现.

```
fullhouse[numdo_] := Module[{},
   count = 0; (* 这是一个计数变量, 用来计算成功的次数 *)
   deck = {}; (* 初始化一副牌(deck); 所有牌依次记作1,10,100,1000,... *)
   For[n = 1, n <= 13, n++,
    For[j = 1, j <= 4, j++,
     deck = AppendTo[deck, 10^(n - 1)]
     ]]; (* for循环结束, deck被创建 *)
   For[n = 1, n <= numdo, n++,
    {
     hand = RandomSample[deck, 5]; (* 随机选取5张牌 *)
     value = Sum[hand[[k]], {k, 1, 5}]; (* 把这5张牌对应的数相加 *)
     (* 接下来的几行很巧妙. 如果这手牌的和是10 002 011, *)
     (* 就意味着1000出现了2次, 1、10和10 000 000分别出现1次, *)
     (* 这是为了进行检验! *)
     (* 要想得到一个葫芦, 唯一的办法是数位上出现一个2和一个3,
         或者数位上非零数字之积为6. 然而, 利用MemberQ对2、3进行检查
         会更容易; 我们会展示两种方法 *)
     valuelist = IntegerDigits[value];
     If[MemberQ[valuelist, 2] == True &&
       MemberQ[valuelist, 3] == True, count = count + 1];

     (* 下面展示如何利用数字之积来验证 *)
     (* ----------------- *)(*
     trimlist = {};
     For[j = 1, j <= Length[valuelist], j++,
     If[valuelist[[j]] > 1, trimlist = AppendTo[trimlist,
     valuelist[[j]]]
     ] ];
     If[Product[trimlist[[j]],{j,1,Length[trimlist]}] \[Equal] 6,
     count = count+1];
```

```
--------------- *)

}]; (* 结束对n循环 *)
Print["Prob of a full house: ",
  100.0 Binomial[13, 2] Binomial[2, 1] Binomial[4,
    3] Binomial[4, 2] / Binomial[52, 5], "%."];
Print["Observed prob: ", 100.0 count/numdo, "%."];
];
```

考察 200 万种牌型后, 我们发现:

```
Prob of a full house: 0.144058%.
Observed prob: 0.14615%.
```

3.6   总   结

虽然我们已经讨论了三种最重要的纸牌游戏 (以及广受欢迎的井字游戏), 但是只触及了几个大问题的表面. 也就是说, 尽管你掌握了处理这些问题的好方法, 但这些方法用起来并不总是那么容易和整洁. 我们看到可能情况的数量会快速地增长. 对于简单的问题, 我们也会一直担心有重复计数和遗漏某种可能性的问题. 如果能时刻保持警惕并做出恰当的删减, 是可以解决这些问题的, 但这种用蛮力的方法并不太好. 我们需要更好的解题方法.

我最喜欢的歌曲之一是肯尼·罗杰斯的《赌徒》(尤其是布偶版), 其中两句是:"每个赌徒都知道, 生存的秘密就是, 知道要扔掉什么, 知道要保留什么." 在概率论中, 这是一个极好的建议! 你要学会如何计数. 在前面的讨论中, 我们不断地抛弃一些东西, 并添加一些内容. 这样做虽然有用, 但会搞得一团糟. 在第 4 章中, 我们将学习如何顺利地完成这些计算.

3.7   习   题

习题 3.7.1   许多函数和序列都是用递推法来定义的. 在斐波那契数列 $\{F_n\}$ 中, 后续项被定义为前两项之和, 前两项通常是 0 和 1 或者 1 和 2(根据问题的不同, 每种定义都有其优点和缺点). 写出斐波那契数列的递推公式, 并利用该公式证明: 对于任意的 $n \geqslant 6$, 均有 $\sqrt{2}^n \leqslant F_n \leqslant 2^n$.

习题 3.7.2   抛掷一枚均匀的硬币 60 次, 计算恰好掷出 10 次正面的概率.

习题 3.7.3   从一副洗好的牌中抽取两张, 问这两张牌之和等于 21 的概率是多少?假设 10、J、Q 和 K 的值都是 10, A 牌的值是 11.

习题 3.7.4   假设一副牌中共有 40 张牌 (一副标准牌有 52 张, 把点数为 7、8 和 9 的牌从一副标准牌中去掉). 从中任取 5 张牌, 问取到顺子的概率是多少? 取到同花的概率呢? 取到皇家同花顺 (即从 10 开始的顺子, 并且所有牌具有相同的花色) 的概率是多少? 如果从 52 张牌中抽取, 那么这些概率会有不同吗?

习题 3.7.5 在不考虑次序的前提下, 把 6 个人分成每 3 人一组, 有多少种方法?

习题 3.7.6 在不考虑次序的前提下, 把 6 个人分成每 2 人一组, 有多少种方法?

习题 3.7.7 n 的**双阶乘**记作 $n!!$, 指的是: 从 n 到 2(如果 n 是个偶数) 或者从 n 到 1 (如果 n 是个奇数) 的所有奇偶性相同的数的乘积; 因此 $7!! = 7 \cdot 5 \cdot 3 \cdot 1 = 105$, 而不是 $(7!)! = 5040!$(注意 5040! 约为 $10^{16\ 473}$). 如此定义双阶乘的原因是, 这个表达式出现的频率远高于阶乘的阶乘. 证明: 把 $2n$ 个物体分成 n 对, 共有 $(2n - 1)!!$ 种方法. 这里的每一对都是无序且无标记的, 因此 $\{\{2,4\},\{1,3\}\}$, $\{\{2,4\},\{3,1\}\}$ 和 $\{\{1,3\},\{2,4\}\}$ 都是一样的.

习题 3.7.8 更一般地, 当不考虑次序时, 把 kn 个人分成每 k 人一组的 n 组有多少种方法?

习题 3.7.9 对于任意的 $m \in \{100, 1000, 10000\}$, 计算 $m!$ 的末端有多少个 0. 能否找到一个公式, 能够用来计算 $10^k!$ 的末端有多少个 0?

习题 3.7.10 假设一副牌有 s 种花色, 并且每种花色有 N 张牌. 我们正在玩 Aces Up 纸牌游戏, 但现在每个回合都有 s 张牌. 那么最后 s 张牌的花色各不相同的概率是多少?

习题 3.7.11 考虑更一般化的 Aces Up 纸牌游戏. 一共有 C 张牌, s 种花色, 且每种花色有 N 张; 所以, $C = sN$. 为了使得最后 s 张牌的花色各不相同的概率达到最大, s 和 N 的值应该是多少? 如果最后 s 张牌的花色全相同呢?

习题 3.7.12 考察一个 $n \times n$ 的井字游戏, 其中 n 是偶数. 考虑到所有对称性, 第一步有多少种不同的走法? 如果 n 是奇数, 情况又是怎样的?

习题 3.7.13 通过列变换和成对交换, 下面给出了《空当接龙》的牌局个数. 请指出哪里有重复计数的问题并做出解释. 我们一共有 52 张牌, 每张牌都有 2 个位置可供选择; 这就给出了 2^{52} 种可能的排法. 然后我们把列分成 2 组, 每组有 4 列; 每 1 组的列都有 4! 种可能的排法. 于是, 一共有 $2^{52} \cdot 4! \cdot 4! \approx 2.6 \times 10^{18}$ 种可能的牌局.

习题 3.7.14 在《空当接龙》中, 只要没有出现 2、8 和 A, 就可以通过重新对每 2 列的数进行排序来构造无法获胜的牌局. 有多少种新的排序方法? (如果了解《空当接龙》的游戏规则, 你就知道这个论证过程有多难. 例如, 只要没有 2 和 8, A 就会出现; 如果把 A 去掉, 那么游戏就结束了.)

习题 3.7.15 在玩桥牌时, 假设你和队友共有 $13 - k$ 张将牌, 那么你的两个对手就有 k 张将牌. 在两个对手之间, 这 k 张将牌是按照 $(k - n) - n$ 的方式进行分配的概率是多少? 也就是说, 有一个对手拿到了 $k - n$ 张将牌, 而另一个对手拿到了 n 张将牌.

习题 3.7.16 一个标准的顺子是由点数连续的 5 张牌 (它们的花色不一定相同) 构成的; A 可以是大牌, 也可以是小牌, 但不能既是大牌又是小牌. 间隔顺的不同之处在于相邻牌的点数之差是 2(例如, $4, 6, 8, 10, Q$). 那么任取的 5 张牌是间隔顺的概率为多少?

习题 3.7.17 对于一个固定的 n, 当 k 取什么值时, 二项式系数 $\binom{n}{k}$ 能够取到最大值?

习题 3.7.18 假设从 0 点开始; 我们向右移动 1 个单位的概率是 p, 向左移动 1 个单位的概率是 q. 在 n 步之后, 我们处于位置 k 的概率是多少? 这里的 k 是我们位于 0 点右侧的

距离. (提示: 分别考虑 n 是偶数和奇数的情况.)

习题 3.7.19 n 的双阶乘被定义为从 1 到 n 或者从 2 到 n 且奇偶性相同的全体整数的乘积; 于是 $6!! = 6 \cdot 4 \cdot 2$, 但 $7!! = 7 \cdot 5 \cdot 3 \cdot 1$. 我们可以把 $(2n-1)!!$ 写成 $a!/(b^c d!)$, 其中 a, b, c, d 都取决于 n; 请给出这个漂亮的公式! (提示: 其实 b 是个常数; 对于所有的 n, b 的取值保持不变.)

习题 3.7.20   在赛马中, 赌注押在赔率上. 如果你把赌注押在赔率为 5:1 的一匹马上, 那么你每赌 1 美元, 获胜后都会赢得 5 美元. 为了保证赌局的公平性, 这匹马获胜的概率应该是多少?

习题 3.7.21   在肯塔基赛马会上有 20 匹马. 无论你选择哪匹马, 每次下注都一样公平 (或不公平!). 有一匹马的赔率是 2:1, 另一匹马的赔率是 5:1, 有 3 匹马的赔率都是 7:1, 有 6 匹马的赔率都是 20:1, 而剩下 9 匹马的赔率都是 50:1. 那么下注 1 美元的平均收益是多少?

习题 3.7.22   有一种下注的方式是赌三连胜, 此时你要按顺序挑选出排名前三的马. 如果一共有 20 匹马参赛, 那么三连胜的可能情况有多少种?

习题 3.7.23   一种常见的赌博策略是, 对你所选 3 匹马的所有可能排列都下注. 求出所需的投注数量.

习题 3.7.24   教室里有 20 个学生在上概率论课, 其中有 10 个男孩和 10 个女孩. 他们坐在同一排的 20 个座位上. 那么男孩和女孩交替着坐的概率是多少 (假设座位是随机分配的)?

习题 3.7.25   教室里有 20 个学生在上概率论课, 其中有 10 个男孩和 10 个女孩. 他们坐在同一排的 20 个座位上. 那么任意 3 个男孩不相邻, 并且任意 3 个女孩也不相邻的概率是多少 (假设座位是随机分配的)? 如果教室里有 $2n$ 个学生, 情况又是怎样的?

习题 3.7.26   假设你正在面试两家公司的工作. A 公司有三名面试官, 其中两名面试官同意你入职的概率都是 p, 并且他们的选择是相互独立的. 第三名面试官用一枚均匀的硬币来做决定. 第二天你去 B 公司面试. 现在只有一个面试官, 他会选择你的可能性是 p, 而且昨天的面试结果不会影响他的决定. 看看哪个公司更有可能雇用你. (结果可能取决于 p.)

习题 3.7.27   重新做上一题, 但现在假设 A 公司的三名面试官同意你入职的概率都是 p, 并且他们的决定是相互独立的 (也就是说, 不再用投掷硬币的方法做决定).

习题 3.7.28   这是一个著名的问题: 在一个游戏节目中, 你要从三扇门中选择一扇. 有一扇门的后面是你梦想的奖品, 但在另外两扇门之后, 都放着一堆垃圾. 你选择了一扇门, 然后游戏节目主持人故意打开另一扇你没有选择的门, 从而让你总能看到一堆垃圾. 那么你会改变选择吗?

习题 3.7.29   双骰子赌博需要两颗骰子. 在第一个回合中, 如果两个骰子的总和为 7 或 11, 那你就赢了. 如果它们加起来等于 2、3 或 12, 那你就输了. 如果它们的和是其他某个值, 那么这个值就是所谓的 "点". 当出现这种情况时, 你继续掷骰子直到两个骰子的和等于第一个回合的 "点" 或 7. 如果先得到了 7, 那你就输了; 如果先得到 "点", 那你就赢了. 你赢的概率是多少?

习题 3.7.30　Cameron 和 Kayla 正在竞选大学理事会的主席. 一共有 N 个选民 (N 是任意一个固定的正整数), 计票员对选票进行逐一统计. 那么 Cameron 和 Kayla 的票数相等的概率是多少?

习题 3.7.31　考虑两块乐高积木, 每块积木都有 6 个突起和 6 个与突起相契合的位置. 如果这两块积木的颜色不同, 那么将它们组合在一起的独特方法有多少种. (记住各种对称性!) 假设积木必须按照正确的角度来连接.

习题 3.7.32　重新做上一题, 但现在假设两块积木没有任何区别.

习题 3.7.33　编写一个程序, 从实验角度验证我们通过模拟算出的不同扑克牌型的概率是正确的.

习题 3.7.34　在计算有一个玩家拿到了 13 张同花色牌的过程中, 我们面临的挑战是: 有效地验证这四个玩家中是否有一个拿到了 13 张相同花色的牌. 虽然我们一直用 1、2、3 和 4 来表示花色, 但还有一个更好的办法: 把花色表示成 1、100、10 000 和 1 000 000. 证明: 某人拿到 13 张相同花色的牌, 当且仅当他手中所有牌的花色之和等于 13、1300、130 000 或 13 000 000. 如果把花色表示成 1、10、100 和 1000, 上述结论还成立吗? 能否用 0 来表示某种花色?

第 4 章　条件概率、独立性和贝叶斯定理

C-3P0: 长官, 成功飞越小行星带的概率大约是 1/3720.

汉·索洛: 永远不要告诉我机会有多大.

——《星球大战 5: 帝国反击战》(1980)

我们已经讲过如何计算事件的概率. 在第 2 章中, 我们将重点放在了这门课的基础上 —— 公理以及一些最重要的结果. 在第 3 章中, 我们继续把这些结果应用到一些典型问题上. 这些问题主要来自纸牌游戏, 因为纸牌游戏非常有趣, 而且在概率的发展中起着重要的作用, 但我们也可以借鉴其他领域的一些例子.

当研究这些问题时, 我们遇到了困难. 我最喜欢 3.4.3 节中将牌的分配. 我们给出了两种不同的方法, 详细讨论了为什么第二种方法失败了, 并承诺要回过头来重新考察这一点. 现在是兑现承诺的时候了. 为什么第二种论证失败了? 它似乎是合理的, 看起来像是基于一个坚实的基础, 即每张牌都等可能地发给每个玩家. 哪里出错了?

事件不是孤立的, 某个事件的发生会对另一个事件发生的概率产生影响. 在计算时, 我们经常得到额外信息; **在已知其他事件发生的前提下**, 我们想知道某个事件发生的概率有多大. 这就是所谓的条件概率. 我们希望利用更多的基本结果来找到条件概率的简单公式, 并为此花费了大量时间, 但这样做是有充分理由的. 显然, 第一点是我们要有能力找到这些概率! 目前, 第二点并不很清楚, 却更重要. 我们将详细讨论怎样合理地猜测答案, 以及如何检验答案, 在此之后才会谈到证明. 随着学习的不断深入, 无论是在课堂上还是在工作中, 你最终会来到知识领域的边缘. 接下来就要看**你自己**了! 为了为那个有趣 (但有点可怕) 的日子做好准备, 我们将持续讨论如何看待这些公式. 思维过程非常重要, 而这项技能却很少得到练习. 大多数时候, 我们只是写出公式或方程. 这就像摩西回到西奈山, 并且从那里带回了刻着数学和科学准则的石碑 [1]. 我们的目标是帮助你为将来的探索做好准备.

 为了引入条件概率, 我们先热热身, 看看下面这个问题. 三名学生进入了一个房间, 他们每人头上都戴着一项白色或黑色的帽子. 每项帽子的颜色都是通过抛掷一枚均匀的硬币来决定的, 并且抛掷一枚硬币的结果对另一枚硬币没有任何影响. 因此, 对每个学生来说, 他戴两种颜色帽子的概率是相等的, 而且这三名学生是相

---

① 《圣经》记载, 上帝在西奈山将刻有 "十诫" 的石碑赐给摩西. —— 编者注

互独立的. 每个人都能看到其他两人的帽子, 但看不到自己的. 除了游戏开始前的一个初始策略会话外, 任何形式的交流都是不允许的. 一旦有机会看到其他人的帽子, 他们就必须马上猜出自己帽子的颜色或者弃权. 如果至少有一个人猜对且没人猜错的话, 那么他们就能共享 300 万美元奖金. 如果只有一个人说话且坚持说是白色, 那么他们就有一半的机会获胜. 令人惊讶的是, 他们还可以做得更好, 从而使得获胜概率比 50% 更大. 这看起来很令人吃惊, 因为每个人都看不见自己的帽子, 所以正确的概率应该只有一半! 稍后, 我们将在 4.2.3 节中再次讨论这个问题, 但是现在可以停下来自由地思考一下这个问题.

4.1 条件概率

无论在概率论课上还是在现实生活中, 我们总想知道某个事件发生的概率. 比如, 假设你计划今年 4 月在费城举办一场户外婚礼, 可能想知道下雨的概率 (好吧, 这个例子在几年后可能会更有意义. 如果愿意的话, 不妨假设自己想去费城看棒球赛). 你可以把费城去年的雨天总数除以 365, 但这是最好的方法吗? 费城在 4 月的降雨量通常比其他月份要多, 所以使用全年的平均降雨量并不会有太大的帮助. 我们想知道 (或估计)4 月的天气情况; 更具体地说, 想知道 4 月下雨的可能性. 在已知某个事件的前提下, 我们考察的焦点会集中在样本空间的一个子集上; 这类概率被称为**条件概率**, 记作 $\Pr(A|B)$, 读作"已知 B 时 A 的概率". 换言之, 这个概率指的是: 在事件 B 已经发生的前提下, 事件 A 发生的概率.

条件概率随处可见. 考虑下列可能的应用.

- 体育运动方面: 在一场足球 (美国人所说的英式足球) 比赛中, 已知埃弗顿队在第 75 分钟时以 $1-0$ 落后, 那么他们获胜的概率有多大? 对一个橄榄球队来说, 已知这是它的第四次进攻机会, 那么该队能再次取得第一次进攻机会的概率是多少? 如果一个曲棍球队已经换下了门将, 那么该队得分的可能性是多少? J. D. 德鲁所在的棒球队能打出 4 个连续本垒打的概率有多大? 如果该队没有 J. D. 德鲁, 情况又是什么样的?[①]
- 医疗保健方面: 对于一个 65 岁且不吸烟的病人来说, 他得心脏病的概率是多少? 在已知前两种药物都无效的前提下, 第三种药物能治好病人的概率是多少呢? 我刚做完一种罕见病的测试且结果是阳性, 那么我得这种疾病的可能性有多大?
- 政治方面: 在民意测试中, 她已经得到了 53% 的选票, 那么她在选举中胜出的概率是多少?

[①] 截至 2017 年, 这种情况只出现过 7 次; 其中有两次 J. D. 德鲁都是 4 名击球手之一 (有趣的是, 他每次都打出第二个本垒打). 所以, 如果想确保有连续的本垒打, 那么 ……

这些问题的共同之处在于：我们可以利用已知信息把一般的概率问题 (她在选举中获胜的概率是多少?) 转化成一个更具体的问题 (在知道了民意测试的数据后，她在选举中获胜的概率是多少?). 这些都涉及条件概率. 如果你此时正在思考"我们不是总有一些可用的额外信息吗?"，那么你的想法是完全正确的. 在很多方面，条件概率都是最常见且应用最广泛的概率形式. 因此，知道如何应用它是非常重要的.

　　我们再举一个例子. 在童年时代，我经常和奶奶一起看 *The Price is Right*(对我的孩子们来说，它堪比伟大的格莱美奖). 许多游戏都涉及大量的概率问题，但有一个环节很好地说明了条件概率，即大转盘游戏. 三个人依次转动大转盘 (参见图 4-1). 在这个转盘上共有 21 个数，分别表示从 0 美元开始，以 5 美分为增量直到 1 美元的 21 个不同价格. 每个玩家最多可以转动两次；如果你转动了两次，那么得分就是两次转动转盘的数之和. 得分最接近且不超过 1 美元的玩家获胜. 我们正在上概率论课，而不是站在人声喧闹的舞台上，所以不需要担心出现平局的情况. 不妨设我们先转动. 第一次转动得到的数满足什么样的分布? 第二次的数又是什么情况? 对于两次转动得到的结果，其概率分布是不一样的. 如果第一次的数较小，比如 10，那么我们会试着在第二次转动时得到 90 附近的数，这样才有机会接近 1 美元. 如果第一次的数较大，我们有可能选择不再转动! 现在假设我们是第三个玩家，那么数之和会满足什么样的分布? 这显然取决于前两个玩家的得分情况. 如果前两个玩家的得分都超过了 1 美元，那么第三个玩家就无须转动两次，此时第三个玩家的得分不可能超过 1 美元；然而，如果前两个玩家的最高分是 95 分，那么第三个玩家不得不转动两次且得分超过 1 美元的可能性非常大.

图 4-1　*The Price is Right* 节目中的大转盘. 图像版权属于 © the Pittsburgh Cultural Trust

4.1.1 猜测条件概率公式

现在, 有两件事很明确. 首先, 条件概率是有用的, 很多地方都会有所涉及. 其次, 我们需要找到计算条件概率的方法! 实际上, 我们有点贪心, 想要的不仅仅是计算条件概率的方法, 而且想找到一个**好**的计算方法. 当提到条件概率 $\Pr(A|B)$ 时, 什么方法才算**好**呢? 这里的好指的是用较简单的事件来表示一个漂亮简洁的公式.

在给出这个公式之前, 我们先看看能否找出它的一些特征. 在本章的导言中, 我们讨论了为什么要花时间来预测答案的形式. 在开始论证之前, 你应该先试着找出一个公式. 如果你对它的特点有一定的了解, 那么不仅能经常发现错误, 够幸运的话还能领悟到该如何证明. 第一个猜测是, $\Pr(A|B)$ 很有可能与下面两个基本事件的概率有关, 即 $\Pr(A)$ 和 $\Pr(B)$.

有没有可能存在一个合适的函数 F, 使得

$$\Pr(A|B) = F(\Pr(A), \Pr(B))?$$

不可能! 为什么呢? 要始终关注**极端情况**. 一种情况是, 让 A 等于 B; 另一种情况是, 让 A 等于 B^c(参见 B 的补集, 或者 B 不发生的事件). 这些都是很自然的情况, 它们是 A 和 B 充分接近或充分远离时的情况. 此外, 我们要选择那些容易计算条件概率的 A 和 B, 而且 (我们稍后会看到) 这些选择是非常好的. 在其他许多问题中, 尝试利用整个空间 Ω 和空集 $\varnothing$ 是个不错的主意. 遗憾的是, 在这里它们并不会带给我们帮助.

我们要为所有的概率赋值. 最简单的情形是所有事件的概率相等: $\Pr(A) = \Pr(B) = \Pr(B^c)$. 由于 $\Pr(B) + \Pr(B^c) = 1$, 因此这 3 个事件的概率都是 $1/2$. 于是

$$1 = \Pr(B|B) = F(1/2, 1/2) = \Pr(B^c|B) = 0.$$

为了看清这一点, 请大声朗读这些语句. 我们把 $\Pr(B|B)$ 读作: 已知 B 发生时, B 发生的概率; 它只能是 1. 同样地, $\Pr(B^c|B)$ 是已知 B 发生时, B 不发生的概率; 它就是 0. 如果答案只取决于 $\Pr(A)$ 和 $\Pr(B)$, 而与**事件 A 和 B 的本质无关**, 那么 $\Pr(B|B)$ 就必须等于 $\Pr(B^c|B)$, 这是很荒谬的. 我们已经证明了条件概率**一定**与 $\Pr(A)$ 和 $\Pr(B)$ 之外的东西有关. 只考察了一种极端情况, 我们就得到了一个相当好的回报.

这太难以置信了! 虽然还没有给出公式, 但我们已经知道它一定不是什么. 现在来看看它是什么. 我们知道, 答案肯定不是只与 $\Pr(A)$ 和 $\Pr(B)$ 有关的函数. 那么还有什么呢? 我们再读一遍这个表达式: 已知 B 时 A 的概率. 这意味着 A 和 B 都要发生, 所以我们应该把 $\Pr(A \cap B)$ 也考虑进来, 然后再寻找下列形式的公式

$$\Pr(A|B) = G(\Pr(A), \Pr(B), \Pr(A \cap B))$$

(记住, 交集意味着两者同时发生). 另外, 我们还有

- $\Pr(B|B) = 1$,
- $\Pr(B^c|B) = 0$, 并且
- $0 \leqslant \Pr(A|B) \leqslant 1$.

条件概率公式是由满足这三条性质的三个基本概率构成的, 由此我们得到一个简单的表达式: $\Pr(A \cap B)/\Pr(B)$(这里假设 $\Pr(B) > 0$; 但要注意当 $\Pr(B) = 0$ 时, $\Pr(A \cap B)$ 也等于 0, 此时表达式就变成了 $0/0$ 的不定式). 如果 $A = B$, 那么 $\Pr(A|B) = 1$; 如果 $A = B^c$, 那么 $\Pr(A|B) = 0$. 另外, 因为 $A \cap B \subset B$, 所以 $\Pr(A \cap B)/\Pr(B)$ 会始终介于 0 和 1 之间. 我们将在习题中解释如何得出这个猜想 (也可以参阅 2.7 节, 以了解更多相关内容), 但现在来看一个例子, 看看我们是如何进行猜测的.

4.1.2 期望计数法

我们将使用一种叫作**期望计数法**的方法. 假设某天你出去钓鱼, 并制定了以下规则: 一旦钓到鱼或者已经等待了 4 个小时 (不管哪种情况先发生), 就停止钓鱼. 另外, 假设你钓到鳟鱼的概率是 40%, 钓到鲈鱼的概率是 25%, 而没有钓到鱼的概率是 35%. 注意, 这些百分比之和是 100%, 而且你一天内最多钓到一条鱼. 如果我们知道有一天你钓到了一条鱼, 那么这条鱼是鳟鱼的概率是多少? 假设你钓了 1000 次鱼 (我们很快就会知道为什么选择 1000 这个数), 那么我们预测有 400 次钓到了鳟鱼, 250 次钓到了鲈鱼, 还有 350 次空手而归. 如果已知你钓到了一条鱼, 那么这条鱼是鳟鱼的概率是多少? 我们现在把范围**限制**在你钓到鱼的 650 次上, 其中恰有 400 次钓到了鳟鱼. 因此, 被钓到的这条鱼是鳟鱼的概率为 400/650, 约等于 61.5%. 为了验证我们的公式, 设 A 表示钓到了一条鳟鱼, B 表示钓到了一条鱼, 那么 $\Pr(A) = 0.40$, $\Pr(B) = 0.40 + 0.25 = 0.65$, $\Pr(A \cap B) = 0.40$(如果 A 发生, 这意味着我们已经钓到了一条鱼, 此时 B 肯定发生了). 这表明了 $\Pr(A \cap B)/\Pr(B) = 0.40/0.65$, 也就是 400/650, 这恰好等于之前的答案!

期望计数法是可行的, 因为所有的概率都按比例放大了相同的倍数. 我们没有写 400 和 200, 而是写成 $1000 \cdot \Pr(鳟鱼)$ 和 $1000 \cdot \Pr(鲈鱼)$. 为什么要写成这种形式呢? 主要原因是: 与记忆公式的方法相比, 期望计数法能够更加直观地解决条件概率问题. 与其求概率的比值, 不如考虑每个事件发生的期望次数, 然后对它们取恰当的比值. 在钓鱼的例子中, 钓鱼的总次数 1000 完全是随意选取的, 也可以随便另选一个数. 选择 1000 是因为它能使所有的期望值都是整数. 一般情况下, 我们会选择一个较大的数, 而且这个数要能被题目中的所有数整除.

我们使用的另一种方法是直接计算概率的比值. 假设有两个事件 A 和 B, 我

们想知道 $\Pr(A|B)$ 是多少. 如表 4-1 所示, 构造这样的表格会对我们产生很大帮助.

表 4-1 关于事件 A 和 B 的可能结果. 如果已知事件 B 发生, 那么只需考察 B 所在行的事件就行了

	A	A^c
B	$A \cap B$	$A^c \cap B$
B^c	$A \cap B^c$	$A^c \cap B^c$

如果只考察关于 A 和 B 的可能结果, 那么这样的结果有 4 个. (注意, A^c 和 B^c 分别表示 "A 不发生" 和 "B 不发生".) 但是, 如果已知事件 B 发生, 那么我们的考察范围就限定在表 4-1 中 B 所在的行上. 此时, 可能的结果只有 $A \cap B$ 和 $A^c \cap B$. 于是, 条件概率 $\Pr(A|B)$ 由下面的式子给出

$$\Pr(A|B) = \frac{\Pr(A \cap B)}{\Pr(A \cap B) + \Pr(A^c \cap B)} = \frac{\Pr(A \cap B)}{\Pr(B)}.$$

最后一个等号之所以成立是因为 $(A \cap B) \cup (A^c \cap B) = B$, 而且对于两个互不相交的集合的并, 其概率就是两个概率之和 (这是概率公理之一).

现在我们把结果记录下来.

> **条件概率**: 设 B 是满足条件 $\Pr(B) > 0$ 的事件. 那么已知 B 时 A 的条件概率就等于
> $$\Pr(A|B) = \Pr(A \cap B)/\Pr(B). \tag{4.1.2}$$

如果仔细阅读, 你可能会注意到上面的叙述多了一个新条件: $\Pr(B) > 0$. 当 $\Pr(B) = 0$ 时, 事件 B 不可能发生. 如果 B 不可能发生, 那么讨论已知 B 发生时 A 发生的概率是没有意义的! 幸运的是, 当 $\Pr(B) = 0$ 时 $\Pr(A \cap B)$ 也等于 0, 这样就得到了一个不确定的比值 0/0, 它警告我们正处在危险的边缘.

虽然我们对这个公式的合理性进行了长时间的讨论, 但还有一点值得研究. 条件概率公式实际上是对正则概率的推广! 我们可以把 $\Pr(A)$ 看作 $\Pr(A|\Omega)$; 由于 Ω 总会发生, 所以已知 Ω 发生时 A 的概率不会有任何变化. 确切地说, 由 Ω 是结果空间可得 $\Pr(\Omega) = 1$. 在数学中, 任何表达式都可以乘以 1. 学习如何做好这一点是最重要也是最难的技能之一. **乘以 1** 是种强大的技巧, 利用该技巧, 我们能把代数表达式写成更容易处理或者更具启发性的形式. 就条件概率而言, 因为 $A = A \cap \Omega$, 所以

$$\Pr(A) = \frac{\Pr(A \cap \Omega)}{1} = \frac{\Pr(A \cap \Omega)}{\Pr(\Omega)}.$$

注意, 最后一个表达式就是条件概率公式! 所有这些都是为了帮助我们看到 (再次看到!) 条件概率公式从何而来, 同时让我们通过思考来获得经验, 以便将来能找

到类似的公式.

4.1.3 文氏图法

我们看一些条件概率的例子.

例子: 在某个城镇里, 一个成年人拥有汽车或房子的概率是 90%. 如果有 70% 的成年人拥有汽车, 有 50% 的成年人拥有房子, 那么一个拥有房子的成年人也拥有汽车的概率是多少?

解答: 首先考虑一下, 我们真正想找的是哪个概率. 简单地说, 我们想计算一个拥有房子的成年人也有一辆车的概率. 可以把它重新写成: 在已知某成年人拥有房子的前提下, 他/她有一辆汽车的概率. 用事件 A 表示拥有一辆汽车, 用事件 B 表示拥有一套房子, 我们想求的就是 $\Pr(A|B)$. 由式 (4.1.2) 可知, $\Pr(A|B) = \Pr(A \cap B)/\Pr(B)$. 我们已经知道 $\Pr(B) = 0.5$, 所以只需要求出 $\Pr(A \cap B)$ 就行了. 不幸的是, 我们不知道 $\Pr(A \cap B)$ 是多少, 即某人同时拥有房子和汽车的概率. 因为不知道这个概率, 所以无法利用条件概率公式.

但是还有一线希望, 因为 $\Pr(A \cup B) = 0.90$. 既然我们已经知道了某人拥有房子或汽车 (或两者兼有) 的概率, 那么根据

$$\Pr(A \cup B) = \Pr(A) + \Pr(B) - \Pr(A \cap B) = 0.7 + 0.5 - \Pr(A \cap B)$$

就可以求出 $\Pr(A \cap B)$. 因为 $\Pr(A \cup B) = 0.9$, 所以 $\Pr(A \cap B) = 0.3$. 现在, 我们就能利用式 (4.1.2) 来计算条件概率了. 一个拥有房子的成年人也拥有汽车的概率是 $\Pr(A \cap B)/\Pr(B) = 0.3/0.5 = 0.6$.

我们画一张文氏图, 从而使这个问题更加形象化 (图 4-2). 几乎在所有数学课上, 教授都曾说过: "画一张图." 教授可能只是顺便提到这个建议; 也可能会为了让你留意这一点而跳起来向你扔粉笔. 不管是哪种情况, 都请记住这个建议; 忽视它就可能犯错. 通常, 只画一张图就足以突显不同的关系. 我们要做的是, 在文氏图中充分体现出对事件 A 和 B 的概率讨论. 为此, 我们引入新的变量 (w, x, y, z), 它们分别表示图 4-2 中 4 个区域的概率.

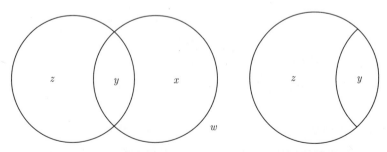

图 4-2 (左图) 房主和汽车问题的文氏图. (右图) 把范围限制到拥有房子的人群上

在这里, x 指的是只拥有汽车的人的百分比, z 表示只拥有房子的人的百分比, 而 y 表示同时拥有房子和汽车的人的百分比, 最后的 w 指的是既没有房子也没有汽车的人的百分比. 因此

$$w + x + y + z = 1.$$

就这个问题而言, $\Pr(A) = x + y$, $\Pr(B) = y + z$, 且 $\Pr(A \cap B) = y$.

虽然这是个好的开始, 但也显然只是个开始而已, 因为我们想知道 w, x, y 和 z 分别是多少. 利用题目给出的信息, 可以写出这些变量之间的关系式. 例如, 我们知道 90% 的人拥有房子或汽车, 这可以写成 $x + y + z = 0.9$. 类似的论证可以得出下列等式:

$$x + y + z = 0.9 \tag{4.1}$$

$$x + y = 0.7 \tag{4.2}$$

$$y + z = 0.5. \tag{4.3}$$

求解这个方程组有很多种方法, 由此可以得出 x, y 和 z 的值. 让式 (4.1) 减去式 (4.2) 得到了 $z = 0.2$. 然后让式 (4.1) 减去式 (4.3) 可以得到 $x = 0.4$. 现在就能求出 y 的值了, 即 0.3. 于是, 方程组的解是

$$x = 0.4$$
$$y = 0.3$$
$$z = 0.2.$$

因此, 一个人同时拥有房子和汽车的概率是 0.3. 在已知某人拥有房子的前提下, 他/她有一辆汽车的条件概率就是 $y/(y+z)$ (因为 $\Pr(B) = y+z$). 我们求出 $\Pr(A|B) = 0.3/(0.3 + 0.2) = 0.6$.

这个问题理解起来容易还是困难? 虽然我们按照标准做法把变量依次标记为 $(x, y, \cdots)$, 或者把集合依次标记为 $(A, B, \cdots)$, 但这个论证还是很难理解, 因为我们必须记住每个参数代表了什么. 一种解决方案是使用描述性名称. 我们可以使用 $x_{汽车}$, 但这可能引起混淆: 它代表的是有汽车的人, 还是只有汽车的人? 我们还可以使用 $x_{只有汽车}$, 但标签又太长了! 对于所讨论的事物, 我们可以用其名称的首字母作为参数: 用 C (即 car) 来代替 A, 用 H (即 house) 来代替 B. 我们有必要花些时间去考虑变量名, 而不是按字母顺序依次给出, 因为好的符号可以使论证更容易理解.

4.1.4 蒙提霍尔问题

下面是一个著名的问题, 人们已经对它展开了大量的讨论. 这个例子很好地说明了概率论在流行文化中是如何发挥作用的.

例子 —— 蒙提霍尔问题：假设你正在参加一个游戏节目. 在这个游戏中, 你可以在三扇门之间做出选择, 而且可以拿走这扇门后的东西. 一扇门的后面是一辆新车, 但另外两扇门之后都是山羊. 在你选定了一扇门之后 (不妨记作 1 号门), 节目主持人会打开 2 号门. 此时, 你会看到在 2 号门的后面是一只山羊. 之后, 主持人将允许你继续保持最初的选择, 或者重新选择 3 号门. 你会怎么做呢? (这个问题的名字来自于游戏节目 *Let's Make A Deal*, 其最初的主持人就是蒙提·霍尔.)

解答：除非你更喜欢山羊而不是汽车, 否则就应该重新选择最初没有选的那扇门. 这个不太直观的答案可以通过条件概率来更好地理解. 非常重要的一点是, 我们要明确一个隐藏的假设：当你没有选择有汽车的那扇门时, 蒙提·霍尔将不会打开有汽车的那扇门 (如果他打开, 那就没什么悬念了, 你也不需要再做任何决定. 这样的电视节目是很乏味的, 所以这种情况不会发生). 因此, 如果你没有选择汽车那扇门, 那么蒙提·霍尔只有唯一的选择; 但如果你选择了有汽车的那扇门, 蒙提·霍尔就可以打开剩下两扇门中的任意一扇. 在继续阅读之前, 请思考一下为什么这意味着你应该重新选择.

在第一次选择时, 你能选中有汽车的那扇门的概率是 1/3. 如果不换门, 那么你赢得汽车的概率仍然是 1/3. 当看到主持人打开的 2 号门有一只山羊后, 我们考虑 3 号门后是一辆汽车的概率. 设事件 A 表示 3 号门之后是一辆汽车, 事件 B 表示主持人打开了 2 号门, 那么由条件概率公式可得

$$\Pr(A|B) = \frac{\Pr(A \cap B)}{\Pr(B)} = \frac{1/3}{1/2} = \frac{2}{3}.$$

因此, 如果你能利用条件概率的知识去选择打开另一扇门, 那么赢得汽车的概率将从 1/3 提高到 2/3!

4.2　一般乘法法则

4.2.1　陈述

由式 (4.1.2) 可以推出另一个结论, 即一般乘法法则.

一般乘法法则：我们有

$$\Pr(A \cap B) = \Pr(A|B) \cdot \Pr(B).$$

已知 B 时, A 的条件概率乘以 B 的概率就得到了上面这个法则. 最初, 我们认为上述公式只能在 B 的概率不为零的情况下成立, 但直接的验证表明了当 B 的概率等于零时它仍然成立. 如果条件概率和 B 的概率都很容易计算, 那么利用一

般乘法法则可以很方便地求出事件 A 和 B 同时发生的概率. (当然, 由对称性可知 $\Pr(A \cap B) = \Pr(B|A)\Pr(A)$ 也应该成立, 稍后将详细介绍这一点.)

4.2.2 扑克牌的例子

我们看另一个例子. 仔细观察, 看看这是不是一个解决问题的好方法.

恰有三条的例子: 假设你正在打扑克牌, 用的是一副标准牌. 如果你已经拿到了两张 J 和一张 4, 那么最终恰好拿到三条的概率是多少? (需要说明的是: 如果我们有一个三条和一个对子, 那么出现 3 次的点数只有一个; 出现 4 次的点数不被计算在内. 我们考察的点数必须恰好出现 3 次: 既不能多, 也不能少.)

解答: 我们要做的第一件事就是认识到这是一个条件概率问题. 关键的语句是 "如果你已经拿到了 ……"; 只要看到 "如果" 或者 "已知", 就要意识到这里可能会用到条件概率. 这的确是一个条件概率问题: 在给定的初始条件下, 拿到某种特定牌型的概率是多少. 我们可以采用上个例子的方法, 先求出 $\Pr$("特定牌型" 并且 "初始条件") 和 $\Pr$("初始条件"), 然后再计算两者的比值. 不幸的是, 在本题中, 利用这种方法来计算就是一场噩梦. 这个问题还有一个更好的解决方法. 现在思考一下如何得到三条. 因为还有 2 张牌没拿, 所以拿到 3 张点数相同的牌的方法只有又拿到了一张 J, 或者又拿到了 2 张 4 (因为只有 5 张牌, 所以不可能同时拿到 3 张 J 和 3 张 4). 我们来考察每种可能的情况. 现在还剩下 49 张牌并且点数为 4 的牌有 3 张, 那么先拿到一张 4 的概率是 3/49; 接着又拿到第二张 4 的概率是 2/48(已知拿到了一张 4). 因此, 我们拿到的牌中恰有 3 张 4 的概率是 $\frac{3}{49} \cdot \frac{2}{48} = \frac{1}{392}$, 或约为 0.26%.

简单提一下, 注意我们拿到 2 张 4 的概率也涉及条件概率. 由一般乘法法则可知 $\Pr(A \cap B) = \Pr(A|B) \cdot \Pr(B)$. 因此, $\Pr$("取到的第二张牌是 4" 并且 "取到的第一张牌是 4")$= \Pr$("取到的第一张牌是 4")$\cdot \Pr$("取到的第二张牌是 4"|"取到的第一张牌是 4")$= \frac{3}{49} \cdot \frac{2}{48}$, 这恰好等于前面的结果. 非常幸运, 我们能轻松地计算出 "已知取到的第一张牌是 4 时, 取到的第二张牌也是 4" 的条件概率. 实际上, 这就是条件概率有广泛应用的原因.

现在, 我们来考虑恰好拿到一张 J 的情况. 一共剩下 49 张牌: 2 张 J 和 47 张点数不是 J 的牌. 我们可能先拿到了一张 J, 然后拿到一张不是 J 的牌, 出现这种情况的概率是 $\frac{2}{49} \cdot \frac{47}{48}$; 另外, 我们也可能先拿到了一张不是 J 的牌, 然后拿到一张 J, 出现这种情况的概率是 $\frac{47}{49} \cdot \frac{2}{48}$. 这两个概率是相等的, 它们的和是 $2 \cdot \frac{2 \cdot 47}{48 \cdot 49} = \frac{47}{588} \approx 0.08$, 或约等于 8%. 另外还要注意, 我们正在考察最终拿到 3 张 J 和 2 张 4 的情况. 如果能看出这个概率是错误的, 那很不错; 由于现在只有 46 张可用的牌 (而不是 49 张), 因此这里的分析要有一点变化.

现在我们已经求出了拿到 3 张 4 和 3 张 J 的概率, 那么拿到三条的概率是多少? 因为只有 5 张牌, 所以我们不可能同时取到 3 张 J 和 3 张 4; 因此, 拿到三条的概率就是拿到 3 张 J 的概率加上拿到 3 张 4 的概率, 即

$$\frac{1}{392} + \frac{47}{588} = \frac{97}{1176} \approx 8.25\%.$$

等一下! 解决上面这个问题的方法似乎有些奇怪. 虽然意识到了这是个条件概率问题, 但我们并没有使用 $\Pr(A|B) = \Pr(A \cap B)/\Pr(B)$! 发生了什么呢? 不要担心, 我们把这个问题看作条件概率问题是没错的. 这里确实使用了条件概率, 只是形式不同而已. 在已知拿到的第一张牌是什么的前提下, 当我们讨论第二次拿到某张牌的概率时, 就用到了条件概率. 虽然可以按照传统方式用公式来求解, 但还可以用另一种方法更加轻松地解决问题. 我们要做的就是利用给定信息直接求出已知 B 时事件 A 的概率. 现在我们用更 "传统" 的方法来解决这个问题.

我们要做的第一件事是明确 A 和 B 是什么. 事件 B 表示 5 张牌中的前 3 张牌是 2 张 J 和一张 4, 事件 A 指的是这 5 张牌中恰有 3 张 J 或 3 张 4. 我们先来计算较容易求的 $\Pr(B)$. 取出 5 张牌这件事并不重要, 最后 2 张牌可以任意取. 重要的是, 前 3 张牌中有 2 张 J 和一张 4. 计算这个概率的一个好方法是认为它等于 $\binom{4}{2}\binom{4}{1}/\binom{52}{3} = 6/5525$. 为什么呢? 我们必须从 4 张 J 中选出 2 张, 还要从 4 张 4 中选出一张, 然后再除以从 52 张牌中选出 3 张的方法数. 这比研究取到 2 张 J 和一张 4 的 3 种不同方法要快一些: JJ4、J4J 和 4JJ.

我们还剩下一个较难处理的事件. $A \cap B$ 的概率该怎么算? 它意味着我们会拿到 3 张 J 或 3 张 4, 并且前 3 张牌是 2 张 J 和一张 4. 一种方法是先选出前 3 张牌, 然后再看剩下的 2 张牌. 但是请注意, 一旦开始这样做, 我们就会像之前那样来处理问题!

在这里, 我们学到了一个教训, 那就是有时使用条件概率公式更容易, 但有时利用给定信息直接计算会更容易.

4.2.3 帽子问题和纠错码

我们回过头来看本章前面的谜题, 即三个人戴三顶帽子的问题. 解题的思路是: 每个人**仅**在看到两顶相同颜色的帽子时才开口说话 (你看到条件概率了吗), 而且要说相反的颜色. 为什么要这样做? 帽子的颜色共有 8 种可能的分法: WWW、WWB、WBW、BWW、WBB、BWB、BBW 和 BBB(W 代表白色, B 代表黑色). 注意, 三顶帽子的颜色完全相同的情况只有 2 种. 在这些情况下, 每个人都会说出相反的颜色; 此时, 三个人都说错了. 其余 6 种情况都有两顶相同颜色帽子, 而第三顶帽子是另一种颜色. 在这些情况下, 只有一个人能看到两顶相同颜色的帽子. 这个人会说出正确的颜色, 且其余两人保持沉默. 因此, 我们能猜对 8 种情况中的 6 种, 或者说赢的概率是 75%! 注意, 每个人都有一半的机会说错; 我们能做的就是列出错误的结果 (所以当我们说错时, 我们就**真的**错了!), 表 4-2 阐明了这一点.

表 4-2 对这 8 种情况的分析

结果	第一个人说	第二个人说	第三个人说	第一个人	第二个人	第三个人	结果
WWW	B	B	B	×	×	×	失败
WWB			B			√	成功
WBW		B			√		成功
BWW	B			√			成功
WBB	W			√			成功
BWB		W			√		成功
BBW			W			√	成功
BBB	W	W	W	×	×	×	失败

这不仅仅是条件概率的一个简单的例子, 在纠错码的生成中也起着关键的作用. (这是一种传输信息的方法. 接收方不仅能够检测出错误, 还可以在不需要额外信息的情况下对它进行修复!) 要了解更多信息, 请参阅 [CM](或上网查找 **(3,1) 汉明码**).

4.2.4 高等注解: 条件概率的定义

最后, 我们给出一个高等注解. 如果不感兴趣, 你可以放心地跳过本节, 因为它与本书的其他部分无关. 为什么条件概率被简单地"定义"为 $\Pr(A|B) = \Pr(A \cap B)/\Pr(B)$? 这个定义能否从前面的概率公理中推导出来? 是可以的, 但我们需要再多给出一些假设, 现在就来做这件事. 假设我们考察的概率空间是 (Ω, Σ, P), 但事件 B 的发生使得概率分布变成了 P_B. 那么现在事件 A 发生的概率是多少? 我们需要做两个假设: 首先, 因为 B 已经发生, 所以 $P_B(A) = 0$ 对所有的 $A \subset B^c$ 均成立; 其次, 我们不希望概率的相对大小发生变化. 也就是说, 如果 $A, C \subset \Omega$ 与 B 不是不相交的, 那么

$$\frac{P_B(A)}{P_B(C)} = \frac{P(A \cap B)}{P(C \cap B)}.$$

注意, 由此可知, 存在某个常数 α, 使得 $P_B(A) = P(A|B) = \alpha P(A \cap B)$. 为了看出这一点, 我们选择一些特殊的集合. 最常见的两种做法是让 $C = B$, 或者让 $A = B$. 因为要把 A 看作一般集合, 所以我们尝试第一种做法. 当 $C = B$ 时, 有 $P_B(C) = 1$(这是因为 $C = B$, 而且当已知 B 发生时 B 的概率是 1!) 和 $P(C \cap B) = P(B)$(因为此时 $C \cap B$ 就是 B). 我们看到 $P_B(A)$ 等于 $P(A \cap B)/P(B)$. 因此, $\alpha = P(B)$.

我们举个例子. 事件 A_s 表示独立地抛掷两颗均匀的骰子, 它们的和等于 s. 事件 B 表示第二颗骰子的点数是 3. 我们来计算 $P_B(A_s)$, 即已知第二颗骰子是 3 的前提下, 两颗骰子之和是 s 的概率. 由于第 1 颗骰子的点数可能是 $\{1, 2, \cdots, 6\}$ 中的任何一个, 因此两颗骰子之和必须在 4 和 9 之间取值. 于是, 当 $s \leqslant 3$ 或 $s \geqslant 10$ 时, $P_B(A_s) = 0$, 所以我们要把注意力集中在 $4 \leqslant s \leqslant 9$ 上.

首先注意到, 由于掷出一个 3 的概率是 1/6, 所以 $P(B) = 1/6$. 当 $4 \leqslant s \leqslant 9$ 时, $P(A_s \cap B)$ 是多少呢? 对于每一个 s, 为了保证第一颗骰子的点数加上 3 之后等于 s, 第一颗骰子有且只有一种可能的取值. 因此, 在 36 对可能的结果中, 每个 A_s 只包含其中的一对. 例如, A_4 包含的结果是 $(1,3)$, A_5 包含的结果是 $(2,3)$, 等等. 因此, 对于每一个 s, 均有 $P(A_s \cap B) = 1/36$. 把这些结果组合在一起, 由上面的公式可得: 当 $4 \leqslant s \leqslant 9$ 时, 条件概率 $P_B(A_s) = P(A_s|B)$ 就是 $P(A_s \cap B)/P(B) = (1/36)/(1/6) = 1/6$; 否则为 0.

通过快速检验, 我们可以看出这个结果是非常合理的. 已知 B 发生的前提下, 两颗骰子之和不可能小于 4 或大于 9, 而剩下的 6 种可能情况应该是等可能的, 这恰与上面的结果相吻合. 注意, 已知 B 时 A_s 的条件概率与 A_s 的概率是完全不同的, 这是因为 $P(A_2) = P(A_{12}) = 1/36$, $P(A_3) = P(A_{11}) = 2/36, \cdots, P(A_7) = 1/6$.

4.3 独 立 性

概率论中最重要的概念之一是**独立性**. 通俗地说, 如果两个事件不相互影响, 那么就说它们是相互独立的. 这意味着, 从某个事件发生无法推出另一个事件发生的可能性. 我们已经在前几页中给出了粗略的定义. 例如, 当你抛掷一枚硬币时, 它正面朝上的概率不应该受到上一次结果的影响. 因此, 除非发生了一些奇怪的事情, 我们可以认为连续抛掷硬币是相互独立的事件. 虽然独立性看起来是个相当直观的概念, 但有时也会让你感到非常棘手. 因此, 我们需要一个清晰明确的定义, 而利用条件概率就可以给出一个这样的定义. 请注意下面的定义是 "暂时" 的. 这样做是因为它巧妙地假设了一个不必要的额外事实. 在继续往下读之前, 看你能否找出意外的假设.

> **独立性的暂时定义**: 考虑事件 A 和 B. 如果
> $$\Pr(A|B) = \Pr(A),$$
> 那么我们暂时说 A 和 B 是**相互独立的**. 也就是说, 如果事件 B 的发生不会改变事件 A 发生的概率, 那么 A 和 B 就是**相互独立的**.

如果认真思考一下这个定义, 我们就会意识到它给出了独立性的核心内容. 如果 $\Pr(A|B) = \Pr(A)$, 那么由事件 B 的发生得不到有关事件 A 的任何信息. 在抛掷硬币的例子中, 虽然上一次掷出了正面, 但这并没有告诉我们下一次会掷出正面的概率是多少.

正如你想象的那样, 研究独立事件是件非常美妙的事. 在 4.2 节中, 我们给出了一般乘法法则:
$$\Pr(A \cap B) = \Pr(A|B) \cdot \Pr(B).$$

但是, 现在假设 A 和 B 是相互独立的事件. 这意味着 $\Pr(A|B) = \Pr(A)$, 于是

$$\Pr(A \cap B) = \Pr(A) \cdot \Pr(B). \tag{4.4}$$

这是个非常好的结果, 我们可以求出两个事件同时发生的概率, 而不必计算条件概率. 在接下来的几章中, 当开始讨论随机变量时, 我们会看到更多独立性的例子.

为什么称上述定义是独立性的 "暂时" 定义? 记得我们求已知 B 时 A 的条件概率时, 要求 B 的概率不为 0. 因此, 如果 B 不发生, 那么我们就无法讨论独立性. **此外, 这里还应该有对称性!** 如果 A 和 B 是相互独立的, 那么 B 和 A 也是相互独立的, 我们的定义应该反映出这一点.

可以看到, 原来的定义是不完善的. 幸运的是, 我们已经在式 (4.4) 中看到了解决方案. 注意这里的对称性; 另外, 当所有概率都为 0 时, 这个等式是有意义的. 因此, 两个事件独立性的正确定义是

> **独立性 (两个事件)**: 如果事件 A 和 B 满足
>
> $$\Pr(A \cap B) = \Pr(A) \cdot \Pr(B),$$
>
> 那么 A 和 B 就是独立的.

三个或更多个事件的独立性该如何定义? 我们对两个事件独立性的定义可以扩展到三个或更多的事件上.

> **独立性 (三个事件)**: 如果事件 A, B 和 C 满足
> (1) $\Pr(A \cap B \cap C) = \Pr(A) \cdot \Pr(B) \cdot \Pr(C)$, 并且
> (2) 其中任意两个事件都是独立的,
> 那么 A、B 和 C 就是**相互独立的**.

注意, 第二个条件意味着 $\Pr(A \cap B) = \Pr(A) \cdot \Pr(B)$, 并且对 $\Pr(A \cap C)$ 和 $\Pr(B \cap C)$ 也有同样的结果. 如果有 n 个独立的事件, 那么其中任意多个事件也应该是独立的. 这似乎是合理的, 是条件 (2) 所描述的内容. 另外, 还应该有一些关于所有事件的陈述, 也就是条件 (1). 更一般的情况是, 对于 n 个事件 $A_1, \cdots, A_n$, 如果类似的公式适用于这些事件的任意组合, 那么就称 $A_1, \cdots, A_n$ 是独立的.

> **独立性 (一般情形)**: 如果事件 $A_1, \cdots, A_n$ 满足
> (1) $\Pr(A_1 \cap \cdots \cap A_n) = \Pr(A_1) \cdots \Pr(A_n)$, 并且
> (2) $\{A_1, \cdots, A_n\}$ 的任意一个非空子集都是相互独立的,
> 那么 $A_1, \cdots, A_n$ 就是相互独立的.

关于三个或更多个事件的独立性, 这里有个重要的警告: 当任意两个事件都独立时, 三个或更多事件可能会相互依赖. 例如, 抛掷一枚骰子两次. 设

- A 表示第一次掷出了一个偶数,
- B 表示第二次掷出了一个偶数,
- C 表示两次掷骰子的点数之和是个偶数.

我们有

$$\Pr(A \cap B) = \Pr(A) \cdot \Pr(B)$$

$$\Pr(A \cap C) = \Pr(A) \cdot \Pr(C)$$

$$\Pr(B \cap C) = \Pr(B) \cdot \Pr(C).$$

但是,

$$\Pr(A \cap B \cap C) \neq \Pr(A) \cdot \Pr(B) \cdot \Pr(C),$$

这是因为 $\Pr(A \cap B \cap C)$ 是第一次和第二次都掷出了偶数的概率 (如果两次的点数都是偶数, 那么它们的和一定是偶数, 这就是出现问题的原因). 于是, 我们一定有 $\Pr(A \cap B \cap C) = \frac{1}{4}$; 但如果这三个事件是独立的, 那么由公式可得

$$\Pr(A \cap B \cap C) = \Pr(A) \cdot \Pr(B) \cdot \Pr(C) = \frac{1}{2} \cdot \frac{1}{2} \cdot \frac{1}{2} = \frac{1}{8}.$$

这里有什么问题? 问题是, 尽管这三个事件中的任意两个是相互独立的, 但当 A 和 B 发生时, C 就**必然**会发生. "必然" 这个词体现出了三个事件的依赖关系. 如果某事 "必然" 发生, 那么我们就得到了它们之间的信息!

为了好玩, 试着找出一组事件 A, B, C, D, 使得其中任意三个事件都是相互独立的, 但全部四个事件不相互独立! 另外, 找出三个事件 A、B 和 C, 使得 $\Pr(A \cap B \cap C) = \Pr(A)\Pr(B)\Pr(C)$, 但它们不独立.

具有统计学经验的学生请注意: 独立性的概念在统计学中非常重要. 对于有这方面经验的学生来说, 这部分内容可能被称为相关思维的概念. 对于那些没有统计学背景的人来说, 如果随机变量 X 和 Y 具有线性关系, 那么就称它们是相关的. 两个变量之间的相关性用相关系数来表示, 其值介于 -1 和 1 之间. 如果 X 和 Y 的相关系数是 0, 就称它们是不相关的. 独立性和不相关这两个概念很相似, 但重要的是要注意它们是无法互换的. 由随机变量的独立性可以推出它们是不相关的, 但两个不相关的变量并不一定是独立的. 这里只有单向的蕴含关系是因为, 独立性要求两个变量完全不相关, 但两个变量只要没有线性关系就是不相关的. 具有平方关系的两个变量可以是不相关的, 但不可能是独立的.

4.4　贝叶斯定理

此时, 如果你想了解一般乘法法则的某个特性, 那么回过头来看一下似乎是个正确的选择. 这个法则告诉我们

$$\Pr(A \cap B) = \Pr(A|B) \cdot \Pr(B).$$

把它翻转一下! 根据 $B \cap A = A \cap B$, 是不是也得到了

$$\Pr(A \cap B) = \Pr(B|A) \cdot \Pr(A)?$$

我们可以这样做吗? 的确可以! 记住 $A \cap B$ 和 $B \cap A$ 是同一个事件, 它们都表示 A 和 B 同时发生. 因此, 我们一定有 $\Pr(A \cap B) = \Pr(B \cap A)$. 由此可以推出下面的结论, 即贝叶斯定理.

贝叶斯定理: 由一般乘法法则可以推出: 对于事件 A 和 B, 有

$$\Pr(B|A) \cdot \Pr(A) = \Pr(A|B) \cdot \Pr(B).$$

因此, 只要 $\Pr(B) \neq 0$, 我们就有

$$\Pr(A|B) = \Pr(B|A) \cdot \frac{\Pr(A)}{\Pr(B)}.$$

上述内容的关键思路是**可交换性**: $A \cap B = B \cap A$. 我们会不断地看到由可交换性推出的结论, 其中一个很好的结论涉及卷积以及独立随机变量之和的矩母函数 (参阅 19.5 节中关于卷积交换性的证明).

在 4.6 节中, 我们会探讨贝叶斯定理的一般版本. 虽然这是一个非常有用的结果, 但很多学生在初次使用它时都会遇到麻烦. 我认为它是概率论入门课中混乱的重要来源 (其他重要来源是第 3 章中的离散组合问题, 所以请打起精神, 我们首先要讲的是最糟糕的内容).

为了帮助理解, 我们也会使用期望计数法来解决这些问题. 贝叶斯定理在许多场合中得到了使用、误用和争论. 我最喜欢在法庭上旁听对贝叶斯定理的讨论. 没错, 就是法庭! 仔细想一下这个问题, 你就不会觉得不合理了. 检方正在试图证明, **鉴于所有这些信息**, 被告有罪的可能性非常高 (用他们的行话来说, 这种高概率 "超出了合理的怀疑"). 与此同时, 辩方正在试图反驳. 这一切都可以归结为计算给定信息的概率. 所以, 就像概率论课和作业起初看起来似乎很难, 而且你很担心你的生活取决于一个好成绩那样, 请放心, 事实并非如此! 有一个在法庭上使用贝叶斯定理的故事, 见《卫报》文章 *A Formula for Justice*. 遗憾的是, 法官裁定贝叶斯定理不能再使用. 在众多帖子中, 我最喜欢的一个来自于 pseudosp1n(发表于 2011 年 10 月 3 日 12:03 am): "难道你不应该被陪审团审判吗? 如果我正在受审, 而陪审团无法理解贝叶斯定理, 那么我认为他们没有资格辩护, 他们的判决当然也不适用于我."

现在我们来考察一个典型的贝叶斯问题. 这个问题很无聊, 也许看起来并不那么重要. 这些评价确实是有道理的, 但是由于这类问题在课程中很常见, 所以我们

有必要看一个例子. 作为奖励, 之后我们会讨论一个具有大量应用的突出问题!

例子: 假设有 40% 的成年人养狗, 而每年有 20% 的养狗人会得流感. 如果每年有 15% 的成年人会得流感, 那么已经得流感的某个人养狗的概率是多少?

解答: 我们用 D 来表示养狗这件事, 用 F 来表示得流感这件事, **虽然也可以分别用 A 和 B 来表示, 但这里的符号更具有启发性**. 我们希望求出已经得流感的某个人养狗的概率 —— 用数学语言来说, 即 $\Pr(D|F)$. 我们知道某人养狗的概率是 0.4, 即 $\Pr(D) = 0.4$, 某人得流感的概率是 0.15, 即 $\Pr(F) = 0.15$. 最后, 我们还知道每年有 20% 的养狗人会得流感, 所以 $\Pr(F|D) = 0.2$. 因此, 由贝叶斯定理可知

$$\Pr(D|F) = \Pr(F|D) \cdot \frac{\Pr(D)}{\Pr(F)} = 0.2 \cdot \frac{0.4}{0.15} \approx 0.53.$$

如果你无法理解为什么由贝叶斯定理可以推出概率 0.53, 那么可以利用期望计数法来解决这个问题, 如表 4-3 所示. 假设一共有 100 个人. (我们之所以选择 100, 是因为它能确保我们在解决问题时得到的人数是整数. 你可以选择想要的任何数.) 我们预计有 40 个人养狗, 而这 40 个人中有 8 人得流感. 由于每年有 15% 的人得流感, 所以预计会有 15 个人生病. 因此, 在 15 个生病的人中, 有 8 个人养狗. 于是, 已经得流感的某个人养狗的概率是 $8/15 \approx 0.53$. 在不明确使用贝叶斯公式的情况下, 期望计数法是解决这类问题的一种好方法.

表 4-3　在 100 个人中, 养狗人和流感病例的预期详情. 由于 15 个生病的人中有 8 个人养狗, 所以已经得流感的某个人养狗的概率是 $8/15 \approx 0.53$

	生病	没生病	总数
养狗的人	8	32	40
没养狗的人	7	53	60
总数	15	85	100

现在继续讨论已承诺的重要问题. 在下面的讨论中, 需要引入划分的概念. 在这里我们只简要地介绍一下, 之后会在 4.5 节中对划分展开详细讨论.

例子: 在全国范围内, 每 15 000 个人中就有一个人感染结核病. 假设你所在的城镇出现了一次结核病恐慌; 为了简单起见, 不妨设该城镇的结核病发病率与全国平均水平相同. 为了安全起见, 你去医院检查是否感染了这种疾病. 医生告诉你, 这个测试出现假阳性的概率是 1%, 也就是说, 每 100 个健康人中会有一个人的测试显示为阳性. 医生还透露, 这个测试的假阴性率为 0.1%, 即每 1000 个得病的人中只有一个人的检测会显示为阴性. 假设你的检测为阳性, 那么感染结核病的概率是多少?

解答: 在阅读解决方案之前, 先猜一下这个概率. 很多人猜测这个概率会很高, 经常出现在 90% 以上的范围内. 毕竟, 测试是阳性的! 然而, 事实证明这个概率是

相当小的. 这是个很棒的问题, 因为它演示了非直观的概率推理是如何展开的.

我们将再次用到条件概率. 现在, 我们知道 Pr(阳性 | 健康) 和 Pr(阴性 | 得病), 希望求出 Pr(得病 | 阳性). 注意, 我们再次使用了恰当的描述性标签来表示事件; 我完全鼓励你这么做. 这些问题已经够复杂了, 花点时间来选择合适的符号可以很轻松地阅读, 看出每一项都代表了什么.

根据贝叶斯定理, 我们知道

$$\Pr(\text{得病} \mid \text{阳性}) = \frac{\Pr(\text{得病})}{\Pr(\text{阳性})} \cdot \Pr(\text{阳性} \mid \text{得病}).$$

如果我们知道得病的概率是 1/15 000, 而病人的检测结果为阳性的概率是 0.999, 那么得到阳性结果的概率是多少? 很重要的一点是, 要意识到这里没有直接给出这个信息, 需要利用给定的信息求出 Pr(阳性).

我们可以利用划分来求出这个概率. 4.5 节会更详细地讨论划分, 这里只需要划分成两种可能情况 (这两种情况是 "得病" 和 "没得病").

划分把事件分割成了互不相交的事件. 设 A 和 B 是两个事件, 那么

$$A = (A \cap B) \cup (A \cap B^c),$$

我们把 A 写成了两个互不相交的事件的并. 由概率公理可知,

$$\Pr(A) = \Pr(A \cap B) + \Pr(A \cap B^c).$$

我们还可以进一步简化. 利用条件概率, 我们得到

$$\Pr(A \cap B) = \Pr(A|B)\Pr(B) \text{ 和 } \Pr(A \cap B^c) = \Pr(A|B^c)\Pr(B^c).$$

这就是称之为划分的原因. 我们把 A 发生的概率分成了两部分, 一部分涉及 B 发生, 另一部分涉及 B^c 发生. 因为 B 和 B^c 不可能同时发生, 所以我们把概率划分成了两种互不相交的情况.

我们使用 "得病" 和 "没得病" 这个划分. B 就表示得病的事件, B^c 表示健康 (即 "没得病") 的事件, 而 A 就是测试显示为阳性这一事件. 我们有

$$\Pr(\text{阳性}) = \Pr(\text{阳性} \mid \text{得病})\Pr(\text{得病}) + \Pr(\text{阳性} \mid \text{健康})\Pr(\text{健康})$$

$$= 0.999 \cdot \frac{1}{15\ 000} + 0.01 \cdot \frac{14\ 999}{15\ 000} \approx 0.01.$$

这给出了

$$\Pr(\text{得病} \mid \text{阳性}) = \frac{1/15\ 000}{0.01} \cdot 0.999 \approx 0.0066.$$

你有没有想到概率会这么低?

我们试着在这里使用可靠的期望计数法. 假设有 1500 万人. (同样地, 1500 万这个数只是为了方便我们得到整数多个人. 它源自于问题中的 15 000, 通过在末尾

补充几个 0 来确保所有的派生量都是整数.) 那么我们预计其中有 1000 人被感染 (让感染率 1/15 000 乘上 1500 万倍), 而其余人不会被感染. 在被感染的人群中, 预计有 999 个人的检测会显示阳性, 而在 14 999 000 个没有被感染的人中, 预计有 149 990 个人的检测会显示阳性. 因此, 一共有 149 990 + 999 = 150 989 个人的检测是阳性, 而其中真正得病的只有 999 个人. 所以, 当你的检测为阳性时, 真正得病的概率为 999/(149 990 + 999) ≈ 0.0066. 从直观上看, 结果如此之低的原因是疾病最初的发病率太小.

在如图 4-3 所示的树形图中, 我们可以看到更加形象的期望计数法.

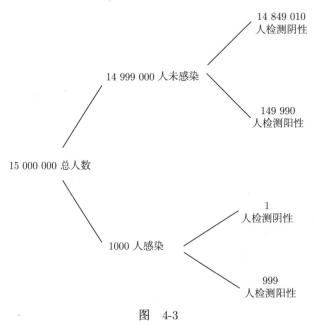

图 4-3

你也可以从另一种角度来解释检测结果. 在知道检测结果之前, 你预计自己得结核病的概率大约是 1/15 000. 在得到了阳性的结果后, 你现在得病的概率就变成了 1/150, 或者说得病的概率增加了 100 倍.

另外, 如果出现假阳性的概率是 50%, 那么得结核病概率是多少? 由贝叶斯定理可知

$$\Pr(阳性) = \Pr(阳性 \mid 得病)\Pr(得病) + \Pr(阳性 \mid 健康)\Pr(健康)$$

$$= 0.999 \cdot \frac{1}{15\,000} + 0.50 \cdot \frac{14\,999}{15\,000} \approx 0.50.$$

现在, 我们有

$$\Pr(得病 \mid 阳性) = \frac{1/15\,000}{0.50} \cdot 0.999 \approx 0.000\,13.$$

这个结果比假阳性率为 0.01 时的结果小 49/50.

我们有必要单独讨论一下划分. 划分适用于各类问题, 将在下节展开讨论.

划分成两部分: 设 B 是满足 $0 < \Pr(B) < 1$ 的事件 (那么对于事件 B^c, 即 B 不发生, 也是如此). 于是, 我们可以将事件 A 划分成两个互不相交的事件, 即 $A \cap B$ 和 $A \cap B^c$, 而且有

$$\Pr(A) = \Pr(A|B)\Pr(B) + \Pr(A|B^c)\Pr(B^c).$$

这个公式是很合理的. 通过大声朗读这个式子, 我们看到, A 发生的概率就是 (已知 B 发生时 A 发生的概率) 乘以 (B 发生的概率), 然后再加上 (已知 B 不发生时 A 发生的概率) 乘以 (B 不发生的概率). 我们分成了两种情况: B 发生时的结果, 和 B 不发生时的结果.

例子: 有两个装着红球和蓝球的罐子. 在第一个罐子中, 红球的比例是 40%; 在第二个罐子中, 红球的比例是 20%. 你的朋友随机地从一个罐子中取出了一个红球. 那么, 这个红球取自第一个罐子的概率为多少?

解答: 我们要计算的是 Pr(从第一个罐子中取球 | 取到红球). 利用贝叶斯定理, 这个事件发生的概率是

$$\Pr(\text{第一个罐子} \mid \text{红球}) = \frac{\Pr(\text{第一个罐子})}{\Pr(\text{红球})} \cdot \Pr(\text{红球} \mid \text{第一个罐子}).$$

因为是随机从罐子里抽取, 所以从第一个罐子中取球的概率为 0.5. 另外, 在已知从第一个罐子中取球的前提下, 取出了一个红球的概率是 0.4. 那么取到红球的概率为多少? 因为事件 A(从第一个罐子中取球) 和事件 B(从第二个罐子中取球) 构成了一个划分, 所以

$$\Pr(\text{红球}) = \Pr(A) \cdot \Pr(\text{红球}|A) + \Pr(B) \cdot \Pr(\text{红球}|B)$$
$$= 0.5 \cdot 0.4 + 0.5 \cdot 0.2 = 0.3.$$

于是, 在已知取到了红球的前提下, 该球取自第一个罐子的概率显然是 $0.5 \cdot 0.4/0.3 \approx 0.67$.

你能理解上面的论述吗? 为了给出更直观的解释, 我们重新利用期望计数法来论证. 想象一下, 你的朋友重复抽取了 1000 次, 每次都会把球放回去. 那么, 我们预计他从第一个罐子中抽取了 500 次, 其中有 200 次 (500 乘以 40%) 取到了红球. 同样, 我们预计他从第二个罐子中抽取了 500 次, 而且有 100 次取到了红球. 所以, 在取到红球的 300 次中, 有 200 次取自第一个罐子. 这意味着当已知取到红球时, 该球取自第一个罐子的概率就是 $200/300 \approx 0.67$.

4.5   划分和全概率法则

上一节讨论了贝叶斯定理, 它是个非常重要的结果, 允许我们在两个相关的条件概率之间进行转换, 即 $\Pr(A|B)$ 和 $\Pr(B|A)$. 你也可以把它看成**交换积分次序, 或交换求和与求导次序的过程**. 我们经常改变运算次序. 不过在需要考虑次序的前提下, 这种做法就行不通了. 一般来说, 和的平方根不等于平方根的和. 这里也是如此, 因为 $\Pr(A|B) = \Pr(B|A)$ 是非常罕见的, 但是事情并没有那么糟. 我们并不关心这两个概率是否相等, 只希望当给定其中之一时能容易地求出另一个. 为什么呢? 通常情况下, 这两个表达式中的一个会比较容易计算, 这样就给出了求另一个表达式的方法.

遗憾的是, 贝叶斯定理很难应用于实际情况. 我们需要明确地知道 $\Pr(A)$ 和 $\Pr(B)$ 是多少. 通常, 虽然无法确切地知道 $\Pr(B)$ 和 $\Pr(A)$ 都是什么, 但我们会得到一些条件概率, 由此可以计算出 $\Pr(B)$ 或 $\Pr(A)$. 利用这种方法, 我们可以构造一般版本的贝叶斯定理. 但是, 为了做到这一点, 必须先提高对划分理论的认识.

在开始之前, 我们先了解一些术语. 记住, 如果集合 A 和集合 B 满足 $A \cap B = \varnothing$, 那么它们就是不相交的. 也就是说, 如果 A 和 B 没有相同的元素, 那么它们就不相交.

样本空间 S 的一个**划分**就是满足下列条件的可数个集合 $\{A_1, A_2, \cdots\}$.
  (1) 如果 $i \neq j$, 那么 A_i 和 A_j 不相交. 我们通常用 $A_i \cap A_j = \varnothing$ 来表示这两个集合的交是空集.
  (2) 全体 A_i 的并就是整个样本空间: $\bigcup_i A_i = S$.

从本质上看, 划分就是一簇集合. 在这簇集合中, 每种可能的结果都恰好出现一次. 我们已经看到过好几次划分了, 比如样本空间被划分成了 B 和非 B(或者说 B 和 B^c). 这里只是给出了更一般的情况.

举个例子, 假设我们正在研究抛掷一枚 6 面骰子的可能结果. 此时样本空间是 $S = \{1, 2, 3, 4, 5, 6\}$. 接下来构造出下面两个集合:

$$A_1 = \{s \in S | s \text{是偶数}\} = \{2, 4, 6\}$$
$$A_2 = \{s \in S | s \text{是奇数}\} = \{1, 3, 5\}.$$

A_1 和 A_2 能否构成 S 的一个划分? A_1 和 A_2 没有相同的元素 —— 因为一个正整数不可能既是偶数又是奇数 —— 它们包含了 S 的所有可能值, 因为每个正整数要么是偶数, 要么是奇数. 因此, A_1 和 A_2 的确构成了 S 的一个划分.

但如果是下面两个集合, 情况又会如何?

$$A_1 = \{s \in S | s < 4 \text{ 或 } s \text{ 是偶数}\} = \{1, 2, 3, 4, 6\}$$

$$A_2 = \{s \in S | s \text{ 是奇数}\} = \{1, 3, 5\}.$$

它们能不能构成 S 的一个划分? 我们注意到 $A_1 \cup A_2 = S$, 所以每种可能的结果都能被表示出来. 但是 $A_1 \cap A_2 = \{1, 3\}$, 因此它们不是不相交的集合, 从而无法构成一个划分.

现在你可能会问, 划分有哪些优点? 我们向你保证, 它不仅仅是一个能给朋友留下深刻印象的新术语. 我们会经常遇到这样的情况: 很想知道事件 A 发生的概率, 但是只得到了 A 和其他某些事件 B_i 同时发生的概率.

例如, 假设我们知道人们在某一年养狗且得流感的概率是 0.08, 而得流感但没养狗的概率是 0.07. 从这些人中随机选出 1 个, 那么这个人得流感的概率是多少?

和往常一样, 我们可以利用期望计数法来解决问题. 假设一共有 100 个人, 其中有 8 个人既得了流感又养狗, 有 7 个人虽然得了流感但并没养狗. 因为人们要么养狗, 要么不养狗, 所以我们已经考虑到了所有得病的人. 因此, 得病的概率是 0.15. 注意, 养狗和不养狗这两个事件构成了概率空间的一个划分. 因此, 可以把某人得病的概率写为

$$\Pr(\text{得病}) = \Pr(\text{得病且养狗}) + \Pr(\text{得病且不养狗}).$$

在陈述一般结论之前, 我们先复习一些符号. 对于给定的集合 $\{B_1, B_2, \cdots\}$, 对它使用 $\sum_n$ 就表示把所有项都加起来. 如果想要同时处理有限划分和无限划分, 那么非常正式的做法是: 用 $\{B_n\}_{n \in I}$ 来表示划分中的元素, 用 $\sum_{n \in I} \Pr(A|B_n) \cdot \Pr(B_n)$ 来表示和. 通常只写作 $\sum_n$, 因为我们知道它代表了什么.

全概率法则: 如果 $\{B_1, B_2, \cdots\}$ 构成了样本空间 S 的一个划分 (分成了至多可数个部分), 那么对于任意的 $A \subset S$, 我们有

$$\Pr(A) = \sum_n \Pr(A|B_n) \cdot \Pr(B_n).$$

对于所有的 n, 都应该有 $0 < \Pr(B_n) < 1$, 否则条件概率就是无定义的 (注意, 如果有一个 B_n 的概率为 0, 那么我们就不需要这个 B_n 了, 因为它会给出因子 $\Pr(B_n) = 0$; 但如果它的概率是 1, 那么其他所有项都是不必要的).

证明   考虑集合 $G = \bigcup_n A \cap B_n$. 对于 G 的任意一个元素来说, 它不但属于 A, 还至少属于一个 B_n, 所以我们可以把 G 写成 $G = A \cap (\bigcup_n B_n)$. 但是, 因为 B_n 构成了 S 的一个划分, 所以 $\bigcup_n B_n = S$, 这意味着 $G = A \cap S = A$. 因此, 我们有

$$\Pr(A) = \Pr(G) = \Pr\left(\bigcup_n (A \cap B_n)\right).$$

为了更加整洁, 令 $A_n = A \cap B_n$. 于是, 表达式就简化成了

$$\Pr(A) = \Pr\left(\bigcup_n A_n\right).$$

由于 B_n 构成了 S 的一个划分, 因此 A_n 是两两不相交的. 那么利用不相交集合的可加性, 我们有

$$\Pr(A) = \Pr\left(\bigcup_n A_n\right) = \sum_n \Pr(A_n) = \sum_n \Pr(A \cap B_n). \qquad \square$$

你可能已经注意到, 前面关于养狗和得流感的例子中有些奇怪的东西: 谁来统计养狗且得流感的人所占的百分比? 你更有可能得到的信息是, 得流感的人养狗的可能性以及得流感的人不养狗的可能性. 但这些只是条件概率! 得流感的人养狗的概率与养狗的人得流感的概率相等. 因此, 虽然上面的定理是正确的, 但它有一定的局限性, 因为我们很难算出形如 $\Pr(A \cap B_i)$ 的概率. 应该如何调整这个定理, 从而把它与条件概率联系起来? 之前我们看到, 事件 A 和 B 同时发生的概率是

$$\Pr(A \cap B) = \Pr(A|B) \cdot \Pr(B),$$

所以, 可以把全概率法则写成这样的形式:

$$\Pr(A) = \sum_{i=1}^n \Pr(A|B_i) \cdot \Pr(B_i).$$

也可以将其写成 $\Pr(A) = \sum_{i=1}^n \Pr(B_i|A) \cdot \Pr(A)$. 但是, (当 $\Pr(A) \neq 0$ 时) 这个式子可以简化成 $\sum_{i=1}^n \Pr(B_i|A) = 1$, 而这没有什么特别之处.

下一个问题在几年后可能会对你更有意义······

根据一些研究, 在美国大约有 30% 的孕妇分娩采用了剖腹产, 有 0.2% 的新生儿无法存活. 在不采用剖腹产时, 婴儿的存活率是 99.1%. 根据这些数据, 新生儿的存活率是多少?

解答: 我们想求的是 $\Pr(新生儿存活)$. 用 A 表示新生儿活下来这一事件, B 表示分娩类型. 具体地说, 让 B_1 表示剖腹产, B_2 表示非剖腹产. 于是

$$\begin{aligned}
\Pr(A) &= \sum_{i=1}^n \Pr(A|B_i) \cdot \Pr(B_i) \\
&= \Pr(A|B_1) \cdot \Pr(B_1) + \Pr(A|B_2) \cdot \Pr(B_2) \\
&= (1 - 0.002) \cdot 0.30 + (0.991) \cdot (1 - 0.30) \\
&= 0.9931 = 99.31\%.
\end{aligned}$$

这种方法是可行的, 因为我们构造了两个不相交的集合, 即剖腹产分娩和非剖腹产分娩, 它们构成了一个划分. 根据全概率法则, 我们求出新生儿的存活率是 99.31%.

4.6　回顾贝叶斯定理

既然我们已经给出了划分理论和全概率法则, 那么现在就可以构造一般版本的贝叶斯定理. 以前, 我们要通过下面的式子来计算 $\Pr(A|B)$, 即

$$\Pr(A|B) = \frac{\Pr(B|A) \cdot \Pr(A)}{\Pr(B)},$$

但现在我们假设 $\{A_1, A_2, \cdots, A_n\}$ 是样本空间 S 的一个划分. 于是, 有 $\Pr(B) = \sum_{i=1}^{n} \Pr(B|A_i) \cdot \Pr(A_i)$. 因此, 贝叶斯定理就变成了下面这样.

贝叶斯定理: 设 $\{A_i\}_{i=1}^{n}$ 是样本空间的一个划分, 那么

$$\Pr(A|B) = \frac{\Pr(B|A) \cdot \Pr(A)}{\sum_{i=1}^{n} \Pr(B|A_i) \cdot \Pr(A_i)}.$$

通常情况下, A 就是某个 A_i.

波士顿红袜队即将在芬威球场举办一场主场比赛. 近年来, 下雨的比赛日平均占到了 30%. 在那些下雨的日子里, 85% 的天气预报会预测下雨. 在不下雨的日子里, 只有 20% 的天气预报会预测下雨. 在天气预报已经预测了红袜队比赛当天会下雨的前提下, 那天下雨的概率是多少?

解答: 我们想知道, 在天气预报已经预测了红袜队比赛当天会下雨的前提下, 那天下雨的概率. 让 A_1 表示比赛日会下雨的事件, A_2 表示比赛日不会下雨的事件, B 表示天气预报预测会下雨的事件.

$$\begin{aligned}
\Pr(A_1|B) &= \frac{\Pr(B|A_1) \cdot \Pr(A_1)}{\sum_{i=1}^{n} \Pr(B|A_i) \cdot \Pr(A_i)} \\
&= \frac{\Pr(B|A_1) \cdot \Pr(A_1)}{\Pr(B|A_1) \cdot \Pr(A_1) + \Pr(B|A_2) \cdot \Pr(A_2)} \\
&= \frac{0.85 \cdot 0.30}{0.85 \cdot 0.30 + 0.20 \cdot (1 - 0.30)} \\
&\approx 0.645\,57.
\end{aligned}$$

因此, 在已知天气预报预测了红袜队比赛当天会下雨的前提下, 这一天会下雨的概率大约是 0.645 57, 或者约为 65%.

4.7 总 结

本章是对一般理论的扩展. 我们已经看到, 虽然基本概率规则足以解决问题, 但它们用起来并不总是那么方便. 为了简化这些计算, 我们需要把有用的结果分离出来. 本章的两个重要概念就是独立性和条件概率.

我们的愿望是找到独立事件, 因为两个独立事件同时发生的概率只与每个事件单独发生的概率有关, 它们之间不会相互作用. 然而在大多数情况下, 事件之间是有依赖关系的. 某个事件的发生会影响另一个事件发生的概率. 我最喜欢引用的内容之一源自《星球大战 5: 帝国反击战》. "千年隼号" 正在被星际驱逐舰和 TIE 战斗机追逐. 汉·索洛是 "千年隼号" 的船长, 他决定将这艘飞船驶入小行星带, 试图摆脱追赶者.

C-3P0: 长官, 成功飞越小行星带的概率大约是 1/3720.

汉·索洛: 永远不要告诉我机会有多大.

即便是在未来 (或者是过去, 因为《星球大战》的背景似乎被设定在很久以前), 我们也会看到条件概率. C-3P0 并不担心汉·索洛平时的驾驶技能; 他担心的是, 在已知要驶入一个小行星带的前提下, 汉·索洛驾驶 "千年隼号" 的能力.

我们给出了几个关于条件概率和独立事件的公式, 其中最重要的就是贝叶斯定理. 它的思路是, 样本空间可以被划分成一些更简单的事件, 而这些小事件的概率能够容易地计算出来. 然后我们要把事件的各部分组合起来, 而贝叶斯定理就为我们提供了这样一个框架.

我认为这里有大量类似于代数运算的内容: 通常, 考察表达式的某种方法要比其他方法更简单, 而且更具有启发性. 贝叶斯定理的要点是, 允许我们利用一组概率 (这些概率通常是给定的, 或者较容易计算) 来计算另一组概率 (这些概率通常不是给定的, 而且不容易计算). 这类似于在多元微积分中改变积分的次序: 有时候, 从某个特定角度考察问题能使代数运算更加容易.

下一章将继续研究离散事件的概率, 现在我们已经掌握了这些附加工具 (还将给出一些工具).

4.8 习 题

习题 4.8.1 回到对 $\Pr(A|B)$ 的猜想, 我们试着把它写成关于 $\Pr(A), \Pr(B)$ 和 $\Pr(A \cap B)$ 的函数. 当我们考虑条件概率时, 考察以 $\Pr(B)$ 为分母的比值是很合理的 (我们试图求出当已知 B 发生时, 某事发生的概率; 可以将其视为对样本空间的调整, 所以现在 B 发生的概率是 1, 而其他概率也要做出相应的调整). 我们能得到的最简单的公式是

$$\Pr(A|B) = \frac{\alpha\Pr(A) + \beta\Pr(A \cap B)}{\Pr(B)};$$

通过考察极端情况, 能使表达式有意义的唯一选择是 $\alpha = 0$ 和 $\beta = 1$. 注意, 这显然不是对上述公式的证明, 只是一个补充说明. 更多内容请参阅 2.7 节, 尤其是 2.7.2 节.

习题 4.8.2　一个事件能否依赖于另一个概率为 0 的事件? 证明你的答案.

习题 4.8.3　找出三个满足 $\Pr(A \cap B \cap C) = \Pr(A) \cdot \Pr(B) \cdot \Pr(C)$ 的事件, 并且其中至少有两个事件是相互依赖的.

习题 4.8.4　如果 A、B 和 C 是相互独立的事件, 那么 $\Pr(A \cap B \cap C) = \Pr(A)\Pr(B)\Pr(C)$, $\Pr(A \cap B) = \Pr(A)\Pr(B), \Pr(A \cap C) = \Pr(A)\Pr(C)$ 且 $\Pr(B \cap C) = \Pr(B)\Pr(C)$. 因此, 我们需要验证 4 个条件. 如果 $A_1, \cdots, A_n$ 是相互独立的, 那么需要验证多少个条件呢?

习题 4.8.5　考虑下面这个问题, 它是对第 1 章习题 1.5.17 关于篮球题目的修改. 假设拉里·伯德第二个投篮, 而且拉里·伯德命中的概率取决于魔术师约翰逊是否在这一轮命中 (想象一下, 拉里·伯德在压力下会投得更好还是更差). 当已知魔术师约翰逊命中时, 拉里·伯德的命中率是 $a \cdot p$; 当已知魔术师约翰逊未命中时, 拉里·伯德的命中率是 $\frac{p}{a}$ (其中 $0 \leqslant a \cdot p \leqslant 1, 0 \leqslant \frac{p}{a} \leqslant 1$). 计算拉里·伯德获胜的概率.

习题 4.8.6　想象你正在树林里散步. 到目前为止, 你遇到了一只主红雀、三只鹿和两只花栗鼠. 你想预测接下来会遇到什么动物. 直觉告诉你, 看到一只主红雀的概率是 1/6, 看到一只鹿的概率是 3/6, 看到一只花栗鼠的概率是 2/6. 然而, 这有些让人感到不安. 按照你的估计, 看到一只松鼠的概率是 0, 这是非常荒谬的. 有一种方法是把尚未见过的动物当作一类, 并假设你曾见过一次"尚未见过的动物". 因此, 除了主红雀、鹿和花栗鼠之外, 出现其他动物的概率就是 1/7. 对于这个"尚未见过的动物"的练习, 拉普拉斯给出了一个不同的解决方案. 他在每个物种的数量上都加了一. 如果我们已经遇到了 s 种动物, 并且第 k 种动物出现了 s_k 次, 那么拉普拉斯认为见到第 k 种动物的概率应该是 $(s_k + 1)/(1 + \sum_{k=1}^{s}(s_k + 1))$. 因此, 遇到尚未见过的动物的概率就应该是 $1/(1 + \sum_{k=1}^{s}(s_k + 1))$. 在这个例子中, 按照拉普拉斯的方法, 我们遇到一只主红雀的概率是 2/10, 遇到一只鹿的概率是 4/10, 遇到一只花栗鼠的概率是 3/10, 而遇到一种新动物的概率是 1/10. 为什么拉普拉斯的方法与我们的不同? 特别是, 拉普拉斯方程对哪些参数敏感, 而我们的却不是?

习题 4.8.7　在已知红袜队赢得了某年世界职业棒球大赛冠军的前提下, 该队的 OPS 超过 0.800 的概率是 70%. (你可能不知道什么是 OPS, 它是棒球比赛中的命中统计数字, 这个数越高越好. 这些数都是经验指数, 但是红袜队在 2004 年和 2007 年的 OPS 确实超过了 0.800, 在 2013 年却没有.) 红袜队的 OPS 超过 0.800 的概率是 30%, 他们赢得世界职业棒球大赛冠军的概率是 10%. 如果已知该队的 OPS 超过了 0.800, 那么红袜队赢得某年世界职业棒球大赛冠军的概率是多少?

习题 4.8.8　如果抛掷三枚骰子的点数和是 7, 那么至少有一枚骰子的点数是 1 的概率为多少?

习题 4.8.9　抛掷两枚骰子, 如果有一枚骰子的点数是奇数, 那么它们点数的乘积恰好包含两个素因子的概率是多少 (两个因子不一定相同)?

习题 4.8.10   如果我们手里有 5 张牌, 而且至少有 2 张牌的点数相同, 那么至少有 3 张牌点数相同的概率是多少?

习题 4.8.11   囚犯获得了一个有趣的假释机会. 他要闭着眼从两个袋子中选择一个. 在选定了袋子之后, 他就可以从袋子中拿出一颗弹珠. 每个袋子里都有 25 颗红色和 25 颗蓝色的弹珠, 这些弹珠摸起来是一样的. 如果他拿到了一个颗红色的弹珠, 就会被释放; 如果拿到了蓝色的弹珠, 他的假释就会被拒绝. 他能获得假释的机会是多少?

习题 4.8.12   本题的设置与上一题类似; 不同的地方在于, 现在犯人可以按照自己的意愿把所有弹珠自由地分配到两个袋子里. 他仍然要闭着眼随机地选择一个袋子, 然后从选定的袋子中取出一颗弹珠. 他能获得自由的最大概率是多少? 证明你的答案是最优的.

习题 4.8.13   我们有 11 个正方形, 它们的编号从左到右依次为 $0 \sim 10$. 当我们处于 k 号正方形所在的位置时, 向左移动的概率是 $0.1 \cdot k$, 向右移动的概率是 $1 - 0.1 \cdot k$. 如果以 5 号正方形为起点, 而且知道我们的终点是 7 号正方形或者 7 号之后的正方形, 那么我们第一步会向右移动的概率是多少?

习题 4.8.14   假设 $0 < \mathrm{Prob}(X), \mathrm{Prob}(Y) < 1$, 并且 X 和 Y 是相互独立的. 那么 X^c 和 Y^c 是相互独立的吗? (注意, X^c 是 "非 X", 或者 $\Omega \setminus X$.) 证明你的结论.

习题 4.8.15   某家保险公司为 10 000 户家庭提供保险, 每户每年需支付 5000 美元. 如果房屋被毁, 房主将得到 100 000 美元. 假定任何房屋的损坏都与其他房屋相互独立. 每栋房屋在某年被毁坏的概率都是 p. 计算保险公司在这一年能够赚钱的概率 (写成关于 p 的表达式).

习题 4.8.16   上一题的假设是否合理? 解释为什么合理或为什么不合理.

习题 4.8.17   你认为一辆车出现在某一特定地点的概率与其他车出现在某些地点的概率有关系吗? 请给出解释.

习题 4.8.18   在英文中, 字母 H 出现的概率大约是 6%. 字母 T 出现的概率大概是 9%. 双字母组 TH 出现的可能性约为 1.5%. 如果知道第一个字母是 T, 那么第 2 个字母是 H 的概率为多少?

一个人的血型是由一组基因决定的. 假设一个人遗传某个等位基因的概率完全独立于他遗传的其他等位基因, 并且该基因有三种可能性, 即 A、B 和 O. 如果某人是 AA 或 AO, 那么他就是 A 型血. 如果是 BB 或 BO, 那他就是 B 型血. 如果是 OO, 那就是 O 型血; 如果是 AB, 那么他的血型就是 AB. 不妨设有 45% 的等位基因是 O, 40% 是 A, 而剩下的 15% 是 B.

习题 4.8.19   已知 Justine 是 O 型血, 计算她的父母具有每种血型的概率.

习题 4.8.20   计算 Justine 的哥哥也是 O 型血的概率.

习题 4.8.21   A 型血的人既可以输入 A 型血, 也可以输入 O 型血. 计算能为 A 型血输血的人所占的比例.

习题 4.8.22   得州扑克是一种常见的扑克牌游戏, 每个玩家都会拿到 2 张牌, 然后都要下注. 它的牌型与其他扑克游戏一样. 另外, 还有 5 张牌是所有玩家都能看到的. 对玩家来说, 他们要根据这 5 张牌以及手中的 2 张牌尽量组合出最优牌型. 玩得州扑克时, 在已知手中是哪 2 张牌的前提下, 知道自己获胜的概率是非常有用的. 写一段代码, 通过模拟来估算在已知前 2 张牌的前提下, 拿到不同牌型的概率. (为了避免对 7 张牌的牌型比较大小, 你可以假设只有 3 张公共牌.)

习题 4.8.23　在开始时, 假设你拿到了 3♠ 和 3♡, 而你的对手拿到了 A♡ 和 8◇, 请调整上一题的代码来模拟你能赢的概率.

习题 4.8.24　设 Ω 中有 n 个元素. 对于每一个 $k \in \{1, \cdots, n\}$, 把 Ω 恰好分成 k 个集合的划分有多少种?

习题 4.8.25　我们再看看上一个习题. 假设 Ω 的所有划分都是等可能的. 如果 $n = 4$, 那么划分中的所有集合都具有相同数量元素的概率是多少? 对于一般的 n, 你能给出答案吗?

习题 4.8.26　我们抛掷一枚硬币, 出现正面的概率是 0.2, 出现反面的概率是 0.8. 如果硬币出现正面, 那么我们接着抛掷两颗均匀 (且独立) 的骰子; 如果出现反面, 就抛掷三颗均匀的骰子. 骰子点数之和等于 3 的概率是多少?

习题 4.8.27　利用全概率法则证明: 如果 $A \subset B$, 那么 $\Pr(A) \leqslant \Pr(B)$.

习题 4.8.28　考虑区间 $[1, 102]$ 和 $[1001, 1102]$. 我们随机地选出一个区间, 并且每个区间被选中的可能性是相等的. 在选定了区间之后, 从该区间内随机取出一个整数 m, 而且该区间内所有整数被选中的可能性都是相等的. 那么 m 是区间 $[1001, 1102]$ 中的一个素数的概率是多少? m 是素数的概率为多少? 注意, 这两个区间包含了相同数量的整数; 一个数是素数的概率只取决于该区间所包含的整数个数吗?

第5章　计数 II: 容斥原理

维兹尼：　那还不简单. 我要做的就是根据我对你的了解来猜测: 你会把毒药
　　　　　放进自己的酒杯还是敌人的酒杯? 聪明人会把毒药放进他自己的酒
　　　　　杯里, 因为他知道只有大傻瓜才会接受别人给的东西. 我不是个大傻
　　　　　瓜, 所以我肯定不会选择你面前的酒. 但你一定知道我不是个大傻瓜,
　　　　　你放毒药时就知道; 所以, 我显然不能选择自己面前的酒.

黑衣人：　那么你已经做出决定了?

维兹尼：　还没有.

——"智慧之战", 出自《公主新娘》(1987)

我们在第 3 章中介绍了阶乘函数和二项式系数, 并利用它们成功地解决了许多
计算问题. 虽然我们解决了许多问题, 但并不是所有问题都可以解决. 在一些简单
问题中, 可能情况和子情况的数量迅速增加, 这让我们很快就感到了沮丧. (我自己
的确是这样的 —— 我花了几个小时来研究桥牌牌局!) 我们看到了兼顾所有可能
性有多么困难, 而且存在重复计数和遗漏某些情况的风险. 一个很好的例子是 3.4.2
节的完美牌局问题: 恰有一个人拿到 13 张同花色牌的概率是多少? 显然, 我们需
要用更好的方法计算.

本章的结构与第 3 章类似. 在 5.1 节中, 我们将快速回顾阶乘函数和二项式系
数, 并且给出两个新内容. 第一个涉及循环次序, 它是介于考虑次序和不考虑次序
这两种极端情况之间的情形. 第二个是求出满足特定要求的套装有多少种. 我们将
采用简单直接和聪明巧妙的两种方法来解决这个问题. 这种聪明的想法并不是只能
用在这里的奇迹, 而是可以不断用来简化各种情况的计算. 因此, 我们将利用它引
入一个新技巧, 即**容斥方法**, 然后再探讨几个新的问题, 并重温一些旧问题.

我们将继续讨论一些著名的组合问题. 对概率论来说, 乍一看这似乎并不是个
合适的话题. 当然, 有些人觉得组合学很有趣, 但它不应该是离散数学的内容吗? 虽
然本书不会涉及更深层次的组合理论, 但这里**必须**要涵盖一些基本理论; 毕竟, 大
部分概率都与计数有关. 我们看看成功了多少次, 它们都与哪些可能情况有关. 一
个很好的例子是彩票, 特别是那些从 N 个数中以任意次序挑选出 k 个数的例子.
当不允许重复使用数时, 找出失败的概率是个可行的办法; 但是, 如果允许重复使
用数, 那么事情就变得很有趣了. 我会告诉你一个解决该问题的绝妙主意. 最后, 我
们要做一些典型问题, 例如著名的 Mississippi 问题 [有人给了你 Mississippi 这个单

词, 想知道由其中 6 个字母组成的一个 (可能是无意义的) 单词中恰好出现 3 个 s 的概率]. 这并不是个容易解决的问题, 尽管在仓促的课堂上它看起来好像并不难. 这个问题的解可以用多项式系数来表示, 这里的**多项式系数**是由二项式系数推广而来的.

5.1 阶乘和二项式问题

日常生活为我们提供了应用阶乘函数和二项式系数的大量机会. 对于那些可以解决的问题, 下面给出了一个小却有代表性的例子. 有时, 我们会称其为计数问题 (实现 X 有多少种方法), 但有时也会把它当作概率练习 (Y 发生的概率是多少). 这两种看法可以轻松地进行转换. 例如, 从计数问题转换到概率问题, 我们要做的就是让想要的结果数除以可能的结果总数.

5.1.1 "有多少个"与"概率是什么"

我们先陈述问题, 然后再讨论一个**关键**议题, 只有经过长时间 (但重要的) 讨论才能解决问题.

问题: 想象一下, 有 20 个人申请美国机器人和机械人公司的职位. 假设他们中有 10 个人没有经验, 7 个人恰有一年的经验, 3 个人恰有两年的经验, 而且每个人都等可能地被选中. (1) 从中选出 6 个人来公司工作的方法有多少种? (2) 选出 6 个特定的人的概率是多少? (3) 选出的 6 名员工都没有经验的概率是多少?

在解决这个问题之前, 应该仔细研究一下题目. 我们看到, 在生日问题 (第 1 章) 中, 我们花了很长时间才能正确地阐述问题. 这个**问题**似乎叙述得很清晰, 但有趣的是, **其中一部分并非如此!** 这里有个微妙的隐含假设. 事实上, 你几乎肯定会做出这样的假设. 许多老师和图书甚至都没有意识到这一假设的存在.

这里有什么问题? 第一问 (方法有多少种) 和第二问 (概率是多少) 之间有很大的不同. 我们在 2.4 节中定义了概率空间. 它是一个三元组, 包含结果空间 Ω 和一个对 Ω 的子集分配概率的函数, 而这些子集共同构成了一个特殊的集合 (σ 代数). 如果我们提出"**有多少个**"的问题, 那么只需要列出一份可能情况的清单就行了.

如果想求概率, 那么就要了解一些与概率函数有关的东西. 不管怎样, 我们需要得到关于如何对集合分配概率的信息. 对我们有帮助的表达应该是: **每个人都等可能地被选中**. 这句话应该用来指定概率函数, 但不幸的是它有些含糊. 你所期望的最自然的假设是, 每 k 个人被选中的可能性都与其他任意 k 个人是一样的. 这直接表明了每个人被选中的可能性与其他人相等; 然而, 我们也可以为不同组分配不一样的概率, 但同时保证每个人都等可能地被选中.

为了强调这一点, 我们来看一个更简单的例子. 假设我们有四个人: 昂内塔 (Agnetha)、班尼 (Benny)、比约恩 (Björn) 和安妮–弗瑞德 (Anni-Frid), 我们希望组成一个二人组. 是的, 这里没有使用标准的 Alice、Bob、Charlie 和 Dan —— 别着急, 使用这些名字是有原因的! 我们先回答**"有多少个"**的问题. 从四个人中选出两个人有 $\binom{4}{2} = 6$ 种方法. 这 6 种可能的选法是 {昂内塔, 班尼}、{昂内塔, 比约恩}、{昂内塔, 安妮–弗瑞德}、{班尼, 比约恩}、{班尼, 安妮–弗瑞德} 和 {比约恩, 安妮–弗瑞德}. 一共有 6 个组, 每个人都恰好出现在其中 3 组里. 那么该如何回答**"概率是什么"**的问题呢? 如果所有组被选中的概率都是一样的, 那么选中任意一组的概率都是 1/6. 同样地, 每个人被选中的概率也是一样的 (因为每个人都恰好出现在其中 3 组里), 这个概率就是 1/2.

现在, 我们来解释为什么要选择这几个名字, 以及为什么要组成一个二人组, 并对上述内容给出非常合理的阐释. 这是 4 位非常有名的人: 昂内塔·费尔特斯科格、班尼·安德森、比约恩·奥瓦尔斯和安妮–弗瑞德·林斯塔德. 他们共同组建了 ABBA 合唱团, 这是有史以来最受欢迎的乐队之一, (以我落伍的观点看) 也是最伟大的音乐团体之一. 昂内塔和比约恩结成了夫妇, 班尼和安妮–弗瑞德也结婚了. 后来这两对夫妻都离婚了, 我们可以说每个人都不愿意和他们以前的配偶分在同一组. 从四个人中选出两人仍有 6 种方法, 但是 {昂内塔, 比约恩} 和 {班尼, 安妮–弗瑞德} 的概率都是 0, 而 {昂内塔, 班尼}、{昂内塔, 安妮–弗瑞德}、{班尼, 比约恩} 和 {比约恩, 安妮–弗瑞德} 的概率都是 1/4. 现在, 每个人被选中的概率仍是 1/2. 例如, 班尼出现在其中两组里, 并且每一组被选中的概率都是 1/4, 所以班尼被选中的概率就是 $1/4 + 1/4$, 即 1/2. 每个人被选中的概率仍然相等, 但每一组被选中的概率就不一样了.

哪个解释是正确的? **两种**解释都是有效的, 并且概率函数的分配也都合理. 不管谁提出这类问题, 首先考虑的都应该是使用细致、精确的语言来阐述. 因此, 通常情况下, 问题的提出者想说的是每个**组**都等可能地被选中. **如果**每个组都等可能地被选中, **那么**每个人被选中的可能性也都相等, 并且他与任何一个人或一小部人分在同一组的概率都与其他任何同规模分法的概率相等. 但反过来就不对了. 根据每个人都等可能地被选中, 我们无法推出每一组也等可能地被选中. 在 ABBA 的例子中, 6 组中有 2 组的概率是零. 如果我们要解决的是"有多少个"的问题, 那么这两组仍然会被计算在内; 但在"概率是什么"的问题中, 它们就不会被加到概率中.

这是一段冗长的陈述, 但不会是你最后一次在本书中见到, 因为它值得我们回顾. 要保证精确性. 没错, 精确性往往会导致长篇大论, 但你的目的是确保所有内容的一致性. 想象一下, 有人让你从昂内塔·费尔特斯科格、班尼·安德森、比约恩·奥瓦尔斯和安妮–弗瑞德·林斯塔德中选出一个二人组, 并且要求每个人被选中的概率相等. 在许多圈子里, 他们之间的纠纷是众所周知的 (乐队以 25 亿美元的价格重组!), 所以人们可能会认为昂内塔和比约恩显然不会在一组, 而班尼和安妮–弗瑞德也不可能在一组. 下笔的时候要写清楚. 不要成为误解的根源.

5.1.2 选组

经过上面的讨论, 解决方案是比较简单明了的. 我们已经说了很多题外话, 现在再把这个问题重新叙述一遍. 我们会使用第一种解释; 也就是说, 每一组都等可能地被选中.

问题: 想象一下, 有 20 个人申请美国机器人和机械人公司的职位. 假设他们中有 10 个人没有经验, 7 个人恰有一年的经验, 3 个人恰有两年的经验; 而且每个人都等可能地被选中. (1) 从中选出 6 个人来公司工作的方法有多少种? (2) 选出 6 个特定的人的概率是多少? (3) 选出的 6 名员工都没有经验的概率是多少?

(1) 在这个问题中, 首先要注意的是次序并不重要. 一个员工可能会成为公司的首选, 也可能勉强被录用. 但无论在哪种情况下、不管排在什么位置, 他最终都被聘用了. 当次序无关紧要时, 我们已经看到了如何计算挑选员工的方法数 —— 它就是二项式系数. 我们要从 20 个人中选出 6 个, 所以答案是 $\binom{20}{6} = \frac{20!}{6!14!} = 38\,760$.

(2) 我们将采用第一种解释, 也就是说, 选出 6 个人的任意一种方法都与其他选法的概率相等. 因为一共有 $\binom{20}{6} = 38\,760$ 种不同的选法, 所以任意 6 个特定的人被选中的概率就是 $1/38\,760$.

(3) 为了求出选中的 6 名员工都没有工作经验的概率, 我们要计算如果只选择那些没有工作经验的人, 一共有多少种不同的选法. 这只不过是从没有经验的工人群体中挑选出 6 名工人的问题. 没有经验的工人一共有 10 个, 因此雇用 6 名没有经验的员工有 $\binom{10}{6} = \frac{10!}{6!4!} = 210$ 种方法. 在这个例子中, 选出 6 个人的每一种方法都与其他选法的概率相等, 因此, 选出的员工都没有工作经验的概率就等于选出 6 个没有工作经验的员工的方法数除以可能选择的总数. 我们已经知道这 2 个值是多少, 所以通过快速计算得到: 选出的员工都没有工作经验的概率是 $\frac{210}{38\,760} = \frac{7}{1292}$, 或约等于 0.54%.

我们还有最后一个问题. 这道题的目的是强调次序何时重要, 何时不重要.

问题 5.1.1 假设学生会里有 12 个人.

- 从中选出 4 个人, 有多少种选法?
- 如果没人可以担任两种职务, 那么从这些人中选出一名主席、一名副主席、一名财务主管和一名秘书有多少种选法?
- 如果每个人都可以担任多个职务, 那么从中选出一名主席、一名副主席、一名财务主管和一名秘书有多少种选法?

解答: 第一个问题的答案是 $\binom{12}{4} = 495$, 因为所有人都是平等的, 我们只需要从 12 个人中无次序地挑选出 4 个人就行了. 第二个问题的答案是 $12 \cdot 11 \cdot 10 \cdot 9 =$ $12!/8! = 11\,880$, 因为现在要考虑次序了 (主席有 12 种选法, 副主席有 11 种选法, 等等; 记住, 谁是主席、谁是副主席等是很重要的). 最后一个问题的答案是 $12 \cdot 12 \cdot 12 \cdot 12 = 12^4 = 20\,736$. 现在每个人都可以担任多个职务; 与之前的问题不同, 选定了担任主席的人并不会减少其他职务的候选人数量. 现在始终有 12 个人参选. 不难看出, 根据我们对从 12 个人中选出 4 个人的不同理解, 一共有 3 种可能的结果! 这进一步强调了清晰陈述问题的重要性. 这种 "从 12 个候选者中选出 4 个人有多少种方法" 的问法是不准确的, 你需要具体说明次序是否重要, 以及一个人是否可以多次参选.

5.1.3　循环次序

我们已经讨论了很多问题, 其中需要担心是有序选取还是无序选取. 下面的问题是这两种情况的折中. 我们为什么要走极端呢? 有没有这样的情况: 有时可以考虑次序, 但有时也可以不考虑呢? 有, 我们已经见过一个这样的例子: 3.4.1 节关于井字游戏的问题. 如果考虑棋盘次序, 那么 9 个方格中的每个都与其他方格不同, 这样第一步就有 9 种可能的选择. 但是, 如果允许旋转和翻转, 那么第一步只有 3 种不同的走法. 这对我们分析游戏会有很大帮助. 沿着这种思路, 我们来看另一个例子.

例 5.1.2　考虑以下相关问题.

(1) 5 个人依次排成一列, 有多少种排法?

(2) 5 个人围坐在一张圆桌旁, 有多少种坐法? 这里的关键是相对次序. 换句话说, 假设桌子的半径是单位长度 1; 我们先确定坐在 $(1,0)$ 位置的人, 然后按照逆时针方向确定所有人的位置. 我们认为, Alice、Bob、Eve、Charlie、Dan 的排序方式与 Eve、Charlie、Dan、Alice、Bob 的排序方式是一样的.

(1) 因为次序在第一个问题中很关键, 所以每个人的位置都很重要. 我们可以把 5 个人中的任何一个排在第一位. 对于第二个位置, 只剩下了 4 个候选人, 所以这个位置只有 4 种选择. 按照这种逻辑, 我们可以看到第三、第四和第五个位置分别有 3 种、2 种和 1 种可能的选法. 让这些数字相乘, 得到的乘积就是这 5 个人依次排成一列的方法总数: $5 \times 4 \times 3 \times 2 \times 1 = 5! = 120$.

(2) 在第二个问题中, 假设这 5 个人围坐在一张圆桌旁. 现在已经没有 "第一个" 位置和 "最后一个" 位置的说法. 当我们旋转桌椅时, 他们的**相对次序**不会发生改变. 同样地, 我们也可以选定一个特殊的人, 通过旋转把他固定在 $(1,0)$ 位置上. 很明显, 这是**循环排序**问题.

在选定了这个人之后, 我们可以用线性列表来描述这个循环问题; 这个列表是一种巧妙的方法, 它可以把问题改写成更简单的形式. 为了找出围坐在桌子旁的所有方法, 我们只需要求出 4 个人排成一列的方法总数就行了, 现在就要考虑第一个位置和最后一个位置了. 这个被选定的特殊的人是排在第一位、最后一位, 还是其他某个位置并不重要. 重要的是, 对于任意一种排列方法, 我们总是可以通过旋转把这个特殊的人放在某个特定的位置上, 这可以让我们少考虑一个人, 但现在就要开始留意次序了. 根据这个例子的第 (1) 部分, 我们可以求出剩下的 4 个人依次排成一列有 4! = 24 种方法. 因此, 不难看出, 这 5 个人有序地围坐在一张圆桌旁的方法有 24 种.

一般来说, n 个人有序地围坐在一张圆桌旁有 $(n-1)!$ 种不同的坐法. 值得注意的是, 人们围坐在桌子旁的方法数要比排成一列的方法数少, 这是有道理的: 在线性排列中, 第一个人挪到最后一个位置上、其他人都向前移动一个位置将会产生一个新的排序; 但当围坐在桌子旁时, 这就相当于每个人都围着桌子旋转了一个位置, 并不会导致新的排序.

这里有一个与围坐在桌子旁有关的问题, 即康威的餐巾问题. 它引自于 Claesson 和 Petersen 的有趣论文 *Conway's Napkin Problem.* "n 个男人围坐在一张特定的圆桌旁. 桌上有 n 张餐巾, 每两人之间恰有一张. 因为他们既是男人又是数学家, 所以认为他们不懂餐桌礼仪. 这些人随机地依次坐在桌子前. 对每个客人来说, 当他坐下后, 使用左侧餐巾的概率是 p, 而使用右侧餐巾的概率是 $q = 1 - p$. 如果左右两侧都有餐巾, 他就可以随意地选择一张餐巾. 如果只有一侧有餐巾, 他将会使用这张餐巾 (尽管这可能不是他想要的餐巾). 第三种可能性是没有餐巾可用, 这位不幸的客人将面临整个晚宴都没有任何餐巾可用的局面!" 我们有许多问题要问 (且需要回答). 例如, 预计有多少人会得到餐巾, 以及每个人都可以得到餐巾的概率是多少.

与餐巾问题类似的是计算机科学领域的迪杰斯特拉的哲学家聚餐问题. 基本的想法是, 有 n 个人围坐在一张圆桌旁, 每两人之间有一根筷子. 每个人都可以拿走自己左侧和右侧的筷子, 但必须要拿到两根筷子后才能吃东西. 当有人就餐完毕, 他们就要把筷子放下. 这是个很重要的问题, 因为筷子代表计算机的关键资源, 而哲学家代表不同的运行过程. 这里有一些显而易见的问题, 比如预计有多少人可以吃东西, 所有人都吃不了东西的概率是多少, 以及如何通过改变问题的约束条件来改变结果. 显然, 如果每个人都总是先拿起右侧的筷子, 那么所有人都吃不上饭, 这意味着你的电脑会停止运行. 我们可以修改这个问题, 并探讨当先拿起某根给定筷子的概率发生变动时, 所有人都吃不了饭的概率是如何随之变动的. 这个问题与围坐在桌子旁的题目有关, 但它还与一个观点有关, 即如果改变一个问题的解释, 那么其结果也会发生改变. 这也是现实问题的一个例子, 我们可以运用这些概念来更好地理解正在发生的事情.

桌子问题的另一个例子是亚瑟王和他的圆桌. 你可以算出安排亚瑟王骑士的座位有多少种方法, 并求出某个指定的骑士坐在亚瑟王旁边的概率是多少, 这是一件值得期待的事. 你也可以想象, 亚瑟王可能不希望他的妻子格温娜维尔坐在兰斯洛特旁边, 所以可以算一下, 如果兰斯洛特不能坐在格温娜维尔的旁边, 那么排列骑士的方法有多少种. 你还可以让这个问题进一步复杂化: 现在兰斯洛特希望能坐在格温娜维尔的对面, 这样他们就能秘密地交换眼神, 此时可能的排列数就会减少. 你还可以假设, 更重要的人通常会坐在亚瑟王的旁边, 所以一个指定的骑士坐在亚瑟旁边的概率是 p, 你也可以算出任何给定排列的概率. 这看起来像是个荒谬的例子, 我们没必要算出实际值, 而是看看这些概念是如何出现在现实世界中的, 以及学习这些方法如何帮助你理解不同的问题. 正如我们所看到的, 与围坐在桌旁有关的问题非常多.

5.1.4 选择套装

即使你不关心时尚 (因为本书是为学习数学的人而写的, 这一点错不了!), 下一个问题也非常重要. 不要跳过这部分内容 —— 它能帮助我们更好地学习概率论中两个 (而非一个) 最重要的观点!

问题 5.1.3 你正在穿衣服, 有 5 双不同的袜子、3 条不同的裤子和 4 件不同的衬衫可供选择. 假设恰好有 2 双袜子是红色的, 所有裤子都不是红色的, 而且只有 1 件红色的衬衫. 现在你必须选择 1 双袜子、1 条裤子和 1 件衬衫. (1) 你有多少种不同的套装组合? (2) 今天是学校的 "自豪日", 并且学校的主色调是红色; 那么, 至少有 1 件红色衣物的套装组合有多少种?

(1) 如果有 1 双不同的袜子、1 条不同的裤子, 或者 1 件不同的衬衫, 那么这 2 套衣服就是不一样的. 为了求出不同套装的总数, 我们想弄清楚搭配 1 双袜子、1 条裤子和 1 件衬衫有多少种不同的方法. 因为有 5 双袜子、3 条裤子和 4 件衬衫, 所以通过简单地计算 $5 \times 3 \times 4 = 60$, 我们可以看出一共有 60 种不同的套装.

(2) 使套装中包含 1 件红色衣物的方法有 2 种: 这套衣服可以包含 1 双红袜子, 或者包含 1 件红衬衫 (或者同时包含两者). 为了计算包含 1 件红色衣物的套装有多少种, 我们首先要算只包含 1 双红色的袜子套装有多少种. 为了搭配包含一双红色袜子的套装, 我们必须从 2 双红色袜子中选出 1 双, 而且还要任选出 1 件衬衫和 1 条裤子. 现在我们有 2 双袜子、3 条裤子和 4 件衬衫可供选择, 也就是说, 包含 1 双红色袜子的套装总共有 $2 \times 3 \times 4 = 24$ 种. 同样, 当只有 1 件红色衬衫时, 我们有 5 双袜子、3 条裤子和 1 件衬衫可以选择. 因此, 包含 1 件红色衬衫的套装有 $5 \times 3 \times 1 = 15$ 种.

人们可能会轻易地认为, 接下来要做的就是把包含 1 件红色衬衫的套装数与包含 1 双红色袜子的套装数加起来就行了, 但现在还为时过早. 我们要考虑同时包含了 1 件红衬衫和 1 双红袜子的套装. 这种套装被计算了两次: 第一次出现在计算包含红色袜子的套装数时 (我们没有说衬衫不能是红色的), 第二次出现在计算包含红色衬衫的套装数时 (同样, 我们并没有说袜子不能是红色的). 因此, 我们必须求出既包含 1 双红色袜子又包含 1 件红色衬衫的套装数, 然后把它从套装总数中减去, 从而保证这种情况只计算了一次.

我们只有 2 双红色的袜子和 1 件红色的衬衫. 因此, 为了搭配同时包含 1 件红色衬衫和 1 双红色袜子的套装, 现在我们有 2 双袜子、3 条裤子和 1 件衬衫可供选择. 于是, 同时包含红色袜子和红色衬衫的套装有 $2 \times 3 \times 1 = 6$ 种.

现在我们已经做好了准备, 看看**至少**包含 1 件红色衣物的套装有多少种: 我们把包含 1 双红色袜子的套装数与包含 1 件红色衬衫的套装数加起来, 然后再减去同时包含了红色袜子和红色衬衫的套装数. 这样就得到了至少包含 1 件红色衣物的套装有 $24 + 15 - 6 = 33$ 种. 从前面的结果中可以看出, 我们一共有 60 种可能的套装. 如果每件套装都等可能地被选中, 那么随机搭配的 1 套衣服中至少包含 1 件红色衣服的概率是 $33/60 = 11/20$, 或为 55%.

这种先求出包含 1 种红色衣物的套装数, 然后减去同时包含 2 种红色衣物的套装数的方法用到了所谓的**容斥原理**. 这是种强大的技巧, 常被用来简化那些令人头疼的计数. 我们会在 5.2 节展开详细讨论. 它所做的是把一个非常困难的计算分解成许多简单的计算, 但接下来就要求我们把这些简单问题的答案组合起来, 从而得到原始问题的解. 一般来说, 解答大量的简单问题要比解决一个难题好得多.

另外, 我们还有一种解决这个问题的好方法. 对于每一种套装来说, 它要么包含红色的衣物, 要么不包含红色的衣物. 如果我们知道可能的套装总数和不包含红色衣物的套装数, 那么通过做减法就能求出包含红色衣物的套装数. 根据前面的结果, 我们已经知道一共有 60 种不同的套装. 现在只需要求出不包含红色衣物的套装有多少种就行了. 为此, 我们只能从部分衣物中挑选. 现在只有 3 双非红色的袜子、3 条裤子和 3 件非红色的衬衫可以选择. 这告诉我们, 不包含红色衣服的套装有 $3 \times 3 \times 3 = 27$ 种. 因为一共有 60 种可能的套装, 所以至少包含 1 件红色衣物的套装一定有 $60 - 27 = 33$ 种. 幸运的是, 这也是我们使用第一个方法所得到的结果.

我们还可以从中提取出通用的技巧.

> **对立事件**: 在很多问题中, 要想求出 A 的概率, 最简单的方法就是求出 A 不发生的概率, 因为 $\Pr(A) = 1 - \Pr(A^c)$. 这在解决"至少一个"的问题上是非常有用的, 因为它的对立事件就是什么都没有发生.

对大学生来说, 这个问题有一个有趣的应用: 假设你的衣柜里有 n 件衬衫、m 条裤子和 k 双袜子, 并且同一套衣服最多只能穿一次, 那么在你必须洗衣服之前,这些衣服可以穿几天. 为了更加贴近现实, 你可以允许同 1 条裤子多穿几次, 而且要避免某些特定的颜色组合. 这是大学生们想解决的最重要问题之一. 在现实生活中, 情况要复杂得多, 因为有些衬衫无法搭配某些裤子, 有时你也不需要穿袜子. 此外, 还有更多衣物可以考虑, 而且要顾及天气因素. 但是不难想象, 利用同样的技巧, 我们至少可以估算出一个结果.

总之, 通过这个简单的时尚问题, 我们得到了概率论中两个重要而强大的技巧: 容斥方法和对立事件方法. 在穿衣搭配方面, 这是个相当不错的回报!

5.2 容斥方法

在第 3 章中, 我们研究了阶乘函数和二项式系数的一些性质, 并看到了它们在解决概率问题时的作用. 不幸的是, 对于一些复杂的问题, 想要找到一种好的计数方法使得所有情况都能被考虑到、又不会导致重复计数, 真的非常难. **容斥方法**(或者**容斥原理**) 就是为了避免出现这些问题而设计的, 而且它的代数运算会更加简单. 这是一个不平凡的目标, 也是一个重要的目标. 如果能简化代数运算, 那么你就可以看到一些之前可能没有注意到的规律.

关于简化代数运算, 下面是我最喜欢的例子之一. 假设有人让你把下列各项加起来

$$
\begin{aligned}
 & 51 - 47 \\
+\ & 132 - 51 \\
+\ & 611 - 132 \\
+\ & 891 - 611 \\
+\ & 1234 - 891 \\
+\ & 2013 - 1234.
\end{aligned}
$$

当然, 一种方法是算出第一个差为 4, 第二个差是 81, 接下来的差是 479, 依此类推, 然后把所有结果相加. 更好的方法是留意到这是一个**伸缩和**. 51 出现了两次 (一次带正号, 一次带负号), 所以 51 被抵消掉了. 类似地, 出现了两次的 132 也被抵消掉了, 依此类推, 直到最后剩下了 2013 − 47, 即 1966. 注意, 第二种方法要简单得多 —— 通过巧妙地安排代数运算, 问题解决起来就更加轻松了.

首先, 我们要陈述容斥原理的内容, 然后描述它为什么起作用, 并且研究很多例子.

5.2.1 容斥原理的特例

在全面阐述容斥原理之前, 我们先来看一些特殊的情况, 了解容斥原理是什么以及它为什么会如此有用. 对于一组给定的集合, 我们有两种自然运算: 并和交.

当我们想要讨论**至少有一个**事件发生的概率时, 会使用并运算; 如果想求出**所有事件同时发生的概率**, 我们就会使用交运算. 通常情况下, 计算"所有事件同时发生的概率"要比计算"至少有一个事件发生的概率"容易得多. 例如, 回想一下我们对完美牌局的讨论. 计算固定数量的人都拿到了一手同花色牌的概率并不很难, 但至少有一个人拿到一手同花色牌的概率就会非常复杂.

　　注 5.2.1　在涉及容斥原理的很多问题中, 一个集合的概率就是该集合所包含的元素个数除以空间中元素的总数. 为了强调这种特殊情形, 我们有时会把一个集合的元素个数记作 $|A|$, 而不是 $\Pr(A)$; 但是, 更一般的情况是, 不同元素的概率是不一样的. 如果想要得到最一般的公式, 你就应该使用集合的概率而不是集合的基数.

　　容斥原理采用的方法是用交的概率表示并的概率, 其中包含了大量的交. 这是**解决许多简单问题而不是一个困难问题**的另一个例子. 这里的思路是, 用交的概率和与差来表示并的概率.

　　在两个集合的并的概率公式中, 我们已经看到了这样的例子:

$$\Pr(A \cup B) = \Pr(A) + \Pr(B) - \Pr(A \cap B).$$

我们把它改写成更一般的形式. 把 A 和 B 分别替换成集合 A_1 和 A_2, 于是有

$$\Pr(A_1 \cup A_2) = \Pr(A_1) + \Pr(A_2) - \Pr(A_1 \cap A_2)$$
$$= \sum_{i=1}^{2} \Pr(A_i) - \sum_{1 \leqslant i < j \leqslant 2} \Pr(A_i \cap A_j).$$

　　虽然等号右端的最后一个表达式看起来相当烦琐 (尤其是要把最后的和看作一项!), 但它说明了该如何推广这个公式. 我们已经解释过这个式子为什么成立, 现在继续看一下关于三个集合的公式, 并对其为何成立展开讨论:

$$\Pr(A_1 \cup A_2 \cup A_3) = \Pr(A_1) + \Pr(A_2) + \Pr(A_3) - \Pr(A_1 \cap A_2)$$
$$- \Pr(A_1 \cap A_3) - \Pr(A_2 \cap A_3) + \Pr(A_1 \cap A_2 \cap A_3),$$

也可以写成

$$\Pr(A_1 \cup A_2 \cup A_3) = \sum_{i=1}^{3} \Pr(A_i) - \sum_{1 \leqslant i < j \leqslant 3} \Pr(A_i \cap A_j)$$
$$+ \sum_{1 \leqslant i < j < k \leqslant 3} \Pr(A_i \cap A_j \cap A_k)$$
$$= \sum_{i_1=1}^{3} \Pr(A_{i_1}) - \sum_{1 \leqslant i_1 < i_2 \leqslant 3} \Pr(A_{i_1} \cap A_{i_2})$$
$$+ \sum_{1 \leqslant i_1 < i_2 < i_3 \leqslant 3} \Pr(A_{i_1} \cap A_{i_2} \cap A_{i_3}).$$

虽然最后一行的符号乍看起来像场噩梦, 但它实际上是一种不错的选择, 并且会让后面的事情变得更加简单. 这里的符号与多元微积分中的符号非常相似. 如果考察的是二维或三维空间, 那么我们常用 x, y, z 来表示变量, 并用 $\vec{i}, \vec{j}, \vec{k}$ 来表示方向; 但是, 现在有任意多个方向, 所以用不同的字母来表示就行不通了. 在这种情况下, 我们要使用 $x_1, \cdots, x_n$ 和 $\vec{e_1}, \cdots, \vec{e_n}$ 来分别表示变量和方向. 这里采用了类似的方法, 使用了带有下标的 i.

图 5-1 演示了三个集合的情形. 我们要做的是计算并集 $A_1 \cup A_2 \cup A_3$ 中有多少个元素, 记作 $|A_1 \cup A_2 \cup A_3|$. 如果这些集合是互不相交的, 我们只需要把它们的元素个数加起来: $|A_1| + |A_2| + |A_3|$. 不幸的是, 如果它们有相同的元素, 那么我们就做了重复计算. 记住, 重复计算是概率论中最大的危险之一. 注意, 同时包含在两个集合中的每个元素都被计算了两次. 例如, 对于任意的 $x \in A_1 \cap A_2$, 我们在 $|A_1|$ 中计算了一次 x, 又在 $|A_2|$ 中计算了一次 x. 因此, 需要减去 $|A_1 \cap A_2|$; 同样, 也要减去 $|A_1 \cap A_3|$ 和 $|A_2 \cap A_3|$. 现在, 我们没有重复计算**恰好包含在两个集合中**的元素, 这些元素都只被计算了一次.

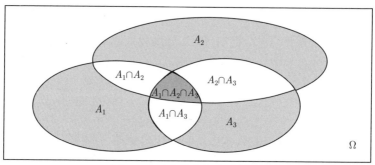

图 5-1   三个集合的容斥原理

不幸的是, 计数略有下降. 我们已经正确地处理了恰好包含在一个集合和恰好包含在两个集合中的元素, 而那些同时包含在三个集合中的元素却没有被计算在内. 出现这种状况的原因是, 在计算 $|A_1|$、$|A_2|$ 和 $|A_3|$ 时, 我们把这些元素计算了三次, 但又在考察 $|A_1 \cap A_2|$、$|A_1 \cap A_3|$ 和 $|A_2 \cap A_3|$ 时把它们减掉了三次. 解决这个问题的方案很清楚: 要把它们添加回去, 必须要加上 $|A_1 \cap A_2 \cap A_3|$. 现在每个元素的计数都是正确的; 对于任意一个元素, 如果属于并集, 那么被计算了一次; 否则, 被计算了 0 次. 于是

$$|A_1 \cup A_2 \cup A_3|$$

$$= \sum_{i_1=1}^{3} |A_{i_1}| - \sum_{1 \leqslant i_1 < i_2 \leqslant 3} |A_{i_1} \cap A_{i_2}| + \sum_{1 \leqslant i_1 < i_2 < i_3 \leqslant 3} |A_{i_1} \cap A_{i_2} \cap A_{i_3}|,$$

或者更一般地, 如果每个元素的概率不一定相等, 那么:

$$\Pr(A_1 \cup A_2 \cup A_3) = \sum_{i_1=1}^{3} \Pr(A_{i_1}) - \sum_{1 \leqslant i_1 < i_2 \leqslant 3} \Pr(A_{i_1} \cap A_{i_2})$$
$$+ \sum_{1 \leqslant i_1 < i_2 < i_3 \leqslant 3} \Pr(A_{i_1} \cap A_{i_2} \cap A_{i_3}).$$

注 5.2.2 在上述分析中, 我们很难忽略关于集合下标的条件. 例如, 对于两个集合的交, 我们没有说 i_1 和 i_2 的取值都介于 1 和 3 之间, 而是给出了 $1 \leqslant i_1 < i_2 \leqslant 3$. 原因是必须避免对集合的重复计算, 因为 $A_1 \cap A_3$ 和 $A_3 \cap A_1$ 是一样的. 把全部有效序对都列出来, 我们看到

$$(i_1, i_2) \in \{(1,2),(1,3),(2,3)\}.$$

现在可能看不出其中的规律, 我们来考察 $1 \leqslant i_1 < i_2 \leqslant 4$. 此时有

$$(i_1, i_2) \in \{(1,2),(1,3),(1,4),(2,3),(2,4),(3,4)\},$$

但如果 $1 \leqslant i_1 < i_2 \leqslant 5$, 那么

$$(i_1, i_2) \in \{(1,2),(1,3),(1,4),(1,5),(2,3),(2,4),(2,5),(3,4),(3,5),(4,5)\}.$$

当最大值为 3 时有 3 个序对, 当最大值为 4 时有 6 个序对, 当最大值为 5 时我们得到了 10 个序对. 收集数据是形成直观认识的好方法; 如果你还没有看出规律, 那就多考察一些数据. 我们能看出这里的一致性, 当 $1 \leqslant i_1 < i_2 \leqslant n$ 时共有 $\binom{n}{2}$ 个序对. 回顾一下二项式系数的定义, 这是很合理的: 我们需要从 $\{1, 2, \cdots, n\}$ 中选出两个不同的下标. 虽然它们的次序无关紧要, 但为了**准确地**写出表达式, 我们把较小的下标记作 i_1, 把较大的记作 i_2. 这种规律还在继续, 当 $1 \leqslant i_1 < i_2 < i_3 \leqslant n$ 时共有 $\binom{n}{3}$ 个三元组. 这一观察结果非常有价值, 因为在许多情况下, 交集数相同的事件出现的次数也是相同的; 因此, 我们只需要算出其中的一个, 然后再乘上一个适当的二项式系数即可.

5.2.2 容斥原理的陈述

现在我们来陈述一般的容斥公式, 并把它的证明留到 5.2.3 节. 注意, 这是由三个集合的并的公式自然地推广而来的.

容斥原理: 考虑集合 $A_1, A_2, \cdots, A_n$. 用 $|S|$ 来表示集合 S 的元素个数, 并把 S 的概率记作 $\Pr(S)$. 于是

$$\left| \bigcup_{i=1}^{n} A_i \right| = \sum_{i=1}^{n} |A_i| - \sum_{1 \leqslant i < j \leqslant n} |A_i \cap A_j| + \sum_{1 \leqslant i < j < k \leqslant n} |A_i \cap A_j \cap A_k|$$
$$- \cdots + (-1)^{n-2} \sum_{1 \leqslant l_1 < l_2 < \cdots < l_{n-1} \leqslant n} |A_{l_1} \cap A_{l_2} \cap \cdots \cap A_{l_{n-1}}|$$
$$+ (-1)^{n-1} |A_1 \cap A_2 \cap \cdots \cap A_n|;$$

如果把上述集合的大小全都换成它们的概率, 这个式子同样成立.

我们可以写得更简洁一些. 设 $A_{l_1 l_2 \cdots l_k} = A_{l_1} \cap A_{l_2} \cap \cdots \cap A_{l_k}$(因此 $A_{12} = A_1 \cap A_2$ 且 $A_{489} = A_4 \cap A_8 \cap A_9$), 于是

$$\left| \bigcup_{i=1}^{n} A_i \right| = \sum_{i=1}^{n} |A_i| - \sum_{1 \leqslant i < j \leqslant n} |A_{ij}| + \sum_{1 \leqslant i < j < k \leqslant n} |A_{ijk}| - \cdots$$
$$+ (-1)^{n-2} \sum_{1 \leqslant l_1 < l_2 < \cdots < l_{n-1} \leqslant n} |A_{l_1 l_2 \cdots l_{n-1}}| + (-1)^{n-1} |A_{12 \cdots n}|.$$

如果 A_i 均为有限集, 并且我们使用的计数度量以结果空间中每个元素都是等可能的为基础, 那么可以把上面所有的 $|S|$ 都替换成 $\mathrm{Pr}(S)$.

这是个很长的公式, 让我们花几分钟来分析一下. 左侧只有一项, 即 $\bigcup_{i=1}^{n} A_i$. 这个事件表示**至少有一个 A_i 发生**. 右侧表示的是什么事件呢? $A_i \cap A_j = A_{ij}$ 表示**事件 A_i 和事件 A_j 同时发生**. 同样地, $A_i \cap A_j \cap A_k = A_{ijk}$ 表示 A_i、A_j 和 A_k 这三个事件全都发生. 因此, 容斥原理的要点是将事件的并简化成交的组合. 虽然右侧的项更多, 但通常情况下, 交比并更容易计算.

对于只有两个事件的简单情形, 我们已经看到了容斥公式的证明: $\mathrm{Pr}(A \cup B) = \mathrm{Pr}(A) + \mathrm{Pr}(B) - \mathrm{Pr}(A \cap B)$. 如果 $A \cap B$ 是空集, 那么右侧最后一项就不会发生, 至少有一个事件发生的概率就是 A 和 B 的概率之和; 但是, 如果交集是非空的, 那么去掉右侧最后一项就意味着进行了重复计算.

我们快速浏览一个例子. 想象一下, 掷出两颗骰子 (每颗骰子的点数都是 1、2、3、4、5 和 6), 我们想知道掷出点数 1 的结果有多少种. 让 A_1 表示第一颗骰子的点数是 1, 让 A_2 表示第二颗骰子的点数是 1. 我们想求出 $|A_1 \cup A_2|$. 下面来找出不同的量. 首先, 因为 $A_1 = \{(1,1), (1,2), (1,3), (1,4), (1,5), (1,6)\}$, 所以 $|A_1| = 6$. 同样地, 由 $A_2 = \{(1,1), (2,1), (3,1), (4,1), (5,1), (6,1)\}$ 可知 $|A_2| = 6$, 并且由 $A_{12} = \{(1,1)\}$ 可知 $|A_1 \cap A_2| = |A_{12}| = 1$. 把上述结果综合起来, 我们有

$$|A_1 \cup A_2| = |A_1| + |A_2| - |A_{12}| = 6 + 6 - 1 = 11,$$

掷出点数 1 的结果恰好有 11 种. 如果考察概率的话, 那么 $\mathrm{Pr}(A_1) = \mathrm{Pr}(A_2) = 1/6$, $\mathrm{Pr}(A_{12}) = 1/36$, 并且

$$\mathrm{Pr}(A_1 \cup A_2) = \mathrm{Pr}(A_1) + \mathrm{Pr}(A_2) - \mathrm{Pr}(A_{12}) = \frac{1}{6} + \frac{1}{6} - \frac{1}{36} = \frac{11}{36}.$$

等可能集合的容斥原理: 在涉及容斥原理的很多问题中, 所有集合 A_i 都具有相同的大小, 所有集合 $A_i \cap A_j = A_{ij}$ 也具有相同的大小, 而且所有集合 $A_i \cap A_j \cap A_k = A_{ijk}$ 同样具有相同的大小, 等等. 这使得计数更加简单, 于是公式被简化成了

$$\left| \bigcup_{i=1}^{n} A_i \right| = n|A_1| - \binom{n}{2}|A_{12}| + \binom{n}{3}|A_{123}| - \cdots + (-1)^{n-1}|A_{12 \cdots n}|.$$

在上述内容中, 二项式系数表示选择集合 $A_{i_1,i_2,\cdots,i_l}$ 的方法数. 因为这是公式中非常重要的部分, 所以我们快速地回顾一下对它的解释 (想了解更多细节, 请参阅注 5.2.2). 例如, 当考察 A_{ij} 时, 我们需要考虑满足 $1 \leqslant i < j \leqslant n$ 的所有下标. 这就等于问, 在 1 和 n 之间无序地选出两个不同的数有多少种方法 (我们只不过把这两个数中较大的数记作 j, 较小的数记作 i). 答案就是 $\binom{n}{2}$, 类似的论证可以对其他二项式系数做出解释.

5.2.3 容斥公式的证明

我们对容斥原理的证明是以**二项式定理**为基础的, 也就是

$$(x+y)^n = \sum_{k=0}^{n} \binom{n}{k} x^k y^{n-k};$$

其证明参阅 A.2.3 节. 最重要的一点是, 这类公式对所有的 x 和 y 都成立; 选择不同的值会产生不同的表达式.

一个很好的选择是取 $x = y = 1$, 这样就得到了 $2^n = \sum_{k=0}^{n} \binom{n}{k}$. 注意, 当我们有 n 个元素时, 由这些元素构成的大小为 k 的子集恰好有 $\binom{n}{k}$ 个. 每个子集都有一定的大小; 因此, 如果把各种大小的子集数都加起来, 就得到了子集的总数, 也就是 2^n(对于每一个子集来说, 一个元素要么属于它, 要么不属于它).

出于本节的目的, 我们想让 $x = -1$ 且 $y = 1$. 于是有

$$0 = (-1+1)^n = \sum_{k=0}^{n} \binom{n}{k} (-1)^k 1^{n-k} = \sum_{k=0}^{n} (-1)^k \binom{n}{k}.$$

现在我们来证明容斥原理, 即

$$\left| \bigcup_{i=1}^{n} A_i \right| = \sum_{i=1}^{n} |A_i| - \sum_{1 \leqslant i < j \leqslant n} |A_i \cap A_j| + \sum_{1 \leqslant i < j < k \leqslant n} |A_i \cap A_j \cap A_k| - \cdots$$
$$+ (-1)^{n-2} \sum_{1 \leqslant l_1 < l_2 < \cdots < l_{n-1} \leqslant n} |A_{l_1} \cap A_{l_2} \cap \cdots \cap A_{l_{n-1}}|$$
$$+ (-1)^{n-1} |A_1 \cap A_2 \cap \cdots \cap A_n|.$$

我们要计算元素 x 在等式每一侧出现的次数. 你可以放心地浏览下面的论述, 了解这个式子为什么成立. 我们会考察更多情况, 而不仅仅是需要的那些, 对其讨论也会更加详细, 而不只是为了帮助计算. 因此, 你可以先随意地阅读前面一两种情况, 然后再跳到对一般情况的论述.

- **情形 0: 元素 x 不属于任何 A_i.** 因为不属于任何 A_i, 所以 x 不属于并集, 它对左侧的和也没有任何贡献. 另外, 由 x 不属于任何 A_i 可知, 它也不可能属于任何交集, 所以 x 也不会对右侧的和有任何贡献.

- **情形 1: 元素 x 恰好属于一个 A_i.** 由于这样的 x 也属于并集, 因此它对左侧的和贡献了 1. 那么右侧的和呢? 因为 x 只属于一个 A_i, 所以它不会包含在任何交集中, 而只能出现在 A_i 中. 准确地说, 假设 x 只属于 A_3. 那么, x 在左侧的并集中被计算一次, 并且只在右侧的 A_3 中被计算一次.

- **情形 2: 元素 x 恰好属于两个 A_i.** 现在事情变得更有意思了. 在左侧的并集中, x 被计算了一次. 右侧呢? 不妨设 $x \in A_3$ 且 $x \in A_7$; 对于任意两个下标, 下面的论述均成立. x 在 A_3 中计算了一次, 在 A_7 中又计算了一次, 并且在 $A_3 \cap A_7$ 中计算了一次. 这会产生什么影响? 最终, 在右侧, 元素 x 被计算了 $1 + 1 - 1 = 1$ 次, 而这恰好是它在左侧的计数. 注意, x 不属于其他任何集合. 举个例子, 因为 $x \notin A_4$, 所以它不可能出现在 $A_4 \cap A_7$ 中; 又因为 x 不属于 A_8, 所以它也不可能出现在 $A_3 \cap A_7 \cap A_8$ 中. 它只能属于那些以 A_3 和 A_7 的交集为子集的集合. 这样的集合有 3 个: A_3、A_7 和 $A_3 \cap A_7$.

- **情形 3: 元素 x 恰好属于三个 A_i.** 和之前一样, x 属于左侧的并集, 所以它在左侧被计算一次. 为了更加准确, 不妨设 x 属于 A_3、A_7 和 A_8. 那么右侧的哪些集合包含了 x? 这样的集合有 7 个, 它们均以 $\{A_3, A_7, A_8\}$ 的交集为子集: A_3、A_7、A_8、$A_3 \cap A_7$、$A_3 \cap A_8$、$A_7 \cap A_8$ 和 $A_3 \cap A_7 \cap A_8$(一共有 7 种可能性, 而不是 8 种, 这是因为我们至少要从 A_3、A_7 和 A_8 中选择一个, 这样就排除了空集). 集合 A_3、A_7 和 A_8 的计数都是正的, $A_3 \cap A_7$、$A_3 \cap A_8$ 和 $A_7 \cap A_8$ 的计数都是负的 (它们的前面都有负号), 而 $A_3 \cap A_7 \cap A_8$ 的计数也是正的. 因此, 在右侧 x 被计算了 $3 - 3 + 1 = 1$ 次.

  重要的是要认识到, $3 - 3 + 1$ 有一种更好的写法. 我们可以把它写成 $\binom{3}{1} - \binom{3}{2} + \binom{3}{3}$, 第一项是从三个下标中选出一个的方法数, 第二项是从三个下标中选出两个的方法数, 最后一项是从三个下标中选出三个的方法数. 这是把上面的 7 个集合分成了三种情况: 用一个下标表示的集合, 两个下标表示的集合, 以及三个下标表示的集合.

  实际上, $3 + 3 - 1$ 还有一种更巧妙的写法: $(-1)^{1-1}\binom{3}{1} + (-1)^{2-1}\binom{3}{2} + (-1)^{3-1}\binom{3}{3}$.

- **情形 k: 元素 x 恰好属于 k 个 A_i, 其中 $k \geqslant 3$.** 这里的论证与之前的情形类似, 只是在最后多了一点代数运算. 显然, x 属于左侧的并集. 那么右侧会发生什么? 我们不妨设 x 属于 $A_1, A_2, \cdots, A_k$; 这里的假设只是为了方便, 对于任取的 k 个下标, 论证过程都是一样的. 从 k 个下标中选出一个的方法有 $\binom{k}{1}$ 种. 那么在 $\sum_{i=1}^{n} |A_i|$ 中 x 被计算了 $\binom{k}{1} = (-1)^{1-1}\binom{k}{1}$ 次 (为了与上一个表达式的形式保持一致, 我们在这里给出了因子 $(-1)^{1-1}$).

  从 k 个下标中选出两个共有 $\binom{k}{2}$ 种方法. 于是, x 在 $\sum_{1 \leqslant i < j \leqslant n} |A_i \cap A_j|$ 中被计算了 $\binom{k}{2}$ 次. 但要记住, 这些项的前面都有一个负号, 所以 x 的计数

实际上是 $-\binom{k}{2} = (-1)^{2-1}\binom{k}{2}$.

接下来, 从 k 个下标中选出 j 个共有 $\binom{k}{j}$ 种方法; 因此, 在 j 个集合的交集中, x 被计算了 $(-1)^{j-1}\binom{k}{j}$ 次 (记住, 我们必须时刻留意右侧的负号).

对于在 0 和 k 之间取值的所有 j, 上述结论均成立, 而 x 在右侧的计数就等于

$$(-1)^{1-1}\binom{k}{1} + (-1)^{2-1}\binom{k}{2} + (-1)^{3-1}\binom{k}{3} + \cdots + (-1)^{k-1}\binom{k}{k}.$$

这个值应该是 1, 我们把上式加上 $-1+1$. 这只是**加了一个零**, 并没有改变最终的和, 但是可以**改写这个代数表达式**: 我们将看到一个有用的关系, 而且还会用到二项式定理. 这是种强大的技巧, 也是我最喜欢的技巧之一 (更多相关信息, 请参阅 A.12 节). 我们看到

$$
\begin{aligned}
&(-1)^{1-1}\binom{k}{1} + (-1)^{2-1}\binom{k}{2} + (-1)^{3-1}\binom{k}{3} + \cdots + (-1)^{k-1}\binom{k}{k}\\
&= -1 + (-1)^{1-1}\binom{k}{1} + (-1)^{2-1}\binom{k}{2} + (-1)^{3-1}\binom{k}{3} + \cdots\\
&\quad + (-1)^{k-1}\binom{k}{k} + 1\\
&= -\left[(-1)^0\binom{k}{0} + (-1)^1\binom{k}{1} + (-1)^2\binom{k}{2} + (-1)^3\binom{k}{3} + \cdots\right.\\
&\quad \left. + (-1)^k\binom{k}{k}\right] + 1\\
&= -(-1+1)^k + 1 = 1,
\end{aligned}
$$

其中, 最后一行利用了二项式定理 (在给出 $1 = (-1)^0\binom{k}{0}$ 之后, 我们才能使用二项式定理).

上面的论述很长, 有必要回顾一下, 看看我们都做了什么. 式子的左侧很简单 —— 元素 x 要么属于并集, 要么不属于并集. 但右侧就比较复杂了. 如果 x 只属于一个 A_i, 那么它只在这个集合中被计算一次; 如果 x 只属于两个 A_i, 那么它会在 3 个集合中计数; 如果它恰好属于三个 A_i, 那么会在 7 个集合中计数; 对于一般的情形, 如果 x 恰好属于 j 个 A_i, 那么它就要被计算 $2^j - 1$ 次. 但是, x 的计数有时为正, 有时为负. 不过, 在求出 x 被计算的总次数后, 左右两侧的计数是相等的. 这样就完成了对公式的证明. 代数运算中最关键的一步是使用二项式定理并注意到了 $(-1+1)^k = 0$.

5.2.4 利用容斥原理: 同花色牌型

现在是时候来举个例子了! 回顾一下 3.4.2 节中拿到一手同花色牌的问题. 我

们先求出至少一个人拿到一手同花色牌的概率 (所以要为 4 个人中的每一个分配 13 张牌, 并且要使得至少有一个人拿到了一手相同花色的牌). 容斥原理的主要思想是: 通常情况下, 做大量简单计算要比处理一个复杂计算容易很多. 我们会看到, 不管其他人如何, 计算某部分人拿到一手同花色牌的方法数要比计算单独一个人拿到一手同花色牌的方法数容易很多; 利用前一个问题的结果和容斥原理, 我们能够算出后面这个问题的答案.

第一步是选择事件. 让 A_1 表示第一个人拿到了一手相同花色的牌, 并且不考虑另外 3 个人都拿到了什么. 我们按照同样的方法来定义 A_2、A_3 和 A_4. 注意, 我们并没有说有相同花色的一手牌到底是什么花色, 而只是说这手牌的花色是相同的. 那么事件 $A_1 \cap A_2 = A_{12}$ 表示第一个人和第二个人都拿到了一手相同花色的牌, 却没有任何关于第三个人和第四个人的信息. 从这里开始, 事情会变得非常有趣. 从技术上讲, $A_1 \cap A_2 \cap A_3$ 意味着前 3 个人都拿到了一手相同花色的牌, 但这显然也会迫使第四个人拿到一手相同花色的牌!

好了, 现在我们来计算至少有一个人拿到一手同花色牌的牌局数. 在涉及容斥原理的问题中, 我们会经常看到下面这种情况, 即 $|A_1| = |A_2| = |A_3| = |A_4|$ 和 $|A_{12}| = |A_{13}| = \cdots = |A_{34}|$, 等等. 这些结果是根据对称性推导出来的. 第一个和第三个玩家拿到某些特殊牌而第二个和第四个玩家任意取牌的方法数, 与第二个和第四个玩家拿到某些特殊牌且第一个和第三个玩家任意取牌的方法数相等.

$|A_1|$ 是多少呢? 第一个人的花色有 $\binom{4}{1}$ 种选法, 接着为他选出具有该花色的 13 张牌共有 $\binom{13}{13} = 1$ 种方法. 现在我们必须把剩下的牌分配给其他人. 从剩下的 39 张牌中选出 13 张分给第二个人共有 $\binom{39}{13}$ 种方法, 从余下的 26 张牌中选择 13 张分给第三个人共有 $\binom{26}{13}$ 种方法, 第四个人拿到的牌只有 $\binom{13}{13} = 1$ 种可能. 因此,

$$|A_1| = \binom{4}{1}\binom{13}{13}\binom{39}{13}\binom{26}{13}\binom{13}{13} = 337\ 912\ 392\ 291\ 465\ 600.$$

请注意, 上述情况包含了其他人也拿到一手相同花色的牌的可能性! 这种情况是可以的, 实际上这也是容斥原理能够轻松解题的原因. 事件 A_1 只表示第一个人拿到了一手相同花色的牌, 而不考虑其他 3 个人的情况. 这要比计算只有第一个人拿到了一手相同花色的牌的方法数简单很多. 事实上, 我们可以轻松地算出这种只考虑第一个人牌型的方法数, 然后进一步求出只有第一个人拿到一手同花色牌的方法数.

$|A_i \cap A_j| = |A_{ij}|$ 是多少呢? 现在我们有两个特殊的人, 他们都只能从一种花色中取牌. 为这两个人分配两种花色共有 $4 \cdot 3$ 种方法: 第一个人有 4 种选择, 第二个人有 3 种选择. 考察这个问题的另一种方法是, 选出两种花色共有 $\binom{4}{2}$ 种方法, 把它们依次分配给两个人有 2! 种方法, 因此有 $\binom{4}{2}2! = 4 \cdot 3$ 种方法. 一旦确定了这两个人的花色, 那么第一个人的牌型有 $\binom{13}{13} = 1$ 种, 第二个人的牌型有 $\binom{13}{13} = 1$ 种.

现在还剩下 26 张牌；为第三个人分配 13 张牌共有 $\binom{26}{13}$ 种方法, 那么第四个人就只有 $\binom{13}{13} = 1$ 种分法. 于是,

$$|A_{12}| = 124\,807\,200.$$

我们继续考察三个人的情况, 即 $A_i \cap A_j \cap A_k = A_{ijk}$. 然而, 如果有三个人都拿到了一手相同花色的牌, 那么第四个人也一定会拿到一手相同花色的牌. 我们可以按照之前的方法来计算. 另外, 我们还可以这样考虑: 这里有 4! 种可能的牌型 (第一个人有 4 种可能的牌型, 第二个人有 3 种, 第三个人有 2 种, 而第四个人只有 1 种, 于是一共有 $4 \cdot 3 \cdot 2 \cdot 1 = 4! = 24$ 种可能的结果). 因此

$$|A_{123}| = |A_{124}| = |A_{134}| = |A_{234}| = |A_{1234}| = 24.$$

现在, 我们利用容斥公式来计算至少有一个人拿到一手同花色牌的牌局数. 记住, 下述所有可能情况的个数只取决于下标的数量, 而与下标是什么无关. 这一点对我们求解答案很有帮助. 结果就是

$$\left| \bigcup_{i=1}^{4} A_i \right| = \sum_{i=1}^{4} |A_i| - \sum_{1 \leqslant i < j \leqslant 4} |A_{ij}| + \sum_{1 \leqslant i < j < k \leqslant 4} |A_{ijk}| - |A_{1234}|$$

$$= |A_1| \sum_{i=1}^{4} 1 - |A_{12}| \sum_{1 \leqslant i < j \leqslant 4} 1 + |A_{123}| \sum_{1 \leqslant i < j < k \leqslant 4} 1 - |A_{1234}|$$

$$= |A_1| \cdot 4 - |A_{12}| \cdot \binom{4}{2} + |A_{123}| \cdot \binom{4}{3} - |A_{1234}| \cdot 1$$

$$= |A_1|4 - |A_{12}|6 + |A_{123}|4 - |A_{1234}|$$

$$= 1\,351\,649\,568\,417\,019\,272.$$

容斥原理还有其他一些有趣的例子. 对于某个给定的方程 $x + y = 12$, 你可以利用容斥原理来计算, 当 x 和 y 都是正整数时, 把 12 分配给这两个变量共有多少种不同的方法. 你可以限定这些值大于或小于某个数, 也可以规定它们不相等. 例如, 假设限制 $x \leqslant 4$ 且 $y \geqslant 6$, 那么可以先算出一共有多少个解, 然后减去满足 $x \geqslant 5$ 和满足 $y \leqslant 5$ 的那些解, 这样就求出了符合条件的解的个数. 有一些解会同时满足 $x \geqslant 5$ 和 $y \leqslant 5$, 所以它们被减了两次, 因此还要把它们重新加回去. 这类问题或许还有更好的解法; 通常你更关心解是多少而不是一共有多少个解, 但有时你只想知道某个给定方程的解的个数. 尽管容斥原理可能并不是最好的方法, 但它总能解决问题.

容斥原理的一个重要部分是正确地选择集合. 恰当地选择 A_i 会使问题更容易解决. 在上面这个例子中, 如果我们没有意识到可以减去所有不满足约束条件的解, 而是尝试求出所有符合条件的解, 那么情况就会更加复杂. 我们给出最后的例子来说明这一点.

考虑马上要做演讲的几个学生: Alice、Bob、Charlie 和 David. Alice 不想第一个演讲, 而 David 不想最后一个演讲. 那么一共有多少种不同的演讲次序? 现在, 不考虑限制条件, 他们有 $4! = 24$ 种不同的演讲次序. 让 A_i 表示第 i 个人站在不能站的位置上的排序方法数. 那么, A_1 表示 Alice 第一个演讲的排序方法数, 即 $3! = 6$. 由于 Bob 和 Charlie 的位置可以任意选取, 所以 $A_2 = 0$ 且 $A_3 = 0$. 最后, A_4 是导致 David 最后一个演讲的排序方法数, 也就是 $3! = 6$. 此时, 有一些排序会使得 Alice 第一个演讲且 David 最后一个演讲, 而这样的排序被减了两次, 所以我们要把它们再加回去. Alice 第一个演讲且 David 最后一个演讲的排序方法有 $2! = 2$ 种. 由于对 Bob 和 Charlie 没有限制, 因此我们不需要考虑其他重叠的集合. 于是, 将这些结果与容斥原理相结合, 一共有 $24 - (6 + 0 + 0 + 6) + 2 = 14$ 种可能的演讲次序. 我们选择的集合使得这个问题求解起来相当简单.

5.2.5 从 "至少" 到 "恰好" 的方法

我们求出了至少有一个人拿到一手同花色牌的方法数; 由于一共有 $\binom{52}{13}\binom{39}{13}\binom{26}{13}\binom{13}{13}$ 种发牌的方法, 因此只要让前面的结果除以这个值就能得到至少有一个人拿到一手同花色牌的概率.

假设我们现在想计算恰有一人拿到一手同花色牌的概率. 从实际角度出发, 这与至少有一个人拿到一手相同花色牌的概率是一样的, 因为现实中不太可能有两个或更多个人拿到一手相同花色的牌; 但是, 作为数学家, 我们想要得到准确答案.

可以利用容斥公式和一个强大的原理来算出答案. 每个东西都应该有一个名字, 这样才能轻松地引用, 因此我们把这个原理称为**从 "至少" 到 "恰好" 的方法**.

从 "至少" 到 "恰好" 的方法: $N(K)$ 表示**至少**有 k 个事件发生的方法数; $E(k)$ 表示**恰好**有 k 个事件发生的方法数. 那么 $E(k) = N(k) - N(k+1)$. 等价说法是,

$$\Pr(\text{恰好有 } k \text{ 个发生})$$
$$= \Pr(\text{至少有 } k \text{ 个发生}) - \Pr(\text{至少有 } k+1 \text{ 个发生}).$$

不要忘记这个简单的原理, 它能让我们轻松地从 "至少" 事件过渡到 "恰好" 事件. 我们还会再看到它, 因为它是累积分布方法的基础 (参阅第 7 章中有关再次发生的内容).

现在, 我们用这种方法来计算恰好有一个人拿到一手同花色牌的牌局数. 我们先求出至少两个人拿到一手同花色牌的方法数, 然后再把它从至少有一个人拿到一手同花色牌的方法数中减去.

用 A_{12}、A_{13}、A_{14}、A_{23}、A_{24} 和 A_{34} 来表示有两个人拿到一手同花色牌的 6 种

可能情况. 我们使用的符号与之前稍有不同是因为这种符号更具有启发性. 这里的 A_{14} 表示第一个人和第四个人都拿到了一手相同花色的牌; 相反, 如果把这 6 个事件记作 $B_1, B_2, \cdots,$ 那么每个事件所蕴含的意义就不那么清晰了 (这会变得非常重要). 在这类问题中, 上述符号很容易造成混乱: 我们没有把这些事件的并明确地写出来, 而只对它们进行陈述.

如果想利用容斥公式来计算这 6 个事件的并的大小 (换句话说, 至少有两个人拿到一手同花色牌的方法数), 那么我们就要算出某些事件的计数.

- 首先是 6 个事件 A_{ij}(其中 $i \neq j$). 幸运的是, 这 6 个事件发生的次数是相同的 (我们之前算过), 也就是
$$|A_{12}| = |A_{13}| = |A_{14}| = |A_{23}| = |A_{24}| = |A_{34}| = 124\,807\,200.$$
因此, 这 6 个集合的计数为
$$6 \cdot 124\,807\,200 = 748\,843\,200.$$

- 现在考察一个较难的计算. $|A_{ij} \cap A_{lm}|$ 是多少呢? 答案取决于 i、j、l 和 m 是 4 个不同的下标、3 个不同的下标, 还是 2 个不同的下标 (记住, $i \neq j$ 且 $l \neq m$, 但 l 或 m 可能等于 i 或 j). 如果它们是 4 个不同的下标, 那么要考察的就是事件 A_{1234}, 我们还知道这个事件只有 24 种可能的牌局. 如果是 3 个不同的下标呢? 这意味着有三个人都拿到了一手相同花色的牌, 但这会迫使剩下的一个人也拿到一手相同花色的牌. 因此, 如果有 3 个不同的下标, 那么它就是事件 A_{1234}; 同样地, 现在只有 24 种可能性. 如果只有 2 个不同的下标呢, 比如 $A_{12} \cap A_{12}$? 这是我们所考察的最简单的交: 它就是这个事件本身, 而且我们知道 $|A_{12}| = 124\,807\,200.$

  好的, 我们已经知道了所有交集的大小. 现在我们要计算每种情况有多少种可能. 从 6 个事件 A_{12}、A_{13}、A_{14}、A_{23}、A_{24} 和 A_{34} 中选出 2 个共有 $\binom{6}{2} = 15$ 种方法. 在这 15 种取法中, 4 个下标互不相同的取法有 3 种: 选出 A_{12} 和 A_{34}, 或者 A_{13} 和 A_{24}, 又或者 A_{14} 和 A_{23}. 下面这种论述是错误的: 因为第一个集合可以任取, 之后第二个集合只有一种可能的选择, 所以共有 6 种可能的取法. 为什么是错的? 因为这个论述对两个集合进行了排序. 考察"只有 3 种取法"的最好方法是, 先构造一个有序集, 然后通过除以 2!(即对 2 个元素进行排序的方法数) 来删除这个次序. 所有下标均不相同的有序对共有 $3 \cdot 2 = 6$ 个 (我们可以从 6 个集合中任选一个作为第一个集合, 那么第二个集合也就被确定下来了), 因此无序对有 $6/2! = 3$ 个. 由于必须从 6 个集合中选出 2 个不同的集合, 因此不存在恰有 2 个不同下标的情况. 所以, 剩下的 12 种取法都恰有 3 个不同的下标; 同样, 这将迫使所有下标都不相同. 非常好的一点是这 15 个交集具有相同的大小, 都是 $4! = 24$. 因此, 这些交集的总计数为 $-15 \cdot 4! = -360.$

- 首先考察 3 个不同集合的交, 这 3 个集合均取自 $\{A_{12}, A_{13}, A_{14}, A_{23}, A_{24}, A_{34}\}$. 这 3 个集合有 $\binom{6}{3} = 20$ 种取法. 无论取出哪 3 个集合, 它们都至少有 3 个不同的下标. (关于这一点, 最简单的思路是当取出 2 个集合时, 这 2 个集合就至少有 3 个不同的下标!) 因此, 这 20 个集合均满足有 3 个人都拿到了一手相同花色的牌, 意味着第 4 个人也拿到了一手相同花色的牌. 因此, 由于 20 个集合中的每个都包含了 24 个元素, 它们的计数为 $20 \cdot 24 = 480$.
- 现在来看看 4 个不同集合的交. 从 6 个集合中选出 4 个共有 $\binom{6}{4} = 15$ 种方法, 并且每个交集都是 A_{1234}(取到了所有下标), 那么这种情况的计数为 $-15 \cdot 24 = -360$.
- 接下来考虑的是 5 个集合的交. 这 5 个集合有 $\binom{6}{5} = 6$ 种取法. 它们的交集始终是 A_{1234}, 其总计数就是 $6 \cdot 24 = 144$.
- 最后考察这 6 个集合的交. 它们有 $\binom{6}{6} = 1$ 种取法, 而交集仍然是 A_{1234}, 于是这种情况的计数为 $-1 \cdot 24 = -24$.

综上所述, 由容斥公式可知至少有 2 个人拿到一手同花色牌 (记住这是 6 个事件的并) 的可能性有

$$748\,843\,200 - 360 + 480 - 360 + 144 - 24 = 748\,843\,080.$$

现在我们可以求出恰好有一个人拿到一手同花色牌的牌局数. 在 5.2.4 节中, 我们证明了至少有一个人拿到了一手同花色牌的牌局数为 $1\,351\,649\,568\,417\,019\,272$; 刚刚又证明了至少有两个人拿到一手同花色牌的牌局数是 $748\,843\,080$. 因此, 恰好有一个人拿到一手同花色牌的牌局数为 $1\,351\,649\,567\,668\,176\,192$.

记住, 尽可能地去检验答案. 现在, 我们可以对 $748\,843\,200 - 360 + 480 - 360 + 144 - 24$ 做很好的检验. 第一个数是 $748\,843\,200$, 它等于 $|A_{12}| + |A_{13}| + |A_{14}| + |A_{23}| + |A_{24}| + |A_{34}|$. 如果有三个人拿到一手同花色牌, 那么事实上所有人都拿到了一手同花色的牌. 这样的牌局有 24 种, 而每种牌局都被算入了上面的和. 因此, 虽然我们认为这个和表示至少有两个人拿到一手同花色牌的牌局总数, 但是在这个和中, 四个人都拿到一手同花色牌的 24 种牌局被计算了 6 次, 而非一次. 所以, 我们必须减去 $5 \cdot 24 = 120$. 回到最初的表达式, 我们注意到 $-360 + 480 - 360 + 144 - 24 = 120 = -5 \cdot 24$. 能用一种略有不同的方式来解释代数表达式并看到一致性, 这是非常棒的.

5.3 错 排

如果有 n 个物体, 那么把它们有序地排成一列共有 $n!$ 种方法. 在大量问题中, 我们关注的焦点是一些特殊排列. 例如, 假设有 n 个人. 我们要处理 n 个信封和 n 封信. 遗憾的是, 本该把信正确放入信封的人今天心情不太好, 只把信胡乱地塞进

了信封里. 那么, 所有信都没有放入正确信封的放法有多少种? 这被称为**错排**, 通常被认为是一种糟糕的事件! 如果能找到这个问题的答案, 那么我们就可以回答一个相关问题: 至少有一封信放对的方法有多少种? (就是用 $n!$ 减去错排的个数.)

当然, 我们能做的不仅仅是计数, 还可以计算概率. 如果这 $n!$ 个排列是等可能的, 那么错排的概率就等于错排的个数除以 $n!$. 稍后我们会看到当 $n \to \infty$ 时有一个漂亮的极限, 接下来还会讨论一些相关应用.

5.3.1 错排的个数

在这 $n!$ 个排列中, 所有元素都不在初始位置的排列有多少个? 这意味着第 1 个元素不能在第 1 个位置上, 第 2 个元素也不能在第 2 个位置上, 依此类推. 例如, $(2, 3, 4, 1)$ 是错排, 因为每个数的位置都发生了移动; 但 $(3, 2, 4, 1)$ 就不是错排, 因为 2 仍在第 2 个位置上.

事实上, 我们可以轻松地解决一个相关问题, 即至少一个元素回到它初始位置的排列方法有多少种. 为什么这个问题更容易解决? 回顾一下容斥原理的陈述 (参阅 5.2.2 节). 我们证明了如何用事件的交来描述**至少**有一个事件发生, 而且交通常较容易计算. 要想得到错排的个数, 只需要从 $n!$ 中减去非错排的个数.

不管什么时候使用容斥原理, 首先要做的就是构造事件. 我们试图找出至少有一个元素没有被移动的排列方法数. 让 A_i 表示 i 没有被移动. 那么, $A_1 \cup A_2 \cup \cdots \cup A_n$ 表示在重排列中, 至少有一个元素仍位于原来的位置上. 这正是我们想要计算的, 由容斥公式可知, 它的基数等于

$$\left| \bigcup_{i=1}^{n} A_i \right| = \sum_{i=1}^{n} |A_i| - \sum_{1 \le i < j \le n} |A_i \cap A_j| + \cdots + (-1)^{n-1} |A_1 \cap \cdots \cap A_n|.$$

幸运的是, 这个表达式可以进一步简化. 这 n 个 A_i 具有相同的大小, 都是 $|A_1|$. 原因是对称性 —— 我们总是可以对它重新标记, 并假设它就是第一个没有被移动的元素. 同样, $\binom{n}{2}$ 个集合 $A_i \cap A_j$ 也具有相同的大小, 都等于 $|A_i \cap A_j| = |A_{12}|$. 继续, 我们发现 $\binom{n}{3}$ 个集合 $A_i \cap A_j \cap A_k$ 的大小也都相等, 即 $|A_i \cap A_j \cap A_k| = |A_{ijk}|$. 当然, 其他项也有类似结果. 于是

$$\left| \bigcup_{i=1}^{n} A_i \right| = n|A_i| - \binom{n}{2}|A_{ij}| + \cdots + (-1)^{n-1} |A_{12 \cdots n}|.$$

现在要计算等号右侧的各个量. 很幸运, 它们并不难算. 在求下列数值时, 我们花了点时间把结果写成了较实用的代数表达式, 其中的规律在刚开始时并不是很清楚, 但最后我们会恍然大悟.

- $|A_1| = (n-1)!$. 为什么? 第 1 个元素的位置是固定的, 因此在新排列中它一定处于第 1 个位置上. 现在我们要对 $n-1$ 个对象进行排列, 而这 $n-1$ 个元素有 $(n-1)!$ 种排列方法. 这样的集合有 $n = \binom{n}{1}$ 种. 于是有 $n \cdot (n-1)! = n!$.

- $|A_{12}| = (n-2)!$. 推导过程与上面类似. 前 2 个元素的位置是固定的. 现在还剩下 $n-2$ 个元素, 把这 $n-2$ 个元素排成一列有 $(n-2)!$ 种方法. 另外, 这 2 个集合有 $\binom{n}{2}$ 种可能的选择. 于是有

$$\binom{n}{2} \cdot (n-2)! = \frac{n(n-1)}{2} \cdot (n-2)! = \frac{n!}{2}.$$

- $|A_{12\cdots j}| = (n-j)!$. 为了看清楚这一点, 我们让前 j 个元素的位置保持不变. 现在还剩下 $n-j$ 个元素, 因此把它们排成一列有 $(n-j)!$ 种方法. 这 j 个集合有 $\binom{n}{j}$ 种可能的选择. 于是有

$$\binom{n}{j} \cdot (n-j)! = \frac{n(n-1)\cdots(n-(j-1))}{j!} \cdot (n-j)! = \frac{n!}{j!}.$$

有时候, 我们需要过段时间才能看出其中的规律. 第一种情形的结果是 $n!$, 第二种情形的结果是 $n!/2$. 只有在讨论了一般情形之后 (我们得到了 $n!/j!$), 我们才会看到应该把第一个结果写成 $n!/1!$, 把第二个结果写成 $n!/2!$. 不要担心 —— 刚开始时, 你没有把第一个结果看作 $n!/1!$ 是正常的; 但是, 在看到了 $n!/j!$ 之后, 就应该回过头去看看是否存在一般规律. 这也表明了由 $|A_{12\cdots n}|$ 给出的最后一个结果应该写成 $n!/n!$, 而不是 1.

综上所述, 由容斥公式可得

$$\left| \bigcup_{i=1}^{n} A_i \right| = \binom{n}{1}|A_1| - \binom{n}{2}|A_{12}| + \cdots + (-1)^{n-1}\binom{n}{n}|A_{12\cdots n}|$$

$$= n(n-1)! - \binom{n}{2}(n-2)! + \cdots + (-1)^{j-1}\binom{n}{j}(n-j)! + \cdots$$

$$+ (-1)^{n-1}\binom{n}{n}(n-n)!$$

$$= \frac{n!}{1!} - \frac{n!}{2!} + \frac{n!}{3!} - \frac{n!}{4!} + \cdots + (-1)^{n-1}\frac{n!}{n!}.$$

所以, 我们已经找到了计算非错排数的公式. 因此, $n!$ 减去这个值就是错排的个数. 让 D_n 表示 $\{1, 2, \cdots, n\}$ 的错排数. 我们发现

$$D_n = n! - \frac{n!}{1!} + \frac{n!}{2!} - \frac{n!}{3!} + \frac{n!}{4!} + \cdots + (-1)^n\frac{n!}{n!}.$$

在下一小节中, 我们将看到这个公式可以写成更具启发性的形式.

5.3.2　错排数的概率

在 5.3.1 节中, 我们利用容斥原理求出了集合 $\{1, 2, \cdots, n\}$ 的错排数. 记住, 错排就是对这些数重新排列, 并且要使得每个数都移动到与初始位置不同的新位置

上. 于是, $\{3,4,2,1,5,7,6\}$ 不是 $\{1,2,3,4,5,6,7\}$ 的错排, 因为 5 仍然在第 5 个位置上; 但 $\{2,3,1,7,6,5,4\}$ 就是错排. 我们看到, n 个对象的错排数 (用 D_n 来表示) 就是

$$D_n = n! - \frac{n!}{1!} + \frac{n!}{2!} - \frac{n!}{3!} + \frac{n!}{4!} - \cdots + (-1)^{n-1}\frac{n!}{n!}.$$

现在, 我们要花点时间看看考察这个公式的另一种更好的方法.

首先要注意的是每项中都有一个 $n!$, 所以应该把它提出来. 这样就得到了

$$D_n = n!\left(1 - \frac{1}{1!} + \frac{1}{2!} - \frac{1}{3!} + \frac{1}{4!} - \cdots + (-1)^n\frac{1}{n!}\right).$$

在这里我们有了真正的进展, 因为 $n!$ 不是一个普通的数, 而是一个非常有意义的量: 它是 n 个对象的排列数! 因此, 如果两边同时除以 $n!$, 那么我们就得到了全体错排所占的百分比:

$$\frac{D_n}{n!} = 1 - \frac{1}{1!} + \frac{1}{2!} - \frac{1}{3!} + \frac{1}{4!} - \cdots + (-1)^n\frac{1}{n!}.$$

如果你了解微积分知识, 那么右侧的表达式看起来就会非常眼熟, 它正是 e^x 的级数展开式. **指数函数**是整个数学领域中最重要的函数之一 (参阅 B.5 节, 以便快速回顾). e^x 的一个描述是

$$e^x = \sum_{k=0}^{\infty} \frac{x^k}{k!} = 1 + x + \frac{x^2}{2!} + \frac{x^3}{3!} + \cdots.$$

上面的值接近于 e^{-1}, 不同之处在于这里只有有限多项.

这种做法没什么问题. e^x 的级数展开式收敛地非常快. 举个例子, 如果 $n = 10$, 那么 e^{-1} 就约等于 $0.367\,879\,441\,2$, 而 $D_n/n!$ 大概是 $0.367\,879\,464$; 两者之差约为 $0.000\,000\,023$. 换句话说, 当 n 等于 10 时, 我们的答案已经非常接近于 e^{-1} 了.

这一切都意味着什么呢? 这意味着, 如果我们取 n 个元素并考虑它们的一个随机排列, 那么所有元素都不在初始位置上的概率会相当高: 约等于 e^{-1}, 大概是 36.79%. 每三种排列中, 使得所有数都发生移动的排列不止一种! 稍后, 我们将回到这个题目并解决一些相关问题, 比如, 在一个随机排列中位置没有改变的元素的预期数量是多少.

5.3.3 错排试验的代码

和往常一样, 花时间编写一些代码来检验我们的理论是很有必要的. 这里的情况有点复杂, 因为错排的概率是个关于 n 的函数, 所以我们要记住, 当考虑极限时结果只能是 $1/e$.

```
derangement[n_, numdo_] := Module[{},
  count = 0; (* 将对成功的计数器设置为 0 *)
  (* 对有限的n和 n --> oo时的情况进行预测 *)
```

```
theory = Sum[(-1)^k/k!, {k, 0, n}];
limit = 1/E;
people = {}; (* 这是人员列表 *)
For[i = 1, i <= n, i++, people = AppendTo[people, i]];
For[m = 1, m <= numdo, m++, (* 主循环 *)
 {
  mix = RandomSample[people]; (* 随机混合人员 *)
  found = 0; (* 将found设置为0; 如果found变为1, 则有人的位置没发生
             变动 *)
  For[i = 1, i <= n, i++,
   {
    If[mix[[i]] == i,
      {
       found = 1;
       i = n + 1; (* 退出循环: 为什么要继续计算! *)
       }];
    }];
  If[found == 1, count = count + 1]; (* 如果 found 等于1,
  那么count加 1 *)
  }];
Print["Theory is ", 100.  theory, "%."];
Print["Limit is ", 100.  limit, "%."];
(* 我们希望得到错排的概率, 它等于1减去 "有人的位置没发生变动"
   的概率 *)
Print["Observe ", 100. - 100. count/numdo, "%."];
 ]
```

例如, 当 $n = 5$ 时, 如果把试验运行 1000 万次, 那么我们会得到:

```
Theory is 36.6667%.
Limit is 36.7879%.
Observe 36.6783%.
```

进行这么多次试验的原因是, 对于有限的 n 和 $n \to \infty$, 它们的结果在 $n = 5$ 时会有很小的差别. 稍后, 利用中心极限定理, 你将学到如何在模拟值周围建立置信区间, 并看看它们是否与预测值一致. 当 $n = 20$ 时, 情况会有很大的不同, 因为有限 n 和极限情况下的差值可以忽略不计:

```
Theory is 36.7879%.
Limit is 36.7879%.
Observe 36.8023%.
```

5.3.4　错排的应用

我们计算了 $\{1,\cdots,n\}$ 有多少个错排, 并给出了计算错排概率的公式 (这个公式非常好, 可以推导出当 n 趋近于无穷时的极限值). 但是, 我们还没有解释为什么要关注错排.

在高等数学中, 有很多地方都出现了错排, 但这看起来好像不太可信. 现在我们讨论一个通信理论的例子. 如果你以前没学过**图论**, 那么我们在这里快速介绍一下! **图**是由点和边构成的, 这里的点被称为**顶点**(奇异**顶点**), 而每条**边**恰好连接两个顶点. 如果是一个**简单图**, 那么在任意一对顶点之间最多有一条边; 重复的边被称为**复合边**. 通常情况下, 我们不允许**自循环**, 也就是说每条边必须连接两个不同的顶点. 如果一个图的顶点可以分成两组 A 和 B, 并且每条边都由 A 和 B 中各一个顶点来连接 (所以 A 中的顶点之间没有边, 且 B 中的顶点之间也没有边), 那么这个图就叫作**二部图**.

许多问题都与图有关. 在通信理论中有个很好的例子. 把每个顶点看成一台计算机, 把边看成计算机之间的连接 (你也可以把顶点看作城市, 把边看作城市之间的道路). 我们需要一个连接良好的系统: 希望每一台计算机都能快速地连接到网络中的其他任何一台计算机. 一种方法是在任意两台计算机之间建立连接; 我们把结果图称为**完全图**, 因为它包含了所有可能的边. 然而, 这会付出高昂的代价. 如果有 n 台计算机, 那么我们就需要 $\binom{n}{2} = n(n-1)/2$ 条边来把所有计算机连接起来. 虽然这能很好地完成连接工作, 但成本通常非常高.

这迫使人们寻找边数较少但仍具有强大连接能力的网络. 例如, 在完全图中, 从任意一个顶点到另一个顶点只需要一步, 但代价是建立 $n(n-1)/2$ 条边. 通常情况下, 一个很好的折中方案是让边数以 n 的线性函数增长, 从一个顶点到另一个顶点的步数以 $\log n$ 的速度增长.

同样, 我们的目的不是研究这个理论 (想阅读更多内容, 请参阅 [HJ]), 而是要提醒你图论中都有什么. 令人惊讶的是, 虽然利用数论的性质可以得到一些结构深奥且清晰的图, 但实际上几乎所有的图都能很好地发挥其作用.

有一些很好的算法可以创建随机二部图. 设

$$A = \{1, 2, \cdots, n\}$$

是由 n 个顶点构成的集合, $B = \{1, 2, \cdots, n\}$ 是另一个包含 n 个顶点的集合. 对 $B = \{1, 2, \cdots, n\}$ 进行一次随机排列, 然后把 A 中的顶点 i 与排列后 B 中第 i 个位置上的顶点连接起来. 例如, 如果 $n = 5$ 并且随机排列是 $(4, 2, 3, 5, 1)$, 那么就把 A 中的 1 与 B 中的 4 连接起来, 把 A 中的 2 与 B 中的 2 连接起来, 依此类推.

通过取一些随机排列, 我们可以得到相当好的图. 这种图的成本较低 (没有太多的边), 但通常具有良好的连接性. 问题是我们希望得到一个简单图 —— 不希望两个顶点之间有多条边. 这是因为一旦两个顶点连接起来, 它们之间就建立了连接, 而边就可以更好地用于其他方面. 在计算机科学领域中, 你通常会关注算法的效率, 也就是说, 运行这个算法需要多长时间.

在我们的问题中, 对于每一个新排列, 只有在它不引入复合边的前提下, 我们才会保留. 因此, 对我们来说, 错排是有好处的, 我们想知道得到一个错排的概率有多大. 当然, 这比找到错排更加复杂. 我们要确保这些排列互为错排. 如果只需要两个排列, 那么情况不会太糟糕; 但是, 由于每一个排列不仅仅与元素的初始位置有关, 还与其他排列有关, 因此这个问题很快就会变得十分具有挑战性.

对于那些仍在努力了解错排多么有用的读者, 请考虑下面的例子. 假设在一家餐厅里有 n 个人, 他们碰巧都穿着同样的外套. 他们都把外套脱了下来并放在了壁橱里, 直到吃完饭为止. 一个明显且重要的问题是, 如果他们离开时随意地拿走一件外套, 那么所有人在离开这家餐馆时都没拿走自己外套的概率是多少? 同样, 你也可以问至少有一个人在离开时拿走了自己外套的概率是多少. 这是个很好的错排例子. 这种情况不会经常发生, 而且通常不会发生在很多人身上, 但有时人们确实会拿错外套. 为了让这个例子更贴近生活, 你可以把外套替换成帽子或者雨伞 (如果你是电视节目《老爸老妈的浪漫史》的粉丝, 那么可以把外套替换成黄色的雨伞), 又或者是那些看起来更有可能的物品. 在一次乘飞机出行后, 你拿走别人行李的概率是多少? (这就是为什么很多人会在他们的行李箱上装饰一些色彩鲜艳的物品!) 这些都是相当基本且微不足道的例子, 但是展示了这些概念是如何应用于日常生活的.

5.4   总   结

随着不断学习, 你将会看到越来越多的事实. 为了应付考试, 人们总希望把所有知识都记住, 但在生活中这是个糟糕的选择. 显然, 我并不是建议你把所有知识都忘掉, 但如今查找想要的东西是非常容易的. 浏览几分钟网页就能得到大量宝贵的事实和相关内容. 你要掌握的是如何应用这些事实来建立理论.

这就是我强调这些技巧的原因. 如果记住了这些方法, 那么你就能在需要的时候快速地重新推导出事实. 因此, 你不应该记忆如何推导扑克牌型和错排的个数, 而应该掌握容斥原理的陈述, 以便在需要时使用它.

当然, 说比做更容易. 解决问题通常有三个主要的阶段.

- **理解问题.** 有时候, 虽然问题叙述得很清楚, 但往往有几种不同的解释, 而你必须要思考并确定它到底是什么意思. 你要确保能够理解所有术语的含义.
- **找到问题的突破口.** 通常情况下, 题目中的术语会提供如何解题的线索.

例如, 我们已经看到了不同的表达是如何暗示不同方法的. 我们已经说过, 你要知道所有术语的含义. 另外, 你还要知道哪些定理使用了这些术语, 因为这会为你提供一个解题的出发点.

- **开始解题.** 一旦确定了一种解题方法, 那就一定要着手去做. 如果想利用容斥原理, 那么你必须确定都有哪些集合, 以及它们的概率都是多少.

面对一个问题却无从下笔是件很可怕的事. 我见过很多这样的学生, 在找到能解决问题的方法之前, 他们不愿意做任何尝试, 最后只能发呆. 不要害怕尝试一些东西. 如果它能奏效, 那就太棒了; 不行的话就尝试其他方法. 对于一种方法, 要给它一个机会; 如果不起作用, 就把它搁置在一边, 去试试另一种方法.

最后一条建议是: 确保你考虑了所有可能的情况. 概率之所以有名是因为它包含一些涉及微妙计数情形的棘手问题, 人们很容易对某些项进行重复计算, 并忽略其他项. 你要确保把所有事情都考虑在内, 并涵盖所有可能的情况. 为了把这一点讲清楚, 我们将以电影《公主新娘》的一个有趣场景来结束. 维兹尼抓到了布卡特, 并打算杀了她, 而黑衣人正在追踪维兹尼, 并不惜一切代价拯救布卡特. 维兹尼把匕首放在布卡特的喉咙边, 并警告黑衣人, 如果他再往前走一步, 布卡特就会死. 黑衣人拿出了两杯酒. 在维兹尼看不到的情况下, 他把毒药放在了一杯酒里, 然后在每个人面前各放了一杯酒.

黑衣人: 好了. 哪杯酒有毒? 智慧之战开始了. 由你做出选择, 然后我们一起把酒喝掉, 这样一切都结束了, 看看到底谁是对的, 谁会死.

维兹尼: 那还不简单. 我要做的就是根据我对你的了解来猜测: 你会把毒药放进自己的酒杯还是敌人的酒杯? 聪明人会把毒药放进他自己的酒杯里, 因为他知道只有大傻瓜才会接受别人给的东西. 我不是个大傻瓜, 所以我肯定不会选择你面前的酒. 但你一定知道我不是个大傻瓜, 你放毒药时就知道; 所以, 我显然不能选择自己面前的酒.

黑衣人: 那么你已经做出决定了?

维兹尼: 还没有.

这一幕继续发展下去: 为了确定哪杯酒有毒, 维兹尼给出了一连串的推理. 他一直在寻找所有相关的可能性. 最后, 他谎称看到了什么东西来分散黑衣人的注意力. 当黑衣人转过身时, 维兹尼迅速地交换了两杯酒, 然后喝掉了自己面前的那杯. 因为黑衣人没有回避饮酒, 所以维兹尼确信自己骗过了他, 拿到了无毒的那杯酒. 但很不幸, 维兹尼犯了个典型的概率错误. 他忘记了一种可能性, 并因此送命.

布卡特: 仔细想想, 你的那杯酒是有毒的.

黑衣人: 两杯酒都有毒. 我花了几年时间来形成对这种毒性的免疫力.

啊, 遗漏一种情况是如此危险!

5.5   习   题

习题 5.5.1   假设在每场比赛中两队获胜的概率都是相等的, 那么在 7 场比赛中, 至少要进行 5 场比赛才能决出胜负 (即其中一队赢得 4 场比赛) 的概率是多少? 恰好用 5 场比赛决出胜负的概率是多少?

习题 5.5.2   在小于或等于 100 的正整数中, 不能被 2、3 或 11 整除的数有多少个?

习题 5.5.3   证明: 当 $n \to \infty$ 时, 从 $\{1, 2, 3, \cdots, n\}$ 中随机取出的一个正整数是一个完全平方数的概率趋近于 0. 更进一步, 如果把 "完全平方数" 替换成 "素数", 结果又如何?

习题 5.5.4   对编号为 $1 \sim 10$ 的 10 个不同对象进行排列. 使得 5 号不在前 2 个位置上, 且 10 号不在最后 2 个位置上的排列方法有多少种?

习题 5.5.5   利用容斥方法来计算, 如果拿到的 5 张牌中至少有一张 A, 那么这样的 5 张牌共有多少种. 你要确定事件 A_i 应该代表什么. 不要用全概率法则和对立事件法则来解答 (但你可以用它们来检验答案).

习题 5.5.6   容斥方法最伟大的应用之一是计算孪生素数的倒数和; 具有不同处理器的计算机给出了不同的结果, 它们之间的差异导致了英特尔奔腾处理器 bug 的发现, 这给英特尔公司带来了巨大的财务损失. 阅读与之相关的内容 ([Ni1, Ni2] 是个不错的开始), 并写个短评.

习题 5.5.7   假设教室里有 20 名学生. 第一天, 教授打算让学生们两两握手并彼此自我介绍, 那么一共要进行多少次握手?

习题 5.5.8   在上一个习题中, 我们很容易认为, 相互介绍的次数等于把 20 名学生分成 10 对的方法数. 这是因为我们可能会认为, 把学生两两分组, 然后让每对学生彼此自我介绍, 而我们只需要考察所有可能的配对方法就行了. 沿着这种思路, 相互介绍的次数就等于 $\frac{20!}{10! \cdot 2^{10}} = 654\,729\,075$, 但是这个值远高于实际结果. 这个论证出现了什么错误?

在接下来的两个习题中, 考虑带有 4 个圆形刻度盘的密码锁; 只有当所有刻度盘都指向唯一密码时, 锁才能打开. 每个刻度盘上的数字都是 0 到 9.

习题 5.5.9   计算可能的密码个数.

习题 5.5.10   如果把距离定义为, 4 个刻度盘的每个都转到密码位置所移动的单位长度之和的最小值, 那么求出一组随机密码与真实密码之间的平均距离.

习题 5.5.11   假设我们有一堆珠子, 并且每颗珠子上都有一个字母. 对于每一个不同的字母, 写有该字母的珠子有很多个 (更准确地说, 写有同一个字母的珠子超过了 p 个). 我们想把这些珠子做成手链; 出于对数学的喜爱, 我们想确保每条手链上都有 p 个不同的珠子, 这里的 p 是素数. 那么可以做多少条不同的手链?

习题 5.5.12   利用上一题的结果来证明费马小定理: $a^p \equiv a \pmod{p}$, 其中 a 是整数, p 是素数.

习题 5.5.13   如果每条边都是无向的 (即给定顶点 a 和 b, 边 (a, b) 等价于边 (b, a)), 那么具有 n 个顶点的不同简单图有多少个?

习题 5.5.14   如果每条边都是有向的 (即给定顶点 a 和 b, 边 (a, b) 与边 (b, a) 不同), 那么

由 n 个顶点可以构造多少个不同的图?

习题 5.5.15　顶点 a 的度, 记作 $d(a)$, 等于与该点相连的边的个数. 每个环计算两次. 证明: 对于顶点为 $a_1, a_2, \cdots, a_n$ 的图, 有 $\sum_{i=1}^{n} d(a_i) = 2E$, 其中 E 是图中所包含的边的个数.

习题 5.5.16　在图论中, 最著名的问题之一是旅行推销员问题: 在给定一组城市后, 旅行推销员能确保至少拜访每个城市一次的最短行程是多少? 在实践中, 这个优化问题很难找到答案. 使得 n 个城市中的每一个都恰好得到一次拜访的可能路线有多少种?

习题 5.5.17　容斥公式给出了一个精确的表达式, 它用交集概率的和与差来表示并集的概率. 证明: 如果在一个正项之后 (即在加了一项之后) 我们截断了交集的 "和–差" 表达式, 那么这样就会得到并集概率的一个上界; 同样地, 证明: 如果在一个负项之后 (即在减去一项之后) 截断交集的 "和–差" 表达式, 那就会得到并集概率的一个下界. 这是一个非常重要的结果, 因为它可以让我们得到概率的上下界. 在实践中, 公式后面的各项可以忽略不计.

习题 5.5.18　如果被重新排列的对象趋近于无穷多个, 那么至少有一个对象回到初始位置的概率是多少? 有一半对象回到了初始位置的概率是多少?

习题 5.5.19　让 8 个人 (4 位妻子和她们的 4 位丈夫) 围成一圈有多少种方法? 假设只需要考虑相对次序, 并且所有妻子都不相邻, 所有丈夫也不相邻.

习题 5.5.20　让 8 个人 (4 位妻子和她们的 4 位丈夫) 围成一圈有多少种方法? 假设只需要考虑相对次序, 并且每对夫妻都不相邻.

习题 5.5.21　考虑一张正 n 边形的桌子, 在每个顶点处都有一个座位, 在每条边上都有两个座位, 于是一共有 $3n$ 个座位. 如果只考虑相对次序, 那么把 $3n$ 个人安排在座位上有多少种方法?

习题 5.5.22　考虑一张有 n 个座位的圆桌. 如果只考虑相对次序, 那么 $m \leqslant n$ 个人围坐在桌旁有多少种方法? 如果不能马上看出答案, 那就试试 n 和 m 取特殊值的情形, 看看你能否找到其中的规律.

习题 5.5.23　对 $\{1, 2, 3, 4\}$ 进行排列, 有两个数仍位于初始位置的排列方法有多少种? 恰有两个数仍位于初始位置的排列方法有多少种? 至多有一个数仍位于初始位置的排列方法有多少种?

习题 5.5.24　n 个对象的错排数可以记作 $!n$. 证明递推关系 $!n = (n-1)((!(n-1))(!(n-2)))$. (提示: "故事证明法" 的确是个不错的选择!)

习题 5.5.25　编写仿真代码来验证一个大集合的错排概率.

习题 5.5.26　计算当 n 取不同值时 n 个物体的错排所占的比例, 并对这个值如何收敛到它的极限进行评注.

习题 5.5.27　编写一段代码, 使其能够找到 "康威餐巾问题" 的近似答案; 另外, 已知人们会使用左侧餐巾的概率是 p, 并且有 n 个人用餐.

习题 5.5.28　假设亚瑟王、他的妻子格温娜维尔以及他的 4 名骑士围坐在一张圆桌旁. 如果其中名叫兰斯洛特的骑士总是坐在格温娜维尔的对面, 那么他们有多少种坐法?

习题 5.5.29　带着相同雨伞的 5 个人来到了一家餐厅, 并把他们的伞放在一个壁橱里. 如果每个人在离开时都随机地拿走一把伞, 那么所有人都没有带走自己的伞的概率是多少?

习题 5.5.30 用 4 件衬衫、2 件毛衣、3 条短裤、2 条裤子和 5 双袜子可以搭配多少套不同的衣服 (每种衣物只取 1 件)? 随机搭配的一套衣服适合在炎热天气里穿 (也就是说你穿的是短裤和衬衫) 的概率是多少? 如果有 2 件衬衫和 1 件毛衣是蓝色的, 有 2 条短裤和 1 条裤子是红色的, 那么随机搭配的一套衣服要么有蓝色上装, 要么有红色下装, 但不可能两者皆有的概率为多少?

习题 5.5.31 给出 1 到 10 这 10 个数, 并对它们进行排列; 使得每个偶数都位于第偶数个位置上的排列有多少种?

第 6 章 计数 III: 高等组合学

雷伊·斯坦博士: 你说的选择是什么意思? 我们不明白.

戈萨: 选择. 选择毁灭者的形式.

——《捉鬼敢死队》(1984)

为了解决计数问题, 我们引入了许多强大的函数和技巧: 从阶乘函数和二项式系数到容斥方法. 在本章中, 我们将利用它们来解决更多问题. 在概率论中, 存在着无穷无尽的计数问题. 从长期来看, 这是好事; 因为你看到的情况越多, 就越能更好地认识到在以后的课程或现实世界中该做些什么.

然而, 从短期来看, 这是个真正的挑战. 有时, 我们看不出那些贯穿于所有练习的常见主题. 本章的目标就是提醒大家关注这些常见主题. 我们已经看到了如何解决大量不同的问题. 这里将引入另外一些热点问题, 像之前那样强调它们与前面那些问题的相同之处, 并解释它们有哪些新变化.

显然, 任何课程都无法涵盖所有主题, 但书的优势就在于能实现这一点. 你应该阅读自己特别感兴趣的内容 (或者你的课程涉及的主题). 这里的内容与本书的其他部分无关, 其中的观点在将来却是无价的. 就个人而言, 我创建的数学谜题页面 (它是上网搜索 "数学谜题" 所得到的最热门结果之一) 和我的几篇研究论文都是基于 6.3 节解决饼干问题所采用的优美思路.

下面是对本章问题的简要总结.

- **6.1 节基本计数**: 6.1.1 节和 6.1.2 节的题目涉及典型的计数问题, 尤其是在考虑次序时, 以及考虑如何处理某些项被排除在外的情况时. 在 6.1.3 节的最后, 我们考察了有放回抽样和无放回抽样, 它们会产生完全不同的结果.

- **6.2 节单词排序**: 这看起来好像是在讨论用 Mississippi 中的字母可以构造出多少个不同的单词, 而这个问题的解决方案却与一个最重要的科学问题有关! 在研究这些问题的过程中, 我们会遇到多项式系数. 从名字不难看出, 多项式系数是由二项式系数推广而来的.

- **6.3 节划分**: 在本章的最后, 我们将讨论划分. 我们已经看到, 尽管可以对许多问题进行必要的计数, 但我们并不希望问题因此而变得过于复杂. 这些问题都有**优美**的解决方案. 如果问一个数学家什么样的答案是好的, 那么你会经常听到优美这个词. 与容斥原理相似, 我们会看到, 正确地考察问题如何带来愉快的解决方案, 这完全绕过了那些让人头疼的烦琐情形.

整体而言, 第三部分是最重要的. 在许多课程中, 这层内容没有用到计数, 这的确非常遗憾, 因为其中有一些想法非常棒.

6.1　基　本　计　数

在本节中, 我们将回过头来考察一些基本的计数问题. 重点是要更多地了解所有情况来进行练习, 以确保考虑到了所有的可能性, 不会遗漏任何东西. 6.1.1 节和 6.1.2 节的问题类似于我们之前讨论过的题目. 6.1.3 节的问题将引入新的内容, 即有放回抽样和无放回抽样.

6.1.1　枚举法 I

对于很多问题, 我们都要强调在计数时要特别小心. 下面这个问题的灵感来源于我多年的汽车旅行经历, 那时还没有 iPod.

例 6.1.1　假设汽车里有一台 CD 播放机, 可以放入 6 张 CD. 如果把它设置成随机播放的模式, 那么在播放完某张 CD 上的一首歌后, 它会再随机选择一张 CD, 而且每张 CD 被选中的概率是相等的 (包括当前正在播放的 CD). 在随机模式下, 我们播放了 10 首歌曲, 而且播放机里放满了 6 张 CD. 那么播放机选择 CD 的方法有多少种? 2 号、3 号和 6 号 CD 都没被选中的情况有多少种? 也就是说, 我们没有听到 2 号、3 号和 6 号 CD 上歌曲的概率是多少? 假设我们有了一个改进的随机播放模式, 它不会连续播放同一张 CD 中的两首曲子. 现在, 我们没有听到 2 号、3 号和 6 号 CD 上歌曲的概率是多少?

记住, 当研究这样的问题时, 要确保在选择方法之前先理解问题. 在读问题时, 你应该想一下是否需要考虑次序.

解答: 当我们第一次把 CD 播放机设置成随机播放模式时, 它有 6 张 CD 可以选择. 当挑选下一首歌曲时, CD 播放机会再次从这 6 张 CD 中随机地选出一张. 因此, 前两首歌的 CD 有 $6 \cdot 6 = 36$ 种可能的选择. 每次播放一首新歌时, 播放机都会随机地选出一张 CD, 因此可能的结果要乘以 6. 于是, 播放 10 首歌一共有 $6^{10} = 60\,466\,176$ 种可能的选择. 注意, 这个问题要考虑次序: 如果只随机播放两首歌, 那么先选出 4 号 CD 然后选出 3 号 CD, 与先选出 3 号 CD 后再选出 4 号 CD 是不一样的.

我们可以直接算出没有选中 2 号、3 号和 6 号 CD 的选法有多少种. 当随机播放第一首歌时, 不包含 2 号、3 号和 6 号 CD 的选法只有 3 种: 即选中了 1 号、4 号或者 5 号 CD. 每次选择 CD 时, 播放机都只能从这 3 张 CD 中选, 那么播放 10 首歌都不属于 2 号、3 号和 6 号 CD 的选法只有 $3^{10} = 59\,049$ 种. 因此, 不会选中

2 号、3 号和 6 号 CD 的概率就等于 $\frac{59\,049}{60\,466\,176} = \frac{1}{1024}$, 略低于 0.1%.

对于改进的随机模式, 我们会得到不一样的结果. 第一首歌选自 6 张 CD 中的一张; 但播放下一首歌时, 播放机不会从刚刚播放的 CD 中选歌, 所以现在只有 5 张 CD 可供选择. 因此, 第一首歌的 CD 有 6 种选择, 剩下 9 首歌的每一首歌都要从 5 张 CD 中挑选, 这样一共有 $6 \cdot 5^9 = 11\,718\,750$ 种可能的结果.

为了求出不从 2 号、3 号和 6 号 CD 中选歌的方法有多少种, 第一首歌只有三种可能的选择: 即 1 号、4 号或者 5 号 CD. 但是, 第一首歌播完后, 刚才被选中的 CD 就不能用来挑选第二首歌了, 于是第二首歌不从 2 号、3 号和 6 号 CD 中选取的方法只有两种. 在第一首歌之后, 每次选歌都有两种可能性. 因此, 不会播放 2 号、3 号和 6 号 CD 的可能结果一共有 $3 \cdot 2^9 = 1536$ 种, 其概率为 $\frac{1536}{11\,718\,750} = \frac{256}{1\,953\,125}$, 略高于 0.01%.

6.1.2 枚举法 II

接下来, 继续考虑一个限制下一步可能发生什么的例子, 并认真做好记录分析.

例 6.1.2 试想一下, 某国的汽车牌照是按照以下规则建造的: 所有车牌都以 3 个字母开头 (每个字母都等可能地被选中), 然后是 3 个数字 (每个数字都等可能地被选中), 如图 6-1 所示. (1) 有多少个不同的车牌? (2) 假设现在不允许有任何元音字母 (A、E、I、O 和 U) 和任何偶数. 那么一共有多少个车牌? (3) 对于两个车牌, 在 6 个字符中, 恰有 4 个字符相同的概率是多少?

图 6-1　一块这样的车牌, 它的前 3 位是字母且后 3 位是数字. 图片来自于 War (维基百科用户)

我们采用标准方法来解决问题, 仔细地列举出所有可能性. 在阅读解题方案时, 你可以想想整个过程是否令人感到愉快, 以及是否存在更简单的解题方法.

(1) 的解答: 计算有多少个不同的车牌相对比较简单. 因为前 3 个字符都是字母, 所以每个字母都有 26 种可能的选择 (从 A 到 Z). 接下来是 3 个数字, 每个数字都有 10 种选择 (从 0 到 9). 于是, 在这些限制下, 一共有 $26 \cdot 26 \cdot 26 \cdot 10 \cdot 10 \cdot 10 = 17\,576\,000$ 个可能的车牌.

(2) 的解答: 如果元音字母和偶数都不能出现, 那么只需要修改可供选择的数量就能重新算出车牌的总数. 也就是说, 现在只有 21 个字母可以选择, 而不是 26 个; 另外, 我们只有 5 个数字可选, 而非 10 个. 这样一共得到了 $21 \cdot 21 \cdot 21 \cdot 5 \cdot 5 \cdot 5 = 1\,157\,625$ 个可能的车牌.

(3) 的解答: 6 个字符中恰有 4 个字符相同 (1 个字符就是车牌上的 1 个符号, 也就是说, 它既可以是 3 个数字之一, 也可以是 3 个字母之一) 等于 6 个字符中恰有 2 个字符是不同的. 这 2 个不同字符所在的位置有 $\binom{6}{2} = 15$ 种选法. 为什么? 我们必须从 6 个位置中选出 2 个, 这正是二项式系数的定义. 因为有些字符是数字, 而有些是字母, 并且备选数字要比字母少很多, 所以我们会分情况计算. 把每种情况的结果都加起来, 就到了 6 个字符中恰有 4 个字符相同的 2 个车牌共有多少种选法.

下面列出从 6 个位置中选出 2 个的 15 种可能方法: (1) 2 个字母: 第 1 个和第 2 个, 第 1 个和第 3 个, 以及第 2 个和第 3 个; (2) 2 个数字: 第 4 个和第 5 个, 第 4 个和第 6 个, 以及第 5 个和第 6 个; (3) 1 个字母和 1 个数字: 第 1 个和第 4 个, 第 1 个和第 5 个, 第 1 个和第 6 个, 第 2 个和第 4 个, 第 2 个和第 5 个, 第 2 个和第 6 个, 第 3 个和第 4 个, 第 3 个和第 5 个, 第 3 个和第 6 个. 接下来我们会看到, 在每一种情形下, 各种选法具有相同的结果. **在阅读下列分析时, 请记住以下几点**: 计算两个车牌恰有 4 个相同字符的概率就等于, 在给定一个车牌的前提下, 计算随机选出的第二个车牌与给定车牌恰有 4 个相同字符的可能性. 在第一种方法之后, 我们将看到这种理解是如何加速计算的.

- 首先, 假设除了**第 1 个**和**第 2 个**位置上的字符外, 其他所有位置上的字符都是相同的. 不失一般性地, 我们先选出一个车牌. 由于第 1 个和第 2 个位置上都是字母, 因此前 2 个位置共有 $26 \cdot 26$ 种可能的选择. 我们必须确保第 2 个车牌在这 2 个位置上的字符与第 1 个车牌的不同. 因此, 第 1 个位置上有 25 个字母可供选择 (因为这个位置上的字母必须与第 1 个车牌的不同); 同样, 第 2 个位置上也有 25 个字母可供选择. 现在, 我们要为剩下 4 个位置选择字符, 而两个车牌在这些位置上的字符是一样的. 第 3 个字符有 26 种可能的选择 (因为我们必须选出 1 个字母), 而剩下的每个字符都有 10 种选择 (因为它们可以是任意一个数字). 把上述结果相乘, 那么只有第 1 个和第 2 字符不同的 2 个车牌共有

$$26^2 \cdot 25^2 \cdot 26 \cdot 10^3 = 10\,985\,000\,000$$

种可能情况. 对于前 2 个字符, 唯一的特别之处在于它们都是字母. 当只有**第 1 个**和**第 3 个**字符不同或者只有**第 2 个**和**第 3 个**字符不同时, 我们会

得到相同的结果；因此，除 2 个字母外，其他字符全都相同的 2 个车牌的可能情况是上述结果的 3 倍，即 32 955 000 000.

- 现在假设除了**第 5 个和第 6 个**字符外，其他字符全都相同. 记住，这 2 个字符都是 0 到 9 的某个数字. 对于这 2 个位置，第 1 个车牌有 $10 \cdot 10$ 种可能的选择，而第 2 个车牌有 $9 \cdot 9$ 种不同的选择. 前 3 个字符共有 26^3 种可能性 (在这些位置上，2 个车牌的字符是相同的)，而第 4 个字符有 10 种选择. 于是，2 个车牌的可能情况有

$$10^2 \cdot 9^2 \cdot 26^3 \cdot 10 = 1,423,656,000.$$

同样的逻辑也适用于**第 4 个和第 5 个**字符，以及**第 4 个和第 6 个**字符的情况，因此我们要把上述结果乘上 3 倍；这样就求出了除 2 个数字外，其他字符全都相同的两个车牌共有 4 270 968 000 种可能情况.

- 最后，假设**第 3 个和第 4 个**字符是不同的. 第 3 个字符是字母；所以，在该位置上，第 1 个车牌有 26 种选择，第 2 个车牌有 25 种选择. 同样地，对于第 4 个字符，第 1 个车牌有 10 种选择，第 2 个车牌有 9 种选择. 2 个车牌的其余字符全都相同；那么，剩下的 2 个字母有 26^2 种选法，剩下的 2 个数字有 10^2 种选法. 同样，第 3 个和第 4 个字符并不是唯一的可能性. 只要恰有 1 个字母和 1 个数字是不同的，2 个车牌就会有 15 210 000 种可能结果. 这样的情况包括：**第 1 个和第 4 个**字符，**第 1 个和第 5 个**字符，**第 1 个和第 6 个**字符，**第 2 个和第 4 个**字符，**第 2 个和第 5 个**字符，**第 2 个和第 6 个**字符，**第 3 个和第 5 个**字符，以及**第 3 个和第 6 个**字符. 所以，把结果乘以 9 就得到了

$$9 \cdot 26 \cdot 25 \cdot 10 \cdot 9 \cdot 26^2 \cdot 10^2 = 35\,591\,400\,000$$

种可能结果.

把不同情况的结果加起来，恰有 4 个相同字符的两个车牌共有 72 817 368 000 种. 由于任取两个车牌共有 17 576 000² 种可能性，因此两个车牌恰有 4 个相同字符的概率就等于 0.023 571 9%.

对情况 (3) 分析了这么久，有必要看看是否存在更好的解题方法. 我们能做哪些尝试？有时，计算对立事件的概率会更容易 (或者计算对立事件发生的次数). 遗憾的是，这里的对立事件是“两个车牌有 0 个、1 个、2 个、3 个、5 个或 6 个相同的字符”. 有时我们找不到其他更好的办法 —— 只能卷起袖子，坚持下去.

虽然我们无法列举出上述所有可能的情况，但或许会有更简便的计算方法. 利用对称性，我们已经节省了不少时间. 例如，“只有**第 1 个和第 2 个**字符不同”的结果就等于“只有**第 1 个和第 3 个**字符不同”的结果，也等于“只有**第 2 个和第 3 个**字符不同”的结果. 另外，**不需要同时考虑两个车牌，可以先给定一个车牌**，然

后考察与给定车牌恰有 4 个相同字符的第二个车牌一共有多少种. 为了更加明确, 我们假设给定的车牌是 AAA000. 从这个角度考察将有助于简化代码和模拟过程. 下面是一些进行数值模拟的代码. 首先, 我们给出一个程序, 它可以生成两个车牌并求出相同字符所在的位置. 接下来, 我们假设第一个车牌是 AAA000, 然后对需要做出的改变以及节省的计算量进行评价.

```
licensecheck[numdo_] := Module[{},
  count = 0;
  Print["Theory predicts ", 100. (72817368000) / (26^6 10^6), "%."];
  For[n = 1, n <= numdo, n++,
   {
    numagree = 0;
    For[j = 1, j <= 3, j++,
     {
      (* 用1到26来表示字母 *)
      (* 分别为每个车牌各选取1个字母. 如果相同, 那么计数器numagree加1 *)
      (* 然后, 对后3个数字做同样的处理 *)
      x = RandomInteger[{1, 26}];
      y = RandomInteger[{1, 26}];
      If[x == y, numagree = numagree + 1];
      u = RandomInteger[{0, 9}];
      v = RandomInteger[{0, 9}];
      If[u == v, numagree = numagree + 1];
     }]; (* 结束对j的循环 *)
    If[numagree == 4, count = count + 1];
    (* 下面几行输出每次的结果 *)
    (* 我们再做10%的抽样 *)
    If[Mod[n, numdo/10] == 0,
     {
      Print["At ", 100. n/numdo, "percent, observe ",
        SetAccuracy[100. count/n, 5], "%."];
     }];
   }]; (* 结束对n的循环 *)
  Print["Observe percentage ", SetAccuracy[100. count/numdo, 5],"%."];
 ]
```

运行 10 000 000 次的结果如下:

```
Theory predicts 0.0235719%.
Observe percentage 0.0236%.
```

最后, 我们就效率发表一些看法. 由于概率太小, 需要进行大量模拟才能得到可信的答案. 换句话说, 因为答案太接近于 0, 所以我们要进行很多次试验才能了解它略大于 0 的程度. 幸运的是, 我们能轻松地选取随机数；即便在飞往丹佛的长途航班上, 我也可以用低电量计算机在 169.9 秒、238.8 秒或者 170.1 秒内运行 10 000 000 次 (虽然我关闭了绝大部分程序, 但计算机里正在运行的其他程序会导致运行时间出现波动).

不失一般性地, 假设我们把第一个车牌固定为 AAA000 (用 1 来表示 A), 那么代码可以做出下列修改.

```
x = RandomInteger[{1, 26}];
If[x == 1, numagree = numagree + 1];
u = RandomInteger[{0, 9}];
If[u == 0, numagree = numagree + 1];
```

注意, 我们已经将随机变量的数量减少了 50%, 从 4 个减少到了 2 个. 虽然还要做很多计算, 但运行 10 000 000 次所需的时间变成了 136.8 秒、141.3 秒和 136.4 秒. 如果不考虑较长的运行时间 238.8 秒, 那么生成两个车牌的代码大约需要运行 170 秒, 而只生成一个车牌大约需要 139 秒. 这意味着现在的运行时间约为之前的 5/6, 节省了大量时间!

6.1.3 有放回抽样和无放回抽样

我们考虑下面的**罐子问题**. 在读题时, 问问自己题目是否阐述清楚了, 或者它是否有多种可能的解释.

例 6.1.3 假设我们有 4 个罐子. 每个罐子里都有 100 颗玻璃球, 每颗玻璃球都是紫色或金色的. 第一个罐子里恰有 10 颗紫色的玻璃球, 第二个罐子里恰有 30 颗紫色的玻璃球, 第三个罐子里恰有 60 颗紫色的玻璃球, 而最后一个罐子里恰有 90 颗紫色的玻璃球. (1) 假设我们从第一个罐子里取出了 5 颗玻璃球: 至少拿到 4 颗紫色玻璃球的概率是多少? (2)、(3) 和 (4) 分别对其他 3 个罐子提出上述问题. (5) 如果我们随机地挑出一个罐子, 那么从这个罐子里取出的 5 颗玻璃球中, 至少有 4 颗玻璃球是紫色的概率为多少?

如上所述, 这个问题太含糊, 无法解决. 从罐子里取出 5 颗玻璃球是什么意思? 对于取出的这 5 颗玻璃球, 我们是逐次取出 5 颗, 还是先取出 1 颗, 记下它的颜色, 接着把它放回去, 然后再取第 2 颗? 一点儿也不奇怪, 这两种方法会给出两个不同的答案. 第一种情况被称为**无放回抽样**, 第二种情况被称为**有放回抽样**. 我们先描述无放回抽样时的结果, 然后再给出有放回抽样时的结果. 在很多问题中, 更常见的是无放回抽样；不能重复使用同一个数的彩票就是个很好的例子. 然而, 有时我们确实需要有放回抽样 (例如, 蒙特卡罗积分的抽样点), 因此这两种抽样方法都很重要.

我还有个困惑. 如果题目给的信息不是"第一个罐子里恰有 10 颗紫色的玻璃球", 而是"第一个罐子里有 10 颗紫色的玻璃球", 那该怎么解释这个题目? 虽然第二种叙述有些模糊, 但即便没有明确的表述, 我们也总是假定作者的意思是"恰有". 把"恰有"写出来的确会使得问题更加冗长, 却完全消除了造成混淆的危险. 我们先解决无放回时的问题.

无放回时, 对 (1) 的解答: 考虑第一个罐子, 它里面有 10 颗紫色的玻璃球和 90 颗金色的玻璃球. 至少取出 4 颗紫色玻璃球的方法有 2 种: 恰好取出 4 颗紫色的玻璃球和 1 颗金色的玻璃球, 或者取出 5 颗紫色的玻璃球. 我们把每种情况的概率都加起来, 从而得到至少取到 4 颗紫色玻璃球的概率.

- 首先考虑取出 5 颗紫色玻璃球的情况. 当取第 1 颗时, 一共有 100 颗玻璃球, 其中有 10 颗紫色的玻璃球可供选择, 因此概率为 10/100. 一旦取出了第 1 颗紫色的玻璃球, 剩下的 99 颗中只有 9 颗是紫色的. 第 2 次取到 1 颗紫色玻璃球 (已知第 1 次取到的是 1 颗紫色的玻璃球) 的概率是 9/99. 对于剩下的 3 颗玻璃球, 它们是紫色的概率分别为 8/98,7/97 和 6/96. 把这些概率相乘, 求出取出 5 颗紫色玻璃球的概率为

$$\frac{10}{100} \cdot \frac{9}{99} \cdot \frac{8}{98} \cdot \frac{7}{97} \cdot \frac{6}{96} = \frac{30\,240}{9\,034\,502\,400} = \frac{1}{298\,760}.$$

这个问题还可以从另一个角度来考察: $\binom{10}{5}/\binom{100}{5}$ (无放回地取出 5 颗玻璃球共有 $\binom{100}{5}$ 种方法, 从 10 颗紫色玻璃球中选出 5 颗有 $\binom{10}{5}$ 种方法).

- 接下来计算取出 4 颗紫色的玻璃球和 1 颗金色玻璃球的概率. 注意, 存在以下 5 种可能情况: 先取出 1 颗金色的玻璃球, 而剩下的 4 颗玻璃球全是紫色的; 金色的玻璃球是第 2 次取到的, 而其余 4 颗玻璃球全是紫色的; 依此类推. 我们必须把所有可能性的概率都加起来. 首先, 假设第 1 次就取到了金色的玻璃球. 取出 1 颗金色玻璃球的概率是 90/100. 现在罐子里仍然有 10 颗紫色的玻璃球, 但剩下的玻璃球一共还有 99 颗, 所以第 2 次取到紫色玻璃球的概率是 10/99. 按照同样的推理过程, 接下来取出紫色玻璃球的概率分别是 9/98、8/97 和 7/96. 因此可以算出, 先取出 1 颗金色玻璃球, 然后又取出 4 颗紫色玻璃球的概率是:

$$\frac{90}{100} \cdot \frac{10}{99} \cdot \frac{9}{98} \cdot \frac{8}{97} \cdot \frac{7}{96} = \frac{453\,600}{9\,034\,502\,400} = \frac{3}{59\,752}.$$

现在, 假设这颗金色的玻璃球是最后一次取出的. 对于前 4 颗紫色玻璃球, 它们的概率与取到 5 颗紫色玻璃球时前 4 颗玻璃球的概率相等: 即 10/100、9/99、8/98 和 7/97. 但最后一次取到的玻璃球不是紫色的, 而是从

90 颗金色的玻璃球中取出 1 颗. 因为罐子里只剩下了 96 颗玻璃球, 所以最后一个概率是 90/96. 把这些概率相乘, 就得到了

$$\frac{10}{100} \cdot \frac{9}{99} \cdot \frac{8}{98} \cdot \frac{7}{97} \cdot \frac{90}{96} = \frac{453\,600}{9\,034\,502\,400} = \frac{3}{59\,752}.$$

注意, 这与先取出 1 颗金色玻璃球的概率是一样的. 这并非巧合. 看看两个乘积的分母: 它们是相同的, 因为无论取出哪一颗玻璃球, 罐子里玻璃球的总数始终会减少 1. 在分子上, 因为我们总是无放回地取出 1 颗金色的玻璃球和 4 颗紫色的玻璃球, 所以最后会得到相同的分子, 只是次序不同而已. 由于乘法是可交换的, 因此我们总是得到相同的结果: 概率 3/59,752. 因为取出 1 颗金色玻璃球和 4 颗紫色玻璃球的方法一共有 $\binom{5}{1} = 5$ 种 (金色玻璃球在第 1 次、第 2 次、第 3 次、第 4 次或第 5 次取球时被取出), 所以要把上述概率乘以 5, 从而得到恰好取出 4 颗紫色玻璃球的概率为 P(4个紫球) $=$ $5 \cdot \frac{3}{59\,752} = \frac{15}{59\,752}$.

考察该计算过程的另一个角度是, 让它等于 $\binom{10}{4}\binom{90}{1}/\binom{100}{5}$, 也就是 $\frac{15}{59\,752}$. 为了看清楚这一点, 取出 4 颗紫色玻璃球有 $\binom{10}{4}$ 种方法, 取出 1 颗金色玻璃球有 $\binom{90}{1}$ 种方法, 而从 100 颗玻璃球中取出 5 颗的方法有 $\binom{100}{5}$ 种. 在这样的题目中, 我们很容易遗忘结构, 或者不小心添加一些内容. 所以, 能用多种方法来解题是非常棒的. 第一种方法比较长, 但在我看来, 它的争议较小. 我们考虑了 5 种不同的次序; 如果用 P 来表示取出了 1 颗紫色的玻璃球, 用 G 来表示取出了 1 颗金色的玻璃球, 那么这 5 种情况分别是 PPPPG, PPPGP, PPGPP, PGPPP 和 GPPPP. 我们要把这 5 种情况的概率都计算出来, 然后相加. 对于第二种方法, 乘积中并没有出现由上述原因所形成的 $\binom{5}{1}$ 这个因子. 在这个乘积中, 我们关心的是 $\binom{10}{4}\binom{90}{1}$; 我们不在乎 5 颗玻璃球取出的次序, 只关注取到了 4 颗紫色玻璃球和 1 颗金色玻璃球.

正如我们最初讨论的, 至少取出 4 颗紫色玻璃球的概率就等于恰好取出 4 颗或恰好取出 5 颗紫色玻璃球的概率. 因此, 至少取出 4 颗紫色玻璃球的概率为 $\frac{1}{298\,760} +$ $\frac{15}{59\,752} = \frac{19}{74\,690}$, 或约为 0.025%.

无放回时, 对 (2) 的解答: 接下来, 我们考察第二个罐子, 它有 30 颗紫色的玻璃球和 70 颗金色的玻璃球. 对于 "取出 5 颗紫色玻璃球" 的概率, 分析过程与第一个罐子的完全相同, 我们只需要把其中的数相应地替换成第二个罐子的数即可. 取出 5 颗紫色玻璃球的概率就是

$$\frac{30}{100} \cdot \frac{29}{99} \cdot \frac{28}{98} \cdot \frac{27}{97} \cdot \frac{26}{96} = \frac{17\,100\,720}{9\,034\,502\,400} = \frac{1131}{597\,520}.$$

利用二项式系数, 我们会得到 $\binom{30}{5}/\binom{100}{5}$, 它与上述结果相等.

同样, 为了求出恰好取出 4 颗紫色玻璃球的概率, 首先计算先取出 4 颗紫色玻璃球, 最后取出 1 颗金色玻璃球的概率:

$$\frac{30}{100} \cdot \frac{29}{99} \cdot \frac{28}{98} \cdot \frac{27}{97} \cdot \frac{70}{96} = \frac{46\,040\,400}{9\,034\,502\,400}.$$

考虑到取出 4 颗紫色玻璃球和 1 颗金色玻璃球的 5 种不同次序, 我们要把这个概率乘以 5, 从而得到了 $5 \cdot \frac{46\,040\,400}{9\,034\,502\,400} = \frac{230\,202\,000}{9\,034\,502\,400}$, 也就是 $\frac{435}{17\,072}$. 如果采用二项式系数的方法, 就会得到 $\binom{30}{4}\binom{70}{1}/\binom{100}{5}$. 与前面的问题相似, 这里没有因子 $\binom{5}{1} = 5$ 是因为两个二项式系数的乘积已经给出了所有可能情况.

最后, 把恰好取到 4 颗紫色玻璃球和恰好取到 5 颗紫色玻璃球的概率加起来, 就得到了至少取到 4 颗紫色玻璃球的概率:

$$P = \frac{17\,100\,720}{9\,034\,502\,400} + \frac{230\,202\,000}{9\,034\,502\,400} = \frac{247\,302\,720}{9\,034\,502\,400} = \frac{4089}{149\,380},$$

或约为 2.74%.

无放回时, 对 (3) 的解答: 对于第三个罐子, 现在有 60 颗紫色的玻璃球, 而金色玻璃球只有 40 颗. 取出 5 颗紫色玻璃球的概率是

$$\frac{60}{100} \cdot \frac{59}{99} \cdot \frac{58}{98} \cdot \frac{57}{97} \cdot \frac{56}{96} = \frac{655\,381\,440}{9\,034\,502\,400}.$$

恰好取出 4 颗紫色玻璃球和 1 颗金色玻璃球的概率为

$$5 \cdot \left(\frac{60}{100} \cdot \frac{59}{99} \cdot \frac{58}{98} \cdot \frac{57}{97} \cdot \frac{40}{96}\right) = 5 \cdot \frac{468\,129\,600}{9\,034\,502\,400} = \frac{2\,340\,648\,000}{9\,034\,502\,400}.$$

因此, 从这个罐子里至少取出 4 颗紫色玻璃球的概率是

$$P = \frac{655\,381\,440}{9\,034\,502\,400} + \frac{2\,340\,648\,000}{9\,034\,502\,400} = \frac{2\,996\,029\,440}{9\,034\,502\,400} = \frac{260\,072}{784\,245},$$

或约为 33.16%. 利用二项式系数, 我们会得到同样的答案, 可以写成 $\binom{60}{5}/\binom{100}{5} + \binom{60}{4}\binom{40}{1}/\binom{100}{5}$.

无放回时, 对 (4) 的解答: 最后, 第四个罐子里有 90 颗紫色的玻璃球和 10 颗金色的玻璃球. 取出 5 颗紫色玻璃球的概率是

$$\frac{90}{100} \cdot \frac{89}{99} \cdot \frac{88}{98} \cdot \frac{87}{97} \cdot \frac{86}{96} = \frac{5\,273\,912\,160}{9\,034\,502\,400}.$$

取出 4 颗紫色玻璃球和 1 颗金色玻璃球的概率是

$$5 \cdot \left(\frac{90}{100} \cdot \frac{89}{99} \cdot \frac{88}{98} \cdot \frac{87}{97} \cdot \frac{10}{96}\right) = 5 \cdot \frac{613\,245\,600}{9\,034\,502\,400} = \frac{3\,066\,228\,000}{9\,034\,502\,400}.$$

因此, 至少取出 4 颗紫色玻璃球的概率就等于

$$P = \frac{5\,273\,912\,160}{9\,034\,502\,400} + \frac{3\,066\,228\,000}{9\,034\,502\,400} = \frac{8\,340\,140\,160}{9\,034\,502\,400} = \frac{43\,877}{47\,530},$$

或约为 92.3%. 利用二项式系数, 我们能得到相同的值, 只不过写成 $\binom{90}{5}/\binom{100}{5}+$ $\binom{90}{4}\binom{10}{1}/\binom{100}{5}$.

无放回时, 对 (5) 的解答: 为了求出从随机挑出的一个罐子里至少取出 4 颗紫色玻璃球的概率, 我们只需要让挑中某个罐子的概率乘以从该罐子中至少取出 4 颗紫色玻璃球的概率就行了. 因为每个罐子都等可能地被挑中, 所以每个罐子被选中的概率都是 1/4. 为了求出这个概率, 要把每个罐子被选中时的概率都加起来:

$$P = \left(\frac{1}{4} \cdot \frac{779\,919}{3\,065\,902\,643}\right) + \left(\frac{1}{4} \cdot \frac{4089}{149\,380}\right) + \left(\frac{1}{4} \cdot \frac{260\,072}{784\,245}\right) + \left(\frac{1}{4} \cdot \frac{43\,877}{47\,530}\right)$$

$$\approx 0.000\,063\,596\,197\,5 + 0.006\,843\,285\,58 + 0.082\,905\,214\,6 + 0.230\,785\,819$$

$$\approx 0.320\,597\,915,$$

或略大于 32.0597%.

现在解决有放回的问题. 这意味着玻璃球是逐个取出来的; 每取出 1 颗玻璃球, 都会把它记录下来, 然后再放回罐子里, 接下来才能取第 2 颗玻璃球. 不难看出, 这在一定程度上简化了我们的分析.

有放回时, 对 (1) 的解答: 第一个罐子里有 10 颗紫色玻璃球和 90 颗金色玻璃球. 在有放回的情况下, 至少取出 4 颗紫色玻璃球的方法有两种: 恰好取出 4 颗紫色玻璃球 (和 1 颗金色玻璃球) 或恰好取出 5 颗紫色玻璃球.

- 现在计算取出 5 颗紫色玻璃球的概率. 在 100 颗玻璃球中, 紫色玻璃球有 10 颗, 所以取到的第 1 颗玻璃球是紫色的概率为 10/100. 事实上, 由于每颗玻璃球都要被放回去, 因此每 1 次取到紫色玻璃球的概率都是 10/100. 于是, 取出的 5 颗玻璃球全是紫色的概率就等于

$$\frac{10}{100} \cdot \frac{10}{100} \cdot \frac{10}{100} \cdot \frac{10}{100} \cdot \frac{10}{100} = \left(\frac{1}{10}\right)^5 = \frac{1}{100\,000}.$$

- 然后计算取出 4 颗紫色玻璃球和 1 颗金色玻璃球的概率. 同样地, 这里的分析与无放回时的分析相同: 我们需要考虑这个金色玻璃球是在第 1 次、第 2 次、第 3 次、第 4 次、还是第 5 次取球时被取出; 但这些事件的概率是相等的, 所以可以将其中 1 个概率乘以 5, 这样就得到了涵盖所有可能性的概率.

  不失一般性地, 假设第 1 次就取到了金色的玻璃球. 因为一共有 90 颗金色的玻璃球, 所以第 1 次取到金色玻璃球的概率就是 90/100. 接下来, 我们取出了 1 颗紫色玻璃球. 由于第 1 颗玻璃球被放了回去, 所以现在有 100 颗玻璃球, 其中有 10 颗是紫色的, 那么取出 1 颗紫色玻璃球的概率就是 10/100. 因为第 2 颗玻璃球也放了回去, 所以对于剩下的 3 颗紫色玻璃球, 它们的概率也都是 10/100. 于是, 先取出 1 颗金色的玻璃球, 再取出 4 颗紫色玻璃球的概率就是

$$\frac{90}{100} \cdot \frac{10}{100} \cdot \frac{10}{100} \cdot \frac{10}{100} \cdot \frac{10}{100} = \frac{9}{10} \cdot \left(\frac{1}{10}\right)^4 = \frac{9}{100\,000}.$$

回忆一下, 为了求出取到 4 颗紫色玻璃球和 1 颗金色玻璃球的概率, 我们必须把这个值乘以 5 (因为 $\binom{5}{1} = 5$, 也就是说, 取出金色玻璃球的方法有 5 种), 这样就得到了 $5 \cdot \frac{9}{100\,000} = \frac{45}{100\,000} = \frac{9}{20\,000}$.

最后, 至少取出 4 颗紫色玻璃球的概率就是恰好取出 4 颗或恰好取出 5 颗紫色玻璃球的概率:

$$P = \frac{1}{100\,000} + \frac{9}{20\,000} = \frac{46}{100\,000} = \frac{23}{50\,000} = 0.000\,46,$$

或为 0.046%.

有放回时, 对 (2) 的解答: 接下来考察第二个罐子, 它有 30 颗紫色玻璃球和 70 颗金色玻璃球. 因为这里的分析与第一个罐子的完全相同, 所以我们直接考察计算. 现在, 恰好取出 5 颗紫色玻璃球的概率是

$$\frac{30}{100} \cdot \frac{30}{100} \cdot \frac{30}{100} \cdot \frac{30}{100} \cdot \frac{30}{100} = \left(\frac{3}{10}\right)^5 = \frac{243}{100\,000}.$$

取出 4 颗紫色玻璃球和 1 颗金色玻璃球的概率是:

$$5 \cdot \left(\frac{70}{100} \cdot \frac{30}{100} \cdot \frac{30}{100} \cdot \frac{30}{100} \cdot \frac{30}{100}\right) = 5 \cdot \frac{567}{100\,000} = \frac{567}{20\,000}.$$

于是, 至少取出 4 颗紫色玻璃球的概率就等于

$$P = \frac{243}{100\,000} + \frac{567}{20\,000} = \frac{243}{100\,000} + \frac{2835}{100\,000} = \frac{3078}{100\,000} = 0.030\,78,$$

或约为 3.078%.

有放回时, 对 (3) 的解答: 继续考察第三个罐子, 我们现在有 60 颗紫色的玻璃球和 40 颗金色的玻璃球. 取出 5 颗紫色玻璃球的概率就是

$$\frac{60}{100} \cdot \frac{60}{100} \cdot \frac{60}{100} \cdot \frac{60}{100} \cdot \frac{60}{100} = \left(\frac{3}{5}\right)^5 = \frac{243}{3125}.$$

从这个罐子里取出 1 颗金色玻璃球和 4 颗紫色玻璃球的概率为

$$5 \cdot \left(\frac{40}{100} \cdot \frac{60}{100} \cdot \frac{60}{100} \cdot \frac{60}{100} \cdot \frac{60}{100}\right) = 5 \cdot \frac{162}{3125} = \frac{162}{625}.$$

因此, 至少取出 4 颗紫色玻璃球的概率就是

$$P = \frac{243}{3125} + \frac{162}{625} = \frac{1053}{3125} = 0.336\,96,$$

或约为 33.696%.

有放回时, 对 (4) 的解答: 最后, 考察装有 90 颗紫色玻璃球和 10 颗金色玻璃球的第 4 个罐子. 取出 5 颗紫色玻璃球的概率是

$$\frac{90}{100} \cdot \frac{90}{100} \cdot \frac{90}{100} \cdot \frac{90}{100} \cdot \frac{90}{100} = \left(\frac{9}{10}\right)^5 = \frac{59\,049}{100\,000}.$$

从这个罐子里取出 1 颗金色玻璃球和 4 颗紫色玻璃球的概率为

$$5 \cdot \left(\frac{10}{100} \cdot \frac{90}{100} \cdot \frac{90}{100} \cdot \frac{90}{100} \cdot \frac{90}{100}\right) = 5 \cdot \frac{6561}{100\,000} = \frac{6561}{20\,000}.$$

因此, 从第 4 个罐子里至少取出 4 颗紫色玻璃球的概率就等于

$$P = \frac{59\,049}{100\,000} + \frac{6561}{20\,000} = \frac{91\,854}{100\,000} = 0.918\,54,$$

或约为 91.854%.

有放回时, 对 (5) 的解答: 为了计算从随机挑出的一个罐子里至少取出 4 颗紫色玻璃球的概率, 我们采用与无放回时同样的处理方法. 每个罐子被选中的概率都是 1/4, 于是要先把每个罐子所对应的 "至少取出 4 颗紫色玻璃球的概率" 乘以 1/4, 然后再把结果加起来.

$$P = \left(\frac{1}{4} \cdot 0.000\,46\right) + \left(\frac{1}{4} \cdot 0.030\,78\right) + \left(\frac{1}{4} \cdot 0.336\,96\right) + \left(\frac{1}{4} \cdot 0.918\,54\right)$$

$$\approx 0.000\,115 + 0.007\,695 + 0.084\,24 + 0.229\,635$$

$$\approx 0.321\,685,$$

或约为 32.1685%.

结束了这么长的计算, 我们看看它是否合理. 接下来的讨论是为了强调计算机模拟如何帮助我们进一步验证答案的正确性. 注意, 对这个问题的两种解释相当接近. 例如, 无放回抽样时, 至少取出 4 颗紫色玻璃球的概率是 32.0597%, 但有放回抽样时, 这个概率就是 32.1685%. 两个结果有一点差别, 但这是合理的. 为什么? 当无放回抽样时, 取到紫色玻璃球会越来越难, 因此至少取出 4 颗紫色玻璃球的概率就要小一些. 想象一个荒谬的极端情形, 在 100 次抽取中, 我们希望至少取出 91 颗紫色玻璃球. 在无放回的情况下是不可能做到这一点的, 在有放回的情况下或许能够做到 (但可能性极小).

为了认识到这一问题, 我编写了一段简短的 Mathematica 代码, 并计算了在这两种情况下至少取出 4 颗紫色玻璃球的概率. 计算机是个很棒的工具. 我们将用整个第 25 章来讨论如何编写代码来研究诸如此类的问题. 对于每种情况, 我都运行了 100 000 次. 第一次运行时, 我发现 (无放回时) 至少取出 4 颗紫色玻璃球的概率是 32.289%, 略高于 (有放回时的) 概率 31.907%. 接下来, 当我进行了 100 000 次

模拟后, 结果就颠倒过来了; (有放回时的) 概率 32.008% 略小于 (无放回时的) 概率 32.114%. 这里有个重要的启示: 我们要弄清楚进行多少次模拟才能确保答案的正确性. 在讨论标准差时, 我们会对这个问题展开更多讨论.

```
marblecheck[num_] := Module[{},
    countwith = 0; (* 计算有放回时成功的次数 *)
    countwithout = 0;  (* 计算无放回时成功的次数 *)
    list = {}; (*  创建列表 1, 2, ..., 100 *)
    For[m = 1, m <= 100, m++, list = AppendTo[list, m]];
    p[1] = .1; p[2] = .3; p[3] = .6; p[4] = .9; (* 概率 *)
    For[n = 1, n <= num, n++ (* 主循环 *)
      {
      (* 先考察有放回, 再考察无放回的情况 *)
      (* 随机选取 1,2,3,4 *)
      (* 假设随机数生成器使用 x = RandomInteger[{1, 4}]; *)
      x = Floor[4*Random[]] + 1;
      numgold = 0; (* 计算金色玻璃球的个数 *)
      For[i = 1, i <= 5, i++,
       If[Random[] > p[x], numgold = numgold + 1]];
      If[numgold <= 1, countwith = countwith + 1];

      (* 无放回的情况更难一些 *)
      y = Floor[4*Random[]] + 1; (* 随机选取 1,2,3,4 *)
      numgold = 0; (* 将金色玻璃球的计数设置为0 *)
      templist = RandomSample[list, 5]; (* 从列表中选取5个 *)
      cutoff = Floor[p[y]*100]; (* cutoff 值用于比较 *)
      numgold = 0;
      For[m = 1, m <= 5, m++,
       If[templist[[m]] > cutoff, numgold = numgold + 1]];
      If[numgold <= 1, countwithout = countwithout + 1];

      }]; (* 结束对n的循环 *)

    Print["Observed probability at least four purple (without
          replacement)
         is ", 100 countwithout/num 1.0, "% (32.0597 predicted)."];
    Print["Observed probability of getting at least four purple (with
          replacement) is ", 100 countwith/num 1.0, "% (32.1685
```

```
        predicted).");
   Print["Did ", num, " iterations."];
   ]; (* 结束整个模块 *)

For[nn = 1, nn <= 5, nn++, (* 适用于各种量级的代码 *)
  {
  marblecheck[10^nn];
  Print[" "];
  }]
```

6.2 单 词 排 序

在纸牌游戏中, 我们详细地讨论了各种牌型的概率. 这里有个不错的相关问题: 我们现在有一个单词 (通常会选用 Mississippi, 但我的家乡 Massachusetts 也是个不错的选择), 而不是一副牌; 要考察的对象是字母, 而不是拿到的牌型. 下面是一些很自然的问题.

- 利用一个由 n 个字母组成的单词, 可以构造出多少个包含 k 个字母的单词? 在这里, 字母的次序很重要; 但在 Mississippi 中, 我们无法把第 1 个 s 与第 2 个、第 3 个和第 4 个 s 区分开.
- 调整上述问题, 要求新单词至少包含一个重复的字母.
- 更进一步, 我们要求其中至少包含一个连续出现的重复字母. 例如, 假设从 baboon 这个单词开始, 我们想得到一个包含 4 个字母的单词, 而且其中要有一个连续出现的重复字母. 那么, boon 这个单词就满足我们的要求, 因为两个 o 是连续出现的, 但 bono 就不行, 因为它的 o 不相邻.

我们将演示如何解答这样的问题. 在讨论过程中, 我们会遇到多项式系数, 它是由二项式系数推广而来的.

最后, 我们将兑现在本章引言中的承诺, 给出一个相关应用. 几百年前, 科学研究的方式与今天不同: 在完成所有工作并做好相关验证之前, 人们常常希望把自己的主张与结果挂钩. 为此, 人们常采用的方法是, 给出一个拉丁语变位词来描述自己的发现, 而变位词指的就是把某个短语的字母位置加以改换所形成的新词. (记住, 在 17 世纪, 大多数科学家都能理解拉丁语, 所以语言方面不会有困难.)

例如, 胡克定律指出, 弹簧的张力与位移成正比. 通过给出 ceiiinosssttuv, 他确立了自己优先发现该理论的地位. 这是拉丁语短语 Ut tensio sic vis 里字母的一种排序, 该短语的意思是 "延伸越长, 力量越大".

假设现在你有 ceiiinosssttuv, 用这些字母能构造出多少个短语? 突然发现, 这个话题并不像看上去那么傻.

6.2.1　排序方法数

我们首先考虑所有字母都不相同的简单情况, 然后再考察更一般的情况.

考虑单词 MAINE. 这里有 5 个字母, 并且每个字母都只出现 1 次. 我们能构造出多少个包含这 5 个字母的单词? 能构造出 5! 个: 第 1 个字母有 5 种选择, 第 2 个字母有 4 种选择, 第 3 个字母有 3 种选择, 第 4 个字母有 2 种选择, 而最后 1 个字母会随之确定下来. 所以, 我们会得到 120 个可能的单词.

现在考察 MISSISSIPPI. 我们考察 MAINE 时所使用的推理方法现在行不通了, 因为当交换 2 个 S 时, 得到的还是原来的单词; 但由于 MAINE 中没有重复的字符, 交换其中任意 2 个字母都会产生一个新单词.

我们从一个较简单的单词开始, 它只有 1 个重复的字母: ALABAMA. 对我们来说, 情况还是很乐观的, 因为有 4 个 A, 而其他字母都只出现 1 次. 我们想知道可以构造出多少个包含这 7 个字母的不同单词. 如果我们考察的是一个没有重复字母的单词, 那么这样的单词有 7! = 5040 个. 虽然这并没有解决问题, 但是提供了一些有价值的指导: 我们知道答案会小于 5040.

数学家最大的特点之一就是**懒惰**. 这看起来可能很奇怪, 但如果你采用了一种很棒的偷懒方式, 那么懒惰也是件好事. 数学家是怎样偷懒的? 我们喜欢把新问题简化成以前解决过的问题. 有时我们可以完美地做到这一点, 但更多时候需要做出一些调整.

假设我们考察的单词是 $A_1LA_2BA_3MA_4$, 而不是 ALABAMA. 这里对 A 设置了下标. 我们添加了结构, 现在就可以区分不同的 A 了. 那么, 对这个单词的字母进行重新排列共有 7! 种方法; 但是, 在原来的问题中, 需要考虑的是 A 的相对位置, 而不是每个 A 分别位于哪个位置. 因此, 我们不希望把 $A_3MLA_2BA_1A_4$ 和 $A_4MLA_1BA_2A_3$ 看成两个不同的单词, 因为我们感兴趣的是**可以区分的单词**.

重要的是哪些位置上有 A, 而不是在某个位置上可以放哪些 A. 我们一共有 4 个 A, 所以把它们有序地放入 4 个给定位置的放法有 4! 种. 因此, 我们多计算了一个因子 4!, 那么包含 ALABAMA 这 7 个字母的不同单词一共有 7!/4! = 210 个, 远少于 5040.

我们有必要研究一下上述解决方案. 这里采用了对 A 进行区分的方法, 它把问题简化成了我们可以解决的情形. 接下来, 还要把区分标记去掉. 把 A 区分开的方法有 4! 种, 所以必须除以 4! (因为一旦去掉了标记, 所有标记方法都会产生同一个单词).

这个问题还可以从另一个角度来考察. 我们有 7 个字母: 4 个 A 和 3 个非 A 的字母 (每个非 A 字母都只出现 1 次). 从 7 个位置中选出 4 个来放置 A, 一共有

$\binom{7}{4}$ 种方法. 把其余的 3 个字母分别放入剩下的 3 个位置, 共有 3! 种方法. 因此, ALABAMA 的**可区分排列**共有 $\binom{7}{4} \cdot 3! = \frac{7!}{4!3!} \cdot 3! = 7!/4!$ 种, 这恰好是前面得到的结果.

现在看一下 KANSAS. 我们先把它变成 $KA_1NS_1A_2S_2$. 现在所有字母都不相同, 那么可以构造出 6! = 720 个不同的单词. 接下来要去掉 A 和 S 的下标. A 的排列方法有 2! 种, 而 S 的排列方法也有 2! 种. 因此, 由这 6 个字母组成的不同单词共有 $\frac{6!}{2!2!}$ 种, 即 180 种.

利用二项式系数, 我们可以得到相同的答案, 但过程要更复杂些. 从 6 个位置中选出 2 个来放置 A 的方法有 $\binom{6}{2}$ 种. 现在还剩下 4 个位置; 从这 4 个位置中选出 2 个来放置 S, 共有 $\binom{4}{2}$ 种方法. 最后, 还剩下 2 个位置和 2 个不同的字母 (它们既不是 A 也不是 S), 那么安排这 2 个字母的方法有 2! 种. 综上所述, 一共构造出了

$$\binom{6}{2}\binom{4}{2}2! = \frac{6!}{4!2!} \cdot \frac{4!}{2!2!} \cdot 2! = \frac{6!}{2!2!} = 180$$

个不同的单词, 这与前面的结果恰好相等.

KANSAS 是一个长度较小的单词, 我们可以轻松地列举出这 2!2! 种可能情况. 看一下 $A_1NKS_1A_2S_2$ 这个有序单词. 当交换 2 个 A 的次序或 2 个 S 的次序时, (去掉下标后的) 单词没有发生任何变化. 于是, $A_1NKS_2A_2S_1$、$A_2NKS_1A_1S_2$ 和 $A_2NKS_2A_1S_1$ 就是同一个无下标单词 ANKSAS, 所以必须把有下标的单词总数 6! 除以 2!2!.

现在, 我们来考察一种"更好"的情况. (至少相对于这些问题来说, 是更好的!)

现在是时候考察 MISSISSIPPI 了, 它是该理论中最棒的情形之一. 这里有 3 个不同的字母, 它们都出现了不止一次; 有 2 个 P、4 个 I 和 4 个 S, 还有只出现 1 次的字母 M. 和以前一样, 我们对字母进行标记, 并把单词记作 $MI_1S_1S_2I_2S_3S_4I_3P_1P_2I_4$. 由于所有的字母都不相同, 所以一共有 11! 种排列方法. 接下来, 我们要把标记去掉.

先看看 4 个 S. 一旦从 11 个位置中选出了放置 S 的 4 个位置, 这些被标记的 S 就有 4! 种放置方法. 去掉标记后, 这些放置方法都是一样的, 所以我们多乘了一个因子 4!; 要想去掉 S 的下标, 必须让 11! 除以 4!.

I 的情况如何呢? 它的处理方式与 S 相同. 一旦我们选出了放置 I 的 4 个位置, 这些被标记的 I 就有 4! 种排列方法. 因为我们不关心哪个 I 被放置在哪里, 所以现在要把标记去掉. 不难看出, 对于 11!/4! 个单词, 我们在计算时多乘了一个因子 4!. 于是, 去掉 S 和 I 的标记后, 单词的总数为 11!/(4!4!).

我们距离答案已经很近了. 现在继续处理 P. 按照同样的道理, 对于 11!/(4!4!) 个单词, 我们在计算时多乘了一个因子 2!, 所以上述结果必须除以 2!. 于是, 我们得到了最终答案: 由 MISSISSIPPI 可以构造出 11!/(4!4!2!) = 34 650 个不同的单词.

现在, 从二项式系数的角度出发, 重新考虑上述问题. 放置 S 的 4 个位置有 $\binom{11}{4}$ 种选法. 接下来, 从剩下的 7 个位置中选出 4 个来放置 I, 共有 $\binom{7}{4}$ 种方法. 继续进行下去, 从剩下的 3 个位置中选出放置 P 的 2 个位置共有 $\binom{3}{2}$ 种方法. 那么, 把 M 放入剩余位置的方法只有 $\binom{1}{1}$ 种. 把上述结果相乘, 我们得到了

$$\binom{11}{4}\binom{7}{4}\binom{3}{2}1! = \frac{11!}{4!7!}\frac{7!}{4!3!}\frac{3!}{2!1!}\frac{1!}{1!1!} = \frac{11!}{4!4!2!1!} = 34\,650,$$

这与前面的结果相等!

虽然因子 1 不会对乘法运算产生任何影响, 但是有必要把它写出来. 原因是它充当了重要的占位符, 并且有助于确保我们没有遗漏东西. 在上述问题中, 注意分母上的数 (4、4、2 和 1), 它们加起来就等于分子上的数 (11); 这并非巧合.

我们可以为这类问题总结出一个公式.

> **不同的重排序**: 考察一个长度为 N 且包含 k 个不同字母的单词. 设第 1 个字母出现了 n_1 次, 第 2 个字母出现了 n_2 次 …… 第 k 个字母出现了 n_k 次 (那么 $n_1 + \cdots + n_k = N$). 于是, 一共可以构造出 $N!/(n_1!\cdots n_k!)$ 个不同的单词.

利用上面这个公式, 我们看到, 长度为 13 的单词 MASSACHUSETTS 可以构造出 $13!/(4!2!2!) = 64\,864\,800$ 个不同的单词. 这里的不同字母分别是 A、C、E、H、M、S、T 和 U, 它们出现的次数分别是 2、1、1、1、1、4、2 和 1; 因为 1! 等于 1, 所以我们通常不在除法中写出 1!, 但应该把它看作一个占位符: $13!/(2!1!1!1!1!4!2!1!)$. 同样, 注意分母上的数 (2、1、1、1、4、2 和 1) 加起来就等于分子上的数 (13).

6.2.2　多项式系数

在学会成功地计算单词个数的基础上, 我们对二项式系数进行一个不错的推广.

> **多项式系数**: 设 N 是一个正整数, 且 $n_1, n_2, \cdots, n_k$ 是满足和为 $N(n_1 + \cdots + n_k = N)$ 的非负整数. 那么多项式系数就是
>
> $$\binom{N}{n_1, n_2, \cdots, n_k} = \frac{N!}{n_1!n_2!\cdots n_k!}.$$

与往常一样, 当我们推广一个已知概念或定义时, 首先要做的就是看它在特殊情况下能否退化成原来的概念. 我们考察 $k = 2$ 的情形. 此时, $n_1 + n_2 = N$, 也就是说 $n_2 = N - n_1$, 并且

$$\binom{N}{n_1, n_2} = \frac{N!}{n_1!n_2!} = \frac{N!}{n_1!(N - n_1)!} = \binom{N}{n_1}.$$

因此, 当 $k = 2$ 时, 多项式系数就是二项式系数.

没错, 多项式系数推广了二项式系数. 这对我们有什么帮助呢? 回想一下, 二项式系数是通过展开多项式得到的:

$$(x + y)^N = \sum_{n=0}^{N} \binom{N}{n} x^n y^{N-n}.$$

我们可以把它看作在 $(x + y)^N$ 的展开式中, $x^n y^{N-n}$ 出现了 $\binom{N}{n}$ 次. 一个很好的解释是, 在 N 个因子中, 恰好有 n 个因子是 x, 那么剩下的 $N - n$ 个因子就只能是 y.

如果是 $(x + y + z)^N$, 情况又如何? 如果把这个式子展开, 我们会得到形如 $x^{n_1} y^{n_2} z^{n_3}$ 的表达式. 此时一定有 $0 \leqslant n_1, n_2, n_3 \leqslant N$, 原因是在展开式中不存在比 N 大的幂 (对于一个变量, 如果每次都选取它, 那么该变量的幂就是 N), 也不存在比 0 小的幂 (对于从来都不选取的变量, 其幂就为 0). 然而, 还有一个事实: $n_1 + n_2 + n_3 = N$. 这个式子为什么成立? 对于 N 个因子 $x + y + z$, 我们要从每个因子中选出一个 x、y 或 z, 所以一共会选取 N 次. 于是, 存在整数 a_{n_1, n_2, n_3} 使得

$$(x + y + z)^N = \sum_{\substack{0 \leqslant n_1, n_2, n_3 \leqslant N \\ n_1 + n_2 + n_3 = N}} a_{n_1, n_2, n_3} x^{n_1} y^{n_2} z^{n_3}.$$

我们来简要地证明 a_{n_1, n_2, n_3} 等于多项式系数 $\binom{N}{n_1, n_2, n_3}$. 一种方法是利用我们的"懒惰原则". 还记得, 数学家的懒惰是件好事. 我们想把新问题简化成以前解决过的问题. 我们了解二项式系数和二项式定理, 所以这个更一般的问题可以通过重复利用它们来解决.

关键是要洞察到把 $x + y + z$ 写成 $x + (y + z)$; 现在我们又回到了两种选择: 选 x, 或不选 x (当然, 不选 x 就是选择 $(y + z)$). **分组证明**是解决各种问题的另外一种好方法. 在 A.3 节中, 利用"两个函数和的导数就是两个导数的和", 我们证明了"三个函数和的导数就等于三个导数之和". 在 6.3.3 节的计数问题中, 我们会再次看到这种方法.

根据二项式定理, 我们有

$$(x + (y + z))^N = \sum_{n_1=0}^{N} \binom{N}{n_1} x^{n_1} (y + z)^{N-n_1},$$

其中, 符号 n_1 是 x 被选中的次数. 现在再次使用二项式定理来展开 $(y + z)^{N-n_1}$:

$$(y + z)^{N-n_1} = \sum_{n_2=0}^{N-n_1} \binom{N - n_1}{n_2} y^{n_2} z^{N-n_1-n_2}.$$

把这两个式子结合在一起, 得到了

$$(x+y+z)^N = \sum_{n_1=0}^{N}\binom{N}{n_1}x^{n_1}\sum_{n_2=0}^{N-n_1}\binom{N-n_1}{n_2}y^{n_2}z^{N-n_1-n_2}$$

$$= \sum_{n_1=0}^{N}\sum_{n_2=0}^{N-n_1}\binom{N}{n_1}\binom{N-n_1}{n_2}x^{n_1}y^{n_2}z^{N-n_1-n_2}$$

$$= \sum_{\substack{0\leqslant n_1,n_2,n_3\leqslant N\\ n_1+n_2+n_3=N}}\binom{N}{n_1}\binom{N-n_1}{n_2}x^{n_1}y^{n_2}z^{n_3},$$

最后一行把已经得到的结果改写成了更简洁的形式.

剩下的就是证明 $\binom{N}{n_1}\binom{N-n_1}{n_2}$ 就是多项式系数 $\binom{N}{n_1,n_2,n_3}$, 其中 $n_3 = N - n_1 - n_2$. 于是

$$\binom{N}{n_1}\binom{N-n_1}{n_2} = \frac{N!}{n_1!(N-n_1)!}\frac{(N-n_1)!}{n_2!(N-n_1-n_2)!}$$

$$= \frac{N!}{n_1!n_2!(N-n_1-n_2)!} = \frac{N!}{n_1!n_2!n_3!},$$

这恰好是我们想要的结果!

对一般情况的证明也是如此. 假设有

$$(x_1 + x_2 + \cdots + x_k)^N.$$

我们看一下 $x_1^{n_1}x_2^{n_2}\cdots x_k^{n_k}$. 此时一定有 $0 \leqslant n_1,\cdots,n_k \leqslant N$ 和 $n_1+n_2+\cdots+n_k = N$. 为了得到这一项, 我们要从 N 个因子中选出 n_1 个 (有 $\binom{N}{n_1}$ 种选法), 然后这 n_1 个因子中的每个都要选出一个 x_1; 接下来, 再从剩下的 $N-n_1$ 个因子中选出 n_2 个 (有 $\binom{N-n_1}{n_2}$ 种选法), 而这 n_2 个因子都要各选出一个 x_2; 依次进行下去, 一直到最后选出剩下的 n_k 个因子 (有 $\binom{n_k}{n_k} = 1$ 种选法), 然后从每个因子中选取一个 x_k. 把上述结果相乘, 可以看到这样的项一共有

$$\binom{N}{n_1}\binom{N-n_1}{n_2}\binom{N-n_1-n_2}{n_3}\cdots\binom{N-(n_1+\cdots+n_{k-1})}{n_k}$$

$$= \frac{N!}{n_1!(N-n_1)!}\frac{(N-n_1)!}{n_2!(N-n_1-n_2)!}\frac{(N-n_1-n_2)!}{n_3!(N-n_1-n_2-n_3)!}\cdots\frac{n_k!}{n_k!0!}$$

$$= \frac{N!}{n_1!n_2!\cdots n_k!0!} = \frac{N!}{n_1!n_2!\cdots n_k!} = \binom{N}{n_1,n_2,\cdots,n_k}$$

个, 其中 $n_k = N - (n_1 + \cdots + n_{k?1})$.

上面的论述告诉我们多项式系数是从何而来的, 并让我们了解到它的组合解释. 最后一个式子的分子是 $N!$, 而分母是 k 个和为 N 的非负整数; 它恰好是我们计算不同单词个数的公式.

6.3 划 分

本节将介绍一个奇妙的视角, 它可以避免组合问题中对许多烦琐情形的分析. 我们会在讨论饼干问题时看到它, 并在最后阐述它在彩票方面的应用.

6.3.1 饼干问题

下面描述一个组合问题, 它包含了该主题的许多常见特征. 因为我们的陈述中提到了饼干, 所以不妨把它称为**饼干问题**. 其他教材会采用不同的名称. 虽然人们常把这个问题称作**星星和隔板问题** (stars and bars problem), 但我更喜欢把它叫作饼干问题, 因为我是《芝麻街》里甜饼怪 (Cookie Monster) 的超级粉丝, 如图 6-2 所示.

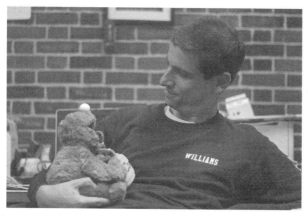

图 6-2 作者正在讨论饼干问题, 照片由 Susmita Paul 提供

不多说了, 现在来看这个问题. 假设有 10 块相同的饼干和 5 个不同的人. 把这 10 块饼干全部分发给这 5 个人的不同方法有多少种?

因为饼干都是一样的, 所以我们无法分辨人们都拿到了哪些饼干, 只知道每个人拿到了几块饼干. 可以把所有可能的分配方法列举出来. 这是解决棘手问题的好策略. 但是, 我们必须非常小心. 最常见的一个错误答案是 $5^{10} = 9\,765\,625$. 之所以得出这个结果, 是因为人们的着手点是每一块饼干: 每块饼干都可以分给 5 个人中的任意一个, 所以第 1 块饼干有 5 种选择, 第 2 块饼干也有 5 种选择, 等等. 但问题在于该论述隐含了 "饼干是不同" 的这个假设. 第 1 个人拿到前 9 块饼干且第 2 个人拿到第 10 块饼干, 与第 2 个人拿到了第 1 块饼干且第 1 个人拿到剩下的 9 块饼干没有任何区别.

现在来数一数. 我们从一个人能拿到的最多饼干数入手. 让一个人拿到 10 块

饼干的方法有 5 种. 5 个人中一个人拿到 9 块饼干且另一个人拿到一块饼干的方法有 $5 \cdot 4 = 20$ 种. 我们还可以把这个结果看作 $\binom{5}{2}2!$, 而不是 $5 \cdot 4$; 能拿到饼干的两个人有 $\binom{5}{2}$ 种选法, 接着对他们进行排序的方法有 $2!$ 种 (也就是说, 一个人拿到 9 块, 另一个人拿到了 1 块).

到目前为止, 计数并不是很糟糕, 但当最大值为 8 时, 情况就不一样了. 一个人拿到 8 块饼干且另一个人拿到两块饼干的方法有 $5 \cdot 4$ 种, 但是现在还存在另外一种情况: 有一个人拿到了 8 块饼干, 有两个人分别拿到了一块饼干. 对于这种情况, 选出拿到 8 块饼干的人有 5 种方法, 从剩下的四人中选出拿到一块饼干的两个人有 $\binom{4}{2} = 6$ 种方法; 因此, 这种按照 8、1、1 的方式来分配饼干的方法共有 30 种. 我们也可以从二项式系数的角度来考察. 必须从 5 个人中选出拿到饼干的三个人, 这有 $\binom{5}{3}$ 种选法. 接着要对这三个人排序. 我们可能会天真地认为答案就是 $3!$, 但要记住饼干的分配方式是 8、1、1. 因此, 拿到一块饼干的两个人是不作区分的 (也就是说, 他们都拿到了一块饼干, 不是 8 块也不是 0 块). 所以, 这里必须除以 $2!$, 那么答案就是 $\binom{5}{3}3!/2! = 30$. 如果忘记除以 $2!$, 那么就多乘了一个因子 2 (但这里把它看作 $2!$ 会更好). 依此类推下去.

真正的难点在于 "依此类推". 当一个人能拿到的最多饼干数越来越少时, 需要考虑的情况就会越来越多. 只要有充足的时间且足够小心, 就一定能解决问题, 但这种做法并不具有启发性, 也不够优美.

从理论上看, 我们能解决这个问题, 但在实践中计算会变得难以处理, 尤其是当饼干数和人数不断增加时. 换句话说, 我不想把这个过程写出来; 即使写了, 你可能也不想读下去! 幸运的是, 我们还有一种更好的优美方法.

饼干问题: 把 C 块相同的饼干全部分发给 P 个不同的人, 一共有 $\binom{C+P-1}{P-1}$ 种不同的方法.

我们来证明这个公式. 假设把 $C+P-1$ 块饼干排成一列, 并依次编号为 1 到 $C+P-1$. 我们从中选出 $P-1$ 块饼干, 有 $\binom{C+P-1}{P-1}$ 种选法 —— 这正是二项式系数的定义. 甜饼怪 (原来那个无拘无束的甜饼怪总想着吃掉饼干) 会帮助我们把这 $P-1$ 块饼干吃掉. 于是, 剩下的饼干分成 P 组: 被甜饼怪吃掉的第 1 块饼干之前的所有饼干 (这些饼干都分给了第 1 个人), 被吃掉的第 1 块和第 2 块饼干之间的所有饼干 (这些饼干都分给了第 2 个人), 依此类推. 这样就把 C 块饼干分发给了 P 个人. 注意, 不同的 $P-1$ 块饼干对应着把 C 块饼干划分给 P 个人的不同方法, 并且每种分配方法都与 $P-1$ 块饼干的选取有关. 从直观上看, 我们有 C 块饼干, 多出来的这 $P-1$ 块 "饼干" 就作为分配饼干的边界. 于是, 在选出这 $P-1$ 块饼干的同时, 剩下的饼干就被分成了 P 组. 我们必须先加上 $P-1$ 块不被分发的 "饼干", 而那些被分发的饼干总数必须等于 C.

举个例子, 假设有 10 块饼干和 5 个人; 我们从 $10 + 5 - 1$ 块饼干中选出第 3 块、第 4 块、第 7 块和第 13 块饼干作为边界:

$$\odot \ \odot \ \otimes \ \otimes \ \odot \ \odot \ \otimes \ \odot \ \odot \ \odot \ \odot \ \odot \ \otimes \ \odot$$

这意味着第 1 个人拿到了 2 块饼干, 第 2 个人拿到了 0 块饼干, 第 3 个人拿到了 2 块饼干, 第 4 个人拿到了 5 块饼干, 而第 5 个人拿到了 1 块饼干.

为了讲得更清楚, 假设现在有 8 块饼干和 4 个人. 我们从 $8 + 4 - 1$ 块饼干中选出第 4 块、第 7 块和第 11 块饼干作为边界:

$$\odot \ \odot \ \odot \ \otimes \ \odot \ \odot \ \otimes \ \odot \ \odot \ \odot \ \otimes$$

这意味着第 1 个人拿到了 3 块饼干, 第 2 个人拿到了 2 块饼干, 第 3 个人拿到了 3 块饼干, 而第 4 个人拿到了 0 块饼干.

现在我们可以回答最初的问题了: 把 10 块饼干全部分发给 5 个人的不同方法有 $\binom{10+5-1}{5-1} = \binom{14}{4} = 1001$ 种. 难以置信, 对这个问题的解答会如此简单. 它比之前采用的蛮力枚举法要好得多!

我们所做的一切还可以从数论的角度来解释. 考察 "划分" 这个词的方式有两种. 第一种是添加**划分边界**, 第二种是对数 N 进行划分. 把 10 块饼干分发给 5 个人的问题与计算方程 $x_1 + x_2 + x_3 + x_4 + x_5 = 10$ 有多少个解是一样的, 其中, x_i 表示第 i 个人拿到的饼干数 (所以 x_i 是个非负整数). 由饼干原理可知, 有效的分配方法有 $\binom{14}{4} = 1001$ 种, 所以 $x_1 + \cdots + x_5 = 10$ 共有 1001 个非负整数解.

我喜欢数论的解释, 因为它蕴含了一个相关问题及其解决方案. 如果考虑到公平, 并且只关心每个人至少分到一块饼干的分法, 那么情况又是怎样的? 之前我们要求 $x_i \geqslant 0$, 但现在就要让 $x_i \geqslant 1$ 了. 这些给定的信息可以写成 $x_i = y_i + 1$, 其中 $y_i \geqslant 0$. 于是, $x_1 + \cdots + x_5 = 10$, 其中 $x_i \geqslant 1$ 就可以改写成 $(y_1 + 1) + \cdots + (y_5 + 1) = 10$ 且 $y_i \geqslant 0$. 而这个表达式就等于 $y_1 + \cdots + y_5 = 10 - 5 = 5$ 且 $y_i \geqslant 0$. 换句话说, 约束条件的唯一作用就是把这个饼干问题转化成另一个饼干问题 (只不过被分配的饼干更少而已). 因此, 答案就是 $\binom{5+5-1}{5-1} = \binom{9}{4} = 126$.

另外, 利用对问题的最初理解, 我们也能做出解释. 因为每个人都会拿到 1 块饼干, 而且一共有 5 个人, 所以我们已经知道了其中 5 块饼干的分法. 又因为所有饼干都完全相同, 所以每个人都拿到了一块饼干就意味着现在只剩下 $10 - 5 = 5$ 块饼干需要分发. 于是, 得到了与前面一样的结果 $\binom{5+5-1}{5-1} = \binom{9}{4} = 126$. 能从多个角度解释问题是很重要的, 因为不同的解释有时会带给我们更加深刻的见解.

我们还可以研究大量有趣的相关问题, 但这样做会让我们离题更远, 所以就停在这里吧. 在 6.3.3 节中, 我搜集了一些相关问题, 感兴趣的话可以看一下. 解决的问题越多, 你对这些论述的内化就会越好, 将来也能更清楚地认识到如何利用这些方法解决新问题. 所以, 如果感兴趣并且有充足的时间, 你可以看看这些问题及其解决方法. 接着往下看 6.3.2 节也是个不错的选择, 我们将利用该方法来解决彩票问题.

6.3.2 彩票

彩票是一个庞大的产业. 有多庞大? 每年仅美国州立彩票的收入就轻松地超过了 500 亿美元! 在本节中, 我们将专注于计算在各种彩票中能猜中所有数的概率. 当然, 如果猜中了部分数, 你仍然可以赢得一笔钱, 但我们的目标不是帮你弄清楚该不该玩. (提醒: 不该玩!) 在 9.2 节中, 当考察期望值时, 我们会对这一点展开讨论.

我们从一种标准彩票开始.

例 6.3.1 现在, 彩票头奖的奖金是 2500 万美元. 这种彩票的玩法如下: 有 50 个球, 编号依次为 1 到 50. 从中随机地选出 6 个球, 这意味着任何数都不可能被选 2 次. 如果恰好选对了所有数, 那么你就赢得了 2500 万美元; 如果所有号码都没选对, 那你就输了. 你能赢得奖金的概率是多少? 假设选 6 个数需要花费 1 美元, 而且只有当所有数都选对时才能赢得奖金. 那么, 是否值得购买所有可能的选择? (不管怎样, 假设你有足够的钱来下注!)

解答: 对于这个问题, 首先要认识到, 每个球都不可能被选 2 次, 因此所有球都是无放回地选取. 另外, 对玩家来说, 他们只需要选出正确的数, 所以选球的次序无关紧要. 因此, 从 50 个球中无序地选出 6 个球, 共有 $\binom{50}{6}$ 种方法:

$$\binom{50}{6} = \frac{50!}{6!44!} = \frac{50 \cdot 49 \cdot 48 \cdot 47 \cdot 46 \cdot 45}{6 \cdot 5 \cdot 4 \cdot 3 \cdot 2 \cdot 1} = 15\,890\,700.$$

对玩家来说, 要想赢得奖金, 必须猜中全部 6 个数, 所以他的猜测必须与精确的结果相符. 也就是说, 赢得奖金的概率正好是 1/15 890 700. 这个概率不算大.

但是, 如果一个玩家花了 15 890 700 美元来购买彩票, 那么从理论上说他可以买到所有可能的结果, 这样就能保证赢得头奖; 又因为赢得的奖金是 2500 万美元, 所以这肯定是值得一赌的.

彩票发行机构刚刚听说, 头奖的奖金太高, 导致可能有一批富人把所有彩票都买光. 不难看出, 有些富人会这么做, 因为这完全没有风险, 而且还有接近 1000 万美元的利润 (或者说, 接近 1 倍投资的利润). 当然, 购买所有可能的彩票会存在困难且要付出一定的代价, 但人们很聪明, 通常能找到解决这些问题的办法. 因此, 彩票发行机构很担心, 他们决定做出一些改变.

例 6.3.2 现在彩票改变了规则: 每次选取都等可能地取到 1 到 50 中的任意一个数; 因此, 这 6 个中奖数中可能会有重复. 那么, 这 6 个数有多少种选法? 赢得头奖的概率有多大? 如果玩一次仍要花费 1 美元, 是否值得对所有可能的组合下注?

一旦彩票改变了规则并允许数重复出现, 我们就必须重新考虑应对策略了. 和之前的情形一样, 次序并不重要, 但现在数可以重复出现. 通过一个方程, 我们可以知道现在有多少种不同的结果, 但乍一看它会令人感到困惑. 为了弄清楚问题的难度及微妙程度, 我们先给出一个貌似合理的方法, 但它会导致一个错误的答案. 然后, 我们将分析失败的原因, 并通过正确的分析得出结论. 我知道, 讨论错误的答案会让人感到困惑, 但我强烈建议你这样做. 有必要看一看人们都会犯哪些错误, 这样你就能意识到这些倾向并提高警惕.

错误分析 I: 每个数都有 50 种选择, 所以一共有 50^6 种可能的结果. 但是, 这种做法添加了次序. 我们一共有 6 个数, 所以这里应该再除以 6!, 那么可能中奖的彩票个数为

$$\frac{50^6}{6!} = 21\ 701\ 388.888\ 88\ldots.$$

分析: 很容易看出, 这不可能是正确的, 因为最后得到的不是一个整数! 哪里出错了? 出错的地方是 "除以 6!". 如果所有数均不相同, 那么没错, 我们多乘了一个因子 6!. 但是, 如果有 2 对重复的数, 情况又如何? 此时我们多乘了一个 2!2!. 如果有一个重复出现 3 次的数和一个重复出现 2 次的数, 那么多乘的因子就是 3!2!. 很遗憾, 简单地把结果除以 6! 是无法删除次序的.

错误分析 II: 因为数可以重复, 所以可能的结果会更多. 由于 1 个数可以被选择多达 6 次, 因此不妨设每个数都有 6 个副本可供选择. 又因为有 50 个不同的数, 所以现在一共有 300 个球可供选择, 我们只需要从中选出 6 个. 现在仍然不需要考虑次序, 所以再次利用组合来计算一共有多少种结果:

$$\binom{300}{6} = \frac{300!}{6!294!} = 962\ 822\ 846\ 700.$$

分析: 稍后我们会看到正确答案是 28 989 675. 这比没有重复数的彩票总数 15 890 700 多了一点, 却远远小于上面给出的答案 962 822 846 700. 为什么上述答案会有这么大的偏差? 原因就是对 1 个数创建了 6 个副本. 由于我们假设现在一共有 300 个不同的数, 所以这些副本被看作是互不相同的. 你可以考虑一个具体的数, 比如 6 种不同颜色的 17 (红色的 17、蓝色的 17、黑色的 17……), 或者拥有 6 种不同下标的 17 ($17_1, 17_2, \cdots, 17_6$). 问题是, 我们并不关心拿到的是哪个 17, 只在乎得到了多少个 17. 因此, 这种方法添加了一些不需要的结构, 这就是结果如此多的原因. 我们不想对不同的 17 进行区分, 只关注选出了多少个 17.

第一种解法: 一种不算太差的方法是把它写成

$$\sum_{i_1=1}^{50}\sum_{i_2=i_1}^{50}\sum_{i_3=i_2}^{50}\sum_{i_4=i_3}^{50}\sum_{i_5=i_4}^{50}\sum_{i_6=i_5}^{50}1.$$

为什么这就是答案? 任意给定 1 组彩票中奖号码, 把这组数按照从小到大的次序重新排列, 并写下新序列. 按照递增次序, 不妨设该序列是 $(i_1, i_2, \cdots, i_6)$. 注意, i_1 可以是 1 和 50 之间的任意 1 个数. 那么 i_2 呢? 它起码和 i_1 一样大, 且不会超过 50. 类似地, $i_3 \in \{i_2, \cdots, 50\}$, 依此类推. 把上述和计算出来, 我们就得到了 28 989 675.

虽然这个结果看起来好像并不明朗, 但有一些方法可以算出这样的和. 如果考虑更一般的情况, 即从 N 个不同的数中选出 6 个 (不考虑次序, 但允许数重复出现), 那么

$$\sum_{i_1=1}^{N} \sum_{i_2=i_1}^{N} \sum_{i_3=i_2}^{N} \sum_{i_4=i_3}^{N} \sum_{i_5=i_4}^{N} \sum_{i_6=i_5}^{N} 1 = \frac{N^6 + 15N^5 + 85N^4 + 225N^3 + 274N^2 + 120N}{720}.$$

第二种解法: 绕过这些求和, 直接写出答案! 关键的思路是采用我们在 6.3.1 节研究饼干问题时所学到的观点. 我们把这个分析过程修改一下, 并将其应用到彩票问题上. 饼干问题的关键想法是什么? 正是划分与有效分组之间的一一对应关系.

我们考虑更一般的情况, 即有 N 个球, 而不是 50 个球. 所以, 现在有 N 个数 (每个球上有 1 个数), 我们要从中选出 k 个球, 且允许重复选择同 1 个球. 重要的是每个数被选了多少次, 而不是选择的次序. 假设有 $N+k-1$ 个球排成一列, 我们要从中选出 k 个. 那么一共有 $\binom{N+k-1}{k}$ 种选法. 令 $N = 50$ 且 $k = 6$, 我们得到

$$\binom{50+6-1}{6} = \frac{55!}{6!49!} = 28\ 989\ 675,$$

这正是上面 6 个连加和的结果!

现在, 我们还弄不清楚为什么这样可行; 但是, 在继续往下读之前, 花几分钟去思考一下. 给你一个提示, 划分是比较重要的 —— 看看你能否找到相关论述. 这是一个非常难的问题, 是我知道的较难的概率问题之一.

好了, 为什么会这样呢? 为了便于讨论, 在接下来的问题中, 我们会让 $N = 50$ 且 $k = 6$, 但整个论证过程仍适用于一般情况. 我们已经从 55 个写有数的球中选出了 6 个. 不妨设被选中的球分别是 $1 \leqslant j_1 < j_2 < j_3 < j_4 < j_5 < j_6 \leqslant 55$. 我们要把这些数转换成 6 位数的彩票号码. 通过给出 6 个具体的球, 我们对结果做出解释.

假设我们选择了以下 6 个球: 1、5、8、9、22 和 30. 现在把这些球拿走. 于是, 在这列球中就有了 6 个空位, 这些空位分别对应着彩票上的 6 个数, 确定这些数的方法如下: 简单地数一下, 从起点开始一直到空位, 剩下的球一共有多少个; 然后再把球的个数加 1, 这就是该空位所对应的彩票上的数.

例如, 第 1 个被选中的数是 1, 所以第 1 个球会被拿走. 从左端开始, 起始位置与第 1 个空位之间没有球 —— 第 1 个空位出现在第 1 个位置. 加上 1 之后, 有 $0 + 1 = 1$, 所以我们得到的第 1 个彩票号码是 1. 下一个空位是第 5 个球所在的位置 —— 因为第 1 个球也被拿走了, 所以在起始位置与第 2 个空位之间, 只剩下了

3 个球 (也就是第 2、第 3 和第 4 个球). 因此, 第 2 个彩票号码是 $3 + 1 = 4$.

接下来被选中的是第 8 个球. 在它前面, 没被选中的球一共有 5 个 (第 2、第 3、第 4、第 6 和第 7 个球), 所以它对应的彩票号码是 6 (即 $5 + 1$). 因为下个被选中的是第 9 个球, 而它紧跟在第 8 个球之后, 所以在它前面未被选中的球也是 5 个; 因此它对应的彩票号码也是 6. 继续进行下去, 我们看到在第 22 个球之前还剩下 17 个球, 所以第 5 个彩票号码是 18 (即 $17 + 1$). 最后, 由于在第 30 个球之前还剩下 24 个球, 因此最后 1 个彩票号码就是 25 (即 $24 + 1$). 那么, 彩票上的 6 个数就是 1、4、6、6、18 和 25.

在这个过程中, 我们从最初的 55 个球中选出了 6 个球, 而其中每个球都产生了 1 个彩票号码. 彩票号码可以有 6 个相同的数, 而这个结果可以通过在 1 列中选出 6 个球来得到. 因为一共要拿走 6 个球, 所以我们永远不会得到大于 50 (即 $55 - 6 + 1$) 的结果. 对于这 6 个被拿走的球, 每选出 1 个球就对应着 1 个彩票号码 (按照从小到大的顺序排列). 因此, 如果可以重复取球的话, 我们从 55 个球中选出 6 个的方法数就等于彩票数. 正如上面所讨论的, 我们的确知道选出这 6 个球的方法有多少种: $\binom{55}{6} = 28\,989\,675$.

因此, 如果现在仍要花 1 美元来购买头奖奖金为 2500 万美元的彩票, 那么押注于所有可能的结果就不再有利可图了. 彩票发行机构做得很不错!

和往常一样, 我们来看一些极端情形的例子, 以便更好地理解上面的论述. 如果拿走了前 6 个球, 我们就得到了 1、1、1、1、1 和 1. 相反, 如果拿走的是最后 6 个球 (50、51、52、53、54 和 55), 那么彩票号码就只能是 50、50、50、50、50 和 50. 很重要的一点是, 要确保选取的彩票号码绝不会大于 50. 现在来证明我们不可能得到 51, 其他的数可以按照同样的方法证明. 如果想得到 51, 那么我们必须选择 52、53、54 或 55. 开始拿走的球越多, 得到的数就会越小. 因此, 如果想得到一个像 51 这样的大数, 最好的办法就是拿走 52、53、54 和 55; 如果做不到这一点, 那就得不到这样的数. 记住, 我们需要选出 6 个球, 但现在只考虑了 4 个球. 所以, 在 51 之前, 我们至少要选择 2 个球 (51 可以包含在其中), 这样才能确保彩票上的数不会超过 50 (可能的最大数是 $51 - 2 + 1 = 50$).

对这个问题做最后一点说明. 如果可以编写一些计算机代码并得到若干结果, 那你就有机会发现其中的规律. 不要回避实验数学 —— 数据很棒! 用了不到 10 秒, Mathematica 就在计算机上求出了总和. 如果输入

```
Sum[Sum[Sum[Sum[Sum[1, {i6, i5, 50}], {i5, i4, 50}],
{i4, i3, 50}], {i3,i2, 50}], {i2, i1, 50}], {i1, 1, 50}]
```

或采用更好的方式, 输入

```
Sum[1, {i1,1,50}, {i2,i1,50}, {i3,i2,50}, {i4,i3,50},
{i5,i4,50}, {i6,i5,50}]
```

那么过一会儿就能得到 28 989 675. 当然, 我们还可以考虑 49 个数、48 个数或者 51 个数, 并收集更多的数据. 如果你认为答案看起来像是一个二项式系数, 那么可以考察形如 $\binom{f(N,k)}{g(N,k)}$ 的表达式, 其中函数 f 和 g 是关于 N 和 k 的函数, 而 N 表示球的总数, k 表示我们要选出的球的个数. 如果多看看各种二项式系数, 那么一段时间后, 我们有可能见到 $\binom{55}{6} = 28\,989\,675$. 如果不仅考察 $N = 50$ 的情况, 还考察了 N 取其他值的情况, 那么就能得到更多数据, 也有可能猜到 $f(N,k) = N + k - 1$ 且 $g(N,k) = k$. 让 k 固定并改变 N, 然后固定 N 并变动 k, 这将有助于我们了解函数的真实性状.

如果了解数学归纳法 (不了解的话, 请参阅 A.2 节中的讨论), 你就会明白, 当知道答案是什么时, 利用数学归纳法来证明会容易很多. 举个例子, 用归纳法证明前 N 个整数的和是 $N(N+1)/2$, 或者证明前 N 个平方数之和是 $N(N+1)(2N+1)/6$ 并不可怕. 立方和以及 k 次幂之和也都有类似的公式. 如果你不知道这个公式, 那么归纳起来就更难了! 想了解更多内容, 请参阅习题 6.5.11.

那么, 要点是什么呢? 考察较小的问题, 建立一个直观的认识, 并找出其中的规律. 不考虑从 50 个球中选出 6 个, 而是考察从 8 个球中选取 3 个的情况. 通过考察这些较简单情况, 你可以了解发生了什么, 用以指导解决一般问题.

6.3.3　其他划分

虽然下面的问题与我们在本书中讨论的概率问题没有直接联系, 但它们都是对饼干问题的自然推广. 我之所以喜欢这些问题, 是因为当从正确的角度考察这些问题时, 它们都有不错的解决方案. 由于本书的主要目的是帮助你提高解决问题的能力, 我会在这里介绍更多有趣的问题及其解决方案.

在求解整数方程时, 系数的细微变化往往会导致截然不同的方程属性和不同的解集. 确定下列方程的非负整数解的个数: (1) $x_1 + x_2 = 1996$; (2) $2x_1 + 2x_2 = 1996$; (3) $2x_1 + 2x_2 = 1997$; (4) $2x_1 + 3x_2 = 1996$; (5) $2x_1 + 2x_2 + 2x_3 + 2x_4 = 1996$; (6) $2x_1 + 2x_2 + 3x_3 + 3x_4 = 1996$.

解答: (1) 有 1997 个解. 这是因为 x_1 可以取 $\{0, 1, \cdots, 1996\}$ 中的任意一个值; 当 x_1 被选定后, x_2 也就被唯一确定下来. 这相当于把 1996 块饼干分发给 2 个人的饼干问题, 即有 $\binom{1996+2-1}{2-1} = \binom{1997}{1} = 1997$ 种分法. (2) 让等式两端同时除以 2, 这个方程就等价于 $x_1 + x_2 = 998$. 与 (1) 的论述过程一样, 这个方程有 999 个解. (3) 这个方程没有解, 因为等式左端始终是偶数, 但右端始终是奇数. (4) 显然, 一旦选定了 x_1 或 x_2, 那么另一个未知量最多只有 1 个可能的取值. 我们先确定 x_2 的值. 因为 $x_1 = (1996 - 3x_2)/2$, 所以 $1996 - 3x_2$ 一定是个偶数. 因此, x_2 也必须是个偶数. 这意味着 x_2 可以是 $0, 2, 4, \cdots, 664$ (因为 $666 \cdot 3 = 1998$). 对于 x_2 的 333 个取值, 其中每一个都恰好对应着 x_1 的一个值. 因此, 该方程有 333 个解. (5) 与 (2)

类似. 如果让等式两端同时除以 2, 那么方程就变成了 $x_1 + x_2 + x_3 + x_4 = 998$. 这正是把 998 块饼干分发给 4 个人的饼干问题, 因此答案就是 $\binom{998+4-1}{4-1} = \binom{1001}{3}$, 即 166 666 500. 注意, 这个方程的解比其他方程多很多. 原因是这里有 4 个变量, 但之前只有 2 个变量. 对于 2 个变量的情况, 一旦指定其中一个的值, 那么另一个的值也就随之确定下来; 但当有 4 个变量时, 我们的选择就自由多了.

在这些问题中, 我最喜欢的是 (6). 这是关于分组的另一个例子; 在 6.2.2 节中, 我们有效地利用它来理解多项系数 (另一个例子请参见 A.3 节). 我们可以把方程 $2x_1 + 2x_2 + 3x_3 + 3x_4 = 1996$ 改写成 $2(x_1 + x_2) + 3(x_3 + x_4) = 1996$. 现在的问题看起来和 (4) 非常相似. 令 $y_1 = x_1 + x_2, y_2 = x_3 + x_4$. 当 y_2 为奇数时, 方程无解; 原因在于 $2y_1 = 1996 - 3y_2$ 是不可能成立的, 因为等号左端是偶数, 但右端是奇数. 然而, 如果 y_2 是个偶数, 那么 y_1 就只有唯一的选择, 即 $(1996 - 3y_2)/2$. 接下来, 只需要求解 $x_3 + x_4 = y_2, y_1 = x_1 + x_2 = (1996 - 3y_2)/2$ 即可, 其中 $y_1 \geqslant 0, y_2 \geqslant 0$ 且为偶数. 我们得到了两个独立的饼干问题. $x_3 + x_4 = y_2$ 有 $\binom{y_2+2-1}{2-1} = \binom{y_2+1}{1} = y_2 + 1$ 个解. 同样地, 第二个问题有 $\binom{\frac{1}{2}(1996-2y_2)+2-1}{2-1} = \frac{1}{2}(1996 - 3y_2) + 1 = 999 - \frac{3}{2}y_2$ 个解. 于是, (6) 一共有

$$\sum_{\substack{y_2=0 \\ y_2 \text{是偶数}}}^{\lfloor 1996/3 \rfloor} (y_2 + 1)\left(999 - \frac{3}{2}y_2\right) = \sum_{y=0}^{\lfloor 1996/6 \rfloor} (2y+1)(999 - 3y) = 37\ 092\ 537$$

个解, 其中 $\lfloor n \rfloor$ 是地板函数, 它表示小于或等于 n 的最大整数.

有必要仔细地研究一下 (6) 的解决方案. 我们都做了哪些事情? 我们把一个较难的问题转化成了两个较简单的问题. 通常情况下, 这种转化是好的: 我宁愿做大量的简单计算然后把它们的结果组合起来, 也不希望去研究一个难题.

下一个问题与组合有关, 它可以用来解决各种计数问题.

设 $\mathcal{M}$ 是包含 $m > 0$ 个元素的集合, $\mathcal{W}$ 是包含 $w > 0$ 个元素的集合, 而 $\mathcal{P}$ 是包含 $m + w$ 个元素的集合. 对于 $l \in \{0, \cdots, m + w\}$, 证明

$$\sum_{k=\max(0,l-w)}^{\min(m,l)} \binom{m}{k}\binom{w}{l-k} = \binom{m+w}{l}.$$

解答: 只要从正确地角度考察问题, 证明其实很简单. 我们会采用 **"故事证明法"**, 并**通过两种不同的方式来计数**. 不妨把 $\mathcal{M}$ 看作由 m 个男人组成的集合, 把 $\mathcal{W}$ 看作由 w 个女人组成的集合, 并把 $\mathcal{P}$ 看作由 $m + w$ 个人组成的集合 (其中有 m 个男人和 w 个女人). 从 $\mathcal{P}$ 中选出 l 个人组成一个集合, 共有多少种方法? 只要 $0 \leqslant l \leqslant m + w$, 答案就是二项式系数 $\binom{m+w}{l}$ 的定义 —— 从 $m + w$ 个人中选出 l 个人.

好的, 这样就得到了等号右端的表达式, 现在考虑左端的式子. 如果存在一个由 l 个人组成的集合, 那么其中必定有些人是男人. 设其中有 k 个男人. 因为我们要从 $m+w$ 个人中选出 l 个人, 所以 k 既不能太小, 也不能太大. 显然有 $0 \leqslant k \leqslant m$, 但我们可以得到更好的结果. 如果 $k < l-w$, 就无法选出恰好包含 k 个男人的 l 个人, 因此一定有 $k \geqslant l-w$. 同样, 因为一共要选出 l 个人, 所以不可能有 $k > l$. 于是, $\max(0, l-w) \leqslant k \leqslant \min(m, l)$. 对于这样的 k, 从 m 个男人中选出 k 个有 $\binom{m}{k}$ 种方法, 并且从 w 个女人中选出 $l-k$ 个有 $\binom{w}{l-k}$ 种方法. 因此, 恰好包含 k 个男人的 1 组人共有 $\binom{m}{k}\binom{w}{l-k}$ 种选法. 由于每种选法都必须包含一定数量的男性, 因此对全体有效的 k 求和 (即左端的式子) 就一定考虑到了所有可能的选法, 也就是 $\binom{m+w}{l}$ 种选法.

这个问题说明了一个一般现象. 对于二项式系数的乘积之和, 通常会有一个很棒的、优美的解, 但困难在于如何解释. 要想真正地理解考察问题的正确角度所带来的巨大优势, 你可以试着利用二项式系数的定义直接求解问题, 把式子展开后再做代数运算 —— 祝你好运!

最后, 我们再来看一个问题. 原来的饼干问题假设所有饼干都被分完了. 假如还剩下一些饼干, 那么情况是怎样的? 具体地说, 现在不需要把所有饼干都分发出去, 在 k 个人之间分配 N 块饼干有多少种方法? 在解决这个问题的过程中, 我们会看到另一个关于二项式系数和的恒等式.

解答: 解决问题最困难的步骤之一就是确定采用什么样的方法. 经验越多, 事情就会越容易. 一个很好的方向是回顾那些有解的类似问题. 把 C 块饼干全部分给 P 个人有 $\binom{C+P-1}{P-1}$ 种方法. 因为现在有些饼干可能没被分发出去, 所以不能直接使用这个结果; 但在做出一些变动后, 我们就能利用它了.

这类似于**懒惰原则**的其他一些例子. 我们把问题简化成一堆更简单的问题, 然后再把它们结合起来. 假设一共分发了 n 块饼干, 还剩下 $N-n$ 块饼干. 此时, 一共有 $\binom{n+k-1}{k-1}$ 种分配方法 (有 n 块饼干和 k 个人). 由于 n 可以取 0 到 N 的任意一个整数, 因此分发饼干的方法数为 $\sum_{n=0}^{N} \binom{n+k-1}{k-1}$.

虽然现在解决了问题, 但这并不是个特别具有启发性的解决方案. 这个二项式系数之和等于什么呢? 很幸运, 当从正确的角度考察这个问题时, 我们能立即写出这个和等于什么. 我们正试着计算把 N 块相同的饼干分发给 k 个不同的学生一共有多少种方法, 其中有些饼干可能没被分发出去. 想象一下, 假设还有一个人, 他可能是某个特别的学生, 也可能是本书的作者. 把那些没有分给 k 个学生的饼干都分给这个幸运的人吧! 我们所做的就是把剩下的饼干都分给这个人. 现在, 我们正在考察一个新的饼干问题. 要把 N 块饼干全部分发给 $k+1$ 个人! 我们很清楚该如何解决这个问题! 分配方法一共有 $\binom{N+k+1-1}{k+1-1} = \binom{N+k}{k}$ 种.

于是, 我们不仅给出了这个问题的一个优美的解, 而且得到了二项式系数之和

的公式:

$$\sum_{n=0}^{N} \binom{n+k-1}{k-1} = \binom{N+k}{k}.$$

6.4 总 结

《捉鬼敢死队》的下列场景很好地总结了我们在本章所遇到的问题. 这是电影的结尾部分, 四名捉鬼队员正试图阻止戈萨毁灭纽约. 戈萨让他们做出选择.

雷伊·斯坦博士: 你说的选择是什么意思? 我们不明白.

戈萨: 选择. 选择毁灭者的形式.

本章讲的是选择. 你要选择解决问题的方法. 刚开始时, 不明白事情是如何解决的没什么关系. 选择一种解题方法, 祈祷选出的是最好的方法, 并继续研究下去; 如果无法解决问题, 那就重新来过.

在这里, 我们看到了一些绕过冗长乏味计算的好方法. 这类问题研究得越多, 你就越容易找到优美的计算方法. 尤其是, 我们看到了划分的作用; 通常, 可以把一个痛苦的计数问题转化成一个简单的选择问题 (从一个与最初问题有关的较大集合中选出若干元素的方法有多少种). 另外, 我们还看到了重组表达式的优点, 它使问题得到了进一步简化.

6.5 习 题

习题 6.5.1 在 6.1.1 节考察了关于随机播放机和 6 张 CD 的几个问题. 我们看到, 当 6 张 CD 都被放入时, 如果播放了 10 首歌曲, 那么播放机选择 CD 的方法数几乎是 "不允许连续播放同一张 CD 上的两首歌曲" 时的 6 倍. 如果播放了 n 首歌, 那么当 $n \to \infty$ 时, 情况如何?

习题 6.5.2 继续上面这个关于 CD 的练习. 如果我们播放了 6 张 CD 中的 10 首歌, 而且每次选歌时, 每一张 CD 都等可能地被选中, 那么至少连续听到同一张 CD 中两首歌的概率是多少?

习题 6.5.3 在 7 场系列赛中, 有两支球队进行比赛, 首先赢得 4 场比赛的队伍获胜. 在这一系列比赛中, 如果没有哪支球队连续赢得 2 场比赛, 那么不同的获胜方式有多少种?

习题 6.5.4 在 7 场系列赛中 (参见上一题), 假设每个队在每场比赛中都有 50% 的概率获胜. 那么, 在进行了 4 场、5 场、6 场和 7 场比赛后, 恰好分出胜负的概率分别是多少? 对于最有可能发生的情况, 你是否感到惊讶?

习题 6.5.5 设 n 是一个正整数, 现在考察 n 副特殊的牌, 其中第 d 副牌是由点数为 $1, 2, \cdots, d$ 的牌组成的; 我们从 1 到 n 中随机选出一个数, 记作 m_1. 接下来, 我们从第 m_1 副牌中随机选出一个数, 记作 m_2. 然后再从第 m_2 副牌中随机选出一个数 m_3. 把这个过程继续下去, 会发生什么? 描述地尽可能详细 (在某段时间内一定会发生什么, 以及在某段时间内可能会发生什么). 编写一个计算机程序, 对 n 的各种取值进行数值模拟, 进而帮你做出一些推测.

习题 6.5.6 把上一个练习推广到 $2n+1$ 的情形. 对于 $k \in \{n+1, n+2, \cdots, 2n+1\}$, 上述游戏恰好在第 k 次选取后结束的概率是多少? 对于最有可能的 k, 你是否感到惊讶?

习题 6.5.7 考虑 6.1.3 节的罐子问题. 如果把所有罐子都扔进一个巨大的桶里, 那么现在有 400 颗玻璃球, 其中 190 颗是紫色的, 而剩下的 210 颗是金色的. 从中取出 5 颗玻璃球, 那么至少取出了 4 颗紫色玻璃球的概率是多少? 与先从 4 个罐子中选出 1 个罐子时的结果相比, 这个答案如何 (每一个罐子都等可能地被选中)? 答案一样吗? 你感到吃惊吗?

习题 6.5.8 考虑一副标准牌. 我们不断地从剩下的牌中取出 1 张牌, 直到取出 1 张 K 为止. 在取出 K 之前, 至少取到 1 张 Q 的概率是多少? 在取出 K 之前, 我们取到了 4 张 Q 的概率是多少?

习题 6.5.9 由 MAINE 可以构造出多少个单词, 新单词的长度可以任取 (但每个字母最多只能使用一次)?

习题 6.5.10 证明 6.2.1 节中的 "不同的重排序" 公式.

习题 6.5.11 试着写出下列内容的解析表达式:

$$\sum_{i_1=1}^{N} 1, \quad \sum_{i_1=1}^{N} \sum_{i_2=i_1}^{N} 1, \quad \sum_{i_1=1}^{N} \sum_{i_2=i_1}^{N} \sum_{i_3=i_2}^{N} 1.$$

做个猜想: 你是否相信答案就是关于 N 的多项式, 并且多项式的次数就等于连加符号的个数? 你认为最高次项的系数是多少?

习题 6.5.12 在彩票问题中, 我们利用了

$$\sum_{i_1=1}^{N} \sum_{i_2=i_1}^{N} \sum_{i_3=i_2}^{N} \sum_{i_4=i_3}^{N} \sum_{i_5=i_4}^{N} \sum_{i_6=i_5}^{N} 1 = \frac{N^6 + 15N^5 + 85N^4 + 225N^3 + 274N^2 + 120N}{720}.$$

证明该公式. (提示: 这些是**斯特林数**.)

习题 6.5.13 与前两个习题相同, 计算公式 $\sum_{n=1}^{N} n^k$, 其中 $k \in \{3,4,5\}$. (提示: 如果利用积分近似求和, 可以看到这个和约等于 $N^{k+1}/(k+1)$. 事实上, 我们还可以更进一步: 这些和是关于 N 的 $k+1$ 次多项式, 并且最高次项的系数为 $1/(k+1)$.)

习题 6.5.14 把 15 个人分成 5 个不同的组且每组有 3 个人的分配方法有多少种? 如果各组是不加区分的, 情况又如何?

习题 6.5.15 一般情况下, 把 x 个人分成 n 组, 并且每组分别有 $x_1, x_2, \cdots, x_n$ 个人的分配方法有多少种, 其中 $x_1 + x_2 + \cdots + x_n = x$?

习题 6.5.16 考虑 $\binom{x}{x_1, x_2, \cdots, x_n}$, 其中 $x_1 + x_2 + \cdots + x_n = x$. 对于给定的 n, 使得 $\binom{x}{x_1, x_2, \cdots, x_n}$ 取到最大值的 $x_1, x_2, \cdots, x_n$ 分别是多少? 不妨设 x 可以被 n 整除. 这样做的原因是, 符号会更加简单, 而且其论述可以推广到其他情形. 证明你的结论.

习题 6.5.17 假设我们正在为 5 个人分配 10 块饼干. 为了使分配更加公平, 每个人的饼干都不能超过拿到最少饼干的人的 2 倍. 这样的分配方法有多少种? 如果把 15 块饼干分给 5 个人, 情况又如何?

习题 6.5.18　我们要把 15 块相同的饼干分发给 4 个人. 如果只考虑 1 个人拿到了几块饼干, 那么有多少种分配方法? 重新看这个练习, 现在考虑第 i 个人至少拿到 i 块饼干的分法 (那么第 1 个人至少拿到了 1 块饼干, 依此类推).

习题 6.5.19　重新考虑上一题 (15 块相同的饼干和 4 个人), 但现在有下列限制: 每个人最多可以拿到 10 块饼干 (因此有些人可能没有饼干).

习题 6.5.20　把一颗均匀的骰子投掷 60 次, 恰好掷出 10 个 1 和 10 个 2 的概率是多少?

习题 6.5.21　找出下列论述中的错误: 首先, 我们计算抛掷出的数字组合有多少种: 因为已经给定了 20 个数字 (即 1 和 2), 所以考虑把 40 个 (抛掷) 结果分配给 4 个对象 (即数字 3, 4, 5 和 6) 的方法有多少种? 我们不考虑分配的先后次序, 只关心每个数字出现了多少次.

习题 6.5.22　假设一个仅在某小镇播出的电视节目有 200 位观众, 其中年龄介于 11 和 20 岁之间的观众有 50 位. 这是否足以表明该年龄段的人是主要的观众群? 已知在这个小镇里, 0 到 10 岁的人口数是 300, 11 到 20 岁的人口数是 200, 21 到 30 岁的人口数是 150, 31 到 45 岁的人口数是 150, 46 到 60 岁的人口数是 150, 超过 61 岁的人口数是 150.

习题 6.5.23　已知一共有 N 个物体, 其中 K 个是成功的; 在 n 次无放回地抽取中, 取到 k 次成功的概率是多少? (提示: 遇到困难的话, 就总结一下上一个练习.)

习题 6.5.24　想象一下, 一张住房彩票上写有 100 个学生想要入住的楼号. 一共有 5 幢楼, 分别是 A、B、C、D 和 E. A、B 和 C 号楼均可入住 20 个人, D 号楼可以入住 30 个人, 而 E 号楼可以入住 10 个人. 如果每个学生想要入住 5 幢楼中任意 1 幢的概率是相等的, 并且他们的选择相互独立, 那么每个学生都能入住其首选那幢楼的概率是多少?

习题 6.5.25　计算每个学生都能住进其最想入住的前 3 幢楼之一的概率.

习题 6.5.26　考虑这样的彩票. 从 1 到 50 有放回地取出 10 个整数, 并且每次取到任何数的概率都是相等的. 只要选出 10 个数就行了, 不用考虑次序. 所有彩票的中奖概率都是相等的吗? 如果不是, 你应该选哪张彩票, 这张彩票中奖的概率是多少?

习题 6.5.27　考虑饼干问题. 现在只有两个人, 并且有不可分割的几堆饼干. 我们想把这些饼干尽可能公平地分配给这两个人. 随机生成若干堆饼干. (你可以确定最大的那堆饼干的数量以及一共有几堆饼干, 但不要让数太小, 避免情况太平凡; 也不要太大, 避免花费很长的时间来分析.) 编写 Mathematica 代码, 使其能够随机地对饼干集合进行多次划分. 你找到的最公平的划分是什么?

习题 6.5.28　不要随机地对这些饼干进行多次划分, 而是从一个随机的划分开始编写代码, 然后搜索单独一堆饼干的所有可能选择, 直到找到最接近于公平划分的选择为止. 让计算机不断重复上述过程, 直到没有能增加划分公平性的选择为止. 把这个划分与上一题的划分进行比较. 这就是所谓的 "贪婪算法", 它可以找到多种优化问题的近似解.

习题 6.5.29　考虑有 20 块饼干和 5 个人的饼干问题, 但现在每块饼干都可以被分成 2 份或 4 份. 分发这些饼干的方法有多少种? 现在, 假设所有饼干都是完全连续的, 那么每个人都可能拿到有理数块饼干, 也可能拿到无理数 (例如, $\pi/6$) 块饼干. 这些饼干有多少种分配方法?

习题 6.5.30 Amy、Ben 和 Cathy 正在玩一副包含 52 张扑克牌的标准牌. 每个人有序地抽出 1 张牌. 一旦有人拿到 1 张黑桃, 游戏就结束了, 并且拿到黑桃的这个人获胜. 在有放回抽取和无放回抽取的情况下, 每个人获胜的概率分别是多少? (提示: 回想一下我们讨论过的篮球问题.)

第二部分
随机变量

第 7 章　离散型随机变量

洛伦：嗨，我是不是见过你？

乔治：是的，没错，我是乔治，乔治·麦克弗莱. 我是你的密度.

——《回到未来》(1985)

在前几章中，我们阐述了概率公理并学习了如何计算某些离散事件的概率，比如纸牌游戏的牌型和彩票. 当然，这些只是我们想要研究的一小部分. 本章的目的是介绍**随机变量**的概念并讨论一些特例.

通俗地说，随机变量就是从结果空间到实数集的映射. 我们先讨论离散型随机变量，然后看看连续型随机变量会有什么样的变化. 随机变量随处可见，比如一个盒子里分子的运行速度，棒球比赛中一个球队的得分，想要搭乘城际航班的人数，以及学生在概率考试中的成绩. 希望你能明白这一点. 随机变量无处不在，是描述和塑造真实世界的关键要素.

7.1　离散型随机变量：定义

本节给出离散型随机变量的定义. 为了给出定义，我们先来考虑一个启发性的例子，然后从这些讨论中提取出定义.

想象一下，我们把一枚均匀的硬币抛掷了 3 次. 每次掷出正面 (H) 的概率都是 50%，掷出反面 (T) 的概率也是 50%. 因此，结果空间 Ω 中有 8 个可能的结果：

$$\Omega = \{TTT, TTH, THT, HTT, THH, HTH, HHT \text{ 和 } HHH\}.$$

我们要为 Ω 中的每个元素指定一个概率. 因为每次抛掷硬币出现正面的概率都是 $1/2$，并且 3 次抛掷是相互独立的，所以 Ω 中每个元素的概率都是 $1/2 \cdot 1/2 \cdot 1/2 = 1/8$. 于是，我们得到了结果空间和概率函数 (由于结果空间是有限的，因此 σ 代数就是由 Ω 的全体子集构成的集合).

我们有大量问题要问. 最自然的一个问题是：能否得到一个抛掷序列？我们已经回答了这个问题：每个序列出现的概率都是 $1/8$. 但是，我们还想问一些其他问题. 一个很棒的问题是：正面出现了多少次？也许每得到一个正面，我们就能赚 100 万美元. 如果真是这样，我们不会关心正面出现的次序，只在乎一共出现了多少次正面. 事实上，把这 8 个结果排成一列就是为了更好地回答这个问题. 我们看到，没有出现正面的结果有 1 个, 出现 1 次正面的结果有 3 个, 出现 2 次正面的结果有 3 个, 出现 3 次正面的结果有 1 个.

这可以用一个函数来表示. 我们定义一个从 Ω 到实数集 $\mathbb{R}$ 的函数 X, 其中 $X(\omega)$ 等于 $\omega \in \Omega$ 中正面出现的次数. 因此, $X(HHT) = 2$, $X(TTT) = 0$, 等等.

还可以定义其他函数. 我们可能会对反面出现的次数感兴趣. 现在就可以把 $Y(\omega)$ 设为反面出现的次数. 注意, $X(\omega) + Y(\omega) = 3$. 这并不奇怪, 我们一共抛掷了 3 次, 并且每次掷出的不是正面就是反面. 这暗示了另一个随机变量, 即正面超出反面的个数. 从金钱的角度出发, 现在我们每得到 1 个正面就能拿到 100 万美元, 但每出现 1 个反面就必须支付 100 万美元. 这个随机变量就是 $1\,000\,000 \cdot (X(\omega) - Y(\omega))$.

最后, 我们再看三个函数. 定义函数 $X_i: \Omega \to \mathbb{R}$; 如果第 i 次掷出的是正面, 那么 $X_i(\omega) = 1$; 如果第 i 次掷出的是反面, 那么 $X_i(\omega) = 0$. 于是, $X_1(HHT) = 1$, $X_2(HHT) = 1$, 并且 $X_3(HHT) = 0$. 我们得到了下面这个重要的关系式:

$$X(\omega) = X_1(\omega) + X_2(\omega) + X_3(\omega).$$

也就是说, 掷出正面的总数就等于第 1 次掷出正面的次数加上第 2 次掷出正面的次数, 再加上第 3 次掷出正面的次数.

> 这里隐藏着一个很重要却容易被忽略的问题; 事实上, 这个问题通常难以发觉. 我们不是把正面相加, 而是把正面出现的次数加起来. 这是个细微的差别, 却十分重要. 把一个正面和一个反面加起来会得到什么? 这是两个不同的对象, 不能对它们做加法. 但是, 我们可以为每个正面指定数字 1, 为每个反面指定数字 0, 然后再把这些数加起来. (稍后我们会看到, 在某些问题中, 把 -1 指定给反面会更加方便. 这取决于用和来表示正面出现的个数, 还是表示正面超出反面的个数.)

虽然我们还没有定义随机变量, 但上面的讨论已经说明了为什么关于结果空间中元素的函数是实值函数. 我们希望用较简单的函数来构造更加复杂的函数. 有了上述准备, 现在就引入离散型随机变量的定义.

> **离散型随机变量:** 离散型随机变量 X 就是定义在一个离散的结果空间 Ω (这意味着 Ω 是有限的或至多可数的) 上的实值函数. 具体地说, 我们为每个元素 $\omega \in \Omega$ 指定了一个实数 $X(\omega)$.

作为另一个例子, 假设我们抛掷两颗均匀且相互独立的骰子, 并让 R 表示掷出的数字之和. 由于每颗骰子都有 6 个面 (各面数字分别是 1 到 6), 因此一共有 36 种可能的结果, 即从 $(1,1)$ 到 $(6,6)$, 并且 2 颗骰子的数字之和有 11 种结果 (最小的和是 2, 最大的和是 12). 因此 $R((1,1)) = 2$, $R((3,5)) = 8$. 简单地说一下这个符号表示. 随机变量要应用于结果空间的元素上, 但结果空间中的元素是成对出现的, 比如 $\omega = (3,5)$. 因此 $R(\omega) = R((3,5))$. 多出来的一组括号看起来有点荒谬, 但它能帮助我们看清楚整个过程. 我们把函数 R 应用到 $(3,5)$ 上, 并得到了输出 8. 这里很容易只写 $R(3,5)$, 你要尽量避免这种错误!

7.2　离散型随机变量: 概率密度函数

到目前为止, 我们已经定义了随机变量, 并看到两个 (或更多个) 随机变量相加可以构造出一个新的随机变量. 另外, 它还有个非常重要的性质. 记住, 概率空间是个三元组. 它不仅仅是由一系列结果构成的集合 Ω; 我们还在 Ω 的一组子集上定义了概率函数 (这些子集构成了 σ 代数). 因此, 讨论随机变量取不同值的概率是有意义的. 这里有两个很自然的问题: $\mathrm{Prob}(X = x)$ (随机变量的值恰好是 x 的概率) 是多少, 以及 $\mathrm{Prob}(X \leqslant x)$ (随机变量的值不大于 x 的概率) 是多少?

对于 7.1 节中把一枚均匀的硬币抛掷 3 次的例子, 我们有 $\mathrm{Prob}(X_i = 1) = 1/2$, $\mathrm{Prob}(X_i = 0) = 1/2$, 并且 X_i 取其他任意值的概率均为 0. 当考虑 X 时, 事情会变得更有趣, 这里的 X 就是把一枚均匀硬币抛掷 3 次后出现正面的次数. 由于这 8 个结果的概率是相等的, 所以只需要数一数 "X 等于 x" 出现了几次, 然后再让这个结果除以 8 即可. 也就是说, 对于每一个 "出现了 x 次正面" 的结果, 我们都乘了 $1/8$. 于是

$$\mathrm{Prob}(X = 0) \;=\; 1/8, \quad \mathrm{Prob}(X = 1) \;=\; 3/8,$$
$$\mathrm{Prob}(X = 2) \;=\; 3/8, \quad \mathrm{Prob}(X = 3) \;=\; 1/8;$$

X 取其他任何值的概率都是 0. 这一点儿也不奇怪, 每个概率都是非负的, 并且所有概率之和就是 1.

现在考察另一个例子. 我们仍把一枚硬币抛掷 3 次, 但现在假设它出现正面的概率是 p, 出现反面的概率为 $1 - p$. 为了强调与 p 的相关性, 我们用 B_p 来表示抛掷这枚硬币 3 次后出现正面的次数. 用字母 B 来表示随机变量是为了强调硬币是不均匀的 (biased), 添加下标 p 是为了强调现在掷出正面的概率是 p.

结果空间并没有改变, 它仍然包含 8 个事件

$$\text{TTT、TTH、THT、HTT、THH、HTH、HHT 和 HHH.}$$

发生变化的是概率函数. 如果 $p \neq 1/2$, 那么这 8 个事件的概率就不相等了.
- TTT 的概率是 $(1-p)^3$;
- TTH、THT 和 HTT 的概率均为 $p(1-p)^2$;
- THH、HTH 和 HHT 的概率均为 $p^2(1-p)$;

- 最后, HHH 的概率是 p^3.

为了求出 B_p 等于 2 的概率, 我们只需要把 THH、HTH 和 HHT 的概率加起来就行了, 这样就得到了 $\text{Prob}(B_p = 2) = 3p^2(1-p)$. 为了看得更清楚, 我们设 $p = 4/5$ (那么掷出正面的概率就是掷出反面的 4 倍). 于是

$$\text{Prob}(B_{4/5} = 0) = 1/125, \quad \text{Prob}(B_{4/5} = 1) = 12/125,$$
$$\text{Prob}(B_{4/5} = 2) = 48/125, \quad \text{Prob}(B_{4/5} = 3) = 64/125;$$

$B_{4/5}$ 取其他任何值的概率都是 0. 就像上一个例子那样, 这些概率的和是 1, 表明了一定有某事发生.

虽然可能出现的结果与之前一样, 但出现两次正面的概率与之前不同. 这是因为两种情况下的概率函数是不一样的. 这就引出了下一个与随机变量相关的重要定义, 即**概率密度函数** (probability density function, PDF).

离散型随机变量的概率密度函数: 设 X 是一个随机变量, 它定义在离散的结果空间 Ω 上 (Ω 是有限的或至多可数的). 那么 X 的**概率密度函数** (常记作 f_X) 就是 X 取某个特定值的概率:

$$f_X(x) = \text{Prob}(\omega \in \Omega : X(\omega) = x).$$

注意, 有些教材用**概率质量函数**的说法, 而非概率密度函数. **概率密度函数的值总是大于或等于 0, 并且和始终为 1.**

和往常一样, 我们要说点与符号有关的内容, 这是因为不同的教材会有不同的风格. 我喜欢在概率密度函数上加下标 X, 它可以提醒我们这个密度函数与随机变量 X 有关. 特别是在涉及很多随机变量时, 这种做法非常有用.

回过头来看抛掷一枚均匀硬币的例子, 它有个不错的概率密度函数解析式. 回顾一下, 非零的概率有

$$\text{Prob}(X = 0) = 1/8, \quad \text{Prob}(X = 1) = 3/8,$$
$$\text{Prob}(X = 2) = 3/8, \quad \text{Prob}(X = 3) = 1/8.$$

上面的式子可以简写成

$$\text{Prob}(X = k) = \begin{cases} \dbinom{3}{k}\dfrac{1}{8} & \text{如果 } k \in \{0,1,2,3\} \\ 0 & \text{其他,} \end{cases}$$

其中 $\binom{n}{k} = \frac{n!}{k!(n-k)!}$ 表示从 n 个物体中无序挑选出 k 个物体的方法数.

检验上述结果的正确性很容易: $\binom{3}{0} = \binom{3}{3} = 1$ 且 $\binom{3}{1} = \binom{3}{2} = 3$. 但是, 只做检验并不能带给我们很大启发. 这里为什么会有二项式系数? 如果使用不均匀的硬

币, 还能得到类似的答案吗? 这里的二项式系数源于我们要确定在哪几次抛掷时出现了正面, 所以对于任何硬币都有类似的公式.

我们考虑一枚不均匀的硬币, 掷出正面的概率是 p, 掷出反面的概率是 $1 - p$.

- 如果不想得到正面, 那么掷出的结果必须都是反面. 没有掷出正面的方法有 $\binom{3}{0} = 1$ 种. 一旦我们选定了哪几次掷出了正面, 那么剩下的几次就一定掷出了反面. 因为掷出反面的概率是 $1 - p$, 所以没有掷出正面的概率是 $\binom{3}{0}(1 - p)^3$.

- 要想恰好掷出一个正面, 我们必须确定在三次抛掷中, 哪一次掷出了正面, 这有 $\binom{3}{1} = 3$ 种可能性. 每次掷出正面的概率是 p, 每次掷出反面的概率是 $1 - p$. 因此, 恰好掷出一个正面的概率就是 $\binom{3}{1}p(1 - p)^2 = 3p(1 - p)^2$. 此时, 有 $\binom{3}{1}$ 种可能情况, 即 TTH、THT 和 HTT, 它们的概率是相等的, 都等于 $p(1 - p)^2$.

- 恰好掷出两个正面的情况几乎与恰好掷出一个正面的情况完全相同, 其概率为 $\binom{3}{2}p^2(1 - p)$.

- 对于掷出三个正面的情况, 其处理方法与 "没有掷出正面" 的处理方法类似, 这种情况发生的概率为 $\binom{3}{3}p^3$.

如果令 $p = 4/5$, 那么我们仍会得到前面的公式. 这被称为 (参数为 3 和 4/5 的) **二项分布**; 在 12.2 节中, 我们会更加深入地讨论它, 但现在先给出简单的介绍. 如果能找到一个解析表达式就好了, 这样就能通过简单的替换来计算任何概率. 稍后我们会证明, 当抛掷 n 枚硬币时, 如果每次掷出正面的概率都是 p, 那么对于任意的 $k \in \{0, 1, \cdots, n\}$, 恰好掷出 k 个正面的概率就等于 $\binom{n}{k}p^k(1 - p)^{n-k}$; 而其他情况的概率均为 0. 所以, 处理这个分布会相当轻松, 因为我们清楚地知道每个概率的计算公式.

回顾一下抛掷两颗均匀骰子的例子. 事实上, 这里有一个很好的概率密度函数公式. 在 36 对结果中, 每 1 对发生的概率均为 1/36. 让 R 表示两颗骰子的数字之和; 为了得到 R 等于 r 的概率, 我们只需要数一数和为 r 的数对有多少个. 在表 7-1 中, 我们给出答案. 仍要注意, 每个概率都是非负的, 并且全体概率之和为 1.

注意数的规律: 1/36、2/36、3/36, 一直增加到 6/36, 然后又减少到 1/36. 你也可以通过查看上下文来找出这种规律! 可以把上述结果简写成

$$\mathrm{Prob}(R = r) = \begin{cases} \dfrac{6 - |r - 7|}{36} & \text{若 } r \in \{2, 3, \cdots, 12\} \\ 0 & \text{其他.} \end{cases}$$

在起始点 $r = 2$ 处, 绝对值取到最大值; 然后线性减少到它的最小值; 即 $r = 7$ 的取值, 接着又线性增加, 直到在 $r = 12$ 处取到最大值. 于是, 当 $r = 7$ 时, 概率取到了最大值 6/36 (因为此时没有减去任何东西); 当 $r = 2$ 或 $r = 12$ 时, 概率取到了

最小值 1/36.

表 7-1   独立地抛掷两颗均匀的骰子, 得到的数字之和的概率. 表格的形状暗示了不同事
件概率的大小

- $\mathrm{Prob}(R=2)=1/36$, 来自于数对 $(1,1)$.
- $\mathrm{Prob}(R=3)=2/36$, 来自于数对 $(1,2)$ 和 $(2,1)$.
- $\mathrm{Prob}(R=4)=3/36$, 来自于数对 $(1,3)$、$(2,2)$ 和 $(3,1)$.
- $\mathrm{Prob}(R=5)=4/36$, 来自于数对 $(1,4)$、$(2,3)$、$(3,2)$ 和 $(4,1)$.
- $\mathrm{Prob}(R=6)=5/36$, 来自于数对 $(1,5)$、$(2,4)$、$(3,3)$、$(4,2)$ 和 $(5,1)$.
- $\mathrm{Prob}(R=7)=6/36$, 来自于数对 $(1,6)$、$(2,5)$、$(3,4)$、$(4,3)$、$(5,2)$ 和 $(6,1)$.
- $\mathrm{Prob}(R=8)=5/36$, 来自于数对 $(2,6)$、$(3,5)$、$(4,4)$、$(5,3)$ 和 $(6,2)$.
- $\mathrm{Prob}(R=9)=4/36$, 来自于数对 $(3,6)$、$(4,5)$、$(5,4)$ 和 $(6,3)$.
- $\mathrm{Prob}(R=10)=3/36$, 来自于数对 $(4,6)$、$(5,5)$ 和 $(6,4)$.
- $\mathrm{Prob}(R=11)=2/36$, 来自于数对 $(5,6)$ 和 $(6,5)$.
- $\mathrm{Prob}(R=12)=1/36$, 来自于数对 $(6,6)$.

如果想不到把答案写成这种简洁的形式, 也不必担心. 这种规律并不容易看出来. 但是, 研究的问题越多, 你就越容易发现更多的规律. 比如, 我们再看看这些数, 并试着找出能帮助我们求出答案的线索. 注意, r 的取值范围是从 2 到 12, 而 $|r-7|$ 中的 7 就是 2 和 12 的平均值. 如果现在有两颗均匀的骰子, 并且每颗骰子都有 n 面, 那么当 $r \in \{2, 3, \cdots, 2n\}$ 时, 掷出的数字之和为 r 的概率应该就是 $\frac{n-|r-(n+1)|}{n^2}$; 而其他情况的概率均为 0. 考察这个结果的一种角度是, 当 r 增加时, 只要 r 没有到达中点, 那么可能情况就比之前多了一种. 当 r 超过中点时, 它每增加一次, 相应的可能性就少了一种.

现在已经取得了很大进展. 我们已经考察了两个例子, 甚至看出了该如何推广它们. 遗憾的是, 我们只在某些方面做了推广. 例如, 在掷骰子的问题中, 我们增加了每颗骰子的面数. 另外一种改动是增加骰子的数量. 随着骰子数量的增加, 这些公式会变得更加复杂. 幸运的是, 在很多问题中, 我们不需要知道每个结果的确切概率, 只要了解某个特定范围内结果的概率就行了. 这就引出了第 20 章的主题 —— 中心极限定理.

下面给出一个不错的练习, 把一颗均匀的骰子抛掷 3 次, 试着计算掷出的数字之和的概率密度函数; 然后考察抛掷 4 次的情况. (提示: 抛掷 4 次的情况实际上要比抛掷 3 次的情况更容易, 因为我们可以把抛掷 4 次的结果两两分组.)

7.3   离散型随机变量: 累积分布函数

现在回顾一下我们在前几节所做的事情. 我们定义了离散型随机变量和它们的概率密度函数. 两个主要的离散型随机变量的例子是, 把一枚均匀的硬币抛掷 3 次

后出现正面的次数, 以及两颗均匀骰子掷出的数字之和. 对于每一个例子, 我们都计算了相应的概率密度函数.

另外一个非常重要的相关概念是**累积分布函数** (cumulative distribution function, CDF). 虽然这个概念对连续型随机变量更有用, 但它在离散型随机变量方面仍有些用途, 因此值得研究. 在深入讨论 CDF 之前, 我们先快速预览一下它能带给我们什么. CDF 是一种非常有用的工具, 在其帮助下, 我们能利用熟悉的随机变量来了解一个新的随机变量. 这被称为**累积分布函数法**, 我们将在 13.2.4 节中给出相关描述.

> **离散型随机变量的累积分布函数**: 设 X 是一个随机变量, 它定义在一个有限的或至多可数的离散结果空间 Ω 上. 回忆一下, X 的**概率密度函数** (常记作 f_X) 就是 X 取某个特定值的概率. **累积分布函数** (常记作 F_X) 则表示 X 不超过某个特定值的概率. 它们分别记作
>
> $$f_X(x) = \text{Prob}(\omega \in \Omega : X(\omega) = x)$$
> $$F_X(x) = \text{Prob}(\omega \in \Omega : X(\omega) \leqslant x).$$

我们之前讨论过 PDF 的**符号**, 并解释了下标的意义在于帮助我们记住随机变量与概率密度函数之间的关联. 好了, 这就对下标做出了解释. 为什么用大写字母来表示累积分布函数呢? 这种写法来源于微积分. (另外, 我们稍后会看到, 这暗示了为什么 CDF 对连续型随机变量更有用.) 在微积分中, 我们常用 f 表示函数, 用 F 表示 f 的原函数, 并且 F 与曲线下方的面积有关. 这里的情况与之类似 (当讨论连续型随机变量时, 我们会看到这种关联会更加明显). 累积分布函数是把某个给定点之前的所有概率都加起来, 这与积分非常相似, 从而解释了我们为什么会采用这种符号. 和往常一样, 我们有必要花时间来思考一下符号, 做出一些选择, 这样才能在快速浏览时清楚地知道每个量都代表了什么.

现在把一枚均匀的硬币抛掷 3 次. 设 F_X 表示累积分布函数, 那么 $F_X(x) = \text{Prob}(X \leqslant x)$. 于是

$$F_X(x) = \begin{cases} 0 & \text{若 } x < 0 \\ 1/8 & \text{若 } 0 \leqslant x < 1 \\ 4/8 & \text{若 } 1 \leqslant x < 2 \\ 7/8 & \text{若 } 2 \leqslant x < 3 \\ 1 & \text{若 } x \geqslant 3. \end{cases}$$

注意, 累积分布函数是不连续的, 它在 0、1、2 和 3 处出现了跳跃. 我们在图 7-1 中绘制了随机变量 X 的 PDF 和 CDF.

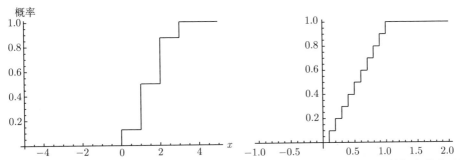

图 7-1　抛掷一枚均匀的硬币 3 次, 随机变量 X 表示出现正面的次数: X 的概率分布函数 (左图) 和累积分布函数 (右图)

如果出现更多正面, 那么情况会更糟糕. 把一枚均匀的硬币抛掷 n 次, 出现正面的次数会有一个 "不错的" 累积分布函数公式. 当 $k \in \{0, 1, \cdots, n\}$ 时, 恰好出现 k 次正面的概率就是 $f_X(k) = \binom{n}{k}(1/2)^k(1 - 1/2)^{n-k} = \binom{n}{k}1/2^n$. 累积分布函数 F_X 就是把给定点之前的所有概率都加起来. 于是

$$F_X(m) = \begin{cases} 0 & \text{若 } m < 0 \\ \sum_{k=0}^{m} \binom{n}{k}1/2^n & \text{若 } 0 \leqslant m \leqslant n \\ 1 & \text{若 } m \geqslant n. \end{cases}$$

遗憾的是, 对于二项式系数的部分和, 我们找不到一个好的、简单的解析表达式. 当然, 如果不对二项式系数做加法, 或者把全体二项式系数都加起来, 那就能得到一个不错的表达式.

我们考虑更一般的情况, 它会给出关于累积分布函数的一般结论. 假设现在有 n 枚硬币, 每一枚硬币掷出正面的概率都是 p, 掷出反面的概率都是 $1 - p$. 设 X 是一个随机变量, 等于正面出现的次数. 我们已经讨论过 X 的概率密度函数, 它就是

$$f_X(k) = \begin{cases} \binom{n}{k}p^k(1-p)^{n-k} & \text{如果 } k \in \{0, 1, \cdots, n\} \\ 0 & \text{其他.} \end{cases}$$

当给出概率密度函数时, 我们使用的是 $X = k$, 而不是 $X = x$. 随机变量的值用什么字母表示并不重要. 标准惯例是用 i、j、k、l、m 和 n 这样的字母表示整数, 用 x、y 和 z 这样的字母表示实数. 这些都无所谓, 但使用 k 而不用 x 是有一定好处的, 因为它能提醒我们 X 的值是整数.

为了求出累积分布函数 F_X 在 m 处的值, 我们只需要把满足 $k \leqslant m$ 的全体整数 k 的概率加起来就行了. 如果 $m < 0$, 那么这个概率和就是 0. 因此, 对于这样的 m, $F_X(m) = 0$. 如果 $m \geqslant n$, 那么由二项式定理 (其内容和证明请参阅定理 A.2.7) 可知, 这个概率和为 1, 因为

$$\sum_{k=0}^{n} \binom{n}{k} p^k (1-p)^{n-k} = (p + (1-p))^n = 1.$$

这里有一个需要说明的重要事实. x 处的累积分布函数就是随机变量不超过 x 的概率. 当随机变量只能取有限多个值时 (比如, 两颗骰子掷出的数字之和, 或者抛掷 n 枚硬币出现正面的次数, 又或者抛掷 n 次后出现正面的次数减去出现反面的次数), 如果 x 足够大且为负数, 那么 x 及其之前的点的累积分布函数都为 0; 同样, 如果 x 足够大且为正数, 那么 x 及其之后的点的累积分布函数就等于 1. 例如, 抛掷一枚硬币 n 次, 考察出现正面的次数减去出现反面的次数. 当 x 小于 $-n$ 时, 由于随机变量的值不可能比 $-n$ 小, x 处的累积分布函数就是 0; 类似地, 当 x 大于 n 时, x 处的累积分布函数就是 1, 这是因为正面减去反面的次数不可能超过 n. 现在, 我们来强调这一点.

> **累积分布函数的极限**: 设 F_X 是离散型随机变量 X 的累积分布函数. 那么
> $$\lim_{x \to -\infty} F_X(x) = 0, \qquad \lim_{x \to \infty} F_X(x) = 1,$$
> 如果 $y > x$, 那么 $F_X(y) \geqslant F_X(x)$.

当随机变量定义在一个离散的集合上时, 我们也必须使用上述极限. 我们通过一个例子来说明极限的必要性; 也就是说, 存在一个随机变量 X, 使得对于任意一个有限的 x, 均有 $0 < F_X(x) < 1$. 这里要用到几何级数公式 (更多内容请参阅 1.2 节), 我们快速地回顾一下. 几何级数公式有两个版本, 一个包含了有限多项, 另一个包含了无限多项. 包含有限多项的公式为

$$\sum_{n=k}^{j} ar^n = \frac{ar^k - ar^{j+1}}{1-r}.$$

当 $|r| < 1$ 时, 我们可以让 j 趋近于无穷大, 从而得到

$$\sum_{n=k}^{\infty} ar^n = \frac{ar^k}{1-r}.$$

假设结果空间 Ω 是由全体整数构成的集合. 当 $n = 0$ 时, n 的概率就是 0; 当 $n \neq 0$ 时, 其概率为 $1/2^{|n|+1}$. 根据几何级数公式, 不难看出这确实是一个概率函数. 它显然是非负的, 接下来只需要验证概率和为 1 就行了. 由对称性可知, 正项和就等于负项和, 所以只需要证明 $n \geqslant 1$ 时的概率和为 $1/2$. 利用无限多项的几何级数公式, 我们看到

$$\sum_{n=1}^{\infty} \frac{1}{2^{n+1}} = \frac{1}{2} \sum_{n=1}^{\infty} \frac{1}{2^n} = \frac{1}{2} \frac{1/2}{1 - 1/2} = \frac{1}{2},$$

因此这是概率函数.

现在来计算累积分布函数 $F_X(m)$. 我们分别考虑如下三种情况: $m = 0$, m 是正数, 以及 m 是负数. 由对称性可知, $F_X(0) = 1/2$. 当 m 为正数时, 由于全体负数的概率和是 $1/2$, 所以我们只需要求出 0 到 m 的概率和, 然后再加上 $1/2$ 就行了. 对于正整数 m, 我们有

$$F_X(m) = \frac{1}{2} + \sum_{k=1}^{m} \frac{1}{2^{k+1}} = \frac{1}{2} + \frac{1/4 - 1/2^{m+2}}{1 - 1/2} = 1 - \frac{1}{2^{m+1}}.$$

如果 $m = -|m|$ 是负数, 情况又如何呢? 此时有

$$F_X(-|m|) = \sum_{k=-\infty}^{-|m|} \frac{1}{2^{|k|+1}} = \frac{1}{2} \sum_{k=|m|}^{\infty} \frac{1}{2^k} = \frac{1}{2} \frac{1/2^{|m|}}{1 - 1/2} = \frac{1}{2^{|m|}}.$$

简单地验证一下就能看出, 这是合理的: 如果 $m = -1$, 那么 $F_X(-|m|)$ 就等于 $1/2$, 这恰好印证了取负值的概率是 $1/2$. 另外, 如果 $\lfloor r \rfloor$ 表示实数 r 的**地板函数** (即不大于 r 的最大整数), 那么 $F_X(r) = F_X(\lfloor r \rfloor)$, 这足以找出整数点处的累积分布函数. 于是

$$F_X(m) = \begin{cases} 1/2^{|m|} & \text{若 } m \text{ 是负整数} \\ 1/2 & \text{若 } m = 0 \\ 1 - 1/2^{m+1} & \text{若 } m \text{ 是正整数}. \end{cases}$$

我们确实得到了

$$\lim_{m \to -\infty} F_X(m) = 0, \qquad \lim_{m \to \infty} F_X(m) = 1;$$

然而, 对于任意一个有限的 m, 均有 $0 < F_X(m) < 1$. 因此, 只有当 m 取负无穷大时, $F_X(m)$ 才会等于 0; 只有当 m 取正无穷大时, $F_X(m)$ 才会等于 1. 这就是取极限的原因.

在讨论最后的例子之前, 我们先回忆一个与整数和有关的事实: 如果 n 是正整数, 那么

$$\sum_{k=1}^{n} k = \frac{n(n+1)}{2}.$$

A.2.1 节给出了相关证明, 现在我们来简单地推导一下. 给出数 $1, 2, \cdots, n$, 然后让它们分别加上 $n, n-1, \cdots, 1$. 这样就得到了 n 对数, 并且每一对的和均为 $n+1$. 把这些数全加起来就等于 $n(n+1)$, 这正是目标和的 2 倍, 因此我们想求的和就等于 $n(n+1)/2$. 如果用符号来表示, 设 S 是我们想要计算的和, 那么

$$2S = (1 + \cdots + n) + (n + \cdots + 1) = (1 + n) + \cdots + (n + 1) = n(n+1),$$

于是 $S = n(n+1)/2$. 利用这个结果, 我们能求出若干个连续数的和:

$$m + (m+1) + \cdots + n = \sum_{k=1}^{n} k - \sum_{l=1}^{m-1} l = \frac{n(n+1)}{2} - \frac{(m-1)m}{2}.$$

上面的论述是**"从至少到恰好方法"**的另一个例子. 利用这种方法, 我们让"至少得到 k 个"的概率减去"至少得到 $k+1$ 个"的概率, 这样就求出了"恰好得到 k 个"的概率. 本书所涉及的方法都不是孤立的技巧; 在不断学习的过程中, 你会一次又一次地用到这些强大的技巧.

现在考察最后一个例子, 我们回到掷骰子的问题. 在 7.2 节中, 我们计算了把一颗均匀的骰子抛掷 2 次后得到的数字之和的概率密度函数, 它就是

$$\mathrm{Prob}(R=r) = \begin{cases} \dfrac{6-|r-7|}{36} & \text{若 } r \in \{2,3,\cdots,12\} \\ 0 & \text{其他.} \end{cases}$$

这本书的主题之一就是要说明: 一个表达式通常有很多不同的写法; 有时候, 某种写法会比其他写法更具启发性. 由于绝对值很难进行加法运算, 我们更喜欢把上述概率写成

$$\mathrm{Prob}(R=r) = \begin{cases} \dfrac{r-1}{36} & \text{若 } r \in \{2,3,\cdots,7\} \\ \dfrac{13-r}{36} & \text{若 } r \in \{7,8,\cdots,12\} \end{cases}$$

另外, 当 r 取其他值时, 概率均为 0. (注意, 上面两个式子在 $r=7$ 时是一样的, 所以使用哪一个都行.)

现在, 通过计算连续整数的概率和, 我们可以得到累积分布函数 F_R. 显然, 当 m 小于 2 时, $F_R(m)=0$. 对于即将要看到的和, 一开始它是 r 遍历 2 和 m 之间所有整数的概率和; 接着要进行变量替换, 把它变成 l 遍历 1 和 $m-1$ 之间所有整数的和. 这使得每个 r 都要被替换成 $l+1$ (也就是说, 我们把 r 写成了 $r=l+1$, 那么 $l=r-1$). 当 $2 \leqslant m \leqslant 7$ 时, 我们有

$$F_R(m) = \sum_{r=2}^{m} \frac{r-1}{36} = \frac{1}{36} \sum_{l=1}^{m-1} l = \frac{1}{36} \frac{(m-1)m}{2} = \frac{(m-1)m}{72}.$$

r 被替换成了 $l=r-1$. 这里不一定使用字母 l, 也可以使用其他任何一个字母. 遗憾的是, 标准约定要求我们使用同一个字母 (在本例中是 r). 虽然很多书会直接把 r 替换成 $r-1$, 但我发现这会让许多学生在学习这部分内容时产生混淆. 虽然这种做法没有什么坏处, 因为 r 只是个虚拟变量, 却潜伏着一个危险, 那就是不同位置的 r 代表着不同的含义.

当 $m \geqslant 8$ 时, $F_R(m)$ 是多少呢? 我们已经知道, $r \leqslant 7$ 时的概率和是 $\frac{(7-1)7}{72} = \frac{7}{12}$, 所以现在只需要把这个值加上 $8 \leqslant r \leqslant m$ 时的概率和就行了. 当 $m \in \{8,9,\cdots,12\}$ 时, 有

$$
\begin{aligned}
F_R(m) &= \frac{7}{12} + \sum_{r=8}^{m} \frac{13-r}{36} \\
&= \frac{7}{12} + \frac{1}{36} \sum_{l=13-m}^{5} l \\
&= \frac{7}{12} + \frac{1}{36} \left(\frac{5(5+1)}{2} - \frac{(13-m-1)(13-m)}{2} \right) \\
&= 1 - \frac{(13-m-1)(13-m)}{72}.
\end{aligned}
$$

综上所述, 我们有

$$
F_R(m) = \begin{cases}
0 & \text{若 } m < 2 \\
\dfrac{(m-1)m}{72} & \text{若 } m \in \{2, 3, \cdots, 7\} \\
1 - \dfrac{(13-m-1)(13-m)}{72} & \text{若 } m \in \{7, 8, \cdots, 12\} \\
1 & \text{若 } m \geqslant 12.
\end{cases}
$$

尽量去检验你的答案! 注意, 当 $m = 7$ 时, 这两个表达式是一样的. 此外, 当 $m = 12$ 时, 我们得到了不错的结果, 即 $F_R(12) = 1$, 这是因为两颗骰子掷出的数字之和不可能大于 12. 因此, 我们的代数运算应该是正确的.

当我们想通过编写代码来寻找答案时, 检验是非常重要的. 我们想弄清楚如何将真实的场景变成一些数, 进而编写代码. 根据想要得到的结果, 我们可以把反面设为 0、正面设为 1, 也可以把反面设为 −1、正面设为 1. 现在给出另一个例子, 考虑一副牌. 这副牌可以被看作一个集合, 可以通过把 1 到 13 的每个数迭代 4 次而得到; 我们也可以认为它是由 1 到 52 的全体整数构成的集合, 并且每 13 张牌被看作一种花色.

下面是一些 Mathematica 代码, 它可以创建两颗骰子掷出的数字之和的柱状图. 通过大量模拟, 我们应该对真实值有非常精确的估计, 还可以把模拟数据与预测值进行比较.

```
diceroll[num_] := Module[{},
    allsums = {}; (* 此处存储和 *)
  For[n = 1, n <=  num, n++, (* 主循环 *)
   {
   (* 每当进度达到10%时, 下面几行就输出1次 *)
   (* 当运行长代码时, 这是个很好的技巧, 我们可以清楚地知道已经完成了
      多少 *)
   If[Mod[n, num/10] == 0,
     Print["Have done ", 100. n/num, "%."]];
```

```
    die1 = RandomInteger[{1, 6}]; (* 选取第一颗骰子的点数 *)
    die2 = RandomInteger[{1, 6}]; (* 选取第二颗骰子的点数 *)
    AppendTo[allsums, die1 + die2]; (* 把它们的和添加到列表中 *)
    }];
  For[i = 2, i <= 12, i++,
  (* 计算掷出i的概率 *)
  (* 为此, Mathematica 有个很好的计数函数 *)
  (* 如果不使用这个函数, 那么可以遍历列表并记录每个数出现的频率 *)
  (* 也可以在生成 die1+die2 时更新计数 *)
  (* 这样做是因为需要利用列表画出柱状图 *)
  Print["Percent of time rolled ", i, " is ",
    100.0 Count[allsums, i]/num, "%, and theory
      predicts ", 100.0 (6 - Abs[7 - i])/36, "%."];
  ];
  (* 打印柱状图并按比例进行缩放, 从而使得曲线下的面积为1 *)
  Print[Histogram[allsums, Automatic, "Probability"]];
  ];
Timing[diceroll[100000]] (* 运行并计算程序所需的时间 *)
```

在编码时, 列出你正在做的事情并通过试验来确保代码能给出你想要的答案是一种很好的做法, 但是要小心. 对列表进行处理并把它保存在内存中要付出很高的代价. 在这个程序中, 抛掷 10 000 次要花费 0.31 秒, 抛掷 100 000 次要花费 19.69 秒, 抛掷 200 000 次要花费 79.64 秒. 这里消耗的时间绝不是线性增加的; 由于没有太多耐心, 我放弃了抛掷 100 万次的情况. 这么简单的题目哪里出问题了? 存储大型列表的代价很高, 而且会大大降低计算机的运行速度. 就这个问题而言, 真的没必要保存所有的值, 我们只想知道得到每个和的概率有多大, 并不关心和出现的次序. 因此, 与其将结果保存在列表中, 不如构造一个包含 11 个可能结果 (从 2 到 12) 及增量的数组, 如下列代码所示.

```
betterdiceroll[num_] := Module[{},
  For[i = 2, i <= 12, i++, number[i] = 0]; (* 将计数初始化为 0 *)
  For[n = 1, n <=  num, n++, (* 主循环 *)
   {
   (* 每当进度达到 10% 时就输出1次; 当运行时间较长时, 这是个不错的
      习惯 *)
   If[Mod[n, num/10] == 0, Print["Have done ", 100. n/num, "%."]];
   die1 = RandomInteger[{1, 6}]; (* 选取第一颗骰子的点数 *)
   die2 = RandomInteger[{1, 6}]; (* 选取第二颗骰子的点数 *)
   roll = die1 + die2; (* 求和且相应计数加1 *)
```

```
      number[roll] = number[roll] + 1;
     }];
  list = {}; (* 在列表中存储每个和的概率 *)
   For[i = 2, i <= 12, i++,
   {
   list = AppendTo[list, {i, 100.0 number[i]/num}];
   Print["Percent of time rolled ", i, " is ", 100.0 number[i]/num,
    "%, and theory predicts ", 100.0 (6 - Abs[7 - i])/36, "%."];
     }];
  Print[ListPlot[list]]; (* 输出列表 *)
  ];
Timing[betterdiceroll[100000]] (* 运行并计算程序所需的时间 *)
```

抛掷 100 000 次花费了 0.72 秒, 抛掷 100 万次花费了 6.8 秒. 注意, 随着抛掷次数的增加, 这里的运行时间确实是线性增长的.

7.4 总   结

在本章中, 我们遇到了主要的研究对象之一, 即离散型随机变量; 在下一章则将看到连续型随机变量. 离散型随机变量可以用来解决各种类型的问题. 我们可以为结果空间中的每个事件指定一个数; 比如, 气象站的温度, 盒子里的压力, 以及培养皿中细菌的数量. 但是, 为了发挥其作用, 我们要想办法提取出这些随机变量的相关信息. 这样就引入了概率密度函数.

在电影《回到未来》中, 乔治·麦克弗莱的口误很好地强调了随机变量的真实性质.

洛伦: 嗨, 我是不是见过你?

乔治: 是的, 没错, 我是乔治, 乔治·麦克弗莱, 我是你的密度 (density).

我是说, 我是你命中注定的人 (destiny).

我们用"命中注定"来表示一定会发生的事, 这是预先设定的一系列事件. 在影片中, 乔治暗恋洛伦. 他好不容易鼓起勇气和洛伦说话, 但因为过于紧张而说错了. 乔治想要表达的是, 他们是天生一对, 命中注定会认识彼此. 但是, 他却使用了"密度"这个词. 密度是用来讨论随机变量的, 描述的是各种可能性发生的概率.

虽然这两个词相距甚远, 但事实证明这两个概念结合在一起却是非常强大的. 我最喜欢的例子之一是 $3x + 1$ 问题. 从一个正整数 a_0 开始, 把 a_0 看作一粒种子. 接下来, 我们定义下面这个序列

$$a_{n+1} = \begin{cases} 3a_n + 1 & \text{如果 } a_n \text{ 是奇数} \\ a_n/2 & \text{如果 } a_n \text{ 是偶数}. \end{cases}$$

例如, 当 $a_0 = 7$ 时, 这个序列就是

$$7 \to 22 \to 11 \to 34 \to 17 \to 52 \to 26 \to 13 \to 40 \to 20 \to 10$$
$$\to 5 \to 16 \to 8 \to 4 \to 2 \to 1 \to 4 \to 2 \to 1 \to \cdots.$$

不难看出, 一旦出现了 1, 我们就会陷入从 1 到 4、再到 2、接着又到 1 的无限循环中. 可以推测, 无论开始选择哪个正整数作为种子, 最终都会陷入这个循环中. 对于任意一个给定的整数, 将要发生的事都已经预先注定了 (如果这个过程终止, 那么在经过足够的迭代后我们也能发现这个规律); 每粒种子都有它注定的命运. 然而, 我们可以通过研究一个相关的系统来获得更多信息.

注　从技术角度上看, 研究下面这个相关序列会更加方便:

$$b_{n+1} = \frac{3b_n + 1}{2^k}, \quad \text{其中 } 2^k | 3b_n + 1 \text{ 但是 } 2^{k+1} \nmid 3b_n + 1;$$

换句话说, 我们从一个奇数开始, 让它乘以 3, 再加上 1 (这给出了一个偶数), 然后再尽可能多地删除 2 的方幂. 注意, 如果 b_n 是奇数, 那么 $3b_n + 1$ 就是偶数, 因此一定有 2 的方幂被删除. 假设只能删除一个 2 的概率是 1/2, 恰好删除一个 2^2 的概率是 1/4, 恰好删除一个 2^3 的概率是 1/8, 依此类推.

我们用它来建立一个确定性系统. 这里有一个确定性映射, 它定义在全体奇数上, 即 $T(2m+1) = (6m+4)/2^{n(6m+4)}$, 其中 $n(6m+4)$ 指的是从 $6m+4 = 3(2m+1)+1$ 中能删除的 2 的方幂数. 考虑下面这个相关过程: 把输入 x 发送给 $3x/2$ 的概率是 1/2, 发送给 $3x/4$ 的概率是 1/4, 发送给 $3x/8$ 的概率是 1/8, 等等. 注意, 这与确定性映射 T 非常相似, 但有两点不同. 第一点是这个过程与概率有关. 第二点是这里去掉了 T 中的 +1; 对于较大的输入, 我们希望这点差别可以忽略不计 (当 x 的大小是 10^{100} 时, 有没有 +1 不会对上述概率过程造成任何影响; 但是, 在确定性过程中, 这会使得被删除的 2 的方幂数产生很大变化). 虽然这个过程是随机的, 却很好地描述并预测了确定性系统的属性, 而且强调了随机变量的强大作用. 关于这个有趣问题的更多信息, 请参阅调查文献 [Lag1, Lag2] 以及研究丛书 [Lag3].

在本章的最后, 我们回顾一下前面分析过的一些例子. 为什么在某些例子中我们可以得到很好的解析表达式, 在其他例子中却得不到? 这是因为在某些例子中, 我们可以使用几何级数公式; 但在另一些例子中, 我们使用的是整数和公式. 在两个"成功"的例子中, 我们得到了漂亮的 CDF 解析表达式, 这是因为我们有很好的求和结果. 遗憾的是, 大部分和都没有漂亮的解析表达式. 之前研究的问题并不是巧合, 几何级数公式与整数和公式是最著名的两个求和公式. 一般情况下, 离散型随机变量的累积分布函数不能简化为一个漂亮的解析表达式. 但连续型随机变量的情况就完全不同了. 有什么不同呢? 在连续型随机变量中, 我们要算的是积分而不是求和. 利用微积分基本定理, 我们可以得到漂亮的闭型解.

7.5　习　　题

习题 7.5.1　描述离散型随机变量的三个实际应用. 不要使用本章已经给出的例子.

习题 7.5.2　交错调和级数如下所示

$$\sum_{n=1}^{\infty} \frac{(-1)^{n+1}}{n} = 1 - \frac{1}{2} + \frac{1}{3} - \frac{1}{4} \cdots$$

它的和是 $\log(2)$.

$$\Pr(X = n) = \frac{1}{\log(2)} \frac{(-1)^{n+1}}{n}$$

是概率密度函数吗? 请给出解释.

习题 7.5.3　给定正整数 k 和 n, 其中 $k \leqslant n$. 证明: 对于任意的 $k \leqslant m \leqslant n$, $\Pr(M = m) = \binom{m-1}{k-1}/\binom{n}{k}$ 是概率密度函数.

习题 7.5.4　当 C 取何值时, 对于所有的非负整数 n, $\Pr(X = n) = C/n!$ 都是概率密度函数?

习题 7.5.5　独立地抛掷两颗均匀的骰子, 并考察掷出的数字之和. 我们看到, 两个相同的随机变量之和会趋向于它们的中间值. 更确切地说, 如果结果空间中的元素可以构成一个等差数列, 那么两个独立同分布的随机变量之和就接近于该数列平均值的 2 倍. 这是为什么呢?

习题 7.5.6　如果 X 是在 $\{m, m+1, \cdots, n\}$ 中均匀取值的离散型随机变量, 那么 $X - X$ 是什么情况? 为什么?

习题 7.5.7　抛掷一颗 6 面骰子; 在掷出数字 6 之前, 抛掷的总次数服从什么样的概率分布?

习题 7.5.8　设 $f(n) = \frac{1}{n}$, 其中 $n \in \{1, 2, 3, \cdots\}$; f 是概率质量函数吗? 为什么? 如果 f 不是概率质量函数, 那么是否存在 1 个常数 C, 使得 $g(n) = Cf(n)$ 是概率质量函数?

习题 7.5.9　设 $f(n) = \frac{1}{n(n+1)}$, 其中 $n \in \{1, 2, 3, \cdots\}$; f 是概率质量函数吗? 为什么? 如果 f 不是概率质量函数, 那么是否存在一个常数 C, 使得 $g(n) = Cf(n)$ 是概率质量函数?

习题 7.5.10　设 $f(n) = \frac{1}{n(n+1)(n+2)}$, 其中 $n \in \{1, 2, 3, \cdots\}$; f 是一个概率质量函数吗? 为什么? 如果 f 不是概率质量函数, 那么是否存在一个常数 C, 使得 $g(n) = Cf(n)$ 是概率质量函数?

习题 7.5.11　假设有 4 颗独立的骰子, 前 2 颗骰子都等可能地掷出 $\{1, 2, 3, 4, 5, 6\}$ 中的任何一个数, 而后 2 颗骰子都等可能地掷出 $\{100, 200, 300, 400, 500, 600\}$ 中的任何一个数. 4 颗骰子掷出的数之和服从什么样的概率分布?

习题 7.5.12　假设抛掷一枚硬币出现正面的概率是 p, 那么首次掷出正面时, 抛掷硬币的总次数服从什么样的概率分布? 验证这是一个概率分布.

习题 7.5.13　考虑一枚硬币, 它掷出正面的概率是 p. X_2 表示第 2 次掷出正面时抛掷硬币的总次数, 计算 X_2 的概率密度函数. 当第 k 次掷出正面时, 抛掷硬币的总次数服从什么样的概率密度函数? 当连续掷出 2 个正面时, 情况又是什么样的?

习题 7.5.14　抛掷 n 枚均匀的硬币. 掷出正面的硬币会重新抛一次. 在完成重新抛掷后 (即已经重新抛掷了第 1 次掷出正面的所有硬币), 正面的个数服从什么样的概率密度函数?

习题 7.5.15　抛掷一枚均匀的硬币 8 次, 恰好掷出 5 次正面的概率是多少? 在 8 次抛掷中, 最多掷出 5 次正面的概率是多少?

习题 7.5.16　证明: 对于任意的 $0 \leqslant p \leqslant 1$,

$$
\mathrm{Prob}(X = k) = \begin{cases} \dbinom{n}{k} p^k (1-p)^{n-k} & \text{若 } k \in \{0, 1, \cdots, n\} \\[2mm] 0 & \text{其他} \end{cases}
$$

是个概率分布. (提示: 利用二项式定理.)

习题 7.5.17　考虑随机变量 X 和 Y, 其中 X 是抛掷一颗均匀的骰子 3 次所得到的最大数字, Y 是抛掷一颗均匀骰子 1 次得到的数字. 计算 $P(X > Y)$.

习题 7.5.18　设 X 是一个离散型随机变量. $\mathrm{Pr}(X + X = 2x) \geqslant \mathrm{Pr}(X = x) + \mathrm{Pr}(X = x)$ 一定成立吗? 证明或反驳.

习题 7.5.19　独立地抛掷 10 枚均匀的硬币, 并把掷出正面的硬币重新抛一次. 正面出现的总次数服从什么样的概率分布?

习题 7.5.20　你有 10 美元可以投注如下赌局. 你要抛掷一枚均匀的硬币 5 次. 每当掷出正面时, 你的赌资会翻倍; 每当掷出反面时, 你会输掉一半的赌资. 计算一下, 在抛掷了 5 次之后, 你拥有的钱的概率密度函数. 假设你赢的每 1 美元与你输掉的每 1 美元具有同等的价值, 这是场有利的赌局吗? 如果你有 32 美元, 而不是 10 美元, 那么情况会有所不同吗?

习题 7.5.21　考虑以下两项投资. 你可以购买股票 A, 它每年增值到 1.1 倍的概率是 1/2, 价值保持不变的概率是 1/2. 另外, 你也可以购买债券 B, 它能保证每年的价值增加到 1.05 倍. 假设你只能购买其中一项投资产品, 而且将在 5 年内持有该项投资, 那么哪项投资会带来更好的预期收益.

习题 7.5.22　以上一题为基础. 现在你可以购买股票 A, 它每年保持价值不变的概率是 1/3, 增值到 1.1 倍的概率是 1/3, 增值到 1.2 倍的概率是 1/3; 你也可以购买债券 B, 它能保证每年的价值增加到 1.1 倍. 简要说明一下, 你会选择哪项投资?

习题 7.5.23　下面这个练习与受欢迎的棋盘游戏 *Risk* 有直接关联. 我们不详细讨论游戏规则, 只关注与概率有关的方面. 考虑抛掷 5 颗均匀骰子的结果, 即 a_1、a_2、a_3、b_1 和 b_2; 它们是相互独立的随机变量, 并且都在 $\{1, 2, 3, 4, 5, 6\}$ 中均匀取值. 计算 "$\max(a_1, a_2, a_3) > \max(b_1, b_2)$ 并且 $\{a_1, a_2, a_3\}$ 中第二大的值大于 $\min(b_1, b_2)$ (也就是说, a_i 中的最大值大于 b_j 中的最大值, 并且 a_i 和 b_j 的第 2 大元素也有相同的大小关系)" 的概率.

习题 7.5.24　与上一题的符号相同. 计算 "$\max(b_1, b_2) > \max(a_1, a_2, a_3)$ 且 $\min(b_1, b_2)$ 大于 $\{a_1, a_2, a_3\}$ 中第二大的值" 的概率.

习题 7.5.25　考虑随机变量 X, 它等于某给定页面中出现拼写错误的个数. 描述 X 的 PDF 应该具有的性质. 有一点要考虑, 那就是每个拼写错误是否与其他拼写错误是相互独立的. 证明你给出的模型.

习题 7.5.26　袋子里有 4 个红色的筹码, 3 个白色的筹码和 5 个黑色的筹码. 你随意地从袋子中取出 3 个筹码. 用 X 表示取到红色筹码的个数. 求出 X 的 PDF.

习题 7.5.27　假设你正在旅行, 要赶 5 个航班. 不幸的是, 你没有做好计划, 中途没有安排停留时间；也就是说, 如果有一个航班延误了, 而下一个航班又准时起飞, 那你就会错过航班, 这将毁掉你整个旅行计划. 给出一个不合理的假设, 即所有迟到的航班都延误了相同的时间, 比如 30 分钟, 而且航班延误是相互独立的. 也就是说, 如果你的第一个航班延误了, 它对后续航班延误的可能性没有任何影响. 另外一个更合理的假设是飞机延误的概率是 25%. 在这 5 个航班中, 你没有错过任何一个航班的概率是多少？

习题 7.5.28　布尔·达累姆曾说过："18 次三击未中出局, 这是一个新的联赛纪录；18 次四坏球上垒, 这是另一个新的联赛纪录. " 在棒球比赛中, 如果击球手在第 4 个球之前已经失败了 3 次, 那么他就要出局；如果在第 3 个好球之前已经有 4 个坏球, 那么击球手就可以上垒. 假设有一个投手的球是不可能被打中的, 但更疯狂的是, 人们认为他可以让一半的击球手上垒, 并让另一半击球手出局. 要想实现这一点, 该投手投出好球的概率必须是多少？

习题 7.5.29　假设一个击球手每次上场击球都有如下几种可能情况：本垒打、三垒打、二垒打、一垒打、腾空球出局、四坏球上垒、地滚球出局、以及三击未中出局. 除了最后一种情况外, 假设每种情况发生的概率都是 1/10, 而三击未中出局发生的概率是 3/10. 如果这个击球手每场比赛都有 4 次上场机会, 那么下列事件发生的概率是多少.

    (1) 戴着金色阔边帽 (三击未中出局发生了 4 次)？

    (2) 完全打击 (按照任意次序打出本垒打、三垒打、二垒打和一垒打)？

    (3) 至少打出 2 个本垒打？

    (4) 每次都上垒？

    (5) 至少上垒 2 次？

    (6) 最多上垒 2 次？

    (7) 安打率大于或等于 0.500 (安打数大于或等于出局数)？

习题 7.5.30　设 X 是一个随机变量, 它的取值是抛掷一枚均匀硬币 3 次后出现正面的次数. 画一个柱状图来说明 $X = n$ 的概率. 当把这枚硬币抛掷 6 次、10 次、20 次和 40 次后, 重新考虑这个问题.

习题 7.5.31　重新考虑上一个练习, 但现在不考察正面出现的次数, 而是绘制正面次数减去反面次数的柱状图.

习题 7.5.32　抛掷一枚均匀的硬币 3 次, 求出正面次数的概率密度函数. 当把这枚硬币抛掷 6 次、10 次、20 次和 40 次后, 重新考虑这个问题.

习题 7.5.33　抛掷一枚均匀的硬币 3 次, 求出正面次数减去反面次数的累积密度函数. 当把这枚硬币抛掷 6 次、10 次、20 次和 40 次后, 重新考虑这个问题.

第 8 章   连续型随机变量

我不认同数学, 0 的总和是个可怕的数字.

—— 斯坦尼斯耶,《更凌乱的思绪》(1968)

不要惊讶, 连续型随机变量和离散型随机变量理论之间有很多相似之处, 但也有一个非常重要的不同点. 它们的不同之处在于, 连续型随机变量要计算积分, 而离散型随机变量要求和. 这种差别有什么深远意义呢? 学过微积分的人都知道微积分基本定理. 我们会快速地回顾一下这个定理; 简单地说, 可以利用积分来计算曲线下方的面积. 对于很多函数来说, 计算这些积分没有太大的困难; 在求概率时, 我们也能得到精确的答案. 但遗憾的是, 并没有相应的求和理论. 一般情况下, 想要得到漂亮且简单的求和解析表达式会更加困难 (就像我们在 7.3 节中看到的那样; 当然, 在讨论很多离散分布时能求和). 这就是连续型随机变量通常更容易处理的原因; 我们更希望从解析表达式中看出, 当参数改变时, 答案是如何变化的.

后面几章会讨论很多常见的连续型随机变量, 而本章的目的就是为引入这些内容做好准备. 我们将描述它们的一些用途及特性. 为了保持这些章节的独立性, 我们会像介绍离散型随机变量那样, 对同一个论点进行多次重复. 多看看这些论点没什么坏处. 大体框架没有发生变化, 唯一的区别是这里要计算积分, 而不是求和.

但是, 在给出这些连续概率分布之前, 我们先快速地回顾一下微积分以及本章会用到的其他一些结果. 毫无疑问, 几乎在所有的数学课上, 让学生们感到最痛苦的都是那些默认已经学过的知识. 对概率论课来说, 这特别危险, 因为有时候这距离学生学完导数和积分已经过去一年 (甚至很多年!) 了. 幸运的是, 一节简短的复习课就足以弥补这一点. 如果你想更详细地回顾这些概念, 我建议你读一下阿德里安·班纳的《普林斯顿微积分读本》, 这本书的所有内容都讲得非常仔细. 为了检验你对微分和积分技巧的掌握程度, 我给出了 50 多个微积分问题及其解答; 这部分内容 (先陈述题目, 然后给出详细的解题方案) 以及其他补充材料 (比如, 回顾变量替换定理和一些微积分复习课) 可以从在线补充资料中找到.

本章的安排如下:

(1) 复习微积分基本定理及其在概率论上的应用;

(2) 在计算连续型随机变量的单元素事件的概率时, 对可能出现的问题展开讨论.

8.1 微积分基本定理

微积分基本定理是研究连续型随机变量最重要的工具之一. 事实上, 这就是我们可以不断得到如此漂亮的解析表达式的原因. 我们将快速地回顾其表达式中不同项所代表的含义, 然后告诉你这个定理为何如此重要. 遗憾的是, 大部分微积分教师并不会强调积分和概率之间的关联. 正因如此, 当学生们在微积分中看到这些论述时, 往往没什么印象, 也不会有学习的积极性. 我们将很快看到, 利用微积分基本定理, 我们可以求出曲线下方的面积, 而这些面积恰好对应于某些事件的概率!

我们快速复习一下微积分中的一些术语. 设 f 是一个函数; 如果另一个函数 F 满足 $F'(x) = f(x)$, 那么 F 就被称作 f 的一个**原函数**, 或者 f 的一个 (**不定**) **积分**. 注意, 原函数是不唯一的: 如果 $F'(x) = f(x)$, 并且 $G(x) = F(x) + C$, 其中 C 是某个固定常数, 那么 $G'(x) = f(x)$; 这就是说 "一个" 原函数的原因. 事实上, 这是唯一可能出错的地方. 具体地说, 如果 F 和 G 都是 f 的原函数, 那么它们一定相差一个常数.

每当看到函数和陈述时, 就试着赋值并编造一个故事. 例如, 用 $f(x)$ 表示我们在时刻 x 的移动速度, 用 $F(x)$ 表示我们在时刻 x 的位置. 请注意, 这是个合理的故事, 我们所处位置的变化速率就是我们的速度. 现在就可以解释上面有关原函数的论述了. 假设我们有两个朋友 Floyd 和 Grover, $F(x)$ 和 $G(x)$ 分别表示他们在时刻 x 的位置. 现在假设他们的速度是一样的; 那么 $F'(x) = G'(x)$. 如果他们总是以相同的速度移动, 那么两人之间的距离一定保持不变, 因此肯定存在一个 C, 使得 $G(x) = F(x) + C$. (我们选择 Floyd 和 Grover 这两个有些不寻常的名字是为了把函数与人物对应起来, 希望能让你更容易地看出它们之间的关联. 我总是建议大家花点时间想出恰当的符号.)

我们需要的下一个概念是**分段连续函数**; 除了有限多个点之外, 函数在其他点处都是连续的. 例如, 考虑图 8-1 中定义在区间 $[0,4]$ 上的函数. 除了在 $x = 1, 2, 3$ 这三个点处不连续之外, 函数在其他地方都是连续的. 所以, 这就是一个分段连续函数.

注意, 这个定义要求只存在有限多个不连续的点. 如果有无穷多个不连续的点, 我们可能就无法使用微分和积分这些标准工具了. 如果你学过实分析, 那么这里的很多假设都能被削弱, 因为标准积分 (也被称为黎曼积分) 会被更强大的勒贝格积分取代.

接下来还有一个定义. 曲线 $y = f(x)$ 与 x 轴之间从 $x = a$ 到 $x = b$ 所围成区域的面积记作 $\int_a^b f(x)\mathrm{d}x$; 这就是**定积分**. 它是一个有符号的量; 对于为什么面积是负的, 学生们经常感到困惑. 这是因为我们把 x 轴上方和曲线下方的面积看作正的, 把

x 轴下方和曲线上方的面积看作负的. 例如, 考察图 8-2 中的 $f(x) = (x+1)^2 \sin x$. 曲线下方直到 $x = \pi$ 的面积是正的, 但曲线上方从 π 到 2π 的面积是负的.

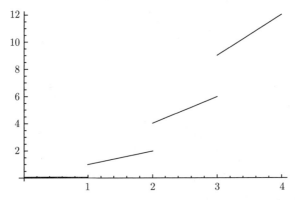

图 8-1　$f(x) = x\lfloor x \rfloor$ 的图形, 其中 $\lfloor t \rfloor$ 是一个地板函数, 它将返回不超过 t 的最大整数

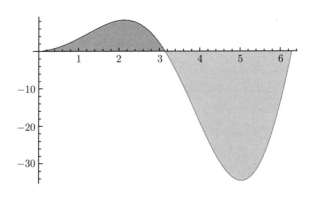

图 8-2　当 $0 \leqslant x \leqslant 2\pi$ 时, $f(x) = (x+1)^2 \sin x$ 下方的面积. x 轴上方的面积是正的, x 轴下方的面积是负的

　　你可以把 x 轴上方的面积看作你拥有的钱 (资产) 并把 x 轴下方的面积看作你欠的钱 (负债). 这里的负号相当重要 —— 你的净资产是你拥有的钱与所欠钱的差额. 我们不能只把两个数相加, 必须要把符号包括在内.

　　如果对本章内容有所了解, 你可能会认为, 人们在学习微积分时需要担心此类问题, 但学习概率论就不会有这方面的顾虑, 因为所有概率密度都是非负的. 因此, 如果要算的是曲线下方的面积, 那么就没必要担心这个问题了! 不幸的是, 概率密度不是唯一需要计算积分的函数. 当计算平均数 (随机变量的平均值) 时, 我们会遇到可以取负值的函数, 因此这些问题很重要.

　　好的, 现在已经有了充分的准备. 我们可以陈述**微积分基本定理**了.

> **微积分基本定理**: 设 f 是一个分段连续函数, F 是 f 的任意一个原函数. 那么
>
> $$\int_a^b f(x)\mathrm{d}x = F(b) - F(a).$$
>
> **文字叙述**: 在曲线 $y = f(x)$ 下方、介于 $x = a$ 和 $x = b$ 之间的 (有符号的) 面积就等于, f 的原函数在 b 处的值减去 f 的原函数在 a 处的值.

微积分基本定理所表述的内容很容易被误解. 很多人错误地认为符号 $\int_a^b f(x)\mathrm{d}x$ 意味着 $F(b) - F(a)$, 然而事实并非如此! 这个符号表示曲线 $y = f(x)$ 下方介于 $x = a$ 和 $x = b$ 之间的面积. 这是一个很深奥的**定理**, 把两点处的原函数值相减就得到了上述面积.

在下一节中, 我们将看到它是如何在概率论中发挥作用的.

8.2 概率密度函数和累积分布函数: 定义

我们希望以离散型随机变量为基础来建立一个关于连续型随机变量的相似理论. 在考虑如何从离散型随机变量的定义过渡到连续型随机变量的定义之前, 我们先回顾一些问题以及连续型随机变量的复杂性. 遗憾的是, 我们**无法**彻底解决这些问题; 要想实现这一点, 要用到高等分析理论, 但这远远超出了本书的范围和目标. 幸运的是, 我们没必要这样做. 还有大量不需要使用这些高等技巧的问题; 毫无疑问, 这才是我们要研究的对象. 因此, 在接下来的几段中, 当你读到与连续型随机变量的定义有关的内容时, 请记住**为什么**要读它们! 主要是提醒你留意前方的危险, 并且必须要小心谨慎.

我们的目标是在结果空间中定义一个连续型随机变量. 实际上, 这比结果空间是有限的或可数的情况要更困难一些. 记住, 一个概率空间由 3 部分组成: 结果空间 Ω, 概率函数 Prob, 以及 Prob 有定义的子集构成的 σ 代数 (Prob 在其他子集上无定义). 这意味着我们无法对 Ω 的任意子集求概率, 只能求出某些特定**子集**的概率, 这就导致了一些困难.

这样的限制是很有必要的. 一个典型的例子是, 从 $[0,1]$ 中随机地选出一个数, 并且每个数都等可能地被选中. 当试着去这样做时, 我们会遇到麻烦. 这里只有两种可能: 概率是正数, 或者概率是 0. 如果概率是正数, 那么因为 $[0,1]$ 中有无穷多个点, 所以概率和会大于 1, 这是不可能发生的. 如果选出任何一个数的概率均为 0, 那么情况又如何? 这意味着什么都没有发生, 因为 0 的和仍然是 0. 这种做法是不正确的, 因为现在有不可数个数求和, 而加法规则 (对于互不相交的集合, 它们的并的概率就等于它们各自的概率之和) 只适用于可数的并. 另外, 我们讨论的是从一个区间中选出一个数的概率. 在这种情况下, 我们希望长度相同的区间具有相等

的概率. 唯一自然的选择是, 从 $[a,b] \subset [0,1]$ 中选出一个数的概率是 $b-a$.

这与连续型随机变量有什么关系呢? 回忆一下, 在定义了离散型随机变量之后, 我们又给出了概率密度函数和累积分布函数的定义. 我们想求出 $\mathrm{Prob}(X = x)$ 和 $\mathrm{Prob}(X \leqslant x)$. 在连续型随机变量的情况下, 为了确保这两个概率也能计算出来, 下面两个集合都必须属于 σ 代数中: $\{\omega \in \Omega : X(\omega) = x\}$ 和 $\{\omega \in \Omega : X(\omega) \leqslant x\}$. 换句话说, 在 X 的作用下, 所有函数值为 x 或至多为 x 的元素都一定在 σ 代数中.

因此, 我们必须非常仔细地考察要研究的概率空间. 在本书中, 我们将继续讨论连续型随机变量的典型例题. 结果空间会是一个区间: 实数集 $\mathbb{R}$、平面 $\mathbb{R}^2$ 以及它的"漂亮"子集、$\mathbb{R}^3$ 的漂亮子集, 等等. 你应该去想象一个区间: 圆形、矩形或盒子. 幸运的是, 关于这些漂亮区域的好例子非常多. 最重要的例子与半直线 $[0,\infty)$ 或实直线 $\mathbb{R} = (-\infty,\infty)$ 有关. 但要记住, 概率空间不仅仅是一个结果空间 Ω, 它还有一个定义在 σ 代数上 (即定义在 Ω 的某些特定子集上) 的概率函数. 因此, 如果结果空间是 $[0,\infty)$, 那么它也可以扩展成 $(-\infty,\infty)$, 这里只需要把负数的概率指定为 0 就行了. 这样做的好处是, 定义在实数子集上的所有随机变量都可以用一个符号来表示.

连续型随机变量、概率密度函数和累积分布函数: 设 X 是一个随机变量. 如果存在一个实值函数 f_X 满足

(1) f_X 是一个分段连续函数

(2) $f_X(x) \geqslant 0$

(3) $\int_{-\infty}^{\infty} f_X(t)\mathrm{d}t = 1$,

那么 X 是一个**连续型随机变量**, f_X 是 X 的**概率密度函数**. 有时候, f_X 也被简称为**密度函数**.

X 的**累积分布函数** $F_X(x)$ 就是 X 不大于 x 的概率:

$$F_X(x) = \mathrm{Prob}(X \leqslant x) = \int_{-\infty}^{x} f_X(t)\mathrm{d}t.$$

更一般地, 我们还可以考察定义在 $\mathbb{R}^n$ 上的连续型随机变量. 这种一般情形要求我们理解多元函数可积的含义 (换句话说, 把一个分段连续的可积函数推广到多维情形是什么样的; 参见习题 8.6.4); 幸运的是, 在很多情况下, 密度函数都是连续且非负的, 并且其积分显然为 1.

你现在应该清楚了我们为什么花这么多时间来回顾积分. 概率通常可以表示为曲线下方的面积, 而微积分 (具体地说, **微积分基本定理**)告诉我们如何计算这些面积, 这样就能求出我们想要的概率! 类似于在 7.3 节中的讨论, 给每个函数都加了一个下标 X 是为了提醒我们这些函数都与随机变量 X 有关. 当题目中出现多

个随机变量时, 这种做法会非常有用; 但是, 当只有一个随机变量时, 我们通常不会给出下标. 最后要注意, 我们用小写 f 表示概率密度函数, 并用大写 F 表示累积分布函数. 这种选择并非偶然; 其目的是让你思考, 在微积分中, 一个函数与它的原函数是如何相互作用的.

　　我们简单地叙述了 f_X 成为概率密度函数必须要满足的条件. 第一个是 f_X 是分段连续的函数, 这保证了函数可以求积分 (具体地说, 利用微积分基本定理求积分). 如果不考虑分段连续的函数, 我们也可以考虑一个勒贝格可积的函数. 如果看不出这一点, 你也不用担心 —— 高等分析课的目的是想看看, 在保证函数可积的前提下, 能对这些条件进行多大程度的削弱! 第二个条件为 f_X 是非负的, 因为概率不可能是负的. 最后一个条件是, f_X 在整个空间上的积分一定是 1. 这意味着有 "某事" 发生, 也就是说, X 取到了某个值!

　　因此, 我们只需要考察满足这三个条件的函数; 每发现一个这样的函数都是值得庆祝的, 因为它就是某个连续型随机变量的概率密度函数. 显然, 一个重要的问题是, 找到这样的函数有多难? 在下一节的开头部分, 我们会给出一个这样的例子. 在例子结束时, 不难看出, 我们已经给出了寻找概率密度函数的一般原则.

8.3　概率密度函数和累积分布函数: 例子

　　在本节中, 我们将讨论一个实用的经典问题. 几乎可以肯定, 没人会在意经典问题中的随机变量! 选择这个问题是为了阐述该理论的一些主要特征. 在后面的章节中, 我们会仔细地研究一些重要的随机变量.

　　我们来看一个例子. 考虑下面这个函数

$$f_X(x) = \begin{cases} 2 + 3x - 5x^2 & \text{若 } 0 \leqslant x \leqslant 1 \\ 0 & \text{其他;} \end{cases}$$

是否存在一个随机变量 X, 使得上述函数就是 X 的概率密度函数? 为了回答这个问题, 我们必须验证 f_X 是否满足 8.2 节的三个条件: **它必须是分段连续的、非负的, 且积分值为 1.**

　　这个函数显然是分段连续的 (实际上, 如果把空间限制为 $x \geqslant 0$, 那么它就是连续函数). 另外, 它也是非负函数. 想看出这一点, 还要多做些工作; 但我们可以采用多种方法来整理这个代数表达式. 最简单的方法是, 注意到

$$f_X(x) = 2 + 3x - 5x^2 = (1-x)(2+5x),$$

其中 $0 \leqslant x \leqslant 1$. 在这个式子中, 因子 $1 - x$ 始终是非负的, 而 $2 + 5x$ 也是非负的. 因此, 它们的乘积是非负的, 这正是我们想要证明的结果. 另外, 当 $0 \leqslant x \leqslant 1$ 时,

$x^2 \leqslant x$, 于是

$$2 + 3x - 5x^2 \geqslant 2 + 3x - 5x = 2 - 2x = 2(1-x) \geqslant 0.$$

由此也能看出 $f_X(x)$ 是非负的.

接下来, 只需要保证它的积分值是 1. 现在, 我们有

$$\begin{aligned}
\int_{-\infty}^{\infty} f_X(x)\mathrm{d}x &= \int_0^1 \left(2 + 3x - 5x^2\right)\mathrm{d}x \\
&= 2x\Big|_0^1 + \frac{3x^2}{2}\Big|_0^1 - \frac{5x^3}{3}\Big|_0^1 \\
&= 2 + \frac{3}{2} - \frac{5}{3} = \frac{11}{6}.
\end{aligned}$$

一切看起来好像都如我们所希望的那样, 但遗憾的是, 这并不是概率分布函数. 只满足三个条件中的两个是不够的 —— 这三个条件必须同时满足!

如果这三个条件中必有一个无法满足, 那么我们希望它是第三个条件. 为什么呢? 因为第三点是最容易补救的. 改变函数的一般形态十分困难, 但是可以利用一个常数来对它进行缩放, 从而使其积分值为 1. 考虑函数

$$g_X(x) = \frac{6}{11} f_X(x).$$

这两个函数没有太大区别. 由于 f_X 是个分段连续的函数, 因此 g_X 也是如此. 同样, 由 f_X 是非负的可知, g_X 也是非负的. 那么, 第三个条件呢? **由微积分知识可得, 常数可以从积分中提取出来**. g_X 的积分就是 f_X 积分的 6/11. 由于 f_X 的积分值是 11/6, 因此 g_X 的积分值就是 $\frac{6}{11} \cdot \frac{11}{6} = 1$, 那么 g_X 就是个概率密度函数! 另外, 我们也可以通过直接求积分来得到这一点:

$$\begin{aligned}
\int_{-\infty}^{\infty} g_X(t)\mathrm{d}t &= \int_0^1 \frac{6}{11}\left(2 + 3t - 5t^2\right)\mathrm{d}t \\
&= \frac{6}{11} \int_0^1 \left(2 + 3t - 5t^2\right)\mathrm{d}t \\
&= \frac{6}{11}\left[2t\Big|_0^1 + \frac{3t^2}{2}\Big|_0^1 - \frac{5t^3}{3}\Big|_0^1\right] \\
&= \frac{6}{11}\left[2 + \frac{3}{2} - \frac{5}{3}\right] \\
&= \frac{6}{11} \cdot \frac{11}{6} = 1.
\end{aligned}$$

这个积分类似于上一个积分并不奇怪, 因为唯一的变化就是把所有项都乘上了 6/11.

现在已经证明了

$$g_X(x) = \begin{cases} \dfrac{6}{11}(2 + 3x - 5x^2) & \text{若 } 0 \leqslant x \leqslant 1 \\ 0 & \text{其他} \end{cases} \tag{8.1}$$

是个概率密度函数, 但其实还得到了更多东西. 事实上, 我们已经找到了构造概率密度函数的一般过程!

对潜在概率密度函数的标准化: 如果 f_X 是一个非负的分段连续函数, 并且它的积分值是有限的, 那么

$$g_X(x) = \frac{f_X(x)}{\displaystyle\int_{-\infty}^{\infty} f_X(t)\mathrm{d}t}$$

就是一个概率密度函数. 还可以这样表述: 存在一个 c, 使得

$$g_X(x) = c f_X(x)$$

是一个概率密度函数, 并且

$$c = \frac{1}{\displaystyle\int_{-\infty}^{\infty} f_X(t)\mathrm{d}t}.$$

既然我们知道了 g_X 是一个概率密度函数, 那么它就可以用来计算累积分布函数 G_X. 我们有

$$G_X(x) = \int_{-\infty}^{x} g_X(t)\mathrm{d}t.$$

现在有必要对这个符号进行简单的说明. 为了求积分, 我们需要一个虚拟变量. **当计算 "随机变量的取值至少为 x" 的概率时, x 不能当作积分中的虚拟变量**. 这就是为什么这里使用的是 t, 但之前使用了 x.

遗憾的是, 由于 g_X 是分段定义的, 我们必须要小心一点. 幸运的是, 这三种情况中的两种都很容易处理. 如果 $x \leqslant 0$, 那么 $G_X(x) = 0$. 这是因为 0 之前没有可能性; 也就是说, 当 $t \leqslant 0$ 时, $g_X(t) = 0$. 对于 $x \geqslant 1$ 的情形, 可以进行类似的处理. 对于这样的 x, 我们有 $G_X(x) = 1$. 为什么呢? 当 $x \geqslant 1$ 时, 函数 $g_X(x) = 0$; 因此, 当 x 继续增加到大于 1 时, 我们没有发现新的可能性. 到 $x = 1$ 为止, 我们已经考虑了所有可能的情况, 因此对于任意的 $x \geqslant 1$ 均有 $G_X(x) = 1$.

现在只需要考虑 $0 \leqslant x \leqslant 1$ 这种有趣的情形. 对于这样的 x, 我们有

$$G_X(x) = \int_{-\infty}^{x} \frac{6}{11}\left(2 + 3t - 5t^2\right)\mathrm{d}t$$
$$= \frac{6}{11}\int_{0}^{x}\left(2 + 3t - 5t^2\right)\mathrm{d}t$$
$$= \frac{6}{11}\left[2t\Big|_0^x + \frac{3t^2}{2}\Big|_0^x - \frac{5t^3}{3}\Big|_0^x\right]$$

$$= \frac{6}{11}\left(2x + \frac{3x^2}{2} - \frac{5x^3}{3}\right)$$

$$= \frac{12x + 9x^2 - 10x^3}{11}.$$

利用累积分布函数, 我们可以快速求出各种事件的概率. 例如, 计算 X 在 $(1/2, 3/4]$ 取值的概率, 其中 X 是一个随机变量, 它的概率密度函数是式 (8.1) 中的 g_X. 在图 8-3 中, 我们绘制了其概率图.

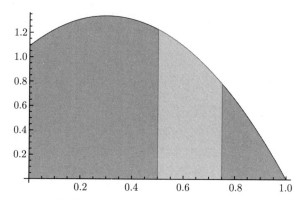

图 8-3   当 $0 \leqslant x \leqslant 1$ 时, 概率密度函数是 $g_X(x) = \frac{6}{11}(2 + 3x - 5x^2)$; 否则 $g_X(x) = 0$. 曲线下方的面积是 1, 介于 $1/2$ 和 $3/4$ 之间的面积 (黑色阴影区域) 是 $91/352$

答案是

$$\text{Prob}(X \in (1/2, 3/4])$$

$$= \int_{1/2}^{3/4} g_X(t)\mathrm{d}t$$

$$= G_X(3/4) - G_X(1/2)$$

$$= \left.\frac{12x + 9x^2 - 10x^3}{11}\right|_{x=3/4} - \left.\frac{12x + 9x^2 - 10x^3}{11}\right|_{x=1/2}$$

$$= \frac{315}{352} - \frac{224}{352} = \frac{91}{352}.$$

当计算 X (概率密度函数是 g_X) 在 $(1/2, 3/4]$ 取值的概率时, 我们学到了非常重要的一点. 我们讨论的事件是一个左开 (不包含 $1/2$) 右闭 (包含 $3/4$) 的区间. 我们计算的是 X 大于 $1/2$ 且至多为 $3/4$ 的概率. 在这里, 对两个端点的处理是不对称的. 但是, 我们不需要担心这一点, 因为 X 取任何给定值的概率均为 0. 关于这一点, 我们有个奇妙的结论: 对于连续型随机变量, 单元素事件的概率是 0.

如果 X 是一个概率密度函数为 f_X 的连续型随机变量, 那么下面这四个概率是相等的:

(1) X 属于 $[a, b]$ 的概率;

(2) X 属于 $(a, b]$ 的概率;

(3) X 属于 $[a, b)$ 的概率;

(4) X 属于 (a, b) 的概率.

原因在于, 对于连续型随机变量 X, 它取任何具体值的概率都是 0. 例如, 由累积分布函数的定义可得

$$F_X(b) - F_X(a) + \text{Prob}(X = a) = \int_a^b f_X(t)\mathrm{d}t.$$

因为单元素事件的概率是 0, 所以上述表达式可以简化成

$$F_X(b) - F_X(a) = \int_a^b f_X(t)\mathrm{d}t.$$

回过头来考虑式 (8.1) 中的概率密度函数 g_X, 我们发现计算 $x \leqslant 0$ 和 $x \geqslant 1$ 时的累积分布函数 G_X 是很容易的. 虽然我们并没有那么幸运, 每次都能得到漂亮的 CDF 解析表达式, 但我们确实对 CDF 的特性有一定的了解. 具体地说, 我们有如下结果, 它与离散型随机变量的结果类似.

设 X 是一个连续型随机变量, 它的累积分布函数是 F_X. 那么

$$\lim_{x \to -\infty} F_X(x) = 0 \quad \text{且} \quad \lim_{x \to \infty} F_X(x) = 1.$$

另外, F_X 是一个单调不减的函数: 如果 $y > x$, 那么 $F_X(y) \geqslant F_X(x)$.

如果从正确的角度看待问题, 这个结果是很显然的. 由于 X 是一个随机变量, 因此它必须有一定的值. 当 $x \to \infty$ 时, X 可以取任意值, 那么 $X \leqslant x$ 的概率就应该趋近于 1. **利用概率密度函数的积分值为 1, 我们也能得到这一点.** 另外, 如果令 $x \to -\infty$, 那么 X 的取值会不断地受到限制, 因此 $X \leqslant x$ 的概率也会趋近于 0.

最后, 虽然我们已经看到, 在概率密度函数 f_X 和累积分布函数 F_X 之间有种很好的关系, 但到目前为止, 我们只是从一个角度来看待它. 也就是说, 在给定了一个概率密度函数之后, 我们可以求出相应的累积分布函数. 能不能从另一个角度来考察呢? 换句话说, 我们能不能从 F_X 中求出 f_X? 当然可以了! 只需要使用积分的逆运算: 微分!

如果 X 是一个连续型随机变量, 并且它的累积分布函数是 F_X, 那么除了有限多个点以外, 对于任意一个 x, X 的概率密度函数 f_X 均满足 $F_X'(x) = f_X(x)$.

不过, 我们必须要小心. 记住, 概率密度函数必须是分段连续的. 虽然累积分布函数是连续的, 但不一定是处处可微的; 在有限多个不可微的点处, $F_X'(x)$ 不等于 $f_X(x)$. (因为在这些点处, $F_X'(x)$ 根本不存在!) 幸运的是, 单元素事件的概率是 0, 因此这些点不会产生任何影响.

下面给出一个求概率密度函数的例子. 设随机变量 X 的累积分布函数是 $F_X(x)$. 当 $x \leqslant 0$ 时, $F_X(x)$ 的值为 0; 当 $x \geqslant 0$ 时, $F_X(x)$ 为 $1 - \mathrm{e}^{-x}$. 因为 $x \leqslant 0$ 时的概率密度函数一定是 0, 所以只需要考察 $x \geqslant 0$ 时的情况. 对 $F_X(x) = 1 - \mathrm{e}^{-x}$ 求微分, 可得

$$F_X'(x) = -\mathrm{e}^{-x}(-1) = \mathrm{e}^{-x};$$

那么概率密度函数就是

$$f_X(x) = \begin{cases} \mathrm{e}^{-x} & \text{若 } x \geqslant 0 \\ 0 & \text{其他.} \end{cases}$$

8.4 单元素事件的概率

本节涉及更高等的知识, 你可以放心地快速浏览或者跳过这部分内容. 本节旨在阐述连续型随机变量的概率分配中可能出现的一些问题.

在上一节中, 我们论述了连续型随机变量 X 取任何一个具体值的概率都是 0. 换句话说, 单元素事件的概率为 0, 或者

$$\mathrm{Prob}(X = x) = 0.$$

当 x 取任意值时, 这个式子均成立. 取并之后, 可得

$$\mathrm{Prob}(X \in \{x_1, x_2, \cdots, x_n\}) = \sum_{i=1}^{n} \mathrm{Prob}(X = x_i) = \sum_{i=1}^{n} 0 = 0.$$

上面的式子可以写得更紧凑些, 即

$$\mathrm{Prob}\left(X \in \bigcup_{i=1}^{n} \{x_i\}\right) = 0.$$

如果我们给出

$$[a, b] = \bigcup_{x=a}^{b} \{x\},$$

那么下面的式子是否成立

$$\text{Prob}(X \in [a,b]) \ = \ \text{Prob}\left(X \in \bigcup_{x=a}^{b}\{x\}\right) \ = \ 0?$$

这是很荒谬的 —— 我们刚刚证明了, 不管连续型随机变量 X 是什么, 也不管考察的是哪个区间, X 取该区间中某个具体值的概率都等于 0! 这个区间可以取作 $(-\infty, \infty)$, 但此时 X 取某个特定值的概率仍为 0!

上述内容好像在说什么都没有发生. 很明显, 一定是哪里出了问题! 其实, 出现这种状况是种好现象 —— 结论过于荒谬, 所以我们不得不做出修改. 真正危险的是, 我们得到了一些貌似可信的错误结论, 因为它们可能会越过防线, 而不让我们产生任何怀疑.

不管怎样, 回到我们的问题, 它给出了哪些信息? 对于每个连续型随机变量, 它是如何把每个事件的概率指定为 0 的? 这个问题源于一个貌似合理的假设, 但实际上是错误的. 在我们的论述中, 最关键的一点是: 对于互不相交的事件, 它们的和的概率就等于它们的概率之和. 当考虑有限多个或无限**可数**多个事件时, 这个结论是正确的; 但如果考虑的是不可数个事件, 那么该结论就不一定成立了.

现在, 一切又回到了本书的开头 (参见第 2 章, 尤其是 2.6 节); 我们非常小心地描述了什么样的事件能被指定概率, 什么样的事件不能. 我们可以对单元素事件指定概率; 这没什么问题. 问题在于, 对于互不相交的事件, 我们不能断言它们的不可数并的概率就是它们的概率之和.

回顾一下附录 C 中的可数集和不可数集. 在现实生活中, 我们见过很多有限和与可数和. 例如, 如果想计算位于曲线 $y = x^2$ 下方, 且介于 0 和 1 之间的 n 个分区的面积的黎曼和, 那么会得到

$$\sum_{k=0}^{n-1} \frac{k^2}{n^2} \cdot \frac{1}{n},$$

令 $n \to \infty$ (给出了一个可数和), 我们就求出了这个面积. 一枚均匀硬币最终掷出正面的概率是

$$\sum_{k=1}^{\infty} \frac{1}{2^k}.$$

之所以得到这个结果, 是因为 "首次掷出正面发生在第 n 次抛掷" 的概率是 $1/2^n$. 这要求前 $n-1$ 次的抛掷结果都必须是反面 (概率为 $1/2^{n-1}$), 而第 n 次的抛掷结果必须是正面 (概率为 $1/2$).

对于有限和与可数和, 我们有着丰富的经验和熟悉度. 不可数和应该是什么样的呢? 不妨设 S 是一个不可数集, 我们想计算

$$\sum_{x \in S} a_x.$$

为了便于说明, 假设 $a_x \geqslant 0$ 对所有的 x 均成立. 想得到有限和的方法只有一种, 即除了可数个 x 外, $a_x = 0$ 对剩下的所有 x 均成立. 当然, 如果真是这样的话, 那么我们要处理的不再是一个不可数和, 而是一个可数和!

为什么除了可数个 a_x 外, 其余的 a_x 都等于 0 呢? 设

$$S_n = \left\{ x : x \in S \text{ 并且 } \frac{1}{n+1} < a_x \leqslant \frac{1}{n} \right\}.$$

注意

$$S = \bigcup_{n=0}^{\infty} S_n$$

(其中 S_0 是由全体满足 $a_x > 1$ 的 $x \in S$ 组成的). 记住, a_x 是非负的, 所以

$$\sum_{x \in S} a_x \geqslant \sum_{x \in S_n} a_x.$$

如果某个 S_n 中有无穷多个元素, 那么当 x 取遍 S_n 中所有值时, a_x 的和就是无穷大的, 这意味着当 x 取遍 S 中所有元素时, a_x 的和也是无穷大, 这与和是有限的假设相互矛盾. 因此, 每个 S_n 都包含了有限多个元素, 又因为有限集的可数并也是可数的, 所以结论就是, 为了保证 $\sum_{x \in S} a_x$ 是一个有限和, 除了可数个 a_x 外, 其余的 a_x 都必须为 0.

8.5 总 结

本章是上一章的自然续篇, 原因是我们重新讨论了关于连续型随机变量的所有性质. 但是, 在把离散型随机变量的结果和符号过渡到连续型随机变量的过程中, 存在着一些问题. 斯坦尼斯耶 (《更凌乱的思绪》, 1968) 的看法可能是正确的, 他写道: "我不认同数学, 0 的总和是个可怕的数字. "

我觉得 "可怕" 有些夸张, 这种说法可能是为了更好地体现幽默, 而与数学的准确性无关, 但这句话确实指出了连续型和离散型随机变量之间的关键区别. 在概率论中, 不可数个 0 之和可以是 0 和 1 之间的任何一个有限数! 这要求我们在研究这个理论时必须非常小心. 尤其是, 我们不可能求出任意多个事件的概率, 而只能求出某些事件的概率. **也就是说, 我们通常计算的是可数个事件的概率.**

就像离散型随机变量那样, 连续型随机变量也有概率密度函数和累积分布函数. 虽然这里只对 CDF 进行了简单的介绍, 但我们会在第 10 章中看到它的重要作用. 特别是, 在有了 CDF 之后, 我们可以通过一个熟悉的随机变量来轻松地了解另外一个相关的随机变量.

8.6 习　　题

习题 8.6.1　设 f 是一个连续函数, 并且 $F'(x) = G'(x) = f(x)$. 证明: $F(x) - G(x)$ 是一个常数.

习题 8.6.2　设 f 是一个连续函数; 假设 $F''(x) = G''(x) = f(x)$ 和 $F(x) = G(x)$ 至少对 k 个不同的 x 成立. 能保证 F 和 G 始终相等的 k 的最小值是多少?

习题 8.6.3　证明: 在一个长度有限的区间上, 如果一个函数在该区间内除有限多个点之外的其他点处均连续, 那么该函数是黎曼可积的. 如果这个函数在无限多个点处不连续, 那么情况又如何?

习题 8.6.4　已知 $f: \mathbb{R} \to \mathbb{R}$ 是一个非负连续函数. 如果不管 A 和 B 以什么样的方式趋近于 ∞,

$$\lim_{A,B \to \infty} \int_{-A}^{B} f(x)\mathrm{d}x$$

都存在唯一的极限, 那么 f 就可积. 证明: $f(x) = x \exp(-|x|)$ 可积, 但 $g(x) = x/(1+x^2)$ 不可积. $\sin(x)/x$ 可积吗?

习题 8.6.5　下面的函数 f_X 是不是某个随机变量 X 的概率密度函数:

$$f(x) = \begin{cases} 4x^2 + 5x + 2 & \text{若 } 0 \leqslant x \leqslant 2 \\ 0 & \text{其他?} \end{cases}$$

如果不是, 那么找到一个 C 使得函数 $g(x) = Cf(x)$ 是个概率密度函数, 或者证明不存在这样的 C.

习题 8.6.6　描述连续型随机变量的三个实际应用. 不要使用本章已有的例子.

习题 8.6.7　判断下列随机变量是离散的还是连续的; 根据你的理解, 有些变量既可以看作离散的, 也可以看作连续的!

(a) T, 你到达教室的时间.

(b) T', 你到达教室的时间, 具体到分钟.

(c) N, 报名参加概率论课程的孩子数.

(d) G, 你在考试中获得的分数, 满分是 100 分.

(e) H, 你所在的概率论课上, **学生**的平均身高.

(f) S, 建造威廉姆斯学院新科学大楼所需的砖瓦数.

(g) D, 太阳与沃尔夫 359 星之间的距离.

习题 8.6.8　找到满足下列条件的离散型随机变量 X, 或证明其不存在: 在 17 和 17.01 之间可以找到一个 x, 使得 $f_X(x) = 2$, 这里的 f_X 是概率密度函数.

习题 8.6.9　找到满足下列条件的连续型随机变量 X, 或证明其不存在: 对于任意一个介于 17 和 17.01 之间的 x, 均有 $f_X(x) = 2$; 这里的 f_X 是概率密度函数.

习题 8.6.10　设 X 是一个连续型随机变量, 它的 PDF f_X 满足 $f_X(x) = f_X(-x)$. 你能推导出关于 F_X (即 CDF) 的哪些内容?

习题 8.6.11   证明:
$$f(x) = \begin{cases} 2x \cdot e^{-x^2} & 若 \ 0 \leqslant x < \infty \\ 0 & 若 \ x < 0 \end{cases}$$

是一个概率密度函数. 它对应的累积分布函数 F_X 是什么?

习题 8.6.12   对于任意的 x, 均有 $F_X(x) = e^{-x}$, 那么 F_X 是一个累积分布函数吗? 如果是, 那么它对应的概率密度函数是什么?

习题 8.6.13 $F_X(x) = 1 - \frac{x^2}{1+x^2}$ 是一个累积分布函数吗? 如果是, 那么它对应的概率密度函数是什么?

习题 8.6.14 $F_X(x) = \frac{1}{2} + \frac{x}{2\sqrt{1+x^2}}$ 是一个累积分布函数吗? 如果是, 那么它对应的概率密度函数是什么?

习题 8.6.15   设 X 是一个连续型随机变量. (a) 证明: F_X 是一个单调不减的函数; 也就是说, 如果 $x < y$, 那么 $F_X(x) \leqslant F_X(y)$. (b) 设 U 是一个随机变量, 它的 CDF 是

$$F_U(x) = \begin{cases} 0 & 若 \ x < 0; \\ x & 若 \ 0 < x < 1; \\ 1 & 若 \ x > 1. \end{cases}$$

设 F 是任意一个严格增加的连续函数. 当 $x \to -\infty$ 时, $F(x)$ 的极限是 0; 当 $x \to \infty$ 时, $F(x)$ 的极限是 1. 证明: $Y = F^{-1}(U)$ 是一个 CDF 为 F 的随机变量. (这道习题非常重要; 利用一个服从均匀分布的随机变量, 我们能构造出许多随机变量.)

习题 8.6.16   混合型随机变量是满足下列条件的随机变量: 在有限多个或可数多个点处, 其概率密度函数是正的概率, 在其他范围内则与连续型随机变量相似. 考虑一个混合型随机变量 X. 对于整数 n, 有 $\mathrm{Prob}(X = n) = \frac{1}{3^n}$; X 的连续部分存在一个概率密度函数 f, 它定义在不取整数的实数集上, 其表达式为

$$f(x) = \begin{cases} \dfrac{1}{2x^2} & 若 \ x > 1 \\ 0 & 其他. \end{cases}$$

证明: 这是一个合理的概率密度函数.

习题 8.6.17   描述混合型随机变量的两个实际应用.

习题 8.6.18   假设我们有一个单位半径 (以原点为中心) 的圆靶. 在这个圆靶上, 飞镖落在某给定区域的概率与该区域的面积成正比. 如果把飞镖与原点之间的距离看作一个随机变量, 那么这个随机变量的 PDF 是什么?

习题 8.6.19   考虑上一题的圆靶. 如果把飞镖与原点在 x 方向上的距离看作一个随机变量, 那么这个随机变量的 PDF 是什么?

习题 8.6.20   如果飞镖与原点的距离 x 服从均匀分布, 那么飞镖落在某给定区域的概率如何用 x 来表示?

习题 8.6.21   给出一个连续的概率密度函数, 使得对于任意的 x, 函数值始终为正 (不为 0).

习题 8.6.22   假设 f 和 g 都是概率密度函数. 为了保证 $af + bg$ 一定是概率密度函数, a 和 b 应该满足什么条件?

习题 8.6.23　设 X 和 Y 是两个连续型随机变量, 它们的概率密度函数分别是 f_X 和 f_Y. (a) 当 c 取什么值时, $cf_X(x) + (1-c)f_Y(x)$ 是一个概率密度函数? (b) 能否找到一个 PDF 等于 $f_X(x)f_Y(x)$ 的随机变量?

习题 8.6.24　能不能找到一个 C, 使得 $f(x) = C\exp(-x-\exp(-x))$ 是一个概率密度函数, 其中 $-\infty < x < \infty$?

习题 8.6.25　假设你正在旅行, 有两个航班要赶. 不幸的是, 你没有做好计划, 中间没有安排停留时间; 也就是说, 如果第一个航班延误了, 而下一个航班又准时起飞, 那么你就会错过第二个航班, 这将毁掉你整个旅行计划. 给出一个不合理的假设, 即认为航班延误是相互独立的. 也就是说, 如果你的第一个航班延误了, 那么它对后续航班延误的可能性没有任何影响. 另外, 假设航班准时起飞的概率是 75%; 如果航班延误了, 那么它恰好延误 t 分钟的概率是 $1/t^2$, 其中 t 可以取任意非负实数. 你不会错过第二个航班的概率是多少?

习题 8.6.26　编写一些代码来模拟上一题的航班问题. 将模拟扩展到两个以上的航班, 并求出你不会错过所有航班的概率.

习题 8.6.27　设 X 是一个混合型随机变量. 对于整数 n, 有 $\Pr(X=n)=1/3^n$; X 的连续部分存在一个概率密度函数 f, 它定义在不取整数的实数集上, 其表达式为

$$f(x) = \begin{cases} 1/2x^2 & 若\ x > 1 \\ 0 & 其他. \end{cases}$$

求 X 的累积分布函数.

习题 8.6.28　设 X 在 $[0,1]$ 中均匀取值, 那么它的概率密度函数是

$$f_X(x) = \begin{cases} 1 & 若\ 0 \leqslant x \leqslant 1 \\ 0 & 其他. \end{cases}$$

X 的第一位数字是偶数的概率为多少? X 的每一位数字都是偶数的概率是多少?

第 9 章　工具：期望

温斯顿·雷德莫尔：我们有工具！我们是天才！

彼得·温克曼：现在是 Miller 时间！

——《捉鬼敢死队》(1984)

稍后，我们会深入地研究一个又一个关于随机变量的例子. 没错, 这样的例子有很多, 并且都值得去了解. 你知道的随机变量和分布越多, 就越有可能找到合适的模型来模拟你所关心的问题. 这就是我们给出一系列章节, 其中每章都专注于一个或两个随机变量的原因.

本章和接下来几章的目的是集中讨论不同随机变量之间的**相似之处**. 特别是, 有一些工具和技巧可以帮助我们很好地理解这些内容. 在掌握了这些方法之后, 你几乎可以分析任何随机变量. 我们将集中考察五个方面: 本章的期望和矩 (从而引入均值、标准差和方差这些概念), 第 10 章的卷积 (可以把相互独立的随机变量结合起来) 和变量替换 (我们可以从一个随机变量过渡到另一个随机变量), 以及后面几章对恒等式求微分 (有助于找到均值、方差和其他矩).

后面有关特定随机变量的几章都遵循了相同的模式: 先给出一个概率密度函数, 然后研究与之相关的随机变量. 各章的计算非常相似, 最大的不同在于求积分或者求和的难度. 从非常简单 (均匀分布的情形) 一直到不可能计算出来 (正态分布的情形). 遗憾的是, 后一种情况会更常见. 用一个漂亮的解析表达式来计算积分是非常罕见的, 而求和则更难！在实践中, 我们必须要求助于数值逼近或级数展开. 一般来说, 我们可以得到想要的精度, 但这是个大难题; 稍后会详细讨论.

在深入研究这些特殊分布之前, 我们要花点时间看一下讨论连续型概率分布常用的一些工具. 我们已经见过一些, 稍后还将看到更多相关细节. 第一个工具是期望值和矩. 我们将同时考察连续型随机变量和离散型随机变量. 从本质上看, 这两个**定义**的唯一区别是用求积分来代替求和. 实际上, 为了给出统一的表述, 高等分析学教材通常会给出一个更一般的积分概念, 这样就可以同时处理两种情形. 本书不会这样做而是会把结果分别写成求和与求积分的形式.

这里的安排与你在大多数教材中看到的不同. 原因是本书旨在对其他教材做出补充. 因此, 本章 (以及接下来的两章) 要做的是收集一些最重要的技巧, 并对这个理论展开描述. 虽然前面有一些关于如何使用这些结果的例子, 但大部分实际应用都留在后面几章介绍. 如果把本书当作补充材料, 那么你应该已经见过很多这样的例子和应用了, 本章和接下来的几章将被看作一个中心存储库, 用来存储你需要的所有事实. 如果你把本书当作教材, 也不用担心: 我们很快就会讲到这些例子. 我的一位数学教授塞尔日·兰曾在书中写道: 如果一本书必须按照页码次序来阅读, 那么这将是件令人感到遗憾的事. 本书有很多种好的、合理的阅读次序, 这只是其中一种, 而你必须做出自己的选择.

9.1　微积分预备知识

本章的主要概念是矩. 在于 9.2 节给出定义之前, 我们先回顾一个微积分中的概念, 虽然它乍看起来好像并不相关, 但实际上能为我们带来很大帮助. 如果你没学过微积分, 那么连续型随机变量将会是一个挑战, 因为用来研究连续型随机变量的大部分技巧都会涉及微积分知识. 如果真是这样, 你可以略读或跳过本节, 继续看后面的内容, 并专注于离散型随机变量.

泰勒级数: 如果 f 是 n 次可微分的 (其中 $f^{(k)}(x)$ 表示 f 在 x 处的 k 阶导数), 那么 f 在 a 点处的 n 阶泰勒级数就是

$$T_n(x) := f(a) + f'(a)(x-a) + \frac{f''(a)}{2!}(x-a)^2 + \cdots + \frac{f^{(n)}(a)}{n!}(x-a)^n$$

$$= \sum_{k=0}^{n} \frac{f^{(k)}(a)}{k!}(x-a)^k.$$

我们把 $f^{(k)}(a)/k!$ 称为 f 关于 a 的第 k 个**泰勒系数**. 在很多应用中, 我们希望得到原点处的泰勒级数, 所以 $a = 0$ (在一些教材中, 这被称作**麦克劳林级数**). 泰勒级数给出了函数及其导数在一点处的性质, 由此可以估算出该函数在其他点处的值.

在图 9-1 中, 我们把正弦函数及其三阶泰勒级数 $x - x^3/3!$ 和七阶泰勒级数 $x - x^3/3! + x^5/5! - x^7/7!$ 进行了比较. 虽然这两种逼近都不错, 但七阶的情形会更好. 我们所做的是考虑更多与函数有关的信息.

这样说吧, 假设你想了解函数 f 在某个以原点为中心的大区间的情况. 如果只能获得一条信息, 那么应该询问 $f(0)$ 的情况. 在知道了这一点之后, 该如何预测 $f(0.1)$ 或 $f(-0.2)$ 呢? 最好的猜想是, 它们也等于 $f(0)$; 我们不清楚 f 是递增的还是递减的, 因此为了减少风险, 用一个常数函数来逼近 f. 在没有其他信息的情况下, 这就是最好的选择. 这个常数函数就是零阶泰勒级数展开式: $T_0(x) = f(0)$.

但是, 如果我们有更多信息, 那么情况是什么样的? 现在, 除了 $f(0)$, 假设我们还知道另一个与函数有关的事实. 一个不错的选择是知道 $f'(0)$ 是多少. 为什么这

是个不错的选择? 导数能给出瞬时变化率. 这意味着在局部范围内 (换句话说, 当 x 接近于 0 时), $f(0) + f'(0)x$ (即 $T_1(x)$) 可以很好地逼近我们的函数. 按照下面的思路想一想: $f(0)$ 是你在 0 时刻的起始位置, $f'(0)$ 是你的初始速度, 如果速度保持不变, 那么到时刻 x, 你移动了 $f'(0) \cdot x$ 的距离, 所以现在的位置是 $f(0) + f'(0)x$.

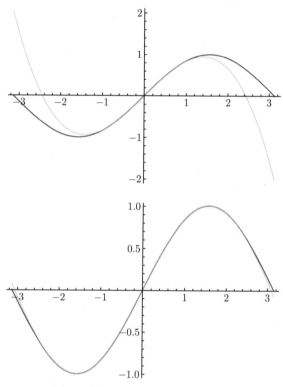

图 9-1　$\sin x$ 和它的三阶泰勒级数 (上图), 以及七阶泰勒级数 (下图)

　　如果把 $f''(0)$ 也考虑进来, 那么情况就更复杂了. (注意, $f''(0)$ 的物理解释是加速度, 即速度的变化率.) 你或许会认为二阶泰勒级数就是 $f(0) + f'(0)x + f''(0)x^2$, 但这个结果有点偏差: 最后一项应该是 $f''(0)x^2/2!$. 为什么要除以 2!? 对于 f 在原点处的 n 阶泰勒级数展开式, 我们应该这样来看: $T_n(0) = f(0)$, $T_n'(0) = f'(0)$, 以此类推, 直到 $T_n^{(n)}(0) = f^{(n)}(0)$. 换句话说, 让近似值与给定函数值相等, 并确保原点处的前 n 阶导数与给定函数的前 n 阶导数值相等. 如果不除以 2!, 那么 $T_n(x)$ 在原点处的二阶导数就不等于 f 在原点处的二阶导数. 表 9-1 阐述了这一点. 在这里, 我们考察了原点处的三阶泰勒级数, 并说明了该级数及其前三阶导数与 f 及其前三阶导数在原点处的值相等.

这部分内容的寓意是, 知道的信息越多, 近似就越好. 图 9-1 为这种说法提供了强有力的证据. 有趣的是, 看看由此能推出什么. 我们希望能由泰勒系数推导出函数. 换句话说, 泰勒系数的序列可以唯一地确定函数. 遗憾的是, 事实并非如此(例子请参阅 19.6 节的式 (19.3)), 这就导致了概率论中的许多棘手问题.

表 9-1 $f(x)$ 在原点处的三阶泰勒级数

$T_3(x) = f(0) + f'(0)x + \frac{f''(0)}{2!}x^2 + \frac{f'''(0)}{3!}x^3$	$T_3(0) = f(0)$
$T_3'(x) = f'(0) + f''(0)x + \frac{f'''(0)}{2!}x^2$	$T_3'(0) = f'(0)$
$T_3''(x) = f''(0) + f'''(0)x$	$T_3''(0) = f''(0)$
$T_3'''(x) = f'''(0)$	$T_3'''(0) = f'''(0)$

尽管存在一些问题, 但在很多情况下, 泰勒系数仍然可以提供大量关于函数的有用信息. 为了帮助我们理解随机变量的概率密度函数, 现在进一步推广这种思路.

9.2 期望值和矩

9.1 节讨论了泰勒系数以及由它们建立的函数, 即泰勒级数, 是如何提供大量与函数有关的信息的. 现在, 我们找到了与概率密度函数相似的量.

回忆一下, 随机变量 X 是定义在概率空间上的. 这意味着我们有一个结果集合 Ω 和一个定义在 σ 代数上的概率函数, 其中 σ 代数是由 Ω 的子集组成的. 随机变量有一个概率密度函数 (PDF), 它可以告诉我们随机变量取某些特定值的概率. 接下来, 我们要定义 PDF 的矩. 这与 9.1 节的情形相似. 在上一节中, 泰勒系数提供了关于函数的信息, 但现在矩能够提供与 PDF 有关的信息.

> **期望值, 矩**: 设 X 是定义在 $\mathbb{R}$ 上的随机变量, 它的概率密度函数是 f_X. 函数 $g(X)$ 的**期望值**是
> $$\mathbb{E}[g(X)] = \begin{cases} \int_{-\infty}^{\infty} g(x) \cdot f_X(x)\mathrm{d}x & \text{若 } X \text{ 是连续的} \\ \sum_n g(x_n) \cdot f_X(x_n) & \text{若 } X \text{ 是离散的}. \end{cases}$$
> 最重要的情形是 $g(x) = x^r$. 我们把 $\mathbb{E}[X^r]$ 称为 X 的 r 阶**矩**, 把 $\mathbb{E}[(X - \mathbb{E}[X])^r]$ 称为 X 的 r 阶**中心矩**.

只要能算出和或积分, 就可以求出期望值和矩. 当然, 有一些 g 会导致期望不存在. 一个显然的问题是我们为什么要计算期望. 我们能得到什么信息? 要想弄清楚期望能带来哪些信息, 就必须了解生成函数 (在第 19 章中引入), 不过现在可以

简单地说一下. 简单地说, 中心矩与泰勒系数相似. 正如得到的泰勒系数越多, 对函数的逼近就越好. 知道更多的矩能让我们更好地理解概率密度函数的形状和性质.

在 9.3 节中, 我们将把注意力集中在两个最重要的矩上, 即均值 (这是个一阶矩) 和方差 (这是个二阶中心矩). 本节的最后会给出几个计算期望的例子.

在 8.3 节中, 我们看到

$$f_X(x) = \begin{cases} \dfrac{6}{11}(2 + 3x - 5x^2) & \text{若 } 0 \leqslant x \leqslant 1 \\ 0 & \text{其他} \end{cases}$$

是连续型随机变量的概率密度函数. 我们将计算: (1) r 阶矩, 其中 $r \geqslant 0$; (2) $g(X) = \mathrm{e}^X$ 的期望值; (3) $g(X) = 1/X$ 的期望值. 注意, 当 x 不属于 $[0,1]$ 时, 概率密度函数 $f_X(x) = 0$, 所以可以把积分区间限制在 0 到 1 上. 这是一个经典问题. 它是被精心设计出来的 —— 没人关注这里的随机变量及其概率密度函数. 这里的精心设计是为了强调一些重要问题. 我们会看到, 要想成功地掌握矩的知识, 必须熟知很多微积分技巧.

(1) 为了求出 $r \geqslant 0$ 时的 r 阶矩, 必须算出 $\mathbb{E}[X^r]$, 即

$$\begin{aligned}
\mathbb{E}[X^r] &= \int_0^1 x^r \cdot \frac{6}{11}(2 + 3x - 5x^2)\mathrm{d}x \\
&= \frac{6}{11}\int_0^1 (2x^r + 3x^{r+1} - 5x^{r+2})\mathrm{d}x \\
&= \frac{6}{11}\left(\frac{2x^{r+1}}{r+1}\Big|_0^1 + \frac{3x^{r+2}}{r+2}\Big|_0^1 - \frac{5x^{r+3}}{r+3}\Big|_0^1\right) \\
&= \frac{6}{11}\frac{7r+11}{(r+1)(r+2)(r+3)}.
\end{aligned}$$

令 $r = 1$, 就得到了一阶矩, 即 $9/22$. 只要 $r > -1$, 即使 r 取负数, 积分也是有意义的 (如果 $r \leqslant -1$, 那么 x^r 乘以一个常数的积分是发散的).

(2) 为了求出 e^X 的期望值, 要计算

$$\begin{aligned}
\mathbb{E}[\mathrm{e}^X] &= \int_0^1 \mathrm{e}^x \cdot \frac{6}{11}(2 + 3x - 5x^2)\mathrm{d}x \\
&= \frac{6}{11}\left(2\int_0^1 \mathrm{e}^x\mathrm{d}x + 3\int_0^1 x\mathrm{e}^x\mathrm{d}x - 5\int_0^1 x^2\mathrm{e}^x\mathrm{d}x\right).
\end{aligned}$$

为了完成计算, 我们要回顾一些微积分的技巧, 尤其是用来计算第二个和第三个积分的分部积分法 (第一个积分就是 $\mathrm{e}^x\big|_0^1 = \mathrm{e} - 1$).
我们有

$$\int_0^1 u\,\mathrm{d}v = u(x)v(x)\Big|_0^1 - \int_0^1 v\,\mathrm{d}u.$$

对于第二个积分, 一个很好的选择是令 $u = x$ 且 $\mathrm{d}v = \mathrm{e}^x\mathrm{d}x$. 这样就得到了 $\mathrm{d}u = \mathrm{d}x$ 和 $v = \mathrm{e}^x$, 所以新的被积函数就是 e^x (困难部分). 这比最初的被积函数 $x\mathrm{e}^x$ 要好得多. 反过来, 如果让 $u = \mathrm{e}^x$ 且 $\mathrm{d}v = x\mathrm{d}x$, 那么就有 $\mathrm{d}u = \mathrm{e}^x\mathrm{d}x$ 和 $v = x^2/2$, 这会给出非常糟糕的被积函数 $\frac{1}{2}x^2\mathrm{e}^x$. 换句话说, 我们得到了难以计算的积分, 因为被积函数是指数函数与多项式的乘积, 而我们对 u 和 v 的选择实际上增加了多项式的次数! 这就是为什么另一个选择更好, 因为它降低了多项式的次数. 我们看到

$$\int_0^1 x\mathrm{e}^x\mathrm{d}x \;=\; x\mathrm{e}^x\Big|_0^1 - \int_0^1 \mathrm{e}^x\mathrm{d}x \;=\; \mathrm{e} - (\mathrm{e} - 1) \;=\; 1$$

(为了节省时间, 我们利用了之前的结果, 即 $\int_0^1 \mathrm{e}^x\mathrm{d}x = \mathrm{e} - 1$).

现在还剩下 $\int_0^1 x^2\mathrm{e}^x\mathrm{d}x$. 我们用分部积分法来计算. 令 $u = x^2$ 且 $\mathrm{d}v = \mathrm{e}^x\mathrm{d}x$ (这是 "正确" 的选择, 因为多项式的次数减少了 1). 于是 $\mathrm{d}u = 2x\mathrm{d}x$, $v = \mathrm{e}^x$, 并且

$$\int_0^1 x^2\mathrm{e}^x\mathrm{d}x \;=\; x^2\mathrm{e}^x\Big|_0^1 - 2\int_0^1 x\mathrm{e}^x\mathrm{d}x \;=\; \mathrm{e} - 2$$

(记住, 我们刚刚证明了 $\int_0^1 x\mathrm{e}^x\mathrm{d}x = 1$, 在这里直接利用该结论).

把这三个积分结合在一起, 我们得到了

$$\mathbb{E}[\mathrm{e}^X] \;=\; \frac{6}{11}\left(2\cdot(\mathrm{e}-1) + 3\cdot 1 - 5\cdot(\mathrm{e}-2)\right) \;=\; 6 - \frac{18\mathrm{e}}{11}.$$

(3) 最后, 计算 $g(X) = 1/X$ 的期望值. 我们需要考察下面这个积分

$$\mathbb{E}\left[\frac{1}{X}\right] = \int_0^1 \frac{1}{x}\cdot\frac{6}{11}(2 + 3x - 5x^2)\mathrm{d}x$$
$$= \frac{6}{11}\left(2\int_0^1 \frac{\mathrm{d}x}{x} + 3\int_0^1 \mathrm{d}x - 5\int_0^1 x\mathrm{d}x\right).$$

虽然后两个积分存在, 但第一个积分不存在. $1/x$ 的原函数是 $\log x$, 但它在 1 处的函数值是 0, 在 0 处的函数值趋近于 $-\infty$. 因此, 这个期望不存在. 这里的问题是, 函数 $1/x$ 在原点附近趋近于无穷大的速度太快, 以至于无法积分 (参见习题 9.10.3).

现在考察一个离散的例子. 设 X 是抛掷一枚均匀硬币 3 次后出现正面的次数. 在 7.1 节和 7.2 节中, 我们详细地讨论了这个随机变量, 并证明了当 $x \notin \{0,1,2,3\}$ 时, $f_X(x) = 0$, 以及

$$f_X(0) \;=\; \frac{1}{8}, \quad f_X(1) \;=\; \frac{3}{8}, \quad f_X(2) \;=\; \frac{3}{8}, \quad f_X(3) \;=\; \frac{1}{8}.$$

现在计算 X^2 的期望值:

$$\mathbb{E}[X^2] \;=\; \sum_{k=0}^3 k^2\cdot f_X(k) \;=\; 0^2\cdot\frac{1}{8} + 1^2\cdot\frac{3}{8} + 2^2\cdot\frac{3}{8} + 3^2\cdot\frac{1}{8} \;=\; 3.$$

这个结果看起来很有趣. 抛掷硬币 3 次, 而 X^2 (即正面次数的平方) 的期望值就是 3. 这是巧合吗? 如果抛掷硬币 4 次, X^2 的期望值会是 4 吗? 我们来看一看!

用 Y_n 表示抛掷一枚均匀硬币 n 次后出现正面的次数 (我们在随机变量中加入了下标, 这样就能快速看到一共抛掷了多少次硬币). 7.2 节中讨论过这个随机变量; 它是一个服从二项分布的随机变量, 其概率密度函数为

$$f_{Y_n}(k) = \begin{cases} \binom{n}{2} 2^{-n} & 若 \ k \in \{0, 1, \cdots, n\} \\ 0 & 其他. \end{cases}$$

因此

$$\mathbb{E}[Y_n^2] \ = \ \sum_{k=0}^{n} k^2 \binom{n}{k} 2^{-n} \ = \ \frac{1}{2^n} \sum_{k=0}^{n} k^2 \binom{n}{k}.$$

遗憾的是, 这个数看起来并不是我们希望的那样. 哦, 对了. 卷起袖子去算一下, 我们会看到

$$E[Y_1^2] \ = \ \frac{1}{2}, \quad E[Y_2^2] \ = \ \frac{3}{2}, \quad \mathbb{E}[Y_3^2] \ = \ 3, \quad \mathbb{E}[Y_4^2] \ = \ 5,$$

$$\mathbb{E}[Y_5^2] \ = \ \frac{15}{2}, \quad \mathbb{E}[Y_6^2] \ = \ \frac{21}{2}, \cdots$$

上述模式并没有持续太久! 好吧, 结果不是 n 这么简单, 但令人惊讶的是, 我们的猜测距离事实并不太远. 如果考虑了所有的二次多项式, 我们会发现 $f(x) = \frac{1}{4}n^2 + \frac{1}{4}n = n(n+1)/4$ 恰好与上面的结果一致! 为什么要考虑二次多项式呢? 因为我们要考察的是平方, 所以尝试拟合一个二次方程应该是合理的. 在第 11 章中我们会看到如何利用对恒等式求微分这种技巧来证明像上面这样的公式.

这两个例子阐明了经常发生的情况. 通常情况下, 连续型随机变量的期望值是能求的积分, 但离散型随机变量的期望值往往涉及二项式系数求和. 把这些和写成解析表达式要比求积分难得多, 但是仍有一些高等技巧 (对恒等式求微分就是其中之一) 可以很好地应用于某些情形.

9.3   均值和方差

现在接着往下看. 我们从泰勒系数开始介绍, 然后定义了概率密度函数的矩, 目标是试着用微积分知识来进一步充实这些内容. 尤其是, 我希望你明白这些矩是如何提供与概率密度函数有关的信息的. 一阶矩和二阶中心矩是最重要的两个矩. 这两个重要的矩分别有自己的名称: 均值和方差.

均值和方差: 设 X 是一个连续型或离散型的随机变量, 它的概率密度函数是 f_X.

(1) X 的**均值** (即**平均值**或**期望值**) 是一阶矩. 我们把它表示为 $\mathbb{E}[X]$ 或 μ_X (当随机变量很明确时, 通常不给出下标 X, 而只写 μ). 具体地说,

$$\mu = \begin{cases} \displaystyle\int_{-\infty}^{\infty} x \cdot f_X(x)\mathrm{d}x & \text{若 } X \text{ 是连续的} \\ \displaystyle\sum_n x_n \cdot f_X(x_n) & \text{若 } X \text{ 是离散的.} \end{cases}$$

(2) X 的**方差** (记作 σ_X^2 或 $\mathrm{Var}(X)$) 是二阶中心矩, 也可以说是 $g(X) = (X - \mu_X)^2$ 的期望值. 同样, 当随机变量很明确时, 通常不给出下标 X, 而只写 σ^2. 把它完整地写出来, 就是

$$\sigma_X^2 = \begin{cases} \displaystyle\int_{-\infty}^{\infty} (x - \mu_X)^2 f_X(x)\mathrm{d}x & \text{若 } X \text{ 是连续的} \\ \displaystyle\sum_n (x_n - \mu_X)^2 f_X(x_n) & \text{若 } X \text{ 是离散的.} \end{cases}$$

因为 $\mu_X = \mathbb{E}[X]$, 所以在一系列代数运算后 (参见引理 9.5.3), 我们有

$$\sigma^2 = \mathbb{E}[(X - \mathbb{E}[X])^2] = \mathbb{E}[X^2] - \mathbb{E}[X]^2.$$

这个式子把方差和 X 的前二阶矩联系起来, 在很多计算中都非常有用. **标准差**是方差的平方根, 即 $\sigma_X = \sqrt{\sigma_X^2}$.

(3) **技术说明**: 为了保证均值存在, 我们希望 $\int_{-\infty}^{\infty} |x| f_X(x)\mathrm{d}x$ (在连续的情形下) 或 $\sum_n |x_n| f_X(x_n)$ (在离散的情形下) 是有限的.

这些概念为什么重要? 均值就是期望值或平均值. 如果从分布中不断地取出很多值, 然后对得到的结果求平均值, 那么这个平均值应该非常接近于 μ_X. 标准差可以预测出结果与均值之间差距的波动程度. 标准差越小, 结果就越容易分布在均值附近.

我们看一个例子. 假设一个概率论班被分成了两组. 每组中都有 5 个人 (Alica、Bob、cam、Danie 和 Eli 组成了第一组, 他们的分数依次为 40、45、50、55 和 60; Fred、Gabrielle、Henry、Igor 和 Justine 组成了第二组, 分数依次为 0、25、50、75 和 100). 我很难把事情写得严谨, 因为现实中的人在面对这些问题时都是很随意的, 但是能看到这些残酷的细节是件好事. 我们希望所有学生都能得到平等的对待, 因此在每组中, 每个学生都被指定了概率 1/5, 即 20%.

用 X 表示第一组中某个学生的分数 (所以 $X(\text{Eli}) = 60$), 用 Y 表示第二组中某个学生的分数 (所以 $Y(\text{Gabrielle}) = 25$). 这样就求出了均值:

$$\mu_X = 40 \cdot \frac{1}{5} + 45 \cdot \frac{1}{5} + 50 \cdot \frac{1}{5} + 55 \cdot \frac{1}{5} + 60 \cdot \frac{1}{5} = 50$$

$$\mu_Y = 0 \cdot \frac{1}{5} + 25 \cdot \frac{1}{5} + 50 \cdot \frac{1}{5} + 75 \cdot \frac{1}{5} + 100 \cdot \frac{1}{5} = 50.$$

因此, 这两个组的均值相等. 如果只知道均值的话, 我们是无法区分这两个组的.

现在, 计算方差:

$$\sigma_X^2 = (40-50)^2 \frac{1}{5} + (45-50)^2 \frac{1}{5} + (50-50)^2 \frac{1}{5} + (55-50)^2 \frac{1}{5}$$
$$+ (60-50)^2 \frac{1}{5} = 50$$
$$\sigma_Y^2 = (0-50)^2 \frac{1}{5} + (25-50)^2 \frac{1}{5} + (50-50)^2 \frac{1}{5} + (75-50)^2 \frac{1}{5}$$
$$+ (100-50)^2 \frac{1}{5} = 1250.$$

我们可以从这个例子中学到很多东西. 第一点是, 即便两个随机变量的均值相等, 它们的方差也可以大不相同. 对于这一点, 我们不需要太惊讶. 方差用来衡量随机变量的值是如何分布在均值附近的. 它要么是 $(x - \mu_X)^2$ 的积分, 要么是 $(x_n - \mu_X)^2$ 的和. X 接近 μ_X 的可能性越高, 方差就越小. 在我们的例子中, 第一组分数紧密地围绕在均值附近, 从 40 到 60 不等, 但第二组分数的分布范围却很广泛, 为从 0 到 100.

我们还能学到什么? 第二点是方差的大小. 请注意第二组的方差是多少: 1250. 由于这个数比题目中的其他数都大, 所以我们应该停下来思考一下方差的物理意义. 对数指定单位是回答这个问题的好方法. 因此, 我们不考虑成绩是 50 分, 而是想象成我们挣了 50 美元, 或者学校到家的距离是 50 米. 这两组的平均距离都是 50 米, 但第一组的方差是 50 平方米, 第二组的方差是 1250 平方米. 为什么方差的单位是平方米? 概率是没有单位的, 但因为我们为随机变量指定了单位 "米", 所以对它求平方时就会得到 "平方米". 这表明了方差是个错误的研究对象, 我们应该考察它的平方根, 即标准差. 为什么呢? 因为标准差与均值的单位相同 (在这个例子, 单位是米). 第一组的标准差是 $\sqrt{50} \approx 7.07$ 米, 第二组的标准差是 $\sqrt{1250} \approx 36.4$ 米. 这些值不仅与均值的单位相同, 而且数量级也相似. 这个事实值得我们记录下来, 并加以强调.

方差与标准差: 与方差相比, 标准差的优势在于它和均值有相同的单位. 因此, 标准差是衡量结果在均值附近波动幅度的自然尺度.

如果想知道这些矩能提供哪些信息, 就要回顾一下 9.1 节的泰勒级数. 首先, 泰勒系数越多, 对函数形状和性质的了解就越多. 先来看一个关于概率密度函数的类似命题. 尽管只讨论了均值和方差, 但我们已经清楚如何利用更多的矩来区分不同的 PDF. 其次, 我们把泰勒系数看作在自然过程中添加的信息. 如果只能获得一个与函数有关的事实, 那么为了推导出函数在一个区间内的性质, 我们会选择获得中心点的函数值. 如果能得到两个值, 那么下一个选择自然是一阶导数在中心点的取值; 如果能得到三个值, 我们接下来会选择二阶导数在中心点的取值; 依此类推. 对于一个随机变量, 我们知道它的概率和一定为 1, 因此所有随机变量的零阶矩都是一样的. 知道均值类似于知道了 $f(0)$, 知道方差 (结果是如何在均值周围分布的) 类似于知道了 $f'(0)$ (f 变化得多快), 等等.

换种说法, 如果只能得到一个有关随机变量的信息, 那么知道它的平均值是个不错的选择. 如果还能得到一条信息, 你就该问问随机变量的值是如何分布的. 在 9.7 节中, 我们将回答一个显而易见的问题: "接下来会发生什么?"

是时候看一些例子了. 我们重新考察抛掷 2 颗均匀骰子的例子, 随机变量 R 表示掷出的数字之和. 7.2 节给出了 R 的 PDF:

$$\mathrm{Prob}(R = r) = \begin{cases} \dfrac{6 - |r - 7|}{36} & \text{若 } r \in \{2, 3, \cdots, 12\} \\ 0 & \text{其他.} \end{cases}$$

为了求出 R 的均值, 只需要把上式带入:

$$\mu_R = \sum_{r=2}^{12} r \frac{6 - |r-7|}{36} = 2 \cdot \frac{1}{36} + 3 \cdot \frac{2}{36} + \cdots + 12 \cdot \frac{1}{36} = 7.$$

如果把这个和分割成两部分 ($r \leqslant 7$ 和 $r \geqslant 8$), 然后使用整数和公式与平方和公式, 那么结果会是一个漂亮的表达式, 但是没必要这样做. 这里只有 11 项 —— 计算这个和并不太麻烦. 如果使用的骰子有 100 万个面, 那么情况就完全不同了! 另外, 我们的答案还通过了合理性检验. 这个 PDF 关于 7 对称, 意味着 R 的均值应该是 7.

方差是多少呢? R 的方差是

$$\sigma_R^2 = \sum_{r=2}^{12} (r-7)^2 \cdot \frac{6 - |r-7|}{36}$$

$$= (-5)^2 \cdot \frac{1}{36} + (-4)^2 \cdot \frac{2}{36} + \cdots + 5^2 \cdot \frac{1}{36} = \frac{35}{6},$$

这说明了标准差就是 $\sqrt{35/6} \approx 2.42$.

最后, 我们对均值定义中的技术条件进行说明. 对于用来定义均值的积分, 只说明其存在性是不够的. 关于被积函数绝对值的积分也必须是有限的. 虽然这一点现在看起来不太重要, 但后面的很多论述都会用到它 (参见 9.6 节中的例子). 这个关于有限的假设可以交换积分与求和的次序 (也就是说, 我们可以使用富比尼定理), 这将带来很大帮助. 从本质上讲, 这意味着我们不必过于担心收敛问题.

例如, 考虑下面的概率密度函数:

$$f_X(x) = \frac{1}{\pi} \frac{1}{1 + x^2}.$$

为了说明这是个概率密度函数, 回顾 $\frac{\mathrm{d}}{\mathrm{d}x}\arctan(x) = 1/(1+x^2)$ 会有一定的帮助. 这说明了为什么会有正规化常数 $1/\pi$. 如果你没有看出这一点或者想不起来了, 也不用担心. 正规化常数是多少并不重要. 真正重要的是, 存在某个正规化常数 (在 15.9 节中, 我们会进一步讨论如何找到这个常数). 因为这个函数在无穷远处不会迅速地增加或减少, 所以利用积分检验可以看出这个积分是有限的. 因此, 在进行缩放后, 这就是 1 个概率分布. (这是非常重要的**柯西分布**.)

均值是多少? 为了得到答案, 必须计算

$$\int_{-\infty}^{\infty} x \cdot \frac{1}{\pi}\frac{1}{1+x^2}\mathrm{d}x \;=\; \frac{1}{\pi}\int_{-\infty}^{\infty}\frac{x}{1+x^2}\mathrm{d}x.$$

由于被积函数是个奇函数, 而积分区间又关于原点对称, 所以我们很容易认为积分值为 0. 不幸的是, 这是一个反常积分, 我们必须要小心. 如果积分值存在, 那么不管区间端点是如何趋近于无穷大的, 我们都应该得到同一个答案. 换句话说, 不管 A 和 B 以何种方式趋近于无穷大,

$$\lim_{\substack{A\to\infty\\B\to\infty}}\int_{-A}^{B}\frac{1}{\pi}\frac{x}{1+x^2}\mathrm{d}x$$

应该收敛到同一个值. 如果令 $A=B$, 那么总会得到 0, 但是当 $B=2A$ 时, 我们有

$$\lim_{A\to\infty}\int_{-A}^{2A}\frac{1}{\pi}\frac{x}{1+x^2}\mathrm{d}x \;=\; \lim_{A\to\infty}\left(\int_{-A}^{A}\frac{1}{\pi}\frac{x}{1+x^2}\mathrm{d}x + \int_{A}^{2A}\frac{1}{\pi}\frac{x}{1+x^2}\mathrm{d}x\right).$$

注意, 第一个被积函数是一个奇函数, 而积分区间是关于原点对称的区间, 所以这个积分等于 0. 于是,

$$\lim_{A\to\infty}\int_{-A}^{2A}\frac{1}{\pi}\frac{x}{1+x^2}\mathrm{d}x \;=\; \lim_{A\to\infty}\int_{A}^{2A}\frac{1}{\pi}\frac{x}{1+x^2}\mathrm{d}x;$$

但是, 当 x 较大时, 函数 $x(1+x^2)$ 近似于 $x/x^2 = 1/x$. 严格地说, $x(1+x^2)$ 要大于 $1/2x$. $1/2x$ 在 A 到 $2A$ 上的积分就是 $\frac{1}{2}(\log(2A)-\log(A)) = \frac{1}{2}\log 2$. 这个结果不等于 0, 因此积分值确实与趋近于无穷大的方式有关!

为了避免这些技术上的问题, 在定义均值时我们需要考虑更多内容. 只确保积分的存在性是不够的 —— 因为这是个反常积分, 所以必须说得更清楚些.

最后, 我们给出两点说明. 首先, 由于概率密度函数是非负的, 没必要把它们放到绝对值里. 其次, 我们也不需要担心方差的绝对值问题, 因为方差是 $(x-\mu_x)^2 f_X(x)$ 的积分, 总是非负的. 只有当被积函数有时取正数、有时取负数时, 我们才需要考虑一些微妙的收敛问题.

9.4 联合分布

在很多问题中, 只求出随机变量的矩 (主要是均值和方差) 是不够的. 我们会经常处理随机变量的和. 之前已经看到过一些这样的例子. 第一个例子是, 让 X 表示抛掷一枚均匀硬币 3 次后出现正面的次数. 这里的 X 就可以写成每次抛掷后出现正面的次数 (即 X_i) 之和, 也就是 $X = X_1 + X_2 + X_3$. 幸运的是, 这个理论基本上可以推广. 我们不考虑下面这种最一般的情况, 稍后会给出一些注释.

联合概率密度函数: 设 $X_1, X_2, \cdots, X_n$ 都是连续型随机变量, 它们的概率密度函数分别是 $f_{X_1}, f_{X_2}, \cdots, f_{X_n}$. 假设每个 X_i 都定义在 $\mathbb{R}$ (实数集) 的一个子集上. 那么, $(X_1, \cdots, X_n)$ 的联合概率密度函数就是一个非负的可积函数 $f_{X_1, \cdots, X_n}$, 满足: 对于每一个恰当的集合 $S \subset \mathbb{R}$, 均有

$$\mathrm{Prob}((X_1, \cdots, X_n) \in S) = \int \cdots \int_S f_{X_1, \cdots, X_n}(x_1, \cdots, x_n) \mathrm{d}x_1 \cdots \mathrm{d}x_n,$$

并且

$$f_{X_i}(x_i) = \int_{x_1 = -\infty}^{\infty} \cdots \int_{x_{i-1} = -\infty}^{\infty} \int_{x_{i+1} = -\infty}^{\infty} \cdots \int_{x_n = -\infty}^{\infty}$$
$$f_{X_1, \cdots, X_{i-1}, X_{i+1}, \cdots, X_n}(x_1, \cdots, x_{i-1}, x_{i+1}, \cdots, x_n) \prod_{\substack{j=1 \\ j \neq i}}^{n} \mathrm{d}x_j.$$

我们把 f_{X_i} 称为 X_i 的**边缘概率密度函数**, 可以通过对其他 $n-1$ 个变量求积分来得到.

这 n 个随机变量 $X_1, \cdots, X_n$ 相互独立, 当且仅当

$$f_{X_1, \cdots, X_n}(x_1, \cdots, x_n) \;=\; f_{X_1}(x_1) \cdots f_{X_n}(x_n).$$

对于离散型随机变量, 只需要把积分替换成求和即可.

虽然我们经常期望每个随机变量都独立于其他变量, 但事实并非总是如此. 联合概率密度函数是体现随机变量之间依赖关系的一种方法, 它能给出给定 n 元组的概率.

在上面的定义中, 为了便于讨论, 我们把每个随机变量都定义在实数集上. 其实, 我们可以很容易地把不同的变量定义在不同的空间中. 重要的是, 我们可以对 n 元组积分.

用一张表格来展示联合概率密度函数 (尤其是, 对于离散型随机变量来说) 是种不错的方法. 我们考虑抛掷 5 枚均匀硬币的情况, 并且每次抛掷都是独立的. X 表

示前 3 次掷出正面的次数, Y 表示后 2 次掷出正面的次数. 我们想求出 (X,Y) 的联合概率密度函数. 注意, (X,Y) 的可能值是 (m,n), 其中 $m \in \{0,1,2,3\}$, $n \in \{0,1,2\}$. 因为每次抛掷都是独立的, 所以 "$X = m$ 且 $Y = n$" 的概率就等于 $X = m$ 的概率乘以 $Y = n$ 的概率 (其中, $m \in \{0,1,2,3\}$, $n \in \{0,1,2\}$). 我们看到

$$\Pr((X,Y)=(m,n)) = \begin{cases} \binom{3}{m}2^{-3} \cdot \binom{2}{n}2^{-2} & \text{若 } m \in \{0,\cdots,3\} \text{ 且 } n \in \{0,1,2\} \\ 0 & \text{其他.} \end{cases}$$

表 9-2 展示了上述内容. 表中的每一项都是 (X,Y) 等于 (m,n) 的概率. 注意, 第 1 个数是 X 的值, 第 2 个数是 Y 的值. 如果把某一行的概率加起来, 那就意味着考察的是当 Y 取遍所有可能的值时, (X,Y) 的概率. 这恰好是 X 的边缘概率密度! 因此, 如果想求出 X 的边缘概率密度, 只需要把每行的概率都加起来. 同样地, 如果把某一列的概率加起来, 那么就考察了 X 的所有可能取值, 这样就得到了 Y 的边缘概率密度.

表 9-2 (X,Y) 的联合概率密度函数. X 表示独立地抛掷 5 枚均匀硬币, 前 3 次掷出正面的次数; Y 表示后 2 次掷出正面的次数

	Prob$(Y=0)$	Prob$(Y=1)$	Prob$(Y=2)$	
Prob$(X=0)$	1/32	2/32	1/32	1/8
Prob$(X=1)$	3/32	6/32	3/32	3/8
Prob$(X=2)$	3/32	6/32	3/32	3/8
Prob$(X=3)$	1/32	2/32	1/32	1/8
	1/4	2/4	1/4	

我们可以验证随机变量是否相互独立. (最好是独立的, 因为我们对 X 和 Y 的选取是独立的!) 对于所有的 m 和 n, 我们必须证明 $f_{X,Y}(m,n) = f_X(m)f_Y(n)$. 现在必须对所有的数对进行验证. 显然, 我们只需要考察当 $m \in \{0,1,2,3\}$ 且 $n \in \{0,1,2\}$ 时, 上式是否成立. 例如, $f_{X,Y}(2,1) = 6/32$, 而且 $f_X(2)f_Y(1) = 3/8 \cdot 2/4 = 6/32$. 通过验证不难看出, 对于剩下的 11 种情况, 上式仍然成立. 因此, X 和 Y 是相互独立的.

表 9-3 给出了不同的联合概率密度函数. 它有许多有趣的特性, 与表 9-2 的例子有很多相似之处.

首先, 每一项都是非负的, 并且所有项的和是 1. 由此可以马上看出, 把每一列的和都加起来就等于 1. 同样, 把每一行的和都加起来也会得到 1. 为什么呢? 把 3 个列和加起来就相当于把所有的项相加, 其结果当然就是 1; 行和也是如此. 因此, 我们得到了一个联合概率分布.

注意, U 的边缘概率密度与上一个例子中 X 的边缘概率密度是一样的, V 的边缘概率密度与 Y 的边缘概率密度也是一样的, 但是它们的联合概率密度却大

不相同. U 和 V 是相互独立的吗? 要想证明 U 和 V 是相互独立的, 必须证明 $f_{U,V}(m,n) = f_U(m)f_V(n)$ 对所有的 (m,n) 均成立. 但是, 如果想说明它们彼此依赖, 只需要找到一对使得上式不成立的 (m,n) 即可. 可以考察下面这两对: $(m,n) = (0,2)$ 或 $(3,0)$. 为什么要考察这两对? 这两对的联合概率密度都是 0, 但任意一对的 f_U 和 f_V 均不为 0! 如果具体算一下, 那么有

$$f_{U,V}(0,2) = 0 \neq \frac{1}{8} \cdot \frac{1}{4} = f_U(0)f_V(2).$$

表 9-3 　(U,V) 的联合概率密度函数, 其中 U 表示抛掷 5 枚均匀硬币时前 3 次掷出正面的次数, V 表示后 2 次掷出正面的次数

	$\mathrm{Prob}(V=0)$	$\mathrm{Prob}(V=1)$	$\mathrm{Prob}(V=2)$	
$\mathrm{Prob}(U=0)$	1/16	1/16	0/16	1/8
$\mathrm{Prob}(U=1)$	2/16	3/16	2/16	3/8
$\mathrm{Prob}(U=2)$	1/16	3/16	2/16	3/8
$\mathrm{Prob}(U=3)$	0/16	1/16	1/16	1/8
	1/4	2/4	1/4	

虽然它们不是相互独立的, 但这两个随机变量仍有一些很好的性质. U 是前 3 次掷出正面的次数, V 是后 2 次掷出正面的次数, 但现在第 1 枚和第 4 枚硬币被粘在了一起. 因此, 这 2 枚硬币要么都掷出正面, 要么都掷出反面, 所以 U 和 V 之间有明显的依赖关系! 现在, 我们只有 16 种可能的结果 (前 3 枚硬币有 8 种可能的结果, 但后 2 枚硬币只有 2 种可能的结果, 这是因为第 4 枚硬币的结果已经被确定了, 而第 5 枚硬币有 2 种可能的结果), 而不是 32 种 (前 3 枚硬币共有 8 种可能的结果, 后 2 枚硬币共有 4 种可能的结果).

最后, 给出一个连续型的联合概率密度函数. 设

$$f_{X,Y}(x,y) = \begin{cases} 1/\pi & \text{若 } x^2 + y^2 \leqslant 1 \\ 0 & \text{其他.} \end{cases}$$

给出因子 $1/\pi$ 是因为单位圆的面积是 π. 记住, 我们需要

$$\int_{x=-\infty}^{\infty} \int_{y=-\infty}^{\infty} f_{X,Y}(x,y)\mathrm{d}x\mathrm{d}y = 1,$$

这就是引入因子 $1/\pi$ 的原因. 关于这一点, 我们有个非常好的解释: 在单位圆中随机地选出一点, 这一点落在单位圆中某给定区域的概率就等于该区域的面积与单位圆的面积之比.

这里有两个很好的问题: X 和 Y 的边缘概率密度分别是多少? 它们是否相互独立? 我们计算 X 的边缘概率密度 (Y 的边缘概率密度与之类似). 如果 $x \notin [-1,1]$,

那么 $f_X(x) = 0$, 所以不妨设 $x \in [-1, 1]$. 现在对所有的 y 积分. 只有当 $x^2 + y^2 \leqslant 1$ 时, 被积函数才不为 0. 又因为 x 是固定值, 所以只需要考察 y 在 $-\sqrt{1-x^2}$ 到 $\sqrt{1-x^2}$ 上的积分. 于是, 对于任意一个 $x \in [-1, 1]$, 均有

$$f_X(x) \;=\; \int_{y=-\sqrt{1-x^2}}^{\sqrt{1-x^2}} \frac{1}{\pi} \mathrm{d}y \;=\; \frac{2}{\pi}\sqrt{1-x^2};$$

当 x 取其他值时, $f_X(x) = 0$.

作为检验, 看看这个函数的积分是否为 1. 我们有

$$\int_{-\infty}^{\infty} f_X(x)\mathrm{d}x \;=\; \int_{-1}^{1} \frac{2}{\pi}\sqrt{1-x^2}\mathrm{d}x \;=\; \frac{4}{\pi}\int_0^1 \sqrt{1-x^2}\mathrm{d}x,$$

现在使用三角换元法. (已经提醒过你, 要掌握住积分技巧!) 令 $x = \sin\theta$, 那么 $\mathrm{d}x = \cos\theta\mathrm{d}\theta$, $\sqrt{1-x^2} = \sqrt{1-\sin^2\theta} = \cos\theta$ (不需要担心负号 —— 这就是把前面的积分改写成从 0 到 1 上积分的原因), 并且在 0 和 1 之间取值的 x 就变成了在 0 和 $\pi/2$ 之间取值的 θ. 于是

$$\int_{-\infty}^{\infty} f_X(x)\mathrm{d}x \;=\; \frac{4}{\pi}\int_0^{\pi/2} \cos\theta \cdot \cos\theta\mathrm{d}\theta \;=\; \frac{4}{\pi}\int_0^{\pi/2} \cos^2\theta\mathrm{d}\theta.$$

现在对余弦的平方求积分. 我们既可以利用它的原函数 $\frac{1}{2}\theta + \frac{1}{4}\sin(2\theta)$, 也可以由对称性看出, 这个积分就是从 0 到 2π 上积分的 $1/4$. 第一种方法留给你自己完成, 我会用第二种方法计算, 因为这展现了很好的对称性.

首先回顾一个有用的结果: $\cos(\theta) = \sin(\theta + \frac{\pi}{2})$. 那么, $\cos^2\theta$ 在整个区域上 (即从 0 到 2π) 的积分就等于 $\sin^2\theta$ 在该区域上的积分. 接下来, 我们将利用这个结果给出关于 "f_X 的积分等于 1" 的快速证明. 通常情况下, 计算整个区域上的积分要比计算某个子集上的积分更容易些, 因为可以利用对称性. 当计算第 14 章中高斯密度的正规化常数时, 我们会看到更多这样的例子.

由对称性可知

$$\int_0^{\pi/2} \cos^2\theta\mathrm{d}\theta \;=\; \frac{1}{4}\int_0^{2\pi} \cos^2\theta\mathrm{d}\theta \;=\; \frac{1}{4}\int_0^{2\pi} \sin^2\theta\mathrm{d}\theta \;=\; \int_0^{\pi/2} \sin^2\theta\mathrm{d}\theta.$$

通过简单的代数运算, 可以看到

$$\int_0^{\pi/2} \cos^2\theta\mathrm{d}\theta \;=\; \frac{1}{8}\int_0^{2\pi} (\cos^2\theta + \sin^2\theta)\mathrm{d}\theta \;=\; \frac{1}{8}\int_0^{2\pi} 1\mathrm{d}\theta \;=\; \frac{\pi}{4}.$$

最后, 把上述结果带回原式, 就得到了

$$\int_{-\infty}^{\infty} f_X(x)\mathrm{d}x \;=\; \frac{4}{\pi}\cdot\frac{\pi}{4} \;=\; 1.$$

虽然这不是一个证明, 但因为 f_X 的积分等于 1, 所以我们确信在计算 f_X 的过程中没有出现任何代数错误.

同样, 也可以求出 Y 的边缘概率密度函数:

$$f_Y(y) = \begin{cases} (2/\pi)\sqrt{1-y^2} & \text{若 } y \in [-1,1] \\ 0 & \text{其他}. \end{cases}$$

现在考察独立性. $f_{X,Y}(x,y) = f_X(x)f_Y(y)$ 是否成立? 不成立! 通过考察 $(4/5, 4/5)$, 我们能容易地看出这一点. $f_{X,Y}(4/5, 4/5) = 0$ (因为这一点在单位圆之外), 但是 $f_X(4/5) = f_Y(4/5) = 2/\pi \cdot 3/5 = 6/5\pi$.

实际上不需要这么麻烦. 如果 x 接近 1, 那么 y 的取值就会受到严重限制, 这样就可以 "看出" X 和 Y 之间的依赖关系.

9.5 期望的线性性质

本节旨在证明期望的一个最重要且最有用的事实: 期望是线性的! 这个事实具有深远的影响. 我们将不断看到, 许多看起来毫无希望的问题可以很容易地利用线性性质来解决. 下面这个定理是我们的主要结果.

定理 9.5.1 (期望的线性性质) 设 $X_1, \cdots, X_n$ 是随机变量, 并设 $g_1, \cdots, g_n$ 是满足下列条件的函数: $\mathbb{E}[|g_i(X_i)|]$ 存在且有限. 令 $a_1, \cdots, a_n$ 表示任意实数. 那么

$$\mathbb{E}[a_1 g_1(X_1) + \cdots + a_n g_n(X_n)] = a_1 \mathbb{E}[g_1(X_1)] + \cdots + a_n \mathbb{E}[g_n(X_n)].$$

注意, 随机变量不一定是相互独立的. 另外, 如果 $g_i(X_i) = c$ (这里的 c 是固定常数), 那么 $\mathbb{E}[g_i(X_i)] = c$.

用文字来叙述, 上面的意思是 "和的期望等于期望的和". 正如之前所承诺的, 在后面几章中, 我们将看到其深远影响. 在开始论证之前, 我们简单地说明绝对值的期望是有限的这个技术性假设. 在数学中, 有些量是无定义的, 比如 $\infty \cdot 0$, $0/0$, ∞/∞ 和 $\infty - \infty$. 这个假设是为了避免后面这些情况. 我们希望能自由地交换积分次序, 而不必担心积分的存在性问题. 在这个假设下, 一旦需要交换积分次序, 就可以使用富比尼定理. 下面会看到这一点是非常有用的.

下面的证明有点长, 而且有些地方具有一定的技巧性. 第一遍只要略读就好了, 但有必要仔细思考. 记住, 只看一遍就行了. 一旦证明了这个定理, 就可以使用期望的线性性质. 我们再也不用考虑这里的论证细节了! 从某种意义上说, 这和我们在微积分中证明的结果非常相似. 在求出像 x^n 或 $\sin x$ 这类函数的导数之后, 就可以自由地使用这些导数了.

定理 9.5.1 的简要证明: 我们只考察 $n = 2$ 的情形, 一般情况下的结果可以类似地论证. 另外, 假设随机变量是连续的并使用积分符号. 当然, 同样的论证也适用于离散型随机变量.

作为热身, 我们看看 $X_2 = X_1$ 的情况. 因为现在只有一个随机变量, 所以不妨称它为 X. 我们要算的是 $\mathbb{E}[a_1 g_1(X) + a_2 g_2(X)]$. 只利用期望的定义, 就看到了

$$
\begin{aligned}
\mathbb{E}[a_1 g_1(X) + a_2 g_2(X)] &= \int_{-\infty}^{\infty} (a_1 g_1(x) + a_2 g_2(x)) f_X(x) \mathrm{d}x \\
&= \int_{-\infty}^{\infty} a_1 g_1(x) f_X(x) \mathrm{d}x + \int_{-\infty}^{\infty} a_2 g_2(x) f_X(x) \mathrm{d}x \\
&= a_1 \int_{-\infty}^{\infty} g_1(x) f_X(x) \mathrm{d}x + a_2 \int_{-\infty}^{\infty} g_2(x) f_X(x) \mathrm{d}x \\
&= a_1 \mathbb{E}[g_1(X)] + a_2 \mathbb{E}[g_2(X)].
\end{aligned}
$$

这不算太糟. 此外, 证明过程也说明了为什么结果是正确的: **求和与求积分都是线性运算** (和的积分等于积分的和), 而期望似乎继承了这个线性性质.

如果 X_1 和 X_2 是两个不同的随机变量, 那么情况会更复杂一些. 问题在于现在有一个联合概率密度函数. 我们会得到一个二重积分. 由于每个 $\mathbb{E}[g_i(X_i)]$ 只包含一个变量, 所以它就是个一重积分. 这一发现提供了证明思路: 可以对其中一个变量求积分, 并将二重积分简化成两个不同的一重积分之和 (如果有 n 个变量, 那就必须把 n 重积分简化成若干个一重积分之和).

同样, 我们只考察有两个随机变量的情况, 一般情况可以类似地证明 (把这些细节留给你自己来补充是个不错的主意). 为了简化计算, 不妨设 $a_1 = a_2 = 1$ 且 $g_i(X_i) = X_i$. 通过仔细研读整个证明并做出一些调整, 你可以处理更一般的情况. 我喜欢简洁明了, 所以这里的思路不会被符号掩盖.

于是, 设 f_{X_1, X_2} 是 X_1 和 X_2 的联合概率密度函数 (对联合概率密度函数的回顾, 请参阅 9.4 节). 令 $X = X_1 + X_2$, 目标是证明 $\mathbb{E}[X] = \mathbb{E}[X_1] + \mathbb{E}[X_2]$, 而出发点就是

$$
\mathbb{E}[X] = \int_{x=-\infty}^{\infty} x f_X(x) \mathrm{d}x.
$$

我们必须从这一点着手. 一定要始终关注定义. 这正是定义期望值的方法, 所以也应该是我们开始的地方. 这类似于微积分中各种微分法则的证明 (它们都是从导数的定义开始的). 我们必须从随机变量 X 的一个积分 (或一个和) 开始. 当然, 为了更进一步, 我们想把上述积分替换成关于 x_1 和 x_2 的积分. 最初会得到二重积分, 但在对某个变量求积分之后, 二重积分就可以替换成一重积分. 由于存在很多关于不同变量的积分, 所以我们会在积分限上写出变量名, 这样就能清楚地知道是对哪个变量求积分.

现在, 要把关于 x 的积分替换成关于 x_1 和 x_2 的积分. 该怎么做呢? 为了求出 $X = x$ 的概率, 对 x_1 求积分, 其中 $x_2 = x - x_1$. 于是

$$
\begin{aligned}
\mathbb{E}[X] &= \int_{x=-\infty}^{\infty} x \cdot \Pr(X = x)\mathrm{d}x \\
&= \int_{x=-\infty}^{\infty} x \left[\int_{x_1=-\infty}^{\infty} f_{X_1,X_2}(x_1, x-x_1)\mathrm{d}x_1 \right]\mathrm{d}x \\
&= \int_{x_1=-\infty}^{\infty} \int_{x=-\infty}^{\infty} x f_{X_1,X_2}(x_1, x-x_1)\mathrm{d}x\mathrm{d}x_1.
\end{aligned}
$$

现在替换变量, 并让 $x_2 = x - x_1$ (所以 $x = x_1 + x_2$). 在接下来的计算中, 我们的目标是求出关于一个随机变量的积分, 从而把联合概率密度转化成边缘概率密度. 为什么要这样做? 这是因为, 最终的积分值就等于一个随机变量的期望. 于是就得到了

$$
\begin{aligned}
\mathbb{E}[X] &= \int_{x_1=-\infty}^{\infty} \int_{x_2=-\infty}^{\infty} (x_1 + x_2) f_{X_1,X_2}(x_1, x_2)\mathrm{d}x_2\mathrm{d}x_1 \\
&= \int_{x_1=-\infty}^{\infty} \int_{x_2=-\infty}^{\infty} x_1 f_{X_1,X_2}(x_1, x_2)\mathrm{d}x_2\mathrm{d}x_1 \\
&\quad + \int_{x_1=-\infty}^{\infty} \int_{x_2=-\infty}^{\infty} x_2 f_{X_1,X_2}(x_1, x_2)\mathrm{d}x_2\mathrm{d}x_1 \\
&= \int_{x_1=-\infty}^{\infty} x_1 \left[\int_{x_2=-\infty}^{\infty} f_{X_1,X_2}(x_1, x_2)\mathrm{d}x_2 \right]\mathrm{d}x_1 \\
&\quad + \int_{x_2=-\infty}^{\infty} x_2 \left[\int_{x_1=-\infty}^{\infty} f_{X_1,X_2}(x_1, x_2)\mathrm{d}x_1 \right]\mathrm{d}x_2 \\
&= \int_{x_1=-\infty}^{\infty} x_1 f_{X_1}(x_1)\mathrm{d}x_1 + \int_{x_2=-\infty}^{\infty} x_2 f_{X_2}(x_2)\mathrm{d}x_2 \\
&= \mathbb{E}[X_1] + \mathbb{E}[X_2].
\end{aligned}
$$

这样就完成了 $n = 2$ 这种特殊情形下的证明, 一般情况可以类似地论证.

现在只剩下证明 "如果 $g_i(X_i) = c$, 那么 $\mathbb{E}[g_i(X_i)] = c$" 了. 利用概率密度函数的定义, 可以马上得出该结论:

$$
\mathbb{E}[g_i(X_i)] = \mathbb{E}[c] = \int_{-\infty}^{\infty} c f_{X_i}(x_i)\mathrm{d}x_i = c \int_{-\infty}^{\infty} f_{X_i}(x_i)\mathrm{d}x_i = c \cdot 1 = c,
$$

这样就完成了定理的证明. □

对于上面的证明, 有必要看看没有用到哪些条件. 通常情况下, 我们会关心在证明中使用了什么, 但这个证明没有用到的东西也同样重要. 在证明中, 我们没有假设随机变量是相互独立的. 这一点非常棒, 意味着即使随机变量彼此依赖, 结果

仍然成立! 最后也不必费力地写下联合概率密度函数, 利用期望的线性性质就可以解决问题. 接下来给出几个关键的结果.

引理 9.5.2　设 X 是一个随机变量, 它的均值为 μ_X, 方差为 σ_X^2. 如果 a 和 b 是任意两个固定常数, 那么随机变量 $Y = aX + b$ 有下列结果

$$\mu_Y = a\mu_X + b \quad \text{和} \quad \sigma_Y^2 = a^2\sigma_X^2.$$

证明: 可以通过回顾相关定义来证明上面的结论, 但利用定理 9.5.1 来证明会更容易 (而且更加有趣). 先来考察均值. 因为 $\mu_X = \mathbb{E}[X]$ 和 $\mu_Y = \mathbb{E}[Y]$, 所以

$$\mathbb{E}[Y] = \mathbb{E}[aX + b] = a\mathbb{E}[X] + b\mathbb{E}[1] = a\mu_X + b,$$

我们看到了利用定理 9.5.1 去证明会带来哪些好处: 现在不再需要把概率密度函数明确地写出来!

我们再看一下方差. 和往常一样, 从定义着手. 幸运的是, 方差的定义涉及期望, 这意味着可以再次使用定理 9.5.1!

$$\begin{aligned}
\sigma_Y^2 &= \mathbb{E}[(Y - \mu_Y)^2] \\
&= \mathbb{E}\left[((aX + b) - (a\mu_X + b))^2\right] \\
&= \mathbb{E}\left[(aX - a\mu_X)^2\right] \\
&= \mathbb{E}[a^2(X - \mu_X)^2] = a^2\mathbb{E}[(X - \mu_X)^2] = a^2\sigma_X^2.
\end{aligned}$$

$\square$

引理 9.5.2 的陈述是非常合理的. 如果把随机变量缩放 a 倍, 那么均值也会被缩放 a 倍是有道理的. 我们可以把它想象成从分米到厘米的变化, 得到的新值会是旧值的 10 倍. 另外, 这也会使得标准差缩放 $|a|$ 倍 (这里使用绝对值是因为 a 可能是负数), 而这又进一步导致方差缩放了 a^2 倍 (a^2 总是非负的). 如果把随机变量加上一个 b, 那么均值也会加上一个 b, 但方差没有任何变化 (当所有量都发生相同的变化时, 随机变量的取值在均值附近的波动情况就不会有任何改变).

现在, 我们给出关于期望的线性性质的最后一个结果, 即一个更简单的求方差的公式.

引理 9.5.3　设 X 是一个随机变量, 那么

$$\mathrm{Var}(X) = \mathbb{E}[X^2] - \mathbb{E}[X]^2.$$

这个引理告诉我们, 次序真的很重要. 方差是非负的. 事实上, 除非所有概率都集中在某个点上, 否则方差就是正的. 等式右端是 X^2 的期望值减去 X 期望值的

平方. 所以, 这个结果通常是正的, 它说明了"先平方, 后期望"与"先期望, 后平方"是不一样的.

证明: 由于期望具有线性性质, 所以这个证明应该会让人感到非常愉快. 与之前一样, 从相关定义开始 (在本例中是方差的定义), 并做一些代数运算. 在下面的分析中, 对于任意的随机变量 Y 以及任意常数 a 和 b, 都能利用 $\mathbb{E}[aY] = a\mathbb{E}[Y]$ 和 $\mathbb{E}[b] = b$. 于是有

$$
\begin{aligned}
\mathrm{Var}(X) &= \mathbb{E}[(X - \mu_X)^2] \\
&= \mathbb{E}[X^2 - 2\mu_X X + \mu_X^2] \\
&= \mathbb{E}[X^2] - \mathbb{E}[2\mu_X X] + \mathbb{E}[\mu_X^2] \\
&= \mathbb{E}[X^2] - 2\mu_X \mathbb{E}[X] + \mu_X^2 \\
&= \mathbb{E}[X^2] - 2\mu_X \cdot \mu_X + \mu_X^2 \\
&= \mathbb{E}[X^2] - \mu_X^2 \quad = \mathbb{E}[X^2] - \mathbb{E}[X]^2,
\end{aligned}
$$

结论得证. □

当你可以选择如何计算时, 每一种计算方法所具备的优势都值得思考. 这个公式是不是比定义更好? 它的优点和缺点分别是什么?

这恰巧是一个很好的公式. 在已知一阶矩和二阶矩的前提下, 我们能利用这个公式求出二阶中心矩 (即方差). 不管从理论上讲, 还是从计算方面上讲, 在给定数据的情况下, 计算 $\mathbb{E}[X^2]$ 或 $\mathbb{E}[X]$ 要比先求出均值、然后从所有值中减去均值、再对得到的新值进行平方等, 容易很多. 注意, 直接利用定义的方法会涉及更多代数运算 —— 虽然平方运算的数量没有变化, 但存在更多减法运算. 这意味着我们的新公式是有价值的.

当然, 借助现代计算机的力量, 减法不再是单调乏味的苦差事, 但是运算越多, 出现舍入误差和其他错误的概率就越大. 这个新公式会更简单, 也更有用.

利用这个公式来计算抛掷一枚均匀骰子所得到的数字的方差. 设 X 是掷出的数字, 那么 X 的值是 1、2、3、4、5 或 6 的概率均为 1/6, 取其他数字的概率等于 0. X 的均值就是

$$
\mu_X = \mathbb{E}[X] = 1 \cdot \frac{1}{6} + 2 \cdot \frac{1}{6} + 3 \cdot \frac{1}{6} + 4 \cdot \frac{1}{6} + 5 \cdot \frac{1}{6} + 6 \cdot \frac{1}{6} = \frac{21}{6} = 3.5.
$$

X 的二阶矩是

$$
\mathbb{E}[X^2] = 1^2 \cdot \frac{1}{6} + 2^2 \cdot \frac{1}{6} + 3^2 \cdot \frac{1}{6} + 4^2 \cdot \frac{1}{6} + 5^2 \cdot \frac{1}{6} + 6^2 \cdot \frac{1}{6} = \frac{91}{6}.
$$

因此, 其方差为

$$
\mathrm{Var}(X) = \frac{91}{6} - 3.5^2 = \frac{35}{12} \approx 2.92.
$$

与下列计算过程

$$\text{Var}(X) = (1 - 3.5)^2 \cdot \frac{1}{6} + (2 - 3.5)^2 \cdot \frac{1}{6} + \cdots + (6 - 3.5)^2 \cdot \frac{1}{6}$$

相比, 新公式的代数运算更简洁.

这种情况在数学中是很普遍的. 通常情况下, 概念会有一个定义, 但我们在实践中发现该定义用起来并不方便, 进而采用了一个不同的公式. 如果你学过多元微积分, 那么这里有一个很好的例子: 用极限定义的方向导数与用梯度定义的内积进行比较, 后者会更加实用.

9.6   均值和方差的性质

在继续研究矩之前, 我们先陈述并证明一个非常有用的事实.

定理 9.6.1   如果 X 和 Y 是相互独立的随机变量, 那么

$$\mathbb{E}[XY] = \mathbb{E}[X]\mathbb{E}[Y].$$

一种特别重要的情况是

$$\mathbb{E}[(X - \mu_X)(Y - \mu_Y)] = \mathbb{E}[X - \mu_X]\mathbb{E}[Y - \mu_Y] = 0.$$

证明: 遗憾的是, 这个证明无法马上从定理 9.5.1 中得到. 问题在于, 定理 9.5.1 处理的是和, 而这里却是乘积. 这意味着我们必须回到期望的定义. 为了更加明确, 假设随机变量是连续的, 它们的联合概率密度函数是 $f_{X,Y}$. 于是

$$\mathbb{E}[XY] = \int_{-\infty}^{\infty} \int_{-\infty}^{\infty} xy \cdot f_{X,Y}(x,y) \mathrm{d}x \mathrm{d}y.$$

想真正做到严格, 应该先通过符号来定义一个随机变量 $Z = XY$, 从而有

$$\mathbb{E}[Z] = \int_{-\infty}^{\infty} z f_Z(z) \mathrm{d}z,$$

并由此推出上面的二重积分. 这是个标准的论证过程, 我们已经做过很多次了, 所以现在直接跳到二重积分并继续往下看.

我们要利用 "X 和 Y 是相互独立的" 这个假设. 如果 X 的均值是 0, 并且 $Y = X$, 那么在这种情况下, $\mathbb{E}[X]\mathbb{E}[Y] = 0$, 但 $\mathbb{E}[X^2]$ 是非负的 (几乎肯定是正的). 一旦得到了某些信息, 你就应该问问自己, 得到了哪些事实、定理和结果. 现在能想到的是, 对于两个相互独立的随机变量, 它们的联合概率密度函数就等于它们边缘概率密度函数之积. 就这个问题而言, 即

$$f_{X,Y}(x,y) = f_X(x)f_Y(y).$$

把上面这个式子应用于二重积分 $\mathbb{E}[XY]$ 就得到了

$$\mathbb{E}[XY] = \int_{x=-\infty}^{\infty} \int_{y=-\infty}^{\infty} xy f_X(x) f_Y(y) \mathrm{d}y \mathrm{d}x$$
$$= \int_{x=-\infty}^{\infty} x f_X(x) \mathrm{d}x \int_{y=-\infty}^{\infty} y f_Y(y) \mathrm{d}y = \mathbb{E}[X]\mathbb{E}[Y].$$

如果 X 和 Y 是相互独立的, 那么 $X - \mu_X$ 和 $Y - \mu_Y$ 也是相互独立的. 这些只是简单的变换. 注意, 这两个随机变量的期望值都是 0. 记住, 一个常数的期望值仍是这个常数, 于是

$$\mathbb{E}[X - \mu_X] = \mathbb{E}[X] - \mathbb{E}[\mu_X] = \mu_X - \mu_X = 0.$$

通过替换就能得到这个重要的特殊情形. □

虽然所有的矩都很重要, 但有些矩要比其他矩更重要. 对于所有分布而言, 前两个矩 (即均值和方差) 是目前已知的最关键的两个矩. 根据均值和方差, 我们可以知道期望结果是什么, 以及波动程度如何. 这两个概念有一些很好的性质.

定理 9.6.2 (随机变量之和的均值与方差) 设 $X_1, \cdots, X_n$ 是 n 个随机变量, 它们的均值是 $\mu_{X_1}, \cdots, \mu_{X_n}$, 方差是 $\sigma_{X_1}^2, \cdots, \sigma_{X_n}^2$. 如果 $X = X_1 + \cdots + X_n$, 那么

$$\mu_X = \mu_{X_1} + \cdots + \mu_{X_n}.$$

如果随机变量是相互独立的, 那么还能得到

$$\sigma_X^2 = \sigma_{X_1}^2 + \cdots + \sigma_{X_n}^2 \quad \text{或} \quad \mathrm{Var}(X) = \mathrm{Var}(X_1) + \cdots + \mathrm{Var}(X_n).$$

如果这些随机变量是独立同分布的 (因此, 每个随机变量的均值都是 μ, 方差都是 σ^2), 那么

$$\mu_X = n\mu \quad \text{且} \quad \sigma_X^2 = n\sigma^2.$$

我们一次又一次地看到, 每当遇到一个定理时, 首先要做的就是看看这些假设有多重要. 为了保证方差公式的成立, 随机变量必须相互独立吗? 没错, 绝对是这样! 现在想一下, 哪两个随机变量的联系最紧密. 稍微思考一下就能想到 X 和 X, 以及 X 和 $-X$ 的联系最紧密. 我们看一下第二种情况. 讨论 $X + (-X)$ 并不困难. 这个随机变量恒等于 0, 因此其方差也是 0. 此时, 上述定理是不成立的 (当然, 假设 X 的方差是正的).

现在我们来看看证明. 这有一定的技巧性, 所以如果你是第一次略读这部分内容也不要担心. 关键思路是, 和的期望值就等于期望值之和.

定理 9.6.2 的简要证明: 我们只考察涉及两个随机变量的情形, 一般情况可以类似地证明 (把这些细节留给你自己来补充是个不错的主意). 另外, 假设 X_1 和 X_2 是连续型随机变量. 对于离散型的情况, 只要把求积分替换成求和就行了.

定理的第一部分就是定理 9.5.1 的特殊情形, 即每个 $a_i = 1$ 并且每个 $g_i(X_i) = X_i$.

没错, 这表明了和的期望值是期望值之和. 那么方差呢? 不难看出, 事情会变得更加复杂. 我们将给出两种证明方法. 第一种是 "巧妙" 的证明, 即利用期望的线性性质 (参见定理 9.5.1) 来证明, 此时不必明确地写出积分. 于是

$$\sigma_X^2 = \mathbb{E}[(X - \mu_X)^2]$$
$$= \mathbb{E}\left[((X_1 + X_2) - (\mu_{X_1} + \mu_{X_2}))^2\right]$$
$$= \mathbb{E}\left[((X_1 - \mu_{X_1}) + (X_2 - \mu_{X_2}))^2\right]$$
$$= \mathbb{E}\left[(X_1 - \mu_{X_1})^2 + 2(X_1 - \mu_{X_1})(X_2 - \mu_{X_2}) + (X_2 - \mu_{X_2})^2\right].$$

利用期望的线性性质, 可以把和的期望改写成期望的和, 即

$$\sigma_X^2 = \mathbb{E}\left[(X_1 - \mu_{X_1})^2\right] + \mathbb{E}\left[2(X_1 - \mu_{X_1})(X_2 - \mu_{X_2})\right] + \mathbb{E}\left[(X_2 - \mu_{X_2})^2\right]$$
$$= \sigma_{X_1}^2 + 2\mathbb{E}\left[(X_1 - \mu_{X_1})(X_2 - \mu_{X_2})\right] + \sigma_{X_2}^2.$$

通常, 我们会在这一点被卡住, 因为乘积的期望不一定等于期望的乘积. 但是, 如果随机变量是相互独立的, 那么乘积的期望就是期望的乘积! 现在就能看出为什么要假设随机变量是相互独立的. 这正是我们要处理的交叉项. 由定理 9.6.1 可知, 这一项等于 0. 因此

$$\sigma_X^2 = \sigma_{X_1}^2 + \sigma_{X_2}^2.$$

这样就完成了证明 (我们可以马上推出当所有随机变量的均值和方差都相等时的结果). □

同样地, 我们来探讨一下从这个新命题中可以推出哪些结果. 我们知道方差一定是非负的, 因此上面 X 的方差一定是非负的. 注意, 关于 σ_X^2 的公式只涉及 a_i 的**平方**, 这很好地确保了方差的非负性. 另外, 如果把所有 a_i 都翻倍, 那么方差就会变成 4 倍 (标准差也会翻倍). 可以把这看成改变了测量的尺度. 这种规律在公式中得到了很好地体现. 如果让所有的 a_i 都翻倍, 那么 X 的方差确实变成了 4 倍 (从而标准差也会翻倍). 这显然不是一个证明, 但不难看出这个结果是合理的.

重要的结果应该被多次证明. 现在给出定理 9.6.2 的另一种证明方法. 从本质上看, 它和之前的证明是一样的, 唯一的区别在于如何进行代数运算. 这两种证明都值得一看, 因为有些人更习惯于某一种代数方法, 而不是另外一种. 就个人而言, 我喜欢利用期望的 "巧妙" 证明, 但有时把积分明确地写出来确实会让我感到更加舒服.

定理 9.6.2 的 (再次) 证明：根据方差的定义, 我们看到

$$\sigma_X^2 = \int_{x_1=-\infty}^{\infty} \int_{x_2=-\infty}^{\infty} ((x_1 + x_2) - (\mu_{X_1} + \mu_{X_2}))^2 f_{X_1,X_2}(x_1,x_2)\mathrm{d}x_2\mathrm{d}x_1.$$

对其中一部分被积函数进行改写

$$((x_1 + x_2) - (\mu_{X_1} + \mu_{X_2}))^2 = ((x_1 - \mu_{X_1}) + (x_2 - \mu_{X_2}))^2$$
$$= (x_1 - \mu_{X_1})^2 + 2(x_1 - \mu_{X_1})(x_2 - \mu_{X_2}) + (x_2 - \mu_{X_2})^2.$$

把它代入上面的式子, 就得到了关于 σ_X^2 的三个积分. 两个积分很容易计算, 但最后一个相当困难. 现在得到了

$$\sigma_X^2 = \int_{x_1=-\infty}^{\infty} \int_{x_2=-\infty}^{\infty} (x_1 - \mu_{X_1})^2 f_{X_1, X_2}(x_1, x_2) \mathrm{d}x_2 \mathrm{d}x_1$$
$$+ \int_{x_1=-\infty}^{\infty} \int_{x_2=-\infty}^{\infty} 2(x_1 - \mu_{X_1})(x_2 - \mu_{X_2}) f_{X_1, X_2}(x_1, x_2) \mathrm{d}x_2 \mathrm{d}x_1$$
$$+ \int_{x_1=-\infty}^{\infty} \int_{x_2=-\infty}^{\infty} (x_2 - \mu_{X_2})^2 f_{X_1, X_2}(x_1, x_2) \mathrm{d}x_2 \mathrm{d}x_1.$$

对于第一个式子, 我们先求 x_2 的积分. 这样就把 x_2 积了出来, 剩下的就是 X_1 的边缘概率. 类似地, 对于第三个式子, 我们可以交换积分次序, 先求 x_1 的积分, 进而得到了 X_2 的边缘概率. 最终的积分就是 X_1 和 X_2 的方差:

$$\sigma_X^2 = \int_{x_1=-\infty}^{\infty} (x_1 - \mu_{X_1})^2 f_{X_1}(x_1) \mathrm{d}x_1$$
$$+ \int_{x_1=-\infty}^{\infty} \int_{x_2=-\infty}^{\infty} 2(x_1 - \mu_{X_1})(x_2 - \mu_{X_2}) f_{X_1, X_2}(x_1, x_2) \mathrm{d}x_2 \mathrm{d}x_1$$
$$+ \int_{x_2=-\infty}^{\infty} (x_2 - \mu_{X_2})^2 f_{X_2}(x_2) \mathrm{d}x_2$$
$$= \sigma_1^2 + \sigma_2^2 + 2 \int_{x_1=-\infty}^{\infty} \int_{x_2=-\infty}^{\infty} (x_1 - \mu_{X_1})(x_2 - \mu_{X_2}) f_{X_1, X_2}(x_1, x_2) \mathrm{d}x_2 \mathrm{d}x_1.$$

现在只需要证明最后一个积分等于 0. 因为 X_1 和 X_2 是相互独立的, 所以 $f_{X_1, X_2}(x_1, x_2) = f_{X_1}(x_1) f_{X_2}(x_2)$. 这个积分就变成了

$$\int_{x_1=-\infty}^{\infty} (x_1 - \mu_{X_1}) f_{X_1}(x_1) \mathrm{d}x_1 \int_{x_2=-\infty}^{\infty} (x_2 - \mu_{X_2}) f_{X_2}(x_2) \mathrm{d}x_2$$
$$= \mathbb{E}[X_1 - \mu_{X_1}] \mathbb{E}[X_2 - \mu_{X_2}] = 0,$$

结论得证. $\square$

应用: 令人惊奇的是, 定理 9.6.2 在设计最佳**投资组合**中发挥了重要作用! 在这里, 我们简单地说明一下它是如何起作用的. 假设有两只收益可变的股票. X_1 和 X_2 分别表示第一只股票和第二只股票的收益. 为简单起见, 不妨设它们每股的价值是 1 美元, 两只股票的平均收益都是 3 美元, 而它们的方差都是 2 美元. 我们的目标是建立一个收益尽可能多且风险尽可能少的投资组合. 如果这两只股票是相

互独立的, 那么我们可以通过同时投资两种股票来减少风险!

由于两只股票的价格相同, 整个数学过程就被简化了. 假设我们一共投资 1 美元. 如果把其中的 w 美元用来购买第一只股票, 那么剩下的 $1-w$ 美元就可以用来购买第二只股票. 我们把这个过程记作 $S = wX_1 + (1-w)X_2$. 先来计算期望值:

$$\mathbb{E}[S] = \mathbb{E}[wX_1 + (1-w)X_2] = w\mathbb{E}[X_1] + (1-w)\mathbb{E}[X_2]$$
$$= w \cdot \$3 + (1-w) \cdot \$3 = \$3.$$

注意, w 是什么并不重要. 我们的预期收益始终是 3 美元.

那么方差是多少呢? 这个问题更有趣. 因为这两个随机变量是相互独立的, 并且每个变量的方差都是 2, 因此

$$\text{Var}(S) = \text{Var}(wX_1 + (1-w)X_2)$$
$$= w^2\text{Var}(X_1) + (1-w)^2\text{Var}(X_2)$$
$$= \left(w^2 + (1-w)^2\right) \cdot 2.$$

注意, 投资的方差取决于 w. 当 w 等于多少时, 方差可以取到最小值? 利用微积分 (甚至绘图), 我们看到 $w = 1/2$. 那么, 这个方差就是 $(1/4 + 1/4) \cdot 2 = 1$.

组合投资的方差是 1, 它是原来投资的方差的一半. 现在的情况是, 我们能够得到同样的收益, 但风险显著降低了 (因为方差较小, 所以出现大波动的概率也较小). 当然, 这也意味着我们能得到多于 3 美元收益的概率会更小, 但大多数人都很乐意做这个交易 (放弃可能获得更高收益的机会, 以减小赔钱的概率). 这只是这些概念能够发挥作用的众多例子中的一个.

最后, 我们再给出一个符号.

协方差: 设 X 和 Y 是两个随机变量. X 和 Y 的协方差记作 σ_{XY} 或者 $\text{Cov}(X,Y)$, 它的表达式为

$$\sigma_{XY} = \mathbb{E}[(X - \mu_X)(Y - \mu_Y)].$$

注意, $\text{Cov}(X, X)$ 等于 X 的方差. 另外, 如果 $X_1, \cdots, X_n$ 都是随机变量, 并且 $X = X_1 + \cdots + X_n$, 那么

$$\text{Var}(X) = \sum_{i=1}^{n} \text{Var}(X_i) + 2 \sum_{1 \leqslant i < j \leqslant n} \text{Cov}(X_i, X_j).$$

实际上, 我们已经在定理 9.6.2 的证明中说明了这一点. 唯一的变化是, 现在不需要利用独立性来说明交叉项的消失, 而是将它们保留下来, 并说明它们正是所谓的协方差.

到目前为止, 我们所做的好像只是给一个术语起了名字. 实际上, 协方差很常见 (因为大多数随机变量并不是相互独立的), 而且它具有很多好的性质, 其中一些会在 9.8 节中讨论.

9.7 偏斜度与峰度

虽然三阶矩和四阶矩并不像均值和方差那样经常使用, 但它们也有自己的名字和用法. **偏斜度**和**峰度**分别是三阶中心矩和四阶中心矩. 它们能让你看到分布的形状. 在中心极限定理中, 对于随机变量之和如何收敛到正态分布这个问题, 它们发挥了关键作用.

偏斜度测量了分布的不对称性. 因此, 正态分布的偏斜度是 0, 因为它完全对称的. 如果分布是单峰的, 也就是说, 概率质量函数只有一个最大值点, 那么从偏斜度中可以看出分布的哪一侧有较厚或较长的尾巴. 所以, 如果偏斜度是负的, 那么左侧的尾巴会比右侧的尾巴更厚或更长. 同样地, 如果偏斜度是正的, 那么右侧的尾巴要比左边的尾巴更厚或更长. 因此, 在理解了偏斜度之后, 我们就能知道均值附近的波动出现在哪里.

另一方面, 峰度则可以测量正态分布的数据是如何到达峰值或变平的. 峰度较小的数据集在均值上有一定的平稳性. 举一个极端的例子, 具有极低峰度的分布是均匀分布. 但是, 峰度较高的分布在其均值处会有一个非常尖的点, 两侧都有陡峭的落点, 而且还有相对较厚的尾巴. 作为常用的比较样本, 标准正态分布的峰度是 3. 关于偏斜度和峰度的不等式, 请参阅习题 9.10.10 和习题 9.10.11.

9.8 协 方 差

由于相互独立的随机变量的协方差是 0, 因此协方差衡量的是一个变量的变化会如何影响另一个变量的变化. 但是, 值得注意的是, 协方差为 0 并不表示两个随机变量是相互独立的 (参见表 9-4 和习题 9.10.27). 协方差测量的是两个变量之间的线性相关程度. 协方差大于 0 表明了两个变量是正相关的, 协方差小于 0 则意味着它们是负相关的.

与协方差密切相关的一个术语是**相关系数**. 相关系数 ρ 被定义为

$$\rho = \frac{\mathrm{Cov}(X, Y)}{\sigma_X \sigma_Y}.$$

相关系数是对协方差的标准化, 我们始终有 $\rho \in [-1, 1]$ (参见习题 9.10.28). 它描述了两个变量之间的线性相关强度. 相关系数越接近 -1 或 1, 线性相关性就越强.

表 9-4　随机变量 X 和 Y 的联合概率密度函数. 注意, X 和 Y 的均值都是 0, 它们的协方差等于 0, 但是这两个随机变量不是相互独立的

	$Pr(Y=-2)$	$Pr(Y=-1)$	$Pr(Y=1)$	$Pr(Y=2)$	
$Pr(X=-2)$	1/8	0	0	1/8	1/4
$Pr(X=-1)$	0	1/8	1/8	0	1/4
$Pr(X=1)$	0	1/8	1/8	0	1/4
$Pr(X=2)$	1/8	0	0	1/8	1/4
	1/4	1/4	1/4	1/4	

对于任意两个 (离散型或连续型的) 随机变量 X 和 Y, 如果它们的均值分别是 μ_X 和 μ_Y, 那么 X 和 Y 的协方差可以写成

$$\mathrm{Cov}(X, Y) = \mathbb{E}[XY] - \mu_X\mu_Y.$$

注意这个式子与计算方差的公式有多么相似. 这个证明可以利用期望的线性性质给出:

$$\begin{aligned}
\mathrm{Cov}(X, Y) &= \mathbb{E}[(X - \mu_X)(Y - \mu_Y)] \\
&= \mathbb{E}[XY - \mu_Y X - \mu_X Y + \mu_Y \mu_X] \\
&= \mathbb{E}[XY] - \mu_X\mathbb{E}[X] - \mu_X\mathbb{E}[Y] + \mathbb{E}[\mu_X\mu_Y] \\
&= \mathbb{E}[XY] - \mu_X\mu_Y - \mu_X\mu_Y + \mu_X\mu_Y \\
&= \mathbb{E}[XY] - \mu_X\mu_Y.
\end{aligned}$$

9.9　总　　结

本课程最重要的概念之一是随机变量的期望. 我们讨论了它的几个性质. 最重要的是线性性质, 我们看到了如何利用该性质给出更简单的证明 (也就是说, 利用线性性质, 可以避免把概率密度函数明确地写出来, 从而不用给出长篇论述).

引入《捉鬼敢死队》里的一段对话会特别合适.

温斯顿 · 雷德莫尔: 我们有工具! 我们是天才!

彼得 · 温克曼: 现在是 Miller 时间!

这三句话都很重要. 首先, 我们需要合适的工具. 如果没有合适的工具, 就无法取得任何进展. 期望就是一个强大的工具, 充实了我们的装备. 其次, 只拥有这些工具是不够的, 还要知道如何使用. 例如, 为了让表达式更加简单, 我们重新排列了各项. **改写代数表达式**的一个很好的例子是

$$\mathbb{E}\left[\left((X_1 + X_2) - (\mu_{X_1} + \mu_{X_2})\right)^2\right] = \mathbb{E}\left[\left((X_1 - \mu_{X_1}) + (X_2 - \mu_{X_2})\right)^2\right].$$

数学中最困难的部分之一是学习如何更好地进行代数运算. 如果能把代数表达式改写成较好的形式, 那么你就可以看到其中的关联, 并知道该如何继续下去. 最后一句话是对 Miller 牌啤酒的 (非常老的!) 广告宣传, 而不是我的看法. 我不建议用喝酒的方式来庆祝解决了问题, 但是在掌握了一个较长的技巧性论证后, 庆祝一下是合情合理的!

9.10 习 题

习题 9.10.1 写出下列函数的前 5 个泰勒系数, 或者说明为什么无法写出. (a) $\log(1-u)$ 在 $u=0$ 处; (b) $\log(1-u^2)$ 在 $u=0$ 处; (c) $x\sin(1/x)$ 在 $x=0$ 处.

习题 9.10.2 在 9.2 节中, 我们发现 $\sum_{k=0}^{n} k^2\binom{n}{k}2^{-n}$ 等于 n 的二次多项式. 如果把 k^2 替换成 k^3, 结果是什么? 它也是关于 n 的多项式吗? 如果是的话, 是什么样的多项式?

习题 9.10.3 通过计算 $\lim_{\epsilon\to 0^+}\int_\epsilon^1 \mathrm{d}x/x$ 来证明 $\int_0^1 \mathrm{d}x/x$ 是无穷大的, 符号 $\epsilon\to 0^+$ 表示 ϵ 从 0 的右侧趋近于 0.

习题 9.10.4 证明: $\arctan(x)$ 的导数是 $1/(1+x^2)$. (提示: 对 $\tan(\arctan(x))=x$ 应用链式法则.)

习题 9.10.5 证明: 无论 A 和 B 沿着什么方向趋近于无穷大, 极限 $\lim_{A,B\to\infty}\int_{-A}^{B}\frac{\sin x}{x}\mathrm{d}x$ 始终存在. 如果把被积函数换成 $|\frac{\sin x}{x}|$, 情况就不一样了.

习题 9.10.6 设 X 是一个随机变量, $g_1,\cdots,g_n$ 都是连续函数. 证明: 已知下列期望都是有限的, 那么 $\mathbb{E}[a_1 g_1(X)+\cdots+a_n g_n(X)]=\sum_{k=1}^{n} a_k\mathbb{E}[g_k(X)]$. 为什么要假设这些量是有限的?

习题 9.10.7 在 9.5 节中, 我们讨论了利用定义给出证明的概率有多大. 这种情况在微积分的证明中很常见. 利用导数的定义, 证明和的求导法则与乘积的求导法则: 如果 f 和 g 是两个不同的函数, 那么 $(f(x)+g(x))'=f'(x)+g'(x)$ 且 $(f(x)g(x))'=f'(x)g(x)+f(x)g'(x)$.

习题 9.10.8 设 X 是一个离散型随机变量. 证明或反驳: $\mathbb{E}[1/X]=1/\mathbb{E}[X]$.

对于接下来的四道习题, 这里有一些不错的分布可以利用.

- **均匀分布**: 当 $0\leqslant x\leqslant 1$ 时, $f_X(x)=1$; 否则 $f_X(x)=0$.

- **指数分布**: 当 $x\geqslant 0$ 时, $f_X(x)=\exp(-x)$; 否则 $f_X(x)=0$.

- **拉普拉斯分布**: $f_X(x)=\exp(-|x|)/2$.

- **卡方分布**: 当 $x\geqslant 0$ 时, $f_X(x)=x^{\nu/2-1}\exp(-x/2)/2^{\nu/2}\Gamma(\nu/2)$; 否则 $f_X(x)=0$; 其中, $\nu>0$ 而且 $\Gamma(s)$ 是伽马函数.

- **正态分布**: $f_X(x)=(2\pi)^{-1/2}\exp(-x^2/2)$.

习题 9.10.9 计算一些常见分布 (如上面这些分布) 的前四阶中心矩. 试着找出峰度的一个下界, 并把它写成关于偏斜度以及其他中心矩的表达式. 换句话说, 你能概括出 $\mathbb{E}[X^2]\geqslant\mathbb{E}[X]^2$ 吗?

习题 9.10.10   给定一个随机变量 X, 它的前 $k \geqslant 4$ 阶矩都是有限的, 并设 $\mu_k = \mathbb{E}[(X-\mu)^k]$. 对于几个常见的分布, 验证不等式 $(\mu_4/\sigma^4) \geqslant (\mu_3/\sigma^3)^2 + 1$ 均成立, 其中 σ 是标准差. 注意, μ_k/σ 是无单位的, 它是我们研究的自然量.

习题 9.10.11   证明上一题中的不等式.

习题 9.10.12   根据上面这两道习题, 能不能利用低阶中心矩概括出关于六阶中心矩的不等式? 探讨一下!

习题 9.10.13   考虑一副包含 52 张牌的标准牌. 假设所有牌都被彻底打乱了, 那么 52! 种排列方法出现的概率都是相等的. 我们每次都 (无放回地) 选出一张牌, 直到选出两张相同花色的牌为止. 当选出两张相同花色的牌时, 拿到的总牌数的期望值是多少? 方差是多少?

习题 9.10.14   考虑两个随机变量之和 $Y = X_1 + X_2$. Y 的均值是否依赖于 X_1 和 X_2 的独立性? 如果 $\mathrm{Var}(X_1) = \mathrm{Var}(X_2) = a$, 那么 $\mathrm{Var}(Y)$ 的最大值和最小值分别是多少?

习题 9.10.15   已知 X 和 Y 是两个相互独立的随机变量. 证明: $\mathbb{E}[XY] = \mathbb{E}[X]\mathbb{E}[Y]$.

习题 9.10.16   设 $X_1, \cdots, X_n$ 是相互独立且同分布的随机变量, 它们不取正数的概率都是 0. 证明: 当 $1 \leqslant m \leqslant n$ 时, $\mathbb{E}[(X_1 + \cdots + X_m)/(X_1 + \cdots + X_n)] = m/n$. 这个结果是不是有些让人意外?

习题 9.10.17   对于服从标准正态分布的随机变量, 其概率密度函数是 $\frac{1}{\sqrt{2\pi}} \exp(-x^2/2)$. 计算它的前 4 阶矩.

习题 9.10.18   证明: 当 $m, n \in \{1, 2, 3, \cdots\}$ 时, $\Pr((X, Y) = (m, n)) = \frac{1}{2^n}\frac{1}{2^m}$ 是一个联合概率密度函数.

习题 9.10.19   求出 $\mathrm{Prob}((X, Y) = (m, n)) = \frac{1}{2^n}\frac{1}{2^m}$ 的边缘分布, 其中 $m, n \in \{1, 2, 3, \cdots\}$. X 和 Y 是相互独立的吗?

习题 9.10.20   一个随机变量在正方形 $[0, 1]^2$ 中均匀取值. 已知该随机变量满足 $x^2 + y^2 \leqslant 1$, 求出 X 的边缘分布. 找到 Y 的边缘分布. 在附加条件 $x^2 + y^2 \leqslant 1$ 下, X 和 Y 是相互独立的吗? 如果去掉这个条件, 它们是否相互独立?

习题 9.10.21   如果 $X \sim \mathrm{Bin}(n, p)$ (随机变量 X 服从参数为 n 和 p 的二项分布), 求出 X 的二阶矩和三阶矩.

习题 9.10.22   假设你在图书馆里. 你始终相信自己花费在图书馆里的时间等于大学生在图书馆花费时间的平均值. 为了验证这一点, 你决定走遍图书馆去问问每个人在那里花费了多少时间. 你发现, 你询问的那些人在图书馆的平均时间要比你在图书馆的时间多得多. 这是否与你的观点相矛盾?

习题 9.10.23   如果被你询问的那些人在图书馆的平均时间要比你在图书馆的时间少很多, 那么这是否与你坚信自己花费在图书馆里的时间等于大学生在图书馆花费的平均时间相矛盾?

习题 9.10.24   假设学校里的学生是均匀分布的, 他们每天花 1 到 5 个小时在图书馆学习. 另外, 每个人在图书馆的时间与其他人在图书馆的时间是相互独立的. 在某个给定时刻, 当前正在图书馆里的人花费在图书馆的时间服从什么分布?

习题 9.10.25   一个学生花费在图书馆里的平均时间是多少? 图书馆里所有人花费在图书馆

的平均时间是多少? 假设每个人都与其他人相互独立.

习题 9.10.26 假设与投资收益相关的随机变量是相互独立的. 对于一个给定的收益方差, 请解释一下投资的多样化是如何最大化预期收益的. (在实践中, 这并不是个很好的假设.)

习题 9.10.27 证明表 9-4 中的随机变量 X 和 Y 不是相互独立的. 你可以直接计算, 也可以考察联合概率不为 0 时 X 和 Y 的大小.

习题 9.10.28 证明: 相关系数的绝对值不可能大于 1. (提示: 利用 B.6 节的柯西-施瓦兹不等式.)

习题 9.10.29 证明: 不管我们为 X 和 Y 指定什么样的单位, 相关系数都是无单位的.

习题 9.10.30 设 $Y = 100X + X^2$, 其中 X 在 $[-1, 1]$ 中均匀取值. 计算 X 和 Y 的协方差及其相关系数.

在第二次世界大战中, 同盟国希望能找到一个用来估算德国生产的坦克数量的好方法. 他们知道德国人把坦克从 1 连续编号到某个未知数 N. 他们俘获了 k 辆坦克, 而观察到的最大序列号是 m. 不幸的是, 被俘获的坦克数量 (即 k) 还不够大, 不足以让盟军合理地预计 $m \approx N$, 因此有必要通过获得更大的 m 来进行更准确的估计. 假设 M 是一个随机变量, 表示观察到的最大序列号. 下面讨论了估算德国坦克数量的一种方法. 我们将在 12.7 节中给出相关证明.

习题 9.10.31 对于给定的 k 和 N, 计算 $m = n$ 的概率.

习题 9.10.32 对于给定的 N 和 k, 求出 m 的均值 (要小心地进行大量代数运算). 解出关于 N 的方程, 从而得到一个用 m 和 k 来表示的关于 N 的公式.

习题 9.10.33 编写用来模拟从 N 辆坦克中观察到 k 辆坦克的代码. 当观察到 k 辆坦克时, 测试估算 N 的公式的有效性.

习题 9.10.34 对德国坦克问题进行推广, 假设坦克从 N_1 开始被连续编号到 N_2. 虽然不知道这些编号是多少, 但我们可以观察到 k 辆坦克的序列号. 如果观察到的最小序列号是 m_1、最大序列号是 m_2, 那么请估算出坦克的数量.

习题 9.10.35 假设我们要在一个单位圆盘上均匀地选出一点. 采用的方法是从 $[0, 1]$ 中均匀地选出一个 r, 并从 $[0, 2\pi)$ 中均匀地选出一个 θ. 这与从 $[-1, 1]$ 中均匀地选出一个 x, 并从 $[-\sqrt{1-x^2}, \sqrt{1-x^2}]$ 中均匀地选出一个 y 是一样的吗? 如果不一样, 那么如何通过对 (r, θ) 的选择来求出 (x, y) 的联合概率密度函数?

第10章 工具：卷积和变量替换

> 时间是一场风暴，我们都迷失在其中. 只有在风暴本身的回旋中，我们才能找到方向.
>
> —— 威廉·卡洛斯·威廉斯，《威廉·卡洛斯·威廉斯文选》(1954)

在前几章中，我们研究了随机变量，并取得了很大的成功. 关于随机变量，最自然的问题就是它的概率密度是多少？不幸的是，从 X 和 Y 的概率密度过渡到它们的和 $X+Y$ 的概率密度并不容易. 如果加入更多的随机变量，那么情况会更糟. 因为我们还没有过多地讨论为什么要添加很多随机变量，所以现在就来简单地介绍一下，这强调了求出这些新的概率密度函数的必要性. 弄清楚如何做到这一点是本章的两大主题之一.

因为我们可以轻松地通过添加随机变量的相关应用来把几章内容补充完整 (我们会这样做!)，所以这里会给出一般化的例子. 科学的重要教训之一是，把一个复杂的问题简化成许多简单的问题. 在化学课上，你要学会把化合物分解成组成原子. 在数论中，你学习把整数分解成素数的乘积. 我们还可以给出很多其他的例子，这些例子都说明了同一个原理：把一个复杂的物体分解成更简单的成分. 在概率论中，我们也可以这样做. 例如，要想弄清楚抛掷 n 颗均匀骰子的结果，只需了解抛掷一颗骰子的可能结果，并把所有结果组合起来就行了. 同样地，我们也可以通过了解抛掷一枚均匀硬币的结果来理解抛掷 n 枚硬币的情形.

当然，这个原理的宝贵价值不仅仅体现在抛掷硬币和骰子上. 想象一下，我们正在试着理解消费者的行为：可能想了解电影市场的需求，或者要为航空公司设计日程安排，又或者要把产品送到市场. 可以尝试理解不同个体行为的可能性，然后把它们组合在一起.

关键是，我们要真正理解随机变量之和. 我们在 9.5 节中取得了一些进展，其中定理 9.5.1 给出了计算随机变量组合的期望值的公式，它可以用随机变量的期望值来表示. 我们将在第 19 章中更详细地看到，一个分布的矩会提供与该分布性质有关的线索. 当然，如果能知道这个分布就更好了！这就是引入卷积的地方 —— 卷积提供了很好的方法来得到随机变量之和的概率密度函数，这恰好是我们想了解的信息！

之前说过，找到相互独立的随机变量之和的概率密度函数是本章的两大主题之一. 另一个主题是变量替换公式的相关结果. 虽然这两个主题看起来相距甚远，但它们之间存在自然的联系, 也正是因为这一点才把它们放在了同一章. 变量替换公式可以由一个随机变量的概率密度函数得出另一个相关随机变量的概率密度函数. 具体地说, 如果随机变量 X 的概率密度函数是 f_X, g 是一个恰当的函数, 那么可以利用 f_X 和 g 求出 $Y = g(X)$ 的概率密度函数. 注意这与卷积有多么相似. 对于每个随机变量, 我们都试着利用其组成部分的概率密度函数来找出该随机变量的概率密度函数.

10.1　卷积: 定义和性质

在不知道卷积的情况下, 我们也可以讨论随机变量的和, 但这个过程并不愉快! 卷积的出现是为了便于计算随机变量之和的概率密度函数. 我们会在第 19 章中详细地讨论生成函数, 看看该如何使用卷积. 事实上, 卷积在中心极限定理的证明中起了关键作用, 而中心极限定理不仅是概率论中的一颗宝石, 也是整个数学理论的瑰宝!

因为卷积十分重要, 所以关于卷积有个深奥的理论也就不足为奇了. 现在, 我们只看定义和一些虽然基本但非常有用的性质, 并把涉及卷积应用的其余材料都留到具体的分布和中心极限定理的证明中.

这里有个基本框架. 假设有一个概率密度函数为 f_X 的随机变量 X 和另一个概率密度函数为 f_Y 的随机变量 Y, 我们想知道 $Z = X + Y$ 的概率密度函数是多少. 如果这是我们所知道的全部信息, 那么很遗憾, 我们的运气很不好! 和之前一样, 当 X 和 Y 不相互独立时, 问题就出现了.

不妨设

$$f_X(x) = \begin{cases} 1 & \text{若 } -1/2 \leqslant x \leqslant 1/2 \\ 0 & \text{其他} \end{cases}$$

以及

$$f_Y(y) = \begin{cases} 1 & \text{若 } -1/2 \leqslant y \leqslant 1/2 \\ 0 & \text{其他.} \end{cases}$$

注意, X 和 Y 的概率密度函数是一样的, 而 X 和 $-X$ 也是如此! 如果令 $Y = -X$, 那么 $Z = X + Y$ 就始终为 0; 但如果令 $Y = X$, 那么 $Z = X + Y$ 就是 $2X$, 并且

$$f_{2X}(z) = \begin{cases} 1/2 & \text{若 } -1 \leqslant z \leqslant 1 \\ 0 & \text{其他.} \end{cases}$$

这里有个重要启示: 只知道 f_X 和 f_Y 并不足以确定 f_{X+Y}. 幸运的是, 如果我们还知道 X 和 Y 是相互独立的, 那么情况就完全不同了. 在这种情况下, 世界将

再次变得美好, 可以得到一个计算 f_Z 的具体公式.

　　在陈述主要结果之前, 我们先看一些符号, 并做好预备工作.

定义 10.1.1　设 X 和 Y 是定义在 $\mathbb{R}$ 上的两个相互独立的连续型随机变量, 它们的概率密度函数分别是 f_X 和 f_Y. X 和 Y 的**卷积**记作 $f_X * f_Y$, 其表达式为

$$(f_X * f_Y)(z) = \int_{-\infty}^{\infty} f_X(t) f_Y(z-t) \mathrm{d}t.$$

如果 X 和 Y 都是离散型随机变量, 那么

$$(f_X * f_Y)(z) = \sum_n f_X(x_n) f_Y(z - x_n).$$

当然, 要注意, 除非 $z - x_n$ 等于 Y 有正概率时的取值 (即 $z - x_n$ 取某个具体的 y_m), 否则 $f_Y(z - x_n) = 0$.

　　两个随机变量的卷积有很多奇妙的性质, 其中就包括下面的定理.

定理 10.1.2　设 X 和 Y 是定义在 $\mathbb{R}$ 上的两个相互独立的连续型或离散型随机变量, 它们的概率密度函数分别是 f_X 和 f_Y. 如果 $Z = X + Y$, 那么

$$f_Z(z) = (f_X * f_Y)(z).$$

另外, 卷积是可交换的: $f_X * f_Y = f_Y * f_X$.

　　证明:　我们会给出关于连续型随机变量的证明, 离散的情况与之相似.

　　先来证明与 Z 的概率密度函数有关的论述. 让 f_Z 表示 Z 的概率密度函数, 并让 F_Z 表示 Z 的累积分布函数. 我们总是可以通过微分累积分布函数来求出概率密度函数. 于是

$$F_Z(z) = \text{Prob}(Z \leqslant z).$$

这个概率该如何计算呢? 不妨设 X 的值是 t. 由于要求 $Z = X + Y$ 的值不超过 z, 因此 Y 的取值至多为 $z-t$. 从定义来看, 这个概率就是 $F_Y(z-t) = \text{Prob}(Y \leqslant z-t)$. 让 t 取遍 X 所有可能的取值, 于是有

$$F_Z(z) = \int_{t=-\infty}^{\infty} f_X(t) F_Y(z-t) \mathrm{d}t.$$

现在在积分号下求微分. 在数学课上, 这一点的合理性必须要得到证明, 但是很多教师要么忘记了证明, 要么刻意回避这部分证明. 在本章结尾的习题中, 会给出一些不能进行互换的情况. 幸运的是, 在这里交换积分和求导的次序是合理的. 关于何时能做到这一点, 请参阅 B.2.1 节. 我们有

$$f_Z(z) = \frac{\mathrm{d}}{\mathrm{d}z} \int_{t=-\infty}^{\infty} f_X(t) F_Y(z-t) \mathrm{d}t$$

$$= \int_{t=-\infty}^{\infty} \frac{\mathrm{d}}{\mathrm{d}z} \left[f_X(t) F_Y(z-t) \right] \mathrm{d}t$$

$$= \int_{t=-\infty}^{\infty} f_X(t) \frac{\mathrm{d}}{\mathrm{d}z} F_Y(z-t) \mathrm{d}t$$

$$= \int_{t=-\infty}^{\infty} f_X(t) f_Y(z-t) \mathrm{d}t$$

$$= (f_X * f_Y)(z).$$

对于第二个结论, 如果 f_X 和 f_Y 都是概率密度函数, 那么证明会非常简单. 我们刚刚证明了, 当 Z 是两个相互独立的随机变量 X 与 Y 的和时, Z 的概率密度函数就是 $f_X * f_Y$. 因为加法是可交换的, 所以 $Y+X$ 也等于 Z, 进而有 $f_{X+Y} = f_{Y+X}$. 尽管我们并不需要, 但任意两个函数的卷积都是可交换的, 而不仅仅是一个积分值为 1 的非负函数. □

我真的很喜欢上面第二个结论的证明. 这是个很好的例子, 说明了正确看待问题的重要性. 我们可以通过写出每个式子分别等于多少来证明 $f_X * f_Y = f_Y * f_X$, 然后通过变量替换来证明它们是等价的, 但是, 注意到加法是可交换的会更好. 这是个典型的问题 —— 你可以采用多种代数方法解决问题, 但通常会有更好的方法.

在陈述了这样一个具有技巧性的结果并给出相关证明后, 我们来看看它在实践中是如何发挥作用的. 假设 X 和 Y 是相互独立的随机变量, 它们具有相同的概率密度函数

$$f(t) = \begin{cases} 1 & \text{若 } -1/2 \leqslant t \leqslant 1/2 \\ 0 & \text{其他.} \end{cases}$$

通过计算

$$\int_{-\infty}^{\infty} f(t) f(z-t) \mathrm{d}t,$$

可以求出 $Z = X + Y$ 的概率密度函数. 然而, 我们必须非常小心. **学生们最容易犯的错误之一就是用 1 来替换 $f(t)$ 和 $f(z-t)$, 并让 t 在 $-1/2$ 和 $1/2$ 之间取值, 而这种做法是错误的!** 这里的替换出了什么问题? 问题在于, 只有当 $-1/2 \leqslant u \leqslant 1/2$ 时, 函数 $f(u)$ 才会等于 1. 如果 $f(t) = 1$. 那么就意味着 $-1/2 \leqslant t \leqslant 1/2$. 如果 $f(z-t) = 1$, 那就表明了 $-1/2 \leqslant z - t \leqslant 1/2$, 也就是说, $z - 1/2 \leqslant t \leqslant z + 1/2$. 因此, 这个积分必须分情况讨论. 关于这一点, 我们会在 13.1.2 节讨论服从均匀分布的随机变量之和时给出进一步说明. 具体地说, 我们将分别讨论 $|z| > 1$ 和 $|z| \leqslant 1$ 的情形.

好吧, 上面的内容让人觉得有点沮丧. 有一点还不错, 那就是只需要计算一个积分值, 而不是分段定义的积分. 但问题在于, 最初的函数可能是个分段函数. 如果该函数对所有的输入都有相同的定义, 那么情况又是什么样的? 虽然这确实有点

帮助, 但存在一个根本的困难: 积分很难计算! 虽然我们总能对初等函数的组合求微分, 但对于包含这些函数的一般积分来说, 有简单的解析表达式是很罕见的. 因此, 就像我们希望找到关于卷积的漂亮表达式一样, 往往徒劳无功.

后退一步, 我们会看到还有一丝希望. 虽然不总能得到关于概率密度函数的解析表达式, 但卷积仍然有用. 还能用卷积做些什么呢? 我们可以利用卷积推导出大量关于随机变量之和的性质, 所以卷积仍是个很好的工具. 在第 19 章中, 我们将开始着手这方面的研究, 并由此推导出关于中心极限定理的证明. 事实上, 我们会在第 21 章中看到一个叫作傅里叶变换的漂亮运算, 卷积的傅里叶变换就是傅里叶变换的乘积. 我们将利用这个结果, 把困难的卷积积分转换成简单的乘法运算 (但在结束时, 必须逆转该过程!), 这样卷积的一些缺点就消失了.

接下来几章讨论的是特殊的随机变量. 在这个过程中, 我们会更加详细地研究卷积. 但卷积会让人感到喜忧参半. 没错, 卷积给出了一个关于概率密度函数的显式公式, 但最终的积分并不容易计算. 如果求不出积分值, 那么知道它的表达式又有什么意义呢!

有种观点是, 需求是发明之母. 面对无法使用的答案对我们来说是种可怕的嘲讽. 这种局面促使许多研究人员去寻找能够计算这种积分的技巧. 正如我们前面所提到的, 另一种看法是, 对于数学中的许多问题, 只要知道事物或公式的存在性就足够了. 令人惊讶的是, 在第 20 章中, 我们将看到这种存在性基本上就是证明中心极限定理所需的全部内容!

10.2　卷积: 掷骰子的例子

10.2.1　理论计算

下面考察一些卷积的例子. 第一个例子是抛掷两颗均匀的骰子. 假设两颗骰子掷出的结果是相互独立的. 让 X 表示第一颗骰子掷出的数字, Y 表示第二颗骰子掷出的数字. 于是, 我们有

$$f_X(k) = f_Y(k) = \begin{cases} 1/6 & \text{若 } k \in \{1, 2, 3, 4, 5, 6\} \\ 0 & \text{其他.} \end{cases}$$

在 7.2 节中, 我们把 36 对可能的结果以及每 1 对所对应的 $X + Y$ 的取值全都列举了出来, 并由此求出 $X + Y$ 的概率密度函数. 当抛掷两颗骰子时可以这样做, 但随着骰子数量的增加, 这种做法就变得不切实际了. 幸运的是, 卷积可以指导我们进行代数运算.

根据定理 10.1.2 以及卷积的定义可知, 如果 $Z = X + Y$, 那么

$$f_Z(z) = (f_X * f_Y)(z) = \sum_{k=-\infty}^{\infty} f_X(k) f_Y(z-k).$$

由于当参数不属于 $\{1, \cdots, 6\}$ 时 f_X 和 f_Y 都等于 0, 因此这里必须同时满足

$$k \in \{1, \cdots, 6\} \quad \text{且} \quad z - k \in \{1, \cdots, 6\}.$$

好的, 这意味着什么呢? 首先, 由 $1 \leqslant k \leqslant 6$ 以及 k 是个整数可知, 我们可以限制和的大小. 其次, z 必须是整数. 最后, 不管选择哪个 k, 总能找到某个合理的 z. 当然, 我们不应该这么考虑. 最好把 z 看作是已知的, 然后求出 k 的可能取值. 这两个条件意味着

$$\{z-6, z-5, z-4, z-3, z-2, z-1\} \cap \{1, 2, 3, 4, 5, 6\}.$$

例如, 当 $z=2$ 时, k 只能取 1, 但如果 $z=8$, 那么 k 的可能取值有 2、3、4、5 和 6.

因此, 现在只需要算出 z 取 11 个整数值的概率密度, 它们是介于 2 和 12 之间的整数. 例如,

$$f_Z(8) = \sum_{k=2}^{6} f_X(k) f_Y(8-k) = \sum_{k=2}^{6} \frac{1}{6} \cdot \frac{1}{6} = \frac{5}{36}.$$

这样继续进行下去, 我们会看到

$$f_Z(k) = \begin{cases} \sum_{k=1}^{z-1} \dfrac{1}{36} = \dfrac{z-1}{36} & \text{若 } z \in \{2, \cdots, 7\} \\[2mm] \sum_{k=z-6}^{6} \dfrac{1}{36} = \dfrac{13-z}{36} & \text{若 } z \in \{7, \cdots, 12\} \\[2mm] 0 & \text{其他.} \end{cases}$$

10.2.2　卷积码

我们已经有一段时间没有通过代码来验证了. Mathematica 有用来求卷积的预定义函数 (但你可能更喜欢自己写函数, 从而对输出有更多的控制). 图 10-1 所示的就是计算卷积的代码, 并且提供了输出结果.

```
In[11]: = Convolve [PDF [DiscreteUniformDistribution[{1, 6}], x],
         PDF [DiscreteUniformDistribution[{1, 6}], x], x, y]
```

$$\text{Out[11]} = \begin{cases} \dfrac{1}{3} - \dfrac{y}{36} & 7 < y < 12 \\[2mm] \dfrac{1}{36}(-2+y) & 2 < y \leqslant 7 \\[2mm] 0 & \text{True} \end{cases}$$

图 10-1　两个离散型随机变量的卷积码, 这两个变量都在 $\{1, \cdots, 6\}$ 中均匀取值

我们可以求出 4 颗骰子掷出的数字之和的概率密度函数, 其结果仍然是一个解析表达式, 但它的运行时间更长, 而输出的内容自然也会复杂很多 (如图 10-2 所示)!

```
In[12]:= Convolve[Convolve[PDF[DiscreteUniformDistribution[{1, 6}], x],
         PDF[DiscreteUniformDistribution[{1, 6}], x], x, y],
         Convolve[PDF[DiscreteUniformDistribution[{1, 6}], t],
         PDF[DiscreteUniformDistribution[{1, 6}], t], t, y], y, z]
```

$$
\text{Out[12]}=
\begin{cases}
-\dfrac{(-24+z)\,(-9+z)^2}{3888} & z == 14 \\[2mm]
\dfrac{2852-924z+96z^2-3z^3}{7776} & 9 < z < 14 \\[2mm]
\dfrac{13\,824-1728z+72z^2-z^3}{7776} & 19 < z < 24 \\[2mm]
\dfrac{-10\,724+1578z-72z^2+z^3}{7776} & z == 19 \\[2mm]
\dfrac{-64+48z-12z^2+z^3}{7776} & 4 < z \leqslant 9 \\[2mm]
\dfrac{-13\,612+2604z-156z^2+3z^3}{7776} & 14 < z \leqslant 19 \\[2mm]
0 & \text{True}
\end{cases}
$$

图 10-2   四个离散型随机变量的卷积码, 这四个变量都在 $\{1, \cdots, 6\}$ 中均匀取值

上述过程的复杂性强烈地表明了我们需要更好的方法. 不幸的是, 现实中曾出现过很多次答案是大量代数运算的情况, 而这就是其中之一! 你可以尝试求出 8 颗骰子掷出的数字和的概率密度函数 (我要为其他内容节省页面, 而且也没有足够的空间把这部分内容打印出来). 但是, 刚才看到的复杂性说明了, 我们可能在研究一个错误的问题. 我们正在做的是求出数字和的**精确**概率. 在许多应用中, 只要有很好的近似就足够了, 我们不需要实际值, 只需要一个近似值. 这就引出了中心极限定理, 对任何一门课来说, 它都是重点之一. 我们将看到, 如果把越来越多独立同分布的随机变量加起来, 那么它们的和就会收敛到正态分布. 通过绘制上述内容的图形 (或者阅读图 10-3), 你就可以看到分布的正常形状. 稍后, 我们会花费大量时间来讨论中心极限定理.

10.3   多变量的卷积

我们已经成功地讨论了两个相互独立的随机变量之和的分布. 在此基础上, 我们来考察三个或更多个相互独立的随机变量之和的分布. 设 X_i 是概率密度函数为 f_{X_i} 的随机变量. 由定理 10.1.2 可知, 如果 U 和 V 是两个相互独立的随机变量, 那么 $f_{U+V}(z) = (f_U * f_V)(z)$. 由此能不能求出 $f_{X_1+X_2+X_3}$, 或者更一般的 $f_{X_1+\cdots+X_n}$?

答案是肯定的!

定理 10.3.1 (**独立的随机变量之和**) 设 $X_1, X_2 \cdots, X_n$ 是相互独立的随机变量, 它们的概率密度函数分别是 $f_{X_1}, f_{X_2}, \cdots, f_{X_n}$, 那么

$$f_{X_1 + \cdots + X_n}(z) = (f_{X_1} * f_{X_2} * \cdots * f_{X_n})(z),$$

其中

$$(f_1 * f_2 * \cdots * f_n)(z) = (f_1 * (f_2 * \cdots * (f_{n-2} * (f_{n-1} * f_n)) \cdots))(z).$$

我们已经证明了卷积是可交换的, 也就是说 $f * g = g * f$. 另外, 卷积还满足结合律: $(f * g) * h = f * (g * h)$. 记住, 卷积要用两个函数作为输入, 并返回一个函数作为输出. 我们不能直接对三个函数求卷积. 所以, 如果给出了 $f * g * h$, 就要小心地解释这是什么意思. 因为卷积需要两个输入, 所以这里有两种解释方法: $f * g * h$ 等于 $(f * g) * h$ 或者 $f * (g * h)$. 幸运的是, 因为卷积满足结合律, 所以这两个表达式是相等的, 写哪个都可以. 虽然我们可以直接证明结合律, 但没必要这样做. 原因在于, 我们只在乎关于概率密度函数的卷积定理, 而且有个很好的技巧能让我们更自由地使用结合律.

定理 10.3.1 的证明: 我们只考察 $n = 3$ 的情形, 一般情形下的结果可以类似地证明.

那么, 现在就来考察 $Z = X_1 + X_2 + X_3$. 我们把这个式子写成 $Z = (X_1 + X_2) + X_3$. 这样做的好处是, 对于两个相互独立的随机变量, 它们的和的概率密度函数就是它们概率密度函数的卷积. (注意, 因为 X_3 独立于 X_1 和 X_2, 所以 X_3 与它们的和也是相互独立的.) 于是有

$$f_Z(z) = (f_{X_1 + X_2} * f_{X_3})(z).$$

现在, 由定理 10.1.2 可知, $f_{X_1 + X_2} = f_{X_1} * f_{X_2}$. 把它代入上式, 就得到了

$$f_Z(z) = ((f_{X_1} * f_{X_2}) * f_{X_3})(z).$$

当然, 我们也可以写成 $Z = X_1 + (X_2 + X_3)$, 而不是 $Z = (X_1 + X_2) + X_3$. 在这种情况下, 首先得到的是

$$f_Z(z) = (f_{X_1} * f_{X_2 + X_3})(z).$$

利用 $f_{X_2 + X_3} = f_{X_2} * f_{X_3}$, 有

$$f_Z(z) = (f_{X_1} * (f_{X_2} * f_{X_3}))(z).$$

如果继续沿着这种思路论证下去, 就不难看出如何对卷积进行分组并不重要. 我们甚至可以颠倒函数的次序, 比如 $X_1 + X_2 + X_3 = X_2 + X_3 + X_1$ (等等).

对于四个相互独立的随机变量, 可以写成 $X_1 + (X_2 + (X_3 + X_4))$, 这会给出概率密度函数 $f_{X_1} * (f_{X_2} * (f_{X_3} * f_{X_4}))$. □

上述过程是我最喜欢的论述之一. 注意, 这里完全没有求积分或求和. 我们先分组, 接着探讨了由此带来的结果, 并最终得到了答案. 我把这种方法称为**分组证明法**, 其他相关示例, 请参阅 A.3 节.

回到 10.2 节的骰子问题. 接下来的问题将会展示一个真正的精彩视角. 独立地抛掷三颗骰子, 我们可以求出得到数字的 PDF. 我们知道掷一颗骰子以及掷两颗骰子所得数字的概率密度函数, 所以现在只需要求出卷积. 遗憾的是, 说起来容易做起来难, 原因是这里的代数运算有些杂乱.

我们把抛掷三颗骰子的头痛问题留给你自己来解决, 现在继续考虑掷四颗骰子的情况. 考察四颗骰子的好处在于, 我们可以采用另一种还没有被提到过的分组方法. 更好的解决方案是将四个变量分组为 $(X_1 + X_2) + (X_3 + X_4)$, 而不是 $X_1 + (X_2 + (X_3 + X_4))$. 为什么这种做法会更好呢? 现在仍然要进行三次加法运算, 不是吗? 是的, 但也不对! 再看一下第二种分组方法: $(X_1 + X_2) + (X_3 + X_4)$. 注意, 第一个加法和最后一个加法是相同的, 概率密度函数 $f_{X_1+X_2} = f_{X_1} * f_{X_2}$ 就等于 $f_{X_3+X_4} = f_{X_3} * f_{X_4}$. 所以, 虽然从技术上看, 这里要进行三次加法运算, 但其中两次是相同的. 这远好于 $X_1 + (X_2 + (X_3 + X_4))$ 的分组方式, 因为后者涉及三个完全不同的加法运算.

如果考察八个相互独立且同分布的随机变量的和, 这种优势就更明显了. 这个和可以写成

$$((X_1 + X_2) + (X_3 + X_4)) + ((X_5 + X_6) + (X_7 + X_8)),$$

从而减少大量运算. 两个变量的加法要进行四次, 然后把得到的和相加两次, 接着再把两个结果相加. 换句话说, 我们要计算三种不同的卷积, 但是如果采用下列分组方式

$$X_1 + (X_2 + (X_3 + (X_4 + (X_5 + (X_6 + (X_7 + X_8)))))),$$

就必须算出七个不同的卷积. 这显然没有第一种分组方式好.

从某种意义上说, 上述启示并不重要, 但这种观点是不正确的. 没错, 如果不使用巧妙的分组方法, 我们也可以算出 PDF, 但这只会增加麻烦. 我的人生目标之一就是尽量减少烦琐乏味的代数运算. 分组是一种很好的方法, 可以让代数运算更容易处理.

为了看出这一点, 我们来考察独立地抛掷四颗骰子所得到的数字之和. 让 X_1、X_2、X_3 和 X_4 分别表示这四颗骰子掷出的数字. 我们知道这几个变量服从的分布,

还知道 $X_1 + X_2$ 和 $X_3 + X_4$ 的概率密度函数

$$f_{X_1+X_2}(u) = f_{X_3+X_4}(u) = \begin{cases} \dfrac{u-1}{36} & \text{若 } u \in \{2, \cdots, 7\} \\[2mm] \dfrac{13-u}{36} & \text{若 } u \in \{7, \cdots, 12\} \\[2mm] 0 & \text{其他.} \end{cases}$$

现在就可以计算掷出的数字之和为 $4, 5, 6, \cdots, 24$ 的概率.

设 $Z = X_1 + X_2 + X_3 + X_4$, 我们有 $f_Z(z) = (f_{X_1+X_2} * f_{X_3+X_4})(z)$, 其中, 对于等号右端的两个非 0 的概率密度函数, 它们的输入都只能是介于 2 和 12 之间的值. 例如

$$\begin{aligned} f_Z(6) &= \sum_{k=2}^{12} f_{X_1+X_2}(k) f_{X_3+X_4}(6-k) \\ &= \sum_{k=2}^{4} f_{X_1+X_2}(k) f_{X_3+X_4}(6-k) \\ &= \frac{2-1}{36}\frac{4-1}{36} + \frac{3-1}{36}\frac{3-1}{36} + \frac{4-1}{36}\frac{2-1}{36} \; = \; \frac{10}{1296} \; = \; \frac{5}{648}. \end{aligned}$$

类似地, 我们还能求出其余 20 个函数值. 这比把 $6^4 = 1296$ 种可能的结果全都写出来要好得多. 图 10-3 显示了其结果.

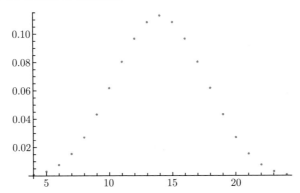

图 10-3   独立地抛掷四颗均匀的骰子, 得到的数字和的概率密度函数

如果你听说过中心极限定理, 那就透过它看看图 10-3 —— 你应该能开始看到钟形曲线, 或者开始想到高斯分布了.

10.4   变量替换公式: 叙述

现在转向本章的第二个主题. 在第一部分中, 我们求出了相互独立的随机变量之和的概率密度函数, 它可以用各变量的概率密度函数来表示. 现在来看一下, 随

机变量的概率密度函数之间存在的一种非常好的依赖关系. 我们的主要研究工具是
变量替换公式. 这是微积分中最重要的定理之一. 当只有一个变量时, 它实际上就
是链式法则; 当涉及多个变量时, 情况就变得更复杂了. 现在只考虑涉及一个变量
的概率密度函数, 因此我们会搁置更一般的情况. 如果有兴趣, 你可以查阅在线补
充资料来获得其证明与更多例子.

　　接下来要说的是一种很常见的情况. 假设我们有一个连续型随机变量 X, 它
的概率密度函数是 f_X. 如果 g 是一个 "合适的" 函数, 那么我们肯定能够求出
$Y = g(X)$ 的概率密度函数, 而结果应该包含了 f_X 和 g 的组合式. 变量替换公式
将告诉我们这种关系是什么, 并指出哪些 g 是 "合适的".

定理 10.4.1 (变量替换公式)　设 X 是一个概率密度函数为 f_X 的连续型随机
变量, 并设存在一个区间 $I \subset \mathbb{R}$ 使得当 $x \notin I$ 时, $f_X(x) = 0$ (换句话说, X 只
有在 I 中取值时, 其概率密度函数才可能不为 0, 其中 I 可以是整个实直线). 设
$g : I \to \mathbb{R}$ 是一个可微函数, 其反函数是 h. 除了在有限多个点处的导数值可能
为 0 外, g 的导数在 I 中始终为正或者始终为负. 如果令 $Y = g(X)$, 那么

$$f_Y(y) = f_X(h(y)) \cdot |h'(y)|.$$

　　在给出定理的证明前, 我们先讨论一下它的意思是什么, 并考察一个例子, 而
它的证明会放在本节的最后. 当我们看到证明后, 定理中的一些条件 (尤其是可微
性的条件) 会变得更加清晰.

　　上面说了很多内容, 我们来慢慢地解析.

- 首先, X 定义在不错的区间 I 上. 虽然 I 可能是整个实数集 $\mathbb{R}$, 但它通常是
  $\mathbb{R}$ 的一个子集. 引入这个小区间的原因是, 要想求出 f_Y, 函数 g 就必须满足
  几个好的性质. 通过把研究范围在 I 上, 我们只需要让 g 在 I 上具有良好
  的性质, 而不必要求在整个 $\mathbb{R}$ 上有良好的性质.

- 其次, 我们希望 g 是可微的. 这个限制并不可怕, 大多数常见变换都是可微
  的, 但并非全部如此. 例如, 如果让 X 表示定义在区间 $I = [-1, 1]$ 上的随机
  变量, 那么 $g(X) = |X|$ 就不满足要求, 因为绝对值函数在原点处是不可微
  的. 但是, 如果 $I = [2, 3]$, 就可以取 $g(X) = |X|$.

- 最后一个条件要求 g 的导数要么始终为正, 要么始终为负. 这意味着 g 要么
  严格地增加 (如果导数是正的), 要么严格地减少 (如果导数是负的). 因此,
  X 的每个值都只与唯一的 Y 值相关联, 反之亦然. 如果导数在几个点处为
  0, 该怎么办呢? 这并不重要, 只要导数在这些点之前和之后都具有相同的符
  号, 那么函数仍然是严格增加或严格减少的. 例如, 考虑定义在 $[-1, 1]$ 上的

函数 $g(x) = x^3$. 注意, $g'(x) = 3x^2$, 这表明了 $g'(x)$ 在除了点 $x = 0$ 之外的所有点处始终为正, 但在 $x = 0$ 处为 0. 函数 g 在 $[-1, 1]$ 上仍然是严格增加的.

- 回顾一下, 如果 h 是 g 的反函数, 那么 $h(g(x)) = x$ 并且 $g(h(y)) = y$. 利用链式法则, 我们发现 g 和 h 的导数之间有很好的关系. 求函数

$$g(h(y)) = y$$

关于 y 的微分, 我们得到了

$$g'(h(y)) \cdot h'(y) = 1,$$

或者

$$h'(y) = \frac{1}{g'(h(y))}.$$

因此, 如果知道 g 的导数, 那么就知道 h 的导数. 在实践中, 有时直接求 h 的具体表达式并进行微分会更容易些, 但是如果 h 的微分算起来非常麻烦, 就可以利用 g' 来确定 h'. 注意, 不管怎样, 确实需要求出函数 h, 因为公式要求我们算出 f_X 在 $h(y)$ 处的值.

- 最后来验证这个公式是否合理. 最简单的方法是看它是不是一个积分值为 1 的非负函数. 我们看到这里的绝对值符号是必要的. 如果 g' 是负的, 那么 h' 也是负的. 如果忘了考虑绝对值, 那么 Y 的概率密度函数会在某些点处取负值! 另外, 我们还要确保其积分值是 1. 为了方便起见, 我们只考虑 h' 是正的情况, 所以现在可以把绝对值符号去掉. 在这种情况下, 区间 $I = [a, b]$ 被映射成 $[g(a), g(b)]$, 于是

$$
\begin{aligned}
\int_{g(a)}^{g(b)} f_Y(y)\mathrm{d}y &= \int_{g(a)}^{g(b)} f_X(h(y))h'(y)\mathrm{d}y \\
&= \int_{g(h(a))}^{g(h(b))} f_X(u)\mathrm{d}u \quad \text{(变量替换成 } u\text{)} \\
&= \int_a^b f_X(u)\mathrm{d}u \\
&= F_X(b) - F_X(a) \ = \ 1
\end{aligned}
$$

(最后一个等式利用了 "F_X 是 X 的 CDF" 这一事实. 因为 $a \leqslant X \leqslant b$, 所以 $F_X(b) = 1$ 且 $F_X(a) = 0$). 因此, 这个函数的积分值确实是 1. 当 g' 取负值时, 计算方法是类似的, 但现在 $I = [a, b]$ 被映射成了 $[g(b), g(a)]$, 这是因为 g 是一个递减函数, 所以次序会颠倒过来.

我们看一个例子. 不妨设 X 的概率密度函数是

$$f_X(x) = \begin{cases} 1/2 & \text{若 } 0 \leqslant x \leqslant 2 \\ 0 & \text{其他,} \end{cases}$$

并设

$$g(X) = X^2.$$

看看下列叙述.

(1) 区间 I 就是 $[0, 2]$.

(2) $g(x) = x^2$ 的导数就是 $g'(x) = 2x$. 除了 $x = 0$ 之外, g' 在其他点处的函数值均为正.

(3) 由于 $h(g(x)) = \sqrt{x^2} = x$ 并且 $g(h(y)) = (\sqrt{y})^2 = y$, 因此 g 的反函数就是 $h(y) = \sqrt{y}$. 记住, 考察的区间是 $[0, 2]$, 所以只取正的平方根.

(4) 由 $h(y) = \sqrt{y}$ 可知, $h'(y) = \frac{1}{2} y^{-1/2}$. 另一种思路是, 因为 $h'(y) = 1/g'(h(y))$ 且 $g'(x) = 2x$, 所以 $h'(y) = \frac{1}{2} y^{-1/2}$.

现在, 我们利用变量替换公式来求

$$f_Y(y) = f_X(h(y)) \cdot |h'(y)|.$$

当 u 不满足 $0 \leqslant u \leqslant 2$ 时, 有 $f_X(u) = 0$, 而且 $h(y) = \sqrt{y}$. 所以, 如果 y 不满足 $0 \leqslant \sqrt{y} \leqslant 2$, 即 $0 \leqslant y \leqslant 4$, 那么 $f_Y(y) = 0$. 对于这样的 y, $f_X(h(y)) = 1/2$ 且 $h'(y) = 1/2\sqrt{y}$. 综上所述, 我们得到了

$$f_Y(y) = \begin{cases} \dfrac{1}{4\sqrt{y}} & \text{若 } 0 \leqslant y \leqslant 4 \\ 0 & \text{其他.} \end{cases}$$

作为检验, 我们要确保上述概率密度函数的合理性. 它显然是非负的, 那么其积分值是否为 1? 因为该函数在 0 和 4 之间的取值不为 0, 所以只需要求出 0 到 4 上的积分.

$$\int_0^4 f_Y(y)\mathrm{d}y = \int_0^4 \frac{\mathrm{d}y}{4\sqrt{y}} = \left.\frac{\sqrt{y}}{2}\right|_0^4 = 1,$$

可以看到其积分值确实等于 1. 当然, 这并不能证明我们的代数运算是正确的, 但这能让我们打消疑虑.

上面的答案很有意思. 最初的概率密度函数在任意一点处都表现良好, 映射函数 $g(x) = x^2$ 也是个不错的函数, 但是新随机变量 $Y = g(X)$ 的概率密度函数却在 $y = 0$ 处趋近于无穷大! 虽然这看起来很奇怪, 但它与我们的理论并不矛盾. 注意, 非常重要一点是, 概率密度函数 f_Y 在原点处是 "弱" 无穷大. 也就是说, 当 $y \to 0$

时, 尽管它会增加到无穷大, 但会以非常缓慢的速度增加, 从而使最终的积分仍是有限的.

10.5 变量替换公式: 证明

现在来看变量替换公式的证明. 其主要思想是使用累积分布函数. 这是一种很好的证明方法, 我们给该方法取个 (相当明显的) 名称: **累积分布函数法**.

变量替换公式的证明: X 是定义在区间 I 上且概率密度函数为 f_X 的随机变量. $Y = g(X)$, 这里的 $g(x)$ 是一个函数, 其导数始终为正 (除了有限多个点以外), 反函数是 h (所以 $g(h(y)) = y$ 且 $h(g(x)) = x$). Y 的累积分布函数 F_Y 是 $Y \leqslant y$ 的概率, 而 Y 的概率密度函数就是累积分布函数的导数. 因此, 如果能找到 F_Y 并求出它的微分, 就能知道概率密度函数 f_Y.

在证明过程中, 我们很容易犯错, 所以要慢慢来, 把每个细节都考虑到. 假设区间是 $I = [a, b]$, 那么 $X \leqslant x$ 就变成了 $a \leqslant X \leqslant x$. 想一下, 在 g 的作用下, 区间 I 是如何被映射的. 我们有 $a \mapsto g(a)$ 和 $b \mapsto g(b)$. 你可能会认为区间 I 被映射成了 $[g(a), g(b)]$, 但这可能是错误的! 如果 g' 是正的, 那么这个结论一定成立, 因为此时 g 是个递增函数. 但是, 如果 g' 是负的, 那么 g 就是个递减函数, 此时有 $g(b) < g(a)$. 在这种情况下, I 会被映射成 $[g(b), g(a)]$. 这就是变量替换公式中使用绝对值的原因.

情形 1: 先假设 g' 是正的, 所以 I 被映射成 $[g(a), g(b)]$. 那么, 由 $g(a) \leqslant g(X) \leqslant y$ 等价于 $a \leqslant g^{-1}(g(X)) \leqslant g^{-1}(y)$ 可知

$$
\begin{aligned}
F_Y(y) &= \text{Prob}(Y \leqslant y) \\
&= \text{Prob}(g(a) \leqslant Y \leqslant y) \\
&= \text{Prob}(g(a) \leqslant g(X) \leqslant y) \\
&= \text{Prob}(a \leqslant X \leqslant g^{-1}(y)),
\end{aligned}
$$

因为函数 g^{-1} 可以用 h 来表示, 所以这个条件就变成了 $a \leqslant X \leqslant h(y)$. 如果 g 没有一个好的反函数, 我们就无法继续这个论证. 在证明之后, 我们会给出更多相关注释. 现在继续下去, 有

$$
\begin{aligned}
F_Y(y) &= \text{Prob}(a \leqslant X \leqslant h(y)) \\
&= F_X(h(y)) \quad \text{(利用了 } F_X \text{ 的定义)}.
\end{aligned}
$$

利用链式法则以及 $F_X' = f_X$, 通过微分求出 f_Y. 于是

$$
f_Y(y) = F_X'(h(y)) \cdot h'(y) = f_X(h(y)) \cdot h'(y).
$$

因为 h' 和 g' 的符号相同, 所以 h' 是正的, 上式可以写成

$$f_Y(y) \;=\; f_X(h(y)) \cdot |h'(y)|.$$

情形 2: 现在假设 g' 是负的, 所以 I 被映射成 $[g(b), g(a)]$. 此时, $Y \leqslant y$ 就变成了 $g(b) \leqslant Y \leqslant y$, 并且有

$$
\begin{aligned}
F_Y(y) &= \mathrm{Prob}(Y \leqslant y) \\
&= \mathrm{Prob}(g(b) \leqslant Y \leqslant y) \\
&= \mathrm{Prob}(g(b) \leqslant g(X) \leqslant y) \\
&= \mathrm{Prob}(g^{-1}(y) \leqslant X \leqslant b),
\end{aligned}
$$

这里利用了 $g(b) \leqslant g(X) \leqslant y$ 等价于 $g^{-1}(y) \leqslant g^{-1}(g(X)) \leqslant b$. 次序为什么颠倒了? 原因是 g 为递减函数, 而 g^{-1} 也是如此. 当 g 或 g^{-1} 发挥作用时, 次序就要颠倒过来. 和之前一样, 用 h 来表示函数 g^{-1}, 那么上面的条件就变成了 $h(y) \leqslant X \leqslant b$. 继续进行下去, 就得到了

$$
\begin{aligned}
F_Y(y) &= \mathrm{Prob}(h(y) \leqslant X \leqslant b) \\
&= \mathrm{Prob}(a \leqslant X \leqslant b) - \mathrm{Prob}(a \leqslant X \leqslant h(y)) \\
&= 1 - F_X(h(y)) \quad \text{(利用了 } F_X \text{ 的定义)}.
\end{aligned}
$$

利用链式法则以及 $F'_X = f_X$, 通过微分求出 f_Y. 于是

$$f_Y(y) \;=\; -F'_X(h(y)) \cdot h'(y) \;=\; -f_X(h(y)) \cdot h'(y);$$

但是, 因为 h' 和 g' 的符号相同, 所以 h' 是负的. 因此, $-h'(y) = |h'(y)|$, 这样就得到了

$$f_Y(y) = f_X(h(y)) \cdot |h'(y)|.$$

注意, 这与第一种情形的结果完全相同. □

　　因为这个证明很长, 所以有必要回过头来慢慢消化吸收. 这里有几点值得强调.

- g' 取负值的情况处理起来很烦人, 但它在本质上与 g' 为正的情形是一样的. 主要思想是, 把 Y 的累积分布函数表述成另一个与 X 的累积分布函数有关的结论.

- 简单地解释一下, 为什么 g 是一对一的映上函数会如此重要. 假设 $g(X) = X^2$ 定义在 $I = [-1, 1]$ 上. 此时, 区间 $[-1, 1]$ 的两个端点被映射成了同一个点, 即 1! 这将导致在一个点上积分, 而在一个点上的积分就等于 0. 还有另外一种思路. 为了得到反函数, 对于任意给定的输入, 它应该只有唯一的逆.

在这种情况下, 如果试着从 $g(X) = 1/4$ 入手往回找, 那就会得到 $X = 1/2$ 或 $X = -1/2$. 只有当 g 是一对一的映上函数时, 才能保证一定存在反函数.

- 如果仔细看这个证明, 你可能会注意到它缺少了一些东西. X 的累积分布函数 F_X 在论证中发挥了重要作用, 但我们并没有把它明确地写出来. 为什么呢? 一旦出现了 F_X, 我们就立即求它的微分, 进而得到 f_X. 这是非常幸运的. 记住, 积分很难计算! 函数的积分是个漂亮的解析表达式的情况非常罕见. 所以, 这里不需要写出 F_X 的表达式真的非常幸运.

最后, 总结一下使用变量替换公式的过程.

累积分布函数法: 设 X 是一个概率密度函数为 f_X 的随机变量, 其中 f_X 在区间 I 上不为 0. 设 $Y = g(X)$, 这里的 $g: I \to \mathbb{R}$ 是可微函数, 它的反函数为 h. 除了有限多个点之外, 假设 g 的导数在 I 上始终为正或始终为负. 在这有限多个点处, g' 可能为 0. 为了求出概率密度函数 f_Y, 需要如下操作.

(1) 确定随机变量 X 有定义的区间 I.

(2) 证明函数 g 有一个始终为正或始终为负的导数 (当然, 除了有限多个可能的点之外).

(3) 求出反函数 $h(y)$, 其中 $g(h(y)) = y$ 且 $h(g(x)) = x$.

(4) 求出 $h'(y)$. 既可以直接对 h 求微分, 也可以利用关系式 $h'(y) = 1/g'(h(y))$.

(5) Y 的概率密度函数为 $f_Y(y) = f_X(h(y))|h'(y)|$.

在应用方面, 有时候最好不要死记公式 (比如变量替换公式), 而要记住它的思路, 并在实际应用时重新把它推导出来.

例如, 我们看一下前面的例子

$$f_X(x) = \begin{cases} 1/2 & \text{若 } 0 \leqslant x \leqslant 2 \\ 0 & \text{其他}. \end{cases}$$

注意, 其累积分布函数是

$$F_X(x) = \begin{cases} 0 & \text{若 } x \leqslant 0 \\ x/2 & \text{若 } 0 \leqslant x \leqslant 2 \\ 1 & \text{若 } x \geqslant 2, \end{cases}$$

如图 10-4 所示. 对 f_X 求积分就可以得到 F_X. 另外, 我们还想知道 $Y = g(X)$ 的分布情况, 其中 $g(X) = X^2$. 下面给出另一种计算方法.

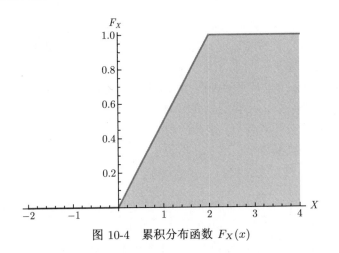

图 10-4 累积分布函数 $F_X(x)$

先求出 Y 的 CDF, 然后通过微分求出 Y 的 PDF. $y \leqslant 0$ 和 $y \geqslant 4$ 时的 CDF 很容易计算: $y \leqslant 0$ 时的 CDF 是 0, $y \geqslant 4$ 时的 CDF 是 1. 因此, 我们集中考察 $0 \leqslant y \leqslant 4$ 时的情况, 此时

$$
\begin{aligned}
F_Y(y) &= \text{Prob}(Y \leqslant y) \\
&= \text{Prob}(X^2 \leqslant y) \\
&= \text{Prob}(-\sqrt{y} \leqslant X \leqslant \sqrt{y}) \\
&= \text{Prob}(0 \leqslant X \leqslant \sqrt{y}) \quad \text{因为 } X \text{ 是非负的} \\
&= F_X(\sqrt{y}).
\end{aligned}
$$

从这里开始, 可以采用两种方法. 因为我们知道 X 的 CDF, 所以 $F_X(\sqrt{y})$ 可以替换成 $\sqrt{y}/2$. 于是, 当 $0 \leqslant y \leqslant 4$ 时, 有

$$
F_Y(y) = \frac{\sqrt{y}}{2}, \quad \text{这意味着} \quad f_Y(y) = \frac{1}{4\sqrt{y}}.
$$

注意, 这与在 10.4 节得到的结果是一样的.

此外, 如果不把 X 的 CDF 写出来, 也可以利用链式法则求导, 那么当 $0 \leqslant y \leqslant 1$ 时, 有

$$
f_Y(y) = \frac{\mathrm{d}}{\mathrm{d}y} F_X(\sqrt{y}) = F'_X(\sqrt{y}) \frac{\mathrm{d}}{\mathrm{d}y}\sqrt{y} = f_X(\sqrt{y})\frac{1}{2}y^{-1/2} = \frac{1}{2} \cdot \frac{1}{2\sqrt{y}} = \frac{1}{4\sqrt{y}},
$$

如图 10-5 所示.

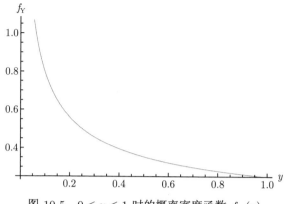

图 10-5 $0 \leqslant y \leqslant 1$ 时的概率密度函数 $f_Y(y)$

我们得到了与之前一样的答案. 如果记住了这个公式, 那你就能马上得出答案. 这很好, 而且计算速度也更快, 却始终存在无法理解的危险. 我们不应该只记住公式, 还要记住公式为什么成立. 这就是记住 "从 CDF 中可以求出 PDF" 会让事情变得更简单的原因: 每当需要它时, 你都能重新推导出变量替换公式.

累积分布函数法 (替代形式): 设 X 是一个概率密度函数为 f_X 的随机变量, 并设 $Y = g(X)$, 其中 g 是可微函数. 为了方便起见, 不妨设 $g'(x) \geqslant 0$. 为了求出 f_Y, 需要如下操作.

(1) 用 X 和 g 来表示 Y 的 CDF: $F_Y(y) = \mathrm{Prob}(Y \leqslant y) = \mathrm{Prob}(g(X) \leqslant y)$.

(2) 通过逆运算, 把涉及 $g(X)$ 的不等式替换成与 X 有关的不等式. 例如, 可能有一个隐含条件 $g(X) \geqslant 0$, 由此可得 $F_Y(y) = \mathrm{Prob}(g^{-1}(0) \leqslant X \leqslant g^{-1}(y)) = F_X(g^{-1}(y)) - F_X(g^{-1}(0))$.

(3) 利用链式法则求导: $f_Y(y) = f_X\left(g^{-1}(y)\right) \frac{\mathrm{d}}{\mathrm{d}y} g^{-1}(y)$.

10.6 附录: 随机变量的乘积与商

到目前为止, 我们已经讨论了随机变量的和与差. 当然, 数量的组合方式还有很多种, 比如乘法和除法. 对于相互独立的随机变量 X 和 Y 而言, XY 和 X/Y 的概率密度函数能否用 X 和 Y 的概率密度函数来表示?

答案是肯定的, 原因就在于巴甫洛夫反射: 每当看到乘积 (或商) 时, 就应该取对数. 因此, 我们不需要研究 XY, 而是研究 $U + V$, 其中 $U = \log X$, $V = \log Y$ (商的情形与之相似). 换句话说, 从某种意义上看, 没必要建立乘积理论, 因为求和理论与变量替换可以推导出我们想要的一切. 但是, 总结出一种特殊情况下的公式通常比来回换算更容易些. 因此, 在接下来的几小节中, 我们会分析一般的理论, 并考察一两个例子.

10.6.1 乘积的概率密度函数

设 X 和 Y 是相互独立的非负随机变量, 它们的概率密度函数分别是 f_X 和 f_Y, 累积分布函数分别是 F_X 和 F_Y. 设 $Z = XY$, 那么

$$f_Z(z) \;=\; \int_{t=0}^{\infty} f_X(t) f_Y(z/t) \frac{\mathrm{d}t}{t}.$$

上面这个公式与两个独立的随机变量之和的概率密度函数公式非常相似. 在和的概率密度函数公式中, 因为 t 与 $z-t$ 的和等于 z, 所以我们计算了 t 和 $z-t$ 处的概率密度, 然后对 $\mathrm{d}t$ 进行积分. 这个公式的区别在于, 我们要对 $\mathrm{d}t/t$ 进行积分, 而不是 $\mathrm{d}t$. 这背后涉及很多深层次理论. 简单地说, $\mathrm{d}t$ 在加法变换下保持不变 (如果 $w = t + \alpha$, 那么 $\mathrm{d}w = \mathrm{d}t$), 而 $\mathrm{d}t/t$ 在乘法变换下保持不变 (如果 $w = \alpha t$, 那么 $\mathrm{d}w/w = \mathrm{d}t/t$).

采用与之前类似的论证方法来说明这个公式为什么成立. 现在仍然从定义开始. 注意, 为了简化积分上下限, 不妨设 X 和 Y 都是非负的 (这样就不必担心两个负数的乘积会变成正数的问题).

$$
\begin{aligned}
F_Z(z) &:= \mathrm{Prob}(Z \leqslant z) \\
&= \int_{x=0}^{\infty} \int_{y=0}^{z/x} f_X(x) f_Y(y) \mathrm{d}y \mathrm{d}x \\
&= \int_{x=0}^{\infty} f_X(x) \left[F_Y(z/x) - F_Y(0) \right] \mathrm{d}x \\
f_Z(z) &= \frac{\mathrm{d}}{\mathrm{d}z} \int_{x=0}^{\infty} f_X(x) \left[F_Y(z/x) - F_Y(0) \right] \mathrm{d}x \\
&= \int_{x=0}^{\infty} f_X(x) \frac{\mathrm{d}}{\mathrm{d}z} F_Y(z/x) \mathrm{d}x \\
&= \int_{x=0}^{\infty} f_X(x) f_Y(z/x) \frac{\mathrm{d}}{\mathrm{d}z} \left(\frac{z}{x} \right) \mathrm{d}x \\
&= \int_{x=0}^{\infty} f_X(x) f_Y(z/x) \frac{\mathrm{d}x}{x};
\end{aligned}
$$

把积分中的虚拟变量 x 换成 t, 就得到了结论.

警告: 必须证明积分运算和求导运算可以交换次序.

10.6.2 商的概率密度函数

设 X 和 Y 是相互独立的非负随机变量, 它们的概率密度函数分别是 f_X 和 f_Y, 累积分布函数分别是 F_X 和 F_Y. 设 $Z = X/Y$, 那么

$$f_Z(z) \ = \ z^{-2} \int_{t=0}^{\infty} f_X(t) f_Y(t/z) t \mathrm{d}t.$$

这里的证明与前面非常相似. 之所以介绍这个证明是因为它提供了探讨这种方法的另一个机会. 首先, 一个很大的不同是积分限.

$$
\begin{aligned}
F_Z(z) &= \mathrm{Prob}(Z \leqslant z) \\
&= \int_{x=0}^{\infty} \int_{y=x/z}^{\infty} f_X(x) f_Y(y) \mathrm{d}y \mathrm{d}x \\
&= \int_{x=0}^{\infty} f_X(x) \left[F_Y(\infty) - F_Y(x/z) \right] \mathrm{d}x \\
f_Z(z) &= \frac{\mathrm{d}}{\mathrm{d}z} \int_{x=0}^{\infty} f_X(x) \left[1 - F_Y(x/z) \right] \mathrm{d}x \\
&= - \int_{x=0}^{\infty} f_X(x) \frac{\mathrm{d}}{\mathrm{d}z} F_Y(x/z) \mathrm{d}x \\
&= - \int_{x=0}^{\infty} f_X(x) f_Y(x/z) \frac{\mathrm{d}}{\mathrm{d}z} \left(\frac{x}{z} \right) \mathrm{d}x \\
&= z^{-2} \int_{x=0}^{\infty} f_X(x) f_Y(x/z) x \mathrm{d}x;
\end{aligned}
$$

把积分中的虚拟变量 x 换成 t, 就得到了结论.

毫不奇怪, 乘积的概率密度与商的概率密度是紧密相关的.

10.6.3 例子: 指数分布的商

下面的例子引出了一个非常惊人的结果. 给定 $\lambda > 0$, 设 $X, Y \sim \mathrm{Exp}(\lambda)$ 是两个相互独立的随机变量, 它们都服从指数分布 (所以, 当 t 不取负数时, 它们的概率密度都是 $\lambda^{-1} \exp(-t/\lambda)$; 否则, 概率密度就是 0. 关于指数分布的更多内容, 请参阅第 13 章), 并设 $Z = X/Y$. 利用 10.6.2 节的结果, 可以求出 Z 的概率密度函数:

$$
\begin{aligned}
f_Z(z) \ &= \ z^{-2} \int_{t=0}^{\infty} f_X(t) f_Y(t/z) t \mathrm{d}t \\
&= \lambda^{-2} z^{-2} \int_{t=0}^{\infty} \exp\left(-t/\lambda\right) \exp\left(-(t/z)/\lambda\right) t \mathrm{d}t \\
&= \lambda^{-2} z^{-2} \int_{t=0}^{\infty} \exp(-t/(\lambda(1 + 1/z)^{-1})) t \mathrm{d}t,
\end{aligned}
$$

其中, 关于指数运算的最后一步简化利用了

$$\frac{t}{\lambda} + \frac{t/z}{\lambda} = \frac{t(1+1/z)}{\lambda} = \frac{t}{\lambda(1+1/z)^{-1}}.$$

我们把式子写成这种形式是因为现在可以把被积函数看成一个服从指数分布的随机变量, 这个指数分布的参数就是

$$\omega = \lambda(1+1/z)^{-1}.$$

于是, 把上式乘以 $\omega/\omega = 1$ 就得到了 (此时的积分是一个随机变量的均值, 而这个随机变量服从参数为 ω 的指数分布)

$$f_Z(z) = \lambda^{-2}z^{-2}\omega \int_{t=0}^{\infty} t\frac{1}{\omega}\exp(-t/\omega)\mathrm{d}t.$$

最后一个积分可以用分部积分法来计算. 我们会在第 13 章中看到, 如果一个随机变量服从参数为 ω 的指数分布, 那么它的均值就等于 ω. 把这个结果代入上式可得

$$f_Z(z) = \lambda^{-2}z^{-2}\omega^2 = z^{-2}(1+1/z)^{-2} = \frac{1}{(1+z)^2}. \tag{10.1}$$

上面的答案有很多吸引人的特征. 最重要的一点是它与指数分布的参数 λ 无关! 这看起来让人感到震惊 —— 是不是出错了? 我们快速地检验一下. 这个函数显然是非负的: 它的积分值是否为 1? 是的, 因为

$$\int_0^{\infty} \frac{\mathrm{d}z}{(1+z)^2} = \int_1^{\infty} \frac{\mathrm{d}u}{u^2} = \left.\frac{1}{u}\right|_{\infty}^1 = 1. \tag{10.2}$$

因此, 我们的答案起码是个概率密度函数.

我们可以尝试一些模拟来看看答案是否依赖于 λ. 这里有一些简单的代码, 可以模拟大量比值并算出样本的均值.

```
ratioexp[lambda_, num_] := Module[{},
  sum = 0;
  For[n = 1, n <= num, n++,
   {
   x = Random[ExponentialDistribution[lambda]];
   y = Random[ExponentialDistribution[lambda]];
   sum = sum + (x/y);
   }];
  Print["Average is ", sum/num];
  ];
```

对于不同的 λ, 通过运行上述代码得到大量 (数十万到数百万) 的比值. 这段代码给出了相当一致的答案, 但并非绝对一致. 你是否会感到惊讶: 有时某些模拟与其他模拟差别很大?

10.7 总 结

本章关注的是概率论中的一个基本问题: 如何利用较简单的随机变量来理解复杂的随机变量? 我们看到, 这类问题的处理方式有两种. 第二种方式是利用变量替换, 让我们能够快速且轻松地解决问题. 事实上, 在利用 f_X 和 g 来寻找 $Y = g(X)$ 的概率密度函数时, 我们最终看到了累积分布函数的一个实际应用. 对于这种方法, 我最喜欢的是不需要求出 CDF, 即 F_X. 只要知道 F_X 是存在的就够了, 接着对它求微分, 这样就得到了 f_X. 这是最好的纯数学 —— 我们只需要知道存在性, 而不在乎具体形式!

另一种情况是, 一个随机变量是某些相互独立的随机变量之和 (另外, 附录中还处理了随机变量的乘积与商). 概率论中的许多内容都在为中心极限定理做准备, 该定理描述了更多独立同分布的随机变量之和的极限性质. 这种情况极为常见. 我们会看到, 写出这些和式的精确表达式会迅速变难. 幸运的是, 这与本章的另一个主题有很多共同之处. 我们再次面临这样的状况: 只需要知道某件事的存在性以及它的一般公式就够了, 即便这看起来并不是特别有用. 如果把 "时间" 替换成 "独立的随机变量之和", 那么在这里引用威廉·卡洛斯·威廉斯的名言 (《威廉·卡洛斯·威廉斯文选》, 1954 年) 是非常恰当的: "时间是一场风暴, 我们都迷失在其中. 只有在风暴本身的回旋中, 我们才能找到方向."

卷积可以很好地处理随机变量之和. 在讨论中心极限定理的证明时 (第 20 章), 我们才能真正领悟到其精髓, 但是现在已经看到了希望. 卷积是理解这些和式的起点.

10.8 习 题

习题 10.8.1 给出随机变量 X 和 Y 的一个例子, 使得它们的概率密度函数 f 和 g 满足: $X + Y$ 的概率密度函数不是 $(f * g)(z)$.

习题 10.8.2 考虑一颗有 n 面的均匀骰子. 假设每次抛掷骰子都是独立的. 分别求出抛掷 2 次、3 次和 4 次后, 所得到数字之和的概率密度函数.

习题 10.8.3 如果一个随机变量可以写成任意多个独立同分布的随机变量之和, 那么它的概率分布就是无限可分的. 找到一个无限可分的随机变量的例子.

习题 10.8.4 泊松分布是一种常见分布, 在接下来几章中, 我们会展开详细讨论. 如果 n 是一个非负整数, 其概率密度就是 $P(X = n) = \lambda^n e^{-\lambda}/n!$, 其中 $\lambda > 0$ 是一个给定常数. 设随机变量 X 服从参数为 λ_X 的泊松分布, 随机变量 Y 服从参数为 λ_Y 的泊松分布, 证明: $X + Y$ 服从参数为 $\lambda_X + \lambda_Y$ 的泊松分布.

习题 10.8.5 设 X 和 Y 是相互独立的随机变量, 它们服从同一个指数分布. 也就是说, 它们的概率密度函数都是

$$f_X(x) = \begin{cases} \dfrac{1}{\lambda}\mathrm{e}^{-x/\lambda} & \text{若 } x \geqslant 0 \\ 0 & \text{其他}, \end{cases}$$

其中, λ 为参数. 求出 $\log(XY)$ 的概率密度函数.

习题 10.8.6 如果 X 和 Y 是相互独立的连续型随机变量, 并且它们的概率密度函数分别为 f_X 和 f_Y, 那么 XY 的概率密度函数就是 $\int_{-\infty}^{\infty} f_x(x) f_y(z/x) \frac{1}{|x|} \mathrm{d}x$. 对于两个相互独立且均服从 $(0,1)$ 上均匀分布的随机变量, 求出它们乘积的概率密度函数.

习题 10.8.7 参数为 μ 和 σ 的正态分布的概率密度函数是 $f(x) = \frac{1}{\sqrt{2\pi\sigma^2}}\,\mathrm{e}^{-(x-\mu)^2/2\sigma^2}$. 证明: 对于两个服从正态分布的随机变量, 它们的和也服从正态分布.

习题 10.8.8 另一个著名的分布是对数正态分布. 顾名思义, 如果 X 服从正态分布, 那么 $\log X$ 就服从对数正态分布. 利用上一题的结果证明: 对于两个服从对数正态分布的随机变量, 它们的乘积也服从对数正态分布.

习题 10.8.9 当交换极限与积分的运算次序时, 我们必须非常小心. 设

$$f_n(x) = \begin{cases} n - |x-n| & \text{若 } \dfrac{1}{n} \leqslant x \leqslant \dfrac{3}{n} \\ 0 & \text{其他}. \end{cases}$$

证明: $\lim_{n\to\infty} \int_0^\infty f_n(x)\mathrm{d}x \neq \int_0^\infty \lim_{n\to\infty} f_n(x)\mathrm{d}x$.

习题 10.8.10 上一个例子说明了交换极限与积分的运算次序存在一定的风险. 这个题目说明了积分次序并不总是可以交换的. 为了简单起见, 我们给出一个序列 a_{mn}, 它满足 $\sum_m (\sum_n a_{m,n}) \neq \sum_n (\sum_m a_{m,n})$. 找一个积分的类似物是个不错的练习。当 $m, n \geqslant 0$ 时, 设

$$a_{m,n} = \begin{cases} 1 & \text{若 } n = m \\ -1 & \text{若 } n = m+1 \\ 0 & \text{其他}. \end{cases}$$

证明: 这两种不同的求和次序会给出不同的答案 (原因是, 这些项的绝对值之和是发散的).

习题 10.8.11 我们通过分组证明了卷积满足结合律. 这种技巧已经出现过很多次了. 证明: 如果两个函数之和的导数就等于两个导数之和, 那么这个结果可以马上推广到三个函数的情形. 更一般地, 该结论适用于任意有限和的情况, 但无限和的导数不一定是导数的和.

习题 10.8.12 我们看到, 对随机变量的和进行分组可以简化代数运算. 例如, 把一颗均匀骰子独立地抛掷 8 次后, 所得到的结果可以按照下列方式分组:

$$((X_1 + X_2) + (X_3 + X_4)) + ((X_5 + X_6) + (X_7 + X_8)).$$

这与**"重复平方法"**非常相似, 它在许多加密系统 (如 RSA) 的实际应用中发挥了关键作用 (例子请参阅第 7 章和第 8 章). 我们可能会天真地认为要进行 99 次乘法运算才能求出 x^{100}, 其实通过巧妙地分组, 只需要进行 10 次以下的乘法运算!

习题 10.8.13　　根据关系式 $g(h(y)) = y$, 我们可以用 h 的导数来表示 g 的导数. 这是种强大的方法, 可以从一个函数的导数过渡到另一个函数的导数. 例如, 假设已知 e^x 的导数是 e^x. 利用这一点证明: $\ln x$ 的导数是 $1/x$. 一个更奇特的例子 (与柯西分布有关) 是, 根据 $\tan(x)$ 的导数是 $1/\cos^2(x)$, 求出 $\arctan(x)$ 的导数.

习题 10.8.14　　我们详细地讨论了变量替换公式中的映射 g 必须是一对一的映上函数. 证明: g 有唯一的逆映射. 具体地说, 设 $g : I \to J$ 是一对一的, 并且是映上的. 证明: 它存在唯一的逆映射 $h : J \to I$. 另外, 证明: 如果 g 不是一对一的或者不是映上的, 那么上述结论不成立.

习题 10.8.15　　设 X 是一个随机变量, 表示抛掷一颗均匀的骰子 6 次后, 数字 1 出现的次数. 设 $Y = \sqrt{X}$. 求出 Y 的概率密度函数.

习题 10.8.16　　设 X 是一个随机变量, 在区间 $[-1,1]$ 上的 PDF 是 $f_X = 1/2$. 设 $Y = X^2$, 求出 Y 的 PDF.

习题 10.8.17　　想象一下, 有家保险公司正在试图弄清楚有多少人会在保期内提出索赔. 每个人提出索赔的概率都是 p. 假设保险公司有 100 个保单持有人, 利用卷积求出这个概率分布.

习题 10.8.18　　证明: $(f * g)' = f' * g = g' * f$, 其中上撇号表示微分, 并假设所有积分都是绝对收敛的.

习题 10.8.19　　证明: 两个函数的卷积的积分是这两个函数的积分的乘积. (当两个函数都是 PDF 时, 所有积分都是 1.) (更进一步: 上述结论对任意两个函数都成立吗?)

习题 10.8.20　　写一段可以从一个随机变量中取很多样本的代码, 这个随机变量在 $[0,1]$ 上的概率密度函数是 $f_X(x) = 1$. 设 X 是一个 PDF 为 f_X 的随机变量, 并设 $Y = e^X$, 绘制一张可以显示 Y 的近似 PDF 的柱状图.

习题 10.8.21　　设 X 是一个 PDF 为 f_X 的随机变量, $Y = e^X$, 求 Y 的分布. 绘制 Y 的 PDF. 将此图与上一题中生成的柱状图进行比较.

习题 10.8.22　　对于两个相互独立且都服从参数为 λ 的指数分布的随机变量, 当研究它们的商时, 我们发现商的概率密度函数是 $f_Z(z) = 1/(1 + z)^2$. 当 λ 取不同值时, 如果进行了大量模拟, 那么模拟的均值都大致一样吗? 为什么?

习题 10.8.23　　设随机变量 Z 服从标准正态分布, 随机变量 V 服从自由度为 ν 的卡方分布, 并设 Z 和 V 是相互独立的. 令 $T = Z/\sqrt{V/\nu}$. 求出 T 的概率密度函数. 关于正态分布的性质, 请参阅第 14 章; 关于卡方分布的性质, 请参阅第 16 章. 我们说 T 服从自由度为 ν 的 (学生) **t 分布**. 这种分布会出现在很多统计问题中, 尤其是在比较样本均值的差异时.

习题 10.8.24　　设 X_i 服从自由度为 d_i 的卡方分布 (参阅第 16 章). 求出 $(X_1/d_1)/(X_2/d_2)$ 的概率密度函数. 这被称为 **F 分布**, 在很多统计问题中发挥着重要的作用, 例如假设检验和方差分析. 另外, 它还引出了 F 检验.

假设我们可以模拟一个服从均匀分布的随机变量 U, 以及独立于它的随机变量 X, 其中 X 的概率密度函数是 f_X. 如果存在 1 个正数 $M \geqslant 1$, 使得 $0 \leqslant f_Y(x) \leqslant M f_X(x)$ 对所有的 x 均成立, 并且 $\int_{-\infty}^{\infty} f_Y(x)\mathrm{d}x = 1$, 那么我们就可以模拟出 1 个概率密度函数为 f_Y 的随机变

量 Y. 虽然逆 CDF 法可以让我们轻松地从柯西分布或指数分布这样的分布中生成随机变量, 但无法生成服从正态分布的随机变量. 因此, 这种方法的重要性应该是显而易见的. 下面的练习给出了证明的框架.

习题 10.8.25 设 $h(x) = f_Y(x)/Mf_X(x)$. 证明: $0 \leqslant h(x) \leqslant 1$, 并且

$$\mathrm{Prob}(U \leqslant X) = \int_{x=-\infty}^{\infty} \int_{u=0}^{1} h(x)\mathrm{d}u \cdot f_X(x)\mathrm{d}x = \frac{1}{M} \int_{-\infty}^{\infty} f_Y(x)\mathrm{d}x.$$

习题 10.8.26 如果出现了 $u \leqslant x$, 那么设 $Y = X$, 否则就不对 Y 赋值. 继续进行下去, 直到这个条件得到满足. 证明: Y 的 CDF 是

$$\mathrm{Prob}(Y \leqslant y) = \mathrm{Prob}\left(X \leqslant y \text{ 且 } U \leqslant h(X)\right) / \mathrm{Prob}\left(U \leqslant h(x)\right).$$

证明: 这意味着 Y 的 PDF 是 f_Y.

习题 10.8.27 利用上述方法, 根据两个服从均匀分布的随机变量和一个服从指数分布随机变量来模拟出一个服从标准正态分布的随机变量. 用其中一个均匀分布来确定符号, 并用另一个均匀分布和指数分布来模拟半正态分布. 注意, 指数分布很容易模拟, 因为它有个不错的逆 CDF. 特别是, 要找到满足 $2\mathrm{e}^{-x^2}/\sqrt{2\pi} \leqslant \mathrm{e}^{-x}$ 的最小 M. (因为我们考察的是一个服从正态分布的随机变量的绝对值, 所以这里要把标准正态分布的概率密度函数增加 1 倍.)

习题 10.8.28 在上面的方法中, 我们为什么想让 M 的值尽可能小? 对于给定的 (f_X, f_Y), 这样的 M 一定存在吗? 如果不是, 请给出反例; 如果是, 请给出证明.

习题 10.8.29 求出 M 的期望值, 并解释它所代表的含义.

第 11 章　工具：微分恒等式

大跳蚤身上有小跳蚤，

在它们背上叮咬着，

小跳蚤身上有更小的跳蚤，

就这样无限循环下去.

————"跳蚤"，一首基于乔纳森·斯威夫特《原诗：狂想曲》的童谣 (1733)

"给我们工具，我们就会干完这些工作."

————温斯顿·丘吉尔，1941 年 2 月的广播讲话

本章是介绍工具的最后一章. 在此之后，我们就拥有了讨论标准分布所需的全部工具，接下来将展开对这些分布的讨论. 就一本书而言，不存在唯一"正确"的阅读次序. 因为本书的主要目的是对经典的概率论教材进行补充，所以我决定把各种技巧放在一起. 只有把理论一次又一次地应用于不同的特殊分布之后，这些理论才能真正建立起来.

当然，这种方法的缺点是，在研究理论时，我们可以利用的例子少之又少. 掷硬币和掷骰子的例子已经被讨论了很多次，因为可以很快地将其表述出来. 为了保持平衡，本章会采用不同的方法. 在描述了一般理论之后，我们将考察几个与最重要的标准分布相关的例子. 如果你把这本书当作补充材料，那么很可能已经见到过这些分布了. 如果没有见过，可以快速地浏览后面几章，并看一些相关的材料. 如果不愿意这么做，也不必担心. 本章不会涉及任何有关这些概率分布的内容. 最重要的是，这些并不是繁重的练习——最后几个例子是故意从重要的随机变量中挑选出来的，但可以忽略掉，只将其视为有趣的东西即可.

本章的目的是解释微分恒等式法. 恒等式是数学世界里的必需品，是建立各种理论的基石. 不足为奇的是，要证明一个恒等式往往需要付出很多努力. 通常，我们必须做一些巧妙的事情. 学生一般可以逐行地读懂证明，但要学会如何实现这种创造性的飞跃并找到论证的突破口，还需要学习更长的时间. 本书总体目标之一 (尤其是本章) 就是帮助你实现这个飞跃.

因为恒等式很重要，而且通常很难得到新的恒等式，所以任何一种从旧恒等式中推导出新恒等式的方法都应该非常受欢迎! 考虑下面的和：

$$\frac{1}{2} + \frac{2}{4} + \frac{3}{8} + \frac{4}{16} + \frac{5}{32} + \frac{6}{64} + \cdots + = \sum_{n=0}^{\infty} \frac{n}{2^n}.$$

这个和能不能用一个简单的表达式来描述? 它与几何级数非常相似, 而它之所以不是几何级数是因为: 分式的分子是 n 而不是 1. 如果 n 不存在, 那么它将是一个比值为 1/2 的几何级数.

在下一节中, 我们将证明存在一种简单的方法由 $1/2^n$ 的和来得到 $n/2^n$ 的和. 这将涉及微分. 通过对某个几何级数求微分, 我们可以得到一个求和公式. 这是种解决问题的一般方法, 即**微分恒等式法**.

我们稍后会详细地描述这种方法, 但现在先简单地说一下这种方法为什么好. 正如上面所说的, 生成一个新恒等式通常很难. 因此, 任何一种利用已知恒等式来创建新恒等式的方法都是有用的, 能够创造无穷多个新恒等式的方法特别受欢迎! 微分运算并不难, 如果能证明一个带有参数的恒等式两端相等, 那么对该参数求微分就能产生一个新的恒等式! 与大部分数学方法一样, 最难的部分通常是代数运算, 尤其是寻找一种能够简化最终表达式的好方法. 我们会讨论一些让公式更加整洁的小技巧.

11.1   几何级数的例子

正式给出微分恒等法之前, 我们先来看一个例子. 在学习的过程中会看到一般方法应该是什么. 我们会考察两个不同版本的例子. 这种做法能让我们看到, 当整理公式中的代数运算时可能会出现哪些问题.

假设基于某种原因 (可能是因为表达式过于简单), 我们要计算

$$\frac{1}{1} + \frac{2}{2} + \frac{3}{4} + \frac{4}{8} + \frac{5}{16} + \frac{6}{32} + \frac{7}{64} + \cdots = \sum_{n=0}^{\infty} \frac{n}{2^{n-1}}. \tag{11.1}$$

要做的第一件事就是确保级数收敛. 这一点可以利用微积分中的比较判别法来完成. 对于较大的 n, 比较 $\frac{n}{2^n}$ 和 $\frac{1}{(3/2)^n}$. 图 11-1 中绘制了前几个部分和, 表明极限值是 4. 现在来证明一下.

我们没有说太多关于微分恒等式法的内容. 目前提到的所有内容只是在恒等式的两端要有同一个自由参数, 然后对该参数进行微分. 注意, 这个级数好像与几何级数有关. 我们首先想到的是

$$1 + \frac{1}{2} + \frac{1}{4} + \frac{1}{8} + \frac{1}{16} + \cdots = \sum_{n=0}^{\infty} \frac{1}{2^n} = \frac{1}{1 - 1/2} = 2.$$

虽然这种想法是正确的, 但此时微分提供不了任何有用的东西, 因为我们没有看到任何变量! 现在只有两个相等的表达式.

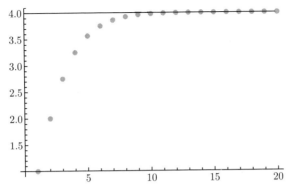

图 11-1   级数 $\sum_{n=1}^{\infty} n/2^{n-1}$ 的前 20 个部分和. 注意, 这个极限看起来是 4

我们试着把问题**抽象化**. 不要孤立地考虑这一个问题, 而是将其**推广**并归结为众多问题中的一个, 而所有这些问题都有相似的形式. 在数学上, 考察一般情况通常比解决具体例子更容易. 这看起来可能有点奇怪, 所以我们先说明一下为什么这样做.

- 首先, 如果只考虑一个特定的实例, 那么可能会被实际的数字误导. 换句话说, 就这个问题而言, 我们可能会认为 2 在解题中非常重要, 因为 2 在任何地方都会出现.
- 其次, 把问题推广后, 我们就可以使用更强大的技巧. 稍后会详细地阐述这一点, 其基本思想如下. 我们不考察某个具体的和, 而是研究一系列和. 现在有一个参数可供使用, 而且我们还可以利用连续性和微分的相关结果 (即微积分) 来获取信息.

所以, 我们不研究式 (11.1) 的和, 而是考察更一般的情形

$$\sum_{n=0}^{\infty} n \cdot x^{n-1}. \tag{11.2}$$

同样地, 由比较判别法可知, 当 $|x| < 1$ 时该级数收敛. 如果式 (11.2) 的乘积之前没有 n, 那么这个级数就很容易计算了: 根据几何级数公式 (参见 1.2 节), 有

$$\sum_{n=0}^{\infty} x^n = \frac{1}{1-x}. \tag{11.3}$$

现在就开始看到抽象的力量了. 在得到关于 $1/2^n$ 和式的恒等式之前, 我们有了一个关于 x^n 和式的恒等式. 关键是, 这个恒等式适用于满足 $|x| < 1$ 的所有 x. 可供选择的 x 构成了一个连续区间. 当 x 改变时, 等式仍然成立. 这就开启了在等式两端对 x 求微分的可能性. 为什么要这样做? x^n 的导数就是 nx^{n-1}. 如果令 $x = 1/2$. 就可以求出式 (11.1) 的和.

事实上, 我们要做的不仅仅是对上述等式的两端求微分, 还要交换求和与求微分的次序. 对 $1/(1-x)$ 求导没有问题, 但是为了保证等号左端的求导与求和可以交换次序, 我们需要利用分析学中的一些结果. 这样做的原因是, 在微积分中, "和的导数就是导数的和" 只适用于**有限和**; 对于无限和的情形, 我们必须要谨慎. 在入门课上, 这一点经常被一带而过, 甚至完全忽略. 不考虑技术细节是很好的, 但你应该有意识地保持严谨. 在 B.2.2 节中, 我们会提供一些这方面的内容.

因此, 在确定可以交换求导与求和的次序后, 我们得到了

$$\frac{\mathrm{d}}{\mathrm{d}x} \sum_{n=0}^{\infty} x^n = \frac{\mathrm{d}}{\mathrm{d}x} \frac{1}{1-x}$$

$$\sum_{n=0}^{\infty} \frac{\mathrm{d}}{\mathrm{d}x} x^n = \frac{1}{(1-x)^2}$$

$$\sum_{n=0}^{\infty} n x^{n-1} = \frac{1}{(1-x)^2}.$$

现在, 只要把 $x = 1/2$ 代入上面的结果就可以解决原来的问题. 就这个问题而言, 只要 $|x| < 1$, 就可以证明求和与求微分的运算次序可以互换. 令 $x = 1/2$, 我们看到这个结果就是 4, 与之前声明的一样.

现在对这个问题做些小变动. 假设我们想求出

$$\frac{1}{2} + \frac{2}{4} + \frac{3}{8} + \frac{4}{16} + \frac{5}{32} + \frac{6}{64} + \cdots + = \sum_{n=0}^{\infty} \frac{n}{2^n}.$$

这个问题有两种解法. 首先注意到的是, 这是上一个问题中和的 $1/2$, 所以只需要把上面的答案乘以 $1/2$ (这告诉我们答案就是 2). 另一种方法是, 把运算符 $x\frac{\mathrm{d}}{\mathrm{d}x}$ 应用于几何级数公式的两端, 而不是 $\frac{\mathrm{d}}{\mathrm{d}x}$. 这样做的好处是, 在求微分时, x 的幂保持不变. 当求一阶导时, 这并不重要, 但在概率论的很多应用中要进行多次微分, 这将会有很大的不同.

在这个问题中, 把 $x\frac{\mathrm{d}}{\mathrm{d}x}$ 应用于式 (11.3) 两端, 可得

$$\sum_{n=0}^{\infty} n x^n = \frac{x}{(1-x)^2};$$

如果令 $x = 1/2$, 那么和就是 2.

最后再看一个更有趣的问题. 考虑

$$\sum_{n=0}^{\infty} \frac{n^2}{2^n}.$$

这个和能用一个不错的公式来表示吗? 我们从几何级数公式开始:

$$\sum_{n=0}^{\infty} x^n \;=\; \frac{1}{1-x}.$$

把 $x\frac{\mathrm{d}}{\mathrm{d}x}$ 应用于上式两端, 这里的因子 x 是为了防止 x 的幂被降低. 于是

$$\sum_{n=0}^{\infty} n x^n \;=\; \frac{x}{(1-x)^2}.$$

现在, 再次利用 $x\frac{\mathrm{d}}{\mathrm{d}x}$, (在应用商的求导法则并做了一些代数运算之后) 可得

$$\sum_{n=0}^{\infty} n^2 x^n \;=\; \frac{x(1+x)}{(1-x)^3}.$$

如果令 $x=1/2$, 就得到了想要的和, 它等于 6.

这个例子很好地阐释了这种方法. 只需要多一点工作, 我们就可以用 n^2 来代替 n, 进而得到另一个新的恒等式. 现在, 本章开头童谣的意思应该很清楚了.

11.2 微分恒等式法

在几何级数例子的启发下, 我们给出一个有用的微分恒等式法. 虽然它不是最通用的方法, 但适用于很多情况.

> **微分恒等式法**: 设 $\alpha, \beta, \gamma, \cdots, \omega$ 是一些参数. 设
> $$\sum_{n=n_{\min}}^{n_{\max}} f(n; \alpha, \beta, \cdots, \omega) \;=\; g(\alpha, \beta, \cdots, \omega),$$
> 其中 f 和 g 是关于 α 的可微函数. 如果 f 退化到足以保证求和与求微分的次序可以交换, 那么
> $$\sum_{n=n_{\min}}^{n_{\max}} \frac{\partial f(n; \alpha, \beta, \cdots, \omega)}{\partial \alpha} \;=\; \frac{\partial g(\alpha, \beta, \cdots, \omega)}{\partial \alpha}.$$

最简单的情况是, 上面的 $n_{\min}$ 和 $n_{\max}$ 是有限的, 因为这样就可以交换运算次序了. 注意, 这种方法及应用展现了两个强大的分析学结果. 正如刚才提到的, 第一个是交换求和 (可以是无限和) 与求导的运算次序. 在数学和物理中, 交换求和次序或者交换求和与求导的次序是常用的技巧. 第二点要注意, 我们并不是只考虑一

个恒等式, 而是考虑包含某参数的一系列恒等式. 有一个连续的取值范围是很重要的, 否则无法使用微积分.

　　在接下来的几节中, 我们将应用这种方法来计算一些标准随机变量的矩. 如果你之前没有见过这些随机变量, 可以查看相关章节了解更多, 但是没必要弄清楚到底发生了什么. 接下来的任务是, 展现微分恒等式法如何通过代数运算给出更好的解题思路, 而不是用蛮力来找出矩.

11.3　在二项分布随机变量上的应用

　　考虑进行了 n 次试验的二项分布, 每次试验成功的概率均为 p (编码为 1), 每次失败的概率均为 $1 - p$ (编码为 0). 这与抛掷一枚硬币 n 次, 并且每次出现正面的概率是 p, 出现反面的概率是 $1 - p$ 的情况一样. 如果 X 表示出现正面的次数, 那么

$$\text{Prob}(X = k) = \begin{cases} \binom{n}{k} p^k (1-p)^{n-k} & \text{若 } k \in \{0, 1, \cdots, n\} \\ 0 & \text{其他.} \end{cases}$$

这是个服从二项分布的随机变量, 我们会在 12.2 节展开讨论. 为了说明它是随机变量, 必须证明概率是非负的, 并且和为 1. 非负性很容易证明, 但和为 1 要利用二项式定理得出 (参见 A.2.3 节), 即

$$(x + y)^n = \sum_{k=0}^{n} \binom{n}{k} x^k y^{n-k}.$$

令 $x = p$ 且 $y = 1 - p$, 这样就证明了概率之和为 1.

　　既然已经证明了这是一个概率分布, 要问的第一个问题就是它的均值是多少 (下一个问题是方差是多少). 我们已经看到过通过直接计算来回答这些问题的方法, 现在来看一下如何利用微分恒等式来得出相同的答案.

　　与上面的几何级数公式相似, 我们需要一个可以微分的自由参数. 在该问题中, 这个参数就是 p, 即每次掷出正面的概率. 虽然问题给出了 p 的一个特定值, 但推导出对任意 p 均成立的公式会更容易, 最后让 p 等于这个给定值即可. 这种方法允许我们使用微积分工具.

　　因此, 要想研究服从二项分布的随机变量, 就应该考虑

$$(p + q)^n = \sum_{k=0}^{n} \binom{n}{k} p^k q^{n-k}. \tag{11.4}$$

如果让 $p \in [0, 1]$ 并且 $q = 1 - p$, 就得到了一个二项分布, 并且 $(p + q)^n = 1$. 现在求上式对 p 的微分. 虽然最终会确定 $q = 1 - p$, 但现在把 p 和 q 看作相互独立的

变量. 原因是, 如果令 $q = 1 - p$, 那么 q 关于 p 的导数就不为 0. 事实上, 如果取 $q = 1 - p$, 那么上面的和就是 1, 因此它的导数就是 0. 现在, 我们看到了最初令 p 和 q 无关的重要性.

计算均值: 现在来计算均值, 它等于

$$\mathbb{E}[X] = \sum_{k=0}^{n} k \cdot \binom{n}{k} p^k (1-p)^{n-k}.$$

微分恒等式法不仅可以从二项式公式中给出这个表达式, 还告诉我们这个式子等于什么!

事实上, 虽然可以通过对 p 求微分来得出均值 (也就是说, 将式 (11.4) 的两端同时乘上 $\partial/\partial p$), 但如果改用运算符 $p\frac{\partial}{\partial p}$, 那么最终的代数运算会更容易些. 这样做的好处是, p 和 q 在表达式中的幂不会改变. 于是

$$p\frac{\partial}{\partial p}\left(\sum_{k=0}^{n}\binom{n}{k}p^k q^{n-k}\right) = p\frac{\partial}{\partial p}(p+q)^n$$

$$p\sum_{k=0}^{n}\binom{n}{k}kp^{k-1}q^{n-k} = p \cdot n(p+q)^{n-1}$$

$$\sum_{k=0}^{n}k\binom{n}{k}p^k q^{n-k} = np(p+q)^{n-1},$$

因为这是一个有限和, 所以交换微分与求和的运算次序是合理的. 现在令 $q = 1 - p$, 那么预期的成功次数 (每次试验成功概率均为 p) 为

$$\sum_{k=0}^{n}k\binom{n}{k}p^k(1-p)^{n-k} = np. \tag{11.5}$$

注意, 直到最后, 我们才让 $q = 1 - p$. 如果在早些时候就替换, 那么最终会得到 $0 = 0$, 这是没有用的! 由于上述等式的左端就是均值的定义, 这个均值就是 np. 答案与我们的直觉相符, 非常好: 独立地抛掷一枚硬币 n 次, 并且每次抛出正面的概率均是 p, 那么预计会得到 np 个正面.

计算方差: 为了求出方差, 我们要再次求微分. 现在可以进行选择: 可以再次应用算子 $p\frac{\partial}{\partial p}$, 也可以把 $p^2\frac{\partial^2}{\partial_p^2}$ 运用到二项式定理中, 即式 (11.4). 虽然两者都能给出正确的方差, 但是如果使用 $p\frac{\partial}{\partial p}$ 两次, 那么代数运算会更容易些.

记住 $X \sim \text{Bin}(n, p)$ (这个符号表示随机变量 X 服从参数为 n 和 p 的二项分布). 这里有两个方差公式:

$$\mathrm{Var}(X) \ = \mathbb{E}[(X - \mu_X)^2] \ = \ \sum_{k=0}^{n}(k-np)^2 \cdot \binom{n}{k}p^k(1-p)^{n-k}$$

$$\mathrm{Var}(X) \ = \mathbb{E}[X^2] - \mathbb{E}[X]^2 \ = \ \sum_{k=0}^{n}k^2 \cdot \binom{n}{k}p^k(1-p)^{n-k} \ - \ (np)^2.$$

我们马上会看到, 使用第二个公式要比使用第一个公式更容易.

从下面这个等式开始

$$\sum_{k=0}^{n}\binom{n}{k}p^k q^{n-k} \ = \ (p+q)^n.$$

根据均值的相关性质, 我们知道使用 $p\dfrac{\partial}{\partial_p}$ 一次就会得到

$$\sum_{k=0}^{n}k\binom{n}{k}p^k q^{n-k} \ = \ p \cdot n(p+q)^{n-1}.$$

再次使用 $p\dfrac{\partial}{\partial_p}$ 可得

$$\sum_{k=0}^{n}k^2\binom{n}{k}p^k q^{n-k} \ = \ p\left[1 \cdot n(p+q)^{n-1} + p \cdot n(n-1)(p+q)^{n-2}\right].$$

如果令 $q = 1 - p$, 那么上式就变成了

$$\sum_{k=0}^{n}k^2\binom{n}{k}p^k(1-p)^{n-k} \ = \ np + n(n-1)p^2;$$

另外, 注意等式的左端就是 $\mathbb{E}[X^2]$. 于是

$$\begin{aligned}
\mathrm{Var}(X) \ &= \mathbb{E}[X^2] - \mathbb{E}[X]^2 \\
&= \sum_{k=0}^{n}k^2\binom{n}{k}p^k q^{n-k} \ - \ (np)^2 \\
&= np + n^2p^2 - np^2 \ - \ n^2p^2 \\
&= np - np^2 \ = \ np(1-p).
\end{aligned}$$

我们的目的是学习如何使用微分恒等式法, 所以必须意识到寻找这种使代数运算更容易处理的方法有多重要. 不考虑使用 $p\dfrac{\partial}{\partial_p}$ 两次, 我们来看看把运算符 $p^2\dfrac{\partial^2}{\partial p^2}$ 应用到式 (11.4) 会发生什么. 这个运算符更适用于微分, 正如我们将看到的, 它会使代数运算更加混乱. 我们有

$$p^2\frac{\partial^2}{\partial p^2}\left(\sum_{k=0}^{n}\binom{n}{k}p^k q^{n-k}\right) = p^2\frac{\partial^2}{\partial p^2}(p+q)^n.$$

进行简单的代数运算后, 可得

$$\sum_{k=0}^{n} k(k-1)\binom{n}{k}p^k q^{n-k} \ = \ p^2 \cdot n(n-1)(p+q)^{n-2}. \tag{11.6}$$

不幸的是, 我们要找的方差是

$$\sum_{k=0}^{n} (k-\mu)^2 \binom{n}{k}p^k q^{n-k},$$

其中 $\mu = np$ 是服从二项分布的随机变量 X 的均值. 这个方差也可以写成

$$\sum_{k=0}^{n} k^2 \binom{n}{k}p^k q^{n-k} \ - \ (np)^2.$$

利用式 (11.6) 得到方差并不是个大问题. 我们可以利用 $\mathbb{E}[X^2] - \mathbb{E}[X]^2$ 来求方差, 并且 $k(k-1)$ 可以写成 $k^2 - k$. 注意, 系数为 k^2 的项的和是 $\mathbb{E}[X^2]$, 而系数为 k 的项的和是均值. 因此

$$n(n-1)p^2(p+q)^{n-2} = \sum_{k=0}^{n} k^2 \binom{n}{k}p^k q^{n-k} - \sum_{k=0}^{n} k\binom{n}{k}p^k q^{n-k}.$$

我们已经知道第二个和是多少——当 $q = 1 - p$ 时, 第二个和就是 np. 令 $q = 1 - p$, 我们有

$$\sum_{k=0}^{n} k^2 \binom{n}{k}p^k (1-p)^{n-k} \ = \ n(n-1)p^2 + np \ = \ n^2p^2 + np(1-p). \tag{11.7}$$

因此, 方差就是

$$\begin{aligned}
\mathrm{Var}(X) &= \sum_{k=0}^{n} k^2 \binom{n}{k}p^k (1-p)^{n-k} - \left(\sum_{k=0}^{n} k\binom{n}{k}p^k (1-p)^{n-k}\right)^2 \\
&= n^2p^2 + np(1-p) - (np)^2 \\
&= np(1-p),
\end{aligned}$$

这与之前的结果是一样的.

　　最后, 重新看看式 (11.5) 和式 (11.7). 如果令 $p = q = 1/2$, 并把因子都移到等式的右端, 就得到了

$$\sum_{k=0}^{n} k\binom{n}{k} \ = \ n \cdot 2^{n-1}, \quad \sum_{k=0}^{n} k^2 \binom{n}{k} \ = \ n(n+1)2^{n-2}.$$

因此, 我们可以找到关于二项式系数及其指标的乘积之和的表达式. 值得注意的是, 即便只想求出整数和或有理数和, 我们也必须有**连续**的变量, 这样才能使用微积分工具.

11.4 在正态分布随机变量上的应用

$X \sim N(\mu, \sigma^2)$ 表示 X 服从均值为 μ 且方差为 σ^2 的正态分布, 那么它的概率密度函数是

$$f_X(x) = \frac{1}{\sqrt{2\pi\sigma^2}} \, e^{-(x-\mu)^2/2\sigma^2}.$$

我们将在第 14 章中详细地讨论如何计算这个积分, 从而证明这就是一个概率分布. 在证明了它是一个概率分布之后, 接下来的问题就是它的均值是多少, 方差是多少, 以及矩是多少.

我们把注意力集中在标准正态分布上, 它的概率密度函数为

$$(2\pi)^{-1/2} \exp(-x^2/2).$$

那么, 计算就简化成了

$$M(k) = \int_{-\infty}^{\infty} x^k \cdot \frac{1}{\sqrt{2\pi}} \, e^{-x^2/2} dx.$$

当 k 取奇数时, 积分显然为 0, 因为此时求的是一个奇函数在对称区间上的积分. (注意, 正态分布的衰退速度非常快, 从而使得所有积分都存在.)k 取偶数时的处理方法至少有两种: 蛮力积分和使用微分恒等式.

标准方法: 首先采用蛮力积分法, 它是通过归纳法和分部积分法来实现的. 考虑方差. 因为均值是 0, 所以方差就是

$$\int_{-\infty}^{\infty} x^2 \cdot \frac{1}{\sqrt{2\pi}} \, e^{-x^2/2} dx.$$

要想使用分部积分法, 必须确定 u 和 dv 的值. 我们刚开始可能会认为, 要么选择 $u = x^2$、要么选择 $dv = x^2 dx$, 但如果尝试其中任何一种做法, 我们都会遇到麻烦. 原因在于, 找不到 $e^{-x^2/2}$ 的一个合适的原函数. 幸运的是还有希望. 函数 $e^{-x^2/2}$ 可以与因子 x 组合在一起, 因为 $e^{-x^2/2}x$ 会有个不错的原导数. 因此, 我们试着令

$$u = x, \quad dv = \frac{1}{\sqrt{2\pi}} \, e^{-x^2/2} x dx.$$

这样就得到了 $du = dx$ 和 $v = -(2\pi)^{-1/2}e^{-x^2/2}$. 于是有

$$M(2) = uv\Big|_{-\infty}^{\infty} + \int_{-\infty}^{\infty} \frac{1}{\sqrt{2\pi}} \, e^{-x^2/2} dx = I(0) = 1.$$

现在, 我们已经证明了二阶矩是 1!

更一般地, 假设我们有 $M(2k) = (2k-1)!!$, 这里的双阶乘表示只考虑阶乘里的奇数项. 接下来按照上面的步骤进行. 为了求出 $M(2k+2)$, 在使用分部积分法时, 我们会令 $u = x^{2k+1}$, 那么 $\mathrm{d}u = (2k+1)x^{2k}\mathrm{d}x$. 当计算 $\pm\infty$ 处的值时, 边界项就消失了, 于是有

$$M(2k+2) = (2k+1)\int_{-\infty}^{\infty} x^{2k}\frac{1}{\sqrt{2\pi}}\,\mathrm{e}^{-x^2/2}\mathrm{d}x$$

$$= (2k+1)M(2k) = (2k+1)(2k-1)!! = (2k+1)!!.$$

微分恒等式法: 接下来说明如何利用微分恒等式计算矩. 在这里讨论微分恒等式似乎有些奇怪, 因为

$$M(2k) = \int_{-\infty}^{\infty} x^{2k}\frac{1}{\sqrt{2\pi}}\,\mathrm{e}^{-x^2/2}\mathrm{d}x$$

没有自由参数! 要记住**抽象化**: 我们不研究这个具体的概率密度函数, 而是考察具有自由参数的一系列概率密度函数.

从下面这个事实开始

$$1 = \int_{-\infty}^{\infty} \frac{1}{\sqrt{2\pi\sigma^2}}\,\mathrm{e}^{-x^2/2\sigma^2}\mathrm{d}x;$$

这表明了上面是均值为 0 且方差为 σ^2 的正态分布的概率密度函数. 把 σ 挪到等号的另一端可得

$$\sigma = \int_{-\infty}^{\infty} \frac{1}{\sqrt{2\pi}}\,\mathrm{e}^{-x^2/2\sigma^2}\mathrm{d}x.$$

我们把 $\sigma^3\frac{\mathrm{d}}{\mathrm{d}\sigma}$ 用于上式两端. 这里为什么要乘上 σ^3? 原因在于, 微分会对 $-x^2\sigma^{-2}/2$ 产生影响, 从而引入一个因子 $x^2\sigma^{-3}$. 因此, 如果我们乘上 σ^3, 那么整个式子就会保持好的形式 (也就是说, 在等式的右端, σ 的幂没有改变). 计算一次微分后, 就得到了

$$\sigma^3\frac{\mathrm{d}}{\mathrm{d}\sigma}\sigma = \sigma^3\frac{\mathrm{d}}{\mathrm{d}\sigma}\int_{-\infty}^{\infty} \frac{1}{\sqrt{2\pi}}\,\mathrm{e}^{-x^2/2\sigma^2}\mathrm{d}x.$$

交换求导与求积分的次序后, 我们注意到 $\frac{\mathrm{d}}{\mathrm{d}\sigma}\mathrm{e}^{-x^2/2\sigma^2}$ 就是 $\mathrm{e}^{-x^2/2\sigma^2}\cdot x^2$, 于是有

$$\sigma^3\cdot 1 = \int_{-\infty}^{\infty} x^2\cdot\frac{1}{\sqrt{2\pi}}\,\mathrm{e}^{-x^2/2\sigma^2}\mathrm{d}x.$$

令

$$I(k;\sigma) = \int_{-\infty}^{\infty} x^k\cdot\frac{1}{\sqrt{2\pi}}\,\mathrm{e}^{-x^2/2\sigma^2}\mathrm{d}x,$$

这样就证明了

$$\sigma^3 = I(2;\sigma).$$

此外, 积分 $I(k;\sigma)$ 与标准正态分布的矩 $M(k)$ 之间存在一种简单的关系:

$$I(k;1) = M(k).$$

更一般地说, $I(k;\sigma)$ 是均值为 0 且方差为 σ^2 的正态分布的 k 阶矩. 除以 $\sigma = \sqrt{\sigma^2}$ 的原因是, 这个积分里只有因子 $1/\sqrt{2\pi}$, 而没有 $1/\sqrt{2\pi\sigma^2}$.

我们证明了

$$1 \cdot \sigma^3 = I(2;\sigma) \quad \text{和} \quad I(k;1) = M(k).$$

稍后会看到写 $1 \cdot \sigma^3$, 而不是只写 σ^3 是很方便的. 把 $\sigma^3 \frac{\mathrm{d}}{\mathrm{d}\sigma}$ 应用于上式两端可得

$$\sigma^3 \cdot 3 \cdot 1\sigma^2 = \int_{-\infty}^{\infty} x^2 \cdot x^2 \frac{1}{\sqrt{2\pi}} \, \mathrm{e}^{-x^2/2\sigma^2} \mathrm{d}x = I(4;\sigma),$$

等价于

$$3 \cdot 1 \cdot \sigma^5 = I(4;\sigma).$$

将 $\sigma^3 \frac{\mathrm{d}}{\mathrm{d}\sigma}$ 再次用于上式两端, 我们有

$$\sigma^3 \cdot 5 \cdot 3 \cdot 1\sigma^4 = 5 \cdot 3 \cdot 1 \cdot \sigma^7 = I(6;\sigma);$$

注意, 式子左端是 $5!! \cdot \sigma^7$. 我们现在只是进行简短的归纳, 而不是证明关于偶数矩的公式. 如果有

$$(2k-1)!! \cdot \sigma^{2k+1} = I(2k;\sigma),$$

再使用一次 $\sigma^3 \frac{\mathrm{d}}{\mathrm{d}\sigma}$ 就得到了

$$\sigma^3 \cdot (2k+1) \cdot (2k-1)!! \cdot \sigma^{2k} = I(2k+2;\sigma).$$

令 $\sigma = 1$, 则有

$$(2k+1)!! = I(2k+2;1) = M(2k+2),$$

这样就证明了关于矩的公式.

注意, 就这个问题而言, 虽然微分恒等式非常有用, 但我们并不能立即看出需要使用哪个恒等式! 缩小选择范围的一种方法是, 要意识到不能只考虑那些我们关心的概率密度函数, 否则无法求导! 如果使用 $\frac{\mathrm{d}}{\mathrm{d}\sigma}$ 而不是 $\sigma^3 \frac{\mathrm{d}}{\mathrm{d}\sigma}$, 那就会有更多的代数运算需要处理, 因为我们要利用乘积法则来求导. 这再次说明了处理数学问题中的代数运算有多么困难, 我们想通过巧妙地选择微分运算符来减少代数运算量.

11.5　在指数分布随机变量上的应用

微分恒等式法可以应用到几乎所有的分布中, 用来计算均值、方差, 或者任何矩. 它有哪些限制呢? 我们要把目标分布放在一系列概率密度函数中来考察, 而这些概率密度函数与若干个参数有关, 并且至少有一个参数是可微的. 我们来解读这句

话. 假设概率密度函数存在有限的均值和方差. 然后, 我们把它写成 $f(x; \theta_1, \cdots, \theta_l)$, 这里的 $\theta_1, \cdots, \theta_l$ 都是参数. 那么 k 阶矩就可以写成

$$\int_{-\infty}^{\infty} x^k f(x; \theta_1, \cdots, \theta_l) \mathrm{d}x.$$

从下面的式子开始

$$1 = \int_{-\infty}^{\infty} f(x; \theta_1, \cdots, \theta_l) \mathrm{d}x,$$

我们的目标是使用微分运算符, 并最终得到 k 阶矩的公式. 我们将通过另一个例子来说明这一点.

考虑一个服从指数分布的随机变量. 如果 $X \sim \mathrm{Exp}(\lambda)$, 那么 X 的概率密度函数是

$$f_X(x) = \begin{cases} \lambda^{-1} \mathrm{e}^{-x/\lambda} & \text{若 } x \geqslant 0 \\ 0 & \text{其他}; \end{cases}$$

注意, 有些书会用不同的方式来定义指数分布的概率密度函数, 让 $1/\lambda$ 扮演 λ 的角色. (**题外话: 我更喜欢第一种方式, 因为它会给出一个均值为 λ 的指数型随机变量. 另一种看待它的方法是, 第一种方法的 x 和 λ 具有相同的单位. 我们不能对一个有单位的量取幂, 而比值 x/λ 是无单位的. 替换后的符号是 λx, 此时 x 和 λ 具有不同的 "单位".**)

我们从概率密度函数的积分值为 1 这个事实开始:

$$1 = \int_0^{\infty} \mathrm{e}^{-x/\lambda} \frac{\mathrm{d}x}{\lambda};$$

即使只关心标准的指数分布 (即 $\lambda = 1$), 仍然需要一个自由参数和一系列函数, 因为如果不这样做, 就不能求微分! 为了更好地进行运算, 等式两端要同时乘以 λ, 于是有

$$\lambda = \int_0^{\infty} \mathrm{e}^{-x/\lambda} \mathrm{d}x. \tag{11.8}$$

如果把 $\mathrm{d}/\mathrm{d}\lambda$ 用于式子两端, 会看到等式右端的指数 $-x/\lambda$ 贡献了一个 x/λ^2. 这表明了 $\lambda^2 \frac{\mathrm{d}}{\mathrm{d}\lambda}$ 是更好的运算符. 当把它应用于式 (11.8) 两端时, 会得到

$$\lambda^2 \cdot 1 = \lambda^2 \cdot \int_0^{\infty} \frac{x}{\lambda^2} \mathrm{e}^{-x/\lambda} \mathrm{d}x = \int_0^{\infty} x \mathrm{e}^{-x/\lambda} \mathrm{d}x.$$

如果想求出标准指数分布的均值, 只要令 $\lambda = 1$ 就行了. 参数为 λ 的指数分布的均值是多少呢? 此时, 我们看到等式右端的积分并不是我们想要的. 均值是

$$\int_0^{\infty} x \cdot \frac{1}{\lambda} \, \mathrm{e}^{-x/\lambda} \mathrm{d}x,$$

但现在有

$$\int_0^\infty x \cdot e^{-x/\lambda} dx.$$

当然, 解决办法就是把上式两端同时除以 λ, 进而得到

$$\lambda = \int_0^\infty x \cdot e^{-x/\lambda} \frac{dx}{\lambda}.$$

方差等于多少呢? 因为均值不是 0 (而是 λ), 所以这里的计算会比标准正态分布时的计算更难一些. 我们要利用 $\mathrm{Var}(X) = \mathbb{E}[X]^2 - \mathbb{E}[X^2]$. 把 $\lambda^2 \frac{d}{d\lambda}$ 应用于式 (11.8) 两端可得

$$\lambda^2 = \int_0^\infty x e^{-x/\lambda} dx.$$

再次应用 $\lambda^2 \frac{d}{d\lambda}$ 可得

$$\lambda^2 \cdot 2\lambda = \int_0^\infty x^2 e^{-x/\lambda} dx.$$

把上式两端同时除以 λ, 则有

$$2\lambda^2 = \int_0^\infty x^2 e^{-x/\lambda} \frac{dx}{d\lambda} = \mathbb{E}[X^2];$$

因此 $\mathbb{E}[X^2] = 2\lambda^2$. 因为均值是 $\mathbb{E}[X] = \lambda$, 所以

$$\mathrm{Var}(X) = \mathbb{E}[X^2] - \mathbb{E}[X]^2 = 2\lambda^2 - \lambda^2 = \lambda^2,$$

这就是指数分布的方差. 当然, 我们也可以直接通过分部积分法得到方差, 这取决于你喜欢哪种方法.

作为一个不错的练习, 继续用这种方法来计算三阶矩和四阶矩. 计算三阶矩最简单的方法是利用式子

$$\mathbb{E}[(X - \mu)^3] = \mathbb{E}[X^3 - 3X^2\mu + 3X\mu^2 - \mu^3]$$
$$= \mathbb{E}[X^3] - 3\mathbb{E}[X^2]\mu + 3\mathbb{E}[X]\mu^2 - \mu^3,$$

对于参数为 λ 的指数分布, 其均值 $\mu = \mathbb{E}[X]$ 就是 λ. 我们已经求出了 $\mathbb{E}[X^2]$ 的值, 要想求出三阶矩, 现在只需要算出 $\mathbb{E}[X^3]$ 就行了.

11.6 总　　结

本章开头引用了一段有趣的童谣, 其灵感来源于乔纳森・斯威夫特的一首诗, 它优美地描述了微分恒等式的范围:

大跳蚤身上有小跳蚤,

在它们背上叮咬着,

小跳蚤身上有更小的跳蚤,

就这样无限循环下去.

这是个永无止境的过程. 就像小跳蚤身上有更小的跳蚤那样, 只要得到了一个恒等式, 我们就可以不断地构造出越来越多的恒等式. 做到这一点非常重要. 我们在第 9 章中讲过概率分布的矩就像是函数的泰勒系数, 由这些转化可以推出概率密度函数. 由于这个过程永远不会结束, 我们能够得到**所有**矩的公式. 利用几何级数公式和二项式定理等已知的内容, 我们可以学到大量新知识, 这真的非常惊人.

11.7　习　　题

习题 11.7.1　正弦函数的二倍角公式是 $\sin(2x) = 2\sin(x)\cos(x)$. 利用这一点求出余弦函数的二倍角公式.

习题 11.7.2　找出并解释下列表述中的错误: 给定方程 $ax^2 + bx + c = 0$, 式子两端同时对 x 求两次微分, 从而得到 $2a = 0$, 因此 $a = 0$. 剩下的项 $bx + c = 0$ 对 x 求一次微分, 则有 $b = 0$. 因此, 对于所有的 x, c 也等于 0.

习题 11.7.3　证明: 对于任意一个多项式 $a_0 + a_1 x + a_2 x^2 + \cdots + a_n x^n$, 如果该式恒等于 0, 那么 $a_0 = a_1 = a_2 = \cdots = a_n = 0$.

习题 11.7.4　在本章开头, 我们把二项式定理中的恒等式当作微分对象. 请证明二项式定理.

习题 11.7.5　推导出关于 $(x_1 + x_2 + \cdots + x_m)^n$ 的公式, 并给出证明.

习题 11.7.6　$\sin x$ 在 0 点附近的泰勒级数是

$$\sin x = \sum_{n=1}^{\infty} (-1)^{n-1} \cdot \frac{x^{2n-1}}{(2n-1)!}.$$

利用微分恒等式求出 $\cos x$ 在 0 点附近的泰勒展开式.

习题 11.7.7　不明确地给出泰勒级数的具体表达式, 只利用 e^x 的性质证明: e^x 的泰勒级数是 $\sum_{n=0}^{\infty} x^n/n!$.

习题 11.7.8　利用泰勒级数证明: $\sum_{n=1}^{\infty} (-1)^{n-1}/n = \log 2$.

习题 11.7.9　$\frac{1}{1-x}$ 在区间 $(-1, 1)$ 上的泰勒级数是 $\sum_{n=0}^{\infty} x^n$. 这个级数在该区间上是一致收敛的 (所以和的导数就是导数的和). $\frac{x}{(1-x)^2}$ 在区间 $(-1, 1)$ 上的泰勒级数是什么样的?

习题 11.7.10　回顾 $\sum_{n=0}^{\infty} x^n$. 注意, 如果把这个和分成 $n < N$ 和 $n \geqslant N$, 那么 $n \geqslant N$ 的和就是另外一个几何级数, 因此我们可以将无限和转化为有限和! 试着这样做, 并证明对无限和逐项求导是正确的.

习题 11.7.11　在区间 $[0, 2\pi]$ 上, $\sum_{n=1}^{\infty} \frac{\cos(nx)}{n^2} = \frac{3x^2 - 6\pi x + 2\pi^2}{12}$. 利用这个恒等式证明: $\sum_{n=1}^{\infty} \frac{1}{n^2} = \frac{\pi^2}{6}$.

习题 11.7.12　利用泰勒级数证明: $e^{ix} = \cos(x) + i\sin(x)$.

习题 11.7.13   证明: 上一题的恒等式蕴含着毕达哥拉斯恒等式: $\sin^2 x + \cos^2 x = 1$.

习题 11.7.14   泊松分布的概率函数是

$$\text{Prob}(X = n) = \begin{cases} \lambda^n \mathrm{e}^{-\lambda}/n! & \text{若 } n \in \{0, 1, 2, \cdots\} \\ 0 & \text{其他}. \end{cases}$$

求泊松分布的均值.

习题 11.7.15   求泊松分布的方差.

习题 11.7.16   求负二项分布的方差.

习题 11.7.17   给出 $\sum_{n=0}^{\infty} \frac{n!}{(n-k)!} x^{n-k}$ 的解析表达式.

习题 11.7.18   上一题的和式是否对所有的 k 均收敛? 证明你的结论.

习题 11.7.19   假设通货膨胀率固定在每年 5%, 也就是说, 现在的 1 美元在一年后的价值是 $1/1.05$ 美元. 考虑一种永续年金, 今年支付了 1 美元, 并且每年都比上一年多支付 50 美分, 一直这样持续下去. 这个永续年金的现值是多少?

习题 11.7.20   想象一下, 一个半径为 1 的钟摆从与垂直方向呈 30° 角的位置下落. 由于摩擦力的作用, 每次摆动都不会上升到之前的高度. 我们可以这样说, 钟摆每次移动 $\frac{n^2}{2^n}$, 其中 n 是从最初位置开始的摆动次数. 写出钟摆摆动总距离的表达式, 并用泰勒级数来近似这个和.

习题 11.7.21   当 $n \in \{1, 2, \cdots, 50\}$ 时, 画出 $\sum_{i=0}^{n} 2^{-i}$ 的图形, 并给出直线 $y = 2$ 在相应区域上的图形. 简述级数的收敛性.

第三部分

特 殊 分 布

第12章 离散分布

生活与我们的语言相悖, 它是无限连续的、微妙的、阴暗的, 而我们的语言则是离散的、粗糙且少之又少的.

——威廉·詹姆斯,《宗教经验之种种》(1902)

本章的目的是介绍一些最常见和最重要的离散分布 (后面几章会考察连续分布). 这些分布之所以受欢迎有两个非常好的原因. 首先, 它们很好地描述了许多自然现象和数学现象. 其次, 它们在数学上易于处理, 可以用来进行很多运算, 比如计算均值和方差, 以及求相互独立的随机变量之和. 在学习和职业生涯中, 你会一次又一次地体会到易于处理有多么重要. 遗憾的是, 大多数情况都不容易处理. 想要利用问题中的参数来得到漂亮的解析表达式是很困难的. 但为什么这是个重要的目标呢? 如果能得到一个用参数来表示的答案, 那么你就可以轻松地看到参数值的变化是如何影响答案的.

例如, 经济模型通常非常复杂, 因为必须纳入许多复杂的影响. 遗憾的是, 通常无法得到用输入参数来表示的答案, 因此我们不得不进行数百万次模拟. 这意味着, 如果有一个参数发生变化, 就必须重新模拟. 这将在计算方面付出昂贵的代价. 如果可以得到一个闭型解, 那么只需要把新值代入就行了.

我们先考察伯努利分布, 然后考察由它推广而来的几种分布, 并在最后给出其他一些重要结果. 在第 7 章中, 我们曾见过其中一些分布的特殊情形, 所以应该对这些分布并不陌生. 在前几章中给出这些分布的原因是, 当没有任何具有实际意义的例子时, 描述概率是件很痛苦的事. 在接下来的几节中, 我们将更深入地研究这个理论及其应用.

12.1 伯努利分布

最简单的离散型随机变量始终取同一个值. 当然, 这没什么神秘感. 因此, 我们从第二简单的情形开始: 它只取两个值 (可以把这两个值设为 0 和 1).

伯努利分布: 如果随机变量 X 满足 $\mathrm{Prob}(X = 1) = p$ 且 $\mathrm{Prob}(X = 0) = 1 - p$, 那么 X 就服从参数为 $p \in [0, 1]$ 的**伯努利分布**. 我们把结果 1 看作**成功**, 把结果 0 看作**失败**, 并记 $X \sim \mathrm{Bern}(p)$. X 也可以称为**二元标示随机变量**.

记住, 随机变量只取实数值. 如果一枚硬币掷出正面的概率是 p, 那么随机变量的值不可能是 "正面" 和 "反面", 因为它们是结果空间中的元素, 但不是数. 每种可能的结果都必须与一个数相关. 显然, 这种做法的好处是, 可以把数加起来. (两个正面与一个反面的和是多少?) 结果不一定被看作正面或反面, 我们还可以把结果想象成人们投票支持或反对某位候选人, 下雨或不下雨, 队伍胜利或失败, 等等. 每当看到一个随机变量时, 你都应该迅速算出它的均值和方差. 这些量会提供很多信息.

> **定理**: 如果 $X \sim \text{Bern}(p)$, 那么 X 的均值 μ_X 等于 p, 方差 σ_X^2 是 $p(1-p)$.

上面的结果可以由均值和方差的定义得出:

$$
\begin{aligned}
\mu_X &= 1 \cdot p + 0 \cdot (1-p) = p \\
\sigma_X^2 &= (1 - \mu_X)^2 \cdot p + (0 - \mu_X)^2 \cdot (1-p) \\
&= (1-p)^2 \cdot p + (-p)^2(1-p) \\
&= p(1-p) \cdot (1 - p + p) = p(1-p).
\end{aligned}
$$

一个服从伯努利分布的随机变量并没有太多用处. 但是, 如果考虑多枚硬币, 或者不断地重复抛掷同一枚硬币, 那么情况就会发生很大的变化. 在下一节中, 我们会讨论与之相关的随机变量.

12.2 二项分布

考察二项分布的方法有两种. 一种方法是, 我们有 n 枚独立的硬币, 并且每一枚硬币出现成功的概率都是 p. 同时抛掷它们, 并记录正面出现的次数. 另一种是, 我们可以抛掷一枚硬币 n 次, 然后记录正面出现的次数. 这两种观点都很有用. 由于我们假设了硬币的独立性, 所以这两种看法是等价的. 因为每次抛硬币都是独立的行为, 所以抛掷 n 枚硬币与抛掷一枚硬币 n 次没什么区别.

> **二项分布**: 设 n 是一个正整数, 并设 $p \in [0,1]$. 如果随机变量 X 满足:
>
> $$
> \text{Prob}(X = k) = \begin{cases} \dbinom{n}{k} p^k (1-p)^{n-k} & \text{若 } k \in \{0, 1, \cdots, n\} \\ 0 & \text{其他.} \end{cases}
> $$
>
> 那么 X 就服从参数为 n 和 p 的**二项分布**, 并记 $X \sim \text{Bin}(n, p)$. X 的均值是 np, 方差是 $np(1-p)$.

我们要确保这是一个概率分布. 有两点需要验证: (1) 所有概率都是非负的;

(2) 概率之和必须等于 1. 第一个条件很容易验证, 而这个分布的名字其实就暗示了证明第二条的方法. 这个分布叫**二项**分布. 我们还在什么地方听过二项这个词? 没错, 二项式系数, 它是上述概率定义中的一部分. 还有**二项式定理**, 我们会在 A.2.3 节中回顾. 二项式定理是

$$(x + y)^n = \sum_{k=0}^{n} \binom{n}{k} x^k y^{n-k}.$$

现在有

$$\sum_{k=0}^{n} \text{Prob}(X = k) = \sum_{k=0}^{n} \binom{n}{k} p^k (1-p)^{n-k} = (p + (1-p))^n = 1.$$

因此第二个条件成立, 这的确是一个概率分布.

　　到目前为止, 每当遇到一个随机变量时, 你都应该自觉地求出它的均值和方差, 这就是在上述定义中给出均值和方差具体取值的原因. 计算均值和方差的方法有很多种. 如果直接利用定义计算, 就要求出

$$\mu_X = \sum_{k=0}^{n} k \binom{n}{k} p^k (1-p)^{n-k}, \quad \sigma_X^2 = \sum_{k=0}^{n} (k - \mu_X)^2 \binom{n}{k} p^k (1-p)^{n-k}.$$

这些和式可能并不容易计算, 因为它们都包含了二项式系数. 但是, 有几种强大的技巧可以求出它们. 我最喜欢的技巧之一是**微分恒等式法**, 在 11.3 节中, 我们利用这种方法求出了均值与方差.

　　现在要展示另一种方法, 即利用**期望的线性性质**. 思路如下: 把一个复杂的随机变量分解成一些简单且相互独立的随机变量之和. 如果 $X \sim \text{Bin}(n, p)$, 并且 $X_1, \cdots, X_n$ 是相互独立且均服从 $\text{Bern}(p)$ 的随机变量, 那么

$$X = X_1 + \cdots + X_n.$$

一个服从 $\text{Bin}(n, p)$ 的随机变量为什么与 n 个相互独立且服从 $\text{Bern}(p)$ 的随机变量之和一样呢? 实际上, 这里再次使用了**分组证明法**. 我们既可以认为同时抛掷了 n 枚硬币并一次性计算正面出现的次数, 也可以认为依顺序抛掷了 n 次, 然后把正面出现的次数相加.

　　因为每个 X_i 都服从 $\text{Bern}(p)$, 所以均值都是 $\mu_{X_i} = p$, 方差都是 $\sigma_{X_i}^2 = p(1-p)$. 现在利用**期望的线性性质**(参见 9.5 节或定理 9.6.2): 对于相互独立的随机变量, 和的期望值就等于期望值之和, 和的方差就是方差的和. 因此

$$\mu_X = \mathbb{E}[X]$$

$$= \mathbb{E}[X_1 + \cdots + X_n]$$
$$= \mathbb{E}[X_1] + \cdots + \mathbb{E}[X_n]$$
$$= p + \cdots + p \ = \ np,$$

且

$$\sigma_X^2 \ = \ \mathrm{Var}(X) \ = \ \mathrm{Var}(X_1 + \cdots + X_n)$$
$$= \mathrm{Var}(X_1) + \cdots + \mathrm{Var}(X_n)$$
$$= p(1-p) + \cdots + p(1-p) \ = \ np(1-p).$$

有必要花些时间来庆祝我们刚刚完成的事情: 我们找到了一种避免计算二项式系数 (乘以各种因子!) 之和的方法. 我们把一个难以计算的和简化成了 n 个较容易计算的和. 这个例子又一次说明了我们的指导原则: **解答大量简单问题要比解决一个难题好得多.**

事实上, 我们所做的事情还可以从其他角度来考察. 概率论和组合学中最强大的技巧之一是**用两种不同的方法来计算**. 通常情况下, 一种计算方法会比另一种更容易, 而这能让我们求出另一种方法的结果. 利用期望的线性性质还有个额外的好处: 可以证明一些关于二项式和的定理. 从均值的计算过程中, 我们看出

$$\sum_{k=0}^{n} k \binom{n}{k} p^k (1-p)^{n-k} \ = \ np,$$

而方差的计算过程则告诉我们

$$\mathrm{Var}(X) \ = \ \sum_{k=0}^{n} (k-np)^2 \binom{n}{k} p^k (1-p)^{n-k} = np(1-p).$$

这种思路已经用过很多次了——如果某个量可以用两种方法来计算, 那么我们只需要采用其中一种方法, 并由此确定另一种方法的结果.

现在我们可以解决与二项分布有关的各种问题了. 回到赌博问题. 假设要抛掷 4 颗独立的骰子, 玩家可以对 1 到 6 的任意一个数字下注. 如果下注的数字出现了 k 次, 那么玩家就赢得了 k 美元, 其中 k 在 1 和 4 之间取值. 如果该数字没有出现, 那么玩家将损失 1 美元. 玩家应该玩这个游戏吗?

为了弄清楚该不该玩, 我们想知道**预期结果**. 这个词提醒了我们应该计算什么. 如果多次玩这个游戏, 那么会赢钱还是会输钱? 这个问题可以通过计算期望值来回答. 如果让 X 表示当抛掷 4 颗独立的均匀骰子时赢得或损失的钱数, 那么 X 的可能取值有: -1 (下注的数字出现了 0 次)、1 (下注的数字出现了 1 次)、2 (下注的数字出现了 2 次)……4. 现在我们计算每一种情况发生的概率:

$$\mathrm{Prob}(X = -1) = \binom{4}{0}\left(\frac{1}{6}\right)^{0}\left(\frac{5}{6}\right)^{4} = \frac{625}{1296}$$

$$\mathrm{Prob}(X = 1) = \binom{4}{1}\left(\frac{1}{6}\right)^{1}\left(\frac{5}{6}\right)^{3} = \frac{125}{324}$$

$$\mathrm{Prob}(X = 2) = \binom{4}{2}\left(\frac{1}{6}\right)^{2}\left(\frac{5}{6}\right)^{2} = \frac{25}{216}$$

$$\mathrm{Prob}(X = 3) = \binom{4}{3}\left(\frac{1}{6}\right)^{3}\left(\frac{5}{6}\right)^{1} = \frac{5}{324}$$

$$\mathrm{Prob}(X = 4) = \binom{4}{4}\left(\frac{1}{6}\right)^{4}\left(\frac{5}{6}\right)^{0} = \frac{1}{1296}.$$

现在, 可以求出 X 的期望值:

$$\mathbb{E}[X] = (-1)\cdot\frac{625}{1296} + 1\cdot\frac{125}{324} + 2\cdot\frac{25}{216} + 3\cdot\frac{5}{324} + 4\cdot\frac{1}{1296} = \frac{239}{1296}.$$

由于期望值是正的, 因此下注对我们是有利的. 对上述情况的一种解释是, 从平均水平看, 在玩了 1296 次后, 我们预计会有 239 美元的收入.

下面的代码说明了我们可以玩这个游戏, 并对上面的计算结果进行了验证.

```
diegame[numdo_] := Module[{},
  winnings = 0; (* 记录赢了多少钱 *)
  For[n  = 1, n <= numdo, n++, (* 开始主循环 *)
   {
    (* RandomInteger[{1,6}] 从1到6中随机挑选1个数 *)
    (* 考虑到一般性, 可以假设我们下注的数字是1 *)
    (* 我们共挑选了4次, 并将1的个数保存在numroll中 *)
    numroll = Sum[If[RandomInteger[{1, 6}] == 1, 1, 0], {i, 1, 4}];
    If[numroll == 0, winnings = winnings - 1,
     winnings = winnings + numroll]; (* 相应地调整赢钱数 *)
    }]; (* 结束对n的循环 *)
  Print["Expected value is 239/1296 or about ", 239/1296.0, "."];
  Print["Average winnings is ", 1.0 winnings / numdo, "."];
  ]
```

在进行了 100 000 000 次试验后 (这是个非常简单的程序, 所以我们可以做大量试验), 它给出了结果:

```
Expected value is 239/1296 or about 0.184414.
Average winnings is 0.184213.
```

12.3　多 项 分 布

推广伯努利分布的方法有若干种. 我们得到的第一个结果是二项分布, 用来研究这种情况: 我们进行多次独立重复的试验, 并且每次试验都有两种可能结果. 对于所有试验来说, 每种结果出现的概率都是一样的. 你可以把这个过程想像成抛掷硬币, 或者在只有两种选择的选举中投票. 显然, 只有两种选择是相当有限的, 这表明了我们应该把二项分布进一步推广到**多项分布**. 与二项分布一样, 多项分布考虑的是进行多次独立重复的试验, 并且每种结果在任意一次试验中发生的概率都相同. 但是, 如果每次试验有两种以上的可能结果, 那么多项分布将给出不同结果的概率. 这是很有用的, 因为现实生活中经常出现两种以上的可能结果!

假设我们进行了 n 次试验, 并且每次试验有 k 个互不相容的结果, 其概率分别是 $p_1, p_2, \cdots, p_k$. 让 $f(x_1, x_2, \cdots, x_k)$ 表示在这 n 次试验中, 第 i 种可能的结果出现了 x_i 次的概率, 其中 $1 \leqslant i \leqslant k$. 我们一定有 $x_1 + x_2 + \cdots + x_k = n$. 为了求出 $f(x_1, x_2, \cdots, x_k)$, 首先注意到, 按照某种特定顺序得到这些结果的概率是 $p_1^{x_1} p_2^{x_2} \cdots p_k^{x_k}$. 现在来计算能够得到这些结果的可能顺序有多少种. 第 1 种结果出现 x_1 次的方法有 $\binom{n}{x_1}$ 种, 第 2 种结果出现 x_2 次的方法有 $\binom{n-x_1}{x_2}$ 种, 依此类推, 第 k 种结果出现 x_k 次的方法有 $\binom{n-x_1-x_2-\cdots-x_{k-1}}{x_k}$. 因此, 排序方法的总数为

$$\binom{n}{x_1}\binom{n-x_1}{x_2} \cdots \binom{n-x_1-x_2-\cdots-x_{k-1}}{x_k}$$
$$= \frac{n!}{(n-x_1)!x_1!} \cdot \frac{(n-x_1)!}{(n-x_1-x_2)!x_2!} \cdots \frac{(n-x_1-\cdots-x_{k-1})!}{(n-x_1-\cdots-x_k)!x_k!}.$$

通过约分, 现在只剩下了

$$\frac{n!}{x_1!x_2!\cdots x_k!}. \tag{12.1}$$

式 (12.1) 被称为**多项式系数**, 记作

$$\binom{n}{x_1, x_2, \cdots, x_k}.$$

在 6.2.2 节中, 当考察重新排列一个单词的字母, 进而构造出新单词时, 我们见到过这些系数. 请参阅该部分内容, 以获得上述展开式的另一种推导方法. 利用多项式系数, 我们看到

$$f(x_1, x_2, \cdots, x_n) = \frac{n!}{x_1!x_2!\cdots x_k!}p_1^{x_1} p_2^{x_2} \cdots p_k^{x_k}.$$

这是一个多项分布. 我们经常写成 $f(x_1, x_2, \cdots, x_n;\ p_1, p_2, \cdots, p_k)$, 从而强调该分布对参数的依赖性 (参数通常会放在分号的后面).

当然, 应该说明上述概率和为 1, 这样才能真正确保它是一个概率分布. 我鼓励你这样做. 另外, 也可以从组合学的角度来说明其概率和**必须**为 1. 我们有一系列独特且详尽的选择. 最后, 我们会通过对一组二项分布进行分组来得到多项分布. 因为其中每个都是分布, 所以多项分布也是如此.

我们也可以通过重复使用二项式定理和**分组方法**来导出多项分布. 例如, 当 $k = 3$ 时, 一共有三种结果, 不妨设为 A, B 和 C. 我们可以合并 B 和 C, 并考虑只有两种结果的情况: A 和非 A. 如果让 p_1 等于 A 的概率, 让 $1 - p_1$ 等于非 A 的概率, 那么 A 出现 x_1 次且非 A 出现 $n - x_1$ 次的概率就是

$$\binom{n}{x_1} p_1^{x_1} (1 - p_1)^{n - x_1}.$$

设 p_2 是结果 B 的概率, p_3 是结果 C 的概率. 如果**已知 A 不发生**, 那么 B 发生的**概率**就是 $\frac{p_2}{p_2 + p_3}$, C 发生的概率就是 $\frac{p_3}{p_2 + p_3}$. 注意, 这些是**条件概率**, 它们的和之所以等于 1 是因为 $\frac{p_2}{p_2 + p_3} + \frac{p_3}{p_2 + p_3} = 1$.

因此, 结果 A 出现 x_1 次、结果 B 出现 x_2 次且结果 C 出现 $x_3 = n - x_1 - x_2$ 次的概率就等于

$$\binom{n}{x_1} p_1^{x_1} \left[\binom{n - x_1}{x_2} \left(\frac{p_2}{p_2 + p_3} \right)^{x_2} \left(\frac{p_3}{p_2 + p_3} \right)^{n_1 - x_1 - x_2} \right] (1 - p_1)^{n - x_1}.$$

注意, 当 x_2 遍历 0 到 $n - x_1$ 时, 由二项式定理可知, 括号内表达式的连加和就等于 1. 这并非偶然, 它与我们的展开式有关 (我们是从 A 和非 A 开始的).

利用 $1 - p_1 = p_2 + p_3$ 和 $\binom{n}{x_1}\binom{n - x_1}{x_2} = \frac{n!}{x_1! x_2! x_3!}$, 可以进一步简化这个式子, 于是得到了

$$\frac{n!}{x_1! x_2! x_3!} p_1^{x_1} p_2^{x_2} p_3^{n_1 - x_1 - x_2},$$

这与上述结果一致. 把我们的发现分离出来, 就会得到以下结果.

多项分布与多项式系数: 设 n, k 是正整数且 $p_1, p_2, \cdots, p_n \in [0, 1]$ 满足 $p_1 + \cdots + p_n = 1$. 设 $x_1, \cdots, x_n \in \{0, 1, \cdots, n\}$ 满足 $x_1 + \cdots + x_n = n$. 那么, 相应的**多项式系数**就是

$$\binom{n}{x_1, x_2, \cdots, x_k} = \frac{n!}{x_1! x_2! \cdots x_k!},$$

当 x_i 为其他情形时, 多项式系数都取 0. 仅当 $(x_1, \cdots, x_k)$ 满足上述条件时, 参数为 n、k 和 $p_1, \cdots, p_k$ 的**多项分布**才不为 0, 其概率密度函数为

$$\binom{n}{x_1, x_2, \cdots, x_k} p_1^{x_1} p_2^{x_2} \cdots p_k^{x_k},$$

记作 $X \sim \text{Multinomial}(n, k, p_1, \cdots, p_k)$.

多项分布不同于我们见过的其他分布. 我们会得到一个 n 元组, 而不是一个值. 可以把它看成二项分布来理解其相关性质. 例如, 如果

$$X \sim \text{Multinomial}(n, k, p_1, \cdots, p_k),$$

那么可以构造随机变量 X_i, 表示结果 i 出现的次数. 现在就得到了 $X_i \sim \text{Bin}(n, p_i)$. 此时, 我们只关心是否得到了结果 i (结果 i 发生的概率是 p_i, 不发生的概率是 $1 - p_i$). 因此, $\mu_{X_i} = np_i$ 且 $\sigma^2_{X_i} = n_i p_i (1 - p_i)$.

下面的问题是本课程的经典问题之一. 考虑一个罐子, 里面装满了三种美味可口的饼干: 巧克力薄片、涂鸦饼干和糖饼. 假设饼干的数量实在太多了, 即便扔掉其中一些也无关紧要, 拿到另一种饼干的可能性不会发生改变. 拿到一块巧克力薄片的概率是 45%, 拿到一块涂鸦饼干的概率是 30%, 拿到一块糖饼的概率是 25%. 在随机拿到的 6 块饼干中, 有三块巧克力薄片、两块涂鸦饼干和一块糖饼的概率是多少? 如果你不喜欢这种近似 (因为现在取到一块巧克力薄片一定会影响下次取到巧克力薄片的概率), 那么可以把这个问题看作**有放回取样**. 这意味着我们会逐次取出 6 块饼干, 每次都记录下饼干的类型, 然后立即把饼干放回罐子里.

解答: 对于具有多种可能性的问题, 你不必感到奇怪, 这是个多项分布的例子. 我们有 $p_1 = 0.45$, $p_2 = 0.30$ 和 $p_3 = 0.25$. 已知的值有 $n = 6$, $x_1 = 3$, $x_2 = 2$ 和 $x_3 = 1$. 于是

$$\text{Pr}(X_1 = 3, X_2 = 2, X_3 = 1) = \frac{6!}{3!2!1!}(0.45)^3(0.30)^2(0.25)^1 \approx 0.123.$$

在本章末尾, 我们会给出一些额外的问题 (例如, 习题 12.8.29).

12.4 几 何 分 布

接下来的分布也是由伯努利分布推广而来的. 回想一下服从伯努利分布的随机变量, 它把成功的概率指定为 p, 失败的概率指定为 $1 - p$. 我们现在要做的是不断重复这个试验, 直到首次成功为止. 另外, 用随机变量 X 表示首次成功时已经完成的试验次数. 我们称 X 是一个**服从几何分布的随机变量**.

几何分布: 设 $p \in [0, 1]$. 如果随机变量 X 满足

$$\text{Prob}(X = n) = \begin{cases} p(1-p)^{n-1} & \text{若 } n \in \{1, 2, 3, \cdots\} \\ 0 & \text{其他}, \end{cases}$$

那么 X 就服从参数为 p 的几何分布, 并记作 $X \sim \text{Geom}(p)$. 它的均值为 $1/p$, 方差为 $\frac{1-p}{p^2}$.

首要任务是证明这的确是一个分布. 概率显然是非负的, 所以现在只需要证明概率和为 1 就行了. 我们要利用几何级数公式 (在 1.2 节中, 我们讨论并证明了这个公式): 如果 $|r| < 1$, 那么 $\sum_{n=0}^{\infty} r^n = \frac{1}{1-r}$. 于是有

$$\sum_{n=1}^{\infty} \text{Prob}(X = n) = \sum_{n=1}^{\infty} p(1-p)^{n-1}$$
$$= p \sum_{m=0}^{\infty} (1-p)^m$$
$$= p \cdot \frac{1}{1-(1-p)} = 1.$$

这样就完成了证明——它是一个概率分布!

现在来计算均值, 它会更复杂一些. **微分恒等式法**是计算均值的好方法. 在 11.1 节中, 我们曾利用这种方法轻松地求出了均值. 现在给出另一种证明方法. 这种证明思路与 1.2 节中篮球竞赛的分析过程非常相似. 关键的想法是利用**无记忆过程**(你也可以利用问题中的一些对称性).

用 μ_X 表示均值. 我们有

$$\mu_X = 1 \cdot p + (\mu_X + 1) \cdot (1-p).$$

这个公式是怎么得到的? 回顾 1.2 节的篮球问题, 我们可以用一个非常相似的论证来推导. 第 1 次试验成功的概率是 p. 如果现在就结束了, 那么随机变量的值就是 1. 因此, 上式中的 $1 \cdot p$ 是根据 "随机变量取 1 时的概率为 p" 这一事实得来的. 那么其他因子是怎么得到的? 这个问题更有趣. 假设第 1 次试验失败, 这件事发生的概率是 $1-p$. 然而, 一旦失败了, 一切好像就会从头开始. 因为我们用 μ_X 表示均值, 所以从现在开始直到首次成功, 预计要进行 μ_X 次试验. 因此, 由均值可得 $(\mu_X + 1)(1-p)$. 这里的 $+1$ 是因为第 1 次试验失败了, 而 $(1-p)$ 表示发生这种情况的概率. 现在来计算 μ_X, 它满足

$$(1 - (1-p))\mu_X = p + (1-p),$$

这说明了 $p\mu_X = 1$ 或者 $\mu_X = 1/p$, 恰好与之前所说的一样!

采用不同的方法来证明同一个结果是非常好的. 有时候, 一种方法会比另一种方法更有助于解题, 或者只是让我们更容易明白. 作为一个不错的练习, 试着用这种方法来计算方差. 我觉得利用微分恒等式法求方差会更容易, 其公式为 $\sigma_X^2 = \mathbb{E}[X^2] - \mathbb{E}[X]^2$.

假设一个罐子里有 p 颗紫色的球和 y 颗黄色的球 (虽然可以用任何字母来表示变量, 但使用与单词有明确关联的字母是个不错的选择, 因为这样更容易记住它

们都代表了什么). 从罐子中随机地取球, 每次取出 1 颗球后, 我们会把它放回罐子里, 然后再取下 1 颗球. 在取到第 1 颗紫色球之前, 至少要取 m 次的概率是多少?

让 D 表示得到 1 颗紫色球所需的抽取次数. 因为现在是有放回抽样, 所以每次取到 1 颗紫色球的概率都是一样的: 始终是 $p/(p+y)$. 于是

$$
\begin{aligned}
\operatorname{Prob}(D \geqslant m) &= \frac{p}{p+y} \cdot \left(\frac{y}{p+y}\right)^{m-1} + \frac{p}{p+y} \cdot \left(\frac{y}{p+y}\right)^{m} + \cdots \\
&= \frac{p}{p+y} \sum_{i=m}^{\infty} \left(\frac{y}{p+y}\right)^{i-1} \\
&= \frac{p}{p+y} \cdot \left(\frac{y}{p+y}\right)^{m-1} \bigg/ \left(1 - \frac{y}{p+y}\right) \\
&= \left(\frac{y}{p+y}\right)^{m-1}.
\end{aligned}
$$

12.5 负二项分布

警告: 如果你认为指数型随机变量的定义很不好, 那接下来的情况会更糟. 问题在于, 不同的教材对负二项分布的定义有不同的约定: 有些人支持从 0 开始, 其他人支持从 1 开始; 有些人用 p 表示成功的概率, 其他人用 p 表示失败的概率. 所以, 当你把本书中的公式与其他教材 (或计算机程序包!) 中的公式进行比较时, 一定要小心. 需要仔细检查这些教材使用的标准形式是什么.

通过强调几个词, 我们来说明下个推广. 从一个服从伯努利分布的随机变量开始: 抛掷一枚硬币, 掷出正面 (即成功) 的概率是 p, 掷出反面 (即失败) 的概率为 $1-p$. 通过不断重复抛掷同一枚硬币直到**第 1 次**成功为止, 我们得到了一个服从几何分布的随机变量. 接下来, 我们很自然地想到, 如果不断地抛掷同一枚硬币, 直到出现**第 2 次**成功、**第 3 次**成功或第 r 次成功为止, 情况又是怎样的? 因此, 可以构造一个随机变量 X, 用来计算第 r 次成功时已经抛掷了多少次硬币.

我们来思考一下它的概率密度函数. 如果 n 不是整数或者 $n \leqslant r-1$, 那么一定有 $\operatorname{Prob}(X=n)=0$. 这是因为 X 只能取整数值, 并且如果获得了 r 次成功, 那么至少需要抛掷 r 次. 现在只需要考虑 $n \geqslant r$ 时的概率. 我们来看一下这种情况. 在 n 次抛掷中, 恰好取得了 r 次成功. 另外, 最后 1 次掷出的结果一定是成功的, 否则在前 $n-1$ (或更少) 次抛掷中就已经获得了 r 次成功, 而我们想求的是只需要抛掷 n 次就可以获得 r 次成功的概率. 概括一下: $n \geqslant r$, 在前 n 次抛掷中恰好成功了 r 次, 并且最后一次是成功的. 这意味着在前 $n-1$ 次抛掷中恰好成功了 $r-1$ 次. 从前 $n-1$ 次中选出成功的 $r-1$ 次共有 $\binom{n-1}{r-1}$ 种方法. 每种选法都包含 r 次成功和 $n-r$ 次失败, 而且其概率为 $p^{r}(1-p)^{n-r}$. 把所有情况都考虑进来, 就得到了

$$\text{Prob}(X = n) = \begin{cases} \dbinom{n-1}{r-1} p^r (1-p)^{n-r} & \text{若 } n \in \{r, r+1, r+2, \cdots\} \\ 0 & \text{其他.} \end{cases}$$

遗憾的是, 这并不是负二项分布的定义, 但已经非常接近了. 在数学中, 一个符号或一个定义通常可以用好几种方法来表示. (有些) 人们不考虑成功的次数, 反而会计算失败的次数, 原因是这种看法在实际应用中会更自然. 如果想知道一件设备能使用多久, 那么考察失败的次数要比计算成功的次数更实际. 另外, 我们不考虑出现 r 次失败时一共抛掷了多少次, 而是计算出现 r 次失败之前一共获得了多少次成功. 我们用 k 表示成功的次数, 它必须是非负整数. 正如我们在本节开始时所说的那样, 存在很多略有不同的表述, 这让人非常头疼, 但事情就是这样, 当你查看其他材料时必须小心.

我们采用与之前相似的方法来论证. 如果恰好出现了 k 次成功和 r 次失败, 那么一共抛掷了 $k+r$ 次. 此外, 最后 1 次的结果一定是失败, 所以在前 $k+r-1$ 次抛掷中共有 k 次成功. 对于出现了 k 次成功和 r 次失败的任意一种结果, 其概率均为 $p^k(1-p)^r$, 那么当第 r 次失败时恰好获得了 k 次成功的概率就是 $\binom{k+r-1}{k} p^k (1-p)^r$. 这就是**负二项分布**.

负二项分布: 设 r 是一个正整数, 并且 $p \in [0,1]$. 假设抛掷一枚硬币获得成功 (出现正面) 的概率是 p. 随机变量 X 表示当恰好出现 r 次失败 (出现反面) 时已经成功的次数. X 服从参数为 r 和 p 的**负二项分布**. 它的概率密度函数为

$$\text{Prob}(X = k) = \begin{cases} \dbinom{k+r-1}{k} p^k (1-p)^r & \text{若 } k \in \{0, 1, 2, \cdots\} \\ 0 & \text{其他,} \end{cases}$$

记作 $X \sim \text{NegBin}(r, p)$. 它的均值为 $\frac{pr}{1-p}$, 方差为 $\frac{pr}{(1-p)^2}$.

直接把概率相加就可以证明概率和为 1. 利用一般情形下的二项式定理会是个不错的办法, 其中指数不一定是正整数. 现在**不使用**这种方法, 而是采用**故事证明法**(有关故事证明法的更多内容, 请参阅 A.6 节).

每当你看到一个复杂的公式时, 如果可以找到一种特殊情形, 那就对它进行验证吧! 现在有一种可以进行验证的情形. 不妨设 $r = 1$, 并设成功的概率 p 等于 $1 - q$ (所以, 失败的概率 $1 - p$ 就等于 q). 在这种情况下, 我们要计算当出现失败 (即掷出反面) 时已经成功的次数, 其中失败 (即硬币掷出反面) 的概率是 q. 如果整数 $k \geqslant 0$, 那么这种情况的概率为

$$\binom{k+1-1}{k}(1-q)^k(1-(1-q))^1 = q(1-q)^k.$$

这看起来并不陌生, **很像**一个成功概率为 q 的几何分布的概率密度函数. 不同

的是, k 代表的是成功的次数, 而不是抛掷的总次数. 让 $l = k+1$ 表示抛掷的总次数, 它对应的随机变量用 L 来表示. 那么, 当 l 是非负整数时, 我们有

$$\text{Prob}(L = l) = q(1-q)^{l-1},$$

这与服从几何分布的随机变量是一样的.

给出这个计算的目的是想告诉你如何验证一个计算的合理性. 令人鼓舞的是, 这种做法是可行的. 负二项分布是由几何分布推广而来的, 这一点非常好. 当然, 重要的是要把事情看清楚. 对于这里的成功, 我们不必过于兴奋. 毕竟, 这是一种非常特殊的情形. 当 $r = 1$ 时, 很多项都消失了. 所以, 尽管这确实说明我们得到了一个概率分布, 但并不是证明.

好了, 现在该求均值了! 这是一项艰巨的任务, 因为要计算

$$\mu_X = \sum_{k=0}^{\infty} k \binom{k+r-1}{k} p^k (1-p)^r.$$

如果仔细观察一下, 我们最终可能会把 k 和 p^k 结合起来, 进而得到 kp^k. 这意味着要使用 $\frac{\mathrm{d}}{\mathrm{d}p}$ (或者 $p\frac{\mathrm{d}}{\mathrm{d}p}$), 因为这样就可以消去一个 k. 换句话说, **微分恒等式法** 可能是个不错的选择. 就像我们以前说过的那样, 有一个解析表达式是很棒的, 但往往很难找到. 通常, 我们必须非常巧妙地 **改写代数运算**, 才能找到可以有效处理的表达式.

我们从已知的唯一关系开始, 即和为 1, 然后继续进行下去.

$$1 = \sum_{k=0}^{\infty} \binom{k+r-1}{k} p^k (1-p)^r$$

$$p\frac{\mathrm{d}}{\mathrm{d}p}1 = p\frac{\mathrm{d}}{\mathrm{d}p} \sum_{k=0}^{\infty} \binom{k+r-1}{k} p^k (1-p)^r$$

$$0 = \sum_{k=0}^{\infty} \binom{k+r-1}{k} p\frac{\mathrm{d}}{\mathrm{d}p}\left(p^k(1-p)^r\right)$$

$$= \sum_{k=0}^{\infty} \binom{k+r-1}{k} p\left(kp^{k-1}(1-p)^r - rp^k(1-p)^{r-1}\right)$$

$$= \sum_{k=0}^{\infty} k\binom{k+r-1}{k} p^k(1-p)^r - rp\sum_{k=0}^{\infty} \binom{k+r-1}{k} p^k(1-p)^{r-1}.$$

现在把负项移到另一端, 得到

$$rp\sum_{k=0}^{\infty} \binom{k+r-1}{k} p^k(1-p)^{r-1} = \sum_{k=0}^{\infty} k\binom{k+r-1}{k} p^k(1-p)^r$$

$$\frac{rp}{1-p}\sum_{k=0}^{\infty} \binom{k+r-1}{k} p^k(1-p)^r = \sum_{k=0}^{\infty} k\binom{k+r-1}{k} p^k(1-p)^r.$$

注意, 等号左端的和是 1 (因为负二项分布是概率分布), 而等号右端的和就是均值. 于是

$$\mu_X = \frac{rp}{1-p}.$$

我鼓励你按照类似的方法来计算方差.

我喜欢上述用微分恒等式法给出的证明. 仔细想一下, 我们知道的唯一恒等式就是 "和为 1", 所以对该式求微分是很合理的. 还有其他计算均值的方法吗? 非常幸运, 有! 但这种方法有点复杂, 它的思路类似于计算几何分布的均值的无记忆证明, 我们来试一试吧.

我们的目标是证明: 如果 $X \sim \mathrm{NegBin}(r, p)$, 那么 $\mu_X = \frac{rp}{1-p}$. 这就要对 r 进行归纳. 首先考虑最基本的情况. 当 $r = 1$ 时, 前面已经证明了 $\mathrm{NegBin}(1, p)$ 和 $\mathrm{Geom}(1 - p)$ 的概率密度函数几乎相同, 它们之间只相差 1. 准确地说, 如果 X 服从负二项分布, G 服从几何分布, 那么 $X + 1 = G$. 因为参数为 $1 - p$ 的几何分布的均值是 $\frac{1}{1-p}$, 所以 $\mathrm{NegBin}(1, p)$ 的均值就是 $\frac{1}{1-p} - 1 = \frac{p}{1-p}$. 这样就完成了对最基本情况的证明.

对于参数为 r 和 p 的负二项分布, 我们假设上述结论成立. 现在进一步证明当参数为 $r + 1$ 和 p 时, 结论仍然成立. 不妨设 $\mu_{r,p}$ 和 $\mu_{r+1,p}$ 分别表示 $\mathrm{NegBin}(r, p)$ 和 $\mathrm{NegBin}(r+1, p)$ 的均值. 通过类似于计算几何分布的均值时所做的论述, 我们得到了

$$\mu_{r+1,p} = (\mu_{r+1,p} + 1)p + \mu_{r,p}(1 - p).$$

为什么会得到这个式子? 记住, 我们希望恰好出现 $r + 1$ 次失败, 并且想求出**成功次数**的均值! 如果第 1 次成功了 (发生的概率是 p), 那么仍然需要 $r + 1$ 次失败. 这就好像现在重新开始了这一过程, 但要记得把刚刚获得成功的那一次加进来, 即加上 1. 如果第 1 次失败了, 那么还需要 r 次失败. 此时, 成功的次数预计是 $\mu_{r,p}$. 注意, 我们没有像之前那样加 1, 这是因为我们要计算成功的次数, 但第 1 次失败了. 由归纳假设可知 $\mu_{r,p} = \frac{rp}{1-p}$, 把它代入上式可得

$$\mu_{r+1,p} = (\mu_{r+1,p} + 1)p + \mu_{r,p}(1 - p)$$
$$(1 - p)\mu_{r+1,p} = p + rp$$
$$\mu_{r+1,p} = \frac{(r + 1)p}{1 - p}$$

这样就完成了证明.

注 在写第二部分的证明时, 我犯了一个错误. 我没有给出 $\mu_{r,p}(1 - p)$, 而是给出了 $(\mu_{r,p} + 1)(1 - p)$. 这导致 $(1 - p)\mu_{r+1,p} = 1 + rp$, 而不是 $p + rp$. 有一点非常好, 我清楚地知道只有当 $p + rp$, 而非 $1 + rp$ 出现时才是正确的. 这提醒我回过头

来查找哪里出现了错误. 每个人都会犯错. 我们很容易忘记一些事, 或者把一些代数运算处理得很糟糕. 但是, 如果你对答案有一定的感知, 就可以利用这一点来保持清晰的思路.

负二项分布可以用来确定一个系列中多于 1 次失败的概率. 例如, 假设我们在抛掷一颗骰子并把 1 看作失败, 可以算出当出现一定数量的失败时抛掷的总次数. 因此, 如果我们想看到 7 个 1 (基于某种原因), 那么可以确定出现 7 次失败时总抛掷次数的平均值. 这在一些情况下是很有帮助的. 比如, 计算一台机器彻底崩溃前的天数, 或者输掉系列赛冠军需要进行多少场比赛.

仓库设备的有效性就是个很好的例子. 某家造纸厂买了一台昂贵的机器, 经理想知道在出现故障前, 这台机器能工作多长时间. 如果机器每天正常工作的概率是 98%, 且与另一天无关, 并且在机器彻底无法使用之前会出现 5 次故障 (这是机器不工作的几天), 那么在机器彻底崩溃之前, 预计可以使用多少天?

解答: 这是个与负二项分布有关的例子. 负二项分布有很多, 我们要通过参数来确定与哪一个负二项分布有关. 从问题给出的信息中, 我们看到 $r = 5$ 且 $p = 0.98$. 因此 $\Pr(X = k) = \binom{k+r-1}{k} p^k (1-p)^k$, 由公式可得, 正常使用天数的期望值是

$$\mu = \frac{rp}{1-p} = \frac{5(0.98)}{0.02} = 245.$$

12.6 泊松分布

到目前为止, 我们研究的离散分布都与伯努利分布有关. 接下来的例子也与伯努利分布有关, 但关联并不是那么密切. 虽然我们可以定义服从泊松分布的随机变量, 但它其实可以被定义为参数为 n 和 p 的二项分布的极限, 其中 $n \to \infty$ 且 $np \to \lambda$. (我不喜欢在入门课中使用这个符号, 因为 p 看起来像是一个固定的数. 我更喜欢写成 p_n, 然后令 $np_n \to \lambda$. 鼓励读者在习题 12.8.20 中尝试这种写法.)

泊松分布: 设 $\lambda > 0$. 如果**随机变量** X 满足

$$\text{Prob}(X = n) = \begin{cases} \lambda^n e^{-\lambda}/n! & \text{若 } n \in \{0, 1, 2, \cdots\} \\ 0 & \text{其他.} \end{cases}$$

那么 X 就服从参数为 λ 的**泊松分布**, 并记作 $X \sim \text{Pois}(\lambda)$. X 的均值和方差都是 λ.

与之前一样, 我们先证明这是一个概率分布. 概率显然是非负的. 为了看出概率和为 1, 我们利用指数函数的泰勒级数公式:

$$e^x = \sum_{n=0}^{\infty} \frac{x^n}{n!}.$$

于是有

$$\sum_{n=0}^{\infty}\mathrm{Prob}(X=n) = \sum_{n=0}^{\infty}\frac{\lambda^n\mathrm{e}^{-\lambda}}{n!}$$
$$= \mathrm{e}^{-\lambda}\sum_{n=0}^{\infty}\frac{\lambda^n}{n!}$$
$$= \mathrm{e}^{-\lambda}\mathrm{e}^{\lambda} = 1.$$

现在继续求均值! 我们再次利用**微分恒等式法**. 已知的唯一恒等式为 "概率和为 1", 因此

$$1 = \sum_{n=0}^{\infty}\frac{\lambda^n\mathrm{e}^{-\lambda}}{n!}$$
$$\lambda\frac{\mathrm{d}}{\mathrm{d}\lambda}1 = \lambda\frac{\mathrm{d}}{\mathrm{d}\lambda}\sum_{n=0}^{\infty}\frac{\lambda^n\mathrm{e}^{-\lambda}}{n!}$$
$$0 = \sum_{n=0}^{\infty}\frac{\lambda}{n!}\frac{\mathrm{d}}{\mathrm{d}\lambda}\left(\lambda^n\mathrm{e}^{-\lambda}\right)$$
$$= \sum_{n=0}^{\infty}\frac{\lambda}{n!}\left(n\lambda^{n-1}\mathrm{e}^{-\lambda}-\lambda^n\mathrm{e}^{-\lambda}\right)$$
$$= \sum_{n=0}^{\infty}n\frac{\lambda^n\mathrm{e}^{-\lambda}}{n!}-\lambda\sum_{n=0}^{\infty}\frac{\lambda^n\mathrm{e}^{-\lambda}}{n!}.$$

等号右端的最后一个和等于 1, 因为它是泊松分布的概率和. 另外, 最后一行的第一个和是 μ_X. 因此

$$\mu_X = \lambda,$$

这样就完成了证明.

方差可以按照类似的方法来计算. 建议你自己做一下, 以确保熟练掌握该方法.

假设今天进入邮局的顾客数服从参数为 $\lambda = 1/3$ 的泊松分布. 今天至少有一位顾客进入邮局的概率是多少?

解答: 如果用 X 表示今天进入邮局的顾客数, 那么要算的就是 $\mathrm{Prob}(X \geqslant 1)$. 如果直接计算这个值, 就必须求出 X 等于 1、2 或 3 等的概率. 此时, 我们必须分析大量情形, 并求出无限和. 在这种情况下, 计算某件事不发生的概率通常要容易很多, 而事件发生的概率就等于 1 减去没有发生的概率. 没有人进入邮局的概率就是 X 等于 0 的概率, 即 $(1/3)^0\mathrm{e}^{-1/3}/0! = \mathrm{e}^{-1/3}$. 因此

$$\mathrm{Prob}(X \geqslant 1) = 1 - \mathrm{Prob}(X=0) = 1 - \mathrm{e}^{-1/3} \approx 0.283.$$

和往常一样, 如果你能写一些简单的代码来验证答案, 那是很有价值的. 很多系统都有预定义函数, 并允许你从标准随机变量中取样. 希望你能利用这一点.

```
poissonpostoffice[numdo_] := Module[{},
  count = 0; (* 成功次数的计数 *)
  For[n = 1, n <= numdo, n++,
   {
    (* 由参数为1/3的泊松分布随机生成 *)
    x = Random[PoissonDistribution[1/3]];
    If[x > 0, count = count + 1];
   }]; (* 结束对n的循环 *)
  Print["Theory predicts probability customer is ",
   100. (1 - Exp[-1/3]), "."];
  Print["Observed probability is ", 100. count/numdo, "."];
  ]
```

运行 10 000 000 次试验 (我被困在了机场, 有充足的时间) 的结果是:

```
Theory predicts probability customer is 28.3469.
Observed probability is 28.3239.
```

现在我们来考虑另外一类问题. 假设宜家公司从过去的经验中了解到, 某家特定商店每天出售的床的数量服从参数为 $\lambda = 1/2$ 的泊松分布. 这家商店今天卖出不超过 3 张床的概率大概是多少?

在上一个问题中, 我们求出了事件没有发生的概率, 并用 1 减去这个概率. 这样做是为了避免计算无限和. 在这个问题中, 因为只需要考虑 4 种可能的情况 (即卖出了 0、1、2 或 3 张床), 所以可以直接计算. 设 B 是商店今天卖出的床的数量, 那么

$$\mathrm{Prob}\,(B \leqslant 3) = \left(\frac{1}{2}\right)^0 \frac{\mathrm{e}^{-1/2}}{0!} + \left(\frac{1}{2}\right)^1 \frac{\mathrm{e}^{-1/2}}{1!} + \left(\frac{1}{2}\right)^2 \frac{\mathrm{e}^{-1/2}}{2!} + \left(\frac{1}{2}\right)^3 \frac{\mathrm{e}^{-1/2}}{3!}$$
$$\approx 0.998.$$

最后, 我们给出关于泊松分布的一个高级注释. 均值和方差都等于 λ 起初看起来好像有些奇怪, 因为这可能意味着均值和方差具有相同的单位 (并不是这样的. 一般情况下, 均值与标准差的单位是相同的). 这是怎么回事呢? 记住, 概率密度函数是 $\mathrm{Pr}(X = n) = \mathrm{e}^{-\lambda} \lambda^n / n!$. 如果 λ 有单位, 那么 $\mathrm{e}^{-\lambda}$ 就没有意义了, 这是因为 $\mathrm{e}^{-\lambda}$ 就等于 $1 + \lambda + \lambda^2/2! + \lambda^3/3! + \cdots$, 这将要求各种不同的表达式具有相同的单位. 这是很荒谬的, 会导致 λ 和 λ^2 具有相同的单位.

12.7 离散均匀分布

现在考察对伯努利分布的最后一种推广. 记住, 伯努利分布有两种可能的结果. 我们考虑 $p = 1/2$ 的特殊情形, 此时两种结果是等可能的. 一种自然的推广是: 有 n 个可能的结果, 并且每个结果发生的概率都是 $1/n$. (注意, 这与只有一个结果且所有概率均相等的多项分布相同.)

离散均匀分布: 设 $\{a_1, a_2, \cdots, a_n\}$ 是一个有限集. 如果 X 满足

$$\text{Prob}(X = a) = \begin{cases} 1/n & \text{若 } a \in \{a_1, a_2, \cdots, a_n\} \\ 0 & \text{其他.} \end{cases}$$

那么 X 就是一个服从**离散均匀分布**的随机变量. 最重要的一种情况出现在上述集合为 $\{a, a+1, a+2, \cdots, a+n-1\}$ 时. 此时, X 的均值为 $a + \frac{n-1}{2}$, 方差为 $\frac{n^2-1}{12}$.

这个均值很容易计算: 只要把所有值都加起来, 然后再除以 n 就行了. 如果我们停下来思考这里的代数运算, 那么问题解决起来会更加轻松. 当 $a = 0$ 时, 均值更加简单. 只要让这个均值加上 a, 就可以求出一般情况下的均值. 于是, 这个均值就是

$$a + \frac{1}{n} \sum_{k=0}^{n-1} k = a + \frac{1}{n} \frac{(n-1)n}{2} = a + \frac{n-1}{2},$$

这里利用了求连续整数和的公式 (参见 A.2.1 节). 方差的计算方法与之类似, 关键是要利用计算连续整数的平方和的公式 (参见习题 A.2.2).

虽然离散均匀分布的两个最常见的例子是抛掷均匀硬币和均匀骰子, 但还有其他的例子. 我最喜欢它在德国坦克问题中的应用. 德国人为坦克标上了连续的编号, 这个序列号对他们来说非常有用. 例如, 可以把 1 月生产的零件都标记上 01, 把 2 月生产的零件都标记上 02, 依此类推. 那么, 通过查看序列号, 人们就能很快知道一个零件已经使用了多久, 以及可能的更换时间. 对德国人来说很不幸, 但对盟军来说非常幸运的是, 通过查看被摧毁坦克的序列号, 盟军能够准确地估算出他们在战场上可能面对的坦克数量!

德国坦克问题: 在第二次世界大战中, 西方盟军试图统计德国人制造的装甲坦克数量. 为此, 他们收集了被摧毁的坦克序列号, 分析了坦克的轮子, 并估算了当时在使用多少种车轮模具. 利用这些信息, 盟军预言在 "登陆日" 之前大约有 270 辆装甲坦克被生产出来. 事实上, 德国一共制造了 276 辆坦克. 对于这种令人难以置信的准确度以及相当有价值的估算, 下面就来描述其背后的数学理论.

这种分析方法预测了无放回抽样的离散均匀分布的最大值. 由于在第二次世界大战中的应用, 它现在被俗称为"德国坦克问题". 我们讨论一个更简单的问题: 序列号的范围是从 1 到 N, 而我们想求出 N. 在实际问题中, 因为我们不知道最小的数是多少, 所以会稍微难一些, 我把这个问题留作习题 12.8.31.

首先给出一些符号. 用 N 表示制造出的坦克总数, 那么 N 就是最大的序列号, 1 是最小的序列号. 假设我们记录了 k 个序列号, 其中 m 是观察到的最大序列号. 我们的目标是: 当已知 m 和 k 的值时, 试着求出未知的 N. 显然, 我们估算的 N 必须至少和 m 一样大, 并且几乎可以肯定会更大. 难点在于, 我们的最优估计要大多少? 解决这个问题的方法有很多种. 在下面的方法中, 我们用 N 来表示 M 的期望值 (从 $\{1, 2, \cdots, N\}$ 中无放回地取出 k 个观测值, 随机变量 M 表示这 k 个值中的最大值), 然后反过来利用观察到的 m 估算 N.

因此, 我们想求出 $\Pr(M = m)$. 注意, 这实际上是一个条件概率, 因为它依赖于 k 和 N, 但为了简化符号, 我们将在讨论中固定这些量. 首先, 注意到从 $\{1, \cdots, N\}$ 中选出 k 个不同的数有 $\binom{N}{k}$ 种方法. 接下来, 最大值为 m 的 k 元组共有 $\binom{m-1}{k-1}$ 种. 为什么? 我们要从 N 个数中选出 k 个, 现在必须选择 m, 而且不能选择比 m 大的数. 这意味着我们必须从 $\{1, 2, \cdots, m-1\}$ 中选出 $k-1$ 个不同的数. 于是, 当有 N 辆坦克时, 我们就证明了

$$\Pr(M = m) \;=\; \frac{\binom{m-1}{k-1}}{\binom{N}{k}} \quad \text{和} \quad \sum_{m=k}^{N} \frac{\binom{m-1}{k-1}}{\binom{N}{k}} \;=\; 1. \tag{12.7}$$

最后这个和式将非常重要. 它之所以成立是因为这是一个概率分布, 并且 m 的取值范围是从 k 到 N.

现在计算 M 的期望值, 这个随机变量表示观察到的坦克的最大序列号 (注意 M 必须至少和 k 一样大). 我们有

$$\mathbb{E}[M] \;=\; \sum_{m=k}^{N} m \Pr(M = m) \;=\; \sum_{m=k}^{N} m \frac{\binom{m-1}{k-1}}{\binom{N}{k}}$$

$$= \sum_{m=k}^{N} \frac{m \dfrac{(m-1)!}{(k-1)!(m-k)!}}{\dfrac{N!}{k!(N-k)!}}$$

$$= \sum_{m=k}^{N} \frac{\dfrac{m!}{(k-1)!(m-k)!}}{\dfrac{N!}{k!(N-k)!}}.$$

现在面临的挑战是简化上面的和. 在式 (12.7) 中写出 M 等于 m 的概率公式时, 要记住这里强调的是概率和等于 1. 对概率分布而言, 这始终是成立的. 另外, 我们可以利用这一点来计算上面 $\mathbb{E}[M]$ 的和! 这是因为得到的结果很像一个概率和, 而这个概率就是在已有的 $k+1$ 个观测值中最大序列号为 $m+1$ 的概率. 现在我们以一种巧妙的方式来乘以 1 (我最喜欢的技巧之一), 然后利用标准化常数理论来说明上述和的一部分等于 1. 如果你之前没有见过这样的计算方法, 可能会感到困惑. 人们通常会在逐字逐句的阅读中忽略全局. 为了让你弄清楚发生了什么, 我们给出了更多的步骤, 目的是突出其思想和技巧, 以便你将来可以进行类似的论证. 我们的目标是把上述和改写成下列概率的和: 从 $N+1$ 个结果中取出 $k+1$ 个样本, 这 $k+1$ 个样本的最大观测值是 u 的概率. 为什么要这样做? 在 M 期望值的公式中出现了 m 乘以 $\binom{m-1}{k-1}$. 这表明了要让这两个因子以巧妙的方式相乘, 然后令其结果乘以 $\binom{m}{k} = \binom{m+1-1}{k+1-1}$, 而 $\binom{m}{k} = \binom{m+1-1}{k+1-1}$ 就与我们提到的概率密度函数有关.

现在进行代数运算. 我们有

$$\mathbb{E}[M] = \sum_{m=k}^{N} \frac{\dfrac{m!}{(k-1)!(m-k)!} \dfrac{k}{N+1} \dfrac{k}{k+1}}{\dfrac{N!}{k!(N-k)!} \dfrac{1}{N+1} \dfrac{1}{k+1}}$$

$$= \sum_{m=k}^{N} \frac{\dbinom{m}{k} k}{\dbinom{N+1}{k+1} \dfrac{k+1}{N+1}}$$

$$= \frac{k}{k+1}(N+1) \sum_{m=k}^{N} \frac{\dbinom{m}{k}}{\dbinom{N+1}{k+1}}$$

$$= \frac{k}{k+1}(N+1) \sum_{m=k}^{N} \frac{\dbinom{m+1-1}{k+1-1}}{\dbinom{N+1}{k+1}}$$

$$= \frac{k}{k+1}(N+1) \sum_{u=k+1}^{N+1} \frac{\binom{u-1}{k+1-1}}{\binom{N+1}{k+1}}$$

$$= \frac{k}{k+1}(N+1) \cdot 1,$$

最后一项描述的是下列概率的和: 当从 $N+1$ 辆坦克中取出 $k+1$ 个样本时, 最大序列号为 u 的概率! 我们有必要认真思考一下最后一部分——因为概率密度函数的和始终为 1, 所以这种做法能让我们避免计算一些困难的组合和!

于是,

$$\mathbb{E}[M] = \frac{k}{k+1}(N+1),$$

由此可得

$$N = \frac{k+1}{k}m - 1.$$

因为 $m \geqslant k$, 所以我们的估计至少与 m 一样大. 对于较大的 m, 我们实际上是通过让 m 乘上因子 $\frac{k+1}{k}$ 来得到 N 的. 毫不奇怪, k 越大, 因子 $\frac{k+1}{k}$ 就越小.

这种做法的效果如何? 表 12-1 (来自维基百科的 "德国坦克问题" 页面) 说明了它比传统估计要好得多.

表 12-1　我们的统计估计与传统估计的比较

月　　份	统计估计	情报判断	德国记录
1940 年 6 月	169	1000	122
1941 年 6 月	244	1550	271
1942 年 8 月	327	1550	342

这为什么是我最喜欢的问题之一应该很清楚了. 它具有令人难以置信的现实世界意义, 而且还涉及很多伟大的数学理论和技巧. 因此, 即使你不关心这个问题, 它也能帮助你对许多概念做一个很好的回顾.

关于这个问题, 我们还有很多事情可以做. 例如, 可以求置信区间. 换句话说, 在给定 m 和 k 的前提下, 给出 N 的一个范围, 使得真实值属于该范围的概率为 95%. 所以, 现在只不过是这个神奇故事的开始, 我鼓励你继续读下去.

12.8　习　　　题

习题 12.8.1　以下哪些分布具有对称性: 泊松分布、几何分布、离散均匀分布、二项分布、负二项分布和伯努利分布? 使其对称的参数是什么?

习题 12.8.2　设 X 和 Y 是相互独立的随机变量, 它们分别服从参数为 (r_X, p) 和 (r_Y, p) 的负二项分布, 请计算 $\text{Prob}(X + Y = n)$.

习题 12.8.3　对于一个服从离散均匀分布的随机变量, 它在集合 $\{1, 2, 3, \cdots, n\}$ 中取值时具有正的概率. 求出该随机变量的 CDF.

习题 12.8.4　设一个随机变量服从参数为 p 的几何分布, 请给出它的 CDF.

习题 12.8.5　设随机变量 X 服从参数为 p 的几何分布, 求出 $\mathbb{E}[1/X]$.

习题 12.8.6　想象一下, 抛掷一枚均匀的硬币 100 次. 假设首次掷出正面是发生在第 n 次抛掷, 并设一共出现了 m 次正面. 那么, 我们预计 $m + n$ 大概等于多少? 真实的期望值会高于、等于还是低于这个值?

习题 12.8.7　考虑 "石头剪刀布" 的游戏, 每个玩家都独立地选择石头、剪刀或布, 并且每种选择出现的概率都是 1/3. 你需要知道的是, 如果两个玩家做出了相同的选择, 那么游戏会继续下去; 否则游戏结束, 并且会有一个赢家. 我们预计这个游戏要进行几个回合?

习题 12.8.8　在不使用卷积的情况下, 证明: 把 n 个参数为 p 的几何分布相加就得到了一个参数为 n, p 的负二项分布. 你可以假设两个负二项分布之和是一个参数为 $n_1 + n_2, p$ 的负二项分布.

习题 12.8.9　想象一下, 我们从 0 开始随机游走, 并以概率 p 向右移动 1. 预计需要移动多少次才能到达 10? 如果是到达 100 呢?

习题 12.8.10　重复上一道题, 但现在要求当第 i 次移动时, 我们向上移动 i (把到达 10 替换成通过 10).

习题 12.8.11　如果我们向上移动的概率是 p, 向下移动的概率是 $1 - p$, 那么在移动了 n 步后返回 0 的概率是多少? (提示: 分别考虑 n 是奇数和 n 是偶数的情况.)

习题 12.8.12　证明: 在上一题描述的随机游走中, 只要 p 不等于 0 和 1, 当步数增加到无穷大时, 我们最终将以概率 1 穿过原点 (事实上, 我们会任意多次穿过原点).

习题 12.8.13　为什么不能用几何分布模拟从一副牌中抽到一张 A 所需的等待时间?

习题 12.8.14　假设一副牌共有 1000 张, 并且每种花色的牌都被编号为 1 到 250. 首次取到一张 2 时已经抽出的总牌数能否用几何分布来很好地模拟? 如果考察的是首次取到一张红色牌时已经抽出的总牌数呢?

习题 12.8.15　设 X 是一个随机变量, 它服从参数为 p 的几何分布. 考虑另一个随机变量 Y, 它服从参数为 p' 的几何分布. 对于给定的 p, p' 取何值时, $P(X = Y)$ 能取到最大值?

习题 12.8.16　给出 5 个独立且同分布的随机变量, 它们取 3 时的概率均为 p, 取 5 时的概率均为 $1 - p$. 求这 5 个随机变量之和的概率分布.

习题 12.8.17　设 X 是一个服从几何分布的随机变量. 证明:

$$\mathrm{Prob}(X > x + a | X > a) = \mathrm{Prob}(X > x).$$

习题 12.8.18　给出 5 个独立且同分布的随机变量, 它们服从在 $\{1, 2, 3\}$ 中取值的均匀分布. 求这 5 个随机变量之和的概率分布.

习题 12.8.19　想象一下, 你是一个新成立体育联盟的委员, 正试图决定在最后的系列赛中应该设置几场比赛. 在每场比赛中, A 队获胜的概率是 p, B 队获胜的概率是 q. 假设 $p > q$, $p + q = 1$, 并且每场比赛的结果都独立于之前的比赛. 该系列赛必须有奇数场比赛. 在一个包含了 n 场比赛的系列赛中, 第一个赢得 $\frac{n+1}{2}$ 场比赛的队伍获得该系列赛的冠军. 给出一个不等式, 使其能够解决下列问题: 这个系列赛必须设置多少场比赛, 才能使得获胜概率较高的队伍胜出的概率至少为 90%.

习题 12.8.20　考虑一列服从二项分布的随机变量 X_n. 对 X_n 来说, 成功的概率是 p_n, 失败的概率是 $1 - p_n$, 一共有 n 个结果, 并且当 $n \to \infty$ 时有 $np_n \to \lambda$. 证明: 对于任意一个固定的 k, 当 $n \to \infty$ 时, $X_n = k$ 的概率与参数为 λ 的泊松分布相似.

习题 12.8.21　假设我们不断地抛掷一枚均匀的硬币, 直到出现反面为止. 每当掷出一个正面时, 如果这是第 i 个正面, 就把它指定为 i. 那么这些值的总和预计是多少?

习题 12.8.22　对于参数为 p 的几何分布, 求出三阶矩和三阶中心矩.

习题 12.8.23　对于参数为 λ 的泊松分布, 求出三阶中心矩 (即偏斜度).

习题 12.8.24　对于参数为 p 的几何分布, 计算它的中位数.

习题 12.8.25　Sam 正忙于一位政治家的竞选活动. 众所周知, 支持这位政治家的人的真实比例是 52%, 而支持她对手的人的真实比例是 48%. 然而, 无论投票人选哪个候选人, 选民投票率只有 50%. 这个地区共有 3000 人. 估算一下 Sam 支持的候选人能够获胜的概率.

习题 12.8.26　对于参数为 n 和 p 的二项分布, 当 $n = 10$ 且 $p = 0.2, 0.4, 0.6, 0.8$ 时, 绘制其累积密度函数的图形 (可能要多画几次才能得到容易读懂的图).

习题 12.8.27　考虑一家有 5 条水平过道和 2 条垂直过道的杂货店.

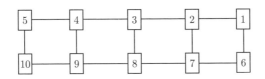

想象一下, 你和朋友走散了, 你们都不知道对方在哪里. 你在 1 号位置. 每走一步, 你都是随机地选择一个相邻的顶点, 并且每个相邻顶点被选中的概率都是相等的. 例如, 如果你位于 9 号顶点的位置, 那么移动到 10 号顶点的概率是 1/3, 到 8 号顶点的概率是 1/3, 到 4 号顶点的概率也是 1/3. 平均来看, 你要到达 10 号顶点的位置 (即你朋友所在的位置) 需要移动几步? 利用模拟来建立这种情况的模型.

习题 12.8.28　重复上面的习题, 但这次假设你和你的朋友轮流移动, 并且每次移动都是从所有可能的移动方案中随机选取.

习题 12.8.29　候选人 A 预计将获得 65% 的选票, 候选人 B 预计将获得 20% 的选票, 候选人 C 预计将获得 10% 的选票, 候选人 D 预计将获得 5% 的选票. 如果样本容量是 100, 那么 A 获得 50 票、B 获得 30 票、C 获得 15 票且 D 获得 5 票的概率是多少?

习题 12.8.30　编写一个程序, 随机地选择一个整数 N, 然后从 $\{1, 2, \cdots, N\}$ 中无放回地取出 k 个元素. 比较德国坦克问题中估算的 N, 即 $\frac{k+1}{k}m - 1$.

习题 12.8.31　考虑更一般的德国坦克问题, 此时的序列号要从 $\{N_{\min}, N_{\min} + 1, \cdots, N_{\max}\}$ 中选取. 如果观察到的最大序列号是 $m_{\max}$, 最小序列号是 $m_{\min}$, 那么 $N_{\max} - N_{\min}$ 是多少? (注意: 你打算直接估算 $N_{\max}$ 和 $N_{\min}$, 还是估算两者的差? 这有区别吗? 我们最终只关心它们的差, 但或许和拉格朗日乘数以及参数 λ 类似, 有时候多一些计算会使问题更容易解决.)

第13章　连续型随机变量: 均匀分布与指数分布

现在我们使用第 9 章到第 11 章中的工具来研究不同的连续型随机变量. 我们将看到, 很多乍看起来完全不同的随机变量可以被认为是 "同一类". 这意味着可以选择其中一些参数的值, 而不同的选择将给出不同的随机变量, 但它们通常具有相似的性质. 我们已经看到了有一个自由参数是多么有用 (参见第 11 章以及微分恒等式法).

本章将讨论两个最重要的分布, 即均匀分布和指数分布. 我们将说明如何计算这些随机变量的矩 (特别是均值和方差) 以及它们的和, 最后会讨论如何利用这些分布来生成随机数.

13.1　均　匀　分　布

现在是时候看一些具体的分布了! 虽然不同的教材经常以不同的顺序列出 "常见的" 连续型随机变量 (事实上, 关于应该或者不应该给出哪个概率密度函数, 甚至会有轻微的分歧), 但大多数都是从研究均匀分布开始的. 从某种意义上说, 它是最简单也是最自然的. 它就是对抛掷一枚均匀硬币或者抛掷一颗均匀骰子的连续型类比.

均匀分布: 如果随机变量 X 满足

$$f_X(x) = \begin{cases} \dfrac{1}{b-a} & 若 \ a \leqslant x \leqslant b \\ 0 & 其他, \end{cases}$$

那么我们说 X 服从区间 $[a, b]$ (其中 $-\infty < a < b < \infty$) 上的均匀分布, 并记作 $X \sim \mathrm{Unif}(a, b)$.

我们要证明均匀分布的许多性质. 当然, 均匀分布有无限多个. 幸运的是, 在许多性质中, 我们很容易找到 a 和 b 的依赖关系, 因此可以同时研究 "所有" 均匀分布. 或者说, 我们可以将随机变量**标准化**: 如果 $X \sim \mathrm{Unif}(a, b)$ 并且 $U \sim \mathrm{Unif}(0, 1)$, 那么 $X = (b-a)U + a$. 这意味着, 当知道服从 $[0, 1]$ 上均匀分布的随机变量时, 我们可以据此得出任何一个服从均匀分布的随机变量.

13.1.1   均值和方差

每当遇到一个分布时, 首先要确定的就是它的均值和方差, 我们来看一下吧!

设 $X \sim \mathrm{Unif}(a,b)$. 那么 X 的均值 μ_X 和方差 σ_X^2 分别是

$$\mu_X = \frac{b+a}{2} \quad \text{和} \quad \sigma_X^2 = \frac{(b-a)^2}{12}.$$

当 $[a,b] = [0,1]$ 时, 均值为 1/2 且方差为 1/12; 但如果 $[a,b] = [-1/2, 1/2]$, 那么均值为 0 且方差为 1/12. 另外一种重要情形是 $[a,b] = [-\sqrt{3}, \sqrt{3}]$, 此时的均值为 0, 方差为 1.

直接求积分就能给出证明. 对于任意的 a 和 b, 我们采用同一种做法, 这样就同时处理了所有的均匀分布. 如果你有特别喜欢的数, 那就用你喜欢的 a 值和 b 值来模仿这里的论证. 我们已经给出了三组最重要的取值.

均值为

$$\begin{aligned}
\mu_X &= \int_{-\infty}^{\infty} x f_X(x) \mathrm{d}x \\
&= \int_a^b x \cdot \frac{1}{b-a} \mathrm{d}x \\
&= \frac{1}{b-a} \left. \frac{x^2}{2} \right|_a^b \\
&= \frac{1}{b-a} \frac{b^2 - a^2}{2} \\
&= \frac{1}{b-a} \frac{(b-a)(b+a)}{2} \\
&= \frac{b+a}{2}.
\end{aligned}$$

现在来计算方差. 有两种常用的方法: 计算 $\mathbb{E}[(X - \mu_X)^2]$ 或者计算 $\mathbb{E}[X^2] - \mathbb{E}[X]^2$. 这两种方法在计算方面非常相似, 均引入了标准微积分. 我们来考察第一种方法. 当需要通过一些代数运算来得到漂亮的计算结果时, 我们会把 μ_X 的值放到最后代入. 于是有

$$\begin{aligned}
\sigma_X^2 &= \int_{-\infty}^{\infty} (x - \mu_X)^2 f_X(x) \mathrm{d}x \\
&= \int_a^b (x - \mu_X)^2 \cdot \frac{1}{b-a} \mathrm{d}x
\end{aligned}$$

$$= \frac{1}{b-a} \left. \frac{(x-\mu_X)^3}{3} \right|_a^b$$

$$= \frac{1}{b-a} \frac{(b-\mu_X)^3 - (a-\mu_X)^3}{3}.$$

此时, 如果不知道 $\mu_X = (b+a)/2$, 就无法继续计算下去. 由 $\mu_X = (b+a)/2$ 可以推出 $b - \mu_X = (b-a)/2$ 和 $a - \mu_X = -(b-a)/2$. 现在, 我们必须卷起袖子去做一些代数运算 (在 21 世纪, 也可能有一些计算机程序能帮我们做这些代数运算). 现在有

$$\sigma_X^2 = \frac{1}{3(b-a)} \left[\left(\frac{b-a}{2} \right)^3 - \left(-\frac{b-a}{2} \right)^3 \right]$$

$$= \frac{1}{24(b-a)} \left[(b-a)^3 + (b-a)^3 \right]$$

$$= \frac{(b-a)^2}{12}.$$

接下来只需要将这些特殊值代入公式即可. 最后一种特殊情形 $[a,b] = [-\sqrt{3}, \sqrt{3}]$ 给出了一个均值为 0 且方差为 1 的均匀分布. 在很多应用中, 我们希望把变量标准化为均值为 0 且方差为 1 的变量, 所以这种情况在将来会很有用.

现在巴甫洛夫反射出现了: 我们得到了一个答案, 它合理吗? 均值很容易验证. 均值介于 a 和 b 之间, 这是有道理的. 此外, 如果让 a 和 b 翻倍, 那么均值也会翻倍, 这恰好与我们的预测一致.

方差该如何验证呢? 从最后一个公式中可以推出很多好的结论. 第一点是, 方差只与 b 和 a 的差有关. 经过片刻思考后, 我们应该能够预测到这一点. 如果让 a 和 b 都加上 100, 那么均值就改变了, 但变量在均值附近的波动水平却不会发生变化. 接下来, 我们观察到方差与 $b - a$ 的平方有关. 由此可以推出两个很好的结论: 首先, 它确保方差是非负的; 其次, 方差具有正确的单位 (如果 a 和 b 的单位是米, 那么方差的单位就是平方米, 因此标准差的单位是米). 最后, 标准差 (即方差的平方根) 等于 $(b-a)/\sqrt{12}$. 注意, 这个值小于 $b-a$. 因为两个值的最远距离就是 $b-a$, 所以标准差应该小于 $b-a$. 再次重申, 如果可以通过简单的验证来确保答案的合理性, 那么你有必要去这样做. 除了检查错误之外, 这样做还有助于你建立解题的直觉.

13.1.2 服从均匀分布的随机变量之和

关于服从均匀分布的随机变量, 我们还有一个问题要回答: 服从均匀分布的随机变量之和会服从什么样的分布呢? 为了简单起见, 不妨设 X 和 Y 都服从 $[0,1]$ 上的均匀分布. 如果我们能处理这种情况, 那么就可以将其推广到一般的均匀分布上.

设 X 和 Y 是相互独立的随机变量, 并且都服从 Unif$(0,1)$, 那么 $Z = X + Y$ 的概率密度函数就是

$$f_Z(z) = \begin{cases} z & \text{若 } 0 \leqslant z \leqslant 1 \\ 2 - z & \text{若 } 1 \leqslant z \leqslant 2 \\ 0 & \text{其他.} \end{cases}$$

利用卷积理论 (见第 10 章) 可以得出上述答案, 即

$$f_Z(z) = \int_{-\infty}^{\infty} f(t)f(z-t)\mathrm{d}t, \qquad f(u) = \begin{cases} 1 & \text{若 } 0 \leqslant u \leqslant 1 \\ 0 & \text{其他.} \end{cases} \tag{13.1}$$

我们现在就来计算这个积分. 不难想到, z 的取值范围要分成三种情况: $z \leqslant 0$, $0 \leqslant z \leqslant 2$ 和 $z \geqslant 2$. 为什么是这三个区间呢? 我们的随机变量要服从 $[0,1]$ 上的均匀分布. 因此, 只有当 $z \in [0,2]$ 时, 概率密度函数才不为 0, 所以把计算分别放在这三个区间上考虑是很自然的. 我们将证明 $z \leqslant 0$ 时的概率为 0, 类似的方法可以证明当 $z \geqslant 2$ 时概率也为 0. 在给出这个证明后, 就剩下了最难的部分, 即 $0 \leqslant z \leqslant 2$ 时概率.

假设 $z \leqslant 0$. 式 (13.1) 中的被积函数是 $f(t)f(z-t)$. 为了保证被积函数不为 0, 我们有 $0 \leqslant t \leqslant 1$ 和 $0 \leqslant z - t \leqslant 1$, 而后者与 $z - 1 \leqslant t \leqslant z$ 是一样的. 如果 $z \leqslant 0$, 那么第二个条件将迫使 $t \leqslant 0$, 因此第一个条件就无法满足了. 于是, 当 $z \leqslant 0$ 时, 被积函数始终为 0, 所以概率也为 0.

现在只需要考察 $0 \leqslant z \leqslant 2$ 时的情形. 与之前一样, 只有当 $0 \leqslant t \leqslant 1$ 且 $z - 1 \leqslant t \leqslant z$ 时, 被积函数才不为 0. 当 $0 \leqslant z \leqslant 2$ 时, 对于每个 z, 总有一些 t 会使得两个条件同时得到满足. 不要烦躁, 如果把这种情形分成若干子情形来讨论, 事情就会变得相当简单! 哦, 情形的子情形! 真的有这个必要吗? 很遗憾, 是的! 虽然第一个条件很好, 但是第二个条件与 z 有关. 我们知道必须满足第一个条件, 所以 $0 \leqslant t \leqslant 1$. 当 $0 \leqslant z \leqslant 1$ 时, 因为 $z - 1 \leqslant 0$, 所以 $z - 1 \leqslant t$ 一定成立. 此时, t 的上界是非平凡的, 因为它会让 $t \leqslant z$. 如果 $z \geqslant 1$, 那么上界 $t \leqslant z$ 一定会成立. 但下界 $z - 1 \leqslant t$ 就是非平凡的. 于是, 我们轻松地把问题分成了几种情况来考虑.

我们只考虑 $0 \leqslant z \leqslant 1$ 的情形. 另一种情形可以按照类似的方法来分析, 留给你自己完成. (但是, 在分析结束后, 我们会简单地说一说如何从这个子情形立即推出另一个子情形.)

总之, 现在只需要考虑 $0 \leqslant z \leqslant 1$ 的子情形. 我们要对所有同时满足 $0 \leqslant t \leqslant 1$ 和 $z - 1 \leqslant t \leqslant z$ 的 t 积分. 第一个条件要求 $t \in [0,1]$, 但第二个条件进一步要求 $t \in [0,z]$. 由于两个条件必须同时满足, 因此使得被积函数 $f(t)f(z-t)$ 不为 0 的 t

只能取值 $t \in [0, z]$. 于是,

$$f_Z(z) = \int_0^z 1 \cdot 1 \mathrm{d}t = z.$$

正如前面所承诺的, 我们简单地说一下, 在不求积分的前提下, 如何快速求出 $z \geqslant 1$ 时的答案 $2 - z$. 关键是要注意到, $\tilde{X} = 1 - X$ 和 $\tilde{Y} = 1 - Y$ 的概率密度函数与 X 和 Y 的一样! 这是因为我们的概率密度函数关于 $1/2$ 对称. 这一点有什么用呢? $\tilde{X}$ 和 $\tilde{Y}$ 均服从 $\mathrm{Unif}(0, 1)$, 并且当 $\tilde{X} + \tilde{Y} \in [0, 1]$ 时, $X + Y = 2 - (\tilde{X} + \tilde{Y}) \in [1, 2]$. 上面的论述表明了 $\tilde{X} + \tilde{Y} = u \in [0, 1]$ 的概率就是 u. 当 $z \in [1, 2]$ 时, 如果把 u 写成 $u = 2 - z$, 那么会看到 $X + Y = Z$ 的概率就是 $2 - z$! 这种**对称论证**非常强大, 通常能节省大量烦琐重复计算的时间.

我们在图 13-1 中绘制了 $X + Y$ 的概率密度函数 (X 和 Y 是相互独立的随机变量, 且均服从 $\mathrm{Unif}(0, 1)$).

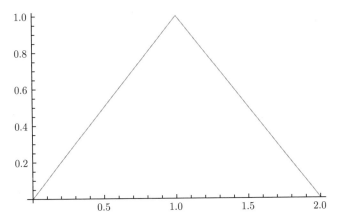

图 13-1　$X + Y$ 的概率密度函数图, 其中 X 和 Y 是相互独立的随机变量, 且均服从$\mathrm{Unif}(0, 1)$

注意, 结果是一个漂亮的三角形函数! 如果回顾一下抛掷两颗均匀骰子得到的数字和, 那么这个结果应该不会令人感到惊讶. 在掷骰子的问题中, 我们得到了一个三角形函数, "数字和为 7" 这一中间事件发生的概率是 6/36, 从这一点开始, 概率会线性递减到两种极端情形, 即 "数字和是 2" 与 "数字和是 12". 这两个事件发生的概率均为 1/36 (数字和为 r 的概率是 $\frac{6 - |7 - r|}{12}$, 三角形以 7 为中心).

如果再次进行卷积会怎样呢? 我们在图 13-2 中给出了答案, 而且给出了 8 个相互独立且均服从 $\mathrm{Unif}(0, 1)$ 的随机变量之和的结果, 并将其与相应的正态分布进行比较.

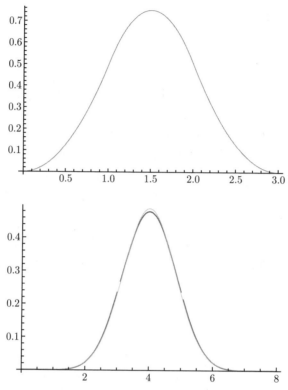

图 13-2　$X_1 + \cdots + X_n$ 的概率密度函数图, 其中 X_i 是相互独立且均服从 Unif$(0,1)$ 的随机变量: (上图)$n = 3$, (下图)$n = 8$ 以及具有相同均值与方差的正态分布

概率论中最重要结果之一是, "好"的独立随机变量之和会收敛于正态分布. 我们可以先看一下 8 个服从均匀分布的随机变量的情况, 它与所对应的 (具有相同均值与方差的) 正态分布能够完美拟合!

对于任意多个独立且服从均匀分布的随机变量, 我们可以明确写出它们的和的概率密度函数, 但得到的概率密度函数仅是分段连续的, 并且随着变量的不断累加, 不同区域的数量也会增加.

13.1.3　例子

现在来看一下我们能收获哪些好处. 如果 X 和 Y 是相互独立且均服从 Unif$(0,1)$ 的随机变量, 那么 $Z = X + Y$ 在 $1/2$ 和 $3/2$ 之间取值的概率是多少? 根据前文, 我们知道 Z 的概率密度函数: 当 $0 \leqslant z \leqslant 1$ 时 $f_Z(z) = z$, 当 $1 \leqslant z \leqslant 2$ 时 $f_Z(z) = 2 - z$. 由于概率密度函数在 1 处发生了改变, 这提醒我们要把积分分解成两个部分. 于是有

$$\mathrm{Prob}(1/2 \leqslant Z \leqslant 3/2) = \int_{1/2}^{3/2} f_Z(z)\mathrm{d}z$$

$$= \int_{1/2}^{1} f_Z(z)\mathrm{d}z + \int_{1}^{3/2} f_Z(z)\mathrm{d}z$$

$$= \int_{1/2}^{1} z\mathrm{d}z + \int_{1}^{3/2} (2-z)\mathrm{d}z$$

$$= \left.\frac{z^2}{2}\right|_{1/2}^{1} + \left.\frac{-(2-z)^2}{2}\right|_{1}^{3/2}$$

$$= \left(\frac{1}{2} - \frac{1}{8}\right) + \left(-\frac{1}{8} + \frac{1}{2}\right) = \frac{3}{4}.$$

再来看一个例子. 假设 $\tilde{X}$ 和 $\tilde{Y}$ 是相互独立且均服从 $\mathrm{Unif}(1,3)$ 的随机变量, 我们想求出 $\tilde{Z} = \tilde{X} + \tilde{Y}$ 属于 $[3,5]$ 的概率. 我们当然可以模仿上面的计算, 但还有一种更便捷的方法! 利用变量替换公式 (参见 10.4 节), 这个问题可以被简化成刚刚解决的问题, 从而证明了我们花很多时间探讨变量替换公式的价值.

现在有 $Z = X+Y$ 和 $\tilde{Z} = \tilde{X}+\tilde{Y}$, 其中 X 和 Y 是相互独立且均服从 $\mathrm{Unif}(0,1)$ 的随机变量, 而 $\tilde{X}$ 和 $\tilde{Y}$ 是相互独立且均服从 $\mathrm{Unif}(1,3)$ 的随机变量. 我们有

$$\tilde{X} = 2X + 1$$
$$\tilde{Y} = 2Y + 1$$
$$\tilde{Z} = 2(X + Y) + 2 = 2Z + 2.$$

于是, $\tilde{Z} = g(Z)$, 其中 $g(z) = 2z + 2$ 定义在区间 $I = [0,2]$ 上. 注意, 由 $g'(z) = 2$ 可知, g 是严格增加的, 且其反函数为 $h(\tilde{z}) = (\tilde{z} - 2)/2$. 我们是怎么做到的? 已知 $\tilde{z} = g(z) = 2z + 2$, 现在用 $\tilde{z}$ 来表示 z. 接下来进行代数运算就能得出结果. 我们可以轻松地求出 $h'(\tilde{z})$, 它就是 $1/2$.

根据变量替换公式, 有

$$f_{\tilde{Z}}(\tilde{z}) = f_Z(h(\tilde{z})) \cdot h'(\tilde{z}).$$

上面的因子 h' 是非常重要的, 我们不只是把它代入到概率密度函数中 (稍后会对它做出更多说明). 由前文可知, 如果 $z \leqslant 0$ 或 $z \geqslant 2$, 那么 $f_Z(z) = 0$; 当 $0 \leqslant z \leqslant 1$ 时 $f_Z(z) = z$; 当 $1 \leqslant z \leqslant 2$ 时 $f_Z(z) = 2-z$. 如果 $0 \leqslant h(\tilde{z}) \leqslant 1$, 那么 $g(0) \leqslant \tilde{z} \leqslant g(1)$, 即 $2 \leqslant \tilde{z} \leqslant 4$; 类似地, 如果 $1 \leqslant h(\tilde{z}) \leqslant 2$, 那么 $4 \leqslant \tilde{z} \leqslant 6$. 于是

$$f_{\tilde{Z}}(\tilde{z}) = \begin{cases} \dfrac{\tilde{z} - 2}{4} & \text{若 } 2 \leqslant \tilde{z} \leqslant 4 \\[2mm] 1 - \dfrac{\tilde{z} - 2}{4} & \text{若 } 4 \leqslant \tilde{z} \leqslant 6 \\[2mm] 0 & \text{其他.} \end{cases}$$

既然现在有了概率密度函数, 我们就可以通过直接积分求出所需的概率.

实际上, 没必要把概率密度函数 $f_{\tilde{Z}}$ 明确地写出来, 而是可以进行变量替换并直接使用 f_Z. 于是有

$$
\begin{aligned}
\mathrm{Prob}(3 \leqslant \tilde{Z} \leqslant 5) &= \mathrm{Prob}(3 \leqslant 2Z + 2 \leqslant 5) \\
&= \mathrm{Prob}(1/2 \leqslant Z \leqslant 3/2) \\
&= \int_{1/2}^{3/2} f_Z(z)\mathrm{d}z;
\end{aligned}
$$

然而, 这正是我们在上一个例子中所做的积分, 因此答案就是 3/4.

值得一提的是链式法则中的因子 h', 遗漏它是最常见的错误之一. 假设有一个函数 $A(x) = f(h(x))$. 由链式法则可知 $A'(x) = f'(h(x)) \cdot h'(x)$. 大多数人都记得计算 f' 在 $h(x)$ 处的值 (由于 f 会在 $h(x)$ 处取值, 所以它的导数也会在该点处取值是很合理的). 难点在于记得 $h'(x)$. 如果 $h(x) = 2x$, 那么可以想象成我们正在以两倍的速度行进, 因此其导数也应该有因子 2. 如果这个论述没有帮助, 那就再看一个. 假设 $f(x) = x^n$ 且 $h(x) = x$, 那么 $A(x) = x^n$ 且 $A'(x) = nx^{n-1}\frac{\mathrm{d}}{\mathrm{d}x}x$. 最后一个因子是 1, 虽然当 $h(x) = x$ 时我们看不到它, 但它的确在那里.

13.1.4　均匀地生成随机数

本章的各部分都有相同的模式, 但因为我们现在只考察了一种分布, 所以这个模式还不是很明显. 我们要做的是, 对于每种分布, 首先计算它的均值与方差, 然后研究独立同分布的随机变量之和, 再给出一些例子和应用, 最后对如何从该分布中产生随机变量进行简短的讨论.

本节会比其他小节短, 因为我们会假设存在一个随机数生成器, 它可以提供一个服从 $\mathrm{Unif}(0,1)$ 的随机变量. 在数学书中, 我们经常看到如 "设 X 服从 $[0,1]$ 上的均匀分布" 的条件, 以至于忘记了如何在实践中真正做到这一点. 事实证明, 如果能生成一个真正服从 $\mathrm{Unif}(0,1)$ 的随机变量, 那么就可以利用变量替换公式轻松地生成很多其他的连续型随机变量. 我们会在其他章节中更详细地讨论这个问题. 现在, 我们简要地讨论一下, 如何利用 $[0,1]$ 上的均匀分布来生成随机数的问题. 有关从各种分布中生成随机数的更多信息, 请参见 http://www.random.org/, 特别是与背景相关的内容 (http://www.random.org/randomness/).

下面是克里斯·韦策尔的一个网页的链接: http://faculty.rhodes.edu/wetzel/random/intro.html. 除了提供背景阅读外, 它还允许你选择生成想要的随机序列, 并让电脑运行一些标准的测试.

最后, 我们简单地思考一下计算机如何生成一个服从 $[0,1]$ 上均匀分布的随机变量. 如果有一枚完全均匀的硬币, 可以把它抛掷 n 次. 若第 i 次掷出的是正面,

就令 $a_i = 1$; 若掷出的是反面, 则令 $a_i = 0$. 于是, 我们得到了下面的数

$$\frac{a_1}{2} + \frac{a_2}{2^2} + \frac{a_3}{2^3} + \cdots + \frac{a_n}{2^n} \in [0, 1].$$

如果硬币是均匀的, 那么这个过程会从集合

$$\left\{ 0, \frac{1}{2^n}, \frac{2}{2^n}, \frac{3}{2^n}, \cdots, \frac{2^n - 1}{2^n} \right\}$$

中均匀地生成一个随机数. 遗憾的是, 我们不能令 $n \to \infty$, 因为结果是由计算机运行出来的. 在有限时间内, 我们只能做有限多步. 现在, 就所有实际目的而言, 当 n 很大时, 这个离散集合与 $[0, 1]$ 上的均匀分布是没什么区别的. 例如, 假设 $n = 100\,000$, 那么 $2^{100\,000} > 10^{30\,000}$, 而且很难想象我们能够做精确到 $30\,000$ 个数量级的物理测量! 也就是说, 我们无法做到精确度如此高的测量, 但这并不意味着这个近似与真正服从均匀分布的随机变量之间没有任何区别. 数学和物理学中有很多这样的例子. 在**极限理论**中, 即使无理数 (在某种意义上) 非常接近一个有理数, 它们之间也仍然存在着深刻的差别. 举一个很有趣的例子, 从物理学角度考察**李萨如图形**. 另一个例子是, 在数论或遍历理论中考察**克罗内克定理**(比如参见 [MT-B]). 它的内容是, 如果 α 是一个无理数, 那么 $n\alpha$ 模 1 是等分的; **刘维尔数** $\sum_{n=0}^{\infty} 10^{-n!}$ 是无理数 (其实, 它是个超越数), 但我们很难把它与它的有理近似区分开来.

13.2 指 数 分 布

在上节中, 我们研究了服从均匀分布的随机变量. 现在把目光转向服从指数分布的随机变量. 这里出现了一些均匀分布不具备的新特性. 最重要的区别是, 这些随机变量没有紧支集. 这意味着不会出现一个有限区间, 迫使所有可能性都落在该区间内. 我们必须处理无穷大问题, 而且要做更多工作来证明其中一些 (非常合理的) 步骤是有意义的.

指数分布: 如果随机变量 X 满足

$$f_X(x) = \begin{cases} \dfrac{1}{\lambda} \mathrm{e}^{-x/\lambda} & \text{若 } x \geqslant 0 \\ 0 & \text{其他.} \end{cases}$$

那么说 X 服从参数为 $\lambda > 0$ 的指数分布, 并记作 $X \sim \mathrm{Exp}(\lambda)$.

注意: 很遗憾, 这个符号是非标准的, 有些教材会使用 $\mathrm{e}^{-\lambda x} \lambda$ 来表示参数为 λ 的指数分布. 这两个定义当然是相关的, 但你应该选择其中一个定义并始终坚持下去.

现在, 我们像讨论上一节的随机变量那样, 遍历相同的步骤和结果.

13.2.1 均值和方差

设 $X \sim \text{Exp}(\lambda)$. 均值 μ_X 和方差 σ_X^2 分别是

$$\mu_X = \lambda \quad 和 \quad \sigma_X^2 = \lambda^2.$$

特别地, 当 $\lambda = 1$ 时, 均值和方差都等于 1.

与均匀分布类似, 证明是通过求大量积分而得到的. 我们有

$$\mu_X = \int_{-\infty}^{\infty} x f_X(x) \mathrm{d}x = \int_0^{\infty} x \frac{1}{\lambda} \mathrm{e}^{-x/\lambda} \mathrm{d}x.$$

现在只需要找到求解这个积分的最佳方法就行了. 首先应该注意到, 被积函数与 λ 有关是件好事. 如果令 $t = x/\lambda$, 那么 $\mathrm{d}t = \mathrm{d}x/\lambda$, 这样就可以把 λ 从积分中提取出来, 从而有

$$\mu_X = \lambda \int_0^{\infty} t \mathrm{e}^{-t} \mathrm{d}t.$$

这种做法真正的好处是, 可以看到不同指数分布之间的关联. 积分与 λ 的相关性真的非常微弱, 难点在于如何计算上面这个积分. 如果了解伽马函数 (参见第 15 章), 我们会注意到这个积分就是 $\Gamma(2) = 1$, 稍后会讨论这种方法.

当然, 更普遍的方法是分部积分, 即

$$\int_0^{\infty} u \mathrm{d}v = uv \Big|_0^{\infty} - \int_0^{\infty} v \mathrm{d}u.$$

令 $u = t$, $\mathrm{d}u = \mathrm{d}t$, $\mathrm{d}v = \mathrm{e}^{-t} \mathrm{d}t$ 且 $v = -\mathrm{e}^{-t}$, 我们得到了

$$
\begin{aligned}
\mu_X &= \lambda \left[uv \Big|_0^{\infty} - \int_0^{\infty} v \mathrm{d}u \right] \\
&= \lambda \left[-t \mathrm{e}^{-t} \Big|_0^{\infty} + \int_0^{\infty} \mathrm{e}^{-t} \mathrm{d}t \right] \\
&= \lambda \left[(-0 + 0) - \mathrm{e}^{-t} \Big|_0^{\infty} \right] \\
&= \lambda [0 + 1] = \lambda.
\end{aligned}
$$

这个计算中的某些部分很容易引起混淆, 尤其是当你已经进行微积分计算时. 当然, 第一步是确定使用分部积分法, 在做决定后就要开始选择 u 和 v. 我们会很自然地想到利用分部积分法, 原因在于我们知道如何对每个因子单独积分, 并希望利用分部积分法来处理它们的乘积. 现在有两种选择: 可以令 $u = t$ 且 $\mathrm{d}v = \mathrm{e}^{-t} \mathrm{d}t$, 也可以令 $u = \mathrm{e}^{-t}$ 且 $\mathrm{d}v = t \mathrm{d}t$. 哪种选择更好呢? 第一种会更好. 这是因为, 如果选

择第二种做法, 在分部积分后会得到 t^2. 这个方向是错误的: 我们以指数函数与一次多项式的乘积为开端, 最终却得到了指数函数与二次多项式的乘积! 我们希望多项式的次数减少, 而不是增加, 因此应该令 $u = t$.

另外, 还有一部分计算需要验证, 即

$$-te^{-t}\Big|_0^\infty = 0.$$

有一半的计算是没问题的: 当 $t = 0$ 时, 显然有 $-0e^{-0} = 0$; 但是, 该如何理解 $-\infty e^{-\infty}$ 呢? 关键是要想到利用**洛必达法则**: 如果 $\lim_{x\to x_0} f(x)/g(x)$ 是 $0/0$ 或 ∞/∞, 并且 f 与 g 均可微, 那么 $\lim_{x\to x_0} f(x)/g(x) = \lim_{x\to x_0} f'(x)/g'(x)$. (如果这个极限仍是 $0/0$ 或 ∞/∞, 那就继续使用洛必达法则, 直到不再出现这种形式的极限.) 注意, x_0 可以是个有限数, 也可以是无穷大的. 利用洛必达法则, 有

$$\lim_{t\to\infty} te^{-t} = \lim_{t\to\infty} \frac{t}{e^t} = \lim_{t\to\infty} \frac{1}{e^t} = 0.$$

我们已经证明了均值为 λ, 还证明了

$$\int_0^\infty te^{-t}\mathrm{d}t = 1. \tag{13.2}$$

这个结果在计算方差时非常重要, 而且有必要把它单独列出来. 注意, 这里有个很好的概率解释, 即参数为 1 的指数分布的均值等于 1.

方差可以用类似的方法计算. 我们有

$$\begin{aligned}
\sigma_X^2 &= \int_{-\infty}^\infty (x - \mu_X)^2 f_X(x)\mathrm{d}x \\
&= \int_0^\infty (x - \lambda)^2 \frac{1}{\lambda} e^{-x/\lambda}\mathrm{d}x \\
&= \int_0^\infty \lambda^2 \left(\frac{x}{\lambda} - 1\right)^2 e^{-x/\lambda}\frac{\mathrm{d}x}{\lambda} \\
&= \lambda^2 \int_0^\infty (t - 1)^2 e^{-t}\mathrm{d}t,
\end{aligned}$$

这里利用了变量替换 $t = x/\lambda$.

接下来有多种计算方法. 最直接的做法就是咬紧牙关、卷起袖子, 准备好进行两次分部积分. 如果令 $u = (t-1)^2$ 且 $\mathrm{d}v = e^{-t}\mathrm{d}t$, 那么在一次分部积分后, 我们会得到一个以 te^{-t} 为因子的结果. 根据均值的计算思路, 我们知道该如何解答. 现在来看一下细节. 我们有

$$u = (t-1)^2 \quad \text{且} \quad \mathrm{d}v = e^{-t}\mathrm{d}t,$$

因此

$$\mathrm{d}u \;=\; 2(t-1)\mathrm{d}t \quad \text{且} \quad v \;=\; -\mathrm{e}^{-t}.$$

因为

$$\int_0^\infty u\mathrm{d}v \;=\; uv\Big|_0^\infty - \int_0^\infty v\mathrm{d}u,$$

所以有

$$
\begin{aligned}
\sigma_X^2 &= \lambda^2\left[(t-1)^2(-\mathrm{e}^{-t})\Big|_0^\infty + \int_0^\infty 2(t-1)\mathrm{e}^{-t}\mathrm{d}t\right]\\
&= \lambda^2\left[1 + 2\int_0^\infty (t-1)\mathrm{e}^{-t}\mathrm{d}t\right],
\end{aligned}
$$

其中, 由洛必达法则可知

$$\lim_{t\to\infty}(t-1)\mathrm{e}^{-t} \;=\; \lim_{t\to\infty}\frac{t-1}{\mathrm{e}^t} \;=\; \lim_{t\to\infty}\frac{1}{\mathrm{e}^t} \;=\; 0.$$

遗憾的是, 一切还没有结束, 还有一个积分要算! 当然, 一种方法是再次使用分部积分法, 令 $u=t-1$ 且 $\mathrm{d}v=\mathrm{e}^{-t}\mathrm{d}t$. 现在还有另外一种方法: 可以把剩下的这个积分式展开, 从而发现它就是 (参数为 1 的指数分布的) 均值与概率密度函数积分的差, 而这个概率密度函数是参数为 1 的指数分布的概率密度函数. 式 (13.2) 告诉我们第一个积分等于 1, 而第二个积分就是 1 (因为概率密度函数在实数集上的积分值为 1). 因此, 最后这个积分为 0.

　　当然, 如果你不喜欢这种方法, 可以再次使用分部积分法. 只要有可能, 就尽**量把计算简化成已经解决的问题**, 因为这会节省你在代数运算和求积分上花费的时间!

　　正如前面承诺的, 现在讨论解决这个问题的另一种方法, 它涉及**伽马函数** $\Gamma(s)$. 我们会在第 15 章展开详细讨论. 现在, 最重要的是

$$\text{当 } \mathrm{Re}(s)>0 \text{ 时,} \qquad \Gamma(s) \;=\; \int_0^\infty \mathrm{e}^{-t}t^{s-1}\mathrm{d}t$$

和

$$\text{如果 } n \text{ 是正整数, 那么 } \Gamma(n+1)=n!.$$

利用这两个事实, 我们可以轻松地求出方差. 方差就是

$$
\begin{aligned}
\sigma_X^2 &= \lambda^2\int_0^\infty (t-1)^2\mathrm{e}^{-t}\mathrm{d}t\\
&= \lambda^2\int_0^\infty (t^2-2t+1)\mathrm{e}^{-t}\mathrm{d}t\\
&= \lambda^2\left[\int_0^\infty t^2\mathrm{e}^{-t}\mathrm{d}t - 2\int_0^\infty t\mathrm{e}^{-t}\mathrm{d}t + \int_0^\infty \mathrm{e}^{-t}\mathrm{d}t\right]\\
&= \lambda^2\left[\Gamma(3) - 2\Gamma(2) + \Gamma(1)\right].
\end{aligned}
$$

我们会解释这三项中的其中一项为什么是正确的, 并把剩下的两项留给你自己考虑:

$$\int_0^\infty t^2 \mathrm{e}^{-t}\mathrm{d}t \ = \ \int_0^\infty \mathrm{e}^{-t}t^{3-1}\mathrm{d}t \ = \ \Gamma(3).$$

由伽马函数的第二条性质可知

$$\sigma_X^2 \ = \ \lambda^2\left[2! - 2 \cdot 1! + 0!\right] \ = \ \lambda^2.$$

当然, 我们最终得到了相同的答案, 但现在的重点是背景知识. 具体地说, 我们正在了解学习伽马函数的好处. 之所以展示这种方法是因为它是这个一般原理的好例子: **考察一般的计算, 然后通过具体化参数来获取所需的情况.** 这类似于微分多项式. 比如, 没有人去记忆或者考察 $f(x) = 1701x^{1017} - 24\,601x^{123} + 314x^{15} - 2718$ 的导数. 我们所做的是学习 x^n 的导数是多少, 以及和的导数就是导数的和, 然后把这些结论用于 $f(x)$, 这样就能马上得出 $f(x)$ 的导数. 这里的情况也是类似的——花些时间做关于伽马函数的计算, 以后就可以从中获得好处.

13.2.2 服从指数分布的随机变量之和

令人惊讶的是, 对于 n 个相互独立且均服从指数分布的随机变量, 它们的和有一个漂亮而整洁的公式. 不必感到惊讶, 它也是 "有名字" 的分布之一, 但并不像入门课中的其他概率密度函数那样有名. 这就是所谓的爱尔朗分布. 它最初出现在爱尔朗的工作中, 用来分析电话的分布, 现在则广泛应用于排队论中.

> **爱尔朗分布:** 设 $X_1,\cdots,X_n$ 是 n 个独立同分布的随机变量, 它们均服从参数为 $\lambda > 0$ 的指数分布. 那么 $X = X_1 + \cdots + X_n$ 的概率密度函数是
> $$f_X(x) = \begin{cases} \dfrac{x^{n-1}\mathrm{e}^{-x/\lambda}}{\lambda^n(n-1)!} & \text{若 } x \geqslant 0 \\ 0 & \text{其他.} \end{cases}$$
> 如果一个随机变量的概率密度函数是上面的 f_X, 那么这个随机变量就服从参数为 λ 和 n 的爱尔朗分布, 其均值为 $n\lambda$, 方差为 $n\lambda^2$.
> **警告!** 与指数分布的情况类似, 有些教材会使用 $1/\lambda$ 而不是 λ, 因此在使用任何一本教材之前, 你必须仔细检查.

我们来证明 $n = 2$ 时的公式. 如果想通过练习来测试这部分内容的实际作用, 你应该做一下习题 13.3.22, 并把这里的论述推广到一般的 n. 知道答案是什么有很大的好处, 通常, 这可以指导你如何处理代数运算. 在读过下面的计算之后, 你应该利用归纳来试着推导一般情况.

现在来详细地讨论 $n = 2$ 时的情况. 我们再次利用卷积的积分来给出两个独立随机变量之和的概率密度函数. 令

$$f(x) = \begin{cases} e^{-x} & \text{若 } x \geqslant 0 \\ 0 & \text{其他.} \end{cases}$$

表示标准指数分布的概率密度函数. 于是 $X = X_1 + X_2$ 的概率密度函数就是

$$f_X(x) = \int_{-\infty}^{\infty} f(t)f(x-t)\mathrm{d}t.$$

此时, 回想一下服从均匀分布的随机变量之和, 我们得到了一个噩梦般的答案. 你可能会很紧张, 担心这里会涌现出大量代数运算. 幸运的是, 实际情况要简单得多! 原因是, 在均匀分布的定义中, 函数形式在两个点处发生了变化, 而指数分布只有一个这样的点. 这意味着我们要分析的情况会更少, 代数运算也不会太复杂.

为了使被积函数不为 0, 要求 $t \geqslant 0$ 且 $x - t \geqslant 0$. $x < 0$ 时, 被积函数显然为 0. 很好, 已经完成一半了! 如果 $x \geqslant 0$, 那么上面两个条件组合在一起就得到了 $0 \leqslant t \leqslant x$, 这是个不错的区间. 当 $x \geqslant 0$ 时, 有

$$\begin{aligned} f_X(x) &= \int_0^x f(t)f(x-t)\mathrm{d}t \\ &= \int_0^x e^{-t}e^{-(x-t)}\mathrm{d}t \\ &= \int_0^x e^{-t}e^{-x}e^{t}\mathrm{d}t \\ &= e^{-x}\int_0^x \mathrm{d}t = xe^{-x}. \end{aligned}$$

与均匀分布的情况不同, 可以用一个漂亮的显式公式来表示 n 个独立同分布的随机变量的卷积. 因此, 我们自然会问, 当 $n \to \infty$ 时答案是什么. 本书之后 (第 20 章) 将证明中心极限定理, 它表明了当 $n \to \infty$ 时, 这些和会服从正态分布 (想了解更多关于正态分布的内容, 请参阅第 14 章). 对于均值为 μ_X 且方差为 σ_X^2 的正态分布, 其概率密度函数为

$$\frac{1}{\sqrt{2\pi\sigma_X^2}}\, e^{-(x-\mu_X)^2/2\sigma_X^2}.$$

因此, 说我们的分布趋近于一个正态分布是不够的, 还必须指定具体的均值和方差. 毫不奇怪, 我们应该选择爱尔朗分布的均值和方差. 换句话说, 当 n 较大时, 参数为 λ 和 n 的爱尔朗分布的概率密度函数应该近似于参数为 $n\lambda$ 和 $n\lambda^2$ 的正态分布的概率密度函数.

我们在图 13-3 中绘制了 $X+Y$ 的概率密度函数 (X 和 Y 是相互独立且均服从 Exp(1) 的随机变量).

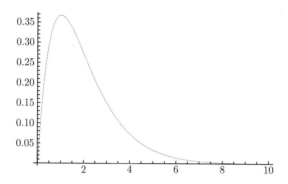

图 13-3　$X+Y$ 的概率密度函数图, 其中 X 和 Y 是相互独立且均服从 Exp(1) 的随机变量

我们可以继续下去. 在图 13-4 中, 我们分别绘制了 8 个和 30 个相互独立且均

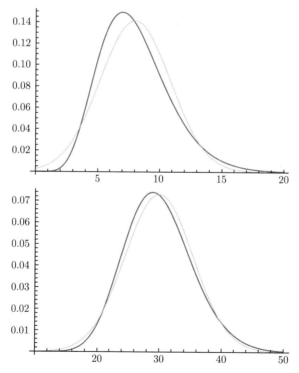

图 13-4　$X_1+\cdots+X_8$ 的概率密度函数与均值和方差均是 8 的正态分布的概率密度函数 (上图), $X_1+\cdots+X_{30}$ 的概率密度函数与均值和方差都是 30 的正态分布的概率密度函数 (下图), 其中 X_i 是相互独立且均服从 Exp(1) 的随机变量

服从标准指数分布的随机变量之和的概率密度函数, 并将其与对应的正态分布进行
比较. 请注意, 当有 8 个随机变量时, 拟合情况并不好, 但 30 个随机变量的拟合还
不错 (但不是特别好).

　　为什么这里的收敛速度要比均匀分布时的慢很多? 当证明中心极限定理时, 我
们会看到一种解释. 一个直白而简单的原因是: 均匀分布关于其均值对称, 所以它
的三阶中心矩为 0, 但指数分布不是这样的. 让 $n = 30$ 是因为教材中会经常提到,
一旦 n 达到了 30, 正态分布通常是一个很好的近似. 你可以自己来判断一下这种
拟合是否合适.

13.2.3　服从指数分布的随机变量的例子与应用

　　当描述齐次泊松过程的到达间隔时间长度时, 指数分布会自然出现, 我们已在
12.6 节中给出了描述. 可以将指数分布看作几何分布的连续情形, 而几何分布描述
的是离散过程改变状态所需的伯努利试验次数. 相比之下, 指数分布描述了连续过
程改变状态的时间.

　　在现实世界中, 恒定速率 (或单位时间的概率) 的假设很少得到满足. 例如, 足
球比赛中的得分近似于一个泊松过程. 然而, 根据参赛球队的情况、天气状况等因
素, 得分情况是不一样的. 如果我们把注意力集中在某场特定比赛上, 那么在球队
技术恒定和天气条件不变的情况下, 直到下次进球得分所需等待的时间可以用指数
分布来很好地逼近.

　　例子: 不妨设直到下次进球得分所需等待的时间可以用参数为 30 分钟的指数
分布来模拟. 上半场没有进球的概率是多少 (足球的半场时间是 45 分钟)?

　　解答: 概率密度函数为

$$f_X(x) = \begin{cases} \dfrac{1}{30}\mathrm{e}^{-x/30} & \text{若 } x \geqslant 0 \\ 0 & \text{其他.} \end{cases}$$

因此, 这个问题的答案是

$$\int_{45}^{\infty} \frac{1}{30}\mathrm{e}^{-x/30}\mathrm{d}x = -\mathrm{e}^{-x/30}\Big|_{45}^{\infty} = \mathrm{e}^{-3/2} \approx 22.3\%.$$

　　例子: 通过泊松分布建模的另一个例子是由神经元发出的动作电位. 因此, 我
们可以用指数分布来模拟动作电位之间的时间. 假设有一组 10 个独立的神经元,
每个神经元平均每 12 毫秒激活一次动作电位. 这 10 个神经元中的每一个都激活
一次动作电位所需时间之和小于 0.1 秒的概率是多少? (1 秒等于 1000 毫秒, 因此
0.1 秒是 100 毫秒.)

　　解答: 为了解决这个问题, 我们要利用参数为 $\lambda = 12$ 和 $n = 10$ 的爱尔朗分布,
并求出其概率密度函数在 $x = 0$ 和 $x = 100$ 之间的积分:

$$\int_0^{100} \frac{x^{10-1}\mathrm{e}^{-x/12}}{12^{10}(10-1)!}\mathrm{d}x.$$

通过 9 次分部积分, 我们得到了最终答案, 即

$$1 - \frac{1\,002\,136\,941\,077}{357\,128\,352\mathrm{e}^{25/3}} \approx 32.55\%.$$

但你应该会注意到, 我们没有给出这个结果的计算过程. 这是有原因的: 进行 9 次分部积分实在太痛苦了! 虽然可以利用计算机来求这个积分——事实上, 我们就是这么做的——但是正如上一节所述, 我们真正想做的是用均值为 $n\lambda$ 且方差为 $n\lambda^2$ 的正态分布来近似爱尔朗分布.

13.2.4 从指数分布中生成随机数

发展数学理论是一回事, 实现它又是另一回事. 例如, 我们当然可以说 "从标准指数分布中生成一个实数", 然而如何在实践中做到这一点呢?

假设我们可以从 $[0,1]$ 上的均匀分布中随机选择数. 正如 13.1.4 节所述, 这并不是个可怕的假设. 令人惊讶的是, 如果我们可以在 $[0,1]$ 上均匀地生成随机数, 那么就可以轻松地生成大量随机变量, 具体地说, 是可以生成任何具有显式累积分布函数的随机变量. 下面来描述这种方法, 并讨论它为什么有用.

> **生成随机数的累积分布法**: 设 X 是一个随机变量, 它的概率密度函数是 f_X, 累积分布函数是 F_X. 如果 Y 是一个服从 $[0,1]$ 上均匀分布的随机变量, 那么
>
> $$X = F_X^{-1}(Y).$$
>
> 这也被称为**逆变换抽样**或者**逆变换法**.

这真的非常不可思议! 我们要做的就是计算逆累积分布函数, 并假设可以在 $[0,1]$ 中均匀地生成随机数, 这样就足够了! 真是太神奇了! 当然, 我们还有如下两个问题.

(1) 这种方法为什么有用?

(2) 一个随机变量的逆累积分布函数是一个漂亮的解析表达式的可能性有多大?

我们会详细地讨论第一个问题, 现在来证明指数分布有个很好的逆累积分布函数.

那么, 这种方法为什么有用? 不妨设 $Z = F_X^{-1}(Y)$. 现在, 我们并不清楚这为什么有用, 而只是在猜测和探究结果. 现在所做的只不过是计算概率总是要做的论述. 特别是, 如果能找到 Z 的累积分布函数, 那么就可以通过求导来算出它的概率密度函数. 在证明中, **非常重要**的一点是, F_X 是个不减的函数, 而 F_X^{-1} 也是如此.

利用这一点, 我们可以从 $-\infty \leqslant F_X^{-1}(Y) \leqslant z$ 中推出 $F_X(-\infty) \leqslant Y \leqslant F_X(z)$ (又因为 $F_X(-\infty) = 0$, 所以上式就变成了 $0 \leqslant Y \leqslant F_X(z)$). 于是

$$
\begin{aligned}
\mathrm{Prob}(Z \leqslant z) &= \mathrm{Prob}(-\infty \leqslant F_X^{-1}(Y) \leqslant z) \\
&= \mathrm{Prob}(0 \leqslant Y \leqslant F_X(z)) \\
&= \int_0^{F_X(z)} 1 \mathrm{d}y \; = \; F_X(z).
\end{aligned}
$$

因此, Z 的累积分布函数与 X 的相同, 在求导之后我们看到 Z 的概率密度函数也等于 X 的概率密度函数. 这迫使 $Z = X$. (实际上, 得出它们具有相同的累积分布函数就足够了. 然而, 更自然的做法是考虑它们的概率密度函数, 所以我们还说明了两者的概率密度函数也是相同的.)

　　好的, 这个方法可行, 但人们是怎么想到这种方法的呢? 本书的目的之一是帮助你从概率的角度 (或者数学的角度) 来思考. 我们不想直接给出一系列代数运算, 而是希望你能了解给出这些代数运算是如何给出的理由, 从而能试着采用类似的方法来解决以后遇到的问题. 那么, 我们回过头来思考一下, 从给定分布中生成数是什么意思. 如果想利用 X 的分布生成随机数, 那么在 $[x, x + \Delta x]$ 上生成一个数的概率一定是 $F_X(x + \Delta x) - F_X(x)$. 如果 Y 是一个服从 $[0,1]$ 上均匀分布的随机变量, 那么 Y 在区间 $[a, b] \subset [0, 1]$ 上取值的概率就是 $b - a$. 这蕴含着以下决策规则: 生成 Y; 如果 Y 在区间 $[F_X(x), F_X(x + \Delta x)]$ 上取值, 那么 X 的值就要取 x. 当 $\Delta x \to 0$ 时, 区间会缩小成一个点, 基本上可以说, 与 Y 相关的 X 的取值要满足 $y = F_X(x)$ 或者 $x = F_X^{-1}(y)$.

　　我们来考察一个随机变量, 它服从参数为 λ 的指数分布. 它的概率密度函数为

$$
f_X(x) = \begin{cases} \dfrac{1}{\lambda} \mathrm{e}^{-x/\lambda} & \text{若 } x \geqslant 0 \\ 0 & \text{其他.} \end{cases}
$$

只要对上述函数积分, 就能得到累积分布函数. 当 $x < 0$ 时, 累积分布函数显然是 0; 当 $x \geqslant 0$ 时, 有

$$
\begin{aligned}
F_X(x) &= \int_0^x f_X(t) \mathrm{d}t \\
&= \int_0^x \frac{1}{\lambda} \mathrm{e}^{-t/\lambda} \mathrm{d}t \\
&= \int_0^{x/\lambda} \mathrm{e}^{-u} \mathrm{d}u \\
&= -\mathrm{e}^{-t} \Big|_0^{x/\lambda} \; = \; 1 - \mathrm{e}^{-x/\lambda}.
\end{aligned}
$$

因此, 当 $x \geqslant 0$ 时, 有

$$F_X(x) \ = \ 1 - \mathrm{e}^{-x/\lambda}.$$

现在, 我们把上述过程颠倒过来: 如果 $F_X(x) = y$, 那么

$$y = 1 - \mathrm{e}^{-x/\lambda}$$
$$\mathrm{e}^{-x/\lambda} = 1 - y$$
$$-\frac{x}{\lambda} = \log(1-y)$$
$$x = -\lambda \log(1-y) \ = \ F_X^{-1}(y).$$

(为了验证这就是 F_X 在 y 处的逆, 通过直接计算来证明 $F_X(F_X^{-1}(y)) = y$.)

我们的答案合理吗? 再次强调, 到目前为止, 提出这个问题应该已经成为了你的习惯, 你应该主动想到. 我们一直在验证公式的合理性. 幸运的是, 这个公式有很多可以验证的东西. 首先注意到, 这个公式与 λ 有关. 如果与 λ 无关, 那就很可疑, 因为它应该等于参数为 λ 的指数分布的概率密度! 我们还能验证什么? 接下来要问的是, 对数是否有意义. 答案是肯定的. 因为 Y 服从 $[0,1]$ 上的均匀分布, 即 $0 \leqslant y \leqslant 1$, 所以对数是有定义的. (当 $y = 1$ 时, 对数无定义, 但这种情况发生的概率是 0.) 最后, 当我们看到负号时, 第一反应可能是感到恐慌, 因为概率密度是非负的! 一切都没问题. 记住, $0 \leqslant 1 - y \leqslant 1$, 所以对小于 1 的值取对数, 得到的结果就是**负的**. 这里的负号是为了让最终的表达式为正.

除了通过查看公式来验证答案的合理性, 当然也可以借助于一些数值模拟. 在图 13-5 中, 我们把从 $[0,1]$ 上的均匀分布中模拟的 10 000 个值与用标准指数分布转换的结果进行了比较. 毫不奇怪, 如果增加点的数量, 那么拟合度会更高. 使用 0.01 大小的分段间隔, 并且有 100 000 个值, 此时与指数分布的拟合会相当好.

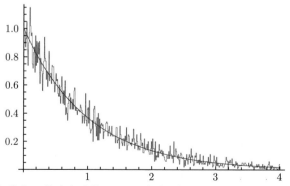

图 13-5　利用累积分布函数法生成的 10 000 个值 (上图) 以及从标准指数分布中随机选出的 100 000 个数 (下图), 并把这些结果与标准指数分布进行比较

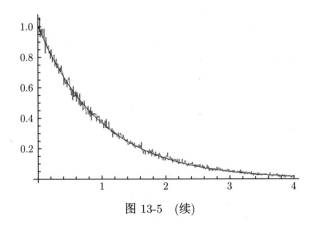

图 13-5   (续)

13.3   习   题

习题 13.3.1   为什么不存在服从 $(0, \infty)$ 上均匀分布的随机变量？

习题 13.3.2   设 $X \sim \mathrm{Unif}(a, b)$，通过计算 $\mathbb{E}[X^2] - \mathbb{E}[X]^2$ 来求出 X 的方差。在计算方差时，最难的部分是进行代数化简——这种方法会比另一种方法更简单吗？

习题 13.3.3   给出关于 $X \sim \mathrm{Unif}(a, b)$ 的一个量纲分析论述。肯定存在一个与 a 和 b 无关的常数 C，使得 $\mathrm{Var}(X) = C(b - a)^2$。那么，$C$ 的取值范围是什么？

习题 13.3.4   不利用对称性，通过求积分来推导概率密度函数 $\Pr(Z = z)$ $(Z = X + Y$，其中 X 和 Y 是相互独立且服从 $[0, 1]$ 上均匀分布的随机变量)，并验证之前得到的答案。

习题 13.3.5   设 $X_1, X_2, \cdots$ 是相互独立且均服从 $[0, 1]$ 上均匀分布的随机变量。基于对 X_1 以及 $X_1 + X_2$ 的概率密度函数的了解，更容易找到 $X_1 + X_2 + X_3$ 的概率密度函数，还是 $X_1 + X_2 + X_3 + X_4$ 的概率密度函数 (或者两者一样难)？求出两者的概率密度函数。

习题 13.3.6   通过直接求积分，我们得到了 $X \sim \mathrm{Unif}(a, b)$ 的均值。注意概率密度函数是关于中心 (即 $\frac{b+a}{2}$) 对称的，这样就可以避免找出原函数。利用数学中最重要的技巧之一，即**添加 0**，证明：

$$\mathbb{E}[X] = \int_a^b \left(x - \frac{b+a}{2} + \frac{b+a}{2} \right) \frac{\mathrm{d}x}{b-a}$$
$$= \int_a^b \left(x - \frac{b+a}{2} \right) \frac{\mathrm{d}x}{b-a} + \frac{b+a}{2} \int_a^b \frac{\mathrm{d}x}{b-a}.$$

把计算均值的分析过程补充完整。能不能用类似的论述来快速求出方差？

习题 13.3.7   之前通过计算 $\mathbb{E}[(X - \mu_X)^2]$，我们求出了 $X \sim \mathrm{Exp}(\lambda)$ 的方差，现在利用 $\mathbb{E}[X^2] - \mathbb{E}[X]^2$ 来计算方差。你认为哪种积分会更简单 (或者难度大致相同)？

习题 13.3.8   设随机变量 X 服从参数为 λ 的指数分布，求出 $\mathbb{E}[\sqrt{X}]$。

习题 13.3.9   设随机变量 X 服从 $[0, n]$ 上的均匀分布，求出 $\mathbb{E}[1/X]$。

习题 13.3.10   如果一个随机变量服从区间 (a, b) 上的均匀分布，那么求出它所有的矩。

习题 13.3.11　如果一个随机变量服从参数为 λ 的指数分布, 那么求出它所有的矩.

习题 13.3.12　计算 $\mathrm{Prob}(X > 3)$, 其中 X 服从参数为 1 的指数分布.

习题 13.3.13　计算 $\mathrm{Prob}(X > 2)$ 或 $\mathrm{Prob}(X > 4)$, 其中 X 服从参数为 1 的指数分布.

习题 13.3.14　设随机变量 X 服从参数为 λ 的指数分布, X 在哪个区间内取值时概率会等于 50%? 换句话说, 求出 a_λ 和 b_λ, 使得 $\mathrm{Pr}(X \leqslant a_\lambda) = \mathrm{Pr}(X \geqslant b_\lambda) = 0.25$.

习题 13.3.15　设随机变量 X 服从 $[0, n]$ 上的均匀分布, 求出 e^X 的概率密度函数.

习题 13.3.16　设随机变量 X 服从参数为 λ 的指数分布, 求出 X 的**中位数**. 记住, 对于一个具有连续概率密度函数的随机变量, 它的中位数 $\tilde{\mu}$ 就是满足 $\mathrm{Pr}(X \leqslant \tilde{\mu}) = \mathrm{Pr}(X \geqslant \tilde{\mu}) = 1/2$ 的点. 中位数大于还是小于均值? 它们之间相差多少?

习题 13.3.17　以上一题为基础, 找到一个分段连续的概率密度函数, 使得全体满足上述中位数定义的数能构成一个区间.

习题 13.3.18　设 X 和 Y 是相互独立的随机变量, 它们都服从 $[0, n]$ 上的均匀分布, 求出 $\min(X, Y)$ 和 $\max(X, Y)$ 的 PDF.

习题 13.3.19　设 X 服从区间 $[0, n]$ 上的均匀分布, Y 服从参数为 λ 的指数分布, 求出 $\min(X, Y)$ 和 $\max(X, Y)$ 的 PDF.

习题 13.3.20　设 X 服从参数为 λ_X 的指数分布, Y 服从参数为 λ_Y 的指数分布, 求出 $\min(X, Y)$ 和 $\max(X, Y)$ 的 PDF.

习题 13.3.21　设 X 和 Y 是相互独立的随机变量, 它们均服从 $[0, 1]$ 上的均匀分布. 设随机变量 Z 服从 $\min(X, Y)$ 到 $\max(X, Y)$ 上的均匀分布. 你能得出哪些关于 Z 的信息? Z 的期望值是多少? 方差是多少?

习题 13.3.22　当 $n = 2$ 时, 我们得到了爱尔朗分布的概率密度函数. 尽可能多地求出一般情形的 n 与参数所对应的概率密度函数.

习题 13.3.23　求 $\mathbb{E}[\mathrm{e}^{tX}]$, 其中 X 服从参数为 λ 的指数分布, 并且 $t < 1/\lambda$.

习题 13.3.24　对于参数为 λ 和 n 的爱尔朗分布, 计算其均值与方差.

习题 13.3.25　图 13-4 中的预测似乎与概率不符, 你是否感到惊讶? 为什么?

习题 13.3.26　设 X 是一个服从指数分布的随机变量. 证明: $\mathrm{Prob}(X > x + a | X > a) = \mathrm{Prob}(X > x)$.

习题 13.3.27　指数分布为什么可以用来估算某些物体崩溃或失效所需的时间? 在什么情况下, 指数分布不能用来估算物体何时崩溃?

习题 13.3.28　粒子具有某给定寿命的概率服从参数为 $\dfrac{t}{\sqrt{1 - v^2/c^2}}$ 的指数分布, 其中 t 是静止粒子的平均寿命, v 是粒子运动的速度, c 是光速、约为 3 亿米/秒. 已知一个静止中子的平均寿命大约是 880 秒, 如果它正在快速移动, 速度大约是 1400 万米/秒, 则其寿命超过 10 分钟的概率是多少?

习题 13.3.29　设 X 服从参数为 $\lambda = 1$ 的指数分布, Y 服从 $[0, n]$ 上的均匀分布, 其中 $n \in \{1, 2, 3, 4, 5\}$. 画出 $X + Y$ 的概率分布.

习题 13.3.30　对于下列各式, 如果极限存在, 则求出极限值; 如果极限不存在, 请给出解释: (a) $\lim_{x \to 0}(\mathrm{e}^x - 1)/x$, (b) $\lim_{x \to 0}(\cos^2 x - 1)/x^3$, (c) $\lim_{x \to 1}(x^2 - 1)/(x^3 - 1)$,

(d) $\lim_{x\to\infty} x^{2004}/e^{x/2001}$, (e) $\lim_{x\to\infty} x^{1/2007}/e^{\log(\log(x))}$ 和 (f) $\lim_{x\to 0} x\log(x)$.

习题 13.3.31　在微积分课上, 学生要计算 $\lim_{x\to 0} \frac{\sin(x)}{x}$. 他们认为这很容易: 这个极限的形式是 0/0, 所以可以利用洛必达法则, 因此该极限就等于 $\lim_{x\to 0} \frac{\cos(x)}{1} = 1$. 这种论述有什么不对或危险的地方吗?

习题 13.3.32　Tim 和 Lisa 住在纽约的奥尔巴尼, 他们打算带着孩子去芬威球场观看波士顿红袜队的比赛. 从他们家到芬威球场所花费的时间介于 150 分钟和 240 分钟之间, 并且服从该时间段内的均匀分布. 如果比赛在晚上 7 点钟开始, 他们会在下午 3 点 50 分离开家, 求出他们准时到达赛场的概率.

习题 13.3.33　老虎机有两个独立的随机数生成器, 它们都会生成一个服从 $[0, 80]$ 上均匀分布的随机数. 如果两个数之和小于 20 或大于 140, 那你就会赢得大奖. 你赢得大奖的概率是多少?

习题 13.3.34　Jimmy 在当地一家冰激凌店工作, 顾客到达并选购冰激凌是一个泊松过程, 平均每小时有 15 个顾客. 在发现巧克力口味冰激凌已经卖完后, 他决定去商店补货, 往返要花费 5 分钟. 在顾客到来之前, Jimmy 能够成功返回的概率是多少?

习题 13.3.35　在马里兰州的奥德瓦拉, 车祸之间的时间可以通过指数分布来准确建模, 平均 2 天一次车祸. 下星期至少发生 4 次车祸的概率是多少?

第14章 连续型随机变量: 正态分布

毫无疑问, 正态分布是最重要的分布之一. 不仅在概率论中, 正态分布对于整个数学和科学领域都非常重要. 这主要是因为中心极限定理: 在很多情况下, 相互独立的随机变量之和会收敛于正态分布. 这里的条件通常较弱, 在许多理论和实际问题中都能得到满足. 我们会在第 20 章中详细地介绍中心极限定理. 本章的目的是介绍正态分布及其性质, 首先给出正态分布的定义.

正态分布: 如果随机变量 X 的概率密度函数是

$$f_X(x) = \frac{1}{\sqrt{2\pi\sigma^2}}\, \mathrm{e}^{-(x-\mu)^2/2\sigma^2},$$

那么 X 就服从均值为 μ 且方差为 σ^2 的正态分布, 并记作 $X \sim N(\mu, \sigma^2)$. 这个概率密度函数非常重要, 也说 X 服从**高斯分布**(均值为 μ, 方差为 σ^2). 如果 X 服从**标准正态分布**, 那么 $X \sim N(0,1)$. 如果 X 服从正态分布, 有时也说 X 遵循**钟形曲线**.

注意, 在 $N(\mu, \sigma^2)$ 中, 第二个参数就是方差. 因此, 如果 $X \sim N(0, 4)$, 那么 X 就服从均值为 0 且方差为 4 的正态分布, 所以 X 的标准差就是 2. 在图 14-1 中, 我们绘制了三个正态分布.

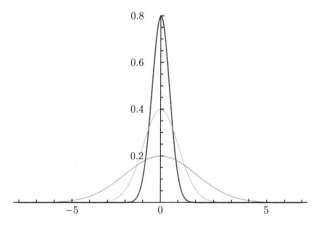

图 14-1　三个正态分布的图形, 它们的均值都是 0, 方差分别是 1/2、1 和 2

与之前介绍的其他分布不同, 我们并不清楚正态分布是不是分布! 它的概率密度函数显然是非负的, 但其积分值是否等于 1? 遗憾的是, 正态分布要比其他概率密度函数难得多. 这是因为, 对于正态分布的概率密度函数而言, 任何一个初等函数都不是它的原函数. 这意味着我们无法写出累积分布函数, 而且必须借助级数展开和数值逼近.

尽管这已经很糟糕了, 但情况可能会更糟. 令人惊讶的是, 虽然它的累积分布函数没有漂亮的解析表达式, 但有种初等方法可以证明曲线下方的面积是 1. 我们首先给出考察这个问题的两种方法, 然后按照与其他章节相同的模式展开 (计算均值与方差, 考察服从正态分布的随机变量之和, 等等).

14.1 确定标准化常数

标准化常数理论是这个学科中最美妙的部分之一. 它告诉我们, 对于任意一个积分值有限的非负函数, 通过简单的乘法就能将其转化为概率密度函数. 到目前为止, 我们还不能马上看出这个理论为什么如此重要和有用, 而不仅仅是个简单明显的事实. 当考察多元函数时, 它会变得非常有用, 我们可以对其中一些变量求积分并保留其余变量. 在 16.3.2 节中, 我们会更详细地讨论这个问题. 目前先陈述这种方法, 并将其应用于正态分布的概率密度函数.

标准化常数理论: 设 g 是一个非负实值函数, 并且满足

$$c = \int_{-\infty}^{\infty} g(x)\mathrm{d}x > 0.$$

如果 $c < \infty$, 那么 $f(x) = g(x)/c$ 是一个概率密度函数.

这个证明非常直观: 我们只需要验证概率密度函数成立的两个条件. 非负性很容易证明: 因为 $g(x) \geqslant 0$ 且 $c > 0$, 所以 $g(x)/c \geqslant 0$. 现在只需要证明 f 的积分值为 1. 我们有

$$\int_{-\infty}^{\infty} f(x)\mathrm{d}x = \int_{-\infty}^{\infty} \frac{g(x)}{c}\mathrm{d}x = \frac{1}{c}\int_{-\infty}^{\infty} g(x)\mathrm{d}x = \frac{c}{c} = 1.$$

现在回过头来看看正态分布, 它的概率密度函数为

$$f(x) = \frac{1}{\sqrt{2\pi\sigma^2}}\,\mathrm{e}^{-(x-\mu)^2/2\sigma^2}.$$

显然, 这个概率密度函数是非负的. 如果能证明它有一个有限的非零积分, 那就一定存在某个标准化常数可以把它变成一个概率分布. 我们不知道这个常数具体是多少, 但知道它一定存在.

该函数的积分也是非负的. 我们来找一下积分值的上界. 为了简化积分, 要做几次变量替换. 另外还会用到, 偶函数在对称区域上的积分就等于该函数在半个区域上积分的 2 倍 (参见 A.4 节). 最后, 我们会把积分分成两部分, 因为根据 v 的不同大小, 会选择不同的函数作为 e^{-v^2} 的上界 (参见习题 14.6.1). 于是

$$
\begin{aligned}
\int_{-\infty}^{\infty} \frac{1}{\sqrt{2\pi\sigma^2}} \, e^{-(x-\mu)^2/2\sigma^2} \mathrm{d}x &= \frac{1}{\sqrt{2\pi\sigma^2}} \cdot 2 \int_{\mu}^{\infty} e^{-(x-\mu)^2/2\sigma^2} \mathrm{d}x \\
&= \frac{2}{\sqrt{2\pi\sigma^2}} \int_{0}^{\infty} e^{-u^2/2\sigma^2} \mathrm{d}u \\
&= \frac{2}{\sqrt{2\pi\sigma^2}} \int_{0}^{\infty} e^{-u^2/2\sigma^2} \sigma\sqrt{2} \frac{\mathrm{d}u}{\sigma\sqrt{2}} \\
&= \frac{2}{\sqrt{\pi}} \int_{0}^{\infty} e^{-v^2} \mathrm{d}v \\
&= \frac{2}{\sqrt{\pi}} \left[\int_{0}^{1} e^{-v^2} \mathrm{d}v + \int_{1}^{\infty} e^{-v^2} \mathrm{d}v \right] \\
&< \frac{2}{\sqrt{\pi}} \left[1 + \int_{1}^{\infty} e^{-v} \mathrm{d}v \right] \\
&= \frac{2}{\sqrt{\pi}} \left[1 + \left(-e^{-v}\right) \Big|_{1}^{\infty} \right] \\
&= \frac{2}{\sqrt{\pi}} \left[1 + e^{-1} \right] \approx 1.543\,49 < \infty.
\end{aligned}
$$

因此, 对于任意的 μ 和 σ, 上述积分值均有限, 从而可以转化成一个概率密度函数.

因为目前只需要说明这个积分值是有限的, 所以可以进行粗略的估计, 但是我们很快就要算出它的精确值. **试着求出一个量的数量级**是一项很有价值的技能. 由于原函数无法用解析表达式来描述, 所以这个积分很难计算. 我们马上就会看到它确实等于 1, 所以得到上界 1.543 49 是相当不错的.

既然已经证明了这个函数可以调整, 那么我们需要证明调整因子就是 1. 换句话说, 现在要证明, 引入因子 $1/\sqrt{2\pi\sigma^2}$ 正是为了让上述函数成为概率密度函数. 我们有两种方法. 第一种是利用多元微积分的精彩技巧. 在读完这句话后, 你应该会有点困惑, 因为这里只有一个积分变量——怎么利用多元微积分的知识呢? 这里的思路是 x^2 看起来就像 $x^2 + y^2$ 的一半, 而 $x^2 + y^2$ 在极坐标下就是 r^2. 关键是要对积分平方, 进而利用圆的相关性质, 这可能是你见过的最奇怪的句子之一了.

在给出一些细节之后, 一切都会变得清晰起来. 令

$$
I(\mu, \sigma) = \int_{-\infty}^{\infty} \frac{1}{\sqrt{2\pi\sigma^2}} \, e^{-(x-\mu)^2/2\sigma^2} \mathrm{d}x.
$$

首先注意到,

$$I(\mu, \sigma) = I(0, 1)$$

对所有的 μ, σ 均成立. 这里只是做了变量替换:

$$
\begin{aligned}
I(\mu, \sigma) &= \int_{-\infty}^{\infty} \frac{1}{\sqrt{2\pi\sigma^2}} \, e^{-(x-\mu)^2/2\sigma^2} dx \\
&= \frac{1}{\sqrt{2\pi\sigma^2}} \int_{-\infty}^{\infty} e^{-(u/\sigma)^2/2} \sigma \frac{du}{\sigma} \\
&= \frac{1}{\sqrt{2\pi}} \int_{-\infty}^{\infty} e^{-x^2/2} dx = I(0, 1).
\end{aligned}
$$

与上一个论述 (只需要证明积分值是有限的) 不同, 此时将因子 2 留在指数内会更方便.

很好, 现在问题就简化成了证明 $I(0,1) = 1$. 这个结论为什么成立? 这个结果实际上为我们提供了如何继续下去的线索. 这是种非常巧妙的思路. 不要灰心, 也不必担心想不到这种技巧, 因为随着经验的增加, 你会更容易看到这种关联. 好了, 看到 π 就应该想到圆, 又因为这里有一个变量, 所以应该想到极坐标:

$$x = r\cos\theta, \quad y = r\sin\theta, \quad r \in [0, \infty), \quad \theta \in [0, 2\pi), \quad dxdy = rdrd\theta.$$

现在是使用技巧的时候了:

$$I(0,1) = \int_{-\infty}^{\infty} \frac{1}{\sqrt{2\pi}} \, e^{-x^2/2} dx = \int_{-\infty}^{\infty} \frac{1}{\sqrt{2\pi}} \, e^{-y^2/2} dy.$$

之所以得到这个等式, 是因为 x 和 y 都是虚拟变量. 现在考虑 $I(0,1)^2$, 把其中一个 I 看作 x 的积分, 另一个 I 看作 y 的积分. 这的确是种了不起的巧妙思路 (有些人称之为**极坐标技巧**). 我们不能在两个积分中使用相同的虚拟变量, 因为这样会引起混淆. 然而, 使用两个不同的字母会让我们想到多元微积分中的某些技巧. 基本上, 当你无法解决涉及两个或更多个变量的积分时, 可以试试以下两种方法之一: (1) 富比尼定理 (改变积分次序), (2) 变量替换.

对我们来说, 富比尼定理没什么帮助, 但是把笛卡儿坐标 x, y 替换成极坐标 r, θ 却很有用.(对于这种做法, 我们还可以从另一个角度来考察, 注意这里有 $e^{-x^2} dx$. 虽然该函数的积分很难计算, 但 $e^{-x^2} x dx$ 的积分很简单. 因此, 我们要想办法插入一个 x. 显然不能直接插入变量, 但如果变换成极坐标, 那么 $dxdy$ 就变成了 $rdrd\theta$, 这样就引入了一个容易处理的积分.) 于是

$$
\begin{aligned}
I(0,1)^2 &= \int_{-\infty}^{\infty} \frac{1}{\sqrt{2\pi}} \, e^{-x^2/2} dx \int_{-\infty}^{\infty} \frac{1}{\sqrt{2\pi}} \, e^{-y^2/2} dy \\
&= \frac{1}{2\pi} \int_{x=-\infty}^{\infty} \int_{y=-\infty}^{\infty} e^{-(x^2+y^2)/2} dxdy
\end{aligned}
$$

$$= \frac{1}{2\pi} \int_{r=0}^{\infty} \int_{\theta=0}^{2\pi} e^{-r^2/2} r \mathrm{d}r \mathrm{d}\theta$$

$$= \frac{1}{2\pi} \int_{r=0}^{\infty} e^{-r^2/2} r \mathrm{d}r \int_{\theta=0}^{2\pi} \mathrm{d}\theta$$

$$= \frac{1}{2\pi} \left[-e^{-r^2/2} \Big|_0^\infty \right] \cdot \left[\theta \Big|_0^{2\pi} \right] = \frac{1}{2\pi} \cdot 1 \cdot 2\pi = 1,$$

这证明了它是一个概率密度函数 ($I(0,1)$ 显然是正的, 所以它一定等于 1).

上述计算是个数学令人沮丧的例子. 逐行阅读, 这里的论述并不难理解. 难点在于, 如何在类似的问题中重现这种巧妙的证明思路, 也就是说, 学着如何跳出固定思维模式去求积分的平方. 首先想到极坐标技巧的人应该得到赞扬, 因为这是一种真正的原创方法. 我能给出的最好建议就是做**大量**的数学题. 做的问题越多, 解决问题的方法就越多, 拥有的技术和技巧也就越多. 要想流利地说一门语言需要花费些时间, 但前提是你必须去听这种语言, 否则没有任何机会. 很多数学问题都可以归结为模式识别, 即明白如何正确地看待问题. 你付出的努力越多, 事情就会变得越容易.

14.2 均值和方差

设 $X \sim N(\mu, \sigma^2)$. 这意味着 X 服从正态分布, 其概率密度函数为:

$$f(x) = \frac{1}{\sqrt{2\pi\sigma^2}} e^{-(x-\mu)^2/2\sigma^2}.$$

在上一节中, 我们已经证明了这是一个概率密度函数, 因为它的积分值为 1. 现在是时候计算均值了, 它应该是 μ (类似地, 方差应该是 σ^2). 把它改写成更具启发性的形式:

$$f(x) = \frac{1}{\sqrt{2\pi\sigma^2}} e^{-(x-\mu)^2/2\sigma^2}$$

$$= \frac{1}{\sqrt{2\pi}} \exp\left(-\frac{1}{2} \left(\frac{x-\mu}{\sigma} \right)^2 \right) \frac{1}{\sigma}.$$

不难看出, 概率密度函数与 $(x-\mu)/\sigma$ 有关, 这意味着均值是 μ, 而标准差是 σ. 为什么呢? 为了看出均值是 μ, 我们注意到 $\mu+a$ 与 $\mu-a$ 的函数值是相等的, 所以概率密度函数关于 $x=\mu$ 对称, 因此 μ 就是均值. 现在来证明这些事实, 从而说明把具有上述概率密度函数的随机变量记作 $N(\mu, \sigma^2)$ 是合理的.

首先来看一下均值. 这里一定要小心一点, 用 μ_X 来表示均值. 这样做的原因是, 在概率密度函数中已经出现了符号 μ, 如果用 μ 来表示均值, 就可能导致用同一个符号表示两个不同值的错误. 稍后会简要地证明 $\mu_X = \mu$, 但现在**我们不知道这两个值是相等的**!

　　因为这个分布关于 μ 对称, 所以我们自然会猜想均值应该是 μ. 现在来给出证明. 由均值的定义可知

$$\mu_X = \int_{-\infty}^{\infty} x \cdot \frac{1}{\sqrt{2\pi\sigma^2}}\, e^{-(x-\mu)^2/2\sigma^2} dx.$$

接下来有很多方法可以继续, 下面是我最喜欢的技巧之一. 看看概率密度函数是如何只取决于 $x - \mu$ 的? 这提醒我们应该进行变量替换, 令 $u = x - \mu$, 于是 $x = u + \mu$ 且 $dx = du$. 由此可得

$$\begin{aligned}
\mu_X &= \int_{-\infty}^{\infty} (u+\mu) \cdot \frac{1}{\sqrt{2\pi\sigma^2}}\, e^{-u^2/2\sigma^2} du \\
&= \int_{-\infty}^{\infty} u \cdot \frac{1}{\sqrt{2\pi\sigma^2}}\, e^{-(x-\mu)^2/2\sigma^2} du + \mu \int_{-\infty}^{\infty} \frac{1}{\sqrt{2\pi\sigma^2}}\, e^{-(x-\mu)^2/2\sigma^2} du.
\end{aligned}$$

注意, 第二个积分非常简单: 它就是 1, 因为它是概率密度函数的积分! 因此

$$\mu_X = \int_{-\infty}^{\infty} u \cdot \frac{1}{\sqrt{2\pi\sigma^2}}\, e^{-(x-\mu)^2/2\sigma^2} du + \mu.$$

现在只需要证明第一个积分是 0. 最简单的方法是, 注意到这是奇函数在对称区域上的积分.

　　即使没有想到这一点, 问题仍然可以解决. 我们可以试着利用分部积分法, 但是必须非常小心, 否则就会犯概率中最常见的错误之一! **我们会故意稍微粗心一点, 犯个错——看看你能不能发现**! 现在有

$$\int_{-\infty}^{\infty} u \cdot \frac{1}{\sqrt{2\pi\sigma^2}}\, e^{-u^2/2\sigma^2} du = \int_{-\infty}^{\infty} \frac{1}{\sqrt{2\pi}}\, e^{-u^2/2\sigma^2} \frac{u du}{\sigma}.$$

接下来做变量替换. 如果令 $t = u^2/2\sigma^2$, 那么 $dt = u du/\sigma^2$, 从而有

$$\begin{aligned}
\int_{-\infty}^{\infty} u \cdot \frac{1}{\sqrt{2\pi\sigma^2}}\, e^{-u^2/2\sigma^2} du &= \int_{0}^{\infty} \frac{\sigma}{\sqrt{2\pi}}\, e^{-t} dt \\
&= \frac{\sigma}{\sqrt{2\pi}} \left[-e^{-t}\right]_{t=0}^{\infty} \\
&= \frac{\sigma}{\sqrt{2\pi}}.
\end{aligned}$$

天啊! 到底发生了什么事? 我们算的是奇函数在对称区域上的积分, 结果怎么可能是正的呢? 原因是在求积分时, 我们犯了一个最常见的错误——**没有正确地改变积分限**! 记住, u 的积分区域是从 $-\infty$ 到 ∞. 如果让 $t = u^2/2\sigma^2$, 那么 t 的积分区域

就变成了从 ∞ 到 ∞. 这是很荒谬的! 问题在于, 我们的变量替换在 $(-\infty, \infty)$ 上是不可逆的, 因为 $(-\infty, 0]$ 和 $[0, \infty)$ 都会映射成 $[0, \infty)$. 因此, 要把积分划分成两部分, 从而使得变量替换在每个区域上都是可逆的.

让我们再试一次, 但这次要更加小心. 现在有

$$\int_{-\infty}^{\infty} u \cdot \frac{1}{\sqrt{2\pi\sigma^2}}\, e^{-u^2/2\sigma^2}\mathrm{d}u$$

$$= \int_{-\infty}^{0} u \cdot \frac{1}{\sqrt{2\pi\sigma^2}}\, e^{-u^2/2\sigma^2}\mathrm{d}u + \int_{0}^{\infty} u \cdot \frac{1}{\sqrt{2\pi\sigma^2}}\, e^{-u^2/2\sigma^2}\mathrm{d}u$$

$$= \int_{-\infty}^{0} \frac{\sigma}{\sqrt{2\pi}}\, e^{-u^2/2\sigma^2}\frac{u\mathrm{d}u}{\sigma^2} + \int_{0}^{\infty} \frac{\sigma}{\sqrt{2\pi}}\, e^{-u^2/2\sigma^2}\frac{u\mathrm{d}u}{\sigma^2}$$

$$= \int_{\infty}^{0} \frac{\sigma}{\sqrt{2\pi}}\, e^{-t}\mathrm{d}t + \int_{0}^{\infty} \frac{\sigma}{\sqrt{2\pi}}\, e^{-t}\mathrm{d}t.$$

接下来有两种方法. 当然, 一种方法是直接计算两个积分. 如果采用这种方法, 那么我们会看到所有项都消掉了, 最终得到了 0. 另一种方法是, 注意到 $\int_{b}^{a} g(t)\mathrm{d}t = -\int_{a}^{b} g(t)\mathrm{d}t$. 一旦把积分上下限颠倒过来, 那么曲线下方区域的面积就变成了负的. 利用这一点, 我们有

$$\int_{-\infty}^{\infty} u \cdot \frac{1}{\sqrt{2\pi\sigma^2}}\, e^{-u^2/2\sigma^2}\mathrm{d}u$$

$$= -\int_{0}^{\infty} \frac{\sigma}{\sqrt{2\pi}}\, e^{-t}\mathrm{d}t + \int_{0}^{\infty} \frac{\sigma}{\sqrt{2\pi}}\, e^{-t}\mathrm{d}t \ = \ 0.$$

这样就完成了均值是 μ 的证明. 换言之, $\mu_X = \mu$.

现在来考察方差. 同样, 我们希望方差是 σ^2. 但是, 目前我们并不知道这个结果, 所以必须小心. 在一个方程中, 不要把同一个符号用于两种不同的目的. 因此, 现在用 σ_X^2 来表示方差, 当我们发现 $\sigma_X^2 = \sigma^2$ 时, 不必过于惊讶.

我们采用的方法是, 把 $(x - \mu_X)^2$ 乘以概率密度函数, 然后再对结果求积分. 幸运的是, 我们知道 $\mu_X = \mu$, 所以方差就是

$$\sigma_X^2 = \int_{-\infty}^{\infty} (x - \mu)^2 \frac{1}{\sqrt{2\pi\sigma^2}}\, e^{-(x-\mu)^2/2\sigma^2}\mathrm{d}x.$$

现在, 通过变量替换来简化上式. 令 $w = (x - \mu)/\sigma$, 于是 $\mathrm{d}w = \mathrm{d}x/\sigma$ 且 $(x - \mu)^2 = \sigma^2 w^2$. 因为对变量进行的是线性替换, 所以积分上下限会很好地改变. x 的积分区域是从 $-\infty$ 到 ∞, 而 w 的积分区域也是从 $-\infty$ 到 ∞, 于是有

$$\sigma_X^2 = \int_{-\infty}^{\infty} \sigma^2 w^2 \frac{1}{\sqrt{2\pi\sigma^2}}\, e^{-w^2/2}\sigma\mathrm{d}w$$

$$= \frac{\sigma^2}{\sqrt{2\pi}} \int_{-\infty}^{\infty} w^2 e^{-w^2/2}\mathrm{d}w.$$

现在利用分部积分法. 必须把 $w^2\exp(-w^2/2)\mathrm{d}w$ 划分成 $u\mathrm{d}v$ 的形式. 我们很自然地想到让 $u = w^2$ 且 $\mathrm{d}v = \exp(-w^2/2)\mathrm{d}w$, 但这种做法并不奏效. 这并不难理解：当进行分部积分时, $u = w^2$ 被替换成了 $\mathrm{d}u = 2w\mathrm{d}w$, 这样就降低了 w 的幂. 困难在于我们要找到 v, 而 $\exp(-w^2/2)$ 的原函数无法用解析表达来描述. 因此, 这里要使用一些巧妙的思路, 而不是考虑典型的分部积分问题. 再看一下这里的各项. 因为我们想降低多项式的次数 (容易出问题的地方), 所以 u 中应该包含因子 w. 因子 $\exp(-w^2/2)$ 应该包含在 $\mathrm{d}v$ 中, 但是由于要对 $\mathrm{d}v$ 求积分, 它还应该包含因子 w. 这种做法可以让我们得到一个更好的函数, 其原函数能用解析表达式来描述.

于是, 令

$$u = w, \qquad \mathrm{d}v = \exp(-w^2/2)w\mathrm{d}w,$$

这意味着

$$\mathrm{d}u = \mathrm{d}w, \qquad v = -\exp(-w^2/2).$$

我们得到了

$$\sigma_X^2 = \frac{\sigma^2}{\sqrt{2\pi}}\left[uv\Big|_{-\infty}^{\infty} - \int_{-\infty}^{\infty} v\mathrm{d}u\right]$$

$$= \frac{\sigma^2}{\sqrt{2\pi}}\left[-w\exp(-w^2/2)\Big|_{-\infty}^{\infty} + \int_{-\infty}^{\infty}\exp(-w^2/2)\mathrm{d}w\right] = \sigma^2,$$

最后一行涉及很多内容. 首先, 这个积分就是 $\sqrt{2\pi}$. 这是在证明概率密度函数的合理性 (即积分值为 1) 时见到的积分. 其次, 指数函数衰减得非常快, 以至于当 $w \to \pm\infty$ 时 $w\exp(-w^2/2) \to 0$.

我们可以从多个角度来考察这个极限. 这个式子可以写成 $w/\exp(w^2/2)$. 然后回忆一下, 当 t 取正数时, 我们有 $\exp(t) > 1 + t$. 这个不等式之所以成立, 是因为我们只是截断了指数函数的级数展开式. 这样就得到了 $w/\exp(w^2/2) < w/(1 + w^2/2)$, 而 $w/(1 + w^2/2)$ 显然会趋近于 0. 另外, 我们还可以利用**洛必达法则**：如果 f 和 g 都是连续可微的函数, 并且 $\lim_{x\to x_0} f(x) = \lim_{x\to x_0} g(x)$ 都等于 0 或 ∞, 那么 $\lim_{x\to x_0} f(x)/g(x) = \lim_{x\to x_0} f'(x)/g'(x)$. 对于上述极限, 我们有

$$\lim_{w\to\infty}\frac{w}{\exp(w^2/2)} = \lim_{w\to\infty}\frac{1}{w\exp(w^2/2)} = 0.$$

上面的计算突出了很多易犯的错误. 我们很容易把积分限搞错, 或者错过一种巧妙的变量替换. 你了解的微积分知识越多, 这些问题就越容易解决.

14.3 服从正态分布的随机变量之和

很遗憾, 大多数时候, 我们希望能够成立的定理往往是错的. 例如, 如果乘积

的导数就是导数的乘积, 或者商的导数就是导数的商, 那么求导就会变得非常容易. 当然, 遗憾的是, 这两种情况都不成立.

在概率论中, 我们想要的最好结果是什么? 假如, X 和 Y 是具有相同形状的独立随机变量, 但它们的均值和方差可能不同. 不妨设它们都服从某种理想的分布, 且均值分别为 μ_X 和 μ_Y, 方差分别为 σ_X^2 和 σ_Y^2. 当考察 $X + Y$ 时, 什么样的结果才是合理的? 我们知道, 和的均值就是均值的和. 对于独立的随机变量, 和的方差就是方差的和. 因此, 不管怎样, $X + Y$ 的均值一定是 $\mu_{X+Y} = \mu_X + \mu_Y$, 方差一定是 $\sigma_{X+Y}^2 = \sigma_X^2 + \sigma_Y^2$. 如果 $X + Y$ 的形状与 X 和 Y 的形状相同, 那不是很好吗? 这样的分布称为**稳定分布**.

我们知道, 服从均匀分布的随机变量之和并不是服从均匀分布的, 服从指数分布的随机变量之和也不服从指数分布. 但是, 如果考察的是服从正态分布的随机变量之和, 那么我们会非常幸运——这个和仍然服从正态分布.

服从正态分布的随机变量之和: 如果 $X \sim N(\mu_X, \sigma_X^2)$ 和 $Y \sim N(\mu_Y, \sigma_Y^2)$ 是两个相互独立的随机变量, 并且都服从正态分布 (X 和 Y 的均值分别是 μ_X 和 μ_Y, 方差分别是 σ_X^2 和 σ_Y^2), 那么 $X + Y \sim N(\mu_X + \mu_Y, \sigma_X^2 + \sigma_Y^2)$. 也就是说, 它们的和服从均值为 $\mu_X + \mu_Y$ 且方差为 $\sigma_X^2 + \sigma_Y^2$ 的正态分布.

更一般地说, 如果 $X_i \sim N(\mu_i, \sigma_i^2)$ 是相互独立且都服从正态分布的随机变量, 那么

$$X_1 + \cdots + X_n \sim N(\mu_1 + \cdots + \mu_n, \sigma_1^2 + \cdots + \sigma_n^2).$$

如果你还没有爱上正态分布, 那么这里还有一个理由! 回想一下, 对于服从均匀分布的随机变量, 计算和的概率密度函数简直是场噩梦. 要是所有的分布都这么简单就好了!

这个结果有很多证明方法. 我们会采用最直接的方法来解题, 即直接求出 $X+Y$ 的概率密度函数. 事实上, 如果能求出两个随机变量之和的概率密度函数, 那么利用数学归纳法, 我们可以求出任意和的结果. 在完成计算之后回过头来看一下, 会发现很多步骤都是不必要的!

两个相互独立且都服从正态分布的随机变量之和的公式推导: 和往常一样, 我们利用卷积理论来求 $X + Y$ 的概率密度函数. 设 f_X 是 X 的概率密度函数, f_Y 是 Y 的概率密度函数, 且 f_{X+Y} 是 $X + Y$ 的概率密度函数. 于是

$$f_X(x) = \frac{1}{\sqrt{2\pi\sigma_X^2}} \exp(-(x - \mu_X)^2/2\sigma_X^2)$$

$$f_Y(y) = \frac{1}{\sqrt{2\pi\sigma_Y^2}} \exp(-(y - \mu_Y)^2/2\sigma_Y^2)$$

$$f_{X+Y}(z) = \int_{-\infty}^{\infty} f_X(t) f_Y(z-t) \mathrm{d}t.$$

现在, 我们 "跟着直觉走" ——代入两个概率密度函数, 并通过一些代数运算来确保最终得到一个容易计算的积分. 那么

$$
\begin{aligned}
f_{X+Y}(z) &= \int_{-\infty}^{\infty} \frac{1}{\sqrt{2\pi\sigma_X^2}} \, \exp(-(t-\mu_X)^2/2\sigma_X^2) \\
&\quad \cdot \frac{1}{\sqrt{2\pi\sigma_Y^2}} \, \exp(-(z-t-\mu_Y)^2/2\sigma_Y^2) \mathrm{d}t \\
&= \frac{1}{2\pi\sigma_X\sigma_Y} \int_{-\infty}^{\infty} \exp\left(-\frac{(t-\mu_X)^2\sigma_Y^2 + (z-t-\mu_Y)^2\sigma_X^2}{2\sigma_X^2\sigma_Y^2}\right) \mathrm{d}t.
\end{aligned}
$$

现在, 我们很自然地想到两种处理方法. 第一种方法是继续对积分求值. 这类积分的问题在于, 题目中会浮现出很多不同的参数, 让人感到畏惧. 我希望你能熟悉这种计算方法, 所以现在来花点时间好好想想该如何继续.

经常带给我们启发的解题方法是先考虑一种特殊情形. 当然, 最简单的情形就是 $\mu_X = \mu_Y = 0$ 且 $\sigma_X^2 = \sigma_Y^2 = 1$. 在这种情况下, 很多字符都消失了. 通过考察这种情形, 我们希望弄清楚该如何处理一般情况.

14.3.1 情形 1: $\mu_X = \mu_Y = 0$ 且 $\sigma_X^2 = \sigma_Y^2 = 1$

此时有

$$f_{X+Y}(z) = \frac{1}{2\pi} \int_{-\infty}^{\infty} \exp\left(-\frac{t^2 + (z-t)^2}{2}\right) \mathrm{d}t.$$

最自然的做法是把式子都展开, 然后得到一个关于 t 的多项式. 因为

$$
\begin{aligned}
t^2 + (z-t)^2 &= t^2 + t^2 - 2zt + z^2 \\
&= 2t^2 - 2zt + z^2,
\end{aligned}
$$

所以有

$$f_{X+Y}(z) = \frac{1}{2\pi} \int_{-\infty}^{\infty} \exp\left(-\frac{2t^2 - 2zt + z^2}{2}\right) \mathrm{d}t.$$

是时候进行变量替换了. 这是代数运算中最难的一步, 因为要通过添加 0 来得到**完全平方项**. **添加 0** 是数学中最重要的方法之一, 但想真正地精通某种技巧需要花费很长时间! 这里的想法是, 在添加 0 之后, 表达式的值并没有改变, 但代数运算可能进一步简化 (而且**改写代数表达式**可以让分析变得更容易). 于是有

$$2t^2 - 2zt + z^2 = 2(t^2 - zt) + z^2$$

$$= 2\left(t^2 - zt + \frac{z^2}{4} - \frac{z^2}{4}\right) + z^2$$

$$= 2\left(\left(t - \frac{z}{2}\right)^2 - \frac{z^2}{4}\right) + z^2$$

$$= 2\left(t - \frac{z}{2}\right)^2 - \frac{z^2}{2} + z^2$$

$$= 2\left(t - \frac{z}{2}\right)^2 + \frac{z^2}{2}.$$

把这个结果代回积分式中, 可得

$$f_{X+Y}(z) = \frac{1}{2\pi} \int_{-\infty}^{\infty} \exp\left(-\frac{2\left(t - \frac{z}{2}\right)^2 + \frac{z^2}{2}}{2}\right) \mathrm{d}t$$

$$= \frac{1}{2\pi} \exp\left(-\frac{z^2}{4}\right) \int_{-\infty}^{\infty} \exp\left(-\left(t - \frac{z}{2}\right)^2\right) \mathrm{d}t.$$

这个积分提醒我们进行变量替换. 如果令 $u = t - \frac{z}{2}$, 那么上式就简化成了

$$f_{X+Y}(z) = \frac{1}{2\pi} \exp\left(-\frac{z^2}{4}\right) \int_{-\infty}^{\infty} \exp(-u^2)\mathrm{d}u.$$

幸运的是, 本章前面已经计算了这个 u 积分! 当证明正态分布的概率密度函数积分值为 1 时, 我们给出了

$$\frac{1}{\sqrt{2\pi\sigma^2}} \int_{-\infty}^{\infty} \exp\left(-(x-\mu)^2/2\sigma^2\right) \mathrm{d}x = 1,$$

这个函数就是均值为 μ 且方差为 σ^2 的正态分布的概率密度函数. 整理后可得

$$\int_{-\infty}^{\infty} \exp\left(-\frac{(x-\mu)^2}{2\sigma^2}\right) \mathrm{d}x = \sqrt{2\pi\sigma^2}, \tag{14.1}$$

因此, 上述 u 积分就是 $\sqrt{\pi}$. 把这个结果代入原式, 则有

$$f_{X+Y}(z) = \frac{1}{2\pi} \exp\left(-\frac{z^2}{4}\right) \cdot \sqrt{\pi}$$

$$= \frac{1}{2\sqrt{\pi}} \exp\left(-\frac{z^2}{4}\right).$$

注意, 这看起来像个奇怪的正态分布. 为了看出正态分布的均值和方差, 回忆一下, 指数部分应该是 $-(z-\mu)^2/2\sigma^2$. 因此, 这意味着我们得到了 1 个均值为 0 且方差为

2 的正态分布. 如果真是这样, 那么外侧的标准化常数应该是 $1/\sqrt{2\pi \cdot 2} = 1/2\sqrt{\pi}$, 这恰好与上式一致! 于是, 我们把结果写成一种更具启发性的形式, 这样就证明了

$$f_{X+Y}(z) = \frac{1}{\sqrt{2\pi \cdot \sqrt{2}^2}} \exp\left(-\frac{(z-0)^2}{2 \cdot \sqrt{2}^2}\right).$$

换句话说, 对于两个相互独立的随机变量, 如果它们都服从均值为 0 且方差为 1 的正态分布, 那么它们的和就服从均值为 0 且方差为 $1+1=2$ 的正态分布.

当我们做代数运算时, 如果计算过程超过了一页, 那么就有必要停下来思考一下之前都做了什么. 这里的关键思路是, 我们已经证明了函数

$$\frac{1}{\sqrt{2\pi\sigma^2}} \exp\left(-\frac{(x-\mu)^2}{2\sigma^2}\right)$$

就是一个概率密度函数, 所以它的积分值等于 1. 我们有

$$f_{X+Y}(z) = \int_{-\infty}^{\infty} f_X(t)f_Y(z-t)\mathrm{d}t.$$

这给出了一个与 t 的二次方程有关的积分, 而这个方程的系数最多是 z 的二次式. 通过完成平方, 我们得到了一个形如 $2(t-z/2)^2 + z^2/2$ 的二次方程. 在进行变量替换 $u = t - z/2$ 后, 指数部分就变成了 $u^2 + z^2/4$. 这里所做的一切就是为了把变量 u 和 z 分离开来. 我们可以把变量 z 从积分中提取出来, 而 u 积分就是个与 z 无关的常数. 由于提取出的是 z 的二次式的指数表达式, 高斯分布开始出现了! 接下来要做的就是找出与 z 有关的部分. 在积分之后, 剩下的部分就变成了一个常数.

这里还有另一种解释. 为了得到标准化常数, **标准化常数理论**利用了概率密度函数的积分值为 1 这一事实. 这意味着, 如果我们有一个概率密度函数, 它对变量的依赖性与某个已知概率密度函数对变量的依赖性相同, 那么可以在不求积分的情况下找出标准化常数! 特别是, 我们回顾一下式 (14.1). u 积分等于某个常数, 不妨记作 C, 这样就得到了

$$f_{X+Y}(z) = \frac{C}{2\pi} \mathrm{e}^{-z^2/4}.$$

因为 f_{X+Y} 是一个概率密度函数, 所以它的积分一定等于 1. 看看上式指数部分的因子, 我们发现它可以写成 $\exp(-(z-0)^2/2\cdot 2)$. 因此, 一定可以得到一个均值为 0 且方差为 2 的正态分布, 并且 $C = \sqrt{\pi}$ (因为这个高斯分布的标准化常数是 $1/\sqrt{2\pi \cdot 2}$).

14.3.2　情形 2: 一般化的 μ_X、μ_Y 和 σ_X^2、σ_Y^2

一般情形可以按照类似的方法来推导, 唯一的不同是代数运算会更烦琐, 因为现在会涉及更多的符号. 但是, 基本思路都是一样的. 下面是一个很好的练习, 通过

修改代数运算来得到这个情形的结果. 当计算均值和方差时, 最简单的方法是在积分中做变量替换.

n **个相互独立且均服从正态分布的随机变量之和的公式推导**: 对于一般情形, 首先想到的是利用归纳法. 如果你愿意, 也可以通过使用大量括号来分组 (**分组证明法**). 这是另一种常用的数学方法, 如果你知道某结论对两个对象成立, 就可以把该结论推广到任意有限多项. 对该方法的讨论, 请参阅 A.3 节.

如何利用这种方法来得到独立随机变量之和的公式呢? 从本质上看, 我们就是在模仿之前的过程. 关键的信息是, 如果 $X \sim N(\mu_X, \sigma_X^2)$ 且 $Y \sim N(\mu_Y, \sigma_Y^2)$, 那么 $X + Y \sim N(\mu_X + \mu_Y, \sigma_X^2 + \sigma_Y^2)$. 用符号来简单地描述, 可以写成

$$N(\mu_X, \sigma_X^2) + N(\mu_Y, \sigma_Y^2) \;=\; N(\mu_X + \mu_Y, \sigma_X^2 + \sigma_Y^2).$$

因为

$$X_1 + X_2 + X_3 \;=\; (X_1 + X_2) + X_3,$$

所以有

$$
\begin{aligned}
N(\mu_1, \sigma_1^2) + N(\mu_2, \sigma_2^2) + N(\mu_3, \sigma_3^2) &= \left[N(\mu_1, \sigma_1^2) + N(\mu_2, \sigma_2^2)\right] + N(\mu_3, \sigma_3^2) \\
&= N(\mu_1 + \mu_2, \sigma_1^2 + \sigma_2^2) + N(\mu_3, \sigma_3^2) \\
&= N(\mu_1 + \mu_2 + \mu_3, \sigma_1^2 + \sigma_2^2 + \sigma_3^2).
\end{aligned}
$$

如果随机变量超过三个, 那么只需要重复这个过程即可. 例如, 当 $n = 4$ 时, 可以按照下列方式分组

$$((X_1 \;+\; X_2) \;+\; X_3) \;+\; X_4.$$

两个相互独立且均服从正态分布的随机变量之和非常重要, 所以我们再给出一种论述来确定这个和的概率密度函数. 同样地, 为了简单起见, 不妨设 X 和 Y 是两个相互独立的随机变量, 它们都服从均值为 0 且方差为 1 的正态分布. 这种方法要利用一些**有预见性的灵感**. 这是证明数学命题的一种好方法, 但有个缺点, 就是要求你事先知道答案或者能够预测答案. 这也是有一定道理的. 我们知道 $X + Y$ 的均值是 0, 方差是 2. 也许我们做了一些数值实验, 图形看起来就是一个正态分布. 唯一可能的正态分布是 $N(0, 2)$, 不妨来试一试. 换句话说, 如果让 $f_{X+Y}(z)$ 除以均值为 0 且方差为 2 的正态分布的概率密度函数, 那么应该得到 1. 现在用

$$f_{0,2}(z) \;=\; \frac{1}{\sqrt{2\pi}} \exp(-z^2 / 2 \cdot 2)$$

来表示这个正态分布 (即均值为 0 且方差为 2 的正态分布) 的概率密度函数. 接下来, 开始进行代数运算! 于是有

$$\begin{aligned}
\frac{f_{X+Y}(z)}{f_{0,2}(z)} &= \frac{1}{f_{0,2}(z)} \cdot \frac{1}{2\pi} \int_{-\infty}^{\infty} \exp\left(-\frac{t^2 + (z-t)^2}{2}\right) \mathrm{d}t \\
&= \sqrt{2\pi \cdot 2} \exp\left(\frac{z^2}{2 \cdot 2}\right) \cdot \frac{1}{2\pi} \int_{-\infty}^{\infty} \exp\left(-\frac{t^2 + (z-t)^2}{2}\right) \mathrm{d}t \\
&= \frac{1}{\sqrt{\pi}} \int_{-\infty}^{\infty} \exp\left(\frac{z^2}{4} - \frac{t^2 + (z-t)^2}{2}\right) \mathrm{d}t \\
&= \frac{1}{\sqrt{\pi}} \int_{-\infty}^{\infty} \exp\left(-\frac{2(t^2 + t^2 - 2zt + z^2) - z^2}{4}\right) \mathrm{d}t \\
&= \frac{1}{\sqrt{\pi}} \int_{-\infty}^{\infty} \exp\left(-\frac{4t^2 - 4zt + z^2}{4}\right) \mathrm{d}t \\
&= \frac{1}{\sqrt{\pi}} \int_{-\infty}^{\infty} \exp\left(-\frac{4(t^2 - zt) + z^2}{4}\right) \mathrm{d}t.
\end{aligned}$$

我们想要一个能求值的积分. 所以, 现在配方 (对 t 的二次式), 这会把上面的积分转化成我们熟悉的积分. 于是得到了

$$\begin{aligned}
\frac{f_{X+Y}(z)}{f_{0,2}(z)} &= \frac{1}{\sqrt{\pi}} \int_{-\infty}^{\infty} \exp\left(-\frac{4(t^2 - zt + z^2/4 - z^2/4) + z^2}{4}\right) \mathrm{d}t \\
&= \frac{1}{\sqrt{\pi}} \int_{-\infty}^{\infty} \exp\left(-\frac{4(t - z/2)^2 - z^2 + z^2}{4}\right) \mathrm{d}t \\
&= \frac{1}{\sqrt{\pi}} \int_{-\infty}^{\infty} \exp\left(-\left(t - \frac{z}{2}\right)^2\right) \mathrm{d}t.
\end{aligned}$$

我们可以利用式 (14.1) 来求上述积分, 它给出了二次式的指数函数的积分值. 对我们来说, 被积函数看起来像一个均值为 $\mu = z/2$ 且方差为 $\sigma^2 = 1/2$ 的正态分布的概率密度函数, 因此上面的积分就等于 $\sqrt{2\pi\sigma^2} = \sqrt{2\pi/2} = \sqrt{\pi}$. 把这个结果代入上式就得到了

$$\frac{f_{X+Y}(z)}{f_{0,2}(z)} = \frac{1}{\sqrt{\pi}} \cdot \sqrt{\pi} = 1,$$

也就是

$$f_{X+Y}(z) = f_{0,2}(z) = \frac{1}{\sqrt{2\pi \cdot \sqrt{2}^2}} \exp\left(-\frac{z^2}{2 \cdot \sqrt{2}^2}\right),$$

这正是我们想要证明的!

　　显然, 这里的代数运算与第一种方法有很多相似之处. 不同之处在于, 我们试着用直觉来判断答案应该是什么, 进而引导我们进行代数运算. 数学中**最难**的部分是学会代数运算的正确方法. 如果能找到正确的视角, 你就能看到其中有意思的关联.

14.3.3 两个服从正态分布的随机变量之和: 更快的代数运算

再来看看两个服从正态分布的随机变量之和. 这是个经常出现的问题, 而我们能找到另一种不用求积分就能得到积分值的方法. 有种很棒的技巧需要掌握: 通常情况下, 如果能接近正确答案, 就可以通过调整所做的工作来得到精确结果, 这要比直接求解轻松很多. 这种方法叫作**纠正猜想法**.

回想一下, 如果 $X \sim N(0, \sigma_X^2)$ 和 $Y \sim N(0, \sigma_Y^2)$ 是两个相互独立且均服从高斯分布的随机变量, 并且 $Z = X + Y$, 那么 Z 的 PDF, 即 $f_Z(z)$ 就满足

$$f_Z(z) = \int_{t=-\infty}^{\infty} \frac{1}{\sqrt{2\pi\sigma_X^2}} e^{-t^2/2\sigma_X^2} \frac{1}{\sqrt{2\pi\sigma_Y^2}} e^{-(z-t)^2/2\sigma_Y^2} dt.$$

另外, 因为 X 和 Y 相互独立, 所以 Z 的均值一定是 0, 方差一定是 $\sigma_X^2 + \sigma_Y^2$. 因此, **如果** Z 服从正态分布, **那么**它只能服从正态分布 $N(0, \sigma_X^2 + \sigma_Y^2)$. 现在, 我们集中精力证明 Z 服从正态分布, 因为一旦证明了这一点, 所有常数都能马上确定下来!

注意, 在 $f_Z(z)$ 中, 指数位置的表达式是

$$-\left[\frac{t^2}{2\sigma_X^2} + \frac{(z-t)^2}{2\sigma_Y^2}\right].$$

可以展开上式并对其进行简化. 一定存在某些与 σ_X 和 σ_Y 有关的常数, 使得指数位置的表达式等于

$$-az^2 - b(t - cz)^2.$$

要想得到上式这样的结果, 要通过添加 0 来得到关于 t 的完全平方项, 然后把剩下的 z^2 部分补充完整. 具体地说, $-\alpha t^2 - \beta(z - t)^2$ 就等于

$$-\beta z^2 - (\alpha + \beta)\left[t^2 - 2\frac{\beta z}{\alpha + \beta} + \left(\frac{\beta z}{\alpha + \beta}\right)^2 - \left(\frac{\beta z}{\alpha + \beta}\right)^2\right] = -az^2 - b(t - cz)^2.$$

这有什么用呢? 我们看到

$$f_Z(z) = \int_{t=-\infty}^{\infty} \frac{1}{2\pi\sigma_X\sigma_Y} e^{-az^2} e^{-b(t-cz)^2} dt.$$

做变量替换, 令 $u = t - cz$. 把 $\exp(-az^2)$ 从积分中提出来就得到了

$$f_Z(z) = e^{-az^2}\left[\frac{1}{2\pi\sigma_X\sigma_Y} \int_{u=-\infty}^{\infty} e^{-bu^2} du\right] = Ce^{-az^2},$$

其中 C 是一个与 σ_X 和 σ_Y 有关的常数.

现在奇迹发生了. 注意, 上面的概率密度函数就是均值为 0 且方差为 $\frac{1}{2a}$ 的高斯分布的概率密度函数, 因为

$$C \exp(-az^2) = C \exp\left(-\frac{z^2}{2\frac{1}{2a}}\right).$$

由于 Z 的方差是 $\sigma_Z^2 = \sigma_X^2 + \sigma_Y^2$, 因此一定有 $a = \frac{1}{2(\sigma_X^2 + \sigma_Y^2)}$. 另外, 因为我们有一个均值为 0 且方差为 1 的高斯分布, 所以标准化常数一定是 $1/\sqrt{2\pi\sigma_Z^2}$. 于是有

$$f_Z(z) = \frac{1}{\sqrt{2\pi(\sigma_X^2 + \sigma_Y^2)}} \exp\left(-x^2/2(\sigma_X^2 + \sigma_Y^2)\right).$$

有必要回顾一下这种方法. 第一次求解这个问题时, 我们做了所有的代数运算. 事实上, **在配完全平方项时, 我们没必要知道系数是什么**, 只需要明白这里有一些系数即可. 当尘埃落定之后, 由于我们知道 Z 的均值和方差, 能马上对近似做出修正!

14.4   从正态分布中生成随机数

虽然本节的标题是生成随机数, 但我们会做更多事情. 下面将学习如何通过级数展开来近似概率. 级数展开可以用于很多方面, 比如计算事件的可能性以及从给定分布中生成随机数.

此处的目标是从标准正态分布中生成一些数. 我们已经有了一个随机数生成器, 它会从 $[0,1]$ 中均匀地选择数. 我们想利用累积分布函数法. 当讨论均匀分布和指数分布时, 这种方法发挥了很好的效果, 所以为什么不在这里使用呢? 遗憾的是, 累积分布函数法很难应用于正态分布. 这似乎不太公平, 因为累积分布函数法是种很好的方法, 而正态分布是最重要的分布之一. 哪里出问题了? 这个问题可以追溯到微积分 I (微分) 和微积分 II (积分) 之间的斗争. 不管你的教授多么可恶, 他都不可能出一道超出你能力范围的微分问题. 例如, 想象一下, 你需要计算下面这个函数的导数

$$g(x) = \left(\log\left(\cos\left(x^2 + 1\right)\exp\left(x + \sqrt{\sin x}\right)\right)\right)^2.$$

尽管这个函数看起来很吓人, 但是可以通过重复利用微分法则来求导, 并且我们知道所有初等函数的导数. 对于这个问题, 可以把 $g(x)$ 写成

$$g(x) = \left(A(x)\right)^2, \quad A(x) = \log\left(\cos\left(x^2 + 1\right)\exp\left(x + \sqrt{\sin x}\right)\right).$$

这一点也不难, 只要使用幂函数求导法则就行了, 于是有

$$g'(x) = 2A(x)A'(x).$$

现在该计算 $A'(x)$ 了. 可以这样写

$$A(x) \,=\, \log B(x), \quad B(x) \,=\, \cos\left(x^2 + 1\right) \exp\left(x + \sqrt{\sin x}\right),$$

由链式法则可得

$$A'(x) \,=\, \frac{1}{B(x)} \cdot B'(x).$$

关键在于, 只要有耐心 (同时也要非常小心), 我们总会得到答案. 每个步骤都会降低问题的复杂性, 最终我们将不需要对函数求微分. 耐心总会得到回报! 整个计算过程可能并不是特别轻松, 但我们很清楚该如何进行下去.

积分要困难得多. 虽然可以使用积分法则, 但这是个完全不同的问题. 微分可以被看作一个非常机械的过程. 检查一下目标函数是不是两个函数的和. 如果是, 那就使用和的求导法则. 如果不是, 则看它是不是两个函数的差、乘积, 或者一个复合函数. 你应该明白了. 我们可以有条不紊地一步步验证, 最终一定会得到正确答案. 对于积分, 并没有一套必定可行的方法. 事实上, 大部分函数的积分都没有合适的闭合型结果. 有时, 某些函数确实有很好的积分表达式, 但我们要使用一些技巧或具有一定的洞察力才能看到. 例如, 如果 $f(x) = \log x$, 那么 $F(x) = x \log x - x$ 是 $f(x)$ 的原函数. 虽然很难找到 $F(x)$, 但验证它却不难. (作为一个有趣的练习, 求出 $f(x) = x^5 \log^2 x$ 的一个 "不错的" 原函数.) 尽管如此, 对于 $f(x) = \sin x \cdot \log x$ 的积分, 我们找不到一个很好的表达式.

你大概可以猜到接下来要说什么: 对于正态分布, 其概率密度函数的积分没有一个很好的表达式. 这意味着我们没有很好的累积分布函数公式. 如果想利用累积分布函数法从正态分布中生成随机数, 那么这无疑是巨大的打击.

现在该怎么做呢? 我们不得不借助逼近. 一种方法是对正态分布的概率密度函数进行数值积分, 并用它来近似累积分布函数. 虽然这并不精确, 但如果选择足够小的步长, 那么就可以使误差任意小. 如果你还记得微积分 II 中像辛普森法则这样的方法, 那么现在就是使用它们的好时机!

另一种可能的方法是试着对累积分布函数进行数值逼近. 如果用 ϕ 表示标准正态分布的概率密度函数, 那么它的累积分布函数就是

$$\Phi(x) \,=\, \int_{-\infty}^{x} \phi(t)\mathrm{d}y \,=\, \int_{-\infty}^{x} \frac{1}{\sqrt{2\pi}}\, \mathrm{e}^{-t^2/2}\mathrm{d}t.$$

这个积分怎么可能求得出来呢! 好吧, 我们来思考一下. 最自然地想到什么? 我们知道指数函数的级数展开式. 现在就把它代进去, 看看能得到了什么. 不要担心收敛问题, 也不用担心交换运算次序的问题. 我们不做严格的数学论证, 只是简单地

看看会发生什么, 并试着揭示这个函数 $\Phi(x)$ 是什么样的. 于是

$$\Phi(x) = \frac{1}{\sqrt{2\pi}} \int_{-\infty}^{x} \sum_{n=0}^{\infty} \frac{1}{n!} \left(-\frac{t^2}{2} \right)^n \mathrm{d}t$$

$$= \frac{1}{\sqrt{2\pi}} \sum_{n=0}^{\infty} \frac{(-1)^n}{2^n n!} \int_{-\infty}^{x} t^{2n} \mathrm{d}t.$$

我们无路可走了, 现在没有办法继续进行下去. 为什么? 即使能够证明积分与求和的运算次序是可以交换的 (这通常是件好事), 最终仍会得到一个可怕的积分. 问题在于, t^{2n} 在 $-\infty$ 到 x 上的积分**始终**是无穷大的, 所以我们的表达式就会变成正无穷大和负无穷大的交替和. 你应该听说过, 有几种表达式是必须避免的, 永远不要处理它们. 对于 $\infty - \infty, \infty \cdot 0$ 和 ∞/∞, 不要试图为它们下定义.

我们似乎注定要为 $\Phi(t)$ 寻找一个好的级数展开式. 但是, 不要绝望. 正如你所看到的, 记住我们求的是从 $-\infty$ 到 x 上的积分. 计算 x 处的积分值是没有问题的, 关键在于 $-\infty$. 有种方法可以得到一个非常好的且容易处理的表达式. 它要利用问题中的一些对称性. **利用对称性**是解决各种棘手问题的有效方法, 更多相关讨论请参阅 A.4 节. 我们把与 $\Phi(x)$ 有关的信息记录下来: $\lim_{x \to -\infty} \Phi(x) = 0$ 和 $\lim_{x \to \infty} \Phi(x) = 1$. 这并没有提供太多信息, 所有累积分布函数都是如此. 幸运的是, 还有两个非常有用的事实. 第一个是

$$\Phi(0) = 1/2.$$

这就意味着 0 之前的概率占了一半, 而另一半概率则出现在 0 之后. 这个式子成立的原因是, 概率密度函数 $\phi(t)$ 是一个关于 0 对称的偶函数. 因此, 一半的概率落在 0 之前, 一半概率落在 0 之后.

很幸运, 我们还能得到更多结果. 因为概率密度函数 $\phi(t)$ 关于 0 对称, 所以对于任意一个固定的正数 x, 求出 $\int_0^x \phi(t)\mathrm{d}t$ 就够了. 如果真能做到这一点, 那么对于任意给定的 x, 都能轻松地求出 $\Phi(x)$!

该怎么做呢? 有两种情况. 首先, 假设我们的输入是非负的, 所以 $x \geqslant 0$. 于是

$$\Phi(x) = \int_{-\infty}^{x} \phi(t)\mathrm{d}t$$

$$= \int_{-\infty}^{0} \phi(t)\mathrm{d}t + \int_{0}^{x} \phi(t)\mathrm{d}t$$

$$= \frac{1}{2} + \int_{0}^{x} \phi(t)\mathrm{d}t.$$

因此, 在这种情况下, 上述说法是可行的.

如果输入是负数呢? 我们把这个负数记作 $-x$, 其中 $x \geqslant 0$. 于是有

$$
\begin{aligned}
\Phi(-x) &= \int_{-\infty}^{-x} \phi(t)\mathrm{d}t \\
&= \int_{-\infty}^{0} \phi(t)\mathrm{d}t - \int_{-x}^{0} \phi(t)\mathrm{d}t \\
&= \frac{1}{2} - \int_{-x}^{0} \phi(t)\mathrm{d}t \\
&= \frac{1}{2} - \int_{0}^{x} \phi(t)\mathrm{d}t.
\end{aligned}
$$

这表明了, 只要可以求出 x 取正数时的 $\int_{0}^{x} \phi(t)\mathrm{d}t$, 就能求出任何输入下的 Φ. 这有什么好处呢? 利用这个结果, 我们可以使用级数展开, 而不必计算无穷区间上的积分. 在处理无穷大时, 我们一定要非常小心——如果能避免无穷大, 那就更好了! 现在我们会找到一个很好的级数展开式. 再次说明, 能做到这一点是因为概率密度函数有大量对称性可供利用. 现在来看一下具体细节. 设 $x \geqslant 0$. 那么有

$$
\begin{aligned}
\Phi(x) &= \int_{-\infty}^{x} \phi(t)\mathrm{d}t \\
&= \int_{-\infty}^{0} \phi(t)\mathrm{d}t + \int_{0}^{x} \phi(t)\mathrm{d}t \\
&= \frac{1}{2} + \int_{0}^{x} \frac{1}{\sqrt{2\pi}} \, \mathrm{e}^{-t^2/2}\mathrm{d}t \\
&= \frac{1}{2} + \frac{1}{\sqrt{2\pi}} \int_{0}^{x} \sum_{n=0}^{\infty} \frac{1}{n!} \left(-\frac{t^2}{2} \right)^n \\
&= \frac{1}{2} + \frac{1}{\sqrt{2\pi}} \sum_{n=0}^{\infty} \frac{(-1)^n}{2^n n!} \int_{0}^{x} t^{2n}\mathrm{d}t.
\end{aligned}
$$

注意, 我们求的是简单函数 t^{2n} 在有限区间上的积分. 虽然这些积分值会不断增长, 但它们会受到因子 $1/2^n n!$ 的影响, 而 $1/2^n n!$ 会迅速衰减, 这样就保证了和是收敛的. 具体地说, 我们有

$$
\text{如果 } x \geqslant 0, \text{ 那么} \Phi(x) = \frac{1}{2} + \frac{1}{\sqrt{2\pi}} \sum_{n=0}^{\infty} \frac{(-1)^n}{2^n n!} \frac{x^{2n+1}}{2n+1}. \tag{14.2}
$$

类似地, 我们有

$$
\text{如果 } x \geqslant 0, \text{ 那么} \Phi(-x) = \frac{1}{2} - \int_{0}^{x} \phi(t)\mathrm{d}t = \frac{1}{2} - \frac{1}{\sqrt{2\pi}} \sum_{n=0}^{\infty} \frac{(-1)^n}{2^n n!} \frac{x^{2n+1}}{2n+1}. \tag{14.3}
$$

通过计算服从标准正态分布的随机变量在 -2 和 2 之间取值的概率, 我们看一看这种近似有多好. 也就是说,

$$
\begin{aligned}
\text{Prob}(-2 \leqslant X \leqslant 2) &= \int_{-2}^{2} \phi(t)\mathrm{d}t \\
&= \int_{-\infty}^{2} \phi(t)\mathrm{d}t - \int_{-\infty}^{-2} \phi(t)\mathrm{d}t \\
&= \Phi(2) - \Phi(-2) \\
&= \frac{2}{\sqrt{2\pi}} \sum_{n=0}^{\infty} \frac{(-1)^n}{2^n n!} \frac{2^{2n+1}}{2n+1} \\
&= \frac{2}{\sqrt{2\pi}} \sum_{n=0}^{\infty} \frac{(-1)^n 2^{n+1}}{n!(2n+1)},
\end{aligned}
$$

这里让式 (14.2) 减去了式 (14.3). 取展开式的前 5 项可得

$$
\text{Prob}(-2 \leqslant X \leqslant 2) \approx \frac{2}{\sqrt{2\pi}} \left[2 - \frac{4}{3} + \frac{4}{5} - \frac{8}{21} + \frac{4}{27} \right] \approx 0.984\,48;
$$

正确答案约为 $0.954\,499\,736$. 只考虑 5 项就可以得到一个很不错的近似值, 而且工作量也很少. 没有得到更好的近似值是因为, 在求积分时我们得到了一个因子 $2^{2n+1}/(2n+1)$. 因为这个因子太大, 所以当把它除以 $2^n n!$ 时会得到 $2^{n+1}/n!(2n+1)$. 虽然 $n!$ 的增长速度远远大于 2^n, 但对于较小的 n, 两者的大小是相当的, 因此前几项对概率有着显著的贡献. 如果考虑 10 项的话, 近似值就是 $0.954\,481\,375$. 只需要 10 项, 误差就已经非常小了, 约为 $0.000\,018\,361$!

在图 14-2 中, 我们绘制了 $\Phi(2)-\Phi(-2)$ 的一些级数近似值, 这里的 $\Phi(2)-\Phi(-2)$ 是服从标准正态分布的随机变量在 -2 和 2 之间取值的概率. 注意, 我们很快得到了一个不错的拟合. 多做一点工作, 我们就可以讨论级数展开式, 并看看想得到好的近似值需要多少项. 这是可以实现的, 因为我们的级数展开式是正、负项交替的, 而每一项的绝对值都会比前一项小. 这意味着, 如果在一个正项处截断, 我们会得到级数的上界; 但如果被保留的最后一项是负的, 那么我们就得到了一个下界.

虽然我们没有解决最初的问题, 即为 $\phi(t)$ 的积分找到一个简单而精确的公式, 但只要多花点功夫, 就可以得到任意精度的积分近似值, 而且通常不会用到很多项. 试着用辛普森法则或其他的数值逼近来做同样的事情, 你会发现利用级数展开式更好! 能得到如此好的结果是因为, 我们可以将这个被积函数展开成一个无限和, 然后逐项积分. 到目前为止, 我们的答案是精确的. 唯一的误差出现在做截断时, 但由于级数收敛得非常快, 这点误差不会产生太大影响.

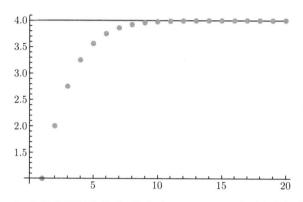

图 14-2 $\Phi(2) - \Phi(-2)$ 级数近似的收敛, 其中 $\Phi(2) - \Phi(-2)$ 表示服从标准正态分布的随机
变量在 $[-2, 2]$ 上取值的概率. 不难看出, 只需要 6 项就能得到很好的近似

如果不讨论误差函数, 对 Φ 的介绍就不完整. 通常, 当数学家遇到一个无法求值的积分时, 他们就会为该积分命名. 这并不表示我们现在可以求出积分值, 相反, 这意味着该积分出现得非常频繁, 有必要为它取个名字. 几乎可以肯定的是, 已经有人把它的许多值制成了表格, 或者算出了它的级数展开式. 由于正态分布在概率中极为重要, 它的积分被命名也就不足为奇了. 遗憾的是, 它的命名方式并不是你期望的那样. 它被称为**误差函数**, 并记为 $\mathrm{Erf}(x)$, 也就是

$$\mathrm{Erf}(x) \ := \ \frac{2}{\sqrt{\pi}} \int_0^x \mathrm{e}^{-t^2} \mathrm{d}t.$$

很遗憾, 我们不得不接受这个符号. 这是方差为 $1/2$ 的正态分布的概率密度函数在 0 到 x 上的积分. 虽然方差为 1 会更好, 但这里是为了让指数位置的变量具有更好的形式 (是 $-t^2$, 而不是 $-t^2/2$). 通过做一些代数运算和变量替换, 可以把上式与级数展开联系起来. 现在再看一看上面的问题, 即求出服从标准正态分布的随机变量在 -2 和 2 之间取值的概率. 我们有

$$\begin{aligned}
\mathrm{Prob}(-2 \leqslant X \leqslant 2) &= \Phi(2) - \Phi(-2) \\
&= \int_{-2}^{2} \phi(t) \mathrm{d}t \\
&= 2 \int_0^2 \phi(t) \mathrm{d}t \\
&= 2 \int_0^2 \frac{1}{\sqrt{2\pi}} \, \mathrm{e}^{-t^2/2} \mathrm{d}t \\
&= 2 \int_0^{2/\sqrt{2}} \frac{1}{\sqrt{2\pi}} \mathrm{e}^{-u^2} \sqrt{2} \mathrm{d}u
\end{aligned}$$

$$= \frac{2}{\sqrt{\pi}} \int_0^{\sqrt{2}} \mathrm{e}^{-u^2} \mathrm{d}u$$

$$= \mathrm{Erf}\left(\sqrt{2}\right).$$

如果把从 -2 到 2 的区间替换成从 $-x$ 到 x, 那么唯一的不同就是要计算 $x/\sqrt{2}$ 处的函数值, 而不是 $2/\sqrt{2} = \sqrt{2}$. 于是, 我们得到了误差函数的级数展开式!

如果 Φ 是标准正态分布的累积分布函数, $\mathrm{Erf}(x)$ 是误差函数, 那么

$$\Phi(x) - \Phi(-x) \; = \; \mathrm{Erf}\left(\frac{x}{\sqrt{2}}\right) \; = \; \frac{2}{\sqrt{2\pi}} \sum_{n=0}^{\infty} \frac{(-1)^n x^{n+1}}{n!(2n+1)}.$$

14.5 例子与中心极限定理

在本节中, 我们将看到如何利用正态分布的相关结果来计算概率. 这种计算方法在统计学中非常重要, 你会在第 22 章中再次看到这部分内容.

设随机变量 X 服从 $\mu = 5$ 且 $\sigma^2 = 16$ 的正态分布. 计算 (a) $\mathrm{Prob}(2 < X < 7)$ 和 (b) $\mathrm{Prob}(X > 0)$.

我们要把随机变量**标准化**. 这意味着要做变量替换, 并把计算转化到均值为 0 且方差为 1 的标准正态分布上. 这样就可以使用标准正态分布数值表. 换句话说, 只要知道一个正态分布的数值表, 我们就能处理所有的正态分布. (更多相关信息, 请参阅关于换底公式的 20.8 节或习题 14.6.4、习题 20.11.23.)

我们通过令 $X \to \frac{X-\mu}{\sigma}$ 来进行调整, 并让 Z 表示服从标准正态分布的随机变量.

对于 (a), 我们有

$$\mathrm{Prob}(2 < X < 7) \; = \; \mathrm{Prob}\left(\frac{2-5}{4} < \frac{X-5}{4} < \frac{7-5}{4}\right)$$

$$= \; \mathrm{Prob}\left(\frac{-3}{4} < Z < \frac{1}{2}\right)$$

$$= \; \Phi(1/2) - \Phi(-3/4)$$

$$= \; \Phi(1/2) - (1 - \Phi(3/4)) \; \approx \; 0.4649,$$

而对于 (b), 我们有

$$\mathrm{Prob}(X > 0) = \mathrm{Prob}\left(\frac{X-5}{4} > \frac{0-5}{4}\right)$$

$$= \mathrm{Prob}\left(Z > -\frac{5}{4}\right)$$

$$= 1 - \Phi\left(-\frac{5}{4}\right) = \Phi\left(\frac{5}{4}\right)$$

$$\approx 0.8944.$$

你可能已经注意到, 我们只有一个 z 值表, 而且它仅适用于标准正态分布. 与前面的例子一样, 任何正态分布都可以标准化. 如果有一个均值为 μ 且方差为 σ^2 的正态分布随机变量, 那么令 $X \to \frac{X-\mu}{\sigma}$ 就可以把它标准化, 这样就能使用这个表格了. 因此, 只需要一个表格就可以处理所有的正态分布.

14.6　习　　题

习题 14.6.1　我们把包含 e^{-v^2} (即正态分布积分的边界) 的积分区域划分成两部分, 即 $[0,1]$ 和 $[1,\infty)$. 把函数 1 看作第一个积分函数的上界, 把 e^{-v} 看作第二个积分函数的上界. 那么, 把 e^{-v} 可以看作整个积分函数的上界吗? 为什么?

习题 14.6.2　对于某些特定的参数值, 下列哪些分布可以用正态分布来很好地逼近: 连续均匀分布、指数分布、爱尔朗分布、泊松分布、几何分布、二项分布、负二项分布, 以及卡方分布?

习题 14.6.3　(**互相垂直的直线乘积**)这是个 $\infty \cdot 0 = -1$ 的有趣例子. 考虑两条穿过原点且互相垂直的直线. 假设这两条直线都不在坐标轴上, 证明: 如果有一条直线的斜率是 m, 那么另一条直线的斜率就等于 $-1/m$. 因此, 这两条直线的斜率乘积是 -1. 在极限情况下, 当两条直线与坐标轴平行时, 它们斜率的乘积仍然为 -1, 此时 x 轴的斜率为 0, 而 y 轴的斜率为 ∞. 所以, 在这种情况下, 我们自然会说 $\infty \cdot 0 = -1$.

习题 14.6.4　**标准化**随机变量的过程类似于你在对数表中所看到的东西 (也可能不是这样, 因为现在很少有人使用对数表, 连手机都可以计算对数). 在 "早" 年间, 有专门用来计算对数的查阅表 (在 "更早" 的时候, 有些人的工作就是计算这些对数值). 创建这些表格需要花费大量时间, 而且你也不想随身携带它. 幸运的是, 如果知道以某个数为基底的对数值, 就能求出以任何一个数为基底的对数! 这是因为我们可以使用**换底公式**, 即 $\log_c x = \log_b x / \log_b c$. (因此, 如果求出以 b 为底的对数, 就可以轻松地求出任何数为底的对数.) 请证明该公式.

习题 14.6.5　证明: 正态分布关于直线 $x = \mu$ 对称.

习题 14.6.6　考虑标准正态分布的概率密度函数, 即 $f(x) = \frac{1}{\sqrt{2\pi}}\mathrm{e}^{\frac{-x^2}{2}}$. 写出 $f'(x)$ 的表达式, 用 $f(x)$ 来表示.

习题 14.6.7　对于标准正态分布, 求出其概率密度函数的二阶导数, 并用 $f(x)$ 来表示 $f''(x)$.

习题 14.6.8　对于参数为 (μ, σ^2) 的正态分布, 求出它的所有奇数阶中心矩.

习题 14.6.9 对于参数为 (μ, σ^2) 的正态分布, 求出它的所有偶数阶中心矩.

习题 14.6.10 讨论一种从标准正态分布中生成随机数的方法, 利用独立同分布的随机变量之和趋近于正态分布.

习题 14.6.11 利用泰勒近似来估算, 从标准正态分布中选出的随机变量落入与均值距离为 4 位小数的标准差范围内的概率. 证明你近似的精确度.

习题 14.6.12 在使用中心极限定理时, 随机变量必须是相互独立的吗? 请给出解释.

习题 14.6.13 设 X 服从 $\mu = 3$ 且 $\sigma^2 = 25$ 的正态分布. 通过标准化来计算 $\mathrm{Prob}(5 < X < 7)$.

习题 14.6.14 设随机变量 X 服从正态分布, 且满足 $\mathrm{Prob}(2 < X < 3) = \frac{1}{5}$ 和 $\mathrm{Prob}(X < 0) = \frac{1}{4}$, 那么 μ 和 σ^2 分别是多少?

习题 14.6.15 设随机变量 X 服从正态分布, 并且 $\mathrm{Prob}(X < 1) = \frac{1}{4}$, 那么 μ 的最小值是多少?

习题 14.6.16 当 λ 取何值时, 与泊松分布均值的距离为两个标准差的范围面积是与正态分布均值的距离为两个标准差的范围面积的 1.3 倍?

习题 14.6.17 必须对二项分布施加哪些约束条件, 才能使得与其均值距离为一个标准差的范围面积等于与正态分布均值的距离为一个标准差的范围面积的 1.2 倍?

习题 14.6.18 为什么测量和生产中的误差往往被认为是服从正态分布的?

习题 14.6.19 设 X 和 Y 是相互独立的随机变量, 且都服从均值为 0 且方差为 1 的正态分布. 求出 $\max(X - Y, Y - X)$ 的 PDF.

习题 14.6.20 设 X 是一个服从标准正态分布的随机变量. 求出 X^2 的 PDF.

习题 14.6.21 证明: 对于两个相互独立且都服从正态分布的随机变量, 它们的乘积也服从正态分布.

习题 14.6.22 设正态分布 $X_1 \sim N(\mu_1, \sigma_1^2)$ 和 $X_2 \sim N(\mu_2, \sigma_2^2)$ 相互独立, 求出它们的联合概率密度函数.

习题 14.6.23 在物理化学中, 人们通常需要知道粒子所在的位置. 现在考虑一维的情形. 我们像往常那样, 假设这可以通过随机游走来模拟: 在每个单位时间内, 粒子沿任意方向移动 1 单位距离的概率都等于 1/2. 幸运的是, 由于粒子运动的速度非常快, 所以每个单位时间都非常小. 请解释一下, 经过足够长的时间后, 粒子在某个特定位置的概率为什么可以通过正态分布模型来计算?

习题 14.6.24 对于上一题中描述的粒子, 你对其位置的最佳猜想是什么? 对于粒子距离初始位置有多远, 你的最佳猜想是什么?

习题 14.6.25 一种对区域面积进行数值模拟的方法是将该区域放置在一个较大的矩形中, 然后 "投掷飞镖", 更确切地说, 就是从较大矩形中均匀地取点. 如果你留意落在该区域的飞镖个数, 并考察这些飞镖所占的百分比, 那么随着飞镖数量的增加, 这个值会收敛到该区域与矩形区域面积的比值. 这种技巧称为 **蒙特卡罗积分**. 利用蒙特卡罗积分对正态曲线一个标准差范围内的面积进行数值近似.

习题 14.6.26 使用蒙特卡罗积分来近似从标准正态分布中取出的随机变量小于 2 或大于 3 的概率.

习题 14.6.27　对于一个随机变量的两个线性无关的副本之和，如果在其均值和方差进行适当缩放后，仍与原来的变量具有相同的分布，那么说最初的分布是**稳定的**. 本章已经证明了正态分布是稳定的. 其他分布是不是稳定的，比如均匀分布、指数分布和二项分布？柯西分布是否稳定，其概率密度函数为 $f_X(x) = \frac{1}{\pi}(1+x^2)^{-1}$？

习题 14.6.28　设 X 服从均值为 μ 且方差为 σ^2 的正态分布，证明：$Y = \alpha X + \beta$ 的均值为 $(\alpha\mu + \beta)$，方差为 $(\alpha^2\sigma^2)$.

习题 14.6.29　在"无限公司"中，房间的温度服从正态分布，其中均值为 $55°\mathrm{F}$[①]，标准差为 $2°\mathrm{F}$. 给定一个随机房间，其温度介于 $55°\mathrm{F}$ 与 $65°\mathrm{F}$ 之间的概率是多少？

习题 14.6.30　你正在为"无限公司"招聘员工. 作为唯一在 B1 层 (即 -1 层) 工作的人员，你的任务是对潜在雇员进行电话面试. 每位应聘者都被告知在下午 6 点准时打电话. 由于公司喜欢早起的鸟儿，所以你的任务是只让那些在下午 $5:45$ 到 $5:55$ 打入电话的应聘者通过. 假设面试者打入电话的时间服从一个连续的正态分布，其均值为下午 6 点，标准差是 5 分钟. 如果你必须雇用 15 位应聘者，那么打电话的人大概一共有多少个？

习题 14.6.31　你是"无限公司"的员工，在位于 B1 层的地下室工作. 该建筑的楼层数是无穷大的，即 $(-\infty, \infty)$. 你正在等电梯回家，但在这一天，电梯会在电梯井里随机停留. 不幸的是，你所在的楼层是没有紧急楼梯和出口的两层楼之一. 根据安全规定，电梯门只有在电梯超过或低于地面 1/5 的地方才能打开. 例如，如果电梯停在 $[43.8, 44.2]$，那么电梯门只会在 44 层打开. 如果电梯停在 44.5，那么任何楼层的门都不会打开. 假设电梯的停留位置服从均值为 45 且标准差为 10 的正态分布. 如果每次都停留 1 分钟，那么在电梯到达 B1 层之前，你需要等待多长时间？

习题 14.6.32　你的朋友在"无限公司"的 B24 层工作，而该建筑的楼层数是无穷大的，即 $(-\infty, \infty)$. 不幸的是，他所在的楼层是没有紧急楼梯和出口的两层楼之一. 1 小时后，他在 291 层有个重要会议，如果不能及时到场，他就要立即终止与公司的雇佣关系. 此时的电梯状况与上一题相同. 你的朋友向人力资源部门投诉，并要求电梯服务. 经过与公司经理的协商，他们同意帮助你的朋友，但有条件. 他们会直接把你的朋友送到会议上，但前提是要满足以下两个条件之一：电梯到达你朋友所在的楼层，或者电梯在同一楼层连续停靠两次，而且这个楼层要低于 30. 只有在楼层的电梯门打开时才算停靠 (参见上一题). 例如，当电梯停在 $[24.8, 25.2]$ 时，我们只能认为电梯停靠在 25 层. 假设电梯的停留位置服从均值为 45 且标准差为 10 的正态分布，并且每次都停留一分钟. 那么，在迟到并因此被解雇之前，你的朋友已经到达会议室的概率是多少？

习题 14.6.33　继续上一题：假设"无限公司"的经理很大度，并对电梯进行编程. 当随机数生成器返回 $[30, 100]$ 的任意一个整数时，电梯就会重新运行. 这幢楼的上下方向都有无限多层.

(1) 你朋友的胜算会提高多少？为什么？(提示：利用**有预见性的灵感**.)

(2) 公司经理希望进一步展现他的大度. 当随机数生成器返回 $[30, \infty]$ 的任何整数时，电梯都会重新运行. 此时，你的朋友能顺利解决问题的概率会有什么变化？

---

① 华氏度，$55°\mathrm{F} \approx 12.8°\mathrm{C}$. ——编者注

(3) 有人向这位大度的经理建议，可以把电梯重新运行的区间设置为 [45.9, 46]，但经理拒绝这样做，理由是这样做会降低成功的可能性. 假设公司经理精通概率，那么他对成功的定义是什么？

习题 14.6.34 你在"无限公司"大楼的 B1 层工作，而这幢楼的上下方向都有无限多层. 你似乎被无限期地困在了 B1 层. 为了逃生，你在壁橱里找到一个传送器，并被立即传送到 B24 层. 此时，人力资源部门得到警报，并传送了两位代理人到 B1 层和 B29 层. 另外，他们关闭了所有的紧急出口和楼梯间. 你和 B29 层的代理人都会按照均值为 +2 层、标准差为 2 的正态分布来传送. B1 层的代理将以均值为 −2 层、标准差为 2 的正态分布来传送. 注意，尽管从逻辑上看，当你被传送到 2.5 层时，你的实际位置是 2 层，但传送器会认为你的位置是 2.5 层，并据此来计算下一次传送. 也就是说，下一层的概率函数对应于均值为 (2.5 + 2 = 4.5) 且标准差为 2 层的分布. 从这一刻起，你和代理人每 30 秒就要被同时传送一次. 如果你在任意时刻与其中一位代理人处于同一楼层，那么你的传送器将被禁用，而你会被带到人力资源办公室处理文书工作. 如果能在此之前到达 1 层，你就可以顺利回家.

(1) 你回家的可能性有多大？

(2) 你被抓到并被带到人力资源办公室处理文书工作的可能性有多大？哪个代理人抓住你的可能性更大？

(3) 在被抓或者获得自由之前，你预计会持续多久？

第 15 章　伽马函数与相关分布

本章将探索伽马函数 $\Gamma(s)$ 的一些奇怪而奇妙的性质.

如果 $s > 0$ (实际上, $\mathcal{R}(s) > 0$), 那么**伽马函数** $\Gamma(s)$ 就是

$$\Gamma(s) := \int_0^\infty \mathrm{e}^{-x} x^{s-1} \mathrm{d}x = \int_0^\infty \mathrm{e}^{-x} x^s \frac{\mathrm{d}x}{x}.$$

我们可以定义无数个积分和函数. 看看这个函数, 没有任何迹象表明它是数学领域中最重要的函数之一, 而且也看不出它将贯穿于整个概率论和统计学 (以及其他许多领域), 但事实的确如此. 我们将看到它在何处出现及原因, 并对它的很多重要性质展开讨论. 如果你等不及了, 那就在继续阅读之前求出 $s = 1$、2、3 和 4 时的积分, 并试着找出其中的规律吧. 另外, 试着找到把 x^{s-1} 改写成 $x^s \mathrm{d}x/x$ 的原因.

15.1　$\Gamma(s)$ 的存在性

看着 $\Gamma(s)$ 的定义, 我们自然会问: **为什么要对 s 进行限制?** 每当看到一个被积函数时, 你必须要确保它具有良好的性质, 然后才能得出积分存在的结论. 本节的目的是强调一些研究积分的有用技巧. 通常, 我们需要验证两个很容易出问题的点, 即 $x = 0$ 和 $x = \pm\infty$ (好吧, 是三个).

例如, 考虑定义在区间 $(0, \infty)$ 上的函数 $f(x) = x^{-1/2}$. 该函数在原点处的值趋近于无穷大, 但增加速度并不快. 对它求积分会得到 $2x^{1/2}$, 而且它在原点附近是可积的. 这就意味着

$$\lim_{\epsilon \to 0} \int_\epsilon^1 x^{-1/2} \mathrm{d}x$$

存在且有限. 遗憾的是, 虽然这个函数趋近于 0, 但当 x 较大时, 它趋近于 0 的速度太慢, 从而导致在区间 $[0, \infty)$ 上不可积. 问题在于, 像

$$\lim_{B \to \infty} \int_1^B x^{-1/2} \mathrm{d}x$$

这样的积分是无穷大的. 反向问题是否会发生? 也就是说, 对于较大的 x, 函数衰减的速度足够快, 但对于较小的 x, 函数增到无穷大的速度会相当迅速. 答案是肯定

的——考虑 $g(x) = 1/x^2$. 注意, g 有一个很好的积分:

$$G(x) = \int g(x)\mathrm{d}x = \int \frac{\mathrm{d}x}{x^2} = -\frac{1}{x}.$$

当 x 的值较大时, 积分是有限的, 即

$$\lim_{B \to \infty} \int_1^B g(x)\mathrm{d}x = \lim_{B \to \infty} -\frac{1}{x}\bigg|_1^B = \lim_{B \to \infty}\left[1 - \frac{1}{B}\right] < \infty;$$

但是, 当 x 较小时, 积分值就变成了无穷大:

$$\lim_{\epsilon \to \infty} \int_\epsilon^1 g(x)\mathrm{d}x = \lim_{\epsilon \to 0} -\frac{1}{x}\bigg|_\epsilon^1 = \lim_{\epsilon \to 0}\left[\frac{1}{\epsilon} - 1\right] = \infty.$$

因此, 正函数有可能是不可积的. 原因在于, 当 x 较大时它衰减得太慢了, 或者当 x 较小时它趋近于无穷大的速度太快. 一般情况下, 当 $x \to \infty$ 时, 对于任意给定的 ϵ, 如果一个函数的衰减速度大于 $1/x^{1+\epsilon}$, 那么该函数在无穷远处的积分值是有限的. 对于较小的 x, 当 $x \to 0$ 时, 如果一个函数趋近于无穷大的速度小于 $x^{-1+\epsilon}$, 那么该函数在 0 处的积分值接近于 0. 你应该经常做这样的验证, 并对事物何时存在以及是否有明确的定义有一定的了解.

现在回到伽马函数, 我们要确保对于任意的 $s > 0$, 它都具有良好的定义. 被积函数是 $\mathrm{e}^{-x}x^{s-1}$. 当 $x \to \infty$ 时, 因子 x^{s-1} 呈现多项式增长, 但 e^{-x} 会按照指数递减, 因此它们的乘积会迅速衰减. 如果想更仔细、更严谨, 可以这样论证: 存在某个整数 $M > s + 1701$ (这里给出一个很大的数是为了提醒你, 实际的数并不重要). 我们显然有 $\mathrm{e}^x > x^M/M!$, 这正是 e^x 的泰勒级数展开式中的一项 (由于 $x > 0$, 因此所有项都是正的). 于是, $\mathrm{e}^{-x} < M!/x^M$. 对于较大的 x, 积分有限且具有良好的性质, 因为它有上界

$$\begin{aligned}\int_1^B \mathrm{e}^{-x}x^{s-1}\mathrm{d}x &\leqslant \int_1^B M!x^{-M}x^{s-1}\mathrm{d}x \\ &= M!\int_1^B x^{s-M-1}\mathrm{d}x \\ &= M!\frac{x^{s-M}}{s-M}\bigg|_1^B \\ &= \frac{M!}{s-M}\left[\frac{1}{B^{M-s}} - 1\right].\end{aligned}$$

记住, 我们的目标不仅仅是理解伽马函数, 而且要理解一般函数. 因此, 了解什么样的技巧才是有用的以及什么时候使用这种技巧非常重要. 上述方法就是个很好的选择. 由于 e^x 会迅速增加, 所以 e^{-x} 会快速衰减. 我们利用 e^{-x} 的衰减来处理 x^{s-1}. **利用衰减**来约束积分是种很棒的技巧.

那么在 $x = 0$ 附近呢? 在 $x = 0$ 附近, 函数 e^{-x} 是有界的. 当 $x = 0$ 时, e^{-x} 取到了最大值, 所以它最多取到 1. 于是

$$\int_0^1 e^{-x} x^{s-1} \mathrm{d}x \leqslant \int_0^1 1 \cdot x^{s-1} \mathrm{d}x = \frac{x^s}{s}\bigg|_0^1 = \frac{1}{s}.$$

当 $s > 0$ 时, 我们证明了一切都是合理的, 那么当 $s \leqslant 0$ 时呢? 这些值仍然有效吗? 按照之前的论述, 可以证明当 x 较大时, 一切都没问题. 不幸的是, 当 x 较小时, 情况就不同了. 如果 $x \leqslant 1$, 那么显然有 $e^{-x} \geqslant 1/e$. 在寻找可以证明积分存在性的上界之前, 我们先来找一找它的下界, 并由此说明这个积分会趋近于无穷大. 这里的被积函数至少与 x^{s-1}/e 一样大. 如果 $s \leqslant 0$, 那么这个函数在 $[0,1]$ 上就不再可积了. 为了更加具体地说明, 不妨设 $s = -2$. 于是有

$$\int_0^1 e^{-x} x^{-3} \mathrm{d}x \geqslant \int_0^1 \frac{1}{e} x^{-3} \mathrm{d}x = -\frac{1}{2e} x^{-2}\bigg|_0^1 = \infty,$$

现在积分值趋近于无穷大.

每当你遇到积分时, 上面的论述都可以 (且应该!) 拿来使用. 虽然上述分析并没有解释为什么每个人都要关注伽马函数, 但我们至少明白了当 $s > 0$ 时, 伽马函数是有定义且存在的. 在下一节中, 我们将说明该如何理解伽马函数对于 s 所有可能的取值均有意义. 这让人有些担忧: 我们刚刚用了一节的内容来讨论要小心地确保只使用定义明确的积分, 而现在就要讨论输入 $s = 1/2$ 这样的值? 显然, 无论我们做什么, 都不会像直接把 $s = 1/2$ 代入公式那么简单.

有兴趣的话, 可以看一下 $\Gamma(1/2) = \sqrt{\pi}$, 我们很快会给出该式的证明!

如果你正在寻找有趣的积分, 那就探究一下 $\int_0^\infty f(x)\mathrm{d}x$ 是否存在, 其中

$$f(x) = \begin{cases} \dfrac{1}{(x+1)\log^2(x+1)} & \text{若 } x > 0 \\ 0 & \text{其他.} \end{cases}$$

无穷远处的积分值是多少? 0 处的呢?

15.2 Γ(s) 的函数方程

现在来看一下 $\Gamma(s)$ **最**重要的性质. 这条性质可以让我们理解**任意一个** s 值作为输入的意义, 比如上一节中的 $s = 1/2$. 显然, 这并不意味着只是单纯地把任意 s 代入定义中, 但很多优秀的数学家会不小心这样做. 我们将要看到的是**解析 (或亚纯) 延拓**. 这种做法的要点是, 给出一个定义在某区域上的函数 f, 并把 f 的定义推广到更大的区域上, 从而得到该区域上的一个新函数 g. 新函数 g 与 f 在共同区域上的定义是一样的, 但 g 还在更多点处有定义.

下面的谬论就是个很好的例子.

$$1 + 2 + 4 + 8 + 16 + 32 + 64 + \cdots$$

等于多少? 我们把 2 的方幂全都加在了一起, 所以它显然是无穷大, 对吧? 错, 这个和的 "自然" 含义是 -1! 无穷多个正数项之和是负的? 这里发生了什么?

这个例子来源于你可能已经见过很多次的几何级数. 如果令

$$1 + r + r^2 + r^3 + r^4 + r^5 + r^6 + \cdots,$$

那么**只要** $|r| < 1$, 上述和就是 $\frac{1}{1-r}$. 这一点可以从多个角度来考察. 最常见也最无聊的一种思路就是令

$$S_n = 1 + r + \cdots + r^n$$

如果考察 $S_n - rS_n$, 那么所有项几乎都被消掉了, 只剩下

$$S_n - rS_n = 1 - r^{n+1}.$$

等号左端整理成 $(1-r)S_n$, 然后两端同时除以 $1 - r$ 就得到了

$$S_n = \frac{1 - r^{n+1}}{1 - r}.$$

如果 $|r| < 1$, 那么 $\lim_{n \to \infty} r^n = 0$. 对上式取极限可得

$$\sum_{m=0}^{\infty} r^m = \lim_{n \to \infty} S_n = \lim_{n \to \infty} \frac{1 - r^{n+1}}{1 - r} = \frac{1}{1 - r}.$$

这就是所谓的**几何级数公式**, 可以用来解决各种问题. 更有趣的推导过程, 请参阅 1.2 节.

现在改写上面的过程. 求和符号很好也很简洁, 但这不是我们现在想要的——我们想看看这里到底发生了什么. 现在有

$$1 + r + r^2 + r^3 + r^4 + r^5 + r^6 + \cdots = \frac{1}{1 - r}, \quad |r| < 1.$$

注意, 等号左端仅当 $|r| < 1$ 时有意义, 但右端的式子对 1 以外的**所有** r 均有意义! 我们说, 右端是左端的**解析延拓**, 且在 $r = 1$ 处有一个**极点**(极点是函数趋近于无穷大的地方).

我们定义函数

$$f(x) = 1 + x + x^2 + x^3 + x^4 + x^5 + x^6 + \cdots.$$

另外, 当 $|x| < 1$ 时, 我们有

$$f(x) = \frac{1}{1 - x}.$$

现在我们已经准备好面对这个大问题了: $f(2)$ 是多少? 如果使用第二个定义, 它就是 $\frac{1}{1-2} = -1$, 但如果使用第一个定义, 它就是把 2 的方幂全都加在一起而得到的奇怪的和. 这就是我们所说的 "2 的全体方幂和等于 -1" 的意义. 我们并不是把 2 代入级数展开式中, 而是计算推广函数在 2 处的函数值.

是时候把这些技巧应用到伽马函数中了. 我们将证明, 利用分部积分法, $\Gamma(s)$ 可以推广到所有 s 上 (至少可以推广到除负整数和 0 之外的所有数上). 在研究一般情况之前, 我们先考察一些具有代表性的例子, 看看为什么分部积分是个好方法, 并对伽马函数的性质有一定了解. 回顾一下,

$$\Gamma(s) = \int_0^\infty \mathrm{e}^{-x} x^{s-1} \mathrm{d}x, \quad s > 0.$$

最简单的 s 值是 $s = 1$, 因为这会让 x^{s-1} 变成 $x^0 = 1$. 在这种情况下, 我们有

$$\Gamma(1) = \int_0^\infty \mathrm{e}^{-x} \mathrm{d}x = -\mathrm{e}^{-x}\Big|_0^\infty = -0 + 1 = 1.$$

下一个最简单的 s 值是多少? 通过简单的试验, 我们令 $s = 2$. 这会让 x^{s-1} 等于 x, 它是个不错的整数幂. 于是

$$\Gamma(2) = \int_0^\infty \mathrm{e}^{-x} x \mathrm{d}x.$$

现在我们开始理解为什么分部积分法会发挥如此重要的作用了. 如果令 $u = x$ 且 $\mathrm{d}v = \mathrm{e}^{-x}\mathrm{d}x$, 那么 $\mathrm{d}u = \mathrm{d}x$ 且 $v = -\mathrm{e}^{-x}$. 接下来, 我们会看到重要的一步——刚开始要算 $x\mathrm{e}^{-x}$ 的积分, 在利用分部积分法之后, 只需要处理 e^{-x} 的积分, 这是种很棒的简化方法. 若给出具体细节, 则有

$$\Gamma(2) = uv\Big|_0^\infty - \int_0^\infty v\mathrm{d}u = -x\mathrm{e}^{-x}\Big|_0^\infty + \int_0^\infty \mathrm{e}^{-x}\mathrm{d}x.$$

边界项消失了 ($-x\mathrm{e}^{-x}$ 在 0 处的值显然为 0. 利用洛必达法则来计算它在 ∞ 处的值, 可得 $\lim_{x\to\infty}\frac{x}{\mathrm{e}^x} = \lim_{x\to\infty}\frac{1}{\mathrm{e}^x} = 0$), 而另一个积分就是 $\Gamma(1)$. 因此, 我们证明了

$$\Gamma(2) = \Gamma(1).$$

然而, 如果用一种略微不同的方式来写这个过程, 那就更有启发性了. 令 $u = x$, 从而有 $\mathrm{d}u = \mathrm{d}x$. 我们把这两个式子改写成 $u = x^{\mathbf{1}}$ 和 $\mathrm{d}u = \mathbf{1}\mathrm{d}x$. 这样就得到了

$$\Gamma(2) = \mathbf{1} \cdot \Gamma(1).$$

现在, 你应该有些怀疑: 这真的重要吗? 任何东西乘以 1 都仍是它自身! 这确实很重要, 需要提醒你的是, 我们的工作与二项式系数以及组合学有关. 当计算 $\Gamma(3)$

时, 我们发现它就等于 $2 \cdot \Gamma(2)$; 如果继续求 $\Gamma(4)$ 的话, 会看到它是 $3 \cdot \Gamma(3)$. 这种规律表明了 $\Gamma(s+1) = s\Gamma(s)$, 现在就来证明这一点.

证明: 当 $\mathcal{R}(s) > 0$ 时, $\Gamma(s+1) = s\Gamma(s)$. 我们有

$$\Gamma(s+1) = \int_0^\infty \mathrm{e}^{-x} x^{s+1-1} \mathrm{d}x = \int_0^\infty \mathrm{e}^{-x} x^s \mathrm{d}x.$$

现在进行分部积分. 令 $u = x^s$ 且 $\mathrm{d}v = \mathrm{e}^{-x}\mathrm{d}x$. 基本上只能这样做, 因为 e^{-x} 有一个很好的积分, 而且在求 $u = x^s$ 的微分时, 多项式的次数会下降, 这样就能得到更简单的积分. 于是有

$$u = x^s, \quad \mathrm{d}u = sx^{s-1}\mathrm{d}x, \quad \mathrm{d}v = \mathrm{e}^{-x}\mathrm{d}x, \quad v = -\mathrm{e}^{-x},$$

进而有

$$\Gamma(s+1) = -x^s \mathrm{e}^{-x}\Big|_0^\infty + \int_0^\infty \mathrm{e}^{-x} sx^{s-1}\mathrm{d}x$$
$$= 0 + s\int_0^\infty \mathrm{e}^{-x} x^{s-1}\mathrm{d}x = s\Gamma(s),$$

结论得证. $\qquad\square$

这个结论非常重要, 有必要单独列出来, 并对其命名.

$\Gamma(s)$ 的函数方程: 伽马函数满足

$$\Gamma(s+1) = s\Gamma(s).$$

根据上式, 可以把伽马函数推广到所有 s 上. 这种推广也被称为伽马函数. 除了负整数与 0 以外, 对于所有的 s, 伽马函数都是定义明确且有限的.

我们回到上一节的例子. 稍后将证明 $\Gamma(1/2) = \sqrt{\pi}$. 现在, 假设我们已知该式成立, 并演示如何计算 $\Gamma(-3/2)$. 由函数方程可知, $\Gamma(s+1) = s\Gamma(s)$. 这个式子可以改写成 $\Gamma(s) = s^{-1}\Gamma(s+1)$. 利用这一点, 我们可以从未知的 $s = -3/2$ 一步步 "走出来", 直到已知的 $s = 1/2$. 于是

$$\Gamma\left(-\frac{3}{2}\right) = -\frac{2}{3}\Gamma\left(-\frac{1}{2}\right) = -\frac{2}{3} \cdot (-2)\Gamma\left(\frac{1}{2}\right) = \frac{4\sqrt{\pi}}{3}.$$

这就是函数方程的力量——只要知道 $s > 0$ (或者更一般地, $\mathcal{R}(s) > 0$) 时伽马函数的取值, 就可以在任何地方定义伽马函数. 为什么 0 和负整数这么特殊呢? 好吧, 来看一看 $\Gamma(0)$:

$$\Gamma(0) = \int_0^\infty \mathrm{e}^{-x} x^{0-1}\mathrm{d}x = \int_0^\infty \mathrm{e}^{-x} x^{-1}\mathrm{d}x.$$

问题在于, 上式是不可积的. 虽然被积函数在 x 较大时会衰减地非常快, 但当 x 较小时, 被积函数看起来像 $1/x$. 具体地说:

$$\lim_{\epsilon \to 0} \int_\epsilon^1 e^{-x} x^{-1} dx \geqslant \frac{1}{e} \lim_{\epsilon \to 0} \int_\epsilon^1 \frac{dx}{x} = \frac{1}{e} \lim_{\epsilon \to 0} \log x \Big|_\epsilon^1 = \frac{1}{e} \lim_{\epsilon \to 0} -\log \epsilon = \infty.$$

因此, $\Gamma(0)$ 是无定义的, 那么由函数方程可知, 伽马函数对所有的负整数也是无定义的.

15.3　阶乘函数与 $\Gamma(s)$

上节证明了 $\Gamma(s)$ 满足函数方程 $\Gamma(s+1) = s\Gamma(s)$. 这让人想起了一个更好的关系式, 即**阶乘函数**. 回顾一下

$$n! = n \cdot (n-1) \cdot (n-2) \cdots 3 \cdot 2 \cdot 1.$$

用更具启发性的方式来写, 即

$$n! = n \cdot (n-1)!.$$

注意, 这与 $\Gamma(s)$ 满足的关系式非常相似. 这并不是巧合, 伽马函数是由阶乘函数推广而来的!

$\Gamma(s)$ 与阶乘函数: 如果 n 是一个非负整数, 那么 $\Gamma(n+1) = n!$. 因此, 伽马函数是阶乘函数的推广.

我们将证明 $\Gamma(1) = 1, \Gamma(2) = 1, \Gamma(3) = 2$, 等等. 这可以解释为, 当 $n \in \{1, 2, 3\}$ 时, $\Gamma(n) = (n-1)!$. 然而, 利用函数方程, 我们可以把这个等式推广到所有的 n. 归纳法可以做到这一点. 利用归纳法证明有两个步骤: 基本情形 (证明在某种特殊情况下结论成立) 和归纳步骤 (假设结论适用于 n, 然后证明它也适用于 $n+1$). 要回顾并了解该技巧的其他示例, 请参阅 A.2 节.

我们已经考察了基本情形, 验证了 $\Gamma(1) = 0!$. (这可能是你人生中为数不多地在语法上正确使用感叹号和句号来作为句子的结尾. 不使用另一个感叹号来表示兴奋是对的, 因为 !! 被称为双阶乘, 它在概率中也是有意义的!) 我们还验证了更多的例子. 在进行归纳证明时, 这是种很好的策略. 通过亲自考察一些具体情况, 你能更好地了解正在发生的事情, 并看出其中的规律. 还记得最初写的是 $\Gamma(2) = \Gamma(1)$, 但经过一些思考 (并根据多年的经验), 我们把它改写成 $\Gamma(2) = \mathbf{1} \cdot \Gamma(1)$.

现在来看归纳步骤. 假设 $\Gamma(n) = (n-1)!$, 我们必须要证明 $\Gamma(n+1) = n!$. 从函数方程 $\Gamma(n+1) = n\Gamma(n)$ 开始, 而由归纳假设可知 $\Gamma(n) = (n-1)!$. 把这两个式

子结合起来就得到了 $\Gamma(n+1) = n(n-1)!$, 这就是 $n!$, 或者说, 这正是我们要证明的结论. 结论得证.

现在我们有两种不同的方法来计算 $1020!$. 第一种是做乘法运算: $1020 \cdot 1019 \cdot 1018 \cdots$. 第二种方法是考察相应积分:

$$1020! = \Gamma(1021) = \int_0^\infty \mathrm{e}^{-x} x^{1020} \mathrm{d}x.$$

这两种方法各有优点, 但我想对积分法的一些优点展开讨论, 因为是大多数人未曾了解的. 积分很难, 大多数学生直到高中或大学时才认识它. 我们都知道如何进行乘法运算——从小学开始, 我们就一直这样做. 那为什么要自找麻烦, 把简单的乘法问题转化为积分呢?

这样做是基于数学的一般原则——通常, 当你站在更高的层次上、以不同的方式来看待事物时, 就会看到一些可以利用的新特性. 另外, 一旦把它写成积分, 我们就有了更多的工具, 可以利用积分理论和分析学的相关结果来研究问题. 在第 18 章中, 我们就是这样做的. 把阶乘函数看作积分来重新研究, 看看我们能学到多少有关阶乘函数的知识.

注　本节涉及的关系非常重要, 在继续阅读之前, 有必要回顾一下. 在本书的前几章中, 我们利用组合与概率做了很多事情. 阶乘函数几乎总是潜伏在背景中, 要么直接出现在概率乘法树中, 要么间接出现在二项式系数中 (回顾一下 $\binom{n}{k}$). 在不考虑次序的前提下, 从 n 个对象中选出 k 个共有 $n!/(k!(n-k)!)$ 种方法). 本节将阶乘函数与伽马函数联系起来, 并提出利用微积分与实分析的知识可以加深我们的理解.

15.4　$\Gamma(s)$ 的特殊值

我们知道 $\Gamma(s+1) = s!$, 其中 s 是一个非负整数. s 还有其他的重要值吗? 如果有, 这些值是多少? 换句话说, 我们刚刚推广了阶乘函数. 重点是什么? s 取非整数值或许只能满足我们的好奇心、并不重要, 重点可能在于利用微积分和分析学工具来研究 $n!$. 然而, 事实并非如此. 其他一些值在概率上也非常重要. 提前透露一下, 我们会说这些值起着**核心**作用.

那么, s 的重要值是多少? 利用函数方程, 一旦知道了 $\Gamma(1)$ 的值, 我们就得到了 s 取所有非负整数时的伽马函数值, 这就给出了所有的阶乘. 因此, 1 是 s 的一个重要值. 接下来该考察哪个? 在整数之后, 最简单的数是形如 $n/2$ 的半整数, 其中 n 是整数. 最简单的非整数是 $1/2$. 现在, 我们将会看到 $s=1/2$ 也十分重要.

正态分布即使不是最重要的分布, 也是最重要的分布之一 (详见第 14 章). 如

果随机变量 X 的概率密度函数是

$$f_{\mu,\sigma}(x) = \frac{1}{\sqrt{2\pi\sigma^2}}\,\mathrm{e}^{-(x-\mu)^2/2\sigma^2},$$

那么说 X 服从均值为 μ 且方差为 σ^2 的正态分布, 并记作 $X \sim N(\mu, \sigma^2)$. 看一下这个概率密度函数, 它分为两部分, 即指数部分与常数因子 $1/\sqrt{2\pi\sigma^2}$. 因为指数函数衰减得非常快, 所以积分是有限的. 因此, 如果进行适当的标准化, 我们就会得到一个概率密度函数. 难点在于确定这个积分是什么. 设 $g(x) = \mathrm{e}^{-(x-\mu)^2/2\sigma^2}$. 因为 g 的衰减速度非常快, 并且是非负的, 所以可以将其重新调整为积分值为 1, 这样就得到了一个概率密度函数. 这里的调整因子是 $1/c$, 其中

$$c = \int_{-\infty}^{\infty} \mathrm{e}^{-(x-\mu)^2/2\sigma^2}.$$

在第 14 章中, 我们看到了正态分布的大量应用与用法. 证明这个分布的重要性并不难, 所以我们想知道这个积分值是多少. 也就是说, 这个积分为什么会出现在关于伽马函数的这一章里?

原因是只要做一些代数运算和变量替换, 我们就能看到这个积分就是 $\sqrt{2}\,\Gamma(1/2)$ σ^2. 不妨设 $\mu = 0$ 且 $\sigma = 1$ (如果不这样做, 那么第一步就是变量替换, 令 $t = \frac{x-\mu}{\sigma}$). 所以, 我们来考察

$$I := \int_{-\infty}^{\infty} \mathrm{e}^{-x^2/2}\mathrm{d}x = 2\int_{0}^{\infty} \mathrm{e}^{-x^2/2}\mathrm{d}x.$$

利用对称性, 积分区间可以被简化成从 0 到 ∞ (参见 A.4 节). 这个式子与伽马函数的关联看起来还很模糊. 伽马函数是 e^{-x} 乘以 x 的多项式的积分, 但这里是 $-x^2/2$ 的指数函数. 看到这里, 我们想到一个自然的变量替换, 它可以让我们的积分看起来像伽马函数在某个特定点的值. 试着令 $u = x^2/2$, 这是可以得到负变量指数的唯一方法. 我们想通过变量替换把 $\mathrm{d}x$ 写成关于 u 和 $\mathrm{d}u$ 的表达式, 于是现在把 $u = x^2/2$ 改写成 $x = (2u)^{1/2}$, 进而有 $\mathrm{d}x = (2u)^{-1/2}\mathrm{d}u$. 把这些代入上述积分, 则有

$$I = 2\int_{0}^{\infty} \mathrm{e}^{-u}(2u)^{-1/2}\mathrm{d}u = \sqrt{2}\int_{0}^{\infty} \mathrm{e}^{-u}u^{-1/2}\mathrm{d}u.$$

差不多完成了, 这看起来确实非常接近伽马函数. 现在只有两个问题: 一个微不足道, 另一个很容易解决. 第一个问题是, 我们使用了字母 u 而不是 x, 但这很好, 因为可以用任意字母来表示变量. 第二个问题是, $\Gamma(s)$ 中的因子是 u^{s-1}, 但上述积分中是 $u^{-1/2}$. 这很容易解决, 只需要改写成

$$u^{-\frac{1}{2}} = u^{\frac{1}{2}-\frac{1}{2}-\frac{1}{2}} = u^{\frac{1}{2}-1}.$$

我们刚刚**添加了 0**, 这是数学中最有用的技巧之一. (学会"不做任何事"是需要一段时间的, 也是为什么我们经常指出这一点的原因.) 因此

$$I \;=\; \sqrt{2}\int_0^\infty \mathrm{e}^{-u}u^{\frac{1}{2}-1}\mathrm{d}u \;=\; \sqrt{2}\,\Gamma(1/2).$$

我们做到了, 找到了 s 的另一个很重要的值. 现在只需要求出 $\Gamma(1/2)$ 等于多少! 我们当然可以回到标准正态分布的概率密度函数并使用极坐标技巧 (参见 14.1 节), 然而还可以使用余割等式来直接求出这个值.

余割等式: 如果 s 不是整数, 那么

$$\Gamma(s)\Gamma(1-s) \;=\; \pi\csc(\pi s) \;=\; \frac{\pi}{\sin(\pi s)}.$$

15.8 节会给出一些不同的证明. 注意, 上式意味着 $\Gamma(1/2)=\sqrt{\pi}$.

注 有必要再次说明为什么选择研究 $s=1/2$. 我们已经掌握了 s 取正整数时的伽马函数, 但仍需要弄清楚接下来要研究什么. 在跑之前先学会走. 在讨论 $s=\sqrt{2}$ 或 $s=\pi$ 之前, 最好先试一试最简单的数. 那么, 除了正整数之外的最简单的数是什么? 应该是最接近于正整数的数. 这种思路引导我们想到了半整数, 希望你能看出这个很自然的过程.

15.5 贝塔函数与伽马函数

贝塔函数的定义为

$$B(a,b) \;=\; \int_0^1 t^{a-1}(1-t)^{b-1}\mathrm{d}t, \quad a,b>0.$$

注意贝塔函数与伽马函数的相似之处, 两者都涉及将积分变量自乘到参数减 1 次幂. 事实证明, 这并不是巧合或想象, 而是这两个函数之间的确有密切的关联.

贝塔函数的基本关系式: 当 $a,b>0$ 时, 我们有

$$B(a,b) := \int_0^1 t^{a-1}(1-t)^{b-1}\mathrm{d}t \;=\; \frac{\Gamma(a)\Gamma(b)}{\Gamma(a+b)}.$$

做一点代数运算, 可以重新排列上面的式子, 从而得到

$$\frac{\Gamma(a+b)}{\Gamma(a)\Gamma(b)}\int_0^1 t^{a-1}(1-t)^{b-1}\mathrm{d}t \;=\; 1.$$

这意味着我们发现了一个新的概念.

贝塔分布: 设 $a, b > 0$. 如果随机变量 X 服从参数为 a 和 b 的**贝塔分布**, 那么它的概率密度函数就是

$$
f_{a,b} = \begin{cases} \dfrac{\Gamma(a+b)}{\Gamma(a)\Gamma(b)} t^{a-1}(1-t)^{b-1}\mathrm{d}t & \text{若 } 0 \leqslant t \leqslant 1 \\ 0 & \text{其他.} \end{cases}
$$

我们记作 $X \sim B(a, b)$.

我们会在 15.7 节中更详细地讨论这个分布, 现在只简单地说它是一族重要的概率密度函数. 我们的输入通常会介于 0 和 1 之间, 而 a 和 b 这两个参数在创建"单峰"分布 (即概率密度先上升然后下降) 时给了我们很大的自由. 图 15-1 展示了其中几个概率密度函数.

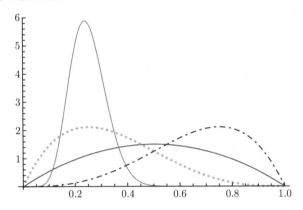

图 15-1　当 (a, b) 等于 $(2, 2)$、$(2, 4)$、$(4, 2)$ 和 $(3, 10)$ 时, 贝塔分布的概率密度函数

15.5.1　基本关系式的证明

我们来证明贝塔函数的基本关系式. 虽然这个结果很重要, 但要记住我们这样做的目的是帮助你了解如何解决这类问题. 两端同时乘以 $\Gamma(a+b)$, 看到要证明的是

$$
\Gamma(a)\Gamma(b) = \Gamma(a+b)\int_0^1 t^{a-1}(1-t)^{b-1}\mathrm{d}t.
$$

有两种方法可以做到: 既可以考察伽马函数的乘积, 也可以展开 $\Gamma(a+b)$ 项并将其与另一个积分相结合.

我们试着处理伽马函数的乘积. 注意, 因为假设了 $a, b > 0$, 所以可以自由地使用积分表达式. 我们将沿着余割等式的第一种证明思路 (参见 15.8.1 节) 来论证,

于是有

$$\Gamma(a)\Gamma(b) = \int_0^\infty \mathrm{e}^{-x} x^{a-1} \mathrm{d}x \int_0^\infty \mathrm{e}^{-y} y^{b-1} \mathrm{d}y$$
$$= \int_{y=0}^\infty \int_{x=0}^\infty \mathrm{e}^{-(x+y)} x^{a-1} y^{b-1} \mathrm{d}x \mathrm{d}y.$$

记住, 不能改变积分次序. 因为这两个变量是彼此独立的, 所以交换次序后仍得不到任何东西. 现在唯一的选择是变量替换. 我们把 y 固定, 并对 x 求积分. 令 $x = yu$, 那么 $\mathrm{d}x = y\mathrm{d}u$. 这至少把变量融合在了一起, 对很多问题来说其实是个不错的选择。我们有

$$\Gamma(a)\Gamma(b) = \int_{y=0}^\infty \left[\int_{u=0}^\infty \mathrm{e}^{-(1+y)u} (yu)^{a-1} y^{b-1} y \mathrm{d}u \right] \mathrm{d}y$$
$$= \int_{y=0}^\infty \int_{u=0}^\infty y^{a+b-1} u^{a-1} \mathrm{e}^{-(1+u)y} \mathrm{d}u \mathrm{d}y$$
$$= \int_{u=0}^\infty \int_{y=0}^\infty y^{a+b-1} u^{a-1} \mathrm{e}^{-(1+u)y} \mathrm{d}y \mathrm{d}u.$$

进行了变量替换并交换了积分次序. 现在把 u 固定, 并对 y 求积分. 对于固定的 u, 考虑变量替换 $t = (1+u)y$. 这是个不错且比较合理的选择. 我们想要得到 $\Gamma(a+b)$, 因此希望出现一个变量的负指数. 现在有 $\mathrm{e}^{-(1+u)y}$, 但它并不是我们想要的形式. 但是, 如果令 $t = (1+u)y$, 上式就变成了 e^{-t}. 同样, 进行这个变量替换的原因是, 我们想要得到类似于 $\Gamma(a+b)$ 的东西. **注意, 对答案有一定的了解是多么有用**!

不管怎样, 如果 $t = (1+u)y$, 那么 $\mathrm{d}y = \mathrm{d}t/(1+u)$, 而积分就变成了

$$\Gamma(a)\Gamma(b) = \int_{u=0}^\infty \int_{t=0}^\infty \left(\frac{t}{1+u} \right)^{a+b-1} u^{a-1} \mathrm{e}^{-t} \frac{1}{1+u} \mathrm{d}t \mathrm{d}u$$
$$= \int_{u=0}^\infty \left(\frac{u}{1+u} \right)^{a-1} \left(\frac{1}{1+u} \right)^{b+1} \left[\int_{t=0}^\infty \mathrm{e}^{-t} t^{a+b-1} \mathrm{d}t \right] \mathrm{d}u$$
$$= \Gamma(a+b) \int_{u=0}^\infty \left(\frac{u}{1+u} \right)^{a-1} \left(\frac{1}{1+u} \right)^{b+1} \mathrm{d}u,$$

这里使用了伽马函数的定义, 把 t 积分替换成了 $\Gamma(a+b)$. 我们取得了很大的进展, 现在已经有了因子 $\Gamma(a+b)$.

另外, 还应该说明一下上面的代数运算是如何展开的. 把所有方幂为 $a-1$ 的项结合在一起, 这样就只剩下了方幂为 $b+1$ 的项. 这也是种很好的迹象. 我们试图证明, 这个结果就等于 $\Gamma(a+b)$ 乘以一个包含 x^{a-1} 和 $(1-x)^{b-1}$ 的积分. 虽然这并不是精确的结果, 但已经非常接近了. (你可能会担心目前得到的是 $b+1$ 而不是

$b-1$, 不过再进行一次变量替换之后, 这个问题就会得到解决.) 看看现在有什么, 再将其与我们想要的结果进行比较, 下一个变量替换是什么? 不妨设 $\tau = \frac{u}{1+u}$, 那么 $1-\tau = \frac{1}{1+u}$ 且 $\mathrm{d}\tau = \frac{\mathrm{d}u}{(1+u)^2}$ (利用商的求导法则), 或者 $\mathrm{d}u = (1+u)^2\mathrm{d}\tau = \frac{\mathrm{d}\tau}{(1-\tau)^2}$. 因为 $u: 0 \to \infty$, 所以 $\tau: 0 \to 1$,

$$\Gamma(a)\Gamma(b) = \Gamma(a+b)\int_0^1 \tau^{a-1}(1-\tau)^{b+1}\frac{\mathrm{d}\tau}{(1-\tau)^2}$$
$$= \Gamma(a+b)\int_0^1 \tau^{a-1}(1-\tau)^{b-1}\mathrm{d}\tau.$$

这正是我们想要证明的结果! 为什么令 $\tau = \frac{u}{1+u}$? 记住, 我们想得到贝塔积分, 它的被积函数是 τ (τ 小于 1) 的方幂与 $1-\tau$ 的方幂的乘积. 因为 u 的取值范围是从 0 到 ∞, 所以 $\frac{u}{1+u}$ 的取值范围是从 0 到 1. 这表明 $\tau = \frac{u}{1+u}$ 会是一个有用的变量替换.

注 像往常一样, 经过漫长的证明之后, 应该停下来想一想我们都做了什么, 以及为什么要这样做. 我们进行了几次变量替换并交换了一次积分次序. 因为已经讨论过这些变量替换为什么是合理的, 所以不再重复. 然而, 我们将重申了解答案是多么有用. 如果能在一定程度上猜出答案, 就能准确地洞察到该做什么. 在这个问题中, 知道目标是找到因子 $\Gamma(a+b)$ 可以帮助我们选择合适的变量替换来修正指数. 在了解到想要的因子是某个变量的 $a-1$ 次方后, 我们就会想到做变量替换 $\tau = \frac{u}{1+u}$.

15.5.2 基本关系式和 $\Gamma(1/2)$

下面给出 $\Gamma(1/2)$ 的另一种推导, 这次使用贝塔函数的性质. 令 $a = b = 1/2$, 于是

$$\Gamma\left(\frac{1}{2}\right)\Gamma\left(\frac{1}{2}\right) = \Gamma\left(\frac{1}{2}+\frac{1}{2}\right)\int_0^1 t^{1/2-1}(1-t)^{1/2-1}\mathrm{d}t$$
$$= \Gamma(1)\int_0^1 t^{-1/2}(1-t)^{-1/2}\mathrm{d}t.$$

与之前一样, 问题变成了: 该怎么做变量替换? 回顾一下对伽马函数和余割等式的讨论, 我们会认为 $\Gamma(1/2)^2$ 应该是 $\pi/\sin(\pi/2)$. 这告诉我们, 三角函数可能会发挥重要作用, 所以要做一些有助于使用三角函数或三角替换的事情. 为此, 一种可能的做法是令 $t = u^2$. 这会让因子 $(1-t)^{-1/2}$ 等于 $(1-u^2)^{-1/2}$, 非常适合做三角替换.

现在看一下细节. 令 $t = u^2$ 或 $u = t^{1/2}$, 那么 $\mathrm{d}u = \mathrm{d}t/2t^{1/2}$ 或 $t^{-1/2}\mathrm{d}t = 2\mathrm{d}u$. 之所以这样做, 是因为我们已经得到了 $t^{-1/2}\mathrm{d}t$! 积分上下限仍然是 0 和 1, 现在有

$$\Gamma\left(\frac{1}{2}\right)^2 = \int_0^1 (1-u^2)^{-1/2}2\mathrm{d}u.$$

接下来做三角替换. 令 $u = \sin\theta$, $\mathrm{d}u = \cos\theta\mathrm{d}\theta$, 于是 $u : 0 \to 1$ 就变成了 $\theta : 0 \to \pi/2$. (我们选择 $u = \sin\theta$ 而不是 $u = \cos\theta$ 的原因是, 这种方法会让积分区间变成从 0 到 $\pi/2$, 而不是从 $\pi/2$ 到 0. 不过这两种替换方式都是正确的.) 此时有

$$
\begin{aligned}
\Gamma\left(\frac{1}{2}\right)^2 &= 2\int_0^{\pi/2} (1 - \sin^2\theta)^{-1/2}\cos\theta\mathrm{d}\theta \\
&= 2\int_0^{\pi/2} \frac{\cos\theta\mathrm{d}\theta}{(\cos^2\theta)^{1/2}} \\
&= 2\int_0^{\pi/2} \mathrm{d}\theta = 2\cdot\frac{\pi}{2} = \pi,
\end{aligned}
$$

这就给出了考察 $\Gamma(1/2) = \sqrt{\pi}$ 的另一种方法.

15.6　正态分布与伽马函数

如果不提及与正态分布的其他关联, 对伽马函数的阐述就是不完整的. 与标准正态分布相关的三个最重要的积分是

$$
\begin{aligned}
1 &= \int_{-\infty}^{\infty} \frac{1}{\sqrt{2\pi}}\,\mathrm{e}^{-x^2/2}\mathrm{d}x \\
0 &= \int_{-\infty}^{\infty} x\cdot\frac{1}{\sqrt{2\pi}}\,\mathrm{e}^{-x^2/2}\mathrm{d}x \\
1 &= \int_{-\infty}^{\infty} (x - 0)^2\cdot\frac{1}{\sqrt{2\pi}}\,\mathrm{e}^{-x^2/2}\mathrm{d}x.
\end{aligned}
$$

第四有用的积分是 $2m$ 阶矩, 即

$$
\mu_{2m} = \int_{-\infty}^{\infty} x^{2m}\cdot\frac{1}{\sqrt{2\pi}}\,\mathrm{e}^{-x^2/2}\mathrm{d}x = (2m - 1)!!,
$$

其中, **双阶乘**的意思是取遍相隔一的项直至取到 2 或 1 为止 (所以 $5!! = 5\cdot3\cdot1$, 而 $6!! = 6\cdot4\cdot2$). 我们不考察奇数阶矩, 因为它们都等于 0.

这很容易理解, 我们求的是奇函数在对称区域上的积分. 因为被积函数衰减速度非常快, 所以积分会收敛于 0. 其他积分则比较麻烦, 因为我们不得不做很多工作来证明, 对高斯分布而言, 其概率密度函数的积分值为 1 且方差也为 1.

如果我们非常了解伽马函数, 就可以马上得到任意偶数阶矩. 现在要做的就是进行简单的变量替换. 于是

$$
\mu_{2m} = \int_{-\infty}^{\infty} x^{2m}\cdot\frac{1}{\sqrt{2\pi}}\,\mathrm{e}^{-x^2/2}\mathrm{d}x = 2\int_0^{\infty} x^{2m}\cdot\frac{1}{\sqrt{2\pi}}\,\mathrm{e}^{-x^2/2}\mathrm{d}x.
$$

该如何做变量替换呢? 看一下伽马函数的定义, 我们发现它有一项是 e^{-u}, 而这里的指数项是 $e^{-x^2/2}$. 这意味着令 $u = x^2/2$, 进而有 $x = (2u)^{1/2}$, 所以

$$x^{2m} = 2^m u^m, \quad \mathrm{d}x = \frac{\mathrm{d}u}{\sqrt{2u}}.$$

这样就得到了

$$\mu_{2m} = \frac{2}{\sqrt{2\pi}} \int_0^\infty 2^m u^m e^{-u} \frac{\mathrm{d}u}{\sqrt{2u}} = \frac{2^m}{\sqrt{\pi}} \int_0^\infty u^{m-\frac{1}{2}} e^{-u} \mathrm{d}u.$$

我们使用一种很棒的技巧: 添加 0. 记住, **添加 0** 是最强大的工具之一. 现在几乎得到了伽马函数的定义, 但是还需要 u^{s-1}, 而目前已经得到的是 $u^{m-\frac{1}{2}}$. 于是

$$u^{m-\frac{1}{2}} = u^{m+\frac{1}{2}-1},$$

这意味着 $s = m + \frac{1}{2}$. 现在, 上述积分就是 $\Gamma(m + \frac{1}{2})$, 最终得到了

$$\mu_{2m} = \frac{2^m}{\sqrt{\pi}} \Gamma\left(m + \frac{1}{2}\right).$$

现在, 我们明白了为什么前面有个**如果**: 虽然弄清楚了这些矩是什么, 但你要对伽马函数非常了解, 否则答案看起来没什么用. 例如, 如果让 $m = 0$, 我们就得到了曲线下方的面积. 这个值应该是 1, 而公式告诉我们答案是 $2^0\Gamma(1/2)\sqrt{\pi}$. 这两个结果都正确, 因为 $\Gamma(1/2) = \sqrt{\pi}$. 事实上, 如果不知道 $\Gamma(1/2) = \sqrt{\pi}$, 我们还可以使用极坐标计算技巧来得到这个重要事实的另一种证明! 方差是多少呢? 这要求 $m = 1$ (记住, 我们考察的是 $2m$ 阶矩). 此时, 我们有 $2^1\Gamma(3/2)/\sqrt{\pi}$, 以及 (你肯定已经猜到了)$\Gamma(3/2) = \sqrt{\pi}/2$.

伽马函数满足很多漂亮的性质. 在 15.2 节中, 我们利用分部积分法证明了 $\Gamma(s+1) = s\Gamma(s)$ 至少在 $s > 0$ 时成立. 我们给出了 $\Gamma(1/2) = \sqrt{\pi}$ 的几个证明. 作为一个很好的练习, 利用这两个事实去证明 $\Gamma(m + 1/2) = \frac{(2m-1)!!}{2^m}\Gamma(1/2)$, 从而有 $\mu_{2m} = (2m-1)!!$.

15.7 分 布 族

通过介绍所有不同的重要分布, 我们可以轻松地添加更多章节. 即使仅限于与伽马函数有关的分布, 仍然可以有更多章节. 我们不去这样做, 而是更详细地讨论与伽马函数有关的一个分布 (即卡方分布, 第 16 章的主题), 并在这里给出简要说明.

我们已经在 15.5 节中讨论过贝塔分布. 现在给出另外两**族**概率密度函数 (我们会简单解释这里的术语).

伽马分布与韦布尔分布: 如果随机变量 X 的概率密度函数是

$$f_{k,\sigma}(x) = \begin{cases} \dfrac{1}{\Gamma(k)\sigma^k} x^{k-1} \mathrm{e}^{-x/\sigma} & \text{若 } x \geqslant 0 \\ 0 & \text{其他,} \end{cases}$$

那么 X 就服从 (正) 参数为 k 和 σ 的**伽马分布**. 我们把 k 称为**形状**参数, σ 称为**尺度**参数, 并记作 $X \sim \Gamma(k,\sigma)$ 或 $X \sim \mathrm{Gamma}(k,\sigma)$.

如果随机变量 X 的概率密度函数是

$$f_{k,\sigma}(x) = \begin{cases} (k/\sigma)(x/\sigma)^{k-1} \mathrm{e}^{-(x/\sigma)^k} & \text{若 } x \geqslant 0 \\ 0 & \text{其他,} \end{cases}$$

那么 X 就服从 (正) 参数为 k 和 σ 的**韦布尔分布**. 我们把 k 称为**形状**参数, σ 称为**尺度**参数, 并记作 $X \sim W(k,\sigma)$.

注意, 这两个分布具有本质上的不同, 而且它们与贝塔分布也不相同. 这三个分布的概率密度函数都包含一个多项式因子, 但当 $k \neq 1$ 时, 伽马分布与韦布尔分布还包含了一个属于 $[0,1]$ 且不为 0 的 (不同的) 指数因子. 这些分布的特别之处在于, 我们可以改变参数并得到一些不同却相关的分布. 这样就引入了**分布族**的概念. 这些分布的概率密度函数具有不同的参数值. 在实践中, 我们通常有理由相信一种自然现象或数学现象可以通过某种分布来模拟, 但这些分布的参数值是未知的. 然后, 我们试图通过数学分析或统计推断来找出这些参数的值.

我最喜欢的例子之一是用韦布尔分布为一个公式提供理论依据. 这个公式用来预测棒球队的胜率, 而前提是只知道他们的平均得分和场均得分 (参阅 [Mil]). 事实证明, 在适当的参数选择下, 韦布尔分布在拟合得分与数据方面做得非常出色.

你知道的分布越多, 就越有可能建立这样的联系. 我强烈建议你读一读这篇论文, 这是基本概率与数学建模 (以及一些初等统计) 的一个很好的应用. 刚开始, 我想弄清楚如果得分服从指数分布 (概率密度函数与 $\mathrm{e}^{-x/\sigma}$ 成正比) 和瑞利分布 (概率密度函数与 $x\mathrm{e}^{-x^2/2\sigma^2}$ 成正比), 结果会是什么样的. 我是从物理学中了解到这些分布的, 并知道我能得到一个很好但并不完美的答案. 接下来, 灵感来袭: 我注意到这两个概率密度函数的形式都是 $x^{k-1}\mathrm{e}^{-x^k/\lambda}$. 它们属于同一族分布, 通过选择 "恰当的" k 和 λ, 既可以很好地拟合现实世界的数据, 又能得到数学上易于处理的积分. 这就是我了解韦布尔分布的过程.

韦布尔分布被用在许多涉及生存分析的问题上, 贝塔分布与伽马分布也有类似的应用 (维基百科和谷歌会迅速给出很多例子). 另外, 关键是要时刻留意分布族. 你的工具越多, 你做的建模就越好.

15.8 附录: 余割等式的证明

书中通常会用整章来介绍伽马函数所满足的各种恒等式. 本节将集中讨论一个特别适用于对 $\Gamma(1/2)$ 进行研究的等式, 即余割等式.

余割等式: 如果 s 不是整数, 那么

$$\Gamma(s)\Gamma(1-s) \;=\; \pi\csc(\pi s) \;=\; \frac{\pi}{\sin(\pi s)}.$$

在证明这一点之前, 我们花点时间用这个等式来完成相关研究. 对于几乎所有的 s, 余割等式只与两个值有关, 即伽马函数在 s 处的值以及伽马函数在 $1-s$ 处的值. 如果知道其中一个, 就能得到另一个. 不幸的是, 这意味着为了让这个等式发挥作用, 至少要知道这两个值中的一个. 当然, 除非我们做出了非常特殊的选择, 取 $s = 1/2$. 因为 $1/2 = 1 - 1/2$, 所以这两个值是一样的, 于是

$$\Gamma(1/2)^2 \;=\; \Gamma(1/2)\Gamma(1/2) \;=\; \frac{\pi}{\sin(\pi/2)} \;=\; \pi,$$

取平方根就得到了 $\Gamma(1/2) = \sqrt{\pi}$. 我们很幸运, 这个非常特殊的值恰好是我们之前想要的!

在下面的小节中, 我会给出关于余割等式的各种证明. 如果你只关心如何使用它, 当然可以跳过这部分内容; 但是, 如果继续读下去, 你就会了解人们是如何得出这样的公式的, 以及他们是如何证明这些公式的. 有些论述比较复杂, 但我会尽量指出我们为什么要做正在做的事情. 如果你将来遇到这样的情况, 也就是说, 如果你是第一个面对该问题的人, 并且手边没有任何指导材料可用, 那么就有了可以展开研究的工具.

15.8.1 余割等式: 第一种证明

余割等式的证明: 我们已经看到, 余割等式是有用的. 现在来看一下它的证明. 该如何证明呢? 等号的一端是 $\Gamma(s)\Gamma(1-s)$. 这两个数都可以用积分来表示. 所以这个量其实是个二重积分. 每当遇到二重积分时, 都应该考虑使用变量替换或者交换积分次序, 或者同时使用两者! 重点是, 积分公式是我们的起点. 这种论述可能行不通, 却值得尝试 (在很多数学问题中, 最困难的事情之一就是弄清楚从哪里开始).

我们要写的东西看起来像是我们已经决定要做的, 但是这里有两个微妙的错误:

$$\begin{aligned}
\Gamma(s)\Gamma(1-s) &= \int_0^\infty \mathrm{e}^{-x}x^{s-1}\mathrm{d}x \cdot \int_0^\infty \mathrm{e}^{-x}x^{1-s-1}\mathrm{d}x \\
&= \int_0^\infty \mathrm{e}^{-x}x^{s-1} \cdot \mathrm{e}^{-x}x^{1-s-1}\mathrm{d}x.
\end{aligned} \tag{15.1}$$

这为什么是错误的? 第一个表达式是 $\Gamma(s)$ 的积分表示, 第二个表达式是 $\Gamma(1-s)$ 的积分表示, 那么它们的乘积是 $\Gamma(s)\Gamma(1-s)$, 接着只需要把这些项合并在一起······很不幸, 这是**错的**! 出问题的地方是, 在两个积分中使用了相同的虚拟变量. 我们不能把它写成一个积分——这里有两个积分, 并且每个积分都包含一个 dx, 但最后只得到了一个 dx. 这是学生最常犯的错误之一. 由于两个积分的变量没有使用不同的字母, 因此我们不小心将它们组合在一起, 把二重积分变成了一重积分.

应该使用两个不同的字母, 富有创造力的做法是把它们表示成 x 和 y. 于是

$$\Gamma(s)\Gamma(1-s) = \int_0^\infty e^{-x}x^{s-1}dx \cdot \int_0^\infty e^{-y}y^{1-s-1}dy$$
$$= \int_{y=0}^\infty \int_{x=0}^\infty e^{-x}x^{s-1}e^{-y}y^{-s}dxdy.$$

虽然我们正在寻找的余割公式很美丽也很重要, 但更重要 (而且更有用!) 的是学会如何解决这样的问题. 处理二重积分的方法并不多. 你可以像之前那样求积分, 但这并不是个好主意, 因为我们会回到伽马函数的乘积. 现在还能怎么做? 可以交换积分次序. 不幸的是, 这也没有任何帮助. 只有当两个积分变量混合在一起时, 交换积分次序才有帮助, 但现在的情况并非如此. 这两个变量是相互独立的, 交换积分次序并没有真正改变什么. 只剩下一个选择: 做变量替换.

这是证明中最难的部分. 我们必须要找到一种合适的变量替换. 看看第一种可能的选择. 我们有 $x^{s-1}y^{-s} = (x/y)^{s-1}y^{-1}$ (可以写成 $(x/y)^s x^{-1}$, 但因为伽马函数的定义中涉及一个变量的 $s-1$ 次方, 所以我们先试一试). $u = x/y$ 或许是个不错的变量替换? 如果是这样的话, 我们就要固定 y, 然后在 y 固定的前提下, 令 $u = x/y$, 于是有 $du = dx/y$. 出现 $1/y$ 是个好迹象, 因为我们之前还有一个 y. 这样就得到了

$$\Gamma(s)\Gamma(1-s) = \int_{y=0}^\infty e^{-y}\left[\int_{u=0}^\infty e^{-uy}u^{s-1}du\right]dy.$$

现在交换积分次序. 于是有

$$\Gamma(s)\Gamma(1-s) = \int_{u=0}^\infty u^{s-1}\left[\int_{y=0}^\infty e^{-(u+1)y}dy\right]du$$
$$= \int_{u=0}^\infty u^{s-1}\left[-\frac{e^{-(u+1)y}}{u+1}\bigg|_0^\infty\right]du$$
$$= \int_{u=0}^\infty u^{s-1}\frac{1}{u+1}\,du = \int_{u=0}^\infty \frac{u^{s-1}}{u+1}\,du.$$

警告: 我们必须非常小心, 确保交换是合理的. 还记得本章早些时候讨论过确保一个积分有意义的重要性吗? 上面的被积函数是 $\frac{u^{s-1}}{u+1}$. 如果这个积分是有限的, 那么当 $u \to \infty$ 时被积函数必须迅速衰减, 但当 $u \to 0$ 时它趋近于无穷大的速度也不能太快. 要实现这一点, 必须满足 $s \in (0,1)$. 如果 $s \leq 0$, 那么被积函数会在 0 附近快速趋近于无穷大, 但如果 $s \geq 1$, 被积函数在无穷远处的衰减速度又不够快.

事后看来, 这个限制并不令人意外, 实际上我们应该预料到这一点. 为什么? 还记得我们在前面的证明中说过式 (15.1) 中有两个错误, 如果真的够警觉的话, 你可能会注意到我们只提到了一个错误! 被遗漏的错误是什么? 我们使用了伽马函数的积分表示, 但它仅当参数为正时才成立. 因此, 我们需要 $s > 0$ 和 $1 - s > 0$, 这两个不等式会迫使 $s \in (0,1)$. 如果这次没有发现这个错误, 也不要担心, 只要将来能意识到这种危险就够了. 这是 (学生和研究人员) 最常犯的错误之一. 我们很容易把只适用于某些情形的公式不小心用在其他错误的地方.

好了, 现在把考察范围限制在 $s \in (0,1)$ 上. 我们把下面这个问题留作习题. 证明: 如果这个关系式在 $s \in (0,1)$ 时成立, 那么对于任意的 s 该关系式仍成立. (提示: 继续使用伽马函数的函数方程.) 如果让 s 增加 1, 我们很容易看到 $\csc(\pi s)$ 或 $\sin(\pi s)$ 会发生什么变化. 至于伽马函数部分, 还要多做些工作.

现在我们可以说

$$\Gamma(s)\Gamma(1-s) \;=\; \int_0^\infty \frac{u^{s-1}}{u+1}\,\mathrm{d}u. \tag{15.2}$$

接下来该怎么做呢? 我们有两个因子: u^{s-1} 和 $\frac{1}{u+1}$. 注意, 第二个因子看起来像是一个比值为 $-u$ 的几何级数和. 为了看清这一点, 我们把 $\frac{1}{u+1}$ 写成 $\frac{1}{1-(-u)}$, 而后者就是比值为 $-u$ 的几何级数和 (只要 $|u| < 1$). 不可否认, 刚开始我们并不能明显地识别出这一点, 但是你研究的数学问题越多、经验越丰富, 识别规律就会越容易. 我们已经知道 $\sum_{n=0}^{\infty} r^n = \frac{1}{1-r}$, 所以现在只要令 $r = -u$ 即可.

我们必须要小心——现在又要犯同样的错误了, 即在不适用的情况下使用公式. 我们很容易掉进这个陷阱. 幸运的是, 有种方法可以绕过它. 我们把积分划分成两部分, 第一部分是 $u \in [0,1]$, 第二部分是 $u \in [1,\infty]$. 在第二部分中, 我们要做变量替换 $v = 1/u$, 并进行几何级数展开. **拆分积分**是另一种需要掌握的有用技巧. 利用这种技巧, 可以把一个复杂的问题分解成较简单的问题, 而这些较简单的问题有更多方法来解决. 在寻找泰勒级数的展开时, 我们就需要做一些类似的事情. 我们想摆脱无穷大, 并用已知的东西来替换它.

对于第二个积分, 我们会做变量替换 $v = 1/u$. 这样就得到了 $\mathrm{d}v = -\mathrm{d}u/u^2$ 或 $\mathrm{d}u = -\mathrm{d}v/v^2$ (因为 $1/u^2 = v^2$), 而积分上下限也从 $u : 1 \to \infty$ 变成了 $v : 1 \to 0$ (然后, 我们会使用负号将积分上下限切换到更常见的 $v : 0 \to 1$). 继续进行下去, 我们得到了

$$\begin{aligned}
\Gamma(s)\Gamma(1-s) &= \int_0^1 \frac{u^{s-1}}{u+1}\,\mathrm{d}u + \int_1^\infty \frac{u^{s-1}}{u+1}\,\mathrm{d}u \\
&= \int_0^1 \frac{u^{s-1}}{u+1}\,\mathrm{d}u - \int_1^0 \frac{(1/v)^{s-1}}{(1/v)+1}\,v^2\mathrm{d}v \\
&= \int_0^1 \frac{u^{s-1}}{u+1}\,\mathrm{d}u + \int_0^1 \frac{v^{-s}}{v+1}\,\mathrm{d}v.
\end{aligned}$$

注意这两个表达式有多相似 (并且在 $s = 1/2$ 的特殊值处也是相同的). 现在使用几何级数公式, 然后交换积分与求和的次序. 因为 $s \in (0,1)$, 所以一切都是合理的 (参见 B.2 节). 因此, 所有积分都存在且具有良好的性质. 于是

$$\begin{aligned}
\Gamma(s)\Gamma(1-s) &= \int_0^1 u^{s-1}\sum_{n=0}^\infty (-1)^n u^n \mathrm{d}u + \int_0^1 v^{-s}\sum_{m=0}^\infty (-1)^m v^m \mathrm{d}v \\
&= \sum_{n=0}^\infty (-1)^n \int_0^1 u^{s-1+n}\mathrm{d}u + \sum_{m=0}^\infty (-1)^m \int_0^1 v^{m-s}\mathrm{d}v \\
&= \sum_{n=0}^\infty (-1)^n \frac{u^{s+n}}{n+s}\Big|_0^1 + \sum_{m=0}^\infty (-1)^m \frac{v^{m+1-s}}{m+1-s}\Big|_0^1 \\
&= \sum_{n=0}^\infty (-1)^n \frac{1}{n+s} + \sum_{m=0}^\infty (-1)^m \frac{1}{m+1-s}.
\end{aligned}$$

注意, 我们用了两个字母来计算不同的和. 虽然字母 n 可以使用两次, 但使用不同的字母是个好习惯. 现在的情况是, 我们将对计数进行调整, 以便轻松地把它们组合在一起.

这两个和看起来非常相似, 都像是 -1 的方幂除以 $k+s$ 或 $k-s$. 我们把这两个和改写成用 k 来描述的形式. 第一个和有个额外项, 我们会把它提出来. 在第一个和中, 我们令 $k = n$; 在第二个和中, 我们令 $k = m+1$ (所以 $(-1)^m$ 就变成了 $(-1)^{k-1} = (-1)^{k+1}$). 于是有

$$\begin{aligned}
\Gamma(s)\Gamma(1-s) &= \frac{1}{s} + \sum_{k=1}^\infty (-1)^k \frac{1}{k+s} + \sum_{k=1}^\infty (-1)^{k+1}\frac{1}{k-s} \\
&= \frac{1}{s} + \sum_{k=1}^\infty (-1)^k \left[\frac{1}{k+s} - \frac{1}{k-s}\right] \\
&= \frac{1}{s} + \sum_{k=1}^\infty (-1)^k \frac{-2s}{k^2-s^2} \\
&= \frac{1}{s} - \sum_{k=1}^\infty (-1)^k \frac{2s}{k^2-s^2}.
\end{aligned}$$

虽然看起来不像，但我们刚刚完成了证明．关键在于，要认识到上面的式子就是 $\pi \csc(\pi s) = \pi / \sin(\pi s)$．这一点通常会在复分析课上得到证明，例子请参阅 [SS2]．

现在至少可以看到这是合理的．我们断言

$$\frac{\pi}{\sin(\pi s)} = \frac{1}{s} - \sum_{k=1}^{\infty} (-1)^k \frac{2s}{k^2 - s^2}.$$

如果 s 是整数，那么 $\sin(\pi s) = 0$，因此左端是无穷大的，而右端恰有一项会趋近于无穷大．这至少说明了我们的答案是合理的，或者几乎是合理的．这个和看起来很像 $c / \sin(\pi s)$，其中 c 是常数，但我们并不清楚 c 是否等于 π．幸运的是，有种方法可以解决这个问题，但这需要我们更多地了解某些特定和．如果令 $s = 1/2$，那么这个和就变成了

$$\begin{aligned}
\frac{1}{1/2} - \sum_{k=1}^{\infty} (-1)^k \frac{1}{k^2 - (1/2)^2} &= 2 - \sum_{k=1}^{\infty} \frac{(-1)^k}{k^2 - 1/4} \\
&= 2 - \sum_{k=1}^{\infty} \frac{(-1)^k 4}{4k^2 - 1} \\
&= 2 - 4 \sum_{k=1}^{\infty} \frac{(-1)^k}{(2k-1)(2k+1)} \\
&= 2 - 4 \sum_{k=1}^{\infty} \frac{(-1)^k}{2} \left(\frac{1}{2k-1} - \frac{1}{2k+1} \right) \\
&= 2 + 2 \left(\frac{1}{1} - \frac{1}{3} \right) - 2 \left(\frac{1}{3} - \frac{1}{5} \right) + \cdots \\
&= 4 \left(1 - \frac{1}{3} + \frac{1}{5} - \cdots \right).
\end{aligned}$$

由于奇数倒数的交替和为 $\pi/4$，因此证明了常数 c 等于 π．我们利用 π 的**格雷戈里–莱布尼兹公式**，这样就完成了分析 (关于如何证明这一点，请参阅习题 15.10.21)．

注 虽然这个证明很长，但其中有很多好的想法．最后，我们试着通过观察特殊值来验证该公式的合理性．这是个不错的主意，但也只是寻找特殊值而已．利用格雷戈里–莱布尼兹公式，我们可以验证 $s = 1/2$ 时的结论．很幸运，这恰好是我们最关心的 s 值！

15.8.2 余割等式：第二种证明

我们已经证明了关于伽马函数的余割等式，为什么还需要另一种证明呢？对我们来说，主要原因是教育意义．本书的目的不是教你如何回答生活中的某个特定问题，而是提供工具来解决可能遇到的各种新问题．基于这个原因，我们有必要多看几种证明，因为不同的方法强调了问题的不同方面，或者能更好地推广到其他问题．

现在回到前面. 我们有 $s \in (0,1)$, 以及

$$
\begin{aligned}
\Gamma(s)\Gamma(1-s) &= \int_0^\infty \mathrm{e}^{-x}x^{s-1}\mathrm{d}x \cdot \int_0^\infty \mathrm{e}^{-y}y^{1-s-1}\mathrm{d}y \\
&= \int_{y=0}^\infty \int_{x=0}^\infty \mathrm{e}^{-x}x^{s-1}\mathrm{e}^{-y}y^{-s}\mathrm{d}x\mathrm{d}y.
\end{aligned}
$$

我们已经讨论过这里的选择. 现在不能直接求积分, 不然这会重新得到两个伽马函数. 我们也不能改变积分次序, 因为变量 x 和 y 是彼此独立的, 所以改变积分次序并不能真正解决问题. 唯一能做的就是变量替换.

之前的做法是令 $u = x/y$. 这是因为我们看到了 $x^{s-1}y^{-s} = (x/y)^{s-1}y^{-1}$, 所以设定 $u = x/y$ 并非不合理. 还有其他 "好的" 变量替换吗? 有, 如果你看不到这种替换, 也并不奇怪. 这就是我们的老朋友, 极坐标变换.

在这里使用极坐标似乎有点奇怪. 毕竟, 极坐标常用来解决径向和角对称的问题. 我们也会用极坐标来计算圆域上的积分. 但这些情况**都没有**发生! 尽管如此, 现在尝试一下**极坐标技巧**也是种不错的做法.

- 首先, 我们没有看到很多变量替换, 但是知道极坐标, 所以不妨试一试.
- 其次, 我们想证明答案就是 $\pi\csc(\pi s) = \pi/\sin(\pi s)$. 答案涉及正弦函数, 所以这也许意味着应该尝试一下极坐标.

总之, 一种方法要么可行, 要么不可行. 希望上述内容至少能让你明白我们为什么要做这种尝试, 并可以在将来为你提供指导.

回顾一下极坐标, 能得到以下关系:

$$
x = r\cos\theta, \quad y = r\sin\theta, \quad \mathrm{d}x\mathrm{d}y = r\mathrm{d}r\mathrm{d}\theta.
$$

积分上下限是什么? 我们的积分区域是右上象限, 即 $x,y:0\to\infty$. 在极坐标中, 该积分区域就变成了 $r:0\to\infty$ 且 $\theta:0\to\pi/2$. 现在, 积分变成了

$$
\begin{aligned}
\Gamma(s)\Gamma(1-s) &= \int_{\theta=0}^{\pi/2}\int_{r=0}^\infty \mathrm{e}^{-r\cos\theta}(r\cos\theta)^{s-1}\mathrm{e}^{-r\sin\theta}(r\sin\theta)^{-s}r\mathrm{d}r\mathrm{d}\theta \\
&= \int_{\theta=0}^{\pi/2}\int_{r=0}^\infty \mathrm{e}^{-r(\cos\theta+\sin\theta)}\left(\frac{\cos\theta}{\sin\theta}\right)^{s-1}\frac{1}{\sin\theta}\mathrm{d}r\mathrm{d}\theta \\
&= \int_{\theta=0}^{\pi/2}\left(\frac{\cos\theta}{\sin\theta}\right)^{s-1}\frac{1}{\sin\theta}\left[\int_{r=0}^\infty \mathrm{e}^{-r(\cos\theta+\sin\theta)}\mathrm{d}r\right]\mathrm{d}\theta \\
&= \int_{\theta=0}^{\pi/2}\left(\frac{\cos\theta}{\sin\theta}\right)^{s-1}\frac{1}{\sin\theta}\left[-\frac{\mathrm{e}^{-r(\cos\theta+\sin\theta)}}{\cos\theta+\sin\theta}\right]_0^\infty\mathrm{d}\theta \\
&= \int_{\theta=0}^{\pi/2}\left(\frac{\cos\theta}{\sin\theta}\right)^{s-1}\frac{1}{\sin\theta}\frac{1}{\cos\theta+\sin\theta}\,\mathrm{d}\theta.
\end{aligned}
$$

现在看起来并没有取得很大的进展, 但我们只做了简单的变量替换, 问题就大大简化了. 值得注意的是, 很多被积函数只依赖于 $\cos\theta/\sin\theta = \mathrm{ctan}\theta$ (即 θ 的余切). 如果做变量替换 $u = \mathrm{ctan}\theta$, 那么 $\mathrm{d}u = -\csc^2\theta\,\mathrm{d}u = -\mathrm{d}u/\sin^2\theta$. 如果不记得这个公式, 可以利用商的求导法则来得到它:

$$
\begin{aligned}
\mathrm{ctan}'(\theta) &= \left(\frac{\cos\theta}{\sin\theta}\right)' = \frac{\cos'\theta\sin\theta - \sin'\theta\cos\theta}{\sin^2\theta} \\
&= \frac{-\sin^2\theta - \cos^2\theta}{\sin^2\theta} = -\frac{1}{\sin^2\theta}.
\end{aligned}
$$

现在的情况看起来真的很乐观: 我们想要的变量替换中要有 $1/\sin^2\theta$, 而被积函数中已经有一个 $1/\sin\theta$ 了. 现在利用下面的式子来得到另一个 $1/\sin\theta$:

$$
\frac{1}{\cos\theta + \sin\theta} = \frac{1}{\sin\theta}\frac{1}{(\cos\theta/\sin\theta) + 1} = \frac{1}{\sin\theta}\frac{1}{\mathrm{ctan}\theta + 1}.
$$

接下来要做的就是确定积分上下限. 如果 $u = \mathrm{ctan}\theta = \cos\theta/\sin\theta$, 那么 $\theta : 0 \to \pi/2$ 就对应于 $u : \infty \to 0$ (不需要担心积分方向是从 ∞ 到 0——这里有个负号, 它会改变积分方向).

综上所述, 我们有

$$
\begin{aligned}
\Gamma(s)\Gamma(1-s) &= \int_{\theta=0}^{\pi/2} \frac{\mathrm{ctan}^{s-1}\theta}{\mathrm{ctan}\theta + 1}\,\frac{\mathrm{d}\theta}{\sin^2\theta} \\
&= \int_{u=\infty}^{0} \frac{u^{s-1}}{u+1}(-\mathrm{d}u) = \int_0^\infty \frac{u^{s-1}}{u+1}\mathrm{d}u.
\end{aligned}
$$

这个积分看起来应该很熟悉——这正是我们在上一节中看到的积分, 即式 (15.2). 因此, 从现在开始, 可以按照上一节的步骤进行操作.

注 很多学生第一次看到较难的数学题时会感到害怕. 为什么不同的学生会有相同的问题:"**我不知道从哪里入手.**" 对那些有这种感觉的人来说, 应该能在此找到安慰. 这里 (至少!) 有两种可以解决问题的变量替换. 在学习数学的过程中, 你会不断地看到有很多不同的方法可以解决问题. 不要害怕尝试一些东西. 使用它一段时间, 看看它是如何运作的. 如果行不通的话, 还可以回过头来重新尝试其他方法.

15.8.3 余割等式: $s = 1/2$ 的特殊情形

显然, 我们想证明任意 s 的余割公式, 但最重要的一种情况是 $s = 1/2$. 我们要利用 $\Gamma(1/2)$ 写出正态分布的概率密度函数, 并算出它的矩. 所以, 虽然得到对任何 s 均成立的公式很好, 但是如果只能处理 $s = 1/2$ 的情形也仍然值得庆祝.

回忆一下, 在式 (15.2) 中我们证明了

$$\Gamma(s)\Gamma(1-s) = \int_0^\infty \frac{u^{s-1}}{u+1} \, \mathrm{d}u.$$

令 $s = 1/2$ 则有

$$\Gamma(1/2)^2 = \int_0^\infty \frac{u^{-1/2}}{1+u} \, \mathrm{d}u.$$

为了解决这个问题, 我们将使用一个很难想到的变量替换. 首先进行陈述, 看看它是如何工作的, 然后讨论为什么这是一个合理的尝试. 这个变量替换是: 令 $u = z^2$, 所以 $z = u^{1/2}$ 且 $\mathrm{d}z = \mathrm{d}u/2\sqrt{u}$. 请注意这与我们的积分是多么吻合. 我们已经有了 $u^{-1/2}\mathrm{d}u$ 这一项, 它会变成 $2\mathrm{d}z$. 将其代入原式可得

$$\Gamma(1/2)^2 = \int_0^\infty \frac{2\mathrm{d}z}{1+z^2} = 2\int_0^\infty \frac{\mathrm{d}z}{1+z^2}.$$

看到这个积分, 你应该会想到微积分中的三角变换. 只要看到 $1 - z^2$, 就应该想到试一试 $z = \sin\theta$ 或者 $z = \cos\theta$; 当看到 $1 + z^2$ 时, 你应该想到 $z = \tan\theta$. 现在就来做这种变量替换. 三角变换之所以如此有用, 是因为把毕达哥拉斯公式

$$\sin^2\theta + \cos^2\theta = 1$$

两端同时除以 $\cos^2\theta$, 则有

$$\tan^2\theta + 1 = \frac{1}{\cos^2\theta} = \sec^2\theta.$$

令 $z = \tan\theta$ 意味着 $1 + z^2$ 被替换成了 $\sec^2\theta$. 另外, $\mathrm{d}z = \sec^2\theta\mathrm{d}\theta$ (如果不记得这个结果, 你只需要对 $\tan\theta = \sin\theta/\cos\theta$ 使用商的求导法则即可). 因为 $z : 0 \to \infty$, 所以 $\theta : 0 \to \pi/2$. 综上所述, 我们有

$$\Gamma(1/2)^2 = 2\int_0^{\pi/2} \frac{1}{\sec^2\theta} \, \sec^2\theta\mathrm{d}\theta$$
$$= 2\int_0^{\pi/2} \mathrm{d}\theta = 2\frac{\pi}{2} = \pi,$$

当 $\Gamma(1/2)^2 = \pi$ 时, $\Gamma(1/2) = \sqrt{\pi}$!

我们得到了一个关于 $\Gamma(1/2) = \sqrt{\pi}$ 的正确且初等的证明. 你应该能够逐行读懂这个证明, 但这并不是数学的重点. 关键是要明白作者为什么要选择这些步骤, 这样你也可以给出类似的证明.

这里做了两次变量替换. 第一次是把 u 替换成 z^2, 第二次是把 z 替换成 $\tan\theta$. 这两次变换是相关的. 怎么会有人想到这些? 老实说, 在写本章的时候, 我不得不

查阅几年前曾教过的类似课程的笔记. 我记得不知何故把正切引入到了问题中, 但不记得很久以前使用的具体技巧. 想到这一点并不容易, 需要花费很多时间, 但你解决的问题越多, 能发现的规律也就越多. 分母中有一个 $1 + u$, 我们还知道如何利用三角变换来处理诸如 $1 + z^2$ 这样的项. 余割等式中涉及三角函数, 这就意味着三角变换应该是一种可行的方法. 这种做法不一定成功, 但不妨试一试, 看看利用它可以推出哪些内容.

伴随着我们的成功, 接下来要做的事情自然是对一般的 s 进行这样的替换. 如果这样做的话, 就有

$$\begin{aligned}
\Gamma(s)\Gamma(1-s) &= \int_0^\infty \frac{z^{2s-2}}{1+z^2}\, 2z\mathrm{d}z \\
&= 2\int_0^\infty \frac{z^{2s-1}}{1+z^2}\, \mathrm{d}z \\
&= 2\int_0^{\pi/2} \frac{\tan^{2s-1}\theta}{\sec^2\theta}\, \sec^2\theta\mathrm{d}\theta \\
&= 2\int_0^{\pi/2} \tan^{2s-1}\theta\mathrm{d}\theta.
\end{aligned}$$

现在看一看 $s = 1/2$ 有多么特别. 当 $s = 1/2$ 时, 而且仅当 $s = 1/2$ 时, 被积函数才会退化成常数函数 1, 这样就能轻松地求出积分值. 当 s 取其他任何值时, 都必须计算正切函数的幂积分, 这不是件容易的事! 但这样的公式确实存在, 例如,

$$\begin{aligned}
\int \tan^{1/2}\theta\mathrm{d}\theta = \frac{1}{2\sqrt{2}}\big[&-2\arctan(1 - \sqrt{2}\sqrt{\tan\theta}) + 2\arctan(1 + \sqrt{2}\sqrt{\tan\theta}) \\
&+ \log\big(1 - \sqrt{2}\sqrt{\tan\theta} + \tan\theta\big) - \log\big(1 + \sqrt{2}\sqrt{\tan\theta} + \tan\theta\big)\big].
\end{aligned}$$

注　如果知道 $\arctan(z)$ 的导数是 $\frac{1}{1+z^2}$, 就没必要做 $z = \tan\theta$ 这个变量替换, 而是可以直接求出 $\int_0^\infty \frac{1}{1+z^2}\mathrm{d}z$ 等于 $\arctan(\infty) - \arctan(0) = \pi/2$. 要想看到这一点, 最好的一种方法是注意到当 $f(g(x)) = x$ 时, 由链式法则可得 $f'(g(x))g'(x) = 1$, 或者 $g'(x) = 1/f'(g(x))$. 把这个结果应用于 $g(x) = \arctan(x)$ 和 $f(x) = \tan(x)$, 就能求出 $\arctan(x)$ 的导数. 这里的难点在于, 画出正确的直角三角形来得到 $f'(g(x))$ 的漂亮表达式.

15.9　柯西分布

本章讲的是伽马函数及其相关分布. 乍一看, 最后一节似乎与本章的主题没什么联系, 但利用 $s = 1/2$ 的余割等式, 马上就能求出该分布的标准化常数. 特别是, 我们曾在 15.8.3 节中讨论过这个积分.

> **柯西分布**: 如果随机变量 X 的概率密度函数是
>
> $$f_X(x) = \frac{1}{\pi}\frac{1}{1+x^2},$$
>
> 那么 X 就服从标准柯西分布. X 的均值不存在且方差为无穷大.

正如之前所说, 15.8.3 节计算了该分布的标准化常数. 对该计算的另一种解释是 $1/(1+x^2)$ 的原函数是 $\arctan(x)$, 于是

$$\int_{-\infty}^{\infty}\frac{\mathrm{d}x}{1+x^2} = 2\int_{0}^{\infty}\frac{\mathrm{d}x}{1+x^2} = 2\left[\arctan(\infty)-\arctan(0)\right] = 2\left[\frac{\pi}{2}-0\right] = \pi.$$

因此, 为了使积分值为 1, 上式必须要乘以 $1/\pi$.

柯西分布为什么没有均值? 我们不是应该考察

$$\int_{-\infty}^{\infty} x\frac{\mathrm{d}x}{\pi(1+x^2)}$$

吗? 奇函数在对称区间上的积分不应该等于 0 吗? 与往常一样, 出问题的地方与无穷大有关——当涉及无穷大时, 你一定要非常小心. 正确说法是这样的: 这种反常积分存在, 当且仅当

$$\lim_{A,B\to\infty}\int_{-A}^{B} x\frac{\mathrm{d}x}{\pi(1+x^2)}$$

存在, 而且无论 A,B 以何种方式趋近于无穷大, 上述积分值保持不变. 不幸的是, 在我们的例子中, 积分值与 A,B 趋近于无穷大的方式有关. 例如, 如果 $B=A$, 那么积分值是 0, 但当 $B=2A$ 时, 从 $-A$ 到 A 的积分值为 0, 这样就得到了

$$\lim_{A\to\infty}\int_{-A}^{2A} x\frac{\mathrm{d}x}{\pi(1+x^2)} = \lim_{A\to\infty}\int_{A}^{2A} \frac{x\mathrm{d}x}{\pi(1+x^2)}.$$

当 A 较大时, $x/(1+x^2)$ 近似于 $1/x$ (更精确的说法是, $x/(1+x^2)$ 大于等于 $1/2x$, 且小于等于 $1/x$), 那么积分值就近似于

$$\lim_{A\to\infty}\int_{A}^{2A} \frac{\mathrm{d}x}{\pi x} = \frac{1}{\pi}\left[\log(2A)-\log(A)\right] = \frac{\log(2)}{\pi} \neq 0.$$

因此, 均值的积分与趋近于无穷大的路径有关, 所以均值不存在 (请参阅习题 15.10.23).

方差的情况更糟, 它显然是无穷大. 注意, 当 $x \geqslant 2016$ 时, 我们有 $x^2/(1+x^2) \geqslant 1/2$, 从而有

$$\int_{-\infty}^{\infty} x^2\frac{\mathrm{d}x}{\pi(1+x^2)} \geqslant \int_{2016}^{\infty}\frac{\mathrm{d}x}{2\pi} = \infty.$$

柯西分布是最重要的分布之一, 你必须掌握并记住它. 因为服从柯西分布的随机变量没有均值且方差为无穷大, 所以其性质与我们研究过的其他随机变量有很大

不同. 因此, 如果想知道一个结果是否适用于所有的概率密度函数, 那么用柯西分布或者 "更好" 的分布 (比如均匀分布、指数分布、高斯分布 ······) 来验证你的猜想是个不错的选择.

柯西分布在一些经济学理论中也起着重要的作用. **随机游走假设**的一个简单变体断言, 股价运动可以通过抛掷相互独立的硬币来很好地模拟, 这样就导致了中心极限定理和高斯特性的出现. 然而, 数据表明, 存在比该理论所预测的更大的波动天数, 并且需要使用比高斯分布方差更大的分布. 事实证明, 柯西分布和高斯分布可以放在同一个具有不同参数的族中. 有趣的是, 两者都是稳定分布 (参见习题 15.10.22). 有关这些应用的更多信息, 请参阅 Fama 和 Mandelbrot 的著作 [Fa1, Fa2, Man, ManHu].

15.10　习　　　题

习题 15.10.1　求 $\Gamma(3/2)$.

习题 15.10.2　求 $\Gamma(-1/2)$.

习题 15.10.3　证明: $\Gamma(m+1/2) = \frac{(2m-1)!!}{2^m}\Gamma(1/2)$, 从而有 $\mu_{2m} = (2m-1)!!$.

习题 15.10.4　设 m 是正整数, 求 $\Gamma(1/2-m)$.

习题 15.10.5　证明: 如果关系式 $\Gamma(s)\Gamma(1-s) = \pi\csc(\pi s)$ 对 $s \in (0,1)$ 成立, 那么当 s 取任意值时, 该式仍成立. (或者至少对所有非整数的 s 成立. 如果 s 是个整数, 我们必须解释两个无穷大相等.)

习题 15.10.6　a,b 取何值时, 贝塔分布会关于均值对称?

习题 15.10.7　求贝塔分布的均值.

习题 15.10.8　求韦布尔分布的均值.

习题 15.10.9　求参数为 k 和 σ 的伽马分布的均值.

习题 15.10.10　求参数为 k 和 σ 的伽马分布的方差.

习题 15.10.11　设随机变量 X 服从参数为 k 和 σ 的伽马分布, 计算 $\mathbb{E}[X^n]$.

习题 15.10.12　对伽马分布与爱尔朗分布之间的关系进行评论.

习题 15.10.13　对于参数为 k 和 θ 的伽马分布, 它能取到的最大值 x 是多少? 试着用它来估算 $n!$.

习题 15.10.14　设 $X_1, X_2, \cdots, X_k$ 是 n 个独立同分布的随机变量, 它们的概率密度函数均为 f, 累积分布函数为 F. 证明: 在这 n 个变量中, 第 k 小的随机变量是

$$nf(x)\binom{n-1}{k-1}(F(x))^{k-1}(1-F(x))^{n-k}.$$

习题 15.10.15　利用上一题的公式证明: 对于 n 个服从 $(0,1)$ 上均匀分布的随机变量, 第 k 小的随机变量可以用贝塔分布来模拟. 求出这个贝塔分布的合适参数.

习题 15.10.16   低阶不完整伽马函数的定义是

$$\gamma(s,x) = \int_0^x \mathrm{e}^{-x} x^{s-1} \mathrm{d}x.$$

求出从 $\gamma(s,x)$ 到 $\gamma(s-1,x)$ 的递推关系.

习题 15.10.17   通过计算 $\int_0^1 \frac{\mathrm{d}x}{1+x^2}$ 来证明 π 的**格雷戈里–莱布尼兹公式**, 这里有两种方法: (1) 使用几何级数公式展开, 交换求和与求积分的次序, 以及逐项积分 (所有这些都必须是合理的); (2) 利用 $\arctan x$ 的导数是 $1/(1+x^2)$.

习题 15.10.18   因为伽马分布与指数分布有关, 并且指数分布具有 "无记忆性", 所以伽马分布在测量网络服务器的流量方面很有用. 特别是, 第 k 个人的联网时刻能用伽马分布来模拟, 其中形状参数是 k, 尺度参数为 σ. 如果 $\sigma = 1/10$, 求出第 100 个人在开始后 1 小时内联网的概率.

习题 15.10.19   风速可以用韦布尔分布来很好地近似. 假设某给定区域的风速服从形状参数为 2 且尺度参数为 10 的韦布尔分布, 求出风速超过 20 的概率.

习题 15.10.20   画出 $a=2, b=3$ 的贝塔分布. 把曲线下方与 $P(0.2 < X < 0.6)$ 相对应的区域涂上阴影. (有几种方法可以做到这一点, 有些方法看起来更好. 试着去做一下.)

习题 15.10.21   证明**格雷戈里–莱布尼兹公式**. (提示: 利用 $\arctan(x)$ 的导数是 $\frac{1}{1+x^2}$ 来得到 $\int_0^1 \frac{1}{1+x^2} \mathrm{d}x = \frac{\pi}{4}$. 把 $1+x^2$ 写成 $1-(-x^2)$, 并利用 $r=-x^2$ 的几何级数公式展开 $\frac{1}{1+x^2}$. 验证 "交换求和与求积分的次序" 以及 "逐项积分" 的合理性, 并保持微笑!)

习题 15.10.22   如果随机变量 X 的概率密度函数是

$$f_X(x) = \frac{1}{b\pi} \frac{1}{1+(x-a)^2/b^2},$$

那么说 X 服从参数为 a 和 b 的**广义柯西分布**, 并记作 $X \sim \mathrm{Cauchy}(a,b)$ (注意, 其他教材使用的符号略有不同, 所以要小心). 证明: 如果 $X \sim \mathrm{Cauchy}(a_1,b_1)$, $Y \sim \mathrm{Cauchy}(a_2,b_2)$, 那么存在常数 a_3, b_3 使得 $X+Y \sim \mathrm{Cauchy}(a_3,b_3)$, 用 a_1, a_2, b_1, b_2 来表示 a_3, b_3. 因此, 柯西分布是**稳定的**. (警告: 如果你不了解复分析, 那么这将是个很有挑战性的练习; 如果知道留数定理, 就可以给出一个简单的论证.)

习题 15.10.23   设 $X \sim \mathrm{Cauchy}(a,b)$ (参见上一题). 虽然 X 不存在均值, 但它有中位数. 中位数 $\tilde{\mu}$ 是满足下面这个式子的值

$$\int_{-\infty}^{\tilde{\mu}} f_X(x)\mathrm{d}x = \int_{\tilde{\mu}}^{\infty} f_X(x)\mathrm{d}x.$$

用 a 和 b 来表示中位数.

习题 15.10.24   把习题 15.10.22 推广到形如 $C(a,b,k)/(1+|x-a|^k/b^k)$ 的概率密度函数上, 其中 $k, b > 0$ 且 $x \in \mathbb{R}$. (警告: 如果不利用复分析知识, 这道题会非常难.)

第16章 卡方分布

卡方分布是统计学中最重要的分布之一. 它总是在假设检验中出现, 定义如下.

> **卡方分布**: 如果随机变量 X 服从自由度为 $\nu > 0$ 的卡方分布, 那么 X 的概率密度函数为
> $$f(x) = \begin{cases} \dfrac{1}{2^{\nu/2}\Gamma(\nu/2)} x^{(\nu/2-1)} \mathrm{e}^{-x/2} & \text{若 } x \geqslant 0 \\ 0 & \text{其他.} \end{cases}$$
> 我们将其记作 $X \sim \chi^2(\nu)$.

这个概率密度函数显然是非负的, 但它的积分值是否为 1? 在求积分之前, 回忆一下伽马函数的定义 (关于该函数的详细介绍, 请参阅第 15 章):

$$\Gamma(s) = \int_0^\infty \mathrm{e}^{-t} t^{s-1} \mathrm{d}t.$$

因为概率密度函数中包含一个 $\Gamma(\nu/2)$, 所以伽马函数在理解卡方分布方面发挥了重要的作用, 这一点也不奇怪.

现在来求积分:

$$\int_0^\infty \frac{1}{2^{\nu/2}\Gamma(\nu/2)} x^{\nu/2-1} \mathrm{e}^{-x/2} \mathrm{d}x = \frac{1}{2^{\nu/2}\Gamma(\nu/2)} \int_0^\infty \mathrm{e}^{-x/2} x^{\nu/2-1} \mathrm{d}x.$$

注意这个积分与伽马函数的定义有多相似. 唯一的区别是, 这里有 $-x/2$ 的指数, 但在伽马函数的定义中只有 $-x$. 这意味着我们可以做变量替换 $t = x/2$, 于是 $x = 2t$ 且 $\mathrm{d}x = 2\mathrm{d}t$. 这样就得到了

$$\begin{aligned} \int_0^\infty \frac{1}{2^{\nu/2}\Gamma(\nu/2)} x^{\nu/2-1} \mathrm{e}^{-x/2} \mathrm{d}x &= \frac{1}{2^{\nu/2}\Gamma(\nu/2)} \int_0^\infty \mathrm{e}^{-t} (2t)^{\nu/2-1} 2\mathrm{d}t \\ &= \frac{2^{\nu/2}}{2^{\nu/2}\Gamma(\nu/2)} \int_0^\infty \mathrm{e}^{-t} t^{\nu/2-1} \mathrm{d}t \\ &= \frac{2^{\nu/2}\Gamma(\nu/2)}{2^{\nu/2}\Gamma(\nu/2)} = 1, \end{aligned}$$

我们证明了它是一个概率分布.

下节将讨论卡方分布是怎么来的, 然后继续对其部分性质和应用进行总结. 不过, 在此之前有必要阐述一下术语的选择. 每选择一个 $\nu > 0$, 我们都会得到一个不

同的分布. 下面可以看到, ν 取正整数时的情形是最重要的. 我们需要引用这个参数, 约定的做法是把 ν 称为 (卡方分布的)**自由度**. 卡方分布的自由度是非常重要的, 因为它极大地改变了分布的形状, 如图 16-1 所示.

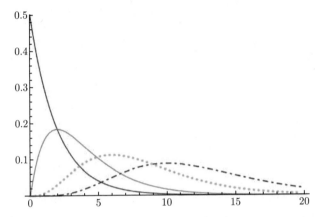

图 16-1　$\nu \in \{1, 2, 3, 5, 10, 20\}$ 的卡方分布. 随着自由度的增加, 凸起的位置会向右移动

　　自由度的正式定义为统计学中可以自由变化的数值个数. 如果有 N 个观测值, 那么自由度通常是 $N-1$ 或 N. 关于这个概念的更多信息, 请参阅习题 16.5.21.

　　在统计学中, 很多假设检验的检验统计量在原假设下服从卡方分布. 这种检验统计量服从卡方分布的假设检验适用于分类数据. 卡方检验的优点是它是一个非参数检验. 具体地说, 这意味着它对提取数据的基本总体分布没有任何假设. 它的缺陷要比其他参数检验的统计效果差.

16.1　卡方分布的起源

　　当然, 虽然可以把任何积分值为 1 的非负函数看作概率密度函数, 但其中大部分都没有研究价值. 为什么卡方分布如此重要呢? 原因在于卡方分布是由相互独立且均服从正态分布的随机变量之和构成的.

　　设 $X \sim N(0,1)$, 这意味着 X 是一个服从标准正态分布的随机变量 (参见第 14 章). 因此, X 服从均值为 0 且方差为 1 的高斯分布. 下面给出一个重要结果.

> **卡方分布与正态分布之间的关联**: 如果 $X \sim N(0,1)$, 那么 $X^2 \sim \chi^2(1)$.

　　这只是冰山一角, 我们很快会看到一个大规模的推广. 但是, 现在先来证明标准正态分布的平方是自由度为 1 的卡方分布. 最简单的证明方法是利用**累积分布函数法**(在 10.5 节给出了详细论述). 令 $Y = X^2$, 而 X 的概率密度函数为

$$f_X(x) \ = \ \frac{1}{\sqrt{2\pi}} \, \mathrm{e}^{-x^2/2},$$

累积分布函数为

$$F_X(x) \ = \ \mathrm{Prob}(X \leqslant x).$$

如果知道 Y 的累积分布函数, 那么可以通过求导来得出 Y 的概率密度函数. 当 $y \geqslant 0$ 时, 我们有

$$\begin{aligned} F_Y(y) &= \mathrm{Prob}(Y \leqslant y) \\ &= \mathrm{Prob}(X^2 \leqslant y) \\ &= \mathrm{Prob}(-\sqrt{y} \leqslant X \leqslant \sqrt{y}). \end{aligned}$$

这里一定要小心: 条件 $X^2 \leqslant y$ 并不是 $X \leqslant \sqrt{y}$, 而是 $-\sqrt{y} \leqslant X \leqslant \sqrt{y}$, 这是因为负数的平方是正数. 接下来, 我们有

$$F_Y(y) \ = \ \int_{-\sqrt{y}}^{\sqrt{y}} \frac{1}{\sqrt{2\pi}} \, \mathrm{e}^{-t^2/2} \mathrm{d}t \ = \ F_X(\sqrt{y}) - F_X(-\sqrt{y}).$$

最后使用链式法则就完成了计算: 如果 $A(y) = B(C(y))$, 那么 $A'(y) = B'(C(y))C'(y)$. 因此

$$\begin{aligned} f_Y(y) &= F_Y'(y) \\ &= F_X'(\sqrt{y}) \cdot (\sqrt{y})' - F_X'(-\sqrt{y}) \cdot (-\sqrt{y})' \\ &= f_X(\sqrt{y}) \cdot \frac{1}{2\sqrt{y}} - f_X(-\sqrt{y}) \cdot \frac{-1}{2\sqrt{y}} \\ &= \frac{f_X(\sqrt{y})}{\sqrt{y}} \\ &= \frac{1}{\sqrt{2\pi}} \mathrm{e}^{-y/2} y^{-1/2} \\ &= \frac{1}{2^{1/2}\Gamma(1/2)} \, y^{(1/2-1)} \mathrm{e}^{-y/2}, \end{aligned}$$

这里使用了 $\Gamma(1/2) = \sqrt{\pi}$(在第 15 章中, 我们对它进行了多次证明). 结论得证.

注意, 也可以采用略有不同的方法来计算, 但最终的结果当然是一样的. 我们可以利用对称性来简化积分, 于是

$$F_Y(y) = 2\int_0^{\sqrt{y}} \frac{1}{\sqrt{2\pi}} \, \mathrm{e}^{-t^2/2} \mathrm{d}t \ = \ 2\left(F_X(\sqrt{y}) - F_X(0)\right).$$

还有件事值得一提. 当利用**累积分布函数法**来求概率密度函数时, 要注意不需要知道 F_X 的具体公式. 我们只需要知道 f_X. 这是非常重要的, 因为许多分布 (比

如标准正态分布) 的概率密度函数都有很好的表达式, 但由于积分很难计算, 我们得不到它们的累积分布函数公式. 这真的很神奇. 求积分可以得到累积分布函数, 但随后立即微分就重新得到了概率密度函数.

现在, 我们来解释自由度为 1 的卡方分布——它是标准正态分布的平方. 其他卡方分布也有类似的解释吗? 是的! 想要找到的话, 请继续读下去.

16.2 $X \sim \chi^2(1)$ 的均值与方差

现在计算卡方分布的期望值 (或均值). 首先考虑最简单的情形, 假设自由度是 $k = 1$. 现在必须计算

$$\mathbb{E}[X] = \int_0^\infty x f(x) \mathrm{d}x = \int_0^\infty \frac{x}{2^{(1/2)}\Gamma(1/2)} x^{\frac{1}{2}-1} \mathrm{e}^{-x/2} \mathrm{d}x.$$

把常数提到积分号外面, 并把 x 的方幂合并起来, 则有

$$\mathbb{E}[X] = \frac{1}{2^{(1/2)}\Gamma(1/2)} \int_0^\infty x^{1/2} \mathrm{e}^{-x/2} \mathrm{d}x.$$

这种形式非常类似于伽马函数. 但是, 这里是 $\mathrm{e}^{-x/2}$, 而不是 e^{-x}. 这个问题可以通过变量替换来轻松地修正. 考虑前面曾使用过的变量替换: $t = x/2$. 此时, $x = 2t$ 且 $\mathrm{d}x = 2\mathrm{d}t$. 上述积分就变成了

$$\mathbb{E}[X] = \frac{1}{2^{(1/2)}\Gamma(1/2)} \int_0^\infty (2t)^{1/2} \mathrm{e}^{-t} 2\mathrm{d}t.$$

把常数提到积分号外面, 然后约分, 可得

$$\mathbb{E}[X] = \frac{2}{\Gamma(1/2)} \int_0^\infty t^{1/2} \mathrm{e}^{-t} \mathrm{d}t.$$

这看起来应该很熟悉. 如果把 $t^{1/2}$ 改写成 $t^{\frac{3}{2}-1}$, 那么上述形式恰好是伽马函数在 3/2 处取值的定义.(我们有理由相信这里有一个卡方分布, 所以把 t 的指数写成某个数减 1 是很自然的.) 于是, 积分就简化成了

$$\frac{2\Gamma(3/2)}{\Gamma(1/2)}.$$

由伽马函数的函数方程可知, $\Gamma(s+1) = s\Gamma(s)$. 令 $s = 1/2$ 并把该结果代入上式, 则有

$$\mathbb{E}[X] = \frac{2\Gamma(3/2)}{\Gamma(1/2)} = \frac{2(\frac{1}{2})\Gamma(1/2)}{\Gamma(1/2)} = 1.$$

于是, 我们证明了自由度为 $k = 1$ 的卡方分布的期望值是 1.

下面来计算自由度为 $k = 1$ 的卡方分布的方差. 因为

$$\mathrm{Var}(X) \ = \ \mathbb{E}[X^2] - \mathbb{E}[X]^2,$$

所以只需要求出 $\mathbb{E}[X^2]$:

$$\mathbb{E}[X^2] \ = \ \int_0^\infty x^2 f(x)\,\mathrm{d}x \ = \ \int_0^\infty \frac{x^2}{2^{(1/2)}\Gamma(1/2)} x^{\frac{1}{2}-1}\mathrm{e}^{-x/2}\,\mathrm{d}x.$$

简化被积函数并把常数提到积分号外面, 可得

$$\mathbb{E}[X^2] \ = \ \frac{1}{2^{(1/2)}\Gamma(1/2)} \int_0^\infty x^{3/2}\mathrm{e}^{-x/2}\mathrm{d}x.$$

这里使用的变量替换与求期望时是一样的: $t = x/2$. 此时, $x = 2t$ 且 $\mathrm{d}x = 2\mathrm{d}t$. 利用该替换, 上述积分就变成了

$$\mathbb{E}[X^2] \ = \ \frac{1}{2^{(1/2)}\Gamma(1/2)} \int_0^\infty (2t)^{3/2}\mathrm{e}^{-t}2\mathrm{d}t.$$

现在, 如果把 $t^{3/2}$ 改写成 $t^{\frac{5}{2}-1}$, 并把常数提到积分号外面, 那么这个积分就等于 $\Gamma(5/2)$. 通过进一步简化, 我们得到了

$$\mathbb{E}[X^2] \ = \ \frac{2^2\Gamma(5/2)}{\Gamma(1/2)}.$$

再次使用伽马函数的函数方程, 这一次令 $s = 3/2$, 则有

$$\mathbb{E}[X^2] \ = \ \frac{2^2\Gamma(5/2)}{\Gamma(1/2)} \ = \ \frac{2^2(\frac{3}{2})\Gamma(3/2)}{\Gamma(1/2)} \ = \ \frac{2^2(\frac{3}{2})(\frac{1}{2})\Gamma(1/2)}{\Gamma(1/2)} \ = \ 3.$$

为了求出 $\mathrm{Var}(X)$, 接下来只需要让上述结果减去均值的平方, 而我们已经求出了均值就是 1. 因此, 方差等于 $3 - 1^2$, 即 2.

我们只计算了自由度为 1 的卡方分布的均值与方差, 对于更高阶的矩以及其他的 ν, 计算方法与之类似. 在继续阅读之前, 建议你先尝试做一些这样的计算.

16.3　卡方分布与服从正态分布的随机变量之和

本节将给出自由度为 $k(k$ 是正整数) 的卡方分布的解释. 答案与独立且服从正态分布的随机变量之和有关. 这不难理解, 因为我们已经在 16.1 节中看到了正态

分布与卡方分布之间的关联. 这种关联就是卡方分布如此重要的原因. 下节将详细
解释为什么这让卡方分布变得重要, 现在重点考察它们之间的关系是什么.

> **卡方分布与服从正态分布的随机变量之和**: 设 k 是一个正整数, $X_1,\cdots,X_k$ 是
> 相互独立且均服从标准正态分布的随机变量, 这意味着 $X_i \sim N(0,1)$. 如果 $Y_k = X_1^2 + \cdots + X_k^2$, 那么 $Y_k \sim \chi^2(k)$. 更一般地, 设 $Y_{\nu_1},\cdots,Y_{\nu_m}$ 是 m 个相互独立且
> 均服从卡方分布的随机变量, 其中 $Y_{\nu_i} \sim \chi^2(\nu_i)$. 那么 $Y = Y_{\nu_1} + \cdots + Y_{\nu_m}$ 服从
> 自由度为 $\nu_1 + \cdots + \nu_m$ 的卡方分布.

和往常一样, 有几种不同的证明方法. 我们会给出其中一些方法, 因为每种证
明都阐述了概率论中不同的重要概念. 特别是, 如果只证明下面的特例, 我们可以
跳过接下来的许多小节.

> 如果 $Y_{\nu_1} \sim \chi^2(\nu_1)$ 和 $Y_{\nu_2} \sim \chi^2(\nu_2)$ 是两个相互独立且均服从卡方分布的随机变
> 量, 那么 $Y_{\nu_1} + Y_{\nu_2} \sim \chi^2(\nu_1 + \nu_2)$.

为什么这个特例可以证明**所有情形**下的结果? 这同样是因为我们能适当地**分
组**. 我们已经多次见到过这种方法了 (更多例子请参阅 A.3 节). 如果能熟练掌握
这一点, 就可以免去大量的工作, 你一定想把这种技巧收入囊中. 这是因为, 我们把
复杂的情况分解成了许多简单的情形, 而且做大量简单计算并把它们组合起来通常
要比处理一个复杂的例子容易很多. 实际上, 我们正在做的是归纳证明.

下面通过两个例子来说明这一点. 设 X_1, X_2, X_3 是相互独立的随机变量, 它们
均服从 $N(0,1)$. 假设两个相互独立且均服从卡方分布的随机变量之和仍然服从卡
方分布, 其自由度等于两个自由度之和. 那么, X_1^2, X_2^2, X_3^2 相互独立且均服从 $\chi^2(1)$.
我们有

$$X_1^2 + X_2^2 + X_3^2 = (X_1^2 + X_2^2) + X_3^2.$$

根据我们的陈述, 前两个随机变量的和服从自由度为 2 的卡方分布, 把它记作 Y_2.
于是有

$$X_1^2 + X_2^2 + X_3^2 = Y_2 + X_3^2,$$

但是, 得到的仍是两个相互独立且服从卡方分布的随机变量之和. 现在可以再次使
用之前的陈述, 并看到 $Y_2 + X_3^2$ 服从 $\chi^2(3)$. 我们已经证明了, 三个标准正态分布的
平方和是自由度为 3 的卡方分布. 对于一般情况下的标准正态分布的平方和, 结果
也是类似的.

服从卡方分布的随机变量之和的一般情形是什么样的? 论述过程与之前相似,
这里只简单地说一下. 使用明显的符号 (所有随机变量都是相互独立的, Y_ν 始终服
从自由度为 ν 的卡方分布):

$$Y_{\nu_1} + Y_{\nu_2} + Y_{\nu_3} + \cdots + Y_{\nu_m} = (Y_{\nu_1} + Y_{\nu_2}) + Y_{\nu_3} + \cdots + Y_{\nu_m}$$

$$= Y_{\nu_1 + \nu_2} + Y_{\nu_3} + \cdots + Y_{\nu_m}$$

$$= (Y_{\nu_1 + \nu_2} + Y_{\nu_3}) + Y_{\nu_4} + \cdots + Y_{\nu_m}$$

$$= Y_{\nu_1 + \nu_2 + \nu_3} + Y_{\nu_4} + \cdots + Y_{\nu_m}.$$

如果按照这种方式继续论述下去, 最终会得到 $Y_{\nu_1 + \cdots + \nu_m}$.

因此, 一切都归结为 $\chi^2(\nu_1) + \chi^2(\nu_2) = \chi^2(\nu_1 + \nu_2)$. 我们不会直接证明这个结论, 而是先考察几个特例. 记住, 我们学习本书不是为了解答一些固定的问题, 而是为了学会使用技巧来解决从未见过的各种问题. 因此, 我们会经常给出一些额外的证明, 但如果想要最简明地了解概率, 那就跳过这些证明. 不过, 要想丰富你的技巧, 花点时间来阅读这些内容是很有必要的.

在接下来的几小节中, 我们会采用不同的方法来证明, 分别是 16.3.1 节中的直接求积分法、16.3.2 节中的变量替换定理, 以及最后的卷积公式. 如果你只关心结论的证明, 那么可以跳到与卷积有关的两个小节 (16.3.3 节和 16.3.4 节), 但是在其他方法中有许多重要的结果和观点. 花些时间来消化这些知识是值得的. 特别是, 在 16.3.2 节中, 我们建立了标准化常数理论, 并考察了如何在不求积分的情况下得到积分值!

16.3.1　直接积分求平方和

我们已经证明了如果 $X \sim N(0, 1)$, 那么 $X^2 \sim \chi^2(1)$. 对于两个相互独立且均服从标准正态分布的随机变量, 它们的平方和是什么情况? 我们要再次计算累积分布函数然后对其求导. 设 $Y = X_1^2 + X_2^2$, 其中 $X_i \sim N(0, 1)$, 并且 X_1 和 X_2 是相互独立的. 我们有

$$\begin{aligned}
F_Y(y) &= \mathrm{Prob}(Y \leqslant y) \\
&= \mathrm{Prob}(X_1^2 + X_2^2 \leqslant y) \\
&= \iint_{x_1^2 + x_2^2 \leqslant y} \frac{1}{\sqrt{2\pi}} \mathrm{e}^{-x_1^2/2} \frac{1}{\sqrt{2\pi}} \mathrm{e}^{-x_2^2/2} \mathrm{d}x_1 \mathrm{d}x_2 \\
&= \iint_{x_1^2 + x_2^2 \leqslant y} \frac{1}{2\pi} \mathrm{e}^{-(x_1^2 + x_2^2)/2} \mathrm{d}x_1 \mathrm{d}x_2.
\end{aligned}$$

现在, 你应该想到接下来要做什么了. 我们在一个半径为 y 的圆盘上积分, 这个问题在强烈提醒我们要做极坐标变换. 另外, 看一下被积函数. 被积函数与角度 θ 无关, 只依赖于半径.

现在做极坐标变换, 令 $x_1 = r\cos\theta$, $x_2 = r\sin\theta$. 由变量替换公式可知 $\mathrm{d}x_1 \mathrm{d}x_2 =$

$r\mathrm{d}r\mathrm{d}\theta$(关于极坐标的特殊情形, 请参阅网络资料). 积分上下限是什么呢? 现在有 $\theta: 0 \to 2\pi$, 但 $r: 0 \to \sqrt{y}$, 这是因为圆的半径是 $\sqrt{y}$, 而不是 y. 于是

$$\begin{aligned} F_Y(y) &= \int_{\theta=0}^{2\pi} \int_{r=0}^{\sqrt{y}} \frac{1}{2\pi} \mathrm{e}^{-r^2/2} r\mathrm{d}r\mathrm{d}\theta \\ &= \int_{\theta=0}^{2\pi} \frac{\mathrm{d}\theta}{2\pi} \int_{r=0}^{\sqrt{y}} \mathrm{e}^{-r^2/2} r\mathrm{d}r \\ &= \left(2\pi \cdot \frac{1}{2\pi}\right) \cdot \left[-\mathrm{e}^{-r^2/2}\right]_0^{\sqrt{y}} \\ &= 1 \cdot \left(1 - \mathrm{e}^{-y/2}\right). \end{aligned}$$

既然已经知道了累积分布函数 $F_Y(y)$, 那么概率密度函数就是它的导数. 因此最终得到了

$$f_Y(y) = \frac{1}{2}\mathrm{e}^{-y/2},$$

通过验证, 它就是自由度为 2 的卡方分布的概率密度函数.

16.3.2 利用变量替换定理求平方和

考虑到求两个标准正态分布的平方和的计算量, 我们有理由对 n 个平方和的计算感到担忧. 看来有必要知道从 n 维笛卡儿坐标到 n 维球面坐标的变量替换公式! 本节会涉及更高等的知识, 我们假设读者熟知多元变量替换定理 (参阅网络资料). **你可以放心地跳过这部分内容并继续考察使用卷积的证明方法, 但我建议你至少浏览一下这些论述.** 这是因为, 我们在卷积法中使用的标准化常数法也会在这里出现. 你碰到高级概念的次数越多, 理解起它来就越容易. 另一个原因是, 变量替换法会带来很多好结果. 例如, 在分析过程中, 我们会得到 n 维球体的面积! 最后, 本节是对上节直接积分法的自然推广, 因此从逻辑上讲, 看看我们能在多大程度上推动这些计算是有意义的. 不过, 你可以直接跳到卷积法, 再回过头来看本节. 正如我的一位导师塞尔日·兰曾在一本书中提到的: 如果书必须按照页码次序来阅读, 那将是件令人感到遗憾的事, 因为不同的人会喜欢不同的阅读顺序!

令人惊讶的是, 虽然广义球面坐标有很好的公式, 但我们不需要知道, 因为可以利用称为**标准化常数理论**的方法. 我们知道, $x_1, \cdots, x_k$ 可以用半径 r 和 $k-1$ 个角度 $\theta_1, \cdots, \theta_{k-1}$ 来表示. 它们有如下形式的关系

$$x_1 = rh_1(\theta_1, \cdots, \theta_{k-1})$$
$$\vdots$$
$$x_k = rh_k(\theta_1, \cdots, \theta_{k-1}).$$

要确保我们的理解相同: 不同的 h_i 各有公式. 我们可以沿着这种思路走下去, 利用这些具体公式来计算. 然而, 引入这部分内容是为了告诉你如何从正确的角度考察问题, 从而避免这些可怕的计算. 我们仍要使用变量替换定理. 即便不知道变量替换所涉及的函数, 也可以做变量替换, 这看起来让人感到惊讶, 但正是该方法的魅力所在!

现在回顾一下变量替换定理.

变量替换定理: 设 V 和 W 是 $\mathbb{R}^k$ 中的有界开集. 设映射 $h: V \to W$ 既是一对一的, 又是映上的, 其定义如下

$$h(u_1, \cdots, u_k) = (h_1(u_1, \cdots, u_k), \cdots, h_k(u_1, \cdots, u_k)).$$

设 $f: W \to \mathbb{R}$ 是一个连续有界的函数. 那么

$$\int \cdots \int_W f(x_1, \cdots, x_k) \mathrm{d}x_1 \cdots \mathrm{d}x_k$$
$$= \int \cdots \int_V f(h(u_1, \cdots, u_k)) J(u_1, \cdots, u_v) \mathrm{d}u_1 \cdots \mathrm{d}u_k,$$

其中 J 是雅可比行列式, 即

$$J = \begin{vmatrix} \dfrac{\partial h_1}{\partial u_1} & \cdots & \dfrac{\partial h_1}{\partial u_k} \\ \vdots & \ddots & \vdots \\ \dfrac{\partial h_k}{\partial u_1} & \cdots & \dfrac{\partial h_k}{\partial u_k} \end{vmatrix}.$$

如果想使用这个定理, 就要知道变量替换函数 h_i. 有种巧妙的方法可以让我们摆脱痛苦的计算. 我们要弄清楚体积元 $\mathrm{d}x_1 \cdots \mathrm{d}x_k$ 是如何变化的, 显然有

$$\mathrm{d}x_1 \cdots \mathrm{d}x_k = \mathcal{G}(r, \theta_1, \cdots, \theta_{k-1}) \mathrm{d}r \mathrm{d}\theta_1 \cdots \mathrm{d}\theta_{k-1}.$$

这里没有涉及数学运算, 只是用字母 $\mathcal{G}$ 来表示答案. 现在引入数学运算. 我们一定有

$$\mathcal{G}(r, \theta_1, \cdots, \theta_{k-1}) = r^{k-1} \mathcal{C}(\theta_1, \cdots, \theta_{k-1}).$$

为什么? 这是由单位分析得出的. 在二维空间中, $\mathrm{d}x_1 \mathrm{d}x_2 \to r \mathrm{d}r \mathrm{d}\theta$; 在三维空间中, $\mathrm{d}x_1 \mathrm{d}x_2 \mathrm{d}x_3 \to r^2 \sin \theta_1 \mathrm{d}r \mathrm{d}\theta_1 \mathrm{d}\theta_2$. 注意, 半径的方幂比变量个数少 1. 这是因为角变量是无单位的. 如果 $\mathrm{d}r \mathrm{d}\theta_1 \cdots \mathrm{d}\theta_{k-1}$ 的单位是 "米", 那么 $\mathrm{d}x_1 \cdots \mathrm{d}x_k$ 的单位就是 "米^k". 所以, 这里需要一个因子 r^{k-1}. 因此, 我们证明了存在某个复杂的函数 $\mathcal{C}$ 使得

$$\mathrm{d}x_1 \cdots \mathrm{d}x_k = r^{k-1} \mathcal{C}(\theta_1, \cdots, \theta_{k-1}) \mathrm{d}r \mathrm{d}\theta_1 \cdots \mathrm{d}\theta_{k-1}.$$

现在回到我们的问题. 设 $Y = X_1^2 + \cdots + X_k^2$. 再次使用累积分布函数的技巧可得

$$
\begin{aligned}
F_Y(y) &= \mathrm{Prob}(X_1^2 + \cdots + X_k^2 \leqslant y) \\
&= \int \cdots \int_{x_1^2 + \cdots + x_k^2 \leqslant y} \frac{1}{\sqrt{2\pi}} \, \mathrm{e}^{-x_1^2/2} \cdots \frac{1}{\sqrt{2\pi}} \, \mathrm{e}^{-x_k^2/2} \mathrm{d}x_1 \cdots \mathrm{d}x_k \\
&= \int \cdots \int_{x_1^2 + \cdots + x_k^2 \leqslant y} \frac{1}{(2\pi)^{k/2}} \, \mathrm{e}^{-(x_1^2 + \cdots + x_k^2)/2} \mathrm{d}x_1 \cdots \mathrm{d}x_k.
\end{aligned}
$$

接下来做变量替换. 我们不关心角度的积分区域, 所以该区域用从 l_i 到 u_i 来表示 (u_i 和 l_i 分别是积分上下限):

$$
F_Y(y) = \int_{r=0}^{\sqrt{y}} \int_{\theta_1 = l_1}^{u_1} \cdots \int_{\theta_{k-1} = l_{k-1}}^{u_{k-1}} \frac{\mathrm{e}^{-r^2/2} r^{k-1} \mathcal{C}(\theta_1, \cdots, \theta_{k-1})}{(2\pi)^{k/2}} \, \mathrm{d}r \mathrm{d}\theta_1 \cdots \mathrm{d}\theta_{k-1}.
$$

事实上, 虽然我们写的是正确的, 但这里很容易出错. 假设角度的积分区域是一个 $(k-1)$ 维的盒子. 那么 l_{k-1} 和 u_{k-1} 应该是角度 θ_1 到 θ_{k-2} 的函数, 而 l_{k-2} 和 u_{k-2} 应该是角度 θ_1 到 θ_{k-3} 的函数, 依此类推. 幸运的是, 发生变化的只是积分限, 而接下来要做的与之前相同.

我们对 $k-1$ 个角变量求积分, 而这个积分值与 r 和 y 无关, 所以把它记作 C_k(它确实与角变量的个数有关). 因此

$$
F_Y(y) = C_k \int_{r=0}^{\sqrt{y}} \mathrm{e}^{-r^2/2} r^{k-1} \mathrm{d}r.
$$

令 $h(r) = C_k \mathrm{e}^{-r^2/2} r^{k-1}$, $H(r)$ 是 $h(r)$ 的原函数. 那么

$$
F_Y(y) = H(\sqrt{y}) - H(0).
$$

然后求导, 我们 (几乎) 得到了概率密度函数:

$$
f_Y(y) = H'(\sqrt{y}) \frac{1}{2\sqrt{y}} = \frac{C_k}{2} \mathrm{e}^{-y/2} y^{\frac{k}{2} - 1}.
$$

为什么说 "几乎" 呢? 问题在于, 这里仍然有常数 C_k, 我们**应该**求出角变量的积分从而确定 C_k 的值, 但事实并非如此. 因此, 我们没有得到最终的答案. 幸运的是, 计算 C_k 是非常简单的. 这看起来很荒谬——能如何计算 C_k? 不应该早点算出来吗? 此外, 如果要计算它, 我们不是要找出从笛卡儿坐标到球面坐标的变量替换公式应该是什么吗?

能轻松求出 C_k 的原因是 $Y = X_1^2 + \cdots + X_k^2$ 是一个随机变量, 它的**概率密度**

函数一定为 1! 根据前面的内容, 我们已经知道自由度为 k 的卡方分布的概率密度函数公式. 用 y 表示虚拟变量, 则有 (当 $y \geqslant 0$ 时)

$$\frac{1}{2^{k/2}\Gamma(k/2)}y^{\frac{k}{2}-1}e^{-y/2}.$$

注意, 在这个式子中, y 的表达式与 $f_Y(y)$ 中的完全一样, 因此, 两者的标准化常数也肯定一样!

这是个非常重要的问题, 毫无疑问是本书中最重要的问题之一. 虽然有其他方法可以通过直接计算来得出答案, 但我更喜欢这种方法, 因为它阐述了**标准化常数理论**的力量. 令人难以置信的是, 它竟然让我们绕过了那些痛苦的计算. 这种情况在高等数学中经常出现, 尤其是在随机矩阵理论中.

注 16.3.1 即使不知道自由度为 k 的卡方分布的概率密度函数, 仍然可以根据 $f_Y(y)$ 的积分值为 1 来求出 C_k 的值. 这里会用到伽马函数, 其定义为

$$\Gamma(s) = \int_0^\infty e^{-x}x^{s-1}dx.$$

回到我们的问题, 现在有

$$1 = \int_0^\infty f_Y(y)dy = \frac{C_k}{2}\int_0^\infty e^{-y/2}y^{\frac{k}{2}-1}dy.$$

做变量替换, 令 $x = y/2$, 所以 $dy = 2dx$, 并且有

$$1 = \frac{C_k}{2}\int_0^\infty e^{-x}2^{\frac{k}{2}-1}x^{\frac{k}{2}-1}2dx = \frac{C_k}{2}\cdot 2^{\frac{k}{2}}\Gamma\left(\frac{k}{2}\right),$$

这意味着

$$\frac{C_k}{2} = \frac{1}{2^{k/2}\Gamma(k/2)}.$$

注 16.3.2 每当看到一种新方法时, 都有必要探索可以把它推广到什么程度. 我们还能从上述分析中得到哪些信息呢? 在我们的计算中隐含着 **n 维球体**的 "表面积"! 记住, 体积元变成了

$$r^{k-1}\mathcal{C}(\theta_1,\cdots,\theta_{k-1})drd\theta_1\cdots d\theta_{k-1},$$

而且我们指出了

$$\int_{\theta_1=l_1}^{u_1}\cdots\int_{\theta_{k-1}=l_{k-1}}^{u_{k-1}}\frac{1}{(2\pi)^{k/2}}\mathcal{C}(\theta_1,\cdots,\theta_{k-1})d\theta_1\cdots d\theta_{k-1} = C_k.$$

利用上面求出的 C_k 值, 得到

$$\int_{\theta_1=l_1}^{u_1}\cdots\int_{\theta_{k-1}=l_{k-1}}^{u_{k-1}}\mathcal{C}(\theta_1,\cdots,\theta_{k-1})d\theta_1\cdots d\theta_{k-1} = \frac{2(2\pi)^{k/2}}{2^{k/2}\Gamma(k/2)} = \frac{2\cdot\pi^{k/2}}{\Gamma(k/2)}.$$

我们说, 这就是 n 维球体的表面积. 为什么呢? 之前, 我们对一个只依赖于半径的函数求积分, 因此这里的变量替换可以看作将一个半径为 $\sqrt{y}$ 的 n 维球体划分成一系列半径从 0 到 $\sqrt{y}$ 的球形壳. 对于具体的 n, 该公式可以给出什么信息?

$$n = 2 : 2\pi$$
$$n = 3 : 4\pi$$
$$n = 4 : 2\pi^2$$

除了最后一行, 前两种情况分别是众所周知的单位圆的周长和单位球的表面积.

一个很好的练习是进一步推广这种方法, 计算出 n 维球体的体积. 在 n 维空间中, 考察单位球与边长为 2 的立方体的体积比是件很有趣的事, 因为这告诉我们把 n 维球体放入 n 维立方体中所占的百分比是多少.

16.3.3 卷积法求平方和

本节将给出另一种方法来证明, 服从标准正态分布的随机变量的平方和服从卡方分布. 本节的中心思想与变量替换法一致. 具体地说, 我们的目的是向你展示, 如何利用**标准化常数理论**来避免大量烦琐的计算.

本节使用**卷积理论**来分析相互独立的随机变量之和. 回顾一下, 如果 X_1 的概率密度函数是 f_1, X_2 的概率密度函数是 f_2, 并且 X_1 和 X_2 是相互独立的, 那么 $X_1 + X_2$ 的概率密度函数就是

$$f_{X_1+X_2}(x) = \int_{-\infty}^{\infty} f_1(t)f_2(x-t)\mathrm{d}t.$$

我们在第 10 章和第 19 章中详细地讨论了卷积, 这里简单地说明它为什么成立. 假设我们希望 $X_1 + X_2$ 等于 x. 该怎么做到这一点呢? 如果 $X_1 = t$, 那么 X_2 显然必须等于 $x - t$. $X_1 = t$ 的概率是 $f_1(t)$, 而 $X_2 = x - t$ 的概率是 $f_2(x - t)$. 把它们相乘就得到了两个结果同时发生的概率. 然后对 t 的所有值积分, 这样就考虑到了所有可能的情况. 我们把 f_1 和 f_2 的卷积记作 $f_1 * f_2$, 于是

$$(f_1 * f_2)(x) = \int_{-\infty}^{\infty} f_1(t)f_2(x-t)\mathrm{d}t.$$

回忆一下, 如果一个随机变量的概率密度函数是

$$f_d(x) = \begin{cases} \dfrac{1}{2^{d/2}\Gamma(d/2)} x^{\frac{d}{2}-1}\mathrm{e}^{-x/2} & \text{若 } x \geqslant 0 \\ 0 & \text{其他}, \end{cases}$$

那么这个随机变量就服从自由度为 d 的卡方分布, 其中 Γ 是伽马函数 (阶乘函数的推广), 其定义为

$$\Gamma(s) = \int_0^\infty x^{s-1}\mathrm{e}^{-x}\mathrm{d}x.$$

我们知道, 如果 X_i 服从标准正态分布, 那么 X_i^2 服从自由度为 1 的卡方分布. 对于自由度为 d 的卡方分布, 其标准化常数记作 c_d.

基本情形: 我们先考虑两个卡方分布的和, 并且每个分布的自由度均为 1. 和的概率密度函数为

$$(f_1 * f_1)(x) = \int_{-\infty}^\infty f_1(t)f_1(x-t)\mathrm{d}t$$
$$= \int_0^x c_1 t^{-1/2}\mathrm{e}^{-t/2} \cdot c_1(x-t)^{-1/2}\mathrm{e}^{-(x-t)/2}\mathrm{d}t.$$

这里的积分上限为 x, 因为当 $x-t$ 为负时, $f_1(x-t) = 0$. 对上式进行化简可得

$$(f_1 * f_1)(x) = c_1^2 \mathrm{e}^{-x/2} \int_0^x t^{-1/2}(x-t)^{-1/2}\mathrm{d}t.$$

接下来有两种方法. 第一种方法是直接求出这个积分. 通过蛮力计算也许能够做到这一点, 但这种做法并不受欢迎. 注意, 最后的答案一定是个概率分布. 因此, **我们不需要精确地计算出这个积分, 只要知道它依赖于 x 就足够了!** 如果知道这个积分依赖于 x, 那么通过写出 $(f_1 * f_1)(x)$ 关于 x 的积分并让结果等于 1, 就可以求出标准化常数. 这是一种非常巧妙且强大的想法, 如果能学会正确地做到这一点, 你就可以避免许多令人痛苦的积分.

我们看一看 t 积分. 出现 x 的唯一位置是 $(x-t)^{-1/2}$. 如果令 $t = ux$, 就得到了 $(x-ux)^{-1/2}=x^{-1/2}(1-u)^{-1/2}$, 这样就可以把 x 完全提取出来! 于是, 可以做下列巧妙的变量替换: 令 $t = ux$ 且 $\mathrm{d}t = x\mathrm{d}u$. 因为 t 的取值范围是从 0 到 x, 所以 u 的取值范围是从 0 到 1. 于是有

$$(f_1 * f_1)(x) = c_1^2 \mathrm{e}^{-x/2} \int_0^1 (xu)^{-1/2}(x-xu)^{-1/2}x\mathrm{d}u$$
$$= c_1^2 \mathrm{e}^{-x/2} \frac{x}{x^{1/2}x^{1/2}} \int_0^1 u^{-1/2}(1-u)^{-1/2}\mathrm{d}u.$$

u 积分可以写成一个很好的形式, 因为它与参数为 $\alpha = \beta = 1/2$ 的贝塔分布的概率密度函数积分成正比 (参见 15.5 节). 我们也可以做一些巧妙的变量替换, 但是没有必要! 用 $\mathcal{C}_1$ 表示 u 积分的值, 有

$$(f_1 * f_1)(x) = \begin{cases} \mathcal{C}_1 c_1^2 \mathrm{e}^{-x/2} & \text{若 } x \geqslant 0 \\ 0 & \text{其他}. \end{cases}$$

因为这是个概率分布, 所以它的积分值一定为 1, 这表明了 $\mathcal{C}_1 c_1^2 = 1/2$(因为 $\int_0^\infty \mathrm{e}^{-x/2}\mathrm{d}x = 2$). 再次强调, 虽然可以通过蛮力计算出 $\mathcal{C}_1$, 但没有这个必要. 为了证明

我们得到了一个自由度为 2 的卡方分布, 现在只需要证明上式依赖于 x 即可, 因为标准化常数肯定与分布相匹配.

归纳步骤: 现在考察一般情形. 我们采用归纳法证明. 现在已经解决了基本情形, 接下来必须证明 $X_1^2 + \cdots + X_{n+1}^2$ 服从自由度为 $n+1$ 的卡方分布. 由归纳法可知, $X_1^2 + \cdots + X_n^2$ 服从自由度为 n 的卡方分布. 仍把标准化常数记作 c_n 和 c_1, 我们看到

$$
\begin{aligned}
(f_1 * \cdots * f_1)(x) &= \int_{-\infty}^{\infty} f_n(t) f_1(x - t) \mathrm{d}t \\
&= \int_0^x c_n t^{\frac{n}{2} - 1} \mathrm{e}^{-t/2} \cdot c_1 (x - t)^{-\frac{1}{2}} \mathrm{e}^{-(x-t)/2} \mathrm{d}t.
\end{aligned}
$$

把指数因子结合在一起得到了 $\mathrm{e}^{-x/2}$. 再次令 $t = ux$ 且 $\mathrm{d}t = x\mathrm{d}u$, 那么

$$
\begin{aligned}
(f_1 * \cdots * f_1)(x) &= c_n c_1 \mathrm{e}^{-x/2} \int_0^1 (xu)^{\frac{n}{2} - 1} (x - xu)^{-\frac{1}{2}} x \mathrm{d}u \\
&= c_n c_1 \mathrm{e}^{-x/2} x^{\frac{n}{2} - 1} x^{-\frac{1}{2}} x \int_0^1 u^{\frac{n}{2} - 1} (1 - u)^{-\frac{1}{2}} \mathrm{d}u \\
&= c_n c_1 x^{\frac{n+1}{2} - 1} \mathrm{e}^{-x/2} \int_0^1 u^{\frac{n}{2} - 1} (1 - u)^{-\frac{1}{2}} \mathrm{d}u.
\end{aligned}
$$

同样, 我们可以得到一个闭合型的 u 积分 (从本质上看, 它就是参数为 $v_1/2$ 和 $v_2/2$ 的贝塔分布的概率密度函数的积分), 但重要的是, 这个积分与 x 无关. 把该积分记作 $\mathcal{C}_n$, 于是

$$
(f_1 * \cdots * f_1)(x) = \begin{cases} \mathcal{C}_n c_n c_1 x^{\frac{n+1}{2} - 1} \mathrm{e}^{-x/2} & \text{若 } x \geqslant 0 \\ 0 & \text{其他}. \end{cases}
$$

注意, 对 x 的依赖性恰好就是对自由度为 $n+1$ 的卡方分布的依赖性. 因此, 标准化常数 $\mathcal{C}_n c_n c_1$ 一定等于自由度为 $n+1$ 的卡方分布的标准化常数. 再次强调, 我们可以通过蛮力来计算这个常数, 但仍然没有必要!

16.3.4 服从卡方分布的随机变量之和

我们集中证明了服从标准正态分布的随机变量的平方和将服从卡方分布. 这些证明都不错, 并且阐述了很多很棒的技巧, 然而, 从极简主义的观点来看, 它们都是不必要的. 我们只需要证明, 如果 $Y_1 \sim \chi^2(\nu_1)$ 和 $Y_2 \sim \chi^2(\nu_2)$ 是两个相互独立且均服从卡方分布的随机变量, 那么 $Y_1 + Y_2 \sim \chi^2(\nu_1 + \nu_2)$. 如果 ν_1 和 ν_2 都是整数, 那么 $Y_1 + Y_2$ 就可以简化成服从标准正态分布的随机变量的带括号的平方和, 即

$$
\left(X_1^2 + \cdots + X_{\nu_1}^2 \right) + \left(X_{\nu_1+1}^2 + \cdots + X_{\nu_1+\nu_2}^2 \right),
$$

接着再使用广义的球面坐标.

如果 ν_1 和 ν_2 不是整数呢? 事实证明, 我们可以利用 16.3.3 节的卷积法. 因为卷积法的证明中从来没有假设过 ν_1 和 ν_2 是整数, 所以这种论述方法更具有普遍性. 这是个很重要的问题, 我们将给出一般证明.

设 Y_{ν_1} 和 Y_{ν_2} 的概率密度函数分别是 f_{ν_1} 和 f_{ν_2}, 那么 $Y = Y_{\nu_1} + Y_{\nu_2}$ 的概率密度函数是

$$
\begin{aligned}
f_Y(y) &= (f_{\nu_1} * f_{\nu_2})(y) = \int_{-\infty}^{\infty} f_{\nu_1}(t) f_{\nu_2}(y-t) \mathrm{d}t \\
&= \int_0^y c_{\nu_1} t^{\frac{\nu_1}{2}-1} \mathrm{e}^{-t/2} \cdot c_{\nu_2}(y-t)^{\frac{\nu_2}{2}-1} \mathrm{e}^{-(y-t)/2} \mathrm{d}t.
\end{aligned}
$$

把指数因子结合起来就得到了 $\mathrm{e}^{-y/2}$. 我们仍然令 $t = uy$ 且 $\mathrm{d}t = y\mathrm{d}u$, 那么

$$
\begin{aligned}
f_Y(y) &= c_{\nu_1} c_{\nu_2} \mathrm{e}^{-y/2} \int_0^1 (yu)^{\frac{\nu_1}{2}-1} (y-yu)^{\frac{\nu_2}{2}-1} y\mathrm{d}u \\
&= c_{\nu_1} c_{\nu_2} \mathrm{e}^{-y/2} y^{\frac{\nu_1}{2}-1} y^{\frac{\nu_2}{2}-1} y \int_0^1 u^{\frac{\nu_1}{2}-1} (1-u)^{\frac{\nu_2}{2}-1} \mathrm{d}u \\
&= c_n c_1 y^{\frac{\nu_1+\nu_2}{2}-1} \mathrm{e}^{-y/2} \int_0^1 u^{\frac{\nu_1}{2}-1} (1-u)^{\frac{\nu_2}{2}-1} \mathrm{d}u.
\end{aligned}
$$

同样, 我们可以得到一个闭合型的 u 积分, 因为它本质上就是参数为 $v_1/2$ 和 $v_2/2$ 的贝塔分布的概率密度函数的积分 (参见 15.5 节). 不过重要的是, 这个积分与 y 无关. 把该积分记作 $\mathcal{C}_{\nu_1,\nu_2}$, 于是

$$
f_Y(y) = \begin{cases} \mathcal{C}_{\nu_1,\nu_2} c_{\nu_1} c_{\nu_2} y^{\frac{\nu_1+\nu_2}{2}-1} \mathrm{e}^{-y/2} & \text{若 } y \geqslant 0 \\ 0 & \text{其他.} \end{cases}
$$

注意, 对 y 的依赖性恰好就是对自由度为 $\nu_1 + \nu_2$ 的卡方分布的依赖性. 因此, 标准化常数 $\mathcal{C}_{\nu_1,\nu_2} c_{\nu_1} c_{\nu_2}$ 一定等于自由度为 $\nu_1 + \nu_2$ 的卡方分布的标准化常数.

值得我们 (一次又一次!) 强调的是, **标准化常数理论**可以帮助我们避免一些非常难算的积分. 自由度为 ν 的卡方分布的标准化常数很容易找到, 它只是一个与伽马函数有关的简单表达式. 虽然计算伽马函数的值并不容易, 但从理论上看, 这一点并不重要——现在已经命名了标准化常数. 我们不需要算出 u 积分的值!

值得注意的是, 可以用这些论述来推导贝塔函数的基本关系式! 对读者来说, 这是个不错的练习 (参见习题 16.5.22).

16.4 总 结

我们引入了另一个重要的概率分布族, 即卡方分布. 它有一个自由变量, 与它

相关的计算都与伽马函数有关. 我们还发现, 相互独立且服从卡方分布的随机变量之和也服从卡方分布. 因此, 卡方分布是一个**稳定的分布**, 这意味着独立的随机变量之和的形状与每个随机变量的形状相同. 这是个很不寻常的性质, 并且通常难以成立. 例如, 服从均匀分布的随机变量之和不服从均匀分布, 服从指数分布的随机变量之和也不服从指数分布. 另外, 还有其他的稳定分布 (连续型分布包括正态分布和柯西分布, 离散型分布包括泊松分布). 它们在分析中非常有用, 因为函数的形式没有改变.

　　我们讨论了几种处理积分的方法, 从蛮力计算到变量替换, 再到察觉函数的依赖性并使用标准化常数理论. 我个人最喜欢最后一种方法. 从本质上说, 这能在不计算积分的情况下得到积分值!

　　本章最后简要地介绍卡方分布在统计学中的应用. 它们之所以发挥着如此重要的作用, 是因为服从标准正态分布的随机变量的平方服从自由度为 1 的卡方分布, 而且人们通常会假定误差服从正态分布. 然而, 误差的和并不是非常有用, 因为正误差可以与负误差抵消. 我们可以对误差的绝对值求和, 但绝对值函数是不可微的, 所以微积分工具也不再适用. 接下来最简单的组合是误差的平方和, 现在我们可以看到为什么卡方分布出现了. 有关这方面的更多内容, 请参阅第 24 章关于最小二乘法的内容.

　　有三种不同类型的卡方检验在应用中非常重要. 首先请参阅 22.5 节对**卡方拟合优度检验**的解释, 它用来衡量一组分类数据是否来自某个特定的离散分布. 其次是**卡方齐性检验**, 它应用于来自多个不同总体的单个分类变量, 并检验该变量的频率计数在不同总体中是否有统计学差异. 换句话说, 卡方齐性检验用来测试不同总体的频率计数是否服从同一种分布. 最后一种是**卡方独立性检验**, 它应用于来自同一总体的多个分类变量, 并确定变量之间的关联是否具有统计学意义. 换言之, 卡方独立性检验考察的是变量之间是否存在独立性.

　　拟合优度检验、齐性检验以及独立性检验均采用相同的方法来计算检验统计量. 通常, 数据被组织成一个列联表, 并由分类变量划分. 卡方检验统计量是这样算出来的: 对于列联表的每个单元, 把观察到的与预期的频率计数做差之后平方, 然后除以预期的频率计数, 最后求和:

$$\sum_{i=1}^{n} \frac{(\text{观察值}_i - \text{预期值}_i)^2}{\text{预期值}_i}.$$

　　卡方齐性检验和卡方独立性检验在遗传学领域都非常有用, 后者在确定同一染色体上基因之间的遗传连锁程度方面特别有用. 关于卡方拟合优度检验的应用, 请参阅习题 16.5.16. 关于卡方独立性检验的应用, 请参阅习题 16.5.17.

16.5　习　题

习题 16.5.1　对于自由度为 k 的卡方分布, 求出其均值与方差.

习题 16.5.2　对于自由度为 k 的卡方分布, 求出其偏斜度.

习题 16.5.3　如果一个随机变量服从自由度为 $k = 2$ 的卡方分布, 那么该变量的 PDF 是什么? 这与我们见过的其他分布有什么关联?

习题 16.5.4　如果一个随机变量服从自由度为 $k = 2$ 的卡方分布, 那么该变量的 CDF 是什么?

习题 16.5.5　对于任意的 k, 卡方分布是对称的吗? 如果是, 关于哪个点对称? k 取何值时对称?

习题 16.5.6　证明: 当 k 趋近于无穷大时, 卡方分布趋向于关于 k 对称.

习题 16.5.7　设随机变量 X 服从参数为 k 的卡方分布, 并且 $Y = \sqrt{X}$, 求出 Y 的概率密度函数.

习题 16.5.8　你正在测量两点之间的距离. 如果两个方向上的误差相互独立且均服从参数为 μ 和 σ 的正态分布, 求出总误差的概率分布.

习题 16.5.9　对直线进行数据拟合最常用的方法是最小化每个点与拟合线之间的距离平方. 请解释一下, 为什么要考察差的平方, 而不是只使用原始误差或取误差的绝对值. 这种做法可能有哪些不足? 更多相关信息, 请参阅第 24 章.

习题 16.5.10　解释卡方分布和伽马分布是如何关联起来的.

习题 16.5.11　对于那些了解统计学知识的读者, 请解释如何利用卡方分布来检验线性回归中误差的正态性.

习题 16.5.12　对于那些了解统计学知识的读者, 请写一段话, 从概率的角度证明卡方齐性检验法的合理性 (也就是说, 为什么检验统计量是一个服从卡方分布的随机变量, 为什么自由度等于分类变量的水平数减 1 再乘以总体的个数).

习题 16.5.13　想象一下, 我们正把一只飞镖扔向飞镖靶. 在任意方向上, 飞镖落点与中心点的距离均服从标准正态分布. 求出飞镖落点与中心点的距离的概率密度函数. 如果误差不服从标准正态分布, 而是服从均值为 0 且方差为 2 的正态分布, 那么结果又如何?

习题 16.5.14　想象一下, 我们有两个飞镖靶, 其中一个是上一题中的二维飞镖靶, 另一个是条直线. 同样地, 每个方向上的误差均服从标准正态分布. 那么, 飞镖与二维靶心的距离比一维靶心更近的概率是多少?

习题 16.5.15　更一般地, 对于 n 维飞镖靶, 求出飞镖落点与靶心距离的概率密度函数. 每个方向上的误差均服从正态分布. 随着 n 的增加, 总距离的均值是如何变化的?

习题 16.5.16　对于了解统计学知识的读者而言, 卡方分布经常在遗传学中使用. 假设我们做了个杂交试验, 对纯红色的花和纯白色的花进行杂交. 如果得到了 25 朵白色的花、35 朵粉色 (介于红色和白色之间) 的花和 20 朵红色的花, 那么你是否拒绝这样的假说: 花朵表现出的单基因不完全显性导致了 1 : 2 : 1 的表型比例?

习题 16.5.17　考虑以下给定表格中的数据, 是否有足够的证据表明: 一个人坐在概率班的哪一排与他在课堂上的整体表现有关? 假设概率班是从较大的学生群体中抽取出来的, 是一个有代表性的样本.

成绩	第 1 排	第 2 排	第 3 排	第 4 排
A	8	6	7	6
B	13	13	13	14
C	6	9	5	8
D	8	7	10	7

习题 16.5.18   假设你购买的股票第一年返回的利润可以用随机变量 $X \sim N(0.1, 0.1)$ 来模拟, 而且第二年返回的利润率与第一年相同. 股票价格在前两年内增加至少 30% 的概率是多少?

习题 16.5.19   求出自由度分别为 2、4、6 和 8 的卡方分布的中位数. 将这些点画出来, 并画出一条穿过这些点的回归线, 从而得到卡方分布中位数的近似公式. 并使其成为自由度的函数.

习题 16.5.20   从自由度为 1 的卡方分布中随机选取 1000 个数. 绘制每个数中首位数字的频率. 用自由度为 10 的卡方分布来重复此操作. 比较柱状图.

习题 16.5.21   假设我们想在 $\alpha = 0.1$ 的显著性水平下, 利用卡方齐性检验来确定骰子是否均匀. 我们将其抛掷 60 次, 得到了以下结果:

骰子的点数	1	2	3	4	5	6
观察值	7	11	9	10	11	10
预期值	10	10	10	10	10	10

计算以下检验统计量: $\sum_{i=1}^{n} \frac{(\text{预期值}_i - \text{预期值}_i)^2}{\text{预期值}_i} = \frac{(7-10)^2}{10} + \frac{(11-10)^2}{10} + \frac{(9-10)^2}{10} + \frac{(10-10)^2}{10} + \frac{(11-10)^2}{10} + \frac{(10-10)^2}{10} = 1.2$. 如果已知骰子是均匀的, 那么这个检验统计量是不是不合理? 将其与下面的 p 表格进行比较, 这个 p 表格描述的是服从自由度为 5 的卡方分布的随机变量, 表中的概率是指得到的值大于或等于下一行中检验统计量的概率.

概率	0.90	0.50	0.10	0.05	0.01
检验统计量	1.61	4.35	9.24	11.07	15.09

p 表格告诉我们, 在 $\alpha = 0.1$ 的显著性水平下, 1.2 的检验统计量低于临界值 1.61. 因此, 没有足够的统计证据表明骰子是不均匀的. 换句话说, 我们不能拒绝骰子是均匀的原假设.

如果得到了下列结果, 情况又如何?

骰子的点数	1	2	3	4	5	6
观察值	6	13	9	13	5	12
预期值	10	10	10	10	10	10

习题 16.5.22   利用 16.3.4 节中的论述来推导贝塔函数的基本关系式.

第四部分
极 限 定 理

第17章 不等式和大数定律

在完美的世界里, 我们可以轻松准确地回答任何问题. 然而, 在现实中, 要精确计算出现的概率往往是非常困难的. 这是由于各种原因造成的. 有时初始分布很难处理, 而其他时候则是因为我们想知道在极限中发生了什么. 幸运的是, 对于许多问题, 我们不需要知道确切的答案, 只要得到一定范围内的答案就足够了. 例如, 考虑电梯的重量限制. 如果其最大容量是 500 千克, 那么真实值可能接近 500 千克, 并不是说 499 千克就能安全地运行, 而 501 千克会导致电梯坠毁. 这个数的意义是给我们考虑的量一个合理的大致范围.

本章的目的是介绍几种概率不等式. 不难理解, 我们对基本分布了解得越多, 能说的也就越多. 我们将证明单个随机变量的相关结果, 以及标准化和的极限值的相关结果. 和的问题处理起来有些棘手, 因为考察极限过程的方法有很多种. 这就要求引入各种收敛的概念, 本章要比书中其他地方做更多分析.

17.1 不　等　式

马尔可夫不等式只需要很少的条件. 对随机变量 X 的假设只要满足均值有限且是非负的就够了. 如果平均值是无定义的, 那么不能期望对概率说出任何有意义的东西, 所以下面的假设会非常弱. 弱假设的优点是适用于很多不同的情况, 而缺点是由于在很多情况下都适用, 所以它的结果并不强. 第二个假设, 即随机变量是非负的假设, 最初并不是很清晰, 所以我们花了些时间来解释这一假设的合理性.

我们可以证明无数多个不等式, 但是其中大部分都没什么用. 我们的目标是找到一个能使用现成信息并推导出不平凡结论的不等式. 为了达到这个目的, 我们来探讨一下, 在只有均值信息的前提下, 取较大值的概率会有哪些限制.

 例如, 当已知 $\mu = \mathbb{E}[X]$ 时, 关于 $\mathrm{Prob}(X \geqslant a)$ 能得到些什么? 因为我们想知道有哪些可能的结果, 所以为了简化代数运算, 不妨设 $\mu = 0$. 为了更加具体, 取 $a = 2$. 于是, 我们将探讨关于 $\mathrm{Prob}(X \geqslant 2)$ 的边界问题. 当然, 我们知道这是个概率, 所以它肯定至少为 0 且至多为 1, 但问题是我们能否得到更多信息.

现在要做的是为 X 选择不同的分布, 并看看这些分布是如何影响 $\mathrm{Prob}(X \geqslant 2)$ 的. 第一个选择是令 $X \sim \mathrm{Unif}(-1, 1)$. 此时的均值为 0(根据需要), 并且 $\mathrm{Prob}(X \geqslant 2) = 0$. 事实上, 对于任意的 $c \leqslant 2$, 由 $X \sim \mathrm{Unif}(-c, c)$ 均可推出 $\mathrm{Prob}(X \geqslant 2) = 0$.

当 c 大于 2 时会发生什么? 此时, $\mathrm{Prob}(X \geqslant 2)$ 会变成正的, 而且当 $c \to \infty$

时, 这个概率会上升到小于 1/2. 如果 $X \sim \text{Unif}(-c, c)$ 且 $c \geqslant 2$, 那么真正的概率是 $\text{Prob}(X \geqslant 2) = \frac{c-2}{2c} = \frac{1}{2} - \frac{1}{c}$. 虽然这意味着 $\text{Prob}(X \geqslant 2)$ 会严格小于 1/2, 但我们可以把这个概率变大. 例如, 如果

$$f_X(x) = \begin{cases} \dfrac{1}{2} & \text{若 } |x| \in [2, 3] \\ 0 & \text{其他.} \end{cases}$$

那么 $\text{Prob}(X \geqslant 2) = 1/2$.

我们能找到一个概率大于 1/2 且均值为 0 的随机变量吗? 有趣的是, 可以找到这样的随机变量, 而且我们可以让这个概率尽可能地接近 1. 考虑一个离散型随机变量 (一个很好的练习是, 对此做出调整并找到一个连续型的随机变量), 存在某个正数 b 使得

$$\text{Prob}(X = 2) = p, \quad \text{Prob}(X = -b) = 1 - p$$

在这里写 $-b$ 而不是 b 的原因是, 我想让未知数尽量取正数, 这样只要看一下符号就能得到信息. 因为希望均值为 0, 所以

$$2p - b(1 - p) = 0, \quad \text{或者} \quad b = \frac{2p}{1 - p}.$$

因此, 只要 $p < 1$, 就可以找到一个随机变量 X 使得 $\text{Prob}(X \geqslant 2) = p$.

这意味着什么呢? 这意味着, 当我们遍历所有均值为 0 的随机变量 X 时, $\text{Prob}(X \geqslant 2)$ 的取值会从 0 变到尽可能接近于 1. 因此, 如果只有均值的信息, 那么不可能得到 $\text{Prob}(X \geqslant 2)$ 的一个不平凡边界. 如果想在估算这个概率上取得进展, 必须对 X 做额外的假设.

上面的例子说明了一个自然的限制. 为了让 $\text{Prob}(X \geqslant 2)$ 接近 1, X 取较大负数的概率应该较小. 如果 X 不能取太大的负值, 那么这些例子将不可用, 而 $\text{Prob}(X \geqslant 2)$ 或许会有一个不平凡的边界. 事实的确如此. 当然, 在我们展开分析之前, 有可能存在其他随机变量会满足这个附加的约束条件, 并且使得 $\text{Prob}(X \geqslant 2)$ 趋于 1.

下一节将陈述马尔可夫不等式, 希望这里的讨论能充分说明它为什么有这样的假设. 除了知道 X 的均值外, 我们还假设 $X \geqslant 0$. 换句话说, X 取负值的概率是 0. 这样就排除了使得 $\text{Prob}(X \geqslant 2)$ 尽可能接近于 1 的概率密度函数族.

如果你只关心马尔可夫不等式的陈述, 那么本节是没什么用的, 可以跳过, 直接查看相关结果. 然而, 这里的思维过程对于解决各种问题都很有用. 我们的想法是找出合理的约束是什么, 让你了解应该证明什么, 并弄清楚什么是有可能实现的. 我们已经看到, 在只有均值的情况下想要得到一个好的边界是不合理的——我们需要更多信息. 这里有几种方法可以选择. 马尔可夫不等式采取的方法是把随机变量限制为非负数. 虽然这避免了 $\text{Prob}(X \geqslant 2)$ 趋近于 1, 但我们还有其他选择. 也可以为 X 的方差假设一个边界, 这样就限制了分布的伸展范围, 并且会让概率有一个不平凡的边界. 我们在切比雪夫不等式中采用了这种方法.

17.2   马尔可夫不等式

从上面的讨论中可以看到, 只知道 X 的均值, 不可能得到 $\mathrm{Prob}(X \geqslant a)$ 的不平凡边界. 因此, 我们要给出更多假设. 第一个结果来自于把考察对象限制在非负随机变量上.

马尔可夫不等式: 设 X 是一个均值有限的非负随机变量, 均值为 $\mathbb{E}[X]$(这意味着 $\mathrm{Prob}(X < 0) = 0$). 那么, 对于任意的正数 a, 有

$$\mathrm{Prob}(X \geqslant a) \;\leqslant\; \frac{\mathbb{E}[X]}{a}.$$

有些作者会把 $\mathbb{E}[X]$ 写成 μ_X. 另一个等价公式是

$$\mathrm{Prob}(X < a) \;\geqslant\; 1 - \frac{\mathbb{E}[X]}{a}.$$

在讨论证明之前, 有必要看一下这个说法是否合理. 现在为 X 指定一个单位, 不妨设它是用来测量高度的. 无论 X 的单位是什么, a 也有同样的单位, 所以 $\mathbb{E}[X]/a$ 是个无单位的量. 这很好, 因为它本该是个概率.

我们还能做哪些验证? a 有几个特别好的选择. 如果 $a < \mathbb{E}[X]$, 那么由马尔可夫不等式可知, X 至少为 a 的概率会小于等于某个比 1 大的数. 因为概率最多是 1, 所以这没有提供任何信息. 但是, 如果仔细想一想, 我们**不应该**期待从这种情形中得到任何有用的信息. X 等于 a 的概率可能为 1, 在这种情况下, 这个概率为 0. 还可以考虑另一种极端情况, 令 p 是任意一个小于 1 的数. 这样就得到了, X 等于 0 的概率是 p, 以及 X 等于 $\mathbb{E}[X]/(1-p)$ 的概率是 $1-p$. 此时, 我们得到了一个均值为 $\mathbb{E}[X]$ 的非负随机变量, 但对于任意一个小于均值的 a, 这个概率会尽可能接近 1!

不等式仅在 a 大于 $\mathbb{E}[X]$ 时才有用. 这是有道理的, 它与**介值定理**(见 B.1 节) 相似. 如果唯一的非零概率出现在 X 大于 $\mathbb{E}[X]$ 时, 那么 X 的均值一定会大于 $\mathbb{E}[X]$, 但这是不可能发生的. 因此, 对于所有的 $a > \mathbb{E}[X]$, 均有 $\mathrm{Prob}(X > a) < 1$. 马尔可夫不等式的实质就是量化这个概率 (作为 a 的函数) 比 1 小的程度.

在阅读证明的过程中, 试着看一看在哪里使用了非负性. 我们应该在某个地方用到了它, 因为它是定理的一个条件! 通常情况下, 这些条件要么是必不可少的, 要么能够简化证明. 删掉一个条件并查看能否找到反例会是个不错的主意.

马尔可夫不等式的证明: 证明用到了两个不错的技巧. 第一个是如果 $x \geqslant a$, 那么 $x/a \geqslant 1$. 我们首先展开 $\mathrm{Prob}(X \geqslant a)$ 的定义, 然后在此基础上改写 1. 为方便

起见, 假设随机变量是概率密度函数为 f_X 的连续型随机变量, 这样就可以通过求积分来计算概率. X 是离散型随机变量时的证明思路与之类似. 我们有

$$
\begin{aligned}
\mathrm{Prob}(X \geqslant a) &= \int_{x=a}^{\infty} f_X(x)\mathrm{d}x \\
&= \int_{x=a}^{\infty} 1 \cdot f_X(x)\mathrm{d}x \\
&\leqslant \int_{x=a}^{\infty} \frac{x}{a} f_X(x)\mathrm{d}x \\
&= \frac{1}{a} \int_{x=a}^{\infty} x f_X(x)\mathrm{d}x.
\end{aligned}
$$

最后一个积分与 X 均值的定义非常相似. 它与之不同的唯一原因在于, $\mathbb{E}[X]$ 是 $x f_X(x)$ 在 $-\infty$ 到 ∞ 上的积分, 但这里的积分区域是从 a 到 ∞. 我们可以轻松地解决这个问题. 由于被积函数是正的, 可以把积分下限延伸到 0. 这种做法要么会增加积分值, 要么使积分值保持不变. 我们没必要把积分下限扩展到 $-\infty$, 因为 X 是一个非负随机变量, 所以 X 小于 0 的概率是 0. 于是

$$
\mathrm{Prob}(X \geqslant a) \;\leqslant\; \frac{1}{a} \int_{x=0}^{\infty} x f_X(x)\mathrm{d}x \;=\; \frac{\mathbb{E}[X]}{a},
$$

结论得证. $\qquad\qquad\qquad\qquad\qquad\qquad\qquad\qquad\qquad\qquad\qquad\qquad\quad$ $\square$

那么, 我们在哪里使用了非负性? 利用非负性, 我们得到了

$$
\mathbb{E}[X] \;=\; \int_{0}^{\infty} x f_X(x)\mathrm{d}x.
$$

换句话说, 没必要在小于 0 的区域上求积分. 为什么这一点很重要? 我们要确保对不等式的处理是正确的. 我们利用了

$$
\int_{x=a}^{\infty} x f_X(x)\mathrm{d}x \;\leqslant\; \int_{x=0}^{\infty} x f_X(x)\mathrm{d}x;
$$

这个结果之所以成立, 是因为被积函数 $x f_X(x)$ 在该区域内是非负的. 但是, 如果积分下限小于 0, 被积函数为负, 那么积分值就可能是负的. 在这种情况下, 积分值会变小, 而我们对不等式的处理是错误的.

例如, 假设 X 等于 1 的概率是 $1/2$, X 等于 -1 的概率也是 $1/2$. 那么, $\mathbb{E}[X] = 0$. 如果马尔可夫不等式的结论成立, 那么对于任意正数 a, 都有 $\mathrm{Prob}(X \geqslant a) \leqslant 0$. 这显然是荒谬的 (只需要让 $a = 1/2$ 或 1).

既然已经看到了证明, 我们来考察一个例子. 不妨设美国的人均收入是 60 000 美元. 随机选出一个家庭的收入至少为 120 000 美元的概率是多少? 至少为 1 000 000

美元的概率是多少?

如前所述, 我们没有足够的信息来解决这个问题. 也许有些人非常富有, 而其他人却赚不到钱; 或者恰恰相反, 也许每个人的收入都接近平均水平. 如果不知道收入是如何分配的, 我们就无法得到确切的答案. 但是, 可以利用马尔可夫不等式来得到答案的范围. 为此, 我们需要一个均值有限且非负的随机变量. 如果假设没有家庭的收入是负的, 那么上述条件就能满足, 因为另一个条件已经实现了 (均值是有限的 60 000 美元).

因此, 一个家庭至少有 120 000 美元收入的概率不会超过 60 000/120 000 = 1/2, 或者说, 收入是平均水平 2 倍的人最多占总人口的一半. 那么百万富翁呢? 成为百万富翁的概率最多是 60 000/1 000 000 = 0.06, 这种家庭最多占 6%.

可以把这个例子进一步推广, 并得到下列边界.

设 X 是一个非负的随机变量, 且均值 $\mathbb{E}[X]$ 是有限的. X 的取值不小于 l 乘以均值的概率最多等于 $1/l$:

$$\mathrm{Prob}(X \geqslant l\mathbb{E}[X]) \leqslant \frac{1}{l}.$$

遗憾的是, 这是我们利用有限信息能得到的最好结果. 只要随机变量的均值有限并且该随机变量是非负的, 那么它等于均值的 100 倍或更多倍的概率不会大于 1/100, 即 1%. 当然, 在很多问题中, 真实概率要比这个小得多. 有时, 这会是一种过高的估计. 这显然暗示了下面要做什么: 纳入更多信息, 获得更好的边界! 在下一节中, 我们将做到这一点.

问题: 考虑一些均值有限的非负随机变量. 哪些随机变量可以在尽可能多的 a 处把马尔可夫不等式 "近似于" 等式? 这是个非常开放的问题. 你需要清楚要如何衡量近似度, 以及你关心的是哪些 a. 探索一些模糊问题是很好的. 尝试几个不同的分布, 看一下如果想以较高的概率使取值远大于平均水平, 都需要做些什么.

17.3 切比雪夫不等式

17.3.1 陈述

马尔可夫不等式使用了一个输入来限制概率, 即随机变量的均值. 我们已经看到, 这是不够的. 为了得到一个不平凡的结果, 我们还需要更多假设. 一种方法是假设随机变量是非负的. 在考察马尔可夫不等式时, 我们使用了这种方法. 本节将采取另一种方法, 它会给出一个更好的不等式. 能得到更好结果的原因是, 我们将融入更多有关随机变量的信息, 而不仅仅是非负性.

下个合乎逻辑的选择是限定标准差的取值范围 (或方差的取值范围, 因为知道其中一个就能轻松地找到另一个). 标准差告诉我们变量在均值附近的波动幅度. 我们有充分的理由相信, 利用这种方法会得到更好且更严格的边界. 这将给出切比雪夫不等式. 这是我最喜欢的结果之一, 原因有很多. 第一个原因是它的条件非常弱, 这意味着你几乎可以用它来处理遇到的任何分布. 当然, 这是有代价的——因为条件很弱, 所以它的结果没有其他结果那样强. 第二个是个人原因: 我的拼写能力很糟糕, 而切比雪夫 (Chebyshev) 保持着接受度最高的纪录. 沃尔弗拉姆的 MathWorld 网站中列出了 40 种译法, 比较受欢迎的包括 Chebyshov、Chebishev、Chebysheff、Tschebischeff、Tschebyshev、Tschebyscheff 和 Tschebyschef.

定理 17.3.1(切比雪夫不等式) 设 X 是一个随机变量, 它的均值 μ_X 和方差 σ_X^2 都是有限的. 那么, 对于任意的 $k > 0$, 有

$$\text{Prob}(|X - \mu_X| \geqslant k\sigma_X) \leqslant \frac{1}{k^2}.$$

有些作者会把 μ_X 写成 $\mathbb{E}[X]$. 这意味着, 随机变量与均值的距离至少为 k 个标准差的概率不超过 $1/k^2$. 另一个有用的等价公式为

$$\text{Prob}(|X - \mu_X| < k\sigma_X) \geqslant 1 - \frac{1}{k^2}.$$

在证明切比雪夫不等式之前, 先讨论一下它的陈述并考察其含义. 和往常一样, 首先要做的是指定单位并做出检验. 如果 X 用来测量高度 (设单位是米), 那么 $|X - \mu_X| \geqslant k\sigma_X$ 中包含了三个高度数据. 现在考察的是变量与均值之间的距离. 另外, 我们使用最普通的尺度进行比较. 因为标准差衡量的是均值附近波动程度的大小, 所以求一个值与均值相差了多少个标准差是合理的.

另一种不错的检验方法是考察 k 的不同选择. 注意, 如果 $k \leqslant 1$, 那么这个概率至多为 1(即至多为 100%). 换句话说, 我们没有得到任何有用的信息, 因为每个事件发生的概率都不会超过 1. 我们考虑两个不同的随机变量. 第一个变量只取 0 而第二个变量取 10^{100} 和 -10^{100} 的概率各占一半. 这两个随机变量的均值都是 0. 对于任意的 $k < 1$, 第一个变量处于 k 个标准差之内的概率是 100%, 但第二个变量的相应概率是 0(其方差为

$$(10^{100} - 0)^2 \cdot \frac{1}{2} + (-10^{100} - 0)^2 \cdot \frac{1}{2} = 10^{200},$$

所以标准差是 10^{100}). 这个例子表明了, 当 $k < 1$ 时我们得不到任何有效信息, 因为从本质上看, 任何事情都可能发生.

当 $k > 1$ 时, 情况就完全不同了, 因为我们得到了一些信息. k 越大, 变量与均

值之间相差 k 个或更多个标准差的概率就越小.

在马尔可夫不等式中, 我们看到变量值为 l 乘以均值的概率不会超过 $1/l$. 切比雪夫不等式可以告诉我们什么呢? 不幸的是, 它无法直接回答这个问题. 原因是在切比雪夫不等式中, 变量与均值之间的距离是通过标准差来衡量的, 而不是数量级. 因此, 如果标准差是 σ_X, 均值是 μ_X, 并且变量的值至少为 l 与均值的乘积, 那么 $|X - \mu_X| \geqslant l\mu_X - \mu_X$. 于是, 距离就是 $(l-1)\mu_X$. 我们有

$$(l-1)\mu_X = k\sigma_X,$$

进而有

$$k = \frac{(l-1)\mu_X}{\sigma_X}.$$

注意, μ_X 与 σ_X 的单位相互抵消了, 而 k 是一个无单位的量. 把这个结果代入到切比雪夫不等式中, 我们最终得到了, 变量值至少为 l 与均值乘积的概率不会超过 $\sigma_X^2/(\mu_X^2(l-1)^2)$.

这与马尔可夫不等式相比如何? 同样, 我们不能直接比较这两个结果, 因为切比雪夫不等式要求输入标准差. 但是, 我们可以研究当 l 变大时会发生什么. 马尔可夫不等式告诉我们, 对于变量至少等于 l 与均值乘积的概率, 其下降速度至少为 $1/l$; 但是, 切比雪夫不等式告诉我们, 存在某个常数 C 使得这个概率的衰减速度近似于 $C/(l-1)^2$(当 l 很大时, $C/(l-1)^2$ 其实就是 C/l^2). 这让我们了解到切比雪夫不等式相对于马尔可夫不等式的力量: 对于较大的 l, 使用切比雪夫不等式会更好.

17.3.2　证明

现在给出证明. 任何一个重要结果都值得用至少两种不同的方法来证明. 第一种方法展示了如何从马尔可夫不等式中推导出切比雪夫不等式, 第二种证明则更加直接. 后者与我们证明马尔可夫不等式的思路相似 (应该不难理解, 我们会先介绍如何从马尔可夫不等式中推导出切比雪夫不等式). 下面的证明是故意写得较冗长, 我们的目标从来都不是提出最短的证明, 而是强调应该如何处理这样的问题, 为将来做好准备.

由马尔可夫不等式推出切比雪夫不等式的证明:　设 X 是一个均值为 μ_X 且标准差为 σ_X 的随机变量. 关于如何证明这个问题, 有个提示: 我们打算使用马尔可夫不等式. 因此, 现在需要找到一个均值有限的非负随机变量, 并且它应该与我们正在考察的切比雪夫不等式中的量有关.

第一个不错的尝试是 $Y = |X - \mu_X|$. 这个变量是非负的, 但目前还不能马上弄清楚它的均值是多少. 我们必须要计算

$$\int_{y=0}^{\infty} y f_Y(y)\mathrm{d}y,$$

然后用 $f_X(x)$ 来表示 $f_Y(y)$. 这里涉及求绝对值的积分, 但这个积分很难计算. 另外, 我们完全不清楚该如何引入标准差. 这表明了我们应该做下一个尝试, 即 $W = (X - \mu_X)^2$. 这样做的好处是, 平方要比绝对值更容易处理, 在计算 W 的均值时, 我们会看到 X 的方差 (关于平方相比绝对值的优势, 请参阅第 24 章的最小二乘法). 我们有

$$\mathbb{E}[W] = \int_{w=0}^{\infty} w f_W(w)\mathrm{d}w = \int_{x=-\infty}^{\infty} (x - \mu_X)^2 f_X(x)\mathrm{d}x = \sigma_X^2,$$

最后一个等式是利用方差的定义得到的.

现在已经证明了 $W = (X - \mu_X)^2$ 是非负的, 且均值为 σ_X^2. 由 X 的假设可知, σ_X^2 是有限的. 接下来对 W 使用马尔可夫不等式. 于是有

$$\mathrm{Prob}(W \geqslant a) \leqslant \frac{\mathbb{E}[W]}{a}.$$

现在只需要选择 a 的值. 通过替换可得

$$\mathrm{Prob}((X - \mu_X)^2 \geqslant a) \leqslant \frac{\sigma_X^2}{a}, \quad \text{或者} \quad \mathrm{Prob}(|X - \mu_X| \geqslant \sqrt{a}) \leqslant \frac{\sigma_X^2}{a}.$$

现在, 切比雪夫定理的内容拯救了我们, 并告诉我们 a 应该是什么: 只需要让 $\sqrt{a} = k\sigma_X$(所以 $a = k^2\sigma_X^2$). 这样就得到了

$$\mathrm{Prob}(|X - \mu_X| \geqslant k\sigma_X) \leqslant \frac{\sigma_X^2}{k^2\sigma_X^2} = \frac{1}{k^2},$$

结论得证. □

第一个证明的目标是强调思考过程. 如果我们非常聪明地想到了使用马尔可夫不等式, 那么该如何组织已有的信息, 从而可以使用这个不等式呢? 我们的任务是确定目标, 并利用它来指导我们进行代数运算.

第二种证明方法与马尔可夫不等式的证明有很多相似之处. 这毫不奇怪, 因为从某种意义上说, 我们基本上是在重新论证马尔可夫不等式. 此处不在 $x \geqslant a$ 时使用 $x/a \geqslant 1$, 而是当已知 $|x - \mu_X| \geqslant k\sigma_X$ 时, 使用 $(\frac{x-\mu_X}{k\sigma_X})^2 \geqslant 1$.

直接证明切比雪夫不等式: 设 f_X 是 X 的概率密度函数. 假设 X 是一个连续型随机变量, 离散的情形可以类似地证明. 我们有

$$\begin{aligned}
\mathrm{Prob}(|X - \mu_X| \geqslant k\sigma_X) &= \int_{x:|x-\mu_X|\geqslant k\sigma_X} 1 \cdot f_X(x)\mathrm{d}x \\
&\leqslant \int_{x:|x-\mu_X|\geqslant k\sigma_X} \left(\frac{x-\mu_X}{k\sigma_X}\right)^2 \cdot f_X(x)\mathrm{d}x \\
&= \frac{1}{k^2\sigma_X^2} \int_{x:|x-\mu_X|\geqslant k\sigma_X} (x-\mu_X)^2 f_X(x)\mathrm{d}x \\
&\leqslant \frac{1}{k^2\sigma_X^2} \int_{x=-\infty}^{\infty} (x-\mu_X)^2 f_X(x)\mathrm{d}x \\
&= \frac{1}{k^2\sigma_X^2} \cdot \sigma_X^2 = \frac{1}{k^2},
\end{aligned}$$

结论得证.   □

注意, 可以把上述积分区域扩展到所有的 x, 因为被积函数 $(x - \mu_x)^2 f_X(x)$ 始终是非负的. 这与马尔可夫不等式证明中的被积函数 $x f_X(x)$ 是不同的. 我们必须非常小心, $x f_X(x)$ 的积分下限不能延伸到比 0 小的数.

17.3.3   正态分布与均匀分布的例子

考虑一个问题来进行比较. 设 X 服从标准正态分布, 这意味着 X 的均值为 0, 标准差为 1. 由切比雪夫不等式可知, 随机变量与均值相差 k 个标准差的概率不超过 $1/k^2$. 因此, X 与均值的距离大于等于两个标准差 (即 $|X| \geqslant 2$) 的概率最多是 $1/4$, 即 25%; X 与均值的距离至少是五个标准差的概率最多是 $1/25$, 即 4%; X 与均值的距离大于等于 10 个标准差的概率最多是 $1/100$, 即 1%. 这些只是概率的上界. 它们与真实值相差多少? 上面三种情况的真实值大约是 4.55%、$0.000\,057\,3\%$ 和 $1.52 \cdot 10^{-21}\%$.

虽然真实值低于利用切比雪夫不等式得到的上界, 但是低得过头了. 发生了什么? 问题在于我们对切比雪夫定理的要求太高了. 记住, 切比雪夫不等式的条件很弱. 这一点是好的, 因为它说明了切比雪夫不等式能够在很多情况下使用. 但问题是它的结果不可能那么强, 因为必须适用于很多情况. 我们需要利用分布自身的较好性质来得到更好的上界.

特别是, 这说明了我们要继续寻找更好的上界. 这自然会引导我们研究随机变量的和与极限性质. 在许多情况下, 这些性质都是由中心极限定理决定的. 在研究这些性质之前, 对于那些衰减速度远低于标准正态分布的概率密度函数, 我们有必要回顾一下由马尔可夫不等式与切比雪夫不等式给出的上界.

设 $X \sim \mathrm{Unif}(0,1)$ 服从 $[0,1]$ 上的均匀分布, 并设 $Y \sim \mathrm{Exp}(1)$ 服从指数分布, 它的概率密度函数为: 当 $y \geqslant 0$ 时, $f_Y(y) = \mathrm{e}^{-y}$; 否则 $f_Y(y) = 0$. 这两个随机变量都是非负的. 它们的均值分别是

$$
\mathbb{E}[X] = \int_0^1 x \cdot 1 \mathrm{d}x = \left. \frac{x^2}{2} \right|_0^1 = \frac{1}{2} - 0 = \frac{1}{2}
$$

$$
\begin{aligned}
\mathbb{E}[Y] &= \int_0^\infty y \mathrm{e}^{-y} \mathrm{d}y \\
&= \left. -y \mathrm{e}^{-y} \right|_0^\infty + \int_0^\infty \mathrm{e}^{-y} \mathrm{d}y \\
&= (0 - 0) - \left. \mathrm{e}^{-y} \right|_0^\infty = 1,
\end{aligned}
$$

按照类似的计算方法 (我们不会这么做), 方差分别是

$$\sigma_X^2 = \int_0^1 \left(x - \frac{1}{2}\right)^2 \mathrm{d}x \ = \ \frac{1}{12}$$

$$\sigma_Y^2 = \int_0^\infty (y-1)^2 \mathrm{e}^{-y}\mathrm{d}y \ = \ 1.$$

接下来计算由马尔可夫不等式和切比雪夫不等式给出的上界, 并把它们与真实值进行比较. 我们考察 $X \geqslant 0.95$ 和 $Y \geqslant 4$. **警告: 在下文中, 我故意犯了最常见的错误之一——看看你能否在阅读时找到它!**

- 马尔可夫不等式: 利用 $\mathrm{Prob}(X \geqslant a) \leqslant \mathbb{E}[X]/a$. 于是, $X \geqslant 0.95$ 的概率最多是 $\mathbb{E}[X]/0.95$, 或 $0.5/0.9 \approx 0.55$. 类似地, $Y \geqslant 4$ 的概率最多是 $1/4 = 0.25$. 马尔可夫不等式使用起来非常轻松!

- 切比雪夫不等式: 现在, 我们要把想求的概率写成 $\mathrm{Prob}(|X - \mathbb{E}[X]| \geqslant k\sigma_X)$ 的形式, 而这个概率最多是 $1/k^2$. 因此, $X \geqslant 0.95$ 的概率最多是 $1/k^2$, 其中 $0.95 - \mathbb{E}[X] = k\sigma_X$. 利用上面的值, 我们看到 $k = (0.95 - 0.5)/(1/12) = 27/5$. 所以上述概率最多是 $1/(27/5)^2$, 即 $25/729 \approx 0.034$. 我们得到了 $|X - 0.5| \geqslant 0.45$ 的概率上界, 但遗憾的是, 切比雪夫不等式包含了两种情况, 即 $X \geqslant 0.95$ 和 $X \leqslant 0.05$. 对于 Y, 我们注意到, 如果 Y 至少是 4, 那么 Y 与均值的距离至少是三个标准差 (即 $k = 3$), 因此 Y 至少是 4 的概率不会超过 $1/3^2 \approx 0.11$.

- $X \geqslant 0.95$ 的真实概率为 0.05, 而 $Y \geqslant 4$ 的真实概率是 $1/\mathrm{e}^4 \approx 0.018$.

那么, 哪里出错了呢? 我们从马尔可夫不等式中得到的上界都大于真实值, 所以这些数字通过了第一个检验. 但由切比雪夫不等式得到的结果却并非如此, 在均匀分布中, 上界竟然比真实概率小! 啊! 我们做错了什么? 问题出现在 k 值的确定上. 让 $0.95 - 0.5 = k\sigma_X$ 是正确的. 出现问题的地方是, 它的方差 σ_X^2 是 $1/12$. 我们不能把 σ_X 写成 $1/12$, 正确的写法是 $\sigma_X = \sqrt{1/12}$. 由此可得 $k = (0.95 - 0.5)/\sqrt{1/12} \approx 1.56$. 因此, 上界是 $1/k^2$, 即 $100/243 \approx 0.41$. 这仍然比马尔可夫不等式给出的上界小, 但远远高于真实值.

毫不奇怪, 马尔可夫不等式使用起来更容易, 但在这些例子中, 切比雪夫不等式的结果更接近于真实值.

作为一个很好的挑战, 试着找到一个概率密度函数为 f_X 的随机变量 X, 使得切比雪夫不等式尽可能地接近于等式. 例如, 能否找到一个随机变量 X, 使得 $\mathrm{Prob}(|X - \mu_X| \geqslant k\sigma_X) = 1/k^2$ 对所有整数 $k \geqslant 1$ 均成立?

17.3.4 指数分布的例子

再考虑一个比较马尔可夫不等式、切比雪夫不等式以及真实值的例子. 令 $X \sim \mathrm{Exp}(1)$, 那么当 $x \geqslant 0$ 时 $f_X(x) = \mathrm{e}^{-x}$, 否则 $f_X(x) = 0$. X 的均值为 $\mu = 1$ 且方差

为 $\sigma^2 = 1$. 我们能轻松地得到这些值是因为, 标准指数分布的矩是由伽马函数给出的:

$$\mathbb{E}[X^k] = \int_0^\infty x^k \mathrm{e}^{-x}\mathrm{d}x = \int_0^\infty \mathrm{e}^{-x}x^{(k+1)-1}\mathrm{d}x = \Gamma(k+1) = k!$$

(我们用到了 $\sigma^2 = \mathbb{E}[X^2] - \mathbb{E}[X]^2$).

- 马尔可夫不等式: $\mathrm{Prob}(X \geqslant 4) \leqslant \mathbb{E}[X]/4 = 1/4 = 0.25$.
- 切比雪夫不等式: $\mathrm{Prob}(X \geqslant 4) = \mathrm{Prob}(|X-1| \geqslant 3 \cdot 1) \leqslant 1/3^3 \approx 0.111\,111$.
- 真实值: $\mathrm{Prob}(X \geqslant 4) = \int_4^\infty \mathrm{e}^{-x}\mathrm{d}x = \mathrm{e}^{-4} \approx 0.018\,315\,6$.

不足为奇, 切比雪夫比不等式马尔可夫不等式的结果更好, 但两者都远不是事实 (切比雪夫不等式的结果大约是真实值的 6 倍).

17.4 布尔不等式与邦弗伦尼不等式

本节的目的是从**容斥方法**(参见第 5 章, 尤其是 5.2 节) 中分离出一些有用的不等式. 容斥方法 (也称为容斥原理) 是精确的, 但是通过 "截断" 求和, 我们可以得到上界和下界. 在进行截断之前, 让我们回忆一下这个陈述.

容斥方法: 设 $A_1, \cdots, A_n$ 是一组有限多个集合. 那么

$$\mathrm{Prob}\left(\bigcup_{i=1}^n A_i\right) = \sum_{1 \leqslant i_1 \leqslant n} \mathrm{Prob}(A_{i_1}) - \sum_{1 \leqslant i_1 < i_2 \leqslant n} \mathrm{Prob}(A_{i_1} \cap A_{i_2})$$
$$+ \sum_{1 \leqslant i_1 < i_2 < i_3 \leqslant n} \mathrm{Prob}(A_{i_1} \cap A_{i_2} \cap A_{i_3})$$
$$- \cdots + (-1)^{n+1}\mathrm{Prob}(A_1 \cap \cdots \cap A_n).$$

这个证明是通过仔细记录得到的. 我们考察元素 x 的计数频率, 发现它在等式两端出现的次数是相同的. 如果回顾一下这个证明, 我们会看到当把右端的和截断时会发生什么. 如果在正号之后截断, 那么我们可能会对某些元素进行了多次计算, 并且没有通过删除来做出调整. 因此, 如果我们在一个正号之后截断, 那么得到的答案就是 A_i 并的概率上界. 由于下一项是负的, 所以这个结果确实是上界, 这意味着我们得到的答案可能太大了.

类似地, 我们也可以在一个负号之后截断. 此时, 我们只是避免了过度计算. 但现在的危险是, 我们可能重复删除了一些元素. 在这种情况下, 我们可能少算了, 现在得到的是并集真实概率的下界. 同样地, 因为下一项是正的, 所以这的确是一个下界, 表明我们删掉了过多项.

现在提取新的不等式.

布尔不等式: 我们有

$$\mathrm{Prob}\left(\bigcup_{i=1}^{n} A_i\right) \leqslant \sum_{i=1}^{n} \mathrm{Prob}(A_i).$$

对于可数多个 A_i, 这个结果仍然成立.

在陈述邦弗伦尼不等式之前, 先引入一些有用的符号. 设

$$S_k = \sum_{1 \leqslant i_1 < i_2 < \cdots < i_k \leqslant n} \mathrm{Prob}(A_{i_1} \cap A_{i_2} \cap \cdots \cap A_{i_k}).$$

也就是说, 所有可能的 k 个 A_i 的交集的概率之和就是 S_k. 注意, 这里有 $\binom{n}{k}$ 个加数.

邦弗伦尼不等式: 对于上述 S_k 以及正整数 l 和 m, 我们有

$$\sum_{k=1}^{2l} (-1)^{k-1} S_k \leqslant \mathrm{Prob}\left(\bigcup_{i=1}^{n} A_i\right) \leqslant \sum_{k=1}^{2m-1} (-1)^{k-1} S_k.$$

例如, 假设有 4 个人, 计算至少有一个人拿到 13 张相同花色的牌 (来自一副标准牌) 的概率边界. 如果让 A_i 表示第 i 个人拿到了一手相同花色的牌 ($1 \leqslant i \leqslant 4$), 那么

$$\mathrm{Prob}(A_i) = \frac{\binom{4}{1}\binom{13}{13}}{\binom{52}{13}}$$

(记住, 一副牌有 4 种花色, 所以拿到同一种花色的方法有 4 种). 事件 $A_i \cap A_j$ 表示第 i 个人和第 j 个人都拿到了一手相同花色的牌; 当 $i \neq j$ 时, 我们有

$$\mathrm{Prob}(A_i \cap A_j) = \frac{4 \cdot 3 \cdot \binom{13}{13}\binom{13}{13}}{\binom{52}{26}}.$$

这是因为, 把一种花色分配给第 i 个人, 并把另一种花色分配给第 j 个人的方法共有 $4 \cdot 3 = 12$ 种 (他们分别拿到了哪 1 种花色是很重要的). 于是

$$S_1 = \sum_{i=1}^{4} \mathrm{Prob}(A_i) = 4 \cdot \frac{\binom{4}{1}\binom{13}{13}}{\binom{52}{13}} = \frac{1}{39\,688\,347\,475}$$

$$S_2 = \sum_{1 \leqslant i < j \leqslant 4} \mathrm{Prob}(A_i \cap A_j) = \binom{4}{2} \frac{4 \cdot 3 \cdot \binom{13}{13}\binom{13}{13}}{\binom{52}{26}} = \frac{1}{82\,653\,088\,824\,684}.$$

使用最简单的邦弗伦尼不等式, 我们得到了

$$S_1 - S_2 \leqslant \mathrm{Prob}\left(\bigcup_{i=1}^{4} A_i\right) \leqslant S_1,$$

其中 S_1 和 S_2 如上所述. 如果你想看一看实际的数, 它就是

$$0.000\,000\,000\,025\,184\,2 \leqslant \text{Prob}\left(\bigcup_{i=1}^{4} A_i\right) \leqslant 0.000\,000\,000\,025\,196\,4.$$

关于上面的论述, 特别好的一点是, 我们能很快得到答案. 另外, 我们不仅得到了接近于真实答案的边界, 而且可以量化它们之间有多接近 (上界和下界相差了 S_2, 而且 S_2 比 S_1 小很多)!

17.5 收 敛 类 型

在陈述 17.6 节的弱大数定律和强大数定律之前, 我们需要描述不同的收敛类型. 弱大数定律和强大数定律考察的是 (适当标准化的) 独立随机变量之和的性质. 事实证明, 很多情况都与极限有关. 我们想讨论一下, 可以从和中得到一个结果的各种方法. 下面的讨论旨在引入术语, 并使其易于理解. 要想严谨地把握这个主题, 还需要熟知分析学的知识, 此处不作要求.

17.5.1 依分布收敛

> **依分布收敛 (或弱收敛):** 设 $X, X_1, X_2, \cdots$ 都是随机变量, 它们的累积分布函数分别是 $F, F_1, F_2, \cdots$. 设 $\mathcal{C}$ 是由 F 的连续点构成的实数集. 如果 $\lim_{n\to\infty} F_n(x) = F(x)$ 对所有的 $x \in \mathcal{C}$ 均成立, 那么随机变量序列 $X_1, X_2, \cdots$ **依分布收敛(或弱收敛)** 于随机变量 X. 换句话说, 如果 F 在 x 处是连续的, 那么累积分布函数列在 x 处的极限就等于 $F(x)$. 这一结论通常被记作 $X_n \xrightarrow{d} X$ 或者 $X_n \xrightarrow{D} X$. 如果知道随机变量 X 的类型, 我们有时会把 X 替换成它服从的分布. 因此, 用 $X_n \xrightarrow{d} N(0,1)$ 表示收敛于一个服从标准正态分布的随机变量, 用 $X_n \xrightarrow{d} \text{Exp}(2)$ 表示收敛于一个服从参数为 2 的指数分布的随机变量.

事实上, 这是最弱的一种收敛, 它蕴含在其他所有类型的收敛中.

我们来看个例子. 设 X_n 是一个服从均匀分布的随机变量, 其概率密度函数为

$$f_n(x) = \begin{cases} \dfrac{1}{n} & \text{若 } x \in \left\{0, \dfrac{1}{n}, \dfrac{2}{n}, \cdots, \dfrac{n-2}{n}, \dfrac{n-1}{n}\right\} \\ 0 & \text{其他.} \end{cases}$$

下标 n 是为了强调我们有 n 个非零值, 这些值是均匀间隔的, 参见图 17-1 中的 PDF 和 CDF 图形.

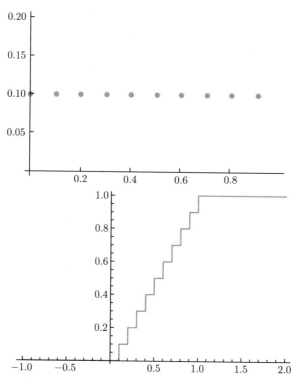

图 17-1 当 $n = 10$ 时, 离散均匀分布的 PDF(上图) 和 CDF(下图)

- 从概率密度函数中不难看出, 对于任意的 $x \in [0, 1]$, 都有 $\lim_{n \to \infty} f_n(x) = 0$. 考察这一点最简单的方法是, 除了 n 个特殊值外, $f_n(x) = 0$ 对其余所有 x 均成立. 当 x 取任意特殊值时, $f_n(x)$ 都等于 $1/n$. 随着 n 的增加, 这个值会减小到 0.

- CDF 的情况则截然不同. 当 $x \in [0, 1]$ 时, $F_n(x)$ 等于 $\frac{1}{n}$ 乘以 $\{0, 1/n, 2/n, \cdots, (n-1)/n\}$ 中不大于 x 的值的个数. 这是因为 CDF 等于随机变量不大于 x 的概率. 对于任意的 $x \in [0, 1]$,

$$F_n(x) = \sum_{\substack{0 \leqslant k \leqslant n-1 \\ k/n \leqslant x}} \frac{1}{n} = \frac{\lfloor nx \rfloor}{n},$$

其中, **地板函数**$\lfloor y \rfloor$ 表示不超过 y 的最大整数. 因为 $\lfloor y \rfloor$ 与 y 最多相差 1, 所以 $nx - 1 \leqslant \lfloor nx \rfloor \leqslant nx$, 于是有

$$x - \frac{1}{n} \leqslant F_n(x) \leqslant x.$$

当取极限 $n \to \infty$ 时, $\lim_{n \to \infty} F_n(x) = x$. 这正是服从 $[0, 1]$ 上均匀分布的随机变量的累积分布函数.

我们证明了 $X_n \xrightarrow{d} \text{Unif}(0,1)$. 另外, 我们还看到了这种收敛被称为弱收敛的原因: 概率密度函数没有收敛到均匀分布的概率密度函数. 乍一看, 这应该会令人感到失望, 但是从很多方面来说还不算太糟. 回想一下, 我们可以利用累积分布函数来计算事件的概率. 例如, 随机变量在区间 $[a,b]$ 上取值的概率是 $F(b) - F(a)$. 因此, 当知道 CDF 时, 我们仍然可以做很多事情. 也就是说, 这个例子清楚地表明了我们需要寻找更强的收敛.

17.5.2   依概率收敛

> **依概率收敛**: 设 $X, X_1, X_2, \cdots$ 都是随机变量. 如果对于任意的 $\epsilon > 0$, 都有
>
> $$\lim_{n \to \infty} \text{Prob}(|X_n - X| \geqslant \epsilon) = 0,$$
>
> 那么说序列 $\{X_n\}_{n=1}^{\infty}$ 依概率收敛于 X, 并记作 $X_n \xrightarrow{p} X$ 或者 $X_n \xrightarrow{P} X$.

本书只考察 X 是常数随机变量时的依概率收敛. 这意味着, 存在某个常数 c 使得 $\text{Prob}(X = c) = 1$. 我们常把这个分布记作 δ_c.

设 $X_n \sim \text{N}(1701, 1/n^2)$ (所以 X_n 服从均值为 1701 且方差为 $1/n^2$ 的正态分布). 我们断言 $X_n \xrightarrow{p} \delta_{1701}$. 为了证明这个结果, 必须证明对于任意给定的 $\epsilon > 0$, 有

$$\lim_{n \to \infty} \text{Prob}(|X_n - 1701| \geqslant \epsilon) = 0$$

(我们把 X 替换成了 1701, 这样做的原因是 X 等于 1701 的概率是 1). 注意, 这个式子看起来很像切比雪夫不等式:

$$\text{Prob}(|X_n - 1701| \geqslant k\sigma_n) \leqslant \frac{1}{k^2}.$$

为了利用这个不等式, 只需要找到满足 $k\sigma_n = \epsilon$ 的 k. 由 $\sigma_n = 1/n$ 可知, $k = n\epsilon$. 于是

$$\text{Prob}(|X_n - 1701| \geqslant \epsilon) \leqslant \frac{1}{n^2 \epsilon^2}.$$

由于 ϵ 是固定的, 当 $n \to \infty$ 时, 可以看到上式趋向于 0, 这样就完成了依概率收敛的证明.

17.5.3   几乎必然收敛与必然收敛

最后两个收敛概念需要用到更多的分析学知识. 我们只是出于完整性对其进行阐述.

几乎必然收敛: 设 $(\Omega, \mathcal{F}, \mathrm{Prob})$ 是一个概率空间, 设 $X, X_1, X_2, \cdots$ 都是随机变量. 如果

$$\mathrm{Prob}(\omega \in \Omega : \lim_{n \to \infty} X_n(\omega) = X(\omega)) = 1,$$

那么说 $\{X_n\}_{n=1}^{\infty}$ 几乎必然(或者几乎处处, 又或者以概率 1 收敛于 X), 并记作 $X_n \xrightarrow{a.s.} X$.

必然收敛: 设 $(\Omega, \mathcal{F}, \mathrm{Prob})$ 是一个概率空间, 设 $X, X_1, X_2, \cdots$ 都是随机变量. 如果对于所有的 $\omega \in \Omega$, 均有

$$\lim_{n \to \infty} X_n(\omega) = X(\omega),$$

那么说 $\{X_n\}_{n=1}^{\infty}$ 必然收敛于 X.

17.6 弱大数定律与强大数定律

这里的两个结果描述了一个非常特殊的随机变量序列的收敛性. 如果 X_1, $X_2, \cdots$ 都是随机变量, 那么令随机变量

$$\bar{X}_n = \frac{X_1 + \cdots + X_n}{n}$$

表示前 n 个随机变量的平均值. 中心极限定理 (参见定理 20.2.2) 指出, 在 X_i 的适当假设下, 标准化随机变量 $Z_n = (\bar{X}_n - \mathbb{E}[\bar{X}_n])/\mathrm{StDev}(\bar{X}_n)$ 会收敛于标准正态分布. 我们始终假设随机变量 X_i 是同分布的, 且均值 μ 是有限的. 如果不进行标准化, 会发现 $\bar{X}_n$ 将收敛于均值为 μ 且方差趋向于 0 的高斯分布. 这意味着 $\bar{X}_n$ 非常接近于常数函数 μ. 中心极限定理的另一个优点是, 它讨论了收敛是如何发生的 (尤其是描述了波动状况).

本节将讨论两个较弱的结果, 但对于许多应用来说, 这些结果已经足够了. 它们就是弱大数定律和强大数定律. 从某种意义上来说, 这些结果仅仅表明了 $\bar{X}_n$ 收敛于 μ. 我们不对波动情况进行详细描述. 这样做的优点是证明会比中心极限定理短得多, 并且在概率论入门课上是可行的.

弱大数定律: 设 $X_1, X_2, \cdots$ 是独立同分布的随机变量, 且均值为 μ, 并设 $\bar{X}_n = \frac{X_1 + \cdots + X_n}{n}$, 那么 $\bar{X}_n \xrightarrow{p} \mu$(即 $\bar{X}_n$ 依概率收敛于 μ).

证明: 为了简化证明, 我们做一个额外的假设. 假设随机变量都有有限的方差

σ^2. 这样做可以给出一个非常简单的证明, 并且强调了正在发生的事情. 我们有

$$\mathbb{E}[\bar{X}_n] = \mathbb{E}\left[\frac{X_1 + \cdots + X_n}{n}\right] = \frac{1}{n}\sum_{k=1}^{n}\mathbb{E}[X_k] = \frac{n\mu}{n} = \mu$$

$$\mathrm{Var}(\bar{X}_n) = \mathrm{Var}\left(\frac{X_1 + \cdots + X_n}{n}\right) = \frac{1}{n^2}\sum_{k=1}^{n}\mathrm{Var}(X_k) = \frac{n\sigma^2}{n^2} = \frac{\sigma^2}{n}.$$

因此可以看到, $\bar{X}_n$ 的期望值是 μ, 方差是 σ^2/n. 当 $n \to \infty$ 时, 方差趋近于 0. 我们想证明 $\bar{X}_n$ 依概率收敛于常数函数 μ. 这意味着, 对于任意给定的 $\epsilon > 0$, 要得到

$$\lim_{n\to\infty} \mathrm{Prob}(|\bar{X}_n - \mu| \geqslant \epsilon) = 0.$$

这个式子看起来很像下面的切比雪夫不等式, 即

$$\lim_{n\to\infty} \mathrm{Prob}(|\bar{X}_n - \mu_{\bar{X}_n}| \geqslant k\sigma_{\bar{X}_n}) \leqslant \frac{1}{k^2}.$$

我们要做的就是替换. 现在已知 $\mu_{\bar{X}_n} = \mu$ 和 $\sigma_{\bar{X}_n} = \sigma/\sqrt{n}$, 那么令 $k\sigma_{\bar{X}_n} = \epsilon$, 则有 $k = \epsilon\sqrt{n}/\sigma$. 这样就得到了

$$\lim_{n\to\infty} \mathrm{Prob}(|\bar{X}_n - \mu| \geqslant \epsilon) \leqslant \frac{\sigma^2}{n\epsilon^2}.$$

当 $n \to \infty$ 时, 上述概率趋近于 0, 结论得证. $\qquad\square$

　　有必要停下来看看这一系列结论. 马尔可夫不等式给出了切比雪夫不等式, 切比雪夫不等式又可以推出弱大数定律. 关于弱大数定律, 我们可以从一个很好的角度来考察: 如果在一个固定分布中进行独立抽样, 那么样本均值任意接近于总体均值 μ 的概率趋近于 1.

　　这个结果的一个重要用途是通过抽样来估计分布的均值.

　　可以理解, 如果有一个弱大数定律, 那么也应该有一个强大数定律. 强大数定律的证明更加复杂, 我们只陈述该定律的内容.

强大数定律: 设 $X_1, X_2, \cdots$ 是独立同分布的随机变量, 且均值为 μ, 并设 $\bar{X}_n = \frac{X_1 + \cdots + X_n}{n}$, 那么 $\bar{X}_n \xrightarrow{a.s.} \mu$.

17.7 习　　题

习题 17.7.1　证明离散情形的马尔可夫不等式.

习题 17.7.2　证明离散情形的切比雪夫不等式.

习题 17.7.3　找到一个分布, 使马尔可夫不等式成为等式. 是否存在一个分布能使上述结论对所有 a 均成立, 又或者需要为每个 a 找到一个不同的分布?

习题 17.7.4　找到一个分布, 使切比雪夫不等式成为等式. 是否存在一个分布能使上述结论对所有 k 均成立, 又或者需要为每个 k 找到一个不同的分布?

习题 17.7.5　IQ 测试结果的均值为 100, 标准差为 15. 求出 IQ 值高于 140 的人所占比例的边界. 另外, IQ 值服从正态分布, 利用这一点来估算 IQ 值高于 140 的人所占的真实比例. 然后对两个结果进行比较.

习题 17.7.6　在一个有 30 名学生的班级中, 如果一门考试的班级平均成绩是 80%, 那么成绩高于 95% 的学生最多有多少名? 如果考试成绩的标准差是 10%, 那么成绩高于 95% 的学生最多有多少名?

习题 17.7.7　假设一枚硬币被抛掷了 100 次. 利用切比雪夫不等式, 求出每次都掷出正面的概率上界. 把这个结果与真实概率进行比较.

习题 17.7.8　如果随机变量 X 的概率密度函数为

$$f_X(x) = \frac{1}{2b}\exp\left(-|x-\mu|/b\right),$$

那么 X 就服从参数为 μ 和 b 的**拉普拉斯分布**, 并记作 $X \sim \mathrm{Laplace}(\mu, b)$. 假设 $Y \sim \mathrm{Laplace}(0,1)$. X 至少是均值 7 倍的概率是多少? 求出准确答案, 并利用切比雪夫不等式找到这个概率的边界. 你可以用马尔可夫不等式为这个概率找到一个边界吗?

习题 17.7.9　假设随机变量 X 的前 $2m$ 阶矩都是有限的. 利用这一点, 求出 $\mathrm{Prob}(|X-\mu| \geqslant k\sigma)$ 的边界. 你能得到的最好边界是多少?

习题 17.7.10　测试上一题的边界应用于各种分布 (比如均匀分布、指数分布、拉普拉斯分布) 的效果如何. 对于不同的 k, 比较你算出的边界、利用切比雪夫不等式得到的边界, 以及真实值.

习题 17.7.11　我们可以推广柯西分布来获得具有固定数量矩的随机变量. 如果随机变量 X 的概率密度函数为

$$f_X(x) = \frac{m}{2\pi\csc(\pi/m)}\frac{1}{1+|x-\mu|^m},$$

那么说 X 服从参数为 μ 和 $m > 1/2$ 的**广义柯西分布**. 利用复分析和围道积分的相关知识可以推导出标准化常数 (至少适用于很多 m), 不过 Mathematica 和 Wolframe/Alpha 也可以算出它:

```
Integrate[2/(1 + x^(m)), {x, 0, Infinity},
    Assumptions -> Element[m, Integers]]
```

　　(如果你从未在 Mathematica 中使用过假设特性, 那么它非常值得你了解, 会大大降低反馈的杂乱程度).

　　考虑习题 17.7.9 中的边界, 并把这些边界应用于 $X \sim \mathrm{Cauchy}(0, m)$, 其中 $m \in \{4, 5, 6\}$. 你给出的边界与实际概率相比如何?

习题 17.7.12　每人手中有 5 张牌, 至少有一个人拿到顺子的概率上界和下界分别是多少?

习题 17.7.13　设 X 是一个随机变量, 它的 CDF 被定义为: 当 $x \geqslant 0$ 时 $F_n(x) = 1-(1-\frac{x}{n})^n$, 否则 $F_n(x) = 0$. 证明: $X_n \xrightarrow{d} \mathrm{Exp}(1)$.

习题 17.7.14　设 $X_1, X_2, \cdots$ 相互独立且同分布于参数为 λ 的指数分布, 证明: $\bar{X}_n \xrightarrow{a.s.} \lambda$.

习题 17.7.15 证明: 依概率收敛蕴含着依分布收敛.

习题 17.7.16 证明: 几乎必然收敛蕴含着依概率收敛.

习题 17.7.17 对于一个有 20 支球队的棒球联盟, 其平均获胜概率是 50%, 标准差是 10%. 有完美赛季的球队最多有多少支?

习题 17.7.18 如果一座图书馆有 25 000 美元的预算购买图书, 而一本书的平均价格是 15 美元, 标准差是 5 美元, 那么我们能否找到图书馆可以购买图书数量的上界? 解释为什么能或不能.

习题 17.7.19 弱大数定律的一个条件是随机变量必须是相互独立的. 请解释在证明中哪个地方用到了这一点. 给出变量不独立时的反例.

习题 17.7.20 证明: 强大数定律蕴含着弱大数定律.

习题 17.7.21 求出 100 颗 6 面骰子掷出的数字和至少为 400 的概率边界.

习题 17.7.22 设 $X_1, X_2, \cdots, X_n$ 是 n 个独立同分布的随机变量, 且均值为 μ, 计算 $\mathbb{E}\left[\frac{X_1 + X_2 + \cdots + X_n}{n}\right]$.

习题 17.7.23 康托尔集是把区间 $[0,1]$ 进行三等分, 并去掉中间的一段, 然后递推地从每个剩余区间中移除中间 $1/3$ 而得到的. 从 $[0,1]$ 中均匀选出的一个数落在剩余区间的概率记作 C_n. 证明: C_n 依概率收敛于 0.

习题 17.7.24 虽然康托尔集有其他性质, 但特别有趣的是, 它包含了无限不可数个点 (参见上一题). 找出一个从康托尔集映射到区间 $[0,1]$ 的满射. 也就是说, 找到一个表达式, 将 $[0,1]$ 中的每个实数与康托尔集中至少一个数联系起来. (提示: 把康托尔集中的数转化成 3 进制来考察, 然后试着把它们映射到 2 进制下的实数.)

习题 17.7.25 从康托尔集中选出一个数的概率能否指定为均匀分布的概率? 如果可以, 请给出一种方法.

习题 17.7.26 画出 $n \in \{1, 2, \cdots, 20\}$ 的 C_n, 并对 C_n 收敛于 0 的速度做出评价.

习题 17.7.27 如果四阶矩是有限的, 那么一阶矩、二阶矩和三阶矩都必须有限吗?

习题 17.7.28 假设 X 的四阶矩是有限的. 找到一个使用四阶矩的切比雪夫定理的推广.

习题 17.7.29 洋基队正处于低迷的一年. 在这一年里, 对于任何一场比赛, 他们只有 20% 的概率击败红袜队. 他们今年与红袜队共打了 18 场比赛. 利用马尔可夫不等式和切比雪夫不等式, 求出红袜队在今年的每场比赛中都击败洋基队的概率上界. 有足够的信息来找到真实概率吗? 为什么有或为什么没有? 如果有, 找出这些信息.

习题 17.7.30 一对夫妻为购买新公寓准备了 100 000 美元的预算. 公寓的平均售价为 40 000 美元, 标准差为 5000 美元. 利用切比雪夫不等式, 求出这对夫妻遇到一套超出预算的公寓的概率上界. 有足够的信息来找到真实概率吗? 为什么有或为什么没有? 如果有, 找出这些信息.

习题 17.7.31 一副标准牌共有 52 张, 你拿到了其中 5 张. 利用马尔可夫不等式, 求出在你拿到的 5 张牌中, 红桃不少于 4 张的概率上界. 有足够的信息来找到真实概率吗? 为什么有或为什么没有? 如果有, 找出这些信息.

习题 17.7.32 现在有 50 颗骰子. 利用马尔可夫不等式与切比雪夫不等式, 求出这 50 颗均匀骰子至少掷出 25 个 6 的概率上界. 有足够的信息来找到真实概率吗? 为什么有或为什么没有? 如果有, 找出这些信息.

习题 17.7.33　设 X_n 服从参数为 $\lambda_n = \lambda/n$ 的几何分布, 并设 $Y_n = \frac{1}{n} X_n$. 证明: Y_n 收敛于 $\mathrm{Exp}(\lambda)$. 为什么要考察 Y_n, 而不是 X_n?

习题 17.7.34　设 $\mathcal{R}(\mu, \sigma^2)$ 是均值为 μ 且方差为有限值 σ^2 的随机变量, 并设 $X_n \sim \mathcal{R}(\mu, \sigma^2/n^2)$. 证明: $X_n \xrightarrow{p} \delta_\mu$.

第18章　斯特林公式

在没有**阶乘**的情况下研究概率是可行的, 但你必须做很多工作来避免它们. 记住 $n!$ 是前 n 个正整数的乘积, 而且我们约定 $0! = 1$. 因此 $3! = 3 \cdot 2 \cdot 1 = 6$ 且 $4! = 4 \cdot 3! = 24$. 有个很好的组合学解释: $n!$ 表示把 n 个人有序排成一列的方法数 (第一个人有 n 种选择, 第二个人有 $n-1$ 种选择, 依此类推). 有了这个观点, 我们就可以解释 $0! = 1$ 意味着什么都不安排的方法只有一种!

阶乘无处不在, 有时以明显的方式出现, 有时隐藏在某个地方. 阶乘首次出现在概率论中的例子是有序地排列对象, 紧接着我们又讨论了无序时的情况 (二项式系数 $\binom{n}{k} = \frac{n!}{k!(n-k)!}$ 指的是从 n 个对象中无序地选出 k 个的方法数).

但是, 这里的阶乘函数并不十分明显. 最隐蔽的一种情况可能发生在标准正态分布的概率密度函数中, 即 $\frac{1}{\sqrt{2\pi}} \exp(-x^2/2)$. 事实上, $\sqrt{\pi} = (-1/2)!$. 当读到这里时, 你心里应该响起了警报声. 毕竟, 我们已经定义了整数输入的阶乘函数, 但现在取阶乘的不仅仅是负数, 还是一个负的有理数! 这是什么意思呢? 我们该如何理解 $-1/2$ 的阶乘? 对把 $-1/2$ 个人排成一列的方法数提问是什么意思?

对这个问题的回答要用到伽马函数, 即 $\Gamma(s)$.

伽马函数: 伽马函数 $\Gamma(s)$ 是

$$\Gamma(s) = \int_0^\infty \mathrm{e}^{-x} x^{s-1} \mathrm{d}x, \quad \mathcal{R}(s) > 0.$$

有些作者可能会写成

$$\Gamma(s) = \int_0^\infty \mathrm{e}^{-x} x^s \frac{\mathrm{d}x}{x}.$$

虽然看起来不一样, 但这两个表达式没什么区别. 写成 $\mathrm{d}x/x$ 可以强调在进行变量替换时, 测度变换有多好: 对于固定的 a, 如果把 x 替换成 $u = ax$, 那么 $\mathrm{d}x/x = \mathrm{d}u/u$.

实际上, 伽马函数推广了阶乘函数: 如果 n 是一个非负整数, 那么 $\Gamma(n+1) = n!$. 我们在第 15 章中描述了伽马函数的上述性质以及其他一些性质, 还讨论了关于 $\Gamma(1/2) = \sqrt{\pi}$ 的几个证明.

本章的目的是描述当 n 较大时, 取 $n!$ 近似值的斯特林公式, 并讨论一些相关应用.

斯特林公式: 当 $n \to \infty$ 时, 我们有

$$n! \approx n^n \mathrm{e}^{-n} \sqrt{2\pi n};$$

这意味着

$$\lim_{n \to \infty} \frac{n!}{n^n \mathrm{e}^{-n} \sqrt{2\pi n}} = 1.$$

更准确地说, 有下列级数展开式:

$$n! = n^n \mathrm{e}^{-n} \sqrt{2\pi n} \left(1 + \frac{1}{12n} + \frac{1}{288n^2} - \frac{139}{51\,840n^3} - \cdots \right).$$

每当看到一个公式时, 你都应该尝试一些简单的测试, 看看它是否合理. 我们可以做什么样的测试? 斯特林公式断言了 $n! \approx n^n \mathrm{e}^{-n} \sqrt{2\pi n}$. 因为 $n! = n(n-1) \cdots 1$, 所以显然有 $n! \leqslant n^n$. 这与斯特林公式一致. 但是, 如果斯特林公式是正确的, 那这个估计就太粗糙了, 因为它太大了, 这里还需要考虑 e^n 的近似. 下界是什么呢? 我们显然有 $n! \geqslant n(n-1) \cdots \frac{n}{2}$(为方便起见, 不妨设 n 是偶数), 所以 $n! \geqslant (n/2)^{n/2}$. 虽然这是一个下界, 却很糟糕, 因为它看起来像 $n^{n/2} 2^{-n/2}$. 根据斯特林公式, n 的幂应该是 n 而不是 $n/2$. 有种巧妙的方法可以找到漂亮的基本上下界. 这是更高级的话题, 要求我们对如何继续进行下去有一定的 "感觉". 不管怎样, 这都是很棒的技能. 所以, 为了不中断流程, 我们暂时搁置这些更基本的边界, 你会在 18.5 节了解到只要知道如何计数, 我们就能非常接近斯特林公式!

还可以做哪些检验? 好的, $(n+1)!/n! = n+1$. 我们来看一下斯特林公式都给出了什么信息:

$$\frac{(n+1)!}{n!} \approx \frac{(n+1)^{n+1} \mathrm{e}^{-(n+1)} \sqrt{2\pi(n+1)}}{n^n \mathrm{e}^{-n} \sqrt{2\pi n}}$$

$$= (n+1) \cdot \left(\frac{n+1}{n} \right)^n \cdot \frac{1}{\mathrm{e}} \cdot \sqrt{\frac{n+1}{n}}$$

$$= (n+1) \left(1 + \frac{1}{n} \right)^n \frac{1}{\mathrm{e}} \sqrt{1 + \frac{1}{n}}.$$

当 $n \to \infty$ 时, $(1+1/n)^n \to \mathrm{e}$(这是 e 的定义, 参见 B.3 节的结尾) 且 $\sqrt{1+1/n} \to 1$. 因此, 上式的近似值基本上是 $(n+1) \cdot \mathrm{e} \cdot \frac{1}{\mathrm{e}} \cdot 1$, 即 $n+1$, 这与我们想要的结果是一致的!

虽然上面的论述不是证明, 但几乎与证明具有同样的价值. 在看到一个公式后, 能了解它在说什么以及它是否成立是至关重要的. 通过一些简单的检验, 我们可以得到斯特林公式的上下界. 另外, 斯特林公式与 $(n+1)! = (n+1)n!$ 是一致的. 这让我们有理由相信所做的选择是正确的, 尤其是看到这里的比值与 $n+1$ 有多接近时.

注 虽然 18.6 节给出了斯特林公式的完整证明, 但在入门课程中, 你不应该专注于严格证明. 真正重要的是 (1) 能够使用这个结果, 以及 (2) 了解它为什么成立. 我非常喜欢模糊预测. 数和函数不应该那么神秘, 我们要对它们的取值有一定的了解. 这就是本章为什么要在斯特林公式的近似值方面给出很多论述. 花时间研读这部分内容是值得的. 你会了解到正在发生什么, 从而不会受到大量技术细节的困扰. 当然, 知道证明过程是很好的, 对结果进行证明能让我们识别它与其他结论的不同. 这就是我们为什么又给出了完整的证明, 并说明还需要做些什么来充实框架.

18.1 斯特林公式与概率

在深入了解斯特林公式的证明细节之前, 我们先来看看如何使用它. 第一个问题的灵感来源于一种让许多学生感到惊讶的现象. 假设有 1 枚均匀的硬币, 它掷出正面和反面的概率各占一半. 如果抛掷 $2n$ 次, 我们预计会得到 n 个正面. 所以, 当抛掷 200 万次时, 预计会出现 100 万个正面. 但事实证明, 当 $n \to \infty$ 时, 抛掷一枚均匀的硬币 $2n$ 次, 恰好出现 n 个正面的概率趋近于 0!

这个结果看起来很惊人. 在 $2n$ 次抛掷中, 出现正面的期望数是 n, 得到 n 个正面的概率却趋向于 0? 这是怎么回事? 如果这是期望值, 那么它不应该很有可能发生吗? 理解这个问题的关键是要注意, 在 $2n$ 次抛掷中, 虽然出现正面的期望值是 n, 但标准差是 $\sqrt{n/2}$. 回到抛掷 200 万次的情况, 我们预计会出现 100 万个正面, 但其波动幅度是 700. 如果现在把硬币抛掷 2 万亿次, 那么预计有 1 万亿个正面, 而波动幅度约为 700 000. 伴随着 n 的增加, 描述可能出现结果的均值 "窗口" 会像标准差那样增长, 也就是说, 它像 $\sqrt{n}$ 那样增长 (相差一个常数倍). 因此, 概率所对应的取值会越来越多, 这样就使得单独一个特定结果 (比如恰好出现 n 次正面) 的概率不断下降. 总而言之: 随着概率覆盖的集合越来越大, $2n$ 次抛掷中恰好出现 n 个正面的概率就会不断下降. 现在, 我们用斯特林公式来量化这个概率的下降速度.

对于取值较大的 n, 我们可以利用斯特林公式来轻松地近似 $n!$. 记住, 我们正在努力回答下面这个问题: **抛掷一枚均匀的硬币 $2n$ 次, 恰好得到 n 个正面的概率是多少**?

答案可以很轻松地写出来: 就是

$$\text{Prob}(在 \ 2n \ 次抛掷中恰好出现 \ n \ 个正面) = \binom{2n}{n}\left(\frac{1}{2}\right)^n\left(\frac{1}{2}\right)^n = \binom{2n}{n}\frac{1}{2^{2n}}.$$

原因是, 在 2^{2n} 个可能的结果中, 每一个结果出现的概率都是相等的, 并且恰好出现 n 个正面的结果共有 $\binom{2n}{n}$ 个. 另外, 也可以把第二个 $(1/2)^n$ 看作 $(1-1/2)^{2n-n}$.

那么 $\binom{2n}{n}$ 是多大?

是时候使用斯特林公式了. 我们有

$$
\begin{aligned}
\binom{2n}{n} &= \frac{(2n)!}{n!\,n!} \\
&\approx \frac{(2n)^{2n}\mathrm{e}^{-2n}\sqrt{2\pi \cdot 2n}}{n^n\mathrm{e}^{-n}\sqrt{2\pi n} \cdot n^n\mathrm{e}^{-n}\sqrt{2\pi n}} \\
&= \frac{2^{2n}}{\sqrt{\pi n}};
\end{aligned}
$$

因此, 恰好得到 n 个正面的概率是

$$
\binom{2n}{n}\frac{1}{2^{2n}} \approx \frac{1}{\sqrt{\pi n}}.
$$

这意味着, 如果 $n = 100$, 那么得到一半正面的概率略小于 6%. 但是, 如果 $n = 1\,000\,000$, 这个概率就会小于 0.06%.

实际上, 上面的练习类似于对 2008 年总统初选的讨论. 希拉里和奥巴马分别在纽约州锡拉丘兹的民主党初选中获得了 6001 张选票. 虽然初选共有 12 346 张选票, 但为了简单起见, 我们假设只有 12 002 张选票. 请问出现平局的概率是多少? 如果假设每位候选人都等可能地获得任何 1 张选票, 答案就是 $\binom{12\,002}{6001}/2^{12\,002}$. 精确答案约等于 0.007 282 9. 利用上述近似, 结果是

$$
\frac{1}{\sqrt{\pi \cdot 6001}} \approx 0.007\,283\,05,
$$

这与真实值非常接近.

虽然我们得到的概率略低于 1%, 但一些新闻媒体报道说这个概率大约是百万分之一, 有些人甚至说这种情况 "几乎不可能" 发生. 为什么会有如此不同的答案? 这完全取决于你对问题如何建模. 如果假设两位候选人会等可能地获得每 1 张选票, 那么得到的答案就会略少于 1%. 但如果考虑其他信息, 情况就会发生变化. 例如, 希拉里当时是纽约州的一名参议员, 所以不难想到她在家乡的选票会更多. 事实上, 她以 57.37% 的得票率在这个州获胜, 而奥巴马的得票率为 40.32%. 同样地, 为了便于分析, 我们假设希拉里获得了 57% 的选票, 而奥巴马得到了 43% 的选票. 如果把这些考虑进来, 就不能假设每个选民都等可能地投票给希拉里或奥巴马, 此时出现平局的概率只有 $\binom{12\,002}{6001} \cdot 0.57^{6001} \cdot 0.43^{6001}$. 由斯特林公式可得, $\binom{2n}{n} \approx 2^{2n}/\sqrt{\pi n}$. 因此, 在这些假设下, 出现平局的概率约等于

$$
\frac{2^{12\,002}}{\sqrt{\pi \cdot 6001}} \cdot 0.57^{6001}0.43^{6001} \approx 1.877 \cdot 10^{-54}.
$$

请注意, 概率之间的差别取决于我们对预期的不同假设!

18.2　斯特林公式与级数的收敛性

斯特林公式的另一个伟大应用是帮助我们确定使某个特定级数收敛的 x 值. 为了实现这个目的, 我们可以使用很多强大的微积分判别法, 例如比值、根值和积分判别法. B.3 节会对这些内容进行回顾. 然而, 我们通常可以避免使用这些判别法, 而是利用斯特林公式来使用更简单的比较判别法.

第一个例子是

$$e^x = 1 + x + \frac{x^2}{2!} + \frac{x^3}{3!} + \cdots = \sum_{n=0}^{\infty} \frac{x^n}{n!}.$$

我们想知道当 x 取什么值时, 该级数收敛. 由比值判别法可知, 无论 x 取何值, 这个级数均收敛. 也可以使用根值判别法, 但这要求我们对 $n!$ 的增长有一定的了解. 幸运的是, 斯特林公式提供了这方面的信息. 现在有

$$n!^{1/n} \approx \left(n^n \mathrm{e}^{-n} \sqrt{2\pi n} \right)^{1/n} = \frac{n}{\mathrm{e}}.$$

当 n 趋向于无穷大时, 我们看到 $(1/n!)^{1/n}$ 趋向于 0, 那么由根值判别法可知, 收敛半径是无穷大的 (也就是说, 对于任意的 x, 级数均收敛).

虽然上面的方法可以确定 e^x 的级数对所有 x 均收敛, 但仍然十分不令人满意. 除了使用斯特林公式, 我们还必须使用强大的根值判别法. 能否避免使用根值判别法, 只利用斯特林公式就可以确定级数始终收敛? 答案是肯定的, 现在就来说明这一点.

我们想证明 e^x 的级数对所有 x 均收敛. 这里的思路是, $n!$ 的增长速度非常快, 无论 x 取什么值, $x^n/n!$ 都会迅速趋近于 0. 如果可以证明, 当 n 充分大时, 存在某个小于 1 的 $r(x)$ 使得 $|x^n/n!| < r(x)^n$, 那么由比较判别法可知 e^x 的级数是收敛的. 这里写 $r(x)$ 是为了强调上界与 x 有关. 为了更加清楚, 不妨设上述不等式对所有的 $n \geqslant N(x)$ 均成立. 为了判定一个级数是否收敛, 我们只需要考察后面的无穷多项, 因为前面的有限多项不会影响收敛性. 于是

$$\left| \sum_{n=N(x)}^{\infty} \frac{x^n}{n!} \right| \leqslant \sum_{n=N(x)}^{\infty} r(x)^n = \frac{r(x)^{N(x)}}{1 - r(x)}.$$

现在, 问题被简化成了证明: 当 n 充分大时, 存在某个 $r(x) < 1$ 使得 $|x^n/n!| \leqslant r(x)^n < 1$. 利用斯特林公式, 我们看到 $x^n/n!$ 与下面的式子相似

$$\frac{x^n}{n^n \mathrm{e}^{-n} \sqrt{2\pi n}} = \frac{1}{\sqrt{2\pi n}} \left(\frac{\mathrm{e}x}{n} \right)^n \leqslant \left(\frac{\mathrm{e}x}{n} \right)^n.$$

对于任意一个固定的 x, 只要 $n \geqslant 2\mathrm{e}x + 1$, 就有 $|\mathrm{e}x/n| \leqslant 1/2$, 这样就完成了证明.

利用这种论证方法, 可以证明很多重要级数的收敛性. 我们看一下标准正态分布的矩母函数 (关于矩母函数的定义和性质, 请参阅第 19 章). 标准正态分布的矩很容易确定, n 阶矩为

$$\mu_n = \int_{-\infty}^{\infty} x^n \frac{1}{\sqrt{2\pi}} \mathrm{e}^{-x^2/2} \mathrm{d}x = \begin{cases} (2m-1)!! & \text{若 } n = 2m \text{ 是偶数} \\ 0 & \text{若 } n = 2m+1 \text{ 是奇数}, \end{cases}$$

这里的**双阶乘**指的是取遍所有相隔 1 的项, 直到 2 或 1 为止. 因此 $4!! = 4 \cdot 2$, $5!! = 5 \cdot 3 \cdot 1$, $6!! = 6 \cdot 4 \cdot 2$, 等等. 矩母函数 $M_X(t)$ 是

$$M_X(t) = \sum_{n=0}^{\infty} \frac{\mu_n}{n!} t^n = \sum_{m=0}^{\infty} \frac{(2m-1)!!}{(2m)!} t^{2m}.$$

我们要弄清楚 $(2m-1)!! t^{2m}/(2m)!$ 是如何快速减少的. 现在有

$$\frac{(2m-1)!!}{(2m)!} = \frac{(2m-1)!!}{(2m)!! \cdot (2m-1)!!} = \frac{1}{2m \cdot (2m-2) \cdots 2} = \frac{1}{2^m m!}.$$

因此, 与之前一样, 这个级数对所有的 t 均收敛. 事实上, 我们甚至可以确定它收敛到什么值:

$$M_X(t) = \sum_{m=0}^{\infty} \frac{t^{2m}}{2^m m!} = \sum_{m=0}^{\infty} \frac{(t^2/2)^m}{m!} = \mathrm{e}^{t^2/2}.$$

18.3 从斯特林公式到中心极限定理

本节的技巧性稍强一些, 你可以放心地跳过. 但是, 如果你愿意花些时间来掌握这些内容, 就会学到一些解决概率问题的有用技巧, 还会看到一个很常见的陷阱并学会如何避免它.

中心极限定理是概率论中非常重要的结论之一. 它指出随着相互独立的随机变量个数不断增加, 这些变量的和会趋向于服从正态分布. 作为斯特林公式的一个强有力的应用, 我们将证明斯特林公式蕴含着中心极限定理的一种特殊情形, 即随机变量 $X_1, \cdots, X_{2N}$ 都服从参数为 $p = 1/2$ 的伯努利分布的情形. 从技术角度考虑, 最简单的情形是下列标准化形式

$$\mathrm{Prob}(X_i = n) = \begin{cases} 1/2 & \text{若 } n = 1 \\ 1/2 & \text{若 } n = -1 \\ 0 & \text{其他}. \end{cases} \tag{18.1}$$

把 1 看作硬币掷出了正面, -1 看作掷出了反面. 从这个标准化形式中可以看出, $X_1 + \cdots + X_{2N}$ 的期望值是 0. 由于 X_i 表示第 i 次掷出了正面或反面, 所以这个和

就是正面比反面多出的个数 (期望值为 0).

设 $X_1, \cdots, X_{2N}$ 是相互独立的随机变量, 且均服从概率密度函数为式 (18.1) 的二项分布. 那么, 每个变量的均值都是 0, 因为 $1 \cdot (1/2) + (-1) \cdot (1/2) = 0$, 而方差均为

$$\sigma^2 = (1-0)^2 \cdot \frac{1}{2} + (-1-0)^2 \cdot \frac{1}{2} = 1.$$

最后, 我们令

$$S_{2N} = X_1 + \cdots + X_{2N}.$$

由

$$\mathbb{E}[S_{2N}] = \mathbb{E}[X_1] + \cdots + \mathbb{E}[X_{2N}] = 0 + \cdots + 0 = 0$$

可知, S_{2N} 的均值是 0. 类似地, 不难看出 S_{2N} 的方差是 $2N$. 因此, 我们希望 S_{2N} 约等于 0, 而波动幅度约为 $\sqrt{2N}$.

现在看一下 S_{2N} 服从的分布. 我们首先注意到, $S_{2N} = 2k+1$ 的概率是 0. 这是因为 S_{2N} 等于出现正面的次数减去出现反面的次数, 而这个值始终是偶数: 如果出现 k 次正面和 $2N-k$ 次反面, 那么 S_{2N} 就等于 $2k-2N$.

S_{2N} 等于 $2k$ 的概率是 $\binom{2N}{N+k}(\frac{1}{2})^{N+k}(\frac{1}{2})^{N-k}$. 理由如下: 当 S_{2N} 等于 $2k$ 时, 1(正面) 比 -1(反面) 多了 $2k$ 个, 并且 1 和 -1 的总个数是 $2N$. 因此, 我们有 $N+k$ 个正面 (1) 和 $N-k$ 个反面 (-1). 所有可能的结果一共有 2^{2N} 种, 恰好掷出 $N+k$ 个正面和 $N-k$ 个反面的结果共有 $\binom{2N}{N+k}$ 种, 而且每种结果出现的概率均为 $(\frac{1}{2})^{2N}$. 为了说明该如何处理更一般的情形 (即掷出正面的概率为 p, 掷出反面的概率为 $1-p$), 我们把上面的概率写成 $(\frac{1}{2})^{N+k}(\frac{1}{2})^{N-k}$.

现在用斯特林公式来近似 $\binom{2N}{N+k}$. 我们有

$$\binom{2N}{N+k} \approx \frac{(2N)^{2N}e^{-2N}\sqrt{2\pi \cdot 2N}}{(N+k)^{N+k}e^{-(N+k)}\sqrt{2\pi(N+k)}(N-k)^{N-k}e^{-(N-k)}\sqrt{2\pi(N-k)}}$$

$$= \frac{(2N)^{2N}}{(N+k)^{N+k}(N-k)^{N-k}}\sqrt{\frac{N}{\pi(N+k)(N-k)}}$$

$$= \frac{2^{2N}}{\sqrt{\pi N}}\frac{1}{(1+\frac{k}{N})^{N+\frac{1}{2}+k}(1-\frac{k}{N})^{N+\frac{1}{2}-k}}.$$

剩下的部分就是做一些代数运算来证明这个随机变量收敛于正态分布. 不幸的是, 在处理因子时, 人们经常会掉进一个常见的陷阱. 为了避免将来出现这样的问题, 我们先描述这个常见错误, 然后完成证明.

我们想利用 e^x 的定义 (参阅 B.3 节的结尾) 来推导: 当 $N \to \infty$ 时, $(1+\frac{w}{N})^N \approx e^w$. 然而必须小心一点, 因为 k 值会随着 N 增长. 例如, 我们可能会认为 $(1+\frac{k}{N})^N \to$

e^k 且 $(1-\frac{k}{N}))^N \to \mathrm{e}^{-k}$, 这样两个因子就相互抵消了. 因为 k 相对于 N 较小, 所以我们可能会忽略 $1/2$, 并给出

$$\left(1+\frac{k}{N}\right)^k = \left(1+\frac{k}{N}\right)^{N\cdot\frac{k}{N}} \to \mathrm{e}^{k^2/N};$$

类似地, 有 $(1-\frac{k}{N})^{-k} \to \mathrm{e}^{k^2/N}$. 于是, 我们可能会断言 (稍后在引理 18.3.1 中会看到, 这一说法是错误的!)

$$\left(1+\frac{k}{N}\right)^{N+\frac{1}{2}+k} \left(1-\frac{k}{N}\right)^{N+\frac{1}{2}-k} \to \mathrm{e}^{2k^2/N}.$$

我们来证明 $\left(1+\frac{k}{N}\right)^{N+\frac{1}{2}+k} \left(1-\frac{k}{N}\right)^{N+\frac{1}{2}-k} \to \mathrm{e}^{k^2/N}$. 这一计算的重要性在于它强调了收敛速度的重要性. 虽然主要部分 $(1\pm\frac{k}{N})^N$ 等于 $\mathrm{e}^{\pm k}$ 是正确的, 但误差项 (在极限中) 也相当重要. 当 k 是 N 的方幂时, 误差会产生一个很大的项. 这里的情况是, 由这两个因子生成的项会相互强化. 另一种说法是, 一个因子会趋向于无穷大, 而另一个则趋向于 0. 记住 $\infty\cdot 0$ 是无定义的表达式之一, 根据各项增长或衰减速度的快慢, 它可以是任何值. 本节最后会给出更多说明.

简而言之, 不能只利用 $(1+\frac{w}{N})^N \approx \mathrm{e}^w$. 我们要更加小心. 正确的做法是对两个因子取对数, 并用泰勒公式展开, 然后做指数运算. 这样我们就能更好地处理误差项.

在做这些之前, 我们需要大致了解 k 的重要取值范围是什么. 因为标准差是 $\sqrt{2N}$, 所以预计唯一真正重要的 k 是那些与 0 相距几个标准差的值. 也就是说, k 的最大值会比 $\sqrt{2N}$ 略大. 我们可以利用切比雪夫不等式 (定理 17.3.1) 来仔细地量化需要研究多大的 k. 由此可知, 只需考察那些 $|k|$ 不大于 $N^{\frac{1}{2}+\epsilon}$ 的 k, 这是因为 S_{2N} 的标准差是 $\sqrt{2N}$. 于是, 由 $(2N)^{1/2+\epsilon} = (2N)^\epsilon \mathrm{StDev}(S_{2N})$ 可得

$$\mathrm{Prob}(|S_{2N}-0| \geqslant (2N)^{1/2+\epsilon}) \leqslant \frac{1}{(2N)^{2\epsilon}}.$$

因此, 现在只需要考察当 $|k| \leqslant N^{1/2+1/9}$ 时, $S_{2N}=2k$ 的概率.

现在来考察前面所说的引理, 它会给出这个乘积的正确极限, 而这个证明将告诉我们该如何解决这类问题.

引理 18.3.1 对于任意的 $\epsilon \leqslant 1/9$, 当 $|k| \leqslant (2N)^{1/2+\epsilon}$ 时, 如果 $N\to\infty$, 那么有

$$\left(1+\frac{k}{N}\right)^{N+\frac{1}{2}+k} \left(1-\frac{k}{N}\right)^{N+\frac{1}{2}-k} \longrightarrow \mathrm{e}^{k^2/N}\mathrm{e}^{O(N^{-1/6})}.$$

证明: 回顾一下, 当 $|x| < 1$ 时,

$$\log(1+x) = \sum_{n=1}^{\infty} \frac{(-1)^{n+1}x^n}{n}.$$

因为假设 $k \leqslant (2N)^{1/2+\epsilon}$, 所以任何小于 k^2/N^2, k^3/N^2 或 k^4/N^3 的项都可以忽略不计. 因此, 如果定义

$$P_{k,N} := \left(1 + \frac{k}{N}\right)^{N+\frac{1}{2}+k} \left(1 - \frac{k}{N}\right)^{N+\frac{1}{2}-k}$$

那么利用 B.4 节的大 O 符号可以得到

$$\begin{aligned}
\log P_{k,N} &= \left(N + \frac{1}{2} + k\right) \log\left(1 + \frac{k}{N}\right) \\
&\quad + \left(N + \frac{1}{2} - k\right) \log\left(1 - \frac{k}{N}\right) \\
&= \left(N + \frac{1}{2} + k\right)\left(\frac{k}{N} - \frac{k^2}{2N^2} + O\left(\frac{k^3}{N^3}\right)\right) \\
&\quad + \left(N + \frac{1}{2} - k\right)\left(-\frac{k}{N} - \frac{k^2}{2N^2} + O\left(\frac{k^3}{N^3}\right)\right) \\
&= \frac{2k^2}{N} - 2\left(N + \frac{1}{2}\right)\frac{k^2}{2N^2} + O\left(\frac{k^3}{N^2} + \frac{k^4}{N^3}\right) \\
&= \frac{k^2}{N} + O\left(\frac{k^2}{N^2} + \frac{k^3}{N^2} + \frac{k^4}{N^3}\right).
\end{aligned}$$

当 $\epsilon \leqslant 1/9$ 时, $k \leqslant (2N)^{1/2+\epsilon}$, 所以大 O 项完全由 $N^{-1/6}$ 来确定. 最后, 我们得到了

$$P_{k,N} = e^{k^2/N} e^{O\left(N^{-1/6}\right)},$$

结论得证. □

现在, 我们完成了 S_{2N} 收敛于高斯分布的证明. 把引理 18.3.1 和式 (18.2) 结合起来可得

$$\binom{2N}{N+k}\frac{1}{2^{2N}} \approx \frac{1}{\sqrt{\pi N}}\, e^{-k^2/N}$$

(通过仔细地分析引理, 我们会注意到 $e^{-k^2/N}$ 的存在, 这是我们快速而松散的计算所遗漏的). 在这个例子中, 对中心极限定理的证明完全由一些简单的代数运算来完成. 因为我们研究的是 $S_{2N} = 2k$, 所以应该把 k^2 写成 $(2k)^2/4$. 类似地, 因为 S_{2N} 的方差是 $2N$, 所以应该用 $(2N)/2$ 来代替 N. 虽然这些看起来是不重要的代数技巧, 但能轻松地做到这一点会非常有用. 通过这些小的调整, 我们可以更轻松

地将表达式与猜测值进行比较. 现在有

$$\text{Prob}(S_{2N} = 2k) = \binom{2N}{N+k} \frac{1}{2^{2N}} \approx \frac{2}{\sqrt{2\pi \cdot (2N)}} e^{-(2k)^2/2(2N)}.$$

回忆一下, S_{2N} 不可能是奇数. 在上述标准化常数的分子中, 因子 2 反映了这样的事实: S_{2N} 为偶数的概率是我们所期望的 2 倍, 原因在于 "S_{2N} 为奇数的概率是 0" 也必须被考虑到. 所以, 这看起来像是一个均值为 0 且方差为 $2N$ 的高斯分布. 对于较大的 N, 这样的高斯分布是缓慢变化的, 从 $2k$ 到 $2k+2$ 的积分基本上是 $2/\sqrt{2\pi(2N)} \cdot \exp\{-(2k)^2/2(2N)\}$.

由于我们的证明很长, 现在花点时间来回顾一下要点. 非常幸运, 我们有一个明确的概率公式, 其中还包含了二项式系数. 利用切比雪夫不等式, 我们确定了概率的考察范围. 然后利用斯特林公式做展开, 并进行了一些代数运算, 从而使我们的表达式看起来像一个高斯函数.

这里有个不错的挑战: 你可以把上面的论述推广到 $p \neq 1/2$ 的情形吗?

18.4 积分判别法与较弱的斯特林公式

利用积分判别法, 我们来证明较弱的斯特林公式.

较弱的斯特林公式: 设 $n \geqslant 3$ 是正整数. 那么

$$n^n e^{-n} \cdot e \leqslant n! \leqslant n^n e^{-n} \cdot en.$$

正如我们在整本书中反复提到的, 每当看到一个公式时, 我们的第一反应应该是验证它的合理性. 在进行证明之前, 把这个结果与斯特林公式 $n! \approx n^n e^{-n} \sqrt{2\pi n}$ 做一下比较. 我们准确地给出了主要部分 $n^n e^{-n}$, 但没有提到因子 $\sqrt{2\pi n}$. 需要注意的是这会造成多大的误差. 现在的下界是 e, 而上界是 en. 这两个数的几何平均数是 $\sqrt{e \cdot en}$(回忆一下, x 和 y 的几何平均数是 $\sqrt{xy}$), 即 $e\sqrt{n}$, 而这个值约为 $2.718\sqrt{n}$, 它与真实答案 $\sqrt{2\pi n} \approx 2.5063\sqrt{n}$ 非常接近. 只要再多做一点工作, 沿着下面的思路就可以得到斯特林公式. 我们会利用微积分中的积分判别法. 为了得到完整的证明, 只需要对误差项进行更好的控制就行了. 我们的目的是强调方法和思路, 所以不添加额外的细节. 这些细节会让证明更加杂乱. 在读完本节剩余部分后, 你可以查阅**欧拉-麦克劳林公式**, 并轻松地提取出完整的证明.

上述讨论的要点是, 我们的答案非常接近斯特林公式. 下面的论述很容易理解, 其中涉及微积分中的积分判别法, 以及 $\log(1+x)$ 的泰勒级数展开, 即

$$\log(1+x) = x - \frac{x^2}{2} + \frac{x^3}{3} - \cdots \quad (\text{若 } |x| < 1).$$

虽然在最后会有较多的代数运算, 但重点是不要因此而偏离主题. 也就是说, 我们可以利用积分判别法轻松地对和做很好的逼近. 难点在于量化积分与和的接近程度, 这需要一些比较烦琐的记录工作. 我们会详细介绍这个证明的细节, 以此来强调该如何利用这些技巧去解决问题. 之后我们会重新回顾这里的论述, 并强调你应该从中学到些什么.

现在开始证明! 设 $P = n!$[这里使用字母 P 是因为乘积 (product) 的首字母是 p]. 我们很难从一个乘积中看出它蕴含着什么样的含义. 这在一定程度上是因为之前的课程中考察的都是和, 而不是乘积. 例如, 在微积分中, 我们总是遇到黎曼和, 但从没见过黎曼积!

因此, 我们想把关于 $n!$ 的问题转化成一个更加熟悉的相关问题. 最直接的做法就是等式两端同时取对数. 原因是乘积的对数就是对数的和. 这是个极好的一般性建议: 每当遇到乘积时, 你的第一反应就该是**取对数**.

回到我们的问题, 现在有

$$\log P = \log n! = \log 1 + \log 2 + \cdots + \log n = \sum_{k=1}^{n} \log k.$$

我们想用一个积分来近似这个和. 注意, 如果 $f(x) = \log x$, 那么当 $x \geqslant 1$ 时 f 是递增的. 这意味着

$$\int_{1}^{n} \log t \, dt \leqslant \sum_{k=1}^{n} \log k \leqslant \int_{2}^{n+1} \log t \, dt.$$

这个式子可以通过考察上和与下和来得到. 注意, 在证明微积分基本定理时, 你已经见过这种类型的论证 (上和与下和法), 参见图 18-1. 正确地给出积分范围可能是论述中最令人讨厌的部分.

现在来论述最难的部分. 我们需要知道 $\log t$ 的积分是什么. 虽然这不是标准函数, 但它有一个相对简单的原函数, 即 $t \log t - t$. 找出一个典型的原函数很难, 验证并确保这是个原函数却很容易——我们要做的就是求导. 现在可以用这个函数来近似 $\log n!$. 于是有

$$(t \log t - t)\Big|_{t=1}^{n} \leqslant \log n! \leqslant (t \log t - t)\Big|_{t=2}^{n+1}$$

$$n \log n - n + 1 \leqslant \log n! \leqslant (n+1)\log(n+1) - (n+1) - (2\log 2 - 2).$$

首先看一看下界. 已知

$$n \log n - n + 1 \leqslant \log n!,$$

在进行指数运算后, 我们看到

$$e^{n \log n - n + 1} = n^{n} e^{-n} \cdot e \leqslant n!.$$

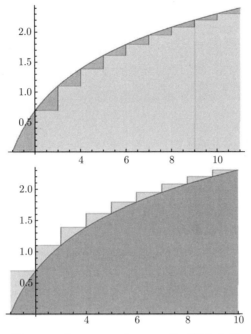

图 18-1 当 $n = 10$ 时, $\log n!$ 的下界与上界

上界是什么情况? 在下面的论述中, 我们将得到一个与 n 有关的量的对数. 我们知道对数在 0 附近 (而不是无穷远处) 的泰勒展开式我们, 因此想通过改写表达式来利用这个已知信息. 具体地说, $\log(n+1)$ 可以改写成 $\log(n(1+1/n))$. 根据对数法则, $\log(n(1+1/n))$ 又等于 $\log n + \log(1+1/n)$. 由 $\log(1+u) = u - u^2/2 + u^3/3 - \cdots$ 可知, 最后一个表达式非常适合做泰勒展开.

于是有

$$(n+1)\log(n+1) - n + 1 - 2\log 2$$

$$= (n+1)\log\left(n\left(1+\frac{1}{n}\right)\right) - n + 1 - 2\log 2$$

$$= (n+1)\log n + (n+1)\log\left(1+\frac{1}{n}\right) - n + 1 - 2\log 2$$

$$= n\log n + \log n - n + (n+1)\left(\frac{1}{n} - \frac{1}{2n^2} + \frac{1}{3n^2} - \cdots\right) + 1 - 2\log 2$$

$$\leqslant n\log n + \log n - n + \frac{n+1}{n} + 1 - 2\log 2,$$

最后一个式子基于以下事实: 倒数第二个式子中有一个交替级数, 所以在正项之后做截断会对这个和做出过高的估计. 此外, 如果 $n \geqslant 3$, 那么 $\frac{n+1}{n} + 1 - 2\log 2 < 1$.

做指数运算之后, 可得

$$n! \leqslant \mathrm{e}^{n \log n - n + \log n + 1} = n^n \mathrm{e}^{-n} \cdot en.$$

把上下界组合在一起, 我们就证明了

$$n^n \mathrm{e}^{-n} \cdot e \leqslant n! \leqslant n^n \mathrm{e}^{-n} \cdot en,$$

这正是我们想要的结果.

　　注　注意, 我们的论述很容易理解, 其中介绍了许多能够用来解决各种问题的漂亮而强大的技巧. 我们用积分来代替和, 并把复杂函数 $\log(n+1)$ 替换成了它的泰勒展开式. 我们注意到, 对于一个交替级数, 如果在一个正项之后做截断, 那么这个和就会被高估. 最后, 也是最重要的一点是, 我们已经知道了该如何处理乘积——取对数并将乘积转换成和!

　　最后, 我们简单地说明是如何看出 $\log t$ 的原函数是 $t \log t - t$ 的. 我们需要一个导数为 $\log t$ 的函数, 遗憾的是并不知道有哪个函数满足上述条件. 但是, 现在还有希望. 我们知道乘积的求导法则, 所以, 如果令 $g(t) = t \log t$, 那么在对因子 t 微分时, 就会得到 $\log t$. 不幸的是, $g'(t) = \log t + t \frac{1}{t} = \log t + 1$. 所以, 我们已经看到一点导数的影子了. 现在要让导数值减 1. 这意味着我们要从 $g(t)$ 中减去导数为 1 的函数. 这就很容易了——只需要减去 t. 这就是我们得到 $t \log t - t$ 的方法.

　　既然你已经看到了分部积分法, 那就去看一下欧拉-麦克劳林公式吧. 它会产生更紧的上界和下界, 你可以用它来证明斯特林公式.

18.5　得到斯特林公式的基本方法

　　上一节利用积分判别法得到了 $n!$ 的上界和下界. 虽然得到的上下界很好, 但我们必须要利用两次微积分. 一次是利用积分判别法, 另一次则是引导我们看出 $\log t$ 的原函数是 $t \log t - t$. 虽然这很容易通过微分进行验证, 但如果你没见过这种关系, 那么这就是个真正的挑战.

　　本节将用一种相当基本的方法来估算斯特林公式. 我们会尽量避免使用微积分, 而只采用巧妙的计算. **你可以放心地跳过本节. 但是, 下面的论述强调了一种估算的好方法, 而这些思路几乎肯定会对你今后遇到的各种其他问题很有帮助.** 随着数学知识的不断丰富, 你会真正开始欣赏技巧和方法而不是事实, 这就是我花了几页篇幅对这些论述进行扩展的原因. 尽情享受吧!

18.5.1　二进分解

　　你能掌握的最有用的技巧之一是近似一个非常复杂的量. 虽然我们通常可以借助计算机的蛮力计算来获得答案, 但有时参数依赖性非常大, 以至于这种做法难以实现. 因此, 学习如何看待问题并在参数改变时收集相关信息是非常有用的.

斯特林公式为这些方法提供了绝佳的试验场. 回忆一下, 当 n 趋向于无穷大时, 斯特林公式告诉我们 $n! \sim n^n e^{-n} \sqrt{2\pi n}$. 我们已经看到如何在不需要做太多工作的情况下获得合理的上界. 那么怎样得到好的下界呢? 第一次尝试得到了 1^n, 这非常糟糕. 现在, 我们给出一种卓有成效的方法, 它能让我们轻松得到一个不错的下界. 我们仍会得到下界 $n^{n/2} 2^{-n/2}$, 但会更详细地解释整个计算过程.

为了简化论述, 不妨设存在某个 N 使得 $n = 2^N$. 如果不做这个假设, 就需要使用地板函数, 或者展开更多的论述 (稍后会这样做). 使用地板函数会让公式和分析看起来更加复杂, 关键的见解 (即主要思想) 则将被埋没在毫无启发意义的代数运算中, 而这些运算又是结论成立所必需的. 我更喜欢采用这种特殊形式, 因为可以在不陷入细节的情况下突出这种方法.

此处的思路是使用**二进分解**. 这是一种强大的思路, 会贯穿于整个数学. 它的工作原理如下: 把原始问题分解成两个较小的问题, 然后对这些问题进行处理, 并把它们的结果组合起来. 这与递推非常相似: 我们通过处理两个较小的问题来解决一个大问题. 当然, 可以不断地细分: 考察两个更小的区间, 对每一个进行划分, 然后再次应用这种思路.

这是个非常重要的概念, 所以我们要慢慢地仔细研究它的应用. 我们的目标是求出 $n! = n(n-1) \cdots 2 \cdot 1$ 的边界. 因为每个因子至少为 1 且最多为 n, 所以现在从平凡边界开始考察, 即

$$1^n \leqslant n! \leqslant n^n.$$

注意, 上下界之间存在着**巨大**的差距. 问题在于当 $n \to \infty$ 时, 集合 $I_0 := \{1, 2, \cdots, n\}$ 会变得非常大, 所以试图找到每个因子的上下界是非常可怕的. 二进分解的想法是把这个大集合分解成较小的集合, 从而得到更好的边界, 然后再把这些结果结合在一起.

具体地说, 把这个集合分成两半:

$$\mathcal{S}_0 = \{1, 2, \cdots, n\} = \{1, 2, \cdots, n/2\} \cup \{n/2+1, n/2+2, \cdots, n\} := \mathcal{S}_1 \cup \mathcal{S}_2.$$

在第一个集合中, 每一项都至少为 1 且至多为 $n/2$, 于是有

$$1^{n/2} \leqslant 1 \cdot 2 \cdots (n/2-1)(n/2) \leqslant (n/2)^{n/2}.$$

类似地, 在第二个集合中, 每一项都至少为 $n/2+1$, 但我们会使用 $n/2$ 作为下界, 因为这能使代数表达更加整洁. 另外, 每一项至多为 n. 于是我们有

$$(n/2)^{n/2} \leqslant (n/2+1)(n/2+2) \cdots (n-1)n \leqslant n^{n/2}.$$

请注意, 我们仍在使用简单的思路, 即考察每一项的最小或最大的边界. 这基于 S_1 和 S_2 的大小都是初始集合 S_0 的一半这个事实. 因此, 这些集合的变化较小, 所以上下界要好得多. 将两个下界 (或上界) 相乘, 我们就得到了 $n!$ 的一个下界 (或上界):

$$1^{n/2}(n/2)^{n/2} \leqslant [1 \cdot 2 \cdots (n/2)][(n/2+1)(n/2+2)\cdots n] \leqslant (n/2)^{n/2}n^{n/2},$$

简化可得

$$n^{n/2}\sqrt{2}^{-n} \leqslant n! \leqslant n^n(\sqrt{2})^{-n}.$$

注意, 这比我们原来的平凡边界 $1 \leqslant n! \leqslant n^n$ 要好得多: 上界与斯特林公式非常接近 (这里有一个 $(\sqrt{2})^{-n}$, 而不是 $\mathrm{e}^{-n}\sqrt{2\pi n}$), 而下界则更接近.

现在, 我们采用洗头的流程: **涂泡沫、冲洗、重复**. 如上所述, 可以把 S_1 和 S_2 分成两个更小的区域, 然后进一步分解这些新的区域 (但实际操作会略有不同). 我们会在下一小节中做这些事情. 本小节的目的是慢慢地介绍这种方法, 并描述它为什么能发挥很好的作用. 简而言之, 成功来自于一种微妙的平衡. 当考察的目标非常小时, 一切都不会有变化, 也不存在近似——数都保持其真实值; 当目标太大时, 变化就会太多, 边界也会过于平凡. 我们需要在两者之间找到巧妙的平衡.

18.5.2　斯特林公式的下界 I

基于上面的二进分解思想, 我们继续利用初等方法来考察 $n!$. 不必把每个小集合都对半划分, 而是只需要划分前一个集合 (即包含较小数的集合). 这样就得到了一系列不同大小的集合, 并且每个集合的大小都是前一个的一半.

具体地说, 我们研究包含在下列区间中的 $n!$ 的因子: $I_1 = (n/2, n]$, $I_2 = (n/4, n/2]$, $I_3 = (n/8, n/4]$, $\cdots$, $I_N = (1, 2)$. 注意, 在 I_k 中, $n/2^k$ 个因子中的每个都至少为 $n/2^k$. 于是

$$
\begin{aligned}
n! &= \prod_{k=1}^{N}\prod_{m \in I_k} m \\
&\geqslant \prod_{k=1}^{N}\left(\frac{n}{2^k}\right)^{n/2^k} \\
&= n^{n/2+n/4+n/8+\cdots+n/2^N}2^{-n/2}4^{-n/4}8^{-n/8}\cdots(2^N)^{-n/2^N}.
\end{aligned}
$$

我们慢慢地仔细观察上面的每个因子. 注意, n 的方幂和几乎等于 n. 如果考虑到 $n/2^N = 1$(因为我们假设 $n = 2^N$), 那么结果的确如此. 但是, 由于 $n = 2^N$, 所以乘以 $(n/2^N)^{n/2^N}$ 不会产生任何影响, 原因是这个值就等于 1^1(**乘以** 1是一种非常有用的技巧, 关于它的更多应用, 请参阅 A.12 节). 现在, $n!$ 大于

$$n^{n/2+n/4+n/8+\cdots+n/2^N+n/2^N}2^{-n/2}4^{-n/4}8^{-n/8}\cdots(2^N)^{-n/2^N}(2)^{-n/2^N}.$$

于是, 关于 n 的项就等于 n^n. 2 的方幂和是多少? 它就是

$$2^{-n/2}4^{-n/4}8^{-n/8}\cdots(2^N)^{-n/2^N} \cdot 2^{-n/2^N} = 2^{-n\left(1/2+2/4+3/8+\cdots N/2^N\right)}2^{-2^N/2^N}$$
$$> 2^{-n\left(\sum_{k=0}^{N} k/2^k\right)}2^{-2^N/2^N}$$
$$\geqslant 2^{-n\left(\sum_{k=0}^{\infty} k/2^k\right)}2^{-1}$$
$$= 2^{-2n-1} = \frac{1}{2}4^{-n}.$$

为了看出这一点, 我们使用下面这个巧妙的恒等式:

$$\sum_{k=0}^{\infty} kx^k = \frac{x}{(1-x)^2};$$

相关证明请参阅 11.1 节 (关于几何级数公式的微分恒等式).

把所有东西组合在一起, 我们发现

$$n! \geqslant \frac{1}{2}n^n4^{-n},$$

这与真实值 $n^n\mathrm{e}^{-n}$ 非常接近. 它肯定比第一个下界 $n^{n/2}2^{-n/2}$ 要好得多.

就像生活中的许多事情一样, 如果愿意多做点工作, 我们就可以得到更好的结果. 例如, 考虑区间 $I_1 = (n/2, n]$. 我们可以把首尾的元素进行配对: n 和 $n/2+1$, $n-1$ 和 $n/2+2$, $n-2$ 和 $n/2+3$, 一直到 $3n/4$ 和 $3n/4+1$. 例如, 如果考虑区间 $(8,16]$, 那么上面这些数对分别是: $(16,9)$、$(15,10)$、$(14,11)$ 和 $(13,12)$. 现在我们考虑微积分中的一个黄金标准问题: 已知 $x+y=L$, 如果想求 xy 的最大值, 那么当 $x=y=L/2$ 时, 这个最大值会出现. 这通常被称为农夫鲍勃 (或布朗) 问题, 它有个非常有趣的解释. 我们正试图建造一个面积达到最大的矩形围栏, 目的是在该区域内放牧奶牛. 已知矩形围栏的周长是 L, 那么正确答案就是将其建造成正方形. 因此, 在所有可能的选择中, 乘积最大的一对数是 $3n/4$ 和 $3n/4+1$, 乘积最小的则是 n 和 $n/2+1$, 并且后者的乘积要大于 $n^2/2$. 于是, 把 I_1 中每一对乘积都替换成 $\sqrt{n^2/2} = n/\sqrt{2}$, 从而使得 I_1 中全体元素的乘积减小. 通过简单的思考, 不难得到

$$n \cdot (n-1) \cdots \frac{3n}{4} \cdots \left(\frac{n}{2}+1\right) \cdot \frac{n}{2} \geqslant \left(\frac{n}{\sqrt{2}}\right)^{n/2} = \left(\frac{n\sqrt{2}}{2}\right)^{n/2},$$

这很好地改进了 $(n/2)^{n/2}$, 也不需要做太多额外的工作!

现在对 I_2 做类似的分析. 乘积最小的一对数是 $n/2$ 和 $n/4+1$, 它们的乘积会大于 $n^2/8$. 像之前那样论述, 我们有

$$\prod_{m \in I_2} m \geqslant \left(\frac{n}{\sqrt{8}}\right)^{n/4} = \left(\frac{n}{2\sqrt{2}}\right)^{n/4} = \left(\frac{n\sqrt{2}}{4}\right)^{n/4}.$$

到目前为止, 规律应该很清晰了. 我们得到的结果几乎和以前一样, 唯一的区别是, 在分子中每次都会有一个 $n\sqrt{2}$ 而不是 n. 这使得代数表达式有了一些小变化, 我们看到

$$n! \geqslant \frac{1}{2}(n\sqrt{2})^n 4^{-n} = \frac{1}{2}n^n(2\sqrt{2})^{-n}.$$

注意, 这个结果与 $n^n e^{-n}$ 非常接近, 这是因为 $2\sqrt{2} \approx 2.828\,43$, 它比 $e \approx 2.718\,28$ 略大一些. 令人惊讶的是, 我们的分析使得结果与斯特林公式非常接近. 很快就会得到斯特林公式了!

本节完成了对基本问题的论述, 建议你试着去解决几件事.

- 你可以修改上面的论述从而得到 $n!$ 的一个不错的上界吗?

- 读完上面的论述, 你应该想知道究竟可以把问题推广到什么程度. 如果不考虑二进分解, 问题该如何解决? 如果做三进分解呢: $(2n/3, n]$, $(4n/9, 2n/3]$, $\cdots$? 2 的方幂或许是个不错的条件, 所以我们可能不该做三进分解, 而是做四进分解? 又或者固定一个 r, 并对某个通用常数 r 考察 $(rn, n]$, $(r^2 n, rn]$, $\cdots$. 利用这一点和上述配对方法, 能得到的最大下界是多少? 换句话说, 当 r 取何值时, 乘积的下界取到最大值?

本节的证明**几乎**全都是初等内容. 有一步使用了微积分: 我们需要知道 $\sum_{k=0}^{\infty} kx^k$ 等于 $x/(1-x)^2$. 幸运的是, 不用微积分就能证明这个结果, 只需要利用 1.2 节篮球竞赛中的无记忆过程. 我将在习题 18.8.19 中概述这个论点.

18.5.3 斯特林公式的下界 II

我们将继续考察这些初等方法, 看看它们能推广到什么程度. 当然, 从某种意义上说, 没有必要这样做, 有一些更强大的方法可以用较少的工作量产生更好的结果. 事实的确如此, 所以现在自然有了一个令人困扰的问题: 为什么要花时间这样做?

给出这些论述的原因有几种. 首先, 虽然这些论述比我们能证明的弱一些, 但它们需要的工具更少. 为了证明斯特林公式, 或者证明它有很好的边界, 我们要用到微积分、实分析和复分析中的结果. 弄清楚只利用整数的基本性质可以做些什么是很不错的. 其次, 对于很多问题, 我们只需要了解一些简单的限制条件. 通过仔细阅读这些内容, 你会明白该如何生成这样的初等限制, 希望这能在以后的生活中对你有所帮助.

在此重申, 本节余下的部分是高等知识, 不会在本书剩余部分中用到. 你可以放心地跳过, 但建议你至少浏览一下这些论述.

现在把论述做进一步推广, 把 $n = 2^N$ 时的 $n! > (n/4)^n$ 推广到任意整数 n 上. 换句话说, 把 n 设成特殊形式 $n = 2^N$ 是可行的. 不妨设 $2^k < n < 2^{k+1}$. 那么, 存

在某个正数 $m < 2^k$, 使得 n 可以写成 $n = 2^k + m$. 利用前面的结论可得

$$n! = n \cdot (n-1) \cdots (2^k + 1) \cdot (2^k)! > (2^k)^m \cdot (2^k)! > (2^k)^m \cdot (2^k/4)^{2^k}.$$

接下来的目标是证明上面的量大于 $(n/4)^n$. 这里有一种可行的方法:

$$2^{km} \cdot (2^k/4)^{2^k} = (n/4)^{\alpha}.$$

如果 $\alpha > n$, 那么我们就得到了结论. 把上式取对数后, 有

$$k \cdot m \cdot \log 2 + 2^k \cdot \log(2)(k-2) = \alpha(\log(n) - 2\log 2).$$

从中解出 α, 可得

$$\alpha = \frac{k \cdot m \cdot \log 2 + 2^k \cdot \log(2)(k-2)}{\log(n) - 2\log 2}.$$

记住, 我们要证明 $\alpha > n$. 如果把前面的表达式 $n = 2^k + m$ 代入, 那么问题就变成了证明

$$\frac{k \cdot m \cdot \log 2 + 2^k \cdot \log(2)(k-2)}{\log(2^k + m) - 2\log 2} > 2^k + m.$$

只要 $2^k + m$ 大于 4, 分母就是正的, 那么就可以在不改变不等式符号的情况下做乘法:

$$\log(2)(k(2^k + m) - 2^{k+1}) > (2^k + m)\log(2^k + m) - \log(2)2^{k+1} - 2m\log 2.$$

做一些简单的代数运算, 可以把它变成一个更好的表达式:

$$\log(2^k)(2^k + m) > (2^k + m)\log(2^k + m) - 2m\log 2$$
$$2m\log 2 > (2^k + m)\log(1 + m/2^k)$$
$$2\log 2 > (1 + 2^k/m)\log(1 + m/2^k).$$

令 $t = m/2^k$. 那么, 证明 $\alpha > n$ 就等价于证明, 当 $t \in (0,1)$ 时有

$$2\log 2 > (1 + 1/t)\log(1 + t).$$

为什么是 $(0,1)$? 由 $0 < m < 2^k$ 可知, $0 < m/2^k < 1$, 所以 t 始终介于 0 和 1 之间. 虽然我们只关心 t 具有 $m/2^k$ 形式时的结论, 但如果可以证明 $t \in (0,1)$ 时结论成立, 那么当 t 取特殊值时, 结论自然也成立. 设 $f(t) = (1 + 1/t)\log(1 + t)$, 那么 $f'(t) = (t - \log(1 + t))/t^2$. 当 $t > 0$ 时, $f'(t)$ 始终为正 (补充一个有趣的练习: 当 $t \to 0$ 时, 证明 $f'(t)$ 的极限是 $1/2$). 因为 $f(1) = 2\log 2$, 所以 $f(t) < 2\log 2$ 对所有的 $t \in (0,1)$ 均成立. 于是, $\alpha > n$, 所以对于任意的整数 n, 均有 $n! > (n/4)^n$.

18.5.4 斯特林公式的下界 III

你同样可以放心地跳过本节, 这是我们最后一次讨论能将初等论述推广到什么程度. 学习这部分内容可以很好地了解该如何展开这些论述. 如果继续学习概率论和数学, 那么你很有可能会在将来的某段时间里沿着这种思路进行论证.

我们已经给出了几种方法来证明 $n! > (n/4)^n$ 对所有整数 n 均成立. 但是, 斯特林公式告诉我们 $n! > (n/e)^n$. 为什么我们一直在处理 4? e 会在哪里出现呢? 下面的简述并不能证明 $n! > (n/e)^n$, 却暗示我们 e 可能会出现在方程中.

在之前的论述中, 我们给出了 n 并把数轴划分成以下区间: $\{[n, n/2), [n/2, n/4), \cdots\}$. 这种做法的问题是 $[n, n/2)$ 是个很大的区间, 在用 $(n/2)^{n/2}$ 近似 $n \cdot (n-1) \cdots \frac{n}{2}$ 的过程中会丢失大量信息. 如果能用较小的区间就更好了. 因此, 考虑使用某个比值 $r < 1$, 并设 $n = (1/r)^k$. 我们想把数轴划分成 $\{[n, rn), [rn, r^2 n), \cdots\}$, 但现在的问题是当 $l < k$ 时, $r^l n$ 不总是整数. 暂时搁置这个问题 (**这就是它不是证明的原因!**), 我们按照通常的做法继续进行下去: 对数轴进行划分, $n!$ 会大于各区间内最小数字的方幂的乘积, 而这个方幂就是该区间内整数的个数:

$$n! > (rn)^{(1-r)n} (r^2 n)^{r \cdot (1-r)n} \cdot (r^3 n)^{r^2 \cdot (1-r)n} \cdots (r^k \cdot n)^{r^{k-1} \cdot (1-r)n}.$$

因为 $m > 1$ 时 $r^{k+m} n < 1$, 所以上述乘积可以推广到无穷多个:

$$n! > (rn)^{(1-r)n} (r^2 n)^{r \cdot (1-r)n} \cdot (r^3 n)^{r^2 \cdot (1-r)n} \cdots (r^k \cdot n)^{r^{k-1} \cdot (1-r)n} \cdots.$$

虽然这会让值变小, 但并没有太大影响. 原因就在于 $\lim_{x \to 0} x^x = 1$. 我们把上式简化一下. 看一看与 n 有关的项, 因为和是**嵌套的**, 所以

$$n^{(1-r+r-r^2+r^2-\cdots)n} = n^n.$$

看一下与 r 相关的项, 有

$$r^{n(1-r)(1+2r+3r^2+\cdots)} = r^{n(1-r)/r \cdot (r+2r^2+3r^3+\cdots)}$$
$$= r^{n(1-r)/r \cdot r/(1-r)^2}$$
$$= r^{n/(1-r)},$$

其中, 第三步利用了恒等式

$$\sum_{k=1}^{\infty} k r^k = \frac{r}{(1-r)^2}.$$

回忆一下, 我们早些时候也使用过这个恒等式! 把上面两项结合起来, 则有

$$n! > (r^{1/(1-r)} n)^n.$$

为了使不等式尽可能强, 我们想找到当 $r \in (0, 1)$ 时 $r^{1/(1-r)}$ 的最大值. 令 $x = 1/(1-r)$, 这个问题就变成了: 当 $x \to \infty$ 时, $(1-1/x)^x$ 的极限是多少? 你之前应该遇到过这个极限, 第一次见到它往往是在连续复利中. 它就是 e^{-1} (参见 B.3 节). e^x 有两个定义, 一个用级数定义, 另一个用极限来定义. 于是, 这个论述给出了关于 $n! > (n/\mathrm{e})^n$ 的启发式证明 (记住, 我们只考虑 n 是 r 的某次方的特殊情形).

18.6　静态相位与斯特林公式

任何与斯特林公式一样重要的结果都值得多次证明. 下面的证明是对埃里克·韦斯坦因的 "斯特林近似"(参阅 [We]) 的修改.

为了证明这个定理, 我们将使用恒等式

$$n! \;=\; \Gamma(n+1) \;=\; \int_0^\infty \mathrm{e}^{-x} x^n \, \mathrm{d}x. \tag{18.2}$$

对伽马函数的回顾, 包括它推广了阶乘函数的证明, 都可以在第 15 章中找到. 我们这样做的原因是, 用连续函数的积分来代替整数阶乘的离散序列. 这样就可以使用更多工具, 而且可以给出一些重要的结果.

为了得到一个近似, 我们想知道被积函数什么时候取到最大值. 因为被积函数中存在指数因子, 所以在求导之前先取对数. 之所以这样做, 是因为求正函数 $f(x)$ 的最大值就等价于最大化 $\log f(x)$. 这个原理存在很多有用的版本: 在微积分中, 求距离平方的最小值通常比最小化距离更容易 (因为这样就避免了平方根函数).

我们有

$$\frac{\mathrm{d}}{\mathrm{d}x} \log(\mathrm{e}^{-x} x^n) \;=\; \frac{\mathrm{d}}{\mathrm{d}x}(-x + n \log x) \;=\; \frac{n}{x} - 1.$$

于是, 被积函数的最大值只在 $x = n$ 时出现. 由于指数因子减少的速度比 x^n 增长的速度快很多, 我们假设对积分起重要作用的唯一因素是 $x = n + \alpha$, 其中 $|\alpha|$ 比 n 小很多. 我们不再进一步讨论这个假设, 因为这里的目的是给出另一个支持斯特林公式的论述, 而不是提供证明的所有详尽细节. 当然, 我鼓励你去探索具有其他形式的 x 能够发挥什么作用, 并使这个分析更加严谨. 于是

$$\log x \;=\; \log(n+\alpha) \;=\; \log n + \log\left(1 + \frac{\alpha}{n}\right).$$

现在用 $\log(1+u)$ 的泰勒级数展开第二项, 即

$$\log(n+\alpha) \;=\; \log n + \frac{\alpha}{n} - \frac{1}{2}\frac{\alpha^2}{n^2} + \cdots.$$

因此

$$\log(x^n \mathrm{e}^{-x}) = n \log x - x \approx n \left(\log n + \frac{\alpha}{n} - \frac{1}{2} \frac{\alpha^2}{n^2} \right) - (n + \alpha)$$

$$= n \log n - n - \frac{\alpha^2}{2n^2}.$$

由此可得

$$x^n \mathrm{e}^{-x} \approx \exp \left(n \log n - n - \frac{\alpha^2}{2n^2} \right) = n^n \mathrm{e}^{-n} \cdot \exp \left(-\frac{\alpha^2}{2n^2} \right),$$

其中 α 小于 n. 回到式 (18.2) 关于 $n!$ 的积分表达式, 我们有

$$n! = \int_0^\infty \mathrm{e}^{-x} x^n \, \mathrm{d}x$$

$$\approx \int_{-n}^\infty n^n \mathrm{e}^{-n} \cdot \exp \left(-\frac{\alpha^2}{2n^2} \right) \mathrm{d}\alpha$$

$$\approx n^n \mathrm{e}^{-n} \cdot \int_{-\infty}^\infty \exp \left(-\frac{\alpha^2}{2n^2} \right) \mathrm{d}\alpha.$$

最后一步利用了当 $\alpha < -n$ 时, 被积函数非常小这一事实. 这个积分与均值为 0 且方差为 $\sqrt{n}$ 的正态分布的概率密度函数的积分是一样的, 它的值就是 $\sqrt{2\pi n}$. 于是有

$$n! \approx n^n \mathrm{e}^{-n} \sqrt{2\pi n},$$

这就是定理的内容.　　　　　　　　　　　　　　　　　　　　　　　　　□

　　这个证明体现了一种非常强大的方法, 即**静态相位法**(例子参见 [SS2]). 这是个很好的工具, 通过寻找最重要的部分来近似高度振荡的积分. 请注意, 最重要的贡献来自于最大值附近的 x. 我非常喜欢因子 $\sqrt{2\pi}$ 出现在证明中的方式. 它是标准正态分布的标准化常数. 首尾呼应, 还记得我们曾说过这与 $\Gamma(1/2) = \sqrt{\pi}$ 有关吗?

18.7　中心极限定理与斯特林公式

　　本章最后再给出一个斯特林公式的证明. 我们会延续需要越来越多输入的趋势. 第一个证明非常简单, 基本上只用到了积分判别法. 第二个证明更复杂些, 需要利用伽马函数. 最后一种方法则涉及中心极限定理的应用, 而中心极限定理是概率中最重要的结论之一. 我们会在第 20 章给出中心极限定理的证明. 如果还没见过这个证明, 可以去看一看, 也可以选择先接受这个结果, 稍后再去研读相关内容.

　　证明的思路是, 对相互独立且同分布于参数为 1 的泊松分布的随机变量之和应用中心极限定理. 我们有一个明确的概率公式, 因为在经过适当的标准化之后, 服从泊松分布的随机变量之和也会服从泊松分布 (参阅 19.1 节的证明). 另外, 利

用中心极限定理, 我们还可以知道这个概率是多少 (或者至少知道概率的近似值是多少). 把二者等同起来就得到了斯特林公式.

回顾以下内容.

(1) X 服从参数为 λ 的泊松分布意味着

$$\operatorname{Prob}(X = n) = \begin{cases} \dfrac{\lambda^n \mathrm{e}^{-\lambda}}{n!} & \text{若 } n \geqslant 0 \text{ 是整数} \\ 0 & \text{其他}. \end{cases}$$

(2) 如果 $X_1, \cdots, X_n$ 是独立同分布的随机变量, 它们的均值都是 μ, 方差都是 σ^2, 等等 (比如, 三阶矩是有限的或矩母函数存在), 那么 $X_1 + \cdots + X_n$ 收敛于均值为 $n\mu$ 且方差为 $n\sigma^2$ 的正态分布.

现在给出具体细节. 关于泊松分布的一个重要且有用的事实是, 对于 n 个相互独立且均服从参数为 λ 的泊松分布的随机变量, 它们的和会服从参数为 $n\lambda$ 的泊松分布. 如果随机变量 Y 服从参数为 λ 的泊松分布, 那么它的质量函数就是: 当 m 为非负整数时, $\operatorname{Prob}(Y = m) = \lambda^m \mathrm{e}^{-\lambda}/m!$, 否则 $\operatorname{Prob}(Y = m) = 0$. 因此, $X_1 + \cdots + X_n$ 的概率密度函数是

$$f(m) = \begin{cases} n^m \mathrm{e}^{-n}/m! & \text{若 } m \text{ 是非负整数} \\ 0 & \text{其他}. \end{cases}$$

当 n 较大时, 由中心极限定理可知, $X_1 + \cdots + X_n$ (除了服从参数为 n 的泊松分布外) 会近似于均值为 $n \cdot 1$ 且方差为 n 的正态分布 (对于服从参数为 λ 的泊松分布的随机变量, 其均值和方差都等于 λ). 由于 $X_1 + \cdots + X_n$ 的取值具有离散型, 我们一定要谨慎些. 但是, 简单地检查一下就会发现, 中心极限定理允许我们用下面的式子来近似 $n - \frac{1}{2} \leqslant X_1 + \cdots + X_n \leqslant n + \frac{1}{2}$ 的概率,

$$\int_{n-\frac{1}{2}}^{n+\frac{1}{2}} \frac{1}{\sqrt{2\pi n}} \exp\left(-(x-n)^2/2n\right) \mathrm{d}x = \frac{1}{\sqrt{2\pi n}} \int_{-1/2}^{1/2} \mathrm{e}^{-t^2/2n} \mathrm{d}t.$$

当 n 很大时, $\mathrm{e}^{-t^2/2n}$ 会近似于 $t = 0$ 时的泰勒级数展开式的 0 次项, 也就是 1. 于是

$$\operatorname{Prob}\left(n - \frac{1}{2} \leqslant X_1 + \cdots + X_n \leqslant n + \frac{1}{2}\right) \approx \frac{1}{\sqrt{2\pi n}} \cdot 1 \cdot 1,$$

其中, 第二个 1 表示这个区间的长度. 但是, 我们可以很轻松地求出左端表达式的值, 因为这就是服从参数为 n 的泊松分布的随机变量 $X_1 + \cdots + X_n$ 等于 n 时的概率, 也就是 $n^n \mathrm{e}^{-n}/n!$. 于是

$$\frac{n^n \mathrm{e}^{-n}}{n!} \approx \frac{1}{\sqrt{2\pi n}} \implies n! \approx n^n \mathrm{e}^{-n} \sqrt{2\pi n}.$$

这种方法最常见的错误之一是忘记泊松分布是离散的, 而标准正态分布是连续的. 因此, 为了得到泊松分布在 n 处质量的近似值, 我们应该求标准正态分布的连续的概率密度函数在 $n-1/2$ 到 $n+1/2$ 上的积分. 就这个问题而言, 存在一个偶然的幸运情况: 即便忘记求积分, 我们也会得到相同的答案.

应该注意到, 上面的论述并不完全是斯特林公式的独立证明. 关键是当使用中心极限定理时, 要对误差项有一定的控制. 也就是说, 上面的论述应该非常有说服力. 另外, 非常有趣的是, 这是我们对 "因子 $\sqrt{2\pi}$ 来自于正态分布积分" 的第二次证明.

18.8 习　　题

习题 18.8.1　对于较大的 n, 斯特林公式会高估 $n!$, 还是会低估 $n!$? 对你的答案做数值检验.

习题 18.8.2　对于较大的 n, 找到 $\log(n!)$ 的公式.

习题 18.8.3　求 200! 的近似值. 误差百分比是多少?

习题 18.8.4　你必须考察多少误差项才能使得近似 200! 的误差低于百万分之一?

习题 18.8.5　求 $\binom{500}{499}$ 的近似值, 其中**所有**阶乘项都用斯特林公式来近似. 这个估算会出现什么问题? 当 n 较大但 k 或 $n-k$ 较小时, 有什么更好的方法来近似 $\binom{n}{k}$?

习题 18.8.6　想象一下, 学校食堂里有 200 个人. 食堂里有 20 张圆形餐桌, 并且每张桌子都可以坐 10 个孩子. 已知每张桌子都是不同的, 并且需要考虑任意两人坐在桌旁的相对次序, 请问共有多少种不同的座位安排?

习题 18.8.7　重复上一道习题, 但现在假设桌子是不可区分的.

习题 18.8.8　现在假设把桌子摆成了一个巨大的圆圈. 桌子之间没有明显的区别, 唯一不同的是桌子之间的相对次序, 这是因为孩子们并不介意跨越桌子与旁边的朋友嬉闹. 求出大约有多少种不同的座位安排.

习题 18.8.9　利用二进分解来求出 $n!$ 的一个上界.

习题 18.8.10　求出利用分解法可以找到的最小上界.

习题 18.8.11　证明: $\lim_{n\to\infty} n^{1/n}=1$.

习题 18.8.12　证明: $\lim_{n\to\infty} \frac{n!}{x^n}$ 对所有的 x 发散.

习题 18.8.13　计算 $\lim_{n\to\infty} \sum_{k=1}^{n} \frac{\log(n)-\log(k)}{n}$.

习题 18.8.14　求出 $\lim_{n\to\infty} \sum_{k=1}^{n} \log(k)^{1/k}$ 的一个近似值.

习题 18.8.15　反正弦函数的泰勒级数公式为 $\sin^{-1}(x)=\sum_{n=0}^{\infty} \frac{(2n)!}{4^n (n!)^2 (2n+1)} x^{2n+1}$. 利用斯特林公式, 求出这个级数的收敛半径.

习题 18.8.16　当 n 较大时, 求出 $n!!$ 的一个不错的上界和下界. n 取偶数或奇数对答案有影响吗?

习题 18.8.17　算术–几何平均值 (AM-GM) 是数学中最有用的不等式之一. 证明: 如果 $x_1, x_2 \geqslant 0$, 那么 $\frac{x_1+x_2}{2} \geqslant \sqrt{x_1 x_2}$. 更一般地, 证明: $\frac{x_1+\cdots+x_n}{n} \geqslant \sqrt{x_1\cdots x_n}$.

习题 18.8.18　求出 $t^2\log t$ 和 $t\log^2 t$ 的原函数.

习题 18.8.19 对于 $\sum_{k=0}^{\infty} kx^k = x/(1-x)^2$, 请把其基本证明的细节补充完整.

(1) 设 $S(x) = \sum_{k=0}^{\infty} kx^k$. 显然有 $S(x) = \frac{1}{1-x} \sum_{k=0}^{\infty} kx^k(1-x)$. 如果一枚硬币掷出反面的概率是 x, 掷出正面的概率是 $1-x$, 那么首次掷出正面发生在第 $(k+1)$ 次抛掷的概率为 $x^k(1-x)$. 这几乎是首次掷出正面需要等待时间的期望值. 在上面的表达式中, 外侧除以 $1-x$ 很容易理解, 但和式中出现的是因子 k, 而不是 $k+1$. 对于这一点, 把 k 改写成 $(k+1)-1$, 然后证明: $S(x) = \frac{1}{1-x} \sum_{k=0}^{\infty} (k+1)x^k(1-x) - \frac{1}{1-x}$.

(2) 已知一枚硬币掷出正面的概率是 $1-x$. 设随机变量 W 表示这枚硬币首次掷出正面时抛掷的总次数. 如果 μ_W 是 W 的期望值, 那么 $S(x) = \frac{\mu_W}{1-x} - \frac{1}{1-x}$.

(3) 证明: $\mu_W = (1-x) + x(\mu_W + 1)$. (提示: 如果第一次掷出了正面, 那么就完成了. 如果第一次掷出了反面, 那么像又重新开始了, 但此时多出了一个额外的反面). 做一些简单的代数运算就可以得到 $\mu_W = \frac{1}{1-x}$.

(4) 把 μ_W 代入 $S(x)$ 的表达式, 并推导出 $S(x) = \frac{x}{(1-x)^2}$.

习题 18.8.20 证明: $\lim_{x \to 0^+} x^x = 1$.

习题 18.8.21 绘制阶乘函数与斯特林逼近之间的差.

习题 18.8.22 绘制伽马函数 (移动 1 位) 与斯特林逼近之间的差.

第 19 章　生成函数与卷积

数学中有种常见的抱怨: **如果逐行地看, 我可以理解整个证明, 但谁又能想到要这样做呢!** 在概率论的所有领域中, 生成函数是最容易出现这种抱怨的地方. 乍一看, 这似乎让我们的生活变得不必要地复杂. 但是, 在本章的最后, 你会看到生成函数可以解决很多种的问题. 此外, 当你继续学习时, 花在这些技巧上的时间会不断带来回报, 因为这些技巧不仅适用于概率论, 还贯穿于整个数学物理学.

这些技巧有这么大帮助的原因是, 我们可以把问题的大量相关信息进行汇总. 你可能会怀疑这样做是否值得, 但我们会不断看到, 这种新观点简化了需要做的代数运算. 我们会从之前的课程中提取出一些具有启发性的例子, 并说明改变观点是如何帮你节省时间的, 然后再描述生成函数的一些性质和应用. 虽然很多问题都难以找到可以正确使用的生成函数, 但大量有用的问题都可以用一些小技巧来处理. 因此, 耐心地阅读吧——你花在掌握这些材料上的时间会对未来有所帮助.

在概率论中, 生成函数最重要的用途是理解随机变量的矩. 正如我们所知道的, 可以通过这些矩来了解分布的形状. 生成函数的一个非常强大的应用就是证明中心极限定理. 中心极限定理告诉我们, 在很多情况下, 对于相互独立的随机变量而言, 随着变量个数的不断增加, 变量和会趋向于一个高斯分布. 我们将用第 20 章来讨论这个定理 (这应该是意料之中的事, 任何与 "中心" 有关的结论都应该在这门课中发挥重要的作用).

19.1　动　　机

在数学中, 我们经常遇到复杂的数据集, 然后对它做运算, 使它变得更加复杂! 例如, 假设第一个数据集是随机变量 X_1 取给定值的概率, 第二个数据集是随机变量 X_2 取给定值的概率. 利用这些信息, 我们可以通过蛮力计算来确定 $X_1 + X_2$ 取某个值的概率, 但是仍希望可以尽量避免这些烦琐的计算. 接下来, 我们将详细地研究这个问题的特殊情形, 即两个随机变量均服从泊松分布 (关于泊松分布的相关性质, 请参阅 12.6 节). 我们可以彻底解决这种情形下的问题, 但解决方案并不令人满意. 问题是, 对于如何处理代数运算, 我们需要一些有预见性的灵感. 这个例子的目的是为了做好准备: 我们将引入生成函数来自动处理代数运算.

 不妨设 X_1 服从参数为 5 的泊松分布, X_2 服从参数为 7 的泊松分布. 这意味着

$$\text{Prob}(X_1 = m) = 5^m \text{e}^{-5}/m!$$
$$\text{Prob}(X_2 = n) = 7^n \text{e}^{-7}/n!,$$

其中, m 和 n 均取遍所有的非负整数. 如果 k 是非负整数, 那么通过考察两个非负整数之和为 k 的所有可能情况, 我们能求出 $X_1 + X_2 = k$ 的概率. 显然, X_1 的取值一定介于 0 和 k 之间. 如果 $X_1 = l$, 那么 X_2 一定等于 $k - l$. 由于这两个随机变量是相互独立的, 发生这种情况的概率就是 $X_1 = l$ 的概率与 $X_2 = k - l$ 的概率的乘积. 如果对 l 求和, 就得到了 $X_1 + X_2$ 等于 k 的概率:

$$\text{Prob}(X_1 + X_2 = k) = \sum_{l=0}^{k} \text{Prob}(X_1 = l)\text{Prob}(X_2 = k - l)$$
$$= \sum_{l=0}^{k} \frac{5^l \text{e}^{-5}}{l!} \cdot \frac{7^{k-l}\text{e}^{-7}}{(k-l)!}.$$

对于一般的随机变量之和, 我们很难用一种更具启发性的方式来写. 但是, 如果碰巧想到了下面的简化过程, 就能很幸运地得到服从泊松分布的随机变量之和!

(1) 首先注意到, 我们有因子 $1/l!(k-l)!$. 这几乎等于 $\binom{k}{l}$, 也就是 $k!/l!(k-l)!$. 我们要使用数学中最有用的技巧之一, 即**巧妙地乘以** 1(更多例子, 请参阅 A.12 节), 我们把 1 写成 $k!/k!$. 那么上述因子就变成了 $\binom{k}{l}/k!$. 由于这里对 l 求和, 所以 $1/k!$ 可提到和式外面.

(2) 和式中的 e^{-5} 和 e^{-7} 与 l 无关, 因此也可以提取出来, 这样就得到了 e^{-12}.

(3) 现在得到了 $\frac{\text{e}^{-12}}{k!} \sum_{l=0}^{k} \binom{k}{l} 5^l 7^{k-l}$. 回忆一下二项式定理 (定理 A.2.7), 我们发现 l 的和式就等于 $(5+7)^k$, 即 12^k.

综上所述, 可得

$$\text{Prob}(X_1 + X_2 = k) = \frac{12^k \text{e}^{-12}}{k!};$$

注意, 这是参数为 $12(12 = 5 + 7)$ 的泊松分布的概率密度函数. 在上面的论述中, 5 和 7 没有任何特别之处. 对于更一般的情形, 如果两个随机变量分别服从参数为 λ_1 和 λ_2 的泊松分布, 那么它们的和将服从参数为 $\lambda_1 + \lambda_2$ 的泊松分布.

这个论述可以做进一步推广. 由归纳法 (或者通过巧妙地分组) 可知

> **服从泊松分布的随机变量之和**: 已知 n 个相互独立的随机变量. 如果它们分别服从参数为 $\lambda_1, \cdots, \lambda_n$ 的泊松分布, 那么它们的和就服从参数为 $\lambda_1 + \cdots + \lambda_n$ 的泊松分布.

非常幸运, 我们找到了一种 "自然" 的方法来处理这种情形下的代数运算, 从而能够看出答案. 如果考察其他随机变量之和, 情况又是什么样的呢? 我们希望得到一个通用的方法, 而不需要看出这些聪明的代数技巧.

　　幸运的是, 有这样的方法, 它就是生成函数理论. 我们首先描述生成函数是什么 (它有几种形式. 根据你研究内容的不同, 有些形式会比其他形式更有用), 然后展示一些相关应用.

19.2　定　　义

　　现在定义序列的生成函数. 尽管最常见的应用通常出现在序列中的项是不同事件的概率或者分布的矩时, 但任何序列都可以定义生成函数. 本节将定义生成函数并通过一个例子来说明其用途. 稍后, 我们将通过以下两种方式把所学知识应用到概率上: (1) 将下面的 a_n 看作一个只取非负整数值的离散型随机变量等于 n 的概率; (2) 把 a_n 看作随机变量的矩.

定义 19.2.1 (生成函数)　已知序列 $\{a_n\}_{n=0}^{\infty}$. 它的生成函数被定义为

$$G_a(s) = \sum_{n=0}^{\infty} a_n s^n,$$

其中, s 是使这个和收敛的任意数.

　　标准惯例是使用字母 s 作为变量, 然而它只是个虚拟变量, 我们可以使用任何字母: s、x, 甚至是 ☺. 只要看看这个定义, 我们就没有理由相信在研究任何事情方面已经取得了任何进展. 我们想弄清楚序列 $\{a_n\}_{n=0}^{\infty}$——利用它如何得到一个无穷级数! 我们通常会得到 $G_a(s)$ 的一个简单的解析表达式, 并且可以从这个简单的表达式中轻松地推导出 a_n 的很多性质.

　　现在来看一个例子, 虽然它很长, 却值得一提, 因为它强调了生成函数的许多要点以及它们为什么如此有用. 差不多每个人都见过**斐波那契数**, 其定义为 $F_0 = 0$, $F_1 = 1$, 一般形式为 $F_n = F_{n-1} + F_{n-2}$. 它的前几项是 $0, 1, 1, 2, 3, 5, 8, 13, \cdots$. 这些数有很多奇妙的性质. 在大自然中, 它们无处不在, 从松果到树枝 (当然也包括数兔子). 它们可以应用于计算机科学领域, 而且在博弈论中也有推广 (我们将在第 23 章中讨论这个应用). 从原则上说, 斐波那契数不存在任何奥秘, 因为它有明确的公式, 我们可以求出序列中的任何项. 在实际应用中, 这个公式显然不适用于较大的 n. 虽然我们可以求出 $F_{10} = 55$, 但是计算 $F_{100} = 354\,224\,848\,179\,261\,915\,075$ 会是件相当乏味无聊的事. 如果用纸笔去计算 F_{2011}, 则要引起警觉, 因为它超过了 400 位数字!

　　现在来展示生成函数是如何确定任意一个斐波那契数的, 而不必计算之前的任何项! 这个生成函数是

$$G_F(s) = \sum_{n=0}^{\infty} F_n s^n.$$

我们单独给出 $n = 0$ 和 $n = 1$ 时的项. 当 $n \geqslant 2$ 时, 利用定义中的递推关系 $F_n = F_{n-1} + F_{n-2}$ 可得

$$G_F(s) = F_0 + F_1 s + \sum_{n=2}^{\infty} (F_{n-1} + F_{n-2}) s^n$$

$$= 0 + s + \sum_{n=2}^{\infty} F_{n-1} s^n + \sum_{n=2}^{\infty} F_{n-2} s^n.$$

注意, 最后两个和式几乎就是原来的生成函数——不同之处在于 s 的方幂不一样, 并且这两个和式不是从 $n = 0$ 开始计数的. 这个问题可以通过提出 s 的某些方幂, 然后重新对和式进行标记来解决. 这是论证中最困难的部分, 但在考察过大量例子之后, 它最终会成为一件自然而然的事情:

$$G_F(s) = s + s \sum_{n=2}^{\infty} F_{n-1} s^{n-1} + s^2 \sum_{n=2}^{\infty} F_{n-2} s^{n-2}$$

$$= s + s \sum_{m=1}^{\infty} F_m s^m + s^2 \sum_{m=0}^{\infty} F_m s^m.$$

因为 $F_0 = 0$, 所以第一个和式也可以扩展成从 $m = 0$ 开始计数的形式. 上面两个和式就是 $G_F(s)$, 于是有

$$G_F(s) = s + s G_F(s) + s^2 G_F(s).$$

接下来, 可得

$$G_F(s) = \frac{s}{1 - s - s^2}. \tag{19.1}$$

非常好, 我们已经确定了斐波那契数的生成函数: **这对我们有什么帮助呢?** 虽然看起来似乎并非如此, 但我们确实取得了相当大的进展. 之所以取得如此大的进展, 是因为式 (19.1) 的左端和右端都是关于 s 的函数. 在等式的左端, s^n 的系数是 F_n, 因此, 右端 s^n 的系数也一定是 F_n. 也就是说, 目前还不清楚右端 s^n 的系数是什么. 一个自然的想法是利用几何级数展开:

$$\frac{1}{1 - (s + s^2)} = \sum_{k=0}^{\infty} (s + s^2)^k = \sum_{k=0}^{\infty} \sum_{l=0}^{k} \binom{k}{l} s^l (s^2)^{k-l},$$

从而有

$$\frac{s}{1 - s - s^2} = \sum_{k=0}^{\infty} \sum_{l=0}^{k} \binom{k}{l} s^{2k-l+1}.$$

从这个等式中看出 s 的方幂并不容易.(但这是个很好的练习, 它引出了一个有趣的斐波那契数公式!)

　　幸运的是, 有一种更好的方法来考察右端的式子. 这又回到了微积分中最不受欢迎的一种积分方法: **部分分式**. 不必惊讶, 你的微积分教授讲这部分内容是有充分理由的: 除了用在这里之外, 部分分式还会在解微分方程时出现. 我们把 $1-s-s^2$ 分解成 $(1-As)(1-Bs)=1-(A+B)s+ABs^2$, 并写成

$$\frac{s}{1-s-s^2} = \frac{a}{1-As} + \frac{b}{1-Bs},$$

然后用几何级数展开每个分式. 这样做的原因是, 我们想利用几何级数公式, 所以把它写成了 $(1-As)(1-Bs)$, 而不是 $-(s-C)(s-D)$. 为了使用几何级数公式, 我们希望分母看起来是 1 减去一个较小的数. 注意, 如果 $|s| < \min(1/|A|, 1/|B|)$, 那么 $|As|$ 和 $|Bs|$ 都会小于 1, 这样就能利用几何级数公式了.

　　通过简单的代数运算 (或者利用二次公式), 我们可以得到 A 和 B 的值. 现在有 $A+B=1$ 和 $AB=-1$. 于是, $B=-1/A$ 且 $A-1/A=1$, 或者 $A^2-A-1=0$. 因此, $A=\frac{1\pm\sqrt{5}}{2}$. 我们取正号, 进行简单的计算就可以得到 $B=\frac{1-\sqrt{5}}{2}$ (如果取负号, A 和 B 的值就会颠倒过来).

　　接下来计算 a 和 b:

$$\frac{s}{1-s-s^2} = \frac{a}{1-As} + \frac{b}{1-Bs} = \frac{a+b-(aB+bA)s}{(1-As)(1-Bs)}.$$

注意, 上面是一个等式, 它必须适用于 s 的所有值. 由于分母是相同的, 唯一可能的情况就是两个分子相等. 每个分子都是关于 s 的多项式: 这两个多项式对任意一个 s 均相等的可能情况只有一种——它们肯定是同一个多项式, 也就是说它们的系数一定相等.

　　看看常数项, 我们发现 $a+b=0$, 所以 $b=-a$. 现在考察 s 项的系数. 我们需要让 $-(aB+bA)=1$. 根据 A 和 B 的取值以及 $b=-a$ 这一事实, 我们有

$$-a\frac{1-\sqrt{5}}{2} + a\frac{1+\sqrt{5}}{2} = 1,$$

或者 $a=1/\sqrt{5}$, 进而有 $b=-1/\sqrt{5}$. 现在已经证明了

$$G_F(s) = \frac{s}{1-s-s^2} = \frac{1}{\sqrt{5}}\frac{1}{1-As} - \frac{1}{\sqrt{5}}\frac{1}{1-Bs}.$$

现在利用几何级数展开, 于是有

$$G_F(s) = \frac{1}{\sqrt{5}}\sum_{n=0}^{\infty}A^n s^n - \frac{1}{\sqrt{5}}\sum_{n=0}^{\infty}B^n s^n$$

$$= \sum_{n=0}^{\infty}\left[\frac{1}{\sqrt{5}}\left(\frac{1+\sqrt{5}}{2}\right)^n - \frac{1}{\sqrt{5}}\left(\frac{1-\sqrt{5}}{2}\right)^n\right]s^n.$$

我们已经找到并证明了求第 n 个斐波那契数的公式.

> **比内公式**: 设 $\{F_n\}_{n=0}^{\infty}$ 表示斐波那契级数, 其中 $F_0 = 0$, $F_1 = 1$, 并且 $F_{n+2} = F_{n+1} + F_n$. 于是
> $$F_n = \frac{1}{\sqrt{5}}\left(\frac{1+\sqrt{5}}{2}\right)^n - \frac{1}{\sqrt{5}}\left(\frac{1-\sqrt{5}}{2}\right)^n.$$

比内公式很惊人. 现在我们可以直接找到序列中的任意一项, 而不必计算之前所有项! 对此, 我一直很惊讶. 斐波那契数是整数, 而这个表达式包含了除法和平方根, 但它最终却能给出整数.

经过这么长时间的论述, 不妨回头看看我们都做了什么. 我们从斐波那契数的关系式开始. 虽然可以用这个关系式找到任意一项, 但非常耗时. 我们还把斐波那契数与一个生成函数 $G_F(s)$ 联系起来. 神奇的是, $G_F(s)$ 有个很好的解析表达式, 从中可以推导出斐波那契数的一个很好的公式.

值得强调的是, $G_F(s)$ 的形式非常好. 如果随机取一个关于 a_n 的数列, 那么这种奇迹是不可能发生的. 幸运的是, 在很多问题中, 当 a_n 与我们所关心的概率项有关时, 生成函数就会有一个很好的形式.

本节的其余部分可以放心地跳过. 然而, 由于奇迹很罕见, 所以有必要了解为什么会发生这样的事情. 我们试图回答为什么有必要构造一个生成函数. 毕竟, 如果它与原来的数据列相同, 又能得到什么呢? 对我们来说, 关于斐波那契数列的结论只是种幸运, 还是说这种情况会再次发生? 生成函数最重要的优点是有助于简化概率中的代数运算. 我们不断强调, 在实践中, 尽量简化代数运算会非常有用. 除了会经常出错外, 表达式越复杂, 我们就越不容易看出其中的规律和关联. 简化代数运算可以启发我们找到事物之间的联系, 还能大大减少计算量.

我们举两个例子来提醒你简化代数运算是多么有用. 第一个例子来自微积分, 涉及嵌套级数.

考虑下面的加法问题: 计算

$$12 - 7$$
$$+ \quad 45 - 12$$
$$+ \quad 231 - 45$$
$$+ 7981 - 231$$
$$+ 9812 - 7981.$$

一种 "自然" 的做法是对每一行求值然后相加, 这样就得到了
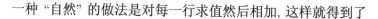

$$5 + 33 + 186 + 7750 + 1831 = 9805$$

(或者这至少是利用计算器得到的结果). 一种更快的方法是重新分组 (关于分组证明的其他例子, 请参阅 A.3 节). 这里有 $+12$ 和 -12, 所以它们相互抵消了. 类似的还有 $+45$ 和 -45, 所以这两项也抵消了. 最后只剩下

$$9812 - 7 = 9805,$$

这是个更加简单的问题! 嵌套级数最重要的应用之一出现在微积分基本定理的证明中, 用来证明曲线 $y = f(x)$ 下方从 $x = a$ 到 $x = b$ 的面积等于 $F(b) - F(a)$, 其中 F 是 f 的任意一个原函数.

我们的第二个例子与线性代数有关. 如果你不了解特征值和特征向量, 也不必担心, 因为本书的剩余部分不会用到它, 这里只是将它作为简化代数运算的另一个例子. 考虑下面的矩阵

$$A = \begin{pmatrix} 1 & 0 \\ 1 & 1 \end{pmatrix},$$

A^{100} 是多少? 如果你的概率 (或线性代数) 水平取决于对这个问题的回答是否正确, 那么结果会很不错. 只要不出现任何计算错误, 经过大量的蛮力计算 (即 99 次矩阵乘法运算), 你就会得到

$$A^{100} = \begin{pmatrix} 218\,922\,995\,834\,555\,169\,026 & 354\,224\,848\,179\,261\,915\,075 \\ 354\,224\,848\,179\,261\,915\,075 & 573\,147\,844\,013\,817\,084\,101 \end{pmatrix}.$$

如果把 A 对角化, 那么可以更快地找到答案. A 的特征值是 $\varphi = \frac{1+\sqrt{5}}{2}$ 和 $-1/\varphi$, 它们对应的特征向量分别是

$$\vec{v}_1 = \begin{pmatrix} -1 + \varphi \\ 1 \end{pmatrix} \quad \text{和} \quad \vec{v}_2 = \begin{pmatrix} -1 - 1/\varphi \\ 1 \end{pmatrix}$$

(记住, 如果 $A\vec{v} = \lambda\vec{v}$, 那么 $\vec{v}$ 是矩阵 A 关于**特征值** λ 的一个**特征向量**. 换句话说, 把 A 作用于 $\vec{v}$ 并不会改变 $\vec{v}$ 的方向——只改变了向量的长度). 令 $S = (\vec{v}_1 \ \vec{v}_2)$ 且 $\Lambda = \begin{pmatrix} \varphi & 0 \\ 0 & -1/\varphi \end{pmatrix}$, 那么 $A = S\Lambda S^{-1}$. 关键在于 $S^{-1}S = I$, 其中 I 是一个 2×2 的单位矩阵. 于是

$$A^2 = (S\Lambda S^{-1})(S\Lambda S^{-1}) = S\Lambda(S^{-1}S)\Lambda S^{-1} = S\Lambda^2 S^{-1}.$$

更一般地,

$$A^n = S\Lambda^n S^{-1}.$$

如果只想计算 A^2, 那么需要做大量运算, 但当 n 很大时, 我们却可以少做很多工作. 请注意这与嵌套级数的例子有多相似, 所有的 $S^{-1}S$ 都被消掉了.

你或许已经猜到了, 这并不是一个随机选择的矩阵! 这个矩阵出现在求解斐波那契关系式 $F_{n+1} = F_n + F_{n-1}$(其中 $F_0 = 0$, $F_1 = 1$) 的另一种方法里. 如果令

$$\vec{v}_0 = \begin{pmatrix} 0 \\ 1 \end{pmatrix} \quad \text{且} \quad \vec{v}_n = \begin{pmatrix} F_n \\ F_{n+1} \end{pmatrix},$$

那么 $\vec{v}_n = A^n \vec{v}_0$. 因此, 如果知道 A^n 的表达式, 就可以快速算出任意斐波那契数, 而不必求出之前的项. 这给出了**比内公式**的另一种推导.

19.3　生成函数的唯一性和收敛性

根据序列 $\{a_n\}_{n=0}^{\infty}$ 的具体形式, 生成函数 $G_a(s)$ 可能对所有的 s 均存在, 也可能只对某些 s 存在, 还可能仅当 $s = 0$ 时存在. (由于 $G_s(0) = a_0$, 所以这没有太多实际意义!)

考虑下面的例子.

(1) 最简单的情况是 $a_0 = 1$ 且其他项都满足 $a_n = 0$, 此时会得到 $G_a(s) = 1$. 更一般的情况是, 除了有限多个 n 之外, 其余 a_n 全为 0, 那么 $G_a(s)$ 就是一个多项式.

(2) 如果对所有的 n 均有 $a_n = 1$, 那么由几何级数公式可得, $G_a(s) = \sum_{n=0}^{\infty} s^n = \frac{1}{1-s}$. 当然, 为了使用几何级数公式, 这里必须满足 $|s| < 1$. 对于较大的 s, 上述级数不收敛.

(3) 如果 $a_n = 1/n!$, 那么 $G_a(s) = \sum_{n=0}^{\infty} s^n/n!$. 这是 e^s 的定义, 所以 $G_a(s)$ 对所有的 s 均存在.

(4) 如果 $a_n = 2^n$, 那么 $G_a(s) = \sum_{n=0}^{\infty} 2^n s^n = \sum_{n=0}^{\infty} (2s)^n$. 这是比值为 $2s$ 的几何级数. 当 $|2s| < 1$ 时级数收敛, 当 $|2s| > 1$ 时级数发散. 因此, 如果 $|s| < 1/2$, 那么 $G_a(s) = (1 - 2s)^{-1}$.

(5) 如果 $a_n = n!$, 那么不难看出, 对于任意的 $|s| > 0$, $G_a(s)$ 均发散. 最容易看出该级数发散的方法是, 对于任意一个固定的 $s \neq 0$, 只要 n 足够大, 就有 $n!|s|^n > 1$. 因为级数中的项不趋向于 0, 所以级数不能收敛. 利用斯特林公式 (参见第 18 章), 我们可以估算 n 必须取多大, 才能保证 $n!|s|^n > 1$. 由斯特林公式可知, $n! \sim (n/e)^n \sqrt{2\pi n}$, 从而有 $n!|s|^n > (n|s|/e)^n$. $n!|s|^n$ 显然不会趋向于 0, 因为当 $n > e/|s|$ 时, 我们有 $n!|s|^n > 1$.

如果有序列 $\{a_n\}_{n=0}^{\infty}$, 那么显然可以得到它的生成函数 (写出 $G_a(s)$ 的解析表达式可能并不容易, 但它确实有一个公式). 反之亦然: 如果有一个生成函数 $G_a(s)$(存在一个 δ, 使得当 $|s| < \delta$ 时该函数收敛), 那么我们就可以得到原来的序列. 当 $G_a(s)$ 存在任意阶微分时, 我们能轻松地得到这个序列, 因为此时有 $a_n = \frac{1}{n!} \frac{\mathrm{d}^n G_a(s)}{\mathrm{d}s^n}$. 这个结果极其重要, 我们以后会经常用到它, 所以现在有必要把它作为定理单独列出来.

定理 19.3.1(序列生成函数的唯一性)　设 $\{a_n\}_{n=0}^{\infty}$ 和 $\{b_n\}_{n=0}^{\infty}$ 是生成函数分别为 $G_a(s)$ 和 $G_b(s)$ 的两个数列. 当 $|s| < \delta$ 时, $G_a(s)$ 和 $G_b(s)$ 均收敛. 那么, 这两个序列相等 (即对于所有的 i, 均有 $a_i = b_i$), 当且仅当对于所有的 $|s| < \delta$ 均有 $G_a(s) = G_b(s)$. 通过对生成函数求微分, 我们可以重新得到序列: $a_n = \frac{1}{n!}\frac{\mathrm{d}^n G_a(s)}{\mathrm{d}s^n}$.

　　证明: 显然, 如果 $a_i = b_i$, 那么 $G_a(s) = G_b(s)$. 对于另一个方向, 如果可以对生成函数求任意阶微分, 那么 $a_i = \frac{1}{i!}\frac{\mathrm{d}^i G_a(s)}{\mathrm{d}s^i}$ 且 $b_i = \frac{1}{i!}\frac{\mathrm{d}^i G_b(s)}{\mathrm{d}s^i}$. 因为 $G_a(s) = G_b(s)$, 所以这两个函数的导数也是相等的, 从而有 $a_i = b_i$. 　□

　　注 19.3.2　除以 $n!$ 看着有些不舒服, 稍后我们会看到另一个不包含这个因子的生成函数. 如果不想求微分, 仍然可以利用生成函数来确定系数. 显然, 令 $s = 0$, 我们就得到了 a_0. 接下来, 观察 $(G_a(s) - a_0)/s$ 并让表达式中的 s 等于 0, 这样就能求出 a_1. 按照这种方式继续进行下去, 我们就可以求出任意的 a_m. 当然, 注意这与微分方法是多么相似!

　　最后是一个简短的提醒: 虽然我们写出了生成函数, 但这并不意味着它是有意义的! 遗憾的是, 不管 s 取什么值 (当然, 除了 $s = 0$ 之外, 此时平凡地收敛), 最终的和可能都不收敛. 幸运的是, 与概率相关的生成函数通常是 (但不总是) 收敛的, 至少对某些 s 收敛, 稍后我们将详细讨论这个问题. 判别级数是收敛还是发散的方法有很多, B.3 节总结了四种更流行且更强大的判别法 (比值判别法、根值判别法、比较判别法以及积分判别法).

　　下一节将展示生成函数如何与卷积很好地相互作用, 并最终给出一些为什么生成函数在概率论中如此有用的例子.

19.4　卷积 I: 离散型随机变量

　　上一节介绍了生成函数并给出了几个例子, 还讨论了如何确定生成函数的收敛点和发散点. 但是, 我们并不清楚为什么生成函数是概率论中的一个强大工具. 现在就来解答这个问题. 在定义了一些符号之后, 我们将回过头来考察 19.1 节中的问题, 即确定两个随机变量之和的概率密度函数. 主要的结果是, 生成函数能让我们轻松地确定概率密度函数.

　　首先, 我们需要一些符号.

定义 19.4.1（**序列的卷积**） 已知两个序列 $\{a_m\}_{m=0}^{\infty}$ 和 $\{b_n\}_{n=0}^{\infty}$. 它们的卷积被定义为下面这个新序列 $\{c_k\}_{k=0}^{\infty}$

$$c_k = a_0 b_k + a_1 b_{k-1} + \cdots + a_{k-1} b_1 + a_k b_0 = \sum_{l=0}^{k} a_l b_{k-l}.$$

通常情况下, 我们把它记作 $c = a * b$.

这个定义来自于多项式乘法. 如果 $f(x) = \sum_{m=0}^{\infty} a_m x^m$ 且 $g(x) = \sum_{n=0}^{\infty} b_n x^n$, 并假设级数均收敛, 那么

$$h(x) = f(x)g(x) = \sum_{k=0}^{\infty} c_k x^k,$$

其中 $c = a * b$. 例如, 若 $f(x) = 2 + 3x - 4x^2$ 且 $g(x) = 5 - x + x^3$, 那么 $f(x)g(x) = 10 + 13x - 23x^2 + 6x^3 + 3x^4 - 4x^5$. 由定义可知, c_2 应该等于:

$$a_0 b_2 + a_1 b_1 + a_2 b_0 = 2 \cdot 0 + 3 \cdot (-1) + (-4) \cdot 5 = -23,$$

这恰好是 $f(x)$ 与 $g(x)$ 相乘后得到的结果.

引理 19.4.2 设 $G_a(s)$ 是 $\{a_m\}_{m=0}^{\infty}$ 的生成函数, $G_b(s)$ 是 $\{b_n\}_{n=0}^{\infty}$ 的生成函数, 那么 $c = a * b$ 的生成函数是 $G_c(s) = G_a(s)G_b(s)$.

关于生成函数是如何简化代数运算的, 我们可以给出一个很好的应用: $\sum_{m=0}^{n} \binom{n}{m}^2$ 是多少?现在来算一下, 当 n 较小时这个和是多少. 如果 $n=1$, 那么和就是 1; 如果 $n=2$, 那么和为 6; 如果 $n=3$, 那么和就等于 20, 继续下去会得到 70 和 252 等. 我们可能会意识到, 答案似乎是 $\binom{2n}{n}$, 但即使注意到了这一点, 又该如何去证明呢? 一个自然的想法是试着利用归纳法. 我们可以把 $\binom{n}{m}^2$ 写成 $\left(\binom{n-1}{m-1} + \binom{n-1}{m} \right)^2$. (注意, 当 $m=0$ 时, 一定要小心.) 如果把平方式展开, 我们会得到两个和式, 它们与最初的和很像, 但原来的 n 要替换成 $n-1$, 这些可以由归纳法推出. 困难在于, 还有一个交叉项 $\binom{n-1}{m-1}\binom{n-1}{m}$, 这要求我们尽量把该式变换成某个合适的项与一个形如 $\binom{n-1}{l}^2$ 的项的乘积.

利用生成函数, 我们可以马上得到答案. 设 $a = \{a_m\}_{m=0}^{n}$, 其中 $a_m = \binom{n}{m}$. 于是

$$G_a(s) = \sum_{m=0}^{n} \binom{n}{m} s^m = \sum_{m=0}^{n} \binom{n}{m} s^m 1^{n-m} = (1+s)^n$$

(当看到这样的二项式和时, 引入形如 1^{n-m} 的因子是非常有用的, 这有利于使用二项式定理, 即定理 A.2.7).

设 $c = a * a$, 那么由引理 19.4.2 可知, $G_c(s) = G_a(s)G_a(s) = G_a(s)^2$. 乍一看, 这似乎没有太大用处, 直到我们注意到

$$c_n = \sum_{l=0}^{n} a_l a_{n-l} = \sum_{l=0}^{n} \binom{n}{l} \binom{n}{n-l} = \sum_{l=0}^{n} \binom{n}{l}^2,$$

这里用到了 $\binom{n}{n-l} = \binom{n}{l}$. 因此, 问题的答案就是 c_n. 虽然不清楚 c_n 是多少, 但我们知道它的生成函数, **而这个练习的整个目的就是为了说明, 有时候知道一个量并从中推导出另一个量会更加有用.** 于是

$$\sum_{k=0}^{2n} c_k s^k = G_c(s) = G_a(s)^2 = (1+s)^n \cdot (1+s)^n = (1+s)^{2n} = \sum_{k=0}^{2n} \binom{2n}{k} s^k,$$

其中, 最后一个等式就是二项式定理. 因此, $c_n = \binom{2n}{n}$.

虽然我们已经找到了一个说明利用生成函数研究问题会更轻松的例子, 但在这个例子中, 有些东西并不令人满意. 我们仍然需要一些组合学的专业知识, 注意 $\binom{n}{l} = \binom{n}{n-l}$. 这并不十分重要, 原因有二. 首先, 这是二项式系数最重要的性质之一 (从 n 个人中无序地选出 l 个人的方法数与排除 $n-l$ 个人的方法数是一样的). 其次则更重要: **为什么能想到让序列 a 与自身进行卷积来解决这个问题!**

对第二个疑问的回答是, 在概率中卷积无处不在. 所以, 利用卷积研究任何一个有意义的进程都是非常自然的. 为此, 我们定义了概率生成函数.

定义 19.4.3 (概率生成函数) 设 X 是一个取整数值的离散型随机变量. 设 $G_X(s)$ 是 $\{a_m\}_{m=-\infty}^{\infty}$ 的生成函数, 其中 $a_m = \mathrm{Prob}(X = m)$. 那么 $G_X(s)$ 被称为概率生成函数. 如果仅当 X 取整数时概率不为零, 那么计算 $G_X(s)$ 的一个非常有用的方法就是

$$G_X(s) = \mathbb{E}[s^X] = \sum_{m=-\infty}^{\infty} s^m \mathrm{Prob}(X = m).$$

更一般地, 如果 X 在一个至多可数的集合 $\{x_m\}$ 中取值的概率不为零, 那么

$$G_X(s) = \mathbb{E}[s^X] = \sum_{m} s^{x_m} \mathrm{Prob}(X = x_m).$$

如果 X 取负值, 那么函数 $G_X(s)$ 可能会比我们看到的其他生成函数稍微复杂一些. 如果是这样的话, 我们就无法保证 $G_X(0)$ 是有意义的! 解决这个问题的一种方法是, 找到两个值 α 和 β, 用 $0 < \alpha < |s| < \beta$ 来限制 s. 另一种方法是限制随机变量不取负数, 从而使这个问题不会出现! 我们将集中考察后一种情况. 虽然这确实会在一定程度上限制我们研究的分布, 但在第 12 章中, 很多常见且重要的概率分布 (二项分布、几何分布、泊松分布、负二项分布 ……) 都取非负整数值, 因此我们有丰富的例子和应用.

现在, 我们可以给出概率生成函数的最重要的结果之一.

定理 19.4.4 设 $X_1, \cdots, X_n$ 是相互独立且都取非负整数值的离散型随机变量, 它们的概率生成函数分别是 $G_{X_1}(s), \cdots, G_{X_n}(s)$. 于是

$$G_{X_1 + \cdots + X_n}(s) = G_{X_1}(s) \cdots G_{X_n}(s).$$

证明: 这是本主题最重要的成果之一. 你要认真研读证明, 直到彻底理解. 我们会给出 $n = 2$ 时的完整证明, 对于任意的 n 则留给你自己去证明.

从根本上说, 我们所做的就是解读定义. 现在有

$$\text{Prob}(X_1 + X_2 = k) = \sum_{l=0}^{\infty} \text{Prob}(X_1 = l)\text{Prob}(X_2 = k - l).$$

如果令 $a_m = \text{Prob}(X_1 = m)$, $b_n = \text{Prob}(X_2 = n)$ 且 $c_k = \text{Prob}(X_1 + X_2 = k)$, 那么 $c = a * b$. 于是, $G_c(s) = G_a(s)G_b(s)$ 或 $G_{X_1+X_2}(s) = G_{X_1}(s)G_{X_2}(s)$.

$n = 3$ 的情况又如何? 这是另一个**分组证明**(参见 A.3 节): 把 $X_1 + X_2 + X_2$ 写成 $(X_1 + X_2) + X_3$. 把 $n = 2$ 的结果应用两次可得

$$\begin{aligned} G_{X_1+X_2+X_3}(s) &= G_{(X_1+X_2)+X_3}(s) \\ &= G_{X_1+X_2}(s)G_{X_3}(s) = G_{X_1}(s)G_{X_2}(s)G_{X_3}(s). \end{aligned}$$

对于所有的 n, 都可以采用类似的方法论证. $\qquad\square$

每当看到一个定理时, 你都应该删除一个假设并看看结论是否仍然成立. 通常情况下, 答案都是否定的! (即便结论仍然成立, 其证明也会非常困难). 在上面的定理中, 随机变量的独立性有多重要? 考察一种极端情形, 即当 $X_2 = -X_1$ 时会发生什么. 此时, $X_1 + X_2$ 会恒等于 0, 但 $G_{X_1+X_2}(s) \neq G_{X_1}(s)G_{-X_1}(s)$.

上述内容说明了为什么生成函数在概率中会发挥如此重要的作用.

对于相互独立的离散型随机变量, 它们和的概率密度函数就是各随机变量概率的卷积!

我们开始了解为什么生成函数会如此有用. 从定理 19.3.1 中, 我们知道生成函数是唯一的. 从定理 19.4.4 中, 我们知道随机变量之和的生成函数就是生成函数的乘积. 如果恰好得到了这个乘积, 就能立刻得到和的概率密度函数!

回到 19.1 节的问题. 现在有两个相互独立的随机变量 X_1 和 X_2, X_1 服从参数为 5 的泊松分布, 而 X_2 服从参数为 7 的泊松分布. 我们要考察的是 $X_1 + X_2$. 由定义 19.5.1 可知, 如果 X 服从参数为 λ 的泊松分布, 那么它的生成函数就是

$$G_X(s) = \sum_{n=0}^{\infty} \text{Prob}(X = n)s^n$$
$$= \sum_{n=0}^{\infty} \frac{\lambda^n e^{-\lambda}}{n!} s^n$$
$$= e^{-\lambda} \sum_{n=0}^{\infty} \frac{(\lambda s)^n}{n!}$$
$$= e^{-\lambda} e^{\lambda s} = e^{\lambda(s-1)},$$

我们在这里使用了指数函数的级数展开式: $e^u = \sum_{n=0}^{\infty} u^n/n!$. 因此

$$G_{X_1} = e^{5(s-1)}, \quad G_{X_2} = e^{7(s-1)}.$$

根据定理 19.4.4, 我们有

$$G_{X_1+X_2}(s) = G_{X_1}(s)G_{X_2}(s)$$
$$= e^{5(s-1)} \cdot e^{7(s-1)}$$
$$= e^{12(s-1)}.$$

但是, 请注意 $e^{12(s-1)}$ 就是一个随机变量的生成函数, 并且这个随机变量服从参数为 12 的泊松分布. 正如定理 19.3.1 所说, 生成函数是唯一的, 因此可以推断出随机变量 $X_1 + X_2$ 服从参数为 12 泊松分布.

在上面的例子中, 我们注意到, 利用生成函数的性质来考察 $X_1 + X_2$ 要比直接做代数运算容易很多. 我们曾在 19.1 节中讨论过代数运算, 虽然这可以解决问题, 但必须在分析中做一些巧妙的处理. 当使用生成函数时, 论述就会简单很多. 稍后我们会考察更多例子, 甚至探讨一些让代数运算更加简单的其他函数, 即矩母函数和特征函数.

19.5 卷积 II: 连续型随机变量

幸运的是, 对离散情形的论述可以很好地用来处理连续型随机变量. 从根本上看, 两者的唯一区别在于, 现在要写积分而不是求和. (积分的计算会存在一些微妙的技术难点, 我们会简要地介绍一下.) 虽然一般的随机变量并不一定是完全离散或完全连续的, 但在大多数问题中, 我们考察的随机变量要么是离散的、要么是连续的. 通常情况下, 很多教材都会约定求和可以表示积分, 或者积分可以表示一个和. 这使得教材的编写具有更大的灵活性, 因为一种符号可以指代两种情况中的任意一种.

现在我们调整符号, 并考察连续型随机变量的生成函数.

> **定义 19.5.1(概率生成函数)**　设 X 是一个连续型随机变量, 其概率密度函数为 f, 那么
>
> $$G_X(s) = \int_{-\infty}^{\infty} s^x f(x)\mathrm{d}x$$
>
> 是 X 的概率生成函数.

我们来计算一些连续型随机变量的生成函数. 设 X 服从参数为 λ 的指数分布, 那么它的概率密度函数为

$$f(x) = \begin{cases} \dfrac{1}{\lambda}\exp(-x/\lambda) & \text{若 } x \geqslant 0 \\ 0 & \text{其他}. \end{cases}$$

(请注意, 很遗憾, 对于指数分布的概率密度函数应该是什么, 作者之间有不同的意见: 有些书会使用上面这种符号, 但另一些则使用 $\lambda\exp(-\lambda x)$. 我更喜欢第一种写法, 因为这个随机变量服从参数为 λ 的指数分布, 其均值是 λ 而不是 $1/\lambda$.) 因此, 生成函数是

$$G_X(s) = \int_0^{\infty} s^x \frac{1}{\lambda}\exp(-x/\lambda)\mathrm{d}x = \frac{1}{\lambda}\int_0^{\infty}\exp(x\log s)\exp(-x/\lambda)\mathrm{d}x.$$

注意, 我们把 s^x 改写成了 $\exp(x\log s)$. 不难看出, 这两个表达式取对数后是一样的, 但为什么要这样做呢? 记住 s 是固定值, 但 x 是积分变量. 如果写成 e^x 而不是 s^x 的形式, 就可以把两个指数因子合并成一个因子. (稍后, 我们会考察与这些概率生成函数相似的函数, 它们会使得代数运算更容易处理.) 这种替换的目的是为了让积分更容易计算. 因为 $s = \mathrm{e}^{\log s}$, 所以

$$s^x = \left(\mathrm{e}^{\log s}\right)^x = \mathrm{e}^{x\log s}.$$

这里用到了指数运算的定律.

现在继续求积分, 并得到

$$\begin{aligned} G_X(s) &= \frac{1}{\lambda}\int_0^{\infty}\exp\left(-x\left(\frac{1}{\lambda} - \log s\right)\right)\mathrm{d}x \\ &= \frac{1}{\lambda}\frac{1}{\frac{1}{\lambda} - \log s}\int_0^{\infty}\exp\left(-x\left(\frac{1}{\lambda} - \log s\right)\right)\left(\frac{1}{\lambda} - \log s\right)\mathrm{d}x. \end{aligned}$$

假设 $\frac{1}{\lambda} - \log s > 0$. 如果这一点成立, 那么被积函数将呈现指数型衰减, 而我们就可以求出积分值. 如果它小于 0, 那么被积函数就会呈现指数型增长, 而这个积分就不存在了. 我们有

$$G_X(s) = \frac{1}{1 - \lambda\log s}\int_0^{\infty}\exp(-u)\mathrm{d}u = \frac{1}{1 - \lambda\log s}.$$

现在有必要再次讨论这些代数技巧, 我们的目标是让你使用这些方法来处理相关问题. 第一个是改写 s^x. 这一点非常重要, 我们对其再次讨论, 从而确保你能真正

掌握. 记住, s 是固定值, 我们要求关于 x 的积分. 我们有一个关于 x 的指数函数, 它来自于 X 的概率密度函数, 所以我们自然想到把 s^x 写成 $e^{x \log s} = \exp(x \log s)$, 然后再把指数部分合并起来. 接下来要通过变量替换求积分, 这就引出了第二个值得强调的代数技巧. 我们有必要认真地看一看这个积分. 指数部分的表达式被写成了 $-x \left(\frac{1}{\lambda} - \log s \right)$. 如果 $\frac{1}{\lambda} > \log s$, 那么上述积分是有意义的, 因为这是一个指数为负的指数函数在 0 到无穷大上的积分, 而且这个积分是收敛的. 但是, 当 $\frac{1}{\lambda} \leqslant \log s$ 时, 积分会发散. 因此, 参数为 λ 的指数分布的生成函数是

$$G_X(s) = \begin{cases} (1 - \lambda \log s)^{-1} & \text{若 } \log s < \dfrac{1}{\lambda} \\ \text{无定义} & \text{其他}. \end{cases}$$

观察一下这个生成函数. 不难看出, 当 $\log s = \frac{1}{\lambda}$ 时, 表达式发生了显著的变化, 这与我们的判断相吻合, 即这些论述只适用于较小的 s.

定义 19.5.2 (函数卷积)   两个函数 f_1 和 f_2 的卷积, 即 $f_1 * f_2$ 被定义为

$$(f_1 * f_2)(x) = \int_{-\infty}^{\infty} f_1(t) f_2(x - t) \mathrm{d}t.$$

如果 f_i 都是概率密度函数, 那么上述积分收敛.

注意, 这是对两个序列卷积的一种自然推广, 其中 $c_k = \sum a_l b_{k-l}$ 变成了 $(f_1 * f_2)(x) = \int f_1(t) f_2(x-t)$. 在离散情况下, 两个指标之和是一个新指标 $(k = l + (k-l))$; 在连续情况下, 两个参数之和是一个新参数 $(x = t + (x - t))$. 毫不奇怪, 对于连续型随机变量, 我们有类似于离散型随机变量的结果. 下面给出最重要的结果.

定理 19.5.3 (连续型随机变量之和)   对于相互独立的连续型随机变量, 它们和的概率密度函数就等于各变量概率密度函数的卷积. 具体地说, 如果 $X_1, \cdots, X_n$ 的概率密度函数分别是 $f_1, \cdots, f_n$, 那么 $X_1 + \cdots + X_n$ 的概率密度函数就是 $f_1 * f_2 * \cdots * f_n$.

证明: 虽然论述与之前几乎完全相同, 但因为这一点非常重要, 所以有必要再次论述. 我们只考察两个随机变量的情况. 利用与之前一样的分组论述法, 可以把两个随机变量推广到 n 个随机变量.

设 X_1 和 X_2 是两个连续型随机变量, 它们的概率密度函数分别是 f_1 和 f_2, 并设 $X = X_1 + X_2$. 现在考虑两个概率密度函数的卷积:

$$(f_1 * f_2)(x) = \int_{-\infty}^{\infty} f_1(t) f_2(x - t) \mathrm{d}t.$$

注意, 如果令 $X_1 + X_2 = x$, 那么对于某个 t, 当 $X_1 = t$ 时, X_2 就必须等于 $x - t$.

因此, 这个积分给出了 $X_1 + X_2$ 的概率密度函数, 我们把它记作 f. 也就是说,

$$f(x) \;=\; (f_1 * f_2)(x) \;=\; \int_{-\infty}^{\infty} f_1(t) f_2(x-t) \mathrm{d}t.$$

现在来验证 f 是一个概率密度函数. 因为 f_1 和 f_2 都是概率密度函数, 所以它们都是非负的, 用来定义 $f(x)$ 的积分显然也是非负的. 我们必须证明, $f(x)$ 关于全体 x 的积分值为 1. 于是

$$\begin{aligned}
\int_{x=-\infty}^{\infty} f(x)\mathrm{d}x &= \int_{x=-\infty}^{\infty} \int_{t=-\infty}^{\infty} f_1(t) f_2(x-t)\mathrm{d}t\mathrm{d}x \\
&= \int_{t=-\infty}^{\infty} f_1(t) \left[\int_{x=-\infty}^{\infty} f_2(x-t)\mathrm{d}x \right] \mathrm{d}t \\
&= \int_{t=-\infty}^{\infty} f_1(t) \left[\int_{u=-\infty}^{\infty} f_2(u)\mathrm{d}u \right] \mathrm{d}t \\
&= \int_{t=-\infty}^{\infty} f_1(t) \cdot 1 \mathrm{d}t \;=\; 1.
\end{aligned}$$

在分析课上, 我们经常被告诫要小心地交换积分次序. 在概率论中, 积分次序始终可以交换, 这是因为概率密度函数是非负的, 所以富比尼定理一定成立 (关于交换积分次序的陈述和讨论, 请参阅 B.2 节中的定理 B.2.1).　□

　　我们不会证明关于 n 个随机变量的结果, 但需要简单地说一下 $f_1 * f_2 * f_3$ 的含义. 可以用两种方法来解释它, 但幸运的是, 我们接下来会看到这两种解释是一样的. $(f_1 * f_2 * f_3)(x)$ 可以表述成下列任意一种形式:

$$\begin{aligned}
(f_1 * (f_2 * f_3))(x) &= \int_{t=-\infty}^{\infty} f_1(t)(f_2 * f_3)(x-t)\mathrm{d}t \\
&= \int_{t=-\infty}^{\infty} \int_{u=-\infty}^{\infty} f_1(t) f_2(u) f_3(x-t-u)\mathrm{d}u\mathrm{d}t \\
((f_1 * f_2) * f_3)(x) &= \int_{w=-\infty}^{\infty} (f_1 * f_2)(w) f_3(x-w)\mathrm{d}w \\
&= \int_{w=-\infty}^{\infty} \int_{t=-\infty}^{\infty} f_1(t) f_2(w-t) f_3(x-w)\mathrm{d}t\mathrm{d}w \\
&= \int_{t=-\infty}^{\infty} \int_{u=-\infty}^{\infty} f_1(t) f_2(u) f_3(x-t-u)\mathrm{d}u\mathrm{d}t
\end{aligned}$$

(最后一个等式是通过交换积分次序并做替换 $w = u + t$ 来得到的). 注意, 这两种解释是相同的. 恰好存在两种解释的原因是, 卷积是一个二元运算: 它以两个函数作为输入, 并将一个函数作为输出. 函数必须要成对地分组. 因此, 我们可以先求前两个函数的卷积, 再与第三个函数做卷积, 也可以先求最后两个函数的卷积, 然后再计算与第一个函数的卷积. 按照类似的方法可以证明, 对于 n 个函数的卷积, 如

何放置括号来进行分组是无关紧要的.

这意味着**卷积满足结合律**. 你可能在数学课上听过这个词. 或许有位教授曾经说过, (关于实数、关于复数, 或者关于矩阵的) 乘法满足结合律, 或者加法满足结合律. 但这可能是你第一次看到人们为什么要关注结合律. 它告诉我们, 卷积具有良好的定义. 我们可以稍微粗心或懒惰一些, 不用写出括号, 因为这并不重要!

卷积还有另外个很好的性质, 我们有必要把它单独列出来.

> **定理 19.5.4 (卷积的交换性)**　两个序列或两个函数的卷积是**可交换的**. 换句话说, $a * b = b * a$, 或者 $f_1 * f_2 = f_2 * f_1$.

任何一个重要结果都值得采用多种方法来证明. 我们首先给出标准的代数证明, 然后讨论一些其他的证明方法.

证明：这个证明可以通过简单的代数运算直接得到. 我们会讨论连续函数的情况, 并把序列的相关结果留作练习. 现在有

$$(f * g)(x) = \int_{t=-\infty}^{\infty} f(t)g(x-t)\mathrm{d}t.$$

做变量替换 $t = x - u$, 那么 $\mathrm{d}t = -\mathrm{d}u$. 当 t 的取值从 $-\infty$ 变动到 ∞ 时, u 的取值则从 ∞ 变动到 $-\infty$. 于是

$$(f * g)(x) = \int_{u=\infty}^{-\infty} f(x-u)g(x-(x-u))(-\mathrm{d}u) = \int_{u=-\infty}^{\infty} g(u)f(x-u)\mathrm{d}u$$
$$= (g * f)(u),$$

结论得证. □

第二种证明只适用于两个函数或两个序列都是概率密度函数的特殊情形. 在这种情况下, $f * g$ 有一个概率解释：它是随机变量 $X_1 + X_2$ 的概率密度函数. 类似地, $g * f$ 是 $X_2 + X_1$ 的概率密度函数. 然而, 加法是**可交换的**, 所以 $X_1 + X_2 = X_2 + X_1$, 这意味着它们的概率密度函数 $f * g$ 和 $g * f$ 也是相同的. 我真的非常喜欢这个证明. 第一种证明是一些代数运算的结果. 通过变量替换以及一些简单的整理工作, 我们就得到了结果. 这个证明给人的感觉更好. 不难 "看出", 卷积的交换性来自于加法的交换性 (也就是说, 卷积延续了这种性质). 另一个利用交换性来证明的结果请参阅 4.4 节, 这确实是种非常强大的技巧.

现在给出最后一个证明! 我们有

$$G_{f*g}(s) = G_f(s)G_g(s) = G_g(s)G_f(s) = G_{g*f}(s).$$

由于 $G_f(s)$ 和 $G_g(s)$ 都是实数, 并且乘法是可交换的, 我们能轻松地证明上面的代数表达式是正确的. 我们想说的是, 既然生成函数是相同的, 那么相关随机变量的

概率密度函数也一定相同. 不幸的是, 我们还没有证明连续情况下的生成函数是唯一的. 这就要求我们做更多分析. 所以, 现在暂时搁置这个证明, 并将其作为很好的思路留在将来继续探索.

前面证明了, 两个相互独立且均服从泊松分布的随机变量之和仍然服从泊松分布——那么服从指数分布的随机变量是否也有类似的结果? 设 X_1 和 X_2 是两个相互独立的随机变量, 分别服从参数为 5 和 7 的指数分布. 根据上面的分析, 只要 $\log s \leqslant \min\left(\frac{1}{5}, \frac{1}{7}\right)$, 它们的生成函数就分别是

$$G_{X_1}(s) = (1 - 5\log s)^{-1}, \quad G_{X_2}(s) = (1 - 7\log s)^{-1}.$$

令 $X = X_1 + X_2$, 那么

$$\begin{aligned} G_X(s) &= G_{X_1}(s)G_{X_2}(s) \\ &= (1 - 5\log s)^{-1}(1 - 7\log s)^{-1}. \end{aligned}$$

因为找不到 λ 使得这个式子成为参数为 λ 的指数分布的生成函数, 所以我们很遗憾地得出, 两个指数分布之和不一定是指数分布.

把真实的概率密度函数写出来并不难. 由卷积的定义可知, 它就是

$$\begin{aligned} f_{X_1+X_2}(x) &= \left(f_{X_1} * f_{X_2}\right)(x) \\ &= \int_{-\infty}^{\infty} f_{X_1}(t) f_{X_2}(x-t)\mathrm{d}t. \end{aligned}$$

在计算卷积时, 学生最容易犯的错误之一就是, 在代入 f_{X_1} 和 f_{X_2} 的具体表达式时粗心大意. 记住, 这些是指数分布的概率密度函数, 当变量取负数时, 概率密度会等于 0. 因此, 不能直接把 $f_{X_2}(x-t)$ 替换成 $\frac{1}{7}\exp(-(x-t)/7)$, 仅当 $x-t$ 非负时, 才能做这种代换.

显然, 除非 $x \geqslant 0$, 否则积分值就等于 0: 由于这两个随机变量都是非负的, 所以它们的和也一定是非负的. 因为 f_{X_1} 是参数为 5 的指数分布的概率密度函数, 所以当 $t < 0$ 时, 被积函数就等于 0. 同样地, 如果 $t > x$, 那么第二个概率密度函数也为 0. 因此, 我们只需要考察 $0 \leqslant t \leqslant x$:

$$\begin{aligned} f_{X_1+X_2}(x) &= \int_0^x \frac{1}{5}\exp(-t/5)\frac{1}{7}\exp(-(x-t)/7)\mathrm{d}t \\ &= \frac{1}{35}\int_0^x \exp\left(-\frac{t}{5} - \frac{x}{7} + \frac{t}{7}\right)\mathrm{d}t \\ &= \frac{\exp(-x/7)}{35}\int_0^x \exp\left(-2t/35\right)\mathrm{d}t \\ &= \frac{\exp(-x/7)}{2}\left[1 - \exp(-2x/35)\right] \\ &= \frac{\exp(-x/7) - \exp(-x/5)}{2}. \end{aligned}$$

于是, 我们已经找到了和的概率密度函数, 但它显然不是指数分布的概率密度函数.

19.6   矩母函数的定义与性质

注 19.3.2 中曾提到, 通过求生成函数的微分, 我们可以重新得到原来的序列. 具体地说, 如果 $a = \{a_m\}_{m=0}^{\infty}$ 且 $G_a(s) = \sum_{m=0}^{\infty} a_m s^m$, 那么 $a_m = \frac{1}{m!} \frac{\mathrm{d}^m G_a(s)}{\mathrm{d}s^m}$. 但是, 因子 $1/m!$ 看起来很不舒服. 有一个相关的生成函数并不包含这个因子, 它就是矩母函数. 它的导数并不是随机变量取某个特定值的概率, 而我们其实也不希望这样! 原因在于, 连续型随机变量取某个特定值的概率就是 0. 顾名思义, 这个新的生成函数将给出概率密度函数的矩. 在给出定义之前, 先简要地回顾一下矩的定义.

定义 19.6.1 (矩)   设 X 是一个概率密度函数为 f 的随机变量. 如果 X 是离散的, 并且仅当取 x_m 时概率不为 0, 那么它的 k 阶矩 (记作 μ_k') 被定义为

$$\mu_k' := \sum_{m=0}^{\infty} x_m^k f(x_m);$$

如果 X 是连续的, 那么

$$\mu_k' := \int_{-\infty}^{\infty} x^k f(x) \mathrm{d}x.$$

对于这两种情况, 我们记 $\mu_k' = \mathbb{E}[X^k]$. k 阶**中心矩** μ_k 被定义为 $\mu_k := \mathbb{E}[(X - \mu_1')^k]$. 通常情况下, 我们把 μ_1' 记作 μ, 把 μ_2 记作 σ^2.

当处理离散型随机变量时, 我们用 $\{x_m\}_{m=-\infty}^{\infty}$, $\{x_m\}_{m=0}^{\infty}$ 或 $\{x_m\}_{m=1}^{\infty}$ 来表示概率密度不为 0 的点集. 在大多数应用中, 都有 $\{x_m\}_{m=0}^{\infty} = \{0, 1, 2, \cdots\}$. 现在可以定义矩母函数了.

定义 19.6.2 (矩母函数)   设 X 是一个概率密度函数为 f 的随机变量. X 的矩母函数记作 $M_X(t)$, 其定义为 $M_X(t) = \mathbb{E}[e^{tX}]$. 具体地说, 如果 X 是离散的, 那么

$$M_X(t) = \sum_{m=-\infty}^{\infty} e^{tx_m} f(x_m),$$

如果 X 是连续的, 那么

$$M_X(t) = \int_{-\infty}^{\infty} e^{tx} f(x) \mathrm{d}x.$$

注意, $M_X(t) = G_X(e^t)$, 或等价的 $G_X(s) = M_X(\log s)$.

当然, 目前还不清楚 $M_X(t)$ 是否对所有的 t 均存在. 经常出现的情况是, 它对某些 t 存在, 而不是所有 t. 通常, 这足以让我们推断出大量事实. 现在来挖掘矩母函数的一些好性质, 这些性质可以说明矩母函数在概率方面的作用. 我们给出了一

个完整的证明, 因为这些性质对于理解中心极限定理 (第 20 章会给出该定理) 的矩母函数证明是至关重要的. 有许多性质与生成函数的性质相似, 这应该不难理解, 因为 $M_X(t) = G_X(e^t)$. 但是, 我们会看到, 矩母函数提供了更好的方法来完成大部分代数运算. (也就是说, 这是一种非常好的变量替换!)

定理 19.6.3 设 X 是一个随机变量, μ_k' 是它的矩.

(1) 我们有
$$M_X(t) = 1 + \mu_1' t + \frac{\mu_2' t^2}{2!} + \frac{\mu_3' t^3}{3!} + \cdots;$$

特别是, $\mu_k' = \mathrm{d}^k M_X(t)/\mathrm{d}t^k \big|_{t=0}$.

(2) 设 α 和 β 是常数. 那么
$$M_{\alpha X + \beta}(t) = e^{\beta t} M_X(\alpha t).$$

有用的特殊情形是 $M_{X+\beta}(t) = e^{\beta t} M_X(t)$ 和 $M_{\alpha X}(t) = M_X(\alpha t)$. 当证明中心极限定理时, $M_{(X+\beta)/\alpha}(t) = e^{\beta t/\alpha} M_X(t/\alpha)$ 也很有用.

(3) 设 X_1 和 X_2 是两个相互独立的随机变量. 当 $|t| < \delta$ 时, 它们的矩母函数 $M_{X_1}(t)$ 和 $M_{X_2}(t)$ 均收敛. 于是
$$M_{X_1+X_2}(t) = M_{X_1}(t) M_{X_2}(t).$$

更一般地, 如果 $X_1, \cdots, X_N$ 是相互独立的随机变量. 当 $|t| < \delta$ 时, 它们的矩母函数 $M_{X_i}(t)$ 均收敛. 那么
$$M_{X_1+\cdots+X_N}(t) = M_{X_1}(t) M_{X_2}(t) \cdots M_{X_N}(t).$$

如果所有随机变量都有同一个矩母函数 $M_X(t)$, 那么上式右端就变成了 $M_X(t)^N$.

证明: 为了方便起见, 我们只证明 X 是一个概率密度函数为 f 的连续型随机变量时的结果.

(1) 第一个结论非常重要 (这是研究矩母函数的原因, 也是其名字的来源!), 所以我们会给出两种证明. 这两种证明是相似的. 对于一般的 f, 两种证明都需要利用分析学中的一些结果; 但如果只考虑概率论课上常见的 f, 那么一切都很简单.

对于第一种证明, 我们要利用指数函数的级数展开式: $e^{tx} = \sum_{k=0}^{\infty} (tx)^k/k!$. 于是有

$$M_X(t) = \int_{-\infty}^{\infty} \sum_{k=0}^{\infty} \frac{x^k t^k}{k!} f(x)\mathrm{d}x$$

$$= \sum_{k=0}^{\infty} \frac{t^k}{k!} \int_{-\infty}^{\infty} x^k f(x)\mathrm{d}x.$$

注意, 上述积分就是 k 阶矩 μ'_k 的定义, 这样就完成了证明. 注意, 这个证明需要交换积分与求和的次序. 如果存在某个正数 δ 使得, 当 $|t| < \delta$ 时 $M_X(t)$ 收敛, 那么交换积分与求和次序就是合理的. 非常重要的一点是, 你必须验证其合理性. 关于何时能够交换次序, 请参阅 B.2 节.

对于第二种证明, $M_X(t)$ 需要求 k 次微分. 根据积分的导数就是导数的积分, 并注意到在被积函数中与 t 有关的唯一元素是因子 e^{tx}, 我们有

$$\frac{\mathrm{d}^k M_X}{\mathrm{d}t^k} = \int_{-\infty}^{\infty} \left[\frac{\mathrm{d}^k \mathrm{e}^{tx}}{\mathrm{d}t^k}\right] f(x)\mathrm{d}x = \int_{-\infty}^{\infty} x^k \mathrm{e}^{tx} f(x)\mathrm{d}x;$$

令 $t = 0$, 再回顾一下矩的定义, 我们就可以得到结论. 另外, 注意到这个证明可以归结为分析学中的论述. 此次交换了积分与求导的次序 (参见 B.2.1 节中的定理 B.2.2).

(2) 现在考察第二个结论. 我们有

$$M_{\alpha X + \beta}(t) = \int_{-\infty}^{\infty} \mathrm{e}^{t(\alpha x + \beta)} f(x)\mathrm{d}x$$

$$= \mathrm{e}^{\beta t} \int_{-\infty}^{\infty} \mathrm{e}^{t\alpha x} f(x)\mathrm{d}x = \mathrm{e}^{\beta t} M_X(\alpha t),$$

最后一个积分恰好是矩母函数在 αt 处的值, 而不是在 t 处的值. 接下来就可以轻松地求出特殊情形的结果.

(3) 第三条性质要利用下面这个事实: 对于相互独立的随机变量, 它们乘积的期望值等于各变量期望值的乘积. 如果 X_1 与 X_2 相互独立, 那么 e^{tX_1} 与 e^{tX_2} 也是相互独立的 (记住 t 是固定值). 于是

$$M_{X_1 + X_2}(t) = \mathbb{E}[\mathrm{e}^{t(X_1 + X_2)}]$$

$$= \mathbb{E}[\mathrm{e}^{tX_1} \mathrm{e}^{tX_2}]$$

$$= \mathbb{E}[\mathrm{e}^{tX_1}]\mathbb{E}[\mathrm{e}^{tX_2}] = M_{X_1}(t) M_{X_2}(t).$$

n 个随机变量的情形可以采用类似的方法证明. □

我们考察一些计算矩母函数的例子, 看看它们多么有用.

例 19.6.4 设随机变量 X 服从参数为 λ 的泊松分布, 其概率密度函数为 f. 这意味着, 当 $n \geqslant 0$ 时有

$$f(n) \;=\; \text{Prob}(X = n) \;=\; \frac{\lambda^n \mathrm{e}^{-\lambda}}{n!},$$

否则, $f = 0$. 矩母函数为

$$
\begin{aligned}
M_X(t) &= \sum_{n=0}^{\infty} \mathrm{e}^{tn} f(n) \\
&= \sum_{n=0}^{\infty} \mathrm{e}^{tn} \frac{\lambda^n \mathrm{e}^{-\lambda}}{n!} \\
&= \mathrm{e}^{-\lambda} \sum_{n=0}^{\infty} \frac{\lambda^n \mathrm{e}^{tn}}{n!} \\
&= \mathrm{e}^{-\lambda} \sum_{n=0}^{\infty} \frac{(\lambda \mathrm{e}^t)^n}{n!} \\
&= \mathrm{e}^{-\lambda} \mathrm{e}^{\lambda \mathrm{e}^t} = \mathrm{e}^{\lambda(\mathrm{e}^t - 1)}.
\end{aligned}
$$

由定理 19.6.3 的第三条性质可知, 如果 X_1 和 X_2 是相互独立的随机变量, 且分别服从参数为 λ_1 和 λ_2 的泊松分布, 那么

$$
\begin{aligned}
M_{X_1 + X_2}(t) &= M_{X_1}(t) M_{X_2}(t) \\
&= \mathrm{e}^{\lambda_1(\mathrm{e}^t - 1)} \mathrm{e}^{\lambda_2(\mathrm{e}^t - 1)} \\
&= \mathrm{e}^{(\lambda_1 + \lambda_2)(\mathrm{e}^t - 1)}.
\end{aligned}
$$

这可能是你第一次在题目中见到指数的指数! 注意, 这恰好是参数为 $\lambda_1 + \lambda_2$ 的泊松分布的矩母函数, 这种方法比蛮力计算法的工作量要少得多! 这是否意味着 $X_1 + X_2$ 服从参数为 $\lambda_1 + \lambda_2$ 的泊松分布? 是的, 原因就是下面这条定理.

> **定理 19.6.5**(离散型随机变量的矩母函数的唯一性)　设 X 和 Y 是两个取非负整数值 (即仅当在 $\{0,1,2,\cdots\}$ 中取值时, 概率才不为 0) 的离散型随机变量, 它们的矩母函数 $M_X(t)$ 和 $M_Y(t)$ 在 $|t| < \delta$ 时收敛. 那么, X 和 Y 是同分布的, 当且仅当存在一个 $r > 0$, 使得当 $|t| < r$ 时 $M_X(t) = M_Y(t)$.

换句话说, 离散型随机变量由它们的矩母函数唯一确定 (如果矩母函数收敛).

证明: 这个方向是平凡的, 也就是说, 如果 X 和 Y 是同分布的, 那么显然有 $M_X(t) = M_Y(t)$. 那么另外的方向呢?

由定理 19.3.1 可知, 两个序列 $\{a_m\}_{m=0}^{\infty}$ 和 $\{b_n\}_{n=0}^{\infty}$ 相等, 当且仅当它们的生成函数相等. 设 $a_m = \text{Prob}(X = m)$ 且 $b_n = \text{Prob}(Y = n)$. 它们的生成函数是 (参见定义 19.2.1)

$$G_a(s) = \mathbb{E}[s^X] = \sum_{m=0}^{\infty} s^m \mathrm{Prob}(X = m)$$

$$G_b(s) = \mathbb{E}[s^Y] = \sum_{n=0}^{\infty} s^n \mathrm{Prob}(Y = n).$$

但是, 由

$$M_X(t) = \mathbb{E}[\mathrm{e}^{tX}], \quad M_Y(t) = \mathbb{E}[\mathrm{e}^{tY}]$$

可知, 生成函数与矩母函数之间存在一种非常平凡的关系. 如果令 $s = \mathrm{e}^t$, 那么 $G_a(\mathrm{e}^t) = M_X(t)$ 且 $G_b(\mathrm{e}^t) = M_Y(t)$. 因为 $M_X(t) = M_Y(t)$, 所以 $G_a(\mathrm{e}^t) = G_b(\mathrm{e}^t)$. 现在我们知道了生成函数是相等的, 那么由定理 19.3.1 可知, 相应的序列也是相等的. 另外, 这意味着 $\mathrm{Prob}(X = i) = \mathrm{Prob}(Y = i)$ 对所有的 i 均成立, 因此两个概率密度函数是相等的. □

 上面的定理有很多值得注意的地方. 该定理**非常**有用: 对于只取非负整数值的离散型随机变量, 其矩母函数可以**唯一地**确定该变量的分布! 虽然定理的陈述中有**很多**假设, 但这些假设都并不极端. 我们研究和使用的大部分离散型分布都满足取非负整数值的要求, 所以这不是限制性的假设. 如注 19.3.2 所述, 我们可以删除这个假设. 首先假设随机变量只取非负值, 所以有

$$G_a(s) = \mathbb{E}[s^X] = \sum_{m=0}^{\infty} a_m s^{x_m}$$

$$G_b(s) = \mathbb{E}[s^Y] = \sum_{n=0}^{\infty} b_n s^{y_n}.$$

不失一般性地, 假设 $x_0 \leqslant y_0$. 我们来探讨一下, 当 $G_a(s)$ 等于 $G_b(s)$ 时, 会产生什么样的后果. 因为对所有非零的 s 均有 $G_a(s)/s^{x_0} = G_b(s)/s^{x_0}$, 所以令 $s \to 0$ 可得 $a_0 = b_0 \lim_{s \to 0} s^{y_0 - x_0}$, 每个 a_m 都满足 $a_m \neq 0$. 因此, 为了使上式成立, 唯一可能的情况就是 $y_0 = x_0$ 且 $a_0 = b_0$. 我们按照这种方式继续下去 (具体地说, 我们重新考虑上述问题, 但此时两个函数分别是 $G_a(s) - a_0 s^{x_0}$ 和 $G_b(s) - a_0 s^{x_0}$).

现在回到例 19.6.4. 由矩母函数可知, 如果两个随机变量分别服从参数为 λ_1 和 λ_2 的泊松分布, 那么它们之和的矩母函数就等于 $\mathrm{e}^{(\lambda_1 + \lambda_2)(\mathrm{e}^t - 1)}$. 由于参数为 λ 的泊松分布的矩母函数是 $\mathrm{e}^{\lambda(\mathrm{e}^t - 1)}$, 因此由定理 19.6.5 可以推出, 如果两个随机变量分别服从参数为 λ_1 和 λ_2 的泊松分布, 那么它们的和就服从参数为 $\lambda_1 + \lambda_2$ 的泊松分布.

接下来看一个连续型的例子.

设随机变量 X 服从参数为 λ 的指数分布, 那么当 $x \geqslant 0$ 时, 其概率密度函数 $f(x) = \lambda^{-1} \mathrm{e}^{-x/\lambda}$; 否则 $f(x) = 0$. 我们可以求出它的矩母函数, 即

$$M_X(t) = \int_0^\infty e^{tx} \cdot \frac{e^{-x/\lambda}}{\lambda} dx$$
$$= \frac{1}{\lambda} \int_0^\infty e^{-(\lambda^{-1}-t)x} dx.$$

做变量替换 $u = (\lambda^{-1} - t)x$, 于是 $dx = du/(\lambda^{-1} - t)$. 只要 $\lambda^{-1} > t$(也就是只要 $t < 1/\lambda$), 那么被积函数中指数部分的参数就是负的, 所以积分一定收敛. 于是有

$$M_X(t) = \frac{1}{\lambda} \int_0^\infty e^{-u} \frac{du}{\lambda^{-1} - t} = \frac{1}{1 - \lambda t} \int_0^\infty e^{-u} du = (1 - \lambda t)^{-1}.$$

我们的分析需要令 $t < 1/\lambda$. 注意, 对于这样的 t, $M_X(t)$ 最终的表达式是有意义的. (虽然 $(1 - \lambda t)^{-1}$ 对于任意的 $t \neq 1/\lambda$ 均成立, 但当 t 从小于 $1/\lambda$ 变动到大于 $1/\lambda$ 时, 肯定会发生一些改变.)

如果 $X_i(i \in \{1,2\})$ 是相互独立的随机变量, 并且分别服从参数为 λ_i 的指数分布, 那么由上面的例子以及定理 19.6.3 的第三条性质可知 $M_{X_1+X_2}(t) = (1 - \lambda_1 t)^{-1}(1 - \lambda_2 t)^{-1}$. 对于 $X_1 + X_2$ 的分布, 这意味着什么? 是不是很好? 对于特殊情形 $\lambda_1 = \lambda_2 = \lambda$, 结果又如何? 对此, 我们能说些什么?

下面的 "梦想定理" 会让一切变得简单起来: **概率分布由它的矩唯一确定**. 这是定理 19.6.5 在连续型随机变量上的自然类比. 这是真的吗? **遗憾的是, 情况并非总是如此.**

> 存在具有相同矩的不同概率分布. 换句话说, 知道所有的矩并不总是可以唯一确定概率分布.

例 19.6.6 给出的标准例子是以下两个概率密度函数, 即当 $x \geqslant 0$ 时,

$$f_1(x) = \frac{1}{\sqrt{2\pi x^2}} e^{-(\log^2 x)/2}$$
$$f_2(x) = f_1(x) [1 + \sin(2\pi \log x)]. \tag{19.2}$$

通过简单的计算就可以说明这两个概率密度函数具有相同的矩, 然而两者具有明显的差异 (参见图 19-1).

哪里出了问题? 两个不同的概率分布具有相同的矩, 这似乎是荒谬的. 上面的例子并不是令人讨厌且应该被遗忘的, 而是在警告我们这个问题到底有多难以及技巧性有多强. 这个例子并不是个孤立的问题, 它说明了实值函数可以多么奇怪和不直观. 所有例子中最重要的一个函数是

$$g(x) = \begin{cases} \exp(-1/x^2) & \text{若 } x \neq 0 \\ 0 & \text{其他.} \end{cases} \tag{19.3}$$

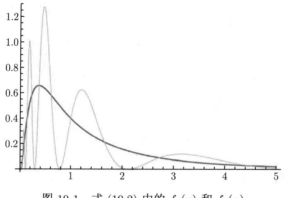

图 19-1 式 (19.2) 中的 $f_1(x)$ 和 $f_2(x)$

看一下图形 (参见图 19-2) 可知函数在原点附近非常平坦. 利用洛必达法则, 我们可以证明 g 在原点处的任意阶导数均为 0. 这具有深远的意义. 回忆一下函数 h 在原点处的泰勒级数为

$$h(x) \; = \; h(0) + h'(0) + \frac{h''(0)}{2!}x^2 + \frac{h'''(0)}{3!}x^3 + \cdots.$$

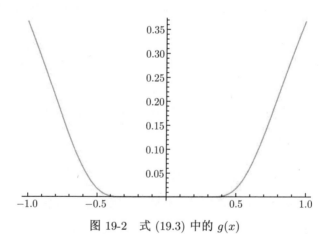

图 19-2 式 (19.3) 中的 $g(x)$

如果 h 在原点处的任意阶导数均为 0, 那么泰勒级数就恒等于 0. 但是, g 显然不恒等于 0. 现在来看看这个例子的要点. 即使不关心函数 g, 你也一定会在意**某些**其他的函数, 比如余弦函数. 虽然余弦函数的泰勒级数对于所有的 x 均收敛, 但不幸的是, $\cos x + g(x)$ 也是如此. 实际上, 由于这两个函数在原点处的各阶导数值均相等, 它们在原点处的泰勒级数展开式也是一样的.

好吧, 前面的论述告诉我们为什么要关心这个问题, 但这还不太让人满意. 为什么离散型随机变量的生成函数是唯一的, 而连续型随机变量却不是? 我们不是一次又一次地被告知这两种情况基本上没有区别, 只是用不同的符号来描述而已; 其中一个用和表示, 另一个用积分描述? 就许多性质和问题而言, 这种说法是正确的. 但是, 这两种类型的随机变量仍然存在一些显著的差异. 我们已经见过这样的例子: 离散型随机变量可以为 $[a, b]$ 和 $(a, b]$ 指定不同的概率, 但连续型随机变量为每个区间指定的概率是相等的. 对于只取整数值的离散型随机变量, 其生成函数就是所有概率的加权和. 这就是它能被唯一确定的原因. 对于连续型随机变量, 情况则完全不同.

在线补充章节 "复分析与中心极限定理" 中, 我们探讨了式 (19.2) 中定义的函数出了什么问题. 在找到问题之后, 我们将讨论为了避免出现这种情况还需要假设哪些额外性质. 该解决方案将用到复分析中的一些结果, 它会告诉我们 (连续型随机变量的) 矩母函数什么时候可以唯一地确定概率分布.

19.7 矩母函数的应用

我们只简单地谈了谈定理 19.6.3 的第一条性质. 这是个非常棒的表述, 彻底说明了为什么要把 $M_X(t) = \mathbb{E}[e^{tX}]$ 称为矩母函数. **如果**(当然又是如果) 能求出一个随机变量的矩母函数, 那么我们就可以通过求导来轻松地找到任意一个矩. 这是种非常好的方法, 它把求和或者求积分转化成了求导. 你应该很清楚微分要比积分容易很多. 标准函数的组合不可能无法微分——反复利用求导法则 (常数函数和、差、乘积、商、幂函数, 以及链式法则), 你最终会得到答案. 不过, 积分难以计算的函数却很常见 (虽然 $\int x \ln x \mathrm{d}x$, 甚至更糟糕的 $\int x \ln^{1701} x \mathrm{d}x$, 可以用初等函数来描述, 但它们非常难计算). 另外, 你也会经常遇到这样一些函数, 它们的积分无法用常见的解析表达式来描述. 可悲的是, 最常见的例子是 $\int \exp(-x^2) \mathrm{d}x$, 这意味着正态分布的累积分布函数无法用一个简单的公式来表示.

现在来考察参数为 λ 的泊松分布. 为了求均值 μ, 需要计算

$$\sum_{n=0}^{\infty} n \cdot \frac{\lambda^n e^{-\lambda}}{n!}, \tag{19.4}$$

方差则等于

$$\sum_{n=0}^{\infty} (n-\mu)^2 \cdot \frac{\lambda^n e^{-\lambda}}{n!}. \tag{19.5}$$

虽然可以利用微分恒等式法 (参见第 11 章) 来计算这些值, 但是通过求矩母函数的微分来计算会相当简单. 在例 19.6.4 中, 我们证明了矩母函数就是

$$M_X(t) = e^{\lambda(e^t - 1)}.$$

我们看看计算均值和方差有多么轻松. 由定理 19.6.3 的第一条性质可知, 均值为

$$
\begin{aligned}
\mu &= \left. \frac{\mathrm{d}}{\mathrm{d}t} M_X(t) \right|_{t=0} \\
&= \left. \frac{\mathrm{d}}{\mathrm{d}t} \mathrm{e}^{\lambda(\mathrm{e}^t - 1)} \right|_{t=0} \\
&= \left[\mathrm{e}^{\lambda(\mathrm{e}^t - 1)} \cdot \lambda \mathrm{e}^t \right]_{t=0} = \lambda.
\end{aligned}
$$

这个结果很不错, 肯定比式 (19.4) 中的和式要好.

方差是什么呢? 为了求方差, 只需要计算二阶矩就够了, 也就是 $M_X(t)$ 在 $t = 0$ 处的二阶导数. 我们已经知道了一阶导数, 现在只需要再次求导. 于是有

$$
\begin{aligned}
\mu_2' &= \left. \frac{\mathrm{d}^2}{\mathrm{d}t^2} M_X(t) \right|_{t=0} \\
&= \left. \frac{\mathrm{d}}{\mathrm{d}t} \left[\mathrm{e}^{\lambda(\mathrm{e}^t - 1)} \lambda \mathrm{e}^t \right] \right|_{t=0} \\
&= \left[\mathrm{e}^{\lambda(\mathrm{e}^t - 1)} \lambda \mathrm{e}^t \cdot \lambda \mathrm{e}^t + \mathrm{e}^{\lambda(\mathrm{e}^t - 1)} \lambda \mathrm{e}^t \cdot \lambda \right]_{t=0} = \lambda + \lambda^2.
\end{aligned}
$$

因为方差等于二阶矩减去均值的平方, 所以

$$
\sigma^2 = \lambda + \lambda^2 - \lambda^2 = \lambda.
$$

为此, 我们必须利用乘积的求导法则. 相当棒, 这比式 (19.5) 中的和要好得多.

能够找出矩是非常重要的, 现在给出最后一种方法. 我们可以把矩母函数直接展开成幂级数. 虽然最终的表达式即便对 t 的中等次数也会变得很复杂, 但把 t 和 t^2 项的系数分离出来通常不会有太大问题, 而这两项是最重要的. 例如, 再看看 $M_X(t) = \exp(\lambda(\mathrm{e}^t - 1))$. 在下列等式中, 点线表示 t 的更高次数. 由 $\exp(u) = 1 + u + u^2/2! + \cdots$ 可知

$$
M_X(t) = 1 + \left(\lambda(\mathrm{e}^t - 1) \right) + \left(\lambda(\mathrm{e}^t - 1) \right)^2 / 2! + \cdots.
$$

为了取得进一步的进展, 我们把 $\mathrm{e}^t - 1$ 展开:

$$
\mathrm{e}^t - 1 = (1 + t + t^2/2! + \cdots) - 1 = t + t^2/2! + \cdots.
$$

把它代入 $M_X(t)$ 的展开式可得

$$
\begin{aligned}
M_X(t) &= 1 + \lambda(t + t^2/2! + \cdots) + \lambda^2(t + t^2/2! + \cdots)^2/2! + \cdots \\
&= 1 + \lambda t + \lambda t^2/2! + \lambda^2 t^2/2 + \cdots \\
&= 1 + \lambda t + \frac{\lambda^2 + \lambda}{2} t^2 + \cdots = 1 + \mu_1' t + \frac{\mu_2'}{2!} t^2 + \cdots.
\end{aligned}
$$

注意, 我们已经得到了前两阶矩 μ_1' 和 μ_2' 的值. 如果想得到三阶矩, 只需要把所有项都展开到 t^3. 不幸的是, 想要的项越多, 代数运算就越复杂. 但是, 如果只关心前

两阶矩, 那么不需要做太多工作就可以把它们提取出来.

　　我们还可以给出上百万个例子, 至少是大量的例子. 最后, 我们再考察一个常见的分布, 即二项分布. 回忆一下, 如果随机变量 X 满足

$$\text{Prob}(X = k) = \begin{cases} \dbinom{n}{k} p^k (1-p)^{n-k} & \text{若 } k \in \{0, 1, \cdots, n\} \\ 0 & \text{其他.} \end{cases}$$

那么 X 就服从参数为 n(正整数) 和 p(属于 $[0,1]$ 的实数) 的二项分布. 为了求出均值, 我们要计算

$$\sum_{k=0}^{n} k \binom{n}{k} p^k (1-p)^{n-k}.$$

即使考虑特殊情形 $p = 1/2$, 这个和也很可怕, 它要求我们计算 $k\binom{n}{k}$ 的和. 虽然有其他方法可以求出这个均值和方差, 但生成函数法更加简洁和轻松.

　　先求出 $M_X(t)$:

$$\begin{aligned} M_X(t) &= \mathbb{E}[\mathrm{e}^{tX}] \\ &= \sum_{k=0}^{n} \mathrm{e}^{tk} \binom{n}{k} p^k (1-p)^{n-k} \\ &= \sum_{k=0}^{n} \binom{n}{k} \mathrm{e}^{tk} p^k (1-p)^{n-k} \\ &= \sum_{k=0}^{n} \binom{n}{k} (\mathrm{e}^t p)^k (1-p)^{n-k} \\ &= (\mathrm{e}^t p + 1 - p)^n, \end{aligned}$$

最后一行用到了总能派上用场的二项式定理 (定理 A.2.7). 注意, 上述分析中的关键步骤是处理好代数运算, 即把 e^{tk} 和 p^k 组合在一起 (这是**分组技巧**的又一个例子). 在考察足够多的例子之后, 这自然会成为你的习惯. 这样做的原因是, 这两项都可以看作某物的 k 次方, 因此把它们放在一起是合理的. 然后, 我们得到了 $(A+B)^n$, 其中 A 是 $\mathrm{e}^t p$, B 是 $1-p$.

　　为了得到均值, 我们计算 $M_X(t)$ 在 $t = 0$ 处的一阶导, 于是

$$\begin{aligned} \mu &= \frac{\mathrm{d}}{\mathrm{d}t} M_X(t) \Big|_{t=0} \\ &= \frac{\mathrm{d}}{\mathrm{d}t} \left(\mathrm{e}^t p + (1-p) \right)^n \Big|_{t=0} \\ &= n \left(\mathrm{e}^t p + (1-p) \right)^{n-1} \cdot \mathrm{e}^t p \Big|_{t=0} \\ &= n(p + 1 - p)^n p \ = \ np. \end{aligned}$$

与前面的例子相似, 求出方差的第一步是找到二阶矩, 即 $M_X''(0)$. 我们已经知道了 $M_X'(t)$, 所以现在只需要再求一次微分:

$$
\begin{aligned}
\mu_2' &= \left.\frac{\mathrm{d}^2}{\mathrm{d}t^2} M_X(t)\right|_{t=0} \\
&= \left.\frac{\mathrm{d}}{\mathrm{d}t}\left[n\left(\mathrm{e}^t p + (1-p)\right)^{n-1} \mathrm{e}^t p\right]\right|_{t=0} \\
&= \left[n(n-1)\left(\mathrm{e}^t p + (1-p)\right)^{n-2} \mathrm{e}^t p \cdot \mathrm{e}^t p + n\left(\mathrm{e}^t p + (1-p)\right)^{n-1} \mathrm{e}^t p\right]_{t=0} \\
&= n(n-1)(p+1-p)^{n-2}p^2 + n(p+1-p)^{n-1}p \;=\; n^2 p^2 - np^2 + np.
\end{aligned}
$$

现在, 通过一些简单的代数运算就可以得到方差:

$$
\begin{aligned}
\sigma^2 &= \mu_2' - \mu^2 \\
&= n^2 p^2 - np^2 + np - (np)^2 \\
&= -np^2 + np \;=\; np(1-p).
\end{aligned}
$$

我们不考虑求导, 而是通过把矩母函数展开成关于 t 的幂级数来说明如何求出前两阶矩. 因为只需要把级数展开到 t^2 项, 所以我们忽略了 t^3 和其他更高次项 (用点线来说明它们是存在的). 我们用到了 $\mathrm{e}^u = 1 + u + u^2/2! + \cdots$ 和 $(x+y)^n = x^n + \binom{n}{1}x^{n-1}y + \binom{n}{2}x^{n-2}y^2 + \cdots$ (注意 $\binom{n}{1} = n$ 且 $\binom{n}{2} = \frac{n(n-1)}{2}$). 于是有

$$
\begin{aligned}
M_X(t) &= (\mathrm{e}^t p + 1 - p)^n \\
&= \left((1 + t + t^2/2 + \cdots)p + 1 - p\right)^n \\
&= \left(1 + (tp + t^2 p/2 + \cdots)\right)^n \\
&= 1 + n(tp + t^2 p/2 + \cdots) + \frac{n(n-1)}{2}(tp + t^2 p/2 + \cdots)^2 + \cdots \\
&= 1 + npt + \left(\frac{np}{2} + \frac{n(n-1)p^2}{2}\right)t^2 + \cdots \\
&= 1 + npt + \frac{n^2 p^2 - np^2 + np}{2!}t^2 + \cdots = 1 + \mu_1' t + \frac{\mu_2'}{2!}t^2 + \cdots,
\end{aligned}
$$

这与前面 μ_1' 和 μ_2' 的值是一样的. 与泊松分布类似, 我们利用矩母函数成功地求出了前两阶矩 (但你应该对找到三阶矩保持警惕).

希望这些例子以及你应该尝试的更多例子能够解释清楚为什么矩母函数值得我们付出努力去研究. 正如其名字所示, 它们提供了一个可以求出任何矩的框架. 一般来说, 随着微分产生越来越多的项, 更高阶的矩会变得难以处理. 但是, 如果有足够的耐心, 我们总是可以通过这种方法来找到答案. 我们不需要等待灵光闪现或者得到预见性的灵感——我非常确信, 只要有耐心和微积分 I 的知识就足够了.

19.8　习　　题

习题 19.8.1　我们证明了

$$\frac{1}{1-(s+s^2)} = \sum_{k=0}^{\infty}(s+s^2)^k = \sum_{k=0}^{\infty}\sum_{l=0}^{k}\binom{k}{l}s^l(s^2)^{k-l}$$

和

$$\frac{s}{1-s-s^2} = \sum_{n=0}^{\infty}\left[\frac{1}{\sqrt5}\left(\frac{1+\sqrt5}{2}\right)^n - \frac{1}{\sqrt5}\left(\frac{1-\sqrt5}{2}\right)^n\right]s^n.$$

利用这两个结果推导出二项式系数之和与斐波那契数的关系. 你能从组合学的角度给出解释吗?

习题 19.8.2　求出 $X-Y$ 的概率密度函数, 其中 X 和 Y 是相互独立且同分布于标准正态分布的随机变量.

习题 19.8.3　求出 $X-Y$ 的概率密度函数, 其中 X 和 Y 是相互独立且均服从正态分布的随机变量, $X\sim N(\mu_X,\sigma_X)$ 且 $Y\sim N(\mu_Y,\sigma_Y)$.

习题 19.8.4　求出 $X-Y$ 的概率密度函数, 其中 X 和 Y 是相互独立的随机变量, $X\sim \mathrm{Exp}(\lambda_X)$ 且 $Y\sim \mathrm{Exp}(\lambda_Y)$.

习题 19.8.5　如果两个随机变量均服从参数为 λ 的指数分布, 那么求出它们之和的概率密度函数.

习题 19.8.6　如果一个随机变量服从参数为 p 的几何分布, 那么求出该变量的矩母函数.

习题 19.8.7　如果一个随机变量服从参数为 k 的卡方分布, 那么求出该变量的矩母函数.

习题 19.8.8　给出一个用矩母函数表示方差的公式.

习题 19.8.9　**卢卡斯数列** $\{L_n\}$ 被定义为 $L_0=2,\ L_1=1,\ L_n=L_{n-1}+L_{n-2}$(注意, 它们与斐波那契数密切相关). 利用生成函数, 为卢卡斯数找到一个明确的公式.

习题 19.8.10　**卡特兰数列** $\{C_n\}$ 有很多定义, 我最喜欢的一个定义如下: 在 1 个 $n\times n$ 的网格上, C_n 表示从左下角 $(0,0)$ 到右上角 (n,n) 一共走过的路径数. 此外, 还要满足如下两个条件: (1) 所有路径都是向右或向上移动一个单位; (2) 任何时刻都不能位于主对角线上侧 (因此, 如果经过点 (i,j), 那么就有 $i\geqslant j$). 找到卡特兰数列的递推关系式, 并求出 C_n 的明确公式.

习题 19.8.11　求出卡特兰数列 (其定义参见上一题) 的生成函数 $G_C(s)$. 当 s 取何值时, $G_C(s)$ 收敛? $\sum_{n=0}^{\infty}C_0/4^n$ 等于多少?

习题 19.8.12　解释生成函数与泰勒级数之间的关系.

习题 19.8.13　证明: 独立随机变量的线性方差与矩母函数和卷积理论是一致的.

习题 19.8.14　已知 $f_1(x)$ 和 $f_2(x)$ 是两个概率密度函数. 当 $x\geqslant 0$ 时, $f_1(x)=\frac{1}{\sqrt{2\pi x^2}}\mathrm{e}^{-(\log^2 x)/2}$, $f_2(x)=f_1(x)[1+\sin(2\pi\log x)]$. 证明: 这两个概率密度函数有相同的矩母函数, 但它们不是等价的. 由这个结果可以推出哪些结论?

习题 19.8.15　找出具有相同的矩母函数但并不等价的两个函数的另一个例子.

习题 19.8.16　利用代数方法证明: 卷积在离散情况下是可交换的.

习题 19.8.17　　证明: 卷积通常满足结合律. 具体地说, 对于 n 个概率密度函数的卷积, 我们如何分组无关紧要. 例如, $(f_1 * f_2) * (f_3 * f_4)$ 等于 $(f_1 * (f_2 * f_3)) * f_4$.

习题 19.8.18　　如果两个随机变量服从参数相同的指数分布, 那么求出它们之和的概率密度函数. 你能不能只通过修改书中关于参数不同时的论述来得出答案? 如果不能, 请考虑下列情形: $\lambda_2 = \lambda$ 且 $\lambda_1 \to \lambda$. 如果研究过递推关系, 那么这种考察其中一个参数极限的方法就类似于求解重根的递推关系式.

习题 19.8.19　　计算例 19.6.6 中两个概率密度函数的矩, 并观察它们是否相等.

习题 19.8.20　　证明: 在式 (19.3) 中, 函数 $g(x)$ 在 0 处的任意阶导数均为 0. (提示: 利用洛必达法则.)

习题 19.8.21　　回顾一下通过展开矩母函数来计算矩的方法. (a) 求出参数为 λ 的泊松分布的 3 阶矩. (b) 求出参数为 n 和 p 的二项分布的三阶矩.

习题 19.8.22　　求出矩母函数为

$$M_X(x) = 1 + \frac{x^2}{2!} + \frac{x^4}{4!} + \frac{x^6}{6!} + \cdots = \cosh x$$

的 (唯一) 离散型随机变量 X.

第20章 中心极限定理的证明

给我一根足够长的杠杆和一个支点, 我可以撬起地球.

——阿基米德

中心极限定理 (CLT) 是概率论中的真正瑰宝之一. 它的假设很弱, 并且在实践中通常可以得到满足. 令人惊讶的是其结果的普遍性. 简而言之, 对于一些相互独立的 "好" 随机变量, 伴随着变量个数的不断增加, 它们的和将收敛于高斯分布, 而高斯分布的均值和方差显然由这些独立变量的均值和方差确定.

在快速陈述了中心极限定理之后, 我们将通过回顾前面的一些概念来仔细而缓慢地展开讨论. 中心极限定理包括两部分: 被考察的量, 以及这个量会趋向于什么. 人们经常忽视这个被考察的量, 而是把重点放在极限性质上. 我们希望你能明白这为什么前者是个自然而重要的研究对象. 因此, 我们会快速回顾均值和方差, 并讨论标准化随机变量的正确方法.

中心极限定理的证明方法有很多种. 证明之间有差异通常是因为假定的基本随机变量的数量不同. 本章将集中讨论独立同分布的随机变量之和, 而且这些随机变量的矩母函数在原点的某邻域内收敛. 乍一看, 这似乎是限制性条件, 但我们遇到的大多数随机变量都能满足这个限制. 因此即使有这个假设, 我们仍然可以得到一个非常有用的定理. 在第 21 章以及在线补充章节 "复分析与中心极限定理" 中, 我们将给出较弱条件下的证明, 但这会用到傅里叶分析与复分析中的一些结果. 如果你继续学习概率论 (或大部分数学分支), 将会看到这两个领域中的大量内容, 这就是我们要花时间介绍这些主题的原因.

20.1 证明的关键思路

在花费大量篇幅阐述中心极限定理的证明细节之前, 我们要花些时间来高度概述我们将要做什么、为什么这种证明方法可行、为什么这个证明行不通, 以及需要做什么样的假设才能顺利地得到结果. 因此, 本节的目的不是将所有细节都考虑进来, 而是简单地介绍一下方法, 并推动接下来的代数运算.

我们假定读者比较熟悉中心极限定理的内容. 对我们来说, 这意味着如果存在一些独立同分布的 "好" 随机变量 X_i, 并且它们的均值是 μ 且标准差是 σ, 那么标准化随机变量 $Z_n = (X_1 + \cdots + X_n - n\mu)/\sigma\sqrt{n}$(均值为 0 且方差为 1) 在某种意义上会收敛于服从标准正态分布的随机变量 Z. 确切地说, 这个和如何收敛取决于我们对随机变量的假设. 事实上, 这就是要为 "好" 上加引号的原因: 为了确保论述的严谨或者为了实现某种程度的收敛, 我们需要假设随机变量满足某些特定性质. 不难理解, 我们假设得越多, 得到的结果就会越强. 这里的思路类似于第 17 章马尔可夫不等式与切比雪夫不等式之间的差异.

我们要利用第 19 章的矩母函数. 因此, 对于给定的 X, 有

$$M_X(t) = \mathbb{E}[e^{tX}] = \int_{-\infty}^{\infty} e^{tx} f_X(x)\mathrm{d}x = \sum_{n=0}^{\infty} \frac{\mu_n' t^n}{n!}.$$

$M_X(t)$ 在 $t = 0$ 处的值最容易计算, 因为 f_X 是一个概率密度函数, 所以我们始终有 $M_X(0) = 1$. 我们的论证要求 $M_X(t)$ 在以 $t = 0$ 为中心的小邻域内存在. 不幸的是, 有时候不存在这样的邻域! 例如, 考虑一个服从柯西分布的随机变量, 当 $t > 0$ 时上述积分是发散的, 所以我们找不到收敛区间. 幸运的是, 对于大多数标准概率分布来说, 这并不是个很强的条件, 并且存在某个 $\delta > 0$, 使得当 $|t| < \delta$ 时 $M_X(t)$ 收敛.

证明思路如下: 为了证明 Z_n 收敛于服从标准正态分布的随机变量 Z, 我们只需要证明当 $|t| < \delta$ 时, $M_{Z_n}(t) \to M_Z(t)$. 虽然矩母函数的收敛性貌似蕴含着相应概率密度函数的收敛性, 但这是证明中最难的一步. 为了正确地说明这一点, 我们需要利用复分析中的几个主要定理. 我们不去证明这些定理, 而是在稍后陈述, 并给出关于为什么这是一个自然定理的论述.

简单地说, 我们想证明

$$\lim_{n\to\infty} \int_{-\infty}^{\infty} e^{tx} f_{Z_n}(x)\mathrm{d}x = \int_{-\infty}^{\infty} e^{tx} f_Z(x)\mathrm{d}x \quad \text{蕴含着} \quad \lim_{n\to\infty} f_{Z_n} = f_Z.$$

如果忽略了这里的极限 (注意这里的 "如果", 因为积分的极限并不总是等于极限的积分——参阅习题 20.11.4), 那么我们要证明的就变成了

$$\int_{-\infty}^{\infty} e^{tx} f(x)\mathrm{d}x = \int_{-\infty}^{\infty} e^{tx} g(x)\mathrm{d}x \quad \text{蕴含着} \quad \lim_{n\to\infty} f = g.$$

为什么会这样呢? 思想是, 对于一大类测试函数, f 和 g 都有相同积分的唯一方法就是两者相等. 我们有无穷多个相等的积分, 测试函数是 e^{tx}, 其中 $-\delta < t < \delta$.

我们没有深入复分析研究为什么这些积分相等就意味着函数相等, 现在只考虑一个更简单的例子, 并希望这个类比具有说服力并且是可信的. 假设对于所有的 h, 有

$$\int_{-\infty}^{\infty} h(x) f(x)\mathrm{d}x = \int_{-\infty}^{\infty} h(x) g(x)\mathrm{d}x \tag{20.1}$$

这是否意味着 $f = g$? 不一定, 如果 $f = g$ 在除了某一点之外的任何地方均成立, 比如 $f(0) = g(0) + 1$, 那么积分不会受到任何影响. 因此, 不妨设 f 和 g 是连续的 (可

以把这个假设看作对中心极限定理中 "好" 概率密度函数的类比). 这样就够了吗?

令人惊讶的是, 答案是肯定的, 我们只需要让式 (20.1) 中的 h 是分段连续的即可. 假设积分是相等的, 但 f 和 g 在某个点处的值不同. 不失一般性, 可以假设这个点是 $x = 0$, 也可以调整函数使得 $f(0) = 1$ 且 $g(0) = -1$. 因为 f 和 g 是连续的, 所以在 0 附近存在一个小区间使得 $f(x) > 1/2$ 且 $g(x) < -1/2$, 不妨把这个区间设为 $[-\eta, \eta]$. 现在令

$$h_\eta(x) = \begin{cases} 1/\eta & \text{若 } x \in [-\eta, \eta] \\ 0 & \text{其他.} \end{cases}$$

注意到

$$\int_{-\infty}^{\infty} h_\eta(x) f(x) \mathrm{d}x \geqslant \int_{-\eta}^{\eta} \frac{1}{\eta} \cdot \frac{1}{2} \mathrm{d}x = 1,$$

类似的计算表明 h_η 和 g 的积分值小于或等于 -1. 因此, 式 (20.1) 不能对所有 h 均成立, 这是个矛盾! 所以, 我们必须令 $f = g$!

我们已经结束了有关预备知识的题外话. 事实证明, 这是高等数学中的一种强大技巧: 证明两个函数相等的一种方法是证明它们关于一大类测试函数有相同的积分. 当然, 困难在于 (1) 证明存在大量测试函数可以产生相等的积分, (2) 证明积分相等会迫使函数相等. 这些计算肯定有些问题. 如果不知道被积函数是什么, 我们该如何证明积分相等呢! 记住 CLT 的一个要点是, 概率密度函数的精确卷积公式使用起来很痛苦. 解决办法是利用极限. 我们不去证明积分相等, 而是证明某些极限是相等的. 当然, 虽然这让问题变得更容易, 但又会带来另一个麻烦, 因为现在必须要弄清楚极限与积分是如何相互作用的 (正如本章末尾的习题所说, 比如习题 20.11.4, 它们的相互作用可能会很糟糕!)

20.2 中心极限定理的陈述

我们在概率中见过许多分布, 其中最重要的就是正态分布. 衡量某个量或概念对某个主题重要程度的一种方法是, 看一看我们使用了多少个不同的名称来指代它. 对这个分布而言, 其名称包括正态分布、高斯分布和钟形曲线.

定义 20.2.1 (正态分布) 如果随机变量 X 的概率密度函数是

$$f(x) = \frac{1}{\sqrt{2\pi\sigma^2}} \exp\left(-\frac{(x - \mu)^2}{2\sigma^2}\right),$$

那么 X 就服从均值为 μ 且方差为 σ^2 的正态分布 (或高斯分布). 我们常把它记作 $X \sim N(\mu, \sigma^2)$. 如果 $\mu = 0$ 且 $\sigma^2 = 1$, 那么说 X 服从标准正态分布.

中心极限定理有很多版本. 它们之间的区别既包括假设条件又包括最终的收敛类型. 毫不奇怪, 我们假设的性质越好, 收敛性就越强, 证明也就越简单. 接下来给出的这个定理虽然不是最一般化的, 但很容易陈述, 并且我们遇到的大多数常见分布都能满足它的假设.

定理 20.2.2(中心极限定理 (CLT))　设 $X_1, \cdots, X_N$ 是独立同分布的随机变量, 存在某个 $\delta > 0$, 使得当 $|t| < \delta$ 时它们的矩母函数收敛 (这意味着所有矩均存在且有限). 用 μ 表示其均值, σ^2 表示方差. 令

$$\overline{X}_N = \frac{X_1 + \cdots + X_N}{N}$$

且

$$Z_N = \frac{\overline{X}_N - \mu}{\sigma/\sqrt{N}}.$$

那么, 当 $N \to \infty$ 时, Z_n 的分布会收敛于标准正态分布 (相关陈述参见定义 20.2.1).

解释上述内容的一种方法如下: 不妨设 $X_1, \cdots, X_N$ 是描述某个过程或某种现象的 N 个相互独立的测量值. 那么 $\overline{X}_N$ 就是这些值的平均数. 因为 X_i 取自均值为 μ 的某个常见分布, 并且期望具有线性性质, 所以

$$\mathbb{E}[\overline{X}_N] = \mathbb{E}\left[\frac{X_1 + \cdots + X_N}{N}\right] = \frac{1}{N}\sum_{n=1}^{N}\mathbb{E}[X_n] = \frac{1}{N}\cdot N\mu = \mu.$$

由 X_i 的独立性可知, $\overline{X}_N$ 的方差是

$$\mathrm{Var}(\overline{X}_N) = \mathrm{Var}\left(\frac{X_1 + \cdots + X_N}{N}\right) = \frac{1}{N^2}\sum_{n=1}^{N}\mathrm{Var}(X_n) = \frac{1}{N^2}\cdot N\sigma^2 = \frac{\sigma^2}{N},$$

因此 $\overline{X}_N$ 的标准差是 $\sigma/\sqrt{N}$. 注意, 当 $N \to \infty$ 时, $\overline{X}_N$ 的标准差趋向于 0. 这就引出了下列解释: 随着测量次数的不断增加, 平均值的分布会越来越接近于真实的均值. 把 X_n 的平均值记作 $\overline{X}_N$ 是为了强调我们有 N 个随机变量的和.

弄清楚什么是正态分布非常重要. 它描述的不是单独的 X_i, 这些 X_i 可以服从任意一个 "好" 的分布. 服从正态分布的是 X_i 的平均值. 令人惊讶的是, 平均值的分布似乎与 X_i 的分布形状无关. 这应该是错觉, 平均值怎么可能与选取随机变量的分布无关呢? 事实上, 平均值确实与最初的分布有关, 然而这种关系非常微弱. 我们的意思是, 基本分布的形状决定了正态分布的收敛速度 (**贝里–埃森定理**).

20.3 均值、方差与标准差

虽然之前已经讨论过均值、方差和标准差, 但是有必要花些时间再仔细地看一下这些概念, 因为它们在本章其余部分中发挥着关键的作用. 正如我们之前所说的, 在数学课上, 你很容易面临这样的状态: 你可以逐行看懂证明和论述, 却不明白作者为什么会这样做. 你对基本概念越熟悉, 就越有可能理解证明中的论述次序.

回忆一下, 对于概率密度函数为 f 的随机变量 X, 其**均值**μ 和**方差**σ^2 的定义如下: 如果 X 是一个连续型随机变量, 那么

$$\mu = \mathbb{E}[X] = \int_{-\infty}^{\infty} x f(x) \mathrm{d}x$$

$$\sigma^2 = \mathbb{E}[(X-\mu)^2] = \int_{-\infty}^{\infty} (x-\mu)^2 f(x) \mathrm{d}x$$

如果 X 是离散的, 那么

$$\mu = \mathbb{E}[X] = \sum_{n=1}^{\infty} x_n f(x_n)$$

$$\sigma^2 = \mathbb{E}[(X-\mu)^2] = \sum_{n=1}^{\infty} (x_n-\mu)^2 f(x_n)$$

标准差是方差的平方根.

我们通常把 X 的方差写成 $\mathrm{Var}(X)$. 均值用来度量 X 的平均值, 方差则用来描述变量是如何分布的 (方差越大, 概率密度函数就越分散).

考虑以下两个数据集:

$S_1 = \{0,0,0,0,0,0,0,0,0,0,100,100,100,100,100,100,100,100,100,100\}$

$S_2 = \{50,50,50,50,50,50,50,50,50,50,50,50,50,50,50,50,50,50,50,50\}$.

这两个数据集的均值都是 50, 但第一个集合的数据显然比第二个更加分散. 如果试着计算这两个集合的方差, 我们就会遇到一个问题: 概率 $f(x_n)$ 是多少? 除非有其他不同的信息, 否则人们通常假定所有点的概率相等. 现在有两种方法来计算概率. 我们来看一看 S_1. 第一种方法是把每个观察结果都视作不同的测量值. 在这种情况下, $x_1 = x_2 = \cdots = x_{10} = 0$, $x_{11} = x_{12} = \cdots = x_{20} = 100$, 并且每个值的概率均为 $1/20$. 第二种方法是, 认为 $x_1 = 0$ 的概率是 $1/2$, $x_2 = 100$ 的概率是 $1/2$. 但是要注意, 虽然这两种解释考察的数据点的个数不同, 但被计算的量是一样的. 例如, 我们用这两种方法来计算方差. 利用第一种方法, 可以看到方差是

$$\sum_{n=1}^{10}(0-50)^2\cdot\frac{1}{20}+\sum_{n=11}^{20}(100-50)^2\cdot\frac{1}{20}\;=\;10\cdot50^2\cdot\frac{1}{20}+10\cdot50^2\cdot\frac{1}{20}\;=\;50^2,$$

第二种方法的结果则是

$$(0-50)^2\cdot\frac{1}{2}+(100-50)^2\cdot\frac{1}{2}\;=\;50^2.$$

对于第二个集合 S_2, 方差会更容易计算. 所有值都相同, 因此方差显然为 0.

作为一个很好的测试, 证明不管 x_i 等于多少, 这两种方法总是给出相同的均值和方差.

不难看出, 第二个数据集的方差要比第一个小得多. 然而, 用方差来量化数据的分布情况会让人有些不安. 当这些数具有物理意义时, 困难就来了. 例如, 假设这两个数据集记录了等待银行出纳员的时间 (以秒为单位). 那么, 我们的等待时间要么是 0 秒, 要么是 50 秒, 要么是 100 秒. 在这两家银行中, 顾客的平均等待时间是一样的. 然而, 在第二家银行中, 所有客户的等待时间都一样; 但在第一家银行中, 有些客户可能会因为没有等待而感到非常高兴, 而其他客户则几乎肯定会因为等待很长时间而感到烦躁. 这一点可以通过方差看出来: 第二个集合的方差是 0, 但第一个集合的方差是 $50^2=2500$. 不过, 这样说并不完全正确. 在这种情况下, 我们要考虑到方差的**单位**. 因为时间是以秒为单位计算的, 所以方差的单位是平方秒. 坦白地说, 我不知道什么是平方秒. 我可以想象平方米 (面积), 但平方秒是什么? 然而, 它正是这里出现的单位. 为了弄清楚这一点, 我们注意到 x_i 和 μ 都是以秒为单位来测量的, 而概率是无单位的, 所以方差是形如 (0秒 − 50秒)^2、(50秒 − 50秒)^2 以及 (100秒 − 50秒)^2 这样的表达式之和. 因此, 方差用平方秒来测量.

如果想知道自己需要等待多长时间, 我希望得到的回答是 "10 分钟左右, 快或慢 1 分钟或者 2 分钟", 而不是 "10 分钟左右, 方差是 1 或 4 平方分钟". 幸运的是, 这个问题有个简单的解决方案. 通常情况下不需要报告方差, 给出标准差会更加合适, 而标准差就是方差的平方根.

回到之前的例子. 对于第一个数据集, 平均等待时间是 50 秒且标准差是 50 秒, 而在第二个数据集中, 它是平均等待时间也是 50 秒, 但标准差是 0 秒.

上述内容的要点是, 标准差与均值有相同的单位, 但方差和均值的单位则不同. 我们总是把苹果与苹果做比较 (也就是说, 比较同一维度下的对象). 事实上, 这就是为什么方差的符号是 σ^2, 它强调了我们经常关心的量是 σ, 即方差的平方根. 类似于把 X 的方差写成 $\mathrm{Var}(X)$, 我们偶尔会把标准差写成 $\mathrm{StDev}(X)$.

20.4 标 准 化

在上一节中, 我们看到随机变量的方差不是衡量波动水平的正确尺度, 因为方差的单位是错误的. 特别是, 如果 X 是以秒为单位测量的, 那么方差的单位就是神秘的物理单位 "平方秒". 标准差与 X 具有相同的单位, 所以我们用标准差来描述数据集的分布情况.

找到讨论问题的正确尺度或单位是非常重要的. 下面给出一个例子, 假设有一门微积分课, 其中的学生完全相同, 但教授不同 (当然, 这不是完全现实的情况, 因为不存在完全相同的两个班级, 但如果班级足够大, 那么这种说法几乎是可行的). 我们假设其中一位教授给出的考试题非常简单, 而另一位则给出了非常有挑战性的题目. 如果参加第一门考试的 Hari 得到的平均分是 92 分, 参加第二门考试的 Daneel 得到了 84 分, 那么哪个学生更优秀呢? 如果没有更多信息, 我们很难给出判断——该如何比较 "较简单" 考试的 92 分与 "较难" 考试的 84 分呢?

假设我们对这两门课有更多的了解. 不妨设第一门课 (考试较简单的那门课) 的平均成绩是 97, 而标准差是 1; 第二门课的平均成绩是 64, 且标准差是 10. 一旦得到了这些信息, 那么 Daneel 很明显是更优秀的学生.(记住, 在这个例子中, 我们假设两个班级中学生的能力是一样的. 唯一的区别是其中一门考试比另一门更简单.) 实际上, Hari 的成绩低于平均水平 (低了 5 个标准差, 这是个相当大的数), 而 Daneel 则明显高于平均水平 (高出 2 个标准差).

要提防把苹果和橘子做比较, 而这正是现在发生的事情——我们有两个不同的尺度, 一个尺度上的 84 并不等于另一个尺度上的 84 . 为了避免出现这样的问题 (即要在苹果之间做比较), 我们经常将数据标准化, 从而使其均值为 0 且方差为 1. 这样就把不同的数据集放在了同一个尺度上. 具体做法如下.

定义 20.4.1(随机变量的标准化) 设 X 是一个均值为 μ 且标准差为 σ 的随机变量, 并且 μ 和 σ 都是有限的. X 的标准化变量 Z 被定义为

$$Z := \frac{X - \mathbb{E}[X]}{\text{StDev}(X)} = \frac{X - \mu}{\sigma}.$$

注意

$$\mathbb{E}[Z] = 0 \quad \text{且} \quad \text{StDev}(Z) = 1.$$

这里讨论的标准化过程是非常自然的, 它把任意一个 "好" 随机变量重新调整为均值为 0 且方差为 1 的新变量. 我们需要的唯一假设是, 这个变量存在有限的均值和标准差. 这是个温和的假设, 但并不是所有的分布都能满足这一点. 例如, 考虑柯西分布

$$f(x) = \frac{1}{\pi} \frac{1}{1 + x^2}.$$

这个分布是否存在均值是有争议的, 它显然没有有限的方差. 这个分布的均值为什

么会有问题? 因为这里有个反常积分, 它的被积函数有时为正. 有时为负. 这意味着积分限趋向于无穷大的方式会对积分值产生影响. 例如

$$\lim_{A\to\infty}\int_{-A}^{A}\frac{x\mathrm{d}x}{\pi(1+x^2)} \;=\; \lim_{A\to\infty} 0 \;=\; 0,$$

但是

$$\lim_{A\to\infty}\int_{-A}^{2A}\frac{x\mathrm{d}x}{\pi(1+x^2)} \;=\; \lim_{A\to\infty}\frac{1}{\pi}\int_{A}^{2A}\frac{x\mathrm{d}x}{1+x^2}.$$

对于相当大的 A, 最后一个积分其实就是 $\int_{A}^{2A}\mathrm{d}x/x = \log(2A) - \log(A) = \log(2)$. 因此, 趋向于无穷大的方式很重要!

　　为了保持完整性, 我们看看如何对一个随机变量做出调整, 从而使其均值为 0 且方差为 1. 我们先考察一般情形并给出具体细节, 然后把它应用到一个常见的分布上. 接下来真正要做的是找到与定义 20.4.1 中过程相关的概率密度函数. 不妨设 X 是一个均值为 μ 且方差为 σ^2 的连续型随机变量, 其概率密度函数为 f_X. 于是

$$\int_{-\infty}^{\infty} f_X(x)\mathrm{d}x \;=\; 1, \quad \int_{-\infty}^{\infty} x f_X(x) \;=\; \mu, \quad \int_{-\infty}^{\infty} (x-\mu)^2 f_X(x)\mathrm{d}x \;=\; \sigma^2.$$

我们首先寻找一个均值为 0 且方差为 σ^2 的随机变量 Y. 显然, $Y = X - \mu$, 但 Y 的概率密度函数是什么? 可以利用累积分布函数法来得出答案 (要回顾该方法, 请参阅 10.5 节), 因为概率密度函数就是累积分布函数的导数. 把 X 和 Y 的累积分布函数分别记作 F_X 和 F_Y, 于是

$$
\begin{aligned}
F_Y(y) &= \mathrm{Prob}(Y \leqslant y)\\
&= \mathrm{Prob}(X - \mu \leqslant y)\\
&= \mathrm{Prob}(X \leqslant y + \mu)\\
&= \int_{-\infty}^{y+\mu} f_X(x)\mathrm{d}x \;=\; F_X(y+\mu) - F_X(-\infty) \;=\; F_X(y+\mu).
\end{aligned}
$$

求微分可得

$$f_Y(y) \;=\; F_X'(y+\mu)\frac{\mathrm{d}}{\mathrm{d}y}(y+\mu) \;=\; f_X(y+\mu)\cdot 1.$$

因此, Y 的概率密度函数为 $f_Y(y) = f_X(y+\mu)$.

　　现在来验证. 我们应该有 $\int_{-\infty}^{\infty} y f_Y(y)\mathrm{d}y = 0$, 那么

$$
\begin{aligned}
\int_{-\infty}^{\infty} y f_Y(y)\mathrm{d}y &= \int_{-\infty}^{\infty} y f_X(y+\mu)\mathrm{d}y\\
&= \int_{-\infty}^{\infty} (x-\mu) f_X(x)\mathrm{d}x,
\end{aligned}
$$

这里做了变量替换, 令 $x = y + \mu$, 那么 $y = x - \mu$ 并且 $\mathrm{d}y = \mathrm{d}x$(注意, 积分上下限没有改变). 回顾一下, f_X 是 X 的概率密度函数, 并且 X 的均值为 μ, 于是

$$
\begin{aligned}
\int_{-\infty}^{\infty} y f_Y(y)\mathrm{d}y &= \int_{-\infty}^{\infty} x f_X(x)\mathrm{d}x - \int_{-\infty}^{\infty} \mu f_X(x)\mathrm{d}x \\
&= \mu - \mu \int_{-\infty}^{\infty} f_X(x)\mathrm{d}x \\
&= \mu - \mu \cdot 1 \; = \; 0,
\end{aligned}
$$

因为 f_X 是一个概率密度函数, 所以最后一个积分值为 1.

怎样让方差等于 1 呢? 我们不希望改变均值, 因为这是正确的. 所以, 现在只对尺度做重新调整. 对于任意一个随机变量, 均有 $\mathrm{Var}(aU) = a^2 \mathrm{Var}(U)$, 因此只需要令 $Z = Y/\sqrt{\mathrm{Var}(Y)} = Y/\mathrm{StDev}(Y)$(当然, 要注意到 $\mathrm{StDev}(Y) = \mathrm{StDev}(X)$). 接下来, 像之前那样对累积分布函数展开论述, 跳过其中几个步骤 (建议你这样做), 我们得到

$$
\begin{aligned}
F_Z(z) &= \mathrm{Prob}(Z \leqslant z) \\
&= \mathrm{Prob}(Y \leqslant z\mathrm{StDev}(Y)) \\
&= F_Y(z\mathrm{StDev}(Y)) \; = \; F_X(z\mathrm{StDev}(X) + \mu)
\end{aligned}
$$

(因为 $\mathrm{StDev}(Y) = \mathrm{StDev}(X)$). 利用微分与链式法则可得

$$
f_Z(z) \; = \; f_X(z\mathrm{StDev}(X) + \mu) \cdot \mathrm{StDev}(X).
$$

给出一个具体的例子应该会对我们有所帮助. 设 X 服从 $[1,3]$ 上的均匀分布. 注意, 区间 $[1,3]$ 上的概率密度函数是 $1/2$, 否则概率密度函数就是 0. X 的均值为 2 且方差为 $\int_1^2 (x-2)^2 \cdot \frac{1}{2}\mathrm{d}x = 1/3$(所以标准差是 $1/\sqrt{3}$). 于是, 标准化随机变量 $Z = (X - \mu)/\mathrm{StDev}(X)$ 的概率密度函数应该是

$$
f_Z(z) \; = \; f_X(z\mathrm{StDev}(X) + \mu) \cdot \mathrm{StDev}(X) \; = \; f_X\left(\frac{z}{\sqrt{3}} + 2\right) \cdot \frac{1}{\sqrt{3}},
$$

也可以写成更清晰的形式

$$
f_Z(z) = \begin{cases} \dfrac{1}{2\sqrt{3}} & \text{若 } -\sqrt{3} \leqslant z \leqslant \sqrt{3} \\ 0 & \text{其他}. \end{cases}
$$

通过快速计算可得, 这个函数的积分值为 1, 而且 Z 的均值为 0 且方差为 1.

必须反复强调标准化一个随机变量的重要性和有用性. 接下来, 我们还会再次讨论这个问题. 对于任意一个给定的随机变量 X, 把 X 变换成 $(X - \mathbb{E}[X])/\mathrm{StDev}(X)$ 都是极其自然且非常有用的做法.

我们为理解标准化过程所付出的努力还有另外一个好处: 这个过程说明了为什么像中心极限定理这样的结论能够成立! 在阐述了中心极限定理之后, 我们会更详细地讨论这个问题. 但是, 我们现在开始明白为什么标准化下的随机变量之和可能会有通用性质. 原因在于, 只要均值和方差是有限的, 我们就可以通过单位变换让随机变量的均值为 0 且方差为 1. 从分布的矩中可以看出分布的形状, 这个观点表明了所有 "好" 的随机变量都可以被标准化, 这样就使得变量具有相似的性质. 直到三阶矩 (或者四阶矩, 此时三阶矩为 0) 我们才开始看到分布的真正 "形状". 中心极限定理称, 当同一个随机变量的独立副本越来越多时, 这些更高阶的矩 (三阶以及更高阶的矩) 对变量和的分布的影响会越来越小——它们的主要作用变成了控制变量和收敛到正态分布的速度.

20.5　矩母函数的相关结果

在证明中心极限定理之前, 我们先分析一些特殊情形, 它们的证明会更加简单. 因为我们的假设与矩母函数有关 (在 19.6 节中讨论过), 所以不难理解需要了解标准正态分布的矩母函数.

定理 20.5.1 (正态分布的矩母函数)　设随机变量 X 服从均值为 μ 且方差为 σ^2 的正态分布. 它的矩母函数是

$$M_X(t) \;=\; e^{\mu t + \frac{\sigma^2 t^2}{2}}.$$

特别地, 如果 Z 服从标准正态分布, 那么它的矩母函数就是

$$M_Z(t) \;=\; e^{t^2/2}.$$

证明框架:　虽然可以尝试直接利用 $M_X(t) = \mathbb{E}[e^{tX}]$ 来求出 $M_X(t)$, 但我们显然更愿意计算 $M_Z(t) = \mathbb{E}[e^{tZ}]$. 原因是 Z 的均值是 0 且方差是 1, 这些数更加简洁. 我们可以建立关于 $M_X(t)$ 的方程, 然后做一些变量替换, 也可以利用定理 19.6.3 的第二条性质从 $M_Z(t)$ 中推导出 $M_X(t)$. 具体地说, 我们有

$$Z \;=\; \frac{X - \mu}{\sigma},$$

也就是

$$X \;=\; \sigma Z + \mu.$$

然后使用 $M_{\alpha Z + \beta}(t) = e^{\beta t} M_Z(\alpha t)$.

因此, 问题简化成了计算 $M_Z(t)$, 或者

$$M_Z(t) \;=\; \mathbb{E}[e^{tZ}] \;=\; \int_{-\infty}^{\infty} e^{tz} \cdot \frac{e^{-z^2/2} \mathrm{d}z}{\sqrt{2\pi}}.$$

这个积分可以通过**配方**来计算. 指数部分的变量是

$$tz - \frac{z^2}{2} = -\frac{z^2 - 2tz}{2} = -\frac{z^2 - 2tz + t^2 - t^2}{2} = -\frac{(z-t)^2}{2} + \frac{t^2}{2}.$$

注意, 我们通过**添加 0** 简化了代数运算. 这是一种强大的技巧 (更多例子, 请参见 A.12 节). 注意, 第二项与积分变量 z 无关. 于是有

$$\begin{aligned}
M_Z(t) &= \int_{-\infty}^{\infty} \frac{1}{\sqrt{2\pi}} \exp\left(-\frac{(z-t)^2}{2} + \frac{t^2}{2}\right) \mathrm{d}z \\
&= e^{t^2/2} \int_{-\infty}^{\infty} \frac{e^{-(z-t)^2/2} \mathrm{d}z}{\sqrt{2\pi}} \\
&= e^{t^2/2} \int_{-\infty}^{\infty} \frac{e^{-u^2/2} \mathrm{d}u}{\sqrt{2\pi}} = e^{t^2/2},
\end{aligned}$$

其中, 最后一个积分值等于 1, 因为它是标准正态分布的概率密度函数在 $-\infty$ 到 ∞ 上的积分. □

中心极限定理的主要证明思路非常容易描述. 我们知道标准正态分布的矩母函数. 对于独立随机变量的标准和, 可以计算其矩母函数. 不难证明, 在很多情况下, 当变量个数趋向于无穷大时, 最终的矩母函数会收敛于标准正态分布的矩母函数. 接下来只需要说明, 如果两个概率密度函数具有相同的矩母函数, 那么它们是相等的; 或者更一般地, 如果一个矩母函数列收敛于标准正态分布的矩母函数, 那么其概率密度函数也必须收敛于标准正态分布的概率密度函数. 不幸的是, 这个结果并不是始终成立的——参见例 19.6.6.

幸运的是, 现在还有希望挽救这种状况. 我们需要一些技术条件来确保不会发生这种情况. 换种自然的说法, 矩母函数的收敛性意味着相应概率密度函数的收敛性. 如果多给出一些有关分布的假设, 那么诸如例 19.6.6 的危险就会消失.

毫不意外的是, 解决这些技术性问题超出了概率论入门课的范围. 我们确实要利用复分析或傅里叶分析中的结果. 对于那些感兴趣的读者, 我们将在第 21 章中勾勒出主要思想. 如果你想了解更多, 请参阅在线补充章节 "复分析与中心极限定理". 现在, 我们只简单地陈述两个黑盒结果, 你可以放心地自由使用. 这些结果会涉及累积分布函数, 因此为了保持完整性, 我们首先回顾一下这个定义.

定义 20.5.2 设 F_X 和 G_Y 分别是随机变量 X 和 Y 的累积分布函数 (CDF), 其中 X 和 Y 的概率密度函数分别是 f 和 g. 那么

$$F_X(x) = \int_{-\infty}^{x} f(t)\mathrm{d}t$$

$$G_Y(y) = \int_{-\infty}^{y} g(v)\mathrm{d}v.$$

复分析 (尤其是拉普拉斯公式与傅里叶反演公式) 给出了以下两个非常重要且有用的定理, 用来确定什么时候可以用矩唯一地确定概率密度函数.

定理 20.5.3   设矩母函数 $M_X(t)$ 和 $M_Y(t)$ 在 0 附近的一个邻域内存在 (即存在一个 δ, 使得当 $|t| < \delta$ 时这两个函数都存在). 如果在这个邻域内有 $M_X(t) = M_Y(t)$, 那么对于所有的 u 均有 $F_X(u) = F_Y(u)$. 因为概率密度函数是累积分布函数的导数, 所以 $f = g$.

定理 20.5.4   设 $\{X_i\}_{i \in I}$ 是一个随机变量序列, 它们的矩母函数是 $M_{X_i}(t)$. 假设存在一个 $\delta > 0$, 使得当 $|t| < \delta$ 时有 $\lim_{i \to \infty} M_{X_i}(t) = M_X(t)$, 其中 $M_X(t)$ 是一个矩母函数. 另外, 当 $|t| < \delta$ 时, 所有矩母函数均收敛. 那么存在唯一的累积分布函数 F, 使得 F 的矩均由 $M_X(t)$ 给出, 而且对于 $F_X(x)$ 的任意一个连续点 x, 均有 $\lim_{n \to \infty} F_{X_i}(x) = F_X(x)$.

20.6   特殊情形: 服从泊松分布的随机变量之和

为了证明一般情形下的中心极限定理, 我们先来证明服从泊松分布的随机变量的标准和将收敛于标准正态分布. 这个过程包含了证明一般情形的关键思想, 而且涉及矩母函数. 由定理 20.5.1 可知, 标准正态分布的矩母函数是 $e^{t^2/2}$. 在例 19.6.4 中, 对于服从泊松分布且均值为 λ 的随机变量 X, 我们求出了它的矩母函数, 即

$$M_X(t) \;=\; 1 + \mu t + \frac{\mu_2' t^2}{2!} + \cdots \;=\; e^{\lambda(e^t - 1)}.$$

注意, X 的均值和方差都等于 λ. 为了看出这一点, 我们对矩母函数求微分, 并让 $t = 0$. 记住, 矩母函数的展开式中包含了非中心矩 (一阶矩、二阶矩, 等等). 虽然均值是一阶矩, 但方差不是二阶矩 (除非均值恰好为 0). 一般情况下, 方差是二阶矩减去均值的平方. 于是

$$\mu \;=\; \frac{\mathrm{d}M_X}{\mathrm{d}t}\Big|_{t=0} \;=\; \left(\lambda e^t \cdot e^{\lambda(e^t-1)}\right)\Big|_{t=0} \;=\; \lambda$$

$$\mu_2' \;=\; \frac{\mathrm{d}^2 M_X}{\mathrm{d}t^2}\Big|_{t=0}$$

$$\;=\; \left(\lambda e^t \cdot e^{\lambda(e^t-1)} + \lambda^2 e^{2t} \cdot e^{\lambda(e^t-1)}\right)\Big|_{t=0} \;=\; \lambda + \lambda^2.$$

因为

$$\sigma^2 \;=\; \mathbb{E}[(X - \mu)^2] \;=\; \mathbb{E}[X^2] - \mathbb{E}[X]^2,$$

所以

$$\sigma^2 \;=\; (\lambda + \lambda^2) - \lambda^2 \;=\; \lambda.$$

另外, 利用矩母函数的泰勒展开式, 也可以求出均值和方差. 我们有

$$e^{\lambda(e^t-1)} = 1 + \lambda(e^t-1) + \frac{(\lambda(e^t-1))^2}{2!} + \frac{(\lambda(e^t-1))^3}{3!} + \cdots.$$

虽然这个式子乍一看非常复杂, 但我们注意到 e^t-1 的泰勒展开式为 $t+t^2/2!+\cdots = t(1+t/2+\cdots)$, 也就是说 $(e^t-1)^k$ 可以被 t^k 整除. 这表明了

$$\begin{aligned}
e^{\lambda(e^t-1)} &= 1 + \lambda t\left(1 + \frac{t}{2} + \cdots\right) + \lambda^2 t^2 \frac{(1+t/2+\cdots)^2}{2!} \\
&\quad + \lambda^3 t^3 \frac{(1+t/2+\cdots)^3}{3!} + \cdots \\
&= 1 + \lambda t + \lambda \frac{t^2}{2} + \lambda^2 \frac{t^2}{2} + t^3 \text{ 及更高次项} \\
&= 1 + \lambda t + \frac{(\lambda+\lambda^2)t^2}{2} + \cdots.
\end{aligned}$$

因此, 根据已知的 e^x 的泰勒级数展开式, 我们可以通过代数运算求出前两阶矩, 而不必求微分. 我们让读者自己来决定更喜欢哪种方法 (或者不太讨厌哪种方法).

定理 20.6.1 设 $X_1, \cdots, X_N$ 是相互独立的随机变量, 它们均服从参数为 λ 的泊松分布. 令
$$\overline{X}_N = \frac{X_1 + \cdots + X_N}{N}.$$
当 $N \to \infty$ 时, $\overline{X}_N$ 会收敛于均值为 λ 且方差为 λ 的正态分布.

证明: 我们期望 $\overline{X}_N$ 近似于泊松分布的均值, 此时即为 λ. 这一点可以利用期望值的线性性质得出:

$$\mathbb{E}[\overline{X}_N] = \mathbb{E}\left[\frac{X_1 + \cdots + X_N}{N}\right] = \frac{1}{N}\sum_{n=1}^{N}\mathbb{E}[X_i] = \frac{1}{N}\cdot N\lambda = \lambda.$$

把均值记作 μ(而不是 λ), 这样可以使参数更一般化, 那么最终的计算结果也会更接近于一般情况.

用 σ^2 表示 X_n(服从参数为 λ 的泊松分布) 的方差. 我们知道 $\sigma = \sqrt{\lambda}$, 但接下来我们仍然将其写作 σ, 因为这样会使计算看起来更一般化. $\overline{X}_N$ 的方差可以类似地计算. 因为 X_n 是相互独立的, 所以

$$\mathrm{Var}(\overline{X}_N) = \mathrm{Var}\left(\frac{X_1 + \cdots + X_N}{N}\right) = \frac{1}{N^2}\sum_{n=1}^{N}\mathrm{Var}(X_n) = \frac{1}{N^2}\cdot N\sigma^2 = \frac{\sigma^2}{N}.$$

和往常一样, 我们自然想到考察下面这个量

$$Z_N = \frac{\overline{X}_N - \mathbb{E}[\overline{X}_N]}{\mathrm{StDev}(\overline{X}_N)} = \frac{\frac{X_1+\cdots+X_N}{N} - \mu}{\sigma/\sqrt{N}} = \frac{(X_1 + \cdots + X_N) - N\mu}{\sigma\sqrt{N}}.$$

接下来, 利用

$$M_{\frac{X+a}{b}}(t) = \mathrm{e}^{at/b} M_X(t/b)$$

以及 "独立随机变量之和的矩母函数等于矩母函数的乘积"(定理 19.6.3) 这一事实, 可以求出 Z_N 的矩母函数, 于是有

$$
\begin{aligned}
M_{Z_N}(t) &= M_{\frac{(X_1+\cdots+X_N)-N\mu}{\sigma\sqrt{N}}}(t) \\
&= M_{\sum_{n=1}^{N}\frac{X_n-\mu}{\sigma\sqrt{N}}}(t) \\
&= \prod_{n=1}^{N} M_{\frac{X_n-\mu}{\sigma\sqrt{N}}}(t) \\
&= \prod_{n=1}^{N} \mathrm{e}^{\frac{-\mu t}{\sigma\sqrt{N}}} \, M_X\left(\frac{t}{\sigma\sqrt{N}}\right) \\
&= \prod_{n=1}^{N} \mathrm{e}^{\frac{-\mu t}{\sigma\sqrt{N}}} \, \mathrm{e}^{\mu\left(\mathrm{e}^{\frac{t}{\sigma\sqrt{N}}}-1\right)}.
\end{aligned}
\tag{20.2}
$$

在最后一步中, 我们利用了已知矩母函数 $M_X(t)$ 的表达式这一优势. 现在把指数函数进行泰勒展开, 即

$$\mathrm{e}^u = \sum_{k=0}^{\infty} \frac{u^k}{k!} = 1 + u + \frac{u^2}{2!} + \frac{u^3}{3!} + \cdots.$$

这是世界上最重要的泰勒展开式之一. 因为中心极限定理涉及高斯分布, 而高斯分布又与指数函数有关, 所以这个泰勒级数的出现应该不足为奇.

因此, 式 (20.2) 中的指数部分就是

$$\mathrm{e}^{\frac{t}{\sigma\sqrt{N}}} = 1 + \frac{t}{\sigma\sqrt{N}} + \frac{t^2}{2\sigma^2 N} + \frac{t^3}{6\sigma^3 N\sqrt{N}} + \cdots.$$

需要注意的是, 当上式减去 1 时, 第一项就变成了 $\frac{t}{\sigma\sqrt{N}}$, 第二项是 $\frac{t^2}{2\sigma^2 N}$, 其余部分则由 $r = \frac{t}{\sigma\sqrt{N}}$ 的几何级数 (从立方项开始) 来确定. 因此, 其余所有项最多等价于某个常数乘以 $\frac{t^3}{N\sqrt{N}}$. 对于较大的 N, 这些项可以忽略不计, 我们把这样的误差记作 $O\left(\frac{t^3}{N\sqrt{N}}\right)$. 这就是所谓的**大 O 表示法**. 下面给出它的技术定义, 相关例子请参阅习题 20.11.36.

大 O 表示法: $f(x) = O(g(x))$(读作: $f(x)$ 是 $g(x)$ 的大 O) 意味着存在常数 C 和 x_0, 使得只要 $x > x_0$, 就有 $|f(x)| \leqslant Cg(x)$. 换句话说, 从某个点开始, $|f(x)|$ 由常数与 $g(x)$ 的乘积来控制.

因此, 回忆一下, 当随机变量服从泊松分布时, $\mu = \lambda$ 且 $\sigma^2 = \lambda$. 式 (20.2) 就变成了

$$M_{Z_N}(t) = \prod_{n=1}^{N} \mathrm{e}^{\frac{-\mu t}{\sigma\sqrt{N}}} \, \mathrm{e}^{\lambda \cdot \left(\frac{t}{\sigma\sqrt{N}} + \frac{t^2}{2\sigma^2 N} + O\left(\frac{t^3}{N\sqrt{N}} \right) \right)}$$

$$= \prod_{n=1}^{N} \mathrm{e}^{\frac{\mu t^2}{2\sigma^2 N} + O\left(\frac{t^3}{N\sqrt{N}} \right)}$$

$$= \mathrm{e}^{\frac{t^2}{2} + O\left(\frac{t^3}{\sqrt{N}} \right)}$$

能够得到最后一行是因为这是 N 个完全相同的项的乘积. 于是, 对于所有的 t, 当 $N \to \infty$ 时, Z_N 的矩母函数趋向于 $\mathrm{e}^{t^2/2}$, 而这恰好是标准正态分布的矩母函数. 为了完成证明, 我们需要利用定理 20.5.4. 这是从复分析中得到的黑盒结果之一, 它指出如果一个矩母函数列在 $|t| < \delta$ 时均存在, 并且该函数列收敛于某个概率密度函数的矩母函数, 那么相应的概率密度函数就会收敛于这个概率密度函数. 在这个例子中, Z_N 会收敛于标准正态分布.   □

只要把矩母函数的泰勒级数展开到足够多项, 就可以得到主要的项 (当 $N \to \infty$ 时, 这些项的极限值是有限的), 然后再估算误差项的大小 (当 $N \to \infty$ 时, 误差项趋向于 0). 如果把泰勒级数进一步展开, 并对误差项做更仔细的考察, 那么还能证明更多. 除了证明收敛于标准正态分布外, 我们还会得到收敛速度的相关结果. 虽然这是种特殊情形, 但我们可以看到一般情形下的某些特征. **注意, 分布的高阶矩看起来似乎并不重要, 我们只用到了 X 的一阶矩和二阶矩**. 然而高阶矩其实**很重要**, 它们的作用是控制收敛到标准正态分布的速度. 这体现在 $\mathrm{e}^{O(t^3/\sqrt{N})}$ 中.

20.7 利用 MGF 证明一般的 CLT

我们故意让定理 20.6.1(即相互独立且同分布于泊松分布的随机变量的标准和会收敛于标准正态分布) 的证明尽量地一般化且尽可能长, 以便将其用于证明中心极限定理的完整版本. 在证明一个较难的结论之前, 先试着证明一些特殊情形是个不错的主意. 这样可以让你对问题有个直观的了解. 通常情况下, 考察具体的例子比较容易, 之后你会发现在一般情况下什么是重要的或有用的.

定理 20.2.2 的证明 (中心极限定理) 看看定理 20.6.1 的证明, 在式 (20.2) 的最后一行之前, 我们的论述适用于任意一种分布. 在最后一行, 我们把 $M_X(t/\sigma\sqrt{N})$ 替换成了泊松分布的矩母函数表达式, 这是因为我们考察的是相互独立且服从泊松分布的随机变量. 但是, 现在不能把 $M_X(t/\sigma\sqrt{N})$ 替换成某个具体的展开式, 因为我们不知道 M_X 是什么. 于是有

$$M_{Z_N}(t) = \prod_{n=1}^{N} \mathrm{e}^{\frac{-\mu t}{\sigma\sqrt{N}}} M_X\left(\frac{t}{\sigma\sqrt{N}} \right) = \mathrm{e}^{\frac{-\mu t\sqrt{N}}{\sigma}} M_X\left(\frac{t}{\sigma\sqrt{N}} \right)^N \tag{20.3}$$

(因为随机变量是同分布的).

为了完成证明, 可以利用好几种方法来解决代数运算. 我们选择下列方法的原因是, 它强调了数学中最重要的技巧之一: 每当看到乘积时, 你都应该认真考虑把它替换成一个和. 这样做是因为我们有很多求和经验. 我们有计算特殊和的公式, 也可以利用泰勒级数把一个好函数展开成一个和. 对于乘积, 我们了解的并不多, 也不清楚该如何把一个函数展开成乘积形式.

如何将一个乘积转化为一个和? 我们知道, 乘积的对数是对数的和. 因此, 对式 (20.3) **取对数**. 当完成分析后, 再对该式取指数. 我们有

$$\log M_{Z_N}(t) = -\frac{\mu t \sqrt{N}}{\sigma} + N \log M_X \left(\frac{t}{\sigma \sqrt{N}} \right). \tag{20.4}$$

注意, 在上面的展开式中, 对于固定的 t, 第一项的大小取决于 $\sqrt{N}$. 如果它不能被另外某项抵消, 那么极限是不存在的. 幸运的是, 它被抵消了, 而我们只关心 $1/N$ 之前的项. 关注这么小的项是因为我们要乘以 N. 然而, $1/N^{3/2}$ 或更小的项不会在极限中发挥作用, 因为它们乘以 N 之后仍然很小.

我们有

$$M_X(t) = 1 + \mu t + \frac{\mu_2' t^2}{2!} + \cdots = 1 + t \left(\mu + \frac{\mu_2' t}{2} + \cdots \right).$$

现在利用 $\log(1 + u)$ 的泰勒级数展开式, 即

$$\log(1 + u) = u - \frac{u^2}{2} + \frac{u^3}{3!} - \cdots.$$

把上面的两个式子结合起来可得

$$\log M_X(t) = t \left(\mu + \frac{\mu_2' t}{2} + \cdots \right) - \frac{t^2 \left(\mu + \frac{\mu_2' t}{2} + \cdots \right)^2}{2} + \cdots$$

$$= \mu t + \frac{\mu_2' - \mu^2}{2} t^2 + t^3 \text{ 或更高次项}.$$

于是

$$\log M_X(t) = \mu t + \frac{\mu_2' - \mu^2}{2} t^2 + t^3 \text{ 或更高次项}.$$

但我们想求的是 M_X 在 $t/\sigma \sqrt{N}$ 处的值, 而不是在 t 处的值. 于是

$$\log M_X \left(\frac{t}{\sigma \sqrt{N}} \right) = \frac{\mu t}{\sigma \sqrt{N}} + \frac{\mu_2' - \mu^2}{2} \frac{t^2}{\sigma^2 N} + t^3/N^{3/2} \text{ 项或 } N \text{ 的次数更低的项}.$$

因此, 我们把 N 的次数更低的项记作 $O(N^{-3/2})$. 当乘以 N 之后, 它们就变成了新的误差项 $O(N^{-1/2})$.

所有这些的要点是简化式 (20.4), 即 $\log M_{Z_N}(t)$ 的展开式. 综上所述可得

$$
\begin{aligned}
\log M_{Z_N}(t) &= -\frac{\mu t\sqrt{N}}{\sigma} + N\left(\frac{\mu t}{\sigma\sqrt{N}} + \frac{\mu_2' - \mu^2}{2}\frac{t^2}{\sigma^2 N} + O(N^{-3/2})\right) \\
&= -\frac{\mu t\sqrt{N}}{\sigma} + \frac{\mu t\sqrt{N}}{\sigma} + \frac{\mu_2' - \mu^2}{2}\frac{t^2}{\sigma^2} + O(N^{-1/2}) \\
&= \frac{t^2}{2} + O(N^{-1/2}).
\end{aligned}
$$

最后一步为什么是正确的? 上式中有 $\mu_2' - \mu^2$, 它等于 $\mathbb{E}[X^2] - \mathbb{E}[X]^2$, 而这正是方差的另一种定义. 所以, $\mu_2' - \mu^2 = \sigma^2$.

因此, 如果 $\log M_{Z_N}(t)$ 形如 $t^2/2 + O(N^{-1/2})$, 那么

$$
M_{Z_N}(t) = e^{\frac{t^2}{2}} + O(N^{-1/2}).
$$

虽然我们采用了不同的方法, 但最终的结论与定理 20.6.1 的证明是一致的. 这里再次利用了定理 20.5.4, 它是从复分析中得到的黑盒结果之一. 它指出如果一个矩母函数列在 $|t| < \delta$ 时均存在, 并且该函数列收敛于某个概率密度函数的矩母函数, 那么相应的概率密度函数就会收敛于这个概率密度函数. 在这个例子中, Z_N 会收敛于标准正态分布. □

在上述证明中, 当抛弃 t^3 及更高次项时, 必须要小心. 此时, 我们利用矩母函数在 $|t| < \delta$ 时会收敛这一假设来说明矩不会过快地增长, 从而使得这些项在极限中不会发挥作用. 更严格的论述, 请参阅习题 20.11.7.

20.8 使用中心极限定理

大多数概率论教材 (至少是老教材) 都有标准正态分布表. 举个例子, 假设我们想计算服从标准正态分布的随机变量与 0 之间相差 1 个标准差的概率, 只需要翻到书的最后, 从表中找出结果即可. 但是, 你不太可能找到哪本书会给出均值为 $\sqrt{2}$ 且方差为 π 的正态分布的概率值.

为什么不存在这样的表格? 有两方面的原因. 当然, 首先是计算机非常强大且易于使用, 使得对上述表格的需求大大减少, 因为几行代码就能给出答案. 在今天看来, 这可能是一个令人满意的答案, 但是电脑出现之前为什么没有这样的表格呢? 上一个例子可能有些荒谬, 但如果是均值为 3 且方差为 4 的正态分布呢? 肯定有人研究过这个分布.

不需要这种表格的原因是, 如果知道了标准正态分布的概率, 我们就可以用其来计算任意正态分布所对应的概率. 为了更加具体, 假设 $W \sim N(3,4)$, 这意味着 W

的均值为 3、方差为 4(或标准差为 2). 不妨设我们想求出 $W \in [2, 10]$ 的概率. 利用

$$Z = \frac{W - \mathbb{E}[W]}{\text{StDev}(W)} = \frac{W - 3}{2} \tag{20.5}$$

对 W 标准化 (参见定义 20.4.1). 因此, 问 $W \in [2, 10]$ 的概率就等价于问 Z 属于某个特定区间的概率. 是哪个区间呢? $W \in [2, 10]$ 与 $Z \in [-1/2, 7/2]$ 是一样的. 如果有一个标准正态分布的概率表, 我们就能求出这个概率, 从而得到 $W \in [2, 10]$ 的概率.

这太棒了! 我们只有一个正态分布的概率表, 但通过简单的代数运算就可以推出其他任意一个正态分布的相应概率. 在计算机出现之前, 这是一种非常重要的方法. 这意味着人们只需要计算一个概率表就可以研究所有的正态分布.

这与对数表非常相似. 大多数教材只有以 e 为底的对数表 (有时以 10 为底, 或者以 2 为底). 通过类似的标准化过程, 如果有一个以某数为底的对数表, 那么就能算出以任何一个数为底的对数值. 这是基于下面的对数定律 (通常称为**换底公式**): 对于任意的 $b, c, x > 0$, 我们有

$$\log_c x = \frac{\log_b x}{\log_b c}.$$

虽然这个对数定律可能最容易被遗忘, 但它非常有用, 值得人们记住. 假设已知以 b 为底的对数表, 那么利用公式右端的表达式, 可以计算以 c 为底的任意一个 x 的对数值. 因此, 只编制一个对数表就足够了 (因为以 e 为底和以 10 为底都很常用, 所以给出两个表很棒, 但只有一个也足够了).

20.9   中心极限定理与蒙特卡罗积分

积分学最大的谎言之一就是你可以求出积分. 具体地说, 这是指对于一个给定的函数, 你能为其原函数找到一个漂亮的解析表达式. 可悲的是, 一般情况下, 这是不可能的. 例如, 虽然 e^{-x^2} 是概率论中最重要的函数之一, 但为了计算它的积分, 我们不得不借助无穷级数展开 (称为**误差函数**, 14.4 节给出了描述). 内行也必须非常努力地构造出具有良好积分的函数.

本节涉及中心极限定理最重要的应用之一: **蒙特卡罗法**. 很多人都说这是 20 世纪最伟大的数学成就, 如此断言显然需要一些证据来支持. 人们为什么会这么说? 它能让你准确而快速地模拟相当复杂的现象, 尤其是以极高的精度确定高维积分. 它最早的用途之一是试图了解如何制造原子弹, 以及处理极其复杂的相互作用. 这样的应用一直持续到今天. 例如, 经济学中的大部分积分都不能用解析表达式来描述, 而必须进行模拟.

我们先来描述一下这种方法, 然后看看它为什么有用. 假设有一个单位正方形, 并且有一个区域完全包含其中, 不妨把这个区域记作 A. 假设我们可以轻松地确定一个点 (x, y) 是否属于 A. 例如, 可能存在一些好的函数 f 和 g, 使得

$$A = \{(x, y) : f(x) \leqslant y \leqslant g(x), \ 0 \leqslant x \leqslant 1\}.$$

那么

$$面积(A) = \int_{x=0}^{1} [g(x) - f(x)] \, \mathrm{d}x;$$

不幸的是, 计算这个值需要求出原函数!

这个思路非常简单, 却很强大. 假设我们可以从单位正方形中均匀地随机取点. 当取出了大量点时, 比如取出了 N 个点, A 的面积应该非常接近于落在 A 区域中的点所占的比例. 这通常被有趣地描述为向靶子投掷飞镖, 并考察命中的比例 (我们假设所有飞镖都落在单位正方形内, 否则就忽略这支飞镖, 然后重新投掷). 因此, 如果我们投掷了 N 次飞镖, 那么

$$面积(A) \approx \frac{\text{落在 } A \text{ 区域的飞镖个数}}{N}.$$

当然, 如果 A 包含在一个 2×3 的矩形中, 那么为了求出 A 的面积, 必须进行简单的缩放调整. 当 A 包含在某区域 R 中时, 有

$$面积(A) \approx \frac{\text{落在 } A \text{ 区域的飞镖个数}}{N} \times 面积(R).$$

我们用 $\approx$ 表示约等于. 这个近似有多好? 现在, 中心极限定理就要发挥作用了. 为了简单起见, 不妨设 R 是一个单位正方形. 那么, 随机取出的一个点落在 A 中的概率就等于面积 (A). 这 N 个点是独立取出的, 因此如果当第 i 个点落在 A 中时令 $X_i = 1$、否则 $X_i = 0$, 那么我们就得到了相互独立且服从同一个伯努利分布的 N 个随机变量, 其中成功的概率为 $p = $ 面积(A). 于是, 由中心极限定理可知, 当 $N \to \infty$ 时, $(X_1 + \cdots + X_N)/N$ 收敛于均值为面积 (A) 且标准差为 $\sqrt{面积(A)(1 - 面积(A)}N^{-1/2}$ 的正态分布. 这太神奇了: 如果 N 大约是 100 万, 那么这个面积的误差就是 $1/1000$. 我们给出一个例子, 如图 20-1 所示.

虽然我们早就知道圆的面积公式, 但这个例子很好地阐述了这种方法. 只要我们能轻松地生成随机点, 并且可以确定它们是否落在目标区域内, 就能很好地估算面积. 请注意, 这种方法不局限于二维空间, 所以对于 300 多个维度的区域 (在某些金融模型中出现), 这种方法也是可行的.

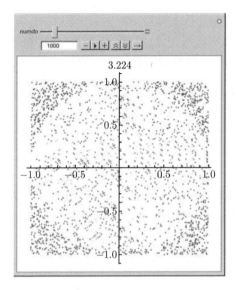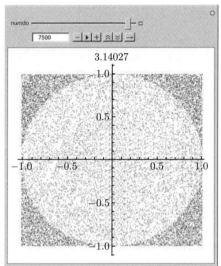

图 20-1 单位圆面积的蒙特卡罗模拟: (左图)1000 个点, 估计值为 3.224; (右图)7500 个点, 估计值 3.140 27. 真实值为 $\pi \approx 3.141\,59$

20.10 总   结

本章得到了一个极好的概率证明, 即全面地讨论了为什么中心极限定理是正确的. 数学家们不会随意地删减修饰语. 一个定理需要特别重要才能被指定为**基本的**. 到目前为止, 你可能已经看到了三个基本定理.

- **算术基本定理.** 任何大于 1 的正整数都可以唯一地写成若干素数的乘积 (当然, 要重新排列因子的次序). 这个定理为什么如此重要? 它意味着素数是构成整数的基本要素, 就像在化学中原子是构成分子的基本要素一样. 它也是许多密码学成果的基础, 是数论中为素数建立一个有用表示的起点 (黎曼 ζ 函数).

- **代数基本定理.** 如果 $f(x)$ 是一个 n 次复系数多项式, 那么 f 恰好有 n 个复根 (重根按重数计算). (记住, **复数**都是形如 $z = x + \mathrm{i}y$ 的数, 其中 $\mathrm{i} = \sqrt{-1}$, x 和 y 都是实数.) 这个结果对于我们理解函数和数至关重要. 注意, 整系数多项式不一定有整数根 ($f(x) = 2x - 3$ 以 $3/2$ 为根), 而实系数多项式不一定有实数根 ($f(x) = x^2 + 1$ 以 $\mathrm{i} = \sqrt{-1}$ 为根), 但是一旦考虑了 $\sqrt{-1}$(求解 $x^2 + 1 = 0$ 可得), 我们就不需要补充任何条件! 对于任意的三次、四次、五次等方程, 不需要添加任何条件就可以求出方程的根! 事实上, 多项式选

代 (给定一点 x 和多项式 f, 考察序列 x、$f(x)$、$f(f(x))$、$f(f(f(x)))$, 等等) 可以对许多现象进行很好的模拟, 并在混沌理论和分形几何中不断出现. 这些理论被用于各种领域, 比如电影的现实特效以及股票市场的强大模型.

- **微积分基本定理 (FTC).** 在 8.1 节中, 我们讨论过下面这个问题: 如果 F 是 f 的原函数 (即 $F'(x) = f(x)$), 那么曲线 $y = f(x)$ 下方介于 a 和 b 之间的区域面积是 $F(b) - F(a)$. 这是我们开始理解连续型随机变量的概率的起点. 这些概率可以被解释为曲线下方区域的面积, 而 FTC 为我们提供了一种求解它们的好方法.

现在, 我们把中心极限定理 (CLT) 添加到这个列表中. 虽然并没有把它称作 "基本" 定理, 而是称为 "中心" 定理, 但其思想是一样的. 它需要的条件相当薄弱 (而且这些条件可以通过做更多工作来进一步削弱), 这能确保该定理适用于各种情况.

以矩母函数为基础, 我们讨论了中心极限定理的证明. 阿基米德说: "给我一个足够长的杠杠和一个支点, 我可以撬起地球. " 对我们来说, 生成函数是杠杆, 它可以推动整个主题. 生成函数完美地引入了 CLT. 另外, 即便是浏览证明方法也是一种享受. 生成函数法强调了为什么只有前两阶矩很重要. 正如我们所看到的, 任何一个好的概率密度函数都可以被标准化为均值为 0 且方差为 1. 因此, 如果只有前两阶矩是重要的, 而且前两阶矩总能取作 0 和 1, 那么我们肯定会期望有某些通用性质!

最后, 我们再给出一点说明. 阿基米德的话有两个假设: 除了需要一个杠杆外, 他还要求一个支点. 我们很容易忘记这一点, 但这是不应该的. 我们需要记住为什么生成函数法会如此有效. 在很大程度上, 这是因为它建立在一个漂亮而强大的傅里叶分析或复分析的理论基础之上. 我们需要这些领域中的一些重要结果来完成证明. 如果没有这些结果, 就无法从矩母函数列的极限等于标准正态分布的矩母函数中推导出相应的概率密度函数会收敛于标准正态分布的概率密度函数. 这些基本内容 (在概率论和其他领域中) 非常重要, 我们将在第 21 章中详细讨论 (想了解更多内容, 请参阅在线补充章节 "复分析与中心极限定理").

20.11　习　　题

习题 20.11.1　设 f 和 g 是两个连续函数, 并且只要 $h(x)$ 在某个长度为 1 的区间上恒等于一个常数, 就有

$$\int_{-\infty}^{\infty} h(x)f(x)\mathrm{d}x = \int_{-\infty}^{\infty} h(x)g(x)\mathrm{d}x.$$

一定有 $f = g$ 吗? 如果不是, 那么能否推出 f 和 g 之间的某些共同性质?

习题 20.11.2   在 20.1 节中, 我们曾提到过, 当 $f(0) \neq g(0)$ 时, 可以不失一般性地假设 $f(0) = 1$ 且 $g(0) = -1$. 证明我们可以做这样的变换.

习题 20.11.3   在 20.1 节中, 我们使用了一个不连续的阶梯函数 h_η. 如果只知道当 h 连续时, 式 (20.1) 中的积分是相等的, 那么此时结果会发生什么改变? 把 h_η 修改成一个连续函数.

习题 20.11.4   考虑下面的三角形概率密度函数

$$f_n(x) = \begin{cases} n - n|x - 2/n| & \text{若 } 1/n \leqslant x \leqslant 3/n \\ 0 & \text{其他}; \end{cases}$$

对于任意一个 n, $f_n(x)$ 都是非负的且其积分值等于 1, 所以 $f_n(x)$ 确实是概率密度函数. 证明: 即使所有函数都是连续的, 仍有

$$\lim_{n \to \infty} \int_{-\infty}^{\infty} f_n(x) \mathrm{d}x \neq \int_{-\infty}^{\infty} \lim_{n \to \infty} f_n(x) \mathrm{d}x.$$

这里的困难类似于多元微积分的富比尼定理——其问题在于, 函数 f_n 并不是一致有界的.

习题 20.11.5   证明: 对于任意的 $r > 0$, 有 $(\log x)^r = O(x)$ 和 $x^r = O(\mathrm{e}^x)$.

习题 20.11.6   设 $r > 0$. $x^r = O(\exp(\sqrt{\log x}))$ 是否成立? 证明你的结论.

习题 20.11.7   在证明中心极限定理时, 我们考察了 $\log M_X(t/\sigma\sqrt{N})$ 的级数展开式 (其中, X 的矩母函数在 $|t| < \delta$ 时收敛) 并且只讨论到 t 的平方项. 关于这一点, 给出严格的证明. 如果愿意的话, 你可以为这些矩添加一些较强的假设, 例如存在某个 $\epsilon > 0$ 使得 $|\mu'_n| = O(n!^{1-\epsilon})$.

习题 20.11.8   设随机变量 X 服从参数为 λ 的指数分布, Z 是 X 的标准化形式. 求出 Z 的概率密度函数公式.

习题 20.11.9   设随机变量 X 服从参数为 λ 的泊松分布, Z 是 X 的标准化形式. 求出 Z 的概率密度函数公式.

习题 20.11.10   不使用一般情形下的论述, 对服从指数分布的随机变量之和, 证明 CLT.

习题 20.11.11   假设有 N 个随机变量服从同一个指数分布, 并且有 N 个随机变量服从同一个几何分布, 而且这些变量都是相互独立的. 证明: 当 N 趋向于无穷大时, $\frac{X_1+X_2+\cdots+X_N+Y_1+Y_2+\cdots+Y_N}{2N}$ 收敛于一个正态分布.

习题 20.11.12   在上一题中, 正态分布的均值和方差分别是多少? 如何把它标准化?

习题 20.11.13   在习题 20.11.11 中, 如果有 N 个变量服从同一个指数分布, 但有 M 个变量服从同一个几何分布, 那么结果会是什么样的? 这个和该如何标准化? 当 N 和 M 趋向于无穷大时, 这个标准和会收敛于正态分布吗? N 和 M 趋向于无穷大的方式是否会对最终的结果产生影响?

习题 20.11.14   在习题 20.11.11 中, 你要证明这个和会趋向于服从正态分布. 由于随机变量不是同分布的, 不能直接利用中心极限定理. 你能找到解决这个问题的好方法吗?

习题 20.11.15   在前面的习题中, 我们看到, 在某些情况下, 相互独立但不服从同一个分布的随机变量之和仍然趋向于服从正态分布. 找一个反例来说明, 相互独立的随机变量并不

总是使得该结论成立 (也就是说, 它们的和不趋向于正态分布).

习题 20.11.16　举例说明, 相关变量的和不一定趋向于正态分布.

习题 20.11.17　找一个离散型随机变量, 使其概率分布满足下列条件: 对于相互独立的随机变量, 如果它们均与该离散型随机变量的分布相同, 那么这些随机变量之和不趋向于正态分布.

习题 20.11.18　设 $X \sim N(0,1)$ 和 $Y \sim \mathrm{Unif}(0,1)$ 相互独立. 那么 $X+Y$ 一定服从正态分布吗?

习题 20.11.19　我们把从实数集到区间 $[0,1)$ 上的模 1 函数定义为 $x \bmod 1 = x - \lfloor x \rfloor$ (其中 $\lfloor x \rfloor$ 是**地板函数**, 它给出了不超过 x 的最大整数). 因此, $1701.246\,01 \bmod 1$ 等于 $0.246\,01$, 而 $-21.75 \bmod 1$ 等于 0.25. 对于给定的随机变量 X, 我们可以定义一个新的随机变量 $X_{\mathrm{mod}} = X \bmod 1$. 如果 $X \sim \mathrm{Unif}(0,1)$ 并且 Y 是任意一个连续型随机变量, 那么 $(X+Y) \bmod 1$ 肯定会服从 $[0,1)$ 上的均匀分布吗?

习题 20.11.20　找一个连续型随机变量, 使其概率分布满足下列条件: 对于相互独立的随机变量, 如果它们均与该连续型随机变量的分布相同, 那么这些随机变量之和不趋向于正态分布.

习题 20.11.21　考虑集合 $S = \{a_1, a_2, \cdots, a_n\}$, 其中 a_i 不一定是互不相同的. S 中全体不同的元素构成了集合 $B = \{b_1, b_2, \cdots, b_k\}$, 其中各元素的重数分别为 $m_1, m_2, \cdots, m_k$ (也就是说, 在 S 的 n 个元素中, 恰好有 m_1 个等于 b_1, 恰好有 m_2 个等于 b_2, 等等). 计算均值和方差的方法有两种. 首先, 我们可以直接考察集合 S, 在这 n 个元素中, 每一个的概率都是 $1/n$. 其次, 我们也可以考察集合 B, b_i 的概率是 m_i/n. 证明: 这两种方法得到的均值和方差是一样的.

习题 20.11.22　对于函数 $f(x)$, 如果 $f(-x) = -f(x)$, 那么说 f 是一个**奇函数**. 证明: 当概率密度函数 f 是奇函数时, 任意一个奇数阶矩如果存在, 那就一定等于 0.

习题 20.11.23　证明对数的**换底公式**: 对于任意的 $b, c, x > 0$, 有 $\log_c x = \log_b x / \log_b c$.

习题 20.11.24　详细解释为什么误差通常被认为是服从正态分布的. 在应用 CLT 时, 不要忘了考虑使用标准.

习题 20.11.25　你正在一个小镇上对 1000 个人进行调查. 该报告询问他们对税率有何感受, 并用 $1 \sim 10$ 级来表示 (其中 1 是应该显著降低, 10 是应该显著提高). 你认为这个结果会服从正态分布吗?

习题 20.11.26　你正在一个小镇上对 1000 个人进行调查. 你让每个人将其地址、生日和电话号码的每位数字个数加起来, 然后除以数字的总数. 你认为反馈信息会服从什么样的分布?

习题 20.11.27　流体中的粒子是按照随机游走移动的, 也就是说, 在给定时间段内, 它们在任何方向上的移动与过去的运动无关. 这就是**布朗运动**. 经过一段时间 t 之后, 如何模拟一维方向上, 一个粒子相对于初始点的位置? 经过一段时间 t 之后, 如何模拟一个粒子与初始位置在二维空间中的距离?

习题 20.11.28　利用 Mathematica 内置的动画函数来演示, 服从均匀分布的随机变量之和开始趋向于正态分布的过程.

习题 20.11.29　考虑习题 17.7.11 中服从 $m = 4$ 的广义柯西分布的随机变量, 其均值和方差都存在. 它的矩母函数是否存在? 把相互独立且服从柯西分布的随机变量之和, 与服从 $m = 4$ 的广义柯西分布的随机变量之和进行比较. 它们都收敛于正态分布吗? 为什么? (注意: 这可能是个很难回答的问题!)

习题 20.11.30　设 $Z \sim N(0, 1)$, 并设 I_p 是使得 $\text{Prob}(Z \in I_\alpha) = p$ 的区间. 对于给定的 $p < 1$, 求出区间长度最小的 I_p.

习题 20.11.31　保留上一题的符号, 为了使得 Z 的均值 (即 0) 包含在区间长度最小的 I_p 内, p 的取值范围是什么?

习题 20.11.32　设随机变量 X 满足 $\mu = 10$ 且 $\sigma = 4$. 从这个总体中取出一个大小为 100 的样本. 求出这 100 个观测值的样本均值小于 9 的概率.

习题 20.11.33　设 $A = \{0, 0, 1, 1, 1, 2, 2, 2, 2, 3, 3, 3, 3, 3\}$, 并且每个元素出现的概率均为 $1/14$. 设 $B = \{0, 1, 2, 3\}$, 其中 $\text{Prob}(0) = 2/14$, $\text{Prob}(1) = 3/14$, $\text{Prob}(2) = 4/14$ 且 $\text{Prob}(3) = 5/14$. 证明: A 和 B 具有相同的均值和方差.

习题 20.11.34　对于均值和方差都是有限值的分布, 到第几阶矩 (一阶矩、二阶矩 $\cdots\cdots$) 时, 我们才开始看到分布的形状? 为什么不能早点看到?

习题 20.11.35　设奥尔巴尼每天发生车祸的数量服从均值为 2 的泊松分布. 利用中心极限定理来估算, 一年之内在奥尔巴尼至少发生 800 起车祸的概率.

习题 20.11.36　回忆一下, 如果存在一个 x_0 和一个 $C > 0$, 使得对所有的 $x \geqslant x_0$ 均有 $|f(x)| \leqslant Cg(x)$, 那么 $f(x) = O(g(x))$, 此时称 f 是 g 的**大 O**. 有时候, 我们希望让 x 接近于 0, 此时就可以描述成, 当 $|x| < x_0$ 时 $|f(x)| \leqslant Cg(x)$. 证明下列结论:

- 当 $x \to \infty$ 时, $x = O(x^2)$, 以及当 $x \to 0$ 时, $x^2 = O(x)$.
- 对于任意的 $N, r > 0$, 当 $x \to \infty$ 时, $(\log x)^N = O(x^r)$.
- 对于任意的 $N > 0$, 当 $x \to \infty$ 时, $x^N = O(\text{e}^x)$.
- 当 $x \to \infty$ 或 $x \to 0$ 时, 均有 $x = O(x/4)$.
- 当 $x \to \infty$ 时, $\cosh(x) = O(\sinh(x))$, 其中 $\cosh(x) = \frac{1}{2}(\text{e}^x + \text{e}^{-x})$ 是**双曲余弦**, $\sinh(x) = \frac{1}{2}(\text{e}^x - \text{e}^{-x})$ 是**双曲正弦**.

习题 20.11.37　利用 $\text{i} = \sqrt{-1}$ 和

$$\text{e}^x = \sum_{n=0}^{\infty} \frac{x^n}{n!} = 1 + x + \frac{x^2}{2!} + \frac{x^3}{3!} + \cdots,$$

证明: $\text{e}^{\text{i}x} = \cos(x) + \text{i}\sin(x)$. 注意, sin 和 cos 的泰勒级数公式会很有用!

习题 20.11.38　(**推导三角恒等式**) 以前面的两个习题为基础, 利用关系式 $\text{e}^{\text{i}x} = \cos(x) + \text{i}\sin(x)$(其中 $\text{i} = \sqrt{-1}$), 证明 $\cos(x) = \frac{1}{2}(\text{e}^{\text{i}x} + \text{e}^{-\text{i}x})$ 和 $\sin(x) = \frac{1}{2\text{i}}(\text{e}^{\text{i}x} - \text{e}^{-\text{i}x})$. 这样可以把双曲三角函数理解为带有虚参数的普通三角函数! (所以, 现在你应该知道 i 的余弦值等于多少了!) 根据这些关系式以及 $\text{e}^{u+v} = \text{e}^u \text{e}^v$(必须要证明这一点, 参见 B.5 节), 我们可以迅速地证明所有的**三角恒等式**. 例如,

$$\begin{aligned}\cos(x + y) + \text{i}\sin(x + y) &= \text{e}^{\text{i}(x+y)} \\ &= \text{e}^{\text{i}x}\text{e}^{\text{i}y} = (\cos(x) + \text{i}\sin(x))(\cos(y) + \text{i}\sin(y));\end{aligned}$$

把右端相乘的式子展开, 并注意到两个复数相等当且仅当它们有相同的实部和虚部, 这样就完成了证明.

习题 20.11.39　$\cos(x) = O(\sin(x))$ 是否成立? 为什么?

习题 20.11.40　编写一段代码, 对下列区域做蒙特卡罗模拟. 该区域包含在一个单位正方形内, 它由两个连续函数来确定: $0 \leqslant f(x) \leqslant g(x) \leqslant 1$.

习题 20.11.41　利用上一题的代码, 估算椭圆 $(x/a)^2 + (y/b)^2 \leqslant 1$ 的面积. 通过改变参数 a 和 b 以及对该区域面积的模拟, 推测该区域面积作为 a 和 b 函数的表达式.

习题 20.11.42　证明上一题的推测结果, 并把它推广到椭球体 $(x/a)^2 + (y/b)^2 + (z/c)^2 \leqslant 1$ 上.

习题 20.11.43　单位圆的面积可以写成 $4 \int_0^1 \sqrt{1-x^2}\mathrm{d}x$. 被积函数 $\sqrt{1-x^2}$ 的原函数能否写成一个漂亮的解析表达式? 如果能, 找到它并算出单位圆的面积.

习题 20.11.44　设 A 包含在一个单位正方形内. 对于我们的误差估计, 切比雪夫不等式会给出什么样的边界? 如果利用中心极限定理, 结果又如何?

习题 20.11.45　设 A 包含在一个单位正方形内. 当 A 的面积等于多少时, 估算它的方差会取到最大值? 如果让方差最小, A 的面积该等于多少?

第21章　傅里叶分析与中心极限定理

任何与中心极限定理一样重要的定理都应该有不止一个证明. 不同的证明强调了问题的不同方面. 我们的第一个证明基于矩母函数的性质. 这是一个很好的证明, 主要思想也很容易解释 (对于"好"的分布, 如果矩母函数收敛于标准正态分布的矩母函数, 那么概率密度函数就会收敛于标准正态分布的概率密度函数). 不幸的是, 这个证明利用了复分析中的一些重要结果. 因此, 我们想给出一个不那么严格的证明.

遗憾的是, 下面的证明并没有成功. 它也要借助于复分析中的一些黑盒结果. 既然这个论述仍然需要假设一些超出本书范围的结果, 我们为什么还要费心思给出这个证明呢? 原因有很多. 首先是它引入了**积分变换**, 特别是**傅里叶变换**. 一般的积分变换, 尤其是傅里叶变换在高等数学中是无处不在的, 所以看到它们并没有什么坏处. 其次, 中心极限定理适用于满足下列条件的函数, 即在原点附近, 矩母函数存在的函数. 很多概率密度函数都存在有限的一阶矩、二阶矩和三阶矩, 但它们的矩母函数并不存在. 考虑一个类似于柯西分布的例子

$$f(x) = \frac{4\sin(\pi/8)}{\pi} \frac{1}{1+x^8}.$$

我们不能明显地看出这是个概率密度函数. 显然, 它是非负的. 当 $|x| \to \infty$ 时, 该函数会迅速衰减, 从而使其积分收敛. 然而, 我们并不清楚它的积分值是否为 1, 但它的常数项有一些好的特性 (这里的 8 应该来源于 x 的方幂. 另外, 在柯西分布的标准化常数中, 分母上有一个 π, 这里也是如此). 就我们的目的而言, 这并不重要! 假设这里的标准化常数是错的 —— 谁会在乎! 我们可以找到一个常数, 不妨记作 C_8, 它能让 $C_8/(1+x^8)$ 成为一个概率密度函数. 虽然它的均值、方差以及三阶矩都是有限的, 但它的八阶矩显然是无穷大, 因为其八阶矩是

$$\int_{-\infty}^{\infty} x^8 \frac{C_8}{1+x^8}\mathrm{d}x.$$

当 $|x|$ 很大时, 被积函数本质上就是 C_8, 因此该积分是发散的. 同样地, 我们可以证明任意一个更大的偶数阶矩都是无穷大的. 因此, **由于矩母函数不存在**, 矩母函数在原点附近不可能收敛!

这个例子说明了, 我们讨论中心极限定理的方法过于严格, 它排除了许多好的分布. (例如, 在 Mandelbrot 关于金融和大宗商品市场分形特性的研究中, 柯西分布就出现了.) 矩母函数法存在根本上的缺陷: 我们无法回避这样一个事实, 即一些不

错的分布并没有矩母函数, 因此我们不能做任何要求矩母函数存在的论述! 虽然相互独立的柯西分布之和不会趋向于正态分布, 但上面提到的类似分布却可以. 事实上, 关键是存在有限的均值和方差.

解决这个难题的一个方法是研究概率密度函数的傅里叶变换, 它在概率论中被称为**特征函数**. 稍后我们将看到, 与矩母函数不同, 特征函数总是存在的, 而且是对矩母函数的一个非常接近的类比. 它有更好的性质 (比如存在性!), 而且更易于分析. 这样我们就可以采用之前的证明. 整个思路与之前相似, 但代数运算会略有不同.

本章内容要比很多概率论入门课高深一些. 大多数课程只是没有时间进行深入研究. 虽然我们无法证明所需要的一切, 但会提供足够的细节, 从而使整体框架能够尽量清晰, 并且让你对以后的数学课要涉及的内容有一些了解.

21.1 积 分 变 换

给定一个函数 $K(x,y)$ 和一个区间 I (通常是 $(-\infty,\infty)$ 或 $[0,\infty)$), 我们可以构造一个从函数到函数的映射, 如下所示:

$$(\mathcal{K}f)(y) := \int_I f(x)K(x,y)\mathrm{d}x.$$

由于被积函数与两个变量 x 和 y 都有关, 而我们只对 x 积分, 所以最终的结果是关于 y 的函数. 显然, 用什么字母来表示虚拟变量并不重要, 其他常见写法有 $K(t,x)$、$K(t,s)$ 或者 $K(x,\xi)$. 我们把 K 称为**核**, 新函数称为 f 的**积分变换**.

积分变换对于研究各种问题都很有用. 它们的效用源于这样一个事实: 相关函数会使得手头问题的代数运算更加简单. 我们定义了两个最重要的积分变换, 即拉普拉斯变换和傅里叶变换.

定义 21.1.1 (拉普拉斯变换) 设 $K(t,s) = \mathrm{e}^{-ts}$. f 的拉普拉斯变换记作 $\mathcal{L}f$, 被定义为

$$(\mathcal{L}f)(s) = \int_0^\infty f(t)\mathrm{e}^{-st}\mathrm{d}t.$$

对于给定的函数 g, 它的拉普拉斯逆变换, 记作 $\mathcal{L}^{-1}g$, 就是

$$(\mathcal{L}^{-1}g)(t) = \lim_{T\to\infty}\frac{1}{2\pi\mathrm{i}}\int_{c-\mathrm{i}T}^{c+\mathrm{i}T}\mathrm{e}^{st}g(s)\mathrm{d}s = \lim_{T\to\infty}\frac{1}{2\pi\mathrm{i}}\int_{-T}^{T}\mathrm{e}^{(c+\mathrm{i}\tau)t}g(c+\mathrm{i}\tau)\mathrm{i}\mathrm{d}\tau.$$

定义 21.1.2(傅里叶变换或称特征函数) 设 $K(x,y)=\mathrm{e}^{-2\pi\mathrm{i}xy}$. f 的傅里叶变换记作 $\mathcal{F}f$ 或 $\widehat{f}$, 其定义为

$$\widehat{f}(y) := \int_{-\infty}^{\infty} f(x)\mathrm{e}^{-2\pi\mathrm{i}xy}\mathrm{d}x,$$

其中

$$\mathrm{e}^{\mathrm{i}\theta} := \sum_{n=0}^{\infty}\frac{(\mathrm{i}\theta)^n}{n!} = \cos\theta + \mathrm{i}\sin\theta.$$

g 的傅里叶逆变换, 记作 $\mathcal{F}^{-1}g$, 就是

$$(\mathcal{F}^{-1}g)(x) = \int_{-\infty}^{\infty} g(y)\mathrm{e}^{2\pi\mathrm{i}xy}\mathrm{d}y.$$

注意, 其他教材对傅里叶变换有不同的定义, 有时会利用 $K(x,y)=\mathrm{e}^{-\mathrm{i}xy}$ 或 $K(x,y)=\mathrm{e}^{-\mathrm{i}xy}/\sqrt{2\pi}$.

拉普拉斯变换和傅里叶变换是相关的. 令 $s=2\pi\mathrm{i}y$ 并考虑函数 $f(x)$, 其中, 当 $x\leqslant 0$ 时 $f(x)=0$. 那么, 我们会看到 f 的拉普拉斯变换和傅里叶变换是相等的.

在这里, 我们把 f 的傅里叶变换写成

$$\widehat{f}(y) = \int_{-\infty}^{\infty} f(x)\mathrm{e}^{-2\pi\mathrm{i}xy}\mathrm{d}x,$$

遗憾的是, 其他教材可能会采用不同的表示方法. 有些作者会使用 $\mathrm{e}^{-\mathrm{i}xy}$ 或 $\mathrm{e}^{\mathrm{i}xy}/\sqrt{2\pi}$, 而不是 $\mathrm{e}^{-2\pi\mathrm{i}xy}$. 所以, 当引用一本书或者使用诸如 Mathematica 之类的程序时, 你一定要对这一点做检查. 为什么会有这么多不同的表示方法? 事实证明, 不同的表示方法能使不同问题的代数运算更加简洁. 对我们来说, 这个表示方法会给出最简单的代数运算, 这就是我们使用它的原因.

给定一个函数 f, 我们可以求出它的变换. 那么另一个方向呢? 如果知道 g 是某个函数 f 的变换, 能从已知的 g 中推出 f 吗? 如果可以, 那么相应的 f 是唯一的吗? 请注意, 这些问题与第 20 章从复分析中得到的两个黑箱定理有多么相似. 那时, 我们知道矩母函数, 想要得到概率密度函数. 幸运的是, 当 f 和 g 满足某些特定条件时, 对这两个问题的回答就是 "肯定的". 我们要考察的一个特别好的函数集是施瓦兹空间.

定义 21.1.3(施瓦兹空间) 施瓦兹空间 (记作 $\mathcal{S}(\mathbb{R})$) 是全体满足下列条件的无限可微函数 f 构成的集合: 对于任意的非负整数 m 和 n, 有

$$\sup_{x\in\mathbb{R}}\left|(1+x^2)^m\frac{\mathrm{d}^n f}{\mathrm{d}x^n}\right| < \infty,$$

其中, $\sup_{x\in\mathbb{R}}|g(x)|$ 是使得 "$|g(x)|\leqslant B$ 对所有 x 均成立" 的最小的数 B (每当看到 sup 时, 你就应该想到 "最大值").

每当定义一个空间或集合时, 都有必要去证明它是非空的! 下面来证明存在无穷多个施瓦兹函数. 我们断言, 对于任意的 $\mu, \sigma \in \mathbb{R}$, 高斯分布的概率密度函数 $f(x) = \frac{1}{\sqrt{2\pi\sigma^2}}\,\mathrm{e}^{-(x-\mu)^2/2\sigma^2}$ 均属于 $\mathcal{S}(\mathbb{R})$. 只需要做一次变量替换, 我们就能弄清楚 $\mu = 0$ 且 $\sigma = 1$ 的特殊情形. 显然, 标准正态分布的概率密度函数 $f(x) = \frac{1}{\sqrt{2\pi}}\mathrm{e}^{-x^2/2}$ 是无限可微的. 它的前几阶导数分别是

$$
\begin{aligned}
f'(x) &= -x \cdot \frac{1}{\sqrt{2\pi}}\mathrm{e}^{-x^2/2} \\
f''(x) &= (x^2 - 1) \cdot \frac{1}{\sqrt{2\pi}}\mathrm{e}^{-x^2/2} \\
f'''(x) &= -(x^3 - 3x) \cdot \frac{1}{\sqrt{2\pi}}\mathrm{e}^{-x^2/2}.
\end{aligned}
$$

利用归纳法, 我们可以证明它的 n 阶导数是一个 n 次多项式 $p_n(x)$ 与 $\frac{1}{\sqrt{2\pi}}\mathrm{e}^{-x^2/2}$ 的乘积. 为了证明 f 是一个施瓦兹函数, 由定义 21.1.3 可知, 我们必须证明

$$
\left| (1 + x^2)^m \cdot p_n(x) \frac{1}{\sqrt{2\pi}}\mathrm{e}^{-x^2/2} \right|
$$

是有界的. 这一点可以由下列事实得出, 即标准正态分布的概率密度函数比任何多项式的衰减速度都快. 也就是说, 我们要证明 $|x^m\mathrm{e}^{-x^2/2}|$ 是有界的. 当 $|x| \leqslant 1$ 时, 该结论显然成立; 当 $|x|$ 较大时, 情况又如何? 如果只保留指数函数泰勒级数展开式中的一项, 那么 $(x^2/2)^k/k! \leqslant \mathrm{e}^{x^2/2}$ 对于任意的 k 均成立, 从而有 $\mathrm{e}^{-x^2/2} \leqslant k!2^k/x^{2k}$. 于是, $|x^m\mathrm{e}^{-x^2/2}| \leqslant k!2^k/x^{2k-m}$. 如果令 $2k > m$, 那么 $|x^m\mathrm{e}^{-x^2/2}|$ 就以 $k!2^k$ 为上界.

现在我们陈述主要的复分析结果. 当积分变换来自于唯一输入时, 其陈述是精确的. 我们只给出傅里叶逆变换的内容 —— 陈述拉普拉斯逆变换的结果会用到复分析中大量新的符号表示! 在关于复分析或傅里叶分析的大量教材中, 你可以找到相关证明 (例子请参阅 [SS1,SS2]).

> **定理 21.1.4 (反演定理)** 设 $f \in \mathcal{S}(\mathbb{R})$, 其中 $\mathcal{S}(\mathbb{R})$ 是施瓦兹空间. 那么
>
> $$ f(x) = \int_{-\infty}^{\infty} \widehat{f}(y)\mathrm{e}^{2\pi\mathrm{i}xy}\mathrm{d}y, $$
>
> 其中 $\widehat{f}$ 是 f 的傅里叶变换. 特别地, 如果 f 和 g 都是施瓦兹函数, 并且它们的傅里叶变换相同, 那么 $f(x) = g(x)$.

在考察概率分布时, 函数与其积分变换之间的相互作用对我们来说非常有用, 因为矩母函数就是概率密度函数的积分变换! 回忆一下矩母函数的定义 $M_X(t) = \mathbb{E}[\mathrm{e}^{tX}]$, 它意味着

$$
M_X(t) = \int_{-\infty}^{\infty} \mathrm{e}^{tx}f(t)\mathrm{d}t.
$$

如果当 $x \leqslant 0$ 时, $f(x) = 0$, 那么上式就是 f 的拉普拉斯变换. 另外, 如果令 $t = -2\pi \mathrm{i} y$, 那么它就是 f 的傅里叶变换. 这与 (另一个!) 生成函数有关, 即 X 的特征函数.

> **特征函数**: 随机变量 X 的特征函数是
>
> $$\phi(t) \ := \ \mathbb{E}[\mathrm{e}^{\mathrm{i}tX}].$$
>
> 与矩母函数不同, 如果 X 的概率密度函数是连续的, 那么对于所有的 t, 特征函数**始终存在**. 注意, 特征函数本质上是概率密度函数的傅里叶变换: 这个傅里叶变换就是 $\phi(-2\pi t)$.

特征函数为什么始终存在? 回顾一下, 概率密度函数是一个非负可积的函数 f. 我们有

$$|\phi(t)| \ = \ \left| \int_{x=-\infty}^{\infty} \mathrm{e}^{\mathrm{i}tx} f(x)\mathrm{d}x \right| \ \leqslant \ \int_{x=-\infty}^{\infty} |\mathrm{e}^{\mathrm{i}tx}| f(x)\mathrm{d}x \ = \ \int_{x=-\infty}^{\infty} f(x)\mathrm{d}x \ = \ 1,$$

这里用到了 $|\mathrm{e}^{\mathrm{i}tx}| = 1$. 这个指数函数的绝对值之所以等于 1 是因为**毕达哥拉斯定理**. 对于任意的实数 θ, 我们有 $\mathrm{e}^{\mathrm{i}\theta} = \cos\theta + \mathrm{i}\sin\theta$ (这一点可以从多个角度来考察. 一种思路是, 比较 e^{θ}、$\cos\theta$ 和 $\sin\theta$ 的泰勒级数展开式, 注意 $\mathrm{i} = \sqrt{-1}$). 如果 $z = a + \mathrm{i}b$ 是个复数, 那么 $|z|^2 = z\bar{z}$, 其中 $\bar{z} = a - \mathrm{i}b$ 是 z 的**共轭复数**. 我们把 $|z|$ 称为 z 的**长度**、z 的**绝对值**或 z 的**范数**. 对我们来说, 现在有

$$|\mathrm{e}^{\mathrm{i}tx}|^2 \ = \ (\cos tx + \mathrm{i}\sin tx)(\cos tx - \mathrm{i}\sin tx) \ = \ \cos^2 tx + \sin^2 tx \ = \ 1.$$

这是对矩母函数的巨大改进 —— 一个物体所拥有的最重要的属性就是存在性, 所以我们已经取得了很大进展.

此外, 我们发现特征函数与矩母函数的关系很简单. 但是, 一个 i 带来了相当大的不同! 特征函数与傅里叶变换密切相关, 区别就在于输入值相差一个因子 2π. 从特征函数转换到矩母函数的意义要深远得多, 因子 i 的出现引出了非常不同的性质和代数运算.

现在我们明白了为什么复分析的结果可以带来这么大的帮助. 上面的反演公式告诉我们, 如果初始分布很好, 那么知道函数的积分变换就等于知道了这个函数. 换句话说, 积分变换可以唯一地确定分布.

下面的内容会略微高深些, 这些论点要放到恰当的分析论证过程中. 对于函数 $f : \mathbb{R} \to \mathbb{C}$, 如果存在一个有限的闭区间 $[a, b]$, 使得当 $x \notin [a, b]$ 时, $f(x) = 0$, 那么我们就说 f 有**紧支集** $[a, b]$. 具有紧支集的施瓦兹函数在许多论述中都非常有用. 不难证明, 给定一个定义在有限闭区间 $[a, b]$ 上的连续函数 g, 存在一个具有紧支集的施瓦兹函数 f, 使得 f 与 g 能够任意接近. 也就是说, 对于所有的 $x \in [a, b]$, 都有

$|f(x) - g(x)| < \epsilon$. 类似地, 任意给定一个这样的连续函数 g, 按照上述思路可以找到一系列定义在区间上的**阶梯函数**之和 (阶梯函数是有限个定义在闭区间上的特征函数之和), 并使得这个和任意接近于 g. 通常, 要想证明阶梯函数的结果, 只需要证明连续函数的结果就够了, 这与证明施瓦兹函数的结果是一样的. 施瓦兹函数是无限可微的, 当傅里叶反演公式成立时, 我们可以转换到傅里叶变换空间, 有时候研究后者会更容易些.

21.2 卷积与概率论

傅里叶变换的一个重要性质是在**卷积**的作用下它具有很好的性质. 回忆一下, 两个函数 f 和 g 的卷积记作 $h = f * g$, 其中

$$h(x) = \int_{-\infty}^{\infty} f(t)g(x-t)\mathrm{d}t = \int_I f(x-t)g(t)\mathrm{d}t.$$

我们自然会问: 为了确保卷积存在, f 和 g 必须满足哪些条件? 对我们来说, f 和 g 都是概率密度函数. 因此, 它们都是非负的且积分值都等于 1. 虽然这是确保 $h = f * g$ 的积分值为 1 所需要的条件, 但并不足以保证 $f * g$ 是有限的. 我们先来证明它的积分值为 1. 因为被积函数是非负的, 所以可以交换积分次序. 注意, 对于每一个 x, 积分值要么是非负的, 要么是正无穷. 我们有

$$\int_{x=-\infty}^{\infty} (f * g)(x)\mathrm{d}x = \int_{x=-\infty}^{\infty} \int_{t=-\infty}^{\infty} f(t)g(x-t)\mathrm{d}t\mathrm{d}x$$
$$= \int_{t=-\infty}^{\infty} f(t)\left[\int_{x=-\infty}^{\infty} g(x-t)\mathrm{d}x\right]\mathrm{d}t.$$

括号里的积分是 1. 如果愿意的话, 你可以做变量替换, 令 $u = x - t$, $\mathrm{d}u = \mathrm{d}x$. 现在我们正在计算一个概率密度函数在 $-\infty$ 到 ∞ 上的积分, 这个值始终为 1. 接下来只剩下了

$$\int_{x=-\infty}^{\infty} (f * g)(x)\mathrm{d}x = \int_{t=-\infty}^{\infty} f(t)\mathrm{d}t = 1,$$

得到这个结果同样是因为概率密度函数在 $-\infty$ 到 ∞ 上的积分值为 1. 这意味着, 只有在测度 (或长度) 为无穷大的集合上, 非负函数 $(f*g)(x)$ 的值才等于 0. 如果不熟悉测度论也不必担心, 这里还有另外一种说法: 对于任意的 M, $\{x : (f*g)(x) > M\}$ 的长度不超过 $1/M$; 否则, 积分值就会大于 1.

这证明了对几乎所有的 x, $(f*g)(x)$ 都是有限的. f 和 g 必须满足哪些条件, 才能保证对所有的 x, 其卷积始终是有限的? 如果假设 f 和 g 是**平方可积的**, 即 $\int_{-\infty}^{\infty} f(x)^2\mathrm{d}x$ 和 $\int_{-\infty}^{\infty} g(x)^2\mathrm{d}x$ 都是有限的, 那么 $f * g$ 在每一点处都有很好的性质. 稍后我们将看到如何利用柯西–施瓦兹不等式来推出这一点, 关于柯西–施瓦兹不等式的证明会在 B.6 节中给出.

> **柯西–施瓦兹不等式**：对于复值函数 f 和 g，
> $$\int_{-\infty}^{\infty} |f(x)g(x)|\mathrm{d}x \leqslant \left(\int_{-\infty}^{\infty} |f(x)|^2\mathrm{d}x\right)^{1/2} \cdot \left(\int_{-\infty}^{\infty} |g(x)|^2\mathrm{d}x\right)^{1/2}.$$

f 和 g 是平方可积的这一假设非常弱，我们研究的所有标准概率密度函数都能满足. 即使不满足平方可积的条件，这通常也没什么问题. 例如，令

$$f(x) = \begin{cases} \dfrac{1}{2\sqrt{x}} & \text{若 } 0 < x \leqslant 1 \\ 0 & \text{其他,} \end{cases}$$

那么，f 可积但不是平方可积的，这是因为 $\int_0^1 \mathrm{d}x/x$ 趋向于无穷大. 也就是说，f 与自身的卷积是很好的. 在做"一些"积分运算之后，你会发现

$$(f * f)(y) = \begin{cases} \pi/4 & \text{若 } 0 < y \leqslant 1 \\ (\operatorname{arccsc}(\sqrt{y}) - \arctan(\sqrt{y-1}))/2 & \text{若 } 1 < y < 2 \\ 0 & \text{其他.} \end{cases}$$

现在陈述一个很好的结果. 正因为如此，傅里叶变换才会在概率论中如此普遍. 这是一个非常重要的结果，我们会给出完整的证明.

> **定理 21.2.1 (卷积与傅里叶变换)** 设 f 和 g 都是 $\mathbb{R}$ 上的连续函数. 如果 $\int_{-\infty}^{\infty} |f(x)|^2\mathrm{d}x$ 和 $\int_{-\infty}^{\infty} |g(x)|^2\mathrm{d}x$ 都是有限的，那么 $h = f * g$ 存在，并且 $\widehat{h}(y) = \widehat{f}(y)\widehat{g}(y)$. 因此，傅里叶变换将卷积转换为乘法运算.

证明：首先证明 $h = f * g$ 是存在的. 由柯西–施瓦兹不等式可得

$$\begin{aligned} h(x) &= (f * g)(x) \\ &= \int_{-\infty}^{\infty} f(t)g(x-t)\mathrm{d}t \\ |h(x)| &\leqslant \int_{-\infty}^{\infty} |f(t)| \cdot |g(x-t)|\mathrm{d}t \\ &\leqslant \left(\int_{-\infty}^{\infty} |f(t)|^2\mathrm{d}t\right)^{1/2} \left(\int_{-\infty}^{\infty} |g(x-t)|^2\mathrm{d}t\right)^{1/2} \end{aligned}$$

因为我们假设 f 和 g 都是平方可积的，所以上面的两个积分都是有限的 (对于固定的 x，当 t 从 $-\infty$ 变动到 ∞ 时，$x - t$ 也会从 $-\infty$ 变动到 ∞). 我们没有假设 f 和 g 是概率密度函数. 如果有这个假设，那么不等式就变成了等式，因为概率密度函数永远不可能取负值.

既然知道卷积 h 是存在的，现在就可以讨论它的性质了. 我们来计算它的傅里叶变换. 这样就引出了一个二重积分 (其中一个积分来源于 h 的定义，另一个则是

从傅里叶变换的定义中得到). 现在有两个积分的事实提醒我们该如何处理该二重积分. 通常情况下, 处理二重积分可以尝试两件事: 变量替换, 或者交换积分次序. 我们选择交换积分次序. 这种做法是可行的, 因为绝对值的积分是有限的, 而且可以利用富比尼定理 (参见定理 B.2.1).

但是, 在交换积分次序之前, 我们先巧妙地通过**添加 0** 来简化代数运算 (更多例子请参阅 A.12 节). 我们将很快看到关于 $g(x-t)$ 与指数函数 $e^{-2\pi ixy}$ 的积分. 由于这里给出的是 g 在 $x-t$ 处的值, 我们希望指数函数部分也是关于 $x-t$ 的表达式, 而不是关于 x. 这意味着 x 要改写成 $x-t+t$. 于是

$$
\begin{aligned}
\widehat{h}(y) &= \int_{-\infty}^{\infty} h(x)e^{-2\pi ixy}\mathrm{d}x \\
&= \int_{-\infty}^{\infty}\int_{-\infty}^{\infty} f(t)g(x-t)e^{-2\pi ixy}\mathrm{d}t\mathrm{d}x \\
&= \int_{-\infty}^{\infty}\int_{-\infty}^{\infty} f(t)g(x-t)e^{-2\pi i(x-t+t)y}\mathrm{d}t\mathrm{d}x \\
&= \int_{t=-\infty}^{\infty} f(t)e^{-2\pi ity}\left[\int_{x=-\infty}^{\infty} g(x-t)e^{-2\pi i(x-t)y}\mathrm{d}x\right]\mathrm{d}t \\
&= \int_{t=-\infty}^{\infty} f(t)e^{-2\pi ity}\left[\int_{u=-\infty}^{\infty} g(u)e^{-2\pi iuy}\mathrm{d}u\right]\mathrm{d}t \\
&= \int_{t=-\infty}^{\infty} f(t)e^{-2\pi ity}\widehat{g}(y)\mathrm{d}t = \widehat{f}(y)\widehat{g}(y),
\end{aligned}
$$

最后一行是从傅里叶变换的定义中得到的. □

如果对于所有的 $i = 1, 2, \cdots$, f_i 都是平方可积的, 请证明对于任意的 i, j 均有 $\int_{-\infty}^{\infty} |f_i(x)f_j(x)|\mathrm{d}x < \infty$. 对于 $f_1 * (f_2 * f_3)$ (以及更多个函数), 情况又如何? 证明 $f_1 * (f_2 * f_3) = (f_1 * f_2) * f_3$. 因此, 卷积满足结合律. 我们可以把 N 个函数的卷积写成 $f_1 * \cdots * f_N$. 如果这里有困难, 请参阅 19.5 节中的讨论.

两种运算可交换的情况并不常见. 卷积的傅里叶变换就是傅里叶变换的乘积. 卷积与乘法运算类似. 也就是说, 利用这种特殊的乘法运算, 可以交换运算的次序. 我们很少见到能满足这种规则的两种运算. 例如, $\sqrt{a+b}$ 显然不等于 $\sqrt{a} + \sqrt{b}$.

下面的引理是利用傅里叶分析来证明中心极限定理的出发点.

引理 21.2.2 设 X_1 和 X_2 是两个相互独立的随机变量, 它们的概率密度函数分别是 f 和 g. 设 f 和 g 均是平方可积的概率密度函数, 那么 $\int_{-\infty}^{\infty} f(x)^2\mathrm{d}x$ 和 $\int_{-\infty}^{\infty} g(x)^2\mathrm{d}x$ 是有限的. 因此, $f * g$ 是 $X_1 + X_2$ 的概率密度函数. 更一般地, 如果 $X_1, \cdots, X_N$ 是相互独立的随机变量, 它们的概率密度函数 $p_1, \cdots, p_N$ 都是平方可积的, 那么 $p_1 * p_2 * \cdots * p_N$ 是 $X_1 + \cdots + X_N$ 的概率密度函数. (因为卷积满足交换律和结合律, 所以在写 $p_1 * p_2 * \cdots * p_N$ 时, 我们没必要太小心.)

证明： $X_i \in [x, x + \Delta x]$ 的概率是 $\int_x^{x+\Delta x} f(t)\mathrm{d}t$. 当 Δx 很小时, 上述积分约等于 $f(x)\Delta x$ (此时, 被积函数本质上是个常数). $X_1 + X_2 \in [x, x + \Delta x]$ 的概率就是

$$\int_{x_1=-\infty}^{\infty} \int_{x_2=x-x_1}^{x+\Delta x-x_1} f(x_1)g(x_2)\mathrm{d}x_2\mathrm{d}x_1.$$

当 $\Delta x \to 0$ 时, 我们得到了卷积 $f * g$, 并且有

$$\mathrm{Prob}(X_1 + X_2 \in [a,b]) = \int_a^b (f * g)(z)\mathrm{d}z. \tag{21.1}$$

我们必须证明式 (21.1) 中的 "概率" 是有意义的. 也就是说, 现在必须证明 $f * g$ 是一个概率密度函数. 显然, 由 $f(x), g(x) \geqslant 0$ 可知, $(f * g)(z) \geqslant 0$. 因为我们假设 f 和 g 是平方可积的, 所以

$$\begin{aligned}
\int_{-\infty}^{\infty} (f * g)(x)\mathrm{d}x &= \int_{-\infty}^{\infty} \int_{-\infty}^{\infty} f(x-y)g(y)\mathrm{d}y\mathrm{d}x \\
&= \int_{-\infty}^{\infty} \int_{-\infty}^{\infty} f(x-y)g(y)\mathrm{d}x\mathrm{d}y \\
&= \int_{-\infty}^{\infty} g(y) \left(\int_{-\infty}^{\infty} f(x-y)\mathrm{d}x \right) \mathrm{d}y \\
&= \int_{-\infty}^{\infty} g(y) \left(\int_{-\infty}^{\infty} f(t)\mathrm{d}t \right) \mathrm{d}y.
\end{aligned}$$

由于 f 和 g 是概率密度函数, 所以上述积分值都等于 1, 结论得证. □

注　实际上, 我们不需要假设概率密度函数是平方可积的. 这个假设是为了确保随机变量之和的概率密度函数在任何地方都是有限的. 如果允许概率密度函数在某些地方是无穷大, 我们就可以去掉这个假设.

　　虽然本节介绍了大量内容和结果, 但我们开始看到整体框架了. 如果给出 N 个相互独立且概率密度函数分别为 $p_1, \cdots, p_N$ 的随机变量, 那么变量和的概率密度函数就是 $p = p_1 * \cdots * p_N$. 乍一看, 这个等式好像很可怕 (对于 N 个服从指数分布的随机变量, 其概率密度函数的卷积是什么？), 但这里有一个显著的简化过程. 根据卷积的傅里叶变换就是傅里叶变换的乘积, 我们看到 $\widehat{p}(y) = \widehat{p}_1(y) \cdots \widehat{p}_N(y)$. 在随机变量服从同一个分布的特殊情况下, 这又进一步简化为 $\widehat{p}_1(y)^N$. 此时, 为了证明当所有概率密度函数都相等时的中心极限定理, 我们 "只需要" (遗憾的是, 其中包含了很多内容) 证明: 当 $N \to \infty$ 时, $\widehat{p}_1(y)^N$ 会收敛到某个正态分布的傅里叶变换 (记住, 这个和没有标准化), 而且傅里叶逆变换被唯一确定且服从正态分布.

21.3　中心极限定理的证明

　　现在给出中心极限定理的证明框架. 我们要证明的版本比之前讨论的更一般化. 现在已经不需要假设矩母函数的存在性. 为了真正掌握住该证明的细节, 我们

建议你给出下面一系列问题的完整细节, 每一个问题都提供了证明所需的另一个输入.

定理 21.3.1(中心极限定理) 设 $X_1, \cdots, X_N$ 是独立同分布的随机变量, 它们的前 3 阶矩都是有限的, 而且概率密度函数的衰减速度足够快. 用 μ 表示均值, σ^2 表示方差, 令

$$\overline{X}_N = \frac{X_1 + \cdots + X_N}{N},$$

并设

$$Z_N = \frac{\overline{X}_N - \mu}{\sigma/\sqrt{N}}.$$

那么当 $N \to \infty$ 时, Z_N 的分布将收敛于标准正态分布.

我们会强调关键步骤, 但没有给出具体理由 (这需要利用关于傅里叶变换的几个标准引理, 例子请参阅 [SS1]). 不失一般性地, 我们可以考虑下列情形, 即概率密度函数 p 定义在 $\mathbb{R}$ 上, 它的均值为 0 且方差为 1 (参见 20.4 节). 我们假设概率密度函数的衰减速度足够快, 从而使得下列所有卷积积分都收敛.

具体地说, 概率密度函数 p 满足

$$\int_{-\infty}^{\infty} xp(x)\mathrm{d}x = 0, \quad \int_{-\infty}^{\infty} x^2 p(x)\mathrm{d}x = 1, \quad \int_{-\infty}^{\infty} |x|^3 p(x)\mathrm{d}x < \infty. \tag{21.2}$$

设 $X_1, X_2, \cdots$ 是从 p 中取出的相互独立且同分布的随机变量, 因此 $\mathrm{Prob}(X_i \in [a,b]) = \int_a^b p(x)\mathrm{d}x$. 定义 $S_N = \sum_{i=1}^{N} X_i$. 回顾标准高斯分布 (均值为 0, 方差为 1) 的概率密度函数为 $\exp(-x^2/2)/\sqrt{2\pi}$.

由于我们假设 $\mu = 0$ 且 $\sigma = 1$, 所以 $Z_N = \frac{(X_1+\cdots+X_N)/N}{1/\sqrt{N}} = \frac{X_1+\cdots+X_N}{\sqrt{N}}$, 于是 $Z_N = S_N/\sqrt{N}$. 我们必须证明 $S_N/\sqrt{N}$ 依概率收敛于标准高斯分布:

$$\lim_{N\to\infty} \mathrm{Prob}\left(\frac{S_N}{\sqrt{N}} \in [a,b]\right) = \frac{1}{\sqrt{2\pi}} \int_a^b \mathrm{e}^{-\frac{x^2}{2}} \mathrm{d}x.$$

现在给出证明. p 的傅里叶变换是

$$\widehat{p}(y) = \int_{-\infty}^{\infty} p(x)\mathrm{e}^{-2\pi ixy}\mathrm{d}x.$$

显然, $|\widehat{p}(y)| \leqslant \int_{-\infty}^{\infty} p(x)\mathrm{d}x = 1$ 且 $\widehat{p}(0) = \int_{-\infty}^{\infty} p(x)\mathrm{d}x = 1$.

断言 1: 傅里叶变换的一个有用性质是, $\widehat{g}$ 的导数是 $2\pi ixg(x)$ 的傅里叶变换. 因此, 微分运算 (较难) 被转化成了乘法运算 (较简单). 具体地说, 证明

$$\widehat{g}'(y) = \int_{-\infty}^{\infty} 2\pi ix \cdot g(x)\mathrm{e}^{-2\pi ixy}\mathrm{d}x.$$

如果 g 是个概率密度函数, 那么 $\widehat{g}'(0) = 2\pi i\mathbb{E}[x]$ 且 $\widehat{g}''(0) = -4\pi^2 \mathbb{E}[x^2]$.

上述内容表明了为什么使用傅里叶变换来分析概率分布是很自然的. 均值和方差 (以及更高阶的矩) 是 $\widehat{p}$ 在 0 点处各阶导数的倍数. 根据断言 1, 由 p 的均值为 0 且方差为 1 可知, $\widehat{p}'(0) = 0$, $\widehat{p}''(0) = -4\pi^2$. 对 $\widehat{p}$ 做泰勒展开 (我们没有证明这个展开式的存在性及收敛性; 但对于大多数问题, 这一点可以去直接验证. 这就是我们需要关于 p 更高阶矩的技术条件的原因), 我们发现, 在原点附近有

$$\widehat{p}(y) = 1 + \frac{\widehat{p}''(0)}{2}y^2 + \cdots \ = \ 1 - 2\pi^2 y^2 + O(y^3). \tag{21.3}$$

在原点附近, 上述内容表明了 $\widehat{p}$ 看起来像是一个下凹的抛物线. 因为 $\widehat{p}'(0) = 0$, 所以上面没有 y 项. 这里的 $O(y^3)$ 是一个**大 O 表示法**, 它表示数量级不超过 y^3 的误差项; 关于大 O 表示法的更多内容, 请参阅 20.6 节.

由 21.2 节可知:

- $X_1 + \cdots + X_N \in [a, b]$ 的概率等于 $\int_a^b (p * \cdots * p)(z)\mathrm{d}z$.
- 傅里叶变换将卷积转化为乘法. 如果 $\mathrm{FT}[f](y)$ 表示 f 的傅里叶变换在 y 点处的值, 那么

$$\mathrm{FT}[p * \cdots * p](y) \ = \ \widehat{p}(y) \cdots \widehat{p}(y).$$

然而, 我们并不想研究 $X_1 + \cdots + X_N = x$ 的分布, 而是希望弄清楚 $Z_N = \frac{X_1 + \cdots + X_N}{\sqrt{N}} = x$ 的分布.

断言 2: 如果存在一个固定值 $c \neq 0$, 使得 $B(x) = A(cx)$, 证明 $\widehat{B}(y) = \frac{1}{c}\widehat{A}\left(\frac{y}{c}\right)$.

断言 3: 证明如果 $X_1 + \cdots + X_N = x$ 的概率密度函数是 $(p * \cdots * p)(x)$ (即和的分布由 $p * \cdots * p$ 给出), 那么 $\frac{X_1 + \cdots + X_N}{\sqrt{N}} = x$ 的概率密度函数是 $(\sqrt{N}p * \cdots * \sqrt{N}p)(x\sqrt{N})$. 利用断言 2, 证明

$$\mathrm{FT}\left[(\sqrt{N}p * \cdots * \sqrt{N}p)(x\sqrt{N})\right](y) \ = \ \left[\widehat{p}\left(\frac{y}{\sqrt{N}}\right)\right]^N.$$

上述内容可以让我们确定 S_N 分布的傅里叶变换. 它就是 $\left[\widehat{p}\left(\frac{y}{\sqrt{N}}\right)\right]^N$. 对于**固定的** y, 我们令 $N \to \infty$. 由式 (21.3) 可知 $\widehat{p}(y) = 1 - 2\pi^2 y^2 + O(y^3)$. 因此, 我们必须考察

$$\left[1 - \frac{2\pi^2 y^2}{N} + O\left(\frac{y^3}{N^{3/2}}\right)\right]^N.$$

对于固定的 y, 我们有

$$\lim_{N \to \infty}\left[1 - \frac{2\pi^2 y^2}{N} + O\left(\frac{y^3}{N^{3/2}}\right)\right]^N \ = \ \mathrm{e}^{-2\pi y^2}. \tag{21.4}$$

e^x 有两个定义 (参见 B.3 节的结尾); 虽然我们通常使用无穷和展开, 但此时乘积公式更有用:

$$\mathrm{e}^x \ = \ \lim_{N \to \infty}\left(1 + \frac{x}{N}\right)^N$$

(你可能会从复利中回忆起这个公式). 当然, 这并不是一个完全严格的证明. 问题在于我们没有完全相同的定义设置, 因为这里有数量级较小的误差项 $O(y^3/N^{3/2})$. 一种严格的方法是对式 (21.4) 的两端同时取对数, 并注意到当 $N \to \infty$ 时, 式子两端相等.

断言 4: 证明: $e^{-2\pi y^2}$ 的傅里叶变换在 x 处的值等于 $\frac{1}{\sqrt{2\pi}} e^{-x^2/2}$. (提示: 这个问题需要利用复分析中的围道积分. 如果你没有学过复分析, 这就是另一个黑盒结果. 在学习更多的数学知识后, 你会明白这一点.)

总而言之, Z_N 分布的傅里叶变换收敛于 $e^{-2\pi y^2}$, 并且 $e^{-2\pi y^2}$ 的傅里叶变换是 $\frac{1}{\sqrt{2\pi}} e^{-x^2/2}$, 因此 Z_N 等于 x 的分布会收敛于 $\frac{1}{\sqrt{2\pi}} e^{-x^2/2}$. 对这些内容的证明需要利用复分析中的结果. 如果想了解更多细节, 我们向读者推荐 [Fe], 它会给出完整的证明. $\qquad\square$

证明的关键在于我们用傅里叶分析来研究独立同分布的随机变量之和, 因为傅里叶变换可以把卷积转化为乘法. 普遍性是由于在泰勒展开式中只有二次项及之前的项才起作用. 具体地说, 对于 "好的" p, S_N 的分布会收敛于标准高斯分布, 这与 p 的精细结构无关. p 的均值为 0 且方差为 1 实际上只是一个标准化的过程, 它用来研究具有相似规模的所有概率分布; 参见 20.4 节.

在中心极限定理中, 高阶项在确定收敛速度方面发挥着重要作用 (详见 [Fe], 在本福特定律上的应用请参阅 [KonMi]).

这里有一些值得思考的好问题.

• 修改证明来处理 p 的均值为 μ 且方差为 σ^2 的情况.
• 在 p 的合理假设下, 估计收敛到高斯分布的速度.
• 设 p_1 和 p_2 是两个满足式 (21.2) 的概率密度函数. 考虑 $S_N = X_1 + \cdots + X_N$, 其中对于每一个 i, X_i 等可能地从 p_1 或 p_2 中随机抽取. 证明: 在这种情况下, 中心极限定理仍然成立. 当存在固定有限多个这样的分布 $p_1, \cdots, p_k$ 时, 情况又如何? 此时, 对于每一个 i, X_i 取自 p_j 的概率是 q_j (当然, $q_1 + \cdots + q_k = 1$)?

21.4 总 结

毫不奇怪, 傅里叶分析证明法与矩母函数证明法在结构上有许多相似之处. 这应该在我们的预料之中. 为什么呢? 矩母函数是 $M_X(t) = \mathbb{E}[e^{tX}]$, 而傅里叶变换 (或特征函数) 是 $\mathbb{E}[e^{-2\pi i y X}]$. 如果令 $t \mapsto -2\pi i y$, 这两个表达式就关联了起来, 但是 i 带来了很大的不同! 对于任意的概率密度函数, 特征函数始终存在, 但矩母函数却并非如此.

这种关系揭示了断言 1. 现在你应该很清楚为什么傅里叶变换的导数与概率

密度函数的矩有关: 因为傅里叶变换与矩母函数非常相似, 而矩母函数的导数就
是矩.

在数学上, 我们可以做的事情是无穷无尽的. 我们几乎可以定义任何东西, 问
题是哪些定义是有用的, 哪些定义会带来好的观点. 在定理 21.2.1 中, 我们看到了
卷积的傅里叶变换就是傅里叶变换的乘积. 当研究随机变量的和时, 我们很难不尝
试使用卷积, 因为这是寻找概率密度函数最自然的方法. 由于傅里叶变换与卷积可
以很好地相互作用, 我们利用傅里叶变换去证明也就不奇怪了.

21.5 习   题

习题 21.5.1   找到关于 f 和 g 的足够多的条件, 使得柯西–施瓦兹不等式成为等式. 试着找出其中最弱的条件.

习题 21.5.2   计算 $f(x) = \mathrm{e}^{-|x|}$ 的傅里叶变换.

习题 21.5.3   证明: $\widehat{g}'(y) = \int_{-\infty}^{\infty} 2\pi i x \cdot g(x) \mathrm{e}^{-2\pi i x y} \mathrm{d}x$.

习题 21.5.4   证明断言 2: 如果存在一个固定值 $c \neq 0$, 使得 $B(x) = A(cx)$, 那么 $\widehat{B}(y) = \frac{1}{c}\widehat{A}\left(\frac{y}{c}\right)$.

习题 21.5.5   当 $m \in \{1, 2, 3, 4\}$ 时, 找出常数 C_{2m}, 使得 $\int_{-\infty}^{\infty} \frac{C_{2m}}{1+x^{2m}} \mathrm{d}x = 1$. (使用复分析中的技巧, 我们可以找到所有 m 的 C_{2m}.)

习题 21.5.6   利用 e^x、$\cos x$ 和 $\sin x$ 的泰勒级数展开式, "证明": $\mathrm{e}^{ix} = \cos x + i \sin x$.

习题 21.5.7   证明: $(\mathcal{L}^{-1}(\mathcal{L}f)(s))(x) = f(x)$.

习题 21.5.8   证明: $(\mathcal{F}^{-1}(\mathcal{F}f)(s))(x) = f(x)$.

习题 21.5.9   证明: 任意一个具有紧支集 (也就是说, 仅在有限区间上, 函数值才不为 0) 的无限可微函数都包含在施瓦兹空间中.

习题 21.5.10   解释一个函数是如何既光滑又有紧支集的.

习题 21.5.11   证明: 柯西分布不属于施瓦兹空间.

习题 21.5.12   利用特征函数证明: 柯西分布是严格稳定的. 也就是说, 两个相同的柯西分布之和能够通过调整原始分布的比例来得到.

习题 21.5.13   设 f 是一个非负连续函数. 证明: 由 $\int_{-\infty}^{\infty} f_n(x)\mathrm{d}x < \infty$ 推不出 $\lim_{x\to\infty} f(x) = 0$.

习题 21.5.14   设 $X_i \sim \mathrm{Exp}(1)$, 相应的概率密度函数满足: 当 $x \geqslant 0$ 时, $f_{X_i}(x) = \mathrm{e}^{-x}$; 否则 $f_{X_i}(x) = 0$. (a) 求出 $f_{X_1} * f_{X_2}$. (b) 更一般地, 对于三个、四个或任意多个指数分布的概率密度函数, 你能为它们的卷积找到一个解析表达式吗? (c) 如果指数分布的参数不同, 比如参数分别是 λ_1 和 λ_2, 结果又如何?

习题 21.5.15   内积是一个函数, 它把两个 "向量" 映射成一个值. 我们把 v_1 和 v_2 的内积记作 $\langle v_1, v_2 \rangle$. 如果一个函数是内积, 那么它必须满足三条性质: $\langle v_1, v_2 \rangle = \langle v_2, v_1 \rangle$ (我们只考虑实值函数, 复值函数的情形有些不同); 线性性质, 即 $\langle (av_1 + bv_2), v_3 \rangle = a\langle v_1, v_3 \rangle + b\langle v_2, v_3 \rangle$; 最后, 向量与自身的内积始终是非负的, 仅当该向量为 0 向量时, 它

与自身的内积才为 0. 证明: 如果把随机变量 X 和 Y 看作两个向量, 那么 $\mathbb{E}[XY]$ 就是个内积.

习题 21.5.16　柯西-施瓦兹不等式有一个更一般的形式: $|\langle x, y \rangle|^2 \leqslant \langle x, x \rangle \cdot \langle y, y \rangle$. 利用这个不等式证明: X 和 Y 的协方差的平方小于它们方差的乘积.

习题 21.5.17　利用特征函数证明: 对于相互独立且服从同一个指数分布的随机变量, 它们的和服从爱尔朗分布.

习题 21.5.18　找到一个不存在傅里叶变换的函数.

习题 21.5.19　对于服从参数为 1 的指数分布的随机变量之和, 以及服从 $[0, 1]$ 上均匀分布的随机变量之和, 其中哪一个趋向于正态分布的速度更快?

习题 21.5.20　画出服从参数为 1 的指数分布的随机变量之和, 以及服从 $[0, 1]$ 上均匀分布的随机变量之和, 并验证你在上一题给出的假设.

第五部分
其他主题

第 22 章 假 设 检 验

如果你的实验结果需要一个统计员, 那你就需要重新设计一个实验了.

—— 欧内斯特·卢瑟福

在 2003 到 2004 年, 我参加了美国俄亥俄州立大学的数据分析研讨会. 记得有一位发言者提到, 天气卫星每天传送的信息比整个国会图书馆的信息还要多, 而预报员只有几个小时来分析数据并进行预测. 现有的丰富数据是 21 世纪的福音之一, 也是最大的挑战之一. 忽视这些数据就会为自己招来风险. 通常情况下, 我们可以通过数学模型来研究感兴趣的问题: 从预测天气到选择专业运动队, 从判断法律法规的财务影响到描述物理学中的基本粒子和力. 我们给出关于某问题的一个假设, 收集与这个问题相关的数据, 看看这些数据是否支持我们的观点.

这样我们就进入了一个非常重要的领域 —— 模型检验, 它是**统计学**的一个重要组成部分. 由于这是一本概率论教材而不是统计学教材, 对此的论述必须非常简短. 但是, 很多课程实际上既包含了概率论, 又包含了统计学知识, 因此我决定用较长的一章略微详细地介绍统计学. 我强烈建议你将来参加一门统计学课程. 在统计学课上, 你会遇到很多不同的检验, 它们可以确定数据是否与你的猜想一致. 我们为什么可以相信这些检验结果? 因为概率! 本章的检验来源于概率论中的很多结论和定理, 因此下面的内容能很好地回顾我们所学知识并看到其效用.

接下来的重点是介绍一些主要的检验方法, 以及它们为什么有用. 当然, 这并不能取代统计学的完整课程, 但希望它能让你更好地了解概率都能做些什么, 并激励你继续学习. 下一节的检验法是对本书前面内容的一个非常好且重要的应用. 在入门课中, 大部分例子都具有下列形式: 有一个总体, 而我们感兴趣的量取自某个带有未知参数的标准分布; 关于未知参数应该等于多少, 我们有一定的想法; 最终的目标是看一看数据是否支持我们对这个参数值的断言. 例如, 我们可能认为, 美国人所拥有的财富会服从 $\lambda = 60\,000$ 美元 的指数分布. 然后我们要收集数据. 我们的数据不太可能与参数为 $60\,000$ 美元的指数分布完全拟合, 因此我们的目标是量化数据与分布之间的接近程度, 并讨论观测值意味着什么. 更有趣的是, 我们可能认为财富值会服从一个指数分布, 但不知道其参数是多少, 现在想通过观测值来找到最合适的指数分布 (同时看看这种方法可以做到多好).

22.1 Z 检 验

我们首先描述原假设和备择假设, 然后讨论显著性水平及检验统计量, 最后对单侧检验与双侧检验的比较展开讨论. 通过例子来学习知识要比只讲理论更加容易, 所以我们引入了 z 统计量和 z 检验, 并利用它们来给出相关讨论和示例.

本节要点
- 有一种方法可以检验假设的真实性, 即使存在随机性也可行.
- 我们假定假设成立, 然后收集数据.
- 通过计算数据的可能性来决定我们的假设是否有效.

我们将广泛使用与正态分布相关的事实, 以及它的累积分布函数 (常记作 Φ), 参阅第 14 章来回顾.

22.1.1 原假设与备择假设

假设麦当劳推出了一项新的广告宣传活动, 声称它们处理每一个订单所花费的平均时间是 45 秒. 显然每个订单都是不同的, 所以实际情况会围绕均值产生一些变化. 作为一个怀疑论者, 当下次去麦当劳时, 你会做一些调查: 在 20 个订单样本中, 你发现平均服务时间是 48 秒, 标准差是 8 秒. 鉴于这些数据, 你相信麦当劳的说法吗?

回答这个问题有一个主要的障碍: 你选取的样本具有随机性. 你的样本均值意味着麦当劳的速度比他们声称的慢, 但也可能是你选取的样本速度恰好很慢 —— 在你观察的过程中, 也许儿童棒球队正好进来庆祝胜利. 我们需要一个正式的过程来确定麦当劳是否在说实话, 这个过程会考虑到你的样本不寻常的可能性. 这个过程称为**假设检验**.

在很多情况下, 我们都需要评估一项声明是否有效, 比如考察麦当劳处理订单的速度, 以及确定一种新药是否比现有的药更好. 假设检验的第一步是建立一个**原假设**. 原假设通常与实验员或研究者试图证明的结论相反, 我们假定原假设是正确的, 并试着利用数据来推翻它. 以麦当劳为例, 由于我们认为平均服务时间 μ 比 45 秒慢, 原假设 (记作为 H_0) 可能如下所示:

$$原假设: H_0: \mu \leqslant 45.$$

也就是说, 我们假设平均服务时间最多为 45 秒. 在建立了原假设之后, 还必须提出**备择假设**, 这通常是我们想要证明的事实. 在麦当劳的例子中, 备择假设 (记作 H_a) 就是

$$备择假设: H_a: \mu > 45,$$

这就是我们想要的结果. 注意, 备择假设与原假设是互补的, 意味着它们共同涵盖了 μ 值的每一种可能. 我们不能有以下假设:

$$H_0: \quad \mu < 45, \qquad\qquad H_a: \quad \mu > 46,$$

因为这种假设没有包含 $45 \leqslant \mu \leqslant 46$ 的情况. 你要记住的一个重点是: **原假设与备择假设必须包含被测量参数的每一个可能值**.

假设检验最重要的一个方面就是我们的论述方式. 如果想证明一种药物是有效的, 我们会认为原假设是 "药物是无效的". 在假设药物无效的前提下, 如果药物的性能难以判断, 就拒绝原假设并给出药物有效的结论. 但要注意, 我们**不会假设药物是有效的**, 只有当药物可以提供充分的理由时, 我们才会修正假设. 更令人信服的说法是, "这种药已经证明了自己", 而不是说 "这种药还没有搞砸".

22.1.2 显著性水平

一旦确定了原假设与备择假设, 该如何检验它们呢? 我们假定原假设成立, 然后考察我们的数据. 在原假设 H_0 下, 如果收集这些数据的概率足够小, 那么就拒绝 H_0, 转而支持备择假设 H_a. 这种论证方式对你来说可能比较陌生, 所以下面给出一个例子. 不妨想象你是一名生物学家, 正在测量新发现的一组鳄. 先前的研究表明, 当地成年鳄的长度服从正态分布: 它们的平均长度为 6 英尺, 标准差为 6 英寸 (记住, 1 英尺等于 12 英寸[①]). 假设你测量了其中一只新鳄, 发现它的长度是 14 英尺. 你认为这是当地鳄吗? 可能不是, 因为它的长度比平均值高出 16 个标准差! 你的意思是: "如果当地成年鳄的长度服从均值为 6 英尺且标准差为 6 英寸的正态分布, 那么遇到一条长度为 14 英尺的当地鳄的概率会非常小." 在假设这条鳄是当地鳄的前提下, 你收集的证据是如此不可信, 所以你认为这条鳄可能不是当地的 (换句话说, 你的假设是错误的). 这里的 H_0 表示新鳄是当地的, 而 H_a 表示新鳄不是当地的. 我们拒绝 H_0 并支持 H_a 是因为在 H_0 的前提下, 鳄不太可能长达 14 英尺.

你可能已经注意到我们刚才给出的推理中的一个问题: **多不太可能才是不可能的**? 如果鳄是 7 英尺长呢? 在这种情况下, 鳄只比均值高出 2 个标准差, 这是很罕见的, 但也不是闻所未闻.

为了解决这个问题, 我们通常会设置一个**显著性水平** (也称为 α **水平**). 显著性水平描述了我们能够接受的不同结果的限度. 0.05 的 α 水平意味着, 在原假设成立的前提下, 如果从数据中观测到的结果出现的概率小于 5%, 就拒绝原假设. 设置一个 α 水平的优点是, 对于我们可以接受的事件范围, 它给出了一个硬性限制; 这也是一个缺点, 因为这让我们失去了灵活性! 稍后将讨论显著性水平的作用和缺陷. 如果决定采用这种思路, 你应该在看到数据**之前**确定边界点!

[①] 1 英尺约等于 0.3 米, 1 英寸约等于 2.5 厘米. —— 编者注

有一个简单的方法可以可视化 α 水平. 不妨设我们已经给出了下列假设: 我们要考察总体的某个参数, 它服从 $N(\mu, \sigma^2)$. 我们想在 0.05 的 α 水平下对这个假设进行检验. 利用 z 表格可知, 如果原假设成立, 那么该参数介于 $\mu - 1.96\sigma$ 和 $\mu + 1.96\sigma$ 之间的概率是 0.95. 换句话说, 如果原假设为真, 那么在该范围内产生一个值的概率是 95%. 因此, 在原假设下, 如果某测量值与均值之间的距离超过了 1.96 个标准差, 那么就认为该测量值出现的概率小于 5%. 此时, 我们会拒绝原假设. 可以把原假设看作用来建立一个**临界区域**, 如果测量值出现在临界区域内, 那么我们就拒绝原假设. 在 0.05 的 α 水平下, 如果被检验的参数服从正态分布, 那么临界区域就是与均值的距离超过 1.96 个标准差的所有范围, 参见图 22-1.

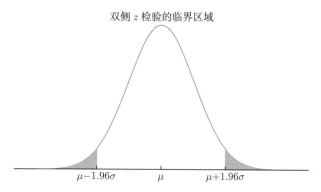

图 22-1　服从正态分布的参数与其均值之间的距离大于 1.96 个标准差的概率等于 0.05. 在 0.05 的 α 水平下, 这就确定了双侧 z 检验的临界区域

在本书中, 当说到**显著性**时, 指的是统计学意义而不是实际意义. 某件事具有统计学意义并不意味着它具有重大的实际意义, 或者说, 统计学上的差异并不一定引发某些实际行动. 例如, 有一种新研发的内衣, 其保暖性要比以前最好的内衣好 2%, 这一差异具有统计学意义. 但是, 这并不意味着人们会基于保暖性的差异去选择购买新型内衣, 因为 2% 的改进并没有那么显著. 因此, 这并没有实际意义. 现在假设保暖性提高了 30%. 这可能更具有实际意义, 尤其是对马萨诸塞州的冬季消费者而言. 然而, 这个 30% 不一定具有统计学意义, 也就是说, 我们不清楚是否真的存在很大差别. 我们需要收集更多数据来证明这种差异确实存在, 后面章节中讨论样本容量与检验功效时会提到这一点.

对于 α 水平, 我们通常有很多选择. 最常见的 α 水平是 0.10、0.05、0.01 和 0.001. 显然, α 越小, 我们观察到的数据就越难以拒绝原假设. 因此, 对 α 的选择应该依据不同的考察目标而变化. 例如, 如果我们正在评估一项新外科手术的有效性, 那么可能想要一个非常低的 α 水平, 以确保它与大多数外科医生已经习惯的旧程序确实有很大的不同, 从而保证这种新手术能被采用. 对于像人们是否喜欢在冰激凌上撒糖霜这样的事情, 选择 0.10 作为 α 水平是合理的. 由于很难判断 α 水平过高还是过低, 所以 0.05 通常被随意地看作标准的 α 水平, 这当然不是我们使用的唯一 α 水平. **最重要的是, 我们必须在观测数据之前选择 α 水平**, 以免在观测到数据之后故意选择一个允许我们拒绝原假设的 α 水平来作弊. 例如, 一家制药公司想要销售一种新药. 这种新药在 0.05 的 α 水平下可能被认为明显好于旧药, 但在 0.01 的 α 水平下却并非如此. 药物的功效, 特别是用于治疗致命疾病的药物功效, 是非常重要的, 因此应该在小于 0.05 的 α 水平下考虑. 然而, 制药公司可以将 α 水平提高到 0.05, 以便说明新药具有明显的疗效, 从而大幅提高销售量.

在接着往下说之前, 还有一个术语不得不提. 对于 0.05 的 α 水平, 我们经常提到的 1.96 被称为**临界值**. 不难想到, 每一个 α 值都对应着一个不同的临界值. 我们将在下一节给出对临界值的准确定义.

22.1.3 检验统计量

在确定了显著性水平之后, 就可以对假设进行检验了. 接下来要做的就是构造一个**检验统计量**. 检验统计量是从数据中得到的测量结果, 而且它的分布被假定为已知的 (记住, 我们从假定原假设成立开始). 既然知道了检验统计量的分布, 就可以得到检验统计量取一个大值或较大值的概率; 这就是我们用来判断是否拒绝原假设的概率. 一个常见的检验统计量是样本均值. 在确定了检验统计量之后, 我们要算出它服从的分布. 这是假设检验中最重要的问题, 如果不知道检验统计量的分布, 就无法评估得到的结果是否异常.

举一个例子, 样本均值应该服从什么分布? 为此, 我们回忆一下中心极限定理: 对于 n 个独立同分布的随机变量 X_i, 设它们的均值为 μ 且方差为 σ^2, 那么当 $n \to \infty$ 时, 随机变量

$$Y_n = \frac{1}{n}\left(\sum_{i=1}^{n} X_i\right)$$

会趋向于服从正态分布. 如果每一个 X_i 都代表总体中一个成员的度量, 那么 Y_n 就是样本均值, 并且 X_i 满足上述条件. Y_n 的均值和方差是多少? 由期望的线性性质可得

$$\mathbb{E}[Y_n] = \mathbb{E}\left[\frac{1}{n}\left(\sum_{i=1}^{n} X_i\right)\right] = \frac{1}{n}\left(\sum_{i=1}^{n} \mathbb{E}[X_i]\right) = \frac{1}{n} \cdot n\mathbb{E}[X] = \mu,$$

Y_n 的期望值就是 X 的期望值. 另外, Y_n 的方差由下式给出

$$\mathrm{Var}(Y_n) = \mathrm{Var}\left(\frac{1}{n}\left(\sum_{i=1}^{n} X_i\right)\right) = \frac{1}{n^2}\mathrm{Var}\left(\sum_{i=1}^{n} X_i\right). \tag{22.1}$$

因为 X_i 是相互独立的, 所以

$$\mathrm{Var}\left(\sum_{i=1}^{n} X_i\right) = \sum_{i=1}^{n} \mathrm{Var}(X_i) = n\mathrm{Var}(X_i),$$

于是, Y_n 的方差可以简化成

$$\mathrm{Var}\left(Y_n\right) = \frac{1}{n^2} \cdot n\mathrm{Var}(X_i) = \frac{\sigma^2}{n}.$$

样本均值的方差有一个奇妙的特性: 随着样本容量的增加, 方差会不断减小. 要想知道为什么会这样, 可以想象反复抛掷一枚均匀硬币的场景 (硬币掷出正面或反面的概率相等). 如果掷出正面的概率小于 45% 或者大于 55%, 那么就称之为 "不寻常" 的结果. 对于容量为 2 的样本, 我们得到一个不寻常结果的概率是 50%, 这是因为我们只可能掷出两个正面 (不寻常)、两个反面 (不寻常) 或者正反面各一个 (寻常). 如果样本容量为 100 呢? 此时, 如果掷出的正面少于 45 个或者超过 55 个, 那么我们就得到了一个不寻常的结果. 要做到这一点, 有多少种方法呢? 回顾一下组合学的知识. 掷出的正面个数介于 45 和 55 之间 (即没有得到不寻常的结果) 的方法一共有

$$\sum_{i=45}^{i=55} \binom{100}{i} = 923\,796\,541\,447\,310\,445\,480\,620\,479\,776$$

种. 另外, 把硬币抛掷 100 次共有 2^{100} 种方法. 因此, 出现不寻常结果的概率是 1 减去没有出现不异常结果的概率:

$$\mathrm{Prob}\,(\text{不寻常结果}) = 1 - \frac{1}{2^{100}}\sum_{i=45}^{55}\binom{100}{i} = 0.271.$$

对于容量为 1000 的样本, 我们可以重复上面的论述, 从而算出得到不寻常结果的概率为 0.0014. 随着样本容量的增加, 可能结果的总数会比得到不寻常结果的方法数增加得更快. 因此, 对于更大的样本, 我们希望得到更可靠的真实平均值 (参见图 22-2). 这个例子说明了一个非常普遍的原则: **数据越多越好**. 不幸的是, 为了让准确性翻倍 (将方差减半), 你需要收集 2 倍的数据. 但是在很多实际情况下, 这会付出昂贵代价或消耗大量时间.

在图 22-2 中, 我们绘制了一些模拟结果, 并在下面给出了生成它的简单代码.

```
temp = {}; For[n = 100, n <= 1000, n = n + 10, (* 每10个值绘制1次 *)
 temp = AppendTo[
   temp, {n, 1 - Sum[Binomial[n, i], {i, .45 n, .55 n}]/2^n}]]
ListPlot[temp, AxesLabel -> {"Number of flips", "Probability"},
 PlotRange -> {{100, 1000}, {0, .3}},
 PlotLabel -> "Probability of getting an unusual result"]
}
```

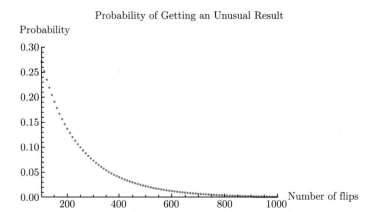

图 22-2　随着样本容量的增加 (也就是说, 抛掷更多硬币), 得到"不寻常结果"的概率会大大
　　　　降低. 这就是为什么我们认为方差会随着样本容量的不断增加而越来越小. 更多内
　　　　容, 请参阅习题 22.8.3

　　一旦得到了检验统计量的分布, 就可以马上做假设检验. 不妨设原假设是"随
机变量 X 的均值等于 μ". 如果原假设成立, 那么对于较大的 n, 样本均值 $\bar{x}$ 应该
服从均值为 μ 且方差为 σ^2/n 的正态分布. 换言之, $\bar{X} \sim N(\mu, \sigma^2/n)$. 于是, 检验
统计量如下所示.

样本均值的检验统计量 ——z 统计量: 设 X 是一个服从正态分布的随机变量,
其方差是已知的 σ^2, 并假设其均值为 μ. 设 $x_1, x_2, \cdots, x_n$ 是从该分布中取出的
n 个相互独立的观测值. 设 $\bar{x} = (x_1 + \cdots + x_n)/n$ 是样本均值. 那么, 观测到的 z
检验统计量的值

$$z = \frac{\bar{x} - \mu}{\sqrt{\sigma^2/n}}$$

服从均值为 0 且方差为 1 的正态分布 (所以 $Z \sim N(0,1)$). 如果 X 不服从正态
分布, 而是服从某个具有良好性质的分布, 那么我们会得到一个不错的结果: 当
$n \geqslant 30$ 时, $\bar{X} = (X_1 + \cdots + X_n)/n$ 会近似于服从正态分布. 方差是已知的这一点
非常重要, 否则我们就要做更多检验.

　　这个检验之所以称为 z **检验**是因为检验统计量服从正态分布, 而这又是因为
服从正态分布的随机变量之和仍然服从正态分布. 这意味着正态分布是**稳定的**, 我
们已经在本书中多次谈到了稳定分布的好处.

　　对于任何要测量的 z 值, 我们都可以利用标准正态分布表来找到检验统计量
远离 0 的概率. 这个概率称为 p **值** (即概率值). 如果 p 值小于 α 水平, 那么拒绝原
假设并支持备择假设. 这也让我们对**临界值**有了更清楚的了解. 对于给定的假设检
验, 临界值满足下列说法: 如果检验统计量大于临界值 (在绝对值意义上), 那么就

拒绝原假设.

现在终于可以结束麦当劳的例子了. 根据前面的讨论, 如果我们接受原假设, 并令 $\mu = 45$ 且假设 $\sigma = 8$ (在 22.3 节中, 我们还会回到这个假设), 那么在容量为 20 的样本中, 应该有

$$\bar{X} \sim N(45, 8^2/20).$$

这意味着对于容量为 20 的样本, 平均等待时间应该是 45 秒, 而标准差则是 1.79 秒. 因为我们的观测结果是 $\bar{x} = 48$, 所以 z 值就是 $(48 - 45)/1.79 = 1.68$. 通过 z 表格可以看到检验统计量恰好大于 1.68 的概率是 0.046, 略高于 4%. 由于这个 p 值小于 0.05 的显著性水平, 所以我们拒绝原假设, 并认为麦当劳确实比他们宣称的速度要慢. 但是, 如果选择 0.01 的 α 水平, 那么我们会得到一个完全不同的答案. 这个问题说明了不同的临界值是如何影响我们的判断的. 有些人认为, 研究人员的工作不是给出结论, 而是报告 p 值.

22.1.4 单侧检验与双侧检验

在上一个例子中, 你可能会想: "为什么只考察 z 值大于 1.68 的概率? 难道我们不需要担心检验统计量小于假设均值的概率吗?" 这是迄今为止我们有点疏忽的一个重要问题, 它阐明了**单侧假设检验**与**双侧假设检验**之间的关键区别. 麦当劳的例子阐述了单侧检验的情形, 其中我们感兴趣的是被测量的参数是否大于 (或小于) 某个特定的值. 为了看清这一点, 我们计算了检验统计量大于或等于已有值的概率. 通过双侧检验, 我们想看看这个参数是否与某个给定值有很大的不同, 所以要计算检验统计量远离假设均值或者远远高于我们已有值的概率. 显然, 所测量的 p 值取决于你正在做的测试类型. 单侧检验与双侧检验的区别如图 22-3 所示.

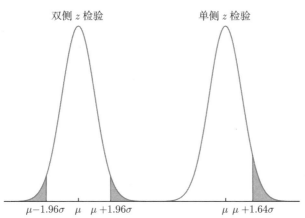

图 22-3 双侧 z 检验与单侧 z 检验的区别. 两种检验的 α 水平均为 0.05

你会注意到, 单侧检验的临界值要比双侧检验的临界值更小 (检验统计量与均

值之间的距离只需要 1.64 个标准差, 而不是 1.96 个标准差). 这是单侧检验与双侧检验的一般性质: 与单侧检验相比, 双侧检验需要更多的证据.

为什么双侧检验需要更多的证据? 如果是这样的话, 为什么不能只用单侧检验呢? 问题在于, 我们需要证明进行单侧检验是合理的. 在麦当劳的例子中, 我们可以放心地假设他们不会比宣传的速度更快, 因为如果真的更快, 他们早就那样宣传了! 但是, 如果不能排除这种可能性, 那么就需要使用双侧检验.

最后就单侧检验做一点说明. 在麦当劳的例子中, 原假设是 $\mu \leqslant 45$; 但在做检验时, 我们只令 $\mu = 45$. 为什么不需要担心均值为 43 的可能性呢? 好吧, 假设令 $\mu = 43$, 那么检验统计量就变成了 $(48 - 43)/1.79 \approx 2.79$—— 比以前更大了! 对于任意一个小于 45 的均值, 我们会有更高的 z 测量值. 因此, $\mu = 45$ 是最困难的情况. 如果当 $\mu = 45$ 时, 我们可以拒绝原假设, 那么对于任何小于 45 的假设均值, 就都可以拒绝原假设. 这是单侧检验的一个便利属性: 你只需要考察最极端情况.

既然已经给出了假设检验的框架, 接下来我们看一些例子.

例子: 假设你正在测量灯泡的使用寿命, 并且已知标准差为 $\sigma = 100$ 小时. 你想检验它们的寿命是否与 2000 小时有很大差别. 在包含 20 个灯泡的随机样本中, 你发现它们的平均使用寿命是 2050 小时. 在 0.05 的 α 水平下, 你会拒绝"灯泡的平均使用寿命是 2000 小时"这一假设吗?

解答: 我们已经有了原假设, 即 $\mu = 2000$. 因此, 备择假设就是

$$H_a: \quad \mu \neq 2000.$$

注意, 这是一个双侧检验, 因为没有理由不考虑灯泡使用时间少于 2000 小时的可能性. 现在我们来计算检验统计量, 也就是

$$z = \frac{观测均值 - 假设均值}{标准差}.$$

要小心! 人们经常错误地说: "观测均值是 2050, 假设均值是 2000, 又因为标准差是 100, 所以 z 值是 1/2. 这个值太小了, 所以不能断定均值有差别. " 然而, 他们使用了错误的标准差! 100 小时是只包含一个灯泡的样本的标准差. 对于包含 20 个灯泡的样本, 你应该会得到更可靠的均值, 而正确的标准差是 $\sigma/\sqrt{n} = 100/\sqrt{20} \approx 22.36$ 小时. 因此, z 值是 $(2050 - 2000)/22.36 \approx 2.24$. 由于我们使用的是双侧检验, 所以 p 值就等于检验统计量大于 2.24 或小于 -2.24 的概率, 即 0.025. 这是非常有说服力的证据, 表明了真正的均值不是 2000 小时.

例子: 假设一家汽车保险公司最近从波士顿搬到了西雅图, 并试图了解他们的新市场. 在波士顿, 某一年提出索赔的保单持有人的百分比可以用一个二项分布来描述, 其中成功 (即司机提出索赔) 的概率为 $p_b = 0.25$. 在西雅图的第一年, 该公司发现投保的 10000 名司机中有 2300 人提出了索赔. 在 0.05 的 α 水平下, 检验在西雅图投保的司机提出索赔的概率, 记作 p_s, 是否小于 0.25.

解答： 在这种情况下, 原假设与备择假设分别是什么? 因为我们想检验 $p_s < 0.25$ 是否成立, 所以原假设为

$$H_0: \quad p_s \; \geqslant \; 0.25,$$

备择假设为

$$H_a: \quad p_s \; < \; 0.25.$$

这里使用了单侧检验, 所以我们需要谨慎地证明为什么不考虑西雅图司机比波士顿司机发生更多事故的可能性. 或许是因为以前的研究表明了情况就是这样, 又或者因为西雅图人口密度较小, 所以我们预测事故发生会减少. 不妨设单侧检验是合理的. 一旦有了假设, 我们就可以按照通常的做法进行下去. 假定原假设为真, 并令 $p_s = 0.25$. 在这种情况下, 西雅图的索赔数量应该用二项分布来描述, 其中规模为 10 000, 成功概率为 0.25. 但是, 我们可以把问题变得更简单一些. 对于较大的 N, 容量为 N 且成功概率为 p 的二项分布可以用均值为 Np 且标准差为 $\sqrt{Np(1-p)}$ 的正态分布来很好地逼近 (这是中心极限定理的一个特例. 在 18.3 节中, 我们给出了 $p = 0.5$ 时的证明). 在大多数教材中, 我们通常认为当 N 的值大于 30 时, N 已经很大了. 由于这里是 10 000, 所以我们可以放心地用正态分布来替换二项分布. 因此, 如果 $p_s = 0.25$, 那么在 10 000 名司机中, 提出索赔的人数应该近似服从均值为 $10\,000 \cdot 0.25 = 2500$ 且标准差为 $\sqrt{10\,000 \cdot 0.25 \cdot 0.75} \approx 43.3$ 的正态分布.

既然知道了提出索赔的司机人数应该服从什么样的分布, 接下来就可以计算检验统计量了. 我们已经证明了在原假设下, 提出索赔的司机人数应该服从均值为 2500 且标准差为 43.3 的正态分布. 现在有 2300 名司机提出了索赔. 因此, 检验统计量为

$$\frac{2300 - 2500}{43.3} \; \approx \; -4.62.$$

这个检验统计量应该服从标准正态分布.

最后一步是计算 p 值, 即检验统计量远离我们已有量的概率. 因为要检验 $p_s < 0.25$ 是否成立, 所以我们只需要求出检验统计量小于 -4.62 的概率, 即 $\Phi(-4.62) \approx 1.92 \times 10^{-6}$ (这里的 Φ 是标准正态分布的累积分布函数). 这个概率远小于 0.05 的 α 水平, 所以我们拒绝原假设并给出结论: 在西雅图投保的司机在某一年提出索赔的概率小于 0.25.

在假设检验中, 需要证明检验统计量的分布是合理的. 在对样本均值做假设检验时, 我们经常利用中心极限定理 (CLT) 来说明 $\bar{X}$ 是服从正态分布的. 然而, 我们需要谨慎地使用这种论证方法. 如果基本分布是 "好的", 并且样本容量很大, 那么可以认为 $\bar{X}$ 是服从正态分布的. 但是, 如果你要处理一个奇怪的分布或者只有几个数据点的情况, 那么在使用 CLT 时就要非常小心 (也可能有一个柯西分布, 其

均值根本不存在). 换一种说法: 如果想使用 z 检验, 你就要提供一个很好的理由来说明你收集的数据为什么会服从正态分布.

关于 z 检验, 需要注意的最后一点是, 要假设对方差有全面的了解. 在麦当劳的例子中, 我们实际上使用了**样本方差**, 并把它看作真实方差. 从技术角度看, 这是不正确的, 我们将在本章后面讨论如何解决这个问题.

22.2　p　值

上一节给出了一种假设检验法. 在假设检验的框架中, 最重要的度量是 **p 值**. **假定原假设成立**, p 值让我们了解到收集的数据远离已有值的概率. 本节则更直观地描述 p 值, 并提醒人们避免对它产生一些误解.

本节要点

- p 值是一个条件概率: 在原假设成立的前提下, 收集到已有数据的概率.
- p 值与上下文有关.
- 对相同数据的不同检验可以产生不同的 p 值.
- p 值不是原假设成立的概率.

22.2.1　非凡的主张与 p 值

正如我们在 22.1 节中所述, 在原假设成立的前提下, p 值用来衡量我们观察到的事件偶然发生的可能性. 如果观察到一个 p 值非常小的事件, 那么我们有两种选择: 可以得出结论, 即看到了一个罕见事件也可以认为在假设前提下, 我们看到的事件是不太可能发生的, 所以假设很可能是错误的 (即拒绝原假设).

我们想强调的一点是, p 值的说服力取决于上下文. 为什么这么说呢? 想象一下, 一位音乐家走到你面前, 告诉你他有绝对音感 (只要听一听, 就能辨认出任何音符). 为了检验这一点, 假设你为他演奏了 8 个不同的音符, 他准确地识别了所有 8 个音符. 你会相信他的话吗? 可能会相信他, 因为训练有素的音乐家都有不错的听力, 而且如果他是猜测的话, 能猜对所有 8 个音符的概率非常小. 现在假设有一个男人走到你面前, 说他只要仔细想一想就可以知道你下一步要演奏什么音符. 为了验证他的说法, 你让他写下他认为你将要演奏的音符, 然后自己写下真正演奏的音符. 在写下 8 个音符后, 你将核对列表. 假设他把 8 个音符都写对了. 你会相信他的话吗? 虽然我们有与第一个例子相同的证据, 但你可能会犹豫是否相信这个人能够预测你的行为 (你可能希望得到更多的数据), 这仅仅是因为他的断言太令人难以置信. 所以, 即使有相同的证据 (也就是说, 当把两种情况的原假设都定义为: 这个人是猜测的, 那么这两种情况下的 p 值是相同的), 我们也会更倾向于相信其中

一个 p 值而非另外一个. 正如卡尔·萨根曾经所说的, "非凡的主张需要非凡的证据".

22.2.2 大的 p 值

假设你想检验一枚硬币是否均匀 (即掷出正面和反面的概率相等). 抛掷硬币 20 次之后, 你看到了 12 次正面. 如果原假设为 "硬币是均匀的", 那么 p 值是多少? 假设硬币是均匀的, 那么正面出现的次数 H 应该服从二项分布:

$$\Pr(H = k) \ = \ \frac{1}{2^{20}} \binom{20}{k}.$$

掷出的正面 (或反面) 不少于 12 次的概率, 即 p 值, 等于

$$p \ = \ \frac{1}{2^{20}} \left(\sum_{k=0}^{8} \binom{20}{k} + \sum_{k=12}^{20} \binom{20}{k} \right) \ \approx \ 0.503.$$

这个 p 值比我们之前看到的都要大, 所以我们肯定不能用这个数据来拒绝原假设. 这意味着什么呢? 我们已经证明了硬币是均匀的吗? 当然不是! 这个数据实际上与掷出正面的概率是 0.6 的假设更加一致. 但是, 这个数据与我们所期望的均匀硬币并不相符. 既然不能说已经证明了硬币是均匀的, 那就说我们**无法拒绝**硬币是均匀的原假设. **这是统计学语言的一个重要部分 —— 我们从不 "接受" 任何假设, 只拒绝或者无法拒绝假设.** (这类似于陪审团裁定 "无罪" 判决而非 "无辜" 判决.) 硬币可能是不均匀的, 如果有更多的数据, 我们或许会看到更强的偏差. 然而, 从我们观察到的样本来看, 没有足够令人信服的证据来修改我们最初的主张.

22.2.3 关于 p 值的误解

关于 p 值还有最后一点要说明: p 值**不是**原假设成立的概率. 这是一个很常见的错误, 也是个合理的错误. 考虑一下硬币的例子: 硬币要么是均匀的, 要么是不均匀的 —— 硬币的状态没有随机性. 在这种情况下, 讨论原假设成立的概率是没有意义的. 然而, p 值仍然是有意义的: 它是在原假设成立的前提下, 收集到已有证据的条件概率, 而不是在已经收集了数据的前提下, 原假设成立的概率.

例子: 你是名办公室经理, 购买了 20 台全新的影印机. 制造商告诉你, 在一年内, 有一台机器出现故障的概率是 $p_{\text{ph}} = 0.03$. 在使用的第一年里, 有两台影印机发生了故障. 现在, 你是否相信制造商告诉你的 p_{ph} 值? 当 α 水平是多少时, 你会选择不相信制造商的说法?

解答: 这是关于利用二项分布进行假设检验的一个很好的介绍, 因为我们的样本太小从而无法使用正态分布来近似. 为了使用二项分布, 必须假设每台影印机是否出现故障都与其他影印机相互独立. 和往常一样, 我们首先给出原假设与备择假设. 我们怀疑机器出故障的频率大于 0.03, 所以有如下假设:

$$H_0: \quad p_{\mathrm{ph}} \leqslant 0.03, \quad H_a: \quad p_{\mathrm{ph}} > 0.03. \tag{22.2}$$

假定原假设成立, 并令 $p_{\mathrm{ph}} = 0.03$. 在这种情况下, 一年内有 n 台机器出现故障的概率是

$$\mathrm{Prob}(n\text{台机器故障}) = \binom{20}{n}(0.03)^n(1-0.03)^{20-n}.$$

使用二项分布进行假设检验的美妙之处在于我们已经知道了检验统计量——它就是 2. 我们的 p 值就是在某一年有两台或更多台机器发生故障的概率. 为了求出这个概率, 可以把两台机器故障的概率加上三台机器故障的概率 $\cdots\cdots$ 这样一直加下去我们还可能会注意到

Prob(两台或更多台机器出现故障) $=$ $1 -$ Prob(零或一台机器出现故障),

这个概率就是 $1 - ((0.97)^{20} + 20 \cdot 0.03 \cdot (0.97)^{19}) \approx 0.12$. 这不是个非常有说服力的 p 值. 没错, 一年中有两台影印机出现故障是很少见的, 但这种情况也没有罕见到让你开始怀疑制造商在骗你. 为了能够拒绝原假设, 你的 α 水平必须至少为 0.12, 但这个值太大了, 以至于不能被任何正式场合接受.

例子: 从 1997 年到 2006 年, 哈特福德市的流感病例数 (每 10 000 人) 可以用 $\lambda = 350$ 的泊松分布来模拟. 提醒一下, 这意味着在某个特定年份, 看到 k 个流感病例的概率是

$$\mathrm{Prob}(k \text{ 个流感病例}) = \frac{\mathrm{e}^{-350} \cdot 350^k}{k!}.$$

从 2007 年开始, 通过了一项增加注射流感疫苗数量的法案. 在此后的 3 年中, 每 10 000 人的流感病例数分别为 330, 320 和 325. 假设新法案是影响流感率的唯一有意义的因素 (这是一个很大的假设), 你认为增加流感疫苗的投入能有助于减少哈特福德市的流感病例数吗?

解答: 不妨设原假设为 "法案没有发挥任何作用, 过去几年较低的病例总数只不过是一种巧合". 在这种情况下, 流感病例的数量用 $\lambda = 350$ 的泊松分布来模拟. 在这三年的时间里, 流感病例数应该服从什么样的分布? 正如我们在 19.1 节中看到的, 如果 X 服从参数为 λ_1 的泊松分布, Y 服从参数为 λ_2 的泊松分布, 那么 $X + Y$ 就服从参数为 $\lambda_1 + \lambda_2$ 的泊松分布 (换句话说, 我们又得到了一个**稳定**分布). 如果有三个服从泊松分布的随机变量, 那么它们的和也会服从泊松分布, 并且该分布的参数等于前三个分布的参数之和.

我们看到, 在这三年时间里, 哈特福德市的流感病例数应该用一个参数为 $\lambda = 350 + 350 + 350 = 1050$ 的泊松分布来模拟. 在过去的 3 年里, 已经出现了 975 例流感. 出现的流感病例数小于或等于这个值的概率是

$$\sum_{n=0}^{975} \frac{\mathrm{e}^{-1050} \cdot 1050^n}{n!} \approx 0.010,$$

于是 p 值为 0.01. 这足以说明法案是有用的.

注 我们提到可以把流感病例数的所有变化都归因于这项新法案,这是一个很大的假设. 这是因为还存在许多其他因素可以导致流感发病率降低: 也许哈特福德市最近推出的一个公共卫生项目增加了经常洗手的人数,这有助于减少细菌的传播; 也许反常的暖冬使得人们待在室内的时间减少,因此人们不太可能把细菌传染给其他人. 对于这样的问题,认识到你所做的假设是很重要的,并且要考虑到你可能遗漏的潜在因素. 这一点之所以重要有两方面的原因: 它可以让你认识到你建立的模型有哪些缺点,(更重要的是) 还可以引导你转向重要数据. 例如,如果我们认为天气因素会对哈特福德市的流感病例产生影响,那么或许可以看看其他有暖冬但没有通过流感疫苗法案的城镇是何情况.

22.3 t 检 验

在 22.1 节的结尾,我们提到了 z 检验的一个潜在问题: 假设对方差有全面的了解. 但是,我们真正知道方差的例子却很少. 大多数时候,我们都是利用数据本身来估算方差. 本节将讨论如何找到一个精确的方差估计量,以及如何在假设检验中使用这个估计量.

> **本节要点**
> - z 检验假设完全了解方差,但在很多情况下我们做不到这一点.
> - 我们可以从数据中得到方差的估计值,并用它来代替实际方差.
> - 利用样本方差来改变检验统计量的分布.

22.3.1 估算样本方差

当我们收集总体参数的相关数据时,如果不知道有关方差的任何信息,那么估算方差最直接的方法是按照下列方式计算**样本方差**: 与之前一样,求出样本均值 $\bar{x}$ ($\bar{x} = (x_1 + \cdots + x_n)/n$),然后把样本方差 s^2 取作

$$s^2 := \frac{1}{n-1} \sum_{i=1}^{n} (x_i - \bar{x})^2 = \frac{1}{n-1} \sum_{i=1}^{n} x_i^2 - \frac{n}{n-1} \bar{x}^2.$$

这看起来非常像常规的方差公式,不同之处在于这里的分母是 $n-1$. 这基于统计学中的一个重要概念,即所谓的**自由度**. 对于任意一个给定的估计,自由度是做出该估计所需的独立观测值的个数. 假设我们知道波士顿 8 月份的平均高温是 $80°F$[①],现在想了解温度的方差是多少. 如果第二天的最高温为 $85°F$,那么可以估计方差是 $(85 - 80)^2 = 25$ (当然,方差的单位是华氏度[①]). 像通常情况那样,假设我们事先并不知道均值. 那么,如果测量的最高温是 $85°F$,就可以把这个值当作平

---

① $80°F$ 约为 $27°C$. —— 编者注

均温度的估计值. 但是, 我们得不到与方差有关的任何信息, 因为这里没有偏离均值的量. 当把上述公式用于考察一个容量为 1 的样本时, 会发生什么呢? 你会得到 0/0—— 即使方程式本身也知道不应在此例中使用它!

如果再次观察并发现最高温是 88°F, 那么现在能得到什么呢? 此时的样本均值是 86.5°F, 并且可以估算样本方差. 但是, 由于我们要利用样本均值来估算方差, 所以这两个观测值对方差的影响并不是相互独立的: 一旦知道了均值和其中一个最高温, 你自然就知道了另一个最高温. 所以, 只有一个观测结果会对样本方差产生影响. 一般来说, 这里使用 $n-1$ 是因为我们想知道, 在样本中, 观测值会对方差产生影响的变量有多少个.

注 关于应该使用 $n-1$ 而不是 n 的另一个可信说法是, s^2 是 σ^2 的**无偏估计量**. 这意味着 $\mathbb{E}[s^2] = \sigma^2$, 所以平均来看我们的预测是不错的.

22.3.2 从 z 检验到 t 检验

有了样本方差, 我们就可以用前面提到的 z 检验来解决问题了. 回想一下, 当进行 z 检验时, 我们找到了一个检验统计量 $\bar{x}$, 它服从均值为 μ 且方差为 σ^2/n 的正态分布 (在原假设下). 据此, 我们可以构造服从标准正态分布的检验统计量

$$(\bar{x} - \mu) / \sqrt{\sigma^2/n}.$$

如果不知道 σ^2 呢? 那么用估计量 s^2 来代替它似乎是合理的. 也就是说, 把分母写成 $\sqrt{s^2/n}$ 而不是 $\sqrt{\sigma^2/n}$. 这会对检验统计量的分布产生什么样的影响呢? 由于 $\mathbb{E}[\bar{x}] = \mu$ 且 $\mathbb{E}[s^2] = \sigma^2$, 所以这个量应该接近于 z 统计量. 但是, 其分布应该比正态分布更加分散一些. 这是为什么呢? 当已知 σ^2 时, 随机性只来源于一个量, 即 $\bar{x}$. 现在, 我们有两个随机变动的量 ($\bar{x}$ 和 s^2), 所以分布不应该像以前那样局部化. 换句话说: 现在不应该有更好的估计, 因为我们知道的更少了! 事实上, 这个检验统计量确实服从一个关于 0 对称的分布, 即所谓的 **t 分布**.

---

t 分布: t 分布是一个分布族, 其参数是自由度. 设 $X_1, \cdots, X_n$ 是相互独立且均服从标准正态分布的随机变量, 并设 S_n^2 是样本方差随机变量, 那么 $\bar{X}/(S_n/\sqrt{n})$ 的分布称为自由度为 $n-1$ 的 t 分布, 记作 T_{n-1}. 对于自由度为 ν 的 t 分布, 其概率密度函数的解析表达式为

$$\frac{\Gamma\left(\frac{\nu+1}{2}\right)}{\sqrt{\nu\pi}\,\Gamma(\nu/2)}\left(1 + \frac{x^2}{\nu}\right)^{-\frac{\nu+1}{2}}.$$

更一般地, 如果基本分布被推测为均值是 μ (且方差是未知的 σ^2) 的正态分布, 那么检验统计量为

$$\frac{\bar{x} - \mu}{\sqrt{s^2/n}} \sim t_{n-1}.$$

注意: 方差不能出现在检验统计量的定义中, 因为它是未知的, 所以不可用!

---

t 分布与正态分布非常相似, 如图 22-4 所示. 实际上, 当 n 趋向于无穷大时, t 分布趋向于正态分布. 这让我们有了一个直观认识: 在已知基本正态分布的情况下, 可以使用 t 分布, 但需要估算方差. 当样本容量很大时, 我们对方差的估计会变得越来越精确, 并且不需要担心估计的不确定性. 更正式地说, 利用

$$\lim_{n \to \infty} \left(1 + \frac{x}{n}\right)^n = e^x,$$

我们看到

$$\lim_{\nu \to \infty} \left(1 + \frac{x^2}{\nu}\right)^{-\frac{\nu+1}{2}} = \left(\lim_{\nu \to \infty} \left(1 + \frac{x^2}{\nu}\right)^{\nu}\right)^{-1/2} \lim_{\nu \to \infty} \left(1 + \frac{x^2}{\nu}\right)^{-1/2} = e^{-x^2/2}.$$

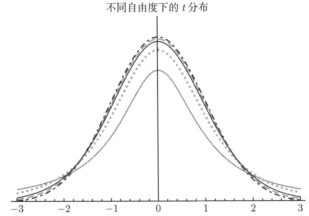

不同自由度下的 t 分布

图 22-4　自由度分别为 $1, 3, 9$ 和 20 的 t 分布 (从最低到最高). 最高的曲线是标准正态分布. 注意, 当自由度为 30 时, t 分布就可以很好地逼近正态分布

一旦知道了检验统计量是如何分布的, t 检验接下来的流程就与 z 检验完全相同了. 我们给出原假设与备择假设, 计算检验统计量, 并找到相应的 p 值. 从直观上看, 两者也是完全一样的: 如果

$$\beta = \frac{\bar{x} - \mu}{\sqrt{s^2/n}}$$

服从 t 分布, 那么对于 β 的任何一个值, 我们都可以计算出检验统计量取较大值的可能性. 如果这个概率足够小, 我们就拒绝原假设.

既然已经知道了 t 检验的形式, 我们可以回到本章开头关于麦当劳的例子. 现在能够更准确地使用样本方差 $s^2 = 64$, 而不是像之前那样使用 $\sigma^2 = 48$, 于是有

$$t = \frac{48 - 45}{\sqrt{64/20}} \approx 1.68,$$

这与之前得到的结果相同. 两种做法的唯一区别是, 现在我们希望检验统计量服从自由度为 19 的 t 分布. 实际上, 在 0.05 的 α 水平下, 这个分布的边界值是 $t = 1.73$, 所以在 5% 的显著性水平下, 我们无法拒绝 $\mu = 45$ 的原假设. 考虑到之前有多么接近 5% 的显著性水平, 略微不同的检验方法会给出不同的结果也就不足为奇了, 但这可能会令人担忧!

发生了什么? 为什么我们可以使用 z 检验拒绝原假设, 但在使用 t 检验时却不能? 这里有两个因素: 我们并不像自己认为的那样拥有充足的信息, 并且显著性水平会影响边界值. 在第一次进行 z 检验时, 我们声称知道标准差是 8 秒. 但在使用 t 检验时, 我们不得不承认只估算了方差. 正因如此, 接下来的每一次估计都变得更加不确定. 另一个问题是我们遇到了 5% 的显著性水平. 即便使用 t 检验, p 值仍然是 0.055—— 这非常有力地表明了麦当劳比他们声称的速度要慢, 但恰好超过了边界值. 正如我们上面所说的, 出于这个原因, 很多研究人员放弃拒绝或无法拒绝假设, 只能进行简单的分析并给出 p 值.

例子: 假设你在自家花园里种植了西红柿. 在过去的几年里, 你做了一些观察并发现你种植的西红柿的重量几乎始终服从平均重量为 4 盎司[①]的正态分布. 但是, 你最近看到了一种新型肥料的广告, 它声称可以增加农产品的大小. 你突发奇想, 决定试一试这种肥料. 在你种植的下一批西红柿中, 有 2 个 3 盎司的西红柿, 4 个 4 盎司的西红柿, 以及 6 个 5 盎司西红柿. 据此, 你能否断言该肥料会增加产量?

解答: 因为我们对肥料能否增加产量感兴趣, 所以原假设就是肥料没有 (或者可能有负面的) 影响. 用 μ 表示施肥后西红柿的平均大小, 我们有

$$H_0:\ \mu \leqslant 4, \qquad H_a:\ \mu > 4. \tag{22.3}$$

与之前一样, 假设原假设成立, 并令 $\mu = 4$. 为了计算检验统计量, 我们需要样本均值和样本方差. 不难看出, 样本均值为

$$\bar{x} = \frac{2 \cdot 3 + 4 \cdot 4 + 6 \cdot 5}{12} = 4.33,$$

样本方差是

$$s^2 = \frac{1}{11}\left(2 \cdot (3 - 4.33)^2 + 4 \cdot (4 - 4.33)^2 + 6 \cdot (5 - 4.33)^2\right) \approx 0.61.$$

因此, 检验统计量为

$$\frac{\bar{x} - \mu}{\sqrt{s^2/n}} = \frac{4.33 - 4}{0.225} \approx 1.48.$$

这个检验统计量是如何分布的? 由于我们使用的是样本方差, 所以第一个猜想是 t 分布. 但是, 要使用 t 分布, 我们需要一个基本的正态分布. 现在是这样的情况吗? 我们说过西红柿的重量几乎服从正态分布, 所以由中心极限定理可知, 从这个

---

① 1 盎司约等于 28.35 克. —— 编者注

分布中抽取的一个容量为 12 的样本将非常接近于服从正态分布. 当然, 我们的样本容量比利用中心极限定理的一般情况要小一些, 但正态分布的假设看起来是合理的.

因为 $\bar{x}$ 服从正态分布, 所以

$$\frac{\bar{x} - \mu}{\sqrt{s^2/n}} \sim t_{n-1}.$$

因此, 这个检验统计量应该服从一个自由度为 11 的 t 分布. 对于这个分布, 1.48 的 t 值对应于一个 0.083 的 p 值. 虽然这不是肥料能增加西红柿大小的具体证据, 但我可能会一直使用它, 直到得出更加有决定性的数据.

22.4 假设检验的问题

给出假设检验的基本结构并对它有了直观的了解之后, 我们有了一个清醒的认识: 假设检验不是完美的. 因为我们最终要从概率论的角度来论述, 所以无法完全肯定得到的结论. 我们可能会犯两种错误: 错误地拒绝一个正确的原假设, 或者无法拒绝一个不正确的原假设. 统计学家们展现了他们在命名方面的天赋, 分别将这些错误定义为 **I 型错误**和 **II 型错误**.

本节要点
- 概率论证从来都不是决定性的.
- 我们可能会犯两种错误: 拒绝一个正确的原假设, 或者无法拒绝一个不正确的原假设.
- I 型错误与 II 型错误之间有一个折中.

22.4.1 I 型错误

我们先来处理 I 型错误. 如上所述, **I 型错误**是拒绝了一个正确的原假设. 为什么会发生这种情况呢? 不妨假设我们正在检验一个假设, 并且已经确定了原假设是正确的. α 水平 (不妨设为 0.05) 意味着, 如果我们偶然观察到了一个发生概率少于 5% 的结果, 那么将拒绝原假设. 看到一个发生概率不超过 5% 的结果的机会有多大? 恰好是 5%! (这很容易计算.) 更一般地说, 发生 I 型错误的概率 (在原假设为真的前提下) 恰好是 α 水平.

22.4.2 II 型错误

我们还可能犯另一种错误: 可以看出原假设是错的, 但无法拒绝它. 这就是所谓的 **II 型错误**. II 型错误比 I 型错误更棘手, 因为它与你识别出的错误原假设有

关. 为什么会出现这种情况? 如果原假设是错的, 那么它应该比较容易被拒绝. 但是, 原假设与真实情况越接近, 就越难被拒绝. 我们来看一个例子.

例子: 想象一下, 你正在试图估算所在大学里成年男性的平均身高. 假设真正的总体均值是 6 英尺 (1.83 米), 标准差是 3 英寸 (7.62 厘米), 你取了一个容量为 20 的样本. 如果原假设是平均身高为 5 英尺 (1.52 米), 那么在 0.05 的 α 水平下, 出现 II 型错误的概率是多少?

解答: 为了简单起见, 不妨设我们知道标准差是 3 英寸, 样本均值大概服从正态分布. 这意味着, 如果样本的平均值与均值之差超过了 1.96 个标准差, 那么我们将拒绝 H_0. 对于容量为 20 的样本, 标准差是 $s = \sigma/\sqrt{n} = 3/\sqrt{20} \approx 0.67$ 英寸. 因此, 如果样本均值大于 5 英尺 1.31 英寸, 或者小于 4 英尺 10.69 英寸, 那么我们就拒绝 H_0. 也就是说, 如果样本均值介于 4 英尺 10.69 英寸与 5 英尺 1.31 英寸之间, 我们就会犯 II 型错误. 我们知道, 对于容量为 20 的样本, 它真正服从的分布是均值为 6 英尺且标准差为 0.67 英寸的正态分布. 由此可知, 出现 II 型错误的概率约为 10^{-57}—— 不需要担心这一点!

如果我们制定了更合理的原假设, 即平均身高是 5 英尺 11 英寸, 那么会出现什么情况呢? 整个分析过程与之前相同, 只不过当样本均值落在 5 英尺 9.69 英寸与 6 英尺 0.31 英寸之间时, 我们就会犯 II 型错误. 出现这种样本的概率会大于 67%, 所以我们很有可能犯 II 型错误. 这里的原因在于, 原假设与事实非常接近, 从而使我们经常看到与原假设一致的数据. 出现 II 型错误的概率 (以原假设是错误的为前提) 被称为 β. 在 22.4.4 节中, 我们会沿着这种思路来描述检验功效.

22.4.3 错误率与司法系统

与 I 型和 II 型错误相关的一个重要概念是错误率. **I 型错误率**是在原假设为真的前提下, 出现 I 型错误的概率. 类似地, **II 型错误率**是当原假设为假时, 出现 II 型错误的概率. 在上一个例子中, II 型错误率为 0.67.

考虑 I 型和 II 型错误的一种方式是在刑事审判的情况下. 陪审员会给出被告清白的原假设, 然后听取证词. 如果能说明被告清白的证据看起来极不可能, 那么陪审员将做出有罪的定论; 如果证据不够充分, 陪审员将做出无罪的定论 (注意有罪和无罪的说法: 按照同样的方式, 我们从不接受原假设, 只拒绝或无法拒绝原假设, 刑事审判永远找不到"清白者", 只能断定有罪或无罪). 表 22-1 总结了可能的结果.

我们看到, 在这个审判案例中, I 型错误意味着将一个无辜的人定罪, 但 II 型错误则意味着让罪犯获得自由 (因此, I 型错误也被称为**假阳性**, II 型错误被称为**假阴性**). 这两种结果看起来都不理想 —— 有没有方法可以降低 I 型错误和 II 型错误的发生率? 乍一看, 似乎没有办法. 如果陪审员想要通过得到更有说服力的证据来减少 I 型错误, 那么他将会自动地使任何人 (包括犯了罪的被告在内) 更加难以定罪. 因此, 为了减少 I 型错误的发生率, 他必然会增加 II 型错误的可能性. 但是, 我们可以做一件事来减少这两种错误 —— 只需要听取更多的证据. 我们对事情越清楚, 就越不容易做出错误的判断.

表 22-1 　刑事审判的可能结果. 原假设是被告是清白的; 如果原假设是他犯了罪, 那么 I 型和 II 型错误将颠倒过来

	被告是清白的	被告犯了罪
有罪	I 型错误	正确
无罪	正确	II 型错误

例子: 当地一所大学正在对学生进行猪流感检验, 这种流感会增加人体白细胞 (WBC) 的数量. 假设健康人群的 WBC 数服从每微升平均 7000 个且标准差为 1000 的正态分布, 而猪流感患者的 WBC 数则服从每微升平均 11 000 个且标准差为 1500 的正态分布. 由于这种疾病具有很强的传染性, 所以学院想要隔离那些疑似患者. 如果该大学把每一个 WBC 数超过 9000 的人都隔离起来, 那么相应的 I 型错误率和 II 型错误率分别是多少? 如果希望 II 型错误率为 0.05, 应该设置什么样的临界值?

解答: 我们先来看一下该大学把每一个 WBC 数超过 9000 的人都隔离起来的情况. 在这种情况下, I 型错误是什么? I 型错误是假阳性, 所以它会认为一个健康的人得了猪流感. 这种情况就是指一个健康人的 WBC 数超过了 9000, 其概率为 $1 - \Phi(2) \approx 0.023$ (记住 Φ 是标准正态分布的累积分布函数).

那么 II 型错误呢? 当我们把一个患者看作健康人时, 这种错误就发生了. 只要患者的 WBC 数小于 9000, 这种错误就会发生. 其概率为 $\Phi(-1.33) \approx 0.091$.

如果希望 II 型错误率为 0.05, 应该设置什么样的临界值? 也就是说, 当患者的 WBC 数低于临界值时, II 型错误就会出现. 因此, 我们要找到使得 $\Phi(z) = 0.05$ 的 z. 使用标准正态分布表, 我们发现这个 $z = -1.64$. 因此, 临界值应该是 $11\,000 - 1.64 * 1500 = 8540$.

不妨再思考一下, 当 WBC 数的临界值为 8540 时, I 型错误率是多少? 这正是一个健康人的 WBC 数超过 8540 的概率, 即 $1 - \Phi(1.54) \approx 0.062$. 我们再次看到了这种普遍现象, 即降低 II 型错误的发生率会增加 I 型错误的可能性.

22.4.4　功效

当原假设为假时, 我们希望检验可以正确地拒绝原假设. 当原假设确实不正确时, 检验的**功效**可以度量我们能够成功拒绝原假设的可能性. 因此, 由于 β 是出现 II 型错误的概率, 或者说是无法拒绝一个错误的原假设的概率, 所以检验的功效就

是我们的检验可以成功拒绝一个错误原假设的概率, 即 $1 - \beta$.

显然, 检验的功效越低, 我们就越有可能犯 II 型错误. 因此, 当无法拒绝原假设时, 首先要考虑的是检验的功效以及增加功效的方法. 通常情况下, 出现问题的原因是样本容量太小. 很有可能因为样本容量太小, 不足以代表我们想要概括的总体, 最终导致我们在样本之外检测不出任何显著的差异. 在一个容量较大的样本中, 我们会得到更多数据, 这意味着如果原假设确实是假的, 那么我们应该有更多的证据来证明原假设不成立. 换句话说, 如果总体具有显著差异, 那么增加样本容量, 从而使样本更接近真实的总体, 将会增加发现差异的可能性.

例如, 假设我们想知道一架飞机上的 30 名乘客是比较喜欢午餐菜单中新增的鱼, 还是喜欢经典的牛排 (假定没有人是素食主义者). 这里的原假设是乘客对两种食材的喜好没有区别. 假设有 25 名乘客确实相对比较喜欢吃鱼, 但其余 5 人没有明显的偏好. 如果我们有一个容量为 4 的小样本, 并且他们恰好是从这 5 位没有明显偏好的乘客中选出来的, 那么就不能拒绝原假设, 但对于包含 30 位乘客的总体来说, 这显然是错误的. 当选出 10 名乘客时, 我们就会发现这种差异, 因为只有 5 位乘客是无所谓的. 因此, 提高功效的一种方法是增加样本容量. 在本章的最后, 我们将介绍几种增加功效的方法.

22.4.5 效应量

正如上一节所说的, 检验功效用来度量真实值与假设值之间有多远. null 值 p_0 与真实值 p 之间的距离就是效应量. 但是, 因为我们不知道真实值, 所以效应量就被视为 p_0 与观测值之差.

效应量对于我们理解假设检验的功效至关重要. 大的效应意味着较小的 II 型错误, 从而检验就有更大的功效. 另一方面, 小的效应意味着较大的 II 型错误, 从而会有较小的功效. 因此, 知道效应量与样本容量可以帮助我们确定检验功效. 但这里的问题是, 在设计检验时, 我们还不知道观测值是多少, 从而无法计算效应量. 这意味着我们必须尝试几种不同的效应量, 并研究它们能带来的后果. 当研究人员设计一项课题时, 他们通常知道能对结论产生影响的效应量是多少, 并以此来估计所需的样本容量 n.

22.5 卡方分布、拟合优度

到目前为止, 我们只对均值做了假设检验, 但是也可以对其他有趣的参数进行检验. 本节将讨论如何对方差进行假设测试, 以及如何检验模型自身. 但在此之前, 我们需要引入一个非常重要的分布, 即所谓的 χ^2 分布. 接下来, 我们进行快速回顾, 更多相关介绍, 请参阅第 16 章.

本节要点

- 服从正态分布的随机变量与服从卡方分布的随机变量之间有一定的关联.
- 这种关联引出了样本方差与 t 检验.
- 我们可以利用服从卡方分布的随机变量来检验理论和实验的拟合优度.

22.5.1 卡方分布与方差检验

设 X 服从标准正态分布, 那么 X^2 服从什么分布? 我们可以很容易地找到 X^2 的概率密度函数:

$$\text{Prob}(a \leqslant X^2 \leqslant b) = \text{Prob}(\sqrt{a} \leqslant X \leqslant \sqrt{b}) + \text{Prob}(-\sqrt{b} \leqslant X \leqslant -\sqrt{a})$$

$$= 2 \cdot \text{Prob}(\sqrt{a} \leqslant X \leqslant \sqrt{b}) = 2 \int_{\sqrt{a}}^{\sqrt{b}} \frac{1}{\sqrt{2\pi}} \, e^{-x^2/2} dx.$$

现在把 $u = x^2$ 代入上式. 那么积分限就变成了从 a 到 b, 并且 $dx = \frac{du}{2\sqrt{u}}$, 于是有

$$\text{Prob}(a \leqslant X^2 \leqslant b) = 2 \int_a^b \frac{1}{\sqrt{2\pi}} \, e^{-u/2} \frac{du}{2\sqrt{u}} = \int_a^b \frac{1}{\sqrt{2\pi}} \, u^{-1/2} \, e^{-u/2} du.$$

所以, X^2 的概率密度函数是 $1/\sqrt{2\pi} \, x^{-1/2} e^{-x/2}$. 这是统计学中最常见的概率密度函数之一, 它的分布称为**自由度为 1 的卡方分布**. 与 t 分布相似, χ^2 分布是一族分布, 其参数是自由度. 更一般地, χ^2 分布有如下定义.

自由度为 k 的 χ^2 分布: 设 X_i 是相互独立且均服从标准正态分布的随机变量 (其中 $1 \leqslant i \leqslant k$), 那么随机变量

$$Y = X_1^2 + X_2^2 + \cdots + X_k^2$$

服从自由度为 k 的 χ^2 分布, 并常记作 χ_k^2.

注意, 由这个定义可以马上推出, 如果 $Y \sim \chi_k^2$ 且 $X \sim \chi_l^2$, 那么只要 X 和 Y 是相互独立的, 就有 $X + Y \sim \chi_{k+l}^2$.

对于自由度为 k 的 χ^2 分布, 其概率密度函数为

$$f(x) = \frac{1}{2^{k/2}\Gamma(k/2)} \, x^{k/2-1} \, e^{-x/2},$$

其中 Γ 是伽马函数. 在图 22-5 中, 我们给出了卡方分布的图形.

那么, 我们究竟为什么要讨论这个看起来挺好笑的分布呢? 一个原因是, 对于服从正态分布的随机变量, 其样本方差与 χ^2 分布密切相关. 考虑一个服从 $N(\mu, \sigma^2)$ 的随机变量 X, 假设我们从这个随机变量中取出了一个容量为 n 的样本. 我们之前已经看到过, 样本均值 $\bar{x}$ 应该服从 $N(\mu, \sigma^2/n)$, 于是

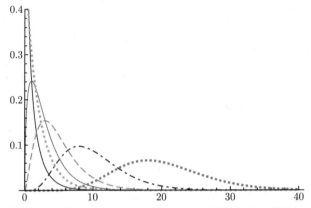

图 22-5　卡方分布的图形, 其中 $\nu \in \{1, 2, 3, 5, 10, 20\}$. 随着自由度的增加, 凸起位置不断向右移动

$$\frac{\bar{x} - \mu}{\sqrt{\sigma^2/n}} \sim N(0, 1).$$

现在假设需要计算样本方差:

$$s^2 = \frac{1}{n-1} \sum_{i=1}^{n} (x_i - \bar{x})^2.$$

一个自然的问题是: 样本方差服从什么分布? 因为样本方差不取负值, 所以它不可能服从正态分布. 但是, 在计算样本方差时, 我们需要对一大堆 $(x_i - \bar{x})$ 项求平方, 所以样本方差可能会服从 χ^2 分布. 为了弄清楚样本方差服从什么分布, 我们先考虑一些非常接近于真实方差的量:

$$\frac{1}{\sigma^2} \sum_{i=1}^{n} (x_i - \mu)^2.$$

这与方差的常规表达式极为相似, 但是缺少了一个因子 $1/n$, 而且多了一个 $1/\sigma^2$. 稍后我们将阐述做出这些变动的原因. 通过巧妙地添加 0, 上式可以改写成

$$\frac{1}{\sigma^2} \sum_{i=1}^{n} (x_i - \mu)^2 = \frac{1}{\sigma^2} \sum_{i=1}^{n} ((x_i - \bar{x}) + (\bar{x} - \mu))^2$$

$$= \frac{1}{\sigma^2} \sum_{i=1}^{n} ((x_i - \bar{x})^2 + (\bar{x} - \mu)^2 + 2(x_i - \bar{x})(\bar{x} - \mu)).$$

此时 $\bar{x} - \mu$ 是一个常数, 所以 $\sum_{i=1}^{n} (\bar{x} - \mu)^2 = n(\bar{x} - \mu)^2$. 由 $\sum_{i=1}^{n} (x_i - \bar{x}) = 0$ 可知, $\sum_{i=1}^{n} (x_i - \bar{x})(\bar{x} - \mu) = 0$. 于是, 这个等式就简化成了

$$\frac{1}{\sigma^2} \sum_{i=1}^{n} (x_i - \mu)^2 = \frac{1}{\sigma^2} \left(\sum_{i=1}^{n} (x_i - \bar{x})^2 + n(\bar{x} - \mu)^2 \right).$$

再做一次巧妙的代数运算, 就大功告成了:

$$\sum_{i=1}^{n} \left(\frac{x_i - \mu}{\sigma} \right)^2 = \frac{1}{\sigma^2} \sum_{i=1}^{n} (x_i - \bar{x})^2 + \left(\frac{\bar{x} - \mu}{\sqrt{\sigma^2/n}} \right)^2. \tag{22.4}$$

现在来看一下这个结果. 我们知道 $(x_i - \mu)/\sigma$ 服从标准正态分布, 所以由前面的定义可知, 等式的左端将服从自由度为 n 的 χ^2 分布. 另外, 已知 $(\bar{x} - \mu)/\sqrt{\sigma^2/n}$ 服从标准正态分布, 所以等式右端的第二项会服从自由度为 1 的 χ^2 分布. 现在剩下的唯一项是等式右端的第一项, 而它与样本方差的公式非常相似. 它就是 $(n-1)s^2/\sigma^2$. 那么它服从什么分布呢? 我们知道, χ^2 分布有一个不错的加法性质: 如果 $X_1 \sim \chi^2_k$ 且 $X_2 \sim \chi^2_l$, 那么只要 X_1 与 X_2 相互独立, 就有 $X_1 + X_2 \sim \chi^2_{k+l}$. 因此, 如果 (22.4) 式右端的第一项和第二项是相互独立的, 那么有

$$\frac{(n-1)s^2}{\sigma^2} \sim \chi^2_{n-1} \tag{22.5}$$

(虽然它们是相互独立的, 但对这一点的证明远远超过了入门课的范围).

所以, 现在我们看到了为什么要花那么多时间来研究 χ^2 分布 —— 只要我们从正态分布中取样, 样本方差 (更确切地说, 样本方差的倍数) 就会服从 χ^2 分布! 此外, 一旦知道了某个参数的分布, 我们就可以检验关于这个参数的假设. 下面来看几个关于方差的假设检验的例子. 这个例子用到了强大的**代回法**.

例子: 可口可乐工厂正在安装一种新机器, 它可以把沿着装瓶器移动的可乐倒入瓶中. 为了确保瓶装产品几乎具有统一的规格, 他们希望这台机器平均每次分配 12 盎司的可乐, 并且标准差不超过 0.05 盎司. 在 20 瓶样品中, 每瓶的液体量如下所示:

$$\begin{array}{ccccc} 11.83 & 12.09 & 11.93 & 12.02 & 11.98 \\ 11.97 & 12.06 & 12.08 & 12.06 & 12.02 \\ 12.01 & 12.10 & 12.04 & 11.98 & 12.04 \\ 12.00 & 12.04 & 12.09 & 12.00 & 11.92. \end{array}$$

这些数据是否符合公司的要求?

解答: 现在有 $\bar{x} = 12.01$, 这样看来机器的分配是合适的. 如果愿意的话, 我们可以对这个均值进行检验, 但现在要考察方差. 样本方差是 $s^2 = 0.0045$, 也就是说, 样本标准差是 0.067, 比预期的标准差要高. 这是一个显著的增长, 还是一种偶然情况? 我们把原假设设为 $\sigma = 0.05$, 即 $\sigma^2 = 0.0025$. 从式 (22.5) 的检验统计量中可以看出, 应该有

$$\frac{(n-1)s^2}{\sigma^2} \sim \chi^2_{19}.$$

20 个观测值并不多, 不足以使用中心极限定理, 所以要使用 t 检验, 不过我们假设每个单独的测量都服从正态分布 (其方差是未知的, 但我们假设均值是已知的).

我们得到了一个 34.2 的 χ^2 统计量. 这里应该使用单侧检验还是双侧检验? 显然, 我们不需要担心方差太小, 所以单侧检验似乎是合理的. 对于自由度为 19 的卡方分布, 34.2 的检验统计量进行单侧检验的 p 值为 0.0174. 这是一个很小的 p 值, 所以我们担心机器的方差太大. 但是, 依据更换机器的成本, 我们可能需要收集更多的数据, 以确保没有给出一个不寻常的样本.

现在不妨来检验一下均值 (做一个简单的回顾). 我们想看看机器的平均分配量是否接近 12 盎司. 令原假设为 $\mu = 12$, 我们有

$$\frac{\bar{x} - \mu}{\sqrt{s^2/n}} \sim t_{n-1}.$$

这给出了下面的检验统计量

$$\frac{12.01 - 12}{\sqrt{0.0045/20}} \approx 0.67,$$

它应该服从一个自由度为 19 的 t 分布. 与这个 t 值相应的 p 值约为 0.5, 这个值显然不够大, 所以无法拒绝 $\mu = 12$ 的原假设. 因此, 虽然我们还没有证明这台机器的平均分配量约为 12 盎司, 但收集的数据肯定与这种可能性并不矛盾.

22.5.2 卡方分布与 t 分布

我们发现 χ^2 分布与我们熟知且喜爱的另一个分布有关: t 分布. 实际上, t 分布可以用 χ^2 分布来**定义**, 具体定义如下所示.

自由度为 k 的 t 分布: 设 Z 服从标准正态分布, 且 Y_n 服从自由度为 n 的 χ^2 分布, 那么, 自由度为 n 的 t 分布是

$$\frac{Z}{\sqrt{Y/n}} \sim t_n.$$

这个定义看起来可能有些奇怪, 但我们马上会看到它是非常自然的. 它直接来源于我们在前几节中的发现: 在进行 z 检验时, 用样本方差来代替真实方差. 假设有一个随机变量 X, 它服从均值为 μ 且方差为 σ^2 的正态分布, 然后从这个变量中取出一个容量为 n 的随机样本. 于是, 我们有

$$\frac{\bar{x} - \mu}{\sqrt{\sigma^2/n}} \sim N(0, 1).$$

如前所述, 样本方差 s^2 满足

$$\frac{(n-1)s^2}{\sigma^2} \sim \chi^2_{n-1}.$$

现在把 σ^2 替换成 s^2, 并巧妙地乘以 1:

$$\frac{\bar{x} - \mu}{\sqrt{s^2/n}} = \frac{\bar{x} - \mu}{\sqrt{\dfrac{(n-1)\sigma^2 \cdot s^2}{(n-1)\sigma^2 \cdot n}}} = \frac{\bar{x} - \mu}{\sqrt{\sigma^2/n}} \cdot \frac{1}{\sqrt{\dfrac{(n-1)s^2}{(n-1)\sigma^2}}}.$$

通过观察这个等式, 我们发现 $(\bar{x} - \mu)/\sqrt{\sigma^2/n}$ 服从标准正态分布, 而 $(n-1)s^2/\sigma^2$ 服从自由度为 $n-1$ 的 χ^2 分布. 把 $(\bar{x} - \mu)/\sqrt{\sigma^2/n}$ 替换成 Z, 并把 $(n-1)s^2/\sigma^2$ 替换成 Y_{n-1}, 这样就得到了

$$\frac{Z}{\sqrt{\dfrac{Y_{n-1}}{n-1}}},$$

这正是上面给出的自由度为 $n-1$ 的 t 分布的定义.

22.5.3 列表数据的拟合优度

假设检验最重要的用途之一是检验模型. 因为我们一直在谈论证明你所选择分布的合理性有多重要, 所以这是一个非常有用的工具. 假设我们正在收集数据, 并且有 k 个可能的结果 (例如, 在你的概率论班里, 考虑每个人的出生月份. 这有 12 种可能的结果). 接下来, 可以构造一个观测数据列表 $\{O_1, O_2, \cdots, O_k\}$, 其中 O_i 表示我们观测到的第 i 个结果出现的次数. 我们也可以对这些数据建模, 即出现第 i 个结果的概率是 p_i (例如, 我认为教室里有 10% 的人出生在 1 月, 有 7% 的人出生在 2 月, 等等). 然后, 可以利用下面的检验统计量来检验这个假设:

$$\chi^2 = \sum_{i=1}^{k} \frac{(O_i - E_i)^2}{E_i}, \tag{22.6}$$

其中 E_i 是指在原假设下, 我们预计观察到事件 i 的次数. 你会注意到, 我们暗示性地把检验统计量命名为 χ^2. 事实证明, 这个检验统计量确实服从自由度为 $k-1$ 的 χ^2 分布. 请注意, 自由度取决于我们拥有的类别数量, 而不是数据点的数量.

关于这个检验统计量为什么会服从 χ^2 分布, 其一般证明相当有难度. 但是, 为了对结果有一个直观的认识, 我们来证明二项情形下的结论 (也就是说, 只有两种可能的结果). 假设我们已经收集了 n 个数据点, 并且观察到第一种结果出现了 O_1 次, 第二种结果出现了 O_2 次. 另外, 假设有一个模型指出第一种结果出现的概率为 p_1, 第二种结果出现的概率是 p_2. 注意, 我们期望第一种结果出现了 np_1 次, 第二种结果出现了 np_2 次. 这表明我们的检验统计量为

$$\chi^2 = \frac{(O_1 - np_1)^2}{np_1} + \frac{(O_2 - np_2)^2}{np_2}.$$

已知 $p_1 + p_2 = 1$, 所以 $p_2 = 1 - p_1$. 据此, 可以对上式做一些简化. 另外, $O_1 + O_2 = n$, 那么 $O_2 = n - O_1$. 于是, 我们得到了

$$\chi^2 = \frac{(O_1 - np_1)^2}{np_1} + \frac{((n - O_1) - n(1 - p_1))^2}{n(1 - p_1)}$$

$$= \frac{(1 - p_1)(O_1 - np_1)^2 + p_1(-O_1 + np_1)^2}{np_1(1 - p_1)}$$

$$= \frac{(O_1 - np_1)^2}{np_1(1 - p_1)} = \left(\frac{O_1 - np_1}{\sqrt{np_1(1 - p_1)}}\right)^2.$$

因为 O_1 服从规模为 n 且概率为 p_1 的二项分布, 所以由中心极限定理可知, 对于较大的 n, $O_1 \approx N(np_1, np_1(1 - p_1))$. 因此, χ^2 是一个服从标准正态分布的随机变量的平方. 这意味着, 它的确服从自由度为 1 的 χ^2 分布 (当 n 足够大时, 利用中心极限定理). 这个证明还让我们看到了为什么自由度始终比类别数少一: 如果有 k 个可能的结果, 并假设它们发生的概率是 $\{p_1, p_2, \cdots, p_k\}$, 那么利用 $p_1 + p_2 + \cdots + p_k = 1$ 和 $O_1 + O_2 + \cdots + O_k = n$ 的限制条件, 我们可以从方程中删除一个类别, 然后通过重新排列其余项来得到 $k - 1$ 个服从标准正态分布的随机变量的平方和 (即自由度为 $k - 1$ 的 χ^2 分布).

例子: 假设你正在调查职业棒球大联盟中球员出生月份的分布情况 (参见表 22-2). 乍一看, 你可能会认为出生月份与运动能力无关, 也会认为原假设是棒球运动员的出生月份是均匀分布的. 下面是 1950 年之后出生的美国大联盟球员的数据, 这些球员都是在 2005 年之前加入的.

表 22-2

出生月份	球员人数
1 月	387
2 月	329
3 月	366
4 月	344
5 月	336
6 月	313
7 月	313
8 月	503
9 月	421
10 月	434
11 月	398
12 月	371

有了这些数据后, 对于球员的出生月份应该是均匀分布的假设, 你能得出什么样的结论?

解答: 从数据来看, 我们注意到 8 月到 10 月有相当大的偏差. 难道这只是偶然, 还是发生了什么事? 和往常一样, 我们通过假设检验来看看发生了什么. 既然我们假设出生月份对运动能力没有影响, 那么预计在 4515 名球员中, 每个月出生的人都恰好占了 1/12, 或者说恰好有 376.25 个人. 我们感兴趣的检验统计量是刚刚给出的拟合优度统计量, 即

$$\chi^2 = \sum_{k=1}^{12} \frac{(k \text{ 月出生的人数} - 376.25)^2}{376.25} \approx 93.07.$$

由于每个球员都可能出生在 12 个月中的任何一月, 我们的检验统计量应该服从一个自由度为 11 的 χ^2 分布. 但是, 在计算 p 值之前, 需要确定使用单侧检验还是双侧检验. 这个检验统计量是不是真的 "太小了"? 如果数据与模型完全拟合, 那么每一项都是 0, 并且这个检验统计量也是 0. 这会让我们想要拒绝原假设吗? 一点儿也不会! 我们很高兴能有这么好的数据. 因此, 只有当检验统计量很大时, 我们才会担心. 这意味着我们将使用单侧检验. 在自由度为 11 的卡方分布的单侧检验中, 93.07 的检验统计量所对应的 p 值是 4.1×10^{-15}. 关于运动员生日的更多信息, 请参阅第 1 章.

22.6 双样本检验

假设检验最有用的应用之一是比较两个 (或更多个) 不同样本的均值. 对于任何类型的比较性决策, 这些检验都很重要: 使用药物 A 来生发的患者会比使用药物 B 的多吗? 人们喜欢可口可乐还是百事可乐? 就像在单样本检验中那样, 检验的精确性取决于我们对方差的了解程度. 这有三种可能性 (难度依次递增): 方差已知; 方差未知, 但有理由相信它们是一样的; 方差未知, 并且它们可能互不相同. 接下来, 我们要对这些问题进行处理.

本节要点

- 对两个总体进行检验, 它们的方差已知但互不相同.
- 对两个总体进行检验, 它们的方差未知但是相等的. 这涉及合并 (样本) 方差, 它是对未知方差的加权估计.
- 对于方差未知且互不相同的两个总体, 我们可以利用近似来处理.

22.6.1 双样本 z 检验: 方差已知

设随机变量 X 和 Y 的方差是已知的, 且分别为 σ_x^2 和 σ_y^2. 设 $\bar{X}$ 是从 X 中取出的一个容量为 n_x 的随机样本的均值, $\bar{Y}$ 是从 Y 中取出的一个容量为 n_y 的随机样本的均值. 通过构造随机变量 $\bar{X} - \bar{Y}$, 我们可以比较 X 与 Y 的均值. 如果 X 和 Y 是相互独立的, 那么

$$\mathrm{Var}(\bar{X} - \bar{Y}) = \mathrm{Var}(\bar{X}) + \mathrm{Var}(\bar{Y}) = \frac{\sigma_x^2}{n_x} + \frac{\sigma_y^2}{n_y}.$$

类似地, $\bar{X} - \bar{Y}$ 的期望值等于

$$\mathbb{E}(\bar{X} - \bar{Y}) = \mathbb{E}(\bar{X}) - \mathbb{E}(\bar{Y}) = \mu_x - \mu_y.$$

如果 $\bar{X}$ 与 $\bar{Y}$ 都服从正态分布, 那么由 "正态分布之和仍然是正态分布" (注意我们如何又一次使用了 "正态分布是一个稳定分布" 的事实) 可知

$$\bar{X} - \bar{Y} \sim N\left(\mu_x - \mu_y, \sigma_x^2/n_x + \sigma_y^2/n_y\right).$$

$\bar{X} - \bar{Y}$ 可以标准化成下列形式:

$$\frac{(\bar{x} - \bar{y}) - (\mu_x - \mu_y)}{\sqrt{\dfrac{\sigma_x^2}{n_x} + \dfrac{\sigma_y^2}{n_y}}} \sim N\left(0, 1\right). \tag{22.7}$$

现在假设我们想对 $\mu_x - \mu_y$ 的值做假设检验. 为了简单起见, 不妨设我们想看看 $\mu_x > \mu_y$ 是否成立. 我们给出 $\mu_x - \mu_y \leqslant 0$ 的原假设, 并令 $\mu_x = \mu_y$. 然后对 X 和 Y 进行取样, 并计算 $\bar{x}$ 和 $\bar{y}$. 利用式 (22.7) 以及在原假设下 $\mu_x - \mu_y = 0$ 这一事实, 我们看到检验统计量就是

$$z = \frac{\bar{x} - \bar{y}}{\sqrt{\dfrac{\sigma_x^2}{n_x} + \dfrac{\sigma_y^2}{n_y}}},$$

并且 z 应该服从标准正态分布. 与往常一样, 我们使用这个 z 值来计算 p 值, 并根据显著性水平来决定是否拒绝原假设.

方差已知的双样本 z 检验: 如果 X 和 Y 是相互独立的随机变量, 它们的方差分别是已知的 σ_x^2 和 σ_y^2, 那么

$$\frac{(\bar{x} - \bar{y}) - (\mu_x - \mu_y)}{\sqrt{\dfrac{\sigma_x^2}{n_x} + \dfrac{\sigma_y^2}{n_y}}} \sim N\left(0, 1\right).$$

假设: 仅当 $\bar{X}$ 和 $\bar{Y}$ 都服从正态分布时, 上述结论才成立.

为了对双样本检验的使用有一定的了解, 我们来看一个例子.

例子: 你在为一名睡眠研究者工作, 他想看看睡眠对考试成绩的影响. 为此, 该研究者召集了 28 个人, 并随机指定其中一半的人在第二天早上来之前睡足 8 个小时, 而另一半的人则只睡 4 个小时. 第二天早上, 他对这两组人进行测试并记录了他们的成绩. 假设研究人员得到了如表 22-3 所示的数据.

表 22-3

X = 睡眠充足的组	Y = 睡眠不足的组
73	76
95	65
93	74
89	59
79	75
90	76
86	71
91	76
98	74
74	84
91	71
90	77
50	96
70	81
$\mu_1 = 83.5$	$\mu_2 = 75.4$
$s_1^2 = 168.6$	$s_2^2 = 73.32$

根据这些数据, 你能否得出, 在 5% 的显著性水平下, 睡眠有助于提高测试中的表现?

解答: 在收集了这些数据并计算出两组人的样本均值和方差后, 我们提出以下假设:

$$H_0: \mu_1 - \mu_2 \leqslant 0$$
$$H_a: \mu_1 - \mu_2 > 0.$$

也就是说, 我们假定睡眠没有好处, 并希望通过拒绝原假设来支持睡眠确实是有益的备择假设. 请注意, 我们正在做单侧检验. 这样做看起来是合理的, 因为有大量证据表明, 睡眠并没有坏处 (除了那些睡过头错过考试的学生). 在这种情况下, 检验统计量应该是什么? 如果假定原假设成立, 那么可以令 $\mu_1 - \mu_2 = 0$. 由于我们想检验的是这两个均值是否互不相等, 所以考察随机变量 $\bar{X} - \bar{Y}$ 是很自然的. 如果假设 $\bar{X}$ 和 $\bar{Y}$ 都服从正态分布, 那么由上述讨论可知

$$\frac{\bar{x} - \bar{y}}{\sqrt{\dfrac{\sigma_x^2}{n_x} + \dfrac{\sigma_y^2}{n_y}}} \sim N(0, 1).$$

(你可能想知道为什么这里没有 $\mu_x - \mu_y$ 项: 记住, 我们假定了原假设是成立的, 这意味着 $\mu_x - \mu_y = 0$.) 你可能已经发现了一个问题: 公式要求我们使用 σ_x^2 和 σ_y^2, 但现在只有 s_x^2 和 s_y^2! 我们最终会借助 t 分布来解决这个问题 (就像在单样本检验中所做的那样), 但现在不妨设我们已经得到了正确的方差, 并令 $\sigma_x^2 = 168.6$, $\sigma_y^2 = 73.32$.

因此, 检验统计量为

$$z = \frac{83.5 - 75.4}{\sqrt{\dfrac{168.6}{14} + \dfrac{73.32}{14}}} \approx 1.95.$$

这个 z 值 (记住, 我们做的是单侧检验!) 所对应的 p 值约为 0.0256. 这是一个非常可靠的证据, 说明了睡眠确实对考试表现有好处.

22.6.2　双样本 t 检验: 方差未知但相等

正如我们在上一个例子中所看到的, 使用 z 检验进行双样本假设检验要求我们知道方差. 通常情况下, 我们事先并不知道方差, 而是从样本中估算. 然后, 可以用样本方差来代替实际方差, 但这样做的代价是所有估计都更加不确定. 实际上, 有两种情况需要考虑: 样本方差相等和样本方差不等. "方差相等"看起来可能有点刻意, 但我们先考虑这种情形, 因为它能让我们对一般情形有一个整体的直观了解, 而且其数学运算也更简单一些.

假设我们知道 X 和 Y 有相同的方差 σ^2, 但不知道具体等于多少. 在这种情况下, 就像第一次引入 t 检验那样来估算方差. 之前, 我们构造了样本方差 s_x^2, 但现在有两个变量, 所以要计算 s_x^2 和 s_y^2. 该如何把它们结合起来从而得到一个估计呢? 一种可能的做法是完全忽略 s_y^2, 只使用 s_x^2. 这是可行的, 因为我们知道 s_x^2 是 σ^2 的无偏估计量. 但我们还可以做得更好. 既然已经对 X 和 Y 进行了取样, 那么只使用 s_x^2 就相当于将数据丢弃 (这绝不是一个好主意). 那么应该怎样结合 s_x^2 和 s_y^2 从而得到更好的估计呢? 我们可以对两者进行同等的加权, 并把估计值设为 $s_p^2 = \frac{1}{2}(s_x^2 + s_y^2)$ (之所以称为 s_p^2 是因为我们合并了方差 —— 这就是所谓的**合并方差**). 但这也不是理想的情况: 假设有 1000 个来自 X 的样本, 以及 10 个来自 Y 的样本. 我们是否真的想在估计值中为 s_y^2 分配一半的权重? 可能不是, 因为 X 应该是一个更好的估计. 实际上, 我们可以做出的最好估计是给出一个加权平均结果.

双样本的合并方差: 设随机变量 X 和 Y 是相互独立的, 并且它们具有相同的方差 σ^2, 那么方差的最优估计是**合并方差** s_p^2, 即

$$s_p^2 = \frac{(n_x - 1) \cdot s_x^2 + (n_y - 1) \cdot s_y^2}{n_x + n_y - 2}.$$

合并方差的表达式并不太复杂, 但确实有点混乱. 幸好, 我们可以对它做进一步整理. 设 $r = \frac{n_x - 1}{n_x + n_y - 2}$. 注意, 这里的分子是 s_x^2 的自由度, 而分母是 s_x^2 与 s_y^2 的自由度之和. 于是, 上面的表达式就变成了

$$s_p^2 = r \cdot s_x^2 + (1 - r) \cdot s_y^2,$$

这确实是 s_x^2 和 s_y^2 的加权平均值 (因为 $0 \leqslant r \leqslant 1$ 且 $r + (1-r) = 1$), 其中样本方差的权数由它们的自由度来确定.

既然得到了方差的估计值, 接下来就按照与单样本情形相同的步骤继续进行下去. 把 σ^2 替换成 s_p^2, 此时检验统计量就由服从正态分布变成了服从 t 分布.

双样本 t 检验 —— 方差未知但相等: 设随机变量 X 和 Y 是相互独立的, 并且它们具有相同的方差 σ^2 及合并方差 s_p^2, 那么

$$\frac{(\bar{x} - \bar{y}) - (\mu_x - \mu_y)}{\sqrt{\dfrac{s_p^2}{n_x} + \dfrac{s_p^2}{n_y}}} \sim t_{n_x + n_y - 2}.$$

假设: 我们需要知道 $\bar{X}$ 和 $\bar{Y}$ 都服从正态分布.

注意, 我们的检验统计量服从自由度为 $n_x + n_y - 2$ 的 t 分布, 而 $n_x + n_y - 2$ 恰好是 s_x^2 与 s_y^2 的自由度之和.

重点: 和往常一样, 为了使用 t 检验, 我们需要一个基本的正态分布. 就目前的情况而言, 我们需要知道

$$\frac{(\bar{x} - \bar{y}) - (\mu_x - \mu_y)}{\sqrt{\dfrac{\sigma^2}{n_x} + \dfrac{\sigma^2}{n_y}}} \sim N(0, 1).$$

值得庆幸的是, 对大多数合理的样本容量和分布来说, 即使 X 和 Y 都不服从正态分布, 中心极限定理也可以保证 $\bar{X}$ 和 $\bar{Y}$ 几乎服从正态分布.

一旦有了检验统计量, 我们就可以像往常那样进行假设检验. 下面通过一个例子来确保你清楚了一切.

22.6.3 方差未知且不相等

我们已经讨论了如何处理方差未知但相等的情形, 接下来需要讨论的最后一种 (也是最一般的) 情形是, 我们既不知道 σ_x^2 也不知道 σ_y^2, 并且 σ_x^2 可能不等于 σ_y^2. 在这种情况下, 需要估计两个方差. 和往常一样, 我们计算 s_x^2 和 s_y^2, 并用它们来代替 σ_x^2 和 σ_y^2. 在理想的情况下, 可以得到

$$\frac{(\bar{x} - \bar{y}) - (\mu_x - \mu_y)}{\sqrt{\dfrac{s_x^2}{n_x} + \dfrac{s_y^2}{n_y}}}$$

将服从一个 t 分布, 并且其自由度可以很容易地计算出来. 不幸的是, 现在的情况并不理想, 上面的表达式是不成立的. 为什么不成立? 回顾一下前面的内容, t 分布的定义是

$$\frac{Z}{\sqrt{Y/n}} \sim t_n,$$

其中, Z 服从标准正态分布, Y 服从自由度为 n 的 χ^2 分布. 在单样本情形下, 为了证明把 σ^2 替换成 s^2 会得到一个 t 分布, 我们必须证明

$$\frac{(n-1)s^2}{\sigma^2} \sim \chi_{n-1}^2.$$

现在我们遇到的问题是: 之前可以说 s^2/n 是 χ^2 分布的倍数, 但在双样本的情形下不能说 $s_x^2/n_x + s_y^2/n_y$ 是 χ^2 分布的倍数, 这样就无法断定上述表达式服从 t 分布. 它确实服从某个分布, 但遗憾的是, 它无法用我们熟知的分布来很好地描述. 那么现在该怎么办呢? 一般来说, 在数学中, 当我们找不到解析表达式时, 接下来的最佳选择就是: 近似. 值得庆幸的是, 在这种情况下, 存在一个大家熟知且易于使用的近似, 即在方差未知的情况下, 检验统计量

$$\frac{(\bar{x} - \bar{y}) - (\mu_x - \mu_y)}{\sqrt{\dfrac{s_x^2}{n_x} + \dfrac{s_y^2}{n_y}}}$$

将近似服从自由度为 ν 的 t_ν 分布, 其中

$$\nu = \frac{\left(\dfrac{s_x^2}{n_x} + \dfrac{s_y^2}{n_y}\right)^2}{\dfrac{s_x^4}{n_x^2(n_x-1)} + \dfrac{s_y^4}{n_y^2(n_y-1)}}.$$

介绍一个术语, 这个近似检验被称为 **Welch t 检验**. 因此, 现在几乎是一种理想情形 —— 检验统计量几乎服从 t 分布. 然而, 你会注意到, 我们并没有 "很容易计算的自由度". 这个关于 ν 的表达式有点吓人, 我们来看一下. 不难证明, ν 的上界是 $n_x + n_y - 2$, 下界是 $\min(n_x - 1, n_y - 1)$. 这是很合理的, 因为 ν 不应该大于 s_x^2 与 s_y^2 的自由度之和, 也不应该比我们考察的最不确定的度量数小. 另一个需要考虑的是当 n_x 很大时的情形 (当 n_y 很大时, 我们有相同的论述). 当 n_x 很大时, ν 会接近于 $n_y - 1$. 这很好, 因为如果 n_x 真的很大, 那么就不用担心 s_x^2 的不确定性, 所以限制因素就变成了 s_y^2 的自由度.

你想问的另一个问题可能是: "这个表达式是不是总能给出一个整数的自由度? 如果不是的话, 非整数的自由度意味着什么?" 这个式子当然并不总是返回一个整数! 然而, 当它给出 $\nu = 19.394$ 时, 我们也不必担心, 因为这只是一个近似值. 记住, 自由度的典型解释是能够用于度量的独立观测量的个数 (在这种解释下, 19.934 的自由度毫无意义). 但如果使用这样的近似值, 那么上述解释就不成立了. 从整个表达式来看, 这个检验统计量好像服从一个 "自由度" 为 19.394 的 t 分布. 由于 t 分布的公式以自由度为输入, 所以它是一个完全定义明确的数学函数.

一旦知道了检验统计量以及它 (近似) 服从的分布, 我们就可以像之前那样进行假设检验. 在方差未知且可能不相等的情况下, 我们对双样本检验进行总结.

双样本 t 检验 —— 方差未知且可能不相等: 如果 X 和 Y 是相互独立的随机变量, 并且它们的方差分别是 σ_x^2 和 σ_y^2, 那么

$$\frac{(\bar{x} - \bar{y}) - (\mu_x - \mu_y)}{\sqrt{\dfrac{s_x^2}{n_x} + \dfrac{s_y^2}{n_y}}} \approx t_\nu,$$

其中, 自由度 ν 等于

$$\nu = \frac{\left(\dfrac{s_x^2}{n_x} + \dfrac{s_y^2}{n_y}\right)^2}{\dfrac{s_x^4}{n_x^2(n_x - 1)} + \dfrac{s_y^4}{n_y^2(n_y - 1)}}. \tag{22.8}$$

假设: 与之前一样, 需要 $\bar{X}$ 和 $\bar{Y}$ 都服从正态分布.

作为一个例子, 我们回到 22.6.1 节的睡眠研究者问题.

例子: 重新考察 22.6.1 节关于睡眠的例子.

解答: 我们之前给出的分析仍然成立, 并最终求出了 p 值. 提醒一下, 我们知道

$$\mu_x = 83.5, \quad \mu_y = 75.4, \quad s_x^2 = 168.6, \quad s_y^2 = 73.32,$$

以及 $\mu_x - \mu_y = 0$ 的原假设. 检验统计量为

$$t = \frac{83.5 - 75.4}{\sqrt{\dfrac{168.6}{14} + \dfrac{73.32}{14}}} \approx 1.95.$$

但是, 我们还需要算出自由度. 利用式 (22.8) 来计算自由度, 得到

$$\nu = \frac{\left(\dfrac{168.6}{14} + \dfrac{73.32}{14}\right)^2}{\dfrac{168.6^2}{14^2(14 - 1)} + \dfrac{73.32^2}{14^2(14 - 1)}} \approx 22.5.$$

对于自由度为 22.5 的 t 分布, t 为 1.95 时所对应的 p 值是 0.0318. 因此, 我们的结果有点不确定 (z 检验时的 p 值为 0.025). 但是, 在 5% 的显著性水平下, 我们仍然可以放心地拒绝原假设.

22.7 总 结

本章讨论了统计学中与假设检验相关的概率. 我们考察了单侧 z 检验、双侧 z

检验和 t 检验, 它们都用来检验假设的真实性 —— 当存在随机性时, 对假设进行检验. z 检验需要假定已知总体的标准差, 但 t 检验则根据样本容量以及其他各种因素, 通过自由度来调整 t 分布. 单侧检验用来确定结果是否严格大于或小于原假设的值, 但双侧检验只确定结果是否与 null 值不同 (大于或小于). 所有这些检验都假定假设成立, 并试着利用收集到的数据来推翻假设. 与这些检验相关的概率值 (p 值) 指的是, 在原假设成立的前提下, 某值远离观测值的概率. 当这个值低于某一临界值 (称为 α 水平) 时, 我们可以得到具有统计学意义的证据来推翻原假设, 并认为备择假设成立.

此外, 我们还研究了如何计算检验统计量, 它们用来确定观测事件的稀缺性, 并被量化为与预期结果的标准化差异. 然后我们详细地阐述了 p 值及相关问题, 包括 I 型错误和 II 型错误, 以及对它们的一些误解, 比如 p 值是原假设成立的概率. 另外, 我们还讨论了检验的功效, 以及它是如何与效应量、样本容量以及 II 型错误 (或 β) 相互关联的. 最后, 我们讨论了卡方分布以及它在拟合优度假设检验中的应用.

22.8 习 题

习题 22.8.1 假设健康人的收缩压是服从正态分布的, 比如 $N(110, 100)$. 如果医院里有一个患者的收缩压是 137, 那么求出这个患者的 z 值, 即求出相应的 p 值并用它来检验关于这个人的血压是否 "正常" 的假设.

习题 22.8.2 假设有一颗 8 面的骰子, 我们把它抛掷了两次. 原假设为骰子是均匀的. 骰子被抛掷两次后的数字和是 16. 在 $\alpha = 0.05$ 的显著性水平下, 这是否足以证明骰子是不均匀的?

习题 22.8.3 在 22.1.2 节中, 我们把 1 枚均匀硬币抛掷了 N 次, 并指出如果正面的次数不到 45% 或者超过 55%, 那么结果就是不寻常的. 当 $N \to \infty$ 时, 出现不寻常结果的概率是如何随着 N 的增加而不断减少的? 为了有一些直观的了解, 看看图 22-2 结果的对数图 (因此 x 轴是 N 的对数, y 轴则是概率的对数).

习题 22.8.4 如果把 "令人惊讶" 的结果定义为出现概率只有 5% 的极端结果, 那么当把一枚均匀硬币抛掷 n 次时, 画出可以被称为 "令人惊讶" 的正面次数. 画出上述正面次数作为 n 的百分比的图形, 其中 n 在 5 和 100 之间取值.

习题 22.8.5 像上一题那样定义 "令人惊讶". 用一个正态分布来近似正面次数所服从的分布. 当 n 大于多少时, "令人惊讶" 的正面次数就可以用一个二项分布来很好地模拟?

习题 22.8.6 证明: s^2 是 σ^2 的无偏估计.

习题 22.8.7 证明式 (22.4):

$$\sum_{i=1}^{n} \left(\frac{x_i - \mu}{\sigma} \right)^2 = \frac{1}{\sigma^2} \sum_{i=1}^{n} (x_i - \bar{x})^2 + \left(\frac{\bar{x} - \mu}{\sqrt{\sigma^2/n}} \right)^2.$$

习题 22.8.8　我们证明了当 $k=2$ 时, 式 (22.6) 中的 χ^2 统计量会收敛到自由度为 1 的 χ^2 分布. 证明: 在一般情况下, 这个统计量会收敛到自由度为 $k-1$ 的 χ^2 分布.

习题 22.8.9　证明: 当 $\nu \to \infty$ 时, t 分布会趋向于标准正态分布.

习题 22.8.10　假设你正在进行一项统计检验, 目的是为了确定过去三年的就业情况是否真的有所增加, 或者就业变化是否可以用随机波动来解释. 在这个例子中, I 型错误是什么? II 型错误是什么?

习题 22.8.11　假设有人正在向你推销能够轻易掷出正面的硬币. 你想要这样的硬币, 却有些怀疑. 为了验证这一点, 你抛掷硬币 500 次并得到了 0.043 的 p 值. 你可以从这个发现中得出什么结论, 你应该买这枚硬币吗?

习题 22.8.12　最近一项研究检验了今年的 SAT 平均分是否比去年有所提高, 其 p 值为 0.031. 说现在有更多聪明人参加了 SAT 考试的观点合理吗?

习题 22.8.13　增加功效的三种方式是什么? 请给出解释.

习题 22.8.14　你的朋友 Bob 在 Twitter 上很受欢迎, 他正在尝试建立一个 YouTube 频道. 仅当至少有 40% 的粉丝订阅他的频道时, 他才会把时间花在经营自己的 YouTube 频道上. 在发布了即将推出频道的状态后, 他的 8353 名粉丝中有 3530 人表示会订阅该频道. Bob 应该花时间来经营他的 YouTube 频道吗? 利用你假设检验的知识来告诉 Bob 他的最佳决策方案.

习题 22.8.15　假设我们在花园里种了两种辣椒, 它们看起来非常相似. 一种辣椒很辣, 但另一种不辣, 我们不想把它们搞混, 但非常遗憾, 我们忘了给它们贴上标签. 这两种辣椒的数量相等. 幸运的是, 辣椒要比甜椒小. 这两种辣椒的长度都服从标准差为 1 英寸的正态分布, 但辣椒的平均长度是 3 英寸, 而甜椒的平均长度是 4.5 英寸. 我们随机选出了一根辣椒. 原假设为这根辣椒很辣. 如果辨认错误, 我们就会受到惩罚, 因为这会导致它被放入错误的食物中. 当它是辣椒但被误认为是甜椒时, 我们的效用函数就是 -5. 如果它是甜椒却被误认为是辣椒, 那么我们的效用就是 -3. 如果能正确地分辨它, 我们的效用就是 10. 为随机选出的辣椒长度设置一个临界值, 从而使我们的效用函数能够取到最大值.

习题 22.8.16　你的朋友 (不是最诚实的人) 声称自己掷骰子时得到数字 1、2、3、4、5 和 6 的概率分别是: 10%、10%、10%、20%、25% 和 25%. 在掷出的 200 个结果中, 出现了 15 个 1、20 个 2、22 个 3、45 个 4、53 个 5 和 45 个 6. 你应该相信你的朋友吗?

习题 22.8.17　有两个概率论班, 每个班里都有 30 名学生. 在第一次考试中, 第一个班的平均分是 84%、标准差是 9%, 而第二个班的平均分是 90%、标准差为 6%. 这些证据是否表明了两个班的平均成绩有很大不同? 就检验条件发表你的看法.

习题 22.8.18　证明: 当 $\nu \to \infty$ 时, 自由度为 ν 的卡方分布收敛到正态分布.

第 23 章　差分方程、马尔可夫过程和概率论

多米诺骨牌效应: 一旦你投下一个好主意, 其他的就会随之而来.

——Loesje 基金会

购买本书时你可能还不知道, 我将分享一个在轮盘赌上获胜的绝妙策略作为额外的奖励. 你可以毫无风险地赚几百万. 事实上, 写完本章之后 (因为我很无私, 想和你分享这个秘密), 我将立刻飞回拉斯维加斯去赚更多钱 ……

可悲的是, 很多人都爱上了这样的骗局. 本章将讨论什么样的赌注看起来是可靠的、安全的, 并说明它为什么不是. 我喜欢这个问题的原因是它与许多伟大的数学知识有关, 而且我们无须大量的数学 (或博弈) 预备知识就能理解它. 具体地说, 我们将看到如何通过**递推关系**对一些现实世界的问题进行建模. 我们将很快地建立足够的理论来解决一些有趣的问题, 并在本章的结尾为那些想了解更多的人做些简短的介绍. 这些内容通常会涉及离散数学或微分方程, 它们出现在本书中的原因是可以用来计算我们感兴趣的概率.

23.1　从斐波那契数到轮盘赌

本节的目的是理解一个流行的轮盘赌策略, 并将它与之前见到的斐波那契数联系起来.

23.1.1　翻倍加一策略

为了简化讨论, 我们将考察一个更简单的轮盘赌版本 (参见图 23-1). 假设轮盘每次旋转时, 小球要么落在红色的数上, 要么落在黑色的数上, 并且每种情况发生的概率都是 50%. 真实的情况会更复杂一些, 但我们接下来描述的策略也适用于这种情况. (真实的轮盘赌通常有 18 个红色、18 个黑色和 2 个绿色的数, 所以小球落在红色和黑色数上的概率各占 47.37%.) 为了让问题变得更加简单, 我们只允许在红色或黑色的数上下注, 并剔除绿色的数 (绿色会为赌场提供巨大的优势). 不妨设我们在红色上下注了 1 美元 (在黑色上下注的结果是相似的). 如果小球落在红色的数上, 那么我们就赢得了 1 美元. 这意味着, 我们不但拿回了原来的 1 美元, 而且又额外赢得了 1 美元. 但是, 如果小球落在黑色的数上, 我们就会失去赌注.

图 23-1 轮盘赌轮 (图片来自 Toni Lozano)

显然, 我们的目标是赢钱. 有一个著名的策略叫作**翻倍加一**. 在红色上下注 1 美元. 如果结果是红色的数, 那么非常好, 我们赢了 1 美元. 如果不是, 我们将失去 1 美元, 并在此时下注 2 美元. 如果我们赢了, 那么现在一共多得了 1 美元. 如果输了呢? 如果输了, 我们就损失了 3 美元. 在这种情况下, 我们选择下注 4 美元. 如果这一次赢了, 那么我们现在就赚了 1 美元 (之前损失了 3 美元, 现在只赢了 4 美元, 所以多了 1 美元). 如果输了, 那么就损失了 7 美元, 接下来下注 8 美元.

这种策略的模式应该是非常清晰的. 我们把赌注翻倍, 直到赢为止. 如果赢了, 我们就可以收回所有的损失并额外多赚 1 美元. 红色的数**最终**应该会出现, 所以我们**最终**应该能赚到 1 美元. 接下来, 只需要不断地重复这个过程, 直到赚到我们想要的钱数为止.

这种做法有什么问题? 有两个问题, 其中一个只需要一些常识, 而另一个则需要了解拉斯维加斯是如何运作的 (以及他们为什么会听数学家的). 当然, 第一个问题是, 在某些时候可能需要下注 1 267 650 600 228 229 401 496 703 205 376 美元 (或 2^{100} 美元), 但我们"可能"没有那么多钱! 为了不去担心这种"小事", 我们假定你有一个很富有却非常古怪的阿姨或叔叔. 这种家庭成员拥有无限的资金储备, 并且会提供我们所需的任何金额来下注, 却不会直接给我们 1 美元. 他们为什么不只给 1 美元? 这超出了本书的范围, 我们只关注这里的数学问题! 之所以假设有一个富有且古怪的阿姨或叔叔是为了消除我们需要大量资金的困难, 从本质上. 允许我们可以无限下注. 但在分析了这个问题之后, 我建议你对论述进行修改, 进而考察当资金固定且有限时的情形. 另外, 即使在这样一个有利的条件下, 我们也甚至可能赚不到钱……

另一个问题是什么? 事实证明, 这个问题要严重得多. 我们还没有过多地讨论如何下注. 实际上, 每个赌场都设定了你在某一轮中可以下注的下限和上限. 例如, 下限可能是 1 美元, 而上限可能是 30 美元. 在这种情况下, 如果前 5 轮的结果都是黑色, 那么我们就会陷入困境. 此时, 我们会损失 $1+2+4+8+16=31$ 美元. 按照我们的方法, 现在应该下注 32 美元, 但是只能下注 30 美元, 这会导致我们的整个策略失效. 如果再出现一个黑色, 我们就会遇到更大的麻烦. 问题在于, 如果赢了, 我们赢得很少; 如果输了, 我们会损失惨重.

这说明了下面这个自然且非常重要的问题: 如果下注 n 次, 那么连续出现 5 个或更多个黑色数的概率是多少? 有趣的是, 我们研究斐波那契数的数学思路也可以用来解决这个问题. 因此, 我们要暂停一下, 快速回顾斐波那契数的相关内容, 然后再回到轮盘赌.

23.1.2 对斐波那契数的快速回顾

我们简单地回顾一下斐波那契数列, 但刚开始似乎看不到什么关联. 斐波那契数列指的是数列 $F_0 = 0$、$F_1 = 1$、$F_2 = 1$、$F_3 = 3$、$F_4 = 5$、$F_5 = 8$ 和 $F_{n+2} = F_{n+1} + F_n$. 这是一个**线性递推关系** (也称为**差分方程**) 的例子. 这种关系是线性的, 因为未知项与之前的项线性相关. 注意, 这里没有彼此相乘的项, 也没有某一项的指数. 解决这个问题的方法有很多种. 利用生成函数就是一种很棒的方法 (相关证明请参阅 19.2 节), 但由于时间关系并为了保持各章的独立性, 现在我们利用有**预见性的灵感**来证明. 从本质上说, 这种方法就是先猜答案, 然后证明你是对的! 显然, 问题在于, 我们通常很难猜出一道数学难题的答案! 实际上, 存在一大类可以直接正确猜出答案的问题. 对于那些希望看到更多一般理论的读者, 请继续阅读 23.2 节.

不妨设存在某个 r, 使得 $F_n = r^n$. 这种猜测是合理的. 它意味着每一项都等于 r 乘以前一项. 如果我们有更简单的关系式 $G_{n+1} = 2G_n$, 那么解就是 $G_n = 2^n$, 因为每一项都是前一项的 2 倍. 类似地, 如果考察 $H_{n+1} = 2H_{n-1}$, 那么有 $H_n = \sqrt{2}^n$. 这两个结果强烈地表明了, 斐波那契数列呈指数型增长. 这意味着存在常数 C 和 r, 使得对于较大的 n, 有 $F_n \approx Cr^n$. 这一点非常重要, 稍后我们将进一步阐述这种想法, 而这里的目标是向你快速展示如何看待相关问题才能有直观的了解. 注意, 如果存在这样的 r, 那么一定有 $\sqrt{2} \leqslant r \leqslant 2$.

如果把这个猜想代入递推关系式 $F_{n+2} = F_{n+1} + F_n$, 那么会得到 $r^{n+2} = r^{n+1} + r^n$. 这个式子可以简化成 $r^2 = r+1$, 即 $r^2 - r - 1 = 0$. 利用二次公式可知, 上述方程有两个根: $r_1 = (1+\sqrt{5})/2 \approx 1.618$ 和 $r_2 = (1-\sqrt{5})/2 \approx -0.618$. 多项式 $r^2 - r - 1$ 称为**递推关系式的特征多项式**.

事实表明, 对于一个线性递推关系式, 其特征多项式的解的任何线性组合都是递推关系式的解. 换句话说, 对于任意的 c_1 和 c_2, 如果令 $F_{n+2} = c_1 r_1^n + c_2 r_2^n$, 那么你会发现上述递推关系式仍然成立, 这是因为 r_1 和 r_2 都是其特征多项式的解. 对这一点进行验证是个不错的主意, 能让我们了解线性性质是如何发挥作用的. 虽然这里的 c_1 和 c_2 可以任取, 但我们希望数列从 $n = 0$ 时的 0 以及 $n = 1$ 时的 1 开始. 换言之, $c_1 + c_2 = 0$ 且 $c_1 r_1 + c_2 r_2 = 1$. 求出 c_1 和 c_2 的值, 我们有 $c_1 = -c_2 = 1/\sqrt{5}$. 这样就得到了下面的比内公式.

比内公式: 设 $F_{n+2} = F_{n+1} + F_n$, 其中 $F_0 = 0$ 且 $F_1 = 1$. 于是

$$F_n = \frac{1}{\sqrt{5}} \left(\frac{1+\sqrt{5}}{2} \right)^n - \frac{1}{\sqrt{5}} \left(\frac{1-\sqrt{5}}{2} \right)^n.$$

如果现在感到有些难以理解也不必担心, 我们将在后面更详细、更从容地讨论一般的递推关系式, 尤其是斐波那契数列. 现在, 你只需要知道存在一个求解线性递推关系式的方法就行了. 比内公式非常有用. 利用该公式, 我们可以直接计算 F_{100} 而不需要考察所有的中间项. 当然, 能够避免烦琐的代数运算是非常好的, 但是即使不知道这些先进的理论, 只要有耐心也可以求出 F_{100}. 只要继续使用递推关系式 $F_{n+2} = F_{n+1} + F_n$, 我们就能求出越来越多的项, 最终得到 $F_{100} = 354\,224\,848\,179\,261\,915\,075$.

有必要简单地说明一下有预见性的灵感, 是什么让我们认为 $a_n = r^n$ 会是一个很好的猜想? 我们回顾一下上面的论述. 斐波那契级数是严格增加的, 所以 $F_{n-2} < F_{n-1} < F_n$. 由 $F_n = F_{n-1} + F_{n-2}$ 可知,

$$2F_{n-2} < F_n < 2F_{n-1}.$$

经过一些代数运算之后, 我们看到 $F_n < 2^n$. F_n 的下界并不容易看出来. 从 $2F_{n-2} < F_n$ 中不难看出, 下标每增加 2, 斐波那契数就至少翻倍. 沿着这种思路往后推, 我们得到了

$$F_n > 2F_{n-2} > 2^2 F_{n-4} > 2^3 F_{n-6} > \cdots > 2^{n/2} F_0$$

(上式至少在 n 为偶数时成立). 当然, 我们可能希望提前一步停止 (即停在 F_2 处而不是 F_0 处, 因为 $F_0 = 0$). 换句话说, $F_n > 2^{n/2} = (\sqrt{2})^n$. 我们把第 n 个斐波那契数夹在了两个指数表达式之间, 它的增长速度至少与 $(\sqrt{2})^n$ 一样快, 最多不会超过 2^n. 因此, 我们猜想斐波那契数列的增长速度与某个 r^n 一样是很合理的. (当然, 也可能不是这样, 比如它可能与 $\sqrt{3}^n \log(n)$ 的增长速度一致.) 对于较大的 n, 比内公式表明了 F_{n+1} 大概比 F_n 大 $\frac{1+\sqrt{5}}{2}$. 注意, 这个常数约等于 1.618\,03, 它完美地介于下界 $\sqrt{2} \approx 1.414$ 和上界 2 之间.

23.1.3 递推关系与概率

为什么递推关系对解决轮盘赌问题有帮助? 试着计算一下, 在 n 轮中, 至少连续 5 次的结果都是黑色数的概率. 我们把这个概率记作 a_n. 实际上, 计算 b_n 会更容易些, 它表示在 n 轮中, 没有出现至少连续 5 次的结果是黑色数的概率. 注意, a_n 就等于 $1 - b_n$. 所以, 如果能求出其中一个, 也就得到了另外一个. 这是概率论中的一个强大原则, 即互补事件的概率之和为 1. 它还有其他的名字, 比如**全概率法则**. 我们利用这一原则来求出 b_n 的递推关系式. 在图 23-2 中, 我们画出了在轮盘赌中会发生什么.

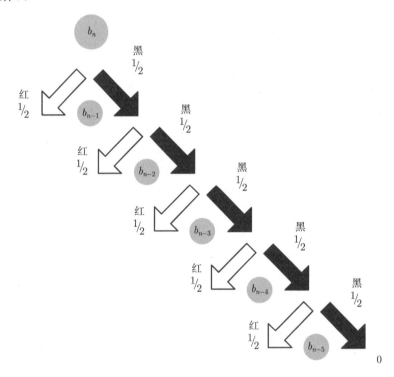

图 23-2　在 n 次轮盘赌中,"没有出现连续 5 次得到黑色数"的递推关系式

b_n 是多少? 第 1 轮有两种可能的结果, 每一种结果的概率都等于 1/2. 我们有一半的概率得到红色的数, 另一半的概率得到黑色的数. 如果已知第 1 轮得到了红色的数, 那么在 n 轮中, 我们没有连续 5 次得到黑色数的概率是多少? 这个问题的答案就是 b_{n-1}. 由于第 1 轮的结果是红色, 所以它不能对 5 个连续的黑色结果产生任何影响. 现在来分析当第 1 轮得到了黑色数时, 接下来会发生什么. 第 2 轮有两种可能的结果, 并且每一种结果发生的概率同样是 1/2: 得到 1 个红色的数, 得到 1 个黑色的数. 如果我们第 1 轮得到了黑色的数, 接着又得到了 1 个红色的数,

那么这种情形发生的概率是 $\frac{1}{2} \cdot \frac{1}{2} = \frac{1}{4}$. 接下来, 没有连续 5 次得到黑色数字的概率就是 b_{n-2}.

　　按照这种思路继续进行下去, 我们会得到

$$b_n = \frac{1}{2}b_{n-1} + \frac{1}{4}b_{n-2} + \frac{1}{8}b_{n-3} + \frac{1}{16}b_{n-4} + \frac{1}{32}b_{n-5}.$$

我们为什么会得到这个式子? 为什么没有更多项? 如果前 5 次的结果都是黑色的, 那么 "没有连续 5 次得到黑色数" 的情况就不可能出现! 正因如此, 我们才想到计算 b_n 而不是 a_n. 现在, 我们得到了递推关系式. 剩下的就是找到初始条件. 做到这一点并不难, 初始条件就是

$$b_0 = b_1 = b_2 = b_3 = b_4 = 1.$$

它们为什么都等于 1? 如果轮盘赌的总次数少于 5, 那么就不可能至少连续 5 次得到黑色结果! 我们既可以修改高等理论, 也可以使用递推关系式来求出 b_n 或 a_n. 经过一些代数运算之后, 我们看到 a_n 就是

$$0, 0, 0, 0, 0, \frac{1}{32}, \frac{3}{64}, \frac{1}{16}, \frac{5}{64}, \frac{3}{32}, \frac{7}{64}, \frac{255}{2048}, \frac{571}{4096}, \cdots,$$

或者写成小数形式

$$0, 0, 0, 0, 0, 0.031\,25, 0.046\,875, 0.0625, 0.078\,125, 0.093\,75, 0.109\,375, 0.124\,512, \cdots.$$

当 $n = 100$ 时, 至少连续出现 5 个黑色数的概率是 81.01%. 当 $n = 200$ 时, 这个概率上升到 96.59%, 但当 $n = 400$ 时, 这个概率就变成了 99.89%.

23.1.4　讨论与推广

　　这个轮盘赌问题有许多漂亮的特性, 我们可以从中提取出一个很好的数学公式. 没有太多的困难就可以轻松地编写一个简单的程序, 利用递推关系式和初始条件来求出概率. 但这仅仅说明了在概率论中可能出现的各种数学问题中的一小部分. 另外, 它还说明了选取正确对象的重要性. 如果我们研究的是没有连续出现 5 个黑色结果的概率, 而不是至少连续出现 5 个黑色数的概率, 那么递推关系式就简单多了.

　　最后, 我们再给出这个问题的一个特性. 假设我们想求出在 100 次轮盘赌中, 没有连续出现 5 个黑色结果的概率. 可以建立递推关系式并求出这个概率, 但是如果没有找到递推关系式呢? 有什么方法可以估计概率吗? 估计是一项极其重要的技能, 优秀的工程师在这方面做得非常出色, 而你也可以在工作和实践中逐渐做到这一点. 我们来看一下这个概率的下界是什么.

　　假设我们把 100 次轮盘赌划分成了 20 组, 每组包含 5 轮 (参见图 23-3). 在每一组的 5 轮中, 没有连续出现 5 个黑色结果的概率是 31/32, 这是因为得到 "黑色,

黑色, 黑色, 黑色, 黑色" 的概率只有 1/32. 要想确保任何地方都不会连续出现 5 个黑色结果, 我们显然要保证在这 20 组中, 任何一组都不能连续出现 5 个黑色的结果. 所有组都没有连续出现 5 个黑色结果的概率就是

$$\left(1 - \frac{1}{32}\right)^{100/5} = \left(\frac{31}{32}\right)^{20} \approx 0.529\,949.$$

这是 b_{100} 的上界, 因为有可能连续出现 5 个黑色结果, 其中 3 个黑色结果属于某一组, 而另外 2 个黑色结果属于相邻的另一组. 于是, $b_{100} \leqslant 0.529\,949$, 所以 $a_{100} \geqslant 0.470\,051$; 或者说, 至少连续出现 5 个黑色结果的概率不小于 47%.

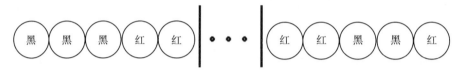

图 23-3 通过把 100 次轮盘赌划分成 20 组, 其中每组包含 5 轮, 求出概率的下界

我非常喜欢上面的论述, 并强烈建议你多读几遍, 直到完全弄清楚发生了什么为止. 注意, 我们绕过了许多高等数学的知识, 并很快得到了一个大致的答案. 对于一个复杂问题, 能够迅速找到答案的近似解, 确实会让人很有成就感.

只要多做一点工作, 就能得到比 47% 更好的结果. 我们重新考虑在 100 次轮盘赌中, 至少连续出现 5 个黑色结果的概率的下界. 现在, 我们不把这 100 次轮盘赌划分成每组 5 轮的 20 个组, 而是把它划分成每组长度为 6 的 16 个互不相交的组和 1 个长度为 4 的组. 对于长度为 6 的组, 证明 "没有至少连续出现 5 个黑色结果" 的概率是 61/64, 并利用这个结果求出 a_{100} 的一个下界. 如果有足够的耐心, 你可以把 100 次轮盘赌划分成每组长度均为 10 的 10 个互不相交的组, 然后把所有可能的结果列举出来 (这个过程不会有太多麻烦), 进而求出 a_{100} 的一个非常漂亮的下界. 如果进行计算的话, 你会发现在 10 次轮盘赌的 1024 个可能的结果中, 至少连续出现 5 个黑色数字的结果恰好有 112 个. 这样就得到了下界 68.60%, 它与实际结果 81.01% 相差不远. 同样毫不奇怪的是, 我们仍然低估了真实概率.

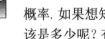

我们的整个分析是为了求出在 n 次轮盘赌中, 至少连续出现 5 个黑色结果的概率. 如果想知道在 n 次抛掷中, 恰好连续出现 5 次正面的概率, 那么这个概率应该是多少呢? 有一种很好的方法可以求出这个值. 我们只需要求出至少连续出现 5 个黑色结果的概率, 然后再让它减去至少连续出现 6 个黑色结果的概率即可.

23.1.5 轮盘赌问题的代码

最后, 我们给出一些简单的 Mathematica 代码来解决轮盘赌问题. 第一种方法是利用递推关系式直接计算. 用 b_n 表示没有连续出现 5 个黑色结果的概率. 我们可以把递推公式写成下列紧凑形式

$$b_n = \sum_{k=1}^{5} (1/2)^k b_{n-k}.$$

注意, 如果把 b_n 用它前面的项来表示, 而不是用 b_{n+1}, 那么关系式会更整洁一些. 我们注意到前 5 项 (从 b_0 开始) 都等于 1, 然后会逐项递减.

```
b[0] = 1;
b[1] = 1;
b[2] = 1;
b[3] = 1;
b[4] = 1;
p = 1/2;
For[n = 5, n <= 100, n++,
  b[n] = Sum[p^k b[n - k], {k, 1, 5}]
  ];
```

上述内容给出了, 在 100 次轮盘赌中连续出现 5 次黑色结果的概率, 即 $1 - b_{100}$, 等于

$$\frac{64\ 183\ 494\ 979\ 494\ 598\ 846\ 972\ 364\ 275}{79\ 228\ 162\ 514\ 264\ 337\ 593\ 543\ 950\ 336}.$$

(如果不需要那么精确的话, 这个值约为 81.011%!)

当然, 我们也可以模拟这个概率. 在 100 次轮盘赌中, 我们记录了连续出现 5 个黑色结果的次数, 并用变量 count 来表示这个值 (所以, 这种情况每出现 1 次, count 就加 1). 我们把出现黑色记作 1, 出现红色记作 0. 我们把连续黑色的个数记作 consec (于是, consec 从 0 开始. 如果得到了一个黑色, 计数器 consec 会增加 1, 但如果得到了一个红色, 那么就将其重置为 0). 下面会用到一个 While 命令. 当轮盘赌的总数小于 100 次并且没有连续出现 5 个黑色结果时, 我们会继续进行下去; 只要有一个条件不满足, 就立即终止计算, 因为没有必要继续下去 —— 此时, 我们已经知道是否连续出现了 5 个黑色结果.

```
roulette[numspins_, numdo_] := Module[{},
  count = 0;
  For[n = 1, n <= numdo, n++,
   {
    consec = 0;
    spin = 1;
    While[consec < 5 && roll <= numspins,
     {
      toss = If[Random[] <= .5, 1, 0];
      If[toss == 1, consec = consec + 1, consec = 0];
```

```
      spin = spin + 1;
     }]; (* 结束while循环 *)
    If[consec == 5, count = count + 1];
    }]; (* 结束对n的循环 *);
   Print["Observe at least 5 heads in a row with prob ",
    100. count/numdo, "%."];
   ];
Timing[roulette[100, 1000000]]
Observe at least 5 heads in a row with prob 81.044%.
```

因此, 我们看到了理论与模拟之间的良好一致性.

23.2　递推关系的一般理论

我们已经看到了递推关系在概率论中的威力. 利用递推关系, 我们分析了轮盘赌问题并发现一种看似确保赚钱的方法实际上却有致命的缺陷. 由于很多问题都涉及递推关系, 了解与之相关的更多信息是个不错的主意. 接下来, 我们会给出一些与递推关系有关的事实.

23.2.1　表示法

在建立相关理论之前, 我们先设置一些表示法. 我们要研究**线性递推关系**. k 阶线性递推关系是一个数列 $\{a_n\}_{n=0}^{\infty}$, 其中

$$a_{n+1} = c_1 a_n + c_2 a_{n-1} + \cdots + c_k a_{n-k+1} \tag{23.1}$$

并且 $c_1, c_2, \cdots, c_k$ 是一些固定的已知实数. 如果指定数列的前 k 项, 那么其余所有项就都被唯一确定下来了. 例如, 对于斐波那契数列, $k = 2$, $c_1 = c_2 = 1$, $F_0 = 0$ 且 $F_1 = 1$. 这样就得到了递推公式 $F_{n+1} = F_n + F_{n-1}$. 这个序列就是 $0, 1, 1, 2, 3, 5, 8, 13, 21, 34, 55, \cdots$, 其中每一项 (从第 3 项开始) 都是前 2 项之和.

从某种意义上说, 我们已经阐述完了. 一旦确定了递推关系式和初始条件, 所有后续项就都是唯一确定的. 既然如此, 我们为什么要花时间去建立一个高等理论呢? 主要的原因是效率. 从轮盘赌问题中不难看出, 我们可能只关心序列深处的某个特定项, 希望能够直接求出它, 而不必考察前面的所有项. 与之相关的是, 我们可能对序列的一般项具有的性质感兴趣. 能否得到它们的一般性质, 而不必把各项精确地计算出来? 基于这些原因, 我们确实需要找到一种更好的方法, 而不仅仅是逐项计算.

23.2.2　特征方程

在本节中, 了解一些线性代数的知识是有帮助的, 但并不必要. 我们会快速地

回顾这门课中有助于理解下文的一些想法. 如果没学过这些内容, 你可以跳过或快速浏览下一段, 也可以把它看作一个简单的介绍!

在线性代数中, 对于任意的常数 a, b 和任意的向量 $\vec{v}, \vec{w}$, 如果算子 T 满足:

$$T(a\vec{v} + b\vec{w}) = aT(\vec{v}) + bT(\vec{w}),$$

那么 T 就是**线性的**. 当 T 是一个矩阵时, 我们通常会把括号去掉, 只写 $A\vec{v}$. 使用这种写法的一种情况是从一个特定解过渡到一般解. 例如, 假设我们正试着求解 $A\vec{x} = b$. 首先要找到 A 的**零空间**的一组基 (零空间是指, 在 A 的作用下, 被映射到 $\vec{0}$ 的全体向量所构成的集合), 不妨设 $\vec{v_1}, \cdots, \vec{v_l}$ 是一组基. 接下来, 我们要找到原方程的一个特解. 也就是说, 我们要找到一个向量 $\vec{v}$, 使得 $A\vec{v} = \vec{b}$. 于是, 如果 $\vec{x}$ 是 $A\vec{x} = \vec{b}$ 的一个解, 那么存在一组常数 $\alpha_1, \cdots, \alpha_l$, 使得

$$\vec{x} = \vec{v} + \alpha_1 \vec{v_1} + \cdots + \alpha_\ell \vec{v_l}.$$

这一结果的奇妙之处在于, 我们可以将某些问题的解结合起来, 从而找到所需问题的全体解. 按照类似的思路, 我们可以将线性递推关系的特定解组合起来从而得到它的所有解.

回到式 (23.1), 我们看一看如何把 a_n 写成 k 的函数, 并找到 c_i 及初始条件 (即 $a_0, a_1, \cdots, a_{k-1}$ 的值). 首先, 我们猜想 $a_n = r^n$, 其中 r 是某个常数. 这就是前面提到的有预见性的灵感方法 (我们也可以使用 19.2 节的生成函数法来找到答案). 事实表明, 我们总能得到式 (23.1) 的一个解, 但现在还要做些工作来满足初始条件.

把 $a_n = r^n$ 代入式 (23.1) 可得

$$r^{n+1} = c_1 r^n + c_2 r^{n-1} + \cdots + c_k r^{n-k+1}. \tag{23.2}$$

把上式两端同时除以 r^{n-k+1}, 式 (23.2) 就变成了

$$r^k = c_1 r^{k-1} + c_2 r^{k-2} + \cdots + c_k. \tag{23.3}$$

我们把式 (23.3) 称为差分方程式 (23.1) 的**特征多项式**. 等号两端同时减去 $c_1 r^{k-1} + c_2 r^{k-2} + \cdots + c_k$, 式 (23.3) 就可以改写成

$$r^k - c_1 r^{k-1} - c_2 r^{k-2} - \cdots - c_k = 0. \tag{23.4}$$

式 (23.4) 是一个 k 次多项式, 由**代数基本定理** (对该定理的回顾, 请参阅 20.10 节) 可知, 它有 k 个根. 不妨把这些根记作 $r_1, r_2, \cdots, r_k$. 注意, 这些根可能不是互不相同的. 实际上, 如果有重根, 分析就会更加困难. 现在, 我们假设这些根 $r_1, r_2, \cdots, r_k$ 彼此不同.

我们知道, $a_n = r_i^n$ 是式 (23.1) 的解, 其中 $1 \leqslant i \leqslant k$. 每个 r_i 都是特征多项式的解, 而特征多项式是通过对式 (23.2) 做简单的代数运算得到的. 由于我们求解的是一个线性差分方程, 所以一旦知道了 $r_1^n, r_2^n, \cdots, r_k^n$ 都是式 (23.1) 的解, 那么它们的线性组合也一定满足式 (23.1) (参见习题 23.5.2). 也就是说, 对于任意的常数 $\gamma_1, \gamma_2, \cdots, \gamma_k$,

$$a_n = \gamma_1 r_1^n + \gamma_2 r_2^n + \cdots + \gamma_k r_k^n \tag{23.5}$$

是递推关系的一个解. 这是因为最初的递推关系是线性的. 例如, 如果递推关系式为

$$a_{n+1} = n^2 a_n + \mathrm{e}^n a_{n-1},$$

那么式 (23.5) 就不是该递推关系的解.

对于斐波那契数列, 我们来详细地证明这一点. 总的来说, 证明是相似的. 斐波那契数列的特征方程是 $r^2 - r - 1 = 0$, 它的根是 $r_1 = (1 + \sqrt{5})/2$ 和 $r_2 = (1 - \sqrt{5})/2$. 既然知道了每个根都能解出特征方程, 我们来看看任意一个线性组合 $F_n = \gamma_1 r_1^n + \gamma_2 r_2^n$. 于是有

$$
\begin{aligned}
& F_{n+1} - F_n - F_{n-1} \\
&= \left(\gamma_1 r_1^{n+1} + \gamma_2 r_2^{n+1}\right) - \left(\gamma_1 r_1^n + \gamma_2 r_2^n\right) - \left(\gamma_1 r_1^{n-1} + \gamma_2 r_2^{n-1}\right) \\
&= \gamma_1 \left(r_1^{n+1} - r_1^n - r_1^{n-1}\right) + \gamma_2 \left(r_2^{n+1} - r_2^n - r_2^{n-1}\right) \\
&= \gamma_1 r_1^{n-1} \left(r_1^2 - r_1 - 1\right) + \gamma_2 r_2^{n-1} \left(r_2^2 - r_2 - 1\right) = 0 + 0 = 0.
\end{aligned}
$$

这里的代数运算利用了线性性质: 解的和仍然是解, 解的倍数也仍然是解.

23.2.3　初始条件

距离求出式 (23.1) 的解, 我们大概已经完成了 2/3. 现在, 我们已经得到了 a_n 的一般形式, 即式 (23.5), 还求出了特征多项式的根 $r_1, r_2, \cdots, r_k$ (假设它们互不相同). 不幸的是, 我们尚未完成. 要想求出 a_n, 还要确定 $\gamma_1, \gamma_2, \cdots, \gamma_k$ 的值.

利用初始条件 (即 $a_0, a_1, \cdots, a_{k-1}$ 的值) 以及假设 $a_n = \gamma_1 r_1^n + \cdots + \gamma_k r_k^n$, 我们可以建立下列方程组:

$$
\begin{aligned}
\gamma_1 + \gamma_2 + \cdots + \gamma_k &= a_0 \\
\gamma_1 r_1 + \gamma_2 r_2 + \cdots + \gamma_k r_k &= a_1 \\
\gamma_1 r_1^2 + \gamma_2 r_2^2 + \cdots + \gamma_k r_k^2 &= a_2 \\
\vdots &= \vdots \\
\gamma_1 r_1^{k-1} + \gamma_2 r_2^{k-1} + \cdots + \gamma_k r_k^{k-1} &= a_{k-1}.
\end{aligned}
$$

由线性代数可知, 这个方程组可以改写成矩阵的乘积:

$$
\begin{pmatrix}
1 & 1 & \cdots & 1 \\
r_1 & r_2 & \cdots & r_k \\
r_1^2 & r_2^2 & \cdots & r_k^2 \\
\vdots & \vdots & & \vdots \\
r_1^{k-1} & r_2^{k-1} & \cdots & r_k^{k-1}
\end{pmatrix}
\begin{pmatrix}
\gamma_1 \\
\gamma_2 \\
\gamma_3 \\
\vdots \\
\gamma_k
\end{pmatrix}
=
\begin{pmatrix}
a_0 \\
a_1 \\
a_2 \\
\vdots \\
a_{k-1}
\end{pmatrix}.
\tag{23.6}
$$

这里有一个奇妙的事实: 如果 $r_1, r_2, \cdots, r_k$ 互不相同, 那么上面的 $k \times k$ 阶矩阵就是可逆的. 这个事实是不平凡的, 真正感兴趣的读者可以阅读 23.2.4 节中的证明. 在这种情况下, 把式 (23.6) 的两端同时左乘上述 $k \times k$ 矩阵的逆矩阵, 就可以求出以 $\gamma_1, \gamma_2, \cdots, \gamma_k$ 为分量的向量:

$$
\begin{pmatrix}
\gamma_1 \\
\gamma_2 \\
\gamma_3 \\
\vdots \\
\gamma_k
\end{pmatrix}
=
\begin{pmatrix}
1 & 1 & \cdots & 1 \\
r_1 & r_2 & \cdots & r_k \\
r_1^2 & r_2^2 & \cdots & r_k^2 \\
\vdots & \vdots & & \vdots \\
r_1^{k-1} & r_2^{k-1} & \cdots & r_k^{k-1}
\end{pmatrix}^{-1}
\begin{pmatrix}
a_0 \\
a_1 \\
a_2 \\
\vdots \\
a_{k-1}
\end{pmatrix}.
\tag{23.7}
$$

于是, 式 (23.7) 给出了 $\gamma_1, \gamma_2, \cdots, \gamma_k$ 的值. 既然求出了 $r_1, r_2, \cdots, r_k$, 那么由式 (23.5) 可知, 现在已经得到了计算 a_n 所需的全部信息. 也就是说, 我们把通过求解特征多项式得到的 r_i 以及利用式 (23.7) 得到的 γ_i 代入式 (23.5), 就求出了 a_n.

最后, 我们把这个结果应用到斐波那契数列上. 回忆一下, $r_1 = (1+\sqrt{5})/2$, $r_2 = (1-\sqrt{5})/2$, 初始条件为 $F_0 = 0$, $F_1 = 1$ 以及 $F_n = \gamma_1 r_1^n + \gamma_2 r_2^n$. 上面的方程组就变成了

$$
\begin{pmatrix} 1 & 1 \\ r_1 & r_2 \end{pmatrix}
\begin{pmatrix} \gamma_1 \\ \gamma_2 \end{pmatrix}
=
\begin{pmatrix} 0 \\ 1 \end{pmatrix}.
$$

上述矩阵的行列式等于 $r_2 - r_1 = -\sqrt{5}$. 因为这个值不为 0, 所以这个矩阵是可逆的. 于是

$$
\begin{pmatrix} \gamma_1 \\ \gamma_2 \end{pmatrix}
=
\frac{-1}{\sqrt{5}}
\begin{pmatrix} r_2 & -1 \\ -r_1 & 1 \end{pmatrix}
\begin{pmatrix} 0 \\ 1 \end{pmatrix}
=
\begin{pmatrix} 1/\sqrt{5} \\ -1/\sqrt{5} \end{pmatrix}.
$$

这样就得到了

$$
a_n = \frac{1}{\sqrt{5}}\left(\frac{1+\sqrt{5}}{2}\right)^n - \frac{1}{\sqrt{5}}\left(\frac{1-\sqrt{5}}{2}\right)^n,
$$

我们重新得到了**比内公式**. 这是一个惊人的公式, 允许我们直接跳到任何斐波那契数, 而不需要计算中间项. 这使得计算效率大幅提高.

我们将轮盘赌剩下的问题作为一个练习留给感兴趣的读者. 这里的难点在于, 特征多项式的次数为 5, 现在无法像二次公式那样来求解. 很遗憾, 这意味着我们无法只利用多项的系数写出方程的解, 而必须求出解的近似值. 这 5 个根的近似值分别是 $-0.339\,175 \pm 0.229\,268i$, $0.097\,688\,3 \pm 0.424\,427i$ 和 $0.982\,974$.

在分析递推关系式的解时, 大 n 项的性质通常由绝对值较大的根来控制. 这是因为, 随着 n 的增加, 这个根的作用会远远超过其他根. 只有当它的相应系数恰好为 0 时 (这种情况只发生在特殊的、病态的初始条件下), 它才不会对极限过程产生影响.

23.2.4   关于不同根意味着可逆性的证明

为了求解递推关系式, 式 (23.7) 中的 $k \times k$ 阶矩阵必须是可逆的. 我们要证明的是, 如果

$$A = \begin{pmatrix} 1 & 1 & \cdots & 1 \\ r_1 & r_2 & \cdots & r_k \\ r_1^2 & r_2^2 & \cdots & r_k^2 \\ \vdots & \vdots & & \vdots \\ r_1^{k-1} & r_2^{k-1} & \cdots & r_k^{k-1} \end{pmatrix},$$

那么 A 是可逆的, 当且仅当根是互不相同的. 这是一种非常特殊的矩阵, 叫作**范德蒙矩阵**. 事实上, 通过一个简单的参数匹配就可以证明, 如果根互不相同, 那么这个矩阵就是可逆的.

在线性代数中, 你学过 (或将会学到) 一个方阵是可逆的, 当且仅当它的行列式不为 0. 如果有两个根相等, 那么矩阵有两列是相同的, 所以矩阵不可逆. 因此, 我们可以只考察所有根都互不相同的情形.

由线性代数 (主要利用子式展开) 可知, $\det(A)$ 是 $r_1, r_2, \cdots, r_k$ 的函数. 另外, 我们知道在计算 $k \times k$ 阶矩阵的行列式时, 有 $k!$ 个被加数, 并且每个被加数都是 k 项的乘积. 对于每一个乘积, 我们总是从每行中取出一个元素, 并且从每列中取出一个元素. 我们会得到一个关于 $r_1, r_2, \cdots, r_k$ 的烦琐多项式. 现在要问的第一个问题是: 这个多项式的次数是多少? 第一行元素全都是 1, 所以它们对次数没有任何贡献; 第二行会给出某个 r_i, 这会使次数加 1; 在第三行中, 我们会选出一个 r_j^2, 这将导致次数加 2; 依此类推, 直到最后一行, 我们会得到一个 r_l^{k-1}, 从而使得次数增加 $k-1$. 因此, $\det(A)$ 的次数等于

$$0 + 1 + 2 + \cdots + (k-1) = \frac{(k-1)k}{2}$$

(关于这个和的证明, 请参阅 A.2.1 节). 我们知道 $\det(A)$ 是关于 $r_1, r_2, \cdots, r_k$ 的多项式. 接下来证明这个行列式就是 $\displaystyle\prod_{1 \leqslant i < j \leqslant k} (r_j - r_i)$.

稍等一下, 我们回过头来看看如果存在某个 $i \neq j$, 使得 $r_i = r_j$, 那么会发生什么. 在这种情况下, 因为有两列元素相等, 所以 $\det(A) = 0$. 由于 i 和 j 是任意的, 所以 $\det(A)$ 总能被 $r_i - r_j$ 整除, 或者说 $\displaystyle\prod_{1 \leqslant i < j \leqslant k} (r_j - r_i)$ 可以整除 $\det(A)$.

现在, 我们知道了 $\prod\limits_{1\leqslant i<j\leqslant k}(r_j-r_i)$ 是 $\det(\boldsymbol{A})$ 的因子, 接下来考察 $\prod\limits_{1\leqslant i<j\leqslant k}(r_j-r_i)$ 的次数. 我们有 $2\leqslant j\leqslant k$ 和 $1\leqslant i\leqslant j-1$. 因此, 这个多项式的次数等于

$$\sum_{j=2}^{k}(j-1) = \sum_{j=1}^{k-1}j = \frac{k(k-1)}{2}.$$

不难看出, $\prod\limits_{1\leqslant i<j\leqslant k}(r_j-r_i)$ 的次数与 $\det(\boldsymbol{A})$ 的次数相等. 这意味着

$$\det(\boldsymbol{A}) = \alpha\cdot\prod_{1\leqslant i<j\leqslant k}(r_j-r_i),\tag{23.8}$$

其中, α 是一个常数. 从式 (23.8) 中可以看出, 只有当 $\alpha=0$ 或者 $\prod\limits_{1\leqslant i<j\leqslant k}(r_j-r_i)=0$ 时, $\det(\boldsymbol{A})$ 才会等于 0. 如果 $r_i=r_j$, 那么 $\prod\limits_{1\leqslant i<j\leqslant k}(r_j-r_i)=0$. 此时, $\det(\boldsymbol{A})$ 也等于 0. 但是, 我们要考察的是有 k 个不同根的情况. 因此, 我们假设 $\prod\limits_{1\leqslant i<j\leqslant k}(r_j-r_i)\neq0$. 接下来, 必须要证明 $\alpha\neq0$. 非常棒的一点是, α 与 r_i 无关. 因此, 如果能求出某种特殊情形下的 α, 就得到了任意情形下的 α 值.

我们尝试令 $r_i=10^{10^{i-1}}$. 这个序列的增长速度非常快. 现在有 $r_1=10$, $r_2=10^{10}$ 和 $r_3=10^{100}$, 等等. 显然, r_k 会变得非常大, 从而使得行列式不可能为 0 (实际上, 行列式就等于 $r_1^0 r_2^1 r_3^2\cdots r_k^{k-1}$), 所以我们不可能得到 $\alpha=0$. 因此, 有 k 个不同的根 $r_1,r_2,\cdots,r_k$ 足以说明 $\boldsymbol{A}$ 是可逆的.

我们有必要停下来思考一下上面的论述. 通过考察一种**特殊情形**, 我们可以推断出一般结果. 具体地说, 我们想证明 α 不等于 0. 我们已经把与 r_i 相关的所有项都分离了出来, 所以现在要做的就是找到一种使得行列式不为 0 的特殊情形, 然后从中推导出 $\alpha\neq0$. 考察**极端情形**通常会很有用, 我们可以把对一种情形的认识及直观了解过渡到一般情形中去.

23.3 马尔可夫过程

最后, 我们用一个例子来说明差分方程是如何应用在概率论上的. 我们从一个完全确定且极其简单的情况开始, 在理解了这个问题后, 我们会让模型更加合理, 然后探讨相关的应用.

23.3.1 递推关系与种群动力学

假设鲸是成对交配的, 并且总是生育一对或两对鲸, 每对都有一头雄性和一头雌性. 我们给出下列假设.

- 鲸总是在出生之后满 4 年时死亡.
- 第 2 年初, 每对鲸都生下两对鲸.
- 第 3 年初, 每对鲸都生下一对鲸.
- 第 4 年初, 鲸不再生育, 开始享受做祖父母的生活.
- 鲸在出生后的第 5 年初死亡.

我们可以利用递推关系式来描述, 在每个时间段里, 每种类型的鲸有多少条. 用 a_n 表示第 n 年初出生的鲸数量, b_n 表示第 n 年初 1 岁鲸的数量, c_n 表示第 n 年初 2 岁鲸的数量, d_n 表示第 n 年初 3 岁鲸的数量, e_n 表示第 n 年初 4 岁鲸的数量. 我们不必担心在第 n 年初 5 岁鲸的数量, 因为 (很遗憾) 它们会立即死亡.

我们的假设蕴含了以下关系.

$$a_{n+1} = 2c_{n+1} + d_{n+1} = 2b_n + c_n$$
$$b_{n+1} = a_n$$
$$c_{n+1} = b_n$$
$$d_{n+1} = c_n$$
$$e_{n+1} = d_n.$$

为什么会有这样的关系? 对于第 $n+1$ 年出生的鲸, 它们的父母是这一年初 2 岁或 3 岁的鲸, 但是对于第 $n+1$ 年初 2 岁的鲸, 它们在第 n 年初是 1 岁. 同样地, 第 $n+1$ 年初 4 岁的鲸在第 n 年初是 3 岁. 由此可得 $e_{n+1} = d_n$. 我们可以把这种关系写成

$$\begin{pmatrix} a_{n+1} \\ b_{n+1} \\ c_{n+1} \\ d_{n+1} \\ e_{n+1} \end{pmatrix} = \begin{pmatrix} 2b_n + c_n \\ a_n \\ b_n \\ c_n \\ d_n \end{pmatrix},$$

或者

$$\begin{pmatrix} a_{n+1} \\ b_{n+1} \\ c_{n+1} \\ d_{n+1} \\ e_{n+1} \end{pmatrix} = \begin{pmatrix} 0 & 2 & 1 & 0 & 0 \\ 1 & 0 & 0 & 0 & 0 \\ 0 & 1 & 0 & 0 & 0 \\ 0 & 0 & 1 & 0 & 0 \\ 0 & 0 & 0 & 1 & 0 \end{pmatrix} \begin{pmatrix} a_n \\ b_n \\ c_n \\ d_n \\ e_n \end{pmatrix} = \boldsymbol{A} \begin{pmatrix} a_n \\ b_n \\ c_n \\ d_n \\ e_n \end{pmatrix}$$

矩阵 $\boldsymbol{A}$ 有一个很好的结构. 这种矩阵在种群动力学中经常出现, 称为**莱斯利矩阵**. 通过迭代, 我们发现

$$\begin{pmatrix} a_{n+1} \\ b_{n+1} \\ c_{n+1} \\ d_{n+1} \\ e_{n+1} \end{pmatrix} = \boldsymbol{A}^{n+1} \begin{pmatrix} a_0 \\ b_0 \\ c_0 \\ d_0 \\ e_0 \end{pmatrix},$$

其中, 最后一个向量是在第 0 年各年龄的鲸的数量.

这个公式的美妙之处在于, 我们可以通过计算矩阵 $\boldsymbol{A}$ 的高次幂来确定未来几年的鲸的数量. 这是书写递推关系式的一种非常紧凑的好方法. 它概括了我们之前所做的事. 例如, 如果回到斐波那契数列, 我们有 $F_{n+2} = F_{n+1} + F_n$, 于是

$$\begin{pmatrix} F_{n+2} \\ F_{n+1} \end{pmatrix} = \begin{pmatrix} F_{n+1} + F_n \\ F_{n+1} \end{pmatrix} = \begin{pmatrix} 1 & 1 \\ 1 & 0 \end{pmatrix} \begin{pmatrix} F_{n+1} \\ F_n \end{pmatrix} = \boldsymbol{B} \begin{pmatrix} F_{n+1} \\ F_n \end{pmatrix},$$

由此可以推出

$$\begin{pmatrix} F_{n+2} \\ F_{n+1} \end{pmatrix} = \boldsymbol{B}^{n+1} \begin{pmatrix} F_1 \\ F_0 \end{pmatrix}.$$

因此, 我们也可以利用这个框架来求斐波那契数.

这为什么会属于概率论? 实际上, 这个过程并不是完全确定的. (除非我们想问: "在第 n 年, 随机选择的一头鲸恰好 3 岁的概率是多少?") 当矩阵 $\boldsymbol{A}$ 的元素为随机变量时, 这就真正地变成了一个概率问题. 我们不假设每头鲸每年都能存活下来, 并且在第 5 年初死亡, 而是假设鲸具有一定的死亡率. 设 R_i 是一个随机变量, 它表示 i 岁的鲸可以活到 $i+1$ 岁的概率. 同样地, B_i 表示一头 i 岁的鲸所生育的鲸的对数. 现在, 矩阵 $\boldsymbol{A}$ 的元素都是随机变量! 我们得到了下列形式的矩阵乘积

$$\begin{pmatrix} 0 & B_1 & B_2 & 0 & 0 \\ R_1 & 0 & 0 & 0 & 0 \\ 0 & R_2 & 0 & 0 & 0 \\ 0 & 0 & R_3 & 0 & 0 \\ 0 & 0 & 0 & R_4 & 0 \end{pmatrix}.$$

为了弄清楚系统是如何演化的, 我们需要了解以随机变量为元素的矩阵乘积的性质! 现在, 我们有很多问题可以问. B 和 R 的分布是如何影响鲸种群的长期性态的? 这些随机变量是否存在临界值, 从而使得均值的微小变换导致截然不同的结果? 这就引出了一个非常活跃的研究领域 ——**随机矩阵理论**. 虽然进一步研究这些问题需要我们了解更多内容, 但我希望你能知道问题的发展方向.

23.3.2 一般的马尔可夫过程

马尔可夫过程非常重要, 我们起码应该简单地提及并讨论, 而且要看一看上述问题是如何与这个框架相拟合的. **马尔可夫过程**本质上是这样一个系统: 为了预测

$n+1$ 时刻的行为, 关键是看它在 n 时刻的状态. 换句话说, 知道如何到达 n 时刻的状态并不能为预测下一刻会发生什么提供任何额外的信息. 如果 $X_i = x_i$ 表示系统在 i 时刻所处的状态是 x_i, 那么可以把这个条件写成

$$\mathrm{Prob}(X_{n+1} = x_{n+1} | X_n = x_n, \cdots, X_0 = x_0) = \mathrm{Prob}(X_{n+1} = x_{n+1} | X_n = x_n).$$

如果从正确的角度来考察, 递推关系就是一个极好的例子. 我们来看一看斐波那契数列: $F_{n+1} = F_n + F_{n-1}$, 并且 $F_0 = 0$, $F_1 = 1$. 因为下一个状态取决于之前的两个状态, 所以它不满足马尔可夫过程的定义, 但我们可以通过一个简单的修改来使其满足. 令

$$v_n = \begin{pmatrix} F_n \\ F_{n-1} \end{pmatrix},$$

于是

$$v_{n+1} = \begin{pmatrix} 1 & 0 \\ 1 & 1 \end{pmatrix} v_n.$$

人口问题通常可以被看作马尔可夫过程, 习题 23.5.16 就是这样一个例子. 关于马尔可夫过程的极限性质有大量定理, 我强烈建议你查阅一些网络资料并从中学到更多.

23.4   总   结

本章简要地介绍了递推关系, 但即使是粗略的介绍也足以让你看出这些方法的威力和适用性. 我喜欢引自 Loesje 的这句话: "多米诺骨牌效应: 一旦你投下一个好主意, 其他的就会随之而来." 这从两个方面体现了递推关系. 第一个方面比较明显: 在递推关系中, 一旦知道了前面几项以及事物之间是如何联系的, 你就可以轻松地计算出后面的项. 这使得递推关系非常适合计算机.

第二个方面是, 好想法以及从正确角度考察问题的重要性. 我们已经在书中见过这样的例子. 如果从正确的角度考察问题, 就能轻松地解决代数运算, 我们就可以看到问题的本质. 线性代数为研究递推关系提供了各种工具. 把线性代数与概率论相结合是一种很好的思路, 这样系数就能被看作随机变量. 当引入了随机值之后, 我们就离开了确定过程的世界, 并有了更好的机会来建立合理的模型. 当然, 这些只是一个大主题的开始.

23.5   习   题

习题 23.5.1   考虑下面的骗局: 一个无道德的人试图让你相信他是挑选股票的高手. 在七周内, 他会发送给你一份关于股票的预测, 并且准确地 (免费) 告诉你股票会涨还是会跌. 当

这七周的准确预测结束时, 他告诉你, 现在要花 100 美元来购买他的建议, 你应该支付吗? (提示: 请注意, 他可能也在联系其他人, 不一定会给他们同样的建议.)

习题 23.5.2   假设存在常数 $c_1, \cdots, c_L$, 使得

$$a_{n+1} = c_1 a_n + c_2 a_{n-1} + \cdots + c_L a_{n-(L-1)}$$

对所有的 n 均成立. 如果 $r_1^n, \cdots, r_l^n$ 是这个递推关系式的解, 证明: $a_n = \alpha_1 r_1^n + \cdots + \alpha_l r_l^n$ 也是这个递推关系式的解, 其中 $\alpha_1, \cdots, \alpha_l$ 是任意值.

习题 23.5.3   证明: 对于任意的整数 n, 比内公式都会返回一个整数. (这个结论更好, 因为所有斐波那契数都是整数!)

习题 23.5.4   利用比内公式, 证明: 对于较大的 n, F_{n+1}/F_n 趋向于黄金分割点 $\frac{1+\sqrt{5}}{2}$.

习题 23.5.5   利用特征多项式, 找到满足 $a_{n+1} = 2a_n + a_{n-1}$ 的函数方程, 其中初始条件为 $a_0 = 0$ 和 $a_1 = 1$.

习题 23.5.6   找出递推关系式 $a_{n+1} = 2a_n - a_{n-1}$ 的显式公式, 其中 $a_0 = 1$, $a_1 = 2$.

习题 23.5.7   设一个递推关系式的特征多项式有一个 d 重根 r. 证明: $n^l r^n$ 是递推关系式的解, 其中 $l \in \{0, 1, \cdots, d-1\}$.

习题 23.5.8   抛掷一枚均匀硬币 100 次, 求出至少掷出 5 个正面的最长游程的概率.

习题 23.5.9   抛掷一枚均匀硬币 100 次, 求出恰好掷出 5 个正面的最长游程的概率.

习题 23.5.10   重新考虑前两道题. 现在假设硬币掷出正面的概率是 20/38. 我们可以把答案解释为, 如果允许出现两个绿色的数, 那么对轮盘赌的分析会发生什么?

习题 23.5.11   抛掷一枚均匀硬币 100 次, 在 5 次连续抛掷中, 从来没有出现过 4 次反面的概率是多少? 如果抛掷 n 次呢? 你能写下这个问题的递推关系式吗?

习题 23.5.12   我们修改一下轮盘赌问题. 现在仍然假设有 50% 的概率出现红色, 但只有当连续 6 轮下注中至少出现 5 个黑色结果时, 我们才会破产. 在 100 次轮盘赌中, 我们破产的概率是多少?

习题 23.5.13   考虑 23.2.4 节的范德蒙矩阵, 求出 α.

习题 23.5.14   考虑参数为 $r_1, \cdots, r_n$ 的范德蒙矩阵. 把第 k 行的 $(r_1^{k-1}, \cdots, r_n^{k-1})$ 替换成 $(r_1^{2(k-1)}, \cdots, r_n^{2(k-1)})$. 这个行列式还会有一个很好的公式吗? 如果是, 请找出这个公式.

习题 23.5.15   设 $A(r_1, \cdots, r_n)$ 是参数为 $r_1, \cdots, r_n$ 的范德蒙矩阵, $B(s_1, \cdots, s_n)$ 是参数为 $s_1, \cdots, s_n$ 的范德蒙矩阵. 用 $r_1, \cdots, s_n$ 来表示 $A(r_1, \cdots, r_n)B(s_1, \cdots, s_n)$ 的行列式.

习题 23.5.16   假设世界上最初有 100 万人, 其中 700 000 人生活在弗里多尼亚, 300 000 人生活在西尔瓦尼亚. 每年年底, 生活在弗里多尼亚的人有 80% 仍住在弗里多尼亚, 其余的人则移居西尔瓦尼亚, 而生活在西尔瓦尼亚的人有 70% 仍住在西尔瓦尼亚 (其余的人都搬到了弗里多尼亚). 假设没有人出生或死亡, 那么 10 年后, 随机选出的一个人居住在弗里多尼亚的概率是多少? 20 年后呢? 当时间趋向于无穷大时, 情况又如何?

第 24 章   最小二乘法

最小二乘法是确定数据最佳拟合线的一种方法, 其证明会用到微积分和线性代数. 基本问题是: 找到给定观测值 (x_n, y_n) 的最佳拟合直线 $y = ax + b$, 其中 $n \in \{1, \cdots, N\}$. 该方法可以轻松地推广到找出下列形式的最佳拟合

$$y = a_1 f_1(x) + \cdots + c_K f_K(x).$$

函数 f_k 不一定是关于 x 的线性函数, 只需要 y 是这些函数的线性组合. 所以, 本章是对你在本书以及更早以前学到的数学知识的很好应用. 这部分内容不是为了确保你掌握基本知识的经典问题合集, 而是让你了解一个最重要的应用. 为了保持本章的独立性, 首先进行简要的回顾. 除了建立理论以及考察一些例子外, 我们还会讨论可用于曲线拟合的替代方法. 特别是, 我们将花费大量时间来研究什么是正确的统计量, 并权衡不同方案的优缺点.

24.1   问题的描述

在现实世界中, 人们通常希望找到变量之间的线性关系. 例如, 弹簧的力与弹簧的位移是线性相关的: $y = kx$ (其中, y 是力, x 是弹簧的位移, k 是弹簧常数). 为了检验这一关系, 研究者去实验室测量了不同位移的力. 因此, 他们收集到了形如 (x_n, y_n) 的数据, 其中 $n \in \{1, \cdots, N\}$, y_n 是当弹簧移动了 x_n 米时观测到的力, 单位是牛顿.

遗憾的是, 我们几乎不可能观察到完美的线性关系. 这有两个原因: 一是存在实验误差; 二是潜在的关系可能不是完全线性的, 而是近似线性的. (一个经典的例子是物体下落时受到的力. 最初, 我们将力近似为 $F = mg$, 其中 g 是重力加速度. 然而, 这并不是完全正确的, 因为还存在一个取决于速度的阻力.) 当弹簧常数等于 5 时, 弹簧的位移与力的模拟数据如图 24-1 所示.

最小二乘法是一个过程, 只需要利用微积分与线性代数的知识, 它就可以确定数据的 "最佳拟合" 线. 当然, 我们要对 "最佳拟合" 进行量化, 这需要对一些概率和统计知识进行简要的回顾.

仔细地分析其证明, 我们不难发现该方法具有很强的推广性. 我们不寻找最佳拟合线, 而是可以找到这样一种最佳拟合: 指定函数的任何一种有限的线性组合. 因此, 一般化的问题是: 给定函数 $f_1, \cdots, f_K$, 找到系数 $\alpha_1, \cdots, \alpha_K$, 使得线性组合

$$y = a_1 f_1(x) + \cdots + a_K f_K(x)$$

是对数据的最佳逼近.

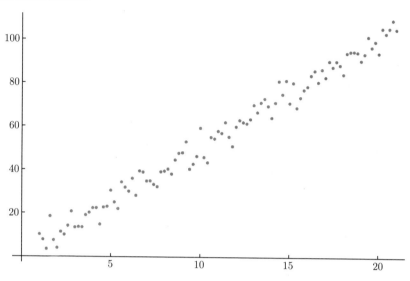

图 24-1 位移和力的 100 组"模拟"观测数据 $(k = 5)$

24.2 概率论与统计学回顾

我们快速地回顾在最小二乘法中所需的概率论与统计学的基本知识. 给定一列数据 $x_1, \cdots, x_N$, 把它们的**均值** (或**期望值**) 定义为 $(x_1 + \cdots + x_N)/N$. 这个量用 $\overline{x}$ 来表示: 因此

$$\overline{x} = \frac{1}{N} \sum_{n=1}^{N} x_n.$$

均值就是这些数据的平均值.

考虑下面两列数据: $\{10, 20, 30, 40, 50\}$ 和 $\{30, 30, 30, 30, 30\}$. 这两个集合有相同的均值, 但是第一个集合中的数据围绕均值有较大的变化. 这就引出了方差的概念, 它是一种有用的工具, 用来量化一组数据围绕其均值的波动程度. $\{x_1, \cdots, x_N\}$ 的**方差**[①]记作 σ_x^2, 即

$$\sigma_x^2 = \frac{1}{N} \sum_{n=1}^{N} (x_n - \overline{x})^2,$$

标准差 σ_x 是方差的平方根:

---

① 对于那些了解高等统计学的读者: 出于技术原因, 样本方差的准确定义应该是除以 $N - 1$, 而不是除以 N.

$$\sigma_x = \sqrt{\frac{1}{N}\sum_{n=1}^{N}(x_n - \overline{x})^2}.$$

注意, 如果 x 的单位是米, 那么方差 σ_x^2 的单位是平方米, 标准差 σ_x 与均值 $\overline{x}$ 的单位都是米. 因此, 标准差可以很好地衡量 x 围绕均值的偏离程度, 因为它与我们感兴趣的量具有相同的单位.

当然, 我们也可以考察其他量. 例如, 可以研究

$$\frac{1}{N}\sum_{n=1}^{N}(x_n - \overline{x}).$$

不幸的是, 这是一个带符号的量, 大的正偏差可以与大的负偏差相互抵消. 事实上, 利用均值的定义, 可以马上推出上式等于 0! 所以, 这是度量数据可变性的一种糟糕工具, 因为无论数据值是多少, 它始终为 0.

我们可以用绝对值来修正这个问题. 这样就需要考虑

$$\frac{1}{N}\sum_{n=1}^{N}|x_n - \overline{x}|. \tag{24.1}$$

虽然这可以避免误差之间相互抵消 (并且与 x 的单位相同), 但绝对值函数并不容易分析. 它是不可微的. 因此, 我们将考虑标准差 (即方差的平方根)—— 这样就可以使用微积分工具了.

现在, 我们来量化所谓的"最佳拟合". 如果我们相信 $y = ax+b$, 那么 $y-(ax+b)$ 应该是 0. 因此, 对于给定的观测值

$$\{(x_1, y_1), \cdots, (x_N, y_N)\},$$

我们看一看

$$\{y_1 - (ax_1 + b), \cdots, y_N - (ax_N + b)\}.$$

它的均值应该很小 (如果这是一个不错的拟合), 而且这些项的平方和将衡量这个拟合有多好.

我们定义

$$E(a, b) := \sum_{n=1}^{N}\left(y_n - (ax_n + b)\right)^2.$$

大误差的权重要比小误差的更大 (因为平方). 因此, 这个过程适用于中等误差而非一些大误差. 如果用绝对值来测量误差 (参见式 (24.1)), 那么所有误差的权重都是相等的. 通过取绝对值, 我们可以避免上述问题. 但遗憾的是, 绝对值函数是不可微的, 所以微积分工具不可用.

本节最后会详细地阐述对误差平方的选择. 这体现了该主题中最大的挑战之一: 考察正确的统计量. 我们可以研究任何想要的量, 但问题在于, 这个量什么时候有效并且能发挥作用.

注 24.2.1 (如何测量误差的选择) 当测量理论值与观测值之间的误差时, 我们有三种自然选择:

$$E_1(a,b) = \sum_{n=1}^{N} \left(y_n - (ax_n + b)\right), \tag{24.2}$$

$$E_2(a,b) = \sum_{n=1}^{N} |y_n - (ax_n + b)| \tag{24.3}$$

和

$$E_3(a,b) = \sum_{n=1}^{N} \left(y_n - (ax_n + b)\right)^2. \tag{24.4}$$

式 (24.2) 的问题是, 这些误差是有符号的, 并且正误差可以与负误差相互抵消. 式 (24.3) 的问题是, 绝对值函数是不可微的, 因此微积分工具及结果都不可用. 式 (24.4) 的问题是, 误差的权重不等: 大误差的权重要比小误差大得多. 因此, 这三种方法都存在问题. 尽管如此, 与优点相比, 式 (24.4) 的问题并没有那么糟糕, 其优点是误差不会相互抵消, 并且微积分工具是可用的. 因此, 大多数人通常使用式 (24.4) 并利用平方和来测量误差.

24.3 最小二乘法

我如此喜欢最小二乘法的原因之一是, 它能根据可观测结果给出最佳拟合参数的一个显式闭型解. 之所以可以做到这一点, 是因为我们有微积分和线性代数工具 —— 这些年所付出的努力应该得到一些回报!

给定数据 $\{(x_1, y_1), \cdots, (x_N, y_N)\}$, 我们把与 $y = ax + b$ 相关的误差定义为

$$E(a,b) := \sum_{n=1}^{N} \left(y_n - (ax_n + b)\right)^2. \tag{24.5}$$

注意, 这个误差是以未知参数 a 和 b 为变量的函数.

现在的目标是找到使误差最小化的 a 和 b 值. 在多元微积分中, 这要求我们求出 (a,b) 的值, 从而使得 E 关于变量 (即 a 和 b) 的梯度为 0. 因此, 我们需要

$$\nabla E = \left(\frac{\partial E}{\partial a}, \frac{\partial E}{\partial b}\right) = (0,0)$$

或者

$$\frac{\partial E}{\partial a} = 0, \quad \frac{\partial E}{\partial b} = 0.$$

注意, 我们不必担心边界点: 当 $|a|$ 和 $|b|$ 变得较大时, 拟合显然会越来越差. 因此, 我们不需要验证边界.

微分 $E(a,b)$ 可得

$$\frac{\partial E}{\partial a} = \sum_{n=1}^{N} 2\left(y_n - (ax_n + b)\right) \cdot (-x_n)$$

$$\frac{\partial E}{\partial b} = \sum_{n=1}^{N} 2\left(y_n - (ax_n + b)\right) \cdot (-1).$$

令 $\partial E/\partial a = \partial E/\partial b = 0$ (并除以 -2), 则有

$$\sum_{n=1}^{N} \left(y_n - (ax_n + b)\right) \cdot x_n = 0$$

$$\sum_{n=1}^{N} \left(y_n - (ax_n + b)\right) = 0.$$

注意, 等式两端可以同时除以 -2 是因为 -2 是一个常数. 我们不能除以 x_n, 因为 x_n 会随着 n 改变.

这些等式可以改写成

$$\left(\sum_{n=1}^{N} x_n^2\right) a + \left(\sum_{n=1}^{N} x_n\right) b = \sum_{n=1}^{N} x_n y_n$$

$$\left(\sum_{n=1}^{N} x_n\right) a + \left(\sum_{n=1}^{N} 1\right) b = \sum_{n=1}^{N} y_n.$$

因此, 使误差 (定义参见式 (24.5)) 最小化的 a 和 b 值会满足下列矩阵方程:

$$\begin{pmatrix} \sum_{n=1}^{N} x_n^2 & \sum_{n=1}^{N} x_n \\ \sum_{n=1}^{N} x_n & \sum_{n=1}^{N} 1 \end{pmatrix} \begin{pmatrix} a \\ b \end{pmatrix} = \begin{pmatrix} \sum_{n=1}^{N} x_n y_n \\ \sum_{n=1}^{N} y_n \end{pmatrix}. \tag{24.6}$$

我们需要利用线性代数中的一个事实. 回忆一下, 矩阵 $\boldsymbol{A}$ 的逆矩阵是使得 $\boldsymbol{AB} = \boldsymbol{BA} = \boldsymbol{I}$ 的矩阵 $\boldsymbol{B}$, 其中 $\boldsymbol{I}$ 是单位矩阵. 如果 $\boldsymbol{A} = \begin{pmatrix} \alpha & \beta \\ \gamma & \delta \end{pmatrix}$ 是一个 2×2 的矩阵, 并且 $\det \boldsymbol{A} = \alpha\delta - \beta\gamma \neq 0$, 那么 $\boldsymbol{A}$ 是可逆的并且

$$\boldsymbol{A}^{-1} = \frac{1}{\alpha\delta - \beta\gamma} \begin{pmatrix} \delta & -\beta \\ -\gamma & \alpha \end{pmatrix}.$$

换句话说, 此时有 $\boldsymbol{A}\boldsymbol{A}^{-1} = \begin{pmatrix} 1 & 0 \\ 0 & 1 \end{pmatrix}$. 例如, 如果 $\boldsymbol{A} = \begin{pmatrix} 1 & 3 \\ 2 & 7 \end{pmatrix}$, 那么 $\det \boldsymbol{A} = 1$ 且 $\boldsymbol{A}^{-1} = \begin{pmatrix} 7 & -3 \\ -2 & 1 \end{pmatrix}$. 对于这一点, 我们可以用下面的式子来验证 (利用矩阵乘法):

$$\begin{pmatrix} 1 & 2 \\ 3 & 7 \end{pmatrix} \begin{pmatrix} 7 & -2 \\ -3 & 1 \end{pmatrix} = \begin{pmatrix} 1 & 0 \\ 0 & 1 \end{pmatrix}.$$

我们可以证明式 (24.6) 的矩阵是可逆的 (只要至少有两个 x_n 不同), 这表明了

$$\begin{pmatrix} a \\ b \end{pmatrix} = \begin{pmatrix} \sum\limits_{n=1}^{N} x_n^2 & \sum\limits_{n=1}^{N} x_n \\ \sum\limits_{n=1}^{N} x_n & \sum\limits_{n=1}^{N} 1 \end{pmatrix}^{-1} \begin{pmatrix} \sum\limits_{n=1}^{N} x_n y_n \\ \sum\limits_{n=1}^{N} y_n \end{pmatrix}. \tag{24.7}$$

因此, 现在只需要证明可逆性. 用 M 表示式 (24.6) 中的矩阵. M 的行列式等于

$$\det M = \sum_{n=1}^{N} x_n^2 \cdot \sum_{n=1}^{N} 1 - \sum_{n=1}^{N} x_n \cdot \sum_{n=1}^{N} x_n.$$

因为

$$\overline{x} = \frac{1}{N} \sum_{n=1}^{N} x_n,$$

所以

$$\det M = N \sum_{n=1}^{N} x_n^2 - (N\overline{x})^2$$

$$= N^2 \left(\frac{1}{N} \sum_{n=1}^{N} x_n^2 - \overline{x}^2 \right)$$

$$= N^2 \cdot \frac{1}{N} \sum_{n=1}^{N} (x_n - \overline{x})^2,$$

最后一个等式是通过简单的代数运算得到的. 于是, 只要所有的 x_n 都不相等, $\det M$ 就是非 0 的, 那么 M 就是可逆的. 由方差的定义可知, 上式也能写成

$$\det M = N^2 \sigma_x^2.$$

因此, 我们发现只要 x 不全相等, a 和 b 的最佳拟合值就可以通过求解一个线性方程组得到. 这个解由式 (24.7) 给出.

我们把式 (24.7) 改写成更简单的形式. 利用矩阵的逆以及均值和方差的定义, 我们有

$$\begin{pmatrix} a \\ b \end{pmatrix} = \frac{1}{N^2 \sigma_x^2} \begin{pmatrix} N & -N\overline{x} \\ -N\overline{x} & \sum\limits_{n=1}^{N} x_n^2 \end{pmatrix} \begin{pmatrix} \sum\limits_{n=1}^{N} x_n y_n \\ \sum\limits_{n=1}^{N} y_n \end{pmatrix}. \tag{24.8}$$

展开上式可得

$$a = \frac{N \sum_{n=1}^{N} x_n y_n - N\overline{x} \sum_{n=1}^{N} y_n}{N^2 \sigma_X^2}$$

$$b = \frac{-N\overline{x} \sum_{n=1}^{N} x_n y_n + \sum_{n=1}^{N} x_n^2 \sum_{n=1}^{N} y_n}{N^2 \sigma_X^2}$$

$$\overline{x} = \frac{1}{N} \sum_{n=1}^{N} x_i$$

$$\sigma_x^2 = \frac{1}{N} \sum_{n=1}^{N} (x_i - \overline{x})^2. \tag{24.9}$$

因为 a 和 b 的公式非常重要, 所以有必要给出关于它们的另一个表达. 我们还有

$$a = \frac{\sum_{n=1}^{N} 1 \sum_{n=1}^{N} x_n y_n - \sum_{n=1}^{N} x_n \sum_{n=1}^{N} y_n}{\sum_{n=1}^{N} 1 \sum_{n=1}^{N} x_n^2 - \sum_{n=1}^{N} x_n \sum_{n=1}^{N} x_n}$$

$$b = \frac{\sum_{n=1}^{N} x_n \sum_{n=1}^{N} x_n y_n - \sum_{n=1}^{N} x_n^2 \sum_{n=1}^{N} y_n}{\sum_{n=1}^{N} x_n \sum_{n=1}^{N} x_n - \sum_{n=1}^{N} x_n^2 \sum_{n=1}^{N} 1}. \tag{24.10}$$

注 24.3.1 上面关于 a 和 b 的公式是合理的, 这一点可以从单位分析中看出. 例如, 假设 x 的单位是米, 而 y 的单位是秒. 如果 $y = ax + b$, 那么 b 和 y 就要有相同的单位 (秒), 而 a 的单位则是秒每米. 当把式 (24.9) 右端的各量都代入单位时, 我们会看到 a 和 b 的单位是正确的. 虽然这并不能证明我们没有犯错, 但会让我们感到更安心. 不管研究什么, 你都应该尝试像这样的**单位计算**.

a 和 b 还有其他等价公式, 这些公式给出了相同的答案, 但代数运算的次序却略有不同. 从本质上看, 我们正在做下列事情: 假设已知

$$4 = 3a + 2b$$
$$5 = 2a + 5b.$$

解决这个问题的方法有两种. 第一, 可以利用第一个等式, 把 b 用 a 来表示, 然后将结果代入第二个等式. 第二, 也可以把第一个等式的两端同时乘上 5, 把第二个

等式的两端同时乘上 2, 然后让两个式子相减. 这样与 b 相关的项就消掉了, 从而可以求出 a 的值. 具体地说,

$$20 = 15a + 10b$$
$$10 = 4a + 10b,$$

由此可得

$$10 = 11a,$$

或者

$$a = 10/11.$$

注 24.3.2　图 24-1 中的数据是这样得到的: 设 $x_n = 5 + 0.2n$, 并设 $y_n = 5x_n$ 再加上一个误差项, 这个误差是从均值为 0 且标准差为 4 的正态分布中随机选出来的 ($n \in \{1, \cdots, 100\}$). 利用这些值, 我们找到了一条最佳拟合线

$$y = 4.99x + 0.48.$$

因此 $a = 4.99$ 且 $b = 0.48$. 由于我们期望的关系式为 $y = 5x$, 所以 a 和 b 的最佳拟合值分别是 5 和 0.

虽然 a 的值很接近真实值, 但 b 的值却存在非常明显的偏差. 我们故意选择具有这种特点的数据是为了说明使用最小二乘法的危险. 我们知道 4.99 是斜率的最佳值, 0.48 是 y 截距的最佳值, 但这些并不能说明它们是对真实值的良好估计. 这个理论需要补充一些提供误差估计的技术. 因此, 我们想知道这样一些事情, 比如利用给定的数据, a 的真实值属于 $(4.96, 5.02)$ 且 b 的真实值属于 $(-0.22, 1.18)$ 的概率为 99%. 这比只知道最佳拟合值要有用得多.

如果我们使用

$$E_{\text{abs}}(a, b) = \sum_{n=1}^{N} |y_n - (ax_n + b)|,$$

那么由数值计算方法可得, a 的最佳拟合值为 5.03, b 的最佳拟合值的绝对值小于 10^{-10}. 这种方法与最小二乘法的区别在于 (两个参数中最不重要的) b 的最佳拟合值, 这种区别来源于加权误差的不同方法.

24.4　习　　题

习题 24.4.1　考虑观察到的数据 $(0, 0)$、$(1, 1)$ 和 $(2, 2)$. 应该清楚的是, 最佳拟合线是 $y = x$. 这使得测量误差的三种方式, 即式 (24.2)、式 (24.3) 以及式 (24.4) 的误差均为 0. 然而, 你要证明: 当使用式 (24.2) 来测量误差时, 直线 $y = 1$ 的误差也是 0, 显然这不应该是最好的拟合线!

习题 24.4.2   推广最小二乘法找到 $y = ax^2 + bx + c$ 的最佳拟合二次方程 (或更一般地, 找到 $y = a_m x^m + a_{m-1} x^{m-1} + \cdots + a_0$ 的最佳拟合 m 次多项式).

对于任何实际问题, 直接计算就可以确定最终的矩阵是否可逆, 但能够证明这个行列式对于最佳拟合线总是不为 0 会非常不错 (如果所有的 x 都不相等).

习题 24.4.3   如果 x 不全相等, 那么对于最佳拟合二次方程式还是最佳拟合三次方程, 行列式必须是非 0 的?

看看最小二乘法的证明, 我们注意到 $y = ax + b$ 并不是必不可少的. 可以令 $y = af(x) + bg(x)$, 并且论述也是类似的. 不同之处在于, 现在能够得到

$$\begin{pmatrix} \sum_{n=1}^{N} f(x_n)^2 & \sum_{n=1}^{N} f(x_n)g(x_n) \\ \sum_{n=1}^{N} f(x_n)g(x_n) & \sum_{n=1}^{N} g(x_n)^2 \end{pmatrix} \begin{pmatrix} a \\ b \end{pmatrix} = \begin{pmatrix} \sum_{n=1}^{N} f(x_n)y_n \\ \sum_{n=1}^{N} g(x_n)y_n \end{pmatrix}. \tag{24.11}$$

最后, 我们简单地阐述一个非常重要的变量替换, 它可以让我们在更多情况下使用最小二乘法. 考虑一个例子, 研究人员正试图证明牛顿的万有引力定律. 该定律称, 对于两个质量分别为 m_1 和 m_2 的物体, 它们之间的引力大小是 Gm_1m_2/r^2, 其中 r 是物体之间的距离. 如果物体的质量是固定的, 那么引力的大小与距离成反比. 这种关系可以写成 $F = k/r^n$, 其中 $n = 2$ (k 的值取决于 G 和质量的乘积). 显然, n 是更重要的参数. 遗憾的是, 正如所写的那样, 我们不能使用最小二乘法, 因为其中一个未知参数是非线性的 (它是距离的指数).

我们可以通过对数据进行**对数变换**来解决这个问题. 令 $\mathcal{K} = \log k$, $\mathcal{F} = \log F$ 且 $\mathcal{R} = \log r$, 那么关系式 $F = k/r^n$ 就变成了 $\mathcal{F} = -n\mathcal{R} + \mathcal{K}$. 现在就可以利用最小二乘法了. 与初始问题的唯一区别在于我们如何收集和处理数据. 现在, 我们的数据不是两个物体之间的距离, 而是距离的对数. 沿着这种思路进行论证, 许多幂关系都可以转换为能够使用最小二乘法的例子. 因此, 我们 (终于) 实现了许多高中数学老师多年前的承诺: 对数是有用的!

习题 24.4.4   考虑式 (24.11) 给出的最小二乘法的推广. 矩阵在什么条件下是可逆的?

习题 24.4.5   这种证明方法可以进一步推广到当 y 是 K 个给定函数的线性组合的情况. 这些函数不一定是线性的, 我们只需要有一个函数的线性组合, 即 $a_1 f_1(x) + \cdots + a_K f_K(x)$. 然后, 利用微积分与线性代数, 找出能最小化误差平方和的 $a_1, \cdots, a_K$. 求出最佳拟合系数 $(a_1, \cdots, a_K)$ 必须满足的矩阵方程.

习题 24.4.6   当考察利用最小二乘法得到的最佳拟合线时, 最佳拟合值则由式 (24.7) 给出. 点 $(\bar{x}, \bar{y})$ 是否在最佳拟合线上, 其中 $\bar{x} = \frac{1}{n} \sum_{n=1}^{N} x_n$ 且 $\bar{y} = \sum_{n=1}^{N} y_n$? 换句话说, 最佳拟合线是否穿过 "平均值" 点?

习题 24.4.7(开普勒第三定律)   开普勒第三定律指出, 如果 T 是行星在椭圆轨道上绕太阳运行的轨道周期 (没有其他物体存在), 那么 $T^2 = CL^3$, 其中 L 为半长轴的长度. 我总觉得这是三条定律中最难的, 怎样才能从观测数据中得出正确的指数值呢? 一种方法是利用最小二乘法. 令 $\mathcal{T} = \log T$, $\mathcal{L} = \log L$ 且 $c = \log \mathcal{C}$. 于是, 关系式 $T^a = CL^b$ 就变成了 $a\mathcal{T} = b\mathcal{L} + c$, 这样就可以利用最小二乘法了. 8 颗行星 (遗憾的是, 冥王星不再被

认为是行星了) 的半长轴分别是: 水星 0.387, 金星 0.723, 地球 1.000, 火星 1.524, 木星 5.203, 土星 9.539, 天王星 19.182, 海王星 30.06 (这里的单位是天文单位, 一个天文单位是 $1.496 \cdot 10^8$ 千米). 它们的轨道周期 (年) 分别为 0.240 846 7, 0.615 197 26, 1.000 017 4, 1.880 847 6, 11.862 615, 29.447 498, 84.016 846 和 164.791 32. 根据这些数据, 利用最小二乘法, 在 $T^a = CL^b$ 中找出 a 和 b 的最佳拟合值. (注意, 你当然需要使用 $a\mathcal{T} = b\mathcal{L} + \mathcal{C}$.)

实际上, 如上所述, 这个问题有点不确定, 原因如下. 假设我们有 $T^2 = 5L^3$, $T^4 = 25L^6$ 或 $T = \sqrt{5}L^{1.5}$, 甚至是 $T^4 = 625L^{12}$. **所有这些都是相同的等式**! 换句话说, 为了简单起见, 不妨设 $a = 1$. 这种做法具有一般性. 这个例子再一次说明了改变考察问题的角度是如何对我们产生帮助的. 乍一看, 这道习题涉及三个未知参数, 即 a, b 和 C, 但是令 $a = 1$ **不会对一般性造成任何影响**. 因此, 为了更加简便, 我们只考虑这种特殊情形.

为了方便起见, 这里给出了数据的自然对数: 半长轴的长度依次为

$$\{-0.949\ 331,\ -0.324\ 346,\ 0,\ 0.421\ 338,\ 1.649\ 24,\ 2.255\ 39,\ 2.953\ 97,\ 3.4032\},$$

周期 (年) 的自然对数依次为

$$\{-1.423\ 59,\ -0.485\ 812,\ 0.000\ 017\ 399\ 8,\ 0.631\ 723,\ 2.473\ 39,\ 3.382\ 61,$$
$$4.431\ 02,\ 5.104\ 68\}.$$

本题要求你找到 a 和 b 的最佳拟合值. 从某种意义上来说, 这有些误导性, 因为 (a, b) 存在无限多种可能值. 但是, 它们所有的取值都有一个相同的**比值** b/a (开普勒说这个值应该接近于 3/2 或 1.50). 这个比值才是最重要的. 开普勒第三定律的内容是, 周期的平方与半长轴的立方成正比. 关键数字是周期的幂和长度的幂 (即 a 和 b), 而不是比例常数. 这就是为什么只要求你找到 a 和 b 的最佳拟合值, 而不是 C (或 $\mathcal{C}$), 因为 C (或 $\mathcal{C}$) 没有那么重要. 如果令 $a = 1$, 那么 $\mathcal{C}$ 的最佳拟合值就是 0.000 148 796, 而 b 的最佳拟合值约为 1.50.

为了找到 a 和 b 满足关系式 $y = ax + b$ 的最佳拟合值, 上面给出了很多不同的公式. 对我们来说, 现在有 $\mathcal{T} = \frac{b}{a}\mathcal{L} + \frac{\mathcal{C}}{a}$. 因此, 在本题中, 上述 a 的角色由 $\frac{b}{a}$ 来扮演, 上述 b 的角色由 $\frac{\mathcal{C}}{a}$ 来扮演. 那么, 如果想求出本题中比值 $\frac{b}{a}$ 的最佳拟合值, 就要利用式 (24.10) 中两个公式里的第一个.

第 25 章   两个著名问题与一些代码

几乎所有的课程都会涉及一些著名的概率问题, 其中之一就是**婚姻 (或秘书)** 问题.

> **婚姻 (或秘书) 问题:** 已知某项工作有 n 名申请人, 每次面试一人. 对于每一位应聘者, 一旦我们决定不聘请他, 这个人就永远失去了机会. 采用什么样的策略, 才能使选到最佳人选的概率最大化?

换句话说, 每次面试申请人时, 我们都要立即决定是否给他提供这份工作. 如果决定不聘用他, 那么他就会被其他公司抢走, 不会再回来. 显然, 这个问题可以修改成约会问题或婚姻问题, 所以它也有其他的名字. 另外, 我们还会考察著名的蒙提霍尔问题. 它与婚姻/秘书问题不同, 但也涉及寻找最佳解决方案的一系列选择, 所以把它列入同一章应该是很自然的.

还有更多有趣的问题, 比如信封问题和蒲丰投针问题. 遗憾的是, 本书篇幅已经很长了, 所以我鼓励你自行查阅这两个问题.

25.1   婚姻/秘书问题

25.1.1   假设与策略

每当分析一个难题时, 你最好先仔细地列举出已知条件, 并确保没有隐式地假设任何东西. 关于这一点, 我们来具体看看秘书问题. (我们的讨论必须要公式化, 所以为了明确起见, 现在来考察秘书问题. 我担心你会因为把这些知识应用到实际生活中, 但问题却没有得到解决而向我投诉.)

下面是最常见的一种分析里的假设. 如果你喜欢这个问题, 我鼓励你做出自己的修改 (但这只是一种学术练习, 几年前我的一个学生说, 他会根据下面所学的知识来选择妻子; 他现在仍是单身).

- 第一, 对于每个申请人, 我们必须当场决定聘用或不聘用他. 如果选择不聘用他, 那么以后都不能聘用这个人.
- 第二, 我们可以确定每个申请人的相对排名. 这意味着我们可以给每个人打分, 并将他们的分数与之前的申请者进行比较. 假设我们知道一共有多少名候选人; 如果不知道, 这个问题就更难了. 注意, 对于分数的分布, 我们没有给出任何相关假设. (例如, 若分数服从关于 n 个人的离散均匀分布, 那么如果某人排在第 n 位, 我们就知道这个人是最佳选择.) 为了简单起见, 我们假设分数之间没有关系.

- 第三, 求职者随机、独立地面试, 并且所有申请人都等可能地在任何位置面试. 另一种说法是, 对于 $n!$ 种可能的面试次序, 每一种次序出现的概率都是相等的.

- 第四, 只要没有聘用最优秀的申请者, 就视为彻底失败: 聘用第二优秀的申请人与聘用最差的申请人没有任何区别. 这是一种非常苛刻的条件, 它与现实世界存在着强烈的偏差. 在现实世界中, 当某个时刻没有优秀者的概率变得非常大时, 就会导致一种 "解决" 它的倾向. 我们的假设不是对现实世界的一个很好的近似, 但是它极大地简化了数学, 并且是一个很好的第一模型.

- 第五, 如果你聘用申请人, 那么申请人会自动接受这份工作. 毕竟, 难道每个人都不想和你在一起吗?

现在来看看我们的策略应该是什么, 并分析它有多成功. 最初, 人们很容易认为解决这个问题毫无希望. 申请人是按照随机次序参加面试的. 我们可能会选择第一个申请人, 因为他可能是最优秀者的概率与其他人相同. 如果我们使用这个策略, 或者更一般地说, 我们始终选择第 i 个申请人, 那么成功的概率就是 $1/n$. 注意, 当 n 较大时, 如果采用这个策略, 那么我们基本上没有机会聘用到最优秀的申请人. 我们要给出更好的策略!

下面的策略会做得非常好. 我们选择某个与 n 相关的数字 k, 然后逐个考察前 k 个申请人. 我们不会聘用其中任何一人, 只是通过他们来了解申请人的整体情况. 接下来, 我们会选择下一个分数比我们见过的最高分还要高的人, 并决定聘用他. 这一策略不仅比我们天真地尝试做得更好, 而且当 n 趋向于无穷大时, 我们聘用到最优秀申请人的概率会超过 30%!

在分析这一策略之前, 有必要解释一下为什么选择这种方法而不是其他方法. 例如, 为什么我们的策略不是选择第一个分数是所见过最高分 2 倍 (或其他倍数) 的人, 或者第一个比见过的最高分多 3 分的人? 原因是我们不知道分数服从什么样的分布. 实际上, 最好不要考虑每个人的分数, 而是想象我们只知道人们的相对排名. 因此, 我们的策略应该只涉及对候选人的相对比较, 而不是比较他们的分数.

25.1.2 成功的概率

利用这种策略, 取得成功的概率是

$$\text{Prob}(\text{成功}) = \sum_{m=1}^{n} \text{Prob}(\text{成功}|\text{第 } m \text{ 个是最优秀的}) \cdot \text{Prob}(\text{第 } m \text{ 个是最优秀的}).$$

这个式子是利用划分得到的: 最优秀的申请人一定在某个位置上, 而且只能在一个位置上. 难点在于, 当已知最优秀者所在的不同位置时, 求出成功的概率.

有些计算很简单. 如果最优秀的申请人出现在前 k 个位置中的任何一个位置上, 那么我们注定要失败. 这太糟糕了, 我们不仅没能招到最优秀的人, 而且最终也一个人没有招到! (但我们可以调整策略, 如果我们一直没有招到人, 那就聘用最后一个申请人.) 好了, 也就是说, 当最优秀的申请人出现在前 k 个人中时, 成功的概率就等于 0.

现在继续往下考虑. 我们可以假定最优秀的申请人出现在后 $n-k$ 个人中. 为了更加具体, 不妨设他出现在第 $m+1$ 个位置上, 其中 $k \leqslant m \leqslant n-1$ (设最优秀的人出现在第 $m+1$ 个位置上, 而不是第 m 个位置上, 这可以让代数运算更加简便. 我们之前曾处理过这种计算, 其好处现在就体现出来了. 当然, 你也可以假设最优秀的人位于第 m 个位置上). 于是, 上述概率就可以改写成

$$\text{Prob}(成功) = \sum_{m=k}^{n-1} \text{Prob}(成功|第\ m+1\ 个是最优秀的)$$
$$\cdot \text{Prob}(第\ m+1\ 个是最优秀的).$$

当已知最优秀的申请人位于第 $m+1$ 个位置上时, 我们成功的概率是多少? 这是一个条件概率, 它等于 k/m. 这是分析中最难的部分, 我们仔细地讨论一下. 从**总体**上看, 最优秀的是第 $m+1$ 个人, 那么前 $m+1$ 个人中最优秀的仍然是第 $m+1$ 个. 现在问题就归结为, 在前 $m+1$ 个人中, **第二优秀的人**所在的位置. 或者说, 既然最优秀的是第 $m+1$ 个人, 那么**前 m 个人中最优秀的人**位于第几个位置上.

如果他出现在前 k 个人中, 那么我们就能选中第 $m+1$ 个申请人. 为什么呢? 如果前 $m+1$ 个人中第二优秀的人出现在前 k 个位置上, 那么这个人就比第 $k+1$ 个、第 $k+2$ 个 …… 第 m 个人优秀. 因此, 我们遇到的第一个比他更优秀的人是第 $m+1$ 个人, 于是我们选中这个人并获得成功. 反之, 如果前 m 个人中最优秀者没有出现在前 k 个人中, 那么我们就会失败. 为什么? 现在, 我们看一看前 k 个人, 并选出比他们更优秀的第一个人. 遗憾的是, 我们不可能遇到第 $m+1$ 个人, 因为会更早遇到前 $m+1$ 个人中第二优秀的人. 你应该**画一张图**.

那么, 前 m 个人中最优秀的人出现在前 k 个位置上的概率是多少? 由于每个人都等可能地出现在任何位置上, 所以这个概率就是 k/m (这个人一共有 m 种可能的选择, 其中, 他位于前 k 个位置上的选择有 k 种). 因此, Prob (成功 | 第 $m+1$ 个是最优秀的) $= k/m$.

最优秀的申请人位于第 $m+1$ 个位置上的概率是多少? 这个概率就是 $1/n$, 因为最优秀的申请人会等可能地出现在 n 个位置中的任何一个上. 这意味着我们成功的总概率是

$$\mathrm{Pr}(\text{成功}) \;=\; \sum_{m=k}^{n-1} \frac{k}{m}\frac{1}{n} \;=\; \frac{k}{n}\sum_{m=k}^{n-1}\frac{1}{m}.$$

这是一个很好的开端. 现在我们得到了成功概率的表达式. 当 n 和 k 固定时, 我们可以求出具体的概率值, 然后通过变动 k 找到使这个和取到最大值的 k.

现在试着找到这个和的近似表达式. 不妨设 n 和 k 都很大, 这样就可以利用微积分的结果来优化概率. 对于

$$\mathrm{Pr}(\text{成功}) \;=\; \frac{k}{n}\sum_{m=k}^{n-1}\frac{1}{m},$$

利用**添加 0** 的技巧, 这个和可以写成两个**调和级数**的差, 即 $\sum_{m=1}^{n-1}\frac{1}{m}$ 与 $\sum_{m=1}^{k-1}\frac{1}{m}$ 的差. 你在微积分课上学过, 当 l 较大时, $\sum_{m=1}^{l}\frac{1}{m}$ 会近似于 $\log(l)$. 事实证明, 这是一个很好的近似:

$$\sum_{m=1}^{l}\frac{1}{m} \;\approx\; \log(l) + \gamma + \epsilon_l, \qquad (25.1)$$

其中, γ 是**欧拉常数** (约等于 0.5772). $\epsilon_l \sim 1/2l$, 随着 l 的增加, ε_l 会迅速趋向于 0 (参见习题 25.4.1). 于是有

$$
\begin{aligned}
\mathrm{Pr}(\text{成功}) \;&=\; \frac{k}{n}\sum_{m=k}^{n-1}\frac{1}{m} \;=\; \frac{k}{n}\left(\sum_{m=k}^{n-1}\frac{1}{m} + \sum_{m=1}^{k-1}\frac{1}{m} - \sum_{m=1}^{k-1}\frac{1}{m}\right)\\
&=\; \frac{k}{n}\left(\sum_{m=1}^{n-1}\frac{1}{m} - \sum_{m=1}^{k-1}\frac{1}{m}\right)\\
&\approx\; \frac{k}{n}\left(\log(n-1) - \log(k-1)\right)\\
&\approx\; \frac{k}{n}\left(\log(n) - \log(k)\right)\\
&=\; \frac{k}{n}\cdot\log\left(\frac{n}{k}\right).
\end{aligned}
$$

对于给定的 k 和 n, 我们得到了成功概率的闭式表达式, 现在只需要求出它的最大值. 注意, 这里的近似结果只与比值 k/n 有关, 表明我们应该用一个新的变量来替换 k/n, 并试着让最终的表达式取到最大值. 由于我们想求出最大值, 并且这个概率是关于 $x = n/k$ 的可微函数, 会用到微积分也就不奇怪了.

令 $x = n/k$, 则有 $\mathrm{Pr}(\text{成功}) \approx \log(x)/x$. 为了对答案有一定的了解, 我们假设这不是近似结果. 把问题转化为求 $\log(x)/x$ 的最大值可以极大地简化代数运算. 当 n 很大时, 这个结果应该非常接近于真实值.

于是, 问题被简化成了最大化 $\log(x)/x$, 其中 $1 \leqslant k \leqslant n$ (由此可得 $n \geqslant x \geqslant 1$). 你会在微积分中学到, 为了找到可能的极值, 必须验证端点和临界点 (记住, 临界点

是一阶导等于 0 的点). 端点很容易验证, 因为 $x = n$ 和 $x = 1$ 时的概率都很小. ($x = n$ 在技术上给出了 $\log(n)/n$ 的估计值, 它相对于总是从固定位置选取申请人的概率 $1/n$ 是 "大的". 但要记住, 在近似时, 我们假设 n 和 k 都很大, 因此这里的概率会被临界点处的概率超越. 对于这一点, 我们不应该感到惊讶.)

那么**临界点**呢, 也就是导数为 0 的点? 对于这些点, 必须计算

$$\frac{\mathrm{d}}{\mathrm{d}x}\left(\frac{\log(x)}{x}\right) = \frac{\frac{1}{x} \cdot x - \log(x)}{x^2},$$

当分子为 0 时, 上式就等于 0. 于是, $1 - \log(x) = 0$, 即 $x = \mathrm{e}$. 这是一个全局最大值, 而不只是局部最大值. 当 $x < \mathrm{e}$ 时, 导数为正; 当 $x = \mathrm{e}$ 时, 导数为 0; 当 $x > \mathrm{e}$ 时, 导数为负. 因此, 函数会一直增加到 $x = \mathrm{e}$, 并从这个点开始递减, 所以我们一定会在 e 处取到全局最大值 (另一种证明请参阅习题 25.4.2). 注意, 将 $x = \mathrm{e}$ 代入 $\log(x)/x$ 中就可以得到成功的概率为 $\log(\mathrm{e})/\mathrm{e} = 1/\mathrm{e}$, 当 n 较大时, 这个值会远大于 $\log(n)/n$.

现在来解释一下我们的答案. 因为 $x = n/k$, 并且最优的 k 出现在 $x \approx \mathrm{e}$ 时 (那么 $k \approx n/\mathrm{e}$ 或者 $k/n \approx 1/\mathrm{e}$), 所以最佳策略要求我们通过考察前 $1/\mathrm{e}$ 的人来了解申请人的整体情况, 并聘用比这些人都优秀的第一位申请人. 如果采取这种方法, 那么聘用到最优秀申请人的概率约为惊人的 $\log(\mathrm{e})/\mathrm{e} = 1/\mathrm{e} \approx 36.79\%$. 我们的新策略不仅比原来的概率 $1/n$ 好很多, 而且当面试人数趋向于无穷大时, 它还会给出一个正的概率! 对我来说, 这个结果绝对是惊人的, 因为它给出的答案远远超过了我们最初的预期.

虽然已经证明了我们刚才讨论的策略给出了最高的成功概率, 但你仍然可以考虑其他一些策略, 从而得到一些直观的认识. 对这些问题更全面的讨论, 请参阅 *Analysis of Heuristic Solutions to the Best Choice Problem* [SSR]. 最初的秘书问题也产生了许多变体, 其中包括最小化候选人的预期排名, 当已知候选人是取自某一特定分布时使候选人的期望值最大化, 选出一个候选人子集并使得这些候选人比其他人都要优秀, 以及找到第二优秀的候选人. 最后一个问题由 Robert Vanderbei 解决, 他将其命名为**博士后问题** (Postdoc Problem).

注 25.1.1 最后, 我们给出一个简短的警告. 如果你仔细地阅读了上面的内容, 可能会注意到一个小误差. 记住, k 必须是一个整数, 但在分析的最后, 我们选择让 k 等于 n/e, 这显然不是整数! 幸运的是, 这个问题很容易修正. 当 k 从 0 增加到 n/e 时, 成功的概率会不断增加; 当 k 从 n/e 增加到 n 时, 这个概率又会不断减小. 因此, 最优的 k 要么是小于 n/e 的最大整数, 要么是大于 n/e 的最小整数. 我们只需要检验这两个值即可. 一般来说, 从一个全局最优选择过渡到一个真正的最优选择是很困难的 (见习题 25.4.18). 因为这里函数的变换很巧妙, 所以我们真的非常幸运.

25.1.3 秘书问题的代码

本章的目标之一是讨论编程, 所以本节最后用一个简单的程序来检验我们的理论推测.

```
secretaryproblem[n_, numdo_] := Module[{},
  (* num 表示进行了 num 次模拟 *)
  k = Round[1.0 n/E]; (* 取最接近 n/e的整数 *)
  success = 0; (* 成功的次数 *)
  people = {}; (* 创建人员列表 *)
  For[j = 1, j <= n, j++, people = AppendTo[people, j]];
  For[num = 1, num <= numdo, num++,
   {
    (* 对人员随机排序 *)
    order = RandomSample[people];
    (* 遍历列表, 看看前k个人中谁最优秀 *)
    (* 继续进行下去, 直到找到下一个更优秀的人;
        如果第n个人被聘用, 那么其他人都落选了 *)
    max = 0;
    For[j = 1, j <= k, j++, If[order[[j]] > max, max = order[[j]]]];
    best = 0;
    For[j = k + 1, j <= n, j++,
     If[order[[j]] > max,
      {
       best = order[[j]];
       j =  n + 1000; (*
       退出j的循环, 因为找到了比前k个更优秀的人 *)
       }]; (* 结束if语句 *)
     ]; (* 结束对j的循环 *)
    If[best == n, success = success + 1];
    }]; (* 结束对num的循环 *)
  Print["Theory predicts successful ", SetAccuracy[100. / E, 3],
   "%."];
  Print["We were successful ", 100. success / numdo, "%."];
  ];
```

在 $n = 1000$ 的情况下, 运行程序 10 000 次产生了以下结果:

```
Theory predicts successful 36.79%.
We were successful 36.78%.
```

这是一个非常好的拟合! 你能让程序更高效吗? 注意, 如果你想检验并确保这个程序按照你的要求正常工作, 那么上述程序是做不到的. 现在没有办法知道它是否得到了正确答案. 我们可以通过添加一些打印语句来解决这个问题. 我想添加一个 print 变量: 如果赋值 1, 它会打印出一些中间值; 如果赋值 0, 它就不会打印.

```
secretaryproblemdebug[n_, numdo_, print_] := Module[{},
  (* num 表示进行了num次模拟 *)
  k = Round[1.0 n/E]; (* 取最接近n/e的整数 *)
  success = 0; (* 成功的次数 *)
  people = {}; (* 创建人员列表 *)
  If[print == 1,
   Print["Printing results as go along for debugging. When printing
   the best value a value of 0 means the best overall was in the first
   k.\n"];
   ];
  For[j = 1, j <= n, j++, people = AppendTo[people, j]];
  For[num = 1, num <= numdo, num++,
   {
    (* 对人员随机排序 *)
    order = RandomSample[people];
    (* 遍历列表, 看看前k个人中谁最优秀 *)
    (* 继续进行下去, 直到找到下一个更优秀的人;
       如果第n个人被聘用, 那么其他人都落选了 *)
    max = 0;
    For[j = 1, j <= k, j++, If[order[[j]] > max, max = order[[j]]]];
    best = 0;
    For[j = k + 1, j <= n, j++,
     If[order[[j]] > max,
      {
       best = order[[j]];
       j = n + 1000; (*
       退出j的循环, 因为找到了比前k个更优秀的人 *)
       }]; (* 结束if语句 *)
     ]; (* 结束对j的循环 *)
    If[best == n, success = success + 1];

    If[print == 1,
     {
```

```
Print["k = ", k, "; best in first k is ", max,
  "; first better than best in first k is ", best];
Print["Sorted list is ", order];
If[best == n, Print["Success!\n"], Print["Failure\n"]];
}]; (* 结束print语句 *)


}]; (* 结束对num的循环 *)
Print["Theory predicts successful ", SetAccuracy[100. / E, 3],
  "%."];
Print["We were successful ", 100. success / numdo, "%."];
];
```

25.2　蒙提霍尔问题

另一个著名的谜题是蒙提霍尔问题, 这是一种反直觉的挑战, 任何一本没有涉及这个谜题的概率论入门教材都是不完整的. 尽管这些计算比我们在婚姻/秘书问题中看到的要简单, 但答案在许多人看来是违反直觉的, 并且引发了大量的讨论. 这道智力谜题来自于游戏节目 *Let's Make A Deal*, 主持人就是蒙提·霍尔.

> **蒙提霍尔问题**: 假设你正在参加一个游戏节目. 如果选择正确的话, 你就有机会赢得一辆汽车. 有三扇紧闭的门, 其中一扇门后面停放着一辆汽车, 而另外两扇门后面都是山羊. 你随便选择一扇门, 比如 3 号门. 然后主持人会打开另一扇门让你看到后面是一只山羊, 不妨设这是 1 号门. 接下来, 主持人会问你: 你是想换一扇门 (换成 2 号门), 还是坚持第一次的选择? 你应该换吗?

乍一看, 这似乎很简单. 因为现在只剩下两扇门了, 奖品出现在任何一扇门后面的概率是相等的, 所以赢得汽车的机会只有 50%, 那么换不换门已经无关紧要了. 你觉得这个逻辑可信吗? 在继续往下读之前, 好好地想一想这个问题. 试着动手来解决这个问题吧, 可以用纸笔算一下, 也可以编写一段代码模拟该游戏 100 万次, 来对比一下换门或者不换门都会发生什么.

25.2.1　一个简单的解决方案

分析这类问题的一种好方法就是**详细地列出**所有的可能性. **我们假设每个结果都是等可能的**. 我们必须在三扇门之间分配两只 (同样不吸引人的) 山羊和一辆 (非常受欢迎的) 汽车. 一共有三种分配方法: 汽车在 1 号门后, 汽车在 2 号门后, 以及汽车在 3 号门后. (如果还记得多项式系数, 我们正在做的就是看一看从 CGG 中可以得到多少个不同的单词.)

在表 25-1 中, 我们列出了两只山羊和一辆汽车的所有可能安排, 以及在每一种情况下最初选择 3 号门的结果. 注意, 因为这个问题具有**对称性**, 所以不妨设我们选择了 3 号门. 如果你不满意这个选择, 那就再分析一遍, 然后选择 1 号门或者 2 号门. 你会看到完全相同的计算和结果.

表 25-1　当我们选择 3 号门时, 对蒙提霍尔问题的分析

1 号门后	2 号门后	3 号门后	不换门的结果	换门的结果
汽车	山羊	山羊	获得山羊	获得汽车
山羊	汽车	山羊	获得山羊	获得汽车
山羊	山羊	汽车	获得汽车	获得山羊

这个问题还有一个隐含的假设, 明确地说就是: **主持人永远不会打开后面有汽车的那扇门!** 为什么? 游戏的目的是要有戏剧性、刺激感和悬念. 如果我们选择了 3 号门, 而主持人打开 2 号门并看到后面是一辆汽车, 那么我们是否换门就没有任何意义了, 无论如何都只能得到一只山羊. 我们和观众都知道这一点. 没有悬念, 也不需要做出任何决定.

因此, 主持人绝不会打开有汽车的那扇门. 这意味着什么呢? 如果我们选的门后面是一只山羊, 那么剩下两扇门后面分别是一只山羊和一辆汽车. 既然主持人不可能打开有汽车的那扇门, 他就一定会把有山羊的那扇门打开, 那么剩下的门后面就一定是汽车! 因此, 当我们选的门后面是一只山羊时 (发生的概率是 2/3), 如果决定换门, 我们就赢了! 如果我们的门后有一辆汽车呢? 此时, 主持人可以随意打开剩下两扇门中的任意一扇, 因为这两扇门后都是山羊. 在这种情况下, 如果选择换门, 我们就一定会失败. 因此, 换门会让我们失去 1/3 的机会 (这是我们最初选中汽车的概率). 在表 25-1 中, 我们给出了上述分析的总结.

注意, 如果坚持 3 号门, 我们赢的概率只有 1/3, 但如果选择换门, 那么赢的概率就是 2/3. 因此, 换门使得我们赢的概率变成了之前的 2 倍! 另外, 还要注意到这个表格有多稀疏. 我们没有把问题划分成大量的子情形 (我们选择 3 号门, 主持人打开 2 号门; 我们选择 3 号门, 主持人打开 1 号门). 有时候需要这样做, 但有时不需要. 我们最好从更高的层次考虑问题. 主持人打开哪扇门并不重要, 关键在于我们换门还是不换门. 很重要的一点是, 要记住在分析中哪些量是重要的. 问题不在于应该换到 2 号门还是 1 号门, 而在于是否应该换门. 因此, 我们得到了一个暗示, 忘记这些标签可能会更好 ⋯⋯

25.2.2　一种极端情形

当有困惑时, 利用极端情形验证你的直觉通常是一种有效的策略. 利用这种策略, 为了弄清楚三扇门的情形, 我们现在考察 1 000 000 扇门的情况. 这个游戏需要

很多山羊! 但是, 我们假设人们对数学很有兴趣, 并且很多人渴望看到网络有足够的资源用百万扇门来建造超级舞台.

同样, 其中一扇门后面是一辆汽车, 其他门后面都是山羊. 当玩家做出最初的选择后, 主持人打开除一扇门之外的所有门. 如果像之前那样做严格的分析, 我们会发现剩下的这扇门后有汽车的概率是 999 999/1 000 000. 这里还有另外一种思路. 在 1 000 000 扇门中, 你能选中有汽车的那扇门的概率有多大? 根本不可能! 事实上, 成功的概率只有 1/1 000 000! 因此, 在剩下的 999 999 扇门中, 其中一扇门后有汽车的概率是 999 999/1 000 000, 如果我们知道汽车不在其中 999 998 扇门之后, 那么整个概率 999 999/1 000 000 一定会塌缩到剩下的那扇门上. 你要记住, 我们并不是说某一扇特定门之后始终有一辆汽车的概率是 999 999/1 000 000. 我们的意思是, 当把这 999 998 扇门打开之后, 不管最后剩下的这扇门编号是多少, 它后面有一辆汽车的概率就是 999 999/1 000 000.

25.2.3 蒙提霍尔问题的代码

由于本章的一个主要目的是帮助你掌握编程, 所以我们最后给出一个简单的程序来估算, 在蒙提霍尔问题中选择换门时能赢的概率, 以及选择不换门时能赢的概率.

```
montyhall[num_] := Module[{}, (* num 是模拟次数 *)
  switchwin = 0; (* 记录当选择换门时能赢的概率 *)
  noswitchwin = 0; (* 当选择不换门时能赢的概率 *)
  For[n = 1, n <= num, n++,
   {
   (* 考虑到一般性, 假设玩家每次都选择1号门 *)
   (* 使用内置函数随机选定有奖品的那扇门 *)
   (* 从[0,1]中随机选取一个数, 那么如果1号门最多有1/3的概率有奖品…… *)
   doorofprize = RandomInteger[{1, 3}];
   (* 如果1号门后有奖品, 那么不换门就能赢 *)
   (* 换门则会输 *)
   If[doorofprize == 1, noswitchwin = noswitchwin + 1];
   (* 如果奖品在2号门或3号门后面, 那么换门能赢, 不换门则会输 *)
   If[doorofprize == 2 || doorofprize == 3,
    switchwin = switchwin + 1];
   }]; (* 结束对n的循环 *)
  Print["Percent of time won when switch: ", 100. switchwin/num,
   "%."];
  Print["Percent of time won when don't switch: ",
   100. noswitchwin/num, "%."];
```

```
];
```

运行程序 10 000 000 次产生了下列结果:

```
Percent of time won when switch: 66.6668%.
Percent of time won when don't switch: 33.3332%.
```

25.3 两个随机程序

本章最后给出一些代码来解决本书前面的一些问题. 之所以选择这些问题, 是因为它们没有什么特别之处, 是概率论中经常遇到的一些典型问题.

25.3.1 有放回取样与无放回取样

这里的代码来自 6.1.3 节, 这一节考虑了有放回取样与无放回取样的差别.

```
marblecheck[num_] := Module[{},
  countwith = 0;
  countwithout = 0;
  list = {};
  For[m = 1, m <= 100, m++, list = AppendTo[list, m]];
  p[1] = .1; p[2] = .3; p[3] = .6; p[4] = .9;
  For[n = 1, n <= num, n++ m
    {
     x = Floor[4*Random[]] + 1;
     numgold = 0;
     For[i = 1, i <= 5, i++,
      If[Random[] > p[x], numgold = numgold + 1]];
     If[numgold <=  1, countwith = countwith + 1];

     y = Floor[4*Random[]] + 1;
     numgold = 0;
     templist = RandomSample[list, 5];
     cutoff = Floor[p[y]*100];
     numgold = 0;
     For[m = 1, m <= 5, m++,
      If[templist[[m]] > cutoff, numgold = numgold + 1]];
     If[numgold <=  1, countwithout = countwithout + 1];

    }]; (* 结束对n的循环 *)
```

```
Print["Observed probability at least four purple
(without replacement) is ",
100 countwithout/num 1.0, "% (32.0597 predicted).";

Print["Observed probability of getting at least four
purple (with replacement)
is ", 100 countwith/num 1.0, "% (32.1685 predicted).";
Print["Did ", num, " iterations.";
];
```

下面的代码取自 6.3.3 节, 答案是 37 092 537, 几分钟后就可以得到这个答案.

```
solns = 0;
For[x1 = 0, x1 <= 1996/2, x1++,
  For[x2 = 0, x2 <= (1996 - 2 x1)/2, x2++,
    For[x3 = 0, x3 <= (1996 - 2 x1 - 2 x2)/3, x3++,
      If[Mod[1996 - 3 x3 - 2 x2 - 2 x1, 3] == 0, solns = solns + 1];
    ]]];
Print[solns]
```

25.3.2 期望

在这个问题中, 我们抛掷 4 枚硬币. 如果正面的个数少于 2, 就重新抛掷所有硬币 (如果正面个数不少于 2, 结果就保留下来). 在完成后, 对于每个正面, 我们都能得到 1 美元. 问题是期望值是多少? 结果应该是 36/16 或 19/8. 下面的代码支持了这个答案.

```
retoss[num_] := Module[{},
  winnings = 0;
  For[n = 1, n <= num, n++,
    {
    temp = 0;
    For[i = 1, i <= 4, i++, x[i] = Floor[2*Random[]]];
    If[Sum[x[i], {i, 1, 4}] >= 2, temp = Sum[x[i], {i, 1, 4}],
      {
      For[i = 1, i <= 4, i++, x[i] = Floor[2*Random[]]];
      temp = Sum[x[i], {i, 1, 4}];
      }];
    winnings = winnings + temp;
    }];
  winnings = 1. winnings / num;
```

```
Print["Ran ", num, " simulations."];
Print["Predict ", 19./8, " and got ", winnings, "."];
];
```

进行 1 000 000 次模拟后, 我们得到了 2.376 01 (我们的预测值是 2.375).

25.4 习　　题

下列习题都与经典的秘书问题有关, 除非另有说明.

习题 25.4.1　证明式 (25.1) 的近似结果. (你可以上网搜索欧拉–麦克劳林公式).

习题 25.4.2　利用微积分的二阶导数来证明 $\frac{\log(x)}{x}$ 在 $x = e$ 时取到最大值.

习题 25.4.3　求出最小的 N, 使得 $\log(n)/n \leqslant 1/e$ 对所有的 $n \geqslant N$ 均成立.

习题 25.4.4　假设我们考察前 $p\%$ 的申请人, 然后聘用比这些人都要优秀的第一个申请人 (所以 $k = pn$), 那么选中最优秀申请人的概率约为多少?

习题 25.4.5　当 n 较大时, 利用最优策略找到, 作为 n 的一小部分被面试过的预期人数是多少.

习题 25.4.6　编写一段代码, 找到当 n 较小时的最优 k.

习题 25.4.7　对于每一个 n, 画出选中最优秀申请人的最大概率并与直线 $1/e$ 做比较. 关于这个概率的收敛性, 请给出简单的论述.

习题 25.4.8　利用最优策略从 n 个人中选出最优秀申请人的概率是否随着 n 的增加在严格递减?

习题 25.4.9　证明: 利用最优策略求出的成功概率关于 n 单调减少. 也就是说, 对于所有的 n, $\Pr(成功|n\text{ 个申请人}) \leqslant \Pr(成功|n+1\text{ 个申请人})$.

习题 25.4.10　求出利用最优策略没有选出任何申请人的概率.

习题 25.4.11　假设我们真的需要聘用一个人, 所以如果当第 n 个人面试时, 我们还没有聘用任何申请人, 那么就聘用第 n 个人, 而不考虑其相对级别. 求出我们聘用到最差申请人的概率.

习题 25.4.12　严格地证明所分析的策略是最优策略.

习题 25.4.13　假设我们不寻找最优秀的申请人, 只要求聘用到前两个最优秀的申请人之一即可. 现在的最优策略是什么? 成功的概率是多少?

习题 25.4.14　推广上一道习题, 现在只要求聘用到前 c 个最优秀的申请人之一即可, 其中 c 是某个固定值.

习题 25.4.15　对上一题进行推广, 假设 c 随着 n 增加, 比如 $c = n/10$ (即某个优秀程度位于前 10% 的申请人) 或 $c = n/2$ (某个高于平均水平的申请人). 你能得到关于 $c = (1-p)n$ 的公式吗 (某个优秀程度位于前 $p\%$ 的申请人)?

习题 25.4.16　假设申请人的总数 n 是未知的, 但我们知道 n 取自某个服从 $[a, b]$ 上均匀分布的随机变量. 现在最优策略是什么? 成功的概率是多少?

习题 25.4.17　假设申请人的总数 n 是未知的, 但我们知道 n 取自某个服从泊松分布的随机变量, 其中泊松分布的参数是已知的 λ. 现在最优策略是什么? 成功的概率是多少?

习题 25.4.18 假设我们有一个最多可以承重 100 公斤的背包, 可以装三样东西. 第一样东西重 51 公斤, 且每公斤价值 150 美元; 第二样东西重 50 公斤, 且每公斤价值 100 美元; 第三样东西重 50 公斤, 且每公斤价值 99 美元. 设 x_j 表示我们装入的第 j 样东西的数量. 对于每一样东西, 如果我们都能装入任何一个实数值数量, 那么装入的每样东西的数量是多少? 如果每样东西都只能装入整数值数量呢?

版 权 声 明